集成电路大师级系列

RF Microelectronics

Second Edition

射频微电子学

（原书第2版）

[美] 毕查德·拉扎维 著
（Behzad Razavi）

雷鑑铭 邹志革 邹雪城 刘冬生 译

机械工业出版社
CHINA MACHINE PRESS

图书在版编目（CIP）数据

射频微电子学：原书第 2 版 /（美）毕查德·拉扎维著；雷鑑铭等译. -- 北京：机械工业出版社，2024. 11. --（集成电路大师级系列）. -- ISBN 978-7-111-76657-5

Ⅰ. TN4

中国国家版本馆 CIP 数据核字第 2024Z2F602 号

机械工业出版社（北京市百万庄大街 22 号　邮政编码 100037）

策划编辑：王　颖　　责任编辑：王　颖

责任校对：孙明慧　马荣华　景　飞　　责任印制：单爱军

保定市中画美凯印刷有限公司印刷

2025 年 3 月第 1 版第 1 次印刷

185mm×260mm · 35 印张 · 974 千字

标准书号：ISBN 978-7-111-76657-5

定价：139.00 元

电话服务

客服电话：010-88361066

010-88379833

010-68326294

网络服务

机　工　官　网：www.cmpbook.com

机　工　官　博：weibo.com/cmp1952

金　书　网：www.golden-book.com

机工教育服务网：www.cmpedu.com

封底无防伪标均为盗版

The Translator's Words | 译者序

在过去的几十年中，射频通信技术飞速发展，就像人们离不开电一样，当今人们已经离不开手机等无线通信设备，甚至有人风趣地把马斯洛需求层次理论的最基本需要扩展到了 WiFi 信号。射频集成电路设计已经成为传统模拟集成电路设计的一个重要分支。随着射频集成电路工艺和器件的不断改进，射频集成电路在电路结构、工作频率、功耗、电源电压、噪声等方面的性能有了非常大的提高。与时俱进地学习这些内容，对于设计射频集成电路非常有意义。

现今，中国已经成为世界上最大的手机生产国和消费国，与之不相匹配的是，手机中的核心芯片，特别是射频芯片基本上靠进口。虽然像海思、展讯等公司在无线通信领域也取得了一定的市场份额，但我国在射频集成电路设计领域仍然没有取得重大突破，主要原因是，射频集成电路设计涉及的知识面众多，培养一个合格的射频集成电路设计工程师，至少需要花费培养普通模拟集成电路设计工程师两倍的时间。

本书是美国 UCLA 大学拉扎维教授的第七本巨著，从理论基础和实战角度，全面、系统、深入地讲授了射频集成电路，特别是无线收发机的分析和设计方法。本书延续了拉扎维教授一贯的写作风格，力求从读者容易理解和掌握的角度，循序渐进、言简意赅地讲述射频电路分析和设计的精髓。全书旁征博引，介绍了大量经典电路结构、实际电路的设计思路和方法。全书结构紧凑，条理清晰，一气呵成。对于本书，我们实在不知道还可以用何等华丽的词语来描述和形容。

本书由华中科技大学集成电路学院副院长雷鑑铭教授组织翻译和校审，参加全书翻译和整理工作的还有刘冬生教授、邹志革副教授和邹雪城教授，以及部分研究生：王午悦、方丹、王振武、李斌、梅胜坤、孙帆、郝汉、胡贝贝、徐博、鲁伟康、高一凡、汤龙强等。

当然，射频集成电路涉及面极广，而且还在不断发展，新技术、新名词、新概念层出不穷，加之译者水平有限，书中难免出现不妥或者错误，真诚希望广大读者批评指正，在此表示衷心感谢！

|Preface To The Second Edition| 第2版前言

自本书第1版发行以来，射频集成电路设计经历了巨大变革。收发机结构、电路拓扑结构以及器件结构的革新催生了高度集成化的“无线电”，使其跨越了更加宽广的应用领域。此外，新的分析方法和建模技术也大大加强了我们对射频电路及其基本原理的理解，因此有了本书第2版。

第2版不同于第1版的地方主要有以下几个方面：

- 我意识到，三年半前开始的对于第1版的简单“修补”并不能反映当今的射频微电子技术。因此，我抛开了第1版的内容，从全新的角度进行重新编写。两个版本只有10%的内容是重复的。
- 第2版融入了大量的例子和习题，能够帮助读者更好地理解相关基本原理和细节。
- 第2版着重于分析方法和设计方法，包含了很多详细的设计步骤和实例。此外，还在第11章专门介绍了双频 WiFi 收发机的设计方案，且深入到晶体管级电路。
- 由于射频设计方面的巨大进展，有些章不可避免地变长，需要分成两章，甚至更多。因此，第2版的篇幅差不多是第1版的3倍。

第2版共分为13章，简要介绍如下：

第1章　射频通信与无线技术简介

本章主要阐述了射频通信与无线技术的整体概貌。

第2章　射频电路设计中的基本概念

本章包括非线性的影响(AM/PM 转换部分可跳过)、噪声、灵敏度和动态范围(无源阻抗变换、散射参数以及非线性动态系统分析部分可跳过)。

第3章　通信技术概述

本章包括模拟调制、数字调制、多址技术、IEEE802a/b/g 标准和信号星图的概念。

第4章　收发机结构

本章包括基本和现代外差接收机、直接变频接收机、镜像抑制接收机和直接变频发射机、低中频接收机和外差发射机。

第5章　低噪声放大器

本章包括输入匹配问题、低噪声放大器(LNA)的拓扑结构、增益切换、频带切换和高 IP_2 低噪声放大器。

第6章　混频器

本章包括无源下变频混频器(电压驱动采样混频器的噪声和输入阻抗的计算部分可以跳过)、有源下变频混频器、改进型混频器拓扑结构和上变频混频器的相关内容。

第 7 章　无源器件

本章介绍了电感的基本结构、损耗机制和 MOS 变容二极管。

第 8 章　振荡器

本章包括基本原理、交叉耦合振荡器、三点式振荡器、压控振荡器和低噪声压控振荡器。

第 9 章　锁相环

本章内容为频率合成器的基础。本章包括Ⅰ型锁相环、Ⅱ型锁相环、PFD/CP 非理想特性、锁相环的相位噪声和设计流程。

第 10 章　整数 *N* 频率合成器

本章介绍了降噪技术和分频器的设计方法。

第 11 章　小数 *N* 频率合成器

本章介绍了随机性和噪声整形。

第 12 章　功率放大器

本章包括功率放大器的分类、高效率功放、共源共栅极、基本的线性化技术、多尔蒂功率放大器、极化调制以及异相。

第 13 章　收发机设计实例

本章给出了双波段收发机的设计步骤。

Behzad Razavi
2011 年 7 月

|Preface To The First Edition| 第1版前言

统计数据显示，手机每年的全球销售额已超过25亿美元，而家用卫星网络已拥有450万用户以及25亿美元的资产。全球定位系统的市值在2000年达到50亿美元。1998年，欧洲的移动通信设备和服务销售额将会达到30亿美元。

射频(RF)与无线市场的扩张速度已经高到了令人难以想象的地步。寻呼机、手机、无绳电话、光缆调制解调器以及射频识别标签等设备，已经逐渐从当初的奢侈品变成了生活中不可或缺的工具，渗透到了日常生活的方方面面。数据统计发现，半导体和系统公司，无论大小，无论是模拟还是数字，都在通过各种射频产品提升它们的市场份额。

射频设计的独特之处在于其借鉴了与集成电路无关的许多学科。射频知识库发展了近一个世纪，对初学者来说似乎有看不到尽头的文献。

本书主要阐述了射频集成电路和系统的分析与设计。用类似于教程的语言，对射频微电子学做了一个系统阐述后，本书首先从微波和通信理论的必要背景出发，逐渐进入射频收发机和电路设计的讲解。本书重点介绍了在VLSI技术整体实施过程中电路与结构的问题，其中最主要的问题在于双极性和CMOS的设计，但是大部分的概念也同样可以应用于其他的技术中。本书假定读者已经具有一定的模拟集成电路设计和信号与系统的理论基础。

第1版共分为9章。第1章为绪论，提出问题为后续章节做铺垫。第2章介绍了射频和微波设计的基本概念，重点阐述了非线性和噪声的影响。

第3章、第4章介绍了通信系统层面的相关内容，给出了调制、检测、多址技术的理论概述以及无线标准。本部分虽然基础，但对于同时开展射频电路和系统的设计至关重要。

第5章论述了收发机结构，给出了不同接收机与发射机的拓扑结构及各自的优缺点。本章还包括了大量的案例研究，用于解释实际射频产品中所采用的方法。

第6～9章介绍了射频电路模块的设计，包括低噪声放大器、混频器、振荡器、频率合成器和功率放大器几个部分，需特别注意的是，应尽量减少片外元器件的数量。这部分内容论证如何用系统的需求定义电路的参数，以及每个电路的性能是如何影响收发机整体性能的。

在加利福尼亚大学洛杉矶分校(UCLA)的4学分研究生课程中，我讲授了全书80%的内容。如果是10周的短学期制，本书的第3、4、8和9章的课时则需要缩短，但在长学期制中，就可以介绍更多的内容。

我的射频电路设计知识大部分来自和同事的交流与合作。其中，贝尔实验室的Helen Kim、Ting-Ping Liu和Dan Avidor以及惠普实验室的David Su和Andrew Gzegorek为本书的资料收集做出了巨大贡献并给予了全面帮助。同时，还有许多专家也参与了本书的审校，他们是 Stefan Heinen(西门子)、Bart Jansen(惠普实验室)、Ting-Ping Liu(贝尔实验室)、John Long(多伦多大学)、Tadao Nakagawa(NTT)、Gitty Nasserbakht(德州仪器)、Ted Rappaport(Virginia Tech)、Tirdad Sowlati(Gennum)、Trudy Stetzler(贝尔实验室)、David Su(惠普实验室)和 Rick Wesel(UCLA)。此外，加利福尼亚大学洛杉矶分校的许多学生，包括 Farbod Behbahani、Hooman Darabi、John Leete 和 Jacob Rae 等也参与了本书各章节的教学效果实验，并反馈了大量有价值的信息。在此，我要真诚地感谢上述所有人员的慷慨相助。

最后我还要感谢 Prentice Hall 的每一位工作人员，特别是 Russ Hall、Maureen Diana 以及 Kerry Riordan，感谢他们的大力支持。

Behzad Razavi

1997 年 7 月

Contents 目 录

Chapter 1 第 1 章

射频通信与无线技术简介

首先，比较两款为手机设计的射频收发机：

“A 2.7-V GSM RF Transceiver IC”[1]（1997 年发布）

“A Single-Chip 10-Band WCDMA/HSDPA 4-Band GSM/EDGE SAW-Less CMOS Receiver with DigRF 3G Interface and 190-dBm IIP_2”[2]（2009 年发布）

为什么后者比前者复杂得多呢？是因为后者具有比前者更优的性能，还是仅仅因为后者具有更强大的功能？哪一款的成本更高？哪一款的功耗更高？GSM、WCDMA、HSDPA、EDGE、SAW 以及 IIP_2 这些缩写代表着什么？

在过去的 20 年中，射频通信领域飞速发展，与日常生活的关系日趋密切。如今，手机可以作为百科全书、购物终端、GPS 导航或者温度监测器，而这一切都要归功于其中的无线通信设备。我们还可以在不束缚患者行动自由的情况下，通过无线通信设备来监测患者大脑或心脏活动并将信息通过无线技术传输到数据中心。同时还可使用射频设备来定位商品、宠物、家畜、孩童以及罪犯。

1.1 无线的世界

如今，无线通信已经像“电”一样普及到了日常生活中。也许现在冰箱和烤炉中还没有使用无线设备，但可以预见的是，将来必定会出现包含一个可以控制所有设备和家电的家用无线网络。高速无线网络可实现笔记本电脑、数码相机、便携式摄像机、手机、打印机、电视、微波炉等之间的无缝连接，比如通过 WiFi 和蓝牙连接。

无线通信是如何“接管”这个世界的呢？很多因素的共同作用导致了这种爆炸性的增长。无线通信流行的最主要原因是电子产品的成本大幅减少。如今，手机的成本和十年前的基本持平，但是提供了更多的功能和特性，例如不同的频段和通信模式、WiFi、蓝牙、GPS、计算、存储、数码照相机以及友好的交互界面。功能和特性的丰富源于集成度的提高，也就是尽量多的功能可以同时在同一片芯片上实现，或者说，尽量少的功能需要片外实现。这种集成度的提高很大程度上归功于超大规模集成电路工艺，尤其是 CMOS 工艺尺寸的等比例缩小，以及射频结构、电路和器件的创新。

随着集成度的提高，射频电路的性能也得到了很大程度的提高。例如，对于某些给定的功能，其所需的功耗在不断减小，而射频电路的工作速度却在不断提高。图 1.1 描述了过去 20 年间射频电路和技术的发展趋势。CMOS 器件的特征尺寸从 0.5μm 减小到 40nm，NMOS 器件的传输频率 f_T ㊀从 12GHz 增长到几百吉赫兹，同时，射频振荡器的频率从 1.2GHz 增长到 300GHz。图 1.1 还显示了每年国际固态电路会议(ISSCC)收录的与射频和无线通信相关的文献数量，反映了射频领域近年来的飞速发展。

㊀ 即 MOS 晶体管的本征频率，定义为小信号电流增益降低到 1 时的 MOS 管工作频率。

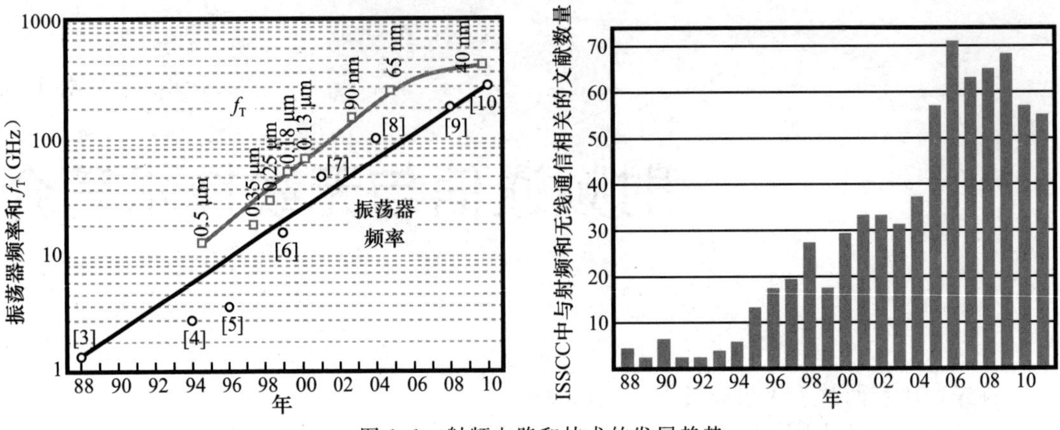

图 1.1 射频电路和技术的发展趋势

1.2 射频电路设计的挑战

射频及微波理论的研究已有许多年的历史，且近 20 年来射频电路设计飞速发展，但在射频电路和收发机的设计、实现方面仍存在很大挑战，主要原因有：第一，如图 1.2 所示，射频电路设计涉及众多学科，需要电路设计者对这些学科有较深入的理解。其中的大多数学科都已有超过半个世纪的研究历史，庞大的知识量对于射频电路设计者来说是很大的挑战。本书的目标之一就是从这些学科中提炼出必要的知识背景呈现给读者。

第二，射频电路和收发机的设计必须权衡各类性能参数之间的关系，图 1.3 总结了射频电路设计的六边形原则。例如，为了降低前端放大器的噪声，必须消耗更大的功率，或者牺牲电路的线性度。本书后续章节将会介绍如何在设计中对这些参数进行折中。

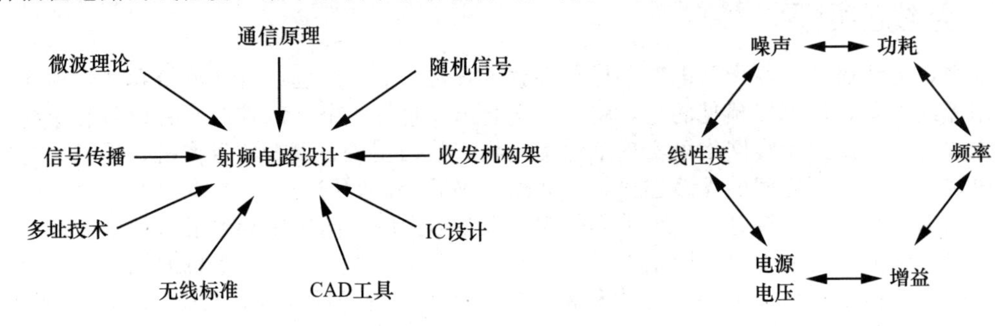

图 1.2 射频电路设计涉及的相关学科

图 1.3 射频电路设计六边形原则

第三，高性能、低成本和更多功能的设计要求不断给射频电路设计提出新的挑战。在 20 世纪 90 年代早期的射频电路设计中，是将一个收发机或者再加上一个数字基带处理器，集成在单颗芯片中。而如今的工作目标则是，在一个芯片上集成多个工作在不同频段的收发机，以适应如蓝牙、WiFi、GPS 等不同的通信标准。本章开头提到的两篇论文正好验证了这一趋势。有趣的是，在早期的单频段收发机系统中，数字基带处理器占据芯片的大部分面积，为射频和模拟电路设计人员在电路、设备拓扑结构的选择上提供了一个较大的空间。然而在如今的设计中，芯片中集成的多个收发机占据了比基带处理器更大的面积，这要求射频和模拟电路设计者在设计中要更多地考虑面积消耗的问题。例如，片上螺旋电感往往占据较大的面积，曾被广泛应用于早期的收发机系统中，而现今的设计中却很少会用到它。

1.3　概述与总结

射频收发机的目的是传输和接收信息。发射机(TX)处理声音或者数据信号，并且将处理结果加载到天线上(见图1.4a左图)。接收机感应到天线捕捉到的信号，并将该信号还原为原始的声音或数据信号(见图1.4a右图)。图1.4a中，每一个方框都包含很多功能，可从中得出两点结论：①射频发射机必须用大功率驱动天线，从而保证发射信号足够强，以便能传输较远距离；②射频接收机可以感应微弱的信号(例如当在地下室使用手机时，接收到的信号就非常弱)，并且由这小信号放大得来的信号有较少的噪声。

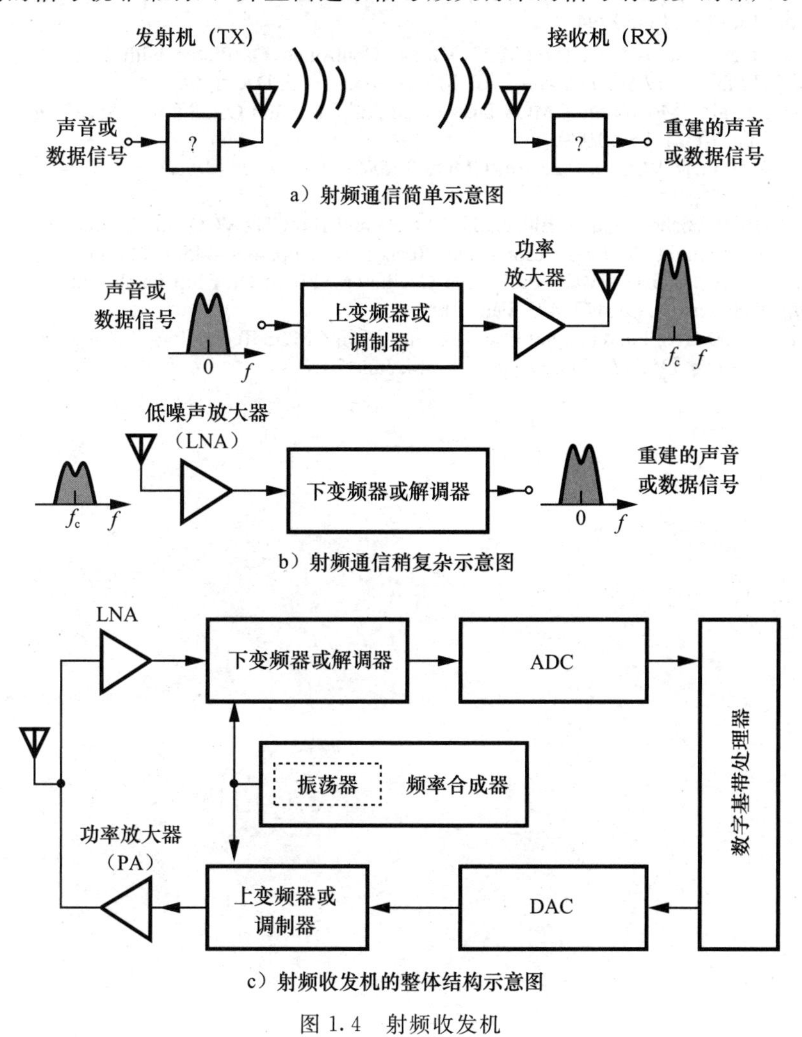

图1.4　射频收发机

在图1.4b中，待传输信号通过一个调制器或者上变频器，将其中心频率从基带频率升至某个较高频率(比如f_c=2.4GHz)。之后信号通过功率放大器(PA)驱动天线发射信号。在接收机端，低噪声放大器(LNA)感应信号，并将其送入下变频器或者解调器(也叫作检测器)。上变频器和下变频器由一个振荡器所驱动，振荡器的频率受“频率合成器”的控制。图1.4c给出了射频收发机的整体结构[㊀]，本书接下来的内容介绍射频设计部分。

㊀ 在有些情况下，调制器和上变频器是一个电路或者说是相同的。在另外一些情况下，数字领域中的调制器比上变频器出现的更早。大多数接收机可以检测和解调数字信号，所以在模拟领域中只需使用下变频器。

参考文献

[1] T. Yamawaki et al., "A 2.7-V GSM RF Transceiver IC," *IEEE J. Solid-State Circuits,* vol. 32, pp. 2089–2096, Dec. 1997.
[2] D. Kaczman et al., "A Single-Chip 10-Band WCDMA/HSDPA 4-Band GSM/EDGE SAW-less CMOS Receiver with DigRF 3G Interface and +90-dBm IIP2," *IEEE J. Solid-State Circuits,* vol. 44, pp. 718–739, March 2009.
[3] M. Banu, "MOS Oscillators with Multi-Decade Tuning Range and Gigahertz Maximum Speed," *IEEE J. Solid-State Circuits,* vol. 23, pp. 474–479, April 1988.
[4] B. Razavi et al., "A 3-GHz 25-mW CMOS Phase-Locked Loop," *Dig. of Symposium on VLSI Circuits*, pp. 131–132, June 1994.
[5] M. Soyuer et al., "A 3-V 4-GHz nMOS Voltage-Controlled Oscillator with Integrated Resonator," *IEEE J. Solid-State Circuits,* vol. 31, pp. 2042–2045, Dec. 1996.
[6] B. Kleveland et al., "Monolithic CMOS Distributed Amplifier and Oscillator," *ISSCC Dig. Tech. Papers,* pp. 70–71, Feb. 1999.
[7] H. Wang, "A 50-GHz VCO in 0.25-μm CMOS," *ISSCC Dig. Tech. Papers,* pp. 372–373, Feb. 2001.
[8] L. Franca-Neto, R. Bishop, and B. Bloechel, "64 GHz and 100 GHz VCOs in 90 nm CMOS Using Optimum Pumping Method," ISSCC Dig. Tech. Papers, pp. 444–445, Feb. 2004.
[9] E. Seok et al., "A 410GHz CMOS Push-Push Oscillator with an On-Chip Patch Antenna" *ISSCC Dig. Tech. Papers,* pp. 472–473, Feb. 2008.
[10] B. Razavi, "A 300-GHz Fundamental Oscillator in 65-nm CMOS Technology," *Symposium on VLSI Circuits Dig. Of Tech. Papers,* pp. 113–114, June 2010.

|Chapter 2| 第2章

射频电路设计中的基本概念

射频电路设计包括信号与系统、电磁学、微波理论和通信理论等不同领域的概念，并有特定的分析方法与语言。例如，尽管描述模拟电路非线性度的典型指标是“谐波失真”，但在射频电路中可以有多种不同的量化措施。

本章将介绍在分析和设计射频电路过程中必须掌握的一些基本概念，这些概念涵盖了模拟电路设计、微波理论和通信系统等领域。本章内容如下：

线性度

- 谐波失真
- 压缩
- 交调
- 动态非线性系统

噪声

- 噪声频谱
- 器件噪声
- 电路中的噪声

阻抗变换

- 串并联变换
- 匹配网络
- S参数

2.1 概述

2.1.1 射频电路设计中的单位

射频电路设计中沿用了一些单位以描述电路增益和信号电平。首先复习一下这些单位，这有助于在后面的学习中正确熟练地使用它们。

电压增益 V_{out}/V_{in}，以及功率增益 P_{out}/P_{in}，均使用分贝(dB)描述

$$A_V|_{dB}=20\lg\frac{V_{out}}{V_{in}} \tag{2.1}$$

$$A_P|_{dB}=10\lg\frac{P_{out}}{P_{in}} \tag{2.2}$$

只有当输入端和输出端阻抗相同时，A_V 和 A_P 才相等(以dB为单位)。例如，假定一个放大器的输入阻抗为 R_0(如50Ω)，放大器驱动的负载阻抗也为 R_0，则它们满足以下方程：

$$A_P|_{dB}=10\lg\frac{\dfrac{V_{out}^2}{R_0}}{\dfrac{V_{in}^2}{R_0}} \tag{2.3}$$

$$=20\lg\frac{V_{out}}{V_{in}} \tag{2.4}$$

$$=A_V|_{dB} \tag{2.5}$$

式中，V_{out} 和 V_{in} 为方均根值(有效值)。但是在许多射频系统中输入输出阻抗并不相等，因此这种关系也并不成立。

对于绝对信号电平，通常使用单位dBm进行描述，而不是瓦特或伏特。功率数可以用

dBm来表示，dBm定义为相对于“1mW”的dB值。以dBm为单位，信号功率 P_{sig} 可表示为：

$$P_{sig}|_{dBm}=10\lg\left(\frac{P_{sig}}{1mW}\right) \tag{2.6}$$

例2.1 放大器的输入为正弦信号，并传输0dBm功率至50Ω负载，求负载上的电压峰峰值摆幅。

解：因为0dBm等于1mW，设正弦信号的峰峰值为 V_{pp}，可得其均方根值为 $V_{pp}/(2\sqrt{2})$，列出如下方程：

$$\frac{V_{pp}^2}{8R_L}=1mW \tag{2.7}$$

式中，$R_L=50\Omega$，因此，

$$V_{pp}=632mV \tag{2.8}$$

这是一个非常有用的结论，下一个例子可以证实这一点。◀

例2.2 一个GSM接收机的输入信号电平为−100dBm的窄带信号(已调制)。如果前端放大器的增益为15dB，请计算放大器输出信号的电压峰峰值。

解：要求解放大器输出电压，首先将接收信号的电平转化为电压。根据例2.1中的结论可知，−100dBm表示比632mV(峰峰值)还要低100dB，而电压量的100dB等于10^5。因此，−100dBm等于6.32μV(峰峰值)。该输入信号通过增益为15dB(≈5.26)的放大器放大，可得信号的电压输出摆幅为35.5μV(峰峰值)。◀

读者也许会好奇，为什么在以上例子中会关注放大器的输出**电压**，因为如果放大器的后一级电路的输入阻抗不等于50Ω，以dB为单位时，电路的功率增益和电压增益并不相等。事实上，下一级电路可能表现出**纯容性**阻抗，从而不需要信号“功率”。这种情况在模拟电路设计中更为常见，如前一级电路驱动下一级电路中晶体管的栅极。如将在第5章中说明的，在大多数射频电路中，我们更希望使用电压量而不是功率量，因为当出现级联级之间输入和输出阻抗不相等或其他可忽略因素时，这样做可以避免不必要的困扰。

读者可能还会好奇，尽管上例中的输入信号不是一个纯粹的正弦信号，为什么仍可以假定0dBm等于632mV(峰峰值)。毕竟，只有对于正弦信号，才可以假定它的方均根值等于其峰峰值除以 $2\sqrt{2}$。幸运的是，对于一个窄带0dBm的信号，仍可以将其(平均)峰峰值近似为632mV。

尽管dBm是一个功率单位，有时也可以将其用于非功率传输的转接电路。例如图2.1a给出的例子，LNA输出一个摆幅为632mV(峰峰值)的信号来驱动一个纯容性负载，传输的平均功率为0。如果在节点 X 处加入一个理想电压缓冲器并且驱动50Ω负载，如图2.1b所示。可以认为节点 X 的信号电平为0dBm，也就是说，如果这个信号驱动50Ω负载，它将提供1mW的功率。

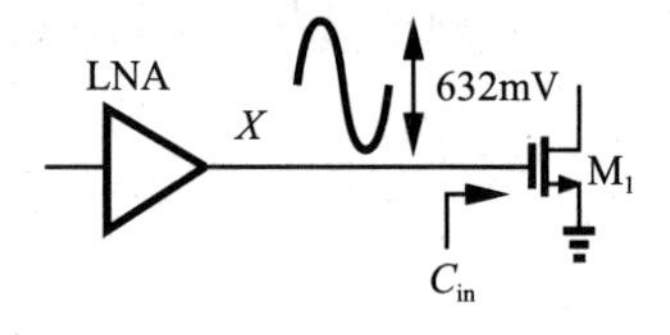

a）LNA驱动容性阻抗

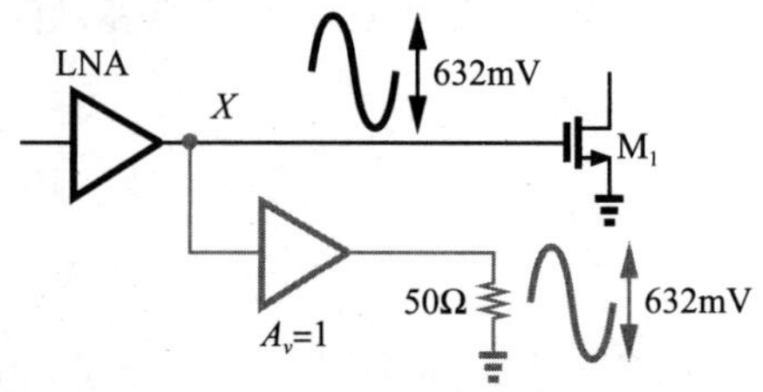

b）使用虚拟缓冲器使信号电平用dBm单位进行更形象的描述

图2.1

2.1.2 时变

如果一个系统的输出可以表示为每个输入对应响应的线性组合(叠加)，则称该系统是

线性的。更具体地说，如果对于输入信号 $x_1(t)$和 $x_2(t)$，输出响应可以表示为

$$y_1(t)=f[x_1(t)] \tag{2.9}$$

$$y_2(t)=f[x_2(t)] \tag{2.10}$$

那么

$$ay_1(t)+by_2(t)=f[ax_1(t)+bx_2(t)] \tag{2.11}$$

式中，a 和 b 可以为任意值。任何不满足该关系式的系统均为非线性系统。根据该定义，需要注意的是，非 0 初始条件或电路的直流偏移都会导致系统变成非线性系统，但是在实际应用中，通常忽略这两个因素的影响。

另一个容易与非线性混淆的概念是“时变”。在一个系统中，输入的时间移位仅仅使输出也产生同样的时间移位，则该系统为时不变系统。也就是说，对于任意 τ 如果 $y(t)=f[x(t)]$，那么 $y(t-\tau)=f[x(t-\tau)]$。

在射频电路中，时变起着至关重要的作用，并且绝不能与非线性相混淆。下面用一个简单的开关电路来举例说明，如图 2.2a 所示。开关的控制端由信号 $v_{in1}(t)=A_1\cos\omega_1 t$ 驱动，输入端由 $v_{in2}(t)=A_2\cos\omega_2 t$ 驱动。假设当 $v_{in1}>0$ 时，开关导通，其余时刻断开。这个系统是非线性的还是时变的？正如图 2.2b 描述的，如果假定输入由 v_{in1} 决定(v_{in2} 是系统的一部分并且仍然等于 $A_2\cos\omega_2 t$)，则这个系统是非线性的，因为控制端仅仅对信号 v_{in1} 的极性敏感，而与其幅值无关。这个系统同样也是时变的，因为输出取决于 v_{in2}。例如，如果 v_{in1} 是连续的且大于 0，则 $v_{out}(t)=v_{in2}(t)$；如果 v_{in1} 是连续的且小于 0，则 $v_{out}(t)=0$(为什么？)。

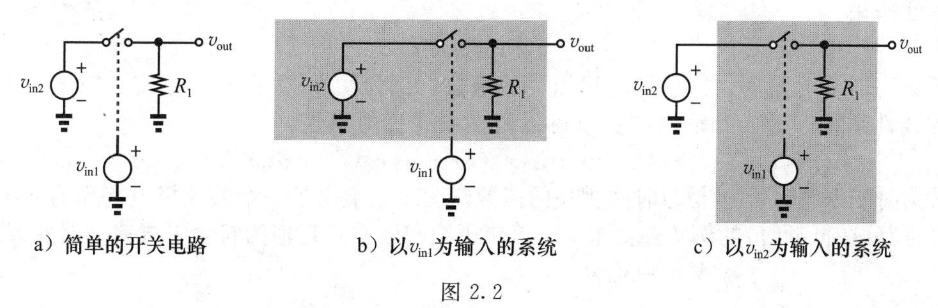

a）简单的开关电路　　b）以v_{in1}为输入的系统　　c）以v_{in2}为输入的系统

图 2.2

图 2.2c 中的例子，假定输入由 v_{in2} 决定(v_{in1} 是系统的一部分并且仍然等于 $A_1\cos\omega_1 t$)，这个系统(关于 v_{in2})是线性的。例如，如果 v_{in2} 的幅值增大一倍，则输出也会增大一倍。但由于 v_{in1} 的影响，该系统仍是时变的。

例 2.3 如果 $v_{in1}(t)=A_1\cos\omega_1 t$，$v_{in2}(t)=A_2\cos(1.25\omega_1 t)$，画出图 2.2a 所示电路的输出波形。

解： 得到图 2.3 所示的输出波形，当 $v_{in1}>0$ 时，v_{out} 跟随 v_{in2} 变化，当 $v_{in1}<0$ 时，v_{out} 被电阻 R_1 拉至低电平 0，也就是说，v_{out} 由 v_{in2} 和一个电平在 0 与 1 之间切换的方波相乘得到。◀

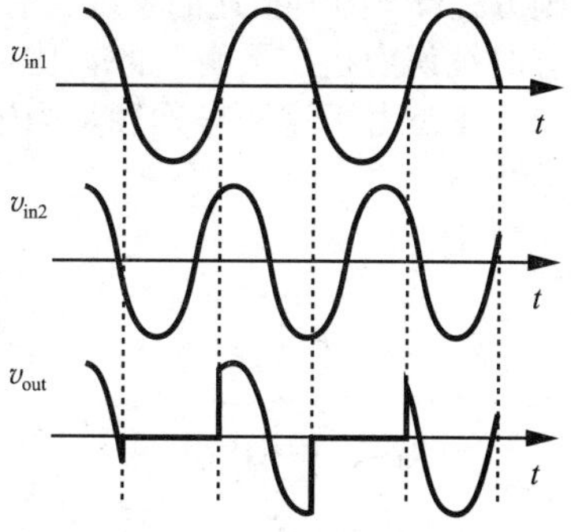

图 2.3　输出波形

在第 6 章中将进一步学习图 2.2a 给出的电路，从上述内容可总结出一些重要的结论。首先，开关系统是非线性系统的说法是不确切的。其次，若一个线性系统时变，那么它可以产生输入中不存在的频率分量。

$$v_{out}(t)=v_{in2}(t)\cdot S(t) \tag{2.12}$$

式中，$S(t)$表示频率为 $f_1=\omega_1/(2\pi)$，在 0 与 1 电平间切换的方波。输出频谱由 $v_{in2}(t)$和 $S(t)$频谱的卷积得到。由于方波的频谱等于一系列的脉冲，脉冲的幅值为 sinc 包络线，则有：

$$V_{\text{out}}(f)=V_{\text{in2}}(f)*\sum_{n=-\infty}^{+\infty}\frac{\sin(n\pi/2)}{n\pi}\delta\left(f-\frac{n}{T_1}\right) \tag{2.13}$$

$$=\sum_{n=-\infty}^{+\infty}\frac{\sin(n\pi/2)}{n\pi}V_{\text{in2}}\left(f-\frac{n}{T_1}\right) \tag{2.14}$$

式中，$T_1=2\pi/\omega_1$。图2.4形象地描述了上式的操作[⊖]，给出了v_{in2}在0频率附近的频谱图。

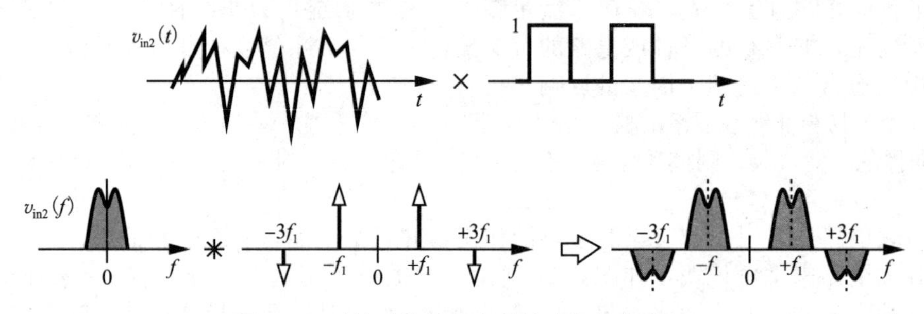

图2.4　时域下的乘积和频域中的相应卷积

2.1.3　非线性

如果一个系统的输出不依赖于其输入上一时刻的值(或输出本身上一时刻的值)，则该系统被称为“非记忆”或“静态”系统。对于一个非记忆线性系统，其输入输出的关系可以由下式给出：

$$y(t)=\alpha x(t) \tag{2.15}$$

当该系统为时变系统时，α是与时间相关的函数，例如图2.2c所示的系统。对于一个非记忆性非线性系统，输入和输出的关系可以由多项式近似描述：

$$y(t)=\alpha_0+\alpha_1 x(t)+\alpha_2 x^2(t)+\alpha_3 x^3(t)+\alpha_j x^j(t)+\cdots \tag{2.16}$$

当系统为时变系统时，α_j是与时间相关的函数。图2.5给出了一个共源极电路作为非记忆性非线性电路(在低频时)的例子。如果M_1工作于饱和区并且近似为符合平方律的器件，则有：

$$V_{\text{out}}=V_{\text{DD}}-I_{\text{D}}R_{\text{D}} \tag{2.17}$$

$$=V_{\text{DD}}-\frac{1}{2}\mu_{\text{n}}C_{\text{ox}}\frac{W}{L}(V_{\text{in}}-V_{\text{TH}})^2R_{\text{D}} \tag{2.18}$$

在这种理想情况下，电路只显示出二阶非线性特性。

若输出$y(t)$是输入$x(t)$的奇函数，也就是说$+x(t)$的响应与$-x(t)$的响应呈相反极性，则方程(2.16)所描述的系统具有“奇对称”特性，这需要j为偶数时，$\alpha_j=0$。这样的系统有时被认为是“平衡”的，比如图2.6a所示的差分对。回忆一下基本的模拟电路设计知识，正是由于这种对称性，当输入从负到正变化时，电路呈现出图2.6b所示的特性。

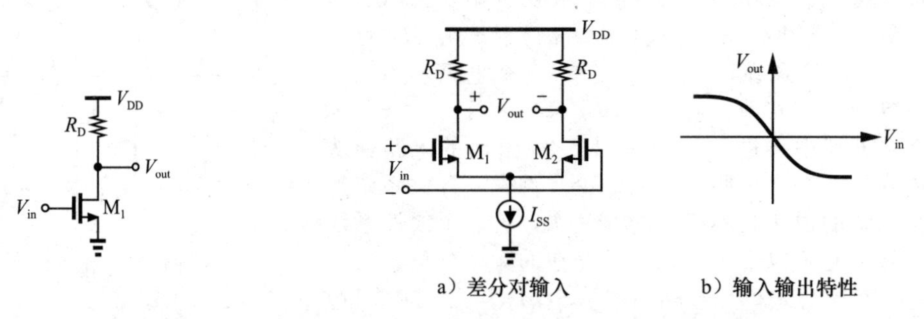

图2.5　共源极电路　　　　图2.6　差分对电路

⊖　记住这一点是有用的，当$n=1$时，上述每个脉冲具有$1/\pi$的面积，对应为时域中摆幅为$2/\pi$的正弦波。

例 2.4 对于工作在饱和区并遵循平方律的MOS晶体管，图2.6b所示的特性可以表示为[1]

$$V_{out}=-\frac{1}{2}\mu_n C_{ox}\frac{W}{L}V_{in}\sqrt{\frac{4I_{SS}}{\mu_n C_{ox}\frac{W}{L}}-V_{in}^2}R_D \tag{2.19}$$

如果输入差分小信号，请用多项式来描述其输出特性。

解：对 $4I_{SS}/(\mu_n C_{ox}W/L)$ 因式分解，并且设

$$V_{in}^2 << \frac{4I_{SS}}{\mu_n C_{ox}\frac{W}{L}} \tag{2.20}$$

由 $\sqrt{1-\varepsilon}\approx 1-\frac{\varepsilon}{2}$ 可得：

$$V_{out}\approx-\sqrt{\mu_n C_{ox}\frac{W}{L}I_{SS}}V_{in}\left(1-\frac{\mu_n C_{ox}\frac{W}{L}}{8I_{SS}}V_{in}^2\right)R_D \tag{2.21}$$

$$\approx-\sqrt{\mu_n C_{ox}\frac{W}{L}I_{SS}}R_D V_{in}+\frac{\left(\mu_n C_{ox}\frac{W}{L}\right)^{3/2}}{8\sqrt{I_{SS}}}R_D V_{in}^3 \tag{2.22}$$

式中，右边的第一项描述了输入输出之间的线性关系，电路的小信号电压增益为 $-g_m R_D$。由于对称性，偶阶非线性项已抵消。有趣的是，本例的平方律器件显示出了三阶特性。第5章会重点讨论该现象。◀

如果一个系统的输出与它的前一时刻的输入或输出值相关，则称该系统为动态系统。对于一个线性、时不变、动态系统有：

$$y(t)=h(t)*x(t) \tag{2.23}$$

式中，$h(t)$ 代表脉冲响应。如果动态系统是线性时变系统，其脉冲响应取决于初始时间。如果 $\delta(t)$ 产生 $h(t)$，则 $\delta(t-\tau)$ 产生 $h(t-\tau)$。因此

$$y(t)=h(t,\tau)*x(t) \tag{2.24}$$

最后，如果一个系统既是非线性的，又是动态的，它的冲击响应可以由一个Volterra级数来近似。

2.2 非线性的影响

尽管在小信号输入的情况下，模拟电路和射频电路可以近似为一个线性模型，但是，小信号模型无法预测一些由于非线性特性产生的有趣而且重要的现象。本节研究非记忆性系统中的这些现象，在该系统中，其输入/输出特性可以被近似为㊀

$$y(t)\approx\alpha_1 x(t)+\alpha_2 x^2(t)+\alpha_3 x^3(t) \tag{2.25}$$

读者需要注意，当存在储能元件(动态非线性)和高阶非线性特性时，需要仔细审查这些因素的影响，以确保式(2.25)仍然合理。把 α_1 视为系统的小信号增益是因为另外两个因素的影响在小信号输入下可以忽略不计。例如，在式(2.22)中，$\alpha_1=-\sqrt{\mu_n C_{ox}(W/L)I_{SS}}R_D$。

本节所描述的非线性效应主要来自式(2.25)中的三阶项。二阶项的影响也会体现在某些类型的接收机中，将在第4章讨论该问题。

㊀ 注意，该表达式应该被理解为可与目标信号摆幅相匹配，而不是作为一个在 $x=0$ 处的泰勒展开式展开。这两者的不同会给 α_j 带来微小差异。

2.2.1 谐波失真

如果一个正弦信号作用于非线性系统，其输出的信号频率通常会包含输入信号频率整数倍的频率分量。在式(2.25)中，如果 $x(t)=A\cos\omega t$，则有：

$$y(t)=\alpha_1 A\cos\omega t+\alpha_2 A^2\cos^2\omega t+\alpha_3 A^3\cos^3\omega t \tag{2.26}$$

$$=\alpha_1 A\cos\omega t+\frac{\alpha_2 A^2}{2}(1+\cos2\omega t)+\frac{\alpha_3 A^3}{4}(3\cos\omega t+\cos3\omega t) \tag{2.27}$$

$$=\frac{\alpha_2 A^2}{2}+\left(\alpha_1 A+\frac{3\alpha_3 A^3}{4}\right)\cos\omega t+\frac{\alpha_2 A^2}{2}\cos2\omega t+\frac{\alpha_3 A^3}{4}\cos3\omega t \tag{2.28}$$

在式(2.28)中，右边的第一项是由二阶非线性引起的直流分量，第二项为基波分量，第三项为二次谐波分量，第四项为三次谐波分量。有时偶数阶非线性项会引起直流失调。

从以上拓展中，可以得到两个结论：第一，偶次谐波项的系数 α_j 中的 j 为偶数，并且当系统具有奇对称性时，偶次谐波项会消失，例如在全差分电路中。然而在实际应用中，电路中随机存在的不匹配会影响其对称性，所以会产生有限的偶次谐波。第二，在式(2.28)中，二次和三次谐波的幅值分别正比于 A^2 和 A^3。因此，可说 n 阶谐波分量幅值与 A^n 成正比。

在许多射频电路中，谐波失真并不重要，或者说它是一个与非线性效应无关的指标。比如，一个工作频率为2.4GHz的放大器产生了一个4.8GHz的二次谐波，这个二次谐波在窄带电路中会被很好地抑制。尽管如此，设计中仍需仔细考虑谐波失真是否可以被忽略。下面的例子正说明了这一点。

例2.5 如图2.7所示，模拟混频器对其两个输入进行“混频”。理想情况下，$y(t)=kx_1(t)x_2(t)$，式中 k 为常数[⊖]。设 $x_1(t)=A_1\cos\omega_1 t$，$x_2(t)=A_2\cos\omega_2 t$。

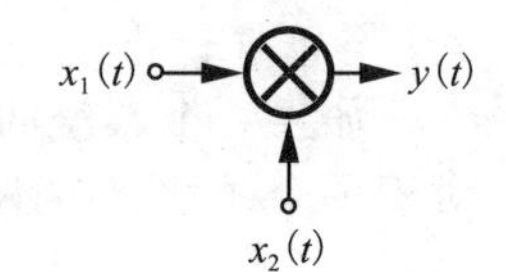

图2.7 模拟乘法器

(1) 如果混频器是理想的，计算输出信号的频率组成。

(2) 如果输入 $x_2(t)$ 具有三阶非线性，计算输出信号的频率组成。

解：(1) 现有

$$y(t)=k(A_1\cos\omega_1 t)(A_2\cos\omega_2 t) \tag{2.29}$$

$$=\frac{kA_1A_2}{2}\cos(\omega_1+\omega_2)t+\frac{kA_1A_2}{2}\cos(\omega_1-\omega_2)t \tag{2.30}$$

因此，输出信号中包含输入信号频率之和与输入信号频率之差两组分量，这些可以认为是期望频率。

(2) 将 $x_2(t)$ 的三阶谐波表示为 $(\alpha_3 A_2^3/4)\cos3\omega_2 t$，可得：

$$y(t)=k(A_1\cos\omega_1 t)\left(A_2\cos\omega_2 t+\frac{\alpha_3 A_2^3}{4}\cos3\omega_2 t\right) \tag{2.31}$$

$$=\frac{kA_1A_2}{2}\cos(\omega_1+\omega_2)t+\frac{kA_1A_2}{2}\cos(\omega_1-\omega_2)t+$$

$$\frac{k\alpha_3 A_1A_2^3}{8}\cos(\omega_1+3\omega_2)t+\frac{k\alpha_3 A_1A_2^3}{8}\cos(\omega_1-3\omega_2)t \tag{2.32}$$

现在，混频器的输出包含两个“衍生”的频率分量，分别为 $\omega_1+3\omega_2$ 和 $\omega_1-3\omega_2$，这有可能对电路性能产生影响。例如，如果 $\omega_1=2\pi\times(850\text{MHz})$，$\omega_2=2\pi\times(900\text{MHz})$，则 $|\omega_1-3\omega_2|=2\pi\times(1850\text{MHz})$，这个“无用”的频率分量很接近 $\omega_1+\omega_2=2\pi\times1750\text{MHz}$ 的期望频率，难以被滤除。◀

⊖ 参数 k 用来确保 $y(t)$ 具有合适的幅值大小。

例 2.6 一个工作在 900MHz GSM 手机中的发射机，向天线传输 1W 的功率。请解释谐波失真在该例中产生的影响。

解： 二次谐波落入了另一个带宽中心频率约为 1800MHz 的 GSM 手机带宽内，并且它要足够小，以至于可以忽略其对该频段中其他用户的影响。三次、四次、五次谐波并未与任何通用频段重合，但是同样必须低于国家监管机构的每个规定值。六次谐波落入中心频率为 5GHz 的频段，该频段被用于无线局域网（WLAN），比如，笔记本电脑。图 2.8 显示了这些谐波分量的分布。◀

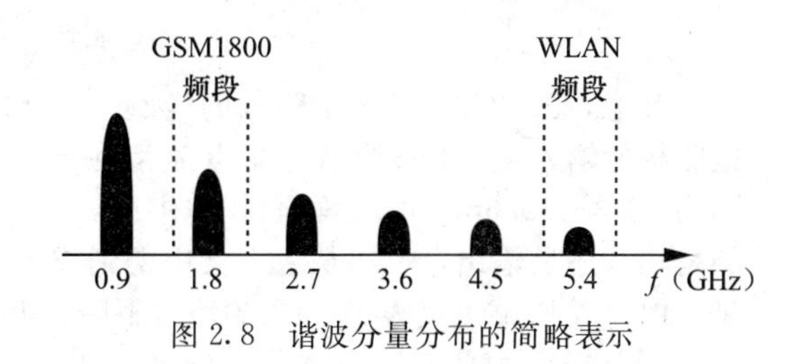

图 2.8　谐波分量分布的简略表示

2.2.2　增益压缩

在计算电路的小信号增益时，通常假设谐波对它的影响可以忽略。然而，如式(2.28)中的谐波方程所示，信号 $A\cos\omega t$ 所获得的增益等于 $\alpha_1+3\alpha_3A^2/4$，并且随着 A 越大，增益变化得越明显[⊖]。我们必须要问，α_1 和 α_3 的符号相同还是相反？回到式(2.25)所示的三阶多项式，注意到，如果 $\alpha_1\alpha_3>0$，则在 x 为较大值时，不论 α_2 是正还是负，$\alpha_1+\alpha_3x^3$ 的值将足够大，以至于可以忽略 α_2x^2 项，并产生如图 2.9a 所示的膨胀特性曲线。例如，一个工作于正向有源区的理想双极型晶体管产生与 $\exp(V_{BE}/V_T)$ 成比例的集电极电流，就会出现上述“膨胀”现象。换句话说，如果 $\alpha_1\alpha_3<0$，对足够大的 x，α_3x^3 项会使原输出曲线像图 2.9b 一样“弯曲”，导致产生“压缩”现象，即增益会随输入信号幅值的增大而减小。例如，如图 2.6 所示的差分对电路，当式(2.22)中第二项变得与第一项相当时，差分对就会出现“压缩”现象。由于大多数我们感兴趣的 RF 电路都会受到增益压缩问题的影响，后面会重点关注这类问题。

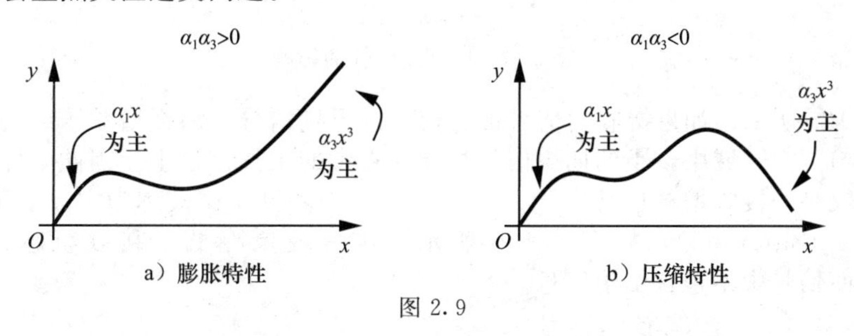

a）膨胀特性　　b）压缩特性

图 2.9

当 $\alpha_1\alpha_3<0$ 时，式(2.28)中对于信号 $A\cos\omega t$ 的增益随 A 的增大而减小。我们用“1dB 增益压缩点”来量化该效应，定义为电路增益下降 1dB 的输入信号电平值。如果使用对数坐标系来表示系统的输入和输出信号幅度，A_{out} 比它的理想值下降 1dB 所对应的就是 1dB 压缩点 $A_{in,1dB}$，如图 2.10 所示。请注意：①这里的 A_{in} 和 A_{out} 为电压量，但是 1dB 增益压缩点也可以用功率量来表示；②1dB 增益压缩点也可以使用 $A_{out,1dB}$ 出现时的输出电平来定义。输入和输出压缩点在接收路径和传输路径里通常是相关的。

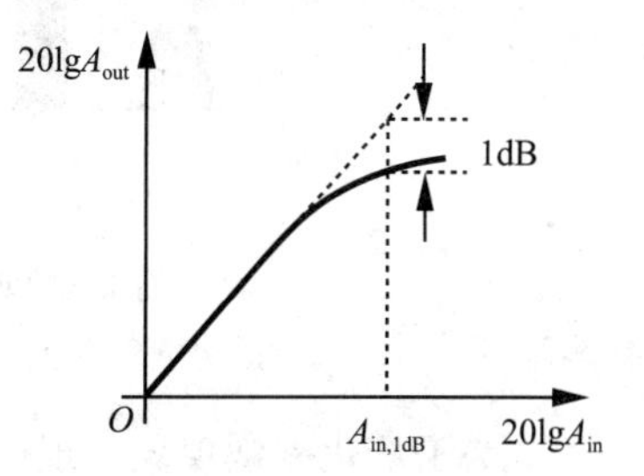

图 2.10　1dB 增益压缩点的定义

为了计算输入 1dB 增益压缩点，计算增益压缩 $\alpha_1+(3\alpha_3/4)A^2_{in,1dB}$，它等于理想增益 α_1 减去 1dB，即：

⊖　该影响类似于非线性，也可以被看成输入电平的变化，将导致输入输出特性曲线的斜率变化。

$$20\lg\left|\alpha_1+\frac{3}{4}\alpha_3 A_{in,1dB}^2\right|=20\lg|\alpha_1|-1dB \tag{2.33}$$

由此可得：

$$A_{in,1dB}=\sqrt{0.145\left|\frac{\alpha_1}{\alpha_3}\right|} \tag{2.34}$$

注意，式(2.34)给出了输入的峰值(不是峰峰值)。对此，也可以用 P_{1dB} 来表示，在射频接收机的输入端，1dB增益压缩点通常在－20～－25dBm范围内(在负载为50Ω的系统中，即为63.2～35.6mV的峰峰值)。本书中，A_{1dB} 和 P_{1dB} 这两个量可以交换使用。它们究竟指的是输入还是输出，可以从上下文中得到或者明确说明。尽管增益下降1dB似乎很随意，但是1dB增益压缩点代表了10%的增益下降，并且广泛应用于射频电路和系统的设计中。

增益压缩为什么这么重要？毕竟，如果一个信号足够大，可以减小接收机的增益，那么它也一定远高于接收机的噪声，从而很容易被探测到。事实上，对于一些调制方案，这种说法是有道理的，并且接收机的压缩是无害的。例如，图2.11a所描述的，一个振幅里没有调频信号可以无视增益压缩的影响(即幅值限制)。另一方面，如图2.11b所示，振幅里的调制方案则会因为增益压缩而产生失真。这个问题在接收机和发射机中都会出现。

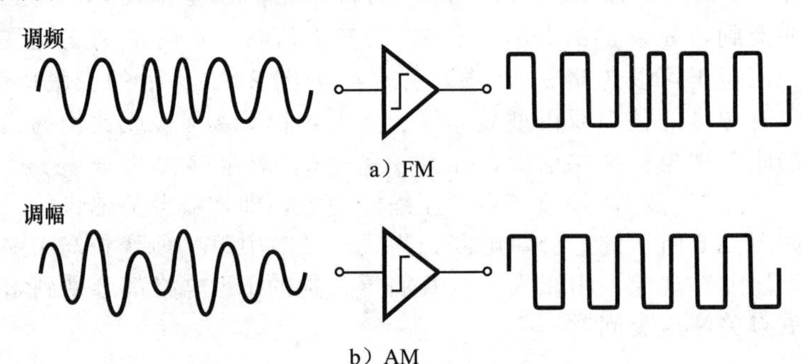

图2.11　压缩非线性的影响

如图2.12a所示，如果接收的信号带有较大的干扰信号，那么增益压缩会带来另外一个不利的影响。在时域中，小的期望信号被叠加在大的干扰信号上。因此，即使期望信号本身的幅值较小，接收增益也会由于大的干扰信号而降低，这被称为“灵敏度降低”(也叫减敏，Desensitization)，如图2.12b所示。这一现象降低了接收机输出的信噪比(SNR)，即使信号中不包含幅值信息。

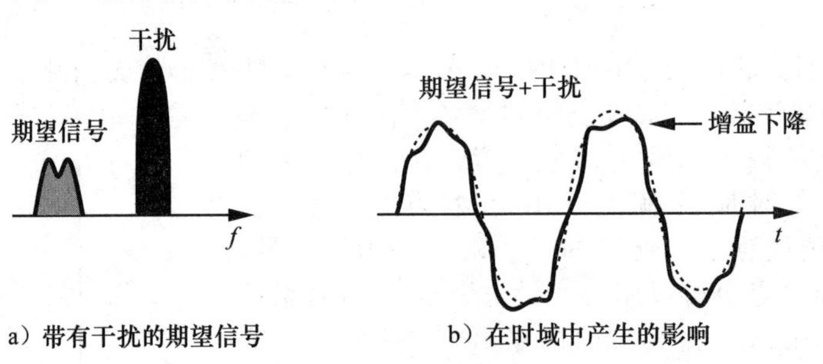

图2.12　增益压缩的影响

为了量化减敏现象，现假设 $x(t)=A_1\cos\omega_1 t+A_2\cos\omega_2 t$，其中第一项和第二项分别代表了期望信号和干扰信号。将式(2.25)中的三阶特性代入，输出信号可以表示为

$$y(t)=\left(\alpha_1+\frac{3}{4}\alpha_3 A_1^2+\frac{3}{2}\alpha_3 A_2^2\right)A_1\cos\omega_1 t+\cdots \tag{2.35}$$

注意，上式忽略了 α_2。若 $A_1\ll A_2$，上式可以简化为

$$y(t)=\left(\alpha_1+\frac{3}{2}\alpha_3A_2^2\right)A_1\cos\omega_1t+\cdots \tag{2.36}$$

因此，期望信号所获得的增益为 $\alpha_1+\frac{3}{2}\alpha_3A_2^2$，当 $\alpha_1\alpha_3<0$ 时，增益是关于 A_2 的减函数。事实上，对于足够大的 A_2，增益会下降至零，这时候认为信号被“阻塞”了。在射频设计中，“阻塞信号”是指降低电路灵敏度的干扰信号，即使干扰信号没有使增益下降至零。一些射频接收机必须能够承受比所需信号大 60～70dB 的阻塞信号。

例 2.7 一个 900MHz 的 GSM 发射机向天线传输 1W 的功率。我们需要把二次谐波抑制（滤除）到什么程度，才能保证 P_{1dB} 为 −25dBm 的 1.8GHz 的接收机灵敏度不会降低？假设发射机与接收机的距离为 1m，如图 2.13 所示，并且 1.8GHz 的信号通过这段距离后衰减 10dB。

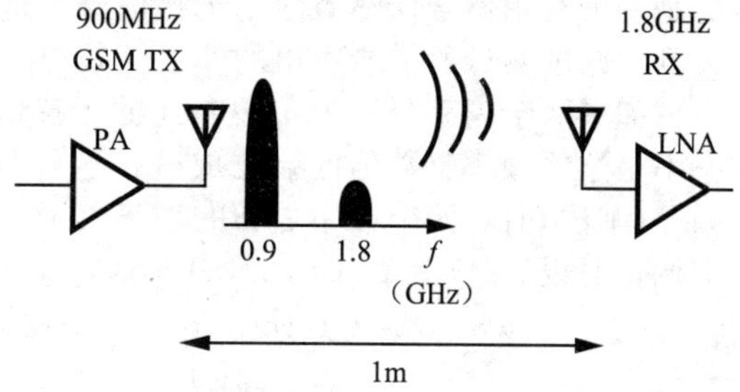

图 2.13　蜂窝系统中的 TX 和 RX

解： 900MHz 的输出功率为 +30dBm。由于有 10dB 衰减，所以发射机天线上的二次谐波一定不能超过 −15dBm，从而可让它在接收机的 P_{1dB} 以下。因此，二次谐波分量在 TX 输出端至少应比基本输出信号低 45dB。在实际应用中，干扰还必须再下降几 dB，以保证 RX 不被压缩。◀

2.2.3　互调

当一个弱信号和强干扰同时通过一个非线性系统时，会有另一种现象发生，即干扰对信号的调制，这种现象称为互调。互调可以由式(2.36)描述，式中 A_2 的变化影响了信号在 ω_1 处的振幅。比如，假设干扰是调幅信号 $A_2(1+m\cos\omega_mt)\cos\omega_2t$，其中 m 为常数，ω_m 表示调制频率。式(2.36)的变换如下：

$$y(t)=\left[\alpha_1+\frac{3}{2}\alpha_3A_2^2\left(1+\frac{m^2}{2}+\frac{m^2}{2}\cos2\omega_mt+2m\cos\omega_mt\right)\right]A_1\cos\omega_1t+\cdots \tag{2.37}$$

换句话说，输出端的有用信号在 ω_m 和 $2\omega_m$ 处均被调幅，图 2.14 描述了这种影响。

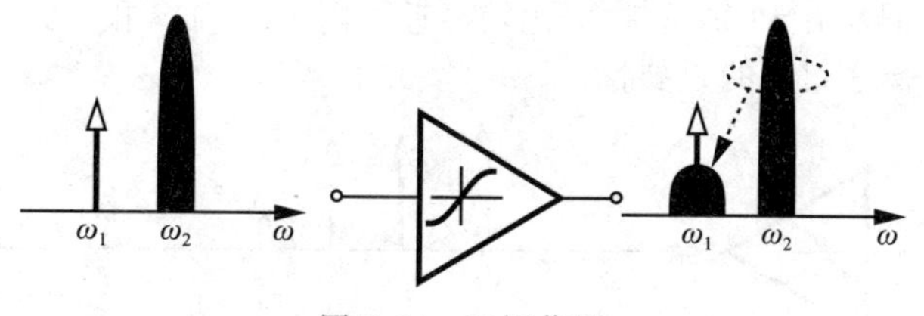

图 2.14　互调作用

例 2.8 假设一个干扰包含相位调制，不包含幅值调制，在这种情况下会出现互调吗？

解： 将输入信号表示为 $x(t)=A_1\cos\omega_1t_1+A_2\cos(\omega_2t+\phi)$，其中第二项代表干扰，$A_2$ 为常数，但是 ϕ 随时间变化，结合式(2.25)的三阶多项式，得：

$$y(t)=\alpha_1[A_1\cos\omega_1t+A_2\cos(\omega_2t+\phi)]+\alpha_2[A_1\cos\omega_1t+A_2\cos(\omega_2t+\phi)]^2+\alpha_3[A_1\cos\omega_1t+A_2\cos(\omega_2t+\phi)]^3 \tag{2.38}$$

注意到：①二阶项产生的频率分量是在 $\omega_1\pm\omega_2$ 处而不是 ω_1 处；②三阶项扩大了 $3\alpha_3A_1\cos\omega_1tA_2^2\cos^2(\omega_2t+\phi)$，根据 $\cos^2x=(1+\cos2x)/2$，可得 ω_1 处的信号分量。因此

$$y(t)=\left(\alpha_1+\frac{3}{2}\alpha_3A_2^2\right)A_1\cos\omega_1t+\cdots \tag{2.39}$$

有趣的是，有用信号在 ω_1 处并没有经历互调。这是因为调相干扰不会在静态非线性系统中产生互调，但是动态非线性系统可能不遵循该规律。◀

互调一般出现在需要同时处理多个通信信道的放大器中，例如有线电视发射机和使用“正交频分复用(OFDM)”技术的系统。本书将在第3章介绍OFDM。

2.2.4 交调

在对非线性的研究中，我们已经深入考虑了单输入信号(如谐波失真)，或者一个弱信号伴随着大的干扰信号(如减敏)的情况。在射频电路设计中，另外一种让我们感兴趣的情况是一个有用信号伴随着两个干扰信号。这种现象会出现在实际应用中，而且体现出谐波失真和减敏测试所描绘不出的非线性效应。

如果两个频率分别为 ω_1 和 ω_2 的干扰信号作用于一个非线性系统，输出通常会出现频率不是这些频率整数倍的谐波成分，这种现象称为“交调”(IM)。当两个频率成分“混频”(乘法)时，两个频率之和的功率大于1时就会出现交调。为了理解式(2.25)怎么导致交调，假设 $x(t)=A_1\cos\omega_1 t+A_2\cos\omega_2 t$，可得：

$$y(t)=\alpha_1(A_1\cos\omega_1 t+A_2\cos\omega_2 t)+\alpha_2(A_1\cos\omega_1 t+A_2\cos\omega_2 t)^2+\alpha_3(A_1\cos\omega_1 t+A_2\cos\omega_2 t)^3 \tag{2.40}$$

将等号右边的项展开并摒弃直流项、谐波项及频率在 $\omega_1\pm\omega_2$ 处的成分，得到的“交调项”如下式所示：

$$\omega=2\omega_1\pm\omega_2：\ \frac{3\alpha_3A_1^2A_2}{4}\cos(2\omega_1+\omega_2)t+\frac{3\alpha_3A_1^2A_2}{4}\cos(2\omega_1-\omega_2)t \tag{2.41}$$

$$\omega=2\omega_2\pm\omega_1：\ \frac{3\alpha_3A_1A_2^2}{4}\cos(2\omega_2+\omega_1)t+\frac{3\alpha_3A_1A_2^2}{4}\cos(2\omega_2-\omega_1)t \tag{2.42}$$

以及下面这些基本项：

$$\omega=\omega_1,\ \omega_2：\ \left(\alpha_1A_1+\frac{3}{4}\alpha_3A_1^3+\frac{3}{2}\alpha_3A_1A_2^2\right)\cos\omega_1 t+\left(\alpha_1A_2+\frac{3}{4}\alpha_3A_2^3+\frac{3}{2}\alpha_3A_2A_1^2\right)\cos\omega_2 t \tag{2.43}$$

图2.15描述了该结果。其中，$2\omega_1-\omega_2$ 和 $2\omega_2-\omega_1$ 频率处的三阶交调项是我们特别感兴趣的。这是因为，如果 ω_1 和 ω_2 的频率比较接近，则 $2\omega_1-\omega_2$ 和 $2\omega_2-\omega_1$ 会出现在 ω_1 和 ω_2 的附近。下面解释这句话的重要性。

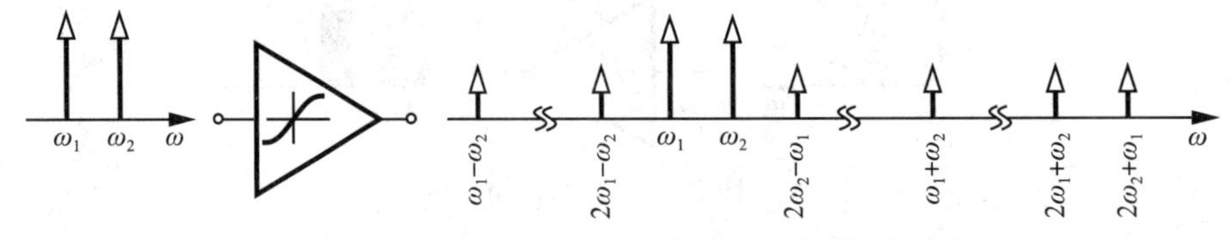

图2.15 双音(two-tone)测试中产生的各种交调分量

假设天线接收到了频率为 ω_0 的有用信号，以及两个频率分别为 ω_1 和 ω_2 的强干扰信号，将这组信号加至低噪声放大器，如图2.16所示。假设干扰信号的频率刚好满足 $2\omega_1-\omega_2=\omega_0$。因此，交调产生于 $2\omega_1-\omega_2$ 处并恰好落入有用信道，导致信号变差。

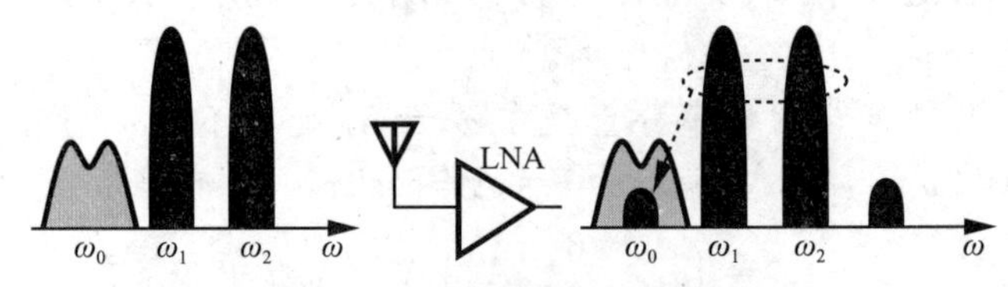

图2.16 三阶交调导致信号变差

例 2.9 在图 2.17 中，假设 4 位蓝牙用户在一个房间中进行操作，用户 4 在接收模式下尝试接收用户 1 发出的频率为 2.410GHz 的微弱信号。同时，用户 2 和用户 3 分别在 2.420GHz 和 2.430GHz 下传输数据。解释会发生什么现象。

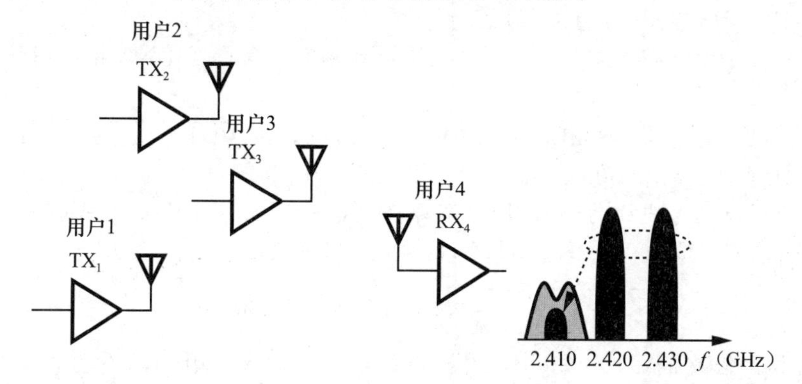

图 2.17　多发射机情况下的蓝牙接收机

解：由于用户 1、用户 2、用户 3 的传输频率刚好具有相同的间隔，RX_4 中 LNA 产生的交调信号会干扰 2.410GHz 处的有用信号。◀

读者此时可能会提出很多问题：①分析交调时，使干扰信号为纯(未经调制)正弦波，也称其为“音(tone)”信号。然而在图 2.16 和图 2.17 中，干扰是经过调制的，这两者具有一致性吗？②增益压缩和减敏(P_{1dB})也可以用来描述交调吗？还是需要其他非线性的描述方法？③为什么不能简单地使用滤波器滤除干扰，从而使接收机免受交调影响？下面首先回答前两个问题，第 3 个问题将在第 4 章讨论。

如图 2.18a 所示，对于窄带信号，有时将它们的能量“压缩”成一个脉冲，更有助于我们的分析，也就是使用与它们功率相等的脉冲代替窄带信号。做这个近似时必须小心谨慎：如果用于研究增益压缩，自然可以得到准确的结果；但是如果用于研究互调，该方法将失去作用。在交调分析中，按以下步骤进行：①将干扰信号用脉冲近似；②计算输出端的交调电平；③将得到的交调信号再转化为调制信号，以便观察干扰成分[⊖]。整体步骤如图 2.18b 所示。

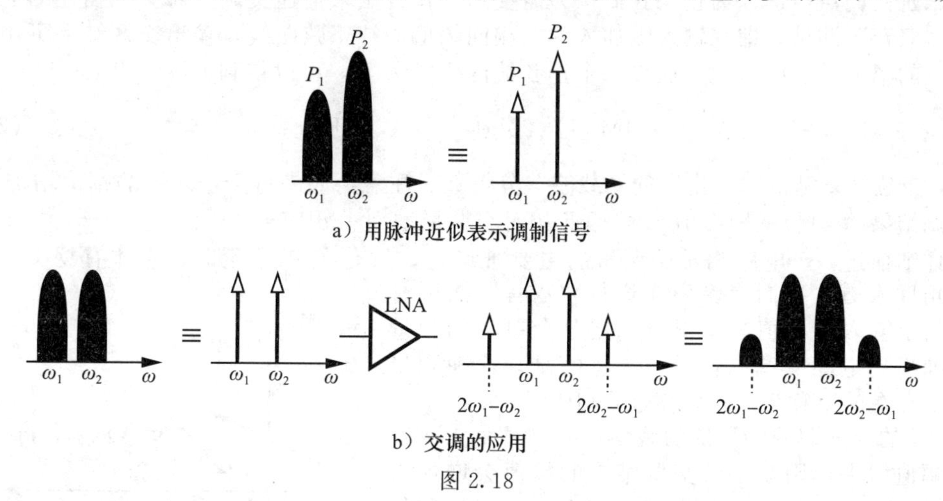

a）用脉冲近似表示调制信号

b）交调的应用

图 2.18

现在来解决第 2 个问题：如果增益没有被压缩，那是否可以忽略交调？答案是否定的。下面的例子证明了这一点。

⊖ 由于测试音并不具有随机性，它一般不会使信号受到损坏。但是出现在信号频谱中的音信号会使检测变得困难。

例 2.10 蓝牙接收机使用一款增益为10、输入阻抗为50Ω的LNA。该LNA检测到了频率为2.410GHz、电平为−80dBm的有用信号及两个具有相同电平、频率分别为2.420GHz和2.430GHz的干扰信号。为简单起见，假设LNA驱动50Ω的负载。

(1) 求P_{1dB}为−30dBm时α_3的值。

(2) 如果每个干扰信号都比P_{1dB}低10dB，计算有用信号在LNA输出端受到的影响。

解：

(1) 由式(2.34)可得$-30\text{dBm}=20\text{mV}_{pp}=10\text{mV}_p$，有$\sqrt{0.145|\alpha_1/\alpha_3|}=10\text{mV}_p$。因为$\alpha_1=10$，可以得到$\alpha_3=14\,500\text{V}^{-2}$。

(2) 每个干扰信号电平为−40dBm(即峰峰值电压为6.32mV)。在式(2.41)中，设$A_1=A_2=6.32\text{mV}/2$，那么可得到2.410GHz处的IM项为：

$$\frac{3\alpha_3 A_1^2 A_2}{4}=0.343\text{mV}=-59.3\text{dBm} \tag{2.44}$$

有用信号的放大倍数$\alpha_1=10=20\text{dB}$，输出端的电平应为−60dBm。不幸的是，尽管LNA没有经历严重的增益压缩，交调的结果与信号本身一样大。◀

“双音测试”全面且强大，因为它可以应用于任意的窄带系统。双音间的频率差异要足够小，以确保交调结果也同样落在带内，从而为系统的非线性特征提供一个有意义的视角。如图2.19a所示，该结果与谐波失真测试结果形成了鲜明的对比，高次谐波的频率很高，以至于它们可以被很好地滤除，从而使系统呈现较好的线性度，如图2.19b所示。

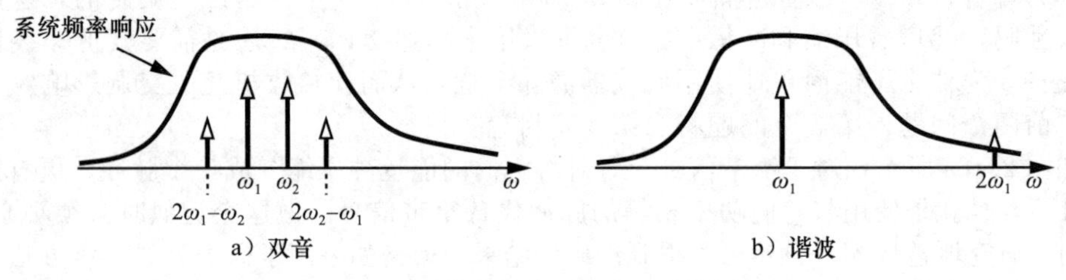

图2.19 窄带系统中的双音及谐波测试

三阶交调点 迄今为止，我们认为需要用一种方法来描述交调。对交调描述的通用方法是“双音”测试，即在输入端加入两个相同幅值的纯正弦曲线，输出交调结果可用输出端基波的幅值进行归一化。假设每个正弦波的摆幅为A，可以得到如下结果：

$$\text{IM}_{相对}=20\lg\left(\frac{3}{4}\frac{\alpha_3}{\alpha_1}A^2\right)\text{dBc} \tag{2.45}$$

式中，单位dBc是指归一化后的“载波”分贝数。注意，如果每个输入音的幅值增加6dB，则交调结果($\propto A^3$)就增大18dB，因此相对交调量增大12dB[⊖]。

详细描述一个电路相对交调量的主要难点是，只有在A给定时，它才有意义。从应用的角度来看，我们更希望在进行“双音”测试时在不给定输入电平值的情况下，用一个单独的测量方法捕捉到电路交调的性质。幸运的是，这种测量方法是存在的，称为“三阶截取点(IP_3)”。

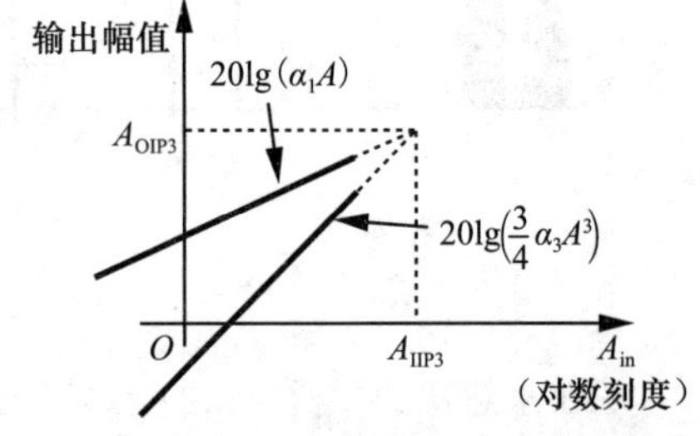

图2.20 IP_3的定义(对于电压量)

IP_3的定义起源于早期的观察：如果每个正弦音波的幅值增大，则输出端交调结果的幅值会增加得更明显($\propto A^3$)。因此，如果继续增大A，交调项的幅值最终会等于输出端测试音的幅值。如图2.20所示，在对数坐标下，相交处的输入电平称为“输入

⊖ 假设没有压缩发生，输出基波信号也上升6dB。

三阶截取点”（IIP_3）。同样的，相对应的输出电平为OIP_3。在之后的应用中，定义输入幅值为 A_{IIP3}。

为了求得IIP_3，可简单地让基波信号与 IM 幅值相等：

$$|\alpha_1 A_{IIP3}| = \left|\frac{3}{4}\alpha_3 A_{IIP3}^3\right| \tag{2.46}$$

由此可得：

$$A_{IIP3} = \sqrt{\frac{4}{3}\left|\frac{\alpha_1}{\alpha_3}\right|} \tag{2.47}$$

有趣的是：

$$\frac{A_{IIP3}}{A_{1dB}} = \sqrt{\frac{4}{0.435}} \tag{2.48}$$

$$\approx 9.6\text{dB} \tag{2.49}$$

该比值在仿真与测试中非常重要[⊖]。如果从上下文中可清楚地知道 IP_3 是指输入，则我们更倾向于用IP_3 表示IIP_3。

再进一步考虑，读者可能会对上述结论的一致性产生疑惑。如果IP_3 比 P_{1dB} 高 9.6dB，难道在 $A_{in}=A_{IIP3}$ 处增益不会被严重压缩?! 如果增益被压缩，为什么还是用 $\alpha_1 A$ 表示输出处的基波幅值? 在考虑压缩时，必须使用$[\alpha_1+(9/4)\alpha_3 A^2]A$ 来表示幅值。

事实上，情况要更复杂。式(2.47)给出的IP_3 值有可能会超过供电电压，这表明随着 A_{in} 靠近 A_{IIP3}，高阶非线性就会显现，如图 2.21a 所示。换句话说，IP_3 并不是一个可以直接测量的量。

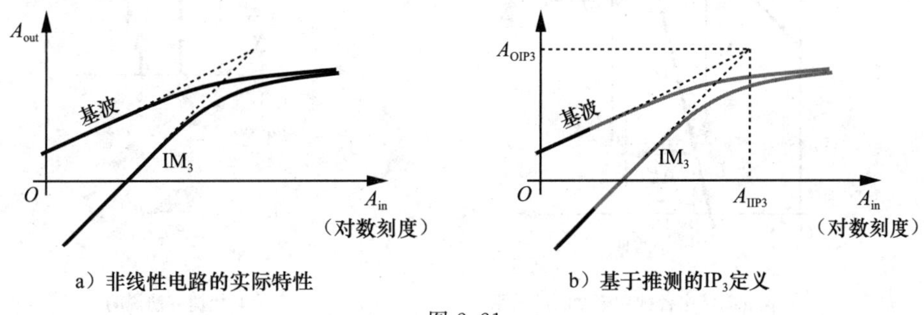

a）非线性电路的实际特性　　b）基于推测的IP_3定义

图 2.21

为了避免这些困扰，可采用如下方法测量IP_3。在开始，我们引入一个非常低的输入电平以保证 $\alpha_1+(9/4)\alpha_3 A_{in}^2 \approx \alpha_1$（当然，高阶非线性被忽略了）。增大 A_{in}，在对数坐标中绘制基波和交调量的幅度曲线，根据它们各自(1 和 3)的斜率推出它们的交点，即IP_3，如图 2.21b 所示。为了保证信号电平远低于增益压缩点并且高阶项仍可以被忽略，对于 A_{in} 每 1dB 的增加，交调结果必须有 3dB 的升高。换句话说，如果 A_{in} 非常小，那么输出端的交调分量与电路的噪底(或者仿真频谱的噪底)是同一数量级，从而导致结果不准确。

例 2.11 一个 LNA 感应到频率为 2.410GHz 的−80dBm 的信号，以及另外两个频率分别为 2.420GHz 和 2.430GHz、幅值为−20dBm 的干扰信号。IIP_3 需要取多少才可以保证交调分量比信号低 20dB? 简单起见，假设输入输出阻抗为 50Ω。

解： 设信号和干扰信号的峰值分别为 A_{sig}、A_{int}，则可以写出 LNA 的输出为：

$$20\lg|\alpha_1 A_{sig}| - 20\text{dB} = 20\lg\left|\frac{3}{4}\alpha_3 A_{int}^3\right| \tag{2.50}$$

由此可得：

⊖ 注意，该关系适用于三阶系统，当更高阶项不能忽略时，该式有可能不适用。

$$|\alpha_1 A_{sig}| = \left|\frac{30}{4}\alpha_3 A_{int}^3\right| \tag{2.51}$$

在50Ω系统中，−80dBm和−20dBm电压电平分别可以表示为$A_{sig}=31.6\mu V$(峰值)和$A_{int}=31.6mV$(峰值)，因此

$$IIP_3 = \sqrt{\frac{4}{3}\left|\frac{\alpha_1}{\alpha_3}\right|} \tag{2.52}$$

$$= 3.16V(峰值) \tag{2.53}$$

$$= +20dBm \tag{2.54}$$

这样的IP_3是很难获得的，尤其是对于一个完整的接收机链而言。◀

因为在仿真和测量中的推断十分烦琐乏味，所以通常采用赋初值的简便方法。如图2.22a所示，假设该输入等于A_{IIP3}，因此输出端推测出的交调结果和基波一样大。现在，将输入减小至A_{in1}，也就是输入的变化为$20\lg A_{IIP3}-20\lg A_{in1}$。在对数坐标中，交调结果以斜率为3的趋势下降，而基波是以单位斜率下降。因此，两条曲线之差以斜率为2的趋势增长。用ΔP表示$20\lg A_f-20\lg A_{IM}$，可以得到：

$$\Delta P = 20\lg A_f - 20\lg A_{IM} = 2(20\lg A_{IIP3} - 20\lg A_{in1}) \tag{2.55}$$

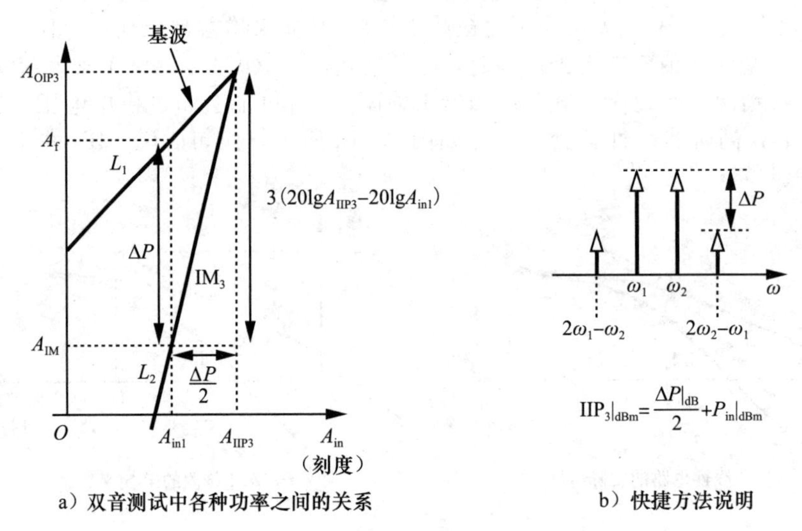

a）双音测试中各种功率之间的关系　　b）快捷方法说明

图2.22

从而

$$20\lg A_{IIP3} = \frac{\Delta P}{2} + 20\lg A_{in1} \tag{2.56}$$

换句话说，对于给定的输入电平(远低于P_{1dB})，A_{IIP3}可以通过将输出基波与交调电平之差的一半加上输入电平计算得到，其中所有值用对数表示。图2.22b对此规则进行了简化描述。这里的关键是，IP_3的测量不再通过推测得到。

为什么认为上述结果是估计值？因为该推导设定了三阶非线性的前提。一个难点来自电路中包含的动态非线性，这时推测值会产生较大的误差。后一种方法是标准且可接受的测量、描述IP_3的方法，但在了解被测设备的行为时，简化方法是有用的。

应当注意，二阶非线性同样会导致一定的交调，这被定义为“二阶截取点”(IP_2)[㊀]。第4章将讨论该问题。

㊀ 正如下一节中所介绍的，级联系统中的二阶非线性同样会对IP_3产生影响。

2.2.5　级联非线性级

在 RF 系统中，由于信号都是由级联的各级来处理的，因此以输入为参考，知道各级的非线性是很重要的。在习题 2.1 中概述了一个级联的 P_{1dB} 的计算过程。在这里，我们来确定级联的IP_3。为了更简洁，用 A_{IP3} 来表示输入IP_3，除非在其他的地方另外进行了说明。

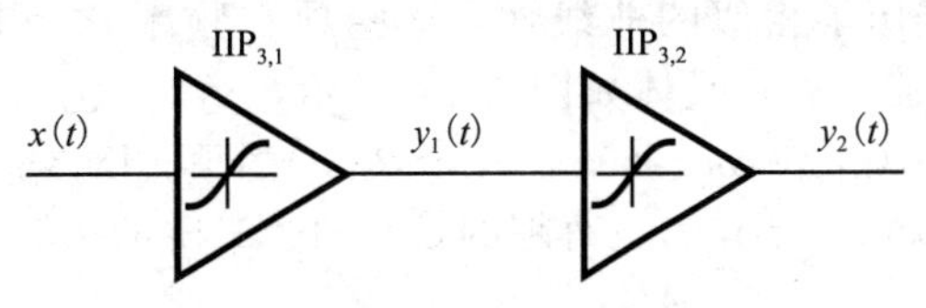

图 2.23　非线性系统级联

考虑图 2.23 所示的两个非线性系统级联。如果这两级的输入输出特性分别如下式所示：

$$y_1(t)=\alpha_1 x(t)+\alpha_2 x^2(t)+\alpha_3 x^3(t) \tag{2.57}$$

$$y_2(t)=\beta_1 y_1(t)+\beta_2 y_1^2(t)+\beta_3 y_1^3(t) \tag{2.58}$$

那么

$$y_2(t)=\beta_1[\alpha_1 x(t)+\alpha_2 x^2(t)+\alpha_3 x^3(t)]+\beta_2[\alpha_1 x(t)+\alpha_2 x^2(t)+\alpha_3 x^3(t)]^2+\beta_3[\alpha_1 x(t)+\alpha_2 x^2(t)+\alpha_3 x^3(t)]^3 \tag{2.59}$$

只考虑一阶和三阶项，有：

$$y_2(t)=\alpha_1\beta_1 x(t)+(\alpha_3\beta_1+2\alpha_1\alpha_2\beta_2+\alpha_1^3\beta_3)x^3(t)+\cdots \tag{2.60}$$

根据式(2.47)，有：

$$A_{IP3}=\sqrt{\frac{4}{3}\left|\frac{\alpha_1\beta_1}{\alpha_3\beta_1+2\alpha_1\alpha_2\beta_2+\alpha_1^3\beta_3}\right|} \tag{2.61}$$

例 2.12 两个差分对级联，合适地选择式(2.61)的分母，可以使IP_3 无穷大吗？

解： 由于在这个级联中没有非对称性，所以 $\alpha_2=\beta_2=0$。因此，设定满足条件 $\alpha_3\beta_1+\alpha_1^3\beta_3=0$，或者等效为

$$\frac{\alpha_3}{\alpha_1}=-\frac{\beta_3}{\beta_1}\cdot\alpha_1^2 \tag{2.62}$$

由于两级都是压缩的，有 $\alpha_3/\alpha_1<0$ 和 $\beta_3/\beta_1<0$，因此不可能获得无穷大的IP_3。◀

对式(2.61)两边求倒数平方后，可将其化简为

$$\frac{1}{A_{IP3}^2}=\frac{3}{4}\left|\frac{\alpha_3\beta_1+2\alpha_1\alpha_2\beta_2+\alpha_1^3\beta_3}{\alpha_1\beta_1}\right| \tag{2.63}$$

$$=\frac{3}{4}\left|\frac{\alpha_3}{\alpha_1}+\frac{2\alpha_2\beta_2}{\beta_1}+\frac{\alpha_1^2\beta_3}{\beta_1}\right| \tag{2.64}$$

$$=\left|\frac{1}{A_{IP3,1}^2}+\frac{3\alpha_2\beta_2}{2\beta_1}+\frac{\alpha_1^2}{A_{IP3,2}^2}\right| \tag{2.65}$$

式中，$A_{IP3,1}$ 和 $A_{IP3,2}$ 分别表示第一级、第二级的输入IP_3 点。注意 A_{IP3}、$A_{IP3,1}$ 和 $A_{IP3,2}$ 是电压量。

观察式(2.65)可知，第二级的IP_3 等效转换到级联输入时，必须用它除以 α_1。因此，如果第一级的增益越高，由第二级造成的非线性就会越厉害。

级联中的 IM 频谱　为了更深刻地理解上述结果，假设 $x(t)=A\cos\omega_1 t+A\cos\omega_2 t$，并且由此来确定级联中的 IM 结果。根据图 2.24，得到如下结果[⊖]：

1）输入信号的基波成分在第一级约放大了 α_1 倍，在第二级约放大了 β_2 倍，所以输出的基波成分为 $\alpha_1\beta_1 A(\cos\omega_1 t+\cos\omega_2 t)$。

2）第一级产生的 IM 项为$(3\alpha_3/4)A^3[\cos(2\omega_1-\omega_2)t+\cos(2\omega_2-\omega_1)t]$，在第二级输

⊖ $A\cos\omega t$ 的频谱中包含两个脉冲，每个脉冲的高度为 $A/2$。为简单起见，我们忽略了 1/2 项。

出端同样放大了 β_1 倍。

3) 由于第二级输入端接收到 $\alpha_1 A(\cos\omega_1 t+\cos\omega_2 t)$，所以第二级产生了自己的IM项：$(3\beta_3/4)(\alpha_1 A)^3\cos(2\omega_1-\omega_2)t+(3\beta_3/4)(\alpha_1 A)^3\cos(2\omega_2-\omega_1)t$。

4) $y_1(t)$中的二阶非线性在频率 $\omega_1-\omega_2$、$2\omega_1$ 和 $2\omega_2$ 处产生了分量。由于它们在第二级经历了相似的非线性，这些项在频率 ω_1 和 ω_2 处进行了混频，并且转化成 $2\omega_1-\omega_2$ 和 $2\omega_2-\omega_1$，具体如图2.24所示，$y_2(t)$包含诸如 $2\beta_2[\alpha_1 A\cos\omega_1 t\times\alpha_2 A^2\cos(\omega_1-\omega_2)t]$和 $2\beta_2(\alpha_1 A\cos\omega_1 t\times 0.5\alpha_2 A^2\cos 2\omega_2 t)$的项。IM结果可以表示为$(3\alpha_1\alpha_2\beta_2 A^3/2)[\cos(2\omega_1-\omega_2)t+\cos(2\omega_2-\omega_1)t]$。有趣的是，两个二阶的级联非线性能够产生三阶IM项。

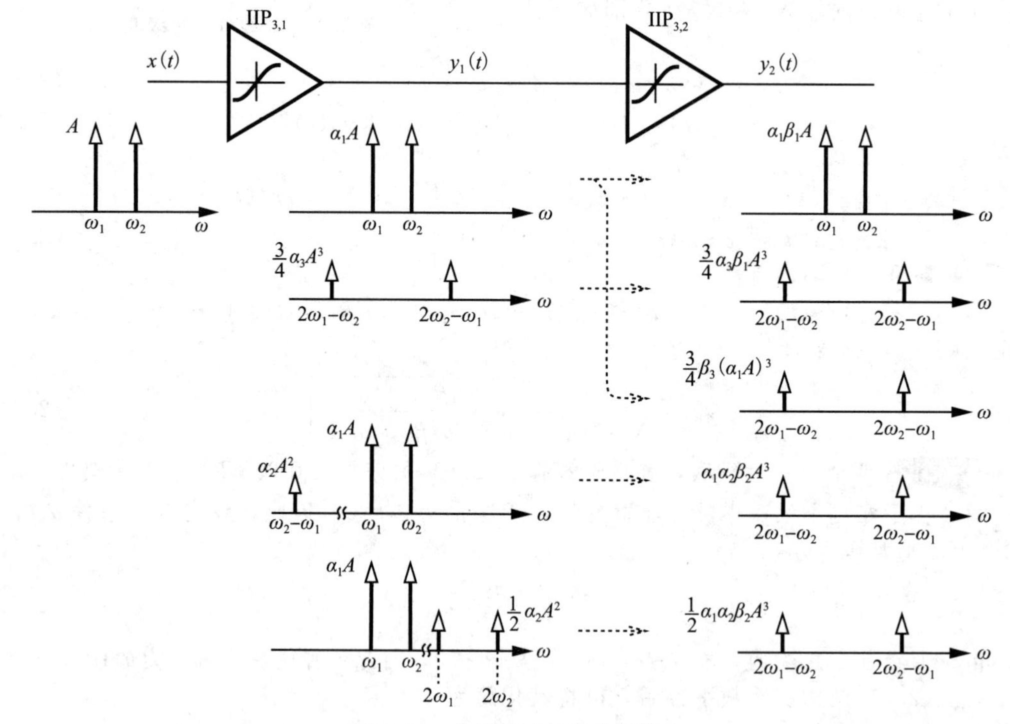

图2.24 非线性级级联的频谱

加上IM项的幅值，有：

$$y_2(t)=\alpha_1\beta_1 A(\cos\omega_1 t+\cos\omega_2 t)+\left(\frac{3\alpha_3\beta_1}{4}+\frac{3\alpha_1^3\beta_3}{4}+\frac{3\alpha_1\alpha_2\beta_2}{2}\right)A^3[\cos(\omega_1-2\omega_2)t+\cos(2\omega_2-\omega_1)t]+\cdots \tag{2.66}$$

于是得到了同上面相同的IP_3。这个结果中假设所有项的相移为零。

为什么在式(2.66)中加上了IM_3各项的幅度而不考虑它们的相位呢？第一级和第二级的相移是否会抵消部分项，从而导致更高的IP_3？是的，这是可能的，但在实际中并不常见。由于频率 ω_1、ω_2、$2\omega_1-\omega_2$ 和 $2\omega_2-\omega_1$ 彼此之间比较接近，所以这些项有着几乎相等的相移。

但是，如何描述上述第4条结论呢？由于频率 $\omega_1-\omega_2$ 和 $2\omega_1$ 可能不在信号频带范围内，并且和前面三项有不一样的相移。基于这个原因，可以将式(2.65)和式(2.66)作为最坏情形。由于大多数的RF系统都包含窄带电路，在第一级的输出处，这些 $\omega_1\pm\omega_2$、$2\omega_1$ 和 $2\omega_2$ 处的项都被强烈衰减。因此，式(2.65)右边的第二项可以忽略，且

$$\frac{1}{A_{\mathrm{IP3}}^2}\approx\frac{1}{A_{\mathrm{IP3},1}^2}+\frac{\alpha_1^2}{A_{\mathrm{IP3},2}^2} \tag{2.67}$$

将这个结果推广到三级或更多级，则有：

$$\frac{1}{A_{\mathrm{IP3}}^{2}} \approx \frac{1}{A_{\mathrm{IP3},1}^{2}} + \frac{\alpha_1^2}{A_{\mathrm{IP3},2}^{2}} + \frac{\alpha_1^2\beta_1^2}{A_{\mathrm{IP3},3}^{2}} + \cdots \tag{2.68}$$

所以，如果每一级都有大于 1 的增益，那么后面级的非线性将变得越来越重要，因为每一级IP_3 参考到级联输入时，将以它之前所有级的总增益为比例缩小。

例 2.13 一个 LNA(见图 2.1b)的输入IP_3 为-10dBm，增益为 20dB。紧接着的混频器输入IP_3 为$+4$dBm。请问，哪一级对级联的IP_3 限制更多？假定图 2.1b 中的单位为 V 或者 dBm。

解： 由于 $\alpha_1=20$dB，所以注意到

$$A_{\mathrm{IP3},1} = -10\mathrm{dBm} \tag{2.69}$$

$$\frac{A_{\mathrm{IP3},2}}{\alpha_1} = -16\mathrm{dBm} \tag{2.70}$$

由于第二级的IP_3 比例低于第一级的IP_3，所以第二级对整个IP_3 的限制更多。◀

在级联的仿真中，是有可能确切知道哪一级对线性的限制更多的。如图 2.25 所示，观察每一级输出的相对 IM 量(Δ_1 和 Δ_2，以 dB 的形式表示)。如果 $\Delta_2 \approx \Delta_1$，那么第二级对非线性的贡献可以忽略。另一方面，如果 $\Delta_2 \ll \Delta_1$，那么第二级会对IP_3 造成限制。

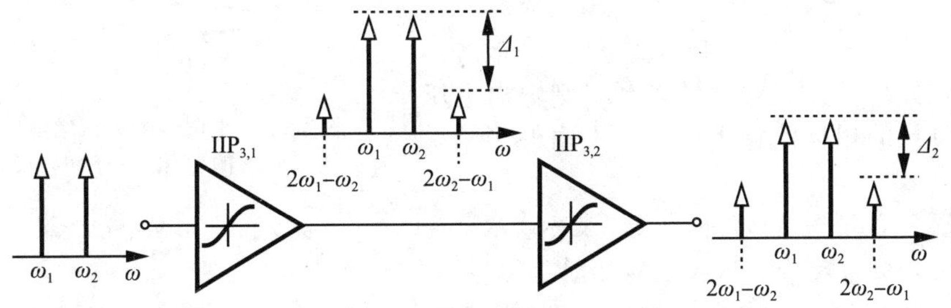

图 2.25　随级联增加的 IM 分量

2.2.6　AM/PM 转换

在某些射频电路，例如功率放大器中，幅度调制(AM)可能被转换为相位调制(PM)，从而产生不良影响。在本节中，我们将研究这一现象。

AM/PM 转换(APC)可视为相移与信号幅度的相互依赖关系。对于输入 $V_{\mathrm{in}}(t)=V_1\cos\omega_1 t$，基波输出分量由下式给出：

$$V_{\mathrm{out}}(t) = V_2\cos[\omega_1 t + \phi(V_1)] \tag{2.71}$$

式中，$\phi(V_1)$表示与幅度相关的相移。当然，这在线性时不变系统中不会发生。例如，频率为 ω_1 的正弦曲线通过一阶低通 RC 电路所经历的相移由$-\arctan(RC\omega_1)$给出，而与幅度无关。此外，APC 不会出现在无记忆非线性系统中，因为在这种情况下相移为零。

因此，我们可以推测，如果系统是动态和非线性的，则会出现 AM/PM 转换。例如，如果一阶低通 RC 电路中的电容是非线性的，则其"平均"值可能取决于 V_1，从而导致相移$-\arctan(RC\omega_1)$，电容 C 随 V_1 变化。为了探讨这一点，考虑图 2.26 所示的电路并且假设

$$C_1 = (1+\alpha V_{\mathrm{out}})C_0 \tag{2.72}$$

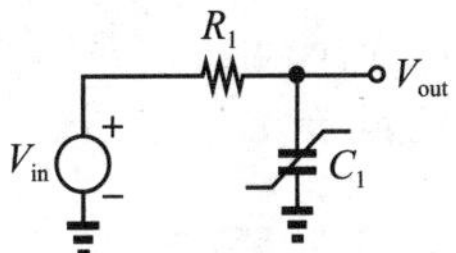

图 2.26　带非线性电容的 RC 电路

该电容被认为是非线性的，因为其值取决于其电压。在这里，相移的精确计算是困难的，因为我们需要写出 $V_{\mathrm{in}}=R_1C_1\mathrm{d}V_{\mathrm{out}}/\mathrm{d}t+V_{\mathrm{out}}$，并求解

$$V_1\cos\omega_1 t = R_1(1+\alpha V_{\mathrm{out}})C_0\frac{\mathrm{d}V_{\mathrm{out}}}{\mathrm{d}t} + V_{\mathrm{out}} \tag{2.73}$$

因此，我们做一个近似。由于 C_1 的值随时间周期性地变化，我们可以将输出表示为一阶网络的输出，该一阶网络具有时变的电容 $C_1(t)$：

$$V_{out}(t) \approx \frac{V_1}{\sqrt{1+R_1^2C_1^2(t)\omega_1^2}}\cos\{\omega_1 t - \arctan[R_1C_1(t)\omega_1]\} \tag{2.74}$$

如果 $R_1C_1(t)\omega_1 \ll 1\text{rad}$，则

$$V_{out}(t) \approx V_1\cos[\omega_1 t - R_1(1+\alpha V_{out})C_0\omega_1] \tag{2.75}$$

我们还假定$(1+\alpha V_{out})C_0 \approx (1+\alpha V_1\cos\omega_1 t)C_0$，得到

$$V_{out}(t) \approx V_1\cos(\omega_1 t - R_1C_0\omega_1 - \alpha R_1C_0\omega_1V_1\cos\omega_1 t) \tag{2.76}$$

输出基波包含与输入相关的相移吗？并不包含。读者可以看出，括号内的第三项只产生高次谐波。因此，基波的相移等于$-R_1C_0\omega_1$，是恒定的。

由于 C_1 对 V_{out} 的一阶依赖性，上述示例不需要AM/PM转换。C_1 的平均值等于 C_0，而与输出幅度无关，如图2.27所示。一般来说，由于 C_1 周期性地变化，因此它可以表示为具有表示其平均值的“dc”项的傅里叶级数：

$$C_1(t) = C_{avg} + \sum_{n=1}^{\infty} a_n\cos(n\omega_1 t) + \sum_{n=1}^{\infty} b_n\sin(n\omega_1 t) \tag{2.77}$$

因此，如果 C_{avg} 是幅度的函数，则输出电压中的基波分量的相移依赖于输入。下面的例子说明了这一点。

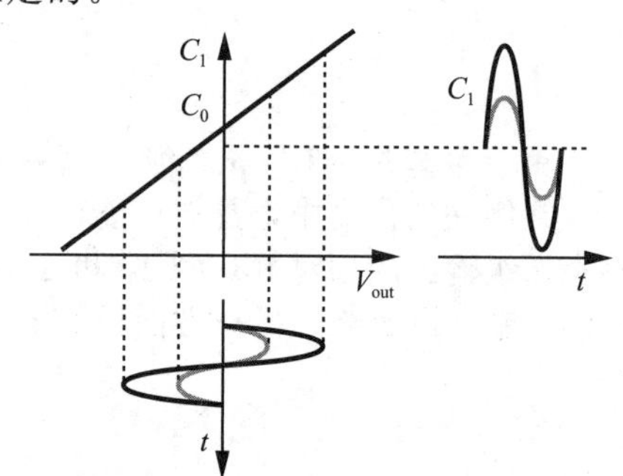

图2.27　小摆幅和大摆幅电容器随时间的变化与一阶电压的关系

例2.14 假设图2.26中的 C_1 表示为 $C_1 = C_0(1+\alpha_1V_{out}+\alpha_2V_{out}^2)$。如果 $V_{in}(t) = V_1\cos\omega_1 t$，研究这种情况下的AM/PM转换。

解： 图2.28是 $C_1(t)$在输入为大摆幅和小摆幅时的曲线，表明 C_{avg} 确实取决于振幅。我们重写式(2.75)为

$$V_{out}(t) \approx V_1\cos[\omega_1 t - R_1C_0\omega_1(1+\alpha_1V_1\cos\omega_1 t + \alpha_2V_1^2\cos^2\omega_1 t)] \tag{2.78}$$

$$\approx V_1\cos\left(\omega_1 t - R_1C_0\omega_1 - \frac{\alpha_2R_1C_0\omega_1V_1^2}{2} - \cdots\right) \tag{2.79}$$

基波的相移包含一个依赖于输入的项$-(\alpha_2R_1C_0\omega_1V_1^2)/2$。图2.28还表明，如果电容电压依赖性是奇对称的，则不会发生AM/PM转换。◀

APC的作用是什么？在存在APC时下，幅度调制(或幅值噪声)会严重干扰信号的相位。例如，如果 $V_{in}(t)=V_1(1+m\cos\omega_m t)\cos\omega_1 t$，则式(2.79)给出的相位畸变等于$-\alpha_2R_1C_0\omega_1(2mV_1\cos\omega_m t + m^2V_1^2\cos^2\omega_m t)/2$。第8章和第12章将介绍APC的例子。

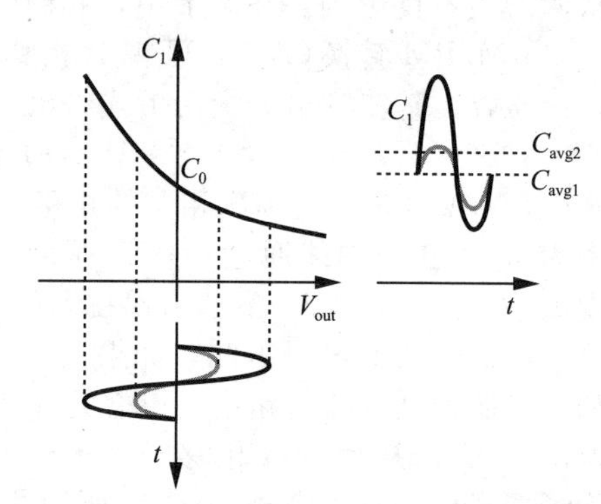

图2.28　具有二阶电压依赖性的小摆幅和大摆幅电容器随时间变化的曲线

2.3 噪声

噪声会限制射频系统的性能。若没有噪声，RF接收机可以接收任意小的输入信号，并能传输到很远的地方。本节，我们将回顾噪声的基本特性，以及电路中噪声的计算方法。对于更深入的学习，读者可以阅读参考文献[1]。

2.3.1 随机过程的噪声

噪声的难点在于其随机性。工程师们习惯于处理明确定义的、确定性的“铁的事实”，

往往觉得随机这个概念很难掌握，尤其是在必须引入数学方法的情况下更是如此。为了克服对随机性的恐惧，我们从更直观的角度来解决这个问题。

“噪声具有随机性”指的是噪声的瞬时值无法预测。例如，如图 2.29a 所示，一个接在电池上并且通电的电阻，由于环境温度的原因，每个载流子都会发生热振动，因此其轨迹相对无规则。但从总体上看，载流子流向了电池的正极。最后的结果是，平均电流值是 V_B/R，但是电流瞬时值呈现出随机值[㊀]。

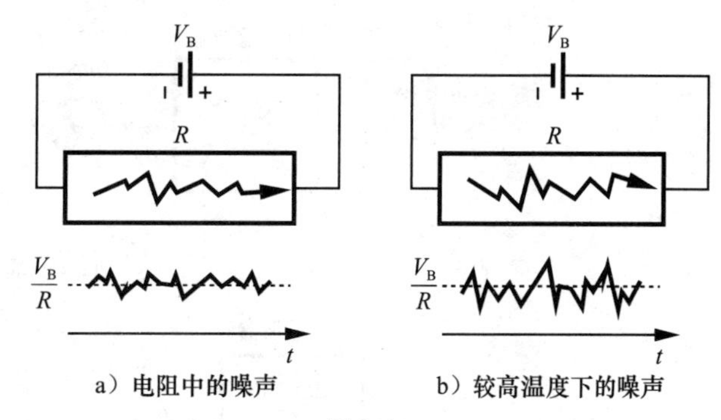

a）电阻中的噪声　b）较高温度下的噪声

图 2.29

由于噪声不能用瞬时电压或电流的概念来表征，所以必须寻找噪声其他可预知的属性。例如，明白较高的环境温度可以导致电子较大的热振动，因此电流的波动较大，如图 2.29b 所示，那么，对于电流或电压量，这个更大的随机波动的概念该如何描述呢？这种特性可以由噪声的平均功率来表示，类比于周期信号，定义为：

$$P_n = \lim_{T \to \infty} \frac{1}{T} \int_0^T n^2(t) \mathrm{d}t \tag{2.80}$$

式中，$n(t)$代表了噪声波形。如图 2.30 所示，该定义清楚地计算了一段较长时间 T 中 $n^2(t)$对应的面积，然后将结果归一化到 T，从而得到了平均功率。例如，图 2.29 所示的两种情况会产生两种截然不同的平均功率。

如果 $n(t)$是随机的，那么如何得知 P_n 不是随机呢？幸运的是，电路中的噪声分量有一个恒定的平均功率。例如，一个电阻的功率 P_n 在恒定的环境温度下是恒定值。

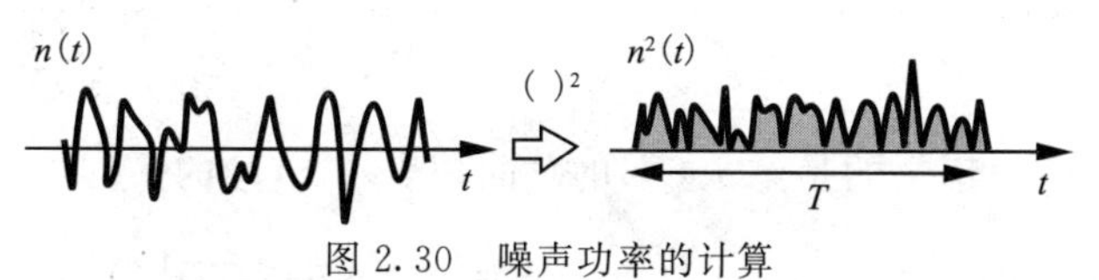

图 2.30　噪声功率的计算

在式(2.80)中，T 应该取多大呢？由于噪声的随机性，其包含了很多频率分量。因此，T 必须取足够大，以包含最低频率分量对应的数个周期。例如，在一个拥挤的餐馆中，由人的声音产生的噪声可覆盖 20Hz～20kHz 的频率，这种情况下 T 需要近似取为 0.5s，从而获取 10 个周期的 20Hz 频率噪声分量[㊁]。

2.3.2　噪声谱

之前的研究表明：噪声的时域分析只能提供有限的信息，比如平均功率。而另一方面，频域分析则能帮助我们更深入地了解噪声，而且对 RF 设计更有帮助。

读者可能已经对频谱的概念有了一些直观上的理解。人类声音的频谱范围为 20Hz～20kHz，这意味着如果以某种方法测量声音的频率组成，则需要观察从 20Hz～20kHz 的所有频率分量。然而，怎样去测量一个信号的频率组成呢？例如，如何测量 10kHz 频率分量的强度呢？这需要滤除其余频率成分，再测量 10kHz 频率分量的平均功耗。图 2.31a 概念性地说明了这样的尝试，将传声器的信号送入一个中心频率为 10kHz 且带宽为 1Hz 的带通滤波器中，如果一个人以稳定的音量对着传声器说话，功率表将测出一个常量值。

图 2.31a 中的方案可以轻松地推广到其他频率成分的强度测量中。如图 2.31b 中描述的，用大量中心频率分别为 $f_1 \cdots f_n$、带宽为 1Hz 的带通滤波器，就可以测量出每个频率

㊀　后面会解释，即使平均电流为 0，该结论也正确。

㊁　事实上，先对 T 做出一个猜测，计算 P_n，之后增加 T，再次计算 P_n，重复该过程直到 P_n 几乎不再变化为止。

下的平均功率[⊖]。得到 $x(t)$ 的频谱或者"功率谱密度(power spectral density, PSD)",用 $S_x(f)$ 表示。$S_x(f)$ 曲线显示了不同频率下,1Hz 带宽声音(或者噪声)的平均功率[⊜]。

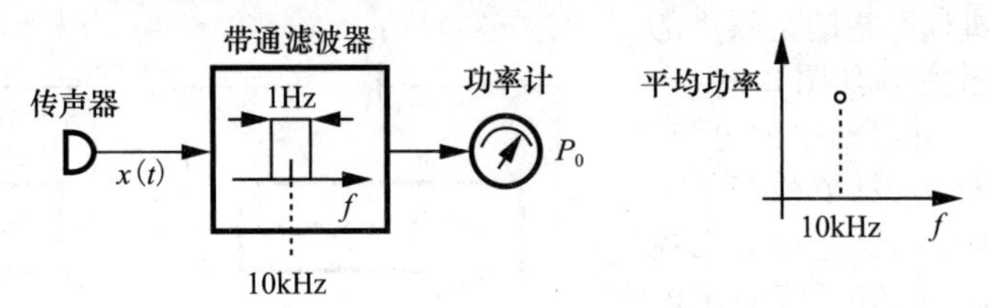

a) 1Hz的功率测量

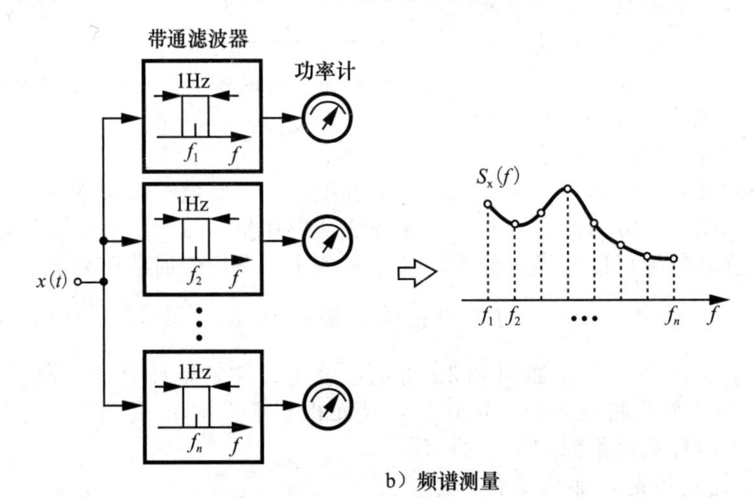

b) 频谱测量

图 2.31

有趣的是,$S_x(f)$ 的总面积表示 $x(t)$ 的平均功率:

$$\int_0^{\infty} S_x(f)\,\mathrm{d}f = \lim_{T\to\infty}\frac{1}{T}\int_0^T x^2(t)\,\mathrm{d}t \tag{2.81}$$

图 2.31b 中的频谱被称为"单边频谱",是因为其只包含了正频率。在有些情况下,使用"双边"频谱会使分析变得更简单。如图 2.32 所示,右边的图在纵轴上按比例缩小到原来的二分之一后,由偶对称得到左边的图,因此这两个图表示了相同的能量。

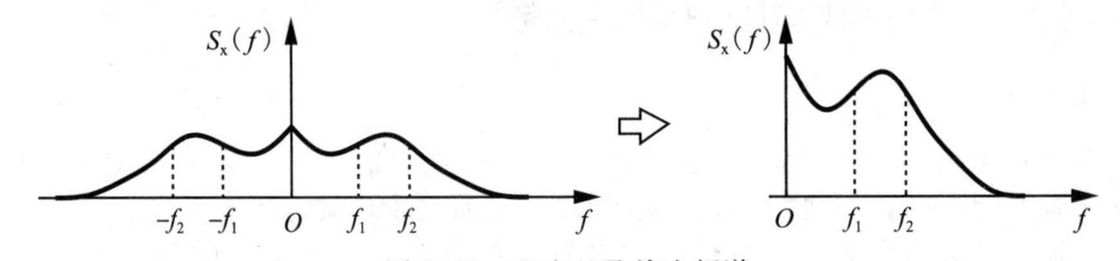

图 2.32 双边以及单边频谱

例 2.15 阻值为 R_1 的电阻产生了一个噪声电压,其单边 PSD 表示如下:

$$S_v(f) = 4kTR_1 \tag{2.82}$$

式中,$k=1.38\times10^{-23}$J/K,表示的是玻耳兹曼常量,T 为绝对温度。这种平坦的 PSD 被称为"白噪声",因为它像白光一样包含了相同能量等级的所有频率。请问:

(1) 噪声电压的总平均功率是多少?

(2) $S_v(f)$ 的单位是什么?

⊖ 这也是频谱分析仪的工作原理。

⊜ 在信号与系统理论中,PSD 定义为自相关信号的傅里叶变换。这两种观念是等价的。

(3) 在室温下，计算 50Ω 电阻在 1Hz 下的噪声电压。

解：(1) $S_v(f)$函数曲线下的面积似乎是无限大的，该结论难以置信，因为噪声起源于有限的环境热量。事实上，$S_v(f)$在 $f>1\text{THz}$ 后开始下降，因此能量是有限的，也就是说，热噪声不完全是白噪声。

(2) $S_v(f)$的单位为每单位带宽下的电压平方值(V^2/Hz)，而不是每单位带宽下的功率(W/Hz)。事实上，可以将 PSD 写为

$$\overline{V_n^2}=4kTR \tag{2.83}$$

式中，$\overline{V_n^2}$ 表示 V_n 在 1Hz 下的平均功率[⊖]，同时在一些书中用 $4kTR\Delta f$ 来表示在 Δf 带宽下的总噪声，省略的 Δf 代表着 1Hz 下的 PSD。$S_v(f)$和 $\overline{V_n^2}$ 可以交替使用。

(3) 对于一个 50Ω 的电阻，温度 $T=300\text{K}$，则

$$\overline{V_n^2}=8.28\times10^{-19}\text{V}^2/\text{Hz} \tag{2.84}$$

这意味着，如果电阻的噪声电压被输入到任意中心频率(<1THz)的 1Hz 带通滤波器，上面的值为测试的平均输出。为了用方均根(RMS)量来表示结果，对两边开方，得到：

$$\sqrt{\overline{V_n^2}}=0.91\text{nV}/\sqrt{\text{Hz}} \tag{2.85}$$

nV 是熟悉的单位，而$\sqrt{\text{Hz}}$是比较少见的，后者没有什么意义，仅仅表示 1Hz 下的平均功率为$(0.91\text{nV})^2$。◀

2.3.3 传递函数对噪声的影响

定义 PSD 的主要原因是，可以将一些应用于确定信号的频域计算用于随机信号。例如，如果将白噪声输入到低通滤波器中，如何确定输出的 PSD？如图 2.33 所示，直观地期望输出 PSD 能够类似于滤波器的频率响应。事实上，如果将 $x(t)$输入到一个线性时不变系统中，该系统的传输函数为 $H(S)$，则其输出频谱为

$$S_y(f)=S_x(f)|H(f)|^2 \tag{2.86}$$

式中，$H(f)=H(s=\text{j}2\pi f)$[2]。注意到，由于 $S_x(f)$是一个(电压或者电流的)平方量，所以$|H(f)|$需进行平方处理。

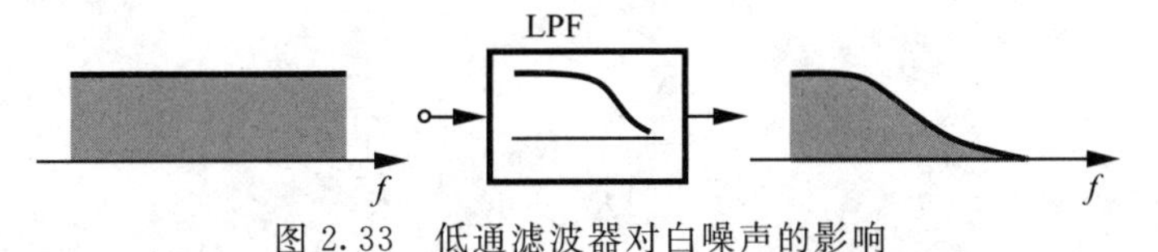

图 2.33　低通滤波器对白噪声的影响

2.3.4 器件噪声

为了分析电路的噪声特性，我们希望使用熟悉的电压源和电流源等器件构建噪声模型，从而可以使用标准的电路分析方法对其进行分析。

1. 电阻热噪声

正如前面所述，周围环境中的热能会导致电阻中载流子发生热运动，从而产生噪声。该噪声可以有两种建模方式：一个 PSD 为 $\overline{V_n^2}=4kTR_1$ 的电压源和电阻串联，即如图 2.34a 的戴维南等效电路，或者一个 PSD 为 $\overline{I_n^2}=\overline{V_n^2}/R_1^2=4kT/R_1$ 的电流源和电阻并联，即如图 2.34b 所示的诺顿等效电路。在不同的情况下，选

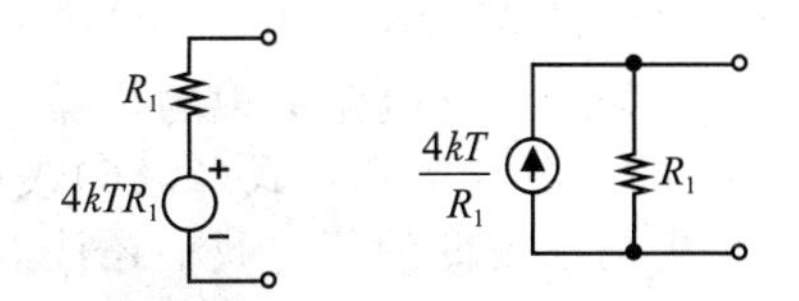

a) 戴维南等效电路　b) 诺顿等效电路

图 2.34　电阻热噪声模型

⊖ 也称为“点噪声(spot noise)”。

择不同的模型可以简化分析。在这里，电源的极性并不重要的，但在给定电路的整体计算中需保持一致。

例 2.16 对于图 2.35a 所示的 RLC 并联谐振电路，求出总噪声电压并画出 PSD 图。

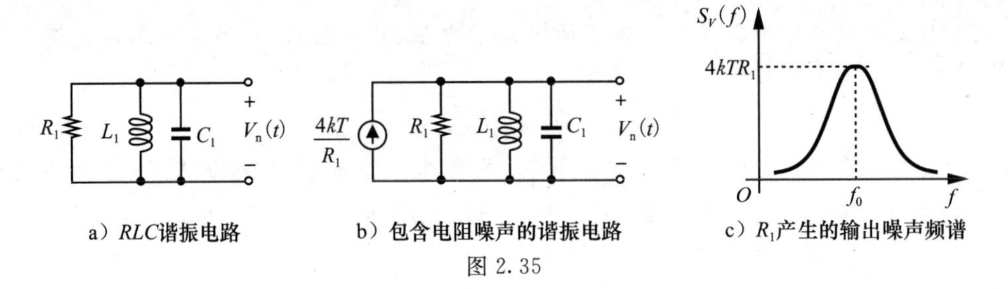

a）RLC谐振电路　b）包含电阻噪声的谐振电路　c）R_1产生的输出噪声频谱

图 2.35

解： 如图 2.35b 所示，使用电流源模型表示 R_1 的热噪声，$\overline{I_{n1}^2}=4kT/R_1$，并且注意到电路的传输方程 V_n/I_{n1} 实际上等于电路的阻抗 Z_T，从式(2.86)可得：

$$\overline{V_n^2}=\overline{I_{n1}^2}\,|Z_T|^2 \tag{2.87}$$

在 $f_0=(2\pi\sqrt{L_1C_1})^{-1}$ 处，L_1 与 C_1 谐振，使电路阻抗只表现出 R_1。这样，f_0 处的输出噪声可以简单地变成 $\overline{I_{n1}^2}R_1^2=4kTR_1$。在较高或较低频率处，电路的阻抗会降低，因此输出噪声也会降低，如图 2.35c 所示。◀

如果电阻将环境热能转化为噪声电压或电流，那么是否可以从电阻中获取能量呢？特别地，如图 2.36 所示，该结构是否可以向 R_2 传输能量？有趣的是，如果 R_1 和 R_2 处于同样的温度下，它们之间将不会产生能量的传递，因为 R_2 也同样产生 PSD 为 $4kTR_2$ 的噪声(参见习题 2.8)。然而，假设 R_2 处于温度 $T=0$K 环境下，而 R_1 持续从周围环境吸收热能，它会将热能转化为噪声并且向 R_2 传输能量。向 R_2 传输的平均功率可以表示为

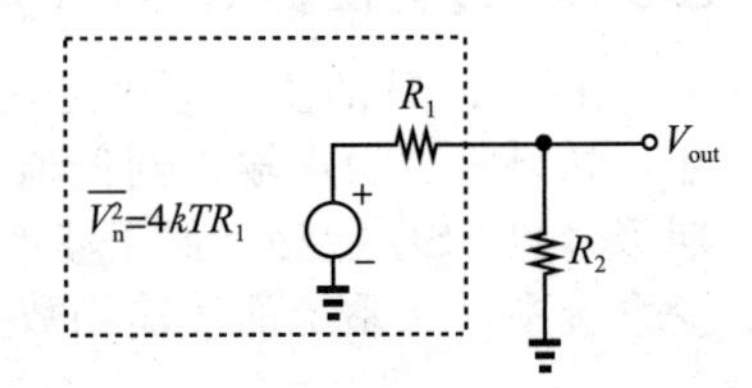

图 2.36　电阻之间噪声的传递

$$P_{R_2}=\frac{\overline{V_{out}^2}}{R_2} \tag{2.88}$$

$$=\overline{V_n^2}\left(\frac{R_2}{R_1+R_2}\right)^2\frac{1}{R_2} \tag{2.89}$$

$$=4kT\frac{R_1R_2}{(R_1+R_2)^2} \tag{2.90}$$

当 $R_2=R_1$ 时，上式达到最大值：

$$P_{R_{2,\max}}=kT \tag{2.91}$$

称为“有用噪声功率”，其中，kT 是与阻值无关的量，并且具有单位带宽能量的量纲。读者可以自己证明，当 $T=300$K 时，$kT=-173.8$dBm/Hz。

如果一个电路呈现的热噪声密度为 $\overline{V_n^2}=4kTR_1$，那么它不需要包含一个阻值确切为 R_1 的电阻。毕竟，式(2.86)表明，一个电阻的噪声密度可能因为周边电路而变化为一个更高或更低的值。我们还注意到，如果一个无源电路消耗能量，那么它必然包含一个物理电阻[⊖]，同时必然会因此产生热噪声，可以简单地称之为“有损电路有噪声”。

可以用一个定理总结上述观察，即：如果一个无源网络两端口间的阻抗实部为 $\mathrm{Re}\{Z_{out}\}$，则其热噪声的 PSD 可以表示为 $\overline{V_n^2}=4kT\mathrm{Re}\{Z_{out}\}$，如图 2.37 所示[8]。该定理并不局限于

⊖　回忆一下，理想的电感和电容器储存能量但是并不消耗能量。

集总电路。例如考虑一个通过辐射消耗能量的传输天线，其遵循方程 $V_{TX,rms}^2/R_{rad}$，其中，R_{rad} 为“辐射电阻”，如图 2.38a 所示。图 2.38b 所示的接收装置中，天线产生的热噪声 PSD 为㊀

$$\overline{V_{n,ant}^2}=4kTR_{rad} \tag{2.92}$$

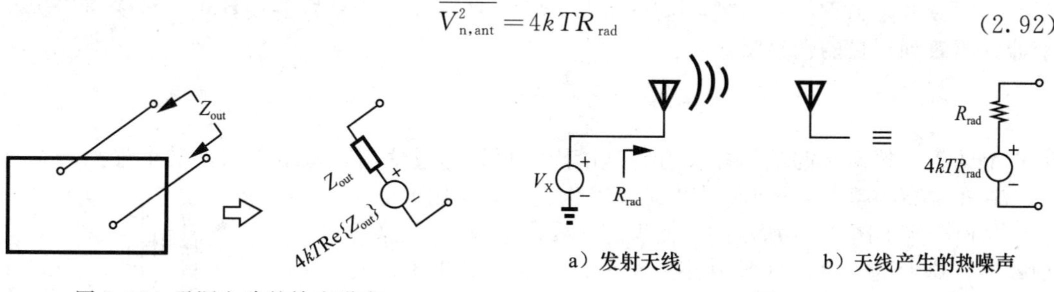

图 2.37　无源电路的输出噪声

图 2.38

2. MOSFET 噪声

如图 2.39a 所示，饱和区 MOS 晶体管的热噪声可以由一个位于源漏之间的电流源来近似：

$$\overline{I_n^2}=4kT\gamma g_m \tag{2.93}$$

式中，γ 为“沟道噪声系数”，g_m 为跨导㊁。对于长沟道晶体管，γ 的值为 2/3，而在短沟道器件中它有可能增大到 2[4]。γ 的实际值还依赖于其他条件[5]，通常是由每一代的 CMOS 工艺测量得到的。习题 2.10 证明了噪声可以选择性地由晶体管栅极串联电压源 $\overline{V_n^2}=4kT\gamma/g_m$ 的模型来表示，如图 2.39b 所示。

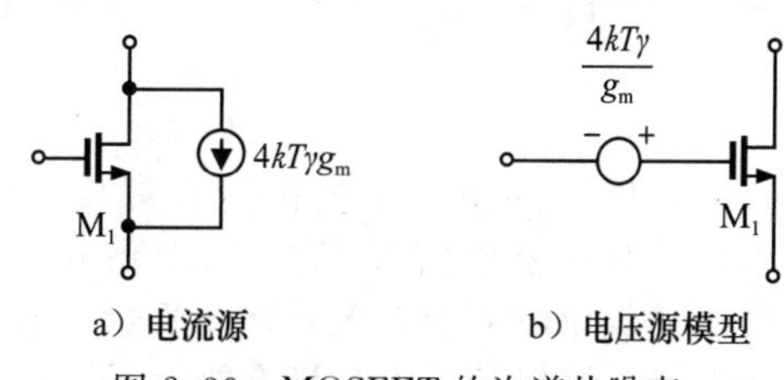

图 2.39　MOSFET 的沟道热噪声

热噪声的另一部分来自 MOS 管的栅极电阻，随着栅极长度的减小，该效应变得更加显著。如图 2.40a 所示的宽为 W、长为 L 的器件，其电阻可表示为：

$$R_G=\frac{W}{L}R_{\square} \tag{2.94}$$

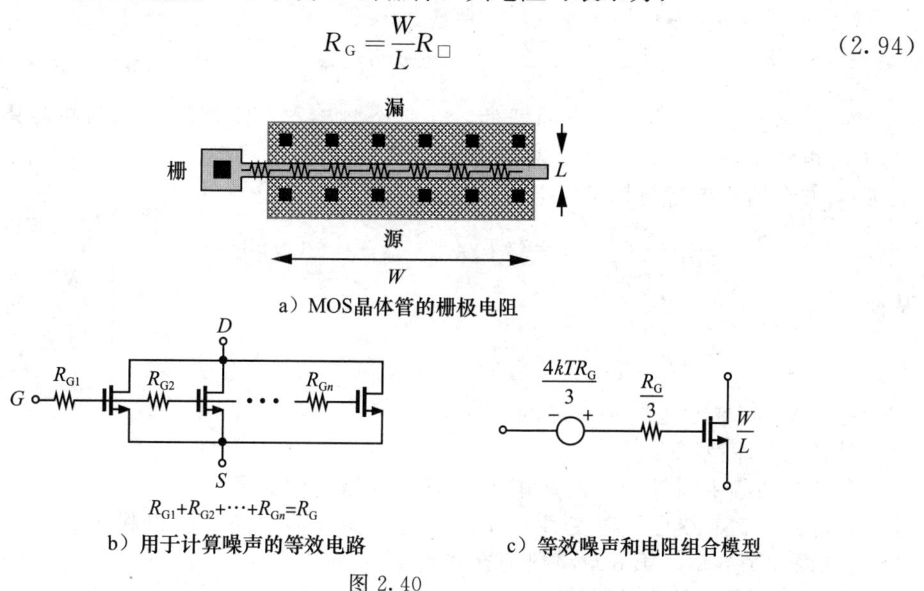

图 2.40

㊀ 严格地说，这是不正确的，因为接收天线上的噪声实际上是由“背景”噪声产生的(例如，宇宙辐射)。然而，在 RF 设计中，天线噪声通常被假设为 $4kTR_{rad}$。

㊁ 更精确地说，$\overline{I_n^2}=4kT\gamma g_{d0}$，其中，$g_{d0}$ 为三极管区的漏源电导(即使是在饱和区测量噪声)[3]。

式中，$R_{\square}$表示多晶硅栅极的方块电阻(每方块的电阻值)。例如，如果 $W=1\mu m$，$L=45nm$，$R_{\square}=15\Omega$，则 $R_G=333\Omega$。由于 R_G 分布于晶体管的宽度方向上，如图 2.40b 所示，计算噪声时需特别注意。如文献[6]所述，该结构可以简化为图 2.40c 所示的集总模型，其栅极电阻为 $R_G/3$，热噪声 PSD 为 $4kTR_G/3$。在一个良好的设计中，该噪声应远小于器件等效到栅极的沟道噪声：

$$4kT\frac{R_G}{3}\ll\frac{4kT\gamma}{g_m} \tag{2.95}$$

晶体管的栅端和漏端同样会有物理电阻，可以通过使用多指结构使其最小化。

在非常高的频率下，热噪声电流流经沟道耦合至栅极电容，从而产生了图 2.41 所示的“栅极感应噪声电流”[3]。这种效应在典型的电路仿真器中并未建模，它的意义仍不清晰，在本书中，忽略该效应的影响。

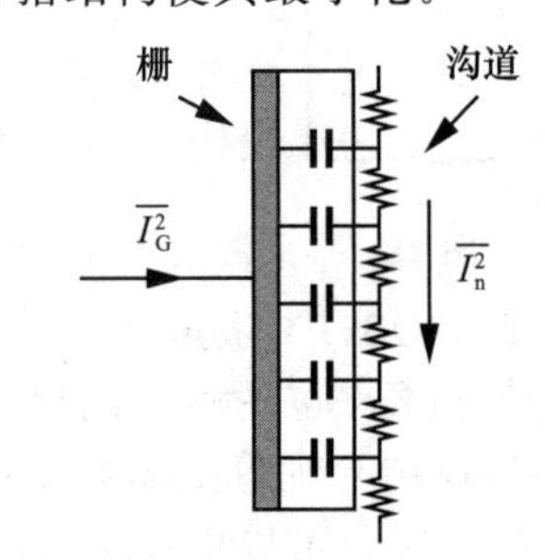

图 2.41 栅极感应噪声电流($\overline{I_G^2}$)

MOS 器件同样受到“闪烁”或称为“1/f”噪声的影响，用栅极串联电压源来模拟，其 PSD 为

$$\overline{V_n^2}=\frac{K}{WLC_{ox}}\frac{1}{f} \tag{2.96}$$

式中，K 是一个与工艺相关的常数。在多数 CMOS 技术中，PMOS 器件的 K 值比 NMOS 小，因为前者的载流子位于硅氧化物界面以下，因此受到“表面态(悬挂键)”的影响较小[1]。1/f 的依赖关系意味着变化缓慢的噪声分量有较大的噪声幅值。在噪声整合时，最低频率的选择取决于感兴趣的时间范围及有用信号的频谱[1]。

例 2.17 闪烁噪声模型可以通过电流源建模吗？

解： 可以。如图 2.42 所示，MOSFET 的栅极连接一个幅值为 V_1 的小信号电压源，该结构等价于源漏之间接有值为 g_mV_1 的电流源器件，因此

$$\overline{I_1^2}=g_m^2\frac{K}{WLC_{ox}}\frac{1}{f} \tag{2.97}$$ ◀

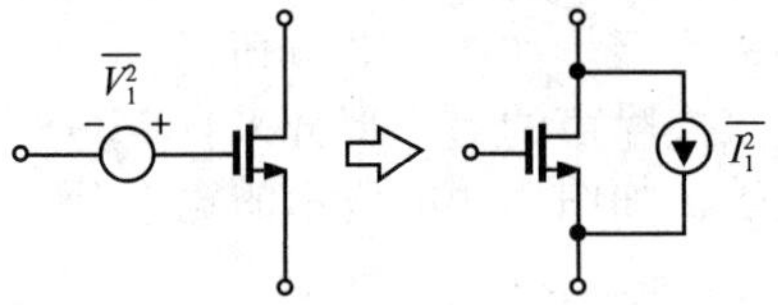

图 2.42 闪烁噪声电压至电流的转换

对于给定尺寸和偏置电流的器件，在某个频率点，闪烁噪声会与热噪声相交，称为“1/f 噪声转角频率” f_c，如图 2.43 所示，f_c 可以通过将闪烁噪声电压转化为电流(根据上例)，并令所得电流与热噪声电流相等，得到：

$$\frac{K}{WLC_{ox}}\frac{1}{f_c}g_m^2=4kT\gamma g_m \tag{2.98}$$

从而：

$$f_c=\frac{K}{WLC_{ox}}\frac{g_m}{4kT\gamma} \tag{2.99}$$

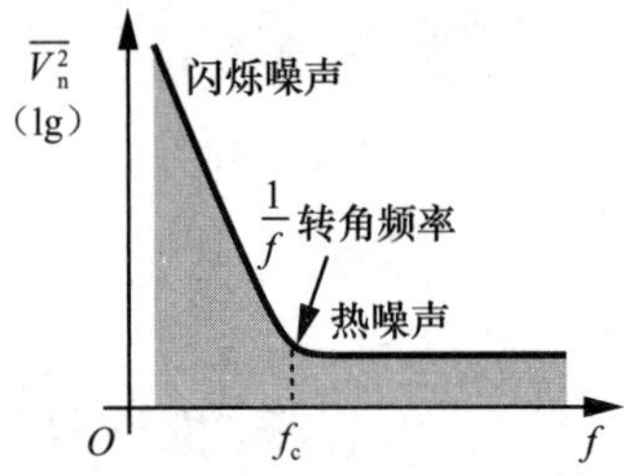

在如今的 MOS 工艺中，转角频率落在了几十甚至几百兆赫兹的频率范围内。

图 2.43 闪烁噪声转角频率

尽管在高频中闪烁噪声的影响似乎可以忽略，但必须注意，电路存在非线性或时变性，如混频器和振荡器电路，可以将 1/f 频谱噪声搬移到 RF 范围内。第 6 章、第 8 章将研究这些现象。

3. 双极型晶体管中的噪声

双极型晶体管基极、发射极和集电极存在物理电阻，也会产生热噪声，而且还会受到散粒噪声的影响，这与发射结载流子的传输有关。正如图 2.44 所示，噪声可以用两个电流源表示，它们的 PSD 表示为

$$\overline{I_{n,b}^2}=2qI_B=2q\frac{I_C}{\beta} \tag{2.100}$$

$$\overline{I_{n,c}^2}=2qI_C \tag{2.101}$$

式中，I_B 和 I_C 分别是基极和集电极偏置电流，双极型晶体管跨导 $g_m=I_C/(kT/q)$，集电极电流散粒噪声通常表示为

$$\overline{I_{n,c}^2}=4kT\frac{g_m}{2} \tag{2.102}$$

类似于 MOSFET 或者电阻的热噪声。

在低噪声电路中，基极电阻热噪声和集电极电流散粒噪声占主导地位。由于这个原因，采用大偏置电流的宽晶体管更适合低噪声应用。

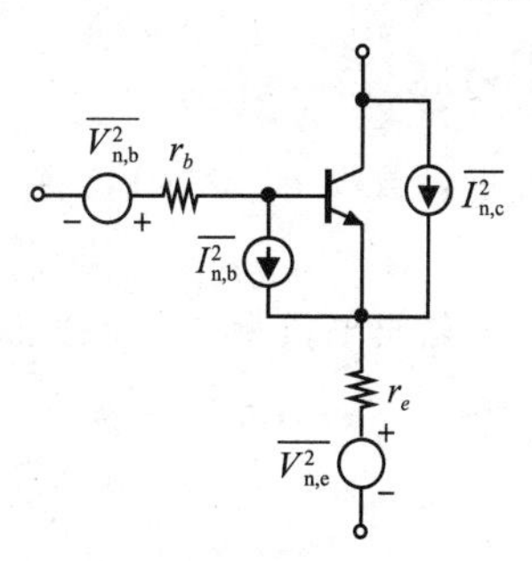

图 2.44　双极型晶体管噪声

2.3.5　电路中噪声的表示

器件噪声用公式表达之后，现在将要制定电路噪声性能的测量方法。例如，对于一个给定的电路，可以用哪些指标表明噪声特性？

1. 输入参考噪声

如何在实验室中观察电路的噪声呢？因为只能获得输出，所以只能测量输出噪声。然而，不同电路之间的输出噪声不具有可比性，因为电路表现出高输出噪声，可能是因为它具有高的增益而不是高的噪声。基于这个原因，我们引入输入参考噪声的概念。

在模拟设计中，输入参考噪声可以由串联电压源和并联电流源来建模，如图 2.45 所示[1]。前一项可以通过将模型 A 与模型 B 中的输入短路然后令它们的输出噪声相等来得到(或者用输出噪声除以增益)。同样，后一项可以通过将输入端开路使输出噪声相等来得到(或者用输出噪声除以跨导)。

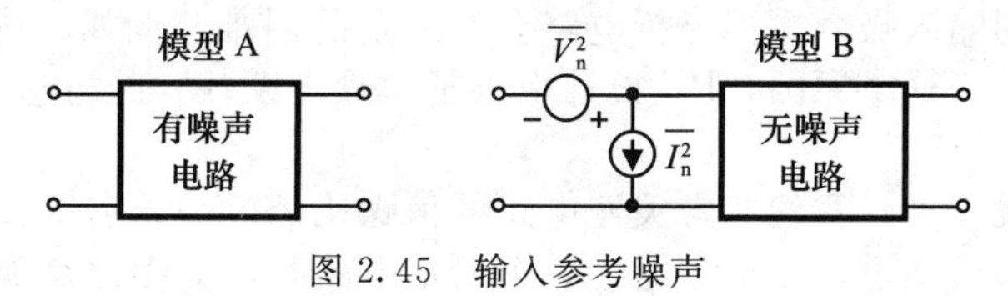

图 2.45　输入参考噪声

例 2.18　如图 2.46a 所示，计算共栅极电路的输入参考噪声。假设 I_1 为理想电流源并且忽略 R_1 的噪声。

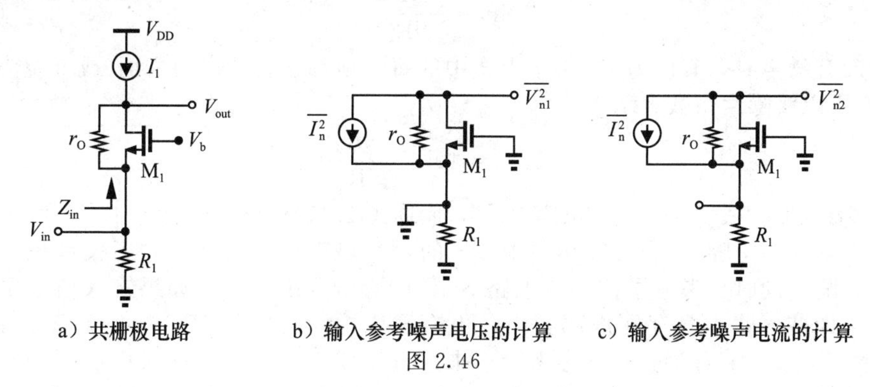

图 2.46

解：将输入短路(接地)，如图 2.46b 所示，可以得到：

$$\overline{V_{n1}^2}=\overline{I_n^2}\cdot r_O^2 \tag{2.103}$$

由于电路的电压增益为$1+g_m r_O$，输入参考噪声电压等于：

$$\overline{V_{n,in}^2}=\frac{\overline{I_n^2}r_O^2}{(1+g_m r_O)^2} \tag{2.104}$$

$$\approx\frac{4kT\gamma}{g_m} \tag{2.105}$$

其中，假设$g_m r_O \gg 1$，再令输入开路如图2.46c所示，读者可以自己证明(见习题2.12)：

$$\overline{V_{n2}^2}=\overline{I_n^2}r_O^2 \tag{2.106}$$

定义输出电压除以输入电流为跨阻增益，可以由$g_m r_O R_1$表示(为什么?)，从而得到：

$$\overline{I_{n,in}^2}=\frac{\overline{I_n^2}r_O^2}{g_m^2 r_O^2 R_1^2} \tag{2.107}$$

$$=\frac{4kT\gamma}{g_m R_1^2} \tag{2.108}$$ ◀

从以上例子中可以看出，M_1的噪声看起来好像被“计算”了两次。可以证明使用两个噪声源来计算输入参考噪声是充分必要的，但是这两个噪声源通常是相关的。

例2.19 解释为什么电路的输出噪声与电路前一级的输出阻抗有关。

解：如图2.47所示，使用输入参考噪声模型表示电路噪声，可发现部分$\overline{I_n^2}$通过了Z_1，在输入端产生了与$|Z_1|$有关的噪声，因此，输出端的噪声$V_{n,out}$也同样与$|Z_1|$有关。

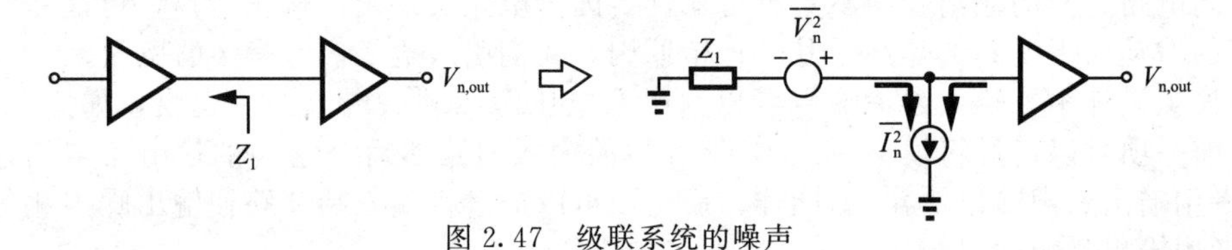

图2.47 级联系统的噪声 ◀

在高频时，使用输入噪声模型分析电路会有一定的困难。例如，我们很难测量RF电路中的跨阻增益。基于这个原因，RF设计引入了“噪声系数”的概念来简化测量过程。

2. 噪声系数

在电路和系统设计中，我们非常关注电路的信噪比(SNR)，它定义为信号功率与噪声功率之比。这里有必要知道，当信号通过一个给定电路时，信噪比是如何被减小的？如果电路中不存在噪声，即使电路是一个衰减器，它的输出信噪比也等于输入信噪比[⊖]。为了定量描述电路的噪声，定义噪声系数(NF)为

$$\mathrm{NF}=\frac{\mathrm{SNR_{in}}}{\mathrm{SNR_{out}}} \tag{2.109}$$

当电路中没有噪声时，其值为1。由于上式中的每一项都含有功率的量纲(或者说为电压平方量纲)，所以将噪声系数表示为

$$\mathrm{NF}|_{\mathrm{dB}}=10\lg\frac{\mathrm{SNR_{in}}}{\mathrm{SNR_{out}}} \tag{2.110}$$

注意，大多数文献称式(2.109)为“噪声因子”，而称式(2.110)为噪声系数。本书不做此区分。

相比于输入参考噪声，式(2.109)中NF的定义显得更复杂些：它不仅考虑了电路相关的噪声影响，同时也考虑了前一级电路SNR的影响。事实上，如果输入信号中没有噪声，那么，即使电路本身存在内部噪声，也有$\mathrm{SNR_{in}}=\infty$并且$\mathrm{NF}=\infty$。对于这种情况，NF则失去了意义，只能通过输入参考噪声来进行计算。

噪声系数的计算通常比式(2.109)更为简单。如图2.48a所示，假设一个LNA检测到

⊖ 因为输入信号和噪声被相同的衰减因子衰减。

天线接收的信号，如式(2.92)所示，天线的“辐射阻抗” R_S 会产生热噪声，从而产生了如图2.48b所示的模型。在这里，$\overline{V_{n,RS}^2}$ 代表天线的热噪声，$\overline{V_n^2}$ 代表LNA的输出噪声。我们需要计算LNA的输入SNR_{in}，并计算其输出SNR_{out}。

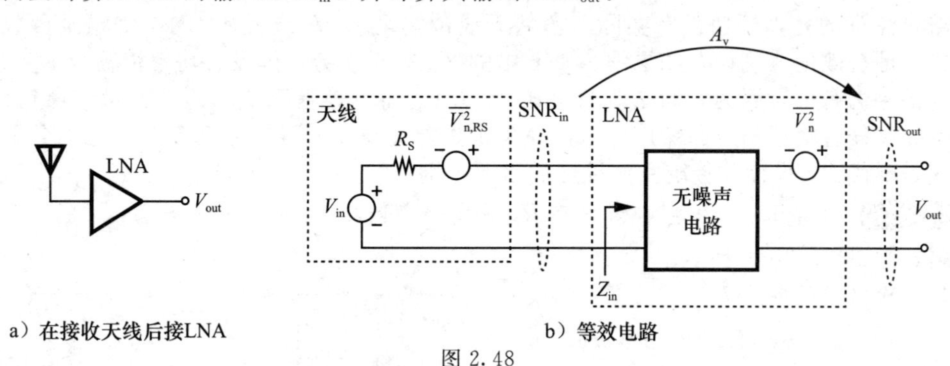

a）在接收天线后接LNA　　b）等效电路

图2.48

如果LNA的输入阻抗为 Z_{in}，V_{in} 和 V_{RS} 在LNA的输入都会经历衰减，衰减因子为 $\alpha = Z_{in}/(Z_{in}+R_S)$，即

$$SNR_{in} = \frac{|\alpha|^2 V_{in}^2}{|\alpha|^2 \overline{V_{RS}^2}} \tag{2.111}$$

式中，V_{in} 代表天线接收到的信号的方均根值。

为了确定SNR_{out}，设LNA输入到输出端的增益为 A_v，并且将输出信号功率表示为 $V_{in}^2|\alpha|^2A_v^2$。输出噪声由两部分构成：①LNA放大的天线噪声 $\overline{V_{RS}^2}|\alpha|^2A_v^2$；②LNA的输出噪声 $\overline{V_n^2}$。由于这两者是不相关的，将PSD简单相加可得到：

$$SNR_{out} = \frac{V_{in}^2|\alpha|^2A_v^2}{\overline{V_{RS}^2}|\alpha|^2A_v^2 + \overline{V_n^2}} \tag{2.112}$$

接着，可以得到：

$$NF = \frac{V_{in}^2}{4kTR_S}\frac{\overline{V_{RS}^2}|\alpha|^2A_v^2 + \overline{V_n^2}}{V_{in}^2|\alpha|^2A_v^2} \tag{2.113}$$

$$= \frac{1}{\overline{V_{RS}^2}} \cdot \frac{\overline{V_{RS}^2}|\alpha|^2A_v^2 + \overline{V_n^2}}{|\alpha|^2A_v^2} \tag{2.114}$$

$$= 1 + \frac{\overline{V_n^2}}{|\alpha|^2A_v^2} \cdot \frac{1}{\overline{V_{RS}^2}} \tag{2.115}$$

由该结果可以得到NF的另一个定义：输出端的总噪声与其中的信号源阻抗引入的输出噪声之比。NF通常对应给定频率下的1Hz带宽，因此有时也被称为“点噪声系数”，以强调其小带宽。

式(2.115)中有 $\overline{V_{RS}^2}$ 和 $\overline{V_n^2}$，这说明NF与信号源阻抗相关(见例2.19)。事实上，如果使用输入参考源来模拟噪声，那么部分输出噪声电流 $\overline{I_{n,in}^2}$ 会流过电阻 R_S，在输入上产生大小为 $\overline{I_{n,in}^2}R_S^2$ 的信号源相关噪声电压，从而在输出上产生相应比例的噪声。因此，NF的计算必须有确定的源阻抗，典型值为50Ω。

对于手工计算和仿真，我们注意到式(2.114)右侧的分子是在输出端测得的总噪声，因此等式右侧可以化简为：

$$NF = \frac{1}{4kTR_S} \cdot \frac{\overline{V_{n,out}^2}}{A_0^2} \tag{2.116}$$

式中，$\overline{V_{n,out}^2}$ 同时包含了信号源阻抗产生的输出噪声和LNA电路噪声，并且 $A_0 = |\alpha|A_v$，是

V_{in} 到 V_{out} 的电压增益，而不是LNA输入到输出的增益。简单地说，要计算NF，可简单地使用总输出噪声除以 V_{in} 到 V_{out} 的增益，并且用 R_S 的噪声对结果进行归一化。或者由式(2.115)可知，噪声系数可以通过放大器的输出噪声 $\overline{V_n^2}$ 除以增益，并归一化到 $4kTR_S$ 后加1得到。

需要注意的是，即使没有实际功率从天线传输至LNA或者从LNA传输至负载，上述公式也是有效的。例如，如果图2.48b中的 Z_{in} 趋于无穷，则没有功率传输至LNA，但是所有推导仍有效，因为它们是基于电压(平方)量而不是基于功率的平方量。换句话说，只要推导过程包括了信号和噪声电压，在阻抗失配甚至输入阻抗为无穷大时也不会出现矛盾。这是现代RF设计和传统微波设计的重要区别。

例2.20 计算图2.49a中分流电路 R_P 相对于源阻抗 R_S 的噪声系数。

解： 如图2.49b所示，将 V_{in} 置0，得到的总输出噪声电压为

$$\overline{V_{n,out}^2}=4kT(R_S\parallel R_P) \tag{2.117}$$

增益为

$$A_0=\frac{R_P}{R_P+R_S} \tag{2.118}$$

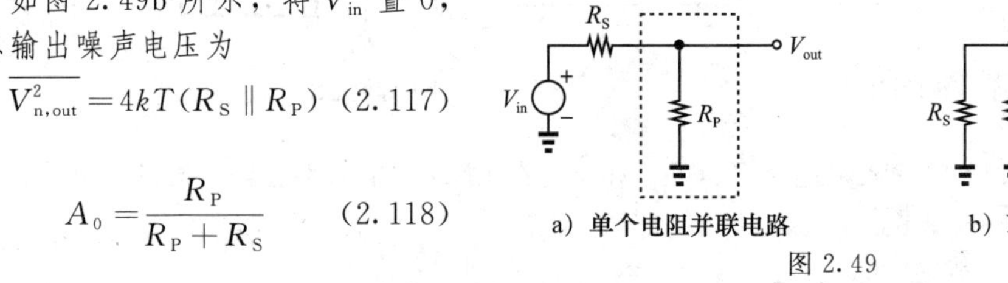

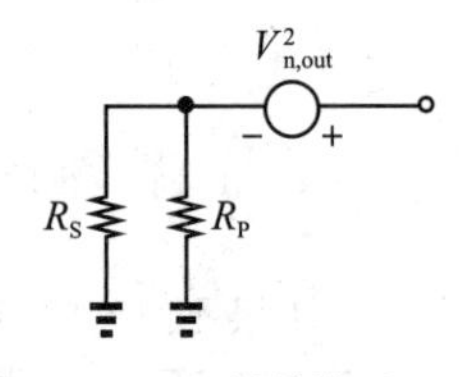

图2.49

因此，

$$\mathrm{NF}=4kT(R_S\parallel R_P)\frac{(R_S+R_P)^2}{R_P^2}\frac{1}{4kTR_S} \tag{2.119}$$

$$=1+\frac{R_S}{R_P} \tag{2.120}$$

可以通过增大 R_P 来减小噪声系数NF。让 $R_P=R_S$ 来达到阻抗匹配，那么NF将不会低于3dB。第5章将再次介绍LNA设计中的这一关键点。◀

例2.21 如图2.50a所示，计算信号源阻抗为 R_S 的共源极电路的噪声系数。忽略电容及 M_1 闪烁噪声的影响，并且假设 I_1 为理想电流源。

解： 如图2.50b所示，输出噪声由两部分构成：①由 M_1 产生的噪声 $\overline{I_{n,M_1}^2}r_O^2$；②放大后的 R_S 的热噪声 $\overline{V_{RS}^2}(g_m r_O)^2$。由此可得：

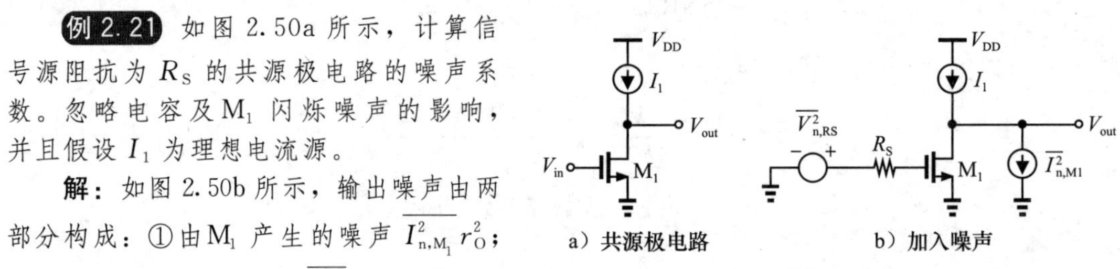

图2.50

$$\mathrm{NF}=\frac{4kT\gamma g_m r_O^2+4kTR_S(g_m r_O)^2}{(g_m r_O)^2}\frac{1}{4kTR_S} \tag{2.121}$$

$$=\frac{\gamma}{g_m R_S}+1 \tag{2.122}$$

该结果显示，随着 R_S 的升高，NF下降。这是否意味着，即使放大器保持不变，系统整体的噪声性能仍然可以通过增大 R_S 得到提高？我们将在习题2.18和2.19中讨论该问题。◀

3. 级联级的噪声系数

由于接收机链中会有很多级电路，因此希望由其中的每一级的噪声系数来确定整体级联的噪声系数。考虑图2.51a所示的级联结构，其中，A_{v1} 和 A_{v2} 表示空载时两级的电压增益。两级电路的输入输出阻抗和输出噪声电压在图2.51中也有表示[⊖]。

先使用一个直观的方法来得到级联结构的NF：根据式(2.115)，可简单地计算出两级

⊖ 为了简单起见，假设输入和输出阻抗的电抗部分可以忽略，但在最后的结果中是有效的。

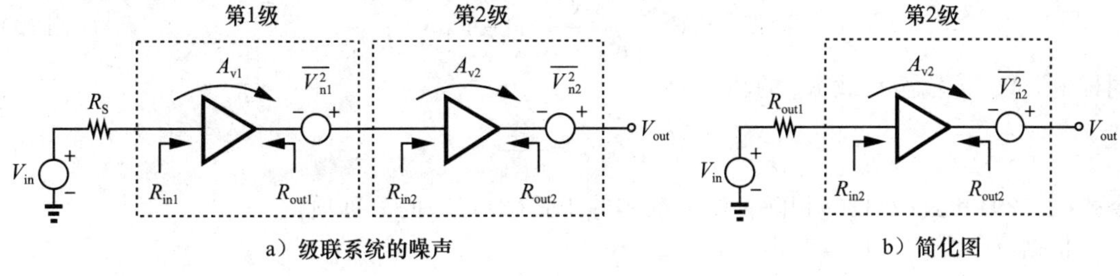

图 2.51[⊖]

电路的总输出噪声，除以增益$(V_{out}/V_{in})^2$，并归一化到$4kTR_S$后加 1 得到噪声系数。考虑负载后，整体电压增益为

$$A_0=\frac{V_{out}}{V_{in}}=\frac{R_{in1}}{R_{in1}+R_S}A_{v1}\frac{R_{in2}}{R_{in2}+R_{out1}}A_{v2} \tag{2.123}$$

由于两级结构引入的输出噪声表示为$\overline{V_{n,out}^2}$，它由两部分组成：①$\overline{V_{n2}^2}$，②由第二级放大过的$\overline{V_{n1}^2}$。因为V_{n1}向左边看到的阻抗为R_{out1}，向右边看到的阻抗为R_{in2}，在第二级的输入端，需要乘以一个缩放因子$R_{in2}/(R_{in2}+R_{out1})$。因此，

$$\overline{V_{n,out}^2}=\overline{V_{n2}^2}+\overline{V_{n1}^2}\frac{R_{in2}^2}{(R_{in2}+R_{out1})^2}A_{v2}^2 \tag{2.124}$$

因此，整体的 NF 可以表示为

$$NF_{tot}=1+\frac{\overline{V_{n,out}^2}}{A_0^2}\frac{1}{4kTR_S} \tag{2.125}$$

$$=1+\frac{\overline{V_{n1}^2}}{\left(\frac{R_{in1}}{R_{in1}+R_S}\right)^2A_{v1}^2}\cdot\frac{1}{4kTR_S}+\frac{\overline{V_{n2}^2}}{\left(\frac{R_{in1}}{R_{in1}+R_S}\right)^2A_{v1}^2\left(\frac{R_{in2}}{R_{in2}+R_{out1}}\right)^2A_{v2}^2}\frac{1}{4kTR_S} \tag{2.126}$$

式中，前两项构成了第一级结构的噪声系数NF_1，与源级阻抗R_S相关。第三项取决于第二级的噪声系数，但它如何用第二级的噪声系数来表示？

现在单独考虑第二级电路，并确定其关于源阻抗R_{out1}的噪声系数，如图 2.51b 所示。再次使用式(2.115)，可得：

$$NF_2=1+\frac{\overline{V_{n2}^2}}{\frac{R_{in2}^2}{(R_{in2}+R_{out1})^2}A_{v2}^2}\frac{1}{4kTR_{out1}} \tag{2.127}$$

根据式(2.126)和式(2.127)，可得：

$$NF_{tot}=NF_1+\frac{NF_2-1}{\frac{R_{in1}^2}{(R_{in1}+R_S)^2}A_{v1}^2\frac{R_S}{R_{out1}}} \tag{2.128}$$

式(2.128)的分母表示什么？这一项实际上是第一级电路的“有用功率增益”，可定义为输出端的“有用功率”$P_{out,av}$(提供给匹配阻抗的功率)除以电源有用功率$P_{S,av}$(电源传输至匹配阻抗的功率)。这样很容易验证，图 2.51a 中的第一级功率将会传输至等于R_{out1}的负载：

⊖ 原著图中噪声的标注有笔误。——译者注

$$P_{out,av}=V_{in}^2\frac{R_{in1}^2}{(R_S+R_{in1})^2}A_{v1}^2\cdot\frac{1}{4R_{out1}} \tag{2.129}$$

同样的，V_{in} 传输至负载 R_S 的功率为

$$P_{S,av}=\frac{V_{in}^2}{4R_S} \tag{2.130}$$

令式(2.129)和式(2.130)相除，结果确实等于式(2.128)的分母项。

根据以上分析，可以写出：

$$NF_{tot}=NF_1+\frac{NF_2-1}{A_{P1}} \tag{2.131}$$

式中，A_{P1} 表示第一级的“有用功率增益”。需要牢记的是，NF_2 与第一级的输出阻抗有关。对于 m 级的级联系统，有：

$$NF_{tot}=1+(NF_1-1)+\frac{NF_2-1}{A_{P1}}+\cdots+\frac{NF_m-1}{A_{P1}\cdots A_{P(m-1)}} \tag{2.132}$$

即弗里斯公式[7]。这一结果表明，每一级电路产生的噪声会随着其前级总的有用功率增益的增加而减小，也就是说级联结构中最初的几级对噪声系数起着主要作用。相反地，如果某一级有衰减(损失)，那么相对于该级电路的输入而言，则后续电路的 NF 被“放大”。

例 2.22 计算图 2.52 中两级共源极级联电路的噪声系数，忽略晶体管电容和闪烁噪声。

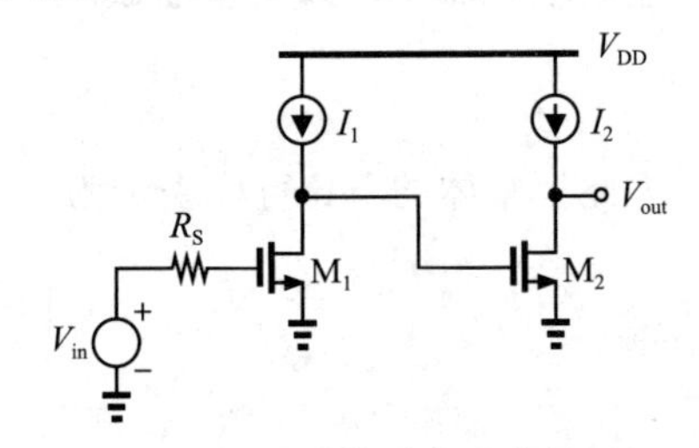

图 2.52 用于计算噪声系数的两级共源极级联电路

解： 这里采用哪种方法会更简便，直接计算还是弗里斯公式？因为 $R_{in1}=R_{in2}=\infty$，等式(2.126)可化简为

$$NF=1+\frac{\overline{V_{n1}^2}}{A_{v1}^2}\frac{1}{4kTR_S}+\frac{\overline{V_{n2}^2}}{A_{v1}^2A_{v2}^2}\frac{1}{4kTR_S} \tag{2.133}$$

式中，$\overline{V_{n1}^2}=4kT\gamma g_{m1}r_{O1}^2$，$\overline{V_{n2}^2}=4kT\gamma g_{m2}r_{O2}^2$，$A_{v1}=g_{m1}r_{O1}$ 和 $A_{v2}=g_{m2}r_{O2}$。因为上述的所有参数都有现成的数值，只需简单代入公式(2.132)，则可得：

$$NF=1+\frac{\gamma}{g_{m1}R_S}+\frac{\gamma}{g_{m1}^2r_{O1}^2g_{m2}R_S} \tag{2.134}$$

另一方面，采用弗里斯公式计算时需要计算第一级电路的有效功率增益和第二级电路关于源极阻抗 r_{O1} 的噪声系数，这会导致冗长的代数计算。◀

上述例子代表了在现代 RF 设计中的一种典型情况：两级电路之间的连接处没有 50Ω 的阻抗，而且无法在两级电路之间提供阻抗匹配。在这些情况下，采用弗里斯公式计算会显得很烦琐，直接计算噪声系数的方式更简便。

上述例子假设第二级电路的输入阻抗为无穷大，在等式(2.126)的帮助下，直接计算的方法可以扩展到更多实例中去。即使在出现复杂输入和输出阻抗的情况下，等式(2.126)也表明了：①$\overline{V_{n1}^2}$ 需要除以从 V_{in} 到第一级电路输出的空载增益；②第二级电路的输出噪声 $\overline{V_{n2}^2}$ 需要利用被第一级输出阻抗驱动的第二级电路进行计算[⊖]；③$\overline{V_{n2}^2}$ 需要除以从 V_{in} 到 V_{out} 的总电压增益。

例 2.23 计算图 2.53a 中电路的噪声系数，忽略晶体管电容、闪烁噪声、沟长调制效应和体效应。

解： 对于第一级电路，$A_{v1}=-g_{m1}R_{D1}$，空载输出噪声如下：

⊖ 从例 2.19 可以回想起，一个电路的输出噪声可能会受驱动它的信号源阻抗影响，但是源阻抗的噪声并不包含在 $\overline{V_{n2}^2}$ 内。

$$\overline{V_{n1}^2}=4kT\gamma g_{m1}R_{D1}^2+4kTR_{D1} \tag{2.135}$$

对于第二级电路，读者可以从图 2.53b 中得到：

$$\overline{V_{n2}^2}=\frac{4kT\gamma}{g_{m2}}\left(\frac{R_{D2}}{\dfrac{1}{g_{m2}}+R_{D1}}\right)^2+4kTR_{D2} \tag{2.136}$$

注意，第一级电路的输出阻抗包含在 $\overline{V_{n2}^2}$ 的计算中，但 R_{D1} 的噪声不在其中。

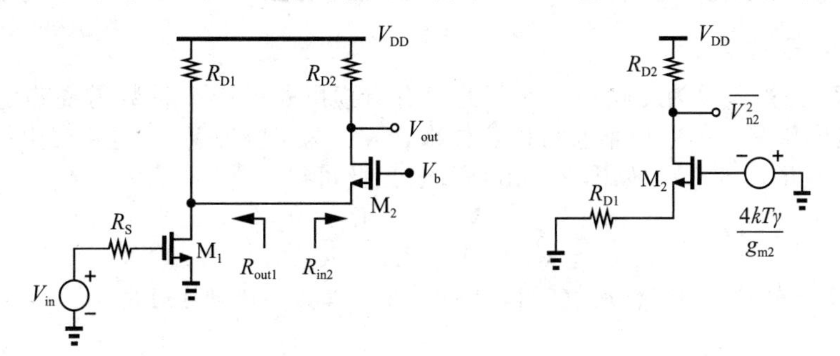

a）共源极和共栅极级联电路　　b）简化电路图

图 2.53

现将这些数值代入等式(2.126)，记住 $R_{in2}=1/g_{m2}$ 和 $A_{v2}=g_{m2}R_{D2}$，有：

$$\mathrm{VF}_{tot}=1+\frac{4kT\gamma g_{m1}R_D^2+4kTR_{D1}}{g_{m1}^2R_{D1}^2}\cdot\frac{1}{4kTR_S}+\frac{\dfrac{4kT\gamma}{g_{m2}}\left(\dfrac{R_{D2}}{g_{m2}^{-1}+R_{D2}}\right)^2+4kTR_{D2}}{g_{m1}^2R_{D1}^2\left(\dfrac{g_{m2}^{-1}}{g_{m2}^{-1}+R_{D1}}\right)^2g_{m2}^2R_{D2}^2}\cdot\frac{1}{4kTR_S} \tag{2.137}$$ ◀

4. 有损电路的噪声系数

像滤波器这样的无源电路连接在 RF 收发机的前端，它们的损耗具有决定性影响(见第 4 章)。损耗来源于电路中不必要的阻性元件，它们将输入功耗转换为热量，因此会导致输出信号的功率减小。此外，从图 2.37 可知，阻性元件也会产生热噪声。因此，无源有损电路会减弱信号而且会引入噪声。

我们希望证明无源电路的噪声系数等于它的功率损耗(定义为 $L=P_{in}/P_{out}$)，其中，P_{in} 为电源有效功率，P_{out} 为输出有效功率。正如在弗里斯的推导中所提到的，有效功率是指一个给定的信号源或者电路提供给一个共轭匹配负载的功率。如果输入和输出是匹配的，那证明将会很简单(见习题 2.21)。现在这里考虑一种更普适的情况。

考虑图 2.54a 的情况，有损电路由源阻抗 R_S 驱动，然后再驱动负载阻抗 R_L ㊀。从等式(2.130)得到，电源有效功率为 $P_{in}=V_{in}^2/(4R_S)$。为了计算输出有效功率，我们构建图 2.54b 中的戴维南等效电路，可得 $P_{out}=V_{Thev}^2/(4R_{out})$。因此，损耗可由下式得到：

$$L=\frac{V_{in}^2}{V_{Thev}^2}\frac{R_{out}}{R_S} \tag{2.138}$$

为了计算噪声系数，利用图 2.37 中阐述的定理和图 2.54c 中的等效电路可以写出下式：

$$\overline{V_{n,out}^2}=4kTR_{out}\frac{R_L^2}{(R_L+R_{out})^2} \tag{2.139}$$

㊀ 为了简单起见，我们假设阻抗的无功部分被去掉，但是最后的结果是有效的(即使该部分没被去掉)。

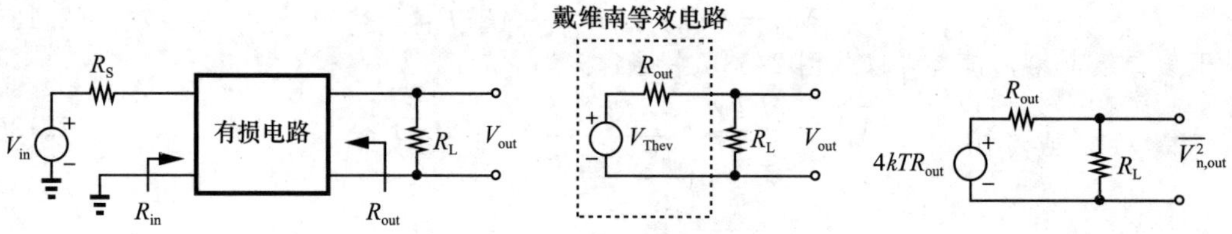

a) 无源有损网络　　b) 戴维南等效电路　　c) 简化电路图

图 2.54

注意，R_L 是被假设为无噪声的，因此只有有损电路的噪声系数需要确定。从输入电压 V_{in} 到输出电压 V_{out} 的电压增益可以这样来计算：为了响应 V_{in}，电路产生的输出电压为 $V_{out}=V_{Thev}R_L/(R_L+R_{out})$，如图 2.54b 所示。因此可得：

$$A_0=\frac{V_{Thev}}{V_{in}}\frac{R_L}{R_L+R_{out}} \tag{2.140}$$

噪声系数就等于式(2.139)除以式(2.140)的平方，再归一化到 $4kTR_S$：

$$\mathrm{NF}=4kTR_{out}\frac{V_{in}^2}{V_{Thev}^2}\frac{1}{4kTR_S} \tag{2.141}$$

$$=L \tag{2.142}$$

例 2.24 图 2.55 所示的接收机的前端包含一个带通滤波器(BPF)，用于抑制一些可能使 LNA 灵敏度下降的干扰。如果滤波器的损耗为 L，LNA 的噪声系数为 $\mathrm{NF_{LNA}}$，计算整体的噪声系数。

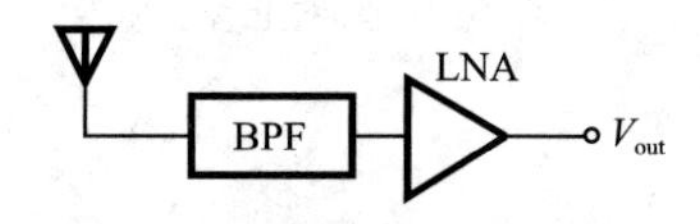

图 2.55　带通滤波器和 LNA 的串联

解： 设滤波器的噪声系数为 $\mathrm{NF_{filt}}$，可将弗里斯公式写成：

$$\mathrm{NF_{tot}}=\mathrm{NF_{filt}}+\frac{\mathrm{NF_{LNA}}-1}{L^{-1}} \tag{2.143}$$

$$=L+(\mathrm{NF_{LNA}}-1)L \tag{2.144}$$

$$=L\cdot \mathrm{NF_{LNA}} \tag{2.145}$$

式中，$\mathrm{NF_{LNA}}$ 是基于滤波器的输出阻抗进行计算的。例如，若 $L=1.5\mathrm{dB}$，$\mathrm{NF_{LNA}}=2\mathrm{dB}$，则 $\mathrm{NF_{tot}}=3.5\mathrm{dB}$。◀

2.4　灵敏度和动态范围

有很多指标来定义 RF 接收机的性能，这里介绍两个：灵敏度和动态范围。其他指标则在第 3 章介绍。

2.4.1　灵敏度

灵敏度定义为接收机可以检测到的符合性能要求的最小信号电平。当存在剩余噪声时，检测到的信号会被扭曲，并且只携带少量信息。可把“符合性能要求”定义为足够的输出信噪比，它取决于调制的方式以及系统可以容忍的误码率。典型的信噪比范围为 6～25dB(见第 3 章)。

为了计算灵敏度，将噪声系数 NF 表达式写为：

$$\mathrm{NF}=\frac{\mathrm{SNR_{in}}}{\mathrm{SNR_{out}}} \tag{2.146}$$

$$=\frac{P_{sig}/P_{RS}}{\mathrm{SNR_{out}}} \tag{2.147}$$

式中，P_{sig} 表示单位带宽下的输入信号功率，P_{RS} 表示单位带宽下的源电阻噪声功率。在表示这两个量时，单位是 V^2/Hz 还是 W/Hz 呢？由于接收机的输入阻抗通常与天线相匹配(见第 4 章)，所以天线确实向接收机提供了信号功率和噪声功率。基于这个原因，一般采用 W/Hz(或者 dBm/Hz)来表示这两个量。P_{sig} 满足公式：

$$P_{sig} = P_{RS} \cdot \mathrm{NF} \cdot \mathrm{SNR}_{out} \tag{2.148}$$

因为总的信号噪声分布在一定的信道带宽 B 范围内，在总带宽范围内对式(2.148)两边积分，可以获得总的均方功率。假设信号和噪声是一个平坦的频谱，总的输入信号功率满足：

$$P_{sig,tot} = P_{RS} \cdot \mathrm{NF} \cdot \mathrm{SNR}_{out} \cdot B \tag{2.149}$$

式(2.149)将灵敏度表示为产生给定输出信噪比的最小输入信号电平。当将这些量以 dB 或 dBm 表示时，可以得到：

$$P_{sen}|_{dBm} = P_{RS}|_{dBm/Hz} + \mathrm{NF}|_{dB} + \mathrm{SNR}_{min}|_{dB} + 10\lg B \tag{2.150}$$

式中，P_{sen} 表示灵敏度，B 的单位是赫兹(Hz)，注意式(2.150)不直接取决于系统增益。如果接收机与天线相匹配，那么由式(2.82)可得，$P_{RS}=kT=-174\mathrm{dBm/Hz}$ 以及[㊀]

$$P_{sen} = -174\mathrm{dBm/Hz} + \mathrm{NF} + 10\lg B + \mathrm{SNR}_{min} \tag{2.151}$$

前三项之和就是系统的总噪声，有时也被称为“噪底(noise floor)”。

例 2.25　一个 GSM 接收机要求的最小 SNR 为 12dB，信道带宽为 200kHz，而无线 LAN 接收机的最小 SNR 为 23dB，信道带宽为 20MHz。如果这两个系统的噪声系数 NF 为 7dB，比较这两个系统的灵敏度。

解： 对于 GSM 接收机，$P_{sen}=-102\mathrm{dBm}$，而对于无线 LAN 接收机，$P_{sen}=-71\mathrm{dBm}$。这是否意味着后面那个更差呢？不，后面那个有更大的带宽、更有效的调制，能达到 54Mbit/s 的数据速率，而 GSM 系统的数据速率只有 270kbit/s。只评价接收机的灵敏度而不考虑数据的速率是没有意义的。◀

2.4.2　动态范围

动态范围(DR)粗略地定义为接收机可以接收到的最大输入电平和可以检测到的最小输入电平(灵敏度)之比。在许多不同的应用中，该定义的量化方式不一样。比如，在模拟电路(如模数转换器)中，DR 被定义为满幅输入电平和在 SNR=1 时的输入电平之比。满幅一般被定义为一特定电平，超过此电平时电路就会饱和失真，这个电平可以通过检测电路得到。

在 RF 设计中，情况就更复杂了。考虑一个简单的共源极电路，怎样定义此电路的输入满幅值呢？是否存在一个特定电平，超过此电平电路就变得过度非线性呢？我们可以将 1dB 压缩点视为这样的一个电平。但是，如果电路检测到两个干扰，而且存在交调现象，那么情况会如何呢？

在 RF 设计中出现了 DR 的两种定义方式。第一种，简单地称为动态范围，指最大可接受的目标信号功率与最小可接受的目标信号功率(灵敏度)之比。如图 2.56a 中所示，动态范围受到上端压缩和下端噪声的限制。比如说，当一个手机接近基站的时候，可能接收到一个强的信号，而且必须用可接受的失真来处理它。事实上，这个手机会检测这个信号的强度并且调整接收机的增益以防止压缩。除了干扰信号，这个“基于压缩”的动态范围可以超过 100dB，因为它的上端相对比较容易提高。

第二种定义方式称为无杂散动态范围(Spurious-Free Dynamic Range，SFDR)，表示由噪声和干扰产生的限制。下端仍然等于灵敏度，而上端被定义为双音测试中的最大输入电平，在这个测试中三阶交调积不会超过这个接收机的总噪声。正如图 2.56b 所示，使用具有相同幅值的双音测试波(调制或者未调制)，并增大它们的幅值，直到交调积达到总噪声[㊁]。每一

㊀　注意，为了变换为 dB 或者 dBm，我们使用 10lg，因为它们都是功率量。

㊁　需要注意的是，总噪声是一个单一的有效值(如 100μV)而不是密度。

个干扰信号的功率与灵敏度的比值被称为 SFDR。SFDR 代表了当接收机由一个小的输入信号产生一个合格质量的信号时可以容忍的最大相对干扰电平。

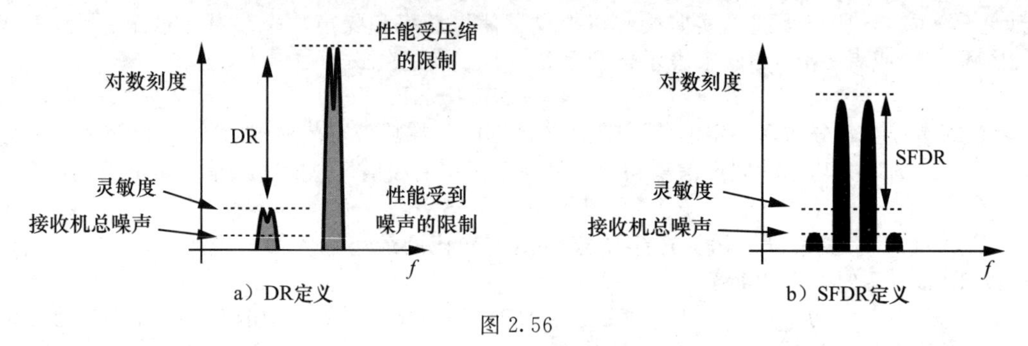

图 2.56

图 2.56b 中的不同电平应该选在哪里测量呢？是在电路的输入端还是在输出端呢？因为交调积只出现在输出端，因此输出端对于这样的测量来说是更好的选择。在这种情况下，灵敏度(通常是输入参考量)必须由电路的增益进行缩放，以便转换到输出。同样，也可以用输出端交调信号的大小除以增益，将灵敏度转换到输入从而在输入端计算。计算 SFDR 时通常采用后一种方法。

为了确定 SFDR 的上端信号，可以将式(2.56)写为

$$P_{\mathrm{IIP3}}=P_{\mathrm{in}}+\frac{P_{\mathrm{out}}-P_{\mathrm{IM,out}}}{2} \tag{2.152}$$

为了简洁，即使在输入输出端口没有真正的功率传输，也将 20 $\lg A_{x}$ 记为 P_{x}；$P_{\mathrm{IM,out}}$ 表示输出端的交调积，如果这个电路的增益为 G(单位为 dB)，通过公式 $P_{\mathrm{IM,in}}=P_{\mathrm{IM,out}}-G$，可以得到输出端的交调积。相似的，每一个音波的输入电平可以通过公式 $P_{\mathrm{in}}=P_{\mathrm{out}}-G$ 得到。因此式(2.152)可以写为

$$P_{\mathrm{IIP3}}=P_{\mathrm{in}}+\frac{P_{\mathrm{in}}-P_{\mathrm{IM,in}}}{2} \tag{2.153}$$

$$=\frac{3P_{\mathrm{in}}-P_{\mathrm{IM,in}}}{2} \tag{2.154}$$

因此

$$P_{\mathrm{in}}=\frac{2P_{\mathrm{IIP3}}+P_{\mathrm{IM,in}}}{3} \tag{2.155}$$

P_{in} 就是 SFDR 的上端值，$P_{\mathrm{IM,in}}$ 就是接收机的总噪声。

$$P_{\mathrm{in,max}}=\frac{2P_{\mathrm{IIP3}}+(-174\mathrm{dBm}+\mathrm{NF}+10\lg B)}{3} \tag{2.156}$$

SFDR 就是 $P_{\mathrm{in,max}}$ 和灵敏度之间的差值：

$$\mathrm{SFDR}=P_{\mathrm{in,max}}-(-174\mathrm{dBm}+\mathrm{NF}+10\lg B+\mathrm{SNR}_{\min}) \tag{2.157}$$

$$=\frac{2(P_{\mathrm{IIP3}}+174\mathrm{dBm}-\mathrm{NF}-10\lg B)}{3}-\mathrm{SNR}_{\min} \tag{2.158}$$

比如说，一个 GSM 接收机的 NF=7dB，$P_{\mathrm{IIP3}}=-15\mathrm{dBm}$，$\mathrm{SNR}_{\min}=12\mathrm{dB}$，得到的 SFDR 是 54dB，这比不考虑干扰时的动态范围小得多。

例 2.26 动态范围的上端值受两个干扰的交调限制，或者受只有一个干扰时减敏的限制。比较这两种情况，看哪一种情况下受到的限制更大。

解：比较由式(2.156)求得的上端值和 1dB 压缩点：

$$P_{1\mathrm{dB}}\overset{?}{\gtrless}P_{\mathrm{in,max}} \tag{2.159}$$

因为 $P_{1\mathrm{dB}}=P_{\mathrm{IIP3}}-9.6\mathrm{dB}$，则：

$$P_{\text{IIP3}} - 9.6\text{dB} \overset{?}{\gtrless} \frac{2P_{\text{IIP3}} + (-174\text{dBm} + \text{NF} + 10\lg B)}{3} \tag{2.160}$$

因此

$$P_{\text{IIP3}} - 28.8\text{dB} \overset{?}{\gtrless} -174\text{dBm} + \text{NF} + 10\lg B \tag{2.161}$$

因为式子右边部分代表了接收机的噪底，所以希望它比左边的部分小得多。实际上，即使对于非常大的带宽，如 $B=1\text{GHz}$，$\text{NF}=10\text{dB}$，此时右边的部分为 -74dBm，而典型的 P_{IIP3} 的值为 $-10\sim-25\text{dBm}$，左边部分仍然大得多。因此可以得出结论：

$$P_{\text{1dB}} > P_{\text{in,max}} \tag{2.162}$$

这表示在双音测试中的最大可接受的电平比压缩测试中得到的值小得多，即由两个干扰交调引起的信号破坏比由一个干扰引起的压缩大得多。因此 SFDR 是一个比基于压缩得到的动态范围严格得多的系统参数。◀

2.5　无源阻抗变换

在无线电频率中，我们经常使用无源网络从高到低转换阻抗，反之亦然，或者从复数到实数，反之亦然。此类电路被称为“匹配网络”，但它不易集成。因为如果将此类电路安装在硅芯片上，其组成器件(尤其是电感)会出现损耗。(我们在许多射频构建块中确实使用片上电感。)尽管如此，对阻抗变换的基本了解还是必不可少的。

2.5.1　品质因数

在无源网络最简单的形式中，品质因数 Q 表示能量存储设备接近理想状态的程度。一个理想的电容器不消耗能量，表现出无穷大的 Q，但串联电阻 R_S 的存在(见图 2.57a)，将其 Q 降低至

$$Q_S = \frac{\frac{1}{C\omega}}{R_S} \tag{2.163}$$

式中分子表示“期望的”分量，分母表示“不期望的”分量。如果电容器中的电阻性损耗由并联电阻建模(见图 2.57b)，则必须将 Q 定义为

$$Q_P = \frac{R_P}{\frac{1}{C\omega}} \tag{2.164}$$

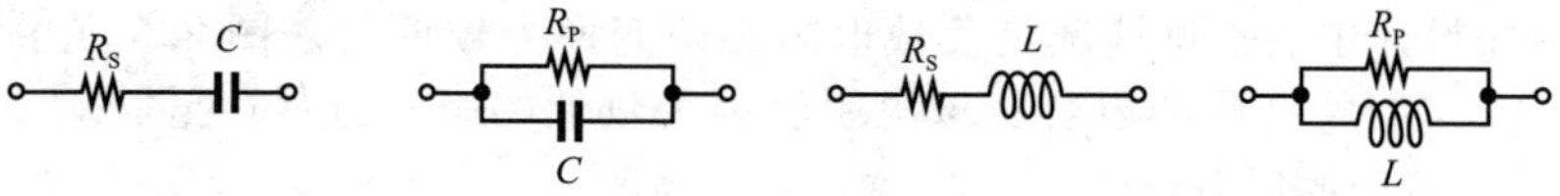

a) 串联RC电路　b) 等效并联电路　c) 串联RL电路　d) 等效并联电路

图 2.57

因为理想情况(无限大的 Q)仅在 $R_P=\infty$时产生。如图 2.57c 和 d 所示，类似的概念也适用于电感：

$$Q_S = \frac{L\omega}{R_S} \tag{2.165}$$

$$Q_P = \frac{R_P}{L\omega} \tag{2.166}$$

虽然并联电阻似乎没有物理意义，但在许多电路中，如放大器和振荡器(第 5 章和第 8 章)，通过 R_P 对损耗进行建模被证明是有用的。我们还将在第 8 章介绍 Q 的其他定义。

2.5.2 串并转换

考虑图 2.58 所示的串联和并联 RC 电路。选择什么样的值才能使得两个网络等价?

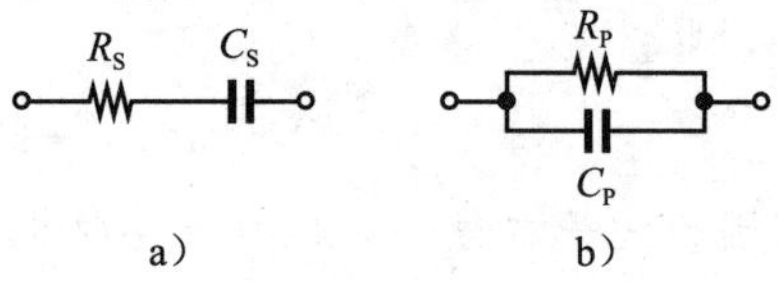

a) b)

图 2.58 串并转换

如果要使图 2.58a 和图 2.58b 的阻抗相等，则

$$\frac{R_S C_S s+1}{C_S s}=\frac{R_P}{R_P C_P s+1} \tag{2.167}$$

用 $j\omega$ 代替 s，我们有

$$R_P C_S j\omega=1-R_P C_P R_S C_S \omega^2+(R_P C_P+R_S C_S)j\omega \tag{2.168}$$

因此

$$R_P C_P R_S C_S \omega^2=1 \tag{2.169}$$

$$R_P C_P+R_S C_S-R_P C_S=0 \tag{2.170}$$

式(2.169)表明 $Q_S=Q_P$。

当然，这两个阻抗不可能在所有频率下都保持相等。例如，串联电路在低频率下接近开路，而并联电路在低频率下不接近开路。然而，近似值允许在窄频率范围内等效。我们首先用式(2.170)代替式(2.169)中的 $R_P C_P$，得到

$$R_P=\frac{1}{R_S C_S^2 \omega^2}+R_S \tag{2.171}$$

利用式(2.163)中的 Q_S 的定义，我们有

$$R_P=(Q_S^2+1)R_S \tag{2.172}$$

带入式(2.169)得到

$$C_P=\frac{Q_S^2}{Q_S^2+1}C_S \tag{2.173}$$

只要 $Q_S^2 \gg 1$(对于有限频率范围有效)，就有

$$R_P \approx Q_S^2 R_S \tag{2.174}$$

$$C_P \approx C_S \tag{2.175}$$

也就是说，串联到并联转换保留电容的值，但将电阻提高 Q_S^2 倍。R_P 和 C_P 的这些近似是相对准确的，因为在实际中遇到的品质因数通常超过 4。相反，并联到串联的转换将电阻减小了 Q_P^2 倍。这同样也适用于 RL 电路。

2.5.3 基本匹配网络

RF 发射机设计中的常见情况是负载电阻必须变换为较低值。图 2.59a 中所示的电路完成这个任务。与 R_L 并联的电容将该电阻转换为较低的串联分量(见图 2.59b)。插入电感是为了抵消等效串联电容。

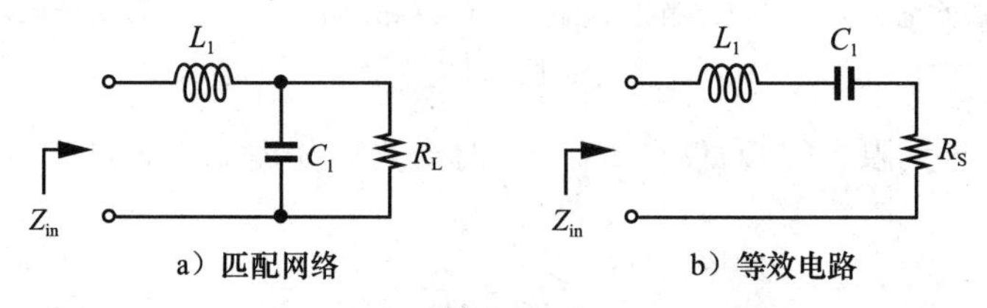

图 2.59

根据图 2.59a 写出 Z_{in} 的表达式并用 $j\omega$ 代替 s，得到

$$Z_{in}(j\omega)=\frac{R_L(1-L_1C_1\omega^2)+jL_1\omega}{1+jR_L C_1\omega} \tag{2.176}$$

因此，

$$\mathrm{Re}\{Z_{\mathrm{in}}\} = \frac{R_L}{1 + R_L^2 C_1^2 \omega^2} \tag{2.177}$$

$$= \frac{R_L}{1 + Q_P^2} \tag{2.178}$$

这表明 R_L 的值减少为原来的$(1/1+Q_P^2)$倍。此外，将虚部置零可得

$$L_1 = \frac{R_L^2 C_1}{1 + R_L^2 C_1^2 \omega^2} \tag{2.179}$$

$$= \frac{R_L^2 C_1}{1 + Q_P^2} \tag{2.180}$$

如果 $Q_P^2 \gg 1$，那么

$$\mathrm{Re}\{Z_{\mathrm{in}}\} \approx \frac{1}{R_L C_1^2 \omega^2} \tag{2.181}$$

$$L_1 = \frac{1}{C_1 \omega^2} \tag{2.182}$$

下面的示例说明了如何选择元件的值。

例 2.27 设计图 2.59a 中的匹配网络，以便在 5GHz 的中心频率处将 R_L 由 550Ω 变换为 25Ω。

解： 假定 $Q_P^2 \gg 1$，分别从式(2.181)和式(2.182)中得到 $C_1 = 0.90\text{pF}$ 和 $L_1 = 1.13\text{nH}$，然而不幸的是，$Q_P = 1.14$，这意味着式(2.178)和式(2.180)必须被使用。因此我们得到 $C_1 = 0.637\text{pF}$ 和 $L_1 = 0.796\text{nH}$。◀

为了将电阻转换为更高的值，图 2.60a 中所示的容性网络可以使用。前面推导的串并联转换结果在这里提供了帮助。如果 $Q^2 \gg 1$，C_1 和 R_L 的并联组合可以转换为串联网络(见图 2.60b)，此时 $R_S \approx [R_L(C_1\omega)^2]^{-1}$ 并且 $C_S \approx C_1$。将 C_2 和 C_1 视为一个电容 C_{eq}，并将所得串联电路转换为并联电路(见图 2.60c)，则有

$$R_{\mathrm{tot}} = \frac{1}{R_S (C_{eq}\omega)^2} \tag{2.183}$$

$$= \left(1 + \frac{C_1}{C_2}\right)^2 R_L \tag{2.184}$$

也就是说，网络将 R_L 的值提高为原来的$(1+C_1/C_2)^2$ 倍，同时有

$$C_{eq} = \frac{C_1 C_2}{C_1 + C_2} \tag{2.185}$$

注意，必须将电感与输入并联来消除容性分量。

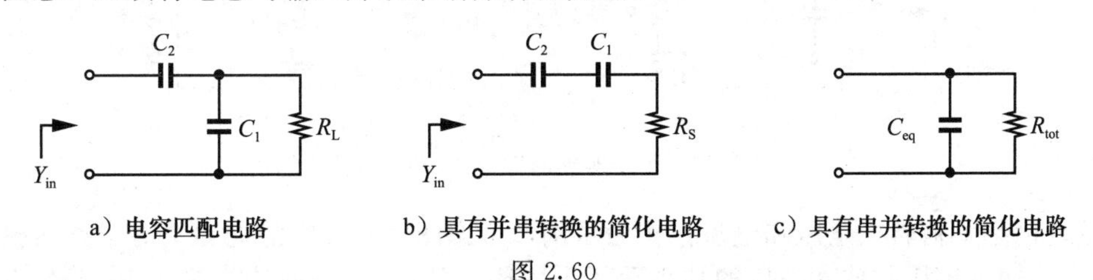

a）电容匹配电路 b）具有并串转换的简化电路 c）具有串并转换的简化电路

图 2.60

对于低 Q 值，上述推导将产生显著误差。因此，我们计算输入导纳$(1/Y_{\mathrm{in}})$，并将 s 替换为 $\mathrm{j}\omega$，可得

$$Y_{\mathrm{in}} = \frac{\mathrm{j}\omega C_2 (1 + \mathrm{j}\omega R_L C_1)}{1 + R_L (C_1 + C_2)\mathrm{j}\omega} \tag{2.186}$$

Y_{in} 的实部产生对地的等效电阻，如果我们写成

$$R_{tot}=\frac{1}{Re\{Y_{in}\}} \tag{2.187}$$

$$=\frac{1}{R_L C_2^2\omega^2}+R_L\left(1+\frac{C_1}{C_2}\right)^2 \tag{2.188}$$

与式(2.184)相比，这个结果包含了一个额外的部分：$(R_L C_2^2\omega^2)^{-1}$。

例2.28 确定图2.61a中所示电路如何工作，并求出 R_P 和 R_L 的关系。

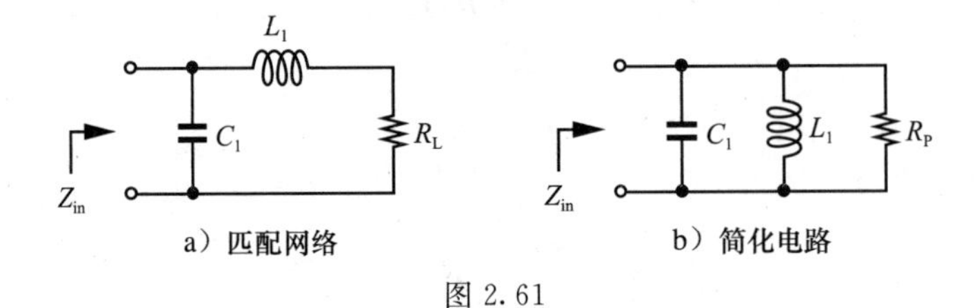

图2.61

解：我们假设 L_1-R_L 分支到并联部分的转换产生更高的电阻。如果 $Q_S^2=(L_1\omega/R_L)\gg1$，则由式(2.174)可得等效并联电阻

$$R_P=Q_S^2R_L \tag{2.189}$$

$$=\frac{L_1^2\omega^2}{R_L} \tag{2.190}$$

并联等效电感近似等于 L_1，并被 C_1 抵消(见图2.61b)。◀

我们分析匹配网络，得到图2.62中所示的四个“L形电路”拓扑。在图2.62a中，C_1 把 R_L 变换成一个较小的级数值，而 L_1 抵消了 C_1。同样，在图2.62b中，L_1 将 R_L 变换为较小的串联值，而 C_1 与 L_1 谐振。在图2.62c中，L_1 将 R_L 变换为一个较大的并联值，而 C_1 抵消了由此产生的并联电感。图2.62d与之类似。

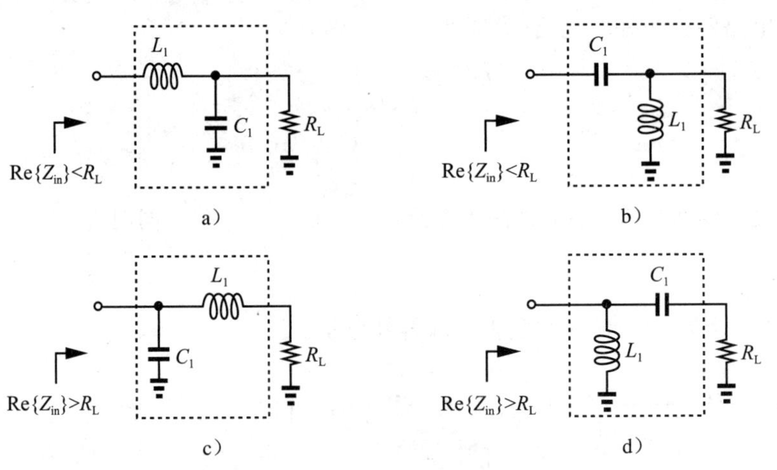

图2.62 用于匹配的四个“L形电路”

这些网络如何转换电压和电流？作为示例，考虑图2.62a中的电路。对于方均根值为 V_{in} 的正弦输入电压，输入端口的功率等于 $V_{in}^2/\mathrm{Re}\{Z_{in}\}$，负载的功耗等于 V_{out}^2/R_L。如果 L_1 和 C_1 是理想的，则这两个功率必须相等，从而得出

$$\frac{V_{out}}{V_{in}}=\sqrt{\frac{R_L}{\mathrm{Re}\{Z_{in}\}}} \tag{2.191}$$

当然，这个结果适用于输入阻抗包含零虚部的任何无损匹配网络。由于 $P_{in}=V_{in}I_{in}$ 以

及 $P_{out}=V_{out}I_{out}$，还有

$$\frac{I_{out}}{I_{in}}=\sqrt{\frac{\mathrm{Re}\{Z_{in}\}}{R_L}} \tag{2.192}$$

例如，将 R_L 变换为较低值的网络会“放大”电压，并使电流衰减。

例 2.29 仔细观察图 2.62a 和图 2.62c 中的 L 形电路。通过调换输入和输出端口，可以从一个 L 型电路得到另一个 L 型电路。能否拓展这个观察结果？

解：当然可以。考虑图 2.63a 所示的 L 形电路。其中引入 α 因子替换无源网络中的 R_L 为 αR_L。假设输入端口没有虚分量，令输送到网络的功率等同于输送到负载的功率：

$$\left(V_{in}\frac{\alpha R_L}{\alpha R_L+R_S}\right)^2\cdot\frac{1}{\alpha R_L}=\frac{V_{out}^2}{R_L} \tag{2.193}$$

由此可见

$$V_{out}=\frac{V_{in}}{\sqrt{\alpha}}\cdot\frac{R_L}{R_L+\dfrac{R_S}{\alpha}} \tag{2.194}$$

这指向图 2.63b 所示的戴维南等效电路。我们观察到，该等效电路的 R_S 的变换系数为 $1/\alpha$，输入电压的变换系数为 $1/\sqrt{\alpha}$，类似于式(2.191)。换句话说，如果将该等效电路的输入端口和输出端口对调，则电阻变换比就会简单地反转。

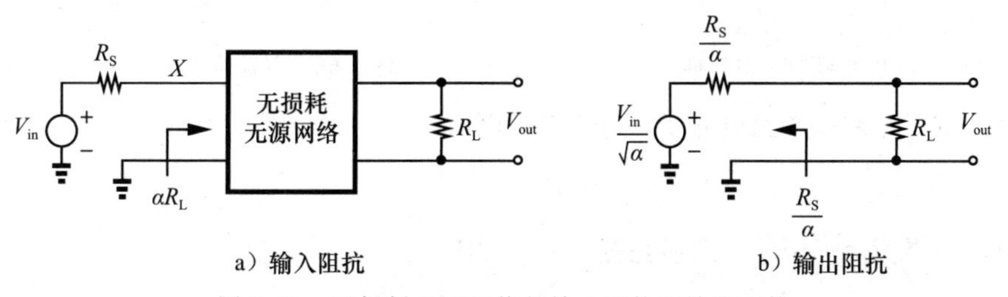

a）输入阻抗　　b）输出阻抗

图 2.63　无损耗无源网络的输入阻抗和输出阻抗 ◀

变压器还可以变换阻抗。匝数比为 n 的理想变压器将输入电压“放大”n 倍(见图 2.64)。由于没有功率损失，$V_{in}^2/R_{in}=n^2V_{in}^2/R_L$，因此 $R_{in}=R_L/n^2$。第 7 章研究了实际变压器的性能，特别是单片制造的变压器。

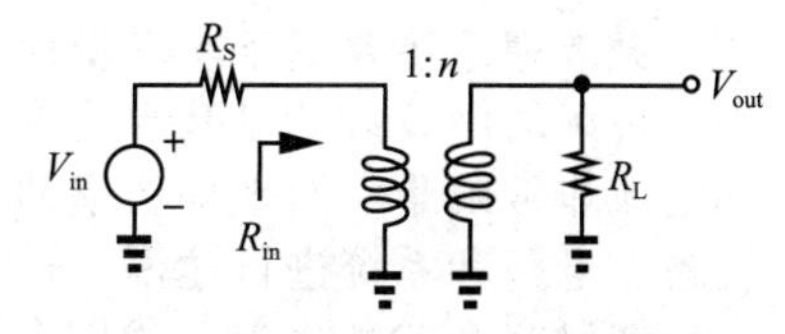

图 2.64　物理变压器的阻抗变换

这里研究的网络仅在较窄的带宽内工作，因为变换比(例如 $1+Q^2$)会随频率变化，并且电容和电感在窄频率范围内近似谐振。也可以构建宽带匹配网络，但它们的损耗通常很高。

2.5.4　匹配网络中的损耗

迄今为止，我们忽略了匹配网络的组成元件的损耗，特别是电感的损耗。这里分析了几种情况下的损耗的影响，但在一般情况下，仿真是必要的，这是为了确定复杂的有损耗网络的特性。

图 2.62a 中的匹配网络如图 2.65 所示，其中 L_1 的损耗由串联电阻 R_S 建模。我们将损耗定义为输入提供的功率除以输送到 R_L 的功率。前者等于

$$P_{in}=\frac{V_{in}^2}{R_S+R_{in1}} \tag{2.195}$$

后者等于

$$P_L=\left(V_{in}\frac{R_{in1}}{R_S+R_{in1}}\right)^2\cdot\frac{1}{R_{in1}} \tag{2.196}$$

因为传送到 R_{in1} 的功率完全被 R_L 吸收。由此可见

$$\text{损耗} = \frac{P_{in}}{P_L} \tag{2.197}$$

$$= 1 + \frac{R_S}{R_{in1}} \tag{2.198}$$

例如，如果 $R_S = 0.1R_{in1}$，则(功率)损耗达到 0.41dB。注意，该网络将 R_L 变换为较低值 $R_{in1} = R_L/(1+Q_P^2)$，即使 R_S 看起来很小也会遭受损耗。

图 2.62b 的匹配网络如图 2.66 所示，其中 L_1 的损耗由并联电阻 R_P 建模。我们注意到，由 V_{in}、P_{in} 传递的功率完全被 R_P 和 R_L 的并联电阻吸收：

$$P_{in} = \frac{V_{out}^2}{R_P \| R_L} \tag{2.199}$$

$$= \frac{V_{out}^2}{R_L} \frac{R_P + R_L}{R_P} \tag{2.200}$$

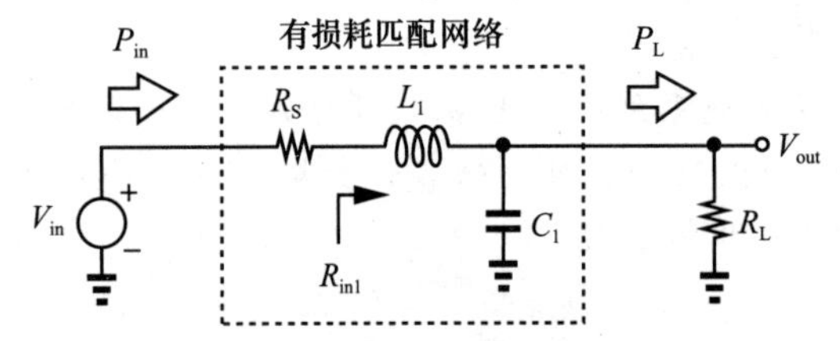

图 2.65 串联电阻的有损耗匹配网络

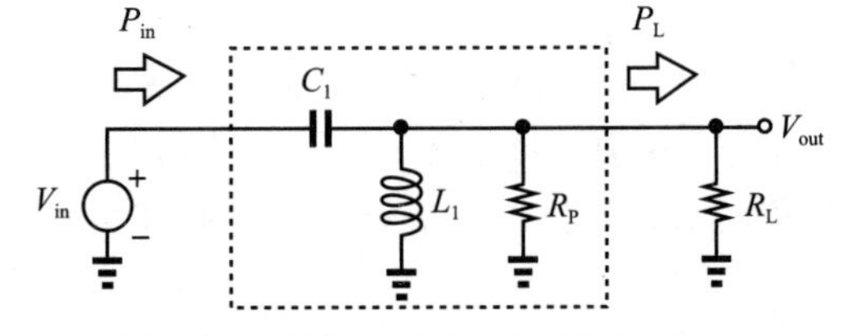

图 2.66 并联电阻的有损耗匹配网络

将 V_{out}^2/R_L 视为传递到负载 P_L 的功率，则有

$$\text{损耗} = 1 + \frac{R_L}{R_P} \tag{2.201}$$

例如，如果 $R_P = 10R_L$，则损耗等于 0.41dB。

2.6 散射参数

微波理论主要基于功率量而不是电压或电流量。有两个原因可以解释这种做法。首先，传统的微波设计是基于功率从一级到下一级的传递。其次，在实验室中测量高频电压和电流非常困难，而平均功率的测量则更简单。微波理论通过测量功率量获得的参数来对设备、电路和系统进行建模。这些参数被称为“散射参数”(S 参数)。

在研究 S 参数之前，我们介绍一个例子。图 2.67 所示的 L_1-C_1 组合电路由输出阻抗为 R_S 的正弦信号源 V_{in} 驱动。$R_L(=R_S)$的负载电阻连接到输出端口。当输入频率为 $\omega = (\sqrt{L_1C_1})^{-1}$ 时，L_1 和 C_1 形成短路，从而在源和负载之间提供共轭匹配。与传输线类似，我们说由信号源产生的“入射波”被 R_L 吸收。然而，在其他频率下，L_1 和 C_1 衰减传递到 R_L 的电压。等效地，我们说电路的输入端口产生返回到源的“反射波”。换句话说，入射功率(传输到匹配负载的功率)和反射功率之间的差值表示传输到电路的功率。

上述观点可以推广到任何二端口网络。如图 2.68 所示，我们分别用 V_1^+ 和 V_1^- 表示输入端的入射波和反射波，输出端的分别由 V_2^+ 和 V_2^- 表示。

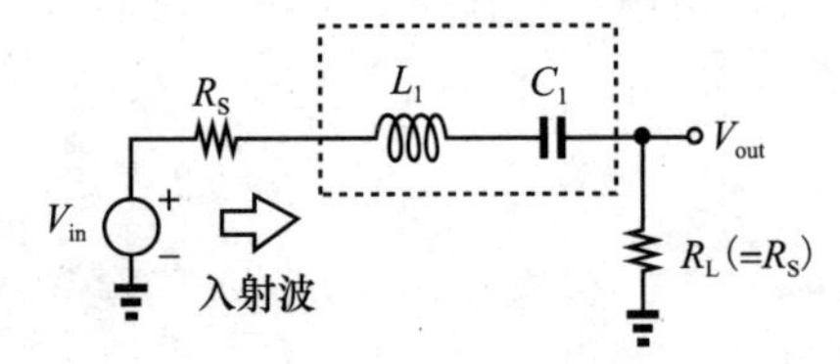

图 2.67 网络中的入射波

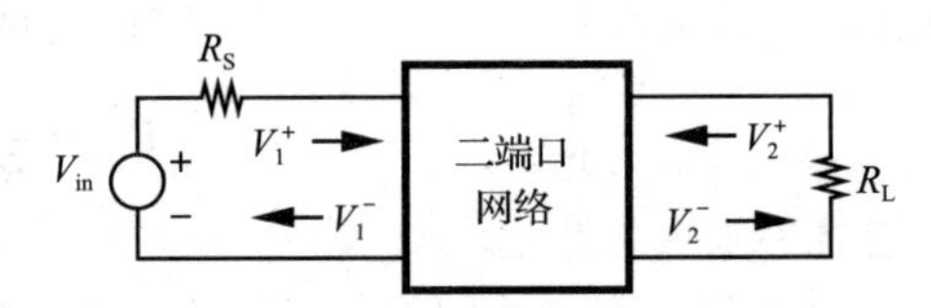

图 2.68 输入端和输出端的入射波和反射波示意图

需要注意的是，V_1^+ 表示由 V_{in} 生成的波，类似于电路的输入阻抗等于 R_S。由于情况可能并非如此，因此我们包括反射波 V_1^-，使得在输入端测量的实际电压等于 $V_1^+ + V_1^-$。此外，V_2^+ 表示行进到输出端中的入射波，或者等效地，表示从 R_L 反射的波。这四个量通过网络的 S 参数彼此唯一相关：

$$V_1^- = S_{11}V_1^+ + S_{12}V_2^+ \tag{2.202}$$

$$V_2^- = S_{21}V_1^+ + S_{22}V_2^+ \tag{2.203}$$

图 2.69 为每个参数提供了直观的解释：

1)对于 S_{11}，从图 2.69a 得到

$$S_{11} = \left.\frac{V_1^-}{V_1^+}\right|_{V_2^+} = 0 \tag{2.204}$$

因此，S_{11} 是当来自 R_L 的反射(即 V_2^+)为零时，在输入端的反射波和入射波的比率。此参数表示输入匹配的精度。

2)对于 S_{12}，从图 2.69b 得到

$$S_{12} = \left.\frac{V_1^-}{V_2^+}\right|_{V_1^+} = 0 \tag{2.205}$$

因此，S_{12} 是当输入端匹配时，输入端的反射波与进入输出端的入射波的比率。在这种情况下，输出端由信号源驱动。该参数表征电路的“反向隔离”，即有多少输出信号耦合到输入网络。

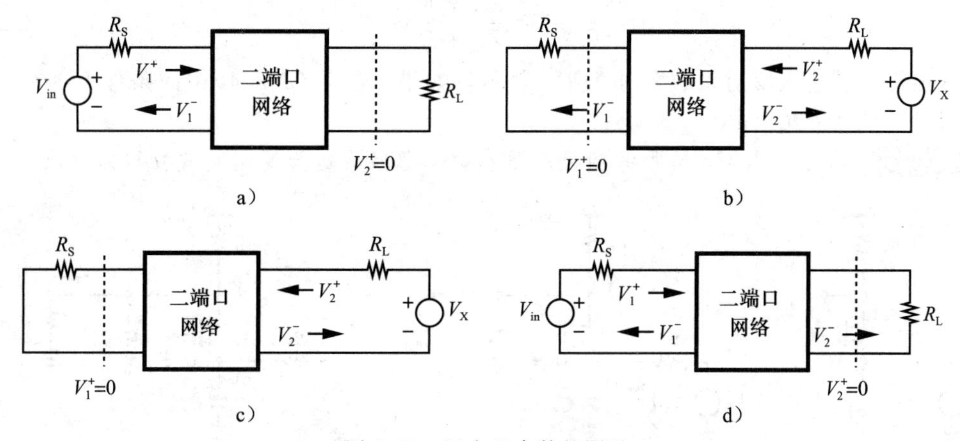

图 2.69　四个 S 参数的图示

3)对于 S_{22}，从图 2.69c 得到

$$S_{22} = \left.\frac{V_2^-}{V_2^+}\right|_{V_1^+} = 0 \tag{2.206}$$

因此，S_{22} 是当来自 R_S 的反射(即 V_1^+)为零时，在输出端口处的反射波和入射波的比率。此参数表示输出匹配的精度。

4)对于 S_{21}，从图 2.69d 得到

$$S_{21} = \left.\frac{V_2^-}{V_1^+}\right|_{V_2^+} = 0 \tag{2.207}$$

因此，S_{21} 是当来自 R_L 的反射为零时，入射到负载上的波与去往输入端的波的比率。此参数表示电路的增益。

在这一点上，我们应该做一些说明。首先，S 参数通常具有与频率相关的复数值。其次，我们通常以 dB 为单位表示 S 参数，如下所示

$$S_{mn|dB} = 20\lg|S_{mn}| \tag{2.208}$$

最后，式(2.204)和式(2.207)中的条件 $V_2^+=0$ 要求 R_L 的反射为零，但这并不意味着电路的输出端口必须与 R_L 共轭匹配。该条件简单地意味着，假设具有等于 R_S 的特性阻抗的传输线将输出信号传送到 R_L，则没有波从 R_L 反射。类似的解释适用于式(2.205)和式(2.206)中 $V_1^+=0$ 的要求。输入端的条件 $V_1^+=0$ 或输出端的条件 $V_2^+=0$ 有利于高频测量，但会在现代 RF 设计中产生问题。如 2.3.5 节所述，并通过图 2.53 中的级联级举例说明。现代 RF 设计通常不涉及级之间的匹配。因此，如果第一级的 S_{11} 必须在其输出端用 $R_L=R_S$ 测量，则其值可能不代表级联的 S_{11}。

在现代 RF 设计中，S_{11} 是最常用的 S 参数，因为它量化了接收机输入端的阻抗匹配精度。考虑图 2.70 所示电路，其中接收机呈现输入阻抗 Z_{in}。入射波 V_1^+ 由 $V_{in}/2$ 给出(如同 Z_{in} 等于 R_S)。

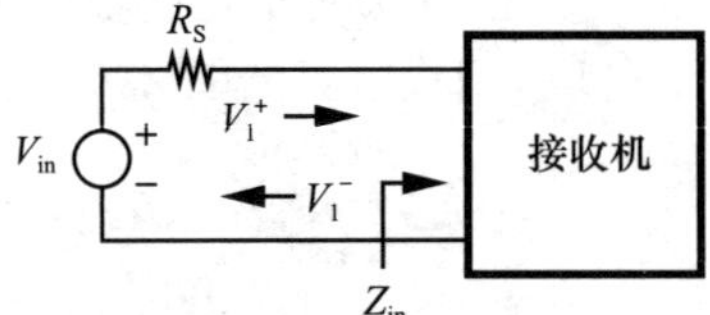

图 2.70 入射波和反射波的接收机

此外，接收机的总电压输入等于 $V_{in}Z_{in}/(Z_{in}+R_S)$，也等于 $V_1^++V_1^-$。因此，

$$V_1^-=V_{in}\frac{Z_{in}}{Z_{in}+R_S}-\frac{V_{in}}{2} \tag{2.209}$$

$$=\frac{Z_{in}-R_S}{2(Z_{in}+R_S)}V_{in} \tag{2.210}$$

由此可见

$$\frac{V_1^-}{V_1^+}=\frac{Z_{in}-R_S}{Z_{in}+R_S} \tag{2.211}$$

这被称为“输入反射系数”并由 Γ_{in} 表示，如果去除式(2.204)中的条件 $V_2^+=0$，则该量也可以被认为是 S_{11}。

例 2.30 确定图 2.71a 所示共栅极的 S 参数。忽略沟道长度调制效应和体效应。

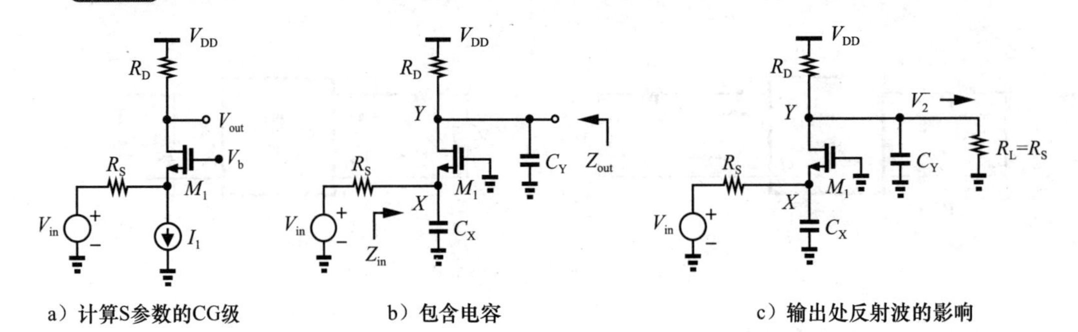

图 2.71

解： 绘制如图 2.71b 所示的电路，其中 $C_X=C_{GS}+C_{SB}$ 和 $C_Y=C_{GD}+C_{SB}$，有 $Z_{in}=(1/g_m)\parallel(C_Xs)^{-1}$ 和

$$S_{11}=\frac{Z_{in}-R_S}{Z_{in}+R_S} \tag{2.212}$$

$$=\frac{1-g_mR_S-C_Xs}{1+g_mR_S+C_Xs} \tag{2.213}$$

对于 S_{12}，我们认识到图 2.71b 的电路是不可能的。如果忽略沟道长度调制效应，则不会产生从输出到输入的耦合。因此，$S_{12}=0$。对于 S_{22}，我们注意到 $Z_{out}=R_D\parallel(C_Ys)^{-1}$，因此

$$S_{22}=\frac{Z_{out}-R_S}{Z_{out}+R_S} \tag{2.214}$$

$$= -\frac{R_S - R_D + R_S R_D C_Y s}{R_S + R_D + R_S R_D C_Y s} \tag{2.215}$$

最后，根据图 2.71c 的电路结构求得 S_{21}。由于 $V_2^-/V_{in} = (V_2^-/V_X)(V_X/V_{in})$，$V_2^-/V_X = g_m[R_D \| R_S \| (C_Y s)^{-1}]$和 $V_X/V_{in} = Z_{in}/(Z_{in}+R_S)$，我们得到

$$\frac{V_2^-}{V_{in}} = g_m\left(R_D \| R_S \| \frac{1}{C_Y s}\right)\frac{1}{1+g_m R_S + R_S C_X s} \tag{2.216}$$

由此可得

$$S_{21} = 2g_m\left(R_D \| R_S \| \frac{1}{C_Y s}\right)\frac{1}{1+g_m R_S + R_S C_X s} \tag{2.217}$$ ◀

2.7　非线性动力系统分析[㊀]

在 2.2 节的电路中，讨论了静态非线性，例如 $y(t) = \alpha_1 x(t) + \alpha_2 x^2(t) + \alpha_3 x^3(t)$。在某些情况下，电路可能表现出动态非线性，需要更复杂的分析。在本节中，我们将讨论这种电路。

基本考虑因素

考虑一个一般的非线性系统，其输入由 $x(t) = A_1\cos\omega_1 t + A_2\cos\omega_2 t$ 给出。我们期望输出 $y(t)$包含 $n\omega_1$、$n\omega_2$ 和在 $k\omega_1 \pm q\omega_2$ 处的 IM 值，其中 n、m、k 和 q 为整数。也就是说，

$$y(t) = \sum_{n=1}^{\infty} a_n \cos(n\omega_1 t + \theta_n) + \sum_{n=1}^{\infty} b_n \cos(n\omega_2 t + \phi_n) + \sum_{n=-\infty}^{\infty}\sum_{m=-\infty}^{\infty} c_{m,n}\cos(n\omega_1 t + m\omega_2 t + \phi_{n,m}) \tag{2.218}$$

式中，a_n、b_n、$c_{m,n}$、相移是与频率相关的量。如果系统的微分方程是已知的，我们可以简单地从这个表达式中代入 $y(t)$，并计算 a_n、b_n、$c_{m,n}$ 和相移。例如，考虑图 2.72 所示的简单 RC 电路，其中电容是非线性的，并表示为 $C_1 = C_0(1+\alpha V_{out})$。将 R_1 和 C_1 两端的电压相加并令结果等同于 V_{in}，得到

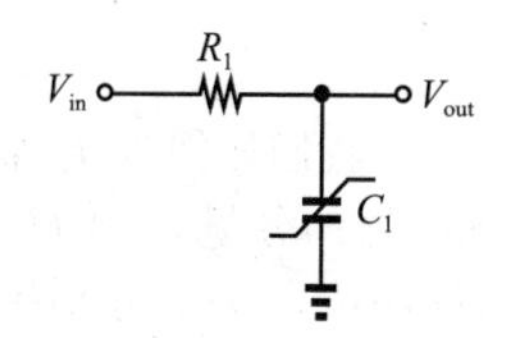

图 2.72　带非线性电容的 RC 电路

$$R_1 C_0(1+\alpha V_{out})\frac{dV_{out}}{dt} + V_{out} = V_{in} \tag{2.219}$$

现在假设 $V_{in}(t) = V_0\cos\omega_1 t + V_0\cos\omega_2 t$(如在双音测试中)并且假设系统仅是“弱”非线性的，即只有 ω_1、ω_2、$\omega_1+\omega_2$、$2\omega_1+\omega_2$ 和 $2\omega_2+\omega_1$ 处的输出项是有效的。因此，输出为以下形式：

$$\begin{aligned}V_{out}(t) = {} & a_1\cos(\omega_1 t + \phi_1) + b_1\cos(\omega_2 t + \phi_2) + c_1\cos[(\omega_1+\omega_2)t + \phi_3] + \\ & c_2\cos[(\omega_1-\omega_2)t + \phi_4] + c_3\cos[(2\omega_1+\omega_2)t + \phi_5] + \\ & c_4\cos[(\omega_1+2\omega_2)t + \phi_6] + c_5\cos[(2\omega_1-\omega_2)t + \phi_7] + \\ & c_6\cos[(\omega_1-2\omega_2)t + \phi_8]\end{aligned} \tag{2.220}$$

为了简单起见，式(2.220)使用了 c_m 和 ϕ_m。现在替换式(2.219)中的 $V_{out}(t)$和 $V_{in}(t)$，将正弦曲线的乘积转换为和，将所有项置于方程的一侧，根据它们的频率将它们分组，并使每个正弦曲线的系数等于零。因此，我们得到一个由 16 个非线性方程组和 16 个已知量 $(a_1, b_1, c_1, \cdots, c_6, \phi_1, \cdots, \phi_8)$构成的系统。

这种类型的分析被称为“谐波平衡”，因为它预测输出频率并试图通过将这些分量包括在 $V_{out}(t)$中来“平衡”电路微分方程的两侧。谐波平衡中的数学要求使手工分析变得困难甚至不可能。此外，“Volterra 级数”规定了一种递归方法，无须求解非线性方程，可通过

㊀ 第一次阅读时可以跳过这一节。

连续步骤更精确地计算响应。下面描述的概念的详细介绍可以在参考文献[10-14]中找到。

2.8 Volterra级数

为了理解Volterra级数如何表示系统的时间响应，我们从一个简单的输入形式$V_{in}(t)=V_0\exp(j\omega_1 t)$开始。当然，如果我们希望获得形式为$V_0\cos\omega_1 t=\mathrm{Re}\{V_0\exp(j\omega_1 t)\}$的正弦曲线的响应，我们只需计算输出的实部[⊖]。对于线性时不变系统，输出由下式给出：

$$V_{out}(t)=H(\omega_1)V_0\exp(j\omega_1 t) \tag{2.221}$$

式中，$H(\omega_1)$是脉冲响应的傅里叶变换。例如，如果图2.72中的电容是线性的，即$C_1=C_0$，则我们可以在式(2.219)中替换V_{out}和V_{in}：

$$R_1C_0H(\omega_1)(j\omega_1)V_0\exp(j\omega_1 t)+H(\omega_1)V_0\exp(j\omega_1 t)=V_0\exp(j\omega_1 t) \tag{2.222}$$

由此可见

$$H(\omega_1)=\frac{1}{R_1C_0j\omega_1+1} \tag{2.223}$$

需要注意的是注意，电路引入的相移包含在$H(\omega_1)$中。

应该如何表达动态非线性系统的输出响应？为此，我们对输入施加两个音调$V_{in}(t)=V_0\exp(j\omega_1 t)+V_0\exp(j\omega_2 t)$，于是输出由线性和非线性响应组成。前者的形式为

$$V_{out1}(t)=H(\omega_1)V_0\exp(j\omega_1 t)+H(\omega_2)V_0\exp(j\omega_2 t) \tag{2.224}$$

后者包括指数项，如$\exp[j(\omega_1+\omega_2)]$等。我们期望这样的指数项系数是$\omega_1$和$\omega_2$的函数。因此，我们在符号中做了一个小小的改变：在式(2.224)中$H(\omega_j)$的系数由$H_1(\omega_j)$[表示一阶(线性)项]表示，$\exp[j(\omega_1+\omega_2)]$的系数由$H_2(\omega_1,\omega_2)$表示。也就是说，总输出可以写为

$$\begin{aligned}V_{out}(t)=&H_1(\omega_1)V_0\exp(j\omega_1 t)+H_1(\omega_2)V_0\exp(j\omega_2 t)+\\&H_2(\omega_1,\omega_2)V_0^2\exp[j(\omega_1+\omega_2)t]+\cdots\end{aligned} \tag{2.225}$$

我们如何确定$2\omega_1$、$2\omega_2$和$\omega_1-\omega_2$处的项？如果$H_2(\omega_1,\omega_2)\exp[j(\omega_1+\omega_2)t]$表示$\omega_1+\omega_2$处的分量，则$H_2(\omega_1,\omega_1)\exp[j(2\omega_1)t]$表示$2\omega_1$处的分量。类似地，$H_2(\omega_2,\omega_2)$和$H_2(\omega_1,-\omega_2)$分别用作$\exp[j(2\omega_2 t)]$和$\exp[j(\omega_1-\omega_2)t]$的系数。也就是说，式(2.225)的更完整的形式为

$$\begin{aligned}V_{out}(t)=&H_1(\omega_1)V_0\exp(j\omega_1 t)+H_1(\omega_2)V_0\exp(j\omega_2 t)+H_2(\omega_1,\omega_1)V_0^2\exp(2j\omega_1 t)+\\&H_2(\omega_2,\omega_2)V_0^2\exp(2j\omega_2 t)+H_2(\omega_1,\omega_2)V_0^2\exp[j(\omega_1+\omega_2)t]+\\&H_2(\omega_1,-\omega_2)V_0^2\exp[j(\omega_1-\omega_2)t]+\cdots\end{aligned} \tag{2.226}$$

因此，我们的任务只是计算$H_2(\omega_1,\omega_2)$。

例2.31 求出图2.72电路的$H_2(\omega_1,\omega_2)$。

解： 令输入$V_{in}(t)=V_0\exp(j\omega_1 t)+V_0\exp(j\omega_2 t)$，并假设输出的形式为$V_{out}(t)=H_1(\omega_1)V_0\exp(j\omega_1 t)+H_1(\omega_2)V_0\exp(j\omega_2 t)+H_2(\omega_1,\omega_2)V_0^2\exp[j(\omega_1+\omega_2)t]$。在式(2.219)中替换$V_{out}$和$V_{in}$：

$$\begin{aligned}&R_1C_0[1+\alpha H_1(\omega_1)V_0e^{j\omega_1 t}+\alpha H_1(\omega_2)V_0e^{j\omega_2 t}+\alpha H_2(\omega_1,\omega_2)V_0^2e^{j(\omega_1+\omega_2)t}]\times\\&\quad[H_1(\omega_1)j\omega_1V_0e^{j\omega_1 t}+H_1(\omega_2)j\omega_2V_0e^{j\omega_2 t}+H_2(\omega_1,\omega_2)j(\omega_1+\omega_2)\times\\&\quad V_0^2e^{j(\omega_1+\omega_2)t}]+H_1(\omega_1)e^{j\omega_1 t}+H_1(\omega_2)e^{j\omega_2 t}+H_2(\omega_1,\omega_2)V_0^2e^{j(\omega_1+\omega_2)t}\\&=V_0e^{j\omega_1 t}+V_0e^{j\omega_2 t}\end{aligned} \tag{2.227}$$

为了求出H_2，我们只考虑包含$\omega_1+\omega_2$的项：

⊖ 从另一个角度来看，在$V_0\exp(j\omega_1 t)=V_0\cos\omega_1 t+jV_0\sin\omega_1 t$中，第一项为自激响应，第二项也是如此；这两个响应通过因子j来区分。

$$R_1C_0[\alpha H_1(\omega_1)H_1(\omega_2)\mathrm{j}\omega_1V_0^2\mathrm{e}^{\mathrm{j}(\omega_1+\omega_2)t}+\alpha H_1(\omega_2)H_1(\omega_1)\mathrm{j}\omega_2V_0^2\mathrm{e}^{\mathrm{j}(\omega_1+\omega_2)t}+ H_2(\omega_1,\omega_2)\mathrm{j}(\omega_1+\omega_2)V_0^2\mathrm{e}^{\mathrm{j}(\omega_1+\omega_2)t}]+H_2(\omega_1,\omega_2)\times V_0^2\mathrm{e}^{\mathrm{j}(\omega_1+\omega_2)t}=0 \tag{2.228}$$

那么，

$$H_2(\omega_1,\omega_2)=-\frac{\alpha R_1C_0\mathrm{j}(\omega_1+\omega_2)H_1(\omega_1)H_1(\omega_2)}{R_1C_0\mathrm{j}(\omega_1+\omega_2)+1} \tag{2.229}$$

注意分母类似于式(2.223)，但 ω_1 被 $\omega_1+\omega_2$ 代替，我们将 $H_2(\omega_1,\omega_2)$ 简化为

$$H_2(\omega_1,\omega_2)=-\alpha R_1C_0\mathrm{j}(\omega_1+\omega_2)H_1(\omega_1)H_1(\omega_2)H_1(\omega_1+\omega_2) \tag{2.230}$$

在知道 $V_{out}(t)$ 也包含 $2\omega_1$、$2\omega_2$ 和 $\omega_1-\omega_2$ 处的项的前提下，为什么我们还假设 $V_{out}(t)=H_1(\omega_1)V_0\exp(\mathrm{j}\omega_1t)+H_1(\omega_2)V_0\exp(\mathrm{j}\omega_2t)+H_2(\omega_1,\omega_2)V_0^2\exp[\mathrm{j}(\omega_1+\omega_2)t]$？这是因为这些其他指数不产生 $\exp[\mathrm{j}(\omega_1+\omega_2)t]$ 形式的项。◀

例 2.32 如果将输入 $V_0\exp(\mathrm{j}\omega_1t)$ 施加到图 2.72 的电路中，确定输出处二次谐波的幅值。

解： 如前所述，在 $2\omega_1$ 处的分量为 $H_2(\omega_1,\omega_1)V_0^2\exp[\mathrm{j}(\omega_1+\omega_1)t]$。因此，幅值等于

$$|A_{2\omega1}|=|\alpha R_1C_0(2\omega_1)H_1^2(\omega_1)H_1(2\omega_1)|V_0^2 \tag{2.231}$$

$$=\frac{2|\alpha|R_1C_0\omega_1V_0^2}{(R_1^2C_0^2\omega_1^2+1)\sqrt{4R_1^2C_0^2\omega_1^2+1}} \tag{2.232}$$

我们观察到，当 ω_1 趋近零时，因为 C_1 消耗的电流很小，$A_{2\omega_1}$ 下降为零；当 ω_1 趋近无穷大时，因为电路的低通特性抑制了二次谐波，$A_{2\omega_1}$ 也下降为零。◀

例 2.33 如果两个等振幅的音调加到图 2.72 的电路上，确定 $\omega_1+\omega_2$ 和 $\omega_1-\omega_2$ 处分量的幅值之比。回想 $H_1(\omega)=(R_1C_1\mathrm{j}\omega+1)^{-1}$。

解： 从式(2.230)可知，比值由下式给出：

$$\left|\frac{A_{\omega1+\omega2}}{A_{\omega1-\omega2}}\right|=\left|\frac{H_2(\omega_1,\omega_2)}{H_2(\omega_1,-\omega_2)}\right| \tag{2.233}$$

$$=\left|\frac{(\omega_1+\omega_2)H_1(\omega_2)H_1(\omega_1+\omega_2)}{(\omega_1-\omega_2)H_1(-\omega_2)H_1(\omega_1-\omega_2)}\right| \tag{2.234}$$

由于 $|H_1(\omega_2)|=|H_1(-\omega_2)|$，我们有

$$\left|\frac{A_{\omega1+\omega2}}{A_{\omega1-\omega2}}\right|=\frac{(\omega_1+\omega_2)\sqrt{R_1^2C_0^2(\omega_1-\omega_2)^2+1}}{|\omega_1-\omega_2|\sqrt{R_1^2C_0^2(\omega_1+\omega_2)^2+1}} \tag{2.235}$$ ◀

上述示例指向了一种方法，该方法允许我们计算二次谐波或二阶 IM 分量。但是高次谐波或 IM 积呢？我们推测，对于 N 阶项，我们必须应用输入 $V_{in}(t)=V_0\exp(\mathrm{j}\omega_1t)+\cdots+V_0\exp(\mathrm{j}\omega_Nt)$ 并计算作为输出中的 $\exp(\omega_1,\cdots,\omega_n)$ 项的系数 $H_n(\omega_1,\cdots,\omega_n)$。因此，输出可以表示为

$$V_{out}(t)=\sum_{k=1}^{N}H_1(\omega_k)V_0\exp(\mathrm{j}\omega_kt)+\sum_{m=1}^{N}\sum_{k=1}^{N}H_2(\omega_m,\pm\omega_k)V_0^2\exp[\mathrm{j}(\omega_m\pm\omega_k)t]+ \sum_{n=1}^{N}\sum_{m=1}^{N}\sum_{k=1}^{N}H_3(\omega_n,\pm\omega_m,\pm\omega_k)V_0^3\exp[\mathrm{j}(\omega_n\pm\omega_m\pm\omega_k)t]+\cdots \tag{2.236}$$

输出的上述表示称为 Volterra 级数。如式(2.230)所示，$H_m(\omega_1,\cdots,\omega_m)$ 可以根据 $H_1,\cdots,H_{m-1}$ 算出，而不需要解非线性方程。我们称 H_m 为第 m 个 “Volterra 核”。

例 2.34 确定图 2.72 中电路的第三 Volterra 核。

解： 假设 $V_{in}(t)=V_0\exp(\mathrm{j}\omega_1t)+V_0\exp(\mathrm{j}\omega_2t)+V_0\exp(\mathrm{j}\omega_3t)$。由于输出包含许多分量，我们引入辅助项 $H_{1(1)}=H_1(\omega_1)V_0\exp(\mathrm{j}\omega_1t)$、$H_{1(2)}=H_1(\omega_2)V_0\exp(\mathrm{j}\omega_2t)$、$H_{2(1,2)}=$

$H_2(\omega_1,\omega_2)V_0^2\exp[j(\omega_1+\omega_2)t]$和 $H_{3(1,2,3)}=H_3(\omega_1,\omega_2,\omega_3)V_0^3\exp[j(\omega_1+\omega_2+\omega_3)t]$。我们将输出表示为

$$V_{out}(t)=H_{1(1)}+H_{1(2)}+H_{1(3)}+H_{2(1,2)}+H_{2(1,3)}+H_{2(2,3)}+H_{2(1,1)}+H_{2(2,2)}+H_{2(3,3)}+H_{3(1,2,3)}+\cdots \tag{2.237}$$

在式(2.219)中替换 V_{out} 和 V_{in}，并对包含 $\omega_1+\omega_2+\omega_3$ 的所有项进行分组。为了获得 αV_{out} 和 dV_{out}/dt 的乘积中的这些项，我们注意到 $\alpha H_{2(1,2)}j\omega_3H_{1(3)}$ 和 $\alpha H_{1(3)}j(\omega_1+\omega_2)H_{2(1,2)}$ 产生形式为 $\exp[j(\omega_1+\omega_2)t]\exp(j\omega_3)$ 的指数。类似地，从 $\alpha H_{2(2,3)}j\omega_1H_{1(1)}$、$\alpha H_{1(1)}j(\omega_2+\omega_3)H_{2(2,3)}$、$\alpha H_{2(1,3)}j\omega_2H_{1(2)}$ 和 $\alpha H_{1(2)}j(\omega_1+\omega_3)H_{2(1,3)}$ 中得到 $\omega_1+\omega_2+\omega_3$。最后，$\alpha V_{out}$ 与 dV_{out}/dt 的乘积也包含 $1\times j(\omega_1+\omega_2+\omega_3)H_{3(1,2,3)}$。将所有项分组，有

$$\begin{aligned}&H_3(\omega_1,\omega_2,\omega_3)\\&=-j\alpha R_1C_0\frac{H_2(\omega_1,\omega_2)\omega_3H_1(\omega_3)+H_2(\omega_2,\omega_3)\omega_1H_1(\omega_1)+H_2(\omega_1,\omega_3)\omega_2H_1(\omega_2)}{R_1C_0j(\omega_1+\omega_2+\omega_3)+1}-\\&\quad j\alpha R_1C_0\frac{H_1(\omega_1)(\omega_2+\omega_3)H_2(\omega_2,\omega_3)+H_1(\omega_2)(\omega_1+\omega_3)H_2(\omega_1,\omega_3)}{R_1C_0j(\omega_1+\omega_2+\omega_3)+1}-\\&\quad j\alpha R_1C_0\frac{H_1(\omega_3)(\omega_1+\omega_2)H_2(\omega_1,\omega_2)}{R_1C_0j(\omega_1+\omega_2+\omega_3)+1}\end{aligned} \tag{2.238}$$

注意，$H_{2(1,1)}$ 等，在这里没有出现，并且可以从式(2.237)中省略。利用第三 Volterra 核，我们可以计算临界项的幅度。例如，双音测试中的三阶 IM 分量通过用 ω_1 代替 ω_3，用 $-\omega_2$ 代替 ω_2 而获得。◀

读者可能想知道 Volterra 级数是否可以与指数以外的输入一起使用。这的确是可以的[14]，但超出了本书的范围。

本节描述的方法称为核计算的“调和”方法。总之，该方法如下进行：

1) 假设 $V_{in}(t)=V_0\exp(j\omega_1t)$ 和 $V_{out}(t)=H_1(\omega_1)V_0\exp(j\omega_1t)$。在系统微分方程中替换 V_{out} 和 V_{in}，将包含 $\exp(j\omega_1t)$ 的项分组，并计算第一(线性)核 $H_1(\omega_1)$。

2) 假设 $V_{in}(t)=V_0\exp(j\omega_1t)+V_0\exp(j\omega_2t)$ 和 $V_{out}(t)=H_1(\omega_1)V_0\exp(j\omega_1t)+H_1(\omega_2)V_0\exp(j\omega_2t)+H_2(\omega_1+\omega_2)V_0^2\exp[j(\omega_1+\omega_2)t]$。在微分方程中进行替换，将包含 $\exp[j(\omega_1+\omega_2)t]$ 的项分组，并确定第二核 $H_2(\omega_1,\omega_2)$。

3) 假设 $V_{in}(t)=V_0\exp(j\omega_1t)+V_0\exp(j\omega_2t)+V_0\exp(j\omega_3t)$ 且 $V_{out}(t)$ 由式(2.237)给出。进行替换，将包含 $\exp[j(\omega_1+\omega_2+\omega_3)t]$ 的项分组，并计算第三个核 $H_3(\omega_1,\omega_2,\omega_3)$。

4) 为了计算谐波和 IM 分量的幅度，选择 $\omega_1,\omega_2,\cdots$。例如，$H_2(\omega_1,\omega_1)$ 产生 $2\omega_1$ 的传递函数，$H_3(\omega_1,-\omega_2,\omega_1)$ 产生 $2\omega_1-\omega_2$ 的传递函数。

非线性电流法

如例2.34所示，随着式(2.237)中的项数 n 的增加，调和方法的复杂性迅速增加。一种被称为“非线性电流”的方法有时更好，因为它在一定程度上减少了代数。我们在这里描述了这种方法，并请读者参考文献[13]以获得其有效性的正式证明。

非线性电流的方法对于包含双端非线性器件的电路以如下步骤进行[13]：

1) 假设 $V_{in}(t)=V_0\exp(j\omega_1t)$，并通过忽略非线性来确定电路的线性响应。“响应”包括感兴趣的输出和非线性器件两端的电压。

2) 假设 $V_{in}(t)=V_0\exp(j\omega_1t)+V_0\exp(j\omega_2t)$，并计算非线性器件两端的电压，假设其为线性。现在，假设器件是非线性的，计算流过器件的电流的非线性分量。

3) 将主输入设为零，并将与步骤2)中发现的非线性分量相等的电流源与非线性器件并联。

4) 再次忽略器件的非线性，确定电路对步骤3)中施加的电流源的响应。同样，响应包括感兴趣的输出和跨非线性器件的电压。

5）对于高阶响应，重复步骤 2)、3)和 4)。总响应等于在步骤 1)、4)等中找到的输出分量。以下示例说明了该过程。

例 2.35 求出图 2.72 所示电路的 $H_3(\omega_1,\omega_2,\omega_3)$。

解：在这种情况下，输出电压也出现在非线性器件两端。我们知道 $H_1(\omega_1)=(R_1C_1\mathrm{j}\omega_1+1)^{-1}$。因此，对于 $V_{\mathrm{in}}(t)=V_0\exp(\mathrm{j}\omega_1 t)$，电容两端的电压等于

$$V_{C1}(t)=\frac{V_0}{R_1C_0\mathrm{j}\omega_1+1}\mathrm{e}^{\mathrm{j}\omega_1 t} \tag{2.239}$$

在步骤 2)中，我们施加 $V_{\mathrm{in}}(t)=V_0\exp(\mathrm{j}\omega_1 t)+V_0\exp(\mathrm{j}\omega_2 t)$，获得 C_1 两端的线性电压为

$$V_{C1}(t)=\frac{V_0\mathrm{e}^{\mathrm{j}\omega_1 t}}{R_1C_0\mathrm{j}\omega_1+1}+\frac{V_0\mathrm{e}^{\mathrm{j}\omega_2 t}}{R_1C_0\mathrm{j}\omega_2+1} \tag{2.240}$$

利用该电压，我们计算流过 C_1 的非线性电流：

$$I_{C1,\mathrm{non}}(t)=\alpha C_0V_{C1}\frac{\mathrm{d}V_{C1}}{\mathrm{d}t} \tag{2.241}$$

$$=\alpha C_0\left(\frac{V_0\mathrm{e}^{\mathrm{j}\omega_1 t}}{R_1C_0\mathrm{j}\omega_1+1}+\frac{V_0\mathrm{e}^{\mathrm{j}\omega_2 t}}{R_1C_0\mathrm{j}\omega_2+1}\right)\times \left(\frac{\mathrm{j}\omega_1V_0\mathrm{e}^{\mathrm{j}\omega_1 t}}{R_1C_0\mathrm{j}\omega_1+1}+\frac{\mathrm{j}\omega_2V_0\mathrm{e}^{\mathrm{j}\omega_2 t}}{R_1C_0\mathrm{j}\omega_2+1}\right) \tag{2.242}$$

由于此时我们仅对 $\omega_1+\omega_2$ 处的分量感兴趣，将上述表达式重写为

$$I_{C1,\mathrm{non}}(t)=\alpha C_0\left[\frac{\mathrm{j}(\omega_1+\omega_2)V_0^2\mathrm{e}^{\mathrm{j}(\omega_1+\omega_2)t}}{(R_1C_0\mathrm{j}\omega_1+1)(R_1C_0\mathrm{j}\omega_2+1)}+\cdots\right] \tag{2.243}$$

$$=\alpha C_0[\mathrm{j}(\omega_1+\omega_2)V_0^2\mathrm{e}^{\mathrm{j}(\omega_1+\omega_2)t}H_1(\omega_1)H_1(\omega_2)+\cdots] \tag{2.244}$$

在步骤 3)中，我们将输入设置为零，假设一个线性电容器，并将 $I_{C1,\mathrm{non}}(t)$ 与 C_1 并联（见图 2.73）。$\omega_1+\omega_2$ 处的电流分量流过 R_1 和 C_0 的并联组合，产生 $V_{C1,\mathrm{non}}(t)$：

$$V_{C1,\mathrm{non}}(t)=-\alpha C_0\mathrm{j}(\omega_1+\omega_2)V_0^2\mathrm{e}^{\mathrm{j}(\omega_1+\omega_2)t}H_1(\omega_1)\times H_1(\omega_2)\frac{R_1}{R_1C_0\mathrm{j}(\omega_1+\omega_2)+1} \tag{2.245}$$

$$=-\alpha R_1C_0\mathrm{j}(\omega_1+\omega_2)H_1(\omega_1)H_1(\omega_2)H_1(\omega_1+\omega_2)V_0^2\mathrm{e}^{\mathrm{j}(\omega_1+\omega_2)t} \tag{2.246}$$

我们注意到这两个方程中 $V_0^2\exp[\mathrm{j}(\omega_1+\omega_2)t]$ 的系数与式(2.229)中的 $H_2(\omega_1,\omega_2)$ 相同。

为了确定 $H_3(\omega_1,\omega_2,\omega_3)$，我们必须假设输入的形式为 $V_{\mathrm{in}}(t)=V_0\exp(\mathrm{j}\omega_1 t)+V_0\exp(\mathrm{j}\omega_2 t)+V_0\exp(\mathrm{j}\omega_3 t)$，并将 C_1 两端的电压写成

$$V_{C1}(t)=H_1(\omega_1)V_0\mathrm{e}^{\mathrm{j}\omega_1 t}+H_1(\omega_2)V_0\mathrm{e}^{\mathrm{j}\omega_2 t}+H_1(\omega_3)V_0\mathrm{e}^{\mathrm{j}\omega_3 t}+H_2(\omega_1,\omega_2)V_0^2\mathrm{e}^{\mathrm{j}(\omega_1+\omega_2)t}+H_2(\omega_1,\omega_3)V_0^2\mathrm{e}^{\mathrm{j}(\omega_1+\omega_3)t}+H_2(\omega_2,\omega_3)V_0^2\mathrm{e}^{\mathrm{j}(\omega_2+\omega_3)t} \tag{2.247}$$

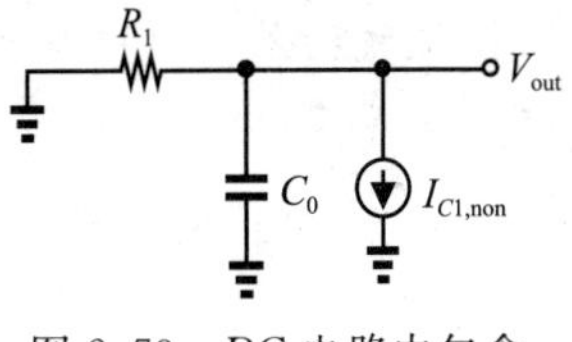

图 2.73 RC 电路中包含非线性电流

注意，在式(2.240)中，电压中包含了二阶非线性项，以便计算三阶项[⊖]。因此，通过 C_1 的非线性电流等于

$$I_{C1,\mathrm{non}}(t)=\alpha C_0V_{C1}\frac{\mathrm{d}V_{C1}}{\mathrm{d}t} \tag{2.248}$$

我们替换 V_{C1} 并将包含 $\omega_1+\omega_2+\omega_3$ 的项分组：

⊖ 排除了其他项，因为它们不会产生 $\omega_1+\omega_2+\omega_3$ 处的分量。

$$\begin{aligned}I_{C1,\mathrm{non}}(t)=&\alpha C_0[H_1(\omega_1)H_2(\omega_2,\omega_3)\mathrm{j}(\omega_2+\omega_3)+H_2(\omega_2,\omega_3)\mathrm{j}\omega_1H_1(\omega_1)+\\&H_1(\omega_2)H_2(\omega_1,\omega_3)\mathrm{j}(\omega_1+\omega_3)+H_2(\omega_1,\omega_3)\mathrm{j}\omega_2H_1(\omega_2)+\\&H_1(\omega_3)H_2(\omega_1,\omega_2)\mathrm{j}(\omega_1+\omega_2)+H_2(\omega_1,\omega_2)\mathrm{j}\omega_3H_1(\omega_3)]V_0^3\mathrm{e}^{\mathrm{j}(\omega_1+\omega_2+\omega_3)t}+\\&\cdots\end{aligned}\tag{2.249}$$

该电流流过 R_1 和 C_0 的并联电路，产生 $V_{C1,\mathrm{non}}(t)$。读者可以容易地证明：$V_{C1,\mathrm{non}}(t)$ 中的 $\exp[\mathrm{j}(\omega_1+\omega_2+\omega_3)t]$ 的系数与由式(2.238)表示的第三核相同。◀

上述过程适用于双端非线性器件。对于晶体管，可以采取类似的方法。我们用一个例子来说明这一点。

例2.36 图2.74a显示了常用LNA的输入网络(第5章)。假设 $g_mL_1/C_{GS}=R_S$(第5章)和 $I_D=\alpha(V_{GS}-V_{TH})_2$，确定 I_{out} 中的非线性项。忽略其他电容、沟道长度调制效应和体效应。

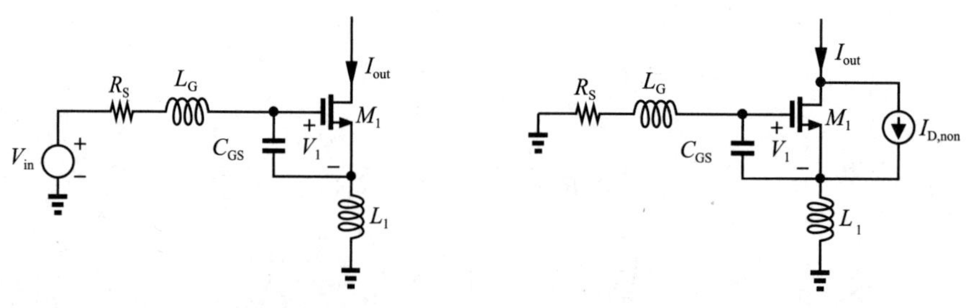

a) 源极和栅极串联电感的CS级　　b) 包含非线性电流

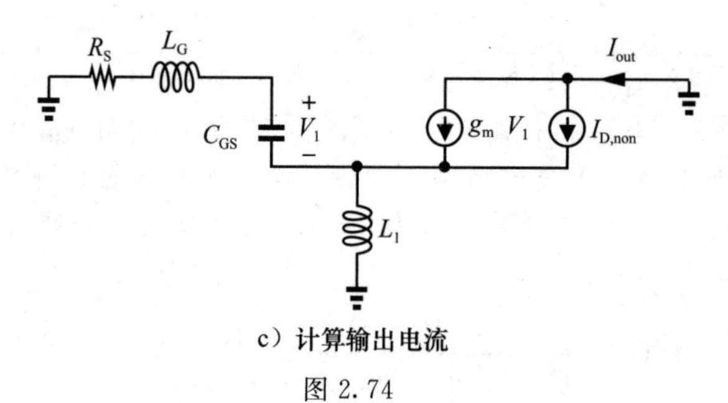

c) 计算输出电流

图 2.74

解： 在该电路中，有两个量是我们感兴趣的，即输出电流 $I_{out}(=I_D)$ 和栅极-源极电压 V_1；每次都必须计算后者，因为它确定 I_D 中的非线性分量。

让我们从线性响应开始。由于流经 L_1 的电流等于 $V_1C_{GS}+g_mV_1$，流经 R_S 和 L_G 的电流等于 $V_1C_{GS}s$，我们可以将输入环路周围的KVL写为

$$V_{in}=(R_S+L_Gs)V_1C_{GS}s+V_1+(V_1C_{GS}s+g_mV_1)L_1s\tag{2.250}$$

由此可得

$$\frac{V_1}{V_{in}}=\frac{1}{(L_1+L_G)C_{GS}s^2+(R_SC_{GS}+g_mL_1)s+1}\tag{2.251}$$

由于假设 $g_mL_1/C_{GS}=R_S$，对于 $s=\mathrm{j}\omega$，我们得到

$$\frac{V_1}{V_{in}}(\mathrm{j}\omega)=\frac{1}{2g_mL_1\mathrm{j}\omega+1-\dfrac{\omega^2}{\omega_0^2}}=H_1(\omega)\tag{2.252}$$

式中 $\omega_0^2=[(L_1+L_G)C_{GS}]^{-1}$。注意，$I_{out}=g_mV_1=g_mH_1(\omega)V_{in}$。

现在，假设 $V_{in}(t)=V_0\exp(\mathrm{j}\omega_1t)+V_0\exp(\mathrm{j}\omega_2t)$，于是有

$$V_1(t)=H_1(\omega_1)V_0\mathrm{e}^{\mathrm{j}\omega_1t}+H_1(\omega_2)V_0\mathrm{e}^{\mathrm{j}\omega_2t}\tag{2.253}$$

在 $I_D=\alpha V_1^2$ 时，该电压将产生由下式给出的非线性电流：

$$I_{D,non}=2\alpha H_1(\omega_1)H_1(\omega_2)V_0^2 e^{j(\omega_1+\omega_2)t} \tag{2.254}$$

在下一步骤中，将 V_{in} 设置为零，并插入与漏极电流源并联的具有上述值的电流源(见图 2.74b)。假设电路是线性的，我们必须根据 $I_{D,non}$ 计算 V_1。根据图 2.74c 所示的等效电路，有以下 KVL 方程：

$$(R_S+L_G s)V_1 C_{GS}s+V_1+(g_m V_1+I_{D,non}+V_1 C_{GS}s)L_1 s=0 \tag{2.255}$$

因此，对于 $s=j\omega$，有

$$\frac{V_1}{I_{D,non}}(j\omega)=\frac{-jL_1\omega}{2g_m L_1 j\omega+1-\dfrac{\omega^2}{\omega_0^2}} \tag{2.256}$$

由于 $I_{D,non}$ 包含 $\omega_1+\omega_2$ 处的频率分量，因此必须在 $\omega_1+\omega_2$ 处计算上述传递函数并乘以 $I_{D,non}$ 以产生 V_1。因此有

$$H_2(\omega_1,\omega_2)=\frac{-jL_1(\omega_1+\omega_2)}{2g_m L_1 j(\omega_1+\omega_2)+1-\dfrac{(\omega_1+\omega_2)^2}{\omega_0^2}}2\alpha H_1(\omega_1)H_1(\omega_2) \tag{2.257}$$

在最后一步中，我们假设 $V_{in}(t)=V_0\exp(j\omega_1 t)+V_0\exp(j\omega_2 t)+V_0\exp(j\omega_3 t)$，于是有

$$V_1(t)=H_1(\omega_1)V_0 e^{j\omega_1 t}+H_1(\omega_2)V_0 e^{j\omega_2 t}+H_1(\omega_3)V_0 e^{j\omega_3 t}+H_2(\omega_1,\omega_2)V_0^2 e^{j(\omega_1+\omega_2)t}+$$
$$H_2(\omega_1,\omega_3)V_0^2 e^{j(\omega_1+\omega_3)t}+H_2(\omega_2,\omega_3)V_0^2 e^{j(\omega_2+\omega_3)t} \tag{2.258}$$

由于 $I_D=\alpha V_1^2$，$\omega_1+\omega_2+\omega_3$ 处的非线性电流表示为

$$I_{D,non}=2\alpha[H_1(\omega_1)H_2(\omega_2,\omega_3)+H_1(\omega_2)H_2(\omega_1,\omega_3)+$$
$$H_1(\omega_3)H_2(\omega_1,\omega_2)]V_0^3 e^{j(\omega_1+\omega_2+\omega_3)t} \tag{2.259}$$

我们感兴趣的输出中的三阶非线性分量 I_{out} 等于上述表达式。我们注意到，即使晶体管仅表现出二阶非线性，由 L_1 引起的退化(反馈)也会导致高阶项。

我们鼓励读者使用谐波法重复这个分析，并看到它要复杂得多。◀

习题

2.1 两级非线性电路级联，如果每级输入输出特性近似为三阶多项式，基于每级的 P_{1dB}，计算级联结构总的 P_{1dB}。

2.2 如果干扰信号中的一个为 -3dBm，另一个为 -35dBm，重复例 2.11 相关计算。

2.3 如果级联结构电路只有二阶非线性，从而产生有限的 IP_3。例如，对于图 2.75 所示级联电路中相同的共源极电路，如果每个晶体管都工作在饱和区并且遵循平方律特性，计算该级联结构的 IP_3。

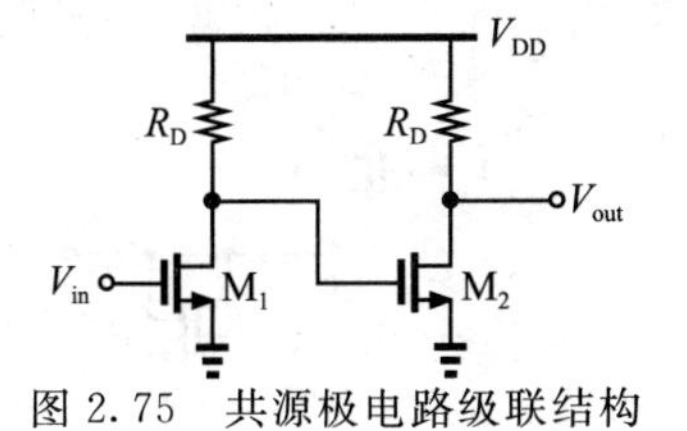

图 2.75　共源极电路级联结构

2.4 对于一个特性近似于五阶多项式的系统，计算其 IP_3 和 P_{1dB}。

2.5 考虑图 2.76 所示的电路，若 $\omega_3-\omega_2=\omega_2-\omega_1$ [⊖]，且带通滤波器在 ω_2 处衰减 17dB，在 ω_3 处衰减 37dB。

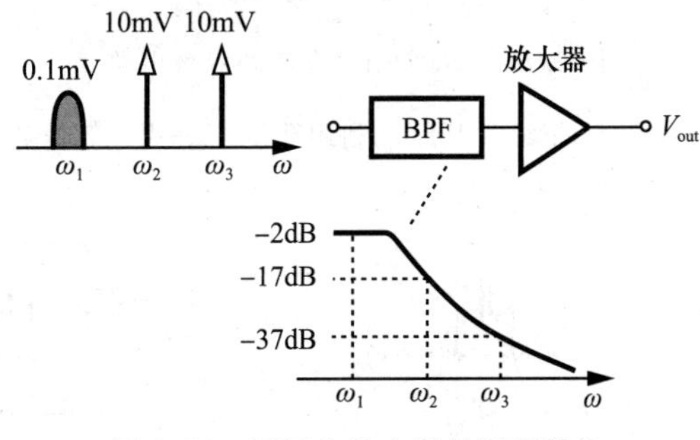

图 2.76　BPF 和放大器的级联结构

⊖ 原书此处笔误。——译者注

(1) 如果 ω_1 处的交调乘积项比所需信号衰减了 20dB，计算该放大器的IIP_3。

(2) 假设电压增益为 10dB 且$IIP_3=500$mV(峰值)的放大器接在带通滤波器之后，忽略二阶非线性，计算整体链路的IIP_3。

2.6 计算随机信号的自相关傅里叶传输函数产生的频谱，即每个频率附近 1Hz 带宽的功率。

2.7 一个宽带电路的输入信号为 $V_0\cos\omega_0 t$，产生三阶谐波 $V_3\cos(3\omega_0 t)$ 的输出。用 V_0 和 V_3 计算 1dB 压缩点。

2.8 如果电阻温度相同，证明图 2.36 中由 R_1 传递到 R_2 的噪声功率等于由 R_2 传递到 R_1 的噪声功率。如果电阻温度不同，则情况如何?

2.9 请解释为什么 MOSFET 的沟道热噪声可以通过源极和漏极之间的电流源建模，而不是其他端口，比如栅极和源极之间?

2.10 证明 MOSFET 的沟道热噪声可被视为栅极上大小为 $4kT\gamma/g_m$ 的电压。如图 2.77 所示，在相同的终端电压下，这两个电路可以产生相同的电流。

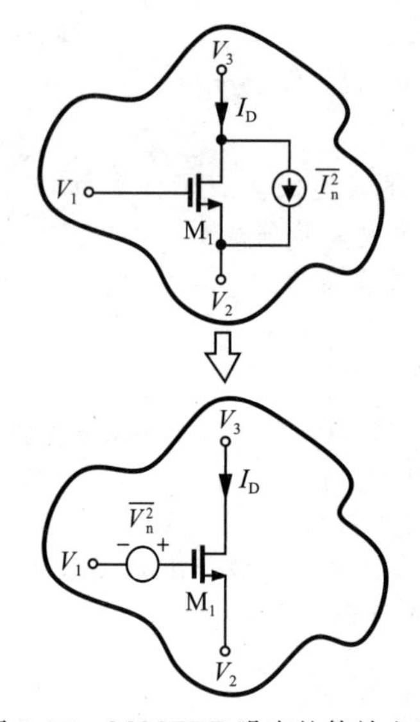

图 2.77 MOSFET 噪声的等效电路

2.11 如图 2.52 所示，利用弗里斯公式计算电路的 NF。

2.12 证明图 2.46c 中电路的输出噪声电压为 $\overline{V_{n2}^2}=\overline{I_{n1}^2}r_O^2$。

2.13 在例 2.23 中，如果 CS 级和 CG 级互换，NF 会变化吗? 为什么?

2.14 在例 2.23 中，如果将 R_{D1} 和 R_{D2} 换为理想电流源，并且沟长调制效应不可以忽略，对本例重新进行计算。

2.15 二极管负载差分对的输入输出特性为 $V_{out}=-2R_C I_{EE}\tanh[V_{in}/(2V_T)]$，其中，$R_C$ 为负载电阻，I_{EE} 为尾电流且 $V_T=kT/q$，计算电路的IP_3。

2.16 如果电路负载为无噪声阻抗 Z_L，那么电路的噪声系数为多少?

2.17 如果知道了由源阻抗 R_{S1} 产生的噪声系数，请详细解释是否可以计算出另一个源阻抗 R_{S2} 对应电路的噪声系数。

2.18 式(2.122)意味着随着 R_S 增加，噪声下降。假设天线电压摆幅保持恒定，请解释随着 R_S 增加，输出 SNR 会如何变化。

2.19 如图 2.78 所示的电路，变压器对初始电压放大n 倍，并且将 R_S 转换为 n^2R_S，重复例 2.20 的分析和计算。

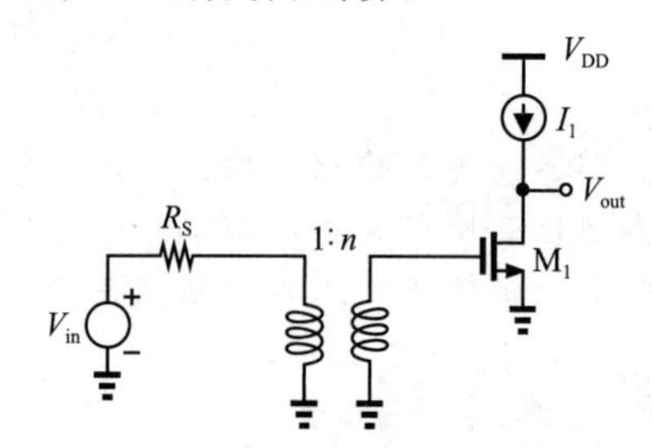

图 2.78 变压器驱动的 CS 级电路

2.20 对于匹配的输入输出，证明无源(互易)电路的噪声系数等于其功率损耗。

2.21 考虑源阻抗为 R_S，计算图 2.79 中每个电路的噪声系数。忽略沟长调制效应和体效应。

2.22 考虑源阻抗为 R_S，计算图 2.80 中每个电路的噪声系数。忽略沟长调制效应和体效应。

2.23 考虑源阻抗为 R_S，计算图 2.81 中每个电路中的噪声系数。忽略沟长调制效应和体效应。

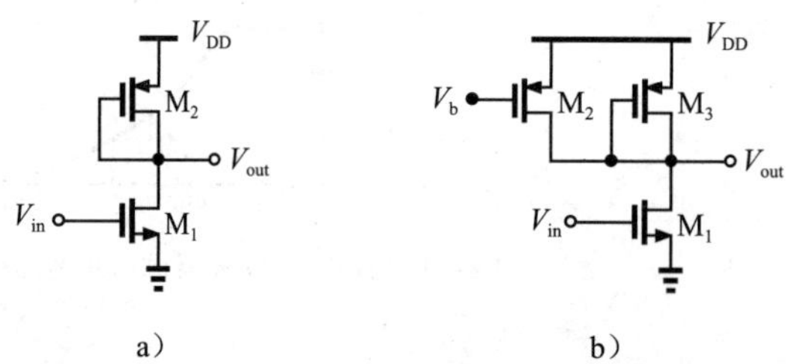

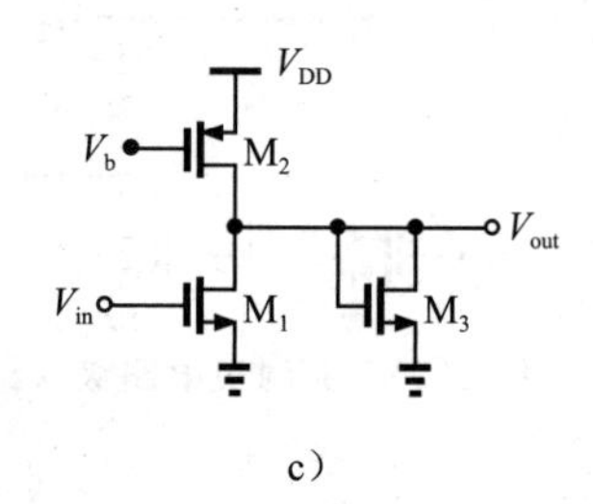

图 2.79 CS 级电路的噪声系数计算

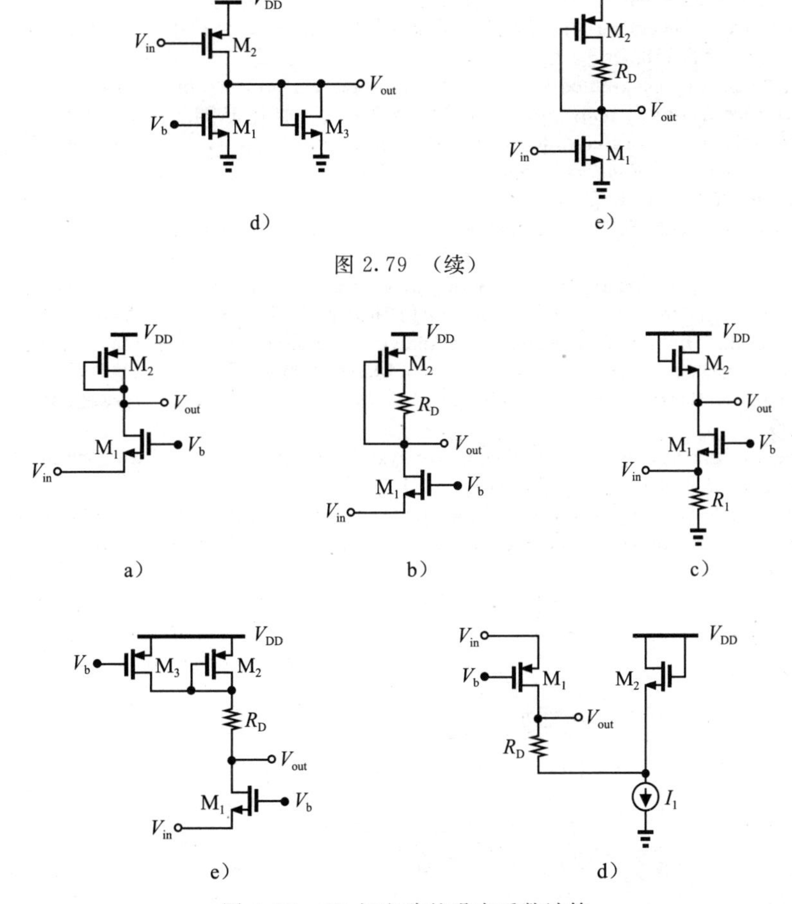

图 2.79 （续）

图 2.80 CG 级电路的噪声系数计算

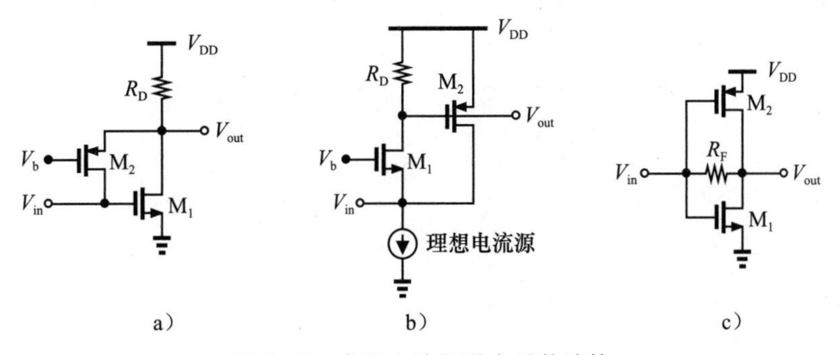

图 2.81 各级电路的噪声系数计算

参考文献

[1] B. Razavi, *Design of Analog CMOS Integrated Circuits,* Boston: McGraw-Hill, 2001.

[2] L. W. Couch, *Digital and Analog Communication Systems,* Fourth Edition, New York: Macmillan Co., 1993.

[3] A. van der Ziel, "Thermal Noise in Field Effect Transistors," *Proc. IRE*, vol. 50, pp. 1808–1812, Aug. 1962.

[4] A. A. Abidi, "High-Frequency Noise Measurements on FETs with Small Dimensions," *IEEE Trans. Electron Devices,* vol. 33, pp. 1801–1805, Nov. 1986.

[5] A. J. Sholten et al., "Accurate Thermal Noise Model of Deep-Submicron CMOS," *IEDM Dig. Tech. Papers,* pp. 155–158, Dec. 1999.

[6] B. Razavi, "Impact of Distributed Gate Resistance on the Performance of MOS Devices," *IEEE Trans. Circuits and Systems- Part I*, vol. 41, pp. 750–754, Nov. 1994.

[7] H. T. Friis, "Noise Figure of Radio Receivers," *Proc. IRE*, vol. 32, pp. 419–422, July 1944.

[8] A. Papoulis, *Probability, Random Variables, and Stochastic Processes,* Third Edition, New York: McGraw-Hill, 1991.

[9] R. W. Bennet, "Methods of Solving Noise Problems," *Proc. IRE*, vol. 44, pp. 609–638, May 1956.

[10] S. Narayanan, "Application of Volterra Series to Intermodulation Distortion Analysis of Transistor Feedback Amplifiers," *IEEE Tran. Circuit Theory,* vol. 17, pp. 518–527, Nov. 1970.

[11] P. Wambacq et al., "High-Frequency Distortion Analysis of Analog Integrated Circuits," *IEEE Tran. Circuits and Systems, II*, vol. 46, pp. 335–334, March 1999.

[12] P. Wambaq and W. Sansen, *Distortion Analysis of Analog Integrated Circuits,* Norwell, MA: Kluwer, 1998.

[13] J. Bussganag, L. Ehrman, and J. W. Graham, "Analysis of Nonlinear Systems with Multiple Inputs," *Proc. IEEE*, vol. 62, pp. 1088–1119, Aug. 1974.

[14] E. Bedrosian and S. O. Rice, "The Output Properties of Volterra Systems (Nonlinear Systems with Memory) Driven by Harmonic and Gaussian Inputs," *Proc. IEEE,* vol. 59, pp. 1688–1707, Dec. 1971.

Chapter 3 第 3 章

通信技术概述

设计高集成度的 RF 收发装置需要对通信原理有扎实的理解。比如第 2 章提到的，接收机的灵敏度取决于最小能接收到的输出信噪比，而后者又取决于调制类型。事实上，如今我们总是需要先了解接收机的类型，然后再去为它们设计相应的低噪声放大器、振荡器等等。此外，现代的 RF 设计师必须时常就功能和规范问题与数字信号处理设计师进行交流，因此他们必须要使用一致的语言才行。

本章就调制理论和无线通信标准给出了一些既基础的又十分必要的解释。对于那些对 RF IC 设计感兴趣并不精通通信原理的读者，本章用直观的语言来描述所涉及的概念，使之能被读者在日常工作中运用。本章内容如下：

调制

- AM、PM、FM
- 码间干扰
- ASK、PSK、FSK
- QPSK、GMSK
- OFDM
- 频谱再生

移动系统

- 蜂窝系统
- 切换
- 多径衰落
- 多样性

多址技术

- 双工
- FDMA
- TDMA
- CDMA

无线标准

- GSM
- IS-95 CDMA
- 宽带 CDMA
- 蓝牙
- IEEE802.11a/b/g

3.1 概述

声音是如何进入某部手机，再从数英里外的另一部手机里传出来的呢？我们希望能够了解声音信号所经历的奇妙旅程。

如图 3.1b 所示，手机里的发射机必须将声音(频率范围为 20Hz～20kHz)，即频谱以零频率为中心的“基带”信号转换成以非零频率 ω_c 为中心的“带通”信号，此处的 ω_c 称为载频。

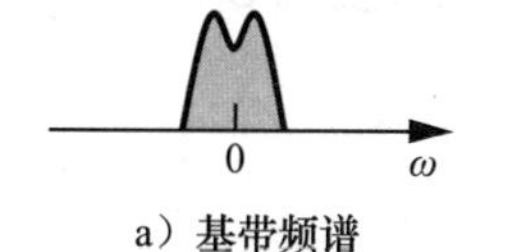

a）基带频谱

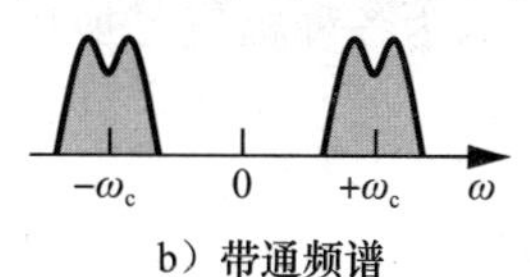

b）带通频谱

图 3.1

一般来说，“调制”就是将基带信号转换成相应的带通信号。从另一方面说，调制就是根据基带信号来改变正弦载波的某些参数。例如，将载波表示为$A_0\cos\omega_c t$，则调制后的信号可写成如下形式：

$$x(t)=a(t)\cos[\omega_c t+\theta(t)] \tag{3.1}$$

其中，$a(t)$为调制后的幅度，$\theta(t)$为调制后的相位。

调制的逆过程叫解调或检波，目的是重建原始的基带信号，并希望将噪声和失真等降到最低。如图3.2所示，一个简单的通信系统应包括调制器/发射机、信道(例如空气或电缆)、接收机/解调器。需要注意的是，信道会使信号产生衰减。一部“收发机”同时包含调制器和解调器，这两者合称为“调制解调器”。

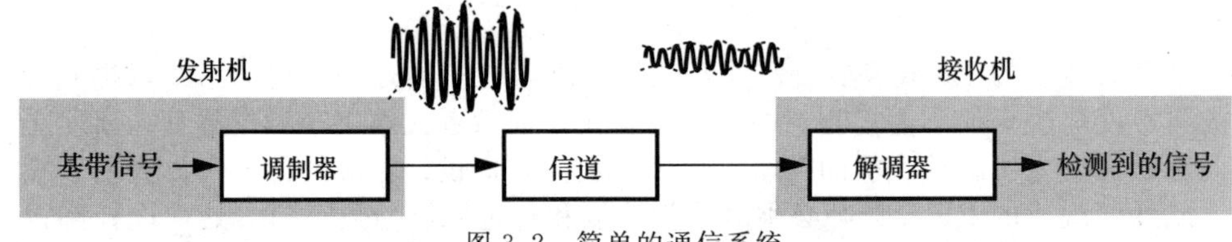

图3.2　简单的通信系统

调制的主要性能　在各调制类型的众多性能中，以下3点被证明在RF设计中尤为关键。

1）检测能力：定义为当信道衰减量和接收机噪声一致时解调信号的能力。以图3.3a中的二进制幅度调制为例，逻辑1表示有载波输出(满幅值)，逻辑0表示无载波输出(零幅值)。解调过程必须能够区分这两者幅值的差异。假定要携带更多的信息，可以采用如图3.3b所示的4种不同的幅值进行调制。

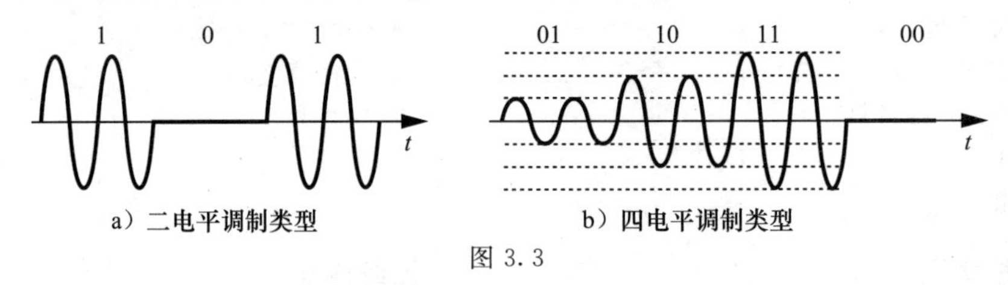

图3.3

在第二种情况下，4个振幅值越接近，在噪声存在时越容易产生误判，因此，该类型的信号探测能力弱。

2）带宽利用率：即基带信号的信息传输速率一定时，已调载波所占用带宽的程度。由于可用的频谱资源是非常有限的，所以带宽利用率是当今通信系统中的重要指标。例如，全球移动通信系统(GSM)可以为大城市的数百万用户服务，但是仅仅占用25MHz的总带宽。在3.5节中将会解释，如此多的手机用户是如何共享这一带宽资源的。

3）功率效率：与发射机中使用的功率放大器(PA)的类型有关。在后面章节中将会看到，某些已调制波形可以依靠非线性功率放大器来进行信号处理，但是另外一些则要使用线性放大器。由于非线性功率放大器一般比相应的线性功率放大器具有更高的效率(第10章)，所以我们希望采用更适合于非线性放大的调制方案。

上述3个性能往往会相互制约。例如，相对于图3.3a而言，图3.3b用相同的带宽携带两倍多的信息，因此我们会觉得图3.3b所示调制类型的带宽利用率更高。但这种优势是以牺牲检测能力(因为各种幅值更加接近)和功率效率(因为功率放大器的非线性要压缩更大的幅值)为代价的。

3.2　模拟调制

如果一个模拟信号(例如由传声器产生的电信号)被调制到载波上，那么我们说完成了模拟调制。虽然模拟调制在今天的高性能通信中已经很少见，但关于模拟调制基本概念的研究，对理解数字调制也同样有意义。

3.2.1　调幅

对于一个基带信号 $x_{BB}(t)$，幅度调制(AM，又称为调幅)的波形表达式可以表示为：

$$x_{AM}(t)=A_c[1+mx_{BB}(t)]\cos\omega_c t \tag{3.2}$$

这里的 m 叫作“调制指数”㊀。图 3.4a 介绍了如何利用乘法器产生 AM 信号，此时也称基带信号被“上变频”。信号 $A_c\cos\omega_c t$ 则由“本地振荡器(LO，又称为本振)”产生。如图 3.4b 所示，在时域中令 $x_{BB}(t)$乘以 $\cos\omega_c t$，这等价于将 $x_{BB}(t)$的基带频谱搬移到以 ω_c 为中心的频带上。因此 $x_{AM}(t)$占用的带宽是 $x_{BB}(t)$信号带宽的两倍。此处要注意：由于 $x_{BB}(t)$具有关于 0 频率的频谱对称结构(因为它是一个实数信号)，故 $x_{AM}(t)$的频谱也是关于 ω_c 对称的。这种对称性并不适用于所有的调制方式，但在收发机结构(见第 4 章)的设计中却起着重要的作用。

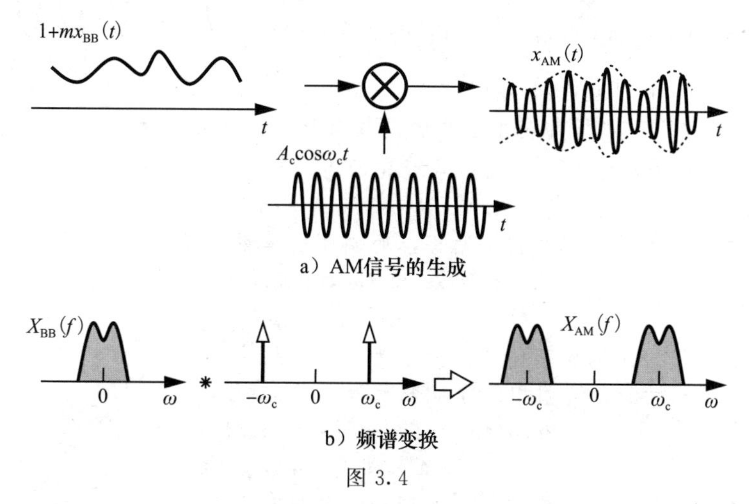

图 3.4

例 3.1　图 3.3a 所示的已调制信号可以看成是由在 0 和 1 之间切换的随机二进制序列与正弦载波结合所产生的，试确定该信号的频谱。

解： 1 和 0 出现概率相等的随机二进制序列的频谱由下式给出(见 3.3.1 节)：

$$S(f)=T_b\left(\frac{\sin\pi fT_b}{\pi fT_b}\right)^2+0.5\delta(f) \tag{3.3}$$

在时域内乘以正弦波可将频谱搬移到中心频率 $\pm f_c$ 附近，如图 3.5 所示。

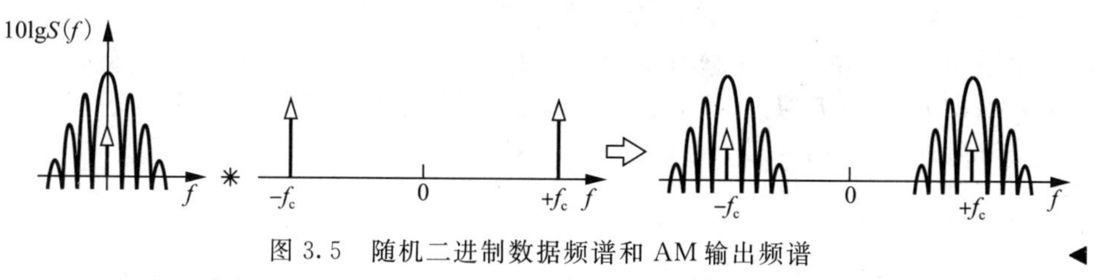

图 3.5　随机二进制数据频谱和 AM 输出频谱　◀

除了广播收音机外，AM 调制在目前的无线系统中应用很少，这是因为用振幅变化来装载模拟信息的系统要求发射机采用高线性度的功率放大器。而且，与调相和调频相比，AM 更容易受加性噪声的影响。

㊀　如果 $x_{BB}(t)$是一个电压量，则 m 具有 $1/V$ 的量纲。

3.2.2 调相和调频

调相(PM)和调频(FM)是十分重要的概念，它们不仅会在分析调制解调器的时候用到，而且会在分析诸如振荡器和频率综合器这类电路的时候用到。

在式(3.1)中，称 $\omega_c t+\theta(t)$ 为“全相位”，其对时间的导数，即 $\omega_c+\mathrm{d}\theta/\mathrm{d}t$ 称为“即时频率”，其中，$\mathrm{d}\theta/\mathrm{d}t$ 称为相对于载频 ω_c 的“剩余频率”或“即时频偏”。如果幅值 A_c 是常数、剩余相位 $\theta(t)$ 与基带信号成正比，那么称载波进行了相位调制：

$$x_{\mathrm{PM}}(t)=A_c\cos[\omega_c t+m x_{\mathrm{BB}}(t)] \tag{3.4}$$

其中，m 是相位调制指数。为了直观了解相位调制，先假设 $x_{\mathrm{BB}}(t)=0$，那么载波过零点按周期 $T_c=1/\omega_c$ 的整数倍均匀分布；如果 $x_{\mathrm{BB}}(t)$ 随时间变化，那么载波的过零点被调制了，而幅值却保持不变，如图3.6所示。

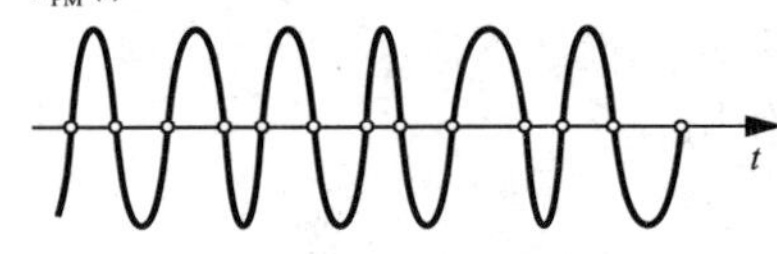

图3.6 调相信号的过零点

类似地，如果剩余频率 $\mathrm{d}\theta/\mathrm{d}t$ 与基带信号成正比，那么称载波进行了频率调制：

$$x_{\mathrm{FM}}(t)=A_c\cos\left[\omega_c t+m\int_{-\infty}^{t} x_{\mathrm{BB}}(\tau)\mathrm{d}\tau\right] \tag{3.5}$$

注意，此时的即时频率为 $\omega_c+m x_{\mathrm{BB}}(t)$[⊖]。

例3.2 请计算下列波形的调相信号和调频信号：(1)$x_{\mathrm{BB}}(t)=A_0$；(2)$x_{\mathrm{BB}}(t)=\alpha t$。

解：(1)基带信号为常数，调相信号可表示为

$$x_{\mathrm{PM}}(t)=A_c\cos(\omega_c t+mA_0) \tag{3.6}$$

信号调相的结果是附加了恒定的相位偏移，而调频的结果则表示为

$$x_{\mathrm{FM}}(t)=A_c\cos(\omega_c t+mA_0 t) \tag{3.7}$$

$$=A_c\cos[(\omega_c+mA_0)t] \tag{3.8}$$

调频的结果是叠加了恒定的频率偏移，大小为 mA_0。

(2)如果 $x_{\mathrm{BB}}(t)=\alpha t$，则调相信号可表示为

$$x_{\mathrm{PM}}(t)=A_c\cos(\omega_c t+m\alpha t) \tag{3.9}$$

$$=A_c\cos[(\omega_c+m\alpha)t] \tag{3.10}$$

调相的结果是叠加了恒定的频率偏移，而调频的结果可表示为：

$$x_{\mathrm{FM}}(t)=A_c\cos\left(\omega_c t+\frac{m\alpha}{2}t^2\right) \tag{3.11}$$

调频信号的相位与时间的平方成正比。◀

$x_{\mathrm{PM}}(t)$、$x_{\mathrm{FM}}(t)$ 与 $x_{\mathrm{BB}}(t)$ 间的非线性关系一般会增加已调信号占用的带宽。例如：如果 $x_{\mathrm{BB}}(t)=A_m\cos\omega_m t$，那么

$$x_{\mathrm{FM}}(t)=A_c\cos\left(\omega_c t+\frac{mA_m}{\omega_m}\sin\omega_m t\right) \tag{3.12}$$

其频谱将超出 $\omega_c\pm\omega_m$ 范围。文献[1～3]推导出了多个调相、调频信号的近似带宽。

窄带FM(NBFM)的近似 为开展射频电路和系统的分析，有必要讨论式(3.12)中 $mA_m/\omega_m\ll 1\mathrm{rad}$ 这一特殊的FM情况。此时，调频信号可以近似表示为：

$$x_{\mathrm{FM}}(t)\approx A_c\cos\omega_c t-A_m A_c\frac{m}{\omega_m}\sin\omega_m t\sin\omega_c t \tag{3.13}$$

$$\approx A_c\cos\omega_c t-\frac{mA_m A_c}{2\omega_m}\cos(\omega_c-\omega_m)t+\frac{mA_m A_c}{2\omega_m}\cos(\omega_c+\omega_m)t \tag{3.14}$$

如图3.7所示，调制后的频谱由 $\pm\omega_c$ 处的冲激信号(载波)以及 $\omega_c\pm\omega_m$、$-\omega_c\pm\omega_m$ 处的“边带”组成。要注意的是，当调制频率 ω_m 增加时，边带的幅度减小。

⊖ 如果是一个电压量，则 m 具有 rad/(s·V)的量纲。

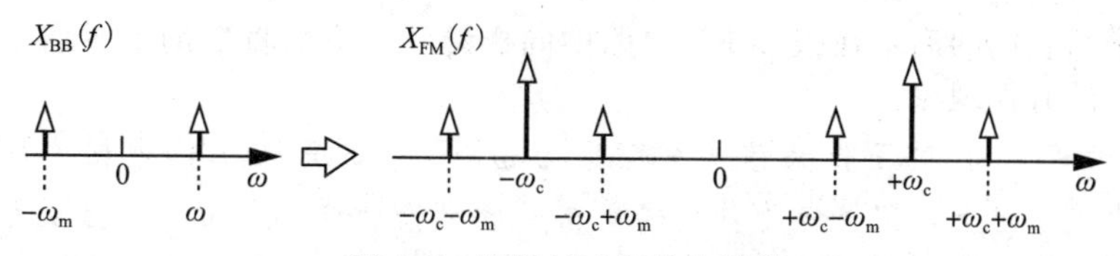

图 3.7　窄带 FM 信号的频谱

例 3.3 有人说调频(或调相)的边带的符号相反，而调幅的边带的符号相同，这种说法正确吗？

解：式(3.14)确实显示 $\cos(\omega_c-\omega_m)t$ 和 $\cos(\omega_c+\omega_m)t$ 有相反的符号。在图 3.8a 中，如果考虑边带幅值的符号，也支持了这一观点。而载波在被正弦信号调幅后可表示为：

$$x_{AM}(t)=A_c(1+m\cos\omega_m t)\cos\omega_c t \tag{3.15}$$

$$=A_c\cos\omega_c t+\frac{mA_c}{2}\cos(\omega_c+\omega_m)t+\frac{mA_c}{2}\cos(\omega_c-\omega_m)t \tag{3.16}$$

如图 3.8b 所示，结果显示调幅后信号的边带有相同的符号。然而，一般来说，靠边带的极性本身并不能区分出调幅和调频。

式(3.2)～式(3.5)给出了正弦和余弦的 4 种可能组合，基于此，可分别得到如图 3.9 所示的 4 种频谱分布。若能确切地给出载波和边带的波形，那么就可以从频谱上区分出调幅和窄带调频。

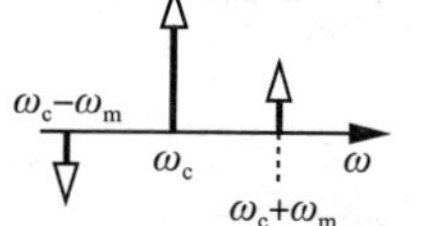

a）窄带调频的频谱

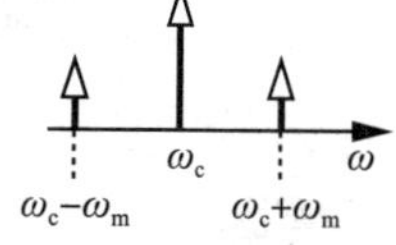

b）窄带调幅的频谱

图 3.8

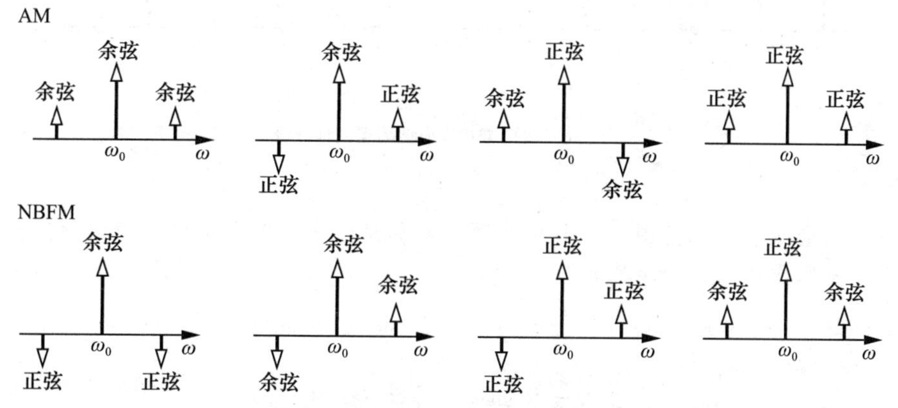

图 3.9　调幅和窄带调频信号的频谱

然而，调幅和调频在边带上的一个重要区别是边带相对于载波的成角旋转(angular rotation)情况。对于调幅信号，边带只调制了某一时刻的信号幅度。因此，在图 3.10a 所示的矢量图中，两个边带必须按相反方向旋转，才能保证其矢量和与载波平行。而对于调频信号的边带，由于它们不能改变载波的幅度，所以它们相对于载波的位置及旋转情况应如图 3.10b 所示，即它们的矢量和始终与载波垂直。

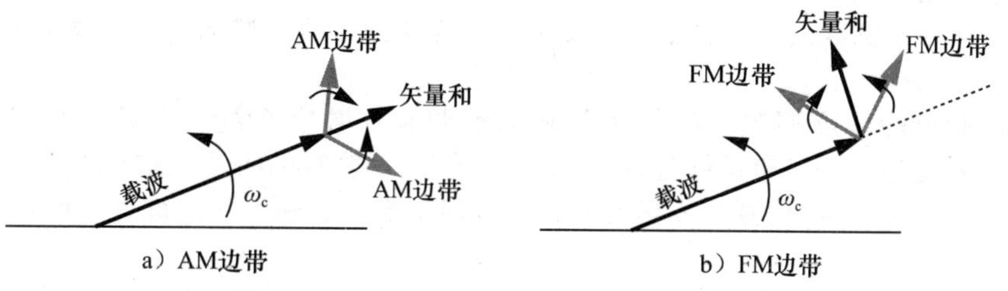

图 3.10　AM 和 FM 边带相对于载波的旋转 ◀

以上例子给我们的启示在很多RF电路中同样奏效。下面将借助上述启示来解释非线性电路中产生的有趣现象。

例3.4 频率为ω_c的正弦大信号和频率为$\omega_c+\omega_m$的正弦小信号相加后，被施加到图3.11a中的差分对上，试解释为什么输出信号的频谱会在$\omega_c-\omega_m$处出现新的分量。假设差分对经历“强制限制”，即A足够大，从而可以让I_{SS}能够流过差分对的每一边。

解： 如图3.11b所示，将输入信号的频谱分为两个对称的频谱[⊖]。具有相同符号边带的频谱可以看成是调幅产生的，由于强制限制的作用，它的输出将被抑制；而具有相反符号边带的频谱可以看成是调频产生的，由于强制限制不影响波形的过零点，它的输出是完整的。

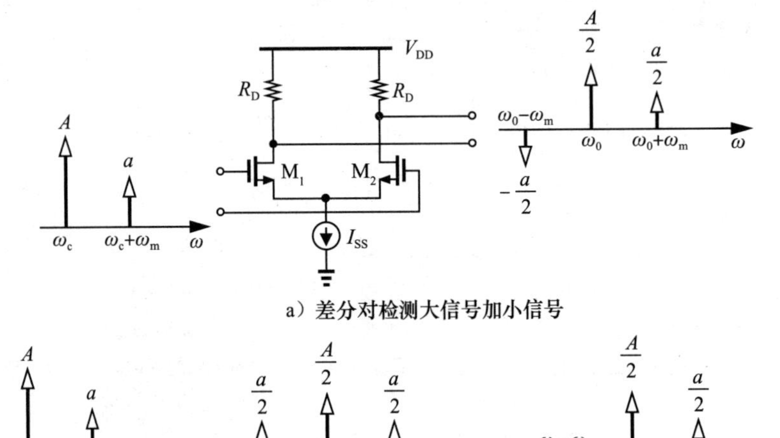

a）差分对检测大信号加小信号

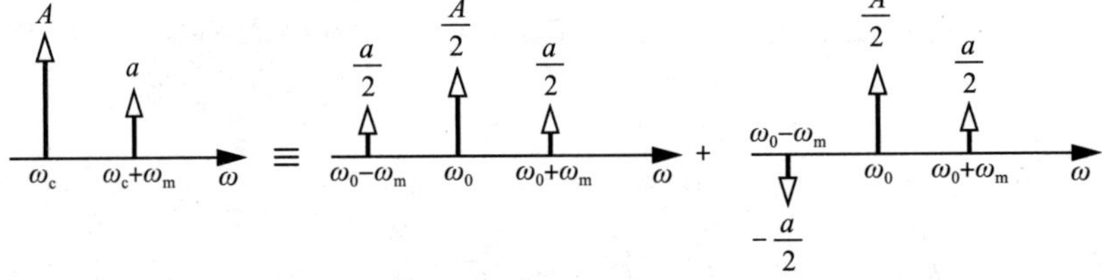

b）将边带转换成调幅和调频分量

图3.11

读者可能会疑惑，为何图3.11b中的两个对称频谱分别对应调幅波和调频波？输入信号在时域中可被表示成如下形式：

$$
\begin{aligned}
A\cos\omega_c t+a\cos(\omega_c+\omega_m)t=&\frac{A}{2}\cos\omega_c t+\frac{a}{2}\cos(\omega_c+\omega_m)t+\frac{a}{2}\cos(\omega_c-\omega_m)t+\\
&\frac{A}{2}\cos\omega_c t+\frac{a}{2}\cos(\omega_c+\omega_m)t-\\
&\frac{a}{2}\cos(\omega_c-\omega_m)t
\end{aligned}
\tag{3.17}
$$

由例3.3知，式(3.17)中的前三项表示调幅信号，后三项表示调频信号。◀

3.3 数字调制

在数字通信系统中，数字基带信号被基波调制。例如，手机里传声器产生的声音信号被数字化，然后加到载波上。正如本章接下来要介绍的，数字调制与模拟调制相比具有更多优势。

模拟调制中的幅度调制、相位调制和频率调制在数字系统中分别对应于幅移键控(ASK)、相移键控(PSK)和频移键控(FSK)。图3.12举例说明了二进制基带信号的数字调制波形。二进制ASK信号在零幅度和满幅度间切换，也称为开关键控(OOK)；而PSK

⊖ 我们称其对称是因为忽略边带信号符号后它们就是对称的。

信号载波的相位在 0°～180°之间切换。

$$x_{\mathrm{PSK}}(t)=A_{\mathrm{c}}\cos\omega_{\mathrm{c}}t \quad (\text{数据为 } 0) \tag{3.18}$$

$$=A_{\mathrm{c}}\cos(\omega_{\mathrm{c}}t+180°) \quad (\text{数据为 } 1) \tag{3.19}$$

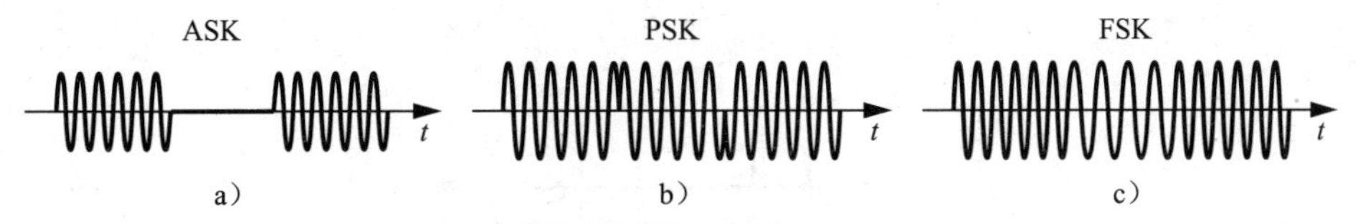

图 3.12　ASK、PSK 及 FSK 波形

产生 ASK 和 PSK 信号的方法很值得研究。如图 3.13a 所示，如果二进制基带信号在 0 和 1 间切换，与载波一起将产生二相 ASK 输出；如图 3.13b 所示，如果基带信号在 −0.5 和 +0.5 间切换(平均值为零)，与载波一起将产生二相 PSK 输出，其原因是每当基带信号跳变时载波的符号也必须改变，由此产生 180°的相变。

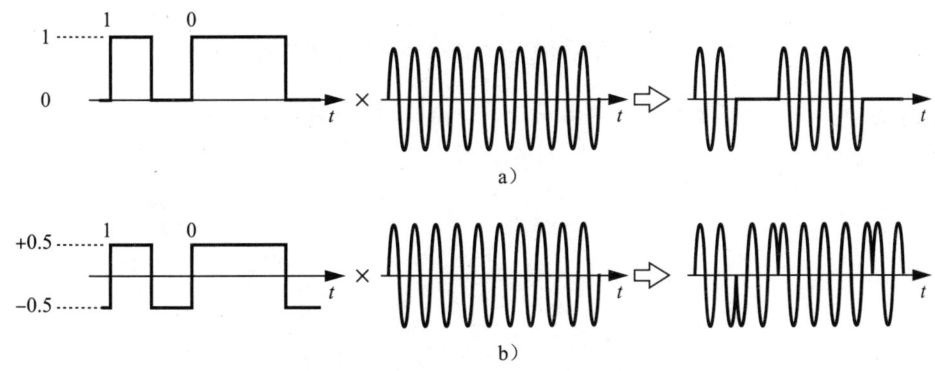

图 3.13　a)ASK 及 b)PSK 信号的产生

除 ASK、PSK 和 FSK 外，还有许多其他类型的数字调制方法。本节主要研究广泛应用于 RF 系统的数字调制方法。但在此之前，必须熟悉一下数字通信中的两个基本概念：“码间干扰(ISI)”和“信号星座图(signal constellation)”㊀。

3.3.1　码间干扰

对于线性时不变系统，如果无法提供足够的带宽，信号则可能失真。一个典型的例子如图 3.14a 所示，周期性方波通过低通滤波器后，信号高频成分会衰减。而当带宽有限时，会给随机比特流的传输带来更不利的影响。为理解这个问题，先回想当给低通滤波器施加一个单一的理想矩形脉冲时，输出波形会呈现指数函数的尾迹，且滤波器的带宽越小，这个尾迹拖得越长。出现这个现象的根本原因是，信号在时间和带宽(频域)上不能同时受限，或者说，当有限时间的脉冲信号通过有限带宽的系统时，那么输出必然在时域内无限扩展。

现假设某个数字系统的输出由 1 和 0 的随机序列组成，该序列通过低通滤波器，其总的输出可以看成每个输入比特(1 或 0)产生响应的叠加，如图 3.14b 所示。需要注意的是，每个比特产生的输出电平都会受之前信号产生的尾迹的影响，这称为“码间干扰”，这种现象会导致更高的误码率，因为它会使得 1 和 0 输出的峰(谷)值电平更接近检测阈值。同时，我们也注意到噪声性能和码间干扰之间存在折中：减小带宽可以减少噪声的引入，但会增加码间干扰。

一般情况下，任何系统只要滤除了信号的部分频谱，那么就会引入码间干扰。通过以下例子可以更好地看出这一结论。

㊀ 信号星座图内容请参考原书，本书限于篇幅和内容考虑，略去了本部分。——译者注

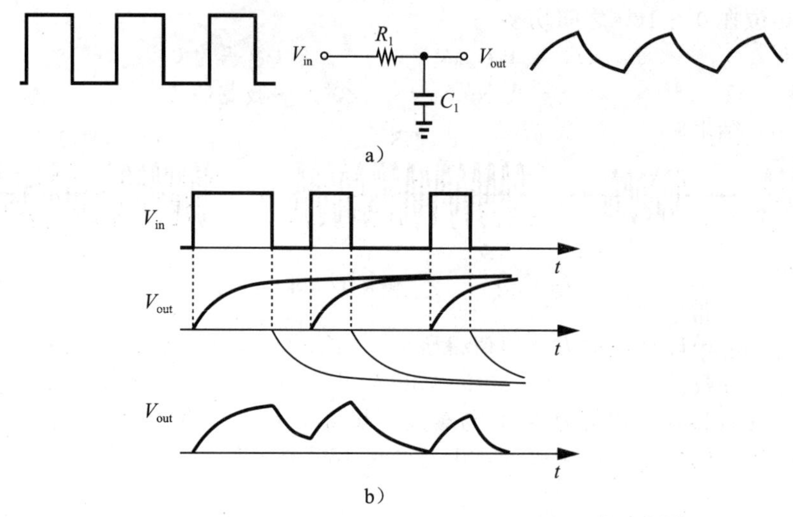

图 3.14 低通滤波器对 a)周期信号和 b)随机序列的影响

例 3.5 确定图 3.15a 中随机二进制序列 $x_{BB}(t)$的频谱，并在频域解释低通滤波器对信号的影响。

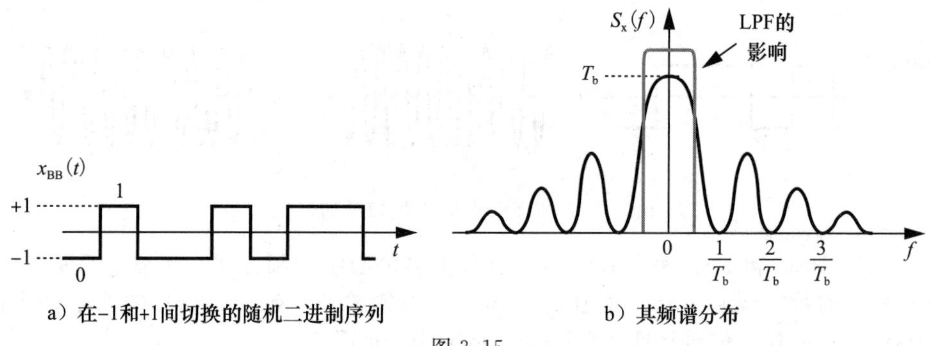

图 3.15

解：一般地，对于一个随机二进制序列，若其基本脉冲用 $p(t)$表示，则该序列可以表示为

$$x_{BB}(t)=\sum_{n=0}^{\infty}a_n p(t-nT_b) \tag{3.20}$$

其中，a_n 是随机等概率出现的+1 或−1。在此例中，$p(t)$是一个基本矩形脉冲。可以证明，$x_{BB}(t)$的频谱由 $p(t)$傅里叶变换后绝对值的平方给出[1]：

$$S_x(f)=\frac{1}{T_b}|p(f)|^2 \tag{3.21}$$

对于宽度为 T_b 的矩形脉冲(单位高度)，有：

$$p(f)=T_b\frac{\sin\pi fT_b}{\pi fT_b} \tag{3.22}$$

则：

$$S_x(f)=T_b\left(\frac{\sin\pi fT_b}{\pi fT_b}\right)^2 \tag{3.23}$$

图 3.15b 绘出了 sinc^2 函数(也记做 Sa 函数)的频谱，从图中可以观察到，在比特率 $1/T_b$ 整数倍处函数取零值，以及在 $f=\pm1/T_b$ 两侧外函数产生的“旁瓣”。

如果该信号被施加到带宽为 $1/(2T_b)$的窄带低通滤波器上，会发生什么情况呢？由于频谱中大于 $1/(2T_b)$的频率分量会被抑制，信号会产生较大的码间干扰。◀

接着，思考图 3.15a 所示的二进制序列对载波进行 PSK 后的频谱。根据图 3.13b 介绍的方法，有：

$$x_{\mathrm{PSK}}(t)=x_{\mathrm{BB}}(t)\cos\omega_{\mathrm{c}}t \tag{3.24}$$

如图 3.16 所示，结果显示为上变频操作，即将 $x_{\mathrm{BB}}(t)$ 的频谱搬移到了 $\pm f_{\mathrm{c}}=\pm\omega_{\mathrm{c}}/(2\pi)$ 处。从图 3.13a 和例 3.1，我们还认识到，ASK 波形的频谱与 PSK 相似，只是多了 $\pm f_{\mathrm{c}}$ 处的冲激分量。

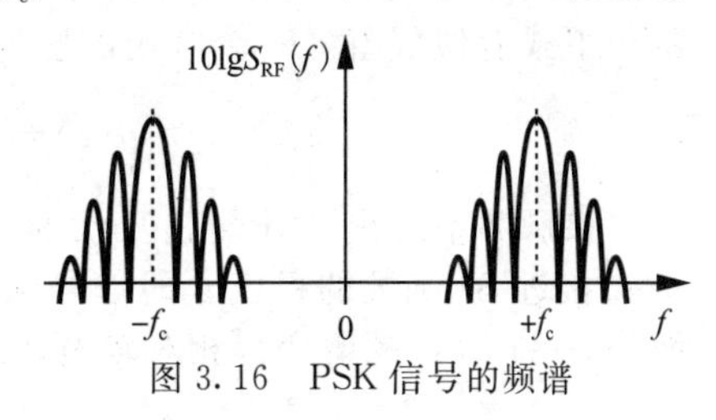

图 3.16 PSK 信号的频谱

脉冲整形 以上分析表明，为减小调制信号占用的带宽，需使基带脉冲本身的带宽也比较小。在这方面，图 3.15a 中的二进制序列用到的矩形脉冲不是一个很好的选择：0 和 1 之间的尖锐过渡会导致不必要的大带宽。因此，通信系统中的基带脉冲通常需要被“整形”，以减小它们的带宽。图 3.17 是一个概念性的示范，其中，基带脉冲在过渡处更为平滑，从而比矩形脉冲占用更小带宽。

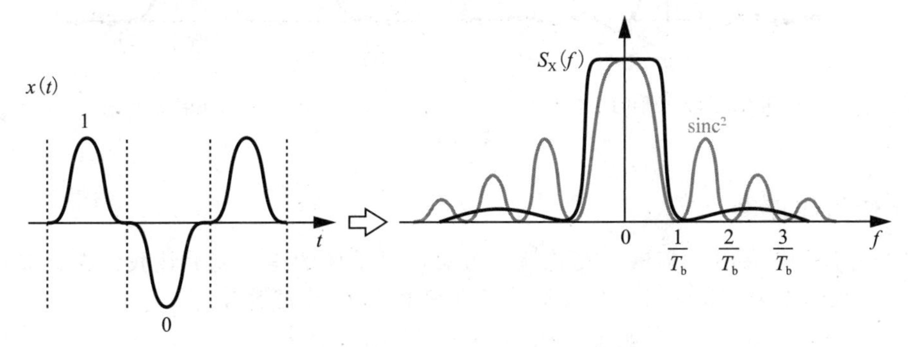

图 3.17 调制信号的平滑过渡对频谱的影响

什么样的脉冲形状会产生最为紧凑的频谱呢？由于理想矩形脉冲的频谱是 Sa 函数，我们推测，时域中的 Sa 函数脉冲会产生矩形(类似于“砖墙”)频谱，如图 3.18a 所示。要注意，该频谱被限制在了 $\pm 1/(2T_{\mathrm{b}})$ 内。现在，如果一个随机二进制序列每隔 T_{b} 就采用一次 Sa 函数类型的脉冲，根据式(3.21)，其频谱仍保持矩形，如图 3.18b 所示，且比图 3.15b 中的 Sa 函数占据更小的带宽。经过上变频后，带宽上的优势依然存在。

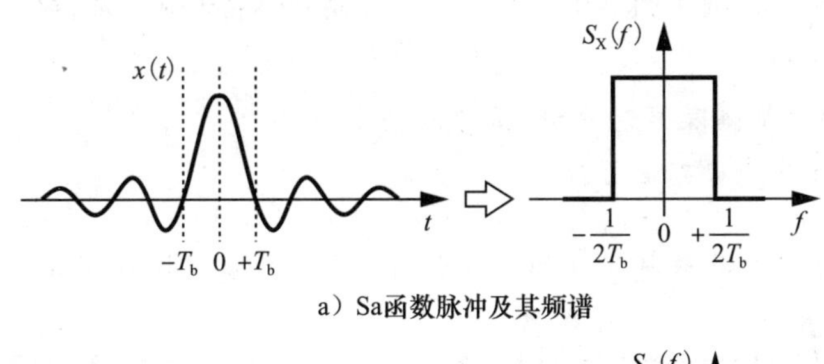

a）Sa函数脉冲及其频谱

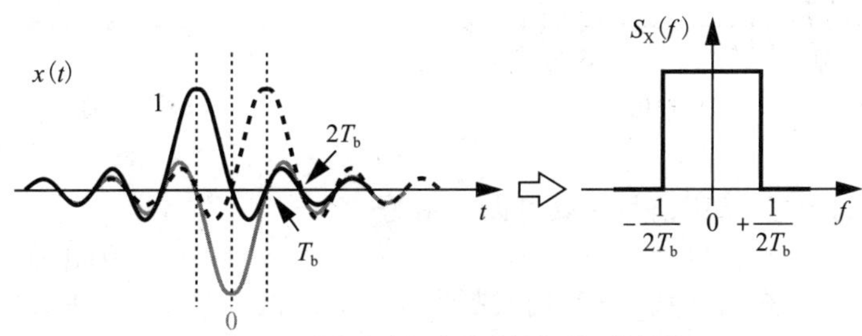

b）Sa函数脉冲组成的随机序列及其频谱

图 3.18

我们能否观察到图3.18b中随机波形的码间干扰呢？如果波形正好在T_b整数倍处采样，那么码间干扰为零，因为所有其他脉冲值在这些点处为零。这种不产生码间干扰的脉冲叠加用法称为“奈奎斯特信令(Nyquist signaling)”。实际上，Sa函数脉冲很难产生，常用下式近似代替。一个常用的脉冲形状如图3.19a所示，可表示为

$$p(t)=\frac{\sin(\pi t/T_S)}{\pi t/T_S}\frac{\cos(\pi\alpha t/T_S)}{1-4\alpha^2t^2/T_S^2} \tag{3.25}$$

该脉冲呈现出“升余弦”状的频谱，如图3.19b所示。α称为“滚降因子”，决定了$p(t)$接近Sa函数的程度，即信号频谱接近矩形的程度。当$\alpha=0$时，脉冲变为Sa函数；而当$\alpha=1$时，频谱变得相对较宽。α的典型值一般取0.3～0.5。

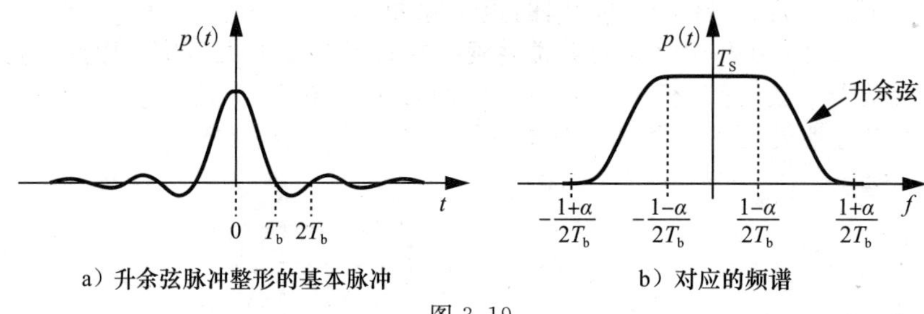

a）升余弦脉冲整形的基本脉冲　　b）对应的频谱

图3.19

3.3.2 信号星座图

“信号星座图”使我们能够可视化调制方案，更重要的是，能够让我们探究非理想因素对调制方案的影响。将式(3.24)表示的二进制PSK信号表示为

$$x_{PSK}(t)=a_n\cos\omega_c t \quad a_n=\pm 1 \tag{3.26}$$

式(3.26)表示矩形基带脉冲。这个信号具有一个“基函数”$\cos\omega_c t$，并且简单地由系数a_n的可能值定义。如图3.20a所示，星座表示a的值。接收机必须区分这两个值，以便决定接收到的比特是1还是0。在有振幅噪声的情况下，星座图上的两个点变得“模糊”，如图3.20b所示。有时这两个点相互接近，使检测更容易出错。

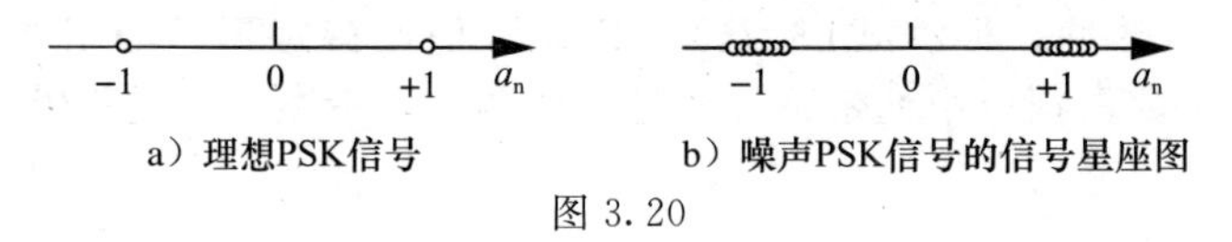

a）理想PSK信号　　b）噪声PSK信号的信号星座图

图3.20

例3.6 绘制存在振幅噪声时ASK信号的星座图。

解：由图3.13a的生成方法可得

$$x_{ASK}(t)=a_n\cos\omega_c t \quad a_n=0,1 \tag{3.27}$$

如图3.21a所示，噪声破坏了0和1的振幅。因此，星座图如图3.21b所示。

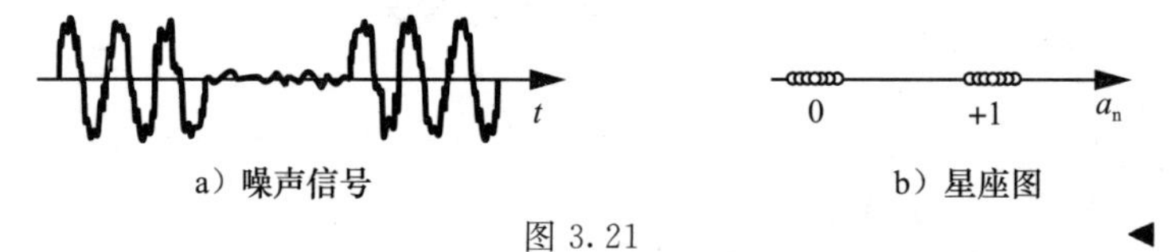

a）噪声信号　　b）星座图

图3.21

接下来，我们考虑FSK信号，其可以表示为

$$x_{FSK}(t)=a_1\cos\omega_1 t+a_2\cos\omega_2 t \quad a_1a_2=10\text{或}01 \tag{3.28}$$

$\cos\omega_1 t$和$\cos\omega_2 t$是基函数[⊖]，我们绘制出a_1和a_2的可能值，如图3.22a所示，FSK

⊖ 基函数必须是正交的，即具有零相关性。

接收机必须判定接收频率是否为 ω_1(即 $a_1=1$，$a_2=0$)或 ω_1(即 $a_1=0$，$a_2=1$)。在有噪声的情况下，在星座中的每个点周围形成“云”(见图 3.22b)，特定样本越过决策边界会导致错误。

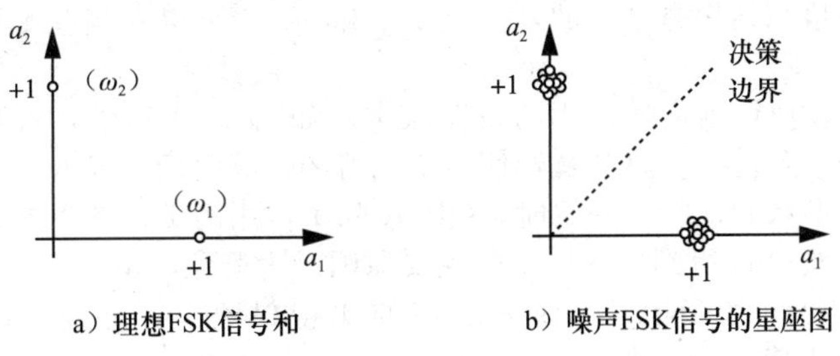

a）理想FSK信号和　　b）噪声FSK信号的星座图

图 3.22

比较图 3.20b 和图 3.22b 中的星座图，发现 PSK 信号比 FSK 信号更不易受噪声影响，因为它们的星座点彼此相距较远。这种特性使星座图成为分析 RF 系统的有用工具。

星座图还可以提供被严重干扰信号的损伤的定量测量。“误差向量幅度”(EVM)能够表示星座点与其理想位置的偏差。为了获得 EVM，我们需要基于大量检测到的样本构建星座图，并且在每个测量点与其理想位置之间绘制一个向量(见图 3.23)。EVM 的定义是归一化为信号方均根电压的这些误差矢量的均方根幅度：

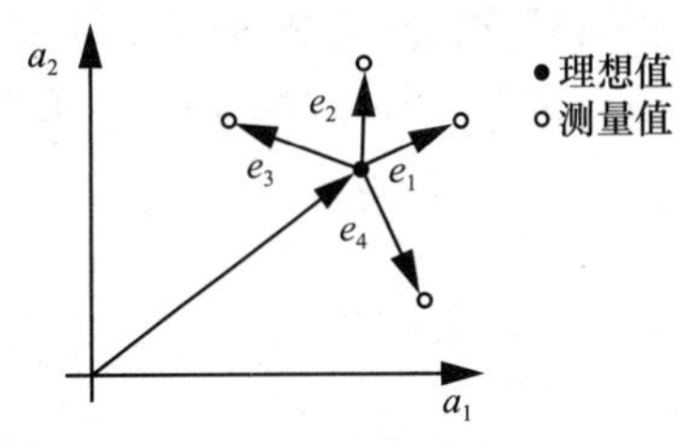

图 3.23　EVM 示意图

$$\mathrm{EVM}_1=\frac{1}{V_{\mathrm{rms}}}\sqrt{\frac{1}{N}\sum_{j=1}^{N}e_j^2}\tag{3.29}$$

式中，e_j 表示每个误差矢量的幅度，V_{rms} 表示信号的方均根电压。或者，我们写成

$$\mathrm{EVM}_2=\frac{1}{p_{\mathrm{avg}}}\cdot\frac{1}{N}\sum_{j=1}^{N}e_j^2\tag{3.30}$$

式中，P_{avg} 是平均信号功率。注意，为了以分贝表示 EVM，我们计算 $20\lg\mathrm{EVM}_1$ 或 $10\lg\mathrm{EVM}_2$。

信号星座图和 EVM 是用于分析收发机和传播信道中的各种非理想性的影响的有力工具。噪声、非线性和 ISI 等效应在这两种方法下都很容易表现出来。

3.3.3　正交调制

之前在图 3.16 中，宽度为 T_{b} 的方波基带脉冲生成的二进制 PSK 信号占用的总带宽大于 $2/T_{\mathrm{b}}$Hz(上变频到射频之后)，基带脉冲整形可以将此带宽降低到 $1/T_{\mathrm{b}}$ 左右。

为进一步减小带宽，可以对信号进行“正交调制”，更确切地说，是进行“正交 PSK (即 QPSK)”调制。如图 3.24 所示，该方案是将二进制数据流中相邻的两个比特分为一组，然后将它们分别加到载波的两个“正交相位”上，即 $\cos\omega_c t$ 和 $\sin\omega_c t$：

$$x(t)=b_{2m}A_c\cos\omega_c t-b_{2m+1}A_c\sin\omega_c t\tag{3.31}$$

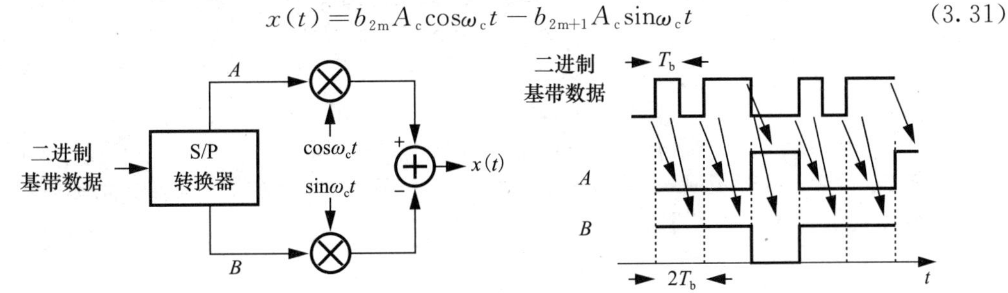

图 3.24　QPSK 信号的产生

如图 3.24 所示，串并(S/P)转换器(也叫多路分解器)分离出基带信号中的偶数比特位 b_{2m} 和奇数比特位 b_{2m+1}，将其中一组应用到上半部分，而另一组应用到下半部分。然后这两组信号分别和两路正交载波相乘，最后相减得到输出矢量。由于 $\cos\omega_c t$ 和 $\sin\omega_c t$ 是正交的，因此信号的检测结果是唯一的，并且 b_{2m} 和 b_{2m+1} 可以在相互不影响的情况下被区分开来。

QPSK 调制可以使调制信号占用的带宽减半。如图 3.24 所示，直观上的解释是将信号加到上下两部分电路前，多路分解器使每个比特的持续时间“延长”到原来的 2 倍。这也就是说，当脉冲形状和比特率一定时，QPSK 除了占用的带宽减半外，它的频谱与 PSK 完全相同，这也是 QPSK 得到广泛应用的主要原因。为避免混淆，称图 3.24 中 A 和 B 处出现的脉冲为“码元(symbol)”，而非之前的比特(bit)[㊀]。可知，QPSK 的“码元率(symbol rate)”是比特率的一半。

为获得 QPSK 的星座图，假设第 b_{2m} 和 b_{2m+1} 位是高度为±1 的矩形脉冲，并把调制后的信号写为 $x(t)=\alpha_1 A_c\cos\omega_c t+\alpha_2 A_c\sin\omega_c t$，其中 α_1、α_2 均可取+1 和−1 值，星座图如图 3.25a 所示。普遍来说，可将图 3.20 中 A、B 处的脉冲称为“正交基带信号”，用 I(同相)分量和 Q(正交)分量来标识它们。对于 QPSK，$I=\alpha_1 A_c$，$Q=\alpha_2 A_c$，得到图 3.25b 所示的星座图。在这种表述下，也可以简单地在星座图中标出 α_1 和 α_2 的值。

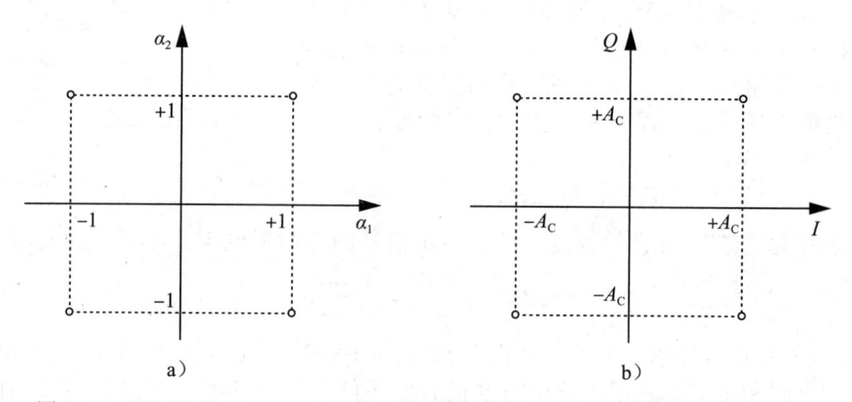

图 3.25 QPSK 关于 α_1、α_2(见图 a)和载波(见图 b)的正交相位的信号星座图

例 3.7 由于电路非理想，QPSK 调制器中的一个载波相位产生了较小的误差(即“失配”)θ：

$$x(t)=\alpha_1 A_c\cos(\omega_c t+\theta)+\alpha_2 A_c\sin\omega_c t \tag{3.32}$$

请绘出调制器输出端的信号星座图。

解：将式(3.32)写成 $\beta_1 A_c\cos\omega_c t+\beta_2 A_c\sin\omega_c t$ 的形式：

$$x(t)=\alpha_1 A_c\cos\theta\cos\omega_c t+(\alpha_2-\alpha_1\sin\theta)A_c\sin\omega_c t \tag{3.33}$$

注意，α_1、α_2 值为±1，$\cos\omega_c t$ 和 $\sin\omega_c t$ 归一化后的系数可形成以下 4 种情况：

$$\beta_1=+\cos\theta,\quad \beta_2=1-\sin\theta \tag{3.34}$$

$$\beta_1=+\cos\theta,\quad \beta_2=-1-\sin\theta \tag{3.35}$$

$$\beta_1=-\cos\theta,\quad \beta_2=1+\sin\theta \tag{3.36}$$

$$\beta_1=-\cos\theta,\quad \beta_2=-1+\sin\theta \tag{3.37}$$

图 3.26 显示了上述结果对理想星座图的影响。第 4 章会说明，星座图的这种失真对发射机和接收机将会造成严重影响。

㊀ 更精确地说，经过多路分解器后出现在 A、B 处的两个连续比特一起构成一个码元。

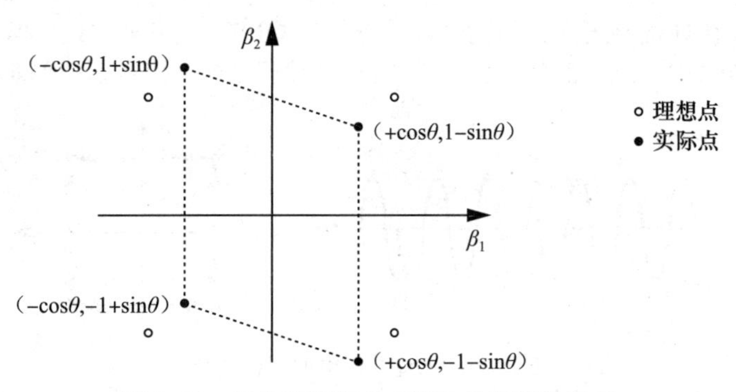

图 3.26　相位不匹配对 QPSK 星座图的影响

QPSK 的一个重要缺点是，每个码元的末尾处都会存在较大的相位变化。如图 3.27 所示，如果串并行转换器的输出波形同时发生变化，例如，从[−1　−1]变成[+1　+1]，那么载波就会产生 180°的相位跃变，这相当于在星座图中处在对角线相反位置上的两点之间发生了转换。为理解为什么这个问题会至关紧要，首先回想 3.3.1 节介绍的基带脉冲通常被“整形”以使频谱更加紧密的内容。如果节点 A、B 处的码元脉冲在与载波相位相乘前经过整形会发生什么呢？如图 3.28 所示，经过脉冲整形后，输出信号的幅度（“包络”）在相位经历 90°或 180°跃变时会产生较大变化。由此得到的波形称为“可变包络信号”。我们也注意到了包络线的变化与相位变化是成比例的。处理可变包络信号需要线性功率放大器，那么其效率不可避免地比非线性功率放大器要低。

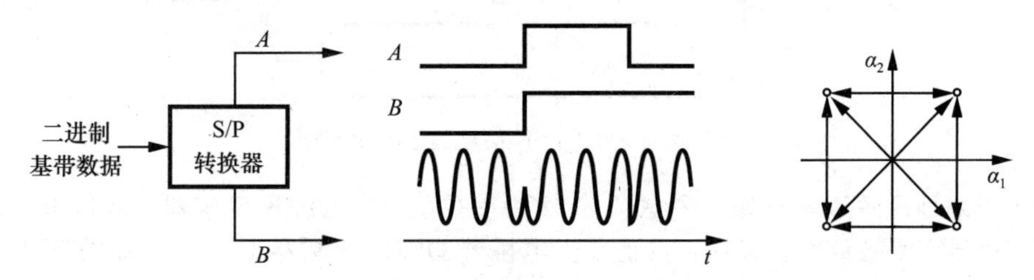

图 3.27　QPSK 信号中由 A 和 B 处波形同时变化引起的相位跃变

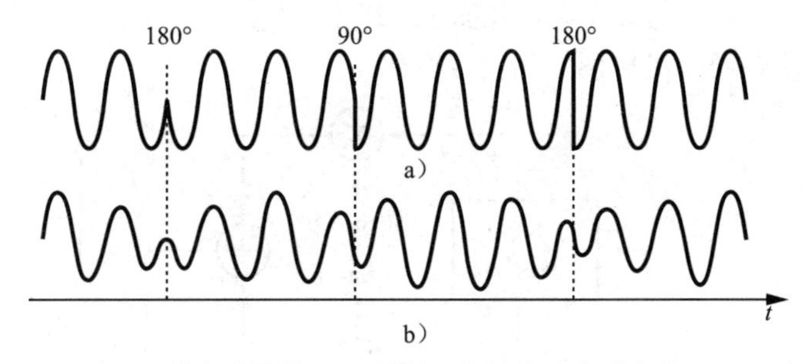

图 3.28　a)基带方波脉冲和 b)整形后的基带脉冲对应的 QPSK 波形

有一种 QPSK 的变化形式，即“偏移正交相移键控”（OQPSK）能够克服上述缺点。如图 3.29 所示，数据流在经过串并行转换之后，在时间上被平移了半个码元周期，从而避免了在节点 A 和 B 处的波形同时发生变化，因此相位跃变不会超过 ±90°。图 3.30 显示了波形的相位在时域和星座图中

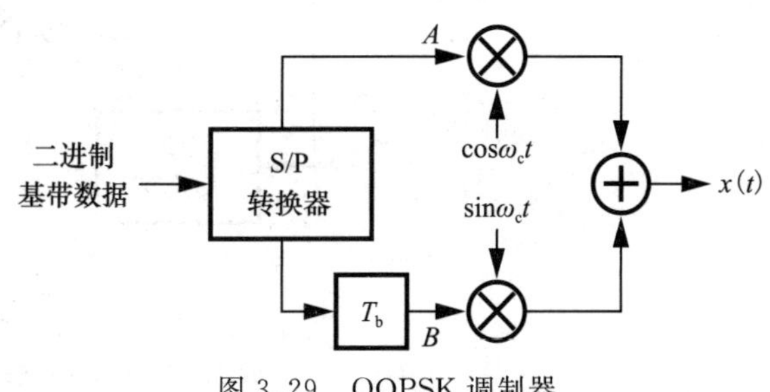

图 3.29　OQPSK 调制器

的变化。OQPSK在具备上述优点的同时，其频谱与QPSK的完全一致。但是，OQPSK本身并不适合于“差分编码”。后者由于避免了“相干检测”这一苛刻工作而得到了广泛运用。

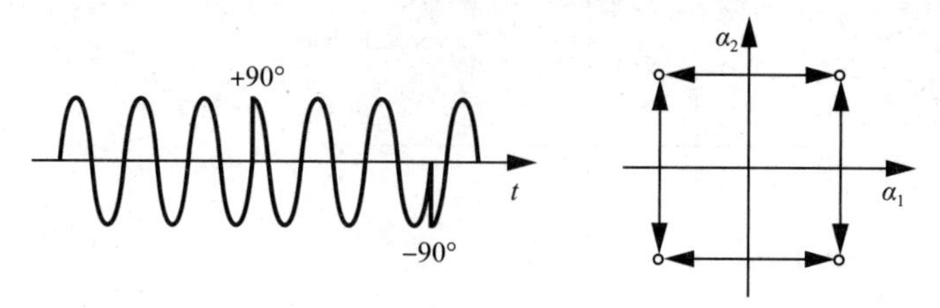

图 3.30　OQPSK中的相位变化

QPSK的另一种适合差分编码的形式是“π/4-QPSK”[4,5]。在该情况下，信号组包含两种QPSK信号，其中一种的相位相对于另一种被旋转了45°：

$$x_1(t)=A_c\cos\left(\omega_c t+k\frac{\pi}{4}\right)\quad（k\text{ 为奇数}）\tag{3.38}$$

$$x_2(t)=A_c\cos\left(\omega_c t+k\frac{\pi}{4}\right)\quad（k\text{ 为偶数}）\tag{3.39}$$

如图3.31所示，交替地从两个QPSK发生器中取出输出信号进行调制。

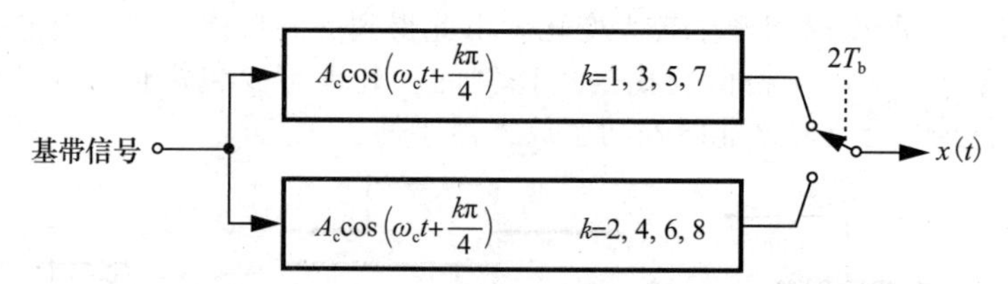

图 3.31　π/4-QPSK信号的生成示意图

为了更好地理解这一操作，考虑图3.32中简单的π/4-QPSK发生器。经过串并转换之后，数字信号电平被放大和移项，其值在上电桥臂QPSK调制器中为±1，而在下电桥臂中的值为0和$\sqrt{2}$。因此输出信号$x_1(t)=\alpha_1\cos\omega_c t+\alpha_2\sin\omega_c t$，其中，$[\alpha_1\ \ \alpha_2]=[\pm A_c\ \ \pm A_c]$；另一路信号为$x_2(t)=\beta_1\cos\omega_c t+\beta_2\sin\omega_c t$，其中，$[\beta_1\ \ \beta_2]=[0\ \ \pm\sqrt{2}A_c]$。因此，如图3.32所示，输出在两个星座图之间交替变化。

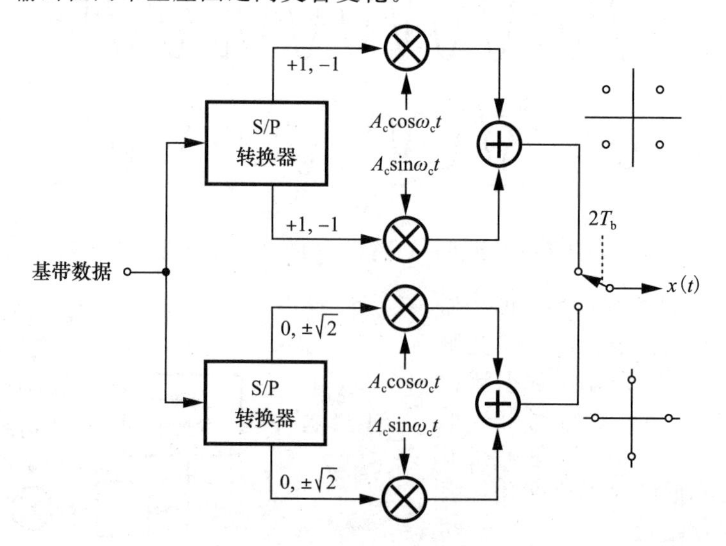

图 3.32　π/4-QPSK信号的产生

现在再来考虑一个基带信号序列[11，01，10，11，01]。如图 3.33 所示，第一对[1，1]在上电桥臂中被转化为[$+A_c$ $+A_c$]，产生 $y(t)=A_c\cos(\omega_c t+\pi/4)$。第二对[0，1]在下电桥臂中被转化为[0 $-\sqrt{2}A_c$]，产生 $y(t)=-\sqrt{2}A_c\cos\omega_c t$。当考虑整个序列的 $y(t)$值时，我们注意到两个信号空间中的点如图 3.33a 所示，表现为时间 t 的函数。这里的关键之处在于，由于没有任何两个连续的点来自同一个星座图，因此相位跃变最大只有 135°，比 QPSK 的相位跃变少了 45°。图 3.33b 显示了这一结论。因此就最大相位变化程度而言，π/4-QPSK 是 QPSK 和 OQPSK 的折中情况。

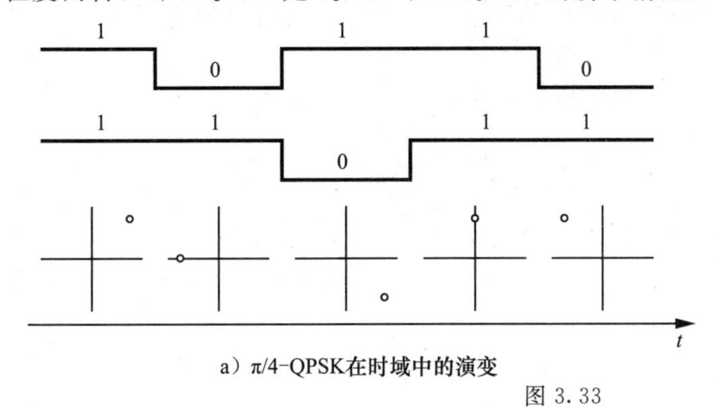

a）π/4-QPSK在时域中的演变

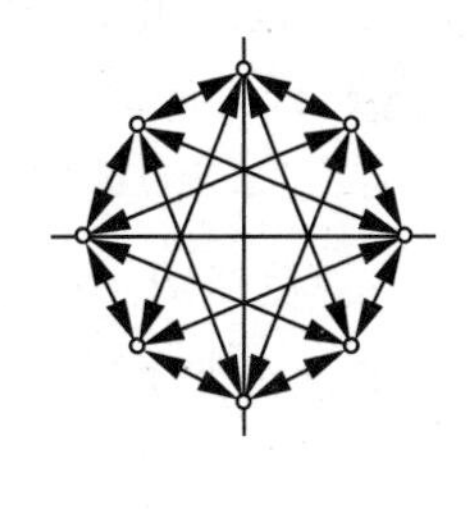

b）在信号星座图中的可能相位变化

图 3.33

凭借基带脉冲整形，QPSK 及其变化形式可以提供较高的频谱利用率，但由于它们需要使用线性功率放大器，因此电源效率较差。这些调制方法已经在许多场合中得到了应用。

3.3.4 GMSK 和 GFSK 调制

“恒定包络调制(constant-envelope modulation)”是一类不需要使用线性功率放大器的调制方法，因而表现出较高的电源效率。例如，FSK 调制信号的表达式为 $X_{\mathrm{FSK}}(t)=A_c\cos\left[\omega_c t+m\int x_{\mathrm{BB}}(t)\mathrm{d}t\right]$，其波形具有恒定的包络。要实现 FSK 这种调制类型，首先需要考虑频率调制器的实现方法。如图 3.34a 所示，频率调制的原理是利用电压来控制振荡器的振荡频率(即压控振荡器，VCO)。具体到 FSK 中，基带方波脉冲被施加到 VCO 上，造成 VCO 输出频率的突然变化，从而其输出信号频谱很宽。因此可推测，基带信号在 0 和 1 之间的平滑过渡可以压缩频谱。对于频率调制，脉冲整形的一个常见方法是采用“高斯滤波器”，即脉冲信号输入会产生高斯脉冲响应。因此，如图 3.34b 所示，施加到 VCO 上的脉冲信号对输出频率的改变变得平缓，从而收紧了输出信号的频谱。

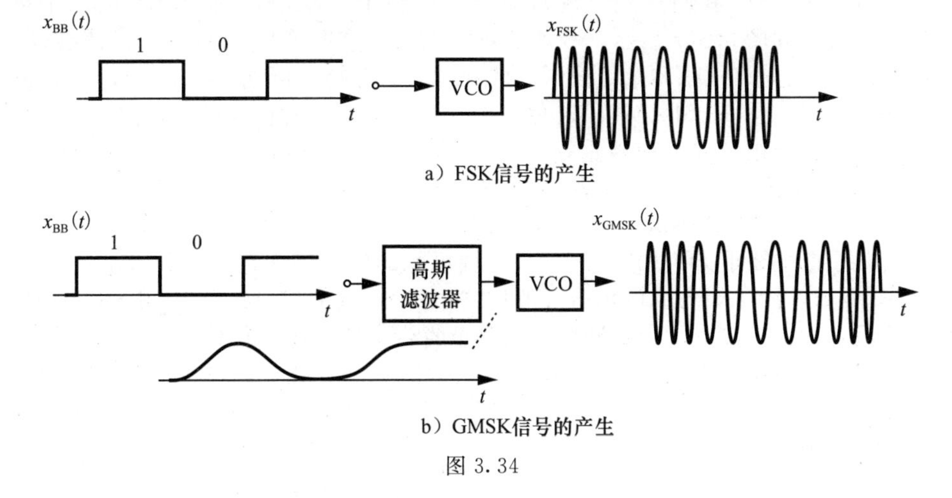

a）FSK信号的产生

b）GMSK信号的产生

图 3.34

图 3.34b 所示的调制方式即为所谓的“高斯最小频移键控(GMSK)”，常用于 GSM 手机系统。GMSK 波形可以表示为

$$x_{GMSK}(t)=A_c\cos\left[\omega_c t+m\int x_{BB}(t)*h(t)\mathrm{d}t\right] \tag{3.40}$$

其中，$h(t)$表示高斯滤波器的脉冲响应。调制指数 m 是一个无量纲的量，其值为 0.5。得益于恒定包络的性质，GMSK 的功率放大器效率可以提到很高的程度(因为可以不关注线性度)。

将 GMSK 稍加变形，能得到所谓的高斯频移键控(GFSK)，它常应用于蓝牙通信中。GFSK 的波形也由式(3.40)给出，只是其中 $m=0.3$。

例 3.8 试构建使用正交上变频的 GMSK 调制器。

解： 将式(3.40)改写为

$$x_{GMSK}(t)=A_c\cos\left[m\int x_{BB}(t)*h(t)\mathrm{d}t\right]\cos\omega_c t-A_c\sin\left[m\int x_{BB}(t)*h(t)\mathrm{d}t\right]\sin\omega_c t \tag{3.41}$$

可以由此来构建想得到的调制器，如图 3.35 所示，其中的高斯滤波器后跟一个积分器和一对正交电路，后者分别用于计算节点 A 处信号的正弦和余弦。这一系列复杂的操作在模拟信号领域会受到制约，但在数字领域它是完全可接受的(见第 4 章)。

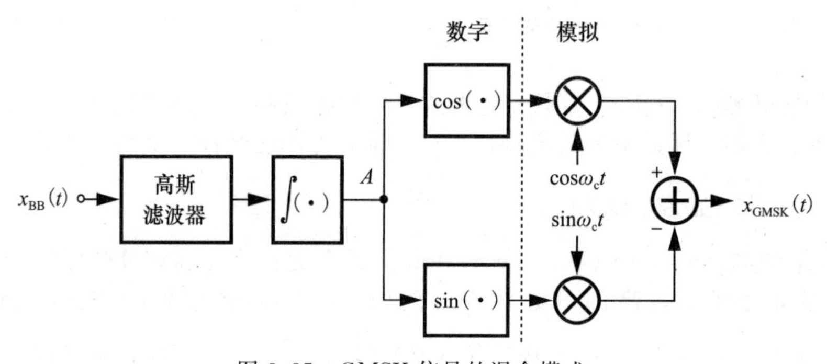

图 3.35 GMSK 信号的混合模式

3.3.5 正交幅度调制

对 PSK 和 QPSK 的研究表明，由于在载波的正交分量上留下了信息，频谱减少到原来的 1/2。我们能否将这一想法扩展以进一步收窄频谱？实现这一目标的方法称为“正交幅度调制”(QAM)。

为了实现 QAM，让我们首先绘制对应于星座图中的四个点的 QPSK 的四个可能波形。正如式(3.31)和图 3.36a 所示，载波的每个正交分量根据 b_{2m} 和 b_{2m+1} 的值乘以 +1 或 −1。现在假设我们允许正弦和余弦波形的四种可能的振幅，例如 ±1 和 ±2，从而获得 16 种可能的输出波形。图 3.36b 描述了这种波形的几个例子。换句话说，我们将二进制基带流的四个连续比特分组，并相应地选择 16 个波形中的一个波形。称为“16QAM”，结果输出占用 PSK 带宽的四分之一，并表示为

$$x_{16QAM}(t)=\alpha_1 A_c\cos\omega_c t-\alpha_2 A_c\sin\omega_c t\quad \alpha_1=\pm1,\pm2,\ \alpha_2=\pm1,\pm2 \tag{3.42}$$

16QAM 的星座图可以使用[α_1 α_2]的 16 种可能的组合来构造(见图 3.37)。对于给定的发射功率[例如，图 3.36b 中所示波形的均方根值]，该星座中的点比 QPSK 星座图中的点彼此更接近，使得检测对噪声更敏感。这是节省带宽所付出的代价。

除了“密集”星座之外，16QAM 还表现出大的包络变化，如图 3.36 中的波形所示。因此，这种调制方式需要高线性的功率放大器。我们再次观察到带宽效率、可探测性和功耗效率之间的折中。

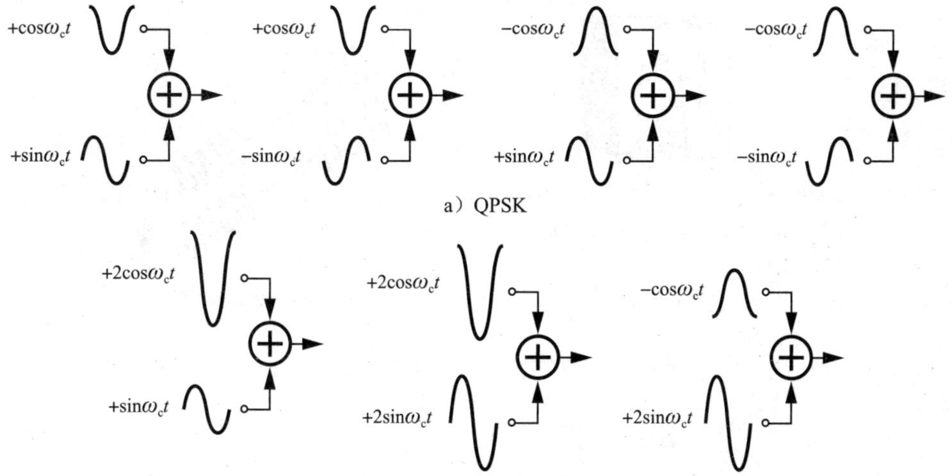

a）QPSK

b）16QAM中的幅度组合

图 3.36

QAM 的概念可以扩展到更密集的星座。例如，如果二进制基带流中的六个连续比特被分组，并且允许载波的每个正交分量具有六个可能的幅度，则获得 64QAM。因此，带宽相对于 PSK 的带宽减少了六分之一，但是检测和功率放大器的设计变得更加困难。

许多应用采用 QAM 来保持带宽。例如，IEEE802.11g/a 使用 64QAM 来维持最高数据速率(54Mbit/s)。

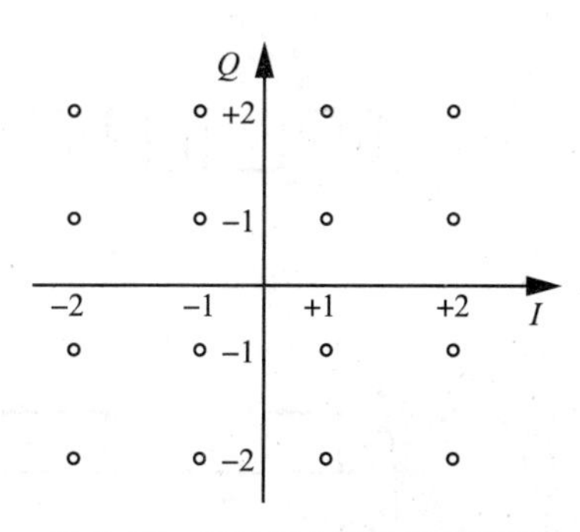

图 3.37　16QAM 信号的星座图

3.3.6　正交频分复用

无线环境中的通信存在一个严重问题，即“多径传播”。如图 3.38a 所示，这种效应产生于电磁波从发射机到接收机的多路传播。例如，一个波直接从发送机传播到接收机，而另一个波在到达接收机之前被墙壁反射。由于与反射相关的相位偏移取决于路径长度和反射材料，因此波到达接收机时的延迟大不相同，或者说存在较大的“延迟”。即使这些延迟不会导致射线的破坏性干扰，也可能导致相当大的符号间干扰。为了理解这一点，举例来说，假设两个包含相同信息的 ASK 波形以不同的延迟到达接收机(见图 3.38b)。由于天线感测到的是这两个波形的总和，因此基带数据由两个在时间上发生位移的信号副本组成，从而会产生 ISI(见图 3.38c)。

多径效应导致的 ISI 在延迟差越大或比特率越高时越严重。例如，如果延迟差达到几分之一微秒，数据传输速率为 1Mbit/s 的数据就会对多径传播非常敏感。根据经验，当数据速率超过 10Mbit/s 时，办公楼和住宅内的通信将受到多径效应的影响。

在无线通信中如何处理更高的数据速率？“正交频分复用”(OFDM)是一种延迟拓展缓解的有趣方法。考虑图 3.39a 所示的“单载波”调制频谱，由于数据速率高达 r_b 比特，该频谱占用的带宽相对较大。在 OFDM 中，基带数据首先按 N 倍解复用，产生 N 个数据流，每个数据流的(符号)速率为 r_b/N(见图 3.39b)。然后将 N 个数据流分别输入到 N 个不同的载波频率上($f_{c1}-f_{cN}$)，从而形成“多载波”频谱。注意，总带宽和数据速率保持单载波频谱的带宽和数据速率，但是多载波信号对多径效应不太敏感，因为每个载波包含低速率数据流，因此可以容忍较大的延迟扩展。

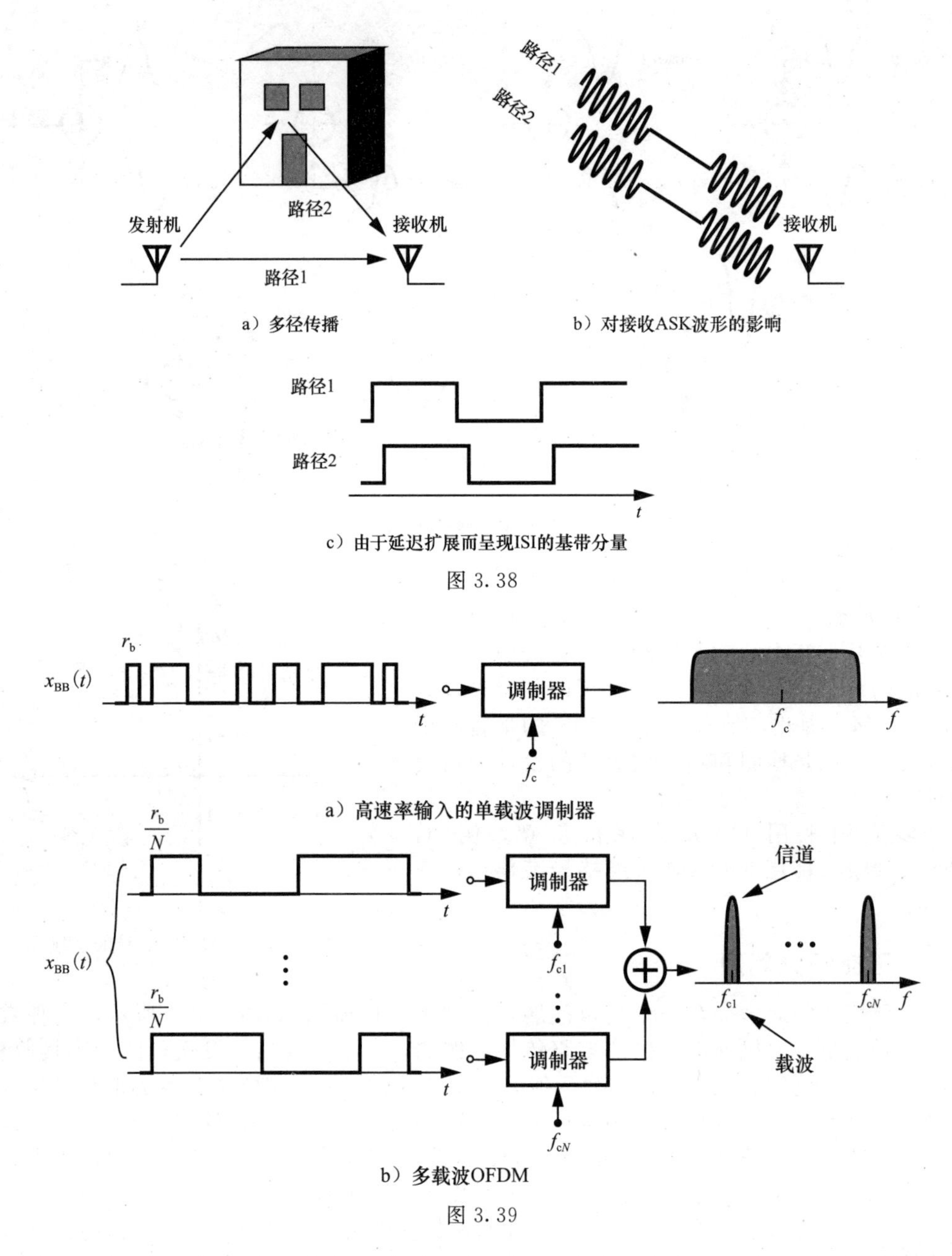

a）多径传播

b）对接收ASK波形的影响

c）由于延迟扩展而呈现ISI的基带分量

图 3.38

a）高速率输入的单载波调制器

b）多载波OFDM

图 3.39

图 3.39b 中 N 个载波中的每个载波称为“子载波”，由此产生的每个调制输出称为“子信道”。实际上，所有子信道都采用相同的调制方案。例如，IEEE802.11a/g 采用 48 个子信道，每个子信道的最高数据速率(54Mbit/s)为 64QAM。因此，每个子信道承载(54Mbit/s)÷48÷8=141ksymbol/s 的符号速率。

例 3.9 看起来 OFDM 发射机非常复杂，因为它需要数十个载波频率和调制器(即数十个振荡器和混频器)。OFDM 在实际中是如何实现的？

解： 实际上，子信道调制在数字基带中进行，随后转换成模拟形式。换句话说，不是生成 $a_1(t)\cos[\omega_c t+\phi_1(t)]+a_2(t)\cos[\omega_c t+\Delta\omega t+\phi_2(t)]+\cdots$，而是首先构造 $a_1(t)\cos\phi_1(t)+a_2(t)\cos[\Delta\omega t+\phi_2 t]+\cdots$ 和 $a_1(t)\sin\phi_1(t)+a_2(t)\sin[\Delta\omega t+\phi_2(t)]+\cdots$。然后将这些分量施加到 LO 频率为 ω_c 的正交调制器上。◀

在提供更强的多径传播抗扰度的同时，OFDM 也对功率放大器的线性度提出了苛刻的要求。这是因为在图 3.39b 中的系统输出端相加的 N 个(正交)子信道可能在某个时间点相长相加，产生大振幅，而在另一个时间点相消相加，产生小振幅。也就是说，即使每个子信道中的调制波形不发生变化，OFDM 也会表现出较大的包络变化。

在功率放大器的设计中，对信号的包络变化进行定量测量是非常有用的。“峰均比”(PAR)就是这样一种测量方法。如图 3.40 所示，PAR 的定义是信号(电压或电流)平方的最大值与信号平方的平均值的比值：

$$\mathrm{PAR}=\frac{\mathrm{Max}[x^2(t)]}{\overline{x^2(t)}} \tag{3.43}$$

我们注意到三种效应导致大的 PAR：基带中的脉冲整形、诸如 QAM 的幅度调制方案和正交频分复用。对于 N 个子载波，如果 N 较大，则 OFDM 波形的 PAR 约为 $2\ln N$[6]。

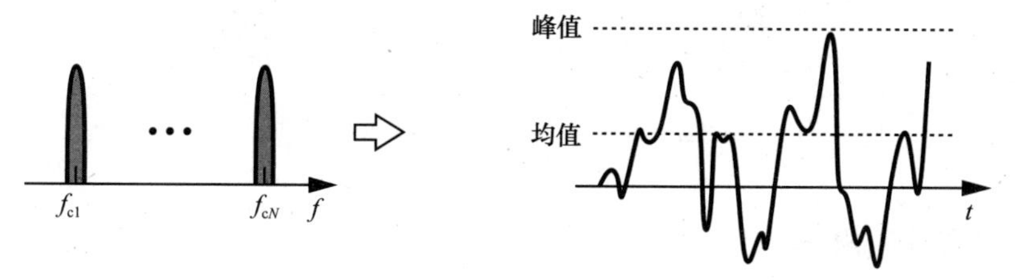

图 3.40　OFDM 引起的大幅变化

3.4　频谱再生

在对调制方案的研究中，我们已经提到变包络信号需要线性功率放大器，而恒包络信号则不需要。当然，如果功率放大器压缩了较大的电平，也就是将星座的外点向原点移动，那么 16QAM 等调制方案在其幅度电平中携带的信息就会受到破坏。但是，即使是在振幅中不携带重要信息的可变包络信号(例如带有基带脉冲整形的 QPSK)也会在非线性功率放大器中产生不良影响。这种效应被称为“频谱再生”，它会破坏相邻的信道。

如果 $A(t)$不随时间变化，则称调制波形 $x(t)=A(t)\cos[\omega_C t+\phi(t)]$具有恒定包络。否则，我们说信号具有可变包络。恒定包络和变包络信号在非线性系统中表现不同。假设 $A(t)=A_C$，系统呈现三阶无记忆非线性：

$$y(t)=\alpha_3 x^3(t)+\cdots \tag{3.44}$$

$$=\alpha_3 A_C^3\cos^3[\omega_C t+\phi(t)]+\cdots \tag{3.45}$$

$$=\frac{\alpha_3 A_C^3}{4}\cos[3\omega_C t+3\phi(t)]+\frac{3\alpha_3 A_C^3}{4}\cos[\omega_C t+\phi(t)] \tag{3.46}$$

式(3.46)中的第一项表示 $\omega=3\omega_C$ 附近的调制信号。由于原始信号的带宽 $A_C\cos[3\omega_C t+3\phi(t)]$通常远小于 ω_C，所以 $\cos[3\omega_C t+3\phi(t)]$占用的带宽会足够小，以至于它不会达到 ω_C 的中心频率。因此，在 ω_C 附近的谱的形状保持不变。

现在考虑应用于上述非线性系统的可变包络信号。将 $x(t)$表示成

$$x(t)=x_I(t)\cos\omega_C t-x_Q(t)\sin\omega_C t \tag{3.47}$$

式中，x_I 和 $x_Q(t)$是基带 I 和 Q 的分量。我们有

$$y(t)=\alpha_3[x_I(t)\cos\omega_C t-x_Q(t)\sin\omega_C t]^3+\cdots \tag{3.48}$$

$$=\alpha_3 x_I^3(t)\frac{\cos3\omega_C t+3\cos\omega_C t}{4}-\alpha_3 x_Q^3(t)\frac{-\cos3\omega_C t+3\sin\omega_C t}{4} \tag{3.49}$$

因此，输出包含以 ω_C 为中心的 $x_I^3(t)$和 $x_Q^3(t)$的频谱。由于这些分量通常表现出比 x_I 和 $x_Q(t)$更宽的频谱，所以我们说当可变包络信号通过非线性系统时频谱“增长”。图 3.41 反映了我们的结论。

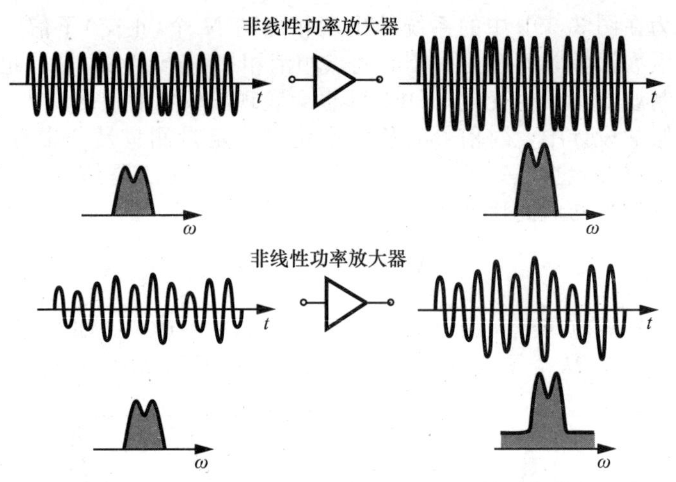

图 3.41　恒定包络和可变包络信号的放大及其对频谱的影响

3.5　移动射频通信

移动通信系统中系统用户在和别人通信时，物理位置是可以移动的。典型的例子包括传呼机、移动电话和无绳电话。正是 RF 通信的可移动性造就了它的强大功能以及广泛应用。用户所持的信号收发机称作“移动单元”(简称“单元”)、“终端”或者“手持单元”。无线系统比较复杂，因而移动通信往往需要倚赖于固定且较昂贵的“基站”来进行。每一个移动单元通过两个不同的 RF 信道来从基站接收信息或者发送信息到基站，前者称作“前馈信道”或“下行链路”，后者称为“反向信道”或“上行链路”。因为和基站部分相比，手持移动装置在市场上所占的份额要大得多，并且其设计思路和方法也与其他的 RF 系统更为相似，因此本书的内容主要涉及移动单元电路的设计。

1. 蜂窝移动通信系统

仅仅利用十分有限的频谱(例如，位于 900MHz 附近的仅有 25MHz 宽的信道)，一个大都市里成千上万人之间是如何通信的呢？为了回答这个问题，让我们首先考虑一种较简单的情况：一个国家中，可以有几千个 FM 广播电台同时在 88～108MHz 的频率范围内工作。这是因为在地理位置上相隔足够远的电台可以使用同一载波频率(所谓“频率复用”)，并且相互间的干扰可以忽略不计。如果是处在两个电台的中间位置上，并且它们的发送功率相同的情况下，则相互之间存在干扰。两个采取相同载波频率的电台之间的最小距离是由每一个电台发射的信号功率所决定的。

在移动通信系统中，频率复用是通过一种如图 3.42a 所示的“蜂窝状”结构来实现的，这种结构中每一个蜂窝都是六边形的，其周围环绕着 6 个其他的蜂窝。频分复用的概念是：如果中央位置的蜂窝使用频率 f_1 来通信，那么与其相邻的 6 个蜂窝就不可以使用这个频率，但是在此之外的其他蜂窝就可以再次使用 f_1。实际上，更有效的频率分配方式是如图 3.42b 所示的“七蜂窝单元”复用模式。在实际情况中，每个蜂窝使用的是一组频率。

图 3.42b 所示的每个蜂窝中的所有移动单元都由一个基站来提供服务，而所有的基站则由“移动电话交换局(MTSO)”来调度。

2. 同信道干扰

在蜂窝移动通信系统里，一个重要的问题是：两个采用相同频率的蜂窝之间有多大的干扰，这一干扰叫作“同信道干扰”(CCI)，如图 3.43 所示。它取决于两个同信道蜂窝之间的距离与蜂窝半径的比，而与发送功率无关。在频率复用的模式下，对于图 3.32b 所示的“七蜂窝”方式，这个比值大约为 4.6[7]。可以证明，这个值对应的信噪比(信号与同信道干扰噪声的比值)等于 18dB[7]。

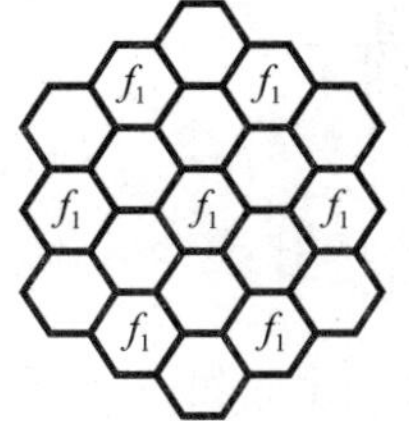

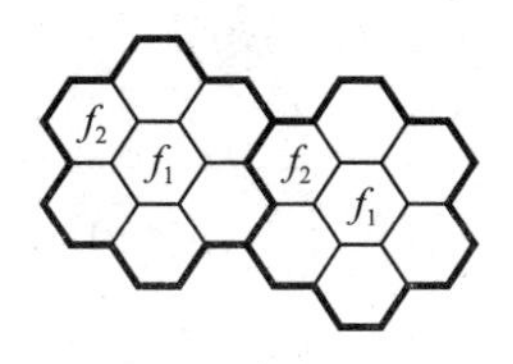

b）7单元复用模式

图 3.42

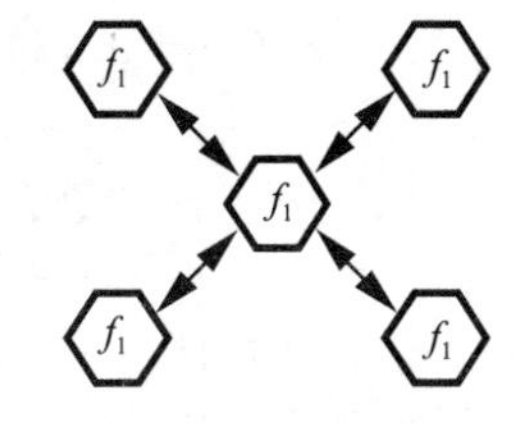

图 3.43　同信道干扰

3. 跨区

在图 3.44 中，当一个移动单元从蜂窝 A 漫游到蜂窝 B 时将会怎样？因为这时从蜂窝 A 的基站发射来的信号强度不足以维持通信，因此移动单元必须切换到蜂窝 B 来提供服务。而且，由于相邻的蜂窝并不使用同一组频率，所以移动单元还必须切换信道，这一过程叫做“跨区”（hand off），是由 MTSO 来控制完成的。一旦蜂窝 A 里的基站接收到的信号强度低于某一阈值，MTSO 就会把移动单元的服务权交给蜂窝 B 中的基站，以期后者的距离能足够近。这种策略失效的可能性比较高，可能会导致通话丢失。

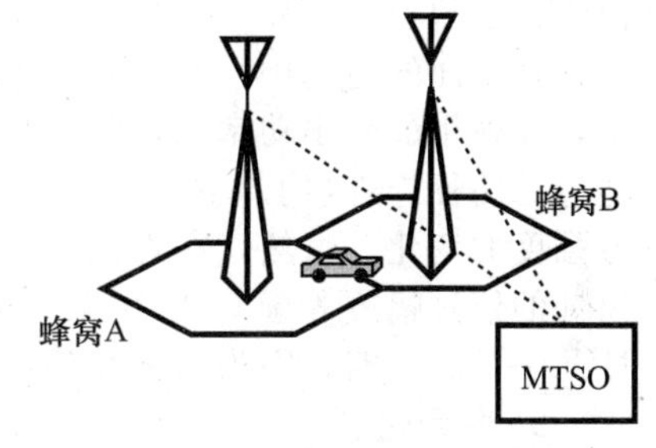

图 3.44　跨区发生的问题

为了改进跨区过程的性能，第二代蜂窝系统允许移动单元测量从不同基站发射来的信号的强度，当发现与第二个基站间的通信路径的损耗足够小时，它就执行跨区操作[7]。

4. 信道路径损耗和多径衰减

在移动通信环境里，信号的传播是相当复杂的。这里只简单解释一些重要的概念。在自由空间里传播的信号，其功率损耗与离开发射源的距离 d 的平方成正比。然而，在现实中，信号是同时沿着如图 3.45 所示的一条直接路径和一条间接的反射路径进行传播的。在这种情况下可以证明，损耗与 d^4 成正比[7]。在一个拥挤的区域里，实际的损耗情况可能是，在一定距离内损耗与 d^2 成正比，而在另一些距离内损耗与 d^4 成正比。

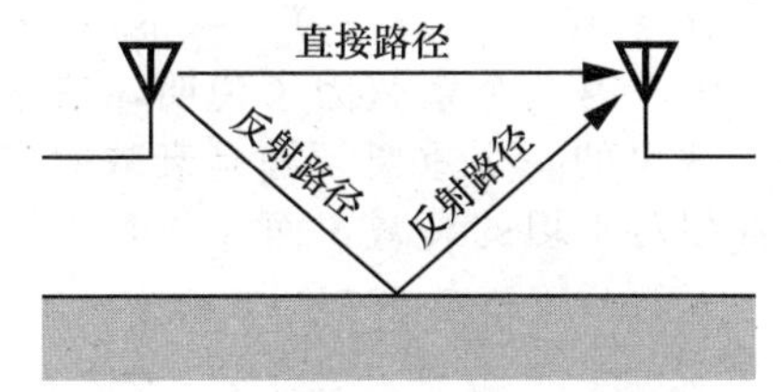

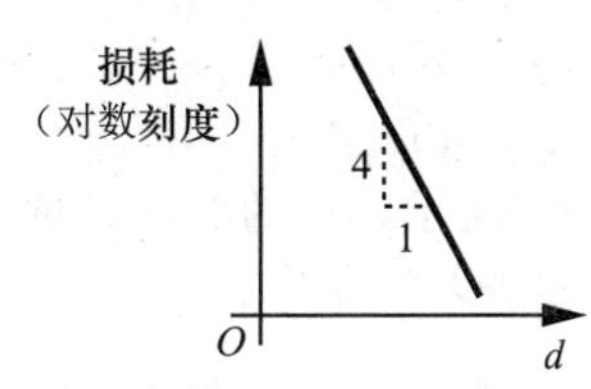

图 3.45　信号的间接传播以及所产生的损耗曲线

除了图 3.45 描述的信号总损耗分布情况之外，还有一种机制会使得接收信号的强度随着距离而波动。如图 3.45 所示，由于两个信号一般都经受了不同程度的相移，因此它们到达接收端时的相位可能刚好相反但是幅度大致相等，这样一来接收到的净信号就可能非常弱，这种现象叫做“多径衰减”。如图 3.46 所示，多径衰减使得接收机在移动几分之一波长的距离以后，接收到的信号强度出现了很大的起伏。注意，多径传播会造成信号衰减和码间干扰。

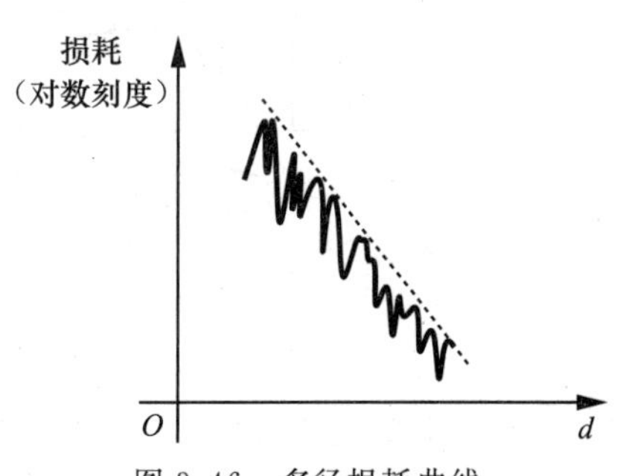

图 3.46　多径损耗曲线

在实际情况中，由于传输的信号会受到许多建筑物和行驶汽车的反射，所以信号的波动是非常没有规律的。尽管如此，接收到的总信号可以表示成：

$$x_R(t)=a_1(t)\cos(\omega_c t+\theta_1)+a_2(t)\cos(\omega_c t+\theta_2)+\cdots+a_n\cos(\omega_c t+\theta_n) \tag{3.50}$$

$$=\left[\sum_{j=1}^{n}a_j(t)\cos\theta_j\right]\cos\omega_c t-\left[\sum_{j=1}^{n}a_j(t)\sin\theta_j\right]\sin\omega_c t \tag{3.51}$$

注意，当 n 很大时，每个累加项均服从高斯分布。将式(3.38)第一个、第二个累加项分别表示成 A 和 B，则有：

$$x_R(t)=\sqrt{A^2+B^2}\cos(\omega_C t+\phi) \tag{3.52}$$

式中，$\phi=\tan^{-1}(B/A)$。可以证明，幅度 $A_m=\sqrt{A^2+B^2}$ 服从瑞利(Rayleigh)分布，如图3.47所示[1]，在大约6%的时间里，表现出的损耗相对平均值降低了超过10dB。

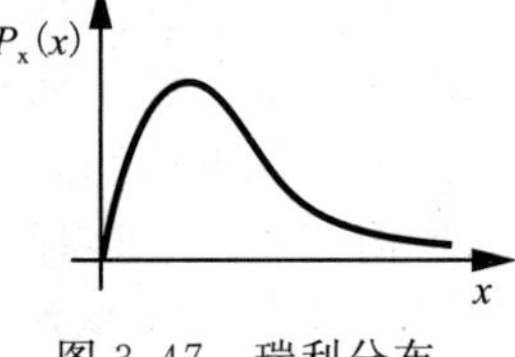

图3.47　瑞利分布

从上面的讨论中，可以得出如下的结论：在一个RF系统中，发射机的输出功率和接收机的动态范围必须仔细选取，以适应总路径损耗(约与 d^4 成正比)和深多径衰减效应带来的信号强度的变化。虽然，在理论上，多径衰减有可能导致某一距离处的信号幅度等于0(损耗无穷大)，但这种情况发生的可能性几乎可以忽略，因为目标在环境中的移动往往会把多径衰减效应“软化”了。

5. **多元化**

信号的衰减效应可以通过在接收或者发送信号时增加冗余量来降低。“空间多元化”或者叫作“天线多元化”，是通过把两个或两个以上的天线相隔几分之一的波长放置，以使信号能以更大概率被无衰减地接收到。

“频率多元化”涉及使用多个载波频率，即两个相隔足够大的频率作为载波，那么通过它们传输的信号应该不大可能同时发生衰减。“时间多元化”是另一项技术，即把数据多传输或者多接收几遍，以克服短期时间上的衰减效应。

6. **时延扩展**

设想多径环境里的两个信号，它们有大致相同的信号衰减但有不同的延时，这是因为反射或折射材料的吸收系数和相移性质相差很大，很可能使得两条路经的损耗相同而延时不同。把上述类型的两个信号相加，可得：$x(t)=A\cos\omega(t-\tau_1)+A\cos\omega(t-\tau_2)=2A\cos[(2\omega t-\omega\tau_1-\omega\tau_2)/2]\cos[\omega(\tau_1-\tau_2)/2]$，式中，第二个余弦因子说明，信号的衰减效应与时延扩展(delay spread) $\Delta\tau=\tau_1-\tau_2$ 有关。这里的一个重要问题是衰减效应与频率是相关的。如图3.48所示，小的时延扩展对应着相对平坦的衰减，而大的时延扩展则产生大的衰减，导致频谱大的变化。

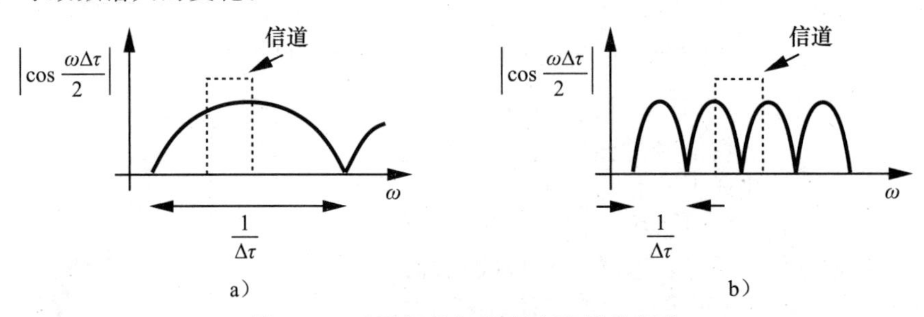

图3.48　a)平坦的与b)频率选择的衰减

在一个多径环境里，多个信号以不同的时延到达接收机，所产生的均方根时延高达毫秒级，因而衰减带宽为几千万赫兹。这样，总的通信信道有可能因这个衰减而受抑制。

7. 交织

多径衰减的实质是：误码通常发生在成串的比特上，那么同样可以用这一性质来找到缓解多径衰减的信号处理方法。为了减少上述误码的影响，发射机中的基带比特流在调制前要先进行“交织(Interleaving)”操作。交织实际上是将比特流在时序上打乱成某种接收方已知的编码形式[7]。

3.6 多址技术

3.6.1 时分和频分复用

最简单的多址情形是一个收发机的双向通信问题，称该功能为“双工”。例如，在早期的手持对讲机中，使用者需要按下“讲话”按钮才能进行发送，此时接收通道是禁用的；当要接听时则松开该按钮，从而将发送通道禁用。这可以被看作“时分双工(TDD)”的简单形式，即发送(TX)和接收(RX)通道使用同样的频带范围，但系统只能用一半时间来发送，而用另一半时间来接收。如图3.49所示，TDD通常足够快，因此使用者是感觉不到这种变换的。

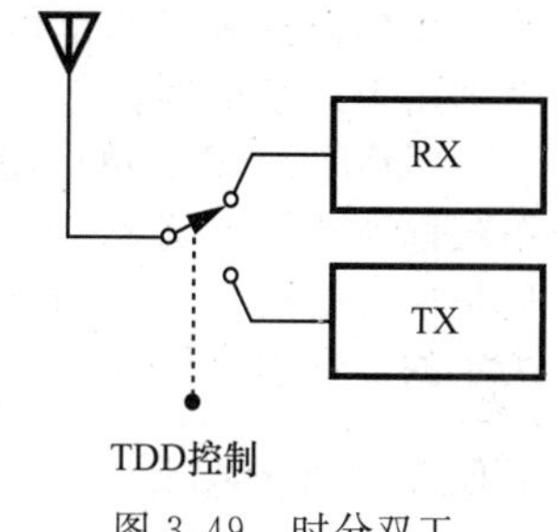

图3.49 时分双工

另一种复用的方法是发送通道和接收通道采用两种不同的频带，叫作“频分双工(FDD)”，如图3.50所示。这一技术利用带通滤波器来隔离这两个通道，确保发送和接收同时进行。由于这样的两个收发机之间不能直接通信，因此TX频带信号必须在某处转换成RX频带才能被接收到。在无线网络中，这种转换是在基站中进行的。

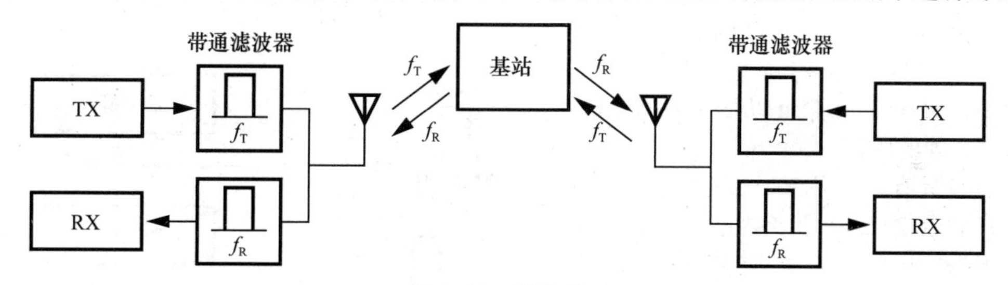

图3.50 频分双工

下面来比较这两种复用技术的优缺点。在TDD中，一个损耗小于1dB的RF开关接在天线上，交替地接通或者关闭TX和RX通道。尽管对于同一个收发单元，发射机的输出功率可能比接收机的输入信号大100dB，这两个通道却不会相互干扰，因为在接收信号的时候发射机是关闭的。而且，TDD允许两个收发机之间直接进行通信(点对点)，这在短程局域网应用中是一个特别有用的特性。TDD的主要缺点是，所有位于附近的移动发射机所产生的强烈发射信号都会落在彼此的接收频带内，因而降低了接收机的灵敏度。

在FDD系统中，两个位于前端的带通滤波器联合组成一个“双工滤波器”。虽然FDD能使接收机不受其他移动单元所发射的强烈信号的干扰，但它也存在一系列问题。第一，发射信号渗透到接收频带的分量通常仅仅被衰减了大约50dB(见第4章)。第二，考虑到滤波器损耗和品质因数之间的折中，通常双工器的损耗要比TDD开关大得多。注意，在RX通道中3dB的信号功率损耗会使得总的噪声系数提高3dB(见第2章)，而在含有滤波器的TX通道中，同样的损耗便意味着只有50%的信号功率到达收发天线。

FDD的另一个问题是，相邻发射机的输出信道之间会产生频谱泄漏。当功率放大器接通或断开(为了节省能量)时，或是在驱动调制器的本地振荡器经历瞬态过渡过程时，就会发生这种情况。相比之下，在TDD中，天线被切换到功率放大器输出状态之前，上述瞬态过程就可以被人为地中断。

尽管有着上述缺点，因其能将发射信号隔绝在接收频段之外，在许多RF系统中，尤其是在蜂窝移动通信中，FDD得到了广泛应用。

3.6.2 频分多址

为了允许多个收发机之间同时通信，可用的频带被划分成如图3.51所示的多个信道，每一个信道都被指派给一个用户，这项技术叫作“频分多址(FDMA)”技术。它在无线电收音机和电视广播中的应用应该是大家所熟悉的，只不过在这些系统中信道的分配并不随时间变化。而在多用户的双向通信中，情况恰恰相反，用户分配到的信道只保持到通话结束；一旦用户挂机以后，这个信道就可以分配给其他用户使用。注意，在使用FDD技术的FDMA系统中，每个用户被指派了两个信道，一个用于发送信号，而另一个则用于接收信号。

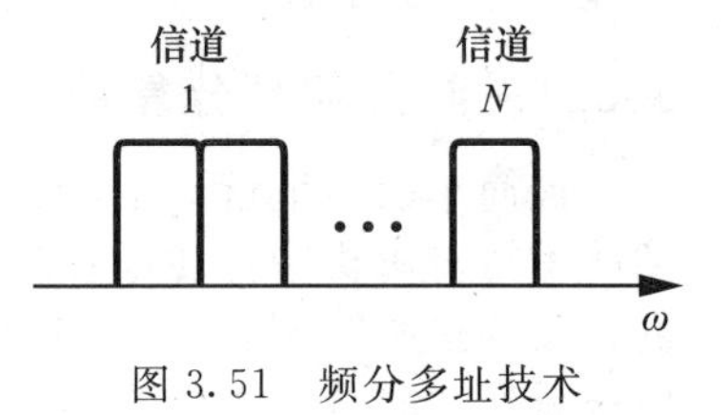

图3.51 频分多址技术

FDMA相对简单的特性使得它成为早期蜂窝移动通信网络最主要的接入方式，这一系统称为“模拟调频(analog FM)”系统。然而，在FDMA中能够同时工作的用户最小数量是由总的可用频带(如GSM的25MHz)与每个信道的频宽(如在GSM中为200kHz)之比决定的，这也是导致在拥挤区域的用户容纳能力不足的原因。

3.6.3 时分多址

另一种实现多址网络的方法是让每个用户都使用相同的频道，但使用时间错开，即时分多址(TDMA)技术。如图3.52所示，TDMA周期性地将每个收发机打开一段时间(T_{sl})，由所有这些时间段构成的总周期叫作一帧(T_F)。换句话说，在每个T_F周期中，每个用户都可以接入并使用该信道T_{sl}秒的时间。

但当只有一个用户允许发送时，其他用户的数据(比如语音数据)怎么办呢？为了不丢失信息，此时这些数据在($T_F - T_{sl}$)时间内存储(或者叫“缓冲”)，并在某个T_{sl}期间以信号串的形式传输出去(“TDMA信号串”由此得名)。因为缓冲操作的对象数据需为数字形式，所以TDMA发射机必须对用户输入的模拟信号进行A/D转换。同时，数字化也允许使用语音压缩和编码技术。

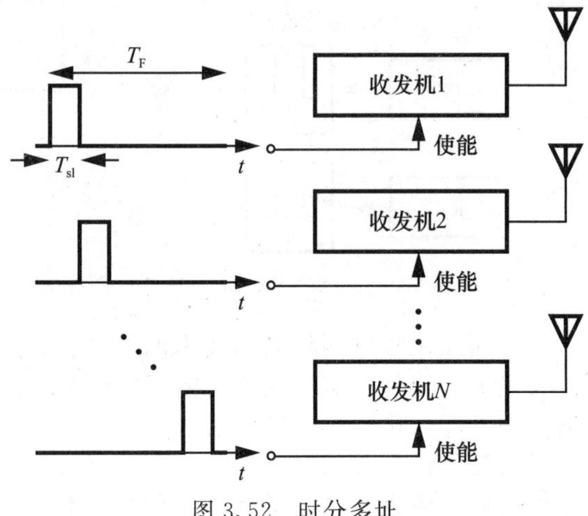

图3.52 时分多址

TDMA系统相对FDMA系统来说具有一系列优点：首先，由于在每一帧里每个发射机只打开一小段时间，所以在这一帧的其余时间中可以把功率放大器关掉，从而大大降低了功耗。在实际应用中，由于考虑到建立问题，功率放大器的开启时刻应当比预定的时间段稍微提前一些。其次，由于语音在经过数字化之后在时间上被大大压缩了，发送缓冲信号所要求的带宽可以更小，因而总的通信容量更大。也就是说，由于压缩过的语音信息可以在更短的时间内传送，因此在每一帧内可以容纳更多的用户。最后，即使同时使用FDD，TDMA的信号串也可以通过定时操作使得每个收发机中的接收和发送通道不会同时工作。

TDMA需要使用的技术包括A/D转换、数字调制、时间段和帧同步等，这使得它比FDMA要更为复杂。不过，由于出现了超大规模集成的数字信号处理(DSP)技术，这个缺点已经不再那么严峻了。大多数TDMA实际系统通常都会结合使用TDMA和FDMA技术。从另一个角度来看，如图 3.51 所示的系统，对于单独每个信道而言，它们在时间上是被许多用户共享的。

3.6.4　码分多址

在对 FDMA 和 TDMA 的讨论中，实际上默认了这样一个事实：在这些系统中，被发送的信号在频域或者在时域上避免了相互干扰。本质上来说，这些信号在其中某个域上是正交的。以下介绍的第三种多址技术允许信号在频域和时域上都完全重叠，但它采用“正交信息”技术来避免信号间的互相干扰。不妨用类比的方法来理解这一概念[8]。假定在一个拥挤的聚会中，有许多对话在进行。为了避免互相串扰，可以要求不同组的人使用不同的声调(pitch)(FDMA)，或者在某个时刻只允许一组人交谈(TDMA)。然而还有一种方法：要求不同组的人使用不同的语言。如果所有语言都是正交的(至少在邻近组之间的语言是正交的)，并且语音的大小都差不多，那么即便所有组间的谈话都在同时进行，每个听众仍可以通过“调谐”到某个合适的语言来正确地接收信息。

1. 直接序列 CDMA

在“码分多址(CDMA)”技术中，不同语言是通过正交数字编码方式来产生的。在通信开始时，给每一对收发机分配某一特定的代码，并且在调制前就将基带数据统统“翻译”成那种代码。图 3.53a 给出了一个直接序列(DS)CDMA 的例子，其中每个基带脉冲都通过乘法操作被替换成一个 8 位的代码。基于 Walsh 迭代方程，可以给出一种产生正交码符的方法：

$$W_1 = 0 \tag{3.53}$$

$$W_{2n} = \begin{bmatrix} W_n & W_n \\ W_n & \overline{W_n} \end{bmatrix} \tag{3.54}$$

其中，$\overline{W_n}$ 通过把 W_n 的每一位替换成它的补码得到，例如：

$$W_2 = \begin{bmatrix} 0 & 0 \\ 0 & 1 \end{bmatrix} \tag{3.55}$$

图 3.53b 举了一个 8 位 Walsh 码的例子，即 W_8 的每一行。

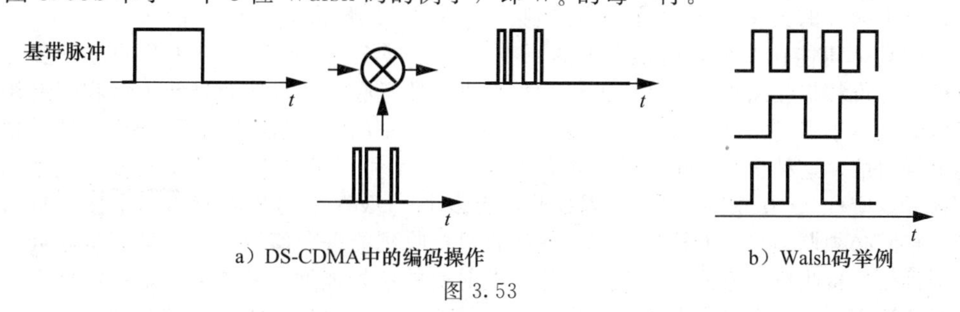

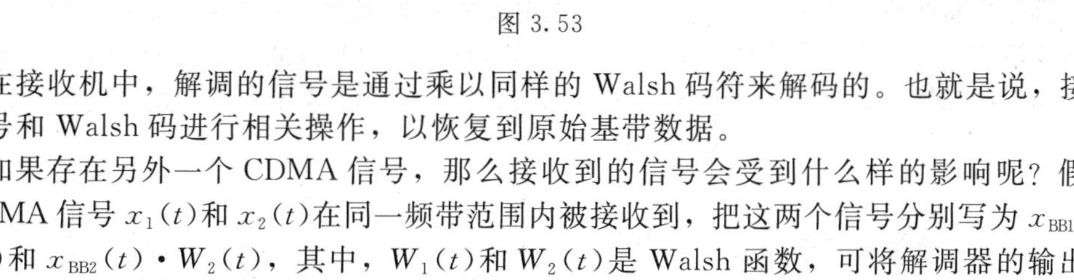

a) DS-CDMA中的编码操作　　b) Walsh码举例

图 3.53

在接收机中，解调的信号是通过乘以同样的 Walsh 码符来解码的。也就是说，接收机将信号和 Walsh 码进行相关操作，以恢复到原始基带数据。

如果存在另外一个 CDMA 信号，那么接收到的信号会受到什么样的影响呢？假设两个 CDMA 信号 $x_1(t)$和 $x_2(t)$在同一频带范围内被接收到，把这两个信号分别写为 $x_{BB1}(t)\cdot W_1(t)$和 $x_{BB2}(t)\cdot W_2(t)$，其中，$W_1(t)$和 $W_2(t)$是 Walsh 函数，可将解调器的输出表示成 $y(t)=[x_{BB1}(t)\cdot W_1(t)+x_{BB2}(t)\cdot W_2(t)]\cdot W_1(t)$，于是如果 $W_1(t)$和 $W_2(t)$是完全正交的，那么 $y(t)=x_{BB1}\cdot W_1(t)$。但实际上，$x_1(t)$和 $x_2(t)$可能会经历不同的延时，这样$x_{BB2}(t)$就将会破坏 $y(t)$的准确性，不过对于足够长的数据编码来说，这种损坏仅表现为随机噪声。

图 3.53a 所示的编码操作会使数据频谱的带宽增大，增大程度与编码中的脉冲数目有关，这与一直强调的频谱效率是背道而驰的。但是，即使用户使用的带宽增大了，由于它

们可以落在同一频带范围内，如图 3.54 所示，因此这种多址技术的通信容量并不比 FDMA 和 TDMA 小。事实上，CDMA 甚至有可能获得比这两者更高的容量[9]。

CDMA 属于“扩频(Spread Spectrum，SS)”通信的特殊情形。扩频是指每一个用户的基带数据被扩展到整个可用带宽上。从这个意义讲，CDMA 也叫作“直接序列 SS”(DS-SS)通信，其编码称为“扩展序列”或“伪随机噪声”。为了避免和基带数据相混淆，扩展序列中的每一个脉冲叫作一个“码片”，序列的速率叫作“码片速率”。因此，CDMA 的频谱是依据码片速率和基带比特率的比值来进行扩展的。

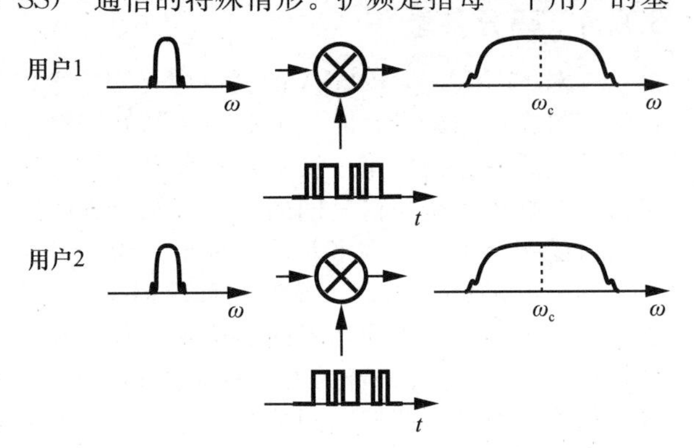

图 3.54　CDMA 中重叠的频谱

从图 3.55 所示的扩展频谱的角度来重新解读上述 RX 解码操作具有重要的意义。通过乘以 $W_1(t)$，待接收信号的频谱“收缩”了，其带宽回到原来的值；而对于其他不希望接收到的信号，由于它们和 $W_1(t)$ 弱相关，所以完成相乘以后的频谱仍然在整个频带上保持展开。当用户数量很多时，不希望出现的信号频谱可以看作高斯白噪声。

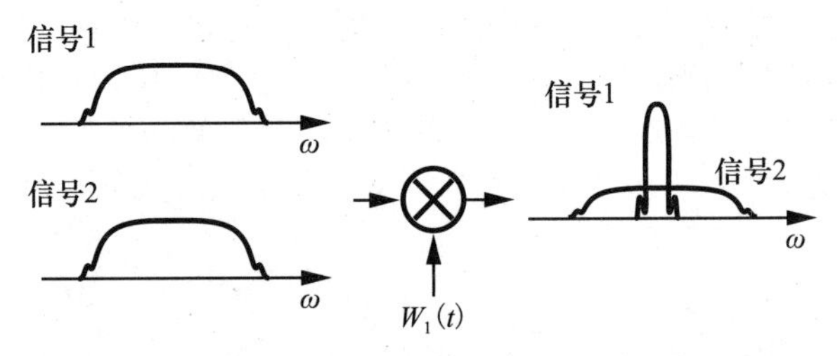

图 3.55　CDMA 接收机中的解扩操作

CDMA 的一个重要特点是它的容量并未被限制死[7]。对于 FDMA 和 TDMA，一旦定义了信道宽度或者时间段之后，最大的用户数就是固定的；而在 CDMA 中，当用户数量增加时，只是会让噪底逐渐(线性)提高而已[7]。

DS-CDMA 的关键问题就是功率控制。如图 3.56 所示，假定在某一点处，收到的有用信号的功率可能比其他发射机发出的干扰功率小得多㊀。比如当干扰源的位置要近得多时，即使进行频带收缩操作，较强的干扰信号也会使噪底很高，从而降低了接收到有用信号的灵敏度。对于多用户系统来说，这意味着一个大功率的发射机事实上可能会导致其他用户不能进行通信，这种全频带干扰的严重程度在 FDMA 和 TDMA 中则要小得多。这个问题称为“远近效应(near/far effect)”。正因如此，当多个 CDMA 发射机同时与一个接收机通信的时候，它们必须调整自己的输出功率，使接收机接收到的每个信号的强度都基本相同。为达到这个目的，接收机一直监视着对应的每个发射机的信号强度，并周期性地给它们发送一个功率调整请求。在一个蜂窝系统里，由于用户是通过基站而非彼此直接进行通信的，因此基站必须承担起功率控制的任务。通常，接收到的各信号的强度差异需要控制在 1dB 以内。

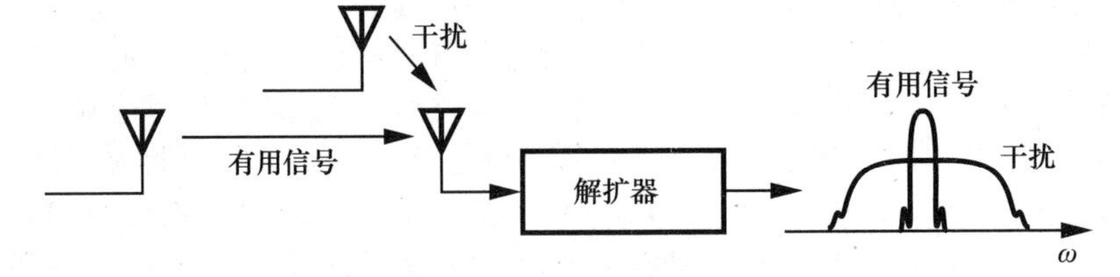

图 3.56　CDMA 中的远近效应

㊀ 这种情况在我们的聚会比喻中也会出现，即如果两个人谈话的声音比对其他人来说实在太大，那么即使用不同的语言进行交流，通信也会变得很困难。

尽管功率控制提高了系统的复杂性，但是，它其实通常能够减小移动单元的平均功耗。为了便于理解这一点，注意，当没有功率控制的时候，移动单元为了能够与基站通信，总是发送出足够大的能量而不考虑路径损耗或者衰减效应是否严重。这样即使在信道衰减最小的时候，移动单元仍然在以最大功率输出。反之如果有了功率控制，只要信道衰减状况有了改善，移动单元就可以用较低的功率发送信号，这同样减少了对其他用户的平均干扰。

不幸的是，功率控制也意味着手机要让接收和发送通道同时工作[⊖]，导致 CDMA 手机必须对泄漏到 RX 信道的 TX 信号进行处理(具体见第 4 章)。

2. 跳频 CDMA

RF 通信中另一种方兴未艾的技术叫作“跳频(FH)”CDMA，如图 3.57 所示，这种多址技术可以看作是具有信道伪随机分配特性的 FDMA。在每个发射机中，载波频率会根据某个选定的代码(类似 DS-CDMA 中的扩展码)进行“跳跃”。这样，尽管一个发射机的频谱在短时间内可能会和其他发射机的重叠，但是总的频谱轨迹，即 PN 码，却可以把每个发射机与其他发射机区分开来。然而，频谱间的偶然重叠增加了出错的概率。

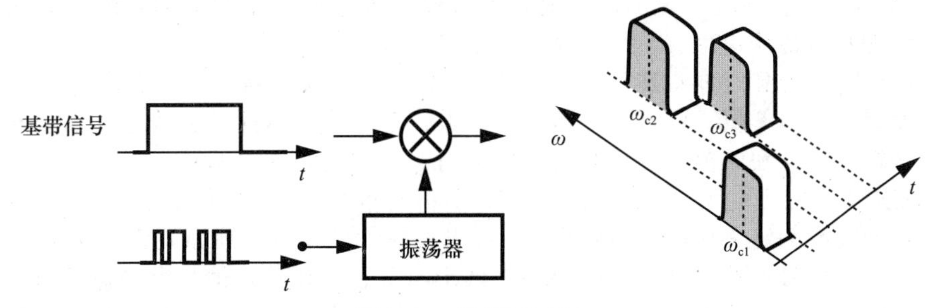

图 3.57 跳频 CDMA

不过由于频谱重叠很少发生，跳频 CDMA 与 FDMA 其实比较类似，因此对所接收到信号的不同功率大小的承受能力比直接序列的 CDMA 要好。但是，跳频要求图 3.57 所示的振荡器具有较快的稳定过程。

3.7 无线标准

迄今为止，对无线通信系统的研究表明，拨打电话或发送信息需要许多模拟域和数字域中的复杂操作，而且由于一些非理想因素的存在(例如噪声和干扰)，所以我们需要拥有一套衡量通信参数的精确指标，如信噪比(SNR)、误码率(BER)、占用带宽和抗干扰能力等。无线标准定义了一些基本功能和规范，用于指导无线系统收发机的设计(包括基带处理等)。每种标准都内容众多，限定了工作条件等各种参数，但同时会留下一些相关规范供设计人员选择。例如某个标准可限定灵敏度，却对噪声系数没有做特别要求。

在研究各种无线标准前，先简要认识一些无线标准量化的常见规范：

1) **频带和信道化**。每个标准只允许在所分配的频带内进行通信。例如，蓝牙使用的 ISM(工业、科学、医学用途)频段是 2.400～2.480GHz。该频段由许多“信道”组成，每个信道为一个用户传递信息。例如，蓝牙信道的宽度为 1MHz，因此该标准下允许的用户最多为 80 个。

2) **数据速率**。无线标准规定了系统必须支持的数据速率。一些标准支持恒定的数据速率，而另一些则支持可变数据速率，后者能在信号衰减较强的情况下维持低速通信。例如，蓝牙通信速率为 1Mbit/s。

3) **天线双工方法**。大多数蜂窝移动电话系统采用的是 FDD 技术，而其他一些标准采

⊖ 如果车辆以高速或在具有高建筑物的区域中移动，基站从汽车接收的功率会快速变化，这要求不断反馈。

用了TDD。

4) **调制类型**。每个标准规定了相应的调制方式。在一些情况下，系统会根据不同的数据传输速率来采取不同的调制方式。例如，IEEE802.11a/g在通信速度最佳(54Mbit/s)的情况下采用64QAM，但当取最低速度(6Mbit/s)时则采用二进制PSK。

5) **TX输出功率**。无线标准规定了TX信道必须达到的功率水平。例如，蓝牙发送的功率为0dBm。为了在TX和RX信道频率互相靠近时节省电量和避免远近效应，有些标准会要求输出功率可变。

6) **TX EVM和频谱屏蔽**。除功率需要外，由TX发送的信号也必须满足其他几个要求。首先，为了保证能接受的信号质量，需要指定EVM(即误差矢量幅值)参数。其次，为保证TX信道外的功率足够小，需要对TX信道的“频谱屏蔽”进行定义。PA的过度非线性可能会与此屏蔽相冲突。此外，无线标准还提出了针对其他无用成分的限制，例如杂散和谐波。

7) **RX灵敏度**。无线标准对接收机可接受的灵敏度做了规定，这通常是针对最大误码率BER_{max}而言的。在某些情况下，灵敏度是与数据传输速率相对应的，即较高的灵敏度对应着较低的数据传输速率。

8) **RX的输入范围**。如果RX信道与TX比较接近，接收机接收到的信号强度可能是符合灵敏度要求的最低值，但也有可能是一个大得多的值。因此，无线标准需要对信号的可测范围进行规定，在此范围内接收机足以应对噪声和失真的影响。

9) **RX抗阻塞能力**。无线标准规定了在接收微弱信号时，RX信道能容忍的最大干扰。一般地，这项性能的定义如图3.58所示。首先，在如图3.58a所示的某“基准”灵敏度处施加经调制的信号，并保证此时的误码率低于BER_{max}。接着，信号电平提高3dB并添加阻塞干扰到输入端，并使干扰的电平逐渐上升。如图3.58b所示，当阻塞干扰达到临界值(即抗阻塞能力最大值)时，误码率恰好达到BER_{max}。这个测试也说明了接收机对信号有压缩过程，并且存在相位噪声。后者将在第8章介绍。

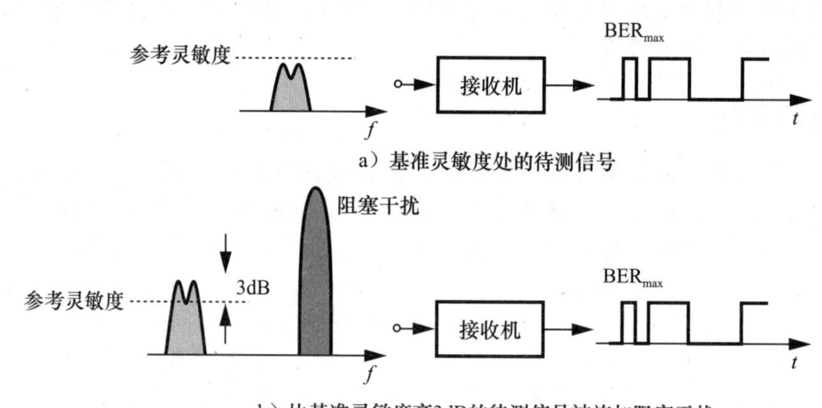

a) 基准灵敏度处的待测信号

b) 比基准灵敏度高3dB的待测信号被施加阻塞干扰

图3.58 测试接收机接收的信号

在许多标准中还规定了交调测试。如图3.59所示，两个阻塞干扰(一个被调制了，而另一个没有)被施加到强度只比灵敏度高3dB的待接收信号上。当两个阻塞干扰的电平达到一定量之前，接收机的误码率不能超过BER_{max}。

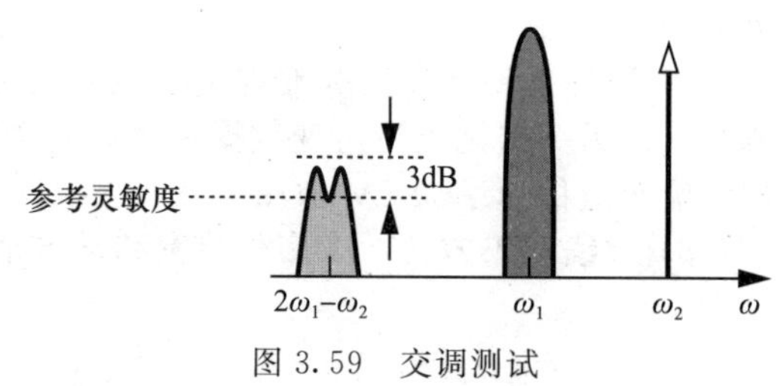

图3.59 交调测试

这一节将研究多种无线标准。对于蜂窝移动通信标准，我们主要着眼于“移动设备”，即手机部分。

3.7.1　GSM

全球移动的通信系统(GSM)最初是作为欧洲的统一无线标准开发的，并成为世界上使用最广泛的蜂窝标准。除了语音之外，GSM 还支持数据传输。

GSM 标准是具有 GMSK 调制的 TDMA/FDD 系统，其在不同频带中操作，因此被称为 GSM 900、GSM 1800(也称为 DCS 1800)和 GSM 1900(也称为 PCS 1900)。图 3.60 所示的 GSM 空中接口显示了 TX 和 RX 频段。可容纳 8 个时分复用用户，每个信道带宽为 200kHz，每个用户的数据速率为 271kbit/s。TX 和 RX 时隙偏移(大约 1.73ms)，使得两个路径不同时操作。系统的总容量由 25MHz 带宽的信道数和每个信道的用户数量决定(约为 1000 个用户)。

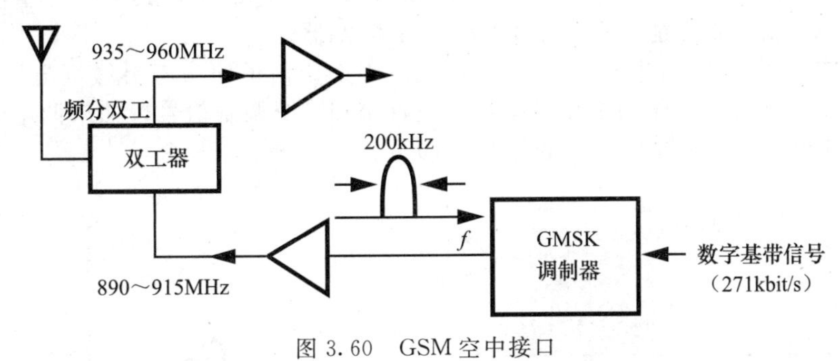

图 3.60　GSM 空中接口

例 3.10 GSM 规定接收机灵敏度为 −102dBm[㊀]。以可接受的误码率(10^{-3})检测 GMSK 需要约 9dB 的 SNR。允许的最大 RX 噪声系数是多少？

解： 由第 2 章可知，

$$NF = 174\text{dBm/HZ} - 102\text{dBm} - 10\lg(200\text{kHZ}) - 9\text{dB} \tag{3.56}$$

$$\approx 10\text{dB} \tag{3.57}$$ ◀

阻塞要求　GSM 还规定了接收机的阻塞要求。在图 3.61 中，阻塞测试在高于灵敏度水平 3dB 处施加期望信号，并在距离所需通道 200kHz 的离散增量处施加单个(未调制)音调(一次仅采用一个阻断器)[㊁]。可容忍的带内阻塞电平在期望信道的 1.6MHz 处跳至 233dBm，在 3MHz 处跳至 223dBm。带外阻断器可以在超出 RX 频带的边沿 20MHz 处保护频带达到 0dBm。随着图 3.61 中所示的阻断器水平，接收机必须仍然提供必要的 BER。

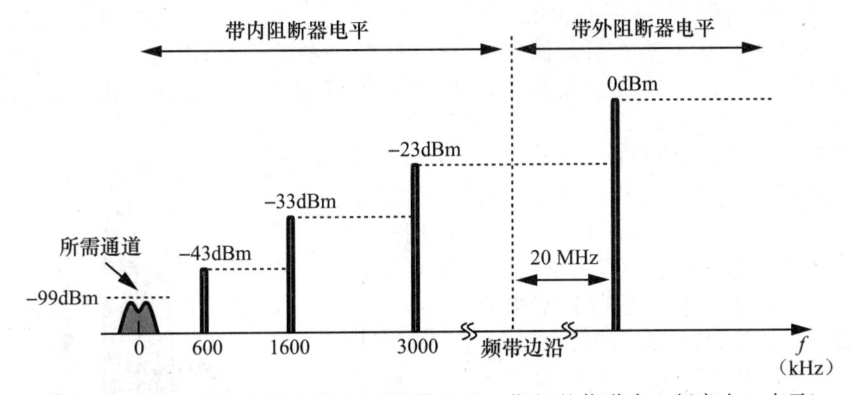

图 3.61　GSM 接收机阻塞测试(为简单起见，期望的信道中心频率由 0 表示)

㊀ GSM1800 的灵敏度为 −101dBm。

㊁ 该掩码和本节中描述的其他掩码对称地向左延伸。

例3.11 如何选择接收机 P_{1dB} 以满足上述阻塞测试？

解： 假设接收机包含前端滤波器，并且因此如果在GSM频带之外应用阻塞器，则提供足够的衰减。因此，最大阻塞电平等于223dBm(等于或超过3MHz偏移)，需要大约215dBm的 P_{1dB} 以避免压缩。如果前端滤波器不能充分衰减带外阻塞，则需要更高的 P_{1dB}。◀

如果接收机 P_{1dB} 由超过3MHz偏移的阻塞电平决定，为什么GSM规定偏移较小时的电平？另一个接收机的缺陷，即振荡器的相位噪声在这里也有所体现，第8章将对此进行讨论。

由于图3.61中的阻塞要求在实际中难以实现，GSM制定了一套“杂散响应例外”，允许将6个带内频率和24个带外频率的阻塞电平放宽至243dBm ㊀。遗憾的是，这些例外情况并不能降低对压缩和相位噪声的要求。例如，如果所需的信道靠近频带的一个边沿(见图3.62)，那么约有100个信道位于3MHz偏移以上。即使将其中的6个信道排除在外，剩余的每个信道都可能包含一个223dBm的阻塞器。

互调要求　图3.63描述了GSM IM测试。当期望信道比参考灵敏度电平高3dB时，分别以800kHz和1.6MHz的偏移量施加一个音调和一个调制信号。如果两个干扰源的电平高达249dBm，则接收机必须满足所需的BER。

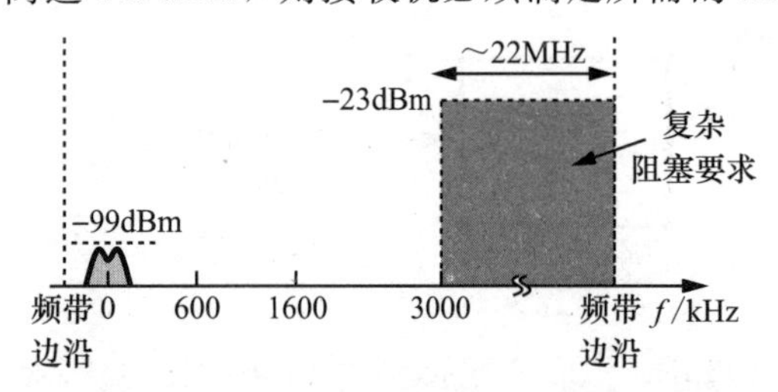

图3.62　GSM阻塞测试的最坏情况下的信道

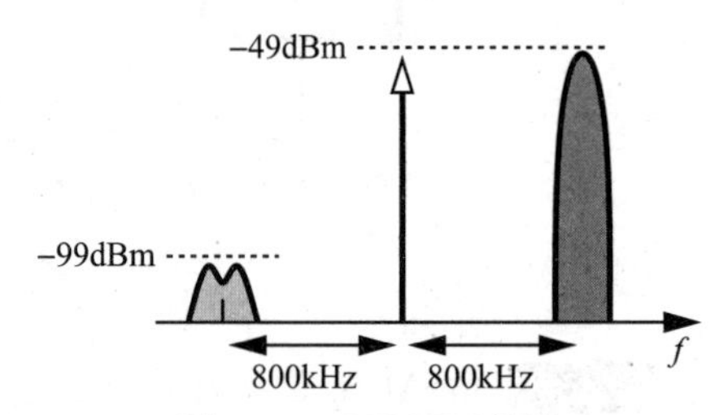

图3.63　GSM IM测试

例3.12 估计上述测试所需的接收机 IIP_3。

解： 对于可接受的BER，需要9dB的SNR，即期望信道中的总噪声必须保持在−108dBm以下。在该测试中，信号被接收机噪声和互调破坏。根据例3.10，假设NF=10dB，则200kHz时的总RX噪声为−111dBm。由于可容忍的最大噪声为−108dBm，因此互调最多只能造成3dB的损坏。也就是说，两个干扰器的IM乘积必须达到−111dBm的电平，再加上−111dBm的RX噪声，就会产生−108dBm的总损耗。由第2章知，

$$IIP_3=\frac{-49\text{dBm}-(-111\text{dBm})}{2}+(-49\text{dBm}) \tag{3.58}$$

$$=-18\text{dBm} \tag{3.59}$$

在习题3.2中，如果噪声系数低于10dB，则需要重新计算 IIP_3。

从例3.11和例3.12中可以观察到，GSM中的接收机线性度主要由单音阻塞要求决定，而不是由互调规范决定。◀

邻道干扰　GSM接收机必须能承受比期望信号高9dB的相邻信道干扰，或比期望信号高41dB的交替相邻信道干扰(见图3.64)。在该测试中，期望信号比灵敏度水平高20dB。如第4章所述，相对宽松的相邻信道要求有利于某些接收机架构的使用。

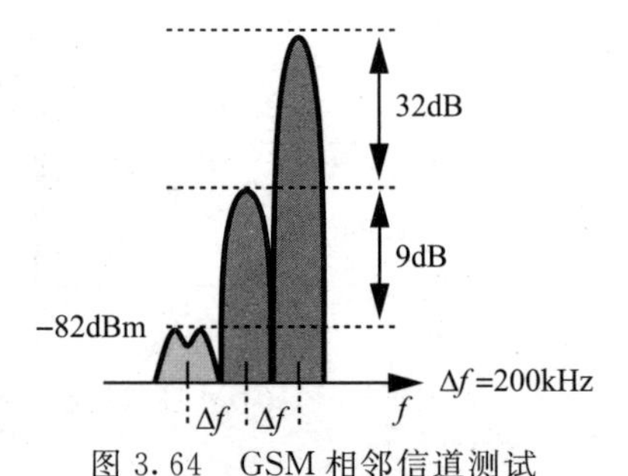

图3.64　GSM相邻信道测试

TX规范　GSM(移动的)发射机必须在900MHz频段提供至少2W(133dBm)的输出功率，或在1.8GHz频段提供至少1W的输出功率。此外，输出功率必须以2dB的步长从15dBm到最大电平可调，

㊀　在GSM 1800和GSM 1900中，允许12个带内异常。

从而允许在移动的靠近或远离基站时进行自适应功率控制。

GSM发射机产生的输出频谱必须满足图3.65所示的"掩码"，其规定了GMSK调制以精确的调制指数和良好控制的脉冲成形来实现。此外，输出信号的均方根相位误差必须保持在5°以下。

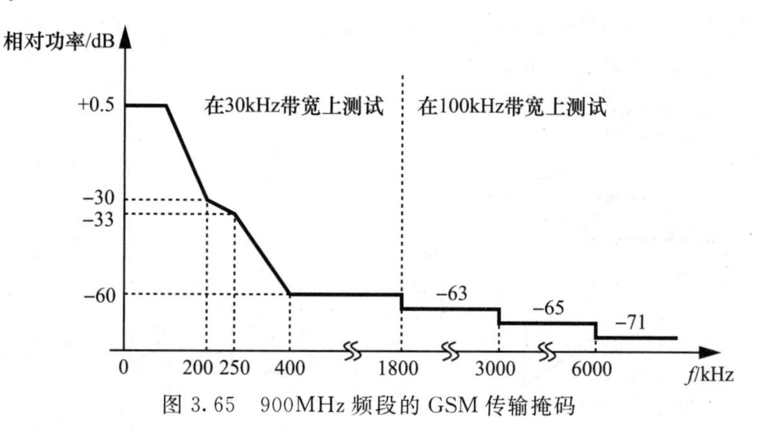

图3.65　900MHz频段的GSM传输掩码

GSM的一项严格规定涉及发射机在接收频段内可发出的最大噪声。如图3.66所示，该噪声水平必须小于−129dBm/Hz，这样发射移动台对其附近接收移动台的干扰才能忽略不计。这一要求的严格程度是显而易见的。如果将噪声边界正常化为+33dBm的发射功率，则相对本底噪声为−162dBm/Hz。正如第4章所述，这一规范使得GSM发射机的设计相当困难。

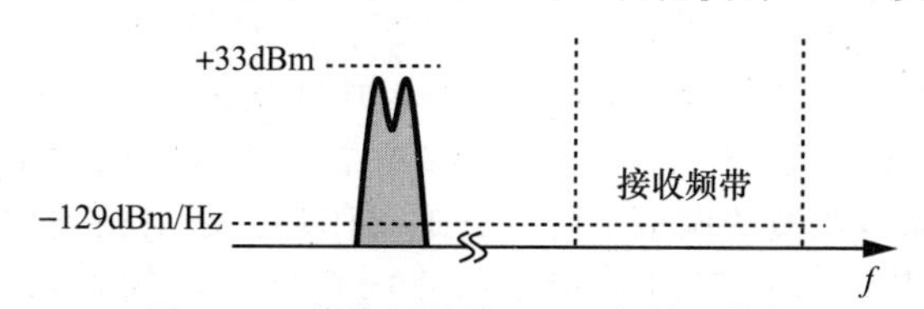

图3.66　接收频段的GSM发射机噪声

EDGE　为了适应200kHz信道中的更高数据速率，GSM标准已经扩展到"GSM演进增强数据速率"(EDGE)。为了达到384kbit/s的速率，EDGE采用"8-PSK"调制，即具有由kπ/4，k=0～7给出的八个相位值的相位调制。图3.67所示为8-PSK信号星座图。EDGE被认为是2.5G蜂窝系统。

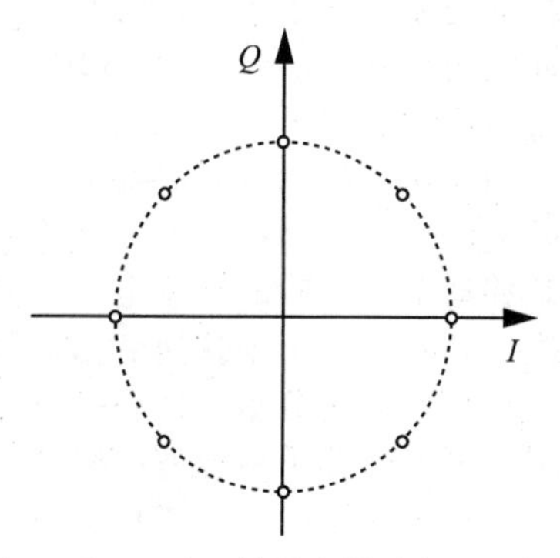

图3.67　8-PSK的星座图(用于EDGE)

8-PSK调制的使用需要两个问题。首先，为了将频谱限制在200kHz，需要具有基带脉冲整形的"线性"调制。事实上，图3.67的星座可以被视为两个QPSK波形的相位，一个相对于另一个旋转45°，因此可以产生两个具有脉冲整形的QPSK信号(见第4章)，并将其组合以产生8-PSK波形。然而，脉冲整形会导致可变包络，从而需要线性功率放大器。换句话说，GSM/EDGE发射机可以在GSM模式中使用非线性(并且因此变高效)功率放大器，但是在EDGE模式中必须切换到线性(并且因此变低效)功率放大器。

第二个问题涉及接收机中8-PSK信号的检测。星座中的紧密间隔的点需要比QPSK更高的SNR。对于BER=10^{-3}，前者指示SNR为14dB，后者指示SNR为7dB。

3.7.2　IS-95 CDMA

高通公司提出了一种基于直接序列CMDA的无线标准，并在北美作为IS-95采用。使用FDD时，空中接口采用图3.68所示的发送和接收频带。在移动设备中，9.6kbit/s的基带数据被扩展到1.23MHz，然后使用OQPSK进行调制。而从基站到移动设备的链路则采用QPSK调制。其逻辑是，移动设备必须使用高能效调制方案(见第3章)，而基站同时传输多个信道，因此无论采用哪种调制方式，都必须使用线性功率放大器。在两个方向上，IS-95都要求进行相干检测，这项任务是通过在通信开始时发射一个相对较强的“导频音”(如未调制载波)来建立相位同步。

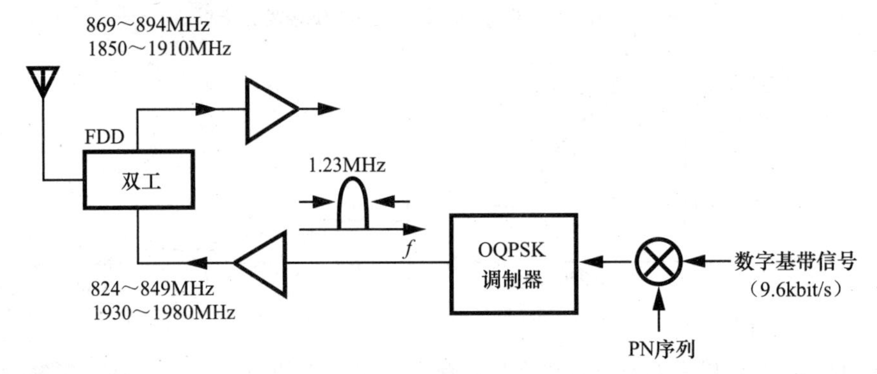

图3.68 IS-95空中接口

与上面研究的其他标准相比，IS-95实质上更复杂，它结合了许多技术来增加容量，同时保持合理的信号质量。我们在这里简要介绍一些功能。对于更多细节，读者可以参考文献[8,10,11]。

功率控制 如3.6.4节所述，在CDMA中，基站从各个移动单元接收的功率电平的差别必须不超过大约1dB。在IS-95中，每个移动单元的输出功率在通信开始时由开环过程控制，以便执行粗略但快速的调整。随后，通过闭环方法更精确地设置功率。对于开环控制，移动台测量从基站接收的信号功率，并调整信号的发射功率，使两者之和约为-73dBm。如果接收和发射路径需要大致相等的衰减kdB，并且基站发射的功率是P_{bs}，则移动的输出功率P_m满足下式：$P_{bs}-k+P_m=-73$dB。由于基站接收的功率是P_m-k，因此我们得到$P_m-k=-73\text{dBm}-P_{bs}$，这是一个明确定义的值，因为$P_{bs}$通常是固定的。移动的输出功率可以在几微秒内变化约85dB。

闭环功率控制也是必要的，因为上述发射和接收路径中相等损耗的假设仅仅是近似。实际上，这两条路径可能经历不同的衰落，因为它们在不同的频带中操作。为此，基站测量从移动单元接收的功率电平，并发送请求功率调整的反馈信号。该命令每1.25ms发送一次，以确保在出现快速衰落时及时调整。

频率和时间分集 回想一下3.5节，多径衰落通常是频率选择性的，在信道传递函数中引起可以是几千赫兹宽的陷波。由于IS-95将频谱扩展到1.23MHz，因此它提供了频率分集，对于典型的延迟扩展，仅表现出25%的频带损失[8]。

IS-95还采用时间分集来利用多径信号。这是通过对接收信号的延迟副本执行相关来实现的(见图3.69)。这种系统被称为“瑞克接收机”，它将延迟的复制品与适当的加权因子α_j相结合，以在输出端获得最大的信噪比。也就是说，如果一个相关器的输出被破坏，则相应的加权因子被减小，反之亦然。

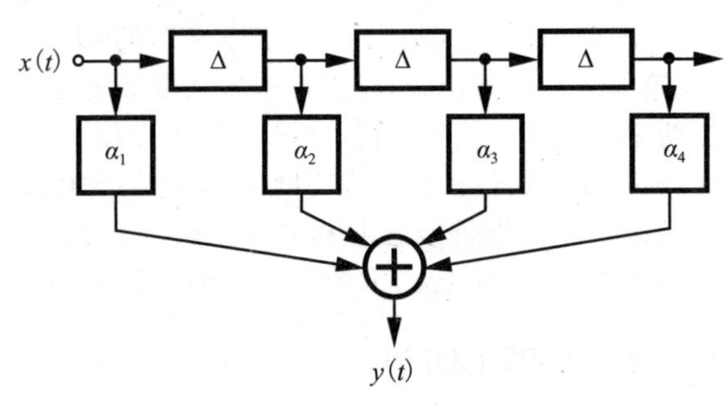

图3.69 瑞克接收机

瑞克接收机是CDMA的独特特征。

由于码片速率比衰落带宽高得多，并且由于扩展码被设计成对于大于码片周期的延迟具有可忽略的相关性，因此多径效应不会引入码间干扰，每个相关器可以与多径信号之一同步。

可变编码率　可以利用人类语音中信息的可变速率来降低每秒传输的平均比特数。在IS-95中，数据速率可以在四个离散的步骤中变化：9600bit/s、4800bit/s、2400bit/s和1200bit/s。这种布置允许缓冲较慢的数据，使得传输仍然以9600bit/s发生，但是持续时间成比例地更短。这种方法进一步降低了移动单元发射的平均功率，既节省了电池，又降低了其他用户看到的干扰。

软切换　回顾3.5节，当移动的单元被分配不同的基站时，如果信道中心频率必须改变(例如在IS-54和GSM中)，则呼叫可能会中断。在CDMA中，一个小区中的所有用户在同一信道上通信。因此，当移动的单元远离一个基站而靠近另一个基站时，两个基站的信号强度可以通过瑞克接收机来监视。当确定较近的基站具有足够强的信号时，执行越区切换。这种方法被称为“软切换”，可以看作是“先接后断”操作。结果是在切换期间掉话的可能性较低。

3.7.3　宽带CDMA

作为第三代蜂窝系统，宽带CDMA扩展了IS-95中实现的概念，以实现更高的数据速率。在5MHz的标称信道带宽中使用BPSK(用于上行链路)和QPSK(用于下行链路)，WCDMA实现384kbit/s的速率。

WCDMA的若干变体已经部署在不同的图形区域中。在本节中，我们以“IMT-2000”为例进行研究。图3.70显示了IMT-2000的空中接口，表示总带宽为60MHz。每个信道可以在3.84MHz的(扩展)带宽中容纳384kbit/s的数据速率；但是在包括“保护频带”的情况下，信道间隔是5MHz。移动站台对数据采用BPSK调制，对扩频采用QPSK调制。

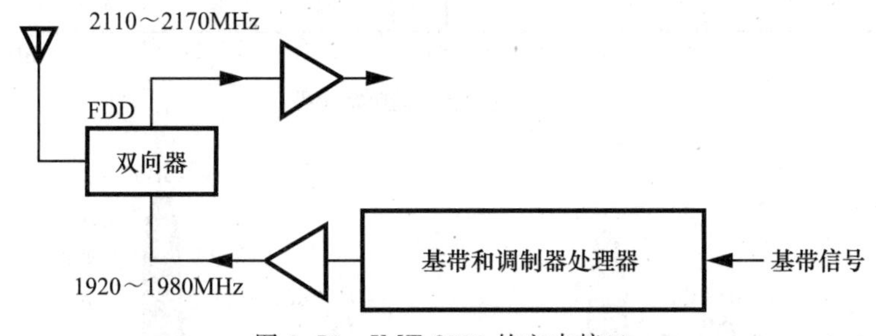

图3.70　IMT-2000的空中接口

发射机要求　发射机必须提供－49～＋24dBm的输出功率[㊀]。宽输出动态范围使得WCDMA发射机的设计，特别是功率放大器的设计变得困难。此外，发射机结合基带脉冲整形以便收紧输出频谱，这需要线性功率放大器。

IMT-2000规定了两套规范来量化对信道外发射的限制：①相邻和备用相邻信道功率必须分别比主信道低33dB和43dB(见图3.71a)；②在30kHz带宽内测量的发射必须满足图3.71b所示的发射掩码。

发射机还必须与GSM和DCS 1800标准和谐共存。也就是说，在GSM RX频带(935～960MHz)的100kHz带宽中，TX功率必须保持低于－79dBm，在DCS 1800 RX频带(1805～1880MHz)的100kHz带宽中，TX功率必须保持低于－71dBm。

㊀　功率放大器可能需要传递约＋27dBm以考虑双工器的损耗。

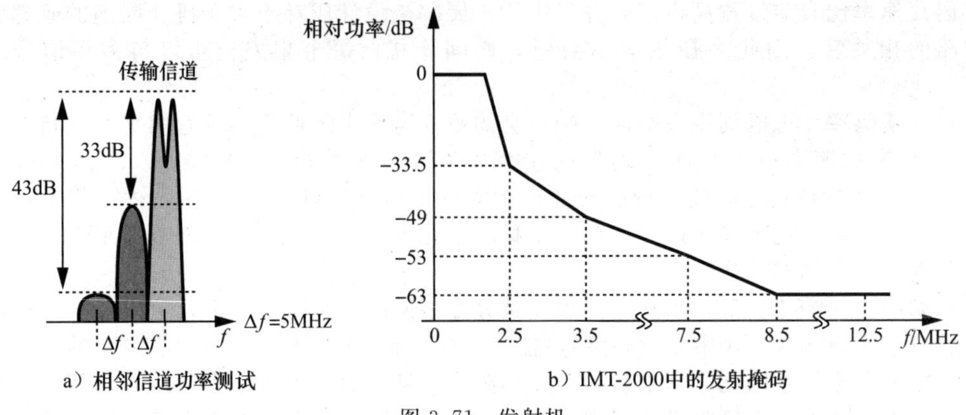

图 3.71　发射机

接收机要求　接收机的参考灵敏度为－107dBm。与全球移动通信系统一样，IMT-2000 接收机必须承受正弦阻塞器，其振幅在频率偏移越大时越大。但与 GSM 不同是，IMT-2000 只要求对带外阻塞进行正弦测试(见图 3.72a)。这里所需的 P_{1dB} 比 GSM 更宽松，例如，在带外 85MHz 时，RX 必须能承受－15dBm 的音调[㊀]。在这里，阻塞器被调制成另一个 WCDMA 信道，从而造成压缩和交叉调制。

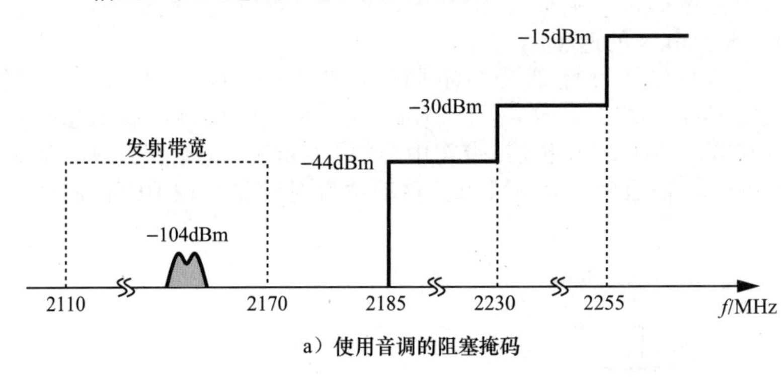

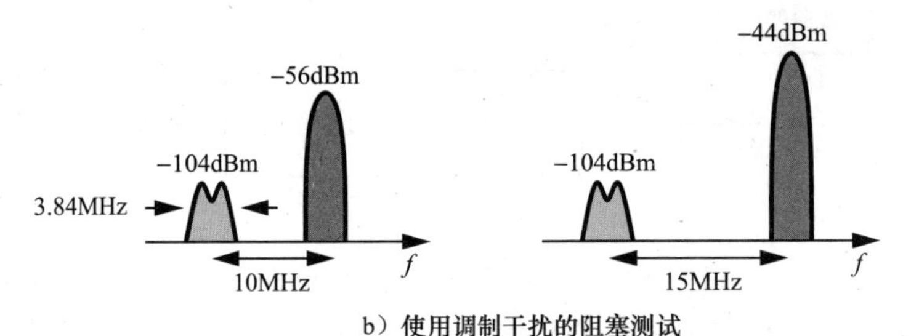

图 3.72　IMT-2000 接收机

例 3.13　估计满足图 3.72b 的带内测试的 WCDMA 接收机所需的 P_{1dB}。

解：为避免压缩，P_{1dB} 必须比阻塞电平高 4～5dB，即 $P_{1dB}\approx 240$dBm。为了量化交叉调制造成的损耗，我们回到第 2 章中的推导。对于一个正弦波 $A_1\cos\omega_1 t$ 和一个调幅阻塞器 $A_2(1+m\cos\omega_m t)\cos\omega_2 t$ 来说，交叉调制表现为

$$y(t)=\left[\alpha_1 A_1+\frac{3}{2}\alpha_3 A_1 A_2^2\left(1+\frac{m^2}{2}+\frac{m^2}{2}\cos 2\omega_m t+2m\cos\omega_m t\right)\right]\cos\omega_1 t+\cdots \tag{3.60}$$

㊀ 然而，如果 TX 泄漏大，则 RX 线性度必须相当高。

两个信道都包含调制，并且我们做出以下假设：①期望信道和阻塞携带相同的幅度调制，分别表示为 $A_1(1+m\cos\omega_{m1}t)\cos\omega_1 t$ 和 $A_2(1+m\cos\omega_{m2}t)\cos\omega_2 t$；②包络线变化不大，因此 $m^2/2 \ll 2m$。三阶非线性效应可以表示为

$$y(t)=\left[\alpha_1 A_1(1+m\cos\omega_{m1}t)+\frac{3}{2}\alpha_3 A_1(1+m\cos\omega_{m1}t)A_2^2\times(1+2m\cos\omega_{m2}t)\right]\cos\omega_1 t+\cdots \tag{3.61}$$

$$=\left[\alpha_1 A_1(1+m\cos\omega_{m1}t)+\frac{3}{2}\alpha_3 A_1 A_2^2(1+m\cos\omega_{m1}t+2m\cos\omega_{m2}t+2m^2\cos\omega_{m1}t\cos\omega_{m2}t)\right]\cos\omega_1 t+\cdots \tag{3.62}$$

要使误差可以忽略不计，方括号中第二项的平均功率必须远远小于第一项的平均功率：

$$\frac{\left(\frac{3}{2}\alpha_3 A_1 A_2^2\right)^2(1+m^2+4m^2+4m^4)}{(\alpha_1 A_1)^2(1+m^2)} \ll 1 \tag{3.63}$$

将该比率设置为 -15dB($=0.0316$)并且忽略 m 的幂，我们有

$$\frac{\frac{3}{2}|\alpha_3|A_2^2}{|\alpha_1|}=0.178 \tag{3.64}$$

由于 $A_{1dB}=\sqrt{0.145|\alpha_1/\alpha_3|}$ 因此 $|\alpha_1/\alpha_3|=0.145/A_{1dB}^2$，

$$A_{1dB}=1.1A_2 \tag{3.65}$$

也就是说，输入压缩点必须超过 A_2($=-44$dBm)约 1dB。因此，在该测试中，压缩比交叉调制稍微更占优势。◀

-107dBm 的灵敏度和 3.84MHz 的信号带宽可能会给人留下深刻印象。事实上，由于 10lg(3.84MHz)≈66dB，接收机噪声系数与所需信噪比之和似乎不能超过 174dBm/Hz -66dB-107dB$=1$dB！然而，CDMA 传播的比特率较低(如 384kbit/s)，因此在接收机中进行解扩频操作后，可从扩频增益中获益。也就是说，放宽 NF 系数等于扩频增益。

IMT-2000 还规定了互调测试。如图 3.73 所示，在期望信号为 -104dBm 时，分别在相邻和交替相邻信道中施加各自为 -46dBm 的音调和调制信号。在习题 3.3 中，我们针对 WCDMA 重复例 3.12 以确定接收机所需的 IP_3。

图 3.74 说明了 IMT-2000 接收机的相邻信道测试。当期望信号的电平为 -93dBm 时，相邻信道可高达 -52dBm。如第 4 章所述，这种规范要求基带滤波器的频率响应有一个急剧的滚降。

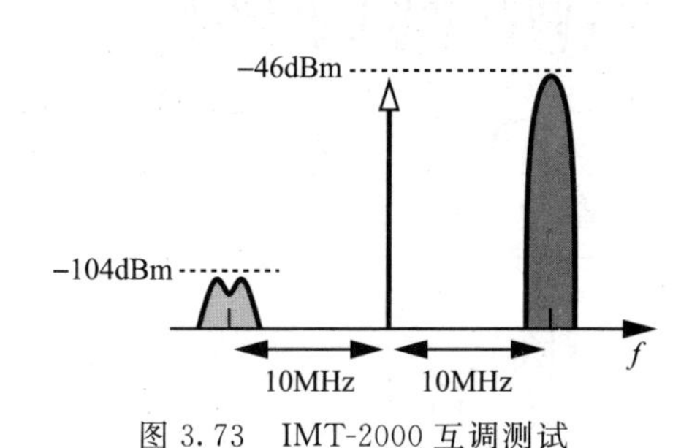

图 3.73　IMT-2000 互调测试

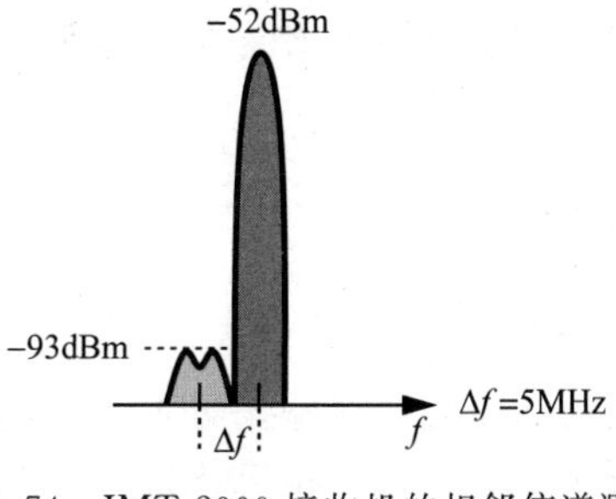

图 3.74　IMT-2000 接收机的相邻信道测试

3.7.4　蓝牙

蓝牙标准最初被设想为短距离、中等速率数据通信的低成本解决方案。事实上，当

时的设想是收发机在模拟域进行调制和解调，只需很少的数字信号处理。但在实践中，该标准的某些特性使得模拟域的调制和解调变得困难，需要在数字域进行大量处理。尽管面临这些挑战，蓝牙仍在消费市场占有一席之地，用于无线耳机、无线键盘等短距离应用。

图3.75所示为蓝牙空中接口，表示工作在2.4GHz ISM频段。每个信道携带1Mbit/s，占用1MHz，并且具有等于(2402+k)MHz的载波频率，其中k为0,…,78。为了符合各个国家的带外发射要求，ISM频带的前2MHz和后3.5MHz被设置为“保护频带”并且不被使用。

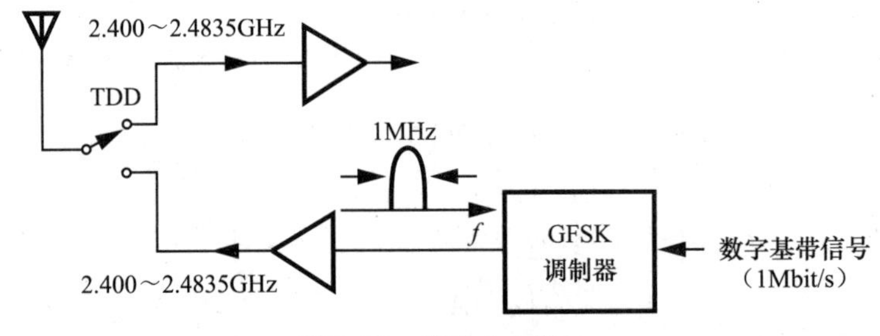

图3.75 蓝牙空中接口

发射机特性 1Mbit/s基带数据被施加到高斯频移键控(GFSK)调制器。GFSK可以被视为具有0.28～0.35的调制指数的GMSK。如3.3.4节所述，GMSK调制可以通过高斯滤波器和VCO实现(见图3.76)。

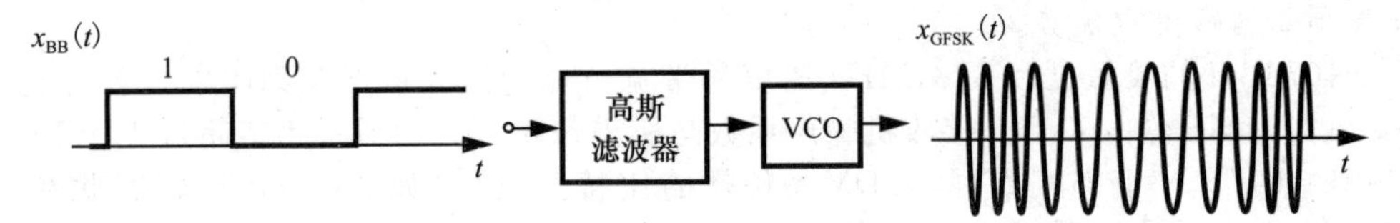

图3.76 使用VCO的GFSK调制

其输出可以表示为

$$x_{TX}(t)=A\cos[\omega_C t+m\int x_{BB}(t)*h(t)\mathrm{d}t] \tag{3.66}$$

其中$h(t)$表示高斯滤波器的脉冲响应。如图3.77所示，蓝牙规定载波中的最小频率偏差为115kHz。峰值频率偏差Δf是瞬时频率f_{inst}与载波频率之间的最大差值。对式(3.66)中的余弦幅角求微分，得到f_{inst}为

$$f_{inst}=\frac{1}{2\pi}[\omega_C+mx_{BB}(t)*h(t)] \tag{3.67}$$

这表明

$$\Delta f=\frac{1}{2\pi}m[x_{BB}(t)*h(t)]_{max} \tag{3.68}$$

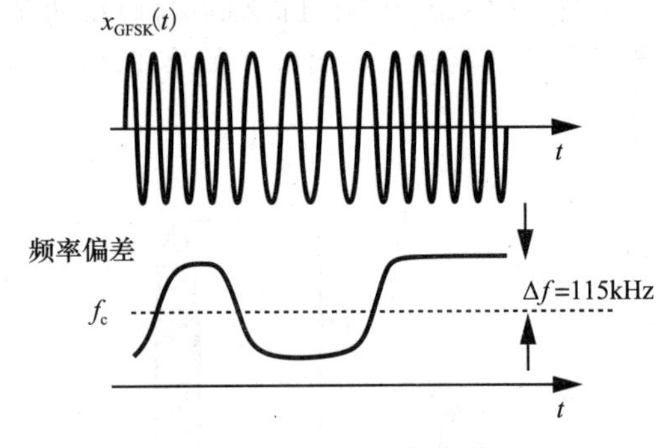

图3.77 蓝牙中的频率偏差

因为高斯滤波器输出处的峰值电压摆幅近似等于$x_{BB}(t)$的峰值电压摆幅，所以有

$$\frac{m}{2\pi}x_{BB,max}=115\text{kHz} \tag{3.69}$$

如第8章所述，m是压控振荡器的一个特性(称为VCO的“增益”)，必须满足式(3.69)。

蓝牙规定输出电平为0dBm(1mW)㊀。沿着恒定包络调制，这个宽松的值大大简化了功率放大器的设计，使其成为一个简单的50Ω缓冲器。

蓝牙传输掩码如图3.78所示。从期望信道中心偏移550kHz时，在100kHz带宽内测得的功率必须比在相同带宽内的信道中心测得的发射功率至少低20dB。此外，在整个1MHz交替相邻信道中测得的功率必须保持在－20dBm以下。同样，第三个及以上相邻信道的功率必须低于－40dBm㊁。

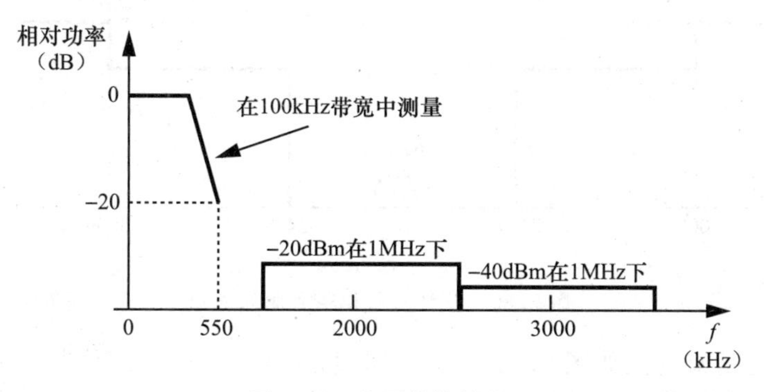

图3.78 蓝牙传输掩码

蓝牙TX必须最低限度地干扰蜂窝和WLAN系统。例如，它必须在1.8～1.9GHz或5.15～5.3GHz范围内产生小于－47dBm的100kHz带宽。

每个蓝牙载波的载波频率公差为±75kHz(≈±30×10^{-6})。由于载波合成基于参考晶振频率(见第10章)，因此晶振的误差必须小于±30×10^{-6}。

接收机特性 蓝牙的参考灵敏度为－70dBm(对于BER=10^{-3})，但大多数商业产品将此值提高到约－80dBm，从而提供更长的范围。

例3.14 估计蓝牙接收机所需的NF。

解： 假设SNR为17dB，信道带宽为1MHz，则灵敏度为－70dBm时，噪声系数为27dB。正是这种非常宽松的NF允许制造商追求更高的灵敏度(更低的噪声系数)。◀

图3.79说明了蓝牙接收机阻塞测试。在图3.79a中，期望信号比参考灵敏度高10dB，另一个调制的蓝牙信号被放置在相邻信道(功率相等)或备用相邻信道(功率为－30dBm)。这些规范要求模拟基带滤波器具有急剧滚降特性(第4章)。

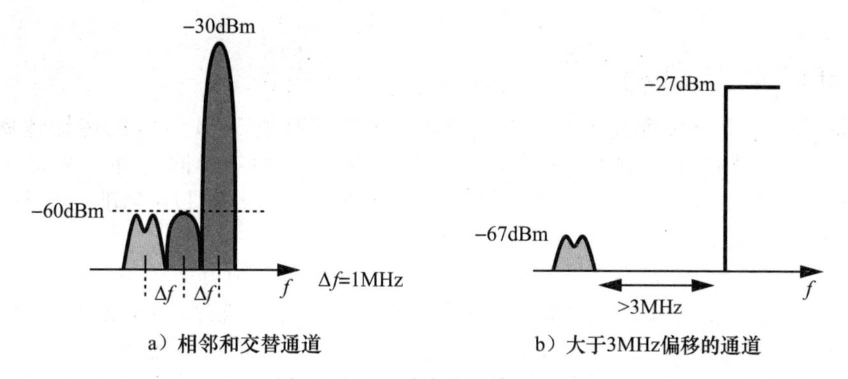

图3.79 蓝牙接收机阻塞测试

㊀ 这对应于“功率等级3”的最常见情况。其他具有更高输出水平的功率等级也已被指定。

㊁ 对于第三个和更高的相邻通道功率，最多允许三个例外，放宽规格为－20dBm。

在图 3.79b 中，期望信号比灵敏度高 3dB，在第三个或更高的相邻信道中使用功率为 −27dBm 的调制阻塞器。因此，接收机的 1dB 压缩点必须超过该值。

蓝牙接收机还必须能承受带外正弦波阻塞。如图 3.80 所示，期望信号为 −67dBm，根据音调频率范围，必须允许 −27dBm 或 −10dBm 的音调电平。我们观察到，如果接收机具有超出 −27dBm 几分贝的 P_{1dB}，那么天线后面的滤波器对带外衰减的要求就会降低。

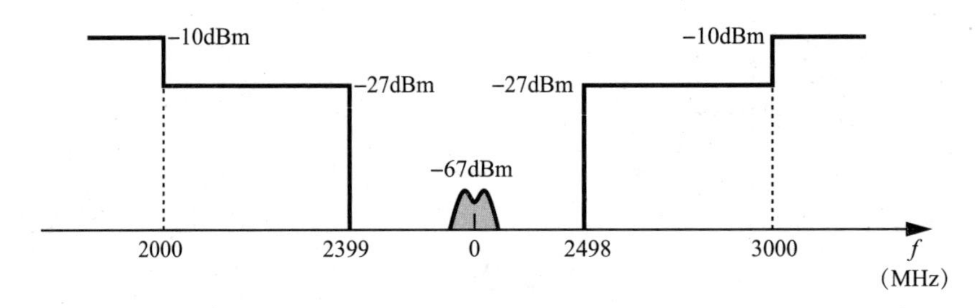

图 3.80 蓝牙接收机带外阻塞测试

蓝牙接收机互调测试如图 3.81 所示。期望信号电平比参考灵敏度高 6dB，阻断器以 −39dBm 施加，Δf = 3MHz、4MHz 或 5MHz。在习题 3.6 中，我们推导出所需的 $RXIP_3$，并注意到它相当宽松。

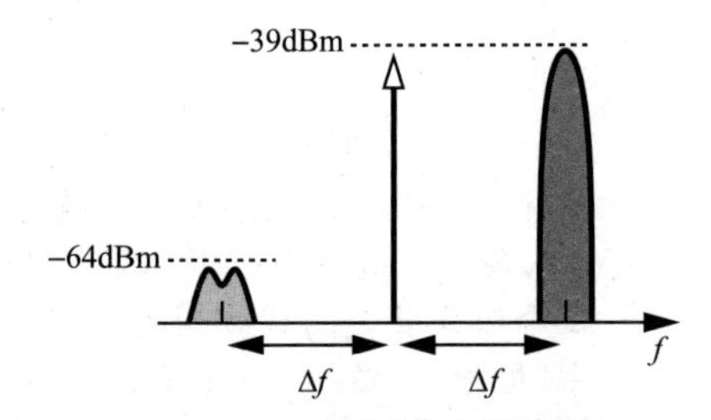

图 3.81 蓝牙接收机互调测试

蓝牙还规定最大可用输入电平为 −20dBm。也就是说，接收机必须能正确检测到这一电平的期望信道(BER=10^{-3})。

例 3.15 最大可用输入规范是否构成任何设计约束?

解：是的，确实如此。回想一下，接收机必须检测到低至 −60dBm 的信号；也就是说，在检测之前，接收机链必须提供足够的增益。假设增益约为 60dB，在链路的末端产生的信号电平约为 0dBm(632mV_{pp})。现在，如果接收信号上升到 −20dBm，RX 输出必须达到 +40dBm(63.2V_{pp})，除非链路变得严重非线性。由于信号的包络线是恒定的，因此非线性可能看起来是无害的，但各级的严重饱和可能会使基带数据失真。因此，接收机必须采用“自动增益控制”(AGC)，随着输入信号电平的增加而降低各级的增益(见第 13 章)。 ◀

3.7.5 IEEE802.11a/b/g

IEEE802.11a/b/g 标准允许高速无线连接，并提供高达 54Mbit/s 的传输速率。其中，11a 和 11g 两个版本除了所在频带(分别为 5GHz 和 2.4GHz)不同之外，其余完全相同。11b 版本也工作在 2.4GHz 频带，但其他特性有所不同。11g 和 11b 标准也统称为“无线局域网(WiFi)”。接下来先从 11a/g 开始研究。

11a/g 标准规定了根据不同数据传输速率而采用不同调制方案，信道带宽为 20MHz。图 3.82 显示了无线接口和 11a 标准的信道化。我们注意到，较高的数据速率会使用频谱更紧密的调制方式，因而对 TX 和 RX 信道的设计要求更加苛刻。此外，对于超过每秒几兆比特的传输速率，无线系统将采用 OFDM(正交分频复用)以减小时延扩展的影响。这个标准内共有信道间距为 0.3125MHz 的 52 个子载波(见图 3.83)。位于中央的子信道和前后各 5 个子信道未使用，此外共有 4 个子载波被 BPSK 调制的“导频(pilots)”占用，以便接收机在存在频率偏移和相位噪声的情况下简化检波过程。每个 OFDM 的码长为 4μs。

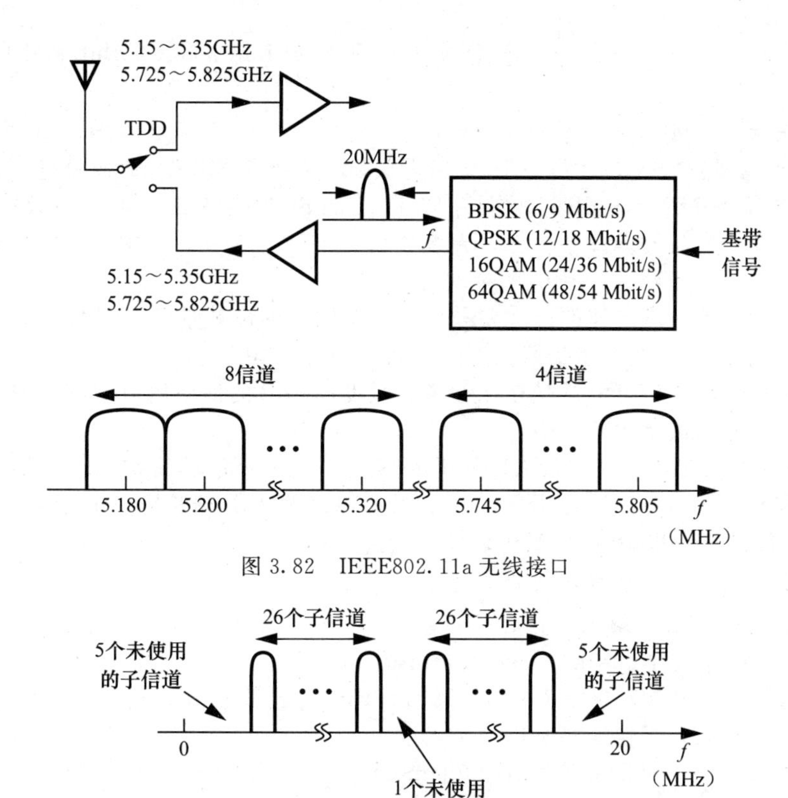

图 3.82 IEEE802.11a 无线接口

图 3.83 11a 标准中 OFDM 信道化

TX 在符合图 3.84 所示的频谱屏蔽时必须提供至少 40nW(+16dBm)的功率。这里每个点代表在 100kHz 带宽内测得的并归一化至总输出功率后的功率值。TX 基带信号在 9～11MHz 之间会迅速减小，因而需要进行脉冲整形(参见 3.3.1 节)。事实上，脉冲整形将信道带宽减小到了 16.6MHz。载波频率可以存在 $\pm 20\times 10^{-6}$ 的误差。此外，载波泄漏必须保持在总输出功率的 15dB 以下。

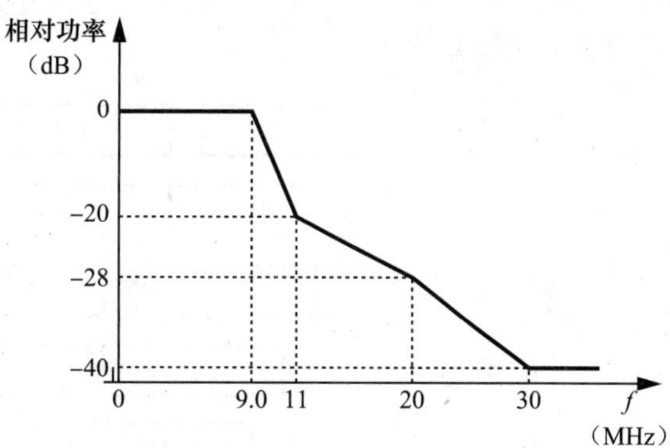

图 3.84 IEEE802.11a 传输屏蔽

在 11a/g 标准中，接收机的灵敏度与数据速率是作为整体来规定的。表 3.1 总结了不同传输速率下的灵敏度、相邻信道值以及备用相邻信道值。此时，“误包率”务必不能超过 10%，即对应的误码率要小于 10^{-5}。

表 3.1 IEEE802.11a 数据速率、灵敏度以及相邻信道值

速率 (Mbit/s)	参考灵敏度 (dBm)	相邻信道值 (dB)	备用信道值 (dB)	速率 (Mbit/s)	参考灵敏度 (dBm)	相邻信道值 (dB)	备用信道值 (dB)
6.0	−82	16	32	24	−74	8.0	24
9.0	−81	15	31	36	−70	4.0	20
12	−79	13	29	48	−66	0	16
18	−77	11	27	54	−65	−1	15

例3.16 请估计11a/g标准中接收速率分别为6Mbit/s和54Mbit/s时所需的噪声系数。

解: 首先考虑6Mbit/s传输速率的情况，假定噪声带宽为20MHz，可知噪声系数(NF)及所需的信噪比(SNR)之和为19dB。类似地，对于54Mbit/s的传输速率，这个总和达到36dB。因此当NF为10dB时对应的SNR在BPSK中为9dB，在64QAM中为26dB，都能够保证较理想的误码率。事实上，大多数商业产品旨在设计6dB的NF，从而在最高数据速率的条件下达到约−70dBm的灵敏度。◀

在表3.1中，灵敏度之间的巨大差异增加了接收机的设计难度：链路增益在低速率情况下必须达到约82dB，在高速率情况下必须减少到约65dB[㊀]。

在表3.1中，相邻信道测试是在比参考灵敏度高3dB的期望信道中进行的，并且另一个已调制信号在相邻或备用信道中。

11a/g的接收机必须保证在最大−30dBm的输入电平下能够正常工作。如此高的输入振幅会使接收机链路饱和，这对于11a/g中用到的密度调制来说是一个非常严重的问题。因此，RX增益在30～82dB内应是可调的。

例3.17 估计11a/g的接收机需要的1dB压缩点。

解: 对于−30dBm的输入，接收机不能进行压缩。由于有N个子信道的OFDM信号呈现大约$2\ln N$的峰均比(peak-to-average ratio，PAR)，所以当$N=52$时，PAR＝7.9。因此，即使输入电平达到−30＋7.9＝−22.1(dBm)，接收机也不能压缩。由于基带脉冲整形产生的包络变化，可能需要更高的P_{1dB}。◀

IEEE802.11b在“补码键控”(complementary code keying，CCK)调制下支持的最大数据速率为11Mbit/s[㊁]。但是，当信号损失较大时，传输速率减小至5.5Mbit/s、2Mbit/s或1Mbit/s。后两个速率分别采用的是QPSK和BPSK调制。11bit的每个信道在2.4GHz ISM频段中占用22MHz带宽。为保证更大的灵活性，11bit指定了重叠信道的频率(见图3.85)。当然，彼此很靠近的用户在操作时要避免信道重叠。载波频率的容忍误差为$\pm25\times10^{-6}$。

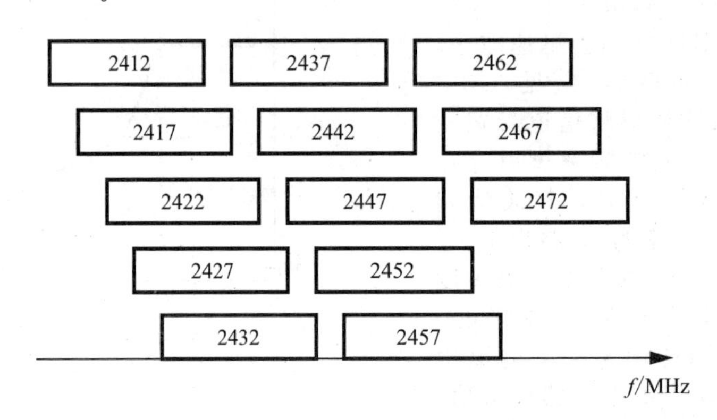

图3.85 11b中的重叠信道化

如图3.86所示，11b标准规定了有频谱屏蔽时100mW(＋20dBm)的TX输出功率，其中，每个点表示在100kHz带宽内测得的功率。相邻信道的低泄漏要求TX基带采用脉冲整形。该标准还规定，载波泄漏比频谱峰值低15dB，如图3.86所示[㊂]。

㊀ 一般而言，接收机模拟基带输出应该在0dBm左右。

㊁ CCK是QPSK的变形。

㊂ 注意，与11a/g标准不同，这种泄漏与总的TX输出功率不相关。

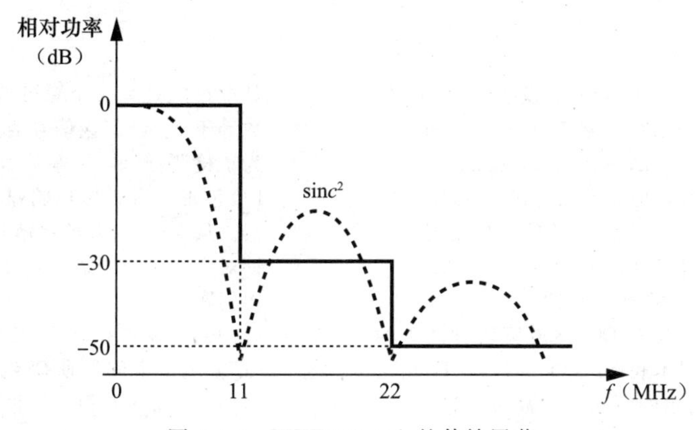

图 3.86　IEEE802.11b 的传输屏蔽

11b 的接收机在“误帧率”为 8×10^{-2} 时必须达到 -76dBm 的灵敏度，并在输入电平高达 -10dBm 时能够工作。相邻信道强度可以比待接收的信号(-70dBm)高 35dB。

3.8　拓展：差分相移键控

检测 PSK 信号的困难在于相位与时间原点有关，没有“绝对”意义。例如，QPSK 波形中 90°的相移会将星座图转换为类似的星座图，但所有符号的解释都是错误的。因此，简单的 PSK 波形不能被非相干地检测到。但是，如果相位中的信息从一个比特(或符号)变化到下一个比特(或符号)，那么就不需要时间原点，就可以进行非相干检测。这可以通过在调制前和解调后分别对基带信号进行“差分”编码和解码来实现。

让我们考虑二进制差分 PSK(DPSK)。差分编码的规则是，如果当前输入值是 1，则编码器的输出状态不会改变，反之亦然。这就需要一个额外的起始位(任意值)。通过图 3.87a 中描述的实现方式，可以更好地理解这一概念。一个排他性异或(XNOR)门将当前输出位 $D_{out}(mT_b)$ 与当前输入位 $D_{in}(mT_b)$ 进行比较，以确定下一个输出状态：

$$D_{out}[(m+1)T_b]=\overline{D_{in}(mT_b)\oplus D_{out}(mT_b)} \tag{3.70}$$

这意味着如果 $D_{in}(mT_b)=1$，则 $D_{out}[(m+1)T_b]=D_{out}(mT_b)$；如果 $D_{in}(mT_b)=0$，则 $D_{out}[(m+1)T_b]=\overline{D_{out}(mT_b)}$。上述额外的起始位对应于数据序列开始前触发器的状态。

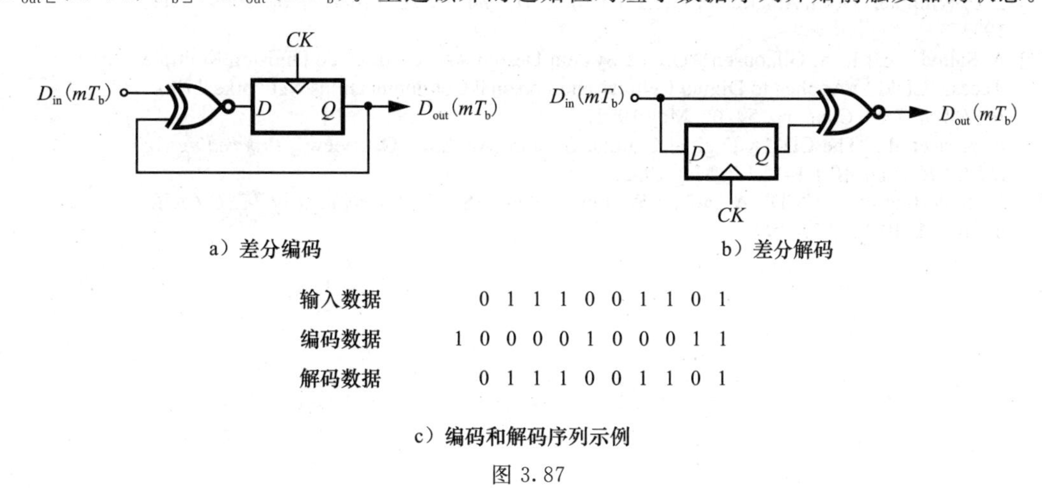

输入数据	0 1 1 1 0 0 1 1 0 1
编码数据	1 0 0 0 0 1 0 0 0 1 1
解码数据	0 1 1 1 0 0 1 1 0 1

c) 编码和解码序列示例

图 3.87

习题

3.1 由于存在缺陷，16-QAM 发生器会产生 $\alpha_1 A_C\cos(\omega_C t+\Delta\theta)-\alpha_2 A_C(1+\varepsilon)\sin\omega_C t$，其中 $\alpha_1=\pm1$，±2，$\alpha_2=\pm1$，±2。

(1) 构建 $\Delta\theta\neq0$，但 $\varepsilon=0$ 的信号星座图。

(2) 构建 $\Delta\theta=0$，但 $\varepsilon\neq0$ 的信号星座图。

3.2 如果噪声系数小于 10dB，重做例 3.12。

3.3 对于 WCDMA，重做例 3.12。

3.4 确定 IMT-2000TX 在 DCS1800 频段可产生的最大可容忍相对本底噪声(单位：dBc/Hz)。

3.5 针对图 3.73 所示的情况，重做例 3.12。

3.6 根据图 3.81，估算蓝牙接收机所需的 IP_3。

3.7 “三元”FSK 信号可定义为

$$x_{FSK}(t)=\alpha_1\cos\omega_1 t+\alpha_2\cos\omega_2 t+\alpha_3\cos\omega_3 t \tag{3.71}$$

其中每次只有一个系数等于 1，另外两个系数等于 0。绘制该信号的星座图。

3.8 为了检测(解调)调幅信号，我们可以将其与 LO 波形相乘，然后将结果应用于低通滤波器。从式(3.2)开始，解释检测器的操作。

3.9 针对由式(3.26)表示的 BPSK 信号，重复上述问题。

3.10 由式(3.26)表示的 BPSK 信号将被解调。正如上一个问题所研究的那样，我们需要将 $\alpha_n\cos\omega_C t$ 乘以 LO 波形。现在假设接收机中生成的 LO 波形相对于输入载波有轻微的“频率偏移”。也就是说，我们实际上是将 $\alpha_n\cos\omega_C t$ 乘以 $\cos(\omega_C+\Delta\omega)t$，证明信号星座图随时间以 $\Delta\omega$ 的速率旋转。

参考文献

[1] L. W. Couch, *Digital and Analog Communication Systems,* Fourth Edition, New York: Macmillan Co., 1993.

[2] H. E. Rowe, *Signals and Noise in Communication Systems,* New Jersey: Van Nostrand Co., 1965.

[3] R. E. Ziemer and R. L. Peterson, *Digital Communication and Spread Spectrum Systems*, New York: Macmillan, 1985.

[4] P. A. Baker, “Phase-Modulated Data Sets for Serial Transmission at 2000 and 2400 Bits per Second,” Part I, *AIEE Trans. Communication Electronics,* pp. 166–171, July 1962.

[5] Y. Akaiwa and Y. Nagata, “Highly Efficient Digital Mobile Communication with a Linear Modulation Method,” *IEEE J. of Selected Areas in Commnunications,* vol. 5, pp. 890–895, June 1987.

[6] N. Dinur and D. Wulich, “Peak-to-average power ratio in high-order OFDM,” *IEEE Tran. Comm.,* vol. 49, pp. 1063–1072, June 2001.

[7] T. S. Rappaport, *Wireless Communications, Principles and Practice,* New Jersey: Prentice Hall, 1996.

[8] D. P. Whipple, “North American Cellular CDMA,” *Hewlett-Packard Journal,* pp. 90–97, Dec. 1993.

[9] A. Salmasi and K. S. Gilhousen, “On the System Design Aspects of Code Division Multiple Access (CDMA) Applied to Digital Cellular and Personal Communications Networks,” *Proc. IEEE Veh. Tech. Conf.*, pp. 57–62, May 1991.

[10] R. Kerr et al., “The CDMA Digitial Cellular System, An ASIC Overview,” *Proceedings of IEEE CICC,* pp. 10.1.1–10.1.7, May 1992.

[11] J. Hinderling et al., “CDMA Mobile Station Modem ASIC,” *Proceedings of IEEE CICC,* pp. 10.2.1–10.2.5, May 1992.

收发机结构

基于前几章对RF设计和通信原理的理解，我们现在就深入学习收发机结构。选择何种结构不仅取决于它所能提供的RF性能，还取决于其他参数，比如复杂度、造价、功耗以及外部元器件的数量等。在过去的十年中，一个很明显的趋势是，基于集成电路的高度集成化，在所有方面都提高了系统的性能。另一个很重要的趋势是，结构设计和电路设计是密不可分的，要求两者交替进行。本章内容如下：

外差接收机

- 镜像问题
- 混频杂散
- 滑动中频接收机

镜像抑制和低中频接收机

- 哈特莱和韦弗接收机
- 低中频接收机
- 多相过滤器

直接变频接收机

- LO泄漏和失调
- 偶数阶非线性
- I/Q失配

发射机结构

- 发射机基带处理
- 直接变频发射机
- 外差和滑动中频发射机

4.1 概述

无线通信环境通常被认为是具有挑战性的，以强调它对收发机设计的严苛约束。可能最大的约束来源于分配给每个用户的有限带宽(例如：在GSM中为200kHz)。从香农定理[⊖]可知，这种带宽限制意味着：在有限的信息传输速率要求下，需要使用复杂的基带处理技术，例如编码、压缩和带宽高效调制。

每个用户可用的狭窄信道带宽也影响着收发机RF部分的设计。如图4.1所示，为了避免频谱向相邻信道泄漏，发射机必须采用窄带调制和放大技术，而接收机必须能在充分抑制带内和带外强干扰的情况下处理期望信道的信号。

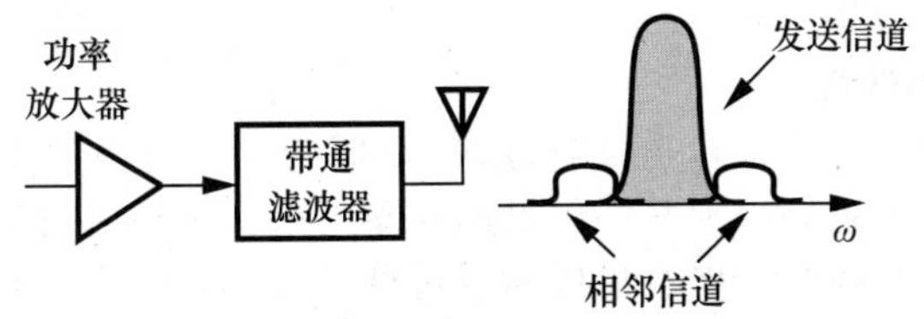

a）发射机前端

图4.1 无线收发机的前端

⊖ 香农定律：一个信道能达到的通信速率等于$B\log_2(1+\mathrm{SNR})$，其中，B是带宽，SNR是信噪比。

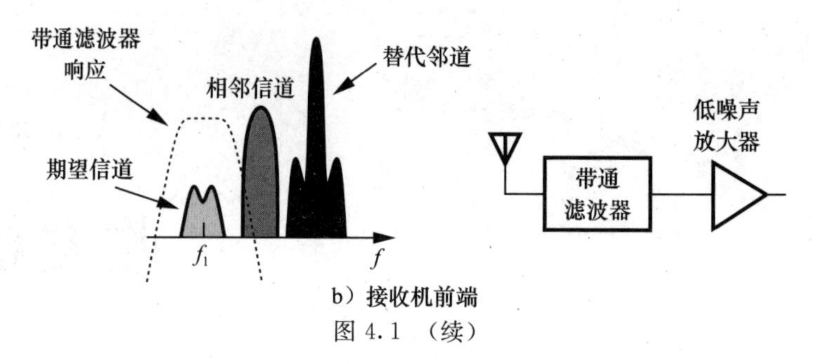

b）接收机前端

图 4.1 （续）

读者可能会想起第2章的内容，当对一个级联结构增加更多级时，它的非线性和噪声都会增加。尤其是，我们意识到，接收机的线性度必须足够高，才能适应干扰而不受到增益压缩或者强烈交调的影响。那么读者可能会疑惑，是否可以简单地过滤掉干扰以减轻对接收机线性度的要求呢？但是，这样做会出现两个问题：第一，由于干扰可能出现在如图4.2所示的距离期望通道一两个信道处，滤波器需要提供非常强的选择性，即非常高的Q值。比如说，如果干扰水平比期望信道高50～60dB，那么所要求的Q值将会异常高，比如数百万。第二，由于在不同的时刻可能分配给用户不同的载波频率，所以这样的滤波器需要一个可变但要求是精确固定的中心频率，该要求难以实现。

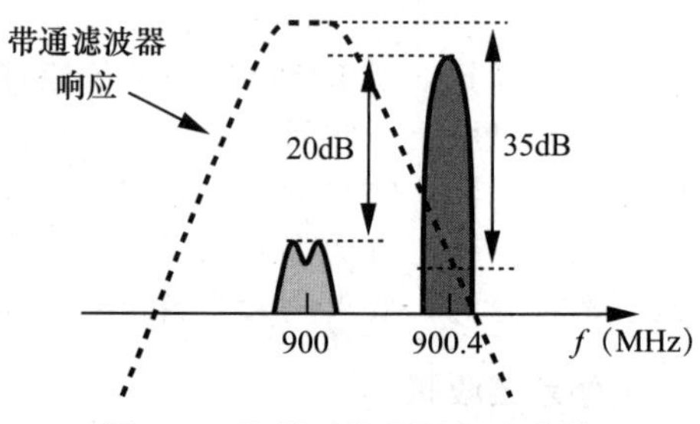

图 4.2 抑制干扰的假想滤波器

例 4.1 一个具有200kHz信道间隔(带宽)的900MHz GSM接收机，必须能容忍比期望信号高20dB的备用邻道阻塞(alternate adjacent channel blocker)。计算能够抑制这种干扰35dB的二阶LC滤波器的Q值。

解： 如图4.2所示，滤波器的频率响应必须能在距离900MHz的中心频率的400kHz处提供35dB的衰减。对于一个二阶RLC谐振回路，它的阻抗为

$$Z_{\mathrm{T}}(s)=\frac{RLs}{RLCs^2+Ls+R} \tag{4.1}$$

假设共振频率$\omega_0=1/\sqrt{LC}=2\pi\times 900\mathrm{MHz}$，那么阻抗的平方值为

$$|Z_{\mathrm{T}}(\mathrm{j}\omega)|^2=\frac{L^2\omega^2}{(1-LC\omega^2)^2+L^2\omega^2/R^2} \tag{4.2}$$

对于在900.4MHz处的35dB(=56.2)的衰减，这个量必须等于$R^2/56.2^2$(读者想想为什么会有这个结论)，求解$L^2\omega^2/R^2$，可得：

$$\frac{L^2\omega^2}{R^2}=2.504\times 10^{-10} \tag{4.3}$$

由第2章可知，$Q=R/(L\omega)=63\,200$。 ◀

1. 信道选择和频带选择

上文推测的这种滤波叫作“信道选择滤波”，因为它“选择”期望信号通道，“拒绝”其他通道的干扰。这里，我们得到两个关键的观察结果：①在进行信道选择滤波之前，接收机链的每一级必须足够线性，以避免压缩或过度的交调；②由于在输入载波频率处，通道选择滤波是极其难实现的，所以必须沿着链路把它延迟到某个其他期望信道中心频率很低的点，这样滤波器所要求的Q值将更合理[⊖]。

尽管如此，如图4.3所示，大多数接收机前端的确包含一个“频带选择”滤波器，它选

⊖ 带通滤波器的Q值可以被粗略地定义为中心频率除以−3dB带宽。

择整个接收频带并拒绝“带外”干扰，从而抑制可能由用户产生且不属于所关心频段的成分。因此，我们区分“带外干扰”和“带内干扰”，它通常在接收机链靠近末端处被区分。

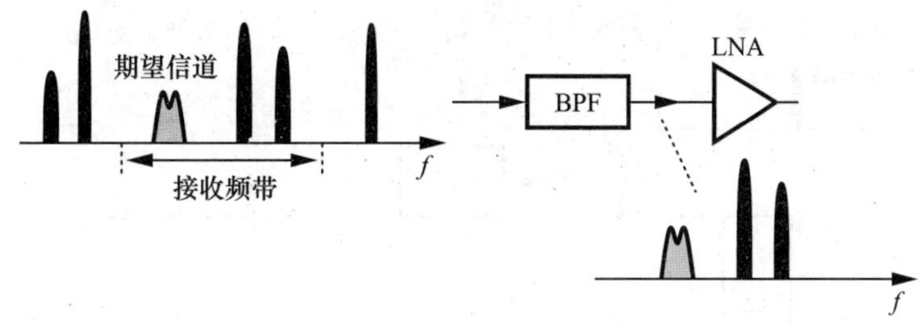

图 4.3　频带选择滤波

RF 前端的频带选择(无源式)滤波器需要折中考虑选择性和带内损耗，因为只有提高滤波器的阶数，即滤波器内部级联数量，才能让带通频率响应的边沿变得陡峭。然而，第 2 章告诉我们，射频前端的损耗将直接提高整个接收机的噪声系数，从而证明折中考虑选择性和带内损耗不可取。因此，将滤波器设计成较小损耗(例如 0.5～1dB)和一定的频率选择性。

图 4.4 描绘了一个典型双工器的频率响应[⊖]，显示了在相对于接收频带“偏移”20MHz 处大约 2dB 的带内损耗和 30dB 的带外抑制。也就是说，出现在 f_1 处(距离接收频带 20MHz)的干扰仅仅被衰减 30dB，这在接收路径和频率合成器的设计中都是一个严重的问题(详见第 10 章)。

双工器的带内损耗也是有问题的，因为它“浪费”了一部分功率放大器的输出。例如，功率放大器产生 1W 的功率，那么在滤波器中衰减 2dB 相当于双工器中高达 370mW 的功率损耗，这比整条接收路径消耗的典型功率还多!

观察结果也表明了通过合理选择调制方案和功率放大器去控制频谱增生的重要性(参见第 3 章)。由功率放大器产生的信道外的能量不会被射频前端的带通滤波器抑制，必须通过设计使它小到可以接受的程度。

2. TX-RX 馈通

第 3 章提到，TDD 系统在任何时刻只能激活发射机和接收机中的一个，以避免两者的耦合。而且，即使是在 FDD 系统中，GSM 也基于同样的原因提供发送和接收时隙。另一方面，在全双工标准中，发送和接收是同时进行的(如第 3 章解释的，CDMA 系统要求连续的功率控制，因此要求发射和接收是同时的)。从图 4.4 所示的典型双工器特性中可认识到，因为发射机在接近发射频带上端频率处(例如 f_2 处)的输出仅仅衰减了 50dB，所以发射机功率会泄漏给接收机。因此，如图 4.5 所示，如果 TX 发送 1W 的功率，那么 LNA 接收到的泄漏量会达到－20dBm，这表示会出现一个更高的 RX 压缩点。基于这个原因，CDMA 接收机必须满足更高的线性要求。

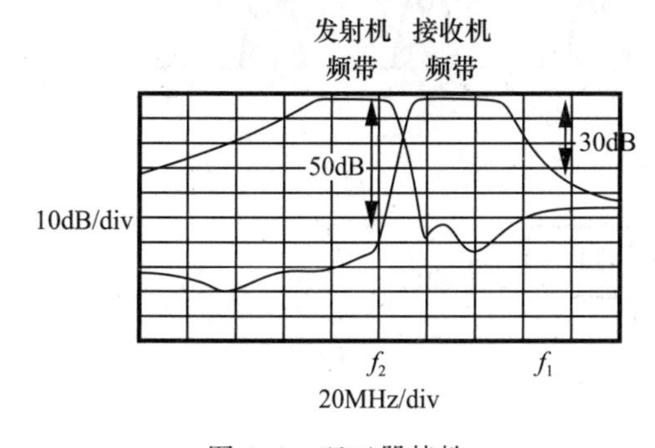

图 4.4　双工器特性

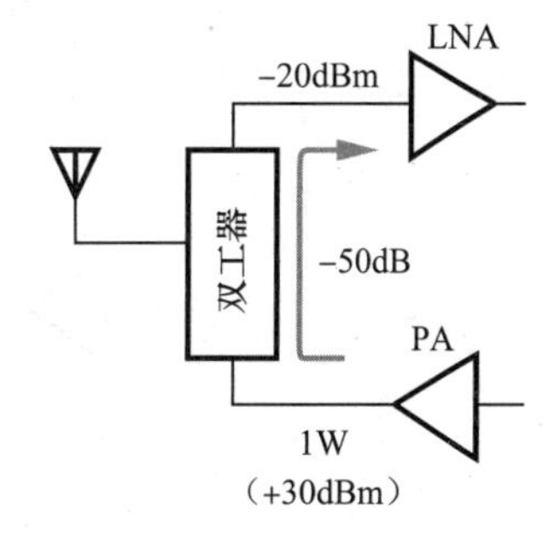

图 4.5　CDMA 收发机的发射泄漏

⊖ 正如第 3 章提到的，双工器包括两个带通滤波器，一个用于接收频段，另一个用于发射频段。

例 4.2 在CMDA系统中，请解释LNA之后的BPF为什么能够减轻TX-RX泄漏。

解： 如图4.6所示，如果BPF在发射频段中提供额外的抑制，那么其余的接收链所要求的线性度就会适当地减弱。然而，LNA的压缩点仍必须足够高。

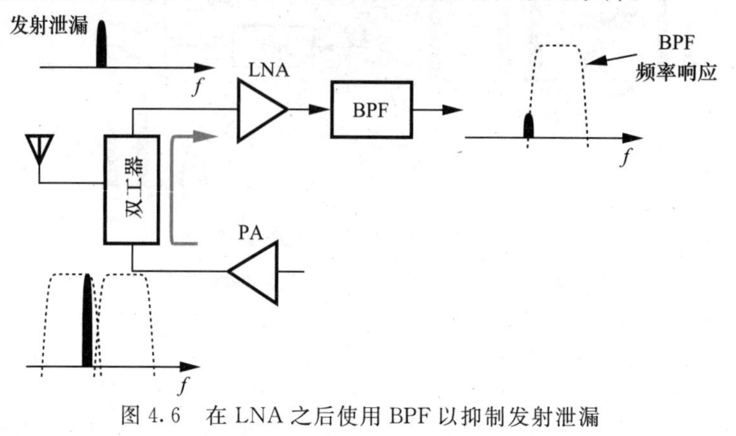

图4.6 在LNA之后使用BPF以抑制发射泄漏

4.2 接收机结构

4.2.1 基本外差接收机

正如上文提到的，在高的载波频率下，信道选择滤波是非常困难的。因此必须想办法把期望的信道“转换”到一个低得多的中心频率处，以使信道选择滤波器具有合理的Q值。图4.7a表明，这种转换是通过“混频器”实现的，在本章，我们把混频器看成简单的模拟乘法器。为了降低中心频率，信号先和余弦信号$A_0\cos\omega_{LO}t$混频，该余弦信号是由本地振荡器(LO)产生的，LO即本振。由于时域中的乘法与频域中的卷积相对应，从

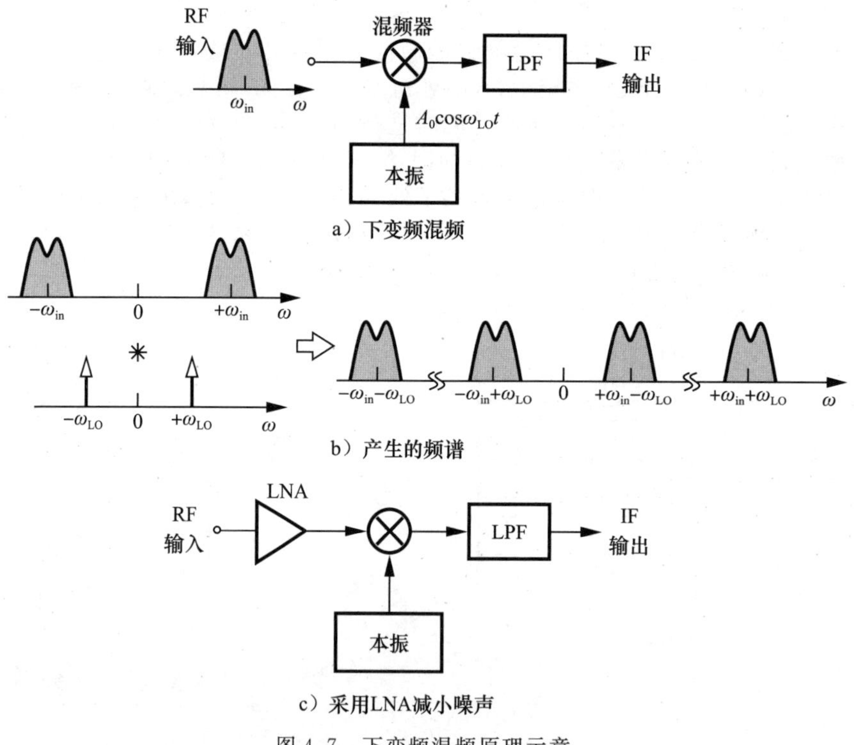

图4.7 下变频混频原理示意

图 4.7b 中可观察到，$\pm\omega_{LO}$ 处的脉冲将期望信道转移到 $\pm(\omega_{in}\pm\omega_{LO})$。$\pm(\omega_{in}+\omega_{LO})$ 处的成分是我们不感兴趣的，而且会被图 4.7a 中的低通滤波器(LPF)消除，进而留下中心频率为 $\omega_{in}-\omega_{LO}$ 处的信号。这种操作叫作“下变频混频”或简称“下变频”。如图 4.7c 所示，由于噪声很高，下变频混频器一般位于低噪声放大器的后面。

下变频信道中心频率 $\omega_{in}-\omega_{LO}$ 称为中频(Intermediate Frequency，IF)，在性能中起着关键作用。“外差”接收机采用不等于 ω_{in} 的 LO 频率，因而其 IF 非零 ㊀。

外差接收机如何覆盖给定频带？对于 N 信道频带，可以设想两种可能：①LO 的频率是固定的，而且每个 RF 信道被下变频到如图 4.8a 所示的不同 IF 信道，即 $f_{IFj}=f_{RFj}-f_{LO}$；②LO 的频率是可变的，所以频带内所有的 RF 信道都被转变成如图 4.8b 所示的单一 IF 值，即 $f_{LOj}=f_{RFj}-f_{IF}$。后者更常见，因为它简化了 IF 路径的设计。比如说，它不需要带有可变中心频率的滤波器来选择感兴趣的 IF 信道并滤除其他信道。然而，这种方法需要一个反馈回路，即“频率合成器”-来精确定义 LO 的频率步长。

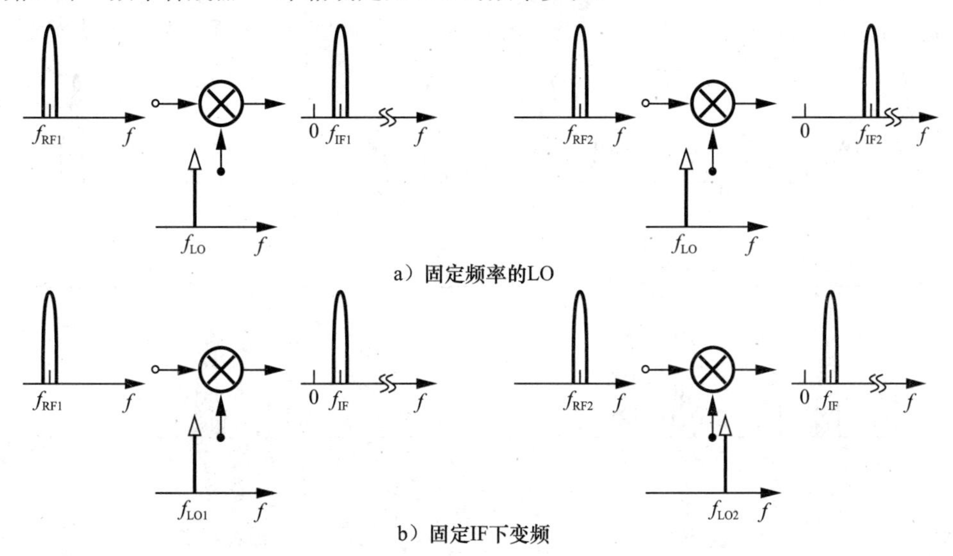

图 4.8　固定频率的 LO 和固定 IF 下变频混频

1. 镜像问题

外差接收机受一种称为“镜频干扰”的效应的影响。为了理解这种现象，假设一个正弦曲线输入并将 IF 分量表示为

$$A\cos\omega_{IF}t=A\cos(\omega_{in}-\omega_{LO})t \tag{4.4}$$

$$=A\cos(\omega_{LO}-\omega_{in})t \tag{4.5}$$

也就是说，无论 $\omega_{in}-\omega_{LO}$ 是正还是负的，均产生相同的中频。因此，不管 ω_{in} 高于还是低于 ω_{LO}，它都被转换成相同的 IF。图 4.9 描述了一个更普遍的情况，可以看出，相对于 ω_{LO} 对称分布的两个频谱被下变频到 IF 处。因为这种对称性，位于 ω_{im} 处的分量叫作期望信道的镜像。请读者注意，$\omega_{im}=\omega_{in}+2\omega_{IF}=2\omega_{LO}-\omega_{in}$。

镜像是如何产生的？各种标准(从警方通信到 WLAN)中的大量用户在传输信号时产生了大量的干扰。而如果一个干扰恰好落在 $\omega_{im}=2\omega_{LO}-\omega_{in}$ 处，那么下变频后它将破坏期望信号。

虽然每一个无线标准都会通过它自己的用户对信号的发射强加一些限制，但它或许不能控制其他频带上的信号。因此镜像功率可能会比期望信号的功率高得多，而解决这一问题需要恰到好处的“镜像抑制”。

㊀ 本书中，我们并不区分“外差”和“超外差”这两种结构。外差(Heterodyne)这个词来源于 hetero(不同的)和 dyne(混合)这两个词。

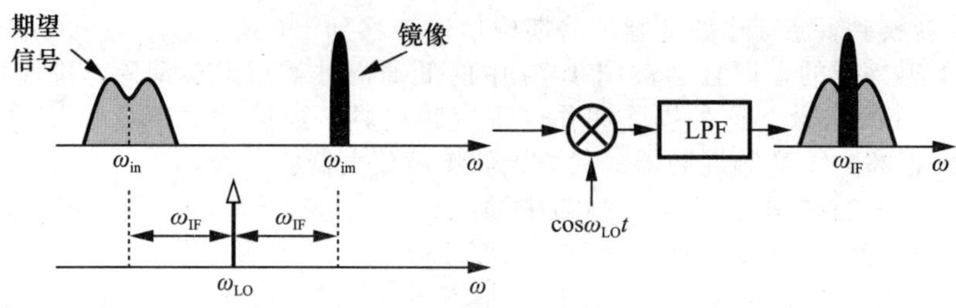

图 4.9 外差下变频中的镜像问题

例 4.3 假设 ω_1 和 ω_2 两个信道都被接收到了，且 $\omega_1<\omega_2$。当 LO 频率从低于 ω_1 变化到高于 ω_2 时，研究下变频后的频谱。

解： 图 4.10a 表示的是 $\omega_{LO}<\omega_1$ 的情况。注意，位于 $+\omega_{LO}$ 处的脉冲使 $+\omega_1$ 和 $+\omega_2$ 处的分量向左移动。类似地，位于 $-\omega_{LO}$ 处的脉冲使 $-\omega_1$ 和 $-\omega_2$ 处的分量向右移动[⊖]。由于 $\omega_{LO}<\omega_1$，正的输入频率在下变频后仍是正的，同理，负的输入频率下变频后仍是负的。

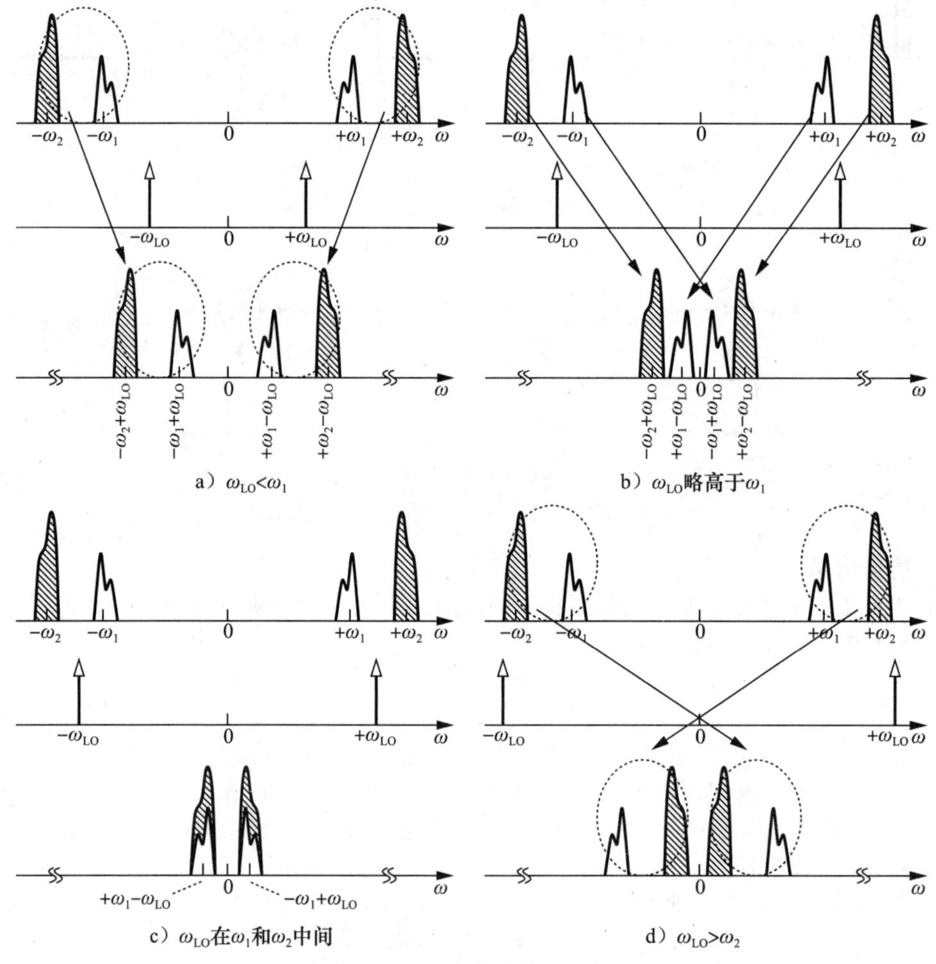

图 4.10 两个信道的下变频

现在考虑图 4.10b 所描述的情况，即 ω_{LO} 略大于 ω_1。在这里，下变频后 $+\omega_1$ 处的信道移动到负频率，而 $+\omega_2$ 处的仍保持为正的。如果 ω_{LO} 达到 $(\omega_1+\omega_2)/2$，那么接收信道

⊖ 原文中 $+\omega_{LO}$ 和 $-\omega_{LO}$ 写反了。——译者注

变换后将在IF输出处彼此完全重叠。也就是说，ω_1 和 ω_2 互为镜像，如图4.10c所示。最后，如图4.10d所示，如果 ω_{LO} 大于 ω_2，两个正的输入频率都会被转移为负值，而两个负的输入频率也会被转移为正值。◀

例4.4 用期望信号及其镜像表达式写出图4.9中下变频公式。

解： 两个成分都包含调制，假设其形式为 $A_{in}(t)\cos[\omega_{in}t+\phi_{in}(t)]$和 $A_{im}(t)\cos[\omega_{im}t+\phi_{im}(t)]$，其中，$\omega_{im}=2\omega_{LO}-\omega_{in}$。将其与 $A_{LO}\cos\omega_{LO}t$ 相乘后可得到[1]：

$$x_{IF}(t)=\frac{1}{2}A_{in}(t)A_{LO}\cos[(\omega_{in}+\omega_{LO})t+\phi_{in}(t)]+\frac{1}{2}A_{in}(t)A_{LO}[\cos(\omega_{in}-\omega_{LO})t+\phi_{in}t]+$$
$$\frac{1}{2}A_{im}(t)A_{LO}\cos[(\omega_{im}+\omega_{LO})t+\phi_{im}(t)]+$$
$$\frac{1}{2}A_{im}(t)A_{LO}[\cos(\omega_{im}-\omega_{LO})t+\phi_{im}t] \tag{4.6}$$

我们观察到，$\omega_{in}+\omega_{LO}$ 和 $\omega_{im}+\omega_{LO}$ 处的成分被低通滤波器消除，而 $\omega_{in}-\omega_{LO}=-\omega_{IF}$ 和 $\omega_{im}-\omega_{LO}=+\omega_{IF}$ 处的成分则被叠加。破坏程度由 $A_{im}(t)$和 $A_{in}(t)$的方均根比值给出。◀

2. 高边带注入和低边带注入

在图4.9所示的情况中，LO频率高于期望信道。或者，也可以选择低于期望信道频率的 ω_{LO}。这两种情况分别称为高边注入和低边注入[2]。选择哪个更好是由很多方面决定的，比如LO的高频设计问题、镜像频带干扰的强度和其他系统要求等。

例4.5 由于GPS频带只包含微弱的卫星传输，没有较强的干扰，所以IEEE 802.11g接收机的设计者试图将镜像频率放到GPS频带，这能够实现吗？

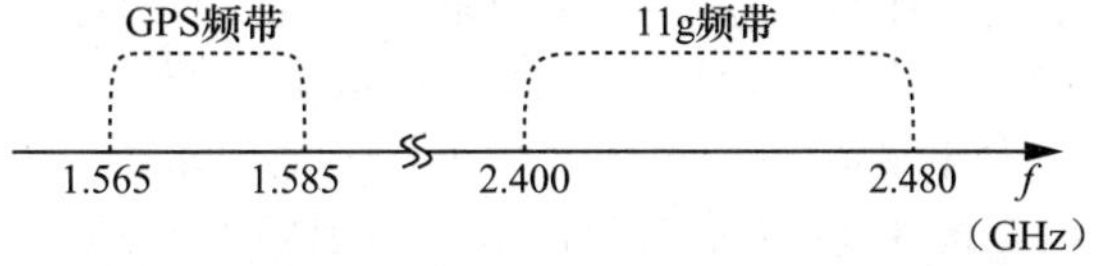

图4.11　试图将GPS频带作为11g接收机的镜像

解： 这两个频带如图4.11所示，11g的LO频率必须覆盖80MHz的范围，但是，GPS频带只有20MHz的范围。例如，如果选择最低的LO频率，以使1.565GHz为2.4GHz的镜像，那么超过2.42GHz的802.11g信道的镜像会超出GPS频带。◀

例4.6 为802.11g和802.11a这两种标准设计一个双模式接收机。这两个接收机能否工作在同一个LO下？

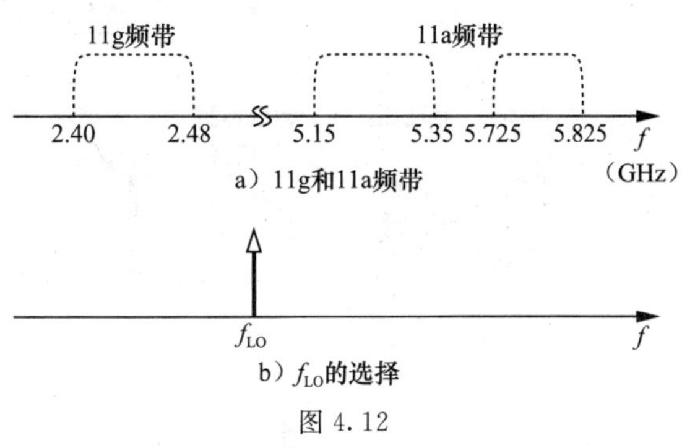

图4.12

解： 图4.12a给出了这两个频带。如图4.12b所示，将LO频率选在两个频带之间，以使同一个LO能够通过高边注入覆盖11g频带，也能够通过低边注入覆盖11a频带。虽然这种做法很大地简化了系统的设计，但使得两个频带互为镜像。例如，当接收机处于11a模式且附近有一个11g的发射机在工作时，将会严重破坏接收过程。还需要注意的是，这种情况下的IF也是相当高的，这个问题后面还会遇到。◀

3. 镜像抑制

如果LO频率的选择使得在强干扰频带中产生了一个镜像频率，接收机必须带有抑制镜像信号的措施。最常见的方法就是在混频器前面放置一个镜像抑制滤波器。如图4.13

---

[1] 根据三角函数积化和差公式，原书误将第二项、第四项写成负号，其实都是正号。——译者注

[2] 它们有时也分别称为上差和下差。

所示，滤波器在期望频带上有较小的损耗，而在镜像频带上则有很大的衰减，这两个要求在 $2\omega_{IF}$ 足够大时比较容易同时满足。

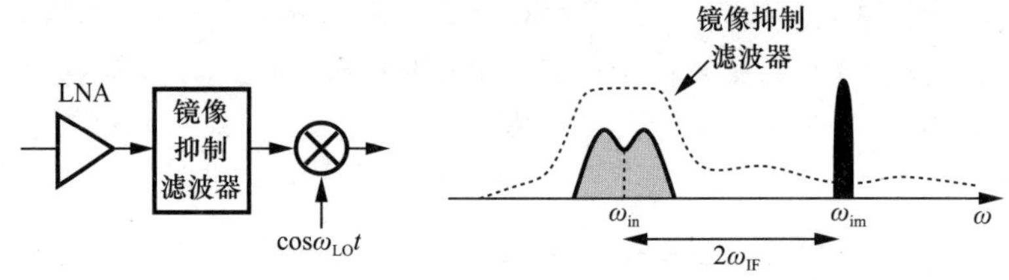

图 4.13　通过滤波实现镜像抑制

能将滤波器放在 LNA 的前面吗？更一般地说，前端频带选择滤波器能提供镜像抑制吗？答案是能，但是因为这种滤波器的带内损耗很关键，所以它的选择性和带外衰减就不能随意确定[⊖]。因此具备高镜像抑制能力的滤波器一般出现在 LNA 和混频器之间，以至于 LNA 的增益降低了滤波器对接收机噪声系数的作用。

镜像抑制滤波器的线性度和选择性决定了它必须通过无源器件或片外的方式来实现。由于在高频工作时，滤波器须提供 50Ω 的输入和输出阻抗。因此 LNA 必须能驱动一个 50Ω 的负载阻抗，显然这是一个十分困难且高功耗的任务要求。

4. 镜像抑制与信道选择

如图 4.13 所示，期望信道与其镜像之间存在 $2\omega_{IF}$ 的频率差。因此，为了最大程度地做到镜像抑制，可以通过选择一个较大的 ω_{IF} 值，这就会使得 ω_{in} 和 ω_{LO} 这两个频率离得很远。那么 $2\omega_{IF}$ 究竟可以取多大呢？回想一下，外差结构的前提就是使中心频率变到足够低，从而可以使用实际的滤波器进行信道选择。然而，随着 $2\omega_{IF}$ 增加，下变频后的信道中心频率（ω_{IF}）也随之增加，从而要求 IF 滤波器具有更高的 Q 值。

图 4.14 所示为与高低两种中频值分别对应的情形，以解释两者之间的权衡关系。如图 4.14a 所示，高的中频会充分抑制镜像，而如图 4.14b 所示，低的中频会更好地抑制频带内的干扰。因此，可以说外差接收机受制于镜像抑制和信道选择之间的权衡。

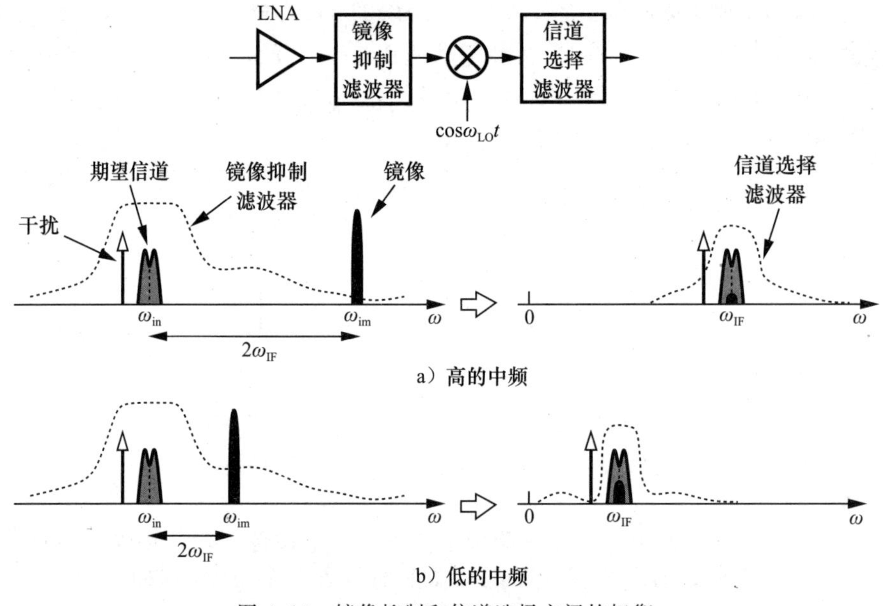

图 4.14　镜像抑制和信道选择之间的权衡

⊖　如前面提到的，无源滤波器受制于带内损耗和带外衰减之间的权衡。

例 4.7 一位工程师想设计一个空间应用(不考虑干扰)接收机。他构想出如图 4.15a 所示的外差前端，且没有使用频带选择滤波器和镜像选择滤波器。请解释为什么这个设计有相对较高的噪声系数。

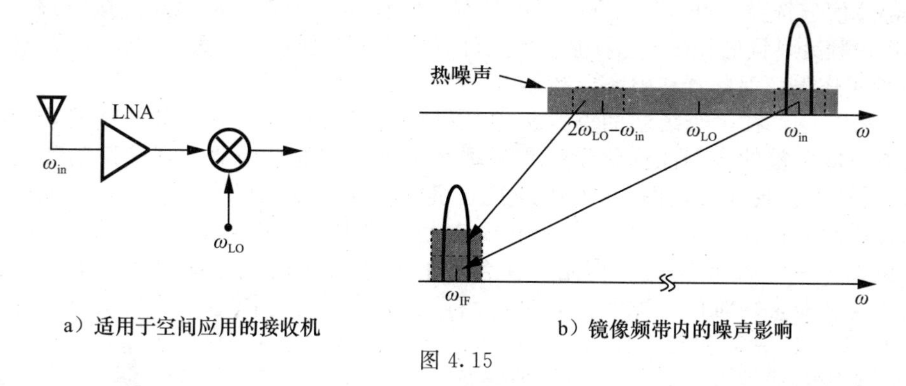

a）适用于空间应用的接收机　　b）镜像频带内的噪声影响

图 4.15

解：尽管不存在干扰，但在镜像频带中天线和 LNA 产生的热噪声会传到混频器的输入端。因此，如图 4.15b 所示，期望信号、期望信道中的热噪声和镜像频带中的热噪声都被下变频到 IF，这将会给接收机带来更高的噪声系数(除非 LNA 有这样的带宽限制，可以通过这种限制来抑制镜像频带中的噪声)。镜像抑制滤波器将消除镜像频带中的噪声。第 6 章会再次讨论这种效应。◀

5. 双下变频

在图 4.14 所示的简单外差结构中，镜像抑制和信道选择之间的权衡经常呈现出难以控制的局面：如果中频高了，镜像可以得到抑制，但会使得信道选择的完整性无法轻易得到保障，反之亦然。为了解决这个问题，外差的概念可以扩展到多个下变频，紧随每个下变频之后的是滤波和放大环节。如图 4.16 所示，该技术是在中心频率不断变小的过程中进行部分的信道选择，从而放松了对每个滤波器 Q 值的要求。注意，第二次下变频也可能会产生镜像，称之为二次镜像。

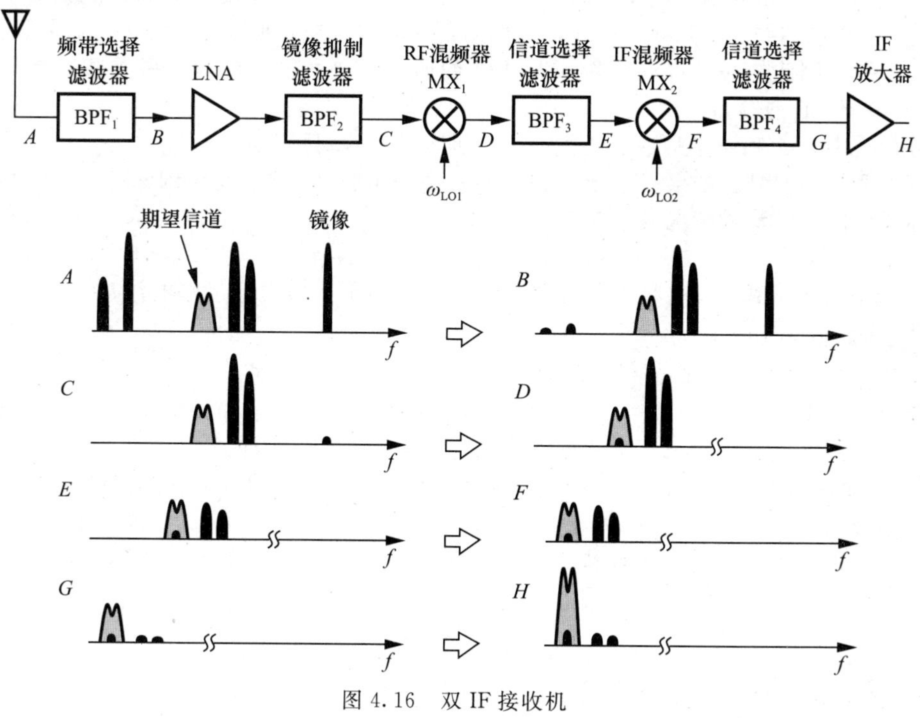

图 4.16　双 IF 接收机

图4.16也显示了沿级联结构分布的不同点处的频谱。射频前端的滤波器用来选择频带，同时也具备着一些镜像抑制的功效。经放大和镜像抑制滤波之后，可以得到C点的频谱。然后一个线性度很高的混频器将期望信道和邻近的干扰变换到一次中频处，即图中D点。在部分信道选择BPF_3后，可以采用具有一定线性度的第二混频器。接着该频谱被变换到二次中频处，同时BPF_4把干扰抑制到可以接受的较低程度，即G点。我们把MX_1和MX_2分别叫作射频混频器和中频混频器。

回想第2章，在一个级联的增益级中，射频前端的噪声系数是最关键的，而后端的线性度则是最关键的。因此优化设计是根据每一级之前的总增益，把该级的噪声系数和IP_3成比例扩大。现在假设图4.16中的接收机从A到G的总增益是40dB。如果这两个中频滤波器没有提供信道选择，那么中频放大器的IP_3就需要比LNA的IP_3高出大约40dB，例如，在30dBm附近。但是，在合理的噪声、功耗和增益的情况下要获得这么高的线性度是非常困难的，尤其是如果电路还要工作在低电源电压的情况下。如果每个中频滤波器都在一定程度上衰减带内干扰，那么随后各级对线性度的要求会相应地降低。这通常被非正式地称为“每1dB的增益需要1dB的预滤波处理”或“每1dB的预滤波降低1dB的IP_3需求”。

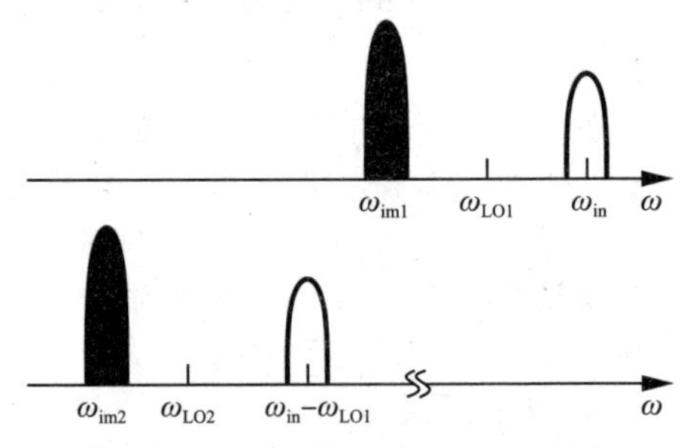

图4.17 外差接收机中的二次镜像

例4.8 在图4.16中，假设对两个下变频混频器使用低边注入，试确定镜像频率。

解：如图4.17所示，第一个镜像落在$2\omega_{LO1}-\omega_{in}$处，第二个镜像位于$2\omega_{LO2}-(\omega_{in}-\omega_{LO1})$处。◀

6. 混频杂散

在图4.16的外差接收机中，我们认为RF和IF混频器均为理想的。实际上，混频器与简单的模拟乘法器不同，它在接收路径中也会造成不良影响。特别地，如第2章研究的开关混频器，事实上，混频器会将RF输入与一个方波LO相乘，即便这个加在混频器上的LO信号是一个正弦曲线。如第6章所述，内部的正弦波与方波转换电路㊀在混频器的设计中是必不可少的。因此，必须将混频看成是LO的所有谐波㊁和射频输入做乘积。换句话说，图4.16中的RF混频器产生$\omega_{in}\pm m\omega_{LO1}$处的成分，而IF混频器产生$\omega_{in}\pm m\omega_{LO1}\pm n\omega_{LO2}$处的成分，其中，$m$和$n$是整数。当然，对于期望信号，只有$\omega_{in}-\omega_{LO1}-\omega_{LO2}$处的成分是我们感兴趣的。但是，如果一个干扰信号的频率为ω_{int}，当被下变频到同一个IF时，它就会破坏期望信号。这种情况发生在：

$$\omega_{int}\pm m\omega_{LO1}\pm n\omega_{LO2}=\omega_{in}-\omega_{LO1}-\omega_{LO2} \tag{4.7}$$

在选择LO频率时，这些被称为“混频杂散”的干扰需引起足够的注意。

例4.9 图4.18a表示一个2.4GHz的双下变频接收机，其中，第一个LO频率是为了将主镜像转移到GPS频段的信道中。试分析产生的混频杂散。

解：考虑LO_2的二次谐波——800MHz。如果干扰出现在820MHz或780MHz的一次中频处，那么它将在二次中频和期望信号处同时发生。在RF频带，前者对应的频率为820MHz+1980MHz=2.8GHz，而后者对应的频率为780MHz+1980MHz=2.76GHz。也可以根据LO_1的二次谐波来确定镜像，由$f_{in}-2f_{LO1}-f_{LO2}=20$MHz可得$f_{in}=4.38$GHz。图4.18b总结了这些结论。我们发现很多杂散可以通过考虑LO谐波的其他组合来确定。

㊀ 也称为“限幅”。
㊁ 当LO和混频器是完全对称时，则只剩LO的奇次谐波。

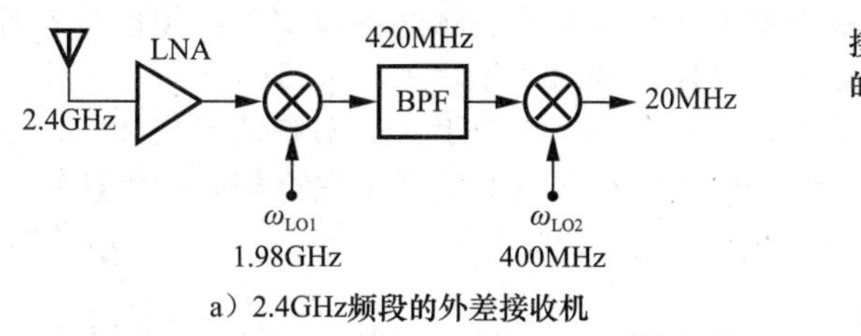

a) 2.4GHz频段的外差接收机

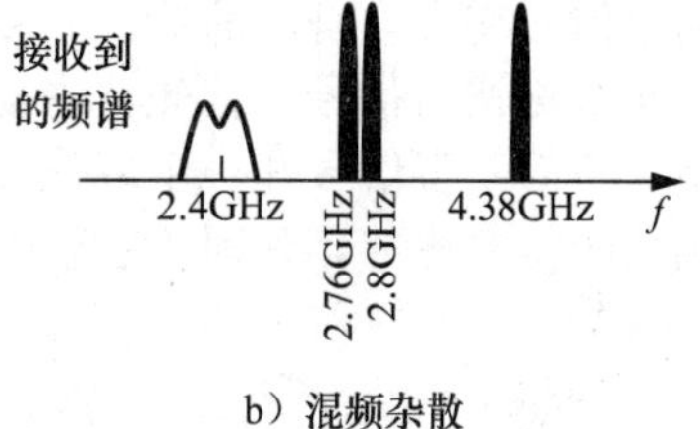

b) 混频杂散

图 4.18

图 4.16 所示的接收机结构包含两步下变频，是否可以使用更多步下变频？答案是可以，但附加的 IF 滤波器和 LO 会进一步使设计复杂化，而且更值得一提的是，源自附加的下变频混频器的混频杂散会变得更加难以控制。因为这些，大多数外差接收机仅仅采用两步下变频。

4.2.2　现代外差接收机

图 4.16 中的接收机采用的是几个笨重的无源(片外)滤波器和两个本地振荡器，因此它已经过时了。现在的结构和电路设计已经摒弃了除前端频带选择器件外的所有片外滤波器。

由于在一次中频处没有高选择性滤波器，所以在这个点上就没有信道选择，因此要求第二个混频器有很高的线性度。幸运的是，CMOS 混频器可以实现很高的线性度。但是缺乏选择滤波器也意味着与 ω_{LO2} 有关的二次镜像可能会变严重。

1. 零二次中频

为了避免二次镜像，大多数现代外差接收机采用了**零二次中频**(zero second IF)的结构。如图 4.19 所示，将 ω_{LO2} 放在一次中频信号的中心，以使第二个混频器的输出包含具有零中心频率的期望信道。这种情况下，镜像就是信号本身，也就是说，信号频谱的左半部分就是右半部分的镜像，反之亦然。解释如下，这种效应可以得到合理的处理。值得注意的是，如果 $\omega_{LO2}=\omega_{IF1}$，其他任何频率处的干扰都不能够经下变频而成为零中心频率的镜像。

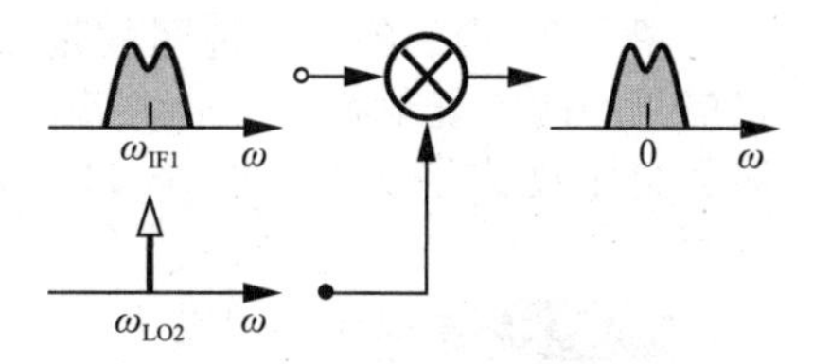

图 4.19　为避免二次镜像选择的二次 LO 频率

例 4.10 假设在图 4.19 中，相邻信道的一个干扰出现在期望信号旁。当 $\omega_{LO2}=\omega_{IF1}$ 时，画出二次中频处的频谱分布。

解：让我们认真考虑一次中频处的频谱。如图 4.20 所示，期望信道出现在 $\pm\omega_{IF1}$ 处，而且伴随着一个干扰[⊖]。当在时域混频时，负频率处的频谱会和 $+\omega_{LO2}$ 处的 LO 脉冲做卷积，并且将移到期望信道的零中心频率处。类似的，正频率处的频谱与 $-\omega_{LO2}$ 处的脉冲做卷积后也将移到零频率处。因此，输出包含两个期望信道，它们被正负频率处的干扰频谱所包围。

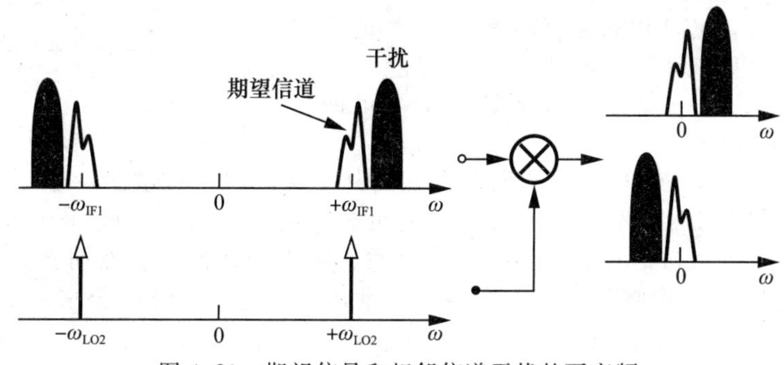

图 4.20　期望信号和相邻信道干扰的下变频

⊖ 实际信号的频谱关于原点对称。

如果信号变成它自己的镜像，将会发生什么？为了理解这种效应，必须区分对称调制信号和非对称调制信号。首先，考虑一个调幅信号的产生，如图4.21a所示，一个对称频谱为$S_a(f)$的基带信号和一个载波混频，从而产生仍然关于f_{LO}对称的输出频谱。之所以说调幅信号是对称的，是因为它们调制后的频谱在载波两边携带完全相同的信息[⊖]。

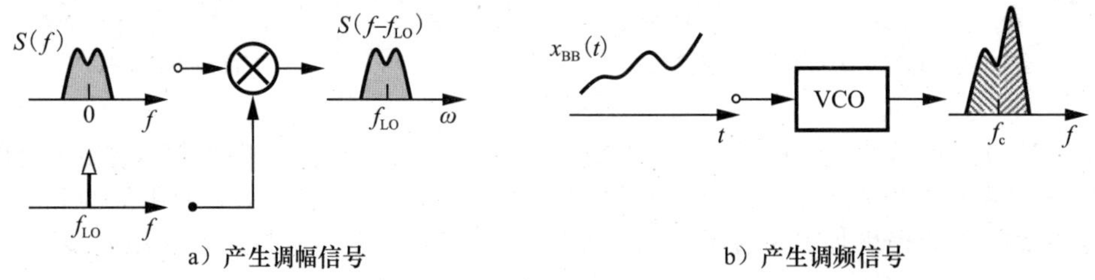

a）产生调幅信号　　b）产生调频信号

图4.21

如图4.21b所示，现在考虑由压控振荡器VCO(将在第8章中学习)产生的调频信号。我们注意到，随着基带电压正向增大，输出频率将会增加，反之亦然。也就是说，低于载波频率的边带中的信息不同于高于载波频率的边带中的信息，因此我们认为调频信号的频谱是不对称的。如今大多数的调制方案，例如FSK、QPSK、GMSK和QAM，在它们的载波频率附近具有不对称的频谱。尽管图4.21b中的概念图只表明了幅值上的不对称性，一些调制方案可能仅仅在相位上是不对称的。

图4.20中的频谱所说明的是，下变频到零中频会将信号的两个复制版本叠加，若信号频谱是不对称的，那么会导致信号变差。图4.22更清楚地描述了这个过程。

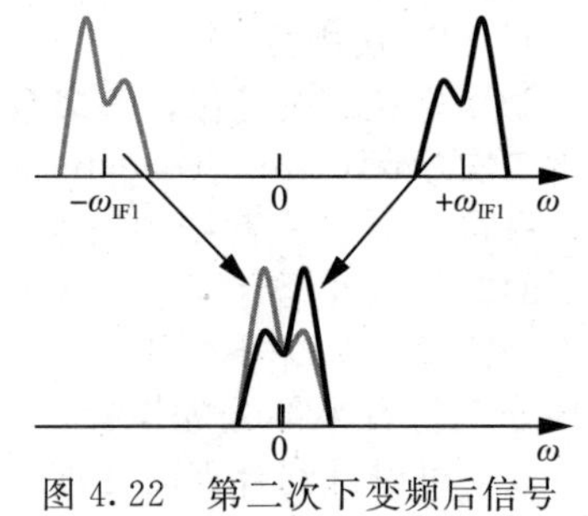

图4.22　第二次下变频后信号边带的重叠

例4.11 要避免不对称信号自身变差，请问最低能下变频到的中频频率是多少？

解： 为了避免信号自身变差，下变频后的频谱一定不能相互重叠。因此，如图4.23所示，可以将信号下变频到等于信号带宽一半的中频处。当然，这时候可能存在镜像干扰。◀

信号下变频到零中频时怎样避免自身变差？可以通过产生两个相位相差90°的下变频信号来实现。如图4.24所示，正交下变频是将$x_{IF}(t)$和第二个LO($\omega_{LO2}=\omega_{IF1}$)的正交相位进行混频。产生的输出$x_{BB,I}(t)$和$x_{BB,Q}(t)$称为正交基带信号。尽管呈现完全相同的频谱，$x_{BB,I}(t)$和$x_{BB,Q}(t)$在相位上是不同的，而且它们可以共同重现原始信息。习题4.8展示的是，即使是$A(t)\cos\omega_c t$形式的调幅信号可能也需要进行正交下变频。

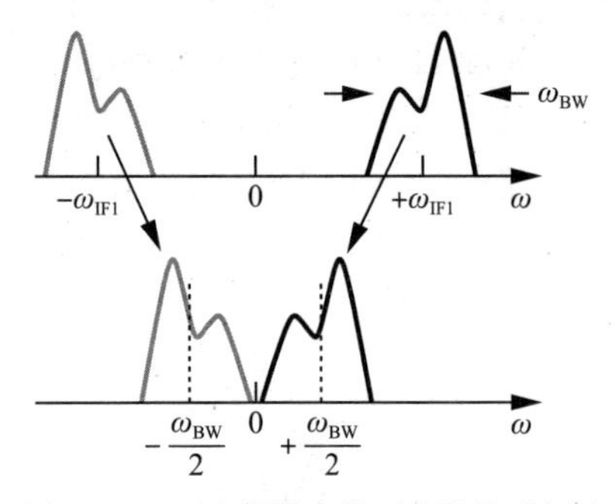

图4.23　两个信号边带不重叠的下变频

图4.25所示的是一个根据上述原理构建的外差接收机。在缺少一个(外部的)镜像抑制滤波器的情况下，LNA不需要驱动50Ω的负载，从而不用担心接口阻抗值而可直接优化LNA和混频器的接口信息，得到更好的增益、噪声和线性度。然而，由于没有镜像抑制滤波器，所以要对镜像频带中的干扰格外注意，而且需要设计一个窄带LNA来大幅抑制镜像频带中天线和LNA的热噪声(参见例4.7)。此外，可以看出在一次中频处没有信道选择滤波器，但这里通常嵌入一些要求不那么高的片上带通滤波器来抑制带外干扰。例

⊖ 事实上，在不丢失信息的情况下，去掉一边也是可行的。

如，RF 混频器可带 LC 负载，用于提供部分滤波功能。

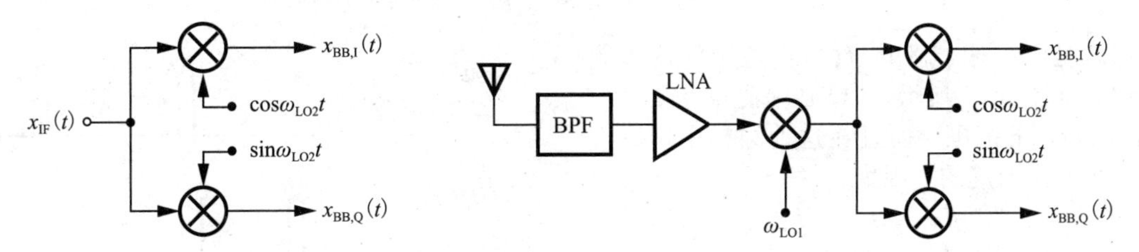

图 4.24　正交下变频　　　　图 4.25　带有正交下变频的外差接收机

2. 滑动中频接收机

现代外差接收机相比先前的版本还有一个重要差别：它们只采用一个振荡器。这是因为振荡器和频率合成器的设计十分困难，更重要的是，制作在同一个芯片上的不同振荡器之间会产生我们不希望出现的耦合。因此，第二个 LO 频率通常是由第一个 LO 频率分频[⊖]得到。在图 4.26a 所示的例子中，第一个 LO 后面的÷2(二分频)电路用来产生频率为 $f_{LO1}/2$ 的第二 LO 频率。如图 4.26b 所示，某些特定的÷2 拓扑结构还会产生正交输出。图 4.26c 画出了接收机中不同位置处的频谱。

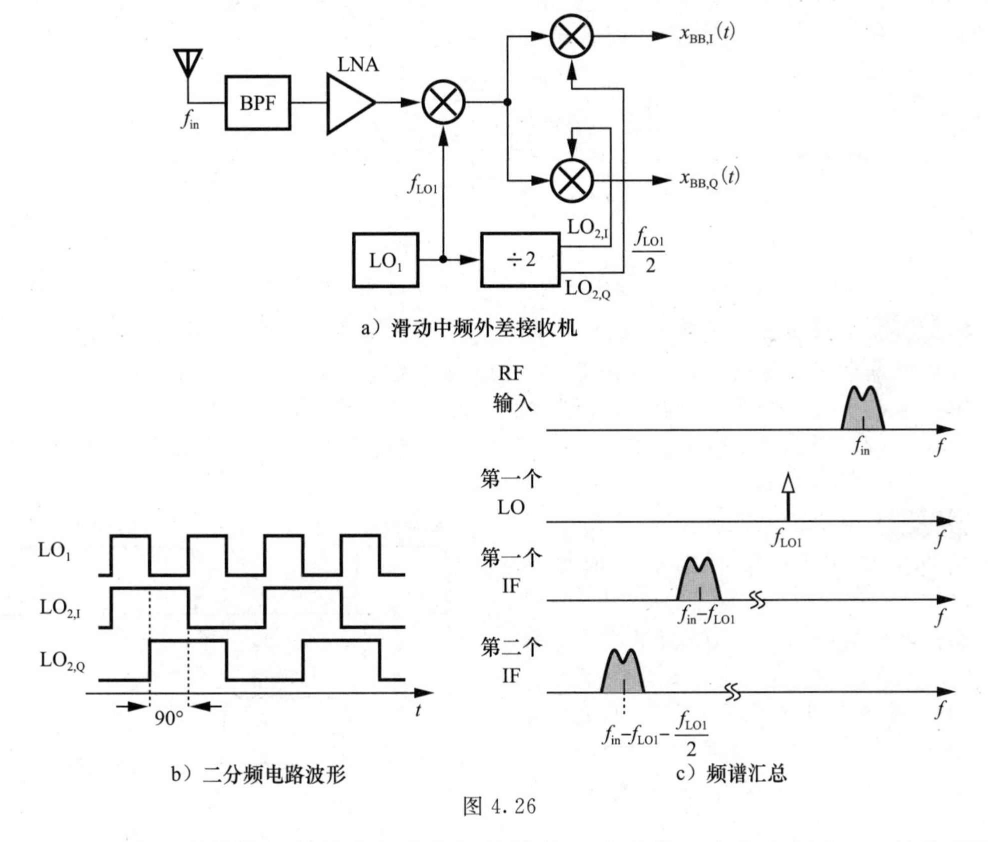

a）滑动中频外差接收机

b）二分频电路波形　　　　c）频谱汇总

图 4.26

图 4.26a 所示的接收机结构有很多有趣的特性。为了将一个输入频率 f_{in} 转换到零二次中频处，必须满足：

$$f_{LO1}+\frac{1}{2}f_{LO1}=f_{in} \tag{4.8}$$

因此，

⊖ 分频可以通过一个计数器实现：对 M 个输入周期，计数器产生一个输出周期。

$$f_{LO1}=\frac{2}{3}f_{in} \tag{4.9}$$

也就是说，对于超出$[f_1\ f_2]$范围的输入频谱，如图4.27所示，LO必须覆盖$[(2/3)f_1\ (2/3)f_2]$的范围。而且在这种结构中，一次中频不是固定的，因为

$$f_{IF1}=f_{in}-f_{LO} \tag{4.10}$$

$$=\frac{1}{3}f_{in} \tag{4.11}$$

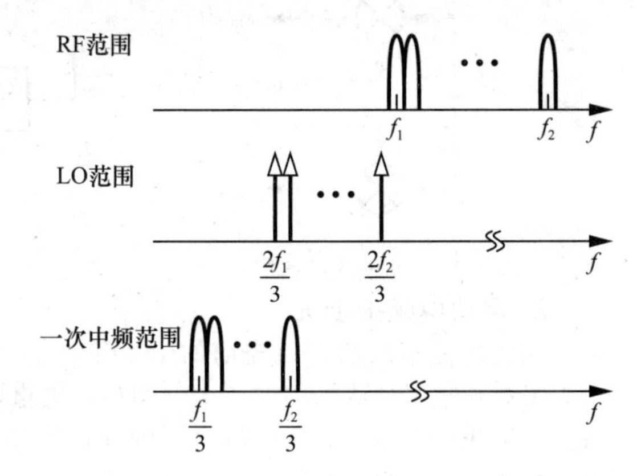

图4.27 滑动中频接收机中的LO范围和中频范围

因此，如图4.27所示，随着f_{in}从f_1变化到f_2，f_{IF1}从$f_1/3$增加到$f_2/3$。出于这个原因，这种拓扑结构称为滑动中频(Sliding IF)结构。图4.16所示的传统外差接收机的一次中频滤波器必须具有较窄的带宽，以实现部分信道选择功能，这里讲的滑动中频接收机的要求是不同的，该拓扑结构要求一个等于射频输入分数带宽的分数(或归一化)中频带宽[⊖]。这是因为前者表达式为

$$BW_{IF,frac}=\frac{\frac{1}{3}f_2-\frac{1}{3}f_1}{\left(\frac{1}{3}f_2+\frac{1}{3}f_1\right)/2} \tag{4.12}$$

而后者为

$$BW_{RF,frac}=\frac{f_2-f_1}{(f_2+f_1)/2} \tag{4.13}$$

例4.12 假设输入频带被分成N个信道，每个信道含有$(f_2-f_1)/N=\Delta f$的带宽。当接收机把每个信道转换到零二次中频时，LO频率将会怎样变化?

解: 第一个信道位于f_1和$f_1+\Delta f$之间。因此第一个LO频率选为信道中心频率的2/3：$f_{LO}=(2/3)(f_1+\Delta f/2)$。类似地，对于在$f_1+\Delta f$和$f_1+2\Delta f$之间的第二个信道，LO频率必须等于$(2/3)(f_1+3\Delta f/2)$。换句话说，LO频率以$(2/3)\Delta f$的步长增加。◀

例4.13 在图4.27所示频带的帮助下，试确定图4.26a中电路结构的镜像频带。

解: 对于$(2/3)f_1$的LO频率，镜像落在$2f_{LO}-f_{in}=f_1/3$处。类似地，若$f_{LO1}=(2/3)f_2$，那么镜像位于$f_2/3$处。因此，如图4.28所示，镜像频带跨越$[f_1/3\ f_2/3]$的范围。有趣的是，镜像频带比输入频带要窄。

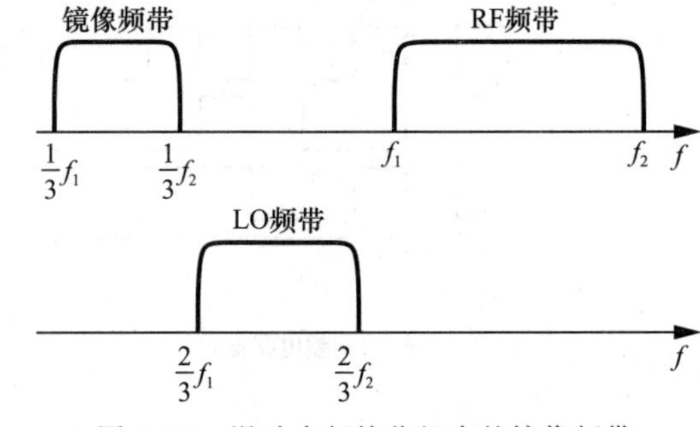

图4.28 滑动中频接收机中的镜像频带

这是否意味着每一个信道的镜像也都更窄?答案是否定的。回想上面的例子，当从一个信道到下一个信道时，LO频率以$(2/3)\Delta f$的步长增加。因此，连续的镜像信道存在$\Delta f/3$的重叠。◀

从一次LO产生二次LO的过程中，滑动中频结构可能包含更大的分频比。例如，一

⊖ 分数带宽定义为所感兴趣的带宽除以频段的中心频率。

个÷4(四分频)电路在 $f_{LO1}/4$ 处产生正交输出，将导致下式成立：

$$f_{LO1}+\frac{1}{4}f_{LO1}=f_{in} \tag{4.14}$$

因此

$$f_{LO1}=\frac{4}{5}f_{in} \tag{4.15}$$

这个结构的频谱将会在习题 4.1 中得到进一步详细研究，但在这里我们必须观察到两点：①带有一个÷4 电路，二次 LO 频率等于 $f_{in}/5$，这略低于第一种滑动中频结构中的值。这正是所期望的，因为在更低频率处产生 LO 正交相位会引发更小的失配。②不幸的是，采用÷4 电路会减小镜像和信号之间的频率差，使抑制镜像甚至镜像频带中天线和 LNA 的热噪声变得更加麻烦。换句话说，分频比的选择需要权衡正交精度和镜像抑制。

例 4.14 我们希望为 802.11g 接收机选择一种滑动中频结构。试分析在 LO 路径上÷2 电路和÷4 电路各自的优缺点。

解： 对于÷2 电路，如图 4.29a 所示，11g 频带(2.40～2.48GHz)要求 1.600～1.653GHz 的 LO 范围，以及由此要求的 800～827MHz 的镜像范围。不幸的是，由于 CDMA 的传输频带是从 824MHz 开始的，这样一个滑动中频接收机可能在 824～827MHz 范围内存在很大的镜像。

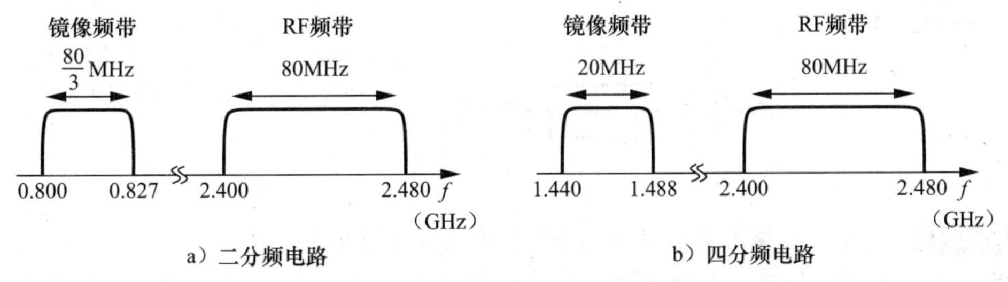

图 4.29　802.11g 接收机的镜像频带

对于÷4 电路，如图 4.29b 所示，LO 的范围是 1.920～1.984GHz，而镜像范围是 1.440～1.488GHz。这个镜像频带相对干净(只有日本分配了一个 1.4GHz 附近的频带给 WCDMA)。因此，如果 LNA 的选择性可以抑制镜像频带中的热噪声，那么此处采用÷4 电路比较有利。第二种情况中的一次中频更低，而且可能在一些应用中发挥有利作用。 ◀

由图 4.26a 中的外差结构产生的基带信号存在很多瑕疵，我们将在直接变频结构情况下研究这些效应。

4.2.3　直接变频接收机

在对外差接收机的研究中，读者可能已经在揣测为什么不在第一次下变频中就直接将 RF 频谱变换到基带。这种被称为直接变频、零中频或零差结构[⊖]的接收机存在着自身的问题，但是在过去的十年里却相当流行。如 4.2.2 节和图 4.22 所示，将一个非对称调制信号下变频到零中频时，若基带信号没有通过它们的相位区分开，会导致信号自己变差。直接变频接收机(DCR)的电路结构如图 4.30 所示，其中 $\omega_{LO}=\omega_{in}$。

直接变频接收机相对于外差结构有三大优势：第一，不存在镜像，极大地简化了设计过程。第二，信道选择是通过低通滤波器实现的，它能够在芯片上采用有源器件的拓扑结构实现，而且具有相对陡峭的边带。第三，混频杂散大大降低，因此更容易处理。

⊖ Homodyne(零差)这个术语来自于 homo(相同的)和 dyne(混合)的组合，历史上只用于相干接收。

如图4.30所示的结构似乎很容易实现集成化。除了前端频带选择滤波器，多层级联时也不需要连接到外部器件，因而不需要50Ω的阻抗匹配，便可以为了增益、噪声和线性度来优化LNA/混频器的接口电路。为了达到简易的结构，在RF设计历史上人们进行了诸多尝试，但只有在20世纪90年代和21世纪初，凭借集成和复杂信号处理，才使直接变频成为一种可行的选择。现在来描述DCR面临的问题并介绍解决问题的方法。其实，不少问题也出现在零二次中频的外差接收机中。

1. LO泄漏

直接变频接收机会从天线发射部分LO功率。为了理解这个效应，考虑图4.31所示的简化拓扑结构，其中LO通过两个路径耦合到天线：①LO和混频器的RF端口之间的器件电容，以及跨接在LNA输出和输入之间的器件电容或电阻构成的通道；②芯片衬底到输入焊盘之间的通道，尤其是当LO采用较大的片上螺旋电感时该耦合更加厉害。LO的发射不是我们所期望的，因为它可能使工作在同一频带的其他接收机而变得迟钝。可接受的典型值是−50～−70dBm(在天线处测得)。

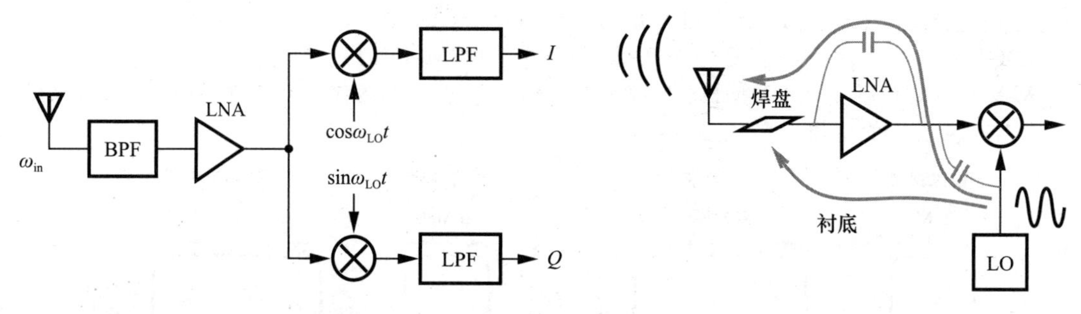

图4.30 直接变频接收机

图4.31 LO泄漏

例4.15 试确定从输出到共源共栅LNA输入的LO泄漏。

解：如图4.32a所示，在输出端施加一个测试电压V_X，然后测量传递到天线R_{ant}的电压。仅考虑r_{O2}和C_{GD1}是泄漏路径，构想的等效电路如图4.32b所示，注意流过R_{ant}和C_{GD1}的电流由V_{ant}/R_{ant}给出，而且$V_2=-[V_{ant}+V_{ant}/(R_{ant}C_{GD1}s)]$。

因此，在X节点由KCL可得：

$$\left(V_{ant}+\frac{V_{ant}}{R_{ant}C_{GD1}s}\right)g_{m2}+\frac{V_{ant}}{R_{ant}}+g_{m1}V_{ant}=\frac{1}{r_{O2}}\left[V_X-\left(V_{ant}+\frac{V_{ant}}{R_{ant}C_{GD1}s}\right)\right] \tag{4.16}$$

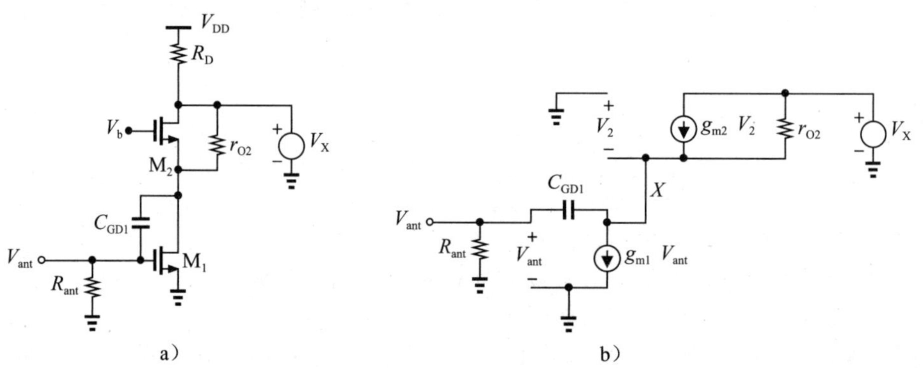

a) b)

图4.32 共源共栅LNA中的LO泄漏

如果$g_{m2}\gg1/r_{O2}$，则：

$$\frac{V_{ant}}{V_X}\approx\frac{C_{GD1}s}{(g_{m1}R_{ant}+g_{m2}R_{ant}+1)C_{GD1}s+g_{m2}}\cdot\frac{R_{ant}}{r_{O2}} \tag{4.17}$$

这个量被称为LNA的"反向隔离"。在典型的设计中，第一项的分母近似为g_{m2}，得到V_{out}/V_X的值约为$R_{ant}C_{GD1}\omega/(g_{m2}r_{O2})$。◀

外差接收机中存在LO泄漏吗？答案是存在，但是由于LO频率落在频带之外，在接收机(发射泄漏信号)和接收机(接收泄漏信号)中它被射频前端的频带选择滤波器抑制。

振荡器和射频信号路径的对称布局可以将LO泄漏降到最小。例如，如图4.33所示，如果LO产生差分输出并且从LO到输入焊盘的泄漏路径保持对称分布，那么天线就不会发射LO信号。换句话说，LO泄漏主要来源于电路和LO波形中的随机性或确定的不对称分布。

2. 直流失调

前面所研究的LO泄漏现象也会引起基带中相当大的直流失调，因此给设计带来一定困难。首先让我们考虑一下直流失调是怎样产生的。在如图4.34所示的简化接收机模型中，在LNA的输入端，存在着有限量的LO泄漏kV_{LO}。kV_{LO}与期望信号V_{RF}一同，被放大并和LO混频。这种被称为"LO自混频"的效应会在基带中产生一个直流分量，因为正弦曲线乘上正弦曲线会产生一个直流项。

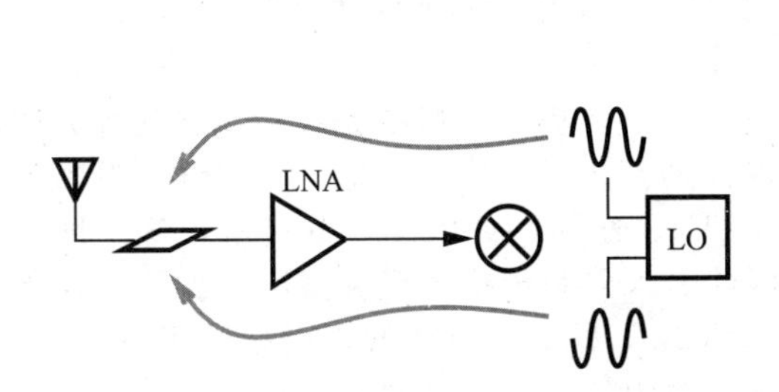

图4.33　通过对称电路消除LO泄漏

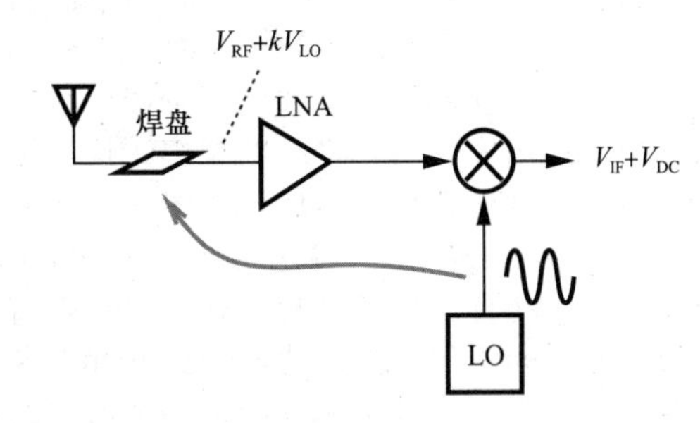

图4.34　直接变频接收机中的直流失调

为什么直流成分会使问题复杂化呢？可以看出，如果直流项是恒定的，便不会使期望信号变差。然而，这样一个随机的DC分量使得基带信号处理过程变得困难。为了深入理解这个问题，进行3方面的观察：①接收机中RF和基带级的级联结构必须将天线信号放大70～100dB(经验法则是，基带链末端的信号应该大致达到0dBm)；②接收到的信号和LO泄漏被同时放大和处理。③对于一个在天线处为−80dBm的RF信号，接收机必须提供大约80dB的增益，如果叠加−60dBm的LO泄漏，它会在基带级产生很大的直流失调，这样的失调会使基带电路饱和，导致信号检测无法正常进行。

例4.16　如图4.35所示，一个直接变频接收机包含两个增益，一个是从LNA的输入到每一个混频器输出的30dB的电压增益，另一个是在混频器后面的基带级中的40dB的电压增益。如果在LNA输入端的LO泄漏等于−60dBm，试确定在混频器输出端和基带链输出端的失调电压。

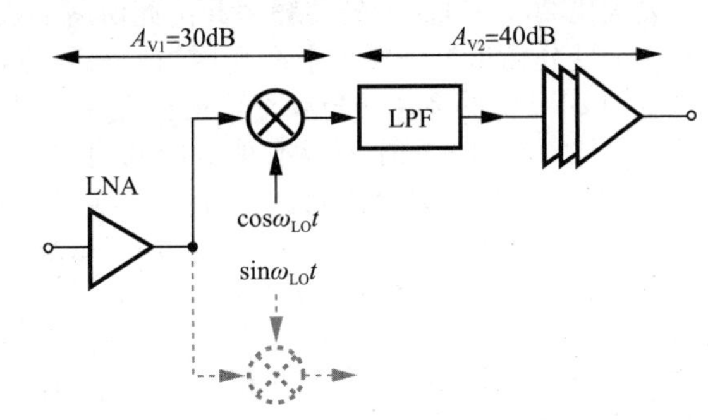

图4.35　基带链中的直流失调效应

解： $A_{V1}=30\text{dB}$意味着什么？如果一个正弦曲线$V_0\cos\omega_{in}t$施加于LNA的输入端，那么在混频器输出端的基带信号$V_{bb}\cos(\omega_{in}-\omega_{LO})t$的幅值为

$$V_{bb}=A_{V1}\cdot V_0 \tag{4.18}$$

因此，对于一个输入$V_{leak}\cos\omega_{LO}t$，混频器输出端的直流值为

$$V_{dc}=A_{V1}\cdot V_{leak} \tag{4.19}$$

由于$A_{V1}=31.6$和$V_{leak}=(632/2)\mu\text{V}$，所以可得到$V_{dc}=10\text{mV}$。由于又被放大40dB，所以这个失调在基带输出端会达到1V。◀

例 4.17 在基带 I 和 Q 输出端测得的直流失调经常不相等，解释原因。

解：如图 4.36 所示，假设存在 LO 的正交相位，在 LNA 输入端的净 LO 泄漏表示为 $V_{\text{leak}}\cos(\omega_{\text{LO}}t+\phi_{\text{leak}})$，其中 ϕ_{leak} 来自通过每一个 LO 相到 LNA 输入端的路径时的相移和 $V_{\text{LO}}\cos\omega_{\text{LO}}t$ 与 $V_{\text{LO}}\sin\omega_{\text{LO}}t$ 泄漏的总和。LO 泄漏通过 LNA 和每个混频器后，会有一个附加相移 ϕ_{ckt}，并且与 $V_{\text{LO}}\cos\omega_{\text{LO}}t$ 和 $V_{\text{LO}}\sin\omega_{\text{LO}}t$ 相乘。因此直流分量为

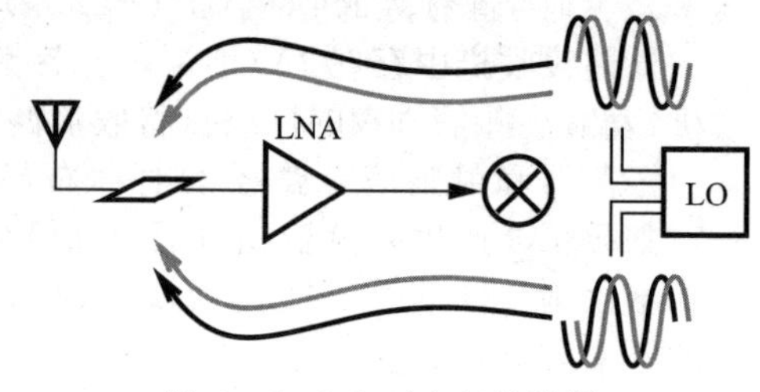

图 4.36　LO 正交相的泄漏

$$V_{\text{dc,I}}=\alpha V_{\text{leak}}V_{\text{LO}}\cos(\phi_{\text{leak}}+\phi_{\text{ckt}}) \tag{4.20}$$

$$V_{\text{dc,Q}}=-\alpha V_{\text{leak}}V_{\text{LO}}\sin(\phi_{\text{leak}}+\phi_{\text{ckt}}) \tag{4.21}$$

因此，两个直流失调通常不相等。◀

如图 4.26a 所示，直流失调问题会出现在包含一个零二次中频的外差接收机中吗？答案是会的。因为，二次 LO 频率到 IF 混频器输入端的泄漏会在基带中产生直流失调。由于二次 LO 频率等于图 4.26a 中的 $f_{\text{in}}/3$，这个泄漏比直接变频接收机中的要小[⊖]，但直流失调仍然大到使基带级饱和或至少产生很大的非线性。

前面的研究表明，最终的零中频接收机必须在每一条基带 I 和 Q 路径中包含几种失调消除措施。因此会很自然地选择图 4.37a 所示的高通滤波器(耦合交流)，其中 C_1 阻断了直流失调，R_1 为 A_1 的输入端建立了合适的偏压 V_b。然而，如图 4.37b 所示，这个网络也消除了一小部分接近零频率处的信号频谱，因此引入码间干扰。经验法则告诉我们，如果要忽略码间干扰，高通滤波器的转角频率 $f_1=(2\pi R_1C_1)^{-1}$ 必须低于码率的千分之一。在实际中，需要认真仿真以确定一个给定的调制方案中最大可容忍的 f_1 值。

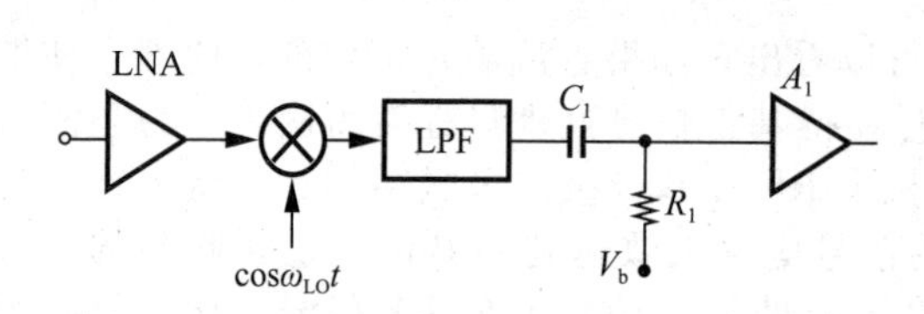

a）采用高通滤波器消除直流失调

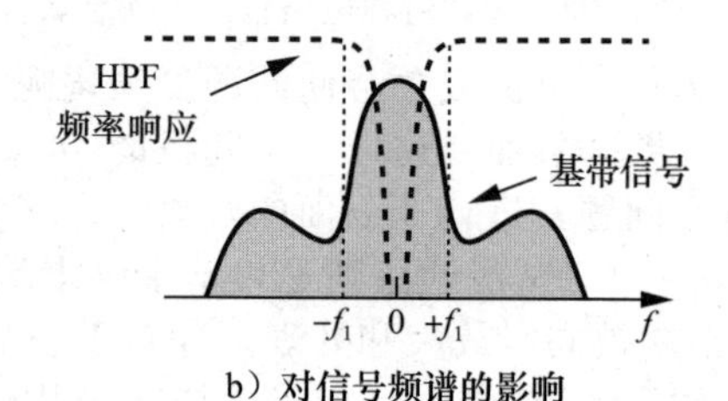

b）对信号频谱的影响

图 4.37

片上交流耦合的可行性取决于码率和调制类型。比如说，GSM 中 271kbit/s 的比特率需要大概 20～30Hz 的转角频率和由此所需的极大电容和电阻取值。注意，正交混频器在它们的差分输出端需要 4 个高通网络。另一方面，最大比特率为 20Mbit/s 的 802.11b 需要一个 20kHz 的高通转角频率，这对于片上集成几乎是不可能的。

载波频率周围几乎不具有能量的调制方案将更有利于基带中的交流耦合。图 4.38 描述了 FSK 信号的两种情况：对于一个小的调制系数，频谱在载波频率 f_c 周围仍然包含很大的能量，但是对于大的调制系数，由 1 和 0 产生的两个频率变得非常不同，在 f_c 处有一个很深的波谷。如果下变频到基带，后者会更容易进行高通滤波。

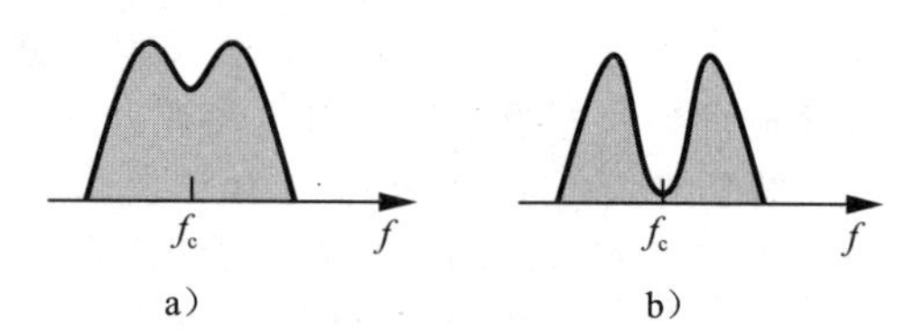

图 4.38　具有 a)小的和 b)大的频率偏差下的 FSK 频谱

⊖ 也因为直接转换接收机中的 LO 使用了电感，它把 LO 波形耦合到衬底，但是一个无电感的分频器在外差结构中会产生第二个 LO。

交流耦合的缺点是它对瞬态输入的响应较慢。若电路具有很低的 $f_1=(2\pi R_1C_1)^{-1}$，则不可避免地存在很大的时间常数，也就无法阻止突然改变的失调。这种突然的改变往往发生在：①LO频率转换到另一个信道，因此改变了LO泄漏，或者是②LNA的增益变成另一个值，因此改变了LNA的反向隔离值(LNA增益转换必须适应不同水平的接收信号)。出于这些原因，而且由于所需电容的尺寸较大，交流耦合很少用于当今的直接转换接收机中。

例4.18 图4.39a说明了另一种基带中抑制直流失调的方法。其中，主要的信号路径包含 G_{m1}(跨导放大器)、R_D 和 A_1，提供大小为 $G_{m1}R_DA_1$ 的总电压增益。包含 R_1、C_1 和 $-G_{mF}$ 的负反馈支路将一个低频电流反馈到 X 节点，使 V_{out} 的直流分量降为零。注意，这种拓扑结构能抑制基带中所有级的直流失调。试计算这个电路的转角频率。

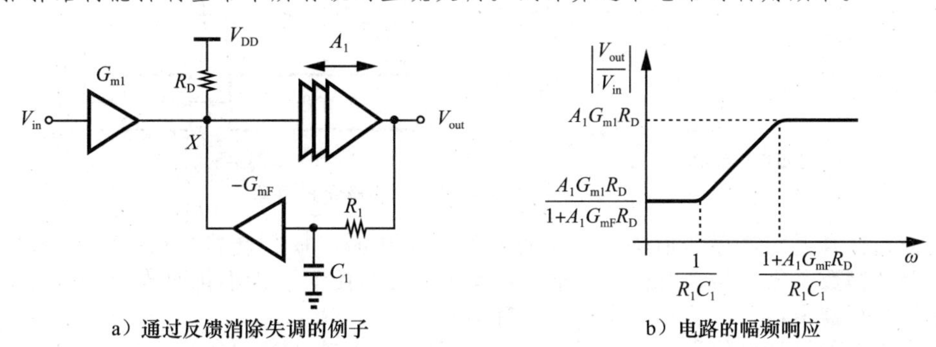

a）通过反馈消除失调的例子　　b）电路的幅频响应

图4.39 第二种基带中抑制直流失调的方法

解： 由 $-G_{mF}$ 返回到 X 节点的电流等于 $-G_{mF}V_{out}/(R_1C_1s+1)$，并且由 G_{m1} 产生的电流为 $G_{m1}V_{in}$，在 X 节点我们将两者相加，然后将结果与 R_D 和 A_1 相乘，乘积等于 V_{out}，即

$$\left(-\frac{G_{mF}V_{out}}{R_1C_1s+1}+G_{m1}V_{in}\right)R_DA_1=V_{out} \tag{4.22}$$

从而

$$\frac{V_{out}}{V_{in}}=\frac{G_{m1}R_DA_1(R_1C_1s+1)}{R_1C_1s+G_{mF}R_DA_1+1} \tag{4.23}$$

因此，如图4.39b所示，电路在 $-(1+G_{mF}R_DA_1)/(R_1C_1)$ 处存在一个极点，在 $-1/(R_1C_1)$ 处存在一个零点。输入失调被因子 $G_{m1}R_DA_1/(1+G_{mF}R_DA_1)\approx G_{m1}/G_{mF}$(前提是 $G_{mF}R_DA_1\gg 1$)放大。这个增益必须保持低于“1”，也就是说，一般选择 G_{mF} 大于 G_{m1}。然而，不幸的是，高通滤波器的转角频率为

$$f_1\approx\frac{G_{mF}R_DA_1}{2\pi(R_1C_1)} \tag{4.24}$$

可见比图4.37a中无源电路的转角频率高 $G_{mF}R_DA_1$ 倍。因此这个“有源反馈”电路要求更大的 R_1 和 C_1 值，以提供较低的 f_1，优点是 C_1 可以通过一个MOS管实现。然而，图4.37a所示的电路不能用MOS管来替代电容。◀

消除失调最常见的方法是采用数模转换器(DAC)来替代图4.39a中的 G_{mF} 级，并以相同的方式来抽取校正电流。首先让我们考虑图4.40a所示的级联结构，其中 I_1 是从 X 节点抽取的电流，并且通过调整后，它可以驱使 V_{out} 中的直流分量降为0[⊖]。例如，若混频器在 X 节点产生 ΔV 的失调而下一级没有显示失调，那么 $I_1=\Delta V/R_D$ 且极性正确。在图4.39a中，G_{mF} 提供的校正电流会继续校正(即使没有信号)，进而导致高通特性。因此我们寻找一种“冻结” I_1 值的方法，以使它不影响基带的频率响应。这要求 I_1 由寄存器控制，从而以非连续的步长改变 I_1 值。如图4.40b所示，I_1 被分解为很多个单元，它们

⊖ 假设混频器输出的是电流。

的通断由寄存器中存储的值来决定。例如，一个二进制数 $D_3D_2D_1$ 控制“二进制加权”电流源 $4I$、$2I$ 和 I。从寄存器到电流源选择，组成了此处提到的DAC电路。

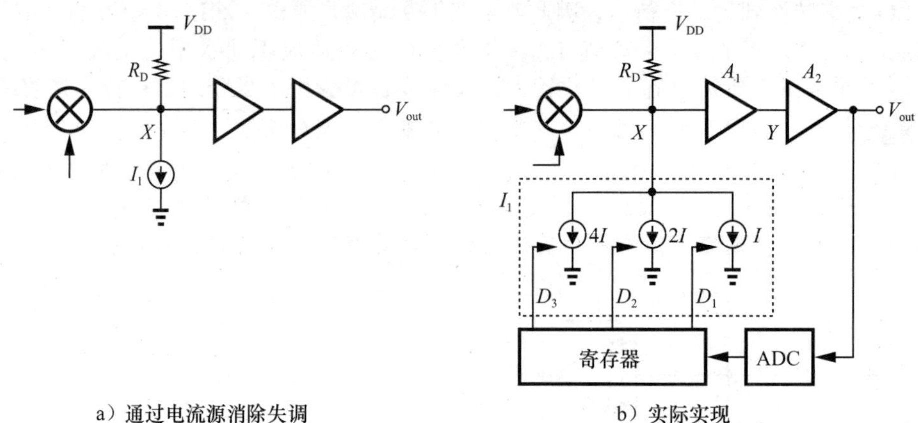

图 4.40　第三种消除失调的方法及实现电路

怎样选择合适的寄存器值呢？当接收机开始工作时，模数转换器(ADC)将基带输出(没有信号时)数字化并驱动寄存器。整个负反馈回路为使 V_{out} 最小化而收敛。然后结果将被存储到寄存器中，并在实际工作期间保持不变。

图4.40b的设计好像很复杂，但是，随着CMOS工艺的按比例缩小技术，DAC和寄存器所占的面积实际上比图4.37a和图4.39a所示电路要小得多。甚至，在接收信号时也用到了ADC。

失调信号的数字存储量还有其他作用。在混频器前后，由于失调会随着LO频率或者增益的改变而改变，在通电状态下，LO、增益、存储在小容量存储器中的所需的 I_1 值组合起来，构成了上电时接收机闭环调节部分。

数字存储的主要缺点是有限的分辨率，而足够的分辨率才可以消除偏移。例如，使用图4.40b中的3位DAC，X 节点处的一个10mV失调电压在经过闭环反馈后能被减弱到1.2mV。因此，如果说 A_1A_2 为40dB，则 V_{out} 仍存在120mV的失调。为了缓解这个问题，必须采用更高的分辨率，或者在不同节点(例如 Y 和 V_{out})安插多个DAC。

例 4.19 对于图4.40b，在 Y 节点处加上另一个3位DAC。如果混频器产生10mV的失调，并且 A_1A_2=40dB，V_{out} 能实现的最小失调是多少？假设 A_1 和 A_2 没有失调。

解： 第二个DAC将输出失调降低到1/8，产生的最小失调大约为10mV×100/64≈16mV。◀

3. 偶数阶失真

第2章关于非线性的研究表明，三阶失真会导致压缩和交调。此外，直接变频接收机对RF路径中的偶数阶非线性也比较敏感，零二次中频的外差结构也是这样。

如图4.41所示，ω_1 和 ω_2 处的两个强干扰在LNA中经过一个非线性变换，比如 $y(t)=\alpha_1x(t)+\alpha_2x^2(t)$。对这两个强干扰，二阶项产生的结果是 $\omega_2-\omega_1$ 处有一个低频拍频分量。这个分量的影响是什么？在一个理想混频器中此分量与 $\cos\omega_{LO}t$ 相乘，就会被转移到高频，因此变得无关紧要。在实际中，若一小部分低频脉冲出现在基带中，将会使下变频后的信号变差。当然，LNA产生的干扰拍频可以通过交流耦合消除，使混频器的输入晶体管成为偶数阶失真的主要来源。

为了理解不对称性是怎样在混频器中导致直接“馈通”的，首先考虑图4.42a所示的电路。如第2章解释的，输出可以写成 V_{in} 和一个理想的LO相乘，即占空比为50%的0和1方波 $S(t)$，相乘的结果：

$$V_{out}(t)=V_{in}(t)\cdot S(t) \tag{4.25}$$

$$=V_{in}(t)\left[S(t)-\frac{1}{2}\right]+V_{in}(t)\cdot\frac{1}{2} \tag{4.26}$$

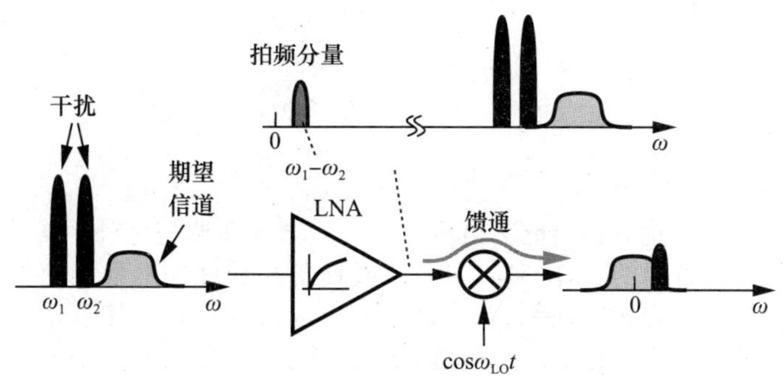

图 4.41 直接变频中偶数阶失真的影响

我们意识到，$S(t)-\frac{1}{2}$代表一个仅包含奇次谐波的“无直流”方波。因此，$V_{in}(t)\cdot[S(t)-\frac{1}{2}]$包含 V_{in} 和 LO 奇次谐波的乘积。式(4.26)中的第二项 $V_{in}(t)\times\frac{1}{2}$，表示到输出的 RF 馈通(没有频率的转换)。

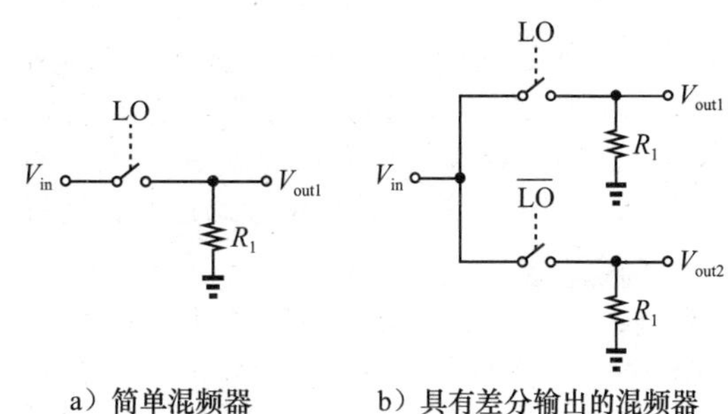

图 4.42

然后，考虑图 4.42b 所示的拓扑结构，其中由$\overline{LO}$(与 LO 互补)驱动的另一个支路产生另一个输出。将$\overline{LO}$表示为 $1-S(t)$，可以得到：

$$V_{out1}(t)=V_{in}(t)S(t) \tag{4.27}$$

$$V_{out2}(t)=V_{in}(t)[1-S(t)] \tag{4.28}$$

与 $V_{out1}(t)$一样，$V_{out2}(t)$包含一个等于 $V_{in}(t)\times\frac{1}{2}$的 RF 馈通，因为 $1-S(t)$产生了一个大小为$\frac{1}{2}$的直流项。如果采用差分法检测输出，$V_{out1}(t)$和 $V_{out2}(t)$中的 RF 馈通会被消除，而且信号有用分量还会增加。然而这种差分结构对不对称性比较敏感，比如说，如果开关与其导通电阻之间不匹配，那么差分输出中的净 RF 馈通会增加。

偶数阶失真问题十分严重，亟待定量测量。被称为“二价交调截止点”(second intercept point，IP_2)的测量方法是根据一种类似于对 IP_3 的双音测试来确定的，不同之处在于感兴趣的输出是脉冲分量而不是交调结果。如果 $V_{in}(t)=A\cos\omega_1 t+A\cos\omega_2 t$，那么 LNA 的输出为

$$V_{out}(t)=\alpha_1 V_{in}(t)+\alpha_2 V_{in}^2(t) \tag{4.29}$$

$$=\alpha_1 A(\cos\omega_1 t+\cos\omega_2 t)+\alpha_2 A^2\cos(\omega_1+\omega_2)t+\alpha_2 A^2\cos(\omega_1-\omega_2)t+\cdots \tag{4.30}$$

揭示了拍频幅度按输入音调幅度的平方倍增加。因此，如图 4.43 所示，拍频幅度在对数坐标中的斜率为 2。由于取决于混频器和 LO 的拍频的馈通不对称，在基带中测得的拍频幅度取决于器件的尺寸和布局，因此很难用公式表达。

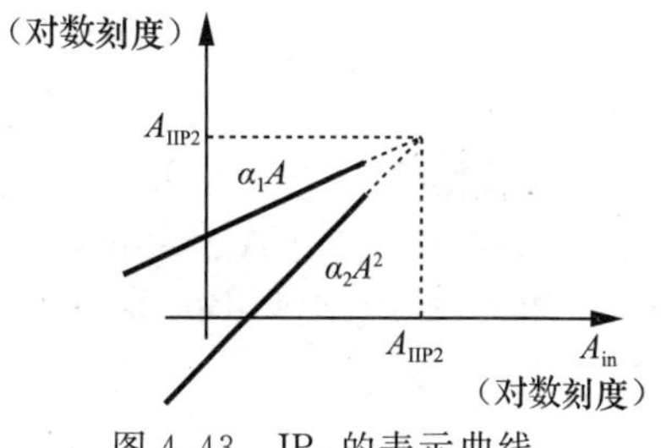

图 4.43 IP_2 的表示曲线

例 4.20 假设当拍频分量通过衰减因子为 k 的混频器，每一个音调被下变频到基带时的增益为 1。请计算 IP_2。

解： 由式(4.30)可得，使输出拍频幅度为 $k\alpha_2 A^2$(等于主要的音调幅度 $\alpha_1 A$)的 A 值可

由下式给出：

$$k\alpha_2 A_{\mathrm{IIP2}}^2 = \alpha_1 A_{\mathrm{IIP2}} \tag{4.31}$$

因此

$$A_{\mathrm{IIP2}} = \frac{1}{k} \cdot \frac{\alpha_1}{\alpha_2} \tag{4.32}$$ ◀

偶数阶失真在没有干扰时也可能会出现。假设除调频和调相之外，接收到的信号也显示出调幅。例如，第3章解释的，QAM、OFDM或具备基带脉冲整形的简单QPSK会产生可变包络波形。将信号表示为$x_{\mathrm{in}}(t)=[A_0+\alpha(t)]\cos[\omega_c t+\phi(t)]$，其中$a(t)$表示包络，而且一般变化得很慢，也就是说，它是一个低通信号。当经历二阶失真，信号变为

$$\alpha_2 x_{\mathrm{in}}^2(t) = \alpha_2[A_0^2 + 2A_0 a(t) + a^2(t)]\frac{1+\cos[2\omega_c t + 2\phi(t)]}{2} \tag{4.33}$$

其中，$\alpha_2 A_0 a(t)$和$\alpha_2 a^2(t)/2$这两项都是低通信号，而且，像图4.41所示的拍频分量一样，以有限的衰减通过混频器，使下变频后的信号变差。之所以说偶数阶失真会解调AM，是因为幅度信息表示为$\alpha_2 A_0 a(t)$。这个效应可能通过它自己的包络或一个很大干扰的包络让信号变差。下面来考虑这两种情况。

例4.21 依据IP_2，定量分析式(4.33)中的信号是如何变差的。

解：如例4.20所述，假设低通分量$\alpha_2 A_0 a(t)+\alpha_2 a^2(t)/2$经历了衰减因子为$k$的衰减，并且期望信号$\alpha_1 A_0$可以当作单位增益。同时，典型的$a(t)$只是$A_0$的几分之一，那么基带信号变差结果可以近似为$k\alpha_2 A_0 a(t)$。所以，源于自身变差的信噪比表示为

$$\mathrm{SNR} = \frac{\alpha_1 A_0/\sqrt{2}}{k\alpha_2 A_0 a_{\mathrm{rms}}} \tag{4.34}$$

$$= \frac{A_{\mathrm{IIP2}}}{\sqrt{2}a_{\mathrm{rms}}} \tag{4.35}$$

其中，$A_0/\sqrt{2}$表示信号幅度的方均根值，a_{rms}表示$a(t)$的方均根值。 ◀

上述现象有多严重？式(4.35)预测，由于包络变化可与输入IP_2相比较，随着包络的变化，信噪比将降到十分低的水平。实际中，该情况不太可能出现。例如，若$a_{\mathrm{rms}}=-20\mathrm{dBm}$，那么$A_0$可能近似为$-10\sim-15\mathrm{dBm}$，这已足够大，从而使接收链路饱和。对于这么高的输入水平，LNA或者也可能是混频器的增益将被切换到非常低的值，以避免饱和，同时自动最小化上述的信号变差效应。

但是前面的研究指向了另一个复杂得多的情况。如果期望信道伴随着一个很大的调幅干扰，那么偶数阶失真会解调干扰的AM分量，而且混频器馈通会允许它出现在基带中。在这种情况下，式(4.34)仍旧适用，但分子必须替换成期望信号$\alpha_1 A_{\mathrm{sig}}/\sqrt{2}$，分母替换成干扰$k\alpha_2 A_{\mathrm{int}} a_{\mathrm{rms}}$，即

$$\mathrm{SNR} = \frac{\alpha_1 A_{\mathrm{sig}}/\sqrt{2}}{k\alpha_2 A_{\mathrm{int}} a_{\mathrm{rms}}} \tag{4.36}$$

$$= \frac{A_{\mathrm{IIP2}} A_{\mathrm{sig}}/\sqrt{2}}{A_{\mathrm{int}} a_{\mathrm{rms}}} \tag{4.37}$$

例4.22 一个大小为$-100\mathrm{dBm}$的期望信号伴随着干扰$[A_{\mathrm{int}}+a(t)]\cos[\omega_c t+\phi(t)]$被一起接收，其中$A_{\mathrm{int}}=5\mathrm{mV}$，$a_{\mathrm{rms}}=1\mathrm{mV}$。为了保证$\mathrm{SNR}\geq 20\mathrm{dB}$，$\mathrm{IP}_2$应为多少？

解：由于$-100\mathrm{dBm}$等价于$A_{\mathrm{sig}}=3.16\mu\mathrm{V}$的峰值幅度，可得到：

$$A_{\mathrm{IIP2}} = \mathrm{SNR}\frac{A_{\mathrm{int}} a_{\mathrm{rms}}}{A_{\mathrm{sig}}/\sqrt{2}} \tag{4.38}$$

$$= 22.4\mathrm{V} \tag{4.39}$$

$$= +37\mathrm{dBm} \tag{4.40}$$

注意，干扰水平($A_{int}=-36$dBm)降到了典型接收机的压缩点以下，但如果 IP_2 达不到 +37dBm，它仍会让信号变差。◀

上述研究表明，在直接变频接收机中要求相对较高的 IP_2 值。第 6 章将介绍提高 IP_2 的方法。

4. 闪烁噪声

由于线性度通常要求将 LNA 和混频器级联的增益限制在 30dB，直接变频接收机中的下变频信号仍旧较小，因此在基带电路中很容易受噪声影响。而且，由于信号中心在零频率附近，会被闪烁噪声严重恶化。如第 6 章中解释的，混频器自身也可能在输出端产生闪烁噪声。

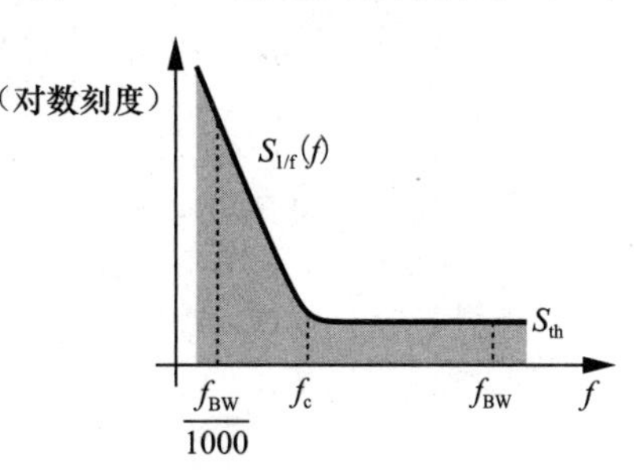

图 4.44 计算闪烁噪声的频谱

为了量化闪烁噪声的影响，让我们看看图 4.44 所示的下变频频谱，其中 f_{BW} 是 RF 信道带宽的一半。闪烁噪声用 $S_{1/f}$ 表示，基带末端的热噪声用 S_{th} 表示。两条曲线相交处的频率表示为 f_c。我们希望确定闪烁噪声，即 $S_{1/f}$ 贡献的附加噪声功率。为此，我们注意到，如果 $S_{1/f}=\alpha/f$，那么在 f_c 处，

$$\frac{\alpha}{f_c}=S_{th} \tag{4.41}$$

即 $\alpha=f_c\cdot S_{th}$。而且，由于频率低于 $f_{BW}/1000$ 的噪声分量变化缓慢，假定它们是不重要的，以至于它们对基带码元的影响可以忽略[⊖]。

从 $f_{BW}/1000$ 到 f_{BW} 的总噪声功率等于：

$$P_{n1}=\int_{f_{BW}/1000}^{f_c}\frac{\alpha}{f}df+(f_{BW}-f_c)S_{th} \tag{4.42}$$

$$=\alpha\ln\frac{1000f_c}{f_{BW}}+(f_{BW}-f_c)S_{th} \tag{4.43}$$

$$=\left(6.9+\ln\frac{f_c}{f_{BW}}\right)f_cS_{th}+(f_{BW}-f_c)S_{th} \tag{4.44}$$

$$=\left(5.9+\ln\frac{f_c}{f_{BW}}\right)f_cS_{th}+f_{BW}S_{th} \tag{4.45}$$

没有闪烁噪声时，从 $f_{BW}/1000$ 到 f_{BW} 的总噪声功率为

$$P_{n2}\approx f_{BW}S_{th} \tag{4.46}$$

而且，P_{n1} 和 P_{n2} 的比值可以用来衡量闪烁噪声造成的影响：

$$\frac{P_{n1}}{P_{n2}}=1+\left(5.9+\ln\frac{f_c}{f_{BW}}\right)\frac{f_c}{f_{BW}} \tag{4.47}$$

例 4.23 一个 802.11g 接收机具有 200kHz 的基带闪烁噪声转角频率，试确定闪烁噪声造成的影响。

解： 我们知道 $f_{BW}=10$MHz，$f_c=200$kHz，因此

$$\frac{P_{n1}}{P_{n2}}=1.04 \tag{4.48}$$ ◀

LNA 和混频器级联的增益对上述结果有影响吗？在好的设计中，基带链末端的热噪声主要来自天线、LNA 和混频器的噪声。因此，前端的高增益直接提高了图 4.44 中的 S_{th}，从而降低了 f_c 值和闪烁噪声的影响。

例 4.24 一个 GSM 接收机的基带闪烁噪声转角频率为 200kHz，试确定闪烁噪声造

⊖ 举一个极端的例子，周期为一天的噪声分量因为变化得太慢，以至于可以忽略它对一段 20min 电话通话的影响。

成的影响。

解： 图4.45画出了基带频谱，揭示了必须把噪声集成到100kHz。假设下端大约等于比特率的1/1000，总噪声可写成：

$$P_{n1}=\int_{27\mathrm{Hz}}^{100\mathrm{kHz}}\frac{\alpha}{f}\mathrm{d}f \tag{4.49}$$

$$=f_c\cdot S_{th}\ln\frac{100\mathrm{kHz}}{27\mathrm{Hz}} \tag{4.50}$$

$$=8.2f_cS_{th} \tag{4.51}$$

如果没有闪烁噪声，则

$$P_{n2}\approx(100\mathrm{kHz})S_{th} \tag{4.52}$$

那就是说，噪声影响为

$$\frac{P_{n1}}{P_{n2}}=\frac{8.2f_c}{100\mathrm{kHz}} \tag{4.53}$$

$$=16.4 \tag{4.54}$$

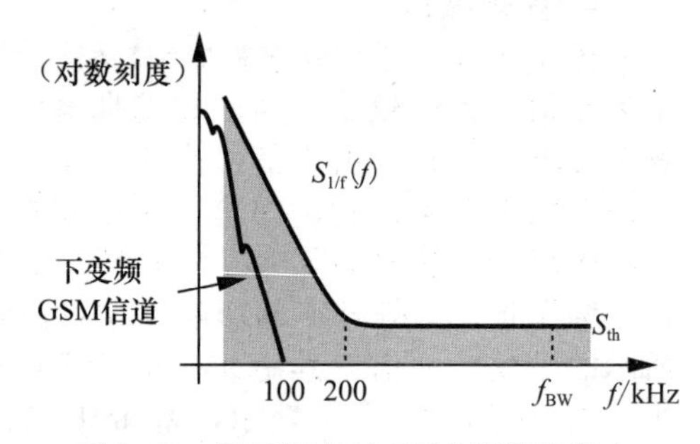

图4.45　闪烁噪声对GSM信道的影响

正如预期的，本例中的噪声影响比例4.23中802.11g接收机的要严重得多。◀

如上面例子所阐明的，针对具有窄信道带宽的通信标准，闪烁噪声的问题使得运用直接变频技术有困难。在这样的情况下，“低中频”结构是更可行的选择。

5. I/Q失配

如4.2.2节所解释的，将不对称调制信号下变频到零中频需要将其分离成正交项。如图4.46所示，这可以通过将RF信号或LO波形移相90°来实现。由于RF信号的相移通常要求在噪声-功率-增益三者之间直接进行严格的权衡，所以首选是图4.46b给出的方法。

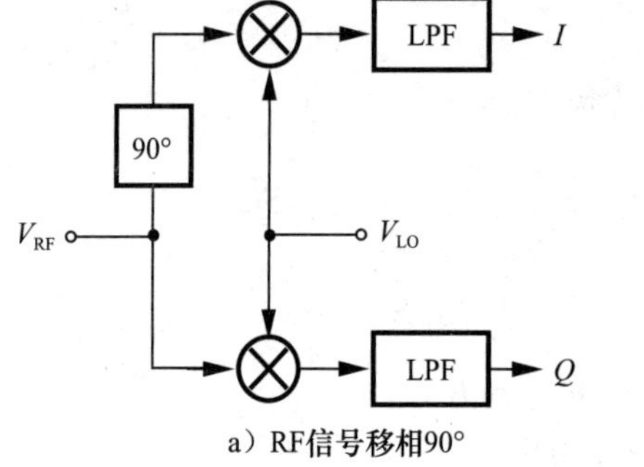

图4.46

如图4.47所示，90°相移电路中的误差和正交混频器之间的失配，任何一种情况都将导致基带I、Q输出的幅度失配和相位失配。同时基带级自身也会导致严重的增益失配和相位失配[⊖]。

直接变频接收机中的正交失配往往比外差拓扑结构中的大。这是因为：①通过正交混频器的更高频率(f_{in})在传播中会经历更大的失配。如图4.48所示，两个混频器之间10ps的延时失配在输入信号为5GHz时会转化成18°的相位失配，输入信号为1GHz时的失配为3.6°。②LO的正交相位在更高的频率

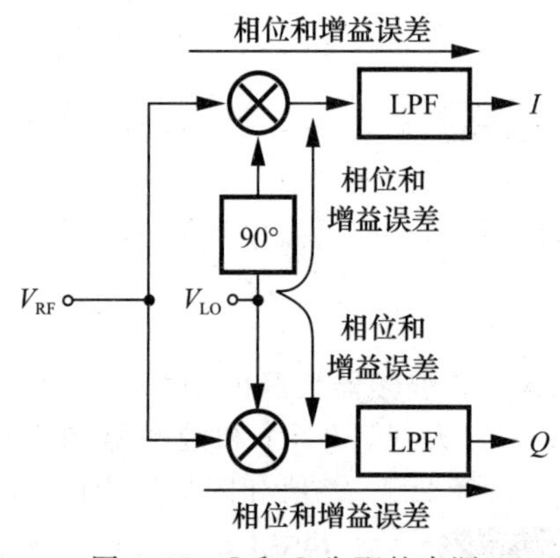

图4.47　I和Q失配的来源

⊖ 也可使用“幅度失配”和“增益失配”。

处会遭受更严重的失配。例如，为实现更高速度，器件尺寸在逐渐减小，而晶体管之间的失配则在逐渐增加。

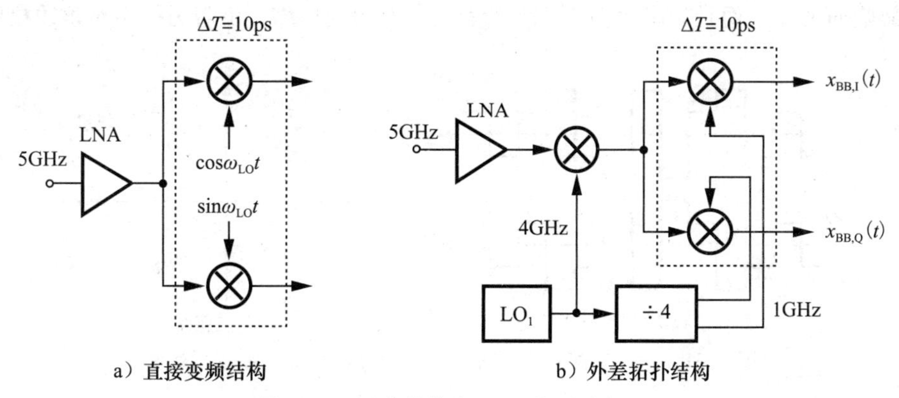

图 4.48　两种结构中 10ps 的延时失配

为了深入了解 I/Q 不平衡的影响，我们来分析 QPSK 信号 $x_{in}(t)=a\cos\omega_c t+b\sin\omega_c t$，其中 a 和 b 为 -1 或 $+1$。如图 4.49 所示，现在汇总图 4.47 中 LO 路径上的所有增益失配和相位失配：

$$x_{LO,I}(t)=2\left(1+\frac{\varepsilon}{2}\right)\cos\left(\omega_c t+\frac{\theta}{2}\right) \tag{4.55}$$

$$x_{LO,Q}(t)=2\left(1-\frac{\varepsilon}{2}\right)\sin\left(\omega_c t-\frac{\theta}{2}\right) \tag{4.56}$$

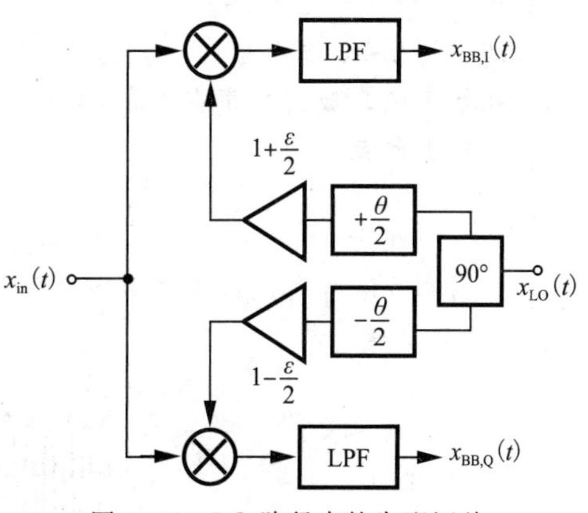

图 4.49　LO 路径中的失配汇总

其中，因子 2 是为了简化计算结果而引入的，ε 和 θ 分别代表幅度失配和相位失配。用正交 LO 波形乘以 $x_{in}(t)$，然后对结果进行低通滤波，可得到如下的基带信号：

$$x_{BB,I}(t)=a\left(1+\frac{\varepsilon}{2}\right)\cos\frac{\theta}{2}-b\left(1+\frac{\varepsilon}{2}\right)\sin\frac{\theta}{2} \tag{4.57}$$

$$x_{BB,Q}(t)=-a\left(1-\frac{\varepsilon}{2}\right)\sin\frac{\theta}{2}+b\left(1-\frac{\varepsilon}{2}\right)\cos\frac{\theta}{2} \tag{4.58}$$

现在观察两种特殊的情况：$\varepsilon\neq0$，$\theta=0$ 和 $\varepsilon=0$，$\theta\neq0$。在前一种情况中，$x_{BB,I}(t)=a(1+\varepsilon/2)$ 且 $x_{BB,Q}(t)=b(1+\varepsilon/2)$，如图 4.50a 所示，这意味着正交基带码元在幅度上缩放不同。更重要的是，星座图 4.50b 中的点移动了。

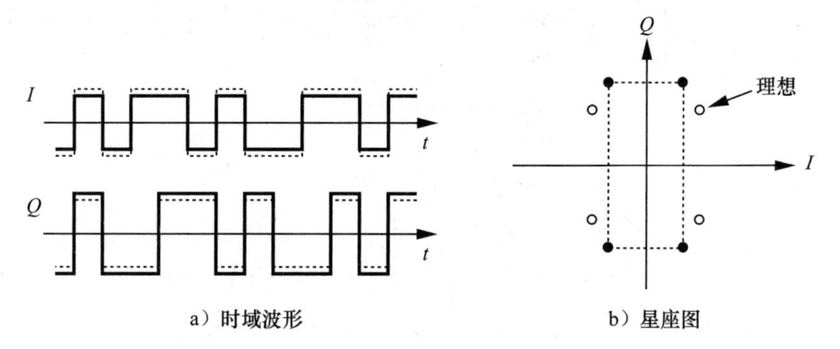

图 4.50　增益失配对 QPSK 信号的时域波形和星座图的影响

对于第二种情况 $\varepsilon=0$，$\theta\neq 0$，有 $x_{\mathrm{BB,I}}(t)=a\cos(\theta/2)-b\sin(\theta/2)$，$x_{\mathrm{BB,Q}}(t)=-a\sin(\theta/2)+b\cos(\theta/2)$。如图 4.51a 所示，每一个基带输出都被另一个输出中的一小部分数据码元影响而变差。而且，星座图 4.51b 沿着一条对角线压缩，沿着另一条对角线拉伸。

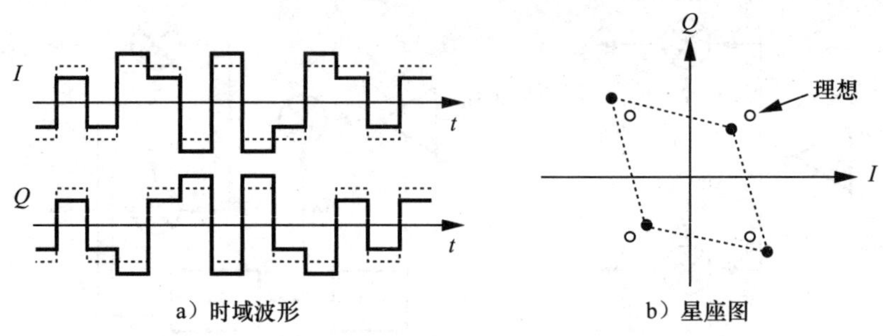

图 4.51　相位失配对 QPSK 信号的时域波形和星座图的影响

例 4.25 给直接变频接收机加载 FSK 信号，试画出它的基带波形，并确定 I/Q 失配的影响。

解：将 FSK 信号表示为 $x_{\mathrm{FSK}}(t)=A_0\cos[(\omega_c+a\omega_1)t]$，其中 $a=\pm 1$ 代表二进制信息。也就是说，载波频率在 $+\omega_1$ 或 $-\omega_1$ 之间摆动。当与 LO 的正交相位相乘后，信号产生如下基带分量：

$$x_{\mathrm{BB,I}}(t)=-A_1\cos a\omega_1 t \tag{4.59}$$

$$x_{\mathrm{BB,Q}}(t)=+A_1\sin a\omega_1 t \tag{4.60}$$

从图 4.52a 可看出：如果载波频率等于 $\omega_c+\omega_1$（即 $a=+1$），那么 $x_{\mathrm{BB,I}}(t)$ 的上升沿与 $x_{\mathrm{BB,Q}}(t)$ 的正峰一致。

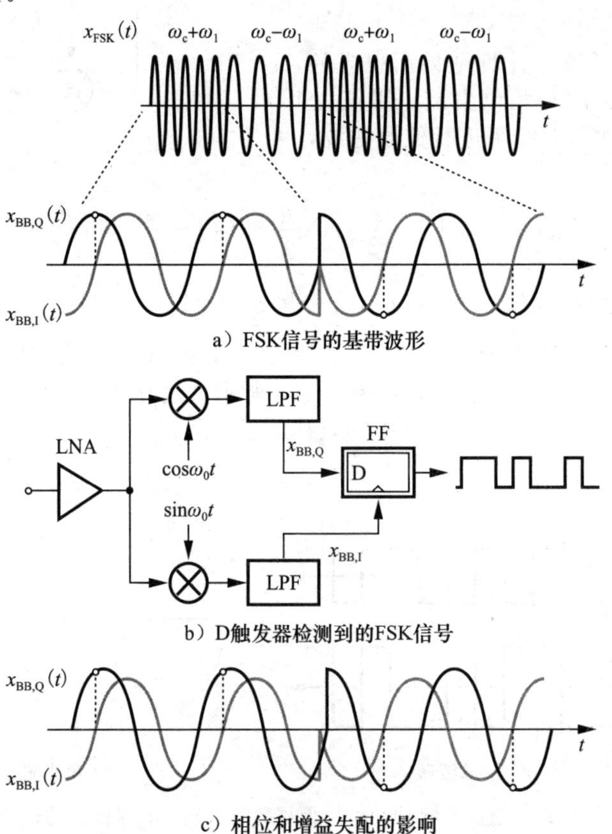

图 4.52　给直接变频接收机加载 FSK 信号并确定 I/Q 失配的影响

相反，如果载波频率等于 $\omega_c-\omega_1$，则 $x_{BB,I}(t)$ 的上升沿与 $x_{BB,Q}(t)$ 的负峰一致。因此，如果 $x_{BB,I}(t)$ 能简易采样 $x_{BB,Q}(t)$，例如通过图 4.52b 所示的 D 触发器检测二进制信息。

图 4.52a 所示的波形和图 4.52b 所示的检测方法表明，FSK 可以容忍大的 I/Q 失配。如图 4.52c 所示，只要较小的输出不受信噪比退化的影响，则幅度失配的影响不大；只要 $x_{BB,I}(t)$ 能采样到 $x_{BB,Q}(t)$ 的正确极性，则相位失配是可以容忍的。当然，当相位失配达到 90°，接收链中的加性噪声会引入误差。◀

在 RF 接收机的设计中，必须知道可容忍的最大 I/Q 失配，因为系统结构和模块设计是据此来确定的。对于复杂的信号波形，比如正交幅度调制(QAM)的正交频分复用(OFDM)，那么这个最大值可以通过仿真得到：从而可以画出增益失配和相位失配的不同组合的比特误码率，提供不影响性能的最大失配值(EVM 也能反映这些失配的影响)。图 4.53 给出了运用 OFDM 的系统的 BER 曲线，该系统具有 128 个子通道且在每个子通道中采用 QPSK 调制[1]。我们观察到，低于 −0.6dB/6°的增益/相位失配产生的影响可被忽略。

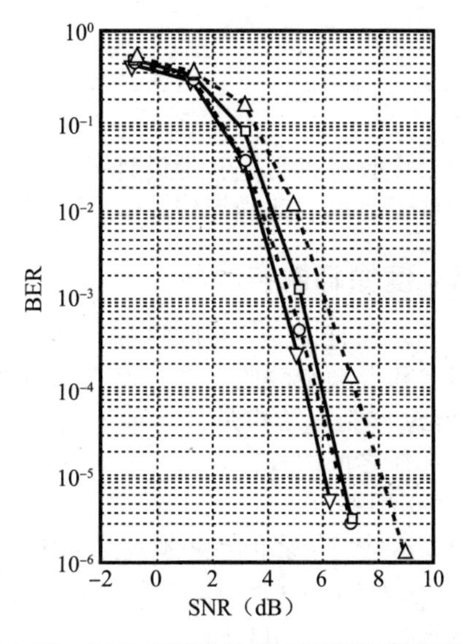

图 4.53　I/Q 失配对采用 QPSK 调制的 OFDM 信号的影响(▽表示没有失衡；○表示的失配为 $\theta=6°$，$\varepsilon=1.4$dB；□表示的失配为 $\theta=10°$，$\varepsilon=0.8$dB；△表示的失配为 $\theta=16°$，$\varepsilon=1.4$dB)

在 802.11a/g 标准中，要求相位和增益失配很小，以至于不加处理的器件和布局间的匹配达不到要求。这也就要求在高性能系统中，正交相位和增益必须在上电时以及工作中持续不断地校准。如图 4.54a 所示，上电时的校准可以通过在正交混频器的输入端施加一个 RF 音调，并且观察模拟或数字域中的基带正弦曲线来实现[2]。由于这些正弦曲线可以在任意低的频率产生，所以可以精确测得它们的幅度和相位失配。根据已知的失配，接收到的信号星座图在检测前就被纠正。或者，如图 4.54b 所示，可以在 LO 和基带通路中分别插入一个可变相位级 ϕ 和一个可变增益级，并对它们进行调整直到失配足够小。注意，在接收机的实际工作中，调整控制信号必须以数字方式存储起来。

6. **混频杂散**

与外差系统不同，直接变频接收机很少受混频杂散的影响而变差。这是因为，对于输入信号频率 f_1，要在与 nf_{LO} 混频后能降低到基带频率，必须要求 $f_1\approx nf_{LO}$。由于 f_{LO} 等于期望信道频率，f_1 远离我们感兴趣的波段，可以被天线的选择性、波段选择滤波器和 LNA 极大地抑制。

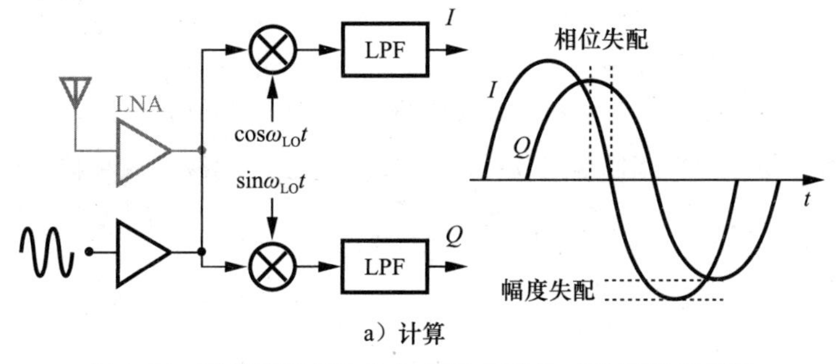

a) 计算

图 4.54　直接变频接收机中 I/Q 失配的 a)计算和 b)校准

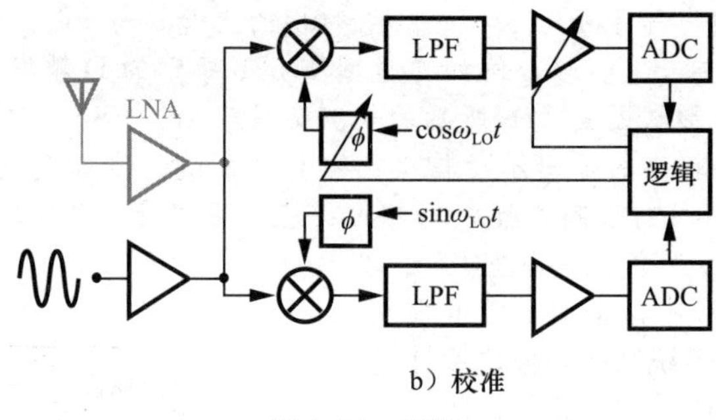

b）校准

图 4.54 （续）

如果接收机是为宽频带设计的，LO 谐波问题会凸显出来。这样的例子包括电视调谐器、软件无线电和认知无线电。

4.2.4 镜像抑制接收机

对外差和直接变频接收机的研究已经揭示了它们各有利弊。例如，外差型接收机必须解决镜像和混频杂散的问题，而直接变频型接收机要解决偶数阶失真和闪烁噪声带来的影响。“镜像抑制”结构是另一种不用滤波就可以抑制镜像的接收机，从而避免了镜像抑制和信道选择之间的权衡，

1. 90°相移

研究这些结构之前，必须定义一种“移相 90°”操作。首先，让我们考虑音调 $A\cos\omega_c t=(A/2)[\exp(+j\omega_c t)+\exp(-j\omega_c t)]$，这两个指数分别对应于频域中 $+\omega_c$ 和 $-\omega_c$ 处的脉冲。现在将波形移相 90°：

$$A\cos(\omega_c t-90°)=A\frac{e^{+j(\omega_c t-90°)}+e^{-j(\omega_c t-90°)}}{2} \tag{4.61}$$

$$=-\frac{A}{2}je^{+j\omega_c t}+\frac{A}{2}je^{-j\omega_c t} \tag{4.62}$$

$$=A\sin\omega_c t \tag{4.63}$$

这相当于 $+\omega_c$ 处的脉冲乘以 $-j$，在 $-\omega_c$ 处乘以 $+j$。用图 4.55a 所示的三维图形来说明这种转换，观察到 $+\omega_c$ 处的脉冲顺时针旋转，$-\omega_c$ 处的脉冲逆时针旋转。

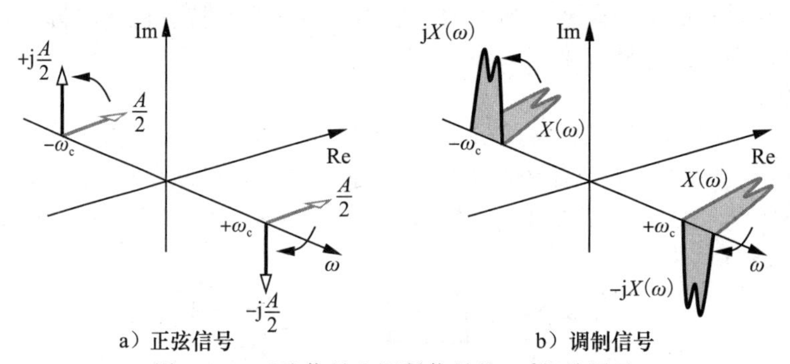

a）正弦信号　　b）调制信号

图 4.55 正弦信号和调制信号的 90°相移图示

类似地，对于一个窄带调制信号 $x(t)=A(t)\cos[\omega_c t+\phi(t)]$，相移 90°后为

$$A(t)\cos[\omega_c t+\phi(t)-90°]=A(t)\frac{e^{+j[\omega_c t+\phi(t)-90°]}+e^{-j[\omega_c t+\phi(t)-90°]}}{2} \tag{4.64}$$

$$=A(t)\frac{-je^{+j[\omega_c t+\phi(t)]}+je^{-j[\omega_c t+\phi(t)]}}{2} \tag{4.65}$$

$$=A(t)\sin[\omega_c t+\phi(t)] \tag{4.66}$$

如图4.55b所示，若ω_c为正，则正频率项乘以$-j$，负频率项乘以$+j$。或者，在频域中有：

$$X_{90^\circ}(\omega)=X(\omega)[-j\mathrm{sgn}(\omega)] \tag{4.67}$$

其中，$\mathrm{sgn}(\omega)$表示符号函数。相移90°操作也叫作“希尔伯特(Hilbert)变换”。读者可以自行证明，希尔伯特变换后再进行希尔伯特变换(即两个90°相移的级联)后的结果仅仅是与原信号符号相反。

例4.26 在相量图中，仅用$-j$与一个相量相乘来将其顺时针旋转90°。这与希尔伯特变换矛盾吗？

解： 并不矛盾。相量表示为$A\exp(j\omega_c t)$，即只有正频率项。也就是说，可以认为，如果$A\exp(j\omega_c t)$与$-j$相乘，那么$A\exp(-j\omega_c t)$也与$+j$相乘。◀

如式(4.67)所示，希尔伯特变换是区分正频率和负频率的。这种区别是镜像抑制的关键。

例4.27 画出$A\exp\omega_c t+jA\sin\omega_c t$的频谱。

解： 如图4.56a所示，$A\sin\omega_c t$的频谱乘以j会使两个脉冲都逆时针旋转90°。当把这个频谱加到$A\cos\omega_c$上，可得到如图4.56b所示的单边频谱。当然，这是意料之中的，因为$A\cos\omega_c t+jA\sin\omega_c t=A\exp(-j\omega_c t)$，其傅里叶变换是位于$\omega=+\omega_c$处的单脉冲。

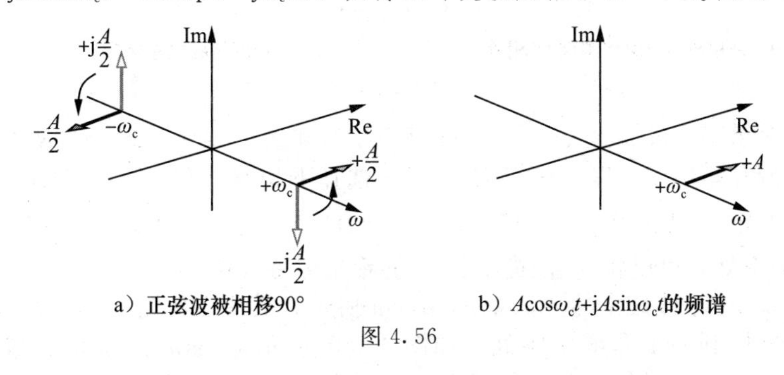

a）正弦波被相移90°　　b）$A\cos\omega_c t+jA\sin\omega_c t$的频谱

图4.56 ◀

例4.28 一个具有真实频谱的窄带信号$I(t)$被相移90°，得到$Q(t)$。画出$I(t)+jQ(t)$[㊀]的频谱。

解： 如图4.57a所示，首先用$-j\mathrm{sgn}(\omega)$乘以$I(\omega)$，然后，与前面的例子相似，将结果与j相乘，如图4.57b所示。因此$jQ(t)$的频谱在负频率处抵消$I(t)$的频谱，如图4.57c所示，在正频率处使其加强。$I(t)+jQ(t)$的单边频谱在收发机的分析中作用不小。

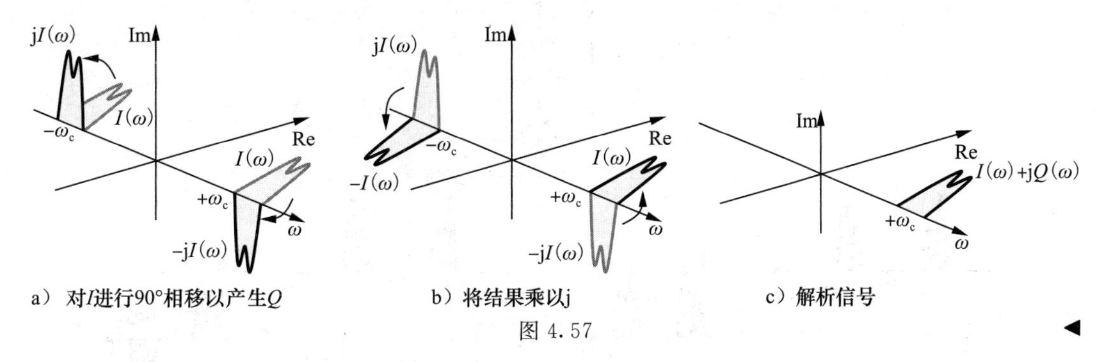

a）对I进行90°相移以产生Q　　b）将结果乘以j　　c）解析信号

图4.57 ◀

90°相移是如何产生的？考虑图4.58a所示的RC-CR网络，其中高通和低通传递函数分别由下式给出：

㊀ 这个和叫作$I(t)$的解析信号。

$$H_{\mathrm{HPF}}(s)=\frac{V_{\mathrm{out1}}}{V_{\mathrm{in}}}=\frac{R_1C_1s}{R_1C_1s+1} \tag{4.68}$$

$$H_{\mathrm{LPF}}(s)=\frac{V_{\mathrm{out2}}}{V_{\mathrm{in}}}=\frac{1}{R_1C_1s+1} \tag{4.69}$$

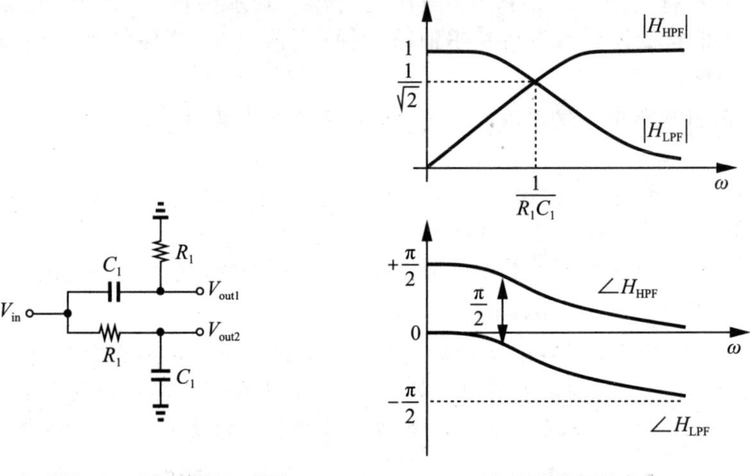

a）采用RC-CR网络实现90°相移　　b）网络的频率响应

图 4.58

传递函数显示了$\angle H_{\mathrm{HPF}}=\pi/2-\arctan(R_1C_1\omega)$和$\angle H_{\mathrm{LPF}}=-\arctan(R_1C_1\omega)$这两个相位。因此，在所有频率下，以及任何$R_1$与$C_1$选择下均有$\angle H_{\mathrm{HPF}}-\angle H_{\mathrm{LPF}}=\pi/2$。而且，如图4.58b所示，$|V_{\mathrm{out}}/V_{\mathrm{in}}|=|V_{\mathrm{out2}}/V_{\mathrm{in}}|=1/\sqrt{2}\ \mathrm{at}\omega=(R_1C_1)^{-1}$。因此，在接近$(R_1C_1)^{-1}$的频率处，可以将$V_{\mathrm{out2}}$看作$V_{\mathrm{out1}}$的希尔伯特变换。

另一种实现90°相移操作的方法如图4.59a所示，其中RF输入与相位正交的LO混频，以将频谱转换到一个非零中频处。如图4.59b所示，$\cos\omega_{\mathrm{LO}}t$混频的结果是，$-\omega_{\mathrm{LO}}$处的脉冲与大约$+\omega_{\mathrm{c}}$处的输入频谱做卷积，产生$-\omega_{\mathrm{IF}}$处的频谱。类似地，$-\omega_{\mathrm{LO}}$处的脉冲与$-\omega_{\mathrm{c}}$的频谱混频产生$+\omega_{\mathrm{IF}}$处的频谱。如图4.59c所示，与$\sin\omega_{\mathrm{LO}}t$混频，在$-\omega_{\mathrm{IF}}$处产生一个系数为$+\mathrm{j}/2$的中频频谱，另一个在$+\omega_{\mathrm{IF}}$处的系数为$-\mathrm{j}/2$。事实上，我们观察到，下半部分的中频频谱是上半部分的希尔伯特变换。

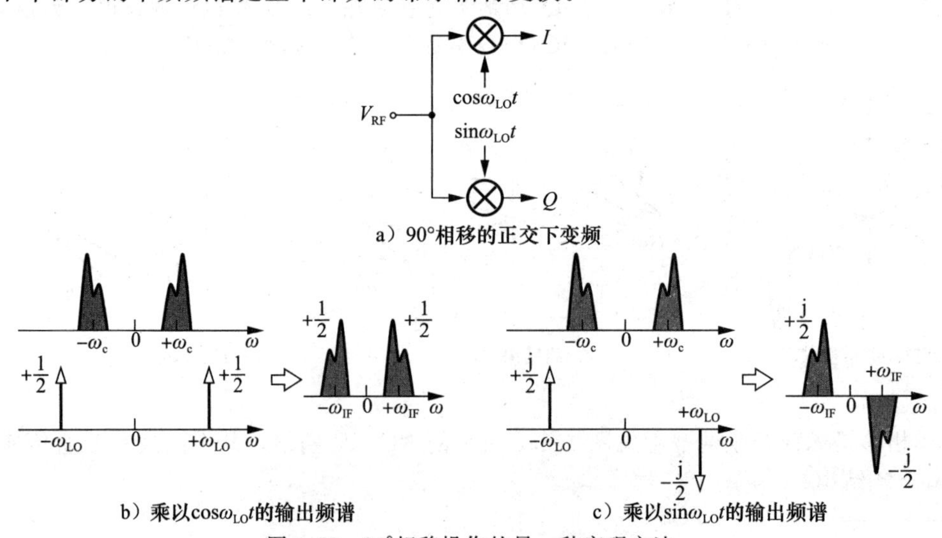

a）90°相移的正交下变频

b）乘以$\cos\omega_{\mathrm{LO}}t$的输出频谱　　c）乘以$\sin\omega_{\mathrm{LO}}t$的输出频谱

图 4.59　90°相移操作的另一种实现方法

例 4.29 图 4.59a 实现的是对 LO 高边注入的情况。试分析低边注入的情况。

解： 图 4.60a 和 b 分别表示 RF 信号与 $\cos\omega_{LO}t$ 和 $\sin\omega_{LO}t$ 混合后的频谱。在这种情况下，下半部分的中频分量是上半部分的希尔伯特变换的取反。

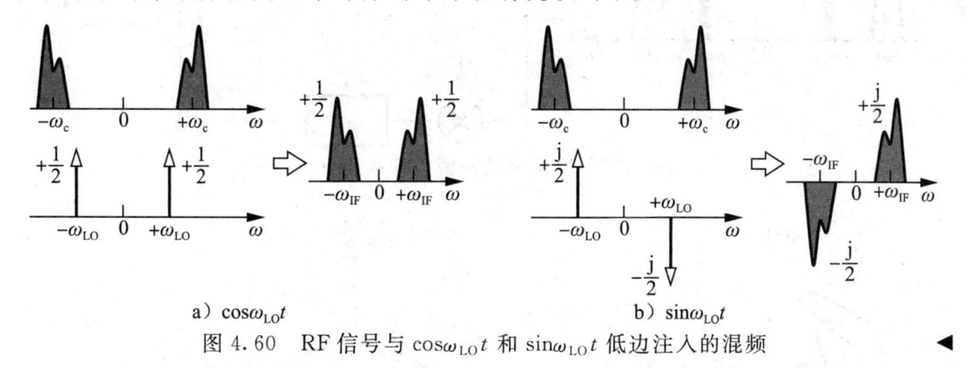

图 4.60　RF 信号与 $\cos\omega_{LO}t$ 和 $\sin\omega_{LO}t$ 低边注入的混频　◀

下面总结一下到目前为止学习到的内容。若 $\omega_c>\omega_{LO}$，图 4.59a 所示的正交转换器[⊖]在其输出端产生一个信号及其希尔伯特变换；若 $\omega_c<\omega_{LO}$，则产生一个信号及其希尔伯特变换的取反。基于该原理，可以区分期望信号和它的镜像。图 4.61 描述了一个信号及其镜像施加于输入端且 $\omega_{LO}<\omega_c$ 时的三维 IF 频谱。

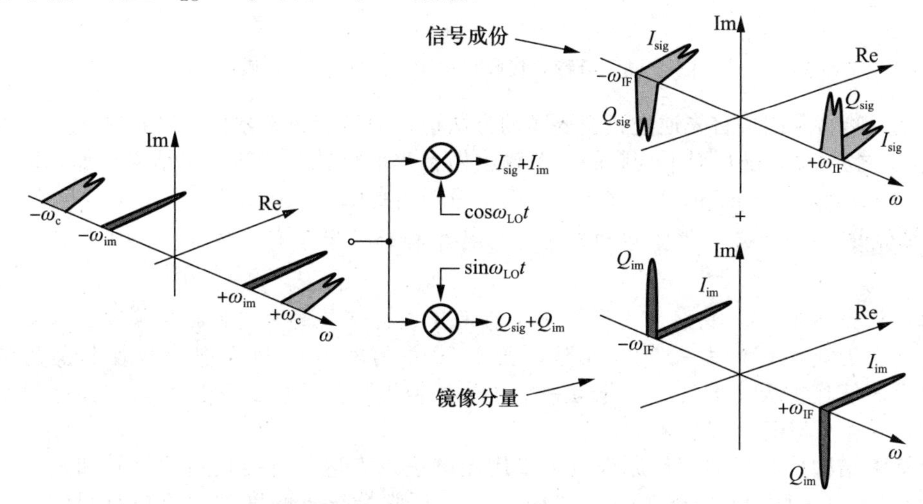

图 4.61　低边注入的正交下变频器中的输入输出频谱

2. 哈特莱结构

图 4.61 中的镜像分量是否能相互抵消？例如，$I(t)+Q(t)$是不是没有镜像？由于 $Q(t)$中的镜像分量是相比 $I(t)$中的相位差 90°，所以总和中仍包含镜像。然而，由于希尔伯特变换的希尔伯特变换是对信号取反，如果在加和之前将 $I(t)$或 $Q(t)$移位 90°，或许能消除镜像。这种假设构成了图 4.62 所示的哈特莱结构(Hartley Architecture)，该结构插入了低通滤波器以消除由混频器产生的不想要的高频分量(哈特莱最初提出的想法是关于单边带发射机的[4])。

为了理解哈特莱结构，假设采用低边注入，且对图 4.61 中信号和镜像(Q 部分)的希尔伯特变换施加 90°相移，得到 $Q_{sig,90^\circ}$ 和 $Q_{im,90^\circ}$，如图 4.63 所示。用$-j\mathrm{sgn}(\omega)$乘上 Q_{sig}，使 Q_{sig} 的频谱旋转叠加到 I_{sig} 的上面(来自图 4.61)，使信号幅度加倍。另一方面，用$-j\mathrm{sgn}(\omega)$乘以 Q_{im} 得到 I_{im} 的反相，消除镜像。

⊖ 若 $\omega_{IF}<\omega_c$，也可将其认为是正交下变频器。在问题 4.14 中，我们研究了 $\omega_{IF}>\omega_c$ 的情况。

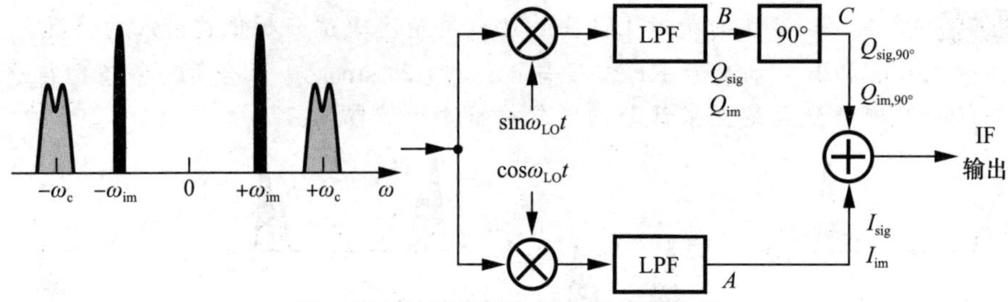

图 4.62 哈特莱结构镜像抑制接收机

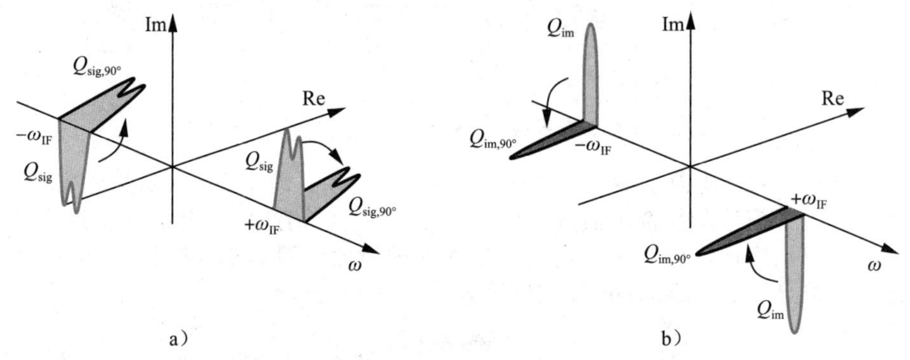

图 4.63 哈特莱接收机中 B 点和 C 点的频谱

总之，哈特莱结构首先通过正交混频的方法进行信号的负希尔伯特转换和镜像的希尔伯特转换(反之亦然)，随后对下变频的一个输出做希尔伯特转换，然后将结果相加。即信号频谱乘以$[+j\text{sgn}(\omega)][-j\text{sgn}(\omega)]=+1$，然而镜像频谱乘以$[-j\text{sgn}(\omega)][-\text{sgn}(\omega)]=-1$。

例 4.30 一个心急的学生在构建希尔伯特结构时采用了高边注入。试解释将会出现什么现象。

解： 根据图 4.60，我们注意到，正交转换器进行信号的希尔伯特转换和镜像的负希尔伯特转换。因此，具有另一个 90°相移，图 4.62 中的输出 C 和 A 包含极性相反的信号和极性相同的镜像。因此电路将会作为一个“信号抑制”接收机工作！当然，如果用减法代替加法，这个设计还可以挽救。◀

哈特莱结构接收机的工作原理也可以用图解法来表达。将接收到的信号和镜像替换为 $x(t)=A_{sig}\cos(\omega_c t+\phi_{sig})+A_{im}\cos(\omega_{im}t+\phi_{im})$，通常情况下幅度和相位是时间的函数。用 LO 相位乘以 $x(t)$并忽略高频分量，可得到图 4.62 中 A 点和 B 点的信号：

$$x_A(t)=\frac{A_{sig}}{2}\cos[(\omega_c-\omega_{LO})t+\phi_{sig}]+\frac{A_{im}}{2}\cos[(\omega_{im}-\omega_{LO})t+\phi_{im}] \tag{4.70}$$

$$x_B(t)=-\frac{A_{sig}}{2}\sin[(\omega_c-\omega_{LO})t+\phi_{sig}]-\frac{A_{im}}{2}\sin[(\omega_{im}-\omega_{LO})t+\phi_{im}] \tag{4.71}$$

为了简单起见，假设 LO 的幅度为单位 1。现在，$x_B(t)$必须移相 90°。当低边注入时，第一个正弦具有正频率，移相 90°后变成负的余弦(为什么?)。另一方面，第二个正弦具有负频率，因此写出$-(A_{im}/2)\sin[(\omega_{im}-\omega_{LO})t+\phi_{im}]=(A_{im}/2)\sin[(\omega_{LO}-\omega_{im})t-\phi_{im}]$，得到一个正频率，并将结果移相 90°，由此$-(A_{im}/2)\cos[(\omega_{LO}-\omega_{im})t-\phi_{im}]=-(A_{im}/2)\cos[(\omega_{im}-\omega_{LO})t+\phi_{im}]$，可以得出：

$$x_c(t)=\frac{A_{sig}}{2}\cos[(\omega_c-\omega_{LO})t+\phi_{sig}]-\frac{A_{im}}{2}\cos[(\omega_{im}-\omega_{LO})t+\phi_{im}] \tag{4.72}$$

当把 $x_A(t)$和 $x_C(t)$加和后，我们保留了信号，并且抑制了镜像。

如图 4.64 所示，图 4.62 中描述的 90°相移一般是通过在一个路径相移+45°、在另一个路径上相移－45°实现的。这是因为当电路元器件随工艺和温度变化时，将信号移位 90°是很困难的。

哈特莱结构的主要缺点源自它对失配的敏感性：上面描述的完美镜像消除只出现在负镜像的幅度和相位与镜像本身的完全匹配时。如果 LO 的相位不完全正交或图 4.64 中上半部分和下半部分的增益和相移不完全相同，那么一小部分镜像将会保留下来。为了量化这个影响，将接收机的失配折算为 LO 路径中的单个幅度误差 ε 和相位误差 $\Delta\theta$，即一个 LO 波形表示为 $\sin\omega_{LO}t$，另一个为 $(1+\varepsilon)\cos(\omega_{LO}t+\Delta\theta)$。将接收到的信号和镜像表示为 $x(t)=A_{sig}\cos(\omega_c t+\phi_{sig})+A_{im}\cos(\omega_{in}t+\phi_{im})$，并把 $x(t)$ 乘以 LO 波形，可将图 4.62 中 A 点的下变频信号写为

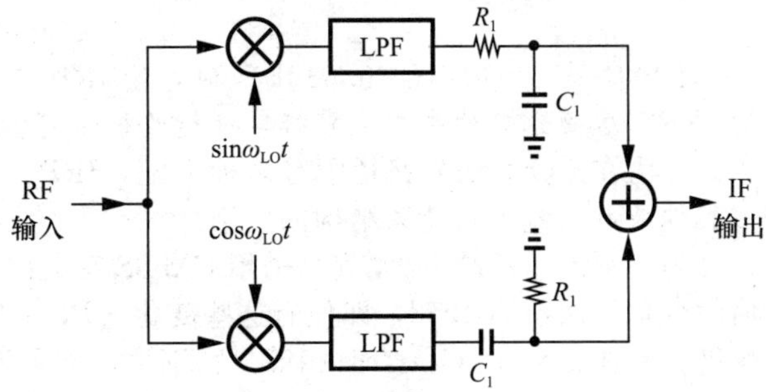

图 4.64　哈特莱接收机中 90°相移的实现

$$x_A(t)=\frac{A_{sig}}{2}(1+\varepsilon)\cos[(\omega_c-\omega_{LO})t+\phi_{sig}+\Delta\theta]+\frac{A_{im}}{2}(1+\varepsilon)\cos[(\omega_{im}-\omega_{LO})t+\phi_{im}+\Delta\theta] \tag{4.73}$$

B 点和 C 点的频谱仍分别由式(4.71)和式(4.72)给出。现在将 $x_A(t)$ 和 $x_C(t)$ 相加，得到输出端的信号和镜像：

$$x_{sig}(t)=\frac{A_{sig}}{2}(1+\varepsilon)\cos[(\omega_c-\omega_{LO})t+\phi_{sig}+\Delta\theta]+\frac{A_{sig}}{2}\cos[(\omega_c-\omega_{LO})t+\phi_{sig}] \tag{4.74}$$

$$x_{im}(t)=\frac{A_{im}}{2}(1+\varepsilon)\cos[(\omega_{im}-\omega_{LO})t+\phi_{im}+\Delta\theta]-\frac{A_{im}}{2}\cos[(\omega_{im}-\omega_{LO})t+\phi_{im}] \tag{4.75}$$

为了评价镜像抑制水平，用输入端的镜像信号比除以输出端的镜像信号比[㊀]，结果称为“镜像抑制比”(image rejection ratio，IRR)。注意到相量和 $a\cos(\omega t+\alpha)+b\cos\omega t$ 的平均功率为 $(a^2+2ab\cos\alpha+b^2)/2$，那么可将输出端镜像信号比写为

$$\frac{P_{im}}{P_{sig}}\Big|_{out}=\frac{A_{im}^2}{A_{sig}^2}\frac{(1+\varepsilon)^2-2(1+\varepsilon)\cos\Delta\theta+1}{(1+\varepsilon)^2+2(1+\varepsilon)\cos\Delta\theta+1} \tag{4.76}$$

由于输入端的镜像信号比为 A_{im}^2/A_{sig}^2，IRR 可以表示为

$$\mathrm{IRR}=\frac{(1+\varepsilon)^2+2(1+\varepsilon)\cos\Delta\theta+1}{(1+\varepsilon)^2-2(1+\varepsilon)\cos\Delta\theta+1} \tag{4.77}$$

注意，ε 表示相对增益误差，$\Delta\theta$ 是弧度表示的相位误差。而且，为了将 IRR 表示成分贝数，则必须计算 10lgIRR(而不是 20lgIRR)。

例 4.31　如果 $\Delta\theta\ll 1\mathrm{rad}$[㊁]，试简化 IRR 的表达式。

解： 由于 $\Delta\theta\ll 1\mathrm{rad}$，则 $\cos\Delta\theta\approx 1-\Delta\theta^2/2$，可将式(4.77)简化为

$$\mathrm{IRR}\approx\frac{4+4\varepsilon+\varepsilon^2-(1+\varepsilon)\Delta\theta^2}{\varepsilon^2+(1+\varepsilon)\Delta\theta^2} \tag{4.78}$$

㊀ 注意，输出镜像功率和输入镜像功率的比没有意义，因为它取决于增益。

㊁ 原书此处笔误。——译者注

在分子中，第一项占主导，在分母中，$\varepsilon \ll 1$，可得到：

$$\mathrm{IRR} \approx \frac{4}{\varepsilon^2 + \Delta\theta^2} \tag{4.79}$$

例如，当 $\varepsilon = 10\%$($\approx 0.83\text{dB}$)[⊖] 时，则 IRR 为 26dB。类似地，由 $\Delta\theta = 10°$ 可得到 21dB 的 IRR。尽管这样的失配在直接转换接收机中可能是能容忍的，但此处是不可行的。 ◀

因为在 LO 和信号路径中有多种失配，IRR 一般降到大约 35dB 以下。这个问题和很多其他缺点限制了哈特莱结构的应用。

另一个严重的缺点(尤其是采用 CMOS 工艺时尤为明显)源自图 4.64 中 R_1 和 C_1 绝对值的变化。回想图 4.58，即使有这些变化，RC-CR 网络产生的相移仍保持为 90°，但输出幅度只有在 $\omega = (R_1C_1)^{-1}$ 时相等。特别地，如果 R_1 和 C_1 在名义上是为某个中频选取的，即 $(R_1C_1)^{-1} = \omega_{\mathrm{IF}}$，但基于工艺和温度存在一个小的变化，那么高通段和低通段的输出幅度的比为

$$\left|\frac{H_{\mathrm{HPF}}}{H_{\mathrm{LPF}}}\right| = (R_1 + \Delta R)(C_1 + \Delta C)\omega_{\mathrm{IF}} \tag{4.80}$$

$$\approx 1 + \frac{\Delta R}{R_1} + \frac{\Delta C}{C_1} \tag{4.81}$$

因此，增益失配等于

$$\varepsilon = \frac{\Delta R}{R_1} + \frac{\Delta C}{C_1} \tag{4.82}$$

例如，$\Delta R/R_1 = 20\%$ 将镜像抑制降低到 20dB。注意，这些计算已经假设高通段和低通段之间完美匹配。如果电阻或电容出现不匹配，IRR 会进一步降低。

如果转换到中频的信号有大的带宽，会出现另一个源自 RC-CR 的缺点。由于高通部分和低通部分的增益彼此分离，正如图 4.58b 所示，当频率远离 $\omega_{\mathrm{IF}} = (R_1C_1)^{-1}$ 时，在接近信道边沿处镜像抑制可能会大幅降低。在习题 4.17 中，读者可以自行证明，在频率 $\omega_{\mathrm{IF}} + \Delta\omega$ 处，IRR 为

$$\mathrm{IRR} = \left(\frac{\omega_{\mathrm{IF}}}{\Delta\omega}\right)^2 \tag{4.83}$$

例如，$2\Delta\omega/\omega_{\mathrm{IF}} = 5\%$ 的带宽将 IRR 限制到 32dB。

式(4.83)给出的限制意味着 ω_{IF} 不能为零，同时要求外差方法。图 4.65 描述的例子是，一次中频后面是另一个正交下变频器，以产生基带信号。不像图 4.26a 中的滑动中频结构，这种拓扑结构也需要第一个 LO 的相位是正交的。4.2.1 节研究的混频杂散在这里也存在。

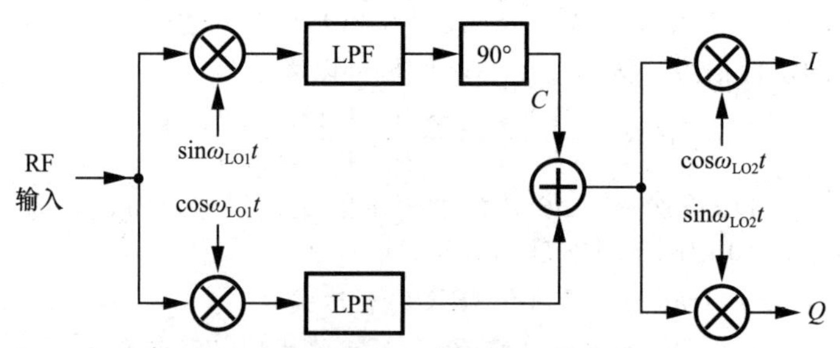

图 4.65　将哈特莱接收机的输出下变频到基带

图 4.64 中用的 RC-CR 电路也会产生衰减和噪声。在 $\omega = (R_1C_1)^{-1}$ 时，源自

⊖ 为了以 dB 为单位计算 ε，使 $20\lg(1 + 10\%) = 0.83\text{dB}$。

$|H_{HPF}|=|H_{LPF}|=1/\sqrt{2}$ 的 3dB 损失直接将后面的加法器的噪声放大。而且，每段的输入阻抗 $|R_1+(C_1s)^{-1}|$ 在 $\omega=(R_1C_1)^{-1}$ 时达到 $\sqrt{2}R_1$，这要求我们在混频器的负载和 90°移位电路热噪声之间做出权衡。

在哈特莱结构输出端的电压加法器也会遇到困难，正如在信号路径中出现噪声和非线性一样。如图 4.66 所示，加法一般通过差分对实现，其将信号电压转换为电流，把电流加和，再将结果转换为电压。

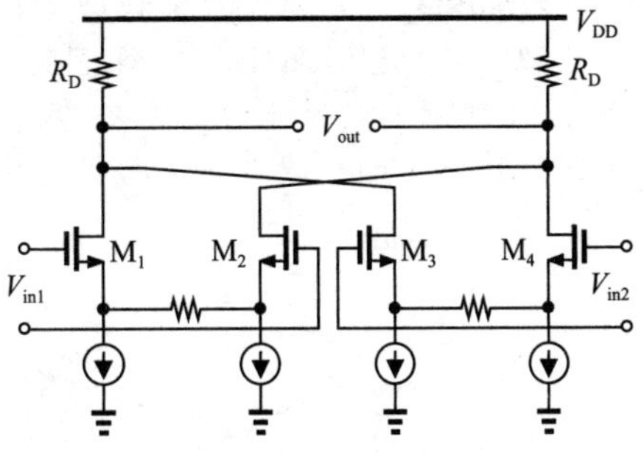

图 4.66　两个电压的相加计算

3. 韦弗结构

对哈特莱结构的分析已经揭示了几个因为使用 *RC-CR* 相移网络而导致的问题。韦弗结构衍生于发射机的对应部分[5]，有效避免了这些问题。

回顾如图 4.59 所示的电路，信号和 LO 的正交相位混频后进行了希尔伯特变换。如图 4.67 所示，韦弗结构把 90°相移网络替换为正交混频操作。为了用公式表示电路的行为，首先从式(4.70)和式(4.71)中分别给出的 $x_A(t)$ 和 $x_B(t)$，然后进行第二次正交混频操作，可得到：

$$x_C(t)=\frac{A_{sig}}{4}\cos[(\omega_c-\omega_1-\omega_2)t+\phi_{sig}]+\frac{A_{im}}{4}\cos[(\omega_{im}-\omega_1-\omega_2)t+\phi_{im}]+\frac{A_{sig}}{4}\cos[(\omega_c-\omega_1+\omega_2)t+\phi_{sig}]+\frac{A_{im}}{4}\cos[(\omega_{im}-\omega_1+\omega_2)t+\phi_{im}] \quad (4.84)$$

$$x_D(t)=-\frac{A_{sig}}{4}\cos[(\omega_c-\omega_1-\omega_2)t+\phi_{sig}]-\frac{A_{im}}{4}\cos[(\omega_{im}-\omega_1-\omega_2)t+\phi_{im}]+\frac{A_{sig}}{4}\cos[(\omega_c-\omega_1+\omega_2)t+\phi_{sig}]+\frac{A_{im}}{4}\cos[(\omega_{im}-\omega_1+\omega_2)t+\phi_{im}] \quad (4.85)$$

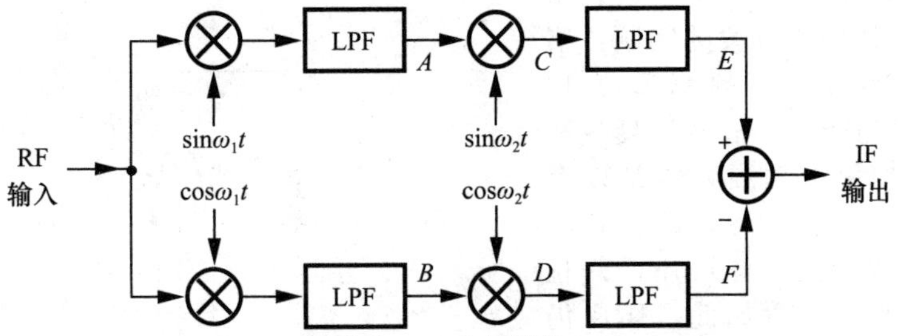

图 4.67　韦弗结构

应该将这些结果相加还是相减呢？假设两个混频级都是低边注入，如图 4.68 所示，因此，$\omega_{in}<\omega_1$ 且 $\omega_1-\omega_{im}>\omega_2$，从而 $\omega_1-\omega_{im}+\omega_2>\omega_1-\omega_{im}-\omega_2$。图 4.67 中 C 点和 D 点之后的低通滤波器必须除掉 $\omega_1-\omega_{im}+\omega_2(=\omega_c-\omega_1+\omega_2)$ 处的分量，只留下 $\omega_1-\omega_{im}-\omega_2(=\omega_c-\omega_1-\omega_2)$ 处的分量。那就是说，式(4.84)和式(4.85)的第二、第三项被滤掉。从 $x_E(t)$ 中减去 $x_F(t)$，可得到

$$x_E(t)-x_F(t)=\frac{A_{sig}}{2}\cos[(\omega_c-\omega_1-\omega_2)t+\phi_{sig}] \quad (4.86)$$

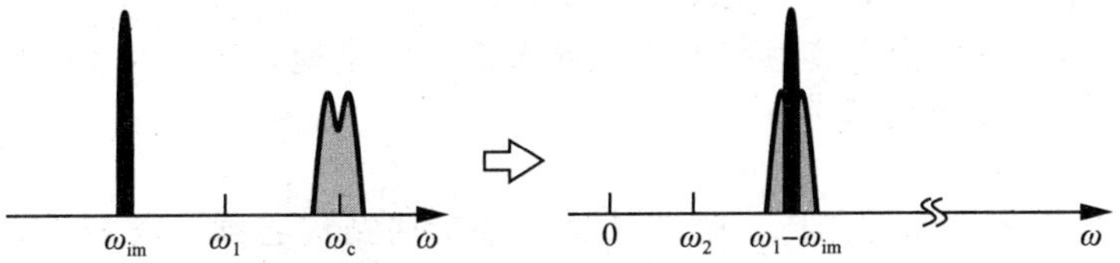

图 4.68　韦弗结构中的 RF 和 IF 频谱

因此，镜像也被消除了。在习题4.19中，我们将考虑低边注入和高边注入的另外三种组合，以决定输出是相加还是相减。

例4.32 用图表进行上面的分析，并假设两个混频级都是低边注入。

解： 回想图4.60b，一个正弦混频的低边注入会把频谱乘以$+(j/2)\mathrm{sgn}(\omega)$。从图4.61所示的频谱开始，并将它们与$\sin\omega_2 t$和$\cos\omega_2 t$混频，可得到图4.69所示的频谱。因此，从$x_E(f)$中减去$x_F(f)$得到信号并且可以消除镜像。

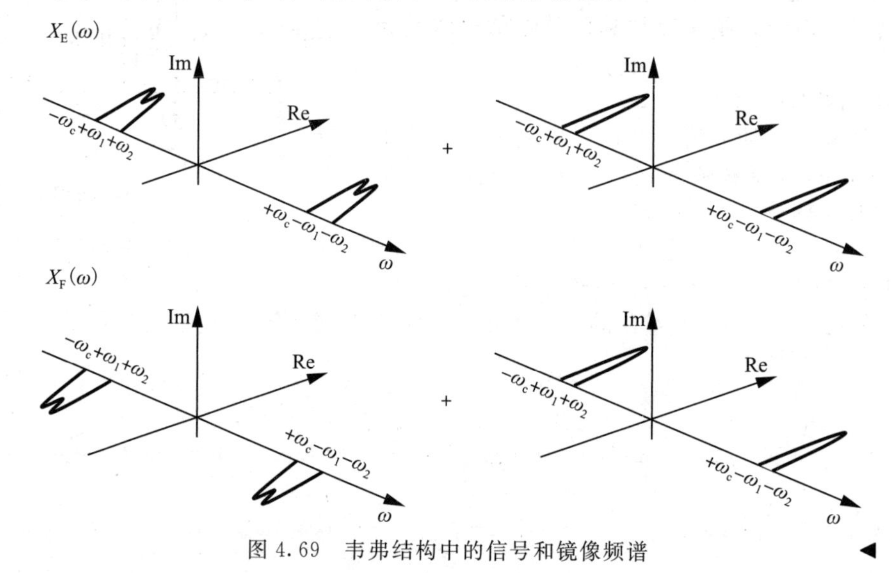

图4.69 韦弗结构中的信号和镜像频谱 ◀

尽管韦弗拓扑结构比哈特莱结构多用了两个混频器和一个LO，但它却避免了与RC-CR网络有关的问题：诸如电阻和电容变化、当频率远离$1/(R_1C_1)$时IRR的降低、信号的衰减和噪声。而且，如果中频混频器是以有源形式实现的(见第6章)，那么它们的输出在当前域中也同样可用，并且还可以直接相加。尽管如此，IRR仍受失配的限制，一般需要降到40dB。

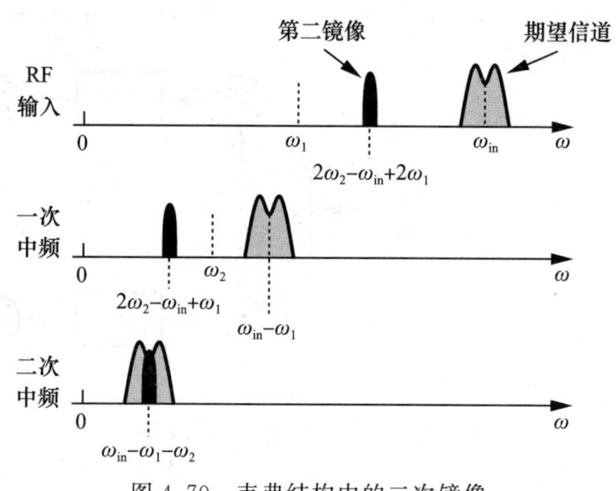

图4.70 韦弗结构中的二次镜像

如果二次中频不为零，韦弗结构必须解决二次镜像的问题。如图4.70所示，如果RF信号包含$2\omega_2-\omega_{in}+2\omega_1$的分量，就会出现这个现象。下变频到一次中频会把这个分量转换到$2\omega_2-\omega_{in}+\omega_1$，也就是说，与$\omega_2$有关的信号的镜像与$\omega_2$混合将它带到$\omega_2-\omega_{in}+\omega_1$，即和信号出现在了同一个中频。出于这个原因，第二次下变频更容易产生零中频，在这种情况下它也必须进行正交分离。图4.71给出了一个例子[6]，其中第二个LO通过第一个LO分频得到。

韦弗拓扑结构也在两个下变频级遭受混频杂散。特别地，第二个LO频率的谐波可能将干扰从一次中频下变频到基带。

4. 校准

对于40dB以上的镜像抑制比，哈特莱结构或韦弗结构必须包含校准，即一种消除增益和相位失配的方法。很多校准技术已经被报道了[7,9]。

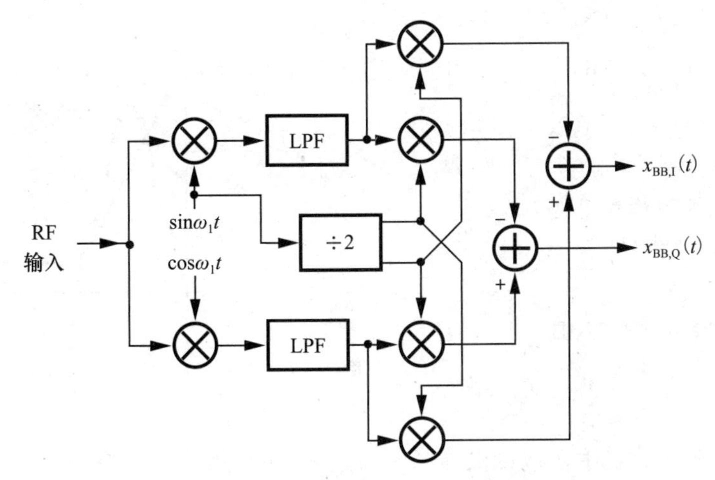

图 4.71 双正交下变频韦弗结构产生的基带输出

4.2.5 低中频接收机

在对外差接收机的研究中，我们注意到将镜像置于信号频带内是不可取的，因为天线、低噪声放大器和射频混频器输入级的镜像热噪声会使整体噪声系数增加约 3dB[⊖]。在“低中频接收机”中，镜像确实落在频带内，但会被类似 4.2.4 节所述的镜像抑制操作所抑制。为了理解使用低中频结构的目的，让我们以 GSM 接收机为例。如 4.2.3 节所述，将 200kHz 的期望信道直接转换为零中频可能会使信号受到 $1/f$ 噪声的严重破坏。此外，通过高通滤波器消除直流失调也很困难。现在假设将 LO 频率置于所需(200kHz)信道的边沿(见图 4.72a)，从而将 RF 信号转换为 100kHz 的中频。在这样的中频下，由于信号在边沿附近携带的信息很少，因此受 $1/f$ 的噪声的影响要小得多。此外，对信号进行片上高通滤波也变得可行。这种系统被称为低中频接收机，对于窄信道标准尤其具有吸引力。

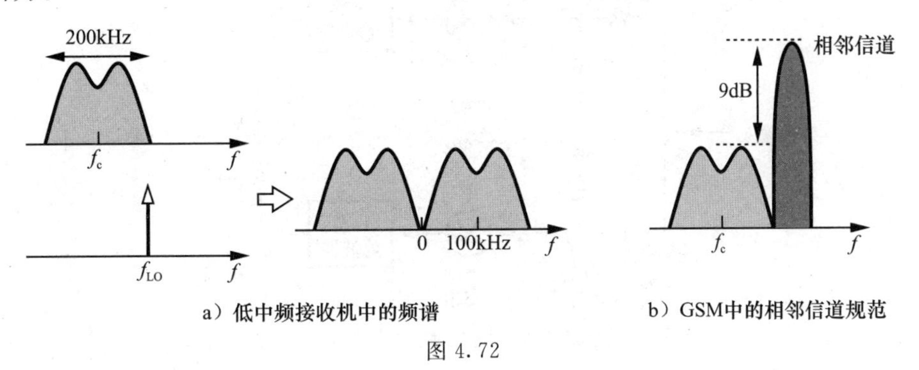

a）低中频接收机中的频谱 b）GSM中的相邻信道规范

图 4.72

然而，外差下变频引起了镜像的问题，在这种情况下，镜像属于相邻信道。幸运的是，GSM 标准要求接收机容忍的相邻信道仅比期望信道高 9dB(见第 3 章)，如图 4.72b 所示。因此，具有中等 IRR 的镜像抑制接收机可以将镜像降低到远低于信号电平。例如，如果 IRR=30dB，则镜像保持低于信号 21dB。

例 4.33 对低中频接收机，重新解答例 4.24。

解： 假设直流失调的高通滤波也可消除高达约 20kHz 的闪烁噪声，我们对 20～

⊖ 这是因为整个信号频带必须在天线/LNA/混频器链中看到平坦的频率响应。

200kHz的噪声进行积分(见图4.73)：

$$P_{n1}=\int_{20kHz}^{200kHz}\frac{\alpha}{f}df \quad (4.87)$$

$$=f_c \cdot S_{th}\ln 10 \quad (4.88)$$

$$=2.3f_cS_{th} \quad (4.89)$$

因为没有闪烁噪声，所以有

$$P_{n2}\approx(200kHz)S_{th} \quad (4.90)$$

由此可见，

$$\frac{P_{n1}}{P_{n2}}=2.3(=3.62dB) \quad (4.91)$$

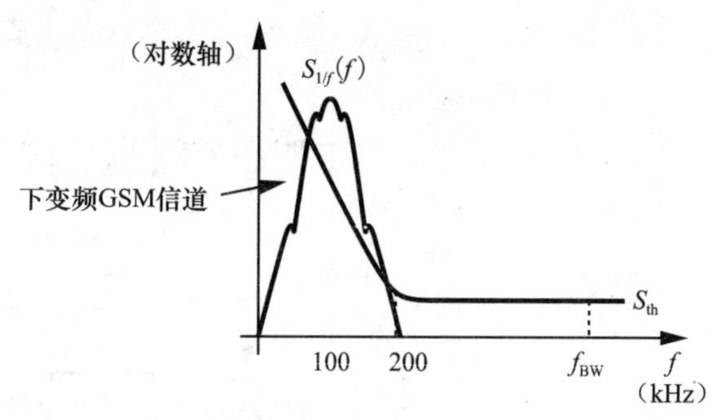

图4.73 低中频GSM接收机中频闪烁噪声的影响

因此，在这种情况下，闪烁噪声损失低得多。◀

如何在低中频接收机中实现镜像抑制？采用*RC*-*CR*网络的哈特莱结构(见图4.64)似乎是一个候选方案，但低中频接收机的中频频谱可能会延伸至零频率，从而无法在整个信号带宽内保持较高的IRR。(高通部分在频率附近的增益为零!)在避免这一问题的同时，如果第二个中频不为零，韦弗架构必须处理二次镜像，如果其为零，则必须处理闪烁噪声。

一种可能的补救方法是将哈特莱结构中的90°相移从IF路径移到RF路径，如图4.74所示。其思路是首先创建RF信号和镜像的正交相位，然后通过正交混合执行另一次希尔伯特变换。我们还发现这种拓扑结构与韦弗架构有一些相似之处：两者都是将信号和镜像的正交分量与LO的正交相位相乘，然后将结果相加，可能是在电流域。在这里，*RC*-*CR*网络以高频率为中心，可以在整个频带内保持合理的内部反射率。例如，对于900MHz GSM的25MHz接收频段，如果选择$(2\pi R_1C_1)^{-1}$等于中心频率，则式(4.83)意味着IRR为20lg(900MHz/12.5MHz)=37dB。然而，R_1和C_1的变化仍将内部反射率限制在约20dB[见式(4.82)]。

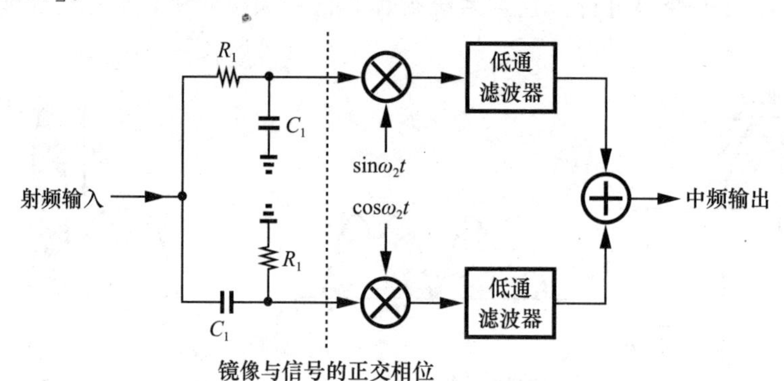

图4.74 哈特莱接收机射频路径中的正交相位分离

低中频结构的另一种变体如图4.75所示。在这里，下变频信号被应用于信道选择滤波器和放大器，就像在直接转换接收机中一样[⊖]，然后将结果数字化，并在求和之前在数字域中进行希尔伯特变换。这种方法避免了与模拟90°相移操作相关的问题，被证明是一种可行的选择。需要注意的是，模/数转换器的信号带宽必须是直接转换接收机的两倍，因此功耗较高。这个问题在GSM等窄信道标准中并不重要，因为ADC功耗只占整个系统功耗的一小部分。

⊖ 然而，通道选择滤波器必须提供与RF信号带宽相等的带宽，而不是其一半(见图4.72a)。

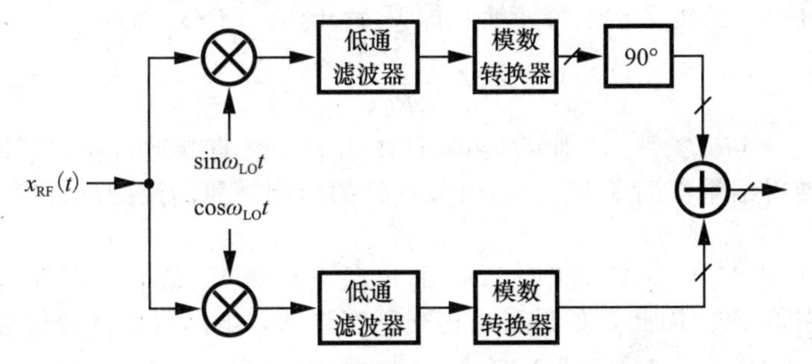

图 4.75 数字域相移为 90°的低中频接收机。

如果低中频接收机将镜像置于相邻信道，那么它就不能在下变频后采用 RC-CR 90°相移。此外，射频路径中的 90°电路仍会受到 RC 变化的影响。由于这些原因，“低中频”的概念可以扩展到任何将镜像置于频带内的下变频，使中频明显高于信号带宽，从而可能允许使用 RC-CR 网络，但又不会给 ADC 带来过重的负担。当然，由于镜像不再位于相邻信道，因此可能需要更高的 IRR。人们对具有高镜像抑制能力的低中频接收机进行了一些研究。这类接收机通常采用“多相滤波器”(PPF)[10-11]。

多相滤波器 回顾 4.2.4 节，外差正交下变频使信号经受低边注入，镜像经受高边注入，反之亦然，从而产生一个希尔伯特变换和另一个希尔伯特变换的负希尔伯特变换。现在考虑图 4.76a 所示的电路，其中 V_{out} 可以被视为 V_1 和 V_2 的加权和：

$$V_{out}=\frac{V_1+R_1C_1sV_2}{R_1C_1s+1} \tag{4.92}$$

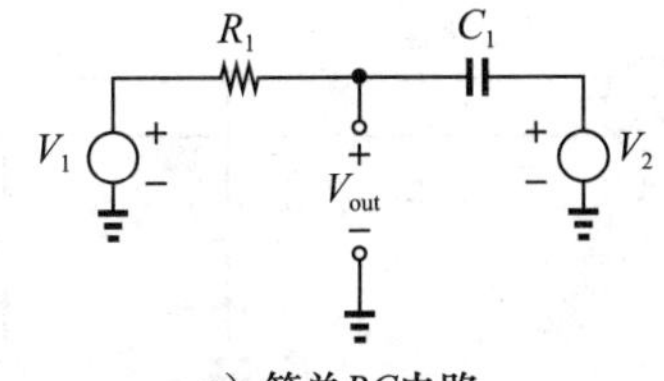

a）简单RC电路

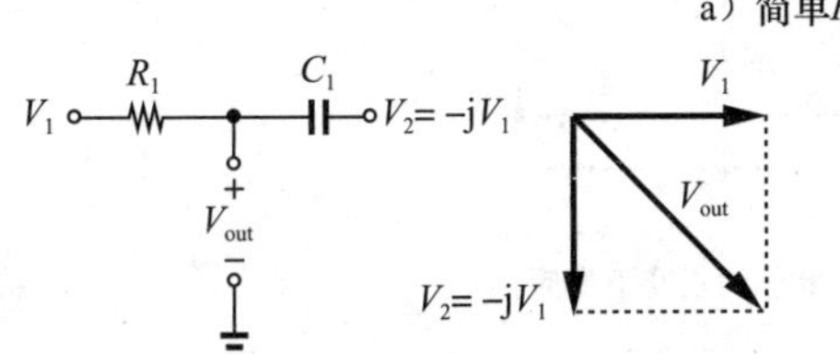

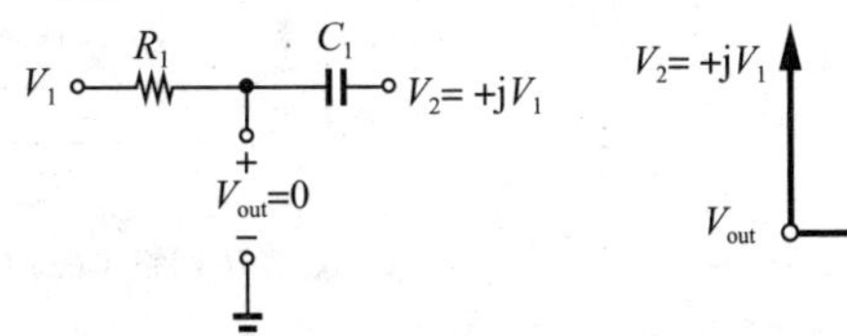

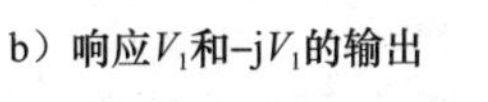

b）响应V_1和$-jV_1$的输出　　c）响应V_1和$+jV_1$的输出

图 4.76

我们考虑两种特殊情况。

1) 电压 V_2 是 V_1 的希尔伯特变换，相量㊀形式为 $V_2=-jV_1$(例 4.26)。因此，令 $s=j\omega$，有

$$V_{out}=V_1\frac{R_1C_1\omega+1}{jR_1C_1\omega+1} \tag{4.93}$$

如果 $\omega=(R_1C_1)^{-1}$，则 $V_{out}=2V_1/(1+j)=V_1(1-j)$。也就是说 $|V_{out}|=\sqrt{2}V_1$，$\angle V_{out}=\angle V_{in}-45°$(见图 4.76b)。在这种情况下，电路简单地计算 V_1 和 V_2 的相量和。我们说电路将电阻检测到的电压旋转$-45°$。

㊀ 书中相量符号遵从原书，与我国标准不一致。——编辑注

2) 电压 V_2 是 V_1 的负希尔伯特变换，即 $V_2=+\mathrm{j}V_1$。令 $s=\mathrm{j}\omega$，

$$V_{\text{out}}=V_1\frac{-R_1C_1\omega+1}{\mathrm{j}R_1C_1\omega+1} \tag{4.94}$$

有趣的是，如果 $\omega=(R_1C_1)^{-1}$，则 $V_{\text{out}}=0$(见图4.76c)。直观地，我们可以说 C_1 将 V_2 旋转另一个 $90°$，使得结果抵消了 V_1 在输出节点处的影响。我们鼓励读者使用叠加法得出这些结论。

总而言之，如果 $V_2=-\mathrm{j}V_1$，图4.76a的串联支路将 V_1 旋转 $-45°$(产生 V_{out})；如果 $V_2=+\mathrm{j}V_1$，则剔除 V_1。因此，如果采用正交下变频器，电路可以区分信号和镜像。

例4.34 如果 V_1 和 $-\mathrm{j}V_1$ 是差分形式，则扩展图4.76a的拓扑结构，并构建镜像抑制接收机。

解： 图4.77a显示了当 $R_1=R_2=R$ 和 $C_1=C_2=C$ 时的排列和结果相量。到正交下变频混频器的连接如图4.77b所示。

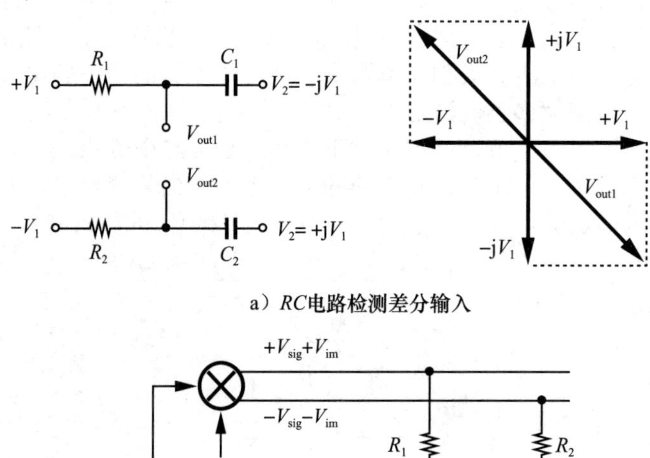

a）RC电路检测差分输入

b）驱动RC网络（图a）部分的正交下变频器

图4.77 ◀

与图4.62的哈特莱结构镜像抑制接收机不同，图4.77b的电路没有输出端的显式电压加法器。尽管如此，这种布置仍然带有 RC 变化和窄带宽的问题。事实上，在 $\omega=(R_1C_1)^{-1}+\Delta\omega$ 的IF处，式(4.94)产生残差镜像为

$$|V_{\text{out}}|\approx|V_1|\frac{RC\Delta\omega}{\sqrt{2+2RC\Delta\omega}} \tag{4.95}$$

$$\approx|V_1|\frac{RC\Delta\omega}{\sqrt{2}} \tag{4.96}$$

式中假设 $\Delta\omega\ll\omega$。

重新绘制图4.77a中的电路，并增加两个分支，如图4.78a所示。在图4.78中，各个电容和电阻的值均相等。顶部和底部分支仍然产生差分输出，但左分支和右分支如何？我们基于 R_3 和 C_3 计算 $+\mathrm{j}V_1$ 和 $+V_1$ 的加权和，从图4.76b中观察到 V_{out3} 的相位比 $+\mathrm{j}V_1$ 落后 $45°$。同样，V_{out4} 的相位比 $-\mathrm{j}V_1$ 落后 $45°$。图4.78b显示了 $\omega=(R_1C_1)^{-1}$ 处的相量，

这表明电路产生的正交输出与正交输入的相位相差 45°。

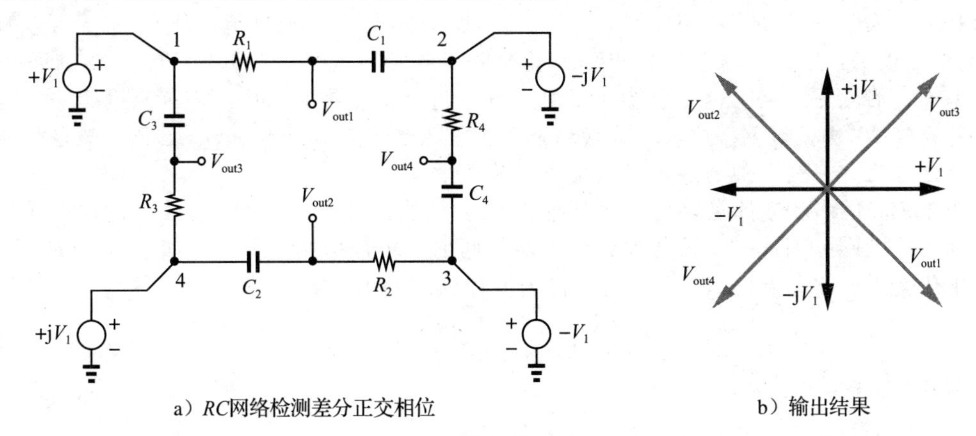

a）RC网络检测差分正交相位　　b）输出结果

图 4.78

例 4.35 正交下变频器的输出包含信号 V_{sig} 和镜像 V_{im}，并驱动图 4.78a 中的电路，如图 4.79a 所示。假设所有电容等于 C，所有电阻等于 R，请确定输出。

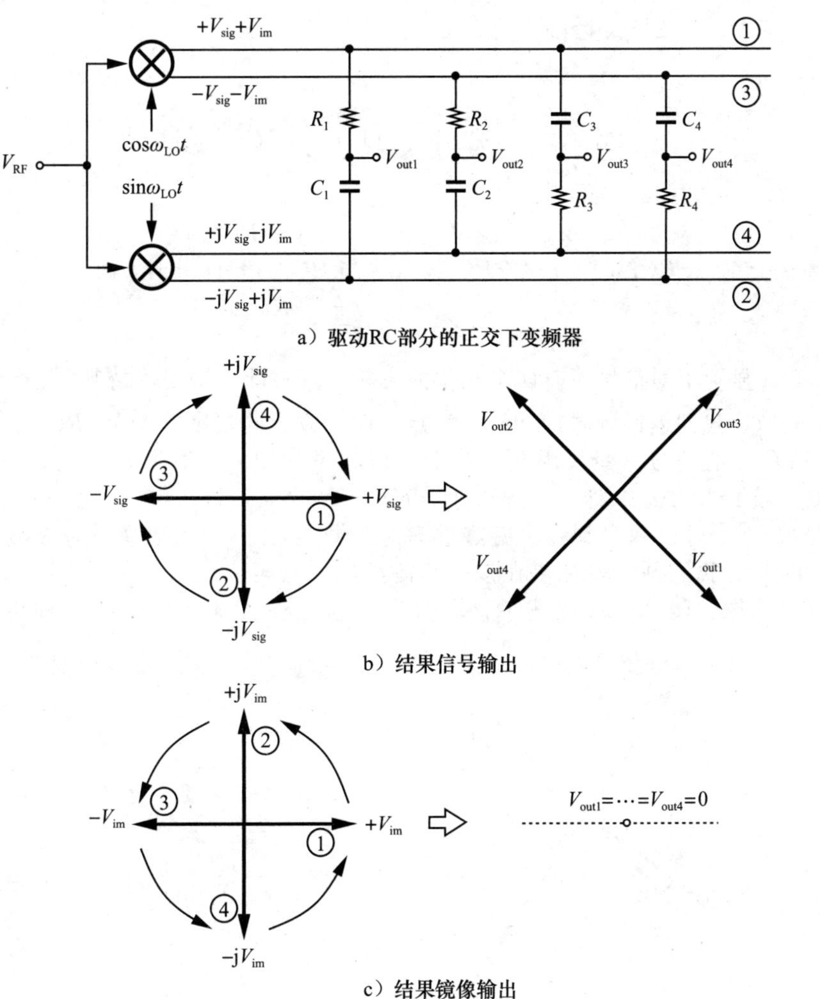

a）驱动RC部分的正交下变频器

b）结果信号输出

c）结果镜像输出

图 4.79

解：正交下变频器产生$+V_{sig}+V_{im}$，$-V_{sig}-V_{im}$，$+jV_{sig}-jV_{im}$和$-jV_{sig}+jV_{im}$。在$\omega=(RC)^{-1}$处，分支R_1C_1将$+V_{sig}$旋转$-45°$以生成V_{out1}。类似地，R_2C_3将$-V_{sig}$旋转45°以生成V_{out2}，以此类推(图4.79b)。镜像分量产生零输出(见图4.79c)。这里的关键是，如果我们考虑节点①、②、③和④的序列，我们会发现V_{sig}从一个节点到下一个节点顺时针旋转90°次，而V_{im}从一个节点到下一个节点逆时针旋转90°次。因此，该电路在其对四个输入的“序列”的响应中表现出不对称性。◀

图4.78a的多相电路被称为“序列非对称多相滤波器”[8]。由于信号和镜像以不同的顺序到达输入端，因此一个被传递到输出端，而另一个被抑制。但是，如果$\omega\neq(R_1C_1)^{-1}$会发生什么呢？将$\omega=(R_1C_1)^{-1}+\Delta\omega$代入方程(4.93)中，有

$$V_{out1}=V_{sig}\frac{2+RC\Delta\omega}{1+j(1+RC\Delta\omega)} \tag{4.97}$$

因此，

$$|V_{out1}|^2=|V_{sig}|^2\frac{4+4RC\Delta\omega+R^2C^2\Delta\omega^2}{2+2RC\Delta\omega+R^2C^2\Delta\omega^2} \tag{4.98}$$

$$\approx 2|V_{sig}|^2\left(1+RC\Delta\omega+\frac{R^2C^2\Delta\omega^2}{4}\right)\left(1-RC\Delta\omega-\frac{R^2C^2\Delta\omega^2}{2}\right) \tag{4.99}$$

$$\approx 2|V_{sig}|^2\left(1-\frac{5}{4}R^2C^2\Delta\omega^2\right) \tag{4.100}$$

也就是说，

$$|V_{out1}|\approx\sqrt{2}|V_{sig}|\left(1-\frac{5}{8}R^2C^2\Delta\omega^2\right) \tag{4.101}$$

V_{out}的相位由式(4.97)得到：

$$\angle V_{out1}=\angle V_{sig}-\arctan(1+RC\Delta\omega) \tag{4.102}$$

由于$\arctan(1+RC\Delta\omega)\approx\pi/4+RC\Delta\omega/2$，当$RC\Delta\omega\ll 1\text{rad}$时，

$$\angle V_{out1}=\angle V_{sig}-\left(\frac{\pi}{4}+\frac{RC\Delta\omega}{2}\right) \tag{4.103}$$

图4.80a显示了对信号所有四个相位的影响，这意味着输出保持其差分和正交关系。

对于镜像，我们返回到式(4.96)。注意，四个输出的幅度等于$V_{im}RC\Delta\omega/\sqrt{2}$，相位类似于图4.80a中的信号分量。因此，输出镜像相量如图4.80b所示。我们鼓励读者证明V_{out1}位于$-45°-RC\Delta\omega/2$处，V_{out3}位于$-135°-RC\Delta\omega/2$处。

从图4.80中可以观察到一个有趣的现象，即输出信号和镜像分量呈现出相反的序列[10-11]。因此，我们预计，如果在该多相滤波器之后再安装另一个多相滤波器，就可以进一步抑制镜像。图4.81a描述了这种级联方法，图4.81b则是另一种更容易级联的方法。

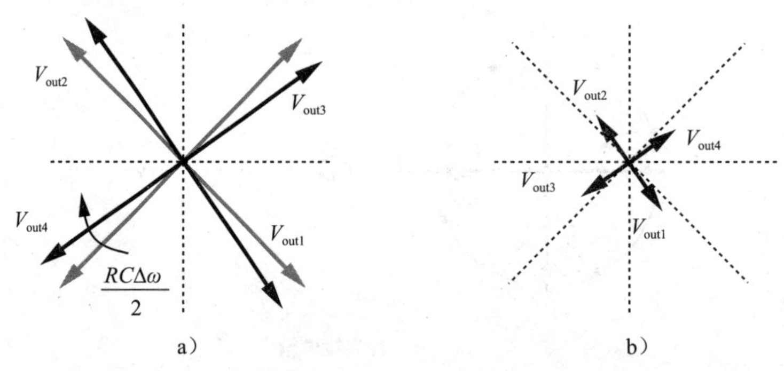

图4.80 多相滤波器在频率偏移ω时对信号(见图a)和镜像(见图b)的影响

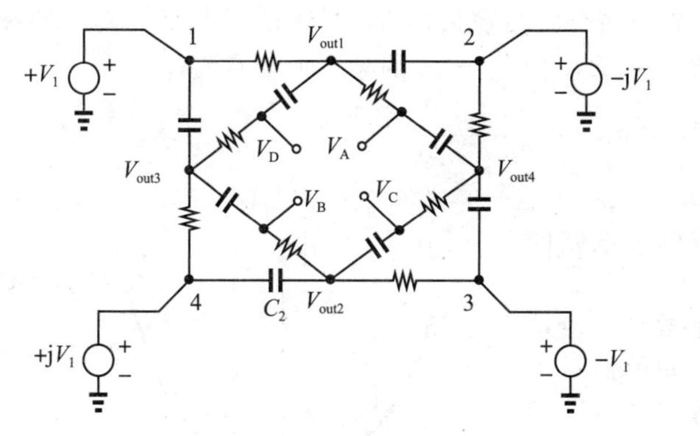

a）级联多相电路图

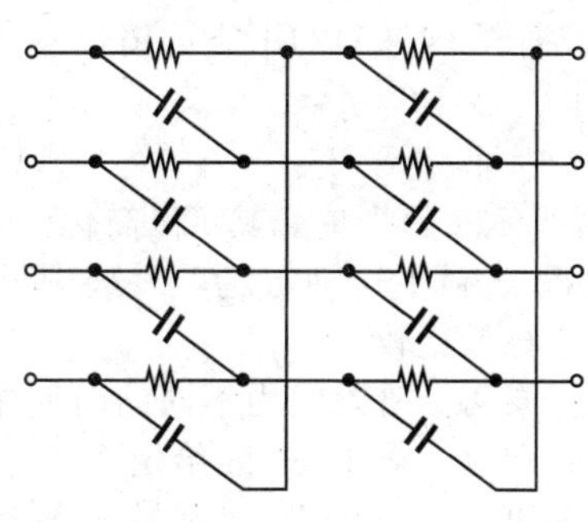

b）替代图

图 4.81

我们现在必须回答两个问题：①我们应如何解释第二阶段的负荷对第一阶段的负荷？②在两个阶段中如何选择 RC 值？为了回答第一个问题，考虑图 4.82。其中 Z_1-Z_4 表示第二级中的 RC 分支。直观地，我们注意到 Z_1 试图将相量 V_{out1} 和 V_{out3} 朝向彼此“拉”，Z_2 试图将 V_{out1} 和 V_{out4} 朝向彼此“拉”。因此，如果 $Z_1=\cdots=Z_4=Z$，则 $V_{out1}-V_{out4}$ 不经历旋转，但是负载可以减小它们的幅度。由于 $V_{out1}-V_{out4}$ 的角度保持不变，所以我们可以将它们表示为 $\pm\alpha(1\pm j)V_1$，其中 α 表示由于第二级负载引起的衰减。因此，Z_1 和 Z_2 从节点 X 汲取的电流分别等于 $[\alpha(1-j)V_1-\alpha(1+j)V_1]/Z_1$ 和 $[\alpha(1-j)V_1+\alpha(1+j)V_1]/Z_2$。将流出节点 X 的所有电流相加，并将结果等同于零，即可得出

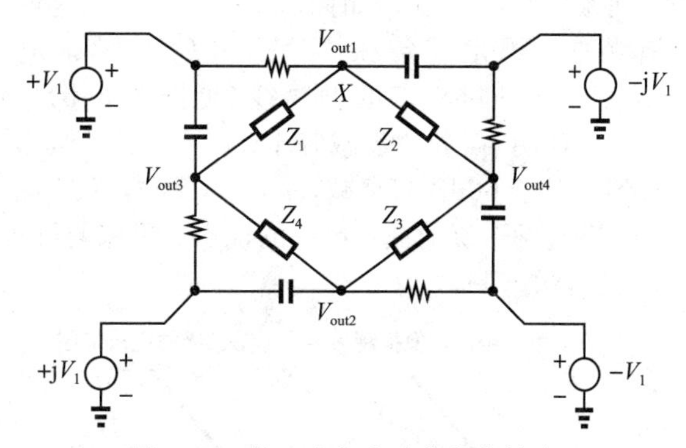

图 4.82　第二多相电路的载荷效应

$$\frac{\alpha(1-j)V_1-V_1}{R}+[\alpha(1-j)V_1+jV_1]Cj\omega+\frac{\alpha(1-j)V_1-\alpha(1+j)V_1}{Z}+\frac{\alpha(1-j)V_1+\alpha(1+j)V_1}{Z}=0 \tag{4.104}$$

对于 V_1 的任何非零值，该等式必须成立。如果 $RC\omega=1$，则表达式简化为

$$2\alpha-2+\frac{2\alpha(1-j)R}{Z}=0 \tag{4.105}$$

即为

$$\alpha=\frac{Z}{Z+(1-j)R} \tag{4.106}$$

例如，如果 $Z=R+(jC\omega)^{-1}$，则 $\alpha=1/2$，表明同一级的加载使第一级的输出衰减 2 倍。

例 4.36 若 $Z=R+(jC\omega)^{-1}$ 并且 $RC\omega=1$，则求图 4.81a 中的 V_A。

解： 我们有 $V_{out1}=(1/2)(1-j)V_1$ 和 $V_{out4}=(1/2)(-1-j)V_1$，观察到 V_{out1} 和 V_{out4} 具有与图 4.76b 中的 V_1 和 V_2 相同的相位关系。因此，V_A 简单地是 V_{out1} 和 V_{out4} 的相量和：

$$V_A=-jV_1 \tag{4.107}$$

与图 4.76b 相比，我们注意到两段多相滤波器产生的输出比单级滤波器的输出小 $\sqrt{2}$ 倍。这是因为每段滤波器都将信号衰减了 $\sqrt{2}$ 倍。◀

第二个问题涉及 RC 值的选择。假设两个阶段都采用 $RC=R_0C_0$。然后，两级的级联产生等于式(4.95)的平方的镜像衰减。在$(R_0C_0)^{-1}+\Delta\omega$ 的频率下，有

$$\left|\frac{V_{\mathrm{im,out}}}{V_{\mathrm{im,in}}}\right| \approx \frac{(R_0C_0\Delta\omega)^2}{2+2R_0C_0\Delta\omega} \tag{4.108}$$

当 $\Delta\omega \ll (R_0C_0)^{-1}$ 时，其可以简化为$(R_0C_0\Delta\omega)^2/2$。图4.83绘制了这种行为，并将其与单个电路的行为进行了比较。

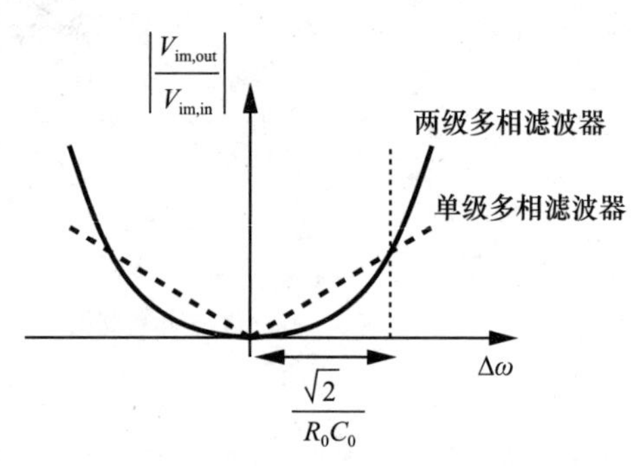

图4.83 单级和两级多相滤波器的镜像抑制

如果两个阶段使用不同的时间常数会发生什么？特别地，对于 ω_0 的给定IF，让我们假设第一级和第二级中的时间常数分别等于 R_1C_1 和 R_2C_2，使得 $\omega_0-(R_1C_1)^{-1}=(R_2C_2)^{-1}-\omega_0$，即中心频率上下移动。根据式(4.96)，我们绘制了两级的镜像抑制，如图4.84a所示[⊖]。这两个函数的乘积是一条在 $\omega_1=(R_1C_1)^{-1}$ 和 $\omega_2=(R_2C_2)^{-1}$ 处过零点的抛物线(见图4.84b)。读者可以证明 ω_0 处的衰减等于$(\omega_1-\omega_2)^2/(8\omega_1\omega_2)$，这个衰减必须选得足够小。读者还可以看到，对于60dB的衰减，$\omega_1-\omega_2$ 不能超过 ω_0 的约18%。

分离两个级的截止频率的优点是更宽的可实现带宽。图4.85绘制了 $\omega_1=\omega_2=\omega_0$ 和 $\omega_1\neq\omega_2$ 的镜像抑制。

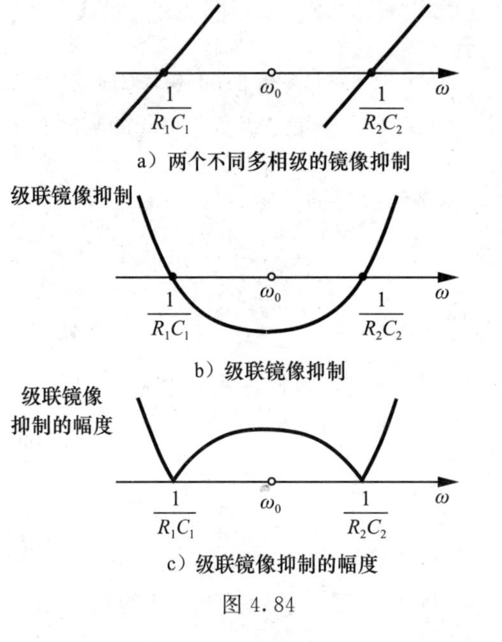

图4.84

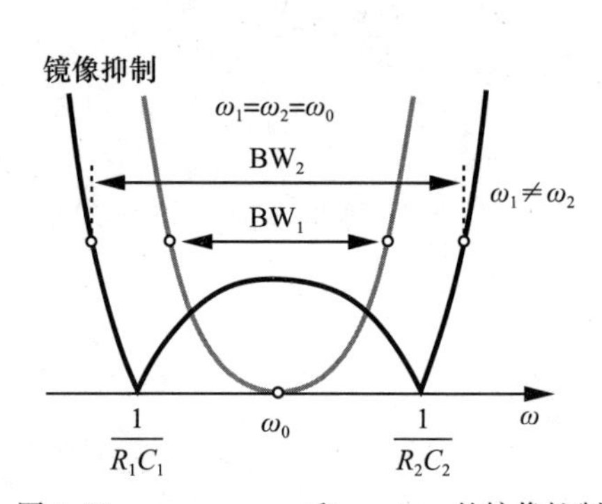

图4.85 $\omega_1=\omega_2=\omega_0$ 和 $\omega_1\neq\omega_2$ 的镜像抑制

多相滤波器部分的级联需要衰减和额外的热噪声。为了减轻衰减，后级中的电阻可以选择为大于前级中的电阻，但是噪声会增大。因此，多相滤波器仅偶尔用于RF接收机。在低中频架构中，多相滤波器可以实现为“复合滤波器”，以便执行通道选择滤波[12]。

双正交下变频 在对哈特莱架构的研究中，我们注意到射频信号路径和LO路径都会产生失配。减少失配影响的一种方法是采用“双正交”下变频[10]。图4.86所示电路将射

⊖ 为清晰起见，即使式(4.96)包含绝对值，也允许绘图为负值。

频信号分解为正交分量，对每个射频分量执行正交下变频，并将结果相减和相加，以产生净正交中频输出。可以证明[10]，这种拓扑结构的总体增益和相位失配由以下公式给出：

$$\frac{\Delta A}{A}=\frac{\Delta A_{\mathrm{RF}}}{A_{\mathrm{RF}}}\cdot\frac{\Delta A_{\mathrm{LO}}}{A_{\mathrm{LO}}}+\frac{\Delta G_{\mathrm{mix}}}{G_{\mathrm{mix}}} \tag{4.109}$$

$$\tan(\Delta\phi)=\tan(\Delta\phi_{\mathrm{RF}})\cdot\tan(\Delta\phi_{\mathrm{LO}})+\frac{\tan(\Delta\phi_{\mathrm{mix}})}{2} \tag{4.110}$$

式中，$\Delta A_{\mathrm{RF}}/A_{\mathrm{RF}}$ 和 $\Delta A_{\mathrm{LO}}/A_{\mathrm{LO}}$ 分别表示 RF 和 LO 路径中的幅度失配，$\Delta\phi_{\mathrm{RF}}$ 和 $\Delta\phi_{\mathrm{LO}}$ 是相应的相位失配。$\Delta G_{\mathrm{mix}}/G_{\mathrm{mix}}$ 和 $\Delta\phi_{\mathrm{mix}}$ 分别表示混频器的转换增益失配和相位失配。因此，IRR 仅受混频器失配的限制，因为式(4.109)和式(4.110)右侧的第一项非常小。

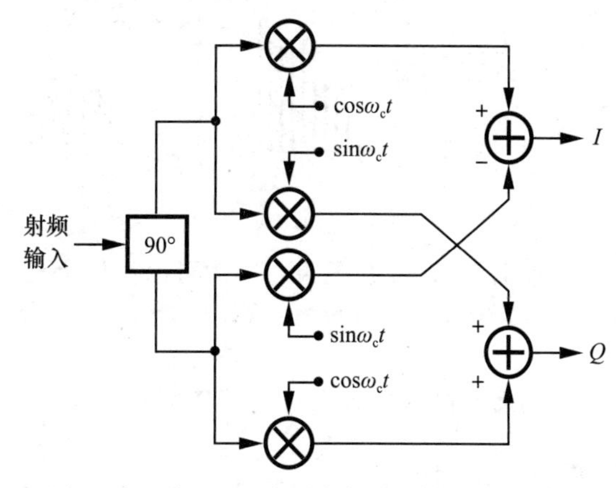

图 4.86　采用双正交下变频器的低中频接收机

式(4.109)和式(4.110)表明，双正交架构的 IRR 可能会大大低于 60dB。这是因为，即使没有相位失配，$\Delta G_{\mathrm{mix}}/G_{\mathrm{mix}}$ 也必须保持小于 0.1%(IRR=60dB)，即使对于简单电阻的匹配，这也是一个非常严格的要求。因此，不匹配的校准可以更稳健地提高 IRR[7,9]。

4.3 发射机结构

4.3.1 概述

射频发射机起着调制、上变频和功率放大的作用。在今天大多数系统中，要传输的数据是以正交基带信号的形式呈现出的。例如，在第 3 章里，GSM 中的 GMSK 波形可以展开为如下的形式：

$$x_{\mathrm{GMSK}}(t)=A\cos\left[\omega_{\mathrm{c}}t+m\int x_{\mathrm{BB}}(t)*h(t)\mathrm{d}t\right] \tag{4.111}$$

$$=A\cos\omega_{\mathrm{c}}t\cos\phi-A\sin\omega_{\mathrm{c}}t\sin\phi \tag{4.112}$$

其中，

$$\phi=m\int x_{\mathrm{BB}}*h(t)\mathrm{d}t \tag{4.113}$$

这样，$x_{\mathrm{BB}}(t)$通过数字基带处理器产生 $\cos\phi$ 和 $\sin\phi$，并由 DAC 转换成模拟形式，然后加到发射机上。

从第 3 章和上面 GMSK 等式可以看出基带脉冲整形的必要性：每一个矩形的数据脉冲必须转换成更平滑的脉冲。在模拟域中，尤其在低频时，由于脉冲整形需要体积庞大的滤波器，所以通过数字和模拟技术结合的方式可以将每个输入脉冲映射成需要的形状。图 4.87 就是这样一个例子[13,14]，输入脉冲产生一串地址，让计数器计数，两个只读存储器(ROM)中产生了一串电平值(称输入脉冲为“过采样”)。这串电平值随后被转换成模拟的形式，在 A 点和 B 点产生想要的脉冲形状。

4.3.2 直接变频发射机

大多数发射机的结构和 4.2 节描述的接收机拓扑结构很类似，但是按照“相反”的顺序工作的。例如，低噪声放大器和正交下变频混频器的 RX 级联对应的 TX 级联是正交上变频混频器和功率放大器。

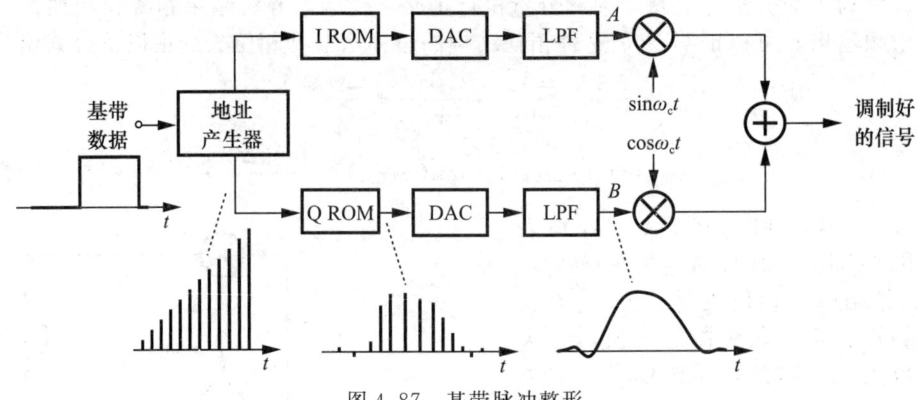

图 4.87　基带脉冲整形

前面GMSK波形的表达式可以拓展为任意窄带调制信号：

$$x(t)=A(t)\cos[\omega_c t+\phi(t)] \tag{4.114}$$

$$=A(t)\cos\omega_c t\cos[\phi(t)]-A(t)\sin\omega_c t\sin[\phi(t)] \tag{4.115}$$

因此，可这样定义正交基带信号：

$$x_{BB,I}(t)=A(t)\cos[\phi(t)] \tag{4.116}$$

$$x_{BB,Q}(t)=A(t)\sin[\phi(t)] \tag{4.117}$$

而且可以构造如图4.88所示的发射机，这种拓扑结构的发射机称为“直接变频”发射机，通过“正交上变频器”[⊖]，直接将基带频谱转换到射频载波上去。正交上变频器之后接着的是一个功率放大器和一个匹配网络，它们的作用是给天线提供最大的功率输出，以及滤掉由功率放大器非线性(详见第10章)产生的带外分量。要注意基带信号是由发射机产生的，会有足够大的幅值(几百毫伏)，因此与接收机相比，混频器的噪声就变得微不足道了。

TX的设计一般从功率放大器开始。为了给天线传送需要的功率(如果可行的话，也需要足够的线性度)，这块电路要精心设计。由于功率放大器需要大的晶体管去承载大电流，所以它会产生较大的输入电容。因此，通常会在上变频器和功率放大器之间放置一个预驱动器作为缓冲器。

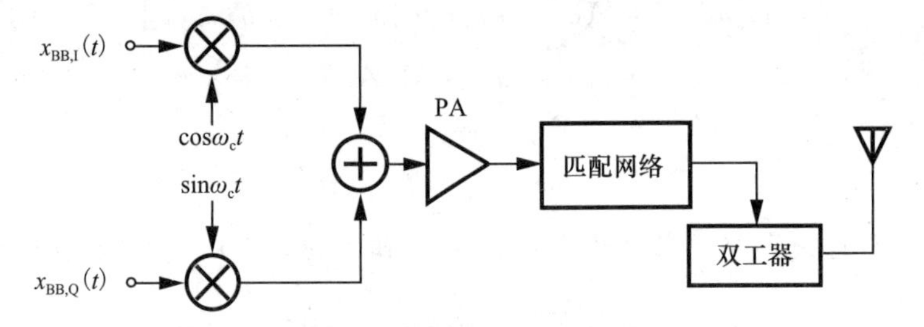

图 4.88　“直接变频”发射机

例 4.37　一位学生决定省略预驱动器，仅仅将上变频器“按比例放大”，以直接驱动PA。试说明这种方案存在的缺陷。

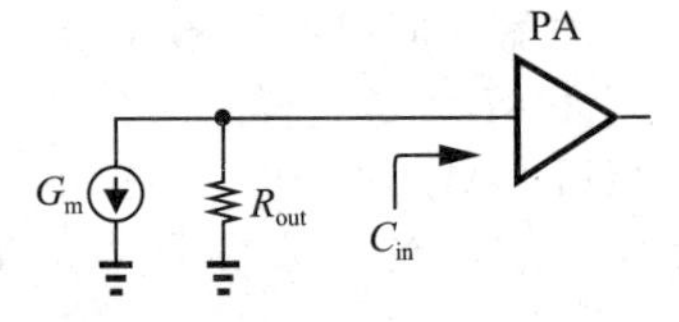

图 4.89　正交上变频器按比例缩放以驱动PA

解： 为了将上变频器按比例放大，每个晶体管的宽度和偏置电流也会按比例放大，同时电阻值和电感值会按比例减小。例如，如图4.89所示，如果将上变频器等效成跨

⊖ 也可以称为“正交调制器”或“矢量调制器”。

导 G_m 和输出电阻 R_{out} ㊀。由于PA的输入电容较大，就可以通过减小 R_{out} 来获得足够的带宽，增大 G_m 使 $G_m R_{out}$ 保持恒定(也就是恒定的电压摆幅)。在实际应用中，上变频器会采用谐振 LC 负载，但是相同的原理仍然适用。

晶体管按比例缩放会增大图4.88中从基带和混频器的LO端口看到的电容。现在这里主要的问题是LO将要驱动一个大的负载电容，因而需要它有缓冲器。另外，两个混频器的功耗会更大。◀

在本章学习的TX不同结构中，直接变频结构提供了最简洁的解决方案和相对“干净”的输出。那就是，输出频谱只包含我们期望的载波频率(和谐波)附近的信号，不包含寄生分量，这个性质跟直接变频接收机很相似。然而，直接上变频方法存在其他需要注意的问题。

1. I/Q 不匹配

在4.2节中，我们注意到直接变频接收机的 I/Q 不匹配会导致正交基带输出之间的“串扰”，或者相当于星座图的失真。我们料想在TX对应的部分会有相似的情形。如第3章中推导的，上变频器中相位失配 $\Delta\theta$ 会将QPSK信号的星座图的点移动到 $I=\pm\cos\Delta\theta$ 和 $Q=\pm\sin\Delta\theta$ 处，就像直接变频接收机中观察到的一样。第3章的结论可以通过以下等式拓展，而且还包括幅度失配：

$$x(t)=\alpha_1(A_c+\Delta A_c)\cos(\omega_c t+\Delta\theta)+\alpha_2 A_c\sin\omega_c t \tag{4.118}$$

$$=\alpha_1(A_c+\Delta A_c)\cos\Delta\theta\cos\omega_c t+[\alpha_2 A_c-\alpha_1(A_c+\Delta A_c)\sin\Delta\theta]\sin\omega_c t \tag{4.119}$$

由于 α_1 和 α_2 取值为±1，$\cos\omega_c t$ 和 $\sin\omega_c t$ 的归一化系数如下，即星座图中的4个点：

$$\beta_1=+\left(1+\frac{\Delta A_c}{A_c}\right)\cos\Delta\theta,\quad \beta_2=1-\left(1+\frac{\Delta A_c}{A_c}\right)\sin\Delta\theta \tag{4.120}$$

$$\beta_1=+\left(1+\frac{\Delta A_c}{A_c}\right)\cos\Delta\theta,\quad \beta_2=-1-\left(1+\frac{\Delta A_c}{A_c}\right)\sin\Delta\theta \tag{4.121}$$

$$\beta_1=-\left(1+\frac{\Delta A_c}{A_c}\right)\cos\Delta\theta,\quad \beta_2=1+\left(1+\frac{\Delta A_c}{A_c}\right)\sin\Delta\theta \tag{4.122}$$

$$\beta_1=-\left(1+\frac{\Delta A_c}{A_c}\right)\cos\Delta\theta,\quad \beta_2=-1+\left(1+\frac{\Delta A_c}{A_c}\right)\sin\Delta\theta \tag{4.123}$$

鼓励读者自行计算这个星座图的误差向量幅度(可参考第3章的相关内容)。

另一个量化发射机中 I/Q 失配的方法是：在图4.103中的 I 和 Q 输入端施加两个音调 $V_0\cos\omega_{in}t$ 和 $V_0\sin\omega_{in}t$，检查输出频谱。在理想情况下，简单得到输出为 $V_{out}=V_0\cos\omega_{in}t\cos\omega_c t-V_0\sin\omega_{in}t\sin\omega_c t=V_0\cos(\omega_c+\omega_{in})t$。另一方面，如果有(相对)增益失配 ε 和相位误差 $\Delta\theta$，可以得到：

$$V_{out}(t)=V_0(1+\varepsilon)\cos\omega_{in}t\cos(\omega_c t+\Delta\theta)-V_0\sin\omega_{in}t\sin\omega_c t \tag{4.124}$$

$$\begin{aligned}=&\frac{V_0}{2}[(1+\varepsilon)\cos\Delta\theta+1]\cos(\omega_c+\omega_{in})t-\\&\frac{V_0}{2}(1+\varepsilon)\sin\Delta\theta\sin(\omega_c+\omega_{in})t+\\&\frac{V_0}{2}[(1+\varepsilon)\cos\Delta\theta-1]\cos(\omega_c-\omega_{in})t-\\&\frac{V_0}{2}(1+\varepsilon)\sin\Delta\theta\sin(\omega_c-\omega_{in})t\end{aligned} \tag{4.125}$$

由此，用无用边带 $\omega_c-\omega_{in}$ 处的功率除以有用边带 $\omega_c+\omega_{in}$ 处的功率值，其比值为：

㊀ 在这个概念模型中，我们忽略上变频器固有的频率转移。

$$\frac{P_-}{P_+}=\frac{[(1+\varepsilon)\cos\Delta\theta-1]^2+(1+\varepsilon)^2\sin^2\Delta\theta}{[(1+\varepsilon)\cos\Delta\theta+1]^2+(1+\varepsilon)^2\sin^2\Delta\theta} \tag{4.126}$$

$$=\frac{(1+\varepsilon)^2-2(1+\varepsilon)\cos\Delta\theta+1}{(1+\varepsilon)^2+2(1+\varepsilon)\cos\Delta\theta+1} \tag{4.127}$$

这跟镜像抑制比的表达式[见式(4.77)]很相似，因此甚至可以称无用边带为有用边带关于载波频率的“镜像”。在实际中，大概-30dB的P_-/P_+值就足以保证能忽略星座图的失真可忽略了，但具体的要求取决于调制的类型。

例4.38 计算式(4.125)中$V_{out}(t)$的平均功率。

解： 将P_-和P_+相加，然后乘以$V_0^2/4$。如果$\varepsilon\ll 1$，则有：

$$\overline{V_{out}^2(t)}=\frac{V_0^2}{2}(1+\varepsilon) \tag{4.128}$$

有趣的是，输出功率和相位失配无关。◀

如果发射机中电路的I/Q存在不匹配，可以使用一些校准的方法。为此，必须首先测量增益失配和相位失配，然后予以修正。我们能够通过无用边带的功率判断I/Q失配吗？当然可以，但是在功率较大的有用边带面前，很难测量无用边带的功率。这两个边带彼此距离太近，不允许通过滤波的方式将功率更大的有用边带抑制几十分贝。

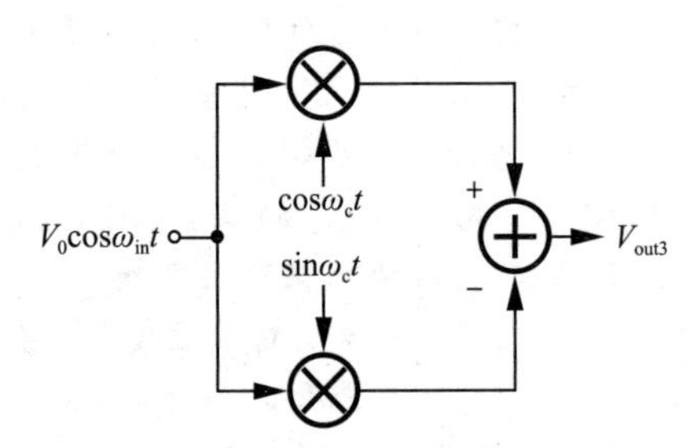

图4.90 正交上变频器输入同一信号显示相位失配正弦

如图4.90所示，在上变频器的两个输入端施加同一个正弦信号，那么输出会有如下的形式：

$$V_{out3}(t)=V_0(1+\varepsilon)\cos\omega_{in}t\cos(\omega_c t+\Delta\theta)-V_0\cos\omega_{in}t\sin\omega_c t \tag{4.129}$$

$$=V_0\cos\omega_{in}t(1+\varepsilon)\cos\Delta\theta\cos\omega_c t-V_0\cos\omega_{in}t[(1+\varepsilon)\sin\Delta\theta+1]\sin\omega_c t \tag{4.130}$$

可见输出包含了幅度相等的两个边带信号，输出信号的平均功率等于

$$\overline{V_{out3}^2(t)}=V_0^2[1+(1+\varepsilon)\sin\Delta\theta] \tag{4.131}$$

我们注意到，令上式中ε为0，则

$$\overline{V_{out3}^2}-2\overline{V_{out1}^2}=\sin\Delta\theta \tag{4.132}$$

这样，相位失配的校准可以将该值变为0。

针对增益失配的校准，我们可做两个测试。如图4.91所示，测试需要给一个基带输入施加一个正弦信号，而另一个输入信号置0。对于图4.91a所示的情况，有：

$$V_{out1}(t)=V_0(1+\varepsilon)\cos\omega_{in}t\cos(\omega_c t+\Delta\theta) \tag{4.133}$$

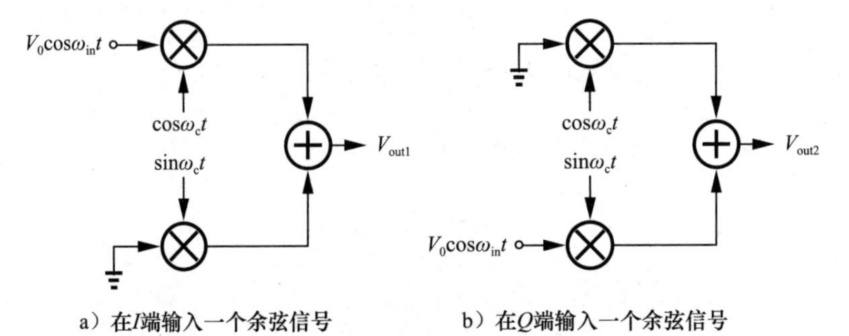

a）在I端输入一个余弦信号　　b）在Q端输入一个余弦信号

图4.91 正交上变频器

产生的平均功率为

$$\overline{V_{\text{out1}}^2(t)}=\frac{V_0^2}{2}+V_0^2\varepsilon \tag{4.134}$$

而另一方面，在图 4.91b 中，

$$V_{\text{out2}}(t)=V_0\cos\omega_{\text{in}}t\sin\omega_c t \tag{4.135}$$

从而有

$$\overline{V_{\text{out2}}^2(t)}=\frac{V_0^2}{2} \tag{4.136}$$

即

$$\overline{V_{\text{out1}}^2(t)}-\overline{V_{\text{out2}}^2(t)}=V_0^2\varepsilon \tag{4.137}$$

这表明可以调整增益失配使此差为 0。

在上面的测试中，$\overline{V_{\text{out3}}^2(t)}$和$\overline{V_{\text{out1}}^2(t)}-\overline{V_{\text{out2}}^2(t)}$的测量需要较高的分辨率。例如，$\Delta\theta=1°$的残余相位失配会转化成 $\sin\Delta\theta=1.75\%$，这决定了式(4.131)中将$\overline{V_{\text{out3}}^2(t)}$数字化的 ADC 需要 7～8 位的分辨率。

需要注意的是，基带的直流失调会影响 I/Q 校准的准确性。正如接下来要解释的另一种现象载波泄漏一样，在 I/Q 校准之前可能也需要消除直流失调。

2. 载波泄漏

在图 4.88 所示的发射机中，产生正交信号的模拟基带电路存在直流失调，每个上变频混频器的基带端口也是这样。因此，输出信号会表现为如下的形式：

$$V_{\text{out}}(t)=[A(t)\cos\phi+V_{\text{OS1}}]\cos\omega_c t-[A(t)\sin\phi+V_{\text{OS2}}]\sin\omega_c t \tag{4.138}$$

其中，V_{OS1} 和 V_{OS2} 表示混频器输入端口的总直流失调。因此上变频器的输出包含未调制载波的一部分：

$$V_{\text{out}}(t)=A(t)\cos(\omega_c t+\phi)+V_{\text{OS1}}\cos\omega_c t-V_{\text{OS2}}\sin\omega_c t \tag{4.139}$$

其称为“载波泄漏”，可量化为

$$\text{相对载波泄漏}=\frac{\sqrt{V_{\text{OS1}}^2+V_{\text{OS2}}^2}}{\sqrt{\overline{A^2(t)}}} \tag{4.140}$$

这种现象会导致两个负面影响。首先，会让信号星座图失真，增大 TX 输出端的误差向量幅度。例如，如果 $V_{\text{out}}(t)$表示一个 QPSK 信号，

$$V_{\text{out}}(t)=\alpha_1(V_0+V_{\text{OS1}})\cos\omega_c t-\alpha_2(V_0+V_{\text{OS2}})\sin\omega_c t \tag{4.141}$$

施加到一个理想的直接变频接收机上，然后基带正交输出就会有直流失调，如图 4.92 所示，也就是星座图中水平和垂直方向上的移动。

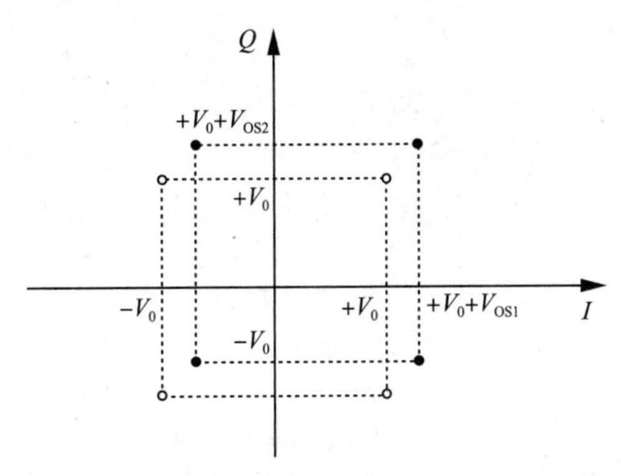

图 4.92　载波馈通对接收信号频谱的影响

如果发射机的输出功率必须通过改变基带信号的幅值才能有一个较大的变化范围，那么第二个影响就会显现。例如，正如第 3 章中描述的，当 CDMA 手机靠近基站时，为了避免远近效应，必须降低发射功率。图 4.93a 从概念上描述了该功率控制回路。基站测量从手机收到的功率级别，相应地要求手机调整发射功率。两者距离较近时，手机的输出功率必须减小到很低的值，存在载波泄漏时的频谱如图 4.93b 所示。在这种情况下，载波功率起主导作用，测量实际信号的功率很难。如果手机的输出功率通过改变基带摆幅加以调整，而不是调整功率放大器自身时，这个问题就会出现。

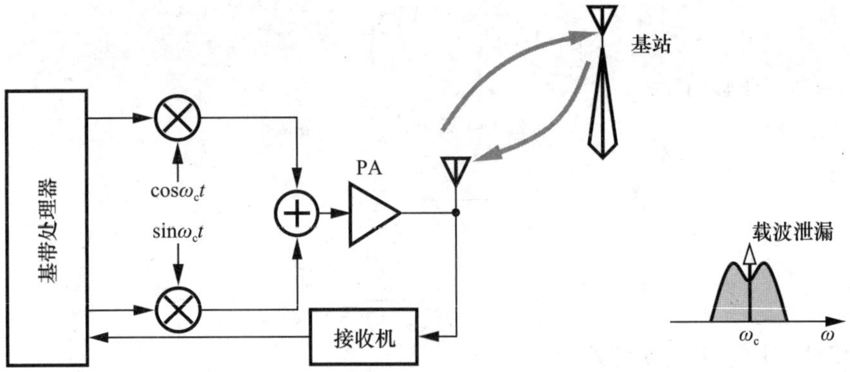

a) CDMA中功率控制反馈回路　　b) 载波泄漏的影响

图 4.93

为了减小载波泄漏，等式(4.140)告诉我们基带信号的摆幅 $A(t)$必须足够大。然而，当 $A(t)$增加时，上变频混频器的输入端口的非线性度就会增加，因此需要折中考虑。在严格的应用中，必须减小失调量使载波泄漏最小化。如图 4.94 所示，两个 DAC 与 TX 的基带端口相连接[⊖]，功率检测器(例如，整流器或包络检测器)检测输出电平，并将其转换为数字信号输出到寄存器中。在载波泄漏消除过程中，基带处理器产生零输出，使检测器只测量泄漏量。这样，包含 TX、检测器和数模转换器的回路将泄漏值降为 0，DAC 的最终设置保存在寄存器中。

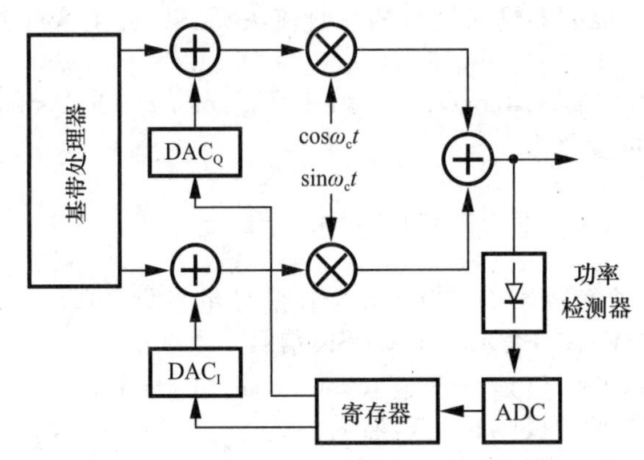

图 4.94　通过基带失调控制减小载波泄漏

例 4.39 只通过一个 DAC 有可能消除载波泄漏吗？

解： 不可能。式(4.115)意味着在 V_{OS1} 或 V_{OS2} 两者中，如果其中一个为有限值，另外一个无论取何值，都不可能使 $V_{OS1}\cos\omega_c t - V_{OS2}\sin\omega_c t$ 的值为 0。◀

如何调整图 4.94 中的两个 DAC，从而使回路收敛呢？像最小均方值(LMS)这样的自适应回路算法就可以完成这个任务。或者，进行“彻底”的计算可以得到最佳设置。例如，对于 8 位的 DAC 而言，只有 256×256 种可能的组合存在，系统可以去尝试所有的情况，来决定哪个组合可以在输出端产生最低的泄漏。在这个过程中，假设系统对于两个 DAC 都从 0 开始，测量载波泄漏，并记住泄漏值，然后对一个 DAC 增加一个最低有效位，再次测量泄漏值，并和前一次的值进行比较。如果新的泄漏值更低，那么新的设置就会取代之前的设置。

3. 混频器的线性度

和接收机中的下变频混频器不同，发射机中的上变频混频器不会受到干扰。然而，上

⊖ 数模转换器可以嵌在混频器中(见第 6 章)。

变频混频器基带端口的额外非线性能够破坏信号，或者提高相邻信道的功率(见第 3 章)。考虑一下式(4.88)中的 GMSK 信号，将其作为一个例子，假设基带 I/Q 输入端的非线性度由 $\alpha_1 x+\alpha_3 x^3$ 给出，上变频信号可假设为如下的形式[15]：

$$V_{out}(t)=(\alpha_1 A\cos\phi+\alpha_3 A^3\cos^3\phi)\cos\omega_c t-(\alpha_1 A\sin\phi+\alpha_3 A^3\sin^3\phi)\sin\omega_c t \quad (4.142)$$

$$=\left(\alpha_1 A+\frac{3}{4}\alpha_3 A^3\right)\cos(\omega_c t+\phi)+\frac{\alpha_3 A^3}{4}\cos(\omega_c t-3\phi) \quad (4.143)$$

第二项也表示 GMSK 信号，但有一个 3 倍调制指数，因此占据更大的带宽。仿真结果表明，对于特定的基带信号摆幅，如果混频器基带端口的非线性度小于 1%，那么上述影响就变得微乎其微了[15]。

对于可变包络信号，式(4.119)的两项中均有 $A^3(t)$，这会加剧上述影响。所需的混频器线性度通常由仿真决定。然而，在大多数情况下(也就是在一个不错的设计中)，当基带信号摆幅增加时，在混频器的非线性显露出来之前，功率放大器的输出就会开始压缩。这在后续章节会加以解释。

4. TX 的线性度

必须根据频谱增生(相邻信道功率)要求，以及被传输信号的可容忍失真要求来选择发射机的线性度。第 3 章提到过，这两个因素对于可变包络信号的调制方案很重要。前者将推迟到第 10 章讲解，在这里先讨论后者。

可变包络信号失真典型的特征是它所经历的压缩。如图 4.95 所示，信号在仿真中出现了非线性的特征。在星座图或者比特误码率退化可以忽略不计的情况下，该仿真决定了电平值能够多接近 1dB 压缩点。例如，802.11a 中 64QAM OFDM 信号的平均功率必须维持在给定电路的 P_{1dB} 之下的 8dB，则说该电路必须工作在“8dB 回退(back-off)”状态。换句话说，如果最大摆幅 V_0 使电路工作在 1dB 压缩点，则平均信号摆幅一定不能超过 $V_0/2.51$。

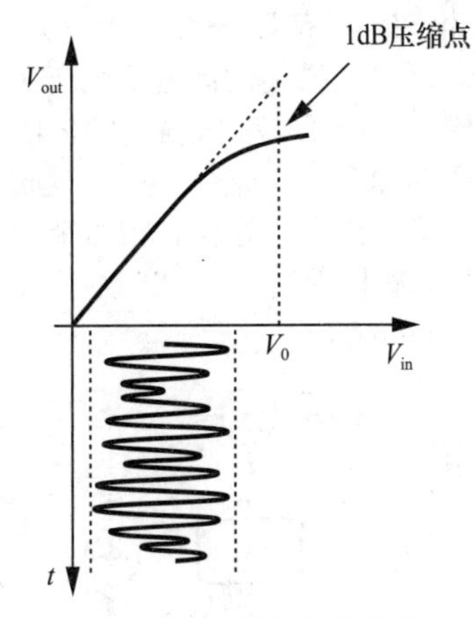

图 4.95　将可变包络信号施加给压缩系统

在 TX 链中，信号可能会在任一级经历压缩。考虑图 4.96 所示的例子，其中沿着此链的信号电平(单位为 dB)也标出来了。由于最大的电压摆幅发生在 PA 的输出处，所以这一级对 TX 的压缩起主要作用。也就是说，在一个不错的设计中，当 PA 的输出达到 P_{1dB} 时，前级必须远低于压缩值。为了保证如此，必须将 PA 的增益最大化，将预驱动器和前级的输出摆幅最小化。这给 PA 的设计(见第 10 章、第 11 章)增加了额外的负担。

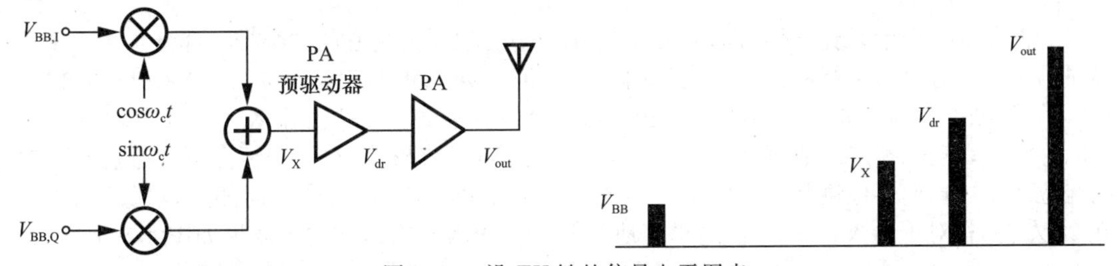

图 4.96　沿 TX 链的信号电平图表

例 4.40　如果预驱动器和 PA 表现出三阶特征，试计算两者级联的 1dB 压缩点。

解： 假设预驱动器的非线性特征为 $\alpha_1 x+\alpha_3 x^3$，PA 的非线性特征为 $\beta_1 x+\beta_3 x^3$，因此可以将 PA 输出写成：

$$y(t)=\beta_1(\alpha_1 x+\alpha_3 x^3)+\beta_3(\alpha_1 x+\alpha_3 x^3)^3 \tag{4.144}$$

$$=\beta_1\alpha_1 x+(\beta_1\alpha_3+\beta_3\alpha_1^3)x^3+\cdots \tag{4.145}$$

如果前两项起主导作用，那么输入1dB压缩点可以由 x 和 x^3 的系数得到，如下：

$$A_{1\mathrm{dB,in}}=\sqrt{0.145\left|\frac{\beta_1\alpha_1}{\beta_1\alpha_3+\beta_3\alpha_1^3}\right|} \tag{4.146}$$

鼓励读者自行考虑 $\beta_3=0$ 和 $\alpha_3=0$ 的特殊情况，并直观地证明结果的正确性。很有趣的是，我们注意到，如果 $\beta_1\alpha_3=-\beta_3\alpha_1^3$，则 x^3 的系数变成0，$A_{1\mathrm{dB,in}}\rightarrow\infty$。这是因为其中一级的压缩和另外一级的扩张相互抵消了。

在发射机中，输出功率值得研究，输出端的压缩特征也必须量化。在 $A_{1\mathrm{dB,in}}$ 点，由于输出电平值在理想值以下1dB处，所以简单地将 $A_{1\mathrm{dB,in}}$ 乘以总增益，然后将结果减去1dB，就可以得到输出压缩点了：

$$A_{1\mathrm{dB,out}}=A_{1\mathrm{dB,in}}\times|\alpha_1\beta_1|\times\frac{1}{1.12} \tag{4.147}$$

这其中的因子1/1.12代表了1dB的增益衰减，于是：

$$A_{1\mathrm{dB,out}}=\frac{0.34|\alpha_1\beta_1|\sqrt{|\beta_1\alpha_1|}}{\sqrt{\beta_1\alpha_3+\beta_3\alpha_1^3}} \tag{4.148}$$ ◀

5. **振荡器牵引**

以上描述的问题适用于大多数发射机结构，然而另外一个问题在直接变频结构中特别关键。如图4.97a所描述的，PA的输出显示出非常大的摆幅(给50Ω负载传输1W的功率，摆幅为 $20V_{pp}$)，这一摆幅会通过芯片衬底、封装寄生效应和印制电路板上的布线与系统各个部分形成耦合。这样，很可能会有较大部分的PA输出与LO相耦合。由于直接变频发射机的PA输出频谱的中心频率等于 ω_{LO}，即使PA位于片外，PA驱动器仍然有可能牵引(Pulling)LO。

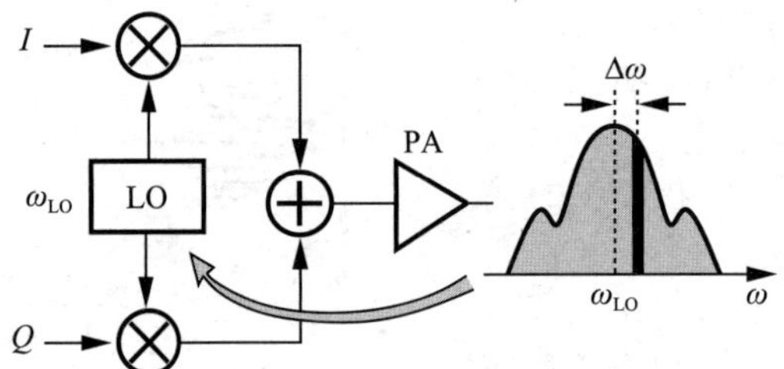

a）在直接变频发射机中，PA对LO的注入牵引

b）对振荡器注入的概念性阐述

图4.97

如图4.97b所示，让我们考虑输出频谱中以 $\omega_{LO}+\Delta\omega$ 为中心的“窄带”部分，用一个等能量的脉冲信号对其进行模拟。因此我们会有疑问：如果频率为 $\omega_1=\omega_{LO}+\Delta\omega$ 的正弦信号“注入”到频率为 ω_{LO} 的振荡器中(注意，此处 $\Delta\omega\ll\omega_{LO}$)，会发生什么呢？这个现象称为“注入牵引”，已经被广泛地研究[16,17]，在第8章中会加以分析。在这种情况下，振荡器的输出相位 ϕ_{out} 被周期性地调制。事实上，如图4.98a所示，ϕ_{out} 在每个周期的一段区间内维持在90°左右(相对于输入相位)，随后迅速地翻转360°。因此输入和输出波形如图4.98b所示。如图4.98c所示，可以证明输出频谱严重不对称，大多数的脉冲远离输入频率 ω_{inj} ($=\omega_{LO}+\Delta\omega$)。注意，这些脉冲的间距等于图4.98a中变化相位的频率，而不是等于 $\Delta\omega$ ㊀。

㊀ 当注入信号的频率和振荡器频率的谐波相近，例如在 $2\omega_{LO}$ 附近时，牵引同样可以发生。我们称此效应为“超调(superharmonic)牵引”。

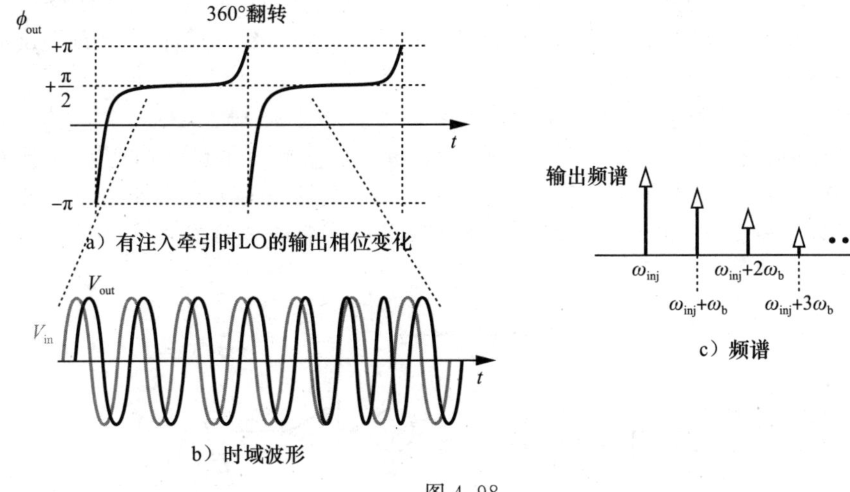

图 4.98

输出功率值达到多少时，注入牵引才会变得很重要呢？答案取决于几个因素：①LO 内部电压和电流的摆幅(摆幅越大，牵引的影响越小)；②振荡器谐振腔的 Q 值；③PA 输出端是否为差分，LO 的耦合在差分情况下比单端情况下要弱 30～40dB[⊖]；④对 LO 的反馈控制程度(合成器)会反向影响牵引的程度[17]；⑤版图布局的对称性和封装的类型。然而，对于典型设计，当 PA 输出超过 0dBm 时，注入牵引的问题可能会变得很严重。

为了避免注入牵引，PA 输出频率和振荡器频率必须差别很大(例如，超过 20%)，在图 4.97 所示的结构中这是不可能的。因此，引出了一些新的发射机结构和频率规划方案，这在下面会加以描述。

6. RX 带噪声

如第 3 章描述的，一些标准(例如 GSM)指定了 TX 能在 RX 带中传输的最大噪声。在直接变频发射机中，基带电路、上变频器和 PA 可能会在 RX 带中产生严重的噪声。为了解决这个问题，可以使用“失调锁相环(offset-PLL)”发射机(见第 9 章)。

4.3.3　现代直接变频发射机

今天大多数直接变频发射机都会避免出现振荡器频率等于 PA 输出频率的情况。为了不引起混淆，称前者为 LO 频率 ω_{LO}；称后者为载波频率 ω_c。实现方法是选择距离 ω_c 足够远的 ω_{LO}，并且通过分频和混频操作得到 ω_c。

图 4.99 给出了一个常见的例子，其中，$\omega_{LO}=2\omega_c$。LO 后面跟着一个二分频电路，因此会产生有着正交相位的 $\omega_{LO}/2$。有两个原因使这个结构很受欢迎：①能很大程度地减少注入牵引；②分频器很容易提供载波的正交相位，否则这是一个很难的任务(见第 8 章)。

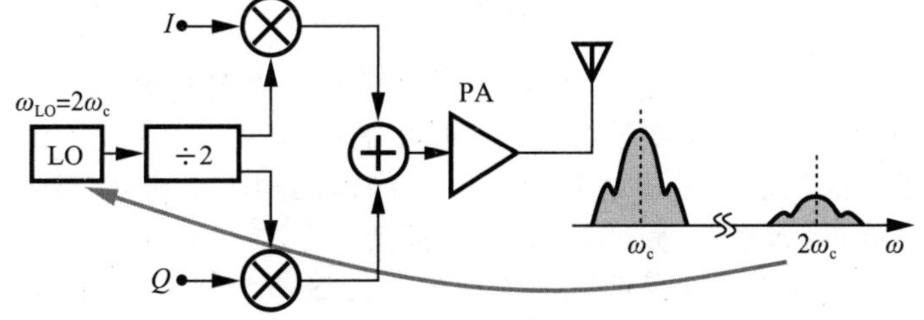

图 4.99　使用工作在两倍载波频率的 LO 使 LO 牵引最小化

⊖　只有当差分的 PA 包含“单端”电感器而不含对称的电感时，这个结论才是正确的(见第 7 章)。

用图 4.99 所示的结构并不能完全消除注入牵引。由于 PA 的非线性在载波的二次谐波处会产生一个有限的功率值，LO 仍然可能被牵引。然而，合适的布局和隔离技术能够较好地抑制该现象。

例 4.41 有可能通过选择 $\omega_{LO}=\omega_c/2$，并用倍频器产生 ω_c 吗？

解： 是可能的，但是倍频器通常不提供正交相位，需要使用额外的正交相位产生电路。在图 4.100 中，倍频器的输出施加到一个多相滤波器上。这种结构的优势在于 PA 输出没有谐波可以牵引 LO。但其最大的缺点是倍频器和多相滤波器有很大的损耗，从而需要使用高功率的缓冲器。

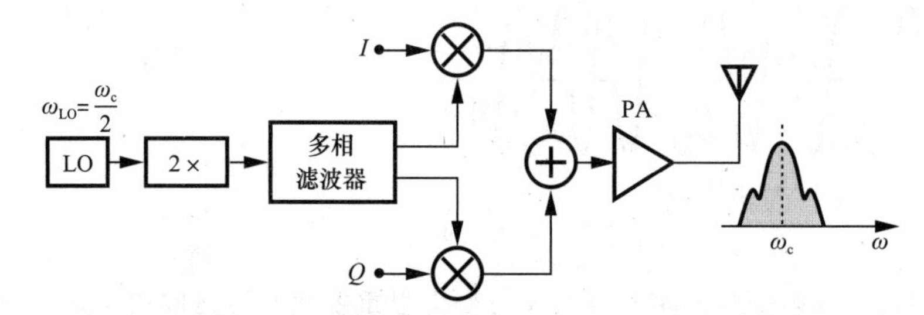

图 4.100 用工作在一半载波频率的 LO 使 LO 牵引最小化 ◀

如图 4.99 所示结构的原理性缺点是分频器工作所需的速度。工作在两倍载波频率下，分频器成了整个收发机速度的瓶颈。然而，在接下来的讨论中将会看到，其他的发射机结构有更多严重的缺点。因此，即使付出较大的努力去设计分频器也是值得的。

另外一个产生频率的方法是使用混频器。例如，两个分别工作在 ω_1 和 ω_2 的振荡器混频后的输出为 $\omega_1+\omega_2$ 或 $\omega_1-\omega_2$。然而，正如 4.2 节介绍的接收机一样，用单个的振荡器，并使用分频获得谐波的方法是可取的。为了这个目的，让我们考虑图 4.101a 所示的电路，其中振荡器的频率被二分频，两个输出被混频。结果包含 $\omega_1\pm\omega_1/2$ 处幅度相等的分量，可以称其中一个是另一个关于 ω_1 的“镜像”。

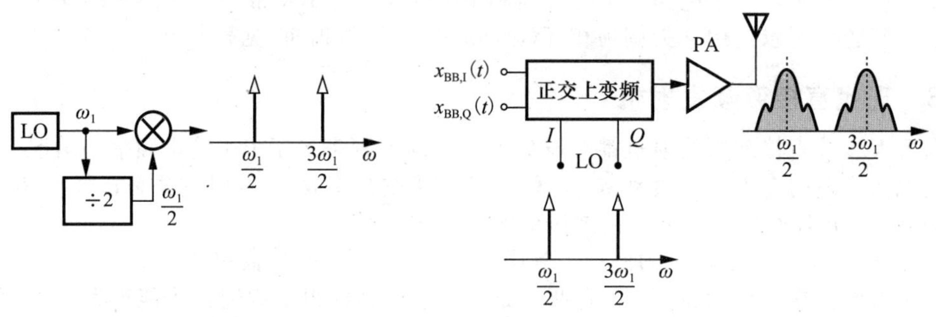

a）LO输出和它的一半频率的混频　　b）两个边带对发射机输出的影响

图 4.101

两个分量都能被保留吗？如图 4.101b 所示，在一个使用此类 LO 的发射机中，上变频器的输出会包含两个在载波频率处有着相等功率的信号频谱。这样，传输到天线的功率就有一半被浪费了。而且，不需要的载波频率所传输的功率会破坏其他信道或波段的通信。因此其中一个分量(如 $\omega_1/2$ 频率处)必须被抑制。

很难通过滤波的方式将不需要的载波去除，因为这两个频率之间只相差 3 倍。例如，习题 4.23 说明了谐振频率为 $3\omega_1/2$ 的二阶 LC 滤波器会对 $\omega_1/2$ 频率处的分量有 $8Q/3$ 的减弱。对于范围为 5～10 的 Q，这个减弱程度将达到 25～30dB，足够将无用边带处浪费的功率最小化，但是还不能够避免其他信道的破坏。另一个问题是图 4.101a 所示结构无法得到正交形式的输出。

另外一种抑制无用边带的替代方法是结合单边带(single side band，SSB)混频。如图 4.102a 所示，SSB 混频基于三角恒等式 $\cos\omega_1 t\cos\omega_2 t-\sin\omega_1 t\sin\omega_2 t=\cos(\omega_1+\omega_2)t$，它将具有正交相位的 ω_1 和 ω_2 相乘，然后再减去如同图 4.88 中的正交上变频器的结果。可用图 4.102b 中简单的图标表示 SSB 混频器。当然，如式(4.127)所表示的那样，增益和相位的失配会导致无用边带。对于典型的失配，P_-/P_+ 会下降至 30～40dB 附近，用二阶 LC 滤波器加以滤波，可以将边带继续减小到 25～30dB。

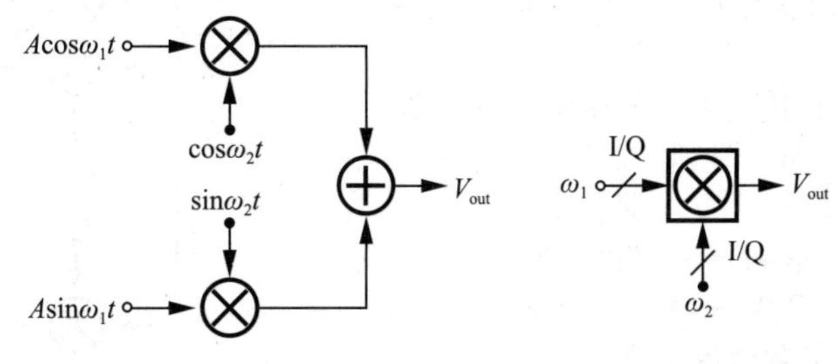

a）单边带混频器的实现　　b）简单的图标表示

图 4.102

除了镜像边带之外，输入频率的谐波也会破坏 SSB 混频器的输出。例如，假设图 4.102a 中的混频器对 $A\sin\omega_1 t$ 或 $A\cos\omega_1 t$ 输入端口有着三阶非线性。如果该非线性是 $\alpha_1 x+\alpha_3 x^3$ 的形式，则输出可以表示成如下的形式：

$$V_{out}(t)=(\alpha_1 A\cos\omega_1 t+\alpha_3 A^3\cos^3\omega_1 t)\cos\omega_2 t-(\alpha_1 A\sin\omega_1 t+\alpha_3 A^3\sin^3\omega_1 t)\sin\omega_2 t \tag{4.149}$$

$$=\left(\alpha_1 A+\frac{3\alpha_3 A^3}{4}\right)\cos\omega_1 t\cos\omega_2 t-\left(\alpha_1 A+\frac{3\alpha_3 A^3}{4}\right)\sin\omega_1 t\sin\omega_2 t+\frac{\alpha_3 A^3}{4}\cos 3\omega_1 t\cos\omega_2 t+\frac{\alpha_3 A^3}{4}\sin 3\omega_1 t\sin\omega_2 t \tag{4.150}$$

$$=\left(\alpha_1 A+\frac{3\alpha_3 A^3}{4}\right)\cos(\omega_1+\omega_2)t+\frac{\alpha_3 A^3}{4}\cos(3\omega_1-\omega_2)t \tag{4.151}$$

可见，输出频谱包含 $3\omega_1-\omega_2$ 处的杂散。同样地，如果混频器对 $\sin\omega_2 t$ 和 $\cos\omega_2 t$ 也存在三阶非线性，那么输出中就会出现 $3\omega_2-\omega_1$ 处的分量。总的输出频谱(存在失配时)如图 4.103 所示。

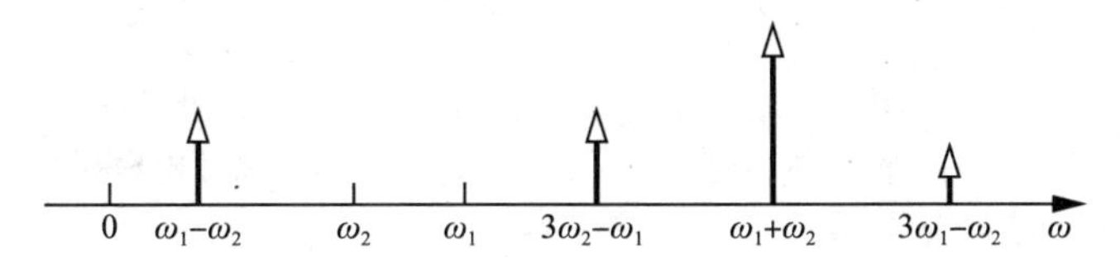

图 4.103　存在非线性和失配时，SSB 混频器的输出频谱

图 4.104 是一个混频器的例子，其中对输入 V_{in1} 的响应是线性的，而对 V_{in2} 的响应是非线性的。正如第 2 章所解释的，该电路将 V_{in1} 乘以一个在 0 和 1 之间切换的方波，即 V_{in2} 的三次谐波仅仅是其基波的 $\frac{1}{3}$，因此会产生如图 4.103 所示的强杂散。

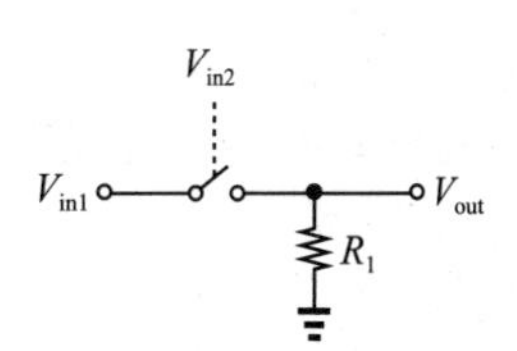

图 4.104　简单的混频器

以上提到的杂散有多严重呢？在典型的混频器设计中(见第 6 章)，只将一个端口线性

化是有可能的，这样就会在这个端口保持一个很小的三次谐波。另外一个端口是高度线性化的，以便保持合理的增益(或损耗)。因此可以断定，在 $3\omega_1-\omega_2$ 和 $3\omega_2-\omega_1$ 两个杂散之间，只有一个可以减小到可接受程度的低水平值，而另外一个仅仅维持在所需分量的 10dB (1/3)以下。例如，如果 $\omega_2=\omega_1/2$，那么 $3\omega_1-\omega_2=5\omega_1/2$，$3\omega_2-\omega_1=\omega_1/2$，于是可以提高端口线性化来感知 ω_2 以抑制后者，但是对前者仍然需要大量的滤波。

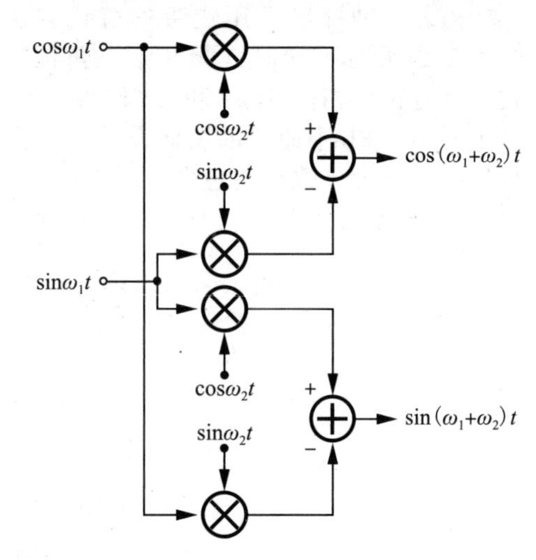

图 4.105　提供正交输出的 SSB 混频器

SSB 混频器用在直接变频 TX 中时，必须提供载波的正交相位。如果注意到 $\sin\omega_1\cos\omega_2 t+\cos\omega_1 t\sin\omega_2 t=\sin(\omega_1+\omega_2)t$，那么如图 4.105 所示再复制一个 SSB 混频器就可以实现了。

图 4.106 给出了采用 SSB 混频来产生载波的直接变频 TX。由于载波频率和 LO 频率很不一样，所以这个结果不受注入牵引的影响[⊖]。这个结构在抑制 $\omega_1/2$ 处的载波边带时，会有两个弊端：①$5\omega_1/2$ 处的杂散和其他与谐波相关的频率处理起来很棘手；②LO 必须提供正交相位，这是一个很难的问题(见第 8 章)。

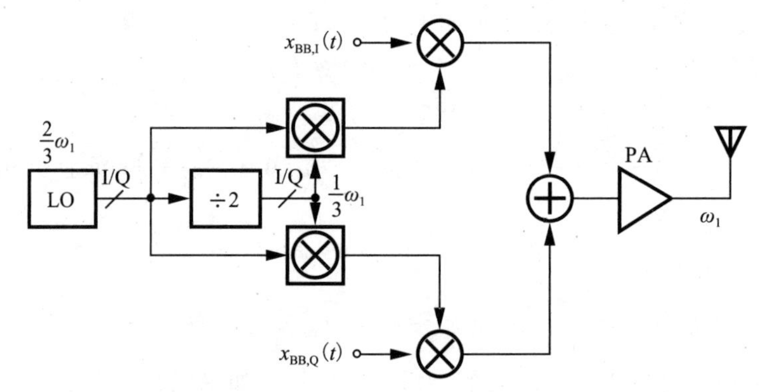

图 4.106　在 LO 路径上使用 SSB 混频的直接变频 TX

例 4.42 一位同学将图 4.106 中的二分频电路用一个四分频结构替换。试分析载波中的无用分量。

解：基于该 SSB 混频器是将 ω_1 和 $\omega_1/4$ 进行混合，从而产生 $5\omega_1/4$，而且由于失配，也会产生 $3\omega_1/4$。在前一个情况中，这两个值相应地分别为 $3\omega_1/2$ 和 $\omega_1/2$。因此，在这种情况下，将无用边带滤掉会更困难，因为它更接近于有用边带。

关于谐波的影响，输出会包含 $3\omega_1-\omega_2$ 和 $3\omega_2-\omega_1$ 处的杂散，如果 $\omega_2=\omega_1/4$，这两个值会相应地分别等于 $11\omega_1/4$ 和 $\omega_1/4$。$11\omega_1/4$ 处的杂散比前一种对应情况下 $5\omega_1/2$ 的杂散略高，而 $\omega_1/4$ 处的杂散大幅度地降低，更容易被滤掉。图 4.107 总结了输出分量情况。◀

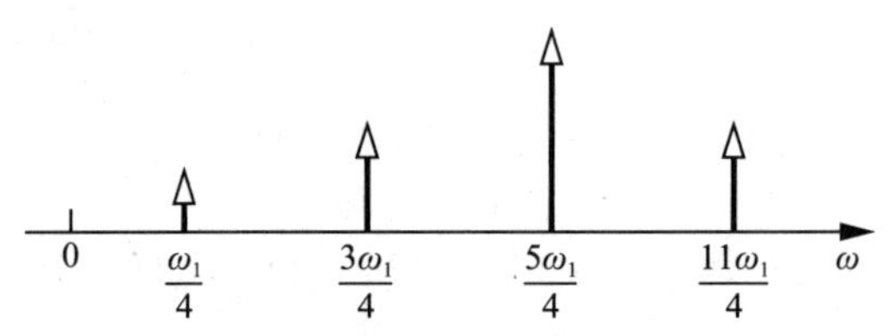

图 4.107　LO 混频中采用四分频电路时的输出杂散

⊖ 严格地讲，这个说法并不正确。因为 PA 输出的二次谐波也是 LO 的三次谐波，潜在地会造成“超调”牵引。

4.3.4　外差发射机

另一种避免注入牵引的方法是分两步进行信号上变频，使 LO 频率远离功率放大器输出频谱。如图 4.108 所示，这种发射机拓扑结构是 4.2.1 节所研究的外差接收机的“双重”结构。在这里，基带 I 和 Q 信号被上变频到 ω_1 的中频，然后与频率为 ω_2 的信号混合，从而转换为 $\omega_1+\omega_2$ 的载波频率。由于第二个混频器也产生 $\omega_1-\omega_2$ 的输出，因此在这一阶段之后还需要一个带通滤波器。量化失配影响的公式与 4.3.2 节中直接变频发射机的公式相同。

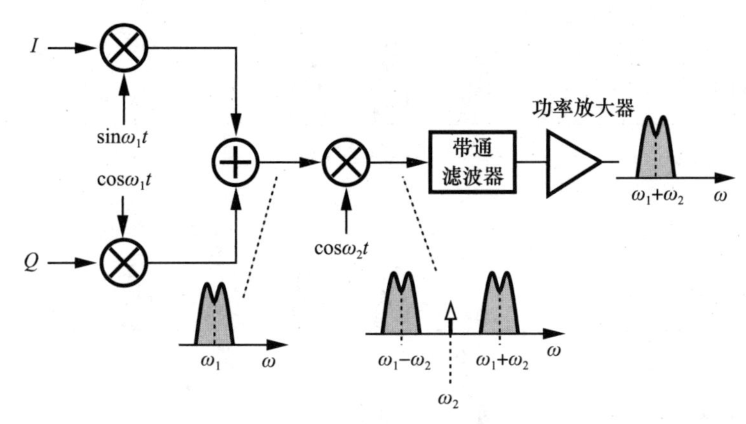

图 4.108　两级发射机

类似于图 4.26a 的滑动中频外差接收机，我们消除了上述发射机中的第一个振荡器，并从第二个振荡器中导出所需的相位(见图 4.109)。载波频率因此等于 $3\omega_1/2$。让我们来研究一下非理想因素在这个体系结构中的影响。我们将 $\omega_1/2$ 和 ω_1 处的 LO 波形分别称为第一 LO 和第二 LO。

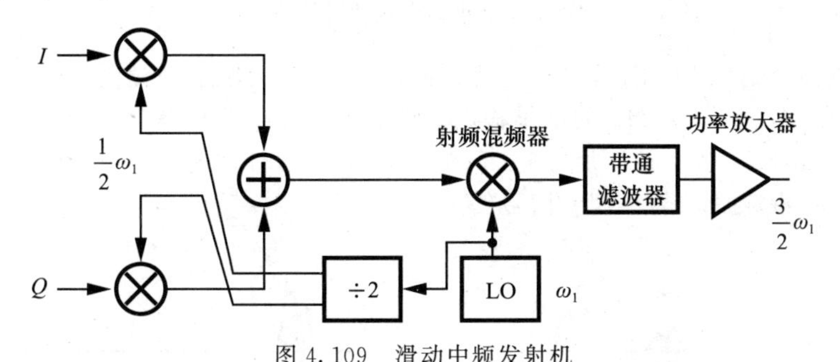

图 4.109　滑动中频发射机

载波泄漏　基带中的直流失调在正交上变频器的输出端产生一个 $\omega_1/2$ 分量，在射频混频器的输入端产生另一个 ω_1 分量(见图 4.110)。如 4.3.2 节所述，可将前者最小化。后者和 $\omega_1/2$ 处的下边带必须通过滤波去除。ω_1 处的泄漏比下边带更靠近上边带，但它也比下边带小得多。因此，射频混频器之后的滤波器必须能将两者衰减到可接受的低电平。

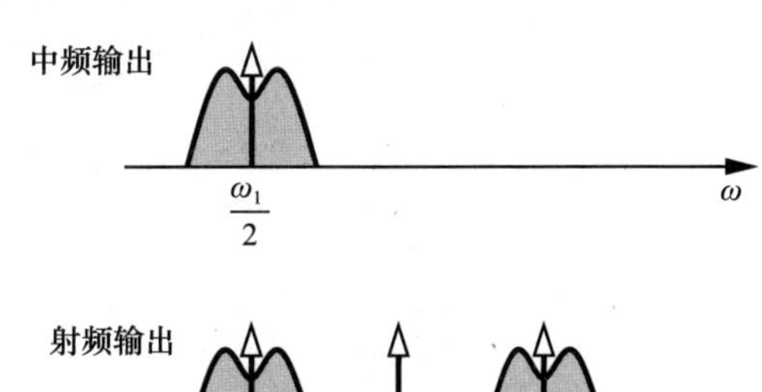

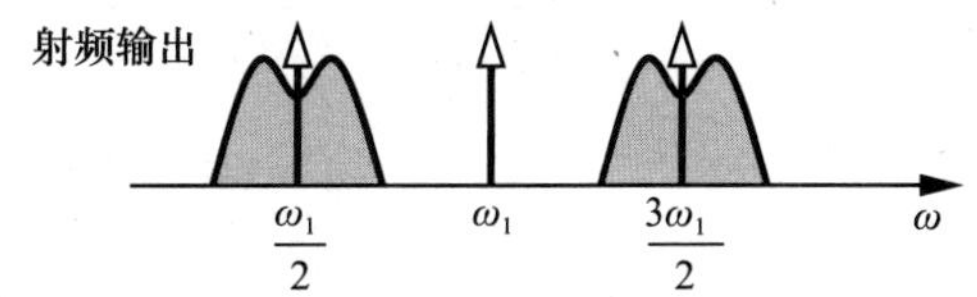

图 4.110　外差发射机中的载波泄漏

混频杂散　图 4.109 的滑动中频发射机显示了必须正确管理的各种混频杂散。杂散产生于两种机制：第一 LO 的谐波和第二 LO 的谐波。

正交上变频器将基带信号与第一 LO[⊖]的三次和五次谐波混频，从而在 $\omega_1/2$、$3\omega_1/2$ 和 $5\omega_1/2$ 处复制信号频谱。图 4.111a 显示了非对称调制信号的结果。请注意，如果混频器像图 4.104 所示的混频器那样工作，谐波幅度将呈现 sinc 包络。换句话说，在 $3\omega_1/2$ 和 $5\omega_1/2$ 处的信号的幅度分别是期望信号幅度的三分之一和五分之一。在与第二 LO(ω_1)混合时，图 4.111a 中的分量上下平移了 ω_1，产生了图 4.111b 所示的频谱。有趣的是，$+3\omega_1/2$ 处的所需边带被 $5\omega_1/2$ 和 ω_1 混合产生的较小信号增强。而 $\omega_1/2$、$5\omega_1/2$ 和 $7\omega_1/2$ 处的无用边带必须通过 RF 带通滤波器来抑制。

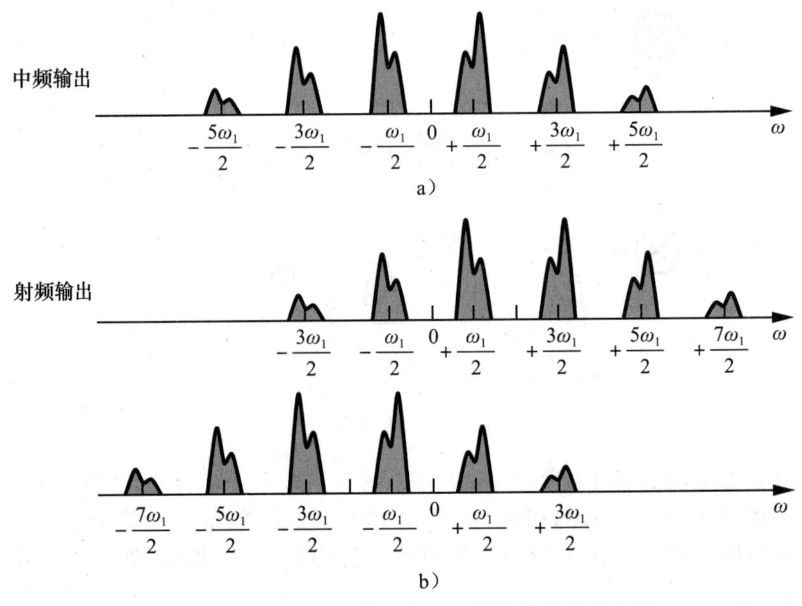

图 4.111 外差发射机的中频和射频输出处的杂散

第二机制涉及第二 LO 的谐波。也就是说，图 4.111a 所示的频谱不仅与 ω_1 混频，还与 $3\omega_1$、$5\omega_1$ 等混频。图 4.112 的结果输出表明在与 $+3\omega_1/2$ 混频时，$-3\omega_1/2$ 处的 IF 边带被转换为 $+3\omega_1/2$，从而破坏所需边带(如果调制是不对称的)。类似地，$-5\omega_1/2$ 处的 IF 边带与 $+5\omega_1$ 混频后，落在期望信号的上方。

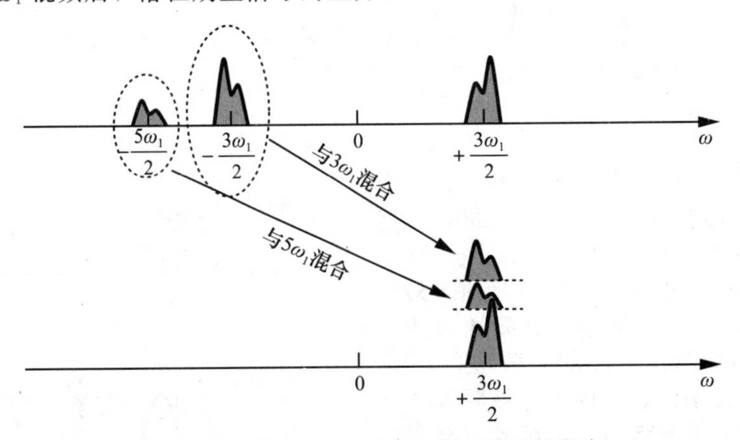

图 4.112 第二 LO 谐波对发射机输出的影响

⊖ 这里忽略高次谐波。

这种损耗有多严重？$-3\omega_1/2$ 处的中频边带比预期信号低 10dB，而与 $3\omega_1$ 混合又会造成 10dB 的衰减(为什么?)。损耗的程度为 -20dB。这个值只有在需要中等信噪比(10～12dB)的调制方案(如 QPSK)或具有中等误码率(如 10^{-2})的系统中才能接受。即使在这些情况下，也有必要进行一些中频滤波，以抑制不需要的边带，以免它们上变频到射频并落入其他用户的信道。

例 4.43 比较图 4.106 和图 4.109 所示的发射机架构的杂散行为。

解： 在图 4.106 的直接变频发射机中，初级杂散出现在 $5\omega_1/2$ 处，并且没有类似于图 4.112 所示的自中断现象。外差拓扑会产生更多的杂散。◀

图 4.109 中的 RF 混频器产生的 $\omega_1-\omega_1/2$ 处的不需要的边带可以通过 SSB 混合而被极大地抑制。为此，IF 信号必须以正交形式产生。图 4.113 显示了这种拓扑[15,18]，其中两个正交上变频器提供 IF 信号的正交分量：

$$x_{\mathrm{IF,I}}(t)=A(t)\cos\theta\cos\frac{\omega_1 t}{2}-A(t)\sin\theta\sin\frac{\omega_1 t}{2} \tag{4.152}$$

$$=A(t)\cos\left(\frac{\omega_1 t}{2}+\theta\right) \tag{4.153}$$

$$x_{\mathrm{IF,Q}}(t)=A(t)\cos\theta\sin\frac{\omega_1 t}{2}+A(t)\sin\theta\cos\frac{\omega_1 t}{2} \tag{4.154}$$

$$=A(t)\sin\left(\frac{\omega_1 t}{2}+\theta\right) \tag{4.155}$$

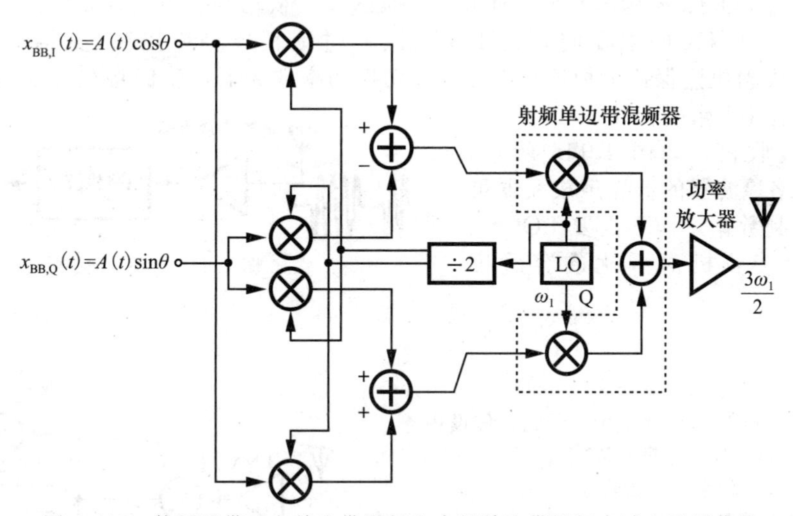

图 4.113　使用基带正交单边带混频和中频单边带混频来减少无用分量

然后，RF 单边带混频器将结果转换为 $\omega_1+\omega_1/2$。我们鼓励读者研究此架构中的混频杂散。

图 4.113 的结构虽然衰减了 $\omega_1-\omega_1/2$ 的边带，但有三个缺点：①振荡器必须提供正交输出，这是一个难题(见第 8 章)；②电路采用的混频器数量是原始结构(见图 4.109)的两倍；③÷2 电路的负载增加了一倍。第一个问题可以通过振荡器在 $2\omega_1$ 频率下工作，并在振荡器后接一个÷2 级来解决，但这样的设计只比图 4.106 中的直接转换结构稍简单一些。

迄今为止，我们对外差滑动中频发射机的研究假定第一 LO 频率是第二 LO 频率的一半。可以用一个÷4 级取代÷2 电路，从而在 $\omega_1/4$ 产生 IF 信号，在 $\omega_1+\omega_1/4=5\omega_1/4$ 产生 RF 输出[19]。我们将在习题 4.25 中研究这种结构的杂散效应。

4.3.5　其他发射机架构

除上述发射机结构外，还有一些其他结构也在某些应用中得到了使用。其中包括“偏移 PLL”拓扑结构、“环内调制”系统和“极化调制”发射机。我们将在第 10 章研究前两种，在第 12 章研究最后一种。

4.4 OOK 收发机

“开关键控”(OOK)调制是 ASK 的特殊情况，其中载波幅度在零和最大值之间切换。采用 OOK 的收发机适合于紧凑、低功耗的实现方案，值得在此进行一些研究。图 4.114 显示了两种 TX 拓扑。在图 4.114a 中，LO 由二进制基带数据直接开启和关闭。如果 LO 摆幅足够大，PA 也会经历相对完整的切换，并向天线发送 OOK 波形。与前几节研究的发射机架构不同，OOK 不需要正交基带或 LO 波形或正交上变频器。当然，它的带宽效率也较低，因为在载波的一个相位上调制的未整形二进制脉冲占据宽频谱。

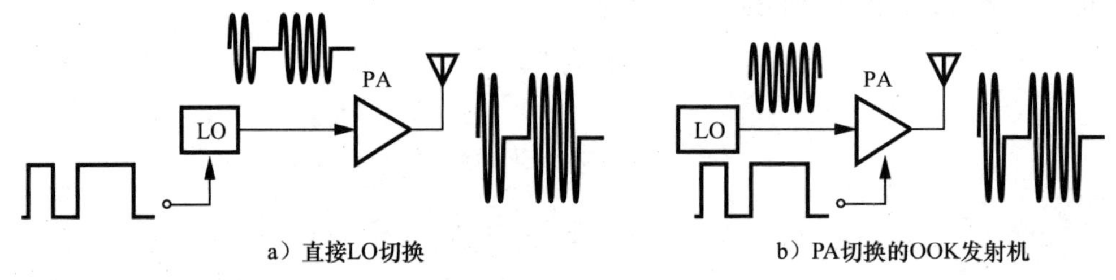

a）直接LO切换　　b）PA切换的OOK发射机

图 4.114

尽管如此，OOK 架构的简单性使其对于低成本、低功耗应用具有吸引力。

图 4.114a 中 TX 的主要问题是 LO 无法通过锁相环轻松控制(见第 9 章)。而图 4.114b 中的发射机则保持锁相环开启并直接切换功率放大器。我们将在习题 4.29 中研究这两种结构的注入牵引特性。

OOK 接收机。如图 4.115 所示。后面跟随包络检波器的低噪声放大器可以恢复二进制数据，而不需要 LO。当然，这样的接收机对干扰的容忍度很小。

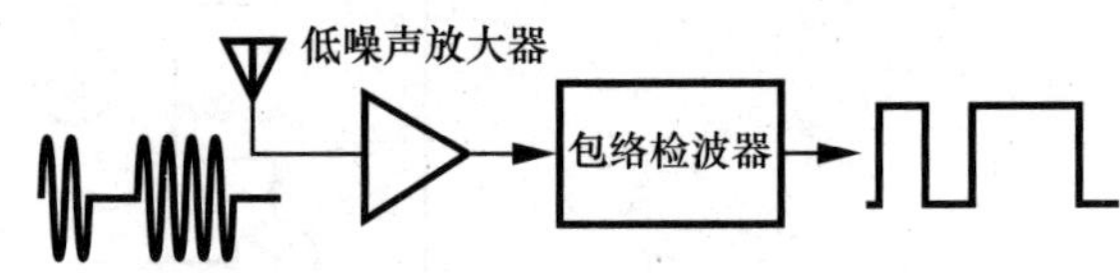

图 4.115　OOK 接收机

习题

4.1　对于图 4.26a 所示的滑动中频结构，假设用四分频电路代替二分频电路。

(1) 确定 LO 频率范围和阶数。

(2) 确定镜像频率范围。

4.2　由于图 4.26a 所示的滑动中频接收机的镜像频带比信号频带窄，是否可以设计一个镜像频率在 GPS 频带内的 802.11g 接收机？阐述理由。

4.3　为 802.11g 频带设计的滑动中频接收机，$f_{LO}=(2/3)f_{in}$，假设二次中频为零。确定由第一个 LO 和第二个 LO 谐波分量引起的混频杂散。

4.4　考虑图 4.116 所示的滑动中频接收机。

(1) 确定所需的 LO 频率范围。

(2) 确定镜像频率范围。

(3) 此结构是否适用于图 4.26a？为什么？

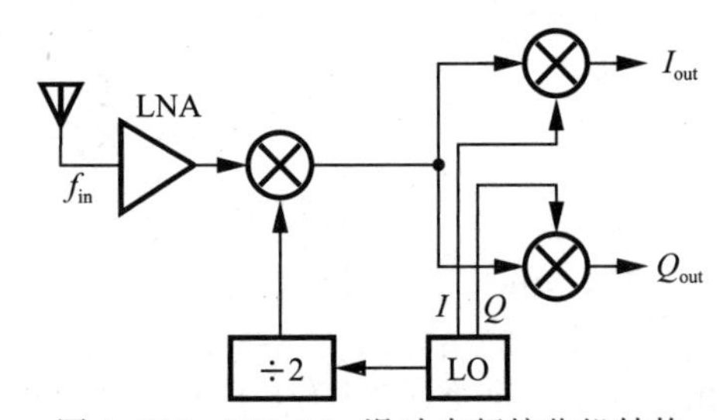

图 4.116　802.11g 滑动中频接收机结构

4.5　确定图 4.116 所示结构的混频杂散。

4.6　图 4.117 所示的滑动中频结构是专为 11a 频带设计的。

(1) 确定镜像频带。

(2) 确定出现在输出基带中，且由第一个 LO 或第二个 LO 的三次谐波混频产生的干扰频率。

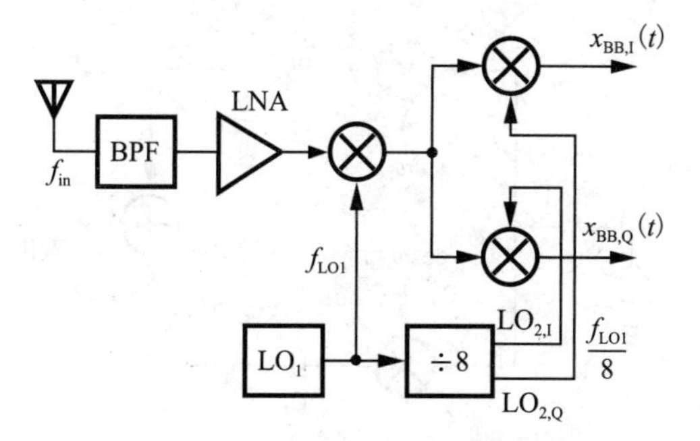

图 4.117　802.11a 滑动中频接收机

4.7　图 4.118 所示为“半射频”结构，其中 $f_{LO}=f_{in}/2$[21,22]。

（1）假设 RF 输入的是不对称调制信号。若混频器是理想的混频器，画出一次中频和二次中频的频谱图。

（2）假设(1)的条件变为 RF 混频器将 RF 信号与 LO 的三次谐波相乘，重画一次中频和二次中频的频谱图。

（3）此处 LNA 的闪烁噪声是至关重要的，请解释原因。

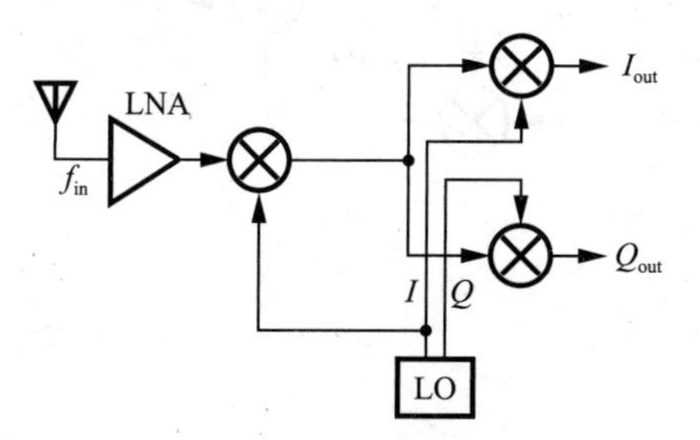

图 4.118　半射频接收机

4.8　假设 AM 信号 $A(t)\cos\omega_c t$ 与 LO 一起送到单混频器。

（1）假设 LO 波形为 $\cos\omega_c t$，确定基带信号。

（2）假设 LO 波形为 $\sin\omega_c t$，情况会怎样？为什么这意味着需要正交下变频器呢？

4.9　本题要研究一个由直接变频接收机 LO 泄漏产生的有趣效应[20]。考虑直接变频接收机的 LO 泄漏为 $V_0\cos\omega_{LO}t$，假设该泄漏加到调幅干扰 $V_{int}\cos\omega_{int}t$ 中，且结果受 LNA(或下变频混频器)三阶非线性的影响。

（1）确定 LNA 输出端载波附近的分量。

（2）确定所得到的基带分量，及它们是否会破坏有用信号。

4.10　在例 4.24 中，增益必须比给定的噪声频谱高多少，才能使噪声影响低于 1dB？

4.11　在例 4.24 中，若噪声影响必须保持低于 1dB，闪烁噪声转角频率需要多大？

4.12　给直接变频接收机施加一个 ASK 波形，画出基带 I 和 Q 波形。

4.13　如果考虑 $\omega_c+\omega_{LO}$ 的上变频输出，图 4.59a 所示的正交混频是希尔伯特变换吗？

4.14　若 $\omega_{IF}>\omega_c$，重复图 4.59 的分析。

4.15　若中频低通滤波器被替换为高通滤波器，且考虑上变频分量，哈特莱结构能否消除镜像？

4.16　在图 4.64 所示的结构中，假设两个电阻有 ΔR 的失配量，计算 IRR。

4.17　证明哈特莱结构在中频 $\omega_{IF}+\Delta\omega$(如果 $\omega_{IF}=(R_1C_1)^{-1}$)的 IRR 由式 $(\omega_{IF}/\Delta\omega)^2$ 给出。

4.18　在图 4.64 中，仅考虑电阻的热噪声，并假设每个混频器的电压增益为 A_1，确定接收机相对于源阻抗 R_D 的噪声系数。

4.19　在图 4.67 所示的韦弗结构中，两个正交下变频器进行低侧注入。利用节点 A-F 处的信号频谱，研究高边注入和低边注入的其他三个组合。

4.20　图 4.119 显示了哈特莱结构的 3 个变形，说明哪个(些)没有镜像。

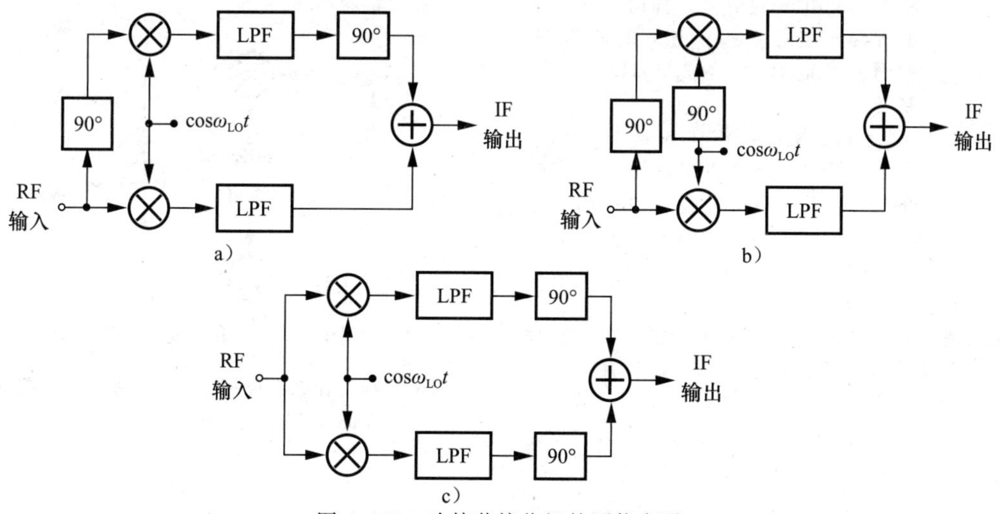

图 4.119　哈特莱接收机的可能变形

4.21　如果调换哈特莱结构中的 $\sin\omega_{LO}t$ 和 $\cos\omega_{LO}t$，接收机仍然没有镜像吗？

4.22　在韦弗结构的第一或第二 LO 中重复上述问题。

4.23　运用方程(4.96)，计算图 4.77b 中接收机在中频 $\omega+\Delta\omega$ 处的 IRR。

4.24　假定二阶并联 RLC 谐振腔由包含 ω_0 和 $3\omega_0$ 谐振腔分量的电流源激励。证明，如果谐振腔在 $3\omega_0$ 处谐振，则基波相对于三次谐波衰减大约 $8Q/3$。

4.25　如果将图 4.109 中的÷2 电路替换为÷4 电路，请分析由第一和第二 LO 频率的 3 次和 5 次谐波引起的杂散分量。

4.26　在图 4.120 所示的简化哈特莱结构中，混频器有 A_{mix} 的电压转换增益和无穷大的输入阻抗。只考虑两个电阻的热噪声，计算在中频 $1/(R_1C_1)$处，接收机相对于源电阻 R_S 的噪声系数。

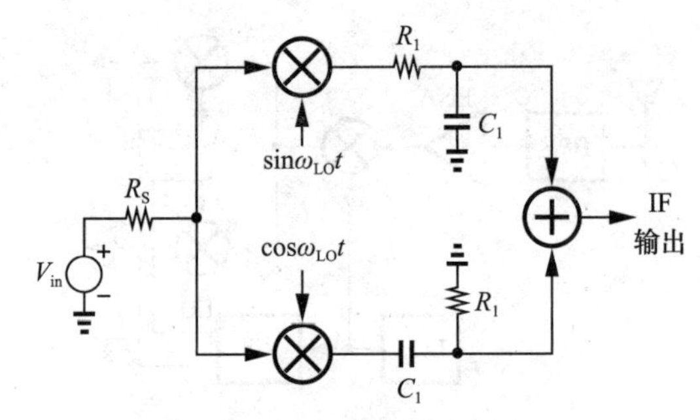

图 4.120　简化哈特莱接收机

4.27　双频带接收机采用如图 4.121 所示的韦弗结构。选择第一个 LO 的频率，以便在 2.4GHz 频带产生高边注入，以及在 5.2GHz 频带产生低边注入(在给定时间内，接收机仅工作在一个频带)。忽略接收机本身的噪声和非线性，假定可以正确检测信号的信噪比，要求为 20dB。韦弗结构提供 45dB 的镜像抑制比。

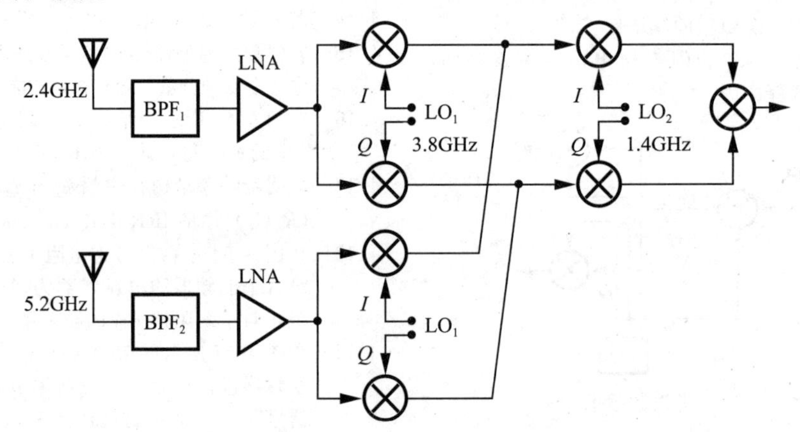

图 4.121　双频带接收机

(1) 假设该接收机在 2.4GHz 模式下必须检测－85dBm 的信号，同时，在相同的天线上也接受－10dBm 的 5.2GHz 信号。确定 BPF_1 在 5.2GHz 上的抑制量。

(2) 假设该接收机工作在 5.2GHz 频带，但它在 7.2GHz 处也出现了一个很强的分量。此分量有可能与 LO_1 和 LO_2 的三次谐波混合并出现在基带中。请问韦弗结构能否阻止这种现象？请详细解释。

4.28　考虑图 4.122 所示的单边带混频器。在理想情况下，输出在 $\omega_1+\omega_2$ 处只有一个分量。现在假设感测 ω_2 的端口受到三阶和五阶非线性的影响。针对 $\omega_1>3\omega_2$ 和 $\omega_1<3\omega_2$ 这两种情况，绘制输出频谱。并辨别每个分量的频率。

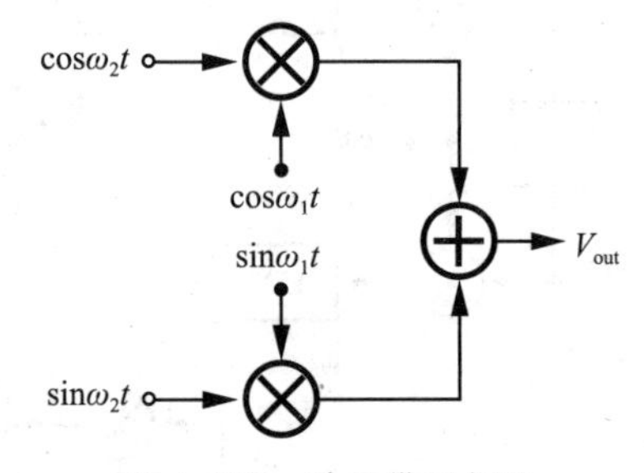

图 4.122　单边带混频器

4.29　解释为什么在图 4.114b 中的注入拉移现象比在图 4.114.a 中更严重。

参考文献

[1] B. Razavi et al., “Multiband UWB Transceivers,” *Proc. CICC,* pp. 141–148, Sept 2005.

[2] B. Razavi, “Design Considerations for Direct-Conversion Receivers,” *IEEE Trans. Circuits and Systems,* vol. 44, pp. 428–435, June 1997.

[3] A. A. Abidi, “Direct-conversion Radio Transceivers for Digital Communications,” *IEEE Journal of Solid-State Circuits,* vol. 30, pp. 1399–1410, Dec. 1995.

[4] R. Hartley, “Modulation System,” US Patent 1,666,206, April 1928.

[5] D. K. Weaver, “A Third Method of Generation and Detection of Single-Sideband Signals,” *Proc. IRE,* vol. 44, pp. 1703–1705, Dec. 1956.

[6] J. Rudell et al., “A 1.9-GHz Wideband IF Double Conversion CMOS Receiver for Cordless Telephone Applications,” *IEEE Journal of Solid-State Circuits,* vol. 32, pp. 2071–2088, Dec. 1997.

[7] L. Der and B. Razavi, “A 2-GHz CMOS Image-Reject Receiver with LMS Calibration,” *IEEE Journal of Solid-State Circuits,* vol. 38, pp. 167–175, Feb. 2003.

[8] M. Gingell, “Single-Sideband Modulation Using Sequence Asymmetric Polyphase Networks,” *Elec. Comm.*, vol. 48, pp. 21–25, 1973.

[9] S. Lerstaveesin and B. S. Song, “A Complex Image Rejection Circuit with Sign Detection Only,” *IEEE J. Solid-State Circuits,* vol. 41, pp. 2693–2702, Dec. 2006.

[10] J. Crols and M. S. J. Steyaert, “A Single-Chip 900-MHz CMOS Receiver Front End with a High-Perfromance Low-IF Topology,” *IEEE J. Solid-State Circuits,* vol. 30, pp. 1483–1492, Dec. 1995.

[11] F. Behbahani et al., “CMOS Mixers and Polyphase Filters for Large Image Rejection,” *IEEE J. Solid-State Circuits,* vol. 36, pp. 873–887, June 2001.

[12] J. Crols and M. S. J. Steyaert, “Low-IF Topologies for High-Performance Analog Front Ends of Fully Integrated Receivers,” *IEEE Tran. Circuits and Sys., II*, vol. 45, pp. 269–282, March 1998.

[13] K. Feher, *Wireless Digital Communications*, New Jersey: Prentice-Hall, 1995.

[14] R. Steele, Ed., *Mobile Radio Communications,* New Jersey: IEEE Press, 1992.

[15] B. Razavi, “A 900-MHz/1.8-GHz CMOS Transmitter for Dual-Band Applications,” *IEEE Journal of Solid-State Circuits*, vol. 34, pp. 573–579, May 1999.

[16] R. Adler, “A Study of Locking Phenomena in Oscillators,” *Proc. of the IEEE*, vol. 61, No. 10, pp. 1380–1385, Oct. 1973.

[17] B. Razavi, “A Study of Injection Locking and Pulling in Oscillators,” *IEEE J. of Solid-State Circuits,* vol. 39, pp. 1415–1424, Sep. 2004.

[18] M. Zargari et al., “A 5-GHz CMOS Transceiver for IEEE 802.11a Wireless LAN Systems,” *IEEE J. of Solid-State Circuits,* vol. 37, pp. 1688–1694, Dec. 2002.

[19] S. A. Sanielevici et al., “A 900-MHz Transceiver Chipset for Two-Way Paging Applications,” *IEEE J. of Solid-State Circuits,* vol. 33, pp. 2160–2168, Dec. 1998.

[20] M. Conta, private communication, Feb. 2011.

[21] B. Razavi, “A 5.2-GHz CMOS Receiver with 62-dB Image Rejection,” *IEEE Journal of Solid-State Circuits,* vol. 36, pp. 810–815, May 2001.

[22] A. Parsa and B. Razavi, “A New Transceiver Architecture for the 60-GHz Band,” *IEEE Journal of Solid-State Circuits,* vol. 44, pp. 751–762, Mar. 2009.

第 5 章 | Chapter 5 |

低噪声放大器

在前面章节中，我们从系统级和结构级层面进行了学习，而在本章和后续章节我们将进一步深入到电路层次。从接收链路开始，本章介绍低噪声放大器(LNA)的设计过程。尽管我们关注的是 CMOS 工艺的实现，但其中涉及的大多数概念也可以应用到其他工艺当中。本章内容如下：

LNA 基本拓扑结构

- 感性负载共源极
- 阻性反馈共源极
- 共栅极
- 感性负反馈共源极

LNA 的变化形式

- 共源极 LNA 的变异
- 噪声抵消 LNA
- 差分 LNA

LNA 的非线性性质

- 非线性计算
- 差分和准差分 LNA

5.1 总体考虑因素

作为信号接收机的第一级有源放大电路，LNA 对通信系统整体性能的影响至关重要，设计中需要关注以下参数。

1. 噪声系数

LNA 的噪声系数(NF)会直接叠加在接收机上。一个接收机典型的噪声系数为 6～8dB，我们希望天线开关或双工器的噪声大约贡献 0.5～1.5dB，LNA 噪声占 2～3dB，这样，整个设计链中还保证有约 2.5～3.5dB 的裕量。以上数值只给接收机设计提供了一个较好的参考值，但是具体的噪声划分是灵活多变的，需要依据每一级电路在接收机链路中的性能来分配。在现代射频电子产品中，我们很少孤立地设计 LNA。相反，要将射频链路看作一个整体来设计，并在系统各级之间进行多次迭代。

为了更直观地理解 2dB 的噪声系数是多大，现考虑图 5.1a 所示的简单例子，LNA 的噪声仅用一个等效电压源表示。将输入网络简化为图 5.1b 所示电路，根据第 2 章，有：

$$\mathrm{NF}=\frac{\overline{V_{\mathrm{n,\ out}}^{2}}}{A_{v}^{2}}\frac{1}{4kTR_{\mathrm{S}}} \tag{5.1}$$

$$=1+\frac{\overline{V_{\mathrm{n,\ in}}^{2}}}{4kTR_{\mathrm{S}}} \tag{5.2}$$

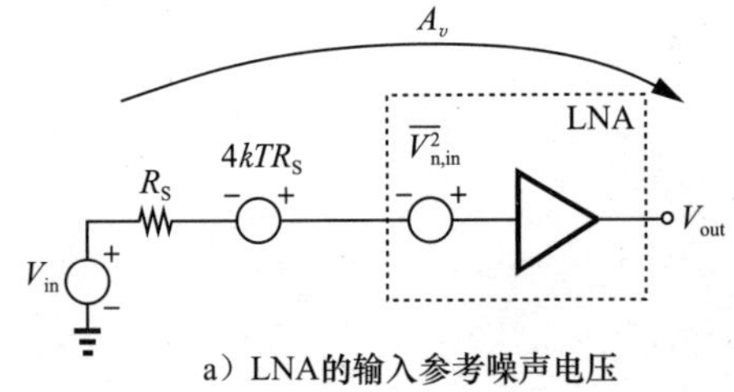

a）LNA的输入参考噪声电压

b）简化电路

图 5.1

因此，2dB 的噪声系数对于一个 50Ω 的源阻抗来说就是$\sqrt{\overline{V_{n,in}^2}}=0.696\text{nV}/\sqrt{\text{Hz}}$，是一个非常小的数值。而对于 MOSFET 的栅极参考热噪声电压 $4kT\gamma/g_m$，为达到这个值，g_m 必须高达$(29\Omega)^{-1}$(假设 $\gamma=1$)。本章一律假定 $R_S=50\Omega$。

例 5.1 某学生设计 LNA 的布局时，将其输入端通过 200μm 长的金属线接到焊盘上。为了减小输入端的电容，金属线的宽度设置为 0.5μm。假设 LNA 的噪声系数为 2dB，金属线的薄层电阻为 40mΩ/□，试确定总噪声系数。忽略 LNA 的输入参考噪声电流。

解： 画出如图 5.2 所示的等效电路，假设引线电阻 R_L 是 LNA 的一部分，则虚线方框内电路的总输入参考噪声电压等于 $\overline{V_{n,in}^2}+4kTR_L$，于是有：

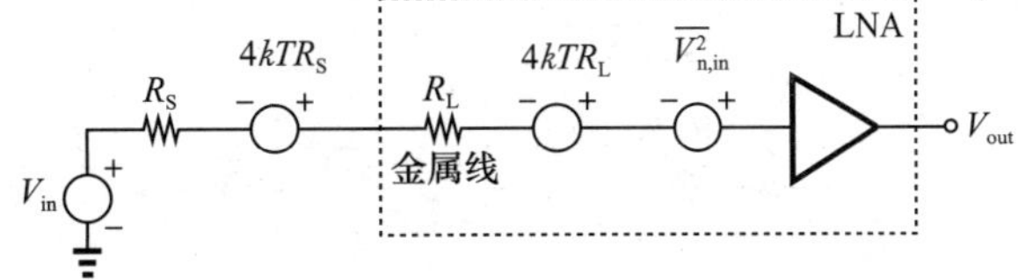

图 5.2　金属电阻与 LNA 的输入端串联

$$\text{NF}_{tot}=1+\frac{\overline{V_{n,in}^2}+4kTR_L}{4kTR_S} \tag{5.3}$$

$$=1+\frac{\overline{V_{n,in}^2}}{4kTR_S}+\frac{R_L}{R_S} \tag{5.4}$$

$$=\text{NF}_{LNA}+\frac{R_L}{R_S} \tag{5.5}$$

其中，NF_{LNA} 指没有引线电阻时 LNA 的噪声系数，由于$\text{NF}_{LNA}=2\text{dB}\equiv1.58$，以及 $R_L=(200/0.5)\times40\text{m}\Omega/\square=16\Omega$，有：

$$\text{NF}_{tot}=2.79\text{dB} \tag{5.6}$$

这说明，即使非常小的引线电阻或者栅电阻也能产生相当大的噪声系数。◀

LNA 的低噪声需求限制了电路拓扑结构的选择。这意味着单晶体管的电路结构——通常是输入器件——会成为噪声系数的主要来源，而且可以基本排除诸如发射极或源极跟随器结构对噪声性能的影响。

2. 增益

LNA 的增益必须足够大，以期能减少后级电路噪声对总噪声系数的影响，尤其当后级是下变频混频器时。但如第 2 章所述，增益提高将使后级电路的非线性更加显著，因此当提升放大器的增益时需要在噪声系数和接收机的线性度之间进行折中。在现代射频电路设计中，LNA 直接驱动下变频混频器，且两者之间没有任何阻抗匹配。因此，依照 LNA 的电压增益而非功率增益来进行计算，这将会更有意义，也更简单。

需要注意的是，LNA 后续级的噪声和 IP_3 会在除以 LNA 的增益之后，再折算到总噪声系数中。考虑图 5.3a 所示的 LNA/混频器级联结构，忽略输入噪声电流，其中电路第一级 LNA 和第二级混频器的输入参考噪声电压分别用 $\overline{V_{n,LNA}^2}$ 和 $\overline{V_{n,mix}^2}$ 表示。为简单起见，对于混频器统一设定一个电压增益，总输出噪声用式 $A_{v1}^2(\overline{V_{n,LNA}^2}+4kTR_S)+\overline{V_{n,mix}^2}$ 表示。因此总噪声系数等于：

$$\text{NF}_{tot}=\frac{A_{v1}^2(\overline{V_{n,LNA}^2}+4kTR_S)+\overline{V_{n,mix}^2}}{A_{v1}^2}\frac{1}{4kTR_S} \tag{5.7}$$

$$=\text{NF}_{LNA}+\frac{\overline{V_{n,mix}^2}}{A_{v1}^2}\cdot\frac{1}{4kTR_S} \tag{5.8}$$

换句话说，对于噪声系数的计算，第二级混频器的噪声要在除以输入电压源到 LNA 输出的增益之后再折算到总噪声系数中。

现在仍考虑图 5.3b 所示的级联结构，但此时 LNA 的非线性特性由三阶多项式表示。

由第2章可知[⊖]：

$$\frac{1}{\mathrm{IP}_{3,\mathrm{tot}}^{2}}=\frac{1}{\mathrm{IP}_{3,\mathrm{LNA}}^{2}}+\frac{\alpha_1^2}{\mathrm{IP}_{3,\mathrm{mixer}}^{2}} \tag{5.9}$$

在这种情况下，α_1 表示LNA输入到输出的电压增益。基于输入阻抗匹配，有 $R_{in}=R_S$ 和 $\alpha_1=2A_{v1}$。这表明混频器的噪声在折入总噪声系数时除了比增益更低的值，而IP_3则除了大于增益的值——这两者都是电路设计师不希望看到的。

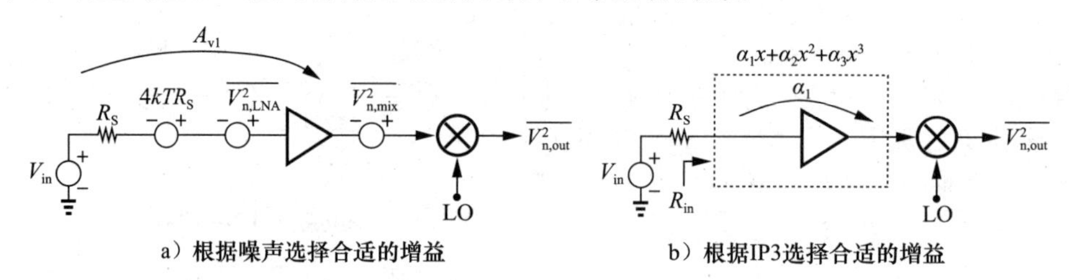

图5.3　选择合适的增益时，相对于LNA输入端的混频器的结构

3. 输入反射损耗

在接收机天线和LNA之间的接口处存在一个很有意思的现象，根据对这一问题的不同看法可以区分出模拟电路设计师和微波工程师。如果将LNA看作一个理想的电压放大器，我们希望它的输入阻抗为无穷大。从噪声角度分析，在LNA之前需要用一个转换网络得到最小的NF。而从信号功率角度考虑，在天线和LNA之间需要实现共轭匹配。哪一种选择更可取呢？

进行以下观察：①天线和LNA之间插入一个频带选择滤波器(在芯片外部)，滤波器通常被设计和表征为一个高频器件，且其具有50Ω的标准终端阻抗。但如果从滤波器看到的负载阻抗(例如，LNA的输入阻抗)偏离了50Ω，滤波器的通带和阻带特性将会表现出衰减和波动。②即使不使用这样的滤波器，天线本身在设计时就存在实数负载阻抗。如果其负载偏离所需实数值，或者其中包含了虚数分量，那么随之就会带来未知的损耗。天线和LNA的协同设计甚至可以靠非共轭匹配来提高整体性能，但需要特别牢记，如果与发射机共享天线，那么它的阻抗虚部必须可以忽略，使得它可以发射PA信号。③在实际应用中，天线信号在到达接收机之前必须在印制电路板上传输相当远的距离。因此，接收机输入端的不良匹配将导致极大的反射、未知的损耗甚至电压衰减。基于这些原因，我们把LNA的输入阻抗设计成50Ω。由于上述所有措施都不适用于接收机内的其他接口(例如，LNA和混频器之间或LO和混频器之间)，所以通常选择最大化电压摆幅而非优化功率传输。

输入匹配的程度用输入反射损耗表示，定义为反射功率和入射功率之比。当源阻抗为 R_S 时，反射损耗为[⊜]

$$\Gamma=\left|\frac{Z_{in}-R_S}{Z_{in}+R_S}\right|^2 \tag{5.10}$$

其中，Z_{in} 表示输入阻抗。输入反射损耗为-10dB，这意味着$\frac{1}{10}$的功率被反射了，这通常是可以接受的值。图5.4在 Z_{in} 平面画出了等 Γ 线。每一条等 Γ 线为圆心在同一直线上的圆。例如，当 $\mathrm{Re}\{Z_{in}\}=$

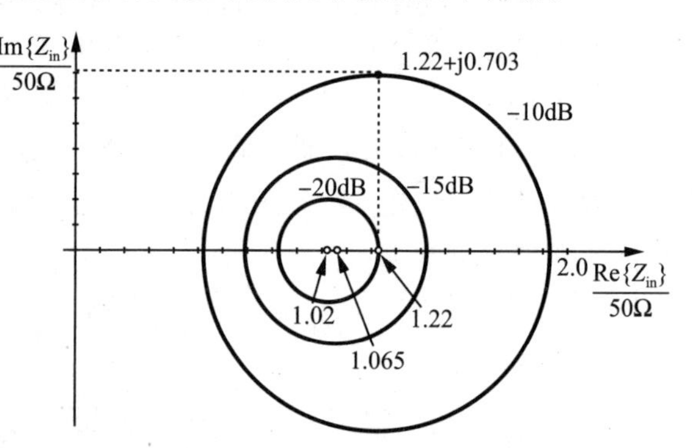

图5.4　输入阻抗平面内的等 Γ 线

⊖ 忽略由二阶项产生的 IM_3 分量

⊜ 注意，Γ 有时用式 $(Z_{in}-R_S)/(Z_{in}+R_S)$ 定义，这种情况下用分贝表示，计算式为 $20\lg\Gamma$(而非 $10\lg\Gamma$)。

$1.22\times 50\Omega=61\Omega$ 和 $\mathrm{Im}\{Z_{in}\}=0.703\times 50\Omega=35.2\Omega$ 时，发射效率 $S_{11}=-10\text{dB}$。在习题5.1中，将要推导这些等值线的方程。应该注意的是，在实际中，应该为封装时的寄生效应留有一定的裕度，Γ 通常取值为大约 -15dB。

4. 稳定性

不同于接收机里的其他电路，LNA必须与"外界"相连，确切地说，是与很难控制的信号源阻抗相连。例如，如果手机使用者将手覆盖在天线周围，那么天线阻抗就会变化[㊀]。正因如此，对于任意源阻抗、任意频率，LNA应当保持稳定。有人可能会认为，LNA仅需要在正常工作频带上稳定工作即可，而不需要涉及其他频率，但如果LNA在某个频率下会产生振荡，LNA就会变得高度非线性，其增益会严重衰减。

"斯特恩稳定因子(Stern stability factor)"经常用于表征电路稳定性，定义为

$$K=\frac{1+|\Delta|^2-|S_{11}|^2-|S_{22}|^2}{2|S_{21}||S_{12}|} \tag{5.11}$$

其中，$\Delta=S_{11}S_{22}-S_{12}S_{21}$。如果 $K>1$ 且 $\Delta<1$，那么电路是无条件稳定的，即在任何源阻抗和负载阻抗的组合下，LNA均不会发生振荡。另一方面，在现代射频设计中，LNA的负载阻抗(片上混频器的输入阻抗)是相对容易控制的，这使得 K 是对稳定性的一种偏于保守的度量。另外，由于LNA输出端与混频器的输入端通常是不匹配的，在这样的环境中，参数 S_{22} 的意义并不明显。

例5.2 共源共栅极具有高度的反向隔离性，即 $S_{12}\approx 0$。假设输出阻抗相对较高，使得 $S_{22}\approx 1$，试确定系统稳定条件。

解：由 $S_{12}\approx 0$ 和 $S_{22}\approx 1$ 可知：

$$K\approx\frac{1-|S_{22}|^2}{2|S_{21}||S_{12}|}>1 \tag{5.12}$$

因此

$$|S_{21}|<\frac{1-|S_{22}|^2}{2|S_{12}|} \tag{5.13}$$

换句话说，正向增益不能超过某一个数值。由于 $\Delta<1$，所以有：

$$S_{11}<1 \tag{5.14}$$

得出的结论是输入阻抗必须为正。◀

上面的例子表明，可以通过增大反向隔离来增加LNA的稳定性。如5.3节中将要阐述的，这衍生出了两个天然稳定的鲁棒性LNA拓扑结构，因此可以在不用考虑稳定性的情况下就对其他方面的性能进行优化。较高的反向隔离对于抑制LO到LNA输入端的泄漏也是非常必要的。

由于接地、封装、几十千兆赫兹频率下片上线路电感所导致的电源寄生电感，LNA有可能会变得不稳定。例如，如果从共栅晶体管的栅极看过去存在较大的串联电感，电路会存在从输出到输入的较大反馈，并且在某些频率下变得不稳定。出于这个原因，在设计、版图布局以及精确模型封装时采取必要的预防措施非常重要。

5. 线性度

在大多数应用中，LNA并不会限制接收机的线性度。由于RX链的增益累积效应，后续电路(例如基带放大器或滤波器)往往会限制整体输入 IP_3 和 P_{1dB}，所以在设计和优化LNA时，很少考虑它们的线性度问题。

上述规则的一个例外是"全双工"系统，即同时发送和接收数据的通信应用(它同时也采用了FDD技术)。以第3章研究的CDMA系统为例，全双工系统工作时，必须处理强发射信号到接收机端的泄漏。为了理解这个问题，考虑图5.5所示的射频前端，利用双

㊀ 在前端频带选择滤波器存在的情况下，从LNA看到的源阻抗变化变小。

工器分离TX和RX。将双工器看作一个三端口网络模型，S_{31} 和 S_{21} 分别表示RX和TX路径上的损耗，约为1～2dB。不幸的是，滤波器和封装之间存在泄漏，并在端口2和端口3之间产生一定的隔离，用 S_{32} 表示，约为－50dB。换句话说，如果PA产生＋30dBm(1W)的平均输出功率，那么当检测到一个更小的接收信号时，LNA在TX频带处的信号电平约为－20dBm。由于TX信号表现为一个可变的包络线，其峰值水平可以达到约2dB以上，所以，对于－18dBm的输入电平，接收机必须保持未压缩状态。因此为保证一定的裕度，需使 P_{1dB} 约为－15dBm。

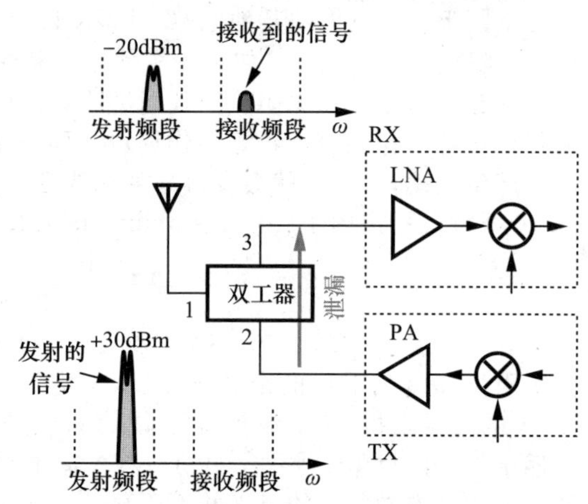

图5.5　在全双工系统中TX信道到RX的泄漏

但这样的 P_{1dB} 值在接收机设计中是难以实现的。对于15～20dB的LNA增益，－15dBm的输入产生0～15dBm的输出(632～1124mV$_{pp}$)，可能会压缩LNA的输出，因此LNA的线性度至关重要。同样地，下变频混频器的1dB压缩点必须要达到0～＋5dBm，对应的混频器IP$_3$ 大致为＋10～＋15dBm。因此，混频器的设计也变得困难。基于这个原因，一些CDMA接收机在LNA与混频器之间插入了片外滤波器，以滤除上述的TX信道泄漏[1]。

在可能检测到大量强干扰源的宽带接收机中，LNA的线性度也是至关重要的。具体实例包括“超宽带无线电(UWB㊀)”、“软件定义无线电”和“认知无线电”。

6. 带宽

在目标频率范围内，LNA必须要有相对平坦的响应，其增益变化最好小于1dB。因此，LNA的－3dB带宽必须远大于实际带宽，以确保在频带边缘处的滚降仍低于1dB。

为了量化在电路中实现所需带宽的困难程度，经常参考“分数带宽”这一参数，其定义为器件总的－3dB带宽除以频带的中心频率。例如，802.11g LNA需要的分数带宽要求大于80MHz/2.44GHz＝0.0328。

例5.3　802.11a LNA的－3dB带宽必须达到5～6GHz。如果LNA采用二阶 LC 谐振回路作为其负载，回路允许的最大 Q 值是多少？

解： 如图5.6所示，LC 回路分数带宽等于 $\Delta\omega/\omega_0=1/Q$，因此回路的 Q 值必须小于5.5GHz/1GHz＝5.5。◀

在分数带宽要求较大的LNA设计中，可以采用切换中心频率的工作机制。以图5.7a为例，附加电容 C_2 接入到谐振回路中，从而使中心频率由 $\omega_1=1/\sqrt{L_1C_1}$ 变成 $\omega_2=1/\sqrt{L_1(C_1+C_2)}$，如图5.7b所示。5.5节将继续讨论这个问题。

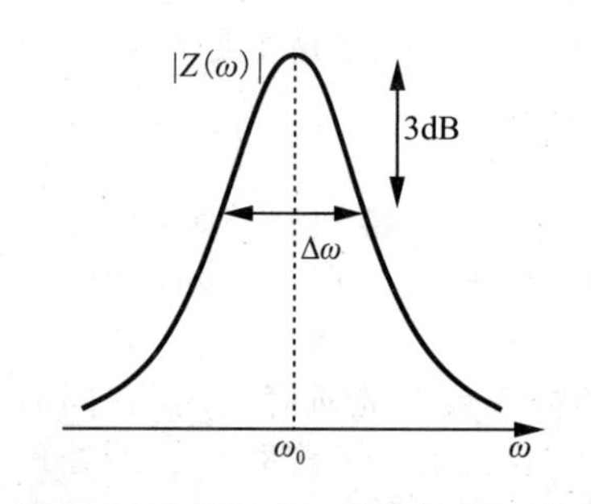

图5.6　谐振回路Q值与带宽的关系

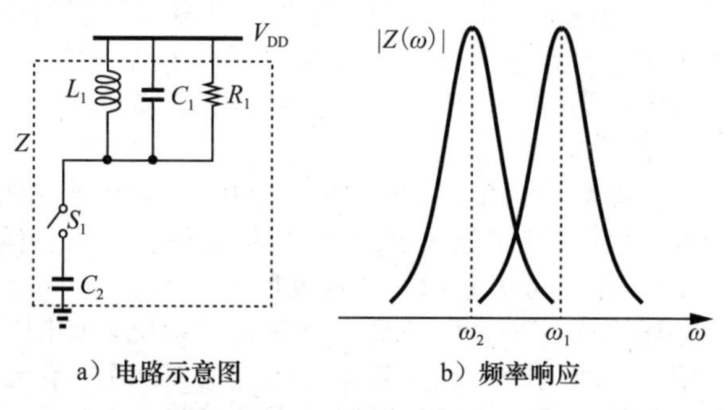

图5.7　波段转换

㊀ 原书此处笔误。——译者注

7. **功耗**

LNA 通常需要在噪声、线性度和功耗之间进行权衡。尽管如此，在大多数的接收机设计中，LNA 消耗的功率仅占很小一部分。换句话说，电路的噪声系数通常比它的功耗更为重要。

5.2 输入匹配问题

如 5.1 节所述，LNA 的输入阻抗通常被设计成 50Ω，其输入电抗可以忽略，这限制了 LNA 拓扑结构的选择。也就是说，可以先随心所欲地设计电路结构、一定的噪声系数和增益，然后再决定如何建立输入匹配。

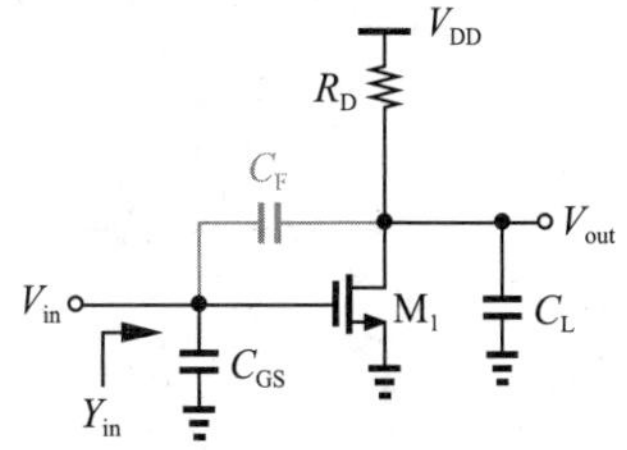

图 5.8 共源极输入导纳

首先考虑图 5.8 所示的简单共源极结构，C_F 表示栅漏覆盖电容。在非常低的频率下，R_D 比 C_F 和 C_L 的阻抗小得多，输入阻抗大致等于$[(C_{GS}+C_F)s]^{-1}$。而在非常高的频率下，C_F 将 M_1 的栅极和漏极短路，得到的输入阻抗等于 $R_D \| (1/g_m)$。一般地，读者可以证明该输入导纳的实部和虚部分别等于：

$$\mathrm{Re}\{Y_{in}\}=R_D C_F \omega^2 \frac{C_F+g_m R_D(C_L+C_F)}{R_D^2(C_L+C_F)^2\omega^2+1} \tag{5.15}$$

$$\mathrm{Im}\{Y_{in}\}=C_F \omega \frac{R_D^2 C_L(C_L+C_F)\omega^2+1+g_m R_D}{R_D^2(C_L+C_F)^2\omega^2+1} \tag{5.16}$$

那么有可能通过选择电路参数使 $\mathrm{Re}\{Y_{in}\}=1/(50\Omega)$吗？比如假设 $C_F=10\text{fF}$，$C_L=30\text{fF}$，$g_m R_D=4$，$R_D=100\Omega$，那么在 5GHz 时 $\mathrm{Re}\{Y_{in}\}=(7.8\text{k}\Omega)^{-1}$，远小于$(50\Omega)^{-1}$。这是因为在此频率下 C_F 几乎没有引入反馈。

例 5.4 对于图 5.8 所示的电路，为什么是计算其输入导纳而非输入阻抗呢？

解：在某种程度上，选择导纳或者阻抗来计算都是可以的。在某些电路中，计算 Y_{in} 更为简单。此外，如果输入电容与并联电感相消，那么 $\mathrm{Im}\{Y_{in}\}$与电路的联系更直观。同样，串联电感会抵消 $\mathrm{Im}\{Z_{in}\}$。本章稍后会再讨论这些概念。 ◀

在输入端可以采用简单的电阻端接吗？如图 5.9a 所示，设计这样的拓扑结构有以下 3 个步骤：①设计 M_1 和 R_D，以保证所需的噪声系数和增益；②将端接电阻 R_P 与输入端并联，使其总电阻 $\mathrm{Re}\{Z_{in}\}=50\Omega$；③在信号源电阻 R_S 和输入端之间插入电感以抵消 $\mathrm{Im}\{Z_{in}\}$。但是，如第 2 章所述，端接电阻本身会产生 $1+R_S/R_P$ 的噪声系数。为计算低频噪声系数，可以利用弗里斯公式(Friis' equation)来计算[⊖]，或简单地把整个 LNA 当作一个电路，根据图 5.9b 可得到总输出噪声为

$$\overline{V_{n,out}^2}=4kT(R_S \| R_P)(g_m R_D)^2+4kT\gamma g_m R_D^2+4kTR_D \tag{5.17}$$

其中，上式忽略了沟道长度调制效应。在图 5.9a 中，V_{in} 到 V_{out} 的电压增益为$-[R_P/(R_P+R_S)]g_m R_D$，噪声系数为：

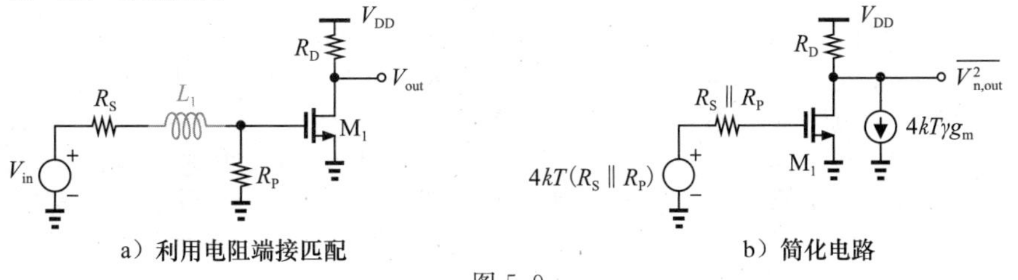

图 5.9

⊖ 即把 R_P 作为一级，共源极放大器作为另外一级。

$$\mathrm{NF}=1+\frac{R_{\mathrm{S}}}{R_{\mathrm{P}}}+\frac{\gamma R_{\mathrm{S}}}{g_{\mathrm{m}}(R_{\mathrm{S}}\parallel R_{\mathrm{P}})^{2}}+\frac{R_{\mathrm{S}}}{g_{\mathrm{m}}^{2}(R_{\mathrm{S}}\parallel R_{\mathrm{P}})^{2}R_{\mathrm{D}}} \tag{5.18}$$

当 $R_{\mathrm{P}}\approx R_{\mathrm{S}}$ 时，NF 超过 3dB——这已经非常可观了。

上述研究的关键之处在于，LNA 必须提供 50Ω 输入电阻，且其不存在物理热噪声。利用有源器件可以实现这一目标。

例 5.5 一名学生尝试通过选择一个较大的 R_{P}，并将其阻值降低到 R_{S} 来“挑战”上述结论，所得的电路如图 5.10a 所示，其中 C_1 表示 M_1 的输入电容(M_1 的输入电阻为无穷大，忽略不计)。此拓扑结构可以实现小于 3dB 的噪声系数吗？

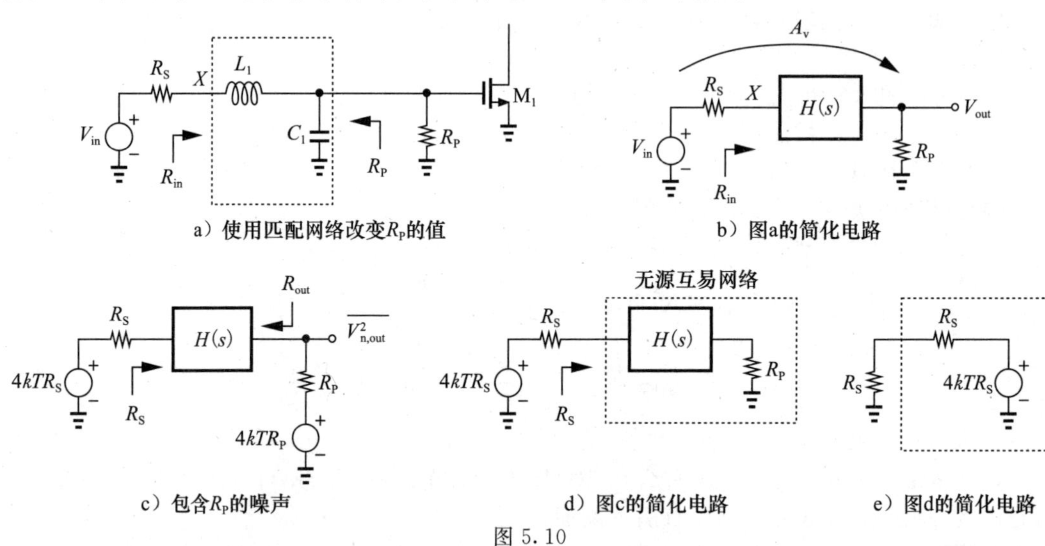

a）使用匹配网络改变R_P的值　b）图a的简化电路

c）包含R_P的噪声　d）图c的简化电路　e）图d的简化电路

图 5.10

解： 考虑图 5.10b 所示的一般电路，其中 $H(s)$代表一个无损网络，与图 5.10a 中的 L_1 和 C_1 类似。为使 $Z_{\mathrm{in}}=R_{\mathrm{S}}$，由 V_{in} 传输到 $H(s)$输入端口的功率为$(V_{\mathrm{in,rms}}/2)^2/R_{\mathrm{S}}$，此功率也必须传送到 R_{P}：

$$\frac{V_{\mathrm{in,rms}}^{2}}{4R_{\mathrm{S}}}=\frac{V_{\mathrm{out,rms}}^{2}}{R_{\mathrm{P}}} \tag{5.19}$$

由此

$$|A_{\mathrm{v}}|^{2}=\frac{R_{\mathrm{P}}}{4R_{\mathrm{S}}} \tag{5.20}$$

现在通过图 5.10c 来计算输出噪声。将 $\overline{V_{\mathrm{in,rms}}^{2}}=4kR_{\mathrm{S}}$ 代入式(5.19)很容易得到由 R_{S} 引起的噪声：

$$\overline{V_{\mathrm{n,out}}^{2}}\big|_{\mathrm{RS}}=4kTR_{\mathrm{S}}\cdot\frac{R_{\mathrm{P}}}{4R_{\mathrm{S}}} \tag{5.21}$$

$$=kTR_{\mathrm{P}} \tag{5.22}$$

但是，怎么求 R_{P} 的噪声呢？首先，必须确定 R_{out} 的值。为此，可引用以下热力学原理：如果 R_{S} 和 R_{P} 处于热平衡，那么由 R_{S} 传至 R_{P} 的噪声功率必须等于由 R_{P} 反向传到 R_{S} 的噪声功率；否则，这两者中一个会被加热升温，而另一个会冷却降温。那么由 R_{P} 传向 R_{S} 的噪声是多少呢？画出如图 5.10d 所示的电路，回忆第 2 章的内容：一个源电阻为 R_{S} 的无源互易网络，如果其端口显示出实阻抗，那么它会产生 $4kTR_{\mathrm{S}}$ 的热噪声。根据图 5.10e 所示的等效电路我们注意到，输送到 R_{S} 左边的噪声功率等于 kT。在图 5.10c 中，此值与 R_{P} 传递到 R_{out} 的噪声相等，则有：

$$4kTR_{\mathrm{P}}\left(\frac{R_{\mathrm{out}}}{R_{\mathrm{out}}+R_{\mathrm{P}}}\right)^{2}\cdot\frac{1}{R_{\mathrm{out}}}=kT \tag{5.23}$$

因此

$$R_{out} = R_P \tag{5.24}$$

即，如果 $R_{in}=R_S$，则 $R_{out}=R_P$。由 R_P 引起的输出噪声由下式给出：

$$\overline{V^2_{n,out}}\,|_{RP} = kTR_P \tag{5.25}$$

将式(5.22)和式(5.25)相加，再用式(5.20)和 $4kTR_S$ 除以该结果，可得到该电路(包括 M_1)的噪声系数：

$$NF = 2 \tag{5.26}$$

不幸的是，这个学生的尝试是违反物理规律的。◀

综上所述，要想使 LNA 的输入(共轭)匹配良好，需要使用特定的电路技术在输入阻抗处产生 50Ω 的实部电阻，同时不能产生 50Ω 电阻所对应的噪声。我们将在 5.3 节研究满足这些条件的技术。

5.3 LNA 拓扑结构

迄今为止的研究表明，噪声系数、输入匹配和增益构成了 LNA 设计中的重中之重。本节将介绍多种 LNA 拓扑结构，并分析它们的特性。表 5.1 概述了这些结构的特点。

表 5.1 LNA 拓扑结构概述

共源极	共栅极	宽频拓扑结构
• 感性负载 • 阻性反馈 • 共源共栅、感性负载、感性负反馈	• 感性负载 • 反馈 • 前馈 • 共源共栅和感性负载	• 降噪 LNA • 降电抗 LNA

5.3.1 感性负载共源极

如 5.1 节所述，图 5.8 所示的阻性负载共源极电路因为不能够提供合适的匹配，因而难以满足设计要求。此外，在高频环境下，输出节点的时间常数可能会阻止电路工作。总而言之，在这个电路中，电压增益和电源电压之间存在折中，而后者随着工艺尺寸的缩小正在不断下降，这使得阻性负载共源极电路越来越缺乏吸引力。例如在低频时，

$$|A_v| = g_m R_D \tag{5.27}$$

$$= \frac{2I_D}{V_{GS}-V_{TH}} \cdot \frac{V_{RD}}{I_D} \tag{5.28}$$

$$= \frac{2V_{RD}}{V_{GS}-V_{TH}} \tag{5.29}$$

其中，V_{RD} 表示 R_D 的直流压降，并且受 V_{DD} 限制。由于存在沟长调制效应，实际增益会变得更低。

为避免式(5.29)中的折中，且使放大器可以工作在更高的频率下，可以在共源极电路中引入感性负载。如图 5.11a 所示，由于加在电感上的直流压降比电阻更小，这样的拓扑结构在电源电压非常低时仍可工作。如果是理想电感，则直流压降是 0。另外，L_1 能够与输出节点处的总电容产生谐振，相比图 5.8 对应的阻性负载结构，感性负载可以工作在更高的频率下。

关于输入匹配问题，考虑如图 5.11b 所示的更完整的电路，其中 C_F 表示栅漏覆盖电容。暂时忽略 M_1 的栅源电容，我们希望的是能计算出 Z_{in} 的值。重新画出如图 5.11c 所示的电路图，流经并联输出(虚线方框内)的电流等于 $I_X - g_m V_X$。此时电感损耗等效于串联电阻 R_S，这是因为 R_S 阻值随频率的变化幅度远小于等效并联电阻[㊀]。方框内的阻抗表示为

㊀ 举例来说，假设用 R_S 代表引线的低频阻抗，它的值为一个常数，并且电路的品质因数 $Q=L\omega/R_S$ 随频率线性增加。对于并联电阻 R_P 来说，$Q=R_P/(L\omega)$，为了使 Q 值仍为线性，其阻值必须与 ω^2 成正比而非保持常数。

$$Z_T = \frac{L_1 s + R_S}{L_1 C_1 s^2 + R_S C_1 s + 1} \tag{5.30}$$

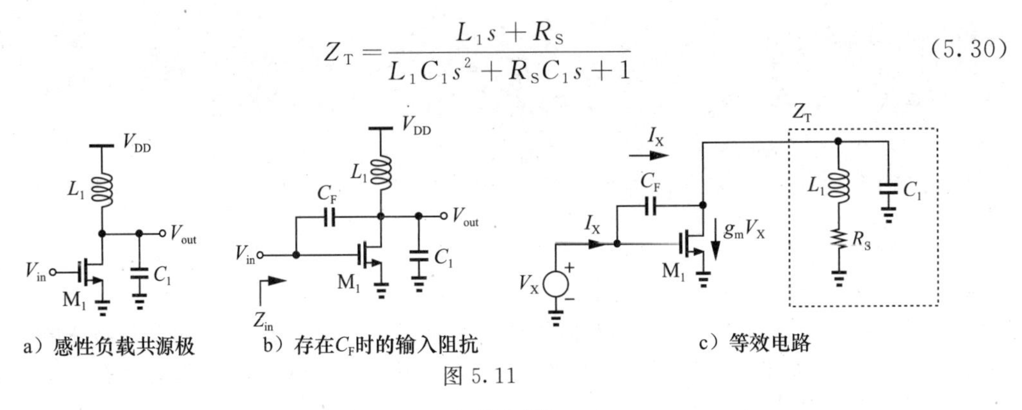

图 5.11

方框的电压降为$(I_X - g_m V_X)Z_T$，加上C_F上的压降，有：

$$V_X = \frac{I_X}{C_F s} + (I_X - g_m V_X)Z_T \tag{5.31}$$

将Z_T的表达式(5.30)代入上式得：

$$Z_{in}(s) = \frac{V_X}{I_X} = \frac{L_1(C_1 + C_F)s^2 + R_S(C_1 + C_F)s + 1}{[L_1 C_1 s^2 + (R_S C_1 + g_m L_1)s + 1 + g_m R_S]C_F s} \tag{5.32}$$

由于$s = j\omega$，可得到：

$$Z_{in}(j\omega) = \frac{1 - L_1(C_1 + C_F)\omega^2 + jR_S(C_1 + C_F)\omega}{[-(R_S C_1 + g_m L_1)\omega + j(g_m R_S - L_1 C_1 \omega^2 + 1)]C_F \omega} \tag{5.33}$$

由于复分数$(a + jb)/(c + jd)$的实部等于$(ac + bd)/(c^2 + d^2)$，则有：

$$\mathrm{Re}\{Z_{in}\} = \frac{[1 - L_1(C_1 + C_F)\omega^2][-(R_S C_1 + g_m L_1)\omega] + R_S(C_1 + C_F)(g_m R_S - L_1 C_1 \omega^2 + 1)\omega^2}{D} \tag{5.34}$$

其中，D是正值，可以选择合适的元件参数值以使$\mathrm{Re}\{Z_{in}\} = 50\Omega$。

图 5.11b 中的反馈电容虽然可以在特定频率处保证$\mathrm{Re}\{Z_{in}\} = 50\Omega$，但却会在其他频率处引入一个负输入电阻，进而导致电路不稳定。为研究这一问题，重写式(5.34)，可得：

$$\mathrm{Re}\{Z_{in}\} = \frac{g_m L_1^2(C_1 + C_F)\omega^2 + R_S(1 + g_m R_S)(C_1 + C_F) - (R_S C_1 + g_m L_1)}{D}\omega \tag{5.35}$$

当频率满足下式时，其Z_{in}分子为零：

$$\omega_1^2 = \frac{R_S C_1 + g_m L_1 - (1 + g_m R_S)R_S(C_1 + C_F)}{g_m L_1^2(C_1 + C_F)} \tag{5.36}$$

由此可知，(如果存在)在这一频率下，$\mathrm{Re}\{Z_{in}\}$会改变符号。例如，如果$C_F = 10\mathrm{fF}$, $C_1 = 30\mathrm{fF}$，$g_m = (20\Omega)^{-1}$，$L_1 = 5\mathrm{nH}$且$R_S = 20\Omega$，那么分子中$g_m L_1$占据主导地位，从而$\omega_1^2 \approx [L_1(C_1 + C_F)]^{-1}$，因此$\omega_1 = 2\pi \times (11.3\mathrm{GHz})$。

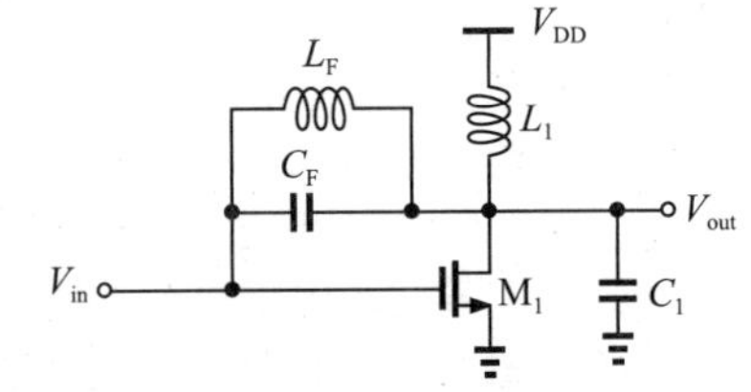

图 5.12 用L_F抵消C_F

利用图 5.12 中的并联谐振电路，可以在某些频率范围内“中和”掉C_F的影响，但是由于C_F相对来说比较小，L_F必须假定一个非常大的值，继而会在输入和输出端(包括两者之间)引入非常大的寄生电容，降低电路性能。由于这个原因，这个拓扑结构很少在现代 RF 设计中使用。

5.3.2 阻性反馈共源极

如果放大器的工作频率比晶体管的f_T小几个数量级，可以考虑如图 5.13a 所示的反馈共源极结构。此处 M_2 表现为一个电流源，R_F 感知输出电压并且给输入端反馈一个电流。我们希望在设计电路时使其输入电阻为 R_S，并且有相对较小的噪声系数。

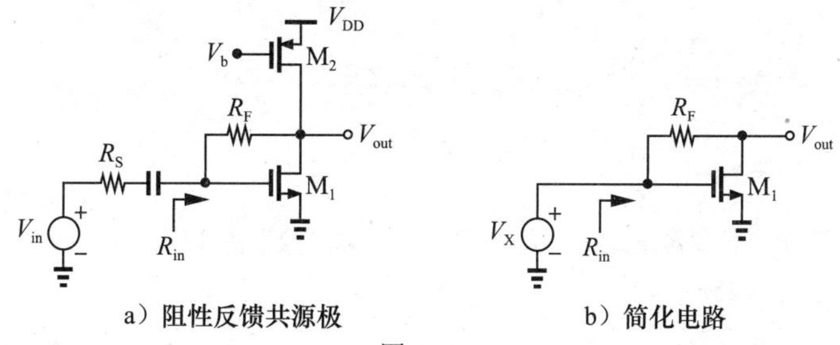

a）阻性反馈共源极　　b）简化电路

图 5.13

忽略沟长调制效应，根据图 5.13b，有：

$$R_{in}=\frac{1}{g_{m1}} \tag{5.37}$$

因为 R_F 与理想的电流源串联，而 M_1 可看作二极管连接，所以必须使

$$g_{m1}=\frac{1}{R_S} \tag{5.38}$$

图 5.13b 所示 M_1 的小信号漏电流 $g_{m1}V_X$ 全部流经 R_F，产生电压降为 $g_{m1}V_XR_F$，因此有：

$$V_X-g_{m1}V_XR_F=V_{out} \tag{5.39}$$

即

$$\frac{V_{out}}{V_X}=1-g_{m1}R_F \tag{5.40}$$

$$=1-\frac{R_F}{R_S} \tag{5.41}$$

实际上，由于 $R_F \gg R_S$，图 5.13a 中 V_{in} 到 V_{out} 的电压增益为

$$A_v=\frac{1}{2}\left(1-\frac{R_F}{R_S}\right) \tag{5.42}$$

$$\approx-\frac{R_F}{R_S} \tag{5.43}$$

与图 5.8 所示的阻性负载共源极相比，由于 R_F 没有偏置电流，因此该电路并不需要在电压增益和电源电压之间折中。

接下来计算这个电路的噪声系数，假定 $g_{m1}=1/R_S$，首先计算出 R_F、M_1 和 M_2 对输出端的噪声影响。在图 5.14a 中，从整体看，R_F 体现在输出端的噪声为

$$\overline{V_{n,out}^2}\big|_{RF}=4kTR_F \tag{5.44}$$

M_1 和 M_2 的噪声电流会流经电路输出阻抗 R_{out}，如图 5.14b 所示，读者可以自行证明：

$$R_{out}=\left[\frac{1}{g_{m1}}\left(1+\frac{R_F}{R_S}\right)\right]\parallel(R_F+R_S) \tag{5.45}$$

$$=\frac{1}{2}(R_F+R_S) \tag{5.46}$$

因此有：

$$\overline{V_{n,out}^2}\big|_{M_1,M_2}=4kT\gamma(g_{m1}+g_{m2})\frac{(R_F+R_S)^2}{4} \tag{5.47}$$

R_S 体现在输出端的噪声会乘以放大器增益，而体现在输入端的噪声则是除以增益，所以有：

$$\mathrm{NF}=1+\frac{4R_{\mathrm{F}}}{R_{\mathrm{S}}\left(1-\dfrac{R_{\mathrm{F}}}{R_{\mathrm{S}}}\right)^{2}}+\frac{\gamma(g_{\mathrm{m1}}+g_{\mathrm{m2}})(R_{\mathrm{F}}+R_{\mathrm{S}})^{2}}{\left(1-\dfrac{R_{\mathrm{F}}}{R_{\mathrm{S}}}\right)^{2}R_{\mathrm{S}}} \tag{5.48}$$

$$\approx 1+\frac{4R_{\mathrm{S}}}{R_{\mathrm{F}}}+\gamma(g_{\mathrm{m1}}+g_{\mathrm{m2}})R_{\mathrm{S}} \tag{5.49}$$

$$\approx 1+\frac{4R_{\mathrm{S}}}{R_{\mathrm{F}}}+\gamma+\gamma g_{\mathrm{m2}}R_{\mathrm{S}} \tag{5.50}$$

当 $\gamma\approx1$ 时，即使满足 $4R_{\mathrm{S}}/R_{\mathrm{F}}+\gamma g_{\mathrm{m2}}R_{\mathrm{S}}\ll1$，NF 也会超过 3dB。

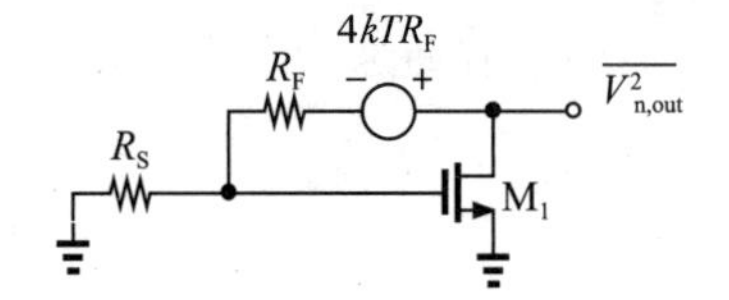

a）CS级中R_{F}对噪声的影响

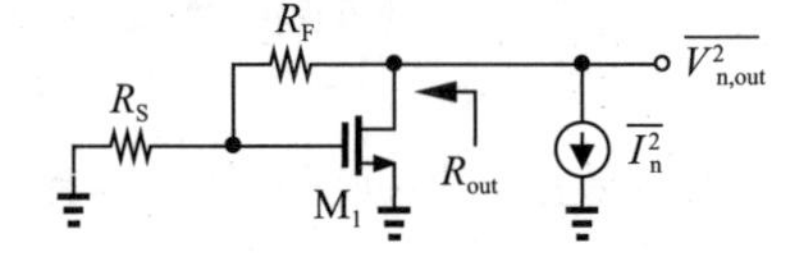

b）CS级中M_1对噪声的影响

图 5.14

例 5.6 用 MOSFET 的过驱动电压表示式(5.50)右边的第四项。

解： 由 $g_{\mathrm{m}}=2I_{\mathrm{D}}/(V_{\mathrm{GS}}-V_{\mathrm{TH}})$，写出 $g_{\mathrm{m2}}R_{\mathrm{S}}=g_{\mathrm{m2}}/g_{\mathrm{m1}}$，可得

$$\frac{g_{\mathrm{m2}}}{g_{\mathrm{m1}}}=\frac{(V_{\mathrm{GS}}-V_{\mathrm{TH}})_{1}}{|V_{\mathrm{GS}}-V_{\mathrm{TH}}|_{2}} \tag{5.51}$$

即只有当电流源的过驱动电压比 M_1 的高得多时，多项式中的第四项才可以忽略。然而由于 $|V_{\mathrm{DS1}}|=V_{\mathrm{DD}}-V_{\mathrm{GS1}}$，在低电源电压下，上述条件很难实现。值得注意的是，深三极管区 MOSFET 的跨导为 $g_{\mathrm{m}}=I_{\mathrm{D}}/(V_{\mathrm{GS}}-V_{\mathrm{TH}})$，仍然满足式(5.51)。 ◀

例 5.7 在图 5.15 所示电路中，PMOS 电流源为“有源负载”，可放大输入信号。也就是说，如果 M_2 除了在输出端引入噪声之外也同时放大了输入信号，那么就会使噪声系数减小。当忽略沟长调制效应时，试计算这一噪声系数(电流源 I_1 定义为偏置电流，M_2 的源端接 C_1 相当于该点为交流地)。

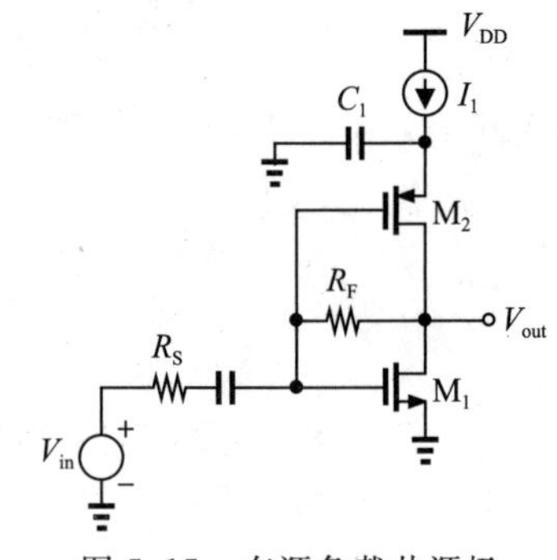

图 5.15 有源负载共源极

解： 在小信号情况下 M_1 和 M_2 并联，相当于一个跨导为 $g_{\mathrm{m1}}+g_{\mathrm{m2}}$ 的晶体管。因此为了输入匹配，需使 $g_{\mathrm{m1}}+g_{\mathrm{m2}}=1/R_{\mathrm{S}}$。噪声系数仍由式(5.49)给出，而且 $\gamma(g_{\mathrm{m1}}+g_{\mathrm{m2}})R_{\mathrm{S}}=\gamma$，可知：

$$\mathrm{NF}\approx 1+\frac{4R_{\mathrm{S}}}{R_{\mathrm{F}}}+\gamma \tag{5.52}$$

所以这个电路的性能比较出色，但是需要提供 $V_{\mathrm{GS}}+|V_{\mathrm{GS2}}|+V_{I_1}$ 的电源电压，其中 V_{I_1} 表示 I_1 的电压降。 ◀

5.3.3 共栅极

共栅极的低输入阻抗使得它在 LNA 的设计中显得非常有吸引力，但与共源极阻性负载一样，阻性负载共栅极结构同样存在增益和电压裕度之间的折中问题，因此只考虑如图 5.16a 所示的感性负载共栅极结构。其中 L_1 会与输出节点处总的等效电容 C_1(也包括后续级的输入电容)产生谐振，电阻 R_1 代表 L_1 的损耗。如果忽略沟长调制效应和体效应，$R_{\mathrm{in}}=1/g_{\mathrm{m}}$。因此，为 M_1 选择合适的偏置电流，使 $g_{\mathrm{m}}=1/R_{\mathrm{S}}=(50\Omega)^{-1}$。在输出谐振频率下，从 X 节点到输出节点的电压增益等于

$$\frac{V_{\text{out}}}{V_{\text{X}}}=g_{\text{m}}R_1 \tag{5.53}$$

$$=\frac{R_1}{R_{\text{S}}} \tag{5.54}$$

因此 $V_{\text{out}}/V_{\text{in}}=R_1/(2R_{\text{S}})$。

现在再来确定电路在 $g_{\text{m}}=1/R_{\text{S}}$ 和谐振频率条件下的噪声系数。将 M_1 的热噪声等效为串联在栅极的电压源噪声，其值为 $\overline{V_{\text{n1}}^2}=4kT\gamma/g_{\text{m}}$，如图 5.16b 所示。当其折算到输出端时，需要乘以从 M_1 栅极到输出端的增益，因此有：

$$\overline{V_{\text{n,out}}^2}\Big|_{\text{M1}}=\frac{4kT\gamma}{g_{\text{m}}}\left(\frac{R_1}{R_{\text{S}}+\dfrac{1}{g_{\text{m}}}}\right)^2 \tag{5.55}$$

$$=kT\gamma\frac{R_1^2}{R_{\text{S}}} \tag{5.56}$$

由 R_1 导致的输出噪声可以简单为 $4kTR_1$。为计算噪声系数，可将 M_1 和 R_1 导致的输出噪声除以增益和 $4kTR_{\text{S}}$，并且将结果加 1，得到：

$$\text{NF}=1+\frac{\gamma}{g_{\text{m}}R_{\text{S}}}+\frac{R_{\text{S}}}{R_1}\left(1+\frac{1}{g_{\text{m}}R_{\text{S}}}\right)^2 \tag{5.57}$$

$$=1+\gamma+4\frac{R_{\text{S}}}{R_1} \tag{5.58}$$

可以看到，即便 $4R_{\text{S}}/R_1\ll 1+\gamma$，NF 仍然达到了 3dB($\gamma\approx 1$)，这是由于强行让 $g_{\text{m}}=1/R_{\text{S}}$ 所引起的。换句话说，g_{m} 的提高会降低噪声系数 NF，但同时也使得放大器的输入电阻降低了。在例 5.8 中，如果输入端允许一定程度的阻抗失配，那么就可以采用这种方法降低 NF。

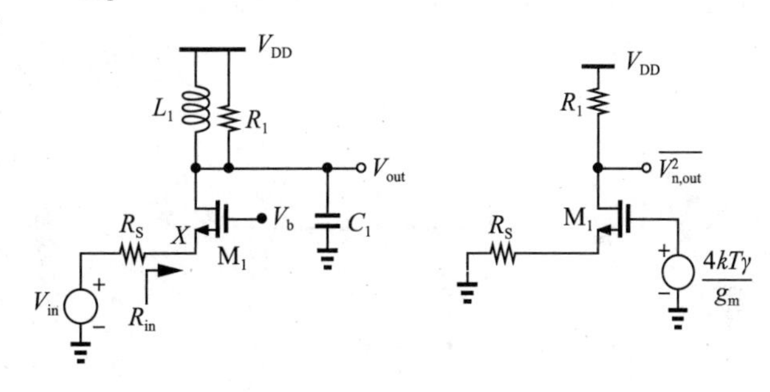

a）共栅极　　b）M_1噪声的影响

图 5.16

例 5.8 希望通过图 5.17 所示的电流源或者电阻来提供共栅极偏置电流。比较这两种情况下的附加噪声。

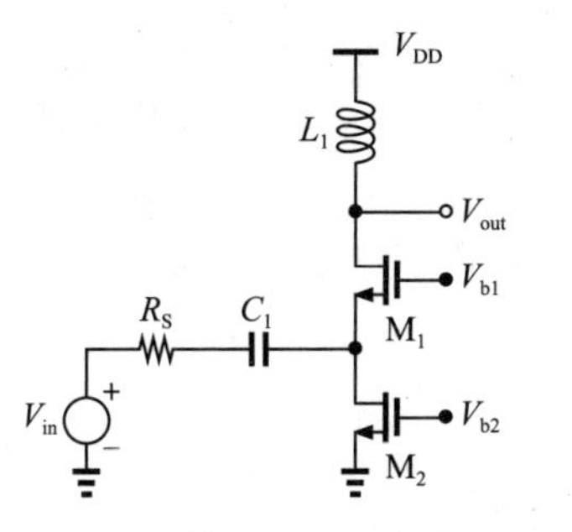

a）电流源偏置共栅极　　b）电阻偏置共栅极

图 5.17

解： 当分别给定 V_{b1} 和 V_{GS1} 值时，由于两种情况下 M_1 的源极电压相等，因此 V_{DS2} 等于 R_{B} 上的电压降(V_{RB})。为使 M_2 工作在饱和区，需要 $V_{\text{DS2}}\geqslant V_{\text{GS2}}-V_{\text{TH2}}$。将 M_2 的噪声电流表示为

$$\overline{I_{n,M2}^2}=4kT\gamma g_{m2} \tag{5.59}$$

$$=4kT\gamma\frac{2I_D}{V_{GS2}-V_{TH2}} \tag{5.60}$$

而 R_B 的噪声电流为

$$\overline{I_{n,RB}^2}=\frac{4kT}{R_B} \tag{5.61}$$

$$=4kT\frac{I_D}{V_{RB}} \tag{5.62}$$

由于 $V_{GS2}-V_{TH2}\leqslant V_{RB}$，$M_2$ 的噪声贡献大约是 R_B 的两倍($\gamma\approx1$)。除此之外，M_2 也可能在输入节点处引入较大的电容。

因此这里使用电阻更合适一些，只是要保证 R_B 比 R_S 大得多，就不会使输入信号产生衰减。需要注意的是，由 M_1 引起的输入电容仍然是比较大的，稍后再讨论这个问题。图 5.18 给出了这种情况下的一种合适偏置。◀

在深亚微米CMOS技术中，沟长调制效应会显著影响共栅极的性能。如图 5.19 所示，通过 r_O 的正反馈增加了输入阻抗。由于 M_1(无 r_O 影响)的漏源电流等于 $-g_mV_X$(假设忽略体效应)，那么流经 r_O 的电流为 $I_X-g_mV_X$，产生的电压降为 $r_O(I_X-g_mV_X)$。此外，I_X 流经输出负载阻抗，在谐振频率下产生 I_XR_1 的电压。将其与 r_O 上的压降相加并表示为 V_X，可得到：

$$V_X=r_O(I_X-g_mV_X)+I_XR_1 \tag{5.63}$$

即

$$\frac{V_X}{I_X}=\frac{R_1+r_O}{1+g_mr_O} \tag{5.64}$$

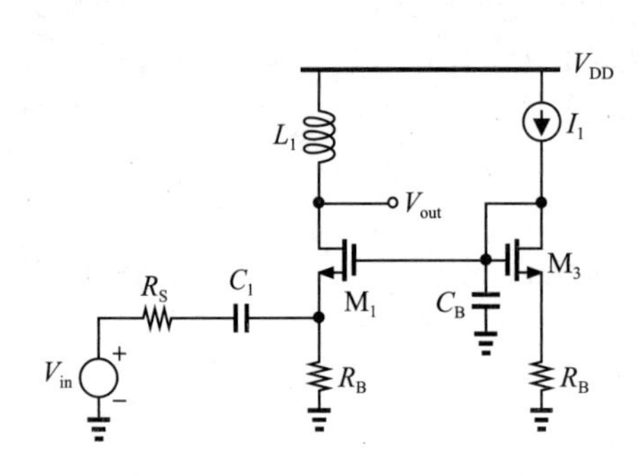

图 5.18 共栅极的合适偏置

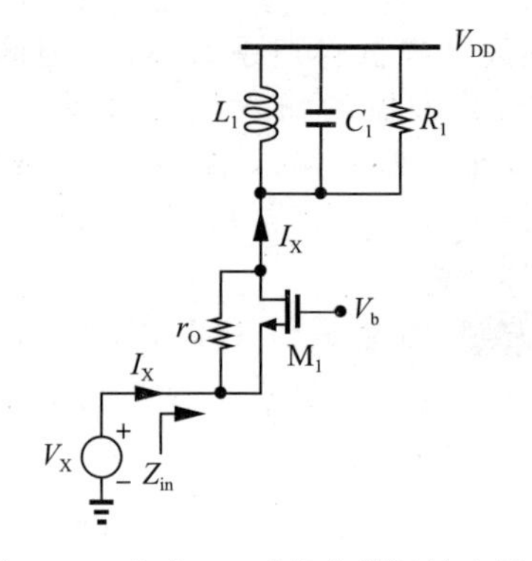

图 5.19 存在 r_O 时的共栅极输入阻抗

如果本征增益 g_mr_O 远远大于1，那么 $V_X/I_X\approx1/g_m+R_1/(g_mr_O)$。但在如今的工艺下 g_mr_O 很难超过10，因此，$R_1/(g_mr_O)$ 的值有可能与 $1/g_m$ 相仿，甚至会比后者更大，这将会使输入阻抗远大于50Ω。

例 5.9 忽略图 5.19 中 M_1 引入的电容，画出输入阻抗随频率的变化曲线。

解：在非常高或非常低的频率下，输出负载呈现低阻抗，得到 $R_{in}=1/g_m$。如果考虑体效应，则为 $1/(g_m+g_{mb})$。输入阻抗随频率的变化曲线如图 5.20 所示。◀

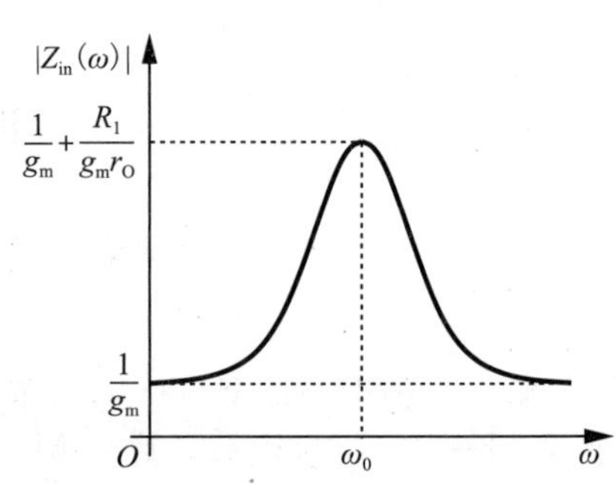

图 5.20 具有谐振负载共栅极的输入阻抗

由于 R_1 对 R_{in} 的影响很大，实际的输入电阻必须等于 R_S，从而保证输入匹配：

$$R_S=\frac{R_1+r_O}{1+g_m r_O} \tag{5.65}$$

读者可以证明在图 5.16a 中，当 r_O 为有限值时，共栅极的电压增益为

$$\frac{V_{out}}{V_{in}}=\frac{g_m r_O+1}{r_O+g_m r_O R_S+R_S+R_1}R_1 \tag{5.66}$$

将式(5.65)代入，并化简为：

$$\frac{V_{out}}{V_{in}}=\frac{g_m r_O+1}{2\left(1+\dfrac{r_O}{R_1}\right)} \tag{5.67}$$

这个结果令人难以接受！因为若 r_O 与 R_1 大小相仿，那么电压增益的数量级大约在 $g_m r_O/4$，这是一个非常低的值。

总之，如果忽略沟长调制效应，那么共栅极的输入阻抗太低；但如果不忽略，其值又太高。从前人们采取了许多措施来改善输入阻抗过低的问题(例如 5.3.5 节)，但在如今的技术中，我们往往遇到的是阻抗过高的问题。

为了缓解上述问题，可以采取增加晶体管的沟长 L 来削弱沟长调制效应，并且可以提高 $g_m r_O$ 的上限值。但由于器件宽度必须同比例地增加以保持其跨导值，所以晶体管的栅源电容又会显著增加，进而降低了输入反射损耗。

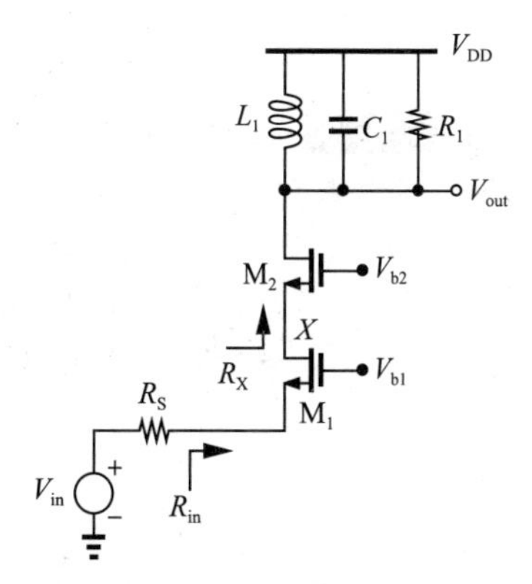

图 5.21　级联共栅极

1. 级联共栅极

为降低输入阻抗，可行的替代办法是引入级联共栅极[⊖]，如图 5.21 所示。这里，从 M_2 源端看进去的电阻与式(5.64)一致，其值为：

$$R_X=\frac{R_1+r_{O2}}{1+g_{m2}r_{O2}} \tag{5.68}$$

将 R_X 作为整体再代入式(5.64)中，可得 M_1 输入端的等效电阻(相比 R_X 更小)为：

$$R_{in}=\frac{\left(\dfrac{R_1+r_{O1}}{1+g_{m2}r_{O2}}+r_{O1}\right)}{(1+g_{m1}r_{O1})} \tag{5.69}$$

若 $g_m r_O \gg 1$，那么有：

$$R_{in}\approx\frac{1}{g_{m1}}+\frac{R_1}{g_{m1}r_{O1}g_{m2}r_{O2}}+\frac{1}{g_m r_{O1}g_{m2}} \tag{5.70}$$

由于 R_1 连续除以两个 MOSFET 的本征增益，其影响可以忽略不计。同理，如果 g_{m1} 和 g_{m2} 大致相等，第三项是远小于第一项的。因此，$R_{in}\approx 1/g_{m1}$。

级联共栅器件的引入会带来两个问题：M_2 会产生噪声；由于堆叠两个晶体管所引起的电压裕度限制。为量化前者，考虑如图 5.22a 所示的等效电路，其中 $R_S=1/g_{m1}$，M_1 用一个输出电阻 $2r_{O1}$ 替代(为什么?)，并且 $C_X=C_{DB1}+C_{GD1}+C_{SB2}$。简单起见，也用电阻 R_1 替代整体负载，即表示输出节点有很大的带宽。忽略 M_2 的栅源电容、沟长调制效应和体效应，则可得出在谐振频率处从 V_{n2} 到输出端的传递函数为：

$$\frac{V_{n,out}}{V_{n2}}(s)=\frac{R_1}{\dfrac{1}{g_{m2}}+2(r_{O1})\parallel\dfrac{1}{C_X s}} \tag{5.71}$$

$$=\frac{2r_{O1}C_X s+1}{2r_{O1}C_X s+2g_{m2}r_{O1}+1}g_{m2}R_1 \tag{5.72}$$

⊖ 原文的 Cascode 是 Cascoded triode 的缩写，即级联晶体管的简称。——译者注

绘制如图5.22b所示的输出频率响应，可见在达到零点频率$(2r_{O1}C_X)^{-1}$时M_2的噪声贡献是可以忽略的，但当频率增加时噪声开始累积。由于C_X与C_{GS}相差不大且$2r_{O1} \gg 1/g_m$，可知$(2r_{O1}C_X)^{-1} \ll g_m/C_{GS}(\approx \omega_T)$，即电路的零点频率比晶体管的特征频率$f_T$小得多，使得其对放大器性能的影响非常显著。

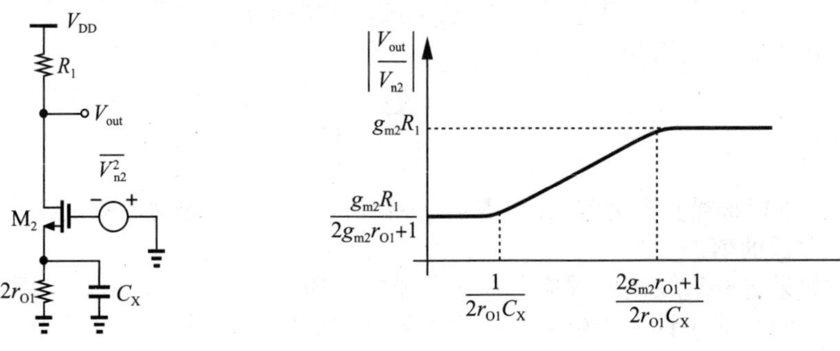

a）级联共栅晶体管的噪声等效电路　　b）输出噪声的影响与频率的关系

图5.22

例5.10 假设在特定的频率处有$2r_{O1} \gg |C_Xs|^{-1}$，使得M_2的源极负反馈阻抗减小为C_X。当考虑C_{GS2}时，忽略r_{O2}的影响，重新计算上述传递函数。

解： 根据图5.23所示的等效电路，有$g_{m2}V_1 = -V_{out}/R_1$且$V_1 = -V_{out}/(g_{m2}R_1)$。流经$C_{GS2}$的电流等于$-V_{out}C_{GS2}s/(g_{m2}R_1)$。此电流与$-V_{out}/R_1$之和流经$C_X$，所产生的电压为$[-V_{out}C_{GS2}s/(g_{m2}R_1) - V_{out}/R_1]/(C_Xs)$。在输入环路中应用基尔霍夫电压定律(KVL)有：

$$\left(-\frac{V_{out}C_{GS2}s}{g_{m2}R_1} - \frac{V_{out}}{R_1}\right)\frac{1}{C_Xs} - \frac{V_{out}}{g_{m2}R_1} = V_{in} \tag{5.73}$$

从而

$$\frac{V_{out}}{V_{in}} = \frac{-g_{m2}R_1C_Xs}{(C_{GS2}+C_X)s + g_{m2}} \tag{5.74}$$

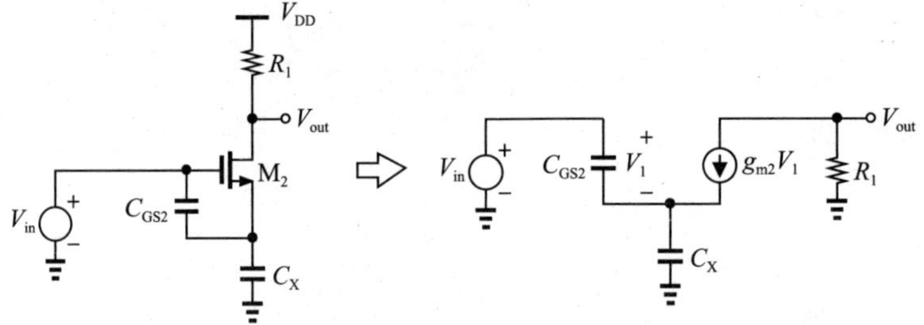

图5.23　从级联共栅器件的栅极到输出端增益的计算

在远低于晶体管的f_T频率处有$|(C_{GS2}+C_X)s| \ll g_{m2}$，因此

$$\frac{V_{out}}{V_{in}} \approx -R_1C_Xs \tag{5.75}$$

即，若ω远大于$(2r_{O1}C_X)^{-1}$，但是远小于$g_{m2}/(C_{GS2}+C_X)$，那么M_2产生的噪声会无衰减地到达输出端。◀

使用级联共栅器件的第二个不利因素与有限的电压裕度有关。为了量化电压的限制，首先来确定图5.21中V_{b1}和V_{b2}要求或允许的值。由于M_2的漏极电压最高为V_{DD}，且可以保证M_2在饱和的前提下最多比其栅压低V_{TH2}，因此可以直接让$V_{b2} = V_{DD}$。由此可得$V_X = V_{DD} - V_{GS2}$，若M_1必须工作在饱和区，V_{b1}的最大值可为$V_{DD} - V_{GS2} + V_{TH1}$。因此，$M_1$的源极电压不能超过$V_{DD} - V_{GS2} - (V_{GS1} - V_{TH1})$。称这两个晶体管消耗的电压裕度为一

个 V_{GS} 加上一个过驱动电压($V_{GS1}-V_{TH1}$)。

那么看起来似乎只要 $V_{DD}>V_{GS2}+(V_{GS1}-V_{TH1})$，电路就能够得到合适的偏置。但是 M_1 的源极到地之间会发生什么呢？与图 5.17 所示的共栅极电路对比，级联共栅结构多消耗了 $V_{GS1}-V_{TH1}$ 的电压裕度，而留给偏置晶体管或者电阻的裕度就少了，因此增加了它们的噪声影响值。例如，假设 $I_{D1}=I_{D2}=2\text{mA}$。由于 $g_{m1}=(50\Omega)^{-1}=2I_D/(V_{GS1}-V_{TH1})$，所以有 $V_{GS1}-V_{TH1}=20\text{mV}$。另外假设 $V_{GS2}\approx500\text{mV}$，当 $V_{DD}=1\text{V}$ 时，连接在 M_1 源极和地之间的偏置电阻 R_B 的电压裕度只有 300mV，因此其阻值不能超过 300mV/2mA=150Ω。这个值与 $R_S=50\Omega$ 比较相近了，因此会显著地降低电路的增益和噪声性能。

为了避免由 R_B 引发的噪声和裕度的折中，也为了抵消电路的输入电容，级联共栅极电路经常在偏置回路上连接电感。如图 5.24 所示，当给输入晶体管加适当偏置时，这项技术可以将偏置器件(L_B)引起的附加噪声降到最低，且可以显著提高输入匹配度。在现代 RF 设计中，L_B 和 L_1 均集成在片内。

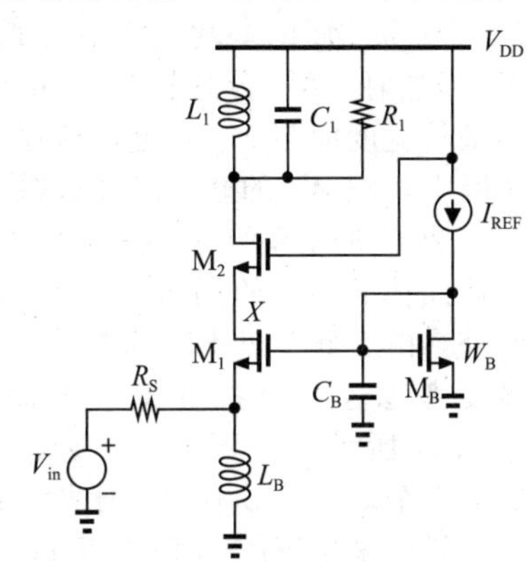

图 5.24　级联共栅极偏置电路

2. 设计步骤

图 5.24 所示电路使用的器件繁多，那么设计时该从何处着手呢？现介绍一种“一阶”设计的系统化设计流程，基于此，可以进行后续改进和优化。

在设计中首先考虑两个已知条件：工作频率和电源电压。第一步，选择合适的 M_1 尺寸和偏置电流，以得到$(50\Omega)^{-1}$ 的跨导值。晶体管长度可取工艺允许的最小值，但是如何确定宽度和漏电流呢？

利用电路仿真，绘出当宽度为 W_0 时，NMOS 晶体管的跨导和 f_T 随漏电流变化的函数曲线。对于长沟道器件，$g_m\propto\sqrt{I_D}$，但是亚微米级晶体管的迁移率会随之降低，因为沟道内垂直方向电场趋于饱和，如图 5.25 所示。为避免过度的功率消耗，选择偏置电流 I_{D0} 使 g_m 达到饱和值的 80%～90%，即就开关速率(晶体管电容)和功率消耗层面来说，此时选择的 W_0 和 I_{D0}(电流密度)是最佳的。

已知 W_0 和 I_{D0} 后，可以通过缩放它们的值来得到任意所需的跨导值。读者可以证明，若 W_0 和 I_{D0} 按比例因子 α 放大或缩小，不管晶体管的类型和特性怎么样，那么 g_m 也放大或缩小 α 倍。由此得到了合适的 M_1 尺寸和偏置电流(对于 $1/g_{m1}=50\Omega$)，同时也确定了其过驱动电压。

第二步，计算出图 5.24 中的 L_B 值。由图 5.26 可知，电路输入端存在一个衬底到焊盘的寄生电容 C_{pad} ㊀。因此 L_B 必须在目标频率下与 $C_{pad}+C_{SB1}+C_{GS1}$ 以及它自身电容产生共振。此处，R_P 代表 L_B 的损耗。因为 L_B 的寄生电容事先是不知道的，因此多次迭代计算就显得很有必要了。螺旋电感的设计和建模将在第 7 章介绍。

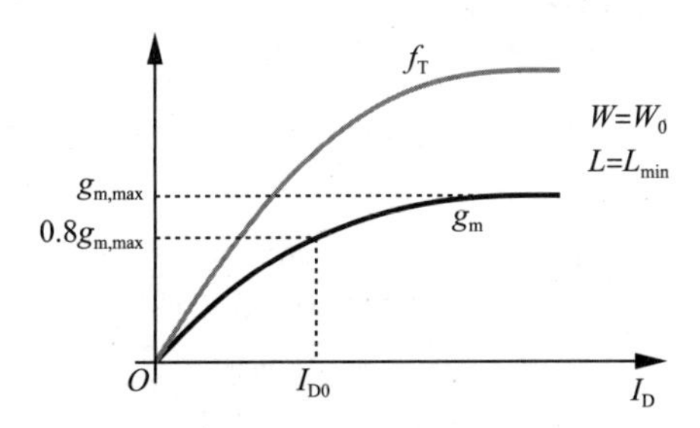

图 5.25　g_m、f_T 与漏电流的关系曲线

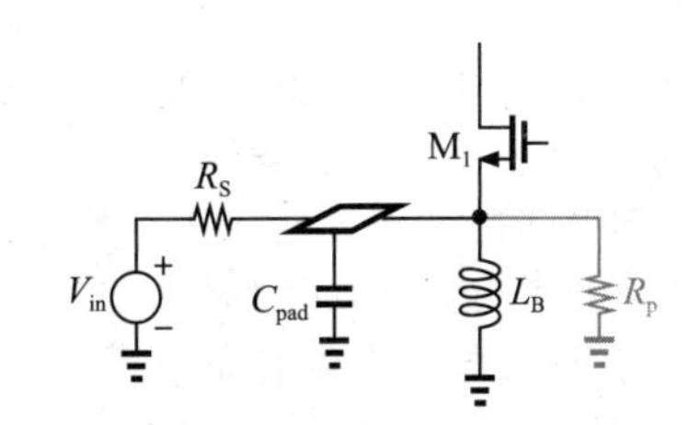

图 5.26　焊盘电容对共栅极电路的影响

㊀ 由于连接在 V_{DD} 和地之间的 ESD 电路，从输入端也可能看到其他电容。

在谐振时 L_B 会不会影响电路的性能呢?伴随 L_B 的是并联等效阻抗 $R_P=QL_B\omega$,此阻抗会产生噪声且可能使输入信号衰减。因此,R_P 必须至少比 $R_S=50\Omega$ 大十倍以上。换句话说,如果输入端总电容很大,以至于不得不采用一个过小的电感值和 R_P 值,那么此时电路的噪声是非常高的。不过当频率达到器件工艺的 f_T 时,这种情况才可能会出现。

第三步,通过图5.24中的 M_B 和 I_{REF} 来确定 M_1 的偏置。例如,$W_B=0.2W_1$ 且 $I_{REF}=0.2I_{D1}$,这样一来偏置支路只分得主支路电流的 $\frac{1}{5}$ ㊀。电容 C_B 可以为 M_1 的栅极到地之间提供足够小的阻抗(远小于50Ω)且能旁路 M_B 和 I_B 到地的噪声。当栅极连接的阻抗与 R_S 大小相似时,共栅极的高频特性会大大降低,因此选择一个稳定且低电感值的参考"地"非常重要。

接下来确定图5.24中 M_2 的宽度(长度选最小允许值)。当偏置电流已知时,即 $I_{D2}=I_{D1}$,如果 M_2 的宽度非常小,那么使 M_1 工作在线性区要求的 V_{GS2} 就会很大。另一方面当 W_2 增加时,M_2 会对节点 X 引入的电容也增加,同时 g_m 接近饱和值(为什么?)。因此 M_2 的最佳宽度应与 M_1 相近,这也是我们最初的选择。利用仿真似乎可以优化参数选择,但实际上,对 W_2 的略微增加或减小几乎都不会影响电路性能。

为了使图5.24节点 X 处的电容值最小,在布局时可以使晶体管 M_1 的漏极区域与 M_2 的源极区域部分重合。此外,由于此节点不与其他外界相连,这部分重合区域不需要考虑连接处的布局,因而可以尽可能地缩小。如图5.27所示,当 $W_1=W_2$ 时,这种排布可以进一步扩展成为一个晶体管具有多重栅指的结构。

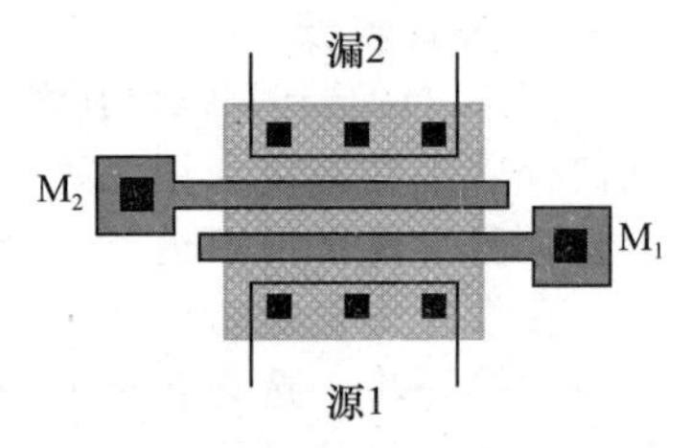

图5.27 级联共栅器件布局图

最后来确定图5.24中负载电感 L_1 的值。与 L_B 的选择类似,设置 L_1 的值,以使其与 $C_{GD2}+C_{DB2}$、下一级输入电容以及本身电容产生谐振。由于LNA的电压增益正比于 $R_1=QL_1\omega$,那么 R_1 必须足够大,比如为500~1000Ω。而这样的要求在大多数设计中并不难实现。

依据式(5.58),上述列举的设计步骤产生的噪声系数大约为3dB,增益 $V_{out}/V_{in}=R_1/(2R_S)$,一般在15~20dB之间。如果增益太高,即意味着过高 IP_3 的混频器,那么可以在 R_1 处并联一个大小合适的电阻以获取适当的增益。如5.7节所述,这种LNA拓扑结构有比较高的 IP_3 值,例如+5~+10dBm。

例5.11 用65nm CMOS工艺设计图5.24中的LNA,使其中心频率在5.5GHz。假设电路是为802.11a接收机所设计的。

解: 图5.28画出了 $W=10\mu m$,$L=60nm$ 的NMOS晶体管的跨导与漏电流的函数曲线。选择2mA的偏置电流来获得大约10mS=(1/100)Ω的 g_m。因而,为了使输入电阻为50Ω,必须将晶体管宽度和漏电流加倍㊁。由20μm晶体管在输入端引入的电容大约为30fF,因此再加入50fF的焊盘电容,并且选择 $L_B=10nH$,从而保证电路在5.5GHz处共振。但这样的电感大概有30fF的寄生电容,因此实际上需要选择更小的电感,不过在此并没有再考虑这方面的因素。

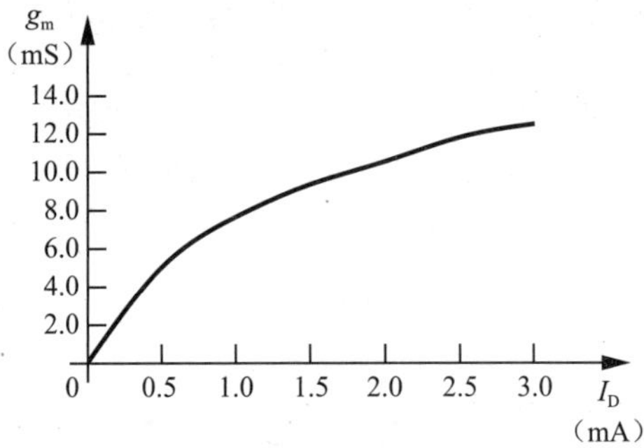

图5.28 10μm/60nm NMOS器件跨导与漏电流的函数

然后,将级联共栅器件的宽度选择为20μm,并且假设负载电容为30fF(比如,后面接入混频器的输入电容)。这也允许了接入10nH的电感作为负载,因为输出节点处的总

㊀ 为了两个晶体管之间的合适匹配,M_1 包含五个单元晶体管并联(栅指)而 M_B 只包含一个。

㊁ 体效应降低了输入电阻,但是从漏到栅的反馈又升高了输入电阻,所以两者皆可忽略。

电容大约为 75fF。但对于 Q 值为 10 的电感来说，这会导致 LNA 增益很高但带宽很低(很难覆盖 11a 的带宽)。基于此，接入 1kΩ 的电阻与输出负载并联。图 5.29 展示了所设计的详细电路，图 5.30 展示了仿真特性。注意在电感损耗建模时采用了串联和并联电阻，以取得较宽的带宽(见第 7 章)。

仿真结果显示了在 5～6GHz 之间，噪声系数和增益的变化趋势相对平坦。即使没有选取更合适的 L_B 的值，在这个范围内输入反射损耗仍然保持在－18dB 以下。

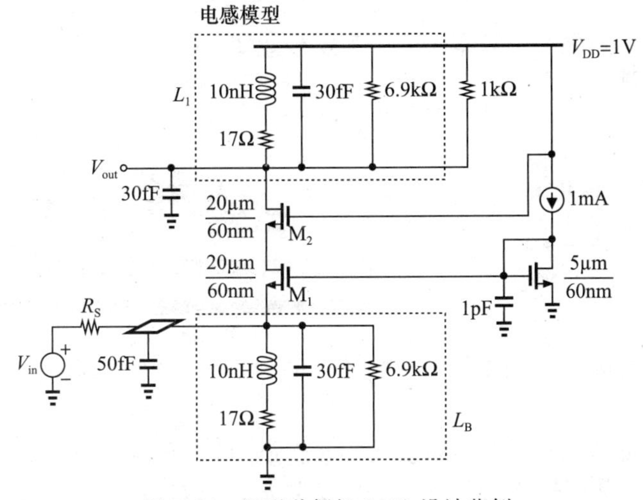

图 5.29　级联共栅极 LNA 设计范例

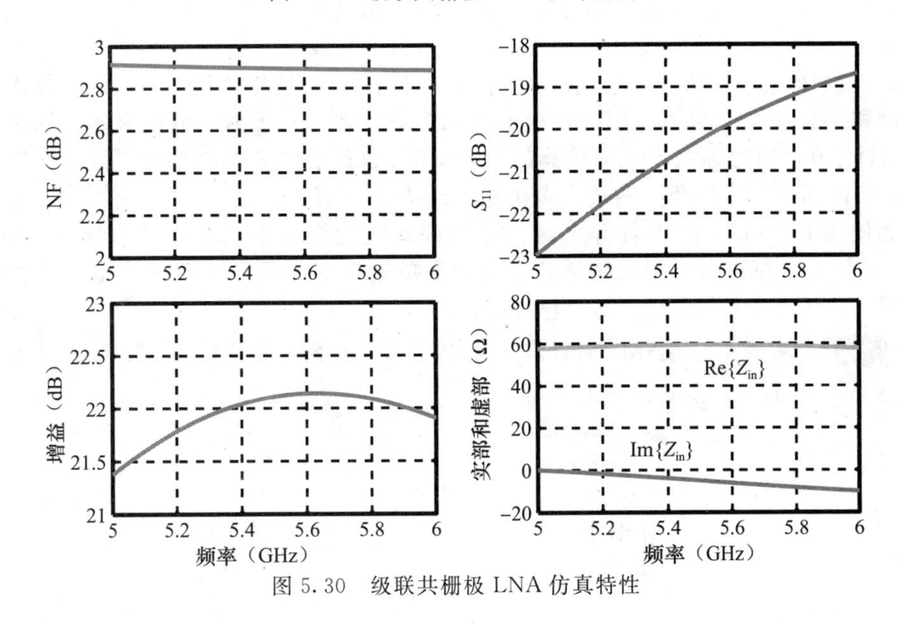

图 5.30　级联共栅极 LNA 仿真特性

5.3.4　感性负反馈的共源极

对图 5.11a 中共源极电路的研究表明，栅漏电容的反馈可以用来产生所需的实数部分，但是在较低频率时会引入负电阻，所以必须寻求输入端与感性负载“隔离”的拓扑结构，并且其输入电阻不是通过 C_{GD} 引入的。

首先来就后一概念继续深入。如 5.2 节所述，必须利用有源器件来提供 50Ω 的输入电阻，而且希望避免由 50Ω 电阻所产生的噪声。感性负反馈共源极结构是这种思路的一种实现方法，如图 5.31a 所示。首先，在忽略 C_{GD} 和 C_{SB} 时，计算电路的输入阻抗[㊀]。I_X 流经 C_{GS1} 产生栅源电压 $I_X/(C_{GS1}s)$，并产生漏电流 $g_m I_X/(C_{GS1}s)$。这两个电流在 L_1 上产生的电压为

$$V_P=\left(I_X+\frac{g_m I_X}{C_{GS1}s}\right)L_1 s \tag{5.76}$$

由于 $V_X=V_{GS1}+V_P$，所以有

$$\frac{V_X}{I_X}=\frac{1}{C_{GS1}s}+L_1 s+\frac{g_m L_1}{C_{GS1}} \tag{5.77}$$

有趣的是，输入阻抗包含一个频率无关的实数部 $g_m L_1/C_{GS1}$。因此，可以选择合适的参数使式(5.77)的第三项等于 50Ω。

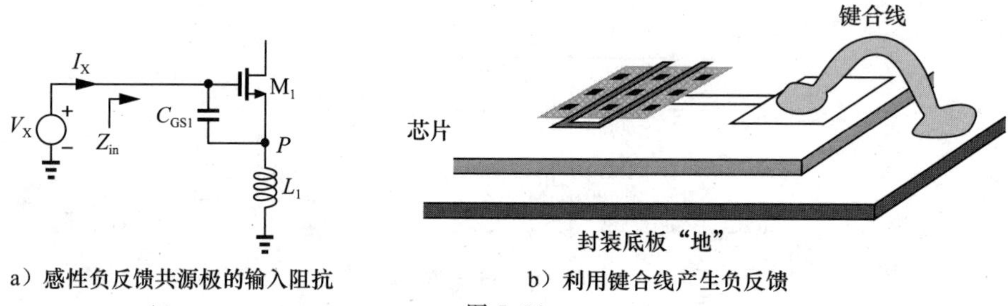

a）感性负反馈共源极的输入阻抗　　b）利用键合线产生负反馈

图 5.31

式(5.77)的第三项具有更深刻的意义：由于 $g_m/C_{GS1}\approx\omega_T(=2\pi f_T)$，输入电阻大约等于 $L_1\omega_T$，因此第三项和晶体管的 f_T 有直接关系。例如，在 65nm 工艺中，$\omega_T\approx 2\pi\times(160\text{GHz})$，为产生 50Ω 的实数部分需要使 $L_1\approx 50\text{pH}$！

实际上，负反馈电感经常用键合线实现，因为键合线在封装中必不可少，无须在电路设计中额外设计电感。为尽可能减小电感值，在封装中可使用“下连绑定线”技术，即将源级焊盘和封装外壳的“地”用键合线连起来，如图 5.31b 所示。虽然这种结构也产生了 0.5～1nH 的值，但也远大于上面计算的值 50pH！也就是说，如果利用了键合线电感，那么如今的 MOSFET 器件产生的输入电阻也会远大于 50Ω[㊁]。

那如何用 $L_1\approx 0.5\text{nH}$ 来获得 50Ω 的电阻呢？在工作频率远小于晶体管 f_T 时，可以减小 f_T 的值，这可以通过增加沟道长度或者简单地在 C_{GS} 两端并联一个电容来实现。例如，如果 $L_1=0.5\text{nH}$，那么 f_T 必须减小为 16GHz。

例 5.12 若考虑 C_{GD} 且 M_1 漏极与负载电阻 R_1 相连，计算图 5.32a 所示电路的输入电阻。假设 $R_1\approx 1/g_m$(如同级联的一样)。

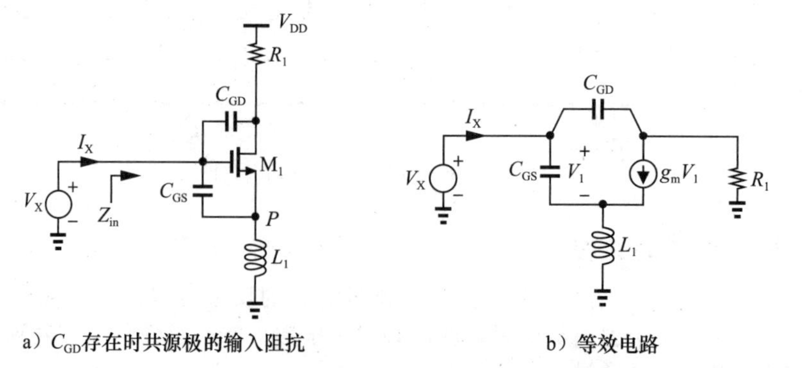

a）C_{GD}存在时共源极的输入阻抗　　b）等效电路

图 5.32

㊀ 也忽略沟长调制效应和体效应。

㊁ 这种情况很少见，因为晶体管的工作速度很快。

解：根据 5.32b 所示的等效电路，我们注意到流过 L_1 的电流等于 $V_1C_{GS}s+g_mV_1$，所以

$$V_X=V_1+(V_1C_{GS}s+g_mV_1)L_1s \tag{5.78}$$

此外，流过 R_1 的电流等于 $I_X-V_1C_{GS}s-g_mV_1$，有：

$$V_X=(I_X-V_1G_{GS}s-g_mV_1)R_1+(I_X-V_1C_{GS}s)\frac{1}{C_{GD}s} \tag{5.79}$$

用式(5.78)替换掉 V_1，有：

$$\frac{V_X}{I_X}=\frac{\left(R_1+\dfrac{1}{C_{GD}s}\right)(L_1C_{GS}s^2+g_mL_1s+1)}{L_1C_{GS}s^2+(R_1C_{GS}+g_mL_1)s+g_mR_1+C_{GS}/C_{GD}+1} \tag{5.80}$$

如果 $R_1\approx 1/g_m\ll|C_{GD}s|^{-1}$ 且 C_{GS}/C_{GD} 很大，式(5.80)可简化为

$$\frac{V_X}{I_X}\approx\left(\frac{1}{C_{GS}s}+L_1s+\frac{g_mL_1}{C_{GS}}\right)\left[1-\frac{2C_{GD}}{C_{GS}}-L_1C_{GD}s^2-\left(R_1C_{GD}+g_mL_1\frac{C_{GD}}{C_{GS}}\right)s\right] \tag{5.81}$$

假设方括号里面多项式的第一项和第二项起主要作用，可推断出输入电阻乘以了 $1-2C_{GD}/C_{GS}$ 的值，因而会减小。◀

1. 焊盘电容的影响

除了 C_{GD} 以外，电路的输入焊盘电容也会减小输入电阻。为量化这种影响，构建了如图 5.33a 所示的等效电路，其中 C_{GS1}、L_1 和 R_1 分别代表式(5.77)中的三项。用 jX_1 表示串联量 $jL_1\omega-j/(C_{GS1}\omega)$，用 jX_2 表示 $-j/(C_{pad}\omega)$，首先将 jX_1+R_1 变为并联形式，如图 5.33b 所示。从第 2 章可知，

$$R_P=\frac{X_1^2}{R_1} \tag{5.82}$$

把两个并联电抗合并为 $jX_1X_2/(X_1+X_2)$，将合并后的电路变为串联量，如图 5.33c 所示，其中

$$R_{eq}=\left(\frac{X_1X_2}{X_1+X_2}\right)^2\cdot\frac{1}{R_P} \tag{5.83}$$

$$=\left(\frac{X_2}{X_1+X_2}\right)^2R_1 \tag{5.84}$$

在大多数情况下，可以假设在目标频率处有 $L_1\omega\ll 1/(C_{GS1}\omega)+1/(C_{pad}\omega)$，因此可得到

$$R_{eq}\approx\left(\frac{C_{GS1}}{C_{GS1}+C_{pad}}\right)^2R_1 \tag{5.85}$$

例如，若 $C_{GS1}\approx C_{pad}$，那么输入电阻就会减小到原来的$\frac{1}{4}$。

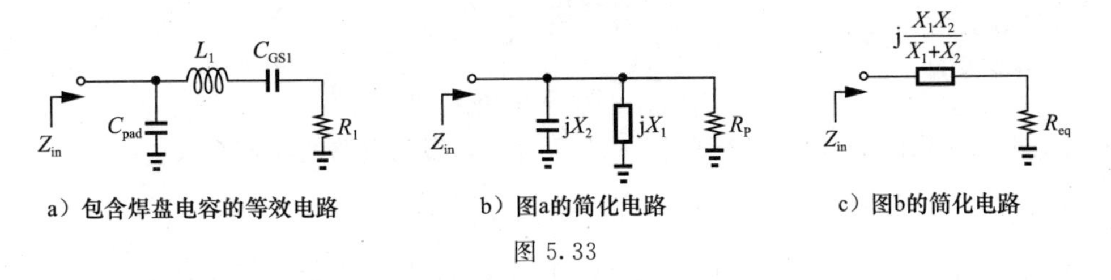

a）包含焊盘电容的等效电路　　b）图a的简化电路　　c）图b的简化电路

图 5.33

观察以下两点问题。第一，栅漏和焊盘电容的影响意味着为满足 $R_1=50\Omega$ 条件，晶体管的 f_T 不需要减小太多。第二，对于产生 $\mathrm{Re}\{Z_{in}\}=50\Omega$ 所必需的负反馈电感不足以与 $C_{GS1}+C_{pad}$ 产生谐振的情况，必须在栅极串联另一个电感，如图 5.34 所示，这里假设 L_G 是片外电感。

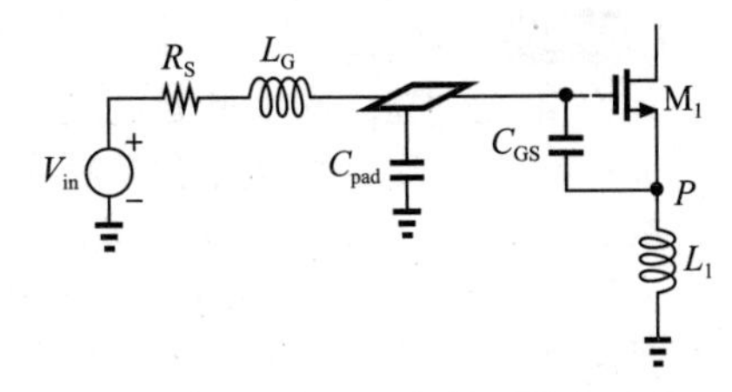

图 5.34　增加 L_G 来保证输入匹配

例 5.13　5GHz LNA 所需要 L_G 的值为 2nH。

讨论当 L_G 集成在芯片内且 Q 值不超过 5 时会发生什么情况。

解： 当 $Q=5$ 时，L_G 的串联损耗电阻等于 $L_G\omega/Q=12.6\Omega$。这个值没有比 50Ω 小很多，因此大大地破坏了噪声系数性能。基于这个原因，L_G 一般选择片外电感。◀

2. 噪声系数计算

现在计算共源极电路的噪声系数，为简单起见，不考虑沟长调制效应、体效应、C_{GD} 和 C_{pad} 的影响(见图 5.35)。M_1 的噪声用 I_{n1} 表示。暂时假定目标输出是 I_{out}，因此有：

$$I_{out}=g_mV_1+I_{n1} \tag{5.86}$$

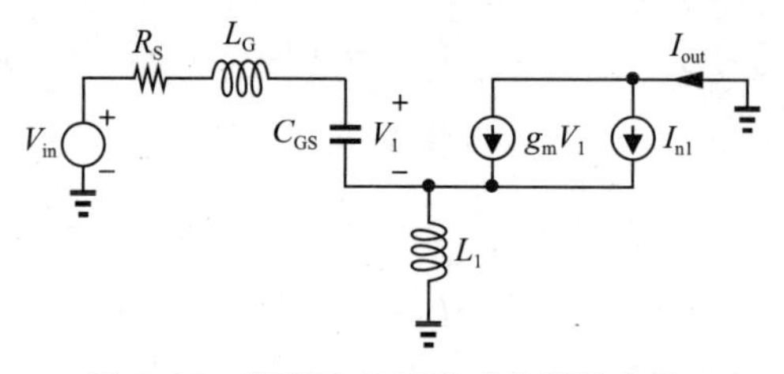

图 5.35 计算噪声系数时的等效电路

此外，L_1 上的电压为 $L_1s(I_{out}+V_1C_{GS1}s)$，在输入环路应用 KVL，有：

$$V_{in}=(R_S+L_Gs)V_1C_{GS1}s+V_1+L_1s(I_{out}+V_1C_{GS1}s) \tag{5.87}$$

用式(5.86)替换上式的 V_1 得：

$$V_{in}=I_{out}L_1s+\frac{(L_1+L_G)C_{GS1}s^2+1+R_SC_{GS1}s}{g_m}(I_{out}-I_{n1}) \tag{5.88}$$

使输入网络在特定频率 ω_0 处发生共振，即 $(L_1+L_G)C_{GS1}=\omega_0^{-2}$。因此，在 $s=j\omega_0$ 处 $(L_1+L_G)C_{GS1}s^2+1=0$，所以

$$V_{in}=I_{out}\left(jL_1\omega_0+\frac{jR_SC_{GS1}\omega_0}{g_m}\right)-I_{n1}\frac{jR_SC_{GS1}\omega_0}{g_m} \tag{5.89}$$

I_{out} 的系数代表电路(包括 R_S)的跨导增益：

$$\left|\frac{I_{out}}{V_{in}}\right|=\frac{1}{\omega_0\left(L_1+\dfrac{R_SC_{GS1}}{g_m}\right)} \tag{5.90}$$

现在，回顾式(5.77)，为了输入匹配，需使 $g_mL_1/C_{GS1}=R_S$。由于 $g_m/C_{GS1}\approx\omega_T$，所以

$$\left|\frac{I_{out}}{V_{in}}\right|=\frac{\omega_T}{2\omega_0}\cdot\frac{1}{R_S} \tag{5.91}$$

有趣的是，只要输入端匹配良好，电路的跨导就能保持与 L_1、L_G 和 g_m 的值无关。

在式(5.89)中令 V_{in} 为 0，计算出由 M_1 引起的输出噪声：

$$|I_{n,out}|_{M_1}=|I_{n1}|\frac{R_SC_{GS1}}{g_mL_1+R_SC_{GS1}} \tag{5.92}$$

对于 $g_mL_1/C_{GS1}=R_S$，上式化简为

$$|I_{n,out}|_{M_1}=\frac{|I_{n1}|}{2} \tag{5.93}$$

所以

$$\overline{I_{n,out}^2}|_{M_1}=kT\gamma g_m \tag{5.94}$$

将输出噪声电流除以电路的跨导和 $4kTR_S$，再加 1，得到电路的噪声系数[2]：

$$NF=1+g_mR_S\gamma\left(\frac{\omega_0}{\omega_T}\right)^2 \tag{5.95}$$

值得注意的是：这个结果只在输入谐振频率和输入匹配的情况下才有效。

例 5.14 某学生从上述结论和式(5.95)注意到，如果晶体管宽度和偏置电流等比例下降，那么 g_m 和 C_{GS1} 减小但 $g_m/C_{GS1}=\omega_T$ 维持不变，也就是说噪声系数减小的同时电路功耗也会减小！这是否意味着在零功率条件下可以使 NF=1?

解： 当 C_{GS1} 减小时，L_G+L_1 必须等比例增加以维持 ω_0 为常数。假设 L_1 固定，只是增加 L_G。当 C_{GS1} 接近零时，L_G 无限大，输入网络的 $Q(\approx L_G\omega_0/R_S)$ 也为无穷大，在输入端提供了一个无限的电压增益。因此，R_S 的噪声"压制"了 M_1 的噪声，因而导致 NF=1。这个结果并不奇怪，毕竟在如图 5.36 所示的电路谐振时有 $|V_{out}/V_{in}|=(R_SC_a\omega_0)^{-1}$，

这意味着若 C_a 接近零，那么电压增益接近无穷大(L_a 接近无穷大，ω_0 是常数)。当然，实际上电感的 Q 值(以及寄生电容值)是有限的，这也就限制了电路的性能不可能达到如此理想的水平。

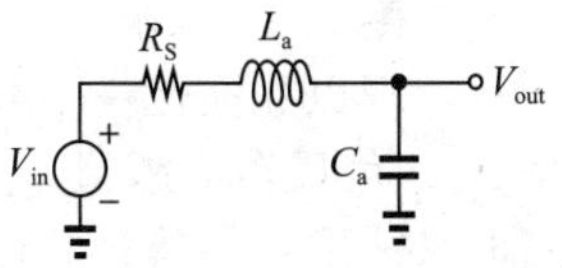

图 5.36　CS 输入网络的等效电路

那如果保持 L_G 为常数，增加负反馈电感 L_1 会怎么样呢？假如 C_{GS1}/g_m 恒定，NF 仍然接近 1，然而式(5.90)中的电路跨导降为零[一]，即电路的噪声系数达到 0dB，但同样增益也为 0。◀

上面的例子显示，通过尽可能地增大 L_G 值，可以提供一个从 V_{in} 到 M_1 栅极的增益，进而使噪声系数降到最低。读者可以证明这个增益为

$$\frac{V_G}{V_{in}}=\frac{1}{2}\left(1+\frac{L_G\omega_0}{R_S}\right) \tag{5.96}$$

式中，$L_G\omega_0/R_S$ 表示串联网络 L_G 和 R_S 的 Q 值。实际上如接下来所述的，设计流程一开始直接让 L_G(一般是片外电感)取最大值，且忽略其寄生电容。输入网络的电压增益(一般为 6dB)确实降低了 LNA 的 IP_3 和 P_{1dB}，但是在大多数情况下最后得到的结果仍然是足够大的。

现在将注意力转移到电路的输出节点。如 5.3.1 节所述，由于 C_{GD} 的反馈，与共源极连接的感性负载引入了负电阻，所以可在输出支路中引入一个级联 MOS 管来抑制这个影响。图 5.37 表示了此结构的电路，其中 R_1 表示 L_D 的损耗。电压增益等于电路的跨导(见式(5.91))和负载电阻 R_1 的乘积[二]：

$$\frac{V_{out}}{V_{in}}=\frac{\omega_T}{2\omega_0}\frac{R_1}{R_S} \tag{5.97}$$

$$=\frac{R_1}{2L_1\omega_0} \tag{5.98}$$

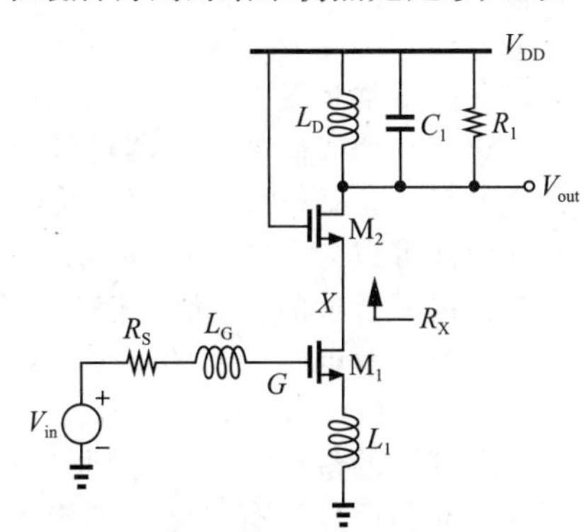

图 5.37　感性负反馈共源共栅极 LNA

C_{GD1} 对输入阻抗的影响可能仍然需要注意，因为 M_2 源端的等效阻抗 R_X 会在输出共振频率处急剧上升。从式(5.64)可得：

$$R_X=\frac{R_1+r_{O2}}{1+g_m r_{O2}} \tag{5.99}$$

利用跨导式(5.90)和式(5.96)中的 V_G/V_{in}，计算从 M_1 栅极到漏极的电压增益：

$$\frac{V_X}{V_G}=\frac{R_S}{L_1\omega_0}\cdot\frac{R_1+r_{O2}}{(1+g_{m2}r_{O2})(R_S+L_G\omega_0)} \tag{5.100}$$

因为 $R_S \gg L_1\omega_0$(为什么?)且乘积第二项一般接近于 1 或比 1 更高，在输出共振频率处 C_{GD1} 可能受到密勒乘积项的影响。

在前面噪声系数的计算中未包含 M_2 的噪声分析。与 5.3.3 节建立的级联共栅极结构一样，如果电路的工作频率大致上超过$(2r_{O1}C_X)^{-1}$，级联器件的噪声开始表现出来。

例 5.15　确定图 5.37 所示的级联 CS 级的噪声系数。其中考虑 R_1 的噪声影响，但忽略 M_2 产生的噪声。

解：用 R_1 的噪声除以 R_S 的噪声与式(5.98)给出的增益之和，再加上(5.95)计算出的噪声系数，可得到级联共源极 LNA 的噪声系数为：

$$\mathrm{NF}=1+g_m R_S\gamma\left(\frac{\omega_0}{\omega_T}\right)^2+\frac{4R_S}{R_1}\left(\frac{\omega_0}{\omega_T}\right) \tag{5.101}$$ ◀

[一] 如果 C_{GS1}/g_m 是常数且 L_1 增加，输入会不匹配且不满足式(5.95)。

[二] 假定共源共栅的输出阻抗远大于 R_1。

3. 设计步骤

在对图5.37所示的共源共栅极LNA有很好的理解后，现在来学习该电路的设计过程。读者可以先回忆一下共栅极电路的设计流程。整个设计流程围绕4个已知条件：工作频率ω_0、负反馈电感值L_1、输入焊盘电容C_{pad}以及输入串联电感L_G。后3个条件都具有一定的灵活度，但选择合适的值，并反复验证，对于设计是很有帮助的。

设计的主要依据是以下公式：

$$\frac{1}{(L_G+L_1)(C_{GS1}+C_{pad})}=\omega_0^2 \tag{5.102}$$

$$\left(\frac{C_{GS1}}{C_{GS1}+C_{pad}}\right)^2 L_1\omega_T=R_S \tag{5.103}$$

当ω_0已知时，由式(5.102)计算出C_{GS1}，由式(5.103)计算出ω_T和$g_m(=\omega_T C_{GS1})$。重新根据图5.25中g_m和f_T的关系，来确定所设定的晶体管宽度是否可以同时产生所需的g_m和f_T。在深亚微米工艺下和工作频率高达几十GHz时，f_T很可能会“太高”，但焊盘电容会使输入电阻降低，进而缓解该问题。如所需的f_T非常低，还可以通过外加一个电容到C_{pad}来满足要求。相反，如果需要的焊盘，电容值很大，以满足非常高的f_T，可以通过增加负反馈电感来达到所需的值。

接下来令级联的共栅器件的尺寸等于对应的输入晶体管的尺寸。在学习5.3.3节共源共栅的CG级部分时提到过，共栅器件的宽度对性能的影响微乎其微。此外，M_1和M_2的版图设计可以参照图5.27所示的结构，以减小节点X处的电容。

再选择合适的L_D值，使其能与M_2的“漏－衬底”电容、“漏－栅”电容、下一级的输入电容以及电感本身的寄生电容在谐振频率ω_0处产生谐振。如果L_D的并联等效电阻导致增益$R_1/(2L_1\omega_0)$比所需的大，那么可以并联一个电阻以降低增益，同时增加带宽。

在设计的最后一步，必须仔细研究输入匹配。由于C_{GD1}存在密勒乘积项(见例5.12)，使其实部和虚部值有可能与理想状况存在出入，因此有必要对L_G的值做一些调整。

上述设计过程通常可以保证设计具有相对较低的噪声系数，大约为1.5～2dB，当然，这也取决于L_G在没有过大的寄生电容情况下可以取到多大。换一个角度，设计过程也可以从已知的值NF、L_1和下面的两个方程式入手：

$$\mathrm{NF}=1+g_{m1}R_S\gamma\left(\frac{\omega_0}{\omega_T}\right)^2 \tag{5.104}$$

$$R_S=\left(\frac{C_{GS1}}{C_{GS1}+C_{pad}}\right)^2 L_1\omega_T \tag{5.105}$$

上面的式子忽略了共栅晶体管的噪声和负载噪声。这样可以计算ω_T和g_{m1}的值($g_{m1}/C_{GS1}\approx\omega_T$)。如果图5.25中该器件的$f_T$太高，那么$C_{GS1}$可以选择并联一个附加电容。最后，由式(5.102)可以求得L_G(如果先进的封装技术可以使电感最小，那么L_1可以集成在芯片上且设定一个很小的值)。

LNA的整体设计如图5.38所示，其中天线采用容性方式连接到接收机，以便将外部连接和LNA的偏置隔离。M_1的偏置电流由M_B和I_B建立，而电阻R_B和电容C_B使信号路径与偏置电流I_B和M_B的噪声隔离。M_1的“源-衬底”电容和M_1源极处的焊盘电容可能会轻微地改变输入阻抗，这一点在仿真时必须考虑进去。

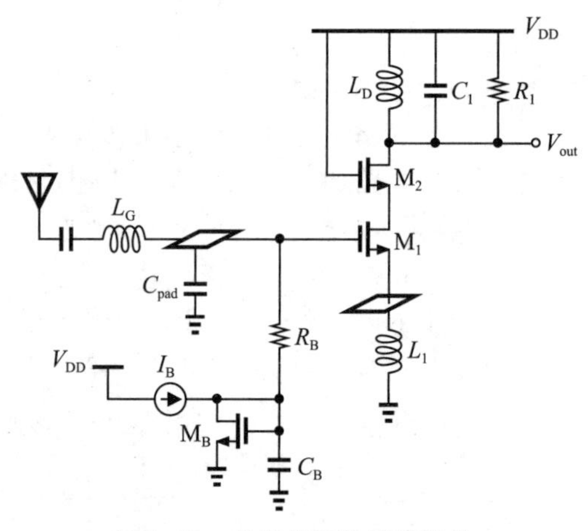

图5.38 有焊盘和偏置网络的感性负反馈共源极

例 5.16 图 5.38 中的 R_B 怎样选择？

解： 由于 R_B 与信号路径可以看作并联，因此其值必须最大化。$R_B=10R_S$ 足够高吗？如图 5.39 所示，R_S 和 L_G 可以由串联形式等效变换为并联形式，且 $R_P\approx Q^2R_S\approx(L_G\omega_0/R_S)^2R_S$。由式(5.96)可知，输入端增益为 2 时要求 $Q=3$，以使 $R_P\approx450\Omega$。因此，$R_B=10R_S$ 变得与 R_P 大小相当，从而增大了噪声系数，降低了电压增益。换句话说，R_B 必须远大于 R_P。

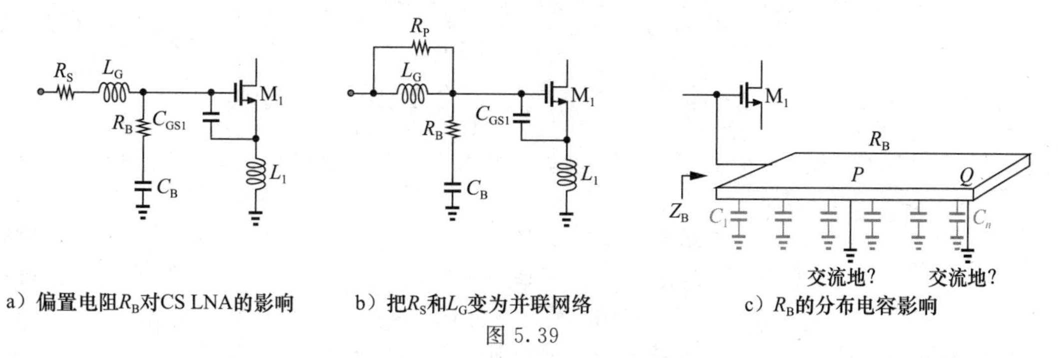

a）偏置电阻 R_B 对CS LNA的影响　　b）把 R_S 和 L_G 变为并联网络　　c）R_B 的分布电容影响

图 5.39

大电阻可能意味着较大的寄生电容，然而即使会引入更大的整体寄生电容，增加电阻的长度并不能增强信号路径的带载能力。为了理解这一点，考虑图 5.39c 所示的结构，其中，R_B 的寄生电容用分布式元件 $C_1\sim C_n$ 表示。P 或 Q 之间哪个节点应当旁路到地？我们意识到，如果 Q 被旁路，即使更长的电阻寄生电容更大，Z_B 值也会变得更高。因此，较长的偏置电阻更好些。换个思路而言，也可在此处利用一个小 MOSFET 作为电阻来使用。◀

对于 CG LNA 和 CS LNA 拓扑结构之间的选择，是由输入匹配的鲁棒性与噪声系数的下限之间的折中来确定的。前者(CG)提供了精确的相对独立于封装寄生的输入电阻，而后者(CS)具有较低的噪声系数。因此，如果需要的 LNA 噪声系数在 4dB 左右，选择 CG 级，如果需要更低值时选择 CS 级。

CG 和 CS LNA 之间的另外一个很有意思的区别在于，负载电阻 R_1 对噪声系数的影响在这两者中是不同的。式(5.58)表明，对于 CG 级这个影响因子为 $4R_S/R_1$，等于 4 除以从输入源到输出的电压增益。因此，对于典型的增益为 10 的放大器，这种影响达到了 0.4，是一个非常显著的值。在另一方面，对于感性负反馈 CS 级，式(5.101)表示贡献等于 $4R_S/R_1$ 乘以 (ω_0/ω_T)。因此，当工作频率远低于晶体管 f_T 时，R_1 的噪声贡献可忽略不计。

例 5.17 据说，CG 级比感性负反馈 CS 级能在更大的带宽内保持输入匹配，这种说法正确吗？

解： 考虑如图 5.40 所示的两个 LNA 结构的等效电路，其中 $R_1=50\Omega$，C_1 和 C_2 大致相等，而电感代表(必然存在的)键合线。对于图 5.40a 所示的共源极，有：

$$\mathrm{Re}\{Z_{in1}\}=R_1 \tag{5.106}$$

$$\mathrm{Im}\{Z_{in1}\}=\frac{L_1C_1\omega^2-1}{C_1\omega} \tag{5.107}$$

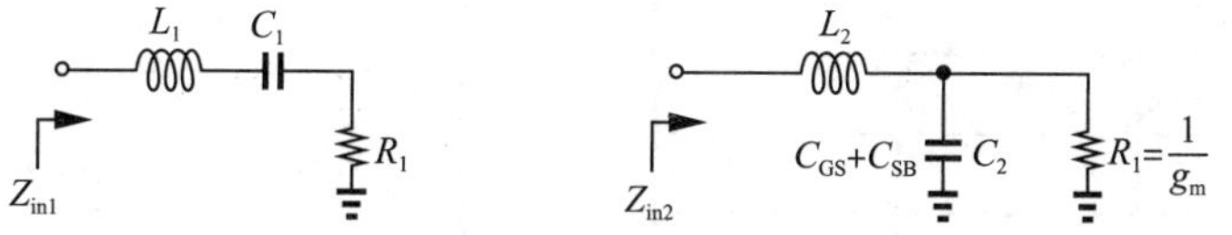

a）CS LNA的输入网络　　b）CG LNA的输入网络

图 5.40

如果目标中心频率为 $\omega_0(=1/\sqrt{L_1C_1})$，且 $\omega=\omega_0+\Delta\omega$，那么

$$\mathrm{Im}\{Z_{\mathrm{in1}}\} \approx 2L_1\Delta\omega\frac{L_1\Delta\omega}{\omega_0} \tag{5.108}$$

即阻抗的虚部正比于偏离中心频率的偏差，限制了带宽的大小，并使带宽内的$|S_{11}|$维持在相对较低的值。

另一方面，对于如图5.40b所示的共栅极网络，

$$\mathrm{Re}\{Z_{\mathrm{in2}}\} = \frac{R_1}{1+R_1^2C_2^2\omega^2} \tag{5.109}$$

$$\mathrm{Im}\{Z_{\mathrm{in2}}\} = L_2\omega - \frac{R_1^2C_2\omega}{1+R_1^2C_2^2\omega^2} \tag{5.110}$$

实际上，$1/(R_1C_2)$与晶体管的ω_T相当(例如，若$R_1=1/g_m$且$C_2=C_{GS}$，那么$1/(R_1C_2)\approx\omega_T$)。这样，对于$\omega\ll\omega_T$，有：

$$\mathrm{Re}\{Z_{\mathrm{in2}}\} \approx R_1 \tag{5.111}$$

$$\mathrm{Im}\{Z_{\mathrm{in2}}\} \approx (L_2 - R_1^2C_2)\omega \tag{5.112}$$

有趣的是，若$L_2=R_1^2C_2$，那么$\mathrm{Im}\{Z_{\mathrm{in2}}\}$减为0，即与频率无关了。因此CG级实际上在输入端提供了更大的带宽，这是此种电路结构的另一个优势。◀

例5.18 用65nm CMOS工艺设计中心频率为5.5GHz的CS LNA电路。

解：从1nH的负反馈电感以及例5.11中的CG级输入晶体管开始设计。有趣的是，当焊盘电容的值为50fF，输入电阻恰好约为60Ω。没有焊盘电容的话，$\mathrm{Re}\{Z_{\mathrm{in}}\}$的值将接近600Ω。因此，可简单地在栅极串联足够大的电感(比如$L_G=12\mathrm{nH}$)，以使无功分量在5.5GHz时为0。共栅器件和输出网络的设计与CG级是相同的。

图5.41显示了设计案例，图5.42为其仿真特性。可观察到CS级比例5.11中的CG级有着更高的增益、更低的噪声系数和更窄的带宽表现。

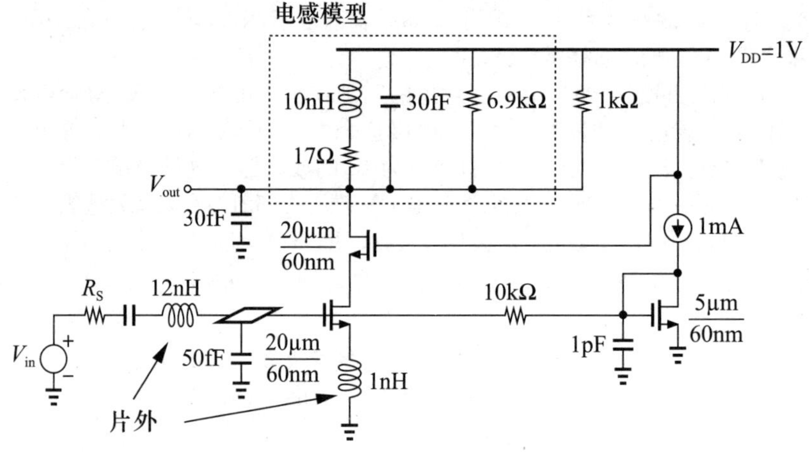

图5.41 CS LNA设计案例

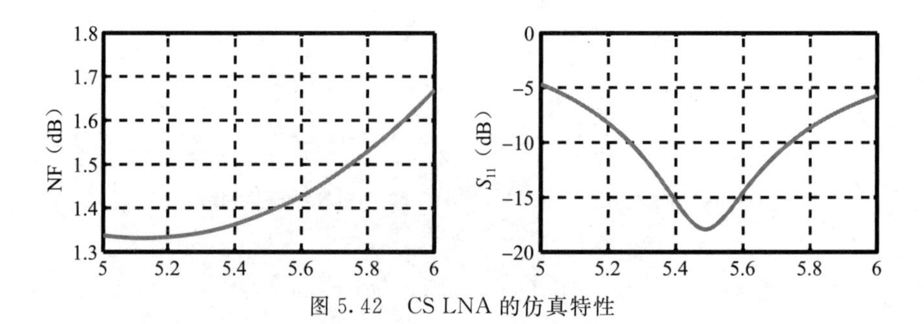

图5.42 CS LNA的仿真特性

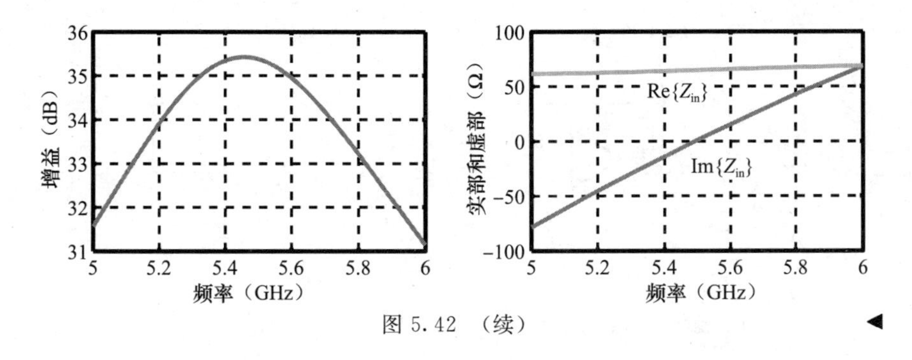

图 5.42　（续）

5.3.5　共栅极 LNA 的变形

如式(5.57)所示，如果沟长调制可以忽略，CG 级的噪声系数和输入匹配是密切相关的，在早期的 CMOS 技术中这是一种常见的情况。出于该原因，我们努力提升设计的另一种自由度来避免这种相关性。本节将介绍两个这样的例子。

图 5.43㊀所示为“电压－电压”反馈结构[3]。反馈电路检测输出电压，经过增益为 α 的放大器放大(或衰减)后，再和输入端相减(注意：由于 $I_{D1}\propto V_F-V_{in}$，所以 M_1 可以看作减法器)。环路增益可以通过断开 M_1 栅极回路的方式求得，其值等于 $g_mZ_L\cdot\alpha$㊁。如果忽略沟长调制和体效应，闭环输入阻抗等于开环输入阻抗 $1/g_m$ 乘以 $1+g_mZ_L\alpha$：

$$Z_{in}=\frac{1}{g_m}+\alpha Z_L \tag{5.113}$$

当发生谐振时

$$Z_{in}=\frac{1}{g_m}+\alpha R_1 \tag{5.114}$$

图 5.43　带反馈的 CG LNA

因此，输入电阻可以比 $1/g_m$ 大很多，但噪声系数会如何呢？首先结合电路图 5.44a 来计算增益。从节点 X 到输出的电压增益等于开环增益 g_mR_1 除以 $1+\alpha g_mR_1$(在谐振频率处)。因此从输入到输出的总电压增益如下：

$$\frac{V_{out}}{V_{in}}=\frac{Z_{in}}{Z_{in}R_S}\cdot\frac{g_mR_1}{1+\alpha g_mR_1} \tag{5.115}$$

$$=\frac{R_1}{\dfrac{1}{g_m}+\alpha R_1+R_S} \tag{5.116}$$

若输入匹配，这个值减小为 $R_1/(2R_S)$。

为计算输出噪声，构造的电路如图 5.44b 所示，其中 V_{n1} 表示 M_1 的噪声电压，忽略反馈电路的噪声。由于流经 R_S 的电流等于 $-V_{n,out}/R_1$(为什么?)，所以可得到 $V_{GS1}=\alpha V_{n,out}+V_{n1}+V_{n,out}R_S/R_1$。$g_mV_{GS1}$ 与 $-V_{n,out}/R_1$ 相等，则有：

$$g_m\left(\alpha V_{n,out}+V_{n1}+\frac{R_S}{R_1}V_{n,out}\right)=-\frac{V_{n,out}}{R_1} \tag{5.117}$$

且

$$V_{n,out}\big|_{M_1}=\frac{-g_mV_{n1}}{g_m\left(\alpha+\dfrac{R_S}{R_1}\right)+\dfrac{1}{R_1}} \tag{5.118}$$

㊀　这种结构最初是为双极型器件所设计的。

㊁　Z_L 的值包括了反馈电路的输入阻抗。

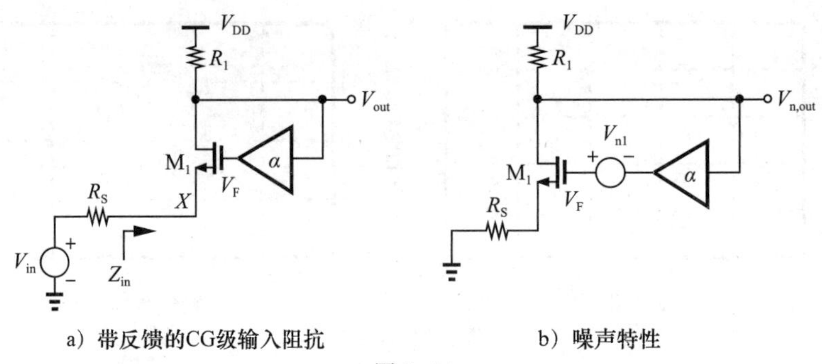

a）带反馈的CG级输入阻抗　　b）噪声特性

图 5.44

注意到 R_1 的噪声电流被乘以了电路输出阻抗 R_{out}，读者可以证明 R_{out} 等于 R_1 与$(1+g_mR_S)/(\alpha g_m)$并联的值。将此噪声与 M_1 的噪声相加，并且将结果除以式(5.116)的平方以及 $4kTR_S$，假定输入匹配时，我们有：

$$\mathrm{NF}=1+\frac{\gamma}{g_mR_S}+\frac{R_S}{R_1}\left(1+\frac{1}{g_mR_S}\right)^2 \tag{5.119}$$

显而易见，通过增加 g_m 可以降低 NF 的值。注意到这个结果与简单 CG 级的公式(5.57)相同，只不过此处的 g_mR_S 不需要归一化。例如，若 $g_mR_S=4$ 且 $\gamma=1$，那么前两项产生的噪声系数为 0.97dB。在例 5.15 中，在不忽略沟长调制的情况下，会再对这一结论进行检验。

例 5.19 如何选择上述电路中的反馈因子 α？

解： 从选择 g_mR_S 和 $R_1/(2R_S)$开始设计，以获得所需的噪声系数和电压增益 A_v。在输入匹配时，有 $g_mR_S-1=\alpha g_mR_1=\alpha g_m(2A_vR_S)$。那么

$$\alpha=\frac{g_mR_S-1}{2g_mR_SA_v} \tag{5.120}$$

例如，若 $g_mR_S=4$ 且 $A_v=6(=15.6\mathrm{dB})$，那么 $R_1=600\Omega$，因而 $\alpha=1/16$。◀

CG LNA 的另一种变形采用了前馈结构，以避免输入电阻和噪声系数之间的紧密耦合关系[4]。如图 5.45a 所示，这个构想是将输入放大$-A$ 倍，并将结果应用到 M_1 的栅极。对于输入电压变化量 ΔV，栅源电压的变化为$-(1+A)\Delta V$，漏极电流的变化为$-(1+A)g_m\Delta V$。因此 g_m “增加”了$(1+A)$倍[4]，同时输入阻抗降为 $R_{in}=[g_m(1+A)]^{-1}$，从源极到漏极的电压增益提高到了$(1+A)g_mR_1$(谐振时)。

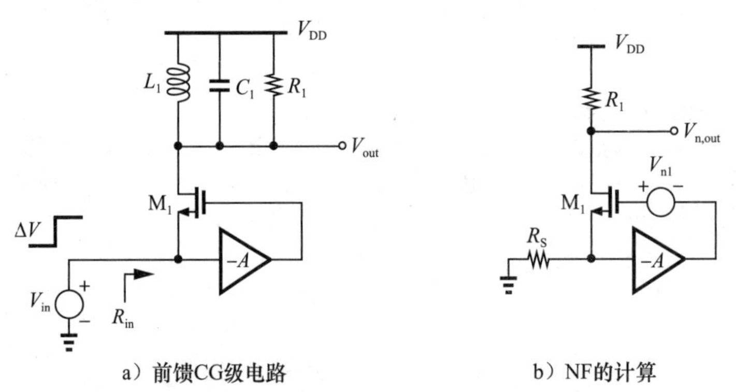

a）前馈CG级电路　　b）NF的计算

图 5.45

结合图 5.45b 所示的等效电路，现在来计算电路的噪声系数。由于流过 R_S 的电流等于$-V_{n,out}/R_1$，源极电压为$-V_{n,out}R_S/R_1$，而栅极电压为$(-V_{n,out}R_S/R_1)(-A)+V_{n1}$。将 g_m 乘以栅源电压并令其等于$-V_{n,out}/R_1$，则有：

$$g_{\mathrm{m}}\left(A\frac{R_{\mathrm{S}}}{R_1}V_{\mathrm{n,out}}+V_{\mathrm{n1}}+\frac{R_{\mathrm{S}}}{R_1}V_{\mathrm{n,out}}\right)=-\frac{V_{\mathrm{n,out}}}{R_1}\tag{5.121}$$

且

$$V_{\mathrm{n,out}}\big|_{\mathrm{M1}}=\frac{-g_{\mathrm{m}}R_1V_{\mathrm{n1}}}{(1+A)g_{\mathrm{m}}R_{\mathrm{S}}+1}\tag{5.122}$$

若输入匹配，这个表达式的值减小到$-g_{\mathrm{m}}R_1V_{\mathrm{n1}}/2$，这表明 M_1 一半的噪声电流经过 R_1 ㊀。若输入匹配，从图 5.45b 中 R_{S} 左端到输出端的电压增益等于$(1+A)g_{\mathrm{m}}R_1/2$。因此，把 M_1 和 R_1 的输出噪声贡献相加，将结果除以这个增益的平方以及 R_{S} 的噪声大小，并加 1 得到：

$$\mathrm{NF}=1+\frac{\gamma}{1+A}+\frac{4R_{\mathrm{S}}}{R_1}\tag{5.123}$$

此式表明，利用限制条件 $g_{\mathrm{m}}(1+A)=R_{\mathrm{S}}^{-1}$(目的是输入匹配)，增加 A 可以降低 NF。

上述分析忽略了图 5.45a 中增益级 A 的噪声。例 5.17 说明，这一级的输入参考噪声 $\overline{V_{\mathrm{nA}}^2}$ 会被乘以 A 后再加到式(5.122)的 V_{n1} 中，从而总噪声系数为

$$\mathrm{NF}=1+\frac{\gamma}{1+A}+\frac{4R_{\mathrm{S}}}{R_1}+\frac{A^2}{(1+A)^2}\frac{\overline{V_{\mathrm{nA}}^2}}{4kTR_{\mathrm{S}}}\tag{5.124}$$

换句话说，$\overline{V_{\mathrm{nA}}^2}$ 以 $A^2/(1+A)^2$ 的倍数折算到输入端，这个倍数实际上与 1 非常接近。出于这个原因，通过有源电路实现 A 是很困难的。

通过使用片上变压器可能实现这样的电压增益。如图 5.46 所示[4]，当一次和二次绕组间的耦合因子为 k 且绕组匝比为 $n(=\sqrt{L_2/L_1})$时，变压器可以提供 kn 的电压增益，通过选择电流的方向可以产生负号。但片上变压器的结构使其很难达到比 3 更高的电压增益，即使是采用层叠螺旋结构也是如此[5]。除此之外，一次和二次绕组的损耗也会引入噪声。

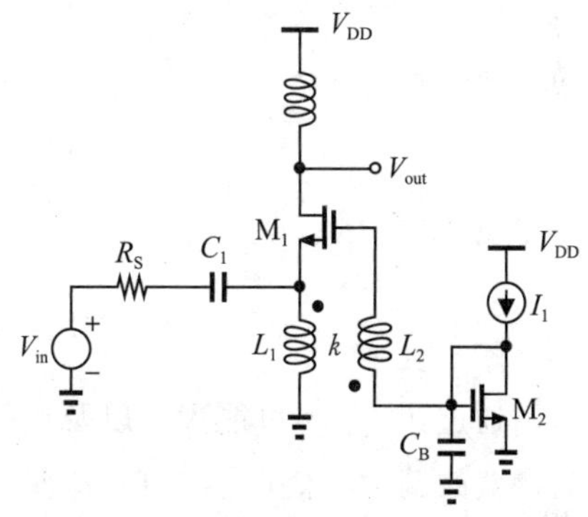

图 5.46　变压器前馈 CG 级电路

5.3.6　降噪 LNA

在之前推导出的 LNA 噪声系数中，我们主要着眼于以下 3 个值：由 R_{S} 本身噪声引起的归一化的值、代表输入晶体管的噪声值以及与负载电阻噪声相关的项。“降噪 LNA”旨在消除第二个值的影响[6]。其基本的原则是，找到电路中信号极性相反而输入晶体管噪声具有相同极性的两个节点。如图 5.47 所示，如果节点 X 和 Y 满足这个条件，那么可以对这两个节点处的电压进行测量和相加操作，实现信号分量相加而噪声分量抵消的效果。

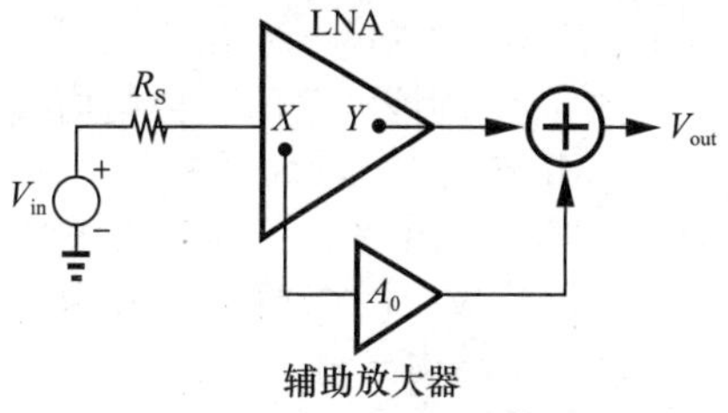

图 5.47　降噪 LNA 概念图

5.3.2 节所探讨的电阻反馈 CS 级是很好的降噪结构，因为 M_1 的噪声电流流过 R_{F} 和 R_{S}，在晶体管的栅极和漏极产生具有相同极性的电压，如图 5.48a 所示。另一方面，信号则会产生反向极性。因此，如果 V_{X} 乘以放大系数$-A_1$ 再加上 V_{Y}，则其中 M_1 的噪声分量被消除了[6]，如图 5.48b 所示。由于在节点 Y 和 X 处的噪声电压的比率是 $1+R_{\mathrm{F}}/R_{\mathrm{S}}$(为什么?)，所以选择让 $A_1=1+R_{\mathrm{F}}/R_{\mathrm{S}}$。信号有两个额外增益：原始增益 $V_{\mathrm{Y}}/V_{\mathrm{X}}=1-g_{\mathrm{m}}R_{\mathrm{F}}=1-R_{\mathrm{F}}/R_{\mathrm{S}}$(输入匹配时)和附加增益$-(1+R_{\mathrm{F}}/R_{\mathrm{S}})$。因此可以得到：

㊀ 请读者思考：另一半噪声电流去了哪里？

$$\frac{V_{out}}{V_X}=1-\frac{R_F}{R_S}-\left(1+\frac{R_F}{R_S}\right) \tag{5.125}$$

$$=-\frac{2R_F}{R_S} \tag{5.126}$$

如果输入匹配，增益 V_{out}/V_{in} 就等于这个值的一半。

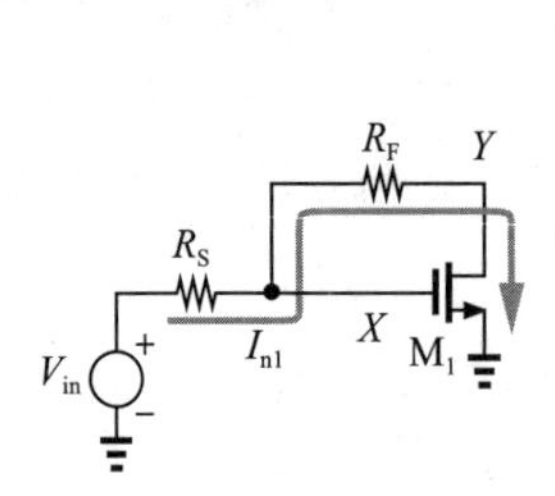

a）反馈CS级输入晶体管噪声

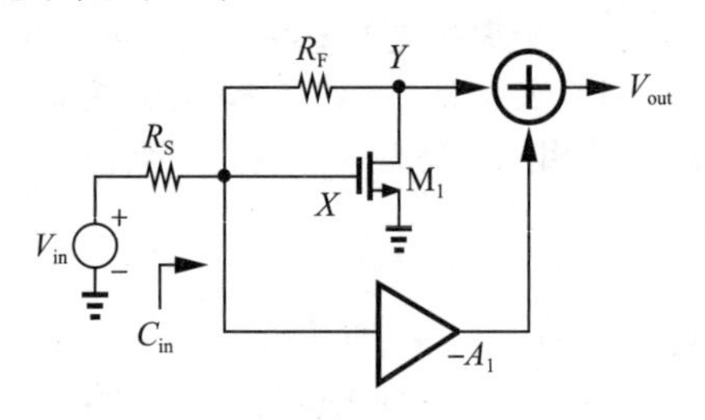

b）消除M_1的噪声

图 5.48

现在来计算电路的噪声系数，假定辅助放大器的输入参考噪声电压为 V_{nA1}，且具有高输入阻抗。之前在5.3.2节中学习过，R_F 的噪声电压会直接反应在输出端，其值为 $4kTR_F$。输出噪声加上 $A_1^2\overline{V_{nA1}^2}$ 再除以$(R_F/R_S)^2$ 和 $4kTR_S$，最后加上1，得到总的噪声系数：

$$NF=1+\frac{R_S}{R_F}+A_1^2\overline{V_{nA1}^2}\frac{R_S}{4kTR_F^2} \tag{5.127}$$

由于 $A_1=1+R_F/R_S$，

$$NF=1+\frac{R_S}{R_F}+\frac{\overline{V_{nA1}^2}}{4kTR_S}\left(1+\frac{R_S}{R_F}\right)^2 \tag{5.128}$$

所以通过让 R_F 尽可能大，以及让 $\overline{V_{nA1}^2}$ 最小，可以使噪声系数NF最小化。注意，R_S/R_F 为增益的倒数，值远小于1，这使得第三项的值约等于 $\overline{V_{nA1}^2}/(4kTR_S)$。这也表明，由于辅助放大器的噪声直接反映到输入端，因此反馈电阻必须比 R_S 小得多才行。

由 M_1 和辅助放大器引起的输入电容 C_{in} 降低了 S_{11} 参数和噪声抵消性能，由此需要在输入端串联(或并联)一个电感，从而让电路能工作在非常高的频率下。读者可以证明[6]，噪声系数与频率的关系可表示为

$$NF(f)=NF(0)+[NF(0)-1+\gamma]\left(\frac{f}{f_0}\right)^2 \tag{5.129}$$

其中，NF(0)由式(5.128)给出且 $f_0=1/(\pi R_S C_{in})$。

图5.49为该电路的一种结构实现[6]。在这里，M_2 和 M_3 作为CS放大器提供了 $g_{m2}/(g_{m3}+g_{mb3})$ 的电压增益，同时也相当于加法电路。晶体管 M_3 作为一个源极跟随器感测信号和 M_1 的漏极噪声。第一级电路结构与例5.7中的类似。

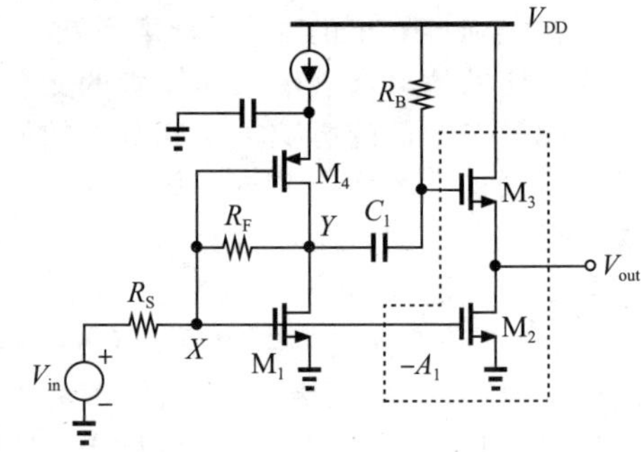

图 5.49　降噪LNA示例

例5.20 图5.50所示为降噪LNA的另外一种结构，可实现单端到差分的转换。忽略沟长调制效应，确定此时电路的降噪条件并推导噪声系数。

解： 电路的降噪原理如下：①M_1 产生的噪声 V_{n1} 中有一路通过源跟随器传递到节点 X，另一路通过共源极传递到节点 Y，因此在这两个节点上噪声正好呈现相反的极性；②信号都通过共栅路径传到 X 和 Y，因此表现出相同的极性。如果输入匹配，晶体管 M_1 的噪声电压折算到 X 节点处只有原值的一半(为什么?)。晶体管 M_2 检测到这种噪声并将

其放大 $-g_{m2}R_2$ 倍。读者可以证明 M_1（在 Y 节点处）引起的 CG 级输出噪声等于 $(V_{n1}/2)g_{m1}R_1$。为了消除噪声，必须有：

$$g_{m1}R_1\frac{V_{n1}}{2}=g_{m2}R_2\frac{V_{n1}}{2} \tag{5.130}$$

且由 $g_{m1}=1/R_S$ 知：

$$R_1=g_{m2}R_2R_S \tag{5.131}$$

若 M_1 的噪声被消除，那么噪声系数由 M_2、R_1 和 R_2 贡献。Y 节点处的噪声等于 $4kTR_1$，N 处的噪声等于 $4kT\gamma g_{m2}R_2^2+4kTR_2$。由于总电压增益 $V_{out}/V_{in}=(g_{m1}R_1+g_{m2}R_2)/2=g_{m1}R_1=R_1/R_S$，所以有：

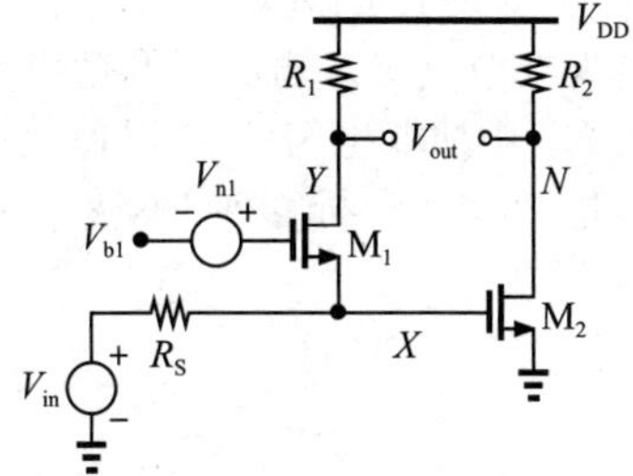

图 5.50　CG/CS 级作为降噪 LNA

$$\mathrm{NF}=1+\left(\frac{R_S}{R_1}\right)^2(4kTR_1+4kT\gamma g_{m2}R_2^2+4kTR_2)\frac{1}{4kTR_S} \tag{5.132}$$

$$=1+\frac{R_S}{R_1}+\gamma\frac{R_2}{R_1}+\frac{R_SR_2}{R_1^2} \tag{5.133}$$ ◀

上述噪声消除技术的主要优点是，电路在提供反馈或 CG 级的宽带特性的同时，具有较低的噪声系数。因此该电路适合于在不同的频带或在很宽的频率范围内（例如，900MHz～5GHz）工作的系统。

5.3.7　电抗抵消 LNA

可以设计出本质上能消除输入电容影响的 LNA 拓扑结构，如图 5.51a 所示[7]，这个构想是利用负反馈放大器的电感性输入阻抗来消除输入电容 C_{in} 的。如果核心放大器的开环传递函数是单极点系统，比如为 $A_0/(1+s/\omega_0)$，那么其输入导纳由下式给出：

$$Y_1(s)=\frac{s+(A_0+1)\omega_0}{R_F(s+\omega_0)} \tag{5.134}$$

由此有：

$$\frac{1}{\mathrm{Re}\{Y_1\}}=\frac{R_F(\omega^2+\omega_0^2)}{(1+A_0)\omega_0^2} \tag{5.135}$$

$$\mathrm{Im}\{Y_1\}=\frac{-A_0\omega\omega_0}{R_F(\omega^2+\omega_0^2)} \tag{5.136}$$

当频率远低于 ω_0 时，$1/\mathrm{Re}\{Y_1\}$ 变为 $R_F/(1+A_0)$，可以令它等于 R_S，并且 $\mathrm{Im}\{Y_1\}$ 大约为 $-A_0\omega/(R_F\omega_0)$，以消去 $C_{in}\omega$。图 5.51b 表示了 $1/\mathrm{Re}\{Y_1\}$ 和 $-\mathrm{Im}\{Y_1\}$ 的特性。

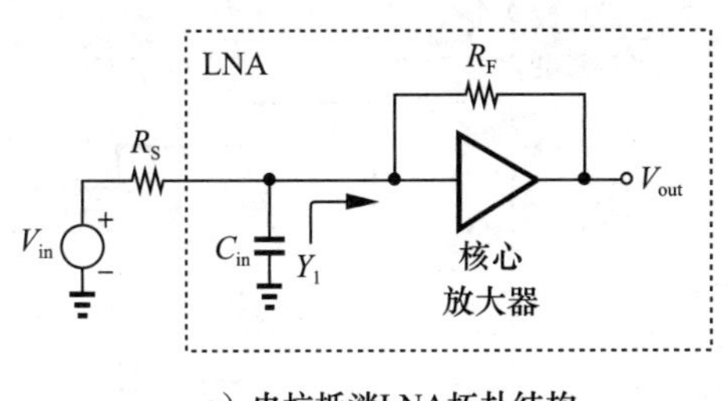

a）电抗抵消LNA拓扑结构

b）Y_1的分量与频率的关系

图 5.51

由上述方法得到的输入匹配适用于高达 ω_0 的频率，即表明核心放大器的开环带宽能达到的最高目标频率。深亚微米器件本征速度提供了这里所需的增益和带宽。

读者也许会好奇，单极点核心放大器的结论是否也适用于多极点的情况。下面来阐述这一点。

图 5.52 表示频率范围在 50MHz～10GHz 的放大电路[7]。三级共源放大电路提供增益

并建立了负反馈。电路未采用级联和源极跟随器来保持较高的电压裕度。输入晶体管 M_1 有与 50MHz 的闪烁噪声要求相称的宽度，因而对应的 V_{GS} 约为 200mV。如果同样的电压出现在节点 Y，输出摆幅就没有裕度了，进而会限制电路的线性度。要解决此问题，可以从 R_F 中抽取电流 I_1，以便使 Y 处的静态电压上升大约 250mV。由于 $R_F=1\text{k}\Omega$，I_1 只需要是 200μA，折算到 LNA 输入端的噪声可忽略不计[㊀]。

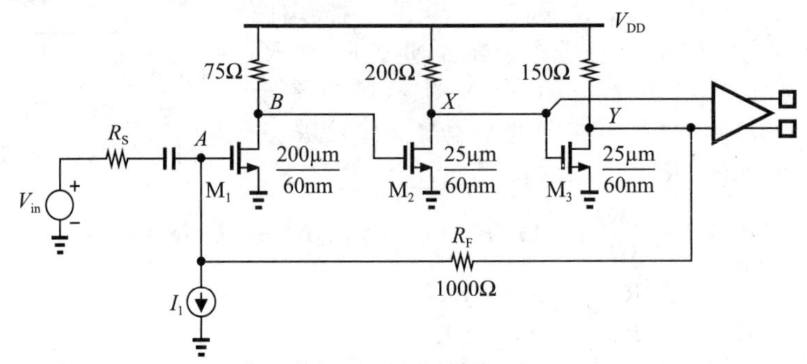

图 5.52 电抗抵消 LNA 的实现

由于该 LNA 是三级放大结构，其相位裕度可能会较小，并且会有大量的频率响应峰值。在这种电路的设计中，节点 A、B、X 和 Y 的开环极点分别在 10GHz、24.5GH、22GHz 和 75GHz，因而导致了明显的相移。然而，由于反馈因子较小，仅为 $R_S/(R_S+R_F)=0.048$，意味着电路仍有大约 50°的相位裕度和 1dB 的闭环频率响应峰值。

图 5.52 中多极点 LNA 的输入阻抗包含了一个电感分量，但其特性的分析比上述分析更复杂。幸运的是，仿真证实，若在 B、X 和 Y 的极点是“集总”的(即加入了它们的时间常数)，那么用单极点近似法仍然可以准确预测输入导纳。上面提到的极点频率塌陷到等效值 $\omega_0=2\pi(9.9\text{GHz})$，这表明 Y_1 的实部和虚部能够将所期望的特性一直保持到认知无线电频带的边缘。

LNA 的输出在节点 X 和 Y 之间，即使这些节点输出摆幅不等，或者其相位差超过了 180°，伪差分检测依然提高了增益和 IP_2 的值，后者是因为在 X 和 Y 处的二阶失真使其在 V_Y-V_X 中被抵消了一部分[㊁]。

5.4 增益切换

接收机检测到的信号动态范围可以达到 100dB。例如蜂窝移动电话靠近基站时，其可接收到的信号电平高达 −10dBm；但如果是在地下车库中其接收到的信号电平就低至 −110dBm。接收机追求最高的灵敏度，但当输入的电平不断提高时，接收机链也必须能准确检测信号。这要求输入信号为大信号时，放大器每级的增益减少，以使得后续级保持线性关系。当然，当接收机的增益降低时，其噪声系数升高。因此必须在降低增益的同时，保证灵敏度的降低程度小于所接收信号电平的增加程度，即使得信噪比不会降低。图 5.53 给出了一个典型的方案。

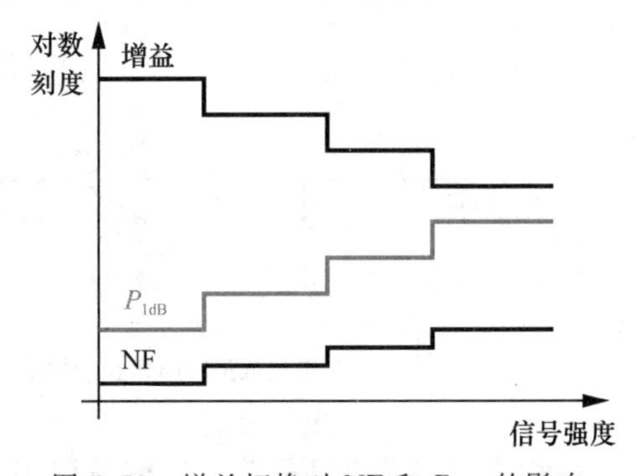

图 5.53 增益切换对 NF 和 P_{1dB} 的影响

㊀ 或者可以在反馈路径中利用电容耦合。但由于所需的电容值比较大，会引入额外的寄生现象。

㊁ 为确保存在封装寄生效应情况下的稳定性，在 V_{DD} 和 GND 之间必须放置 10～20pF 的电容。

LNA 增益切换必须解决几个问题：①它对输入匹配的影响可以忽略不计；②它必须提供足够小的“增益阶数”；③执行增益切换的附加器件不能降低 LNA 的原有速度；④对于高输入信号电平，增益切换还必须使 LNA 有更高的线性度，保证切换级并不会限制接收机的线性度。如接下来所述的，某些 LNA 拓扑结构更适用于增益切换。

首先来考虑共栅极电路。我们可以通过减少输入晶体管的跨导减小增益吗？要保持在输入匹配情况下切换增益，则可以插入与输入并联的电阻来降低 g_m。图 5.54 展示了这样的例子[8]，其中输入晶体管被分解成两个，即 M_{1x} 和 M_{1y}，如果晶体管 M_2 处于导通状态，它会引入一个并联电阻。在“高增益模式”下，增益选择线 GS 是高电平，使 M_{1x} 和 M_{1y} 并联，且 M_2 是关断的。在“低增益模式”下 M_{1y} 关断，降低了增益，M_2 导通，从而确保 $R_{on2} \parallel (g_{m1x}+g_{mb1x})^{-1}=2R_S$。例如，为了减少 6dB 增益，可以选择 M_{1x} 和 M_{1y} 的尺寸相等，且 $R_{on2}=(g_{m1x}+g_{mb1x})^{-1}=2R_S$。(为什么?)另外，$M_{1y}$ 的栅极由一个电容安全接地，以避免高频下开关的导通电阻。

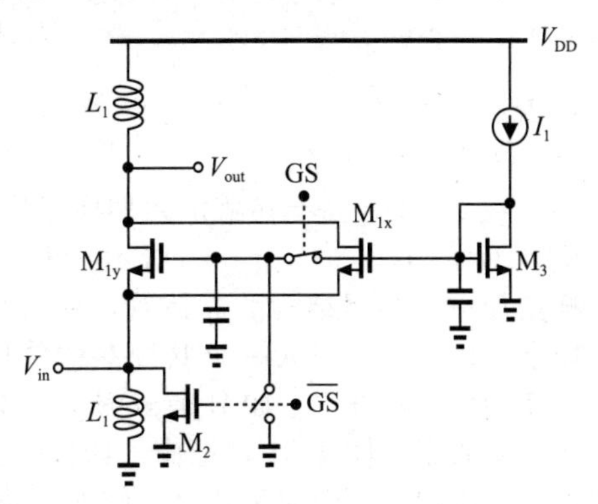

图 5.54 CG 级增益切换的例子

例 5.21 为上述电路选择合适的器件，使增益变化的步长为 3dB。

解：为了使电压增益减小 $1/\sqrt{2}$，有：

$$\frac{W_{1x}}{W_{1x}+W_{1y}}=\frac{1}{\sqrt{2}} \tag{5.137}$$

且 $W_{1y}/W_{1x}=\sqrt{2}-1$。注意到，当 M_{1y} 关闭时，输入阻抗增加为$\sqrt{2}R_S$。因此 $R_{on2} \parallel (\sqrt{2}R_S)=R_S$，那么

$$R_{on2}=\frac{\sqrt{2}}{\sqrt{2}-1}R_S \tag{5.138}$$

例 5.21 计算出了增益下降 3dB 时电路的噪声系数。◀

在上述计算中，我们忽略了沟长调制效应。如果由式(5.67)表示的增益上界限制了设计，则可以转而采用图 5.24 中的级联共栅极结构。

另一种 CG 级增益切换的方法如图 5.55 所示，其中 M_2 的导通电阻与 R_1 并联。在输入匹配和忽略沟长调制的情况下，增益由下式给出：

$$\frac{V_{out}}{V_{in}}=\frac{R_1 \parallel R_{on2}}{2R_S} \tag{5.139}$$

对于需切换多级增益的电路，可以让 R_1 并联多个 PMOS 开关。下面的例子阐述了这种设计思路。

例 5.22 针对图 5.55 所示电路，设计有两个步长为 3dB 的负载切换网络。

解：如图 5.56 所示，使用 M_{2a} 和 M_{2b} 切换增益。为了让增益下降 3dB，让 M_{2a} 导通且

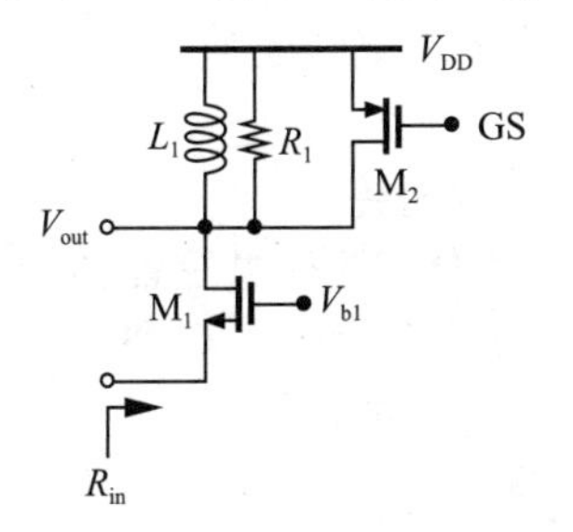

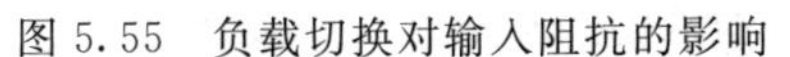
图 5.55 负载切换对输入阻抗的影响

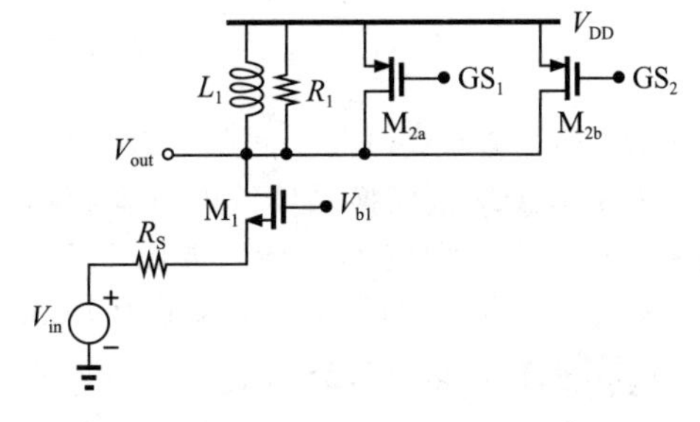

图 5.56 按 3dB 增益步长切换负载

$$R_1 \parallel R_{on,a} = \frac{R_1}{\sqrt{2}} \tag{5.140}$$

即 $R_{on,a}=R_1/(\sqrt{2}-1)$。为了让增益再下降 3dB，$M_{2a}$ 和 M_{2b} 均导通，有

$$R_1 \parallel R_{out,a} \parallel R_{on,b} = \frac{R_1}{2} \tag{5.141}$$

即 $R_{on,b}=R_1/(2-\sqrt{2})$。注意，如果只有 M_{2b} 导通，该器件需要更宽些，以便在输出节点处引入更大的电容。◀

在 CG 级中进行负载电阻切换面临的主要困难在于，输入电阻的值也发生了改变，如式 $R_{in}=(R_1+r_O)/(1+g_m r_O)$所示。可以像图 5.24 一样增加一个共栅结构的晶体管，用来尽量削弱这种影响。事实上，引入一个共栅晶体管即是进行增益切换的第三种方法。如图 5.57 所示，这个想法是利用一个共栅晶体管 M_3，把输入器件的漏极电流的一部分分流到 V_{DD} 而非负载上。例如，若 M_2 和 M_3 确定好了，可以通过调节 M_3 使 $\alpha=0.5$，使电压增益下降 6dB。

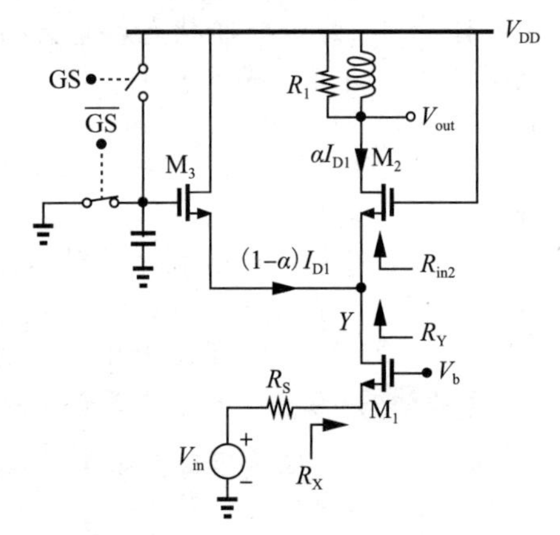

图 5.57　用共栅极器件切换增益

上述技术相对于之前两种方法的优点在于，增益下降的步长只取决于 W_3/W_2(前提是 M_2 和 M_3 具有相等的沟道长度)，而不取决于 MOS 开关的导通电阻的绝对值。流过 M_1 的偏置和信号电流按 W_3/W_2 比例分配给 M_3 和 M_2，产生的增益变化为 $1+W_3/W_2$。结果就是，图 5.57 所示的电路增益变化步长比图 5.54 和图 5.55 中的更精确。然而，M_3 在节点 Y 处引入的电容降低了电路的高频性能。对于 6dB 的增益步长，有 $W_3=W_2$，这几乎使 Y 节点的电容翻了一倍。当增益减少 N 倍时，$W_3=(N-1)W_2$，可能大大降低放大器的性能。

例 5.23 在图 5.57 中，若 $W_3=W_2$，在高增益模式和低增益模式下，电路输入阻抗分别是如何变化的？分析时忽略体效应。

解： 在高增益模式下，输入阻抗由式(5.70)给出。而在低增益模式中，由于 g_{m2} 和 r_{O2} 均改变，因此从 M_2 源极看到的阻抗变化了。对于平方律器件来说，偏置电流减小 1/2(而尺寸不变)，意味着 r_O 增加了两倍且 g_m 减小 $1/\sqrt{2}$。因而，在图 5.57 中有：

$$R_{in2} = \frac{R_1 + 2r_{O2}}{1+\sqrt{2}g_{m2}r_{O2}} \tag{5.142}$$

其中，g_{m2} 和 r_{O2} 为 M_3 截止时的值。晶体管 M_3 在 Y 处的阻抗为$(1/g_{m3}) \parallel r_{O3}$，可得到：

$$R_Y = \frac{1}{g_{m3}} \parallel r_{O3} \parallel \frac{R_1 + 2r_{O2}}{1+\sqrt{2}g_{m2}r_{O2}} \tag{5.143}$$

晶体管 M_1 将此阻抗折算为

$$R_X = \frac{R_Y + r_{O1}}{1+g_{m1}r_{O1}} \tag{5.144}$$

由于 R_Y 的数量级与 $1/g_m$ 相似，因此这个阻抗与增益的设定无关。◀

为了减少增益切换晶体管的电容影响，可以选择关断部分“主”共栅晶体管，使电路两端之间产生更大的不平衡。如图 5.58 所示，M_2 分解为两个器件，以便当 M_3 导通时 M_{2a} 关断。因此，该增益下降因子为 $1+W_3/W_{2b}$ 而非 $1+W_3/(W_{2b}+W_{2a})$。

例 5.24 依照图 5.58 设计两个 3dB 增益步长的增益切换网络，假定共栅器件的长度相等。

解： 为使增益下降 3dB，当 M_{2a} 和 M_{2b} 导通时开启 M_3。因此，

$$1+\frac{W_3}{W_{2a}+W_{2b}}=\sqrt{2} \tag{5.145}$$

对于另一个 3dB 的下降，关断 M_{2b}，则：

$$1+\frac{W_3}{W_{2a}}=2 \tag{5.146}$$

由式(5.145)和式(5.146)有：

$$W_3=W_{2a}=\frac{W_{2b}}{\sqrt{2}} \tag{5.147}$$

在更进一步的设计中，可以将 M_2 分解成 3 个器件，使得对于第一个 3dB 的下降只需关断其中一个，因此允许 M_3 可以更窄。具体的计算作为练习留给读者。◀

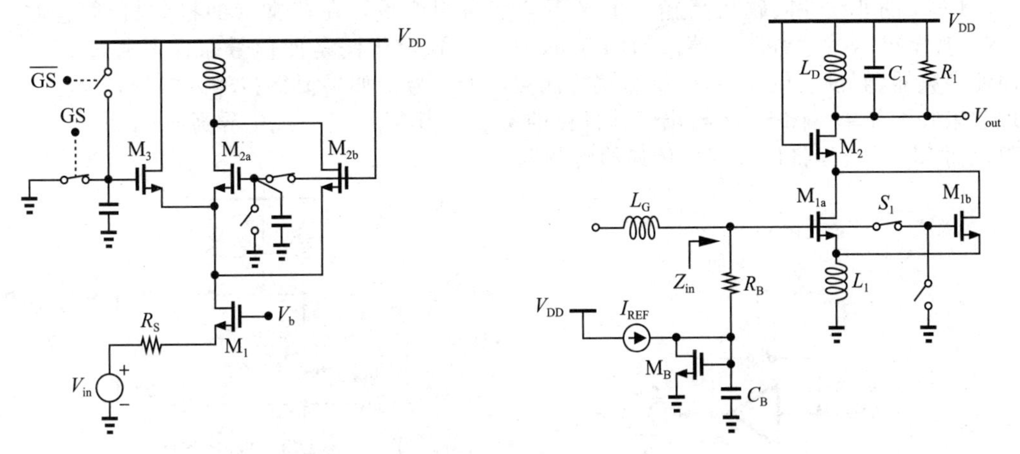

图 5.58　可编程共栅器件增益切换　　　　图 5.59　CS 级增益切换

现在把注意力转向感性负反馈共源共栅 LNA 的增益切换。可以采用如图 5.59 所示的电路，通过切换输入晶体管可以切换增益吗？关断 M_{1b} 不会改变 ω_T，原因是电流密度保持不变。因此 $\text{Re}\{Z_{in}\}=L_1\omega_T$ 是相对恒定的，只不过 $\text{Im}\{Z_{in}\}$改变了，进而使输入匹配变差。如果输入匹配能够恢复正常，则电压增益 $R_1/(2L_1\omega)$并不会改变！此外，S_1 的热噪声降低了高增益模式下的噪声性能。基于这些原因，增益切换必须在电路的其他部分实现。

在图 5.55 所示的 CG 级 LNA 中，将一个或更多个 PMOS 开关与负载并联可以降低增益，进而演变成如图 5.60a 所示的增益切换电路。同理，也可以应用图 5.57 中的共栅开关方案，进而演变成如图 5.60b 所示的增益切换电路。后者遵循例 5.24 中的结论，且提供了良好的增益变化步长，以及较低的 Y 节点附加电容。共栅切换更具吸引力一些，因为它按比例减少了流经负载的电流而且几乎不改变 LNA 的输入阻抗。

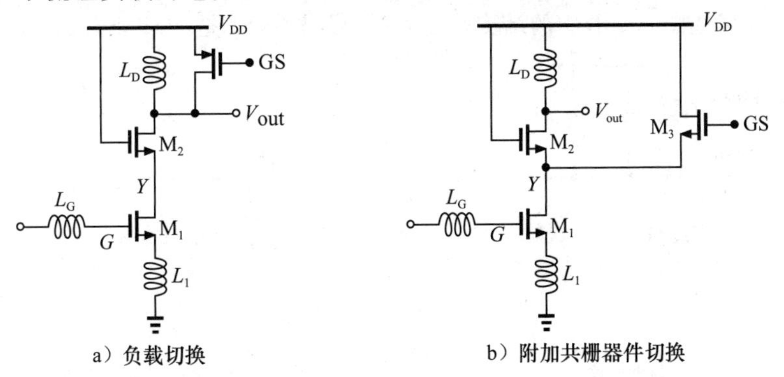

a）负载切换　　　　b）附加共栅器件切换

图 5.60　共源共栅极增益切换

对于5.3.3节研究的两个CG级的变形，可以通过共栅器件实现增益切换，如图5.57所示。在这些电路结构中，由于使用了反馈或前馈，因此使得在不影响输入匹配的前提下，通过输入晶体管改变增益变得很困难。

最后，让我们考虑图5.48b中的降噪LNA的增益切换。因为$V_Y/V_X=1-R_F/R_S$，R_{in}大约等于$1/g_{m1}$且与R_F无关，因此增益可以通过降低R_F的值来减小。虽然这在低增益模式下不是很重要，但可以通过调整A_1保留噪声消除，以使增益仍然等于$1+R_F/R_S$。

在前述增益衰减技术中，哪一个可以提高LNA的线性度？答案是除了最后一个之外其余都不行！由于CG级和CS级保持了栅源电压的摆幅(等于输入电压摆幅的一半)，它们的线性度基本没有提高。相比之下，图5.48b中的反馈型LNA因其较低的R_F值加强了负反馈，这在一定程度上提高了放大器的线性度。

LNA的非线性问题在高输入电平下会变得很严重，在非常低的接收机增益模式下，LNA甚至可以被“旁路”掉。如图5.61所示，这个想法是使信号路径不通过LNA，从而使混频器(假设它更线性)能够直接检测接收的信号。如果要保持输入匹配，这个方法实现起来并不简单。图5.62给出了共栅极的例子，当M_1截止、M_2导通时产生一个50Ω电阻，而M_3导通则将信号直接传递给混频器。

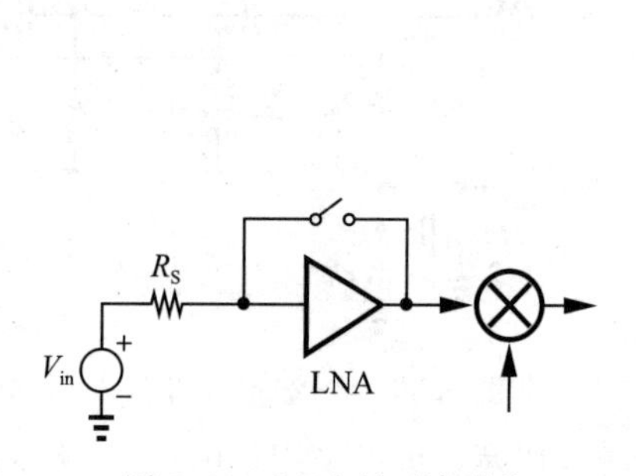

图5.61 LNA被“旁路”

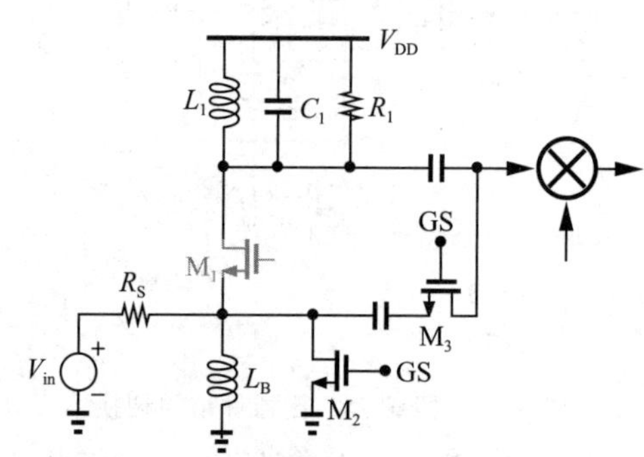

图5.62 “旁路”LNA的实现

5.5 频带切换

如5.1节所述，如果LNA需要具备很大的带宽，或者需要工作在不同频带，那么就需要进行频带切换。图5.63a重现了图5.7a所示电路的结构，并用MOS晶体管来代替开关。由于输出节点的偏置电压接近V_{DD}，用作开关的MOS管必须是PMOS器件。对于给定的导通电阻，PMOS比NMOS晶体管具有更大的电容。S_1关断时，谐振网络的电容减小，从而降低了谐振网络的谐振频率，因此也降低了C_1的最大可容许值，从而限制了后级输入晶体管的尺寸(如果降低L_1是为了相应地增大电容值，则对R_1和增益的考虑也是基于此原因)。出于这个原因，优选图5.63b中的结构，因为作为开关的S_1是NMOS器件。

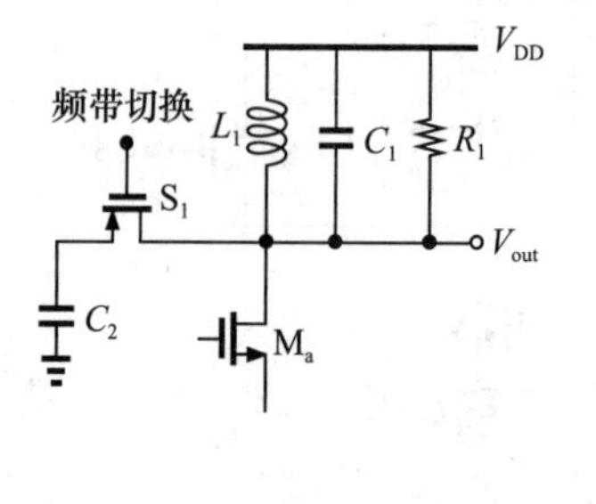

a）频带切换

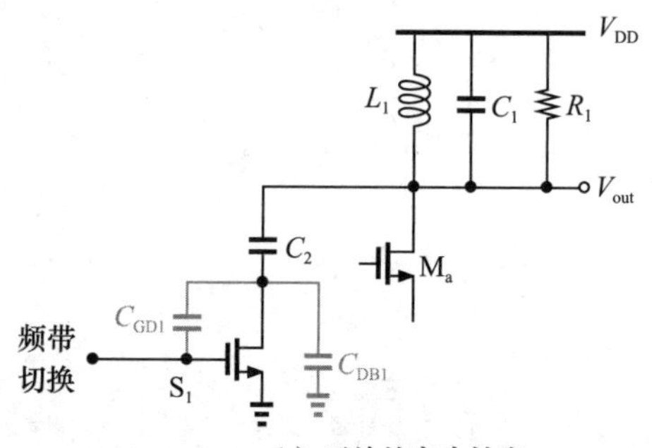

b）开关的寄生效应

图5.63

在图 5.63b 中，对 S_1 的宽度选择至关重要。如果选择非常窄的晶体管，则导通电阻 R_{on1} 仍然较高，以至于 S_1 导通时几乎可以忽略 C_2 对谐振网络的影响。若选择中等宽度的器件，R_{on1} 限制了 C_2 的 Q 值，从而降低了整个谐振网络的 Q 值以及 LNA 的电压增益。这个结论也可以通过将串联网络 C_2 和 R_{on1} 变为 C_2 和 $R_{P1} \approx Q^2 R_{on1}$ 组成的并联网络来得出，其中 $Q=(C_2 \omega R_{on1})^{-1}$。也就是说，$R_1$ 现在是与电阻 $R_{P1}=(C_2^2 \omega^2 R_{on1})^{-1}$ 并联的。

上述观察表明必须让 R_{on1} 最小化，以使得 $R_{P1} \gg R_1$。然而，随着图 5.63b 中 S_1 的宽度增加，在关断状态时引入的电容也会增加。S_1 关断时，从谐振网络看到的等效电容等于 C_2 和 $C_{GD1}+C_{DB1}$ 的串联，这意味着 C_1 必须比原始值小这个值。因此结论是，S_1 的宽度问题造成了 C_1 的容许值(S_1 关断时)与增益的减小值(S_1 导通时)之间的折中。我们知道 C_1 来源有 3 个：M_a、下一级的输入电容和 L_1 的寄生电容。

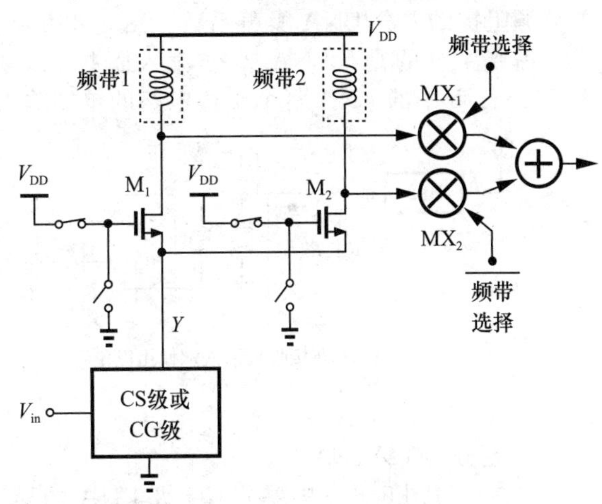

图 5.64　可编程共栅极支路的频带选择

频带切换的另一种方法是采用两个或多个谐振网络，如图 5.64[8] 所示。当选择某个频带时，相应的共源共栅晶体管导通，而其他的保持关断。这种方案要求每个谐振网络与要驱动的下一级结构(例如混频器)分别对应。因此当 M_1(对应频段 1)被激活时，混频器 MX_1 也需被激活。这种方法的主要缺点是：由于使用了多个额外共栅器件，节点 Y 处的电容也会增大。此外，螺旋电感器覆盖面积大，使得版图设计更困难。

5.6　高 IP_2 LNA

如第 4 章所述，偶次失真会显著降低直接变频接收机的性能。由于下变频混频器后级的电路通常以差分形式实现⊖，表现出较高的 IP_2，所以往往 LNA 和混频器才是接收机 IP_2 的瓶颈所在。

本节研究提高 LNA IP_2 的方法，混频器 IP_2 性能的研究则放在第 6 章。

5.6.1　差分 LNA

差分 LNA 可实现较高的 IP_2。原因如第 2 章所述：对称电路不会产生偶次失真。当然，有些(比如随机的)不对称的干扰会对实际电路造成影响，使得产生有限且仍然很高的 IP_2。

原则上，任何单端 LNA 都可以转换为差分形式。图 5.65 列举了两个例子，不过其中没有展现输入晶体管的偏置网络，因为其与 5.3.3 节和 5.3.4 节中所描述的类似。

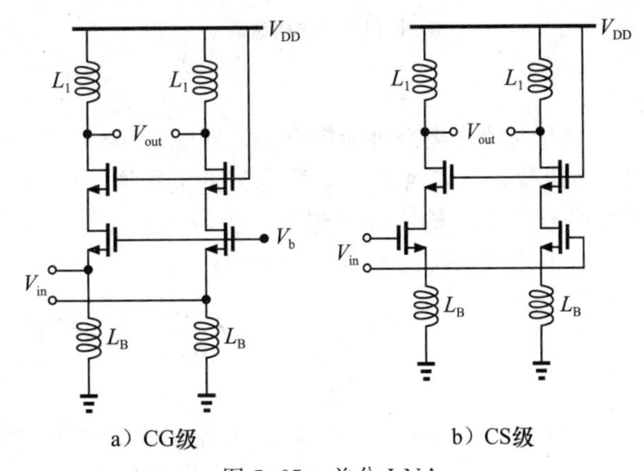

图 5.65　差分 LNA

但如果将电路转换为差分形式，其噪声系数会发生什么变化？回答这

⊖　由于使用大尺寸器件，所示失配也很小。

个问题之前，必须确定驱动 LNA 的源阻抗。由于天线和预滤波器通常是单端的，因此在 LNA 之前必须使用变压器来执行单端至差分的转换。如图 5.66a 所示的级联结构以差分形式将输入信号送入 LNA，直到基带部分。这种变压器被称为“平衡不平衡变换器”，其首字母缩写后的读音为“巴伦”㊀。如果反过来，它也可以执行从差分到单端的转换。

如果由图 5.66a 中的天线和带通滤波器所产生的源阻抗是 R_{S1}(例如，50Ω)，那么从 LNA 看到的差分源的阻抗 R_{S2} 是多少呢？对于一个无损 1∶1 巴伦变换器，即对于一个具有相等的一次和二次绕组匝数的无损变压器而言，有 $R_{S2}=R_{S1}$，因此必须获得相对于 R_{S1} 差分源阻抗的差分 LNA 噪声系数。图 5.66b 所示为计算输出噪声的简化电路。

需要注意的是，LNA 差分输入阻抗 R_{in} 必须等于 R_{S1}，以匹配输入阻抗。因此，图 5.66a、b 中的 LNA 每个半边电路的单端输入阻抗必须等于 $R_{S1}/2$，例如在此为 25Ω。

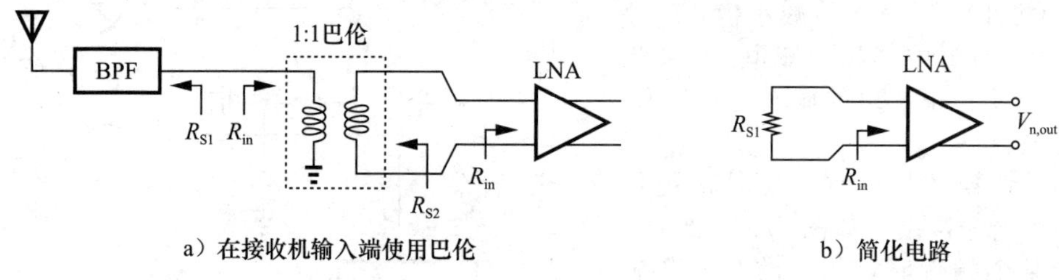

a）在接收机输入端使用巴伦　　b）简化电路

图 5.66

1. 差分 CG 级 LNA

现在计算图 5.65a 中差分 CG 级 LNA 的噪声系数，假设每个输入节点和地之间的阻抗等于 $R_{S1}/2$。换句话说，每个 CG 晶体管必须提供 25Ω 的输入电阻。图 5.67a 为简化的电路形式，噪声系数都是相对 R_{S1} 的源阻抗来计算的。重绘图 5.67a 所示电路，得图 5.67b，从电路的对称性可知，能依据图 5.67c 所示电路来计算每个半边电路的输出噪声，并相加得到输出功率：

$$\overline{V_{n,out}^2}=\overline{V_{n,out1}^2}+\overline{V_{n,out2}^2} \tag{5.148}$$

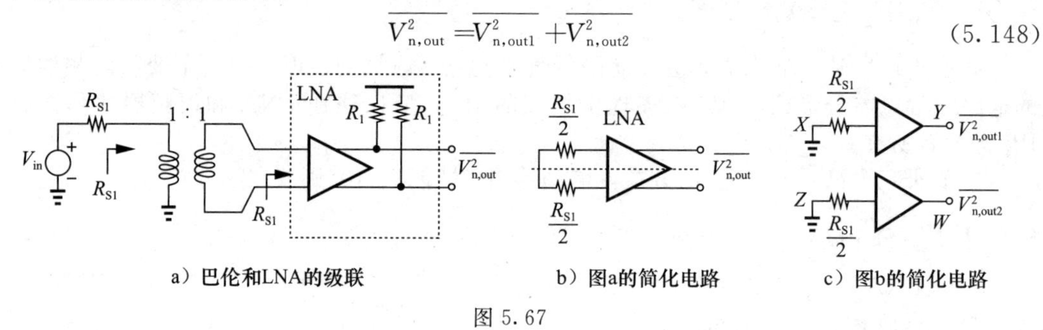

a）巴伦和LNA的级联　　b）图a的简化电路　　c）图b的简化电路

图 5.67

由于每半个电路都能提供输入匹配，5.3.3 节关于 CG 级的结论同样在此适用，并用 $R_S=R_{S1}/2$ 代替。具体地说，从 X 到 Y 的电压增益等于 $R_1/(2R_{S1}/2)$，其中，R_1 表示 CG 级半边电路的负载电阻。输出噪声包括：①输入晶体管的噪声，由式(5.56)给出；②负载电阻的噪声 $4kTR_1$；③源阻抗的噪声，值为 $(4kTR_{S1}/2)[R_1/(2R_1/2)]$。因此半边电路的输出噪声为：

$$\overline{V_{n,out1}^2}=kT\gamma\frac{R_1^2}{R_{S1}/2}+4kTR_1+4kT\frac{R_{S1}}{2}\left(\frac{R_1}{\frac{2R_{S1}}{2}}\right)^2 \tag{5.149}$$

由式(5.148)可得，总的输出噪声功率为这个数值的两倍。需要指出的是，总电压增益 $A_v=(V_Y-V_W)/(V_X-V_Z)$ 等于半边电路的增益 $V_Y/V_X(=R_1/R_{S1})$，由此可计算相对于

㊀ Balanced-to-unbalanced 的首字母为 Balun，音译为巴伦。——译者注

R_{S1} 源阻抗的噪声系数为

$$\mathrm{NF}=\frac{\overline{V_{n,out}^2}}{A_v^2}\cdot\frac{1}{4kTR_{S1}} \tag{5.150}$$

$$=1+\gamma+\frac{2R_{S1}}{R_1} \tag{5.151}$$

有趣的是，这个值比单端电路(见式(5.58))的要低。这是为什么？在图 5.67c 中，由于 $V_Y/V_X=R_1/(2R_{S1}/2)=R_1/R_{S1}$，我们观察到的电压增益是单端 CG 级 LNA 的两倍。毕竟，为了把输入阻抗降至 $R_{S1}/2$，输入晶体管的跨导被增加两倍。另一方面，总的差分电路在其输出端包含了两个 R_1，每个 R_1 贡献了 $4kTR_1$ 的噪声，总的噪声为 $8kTR_1$，除以 $(R_1/R_{S1})^2$ 和 $4kTR_{S1}$，得到的结果是 $2R_{S1}/R_1$。当然，通过将单端 CG 级 LNA 中负载电阻加倍的方法，可很容易地获得式(5.151)规定的值。图 5.68 总结了两种电路的特性，显然差分拓扑结构具有更大的电压增益。当需要相同的增益时，差分电路中的负载电阻值必须减半以保证产生相同的噪声系数。

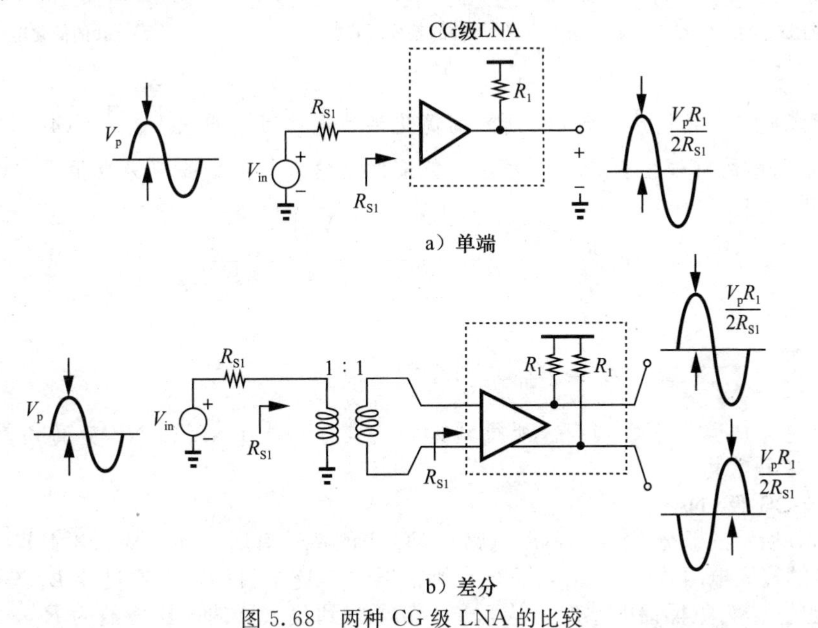

图 5.68　两种 CG 级 LNA 的比较

总之，根据以下 3 种方法之一即可将单端 CG 级 LNA 转化为差分形式：①简单地复制电路，但在这种情况下差分输入电阻达到了 100Ω，用 1∶1 巴伦难以实现匹配；②复制电路，将输入晶体管的跨导增加两倍，在这种情况下，输入匹配良好但总体电压增益加倍；③与第二个方案类似，但通过使负载电阻减半来保持相同的电压增益。通常会选择第二个方案。需要注意的是，对于给定的噪声系数，差分 CG 级 LNA 消耗的功率为单端电路的 4 倍[⊖]。

上述 NF 计算是在巴伦变换器特性非常理想的前提下进行的。在现实中，即使是片外巴伦也有高达 0.5dB 的损耗，使得 NF 也相应地增加 0.5dB。

例 5.25 为了匹配输入，具有高输入阻抗的放大器通常在输入端并联一个电阻，如图 5.69a 所示。请确定原电路和其差分形式的噪声系数。差分电路如图 5.69b 所示，其中用到了两个相同的放大器。

解： 在图 5.69a 所示的电路中，放大器的输入参考噪声电流可忽略不计，输出端的总

⊖ 为了将输入电阻减半，晶体管宽度和偏置电流必须加倍。

噪声等于$(4kTR_{S1}/2)A^2+A^2\overline{V_n^2}$。单端电路噪声系数等于：

$$\mathrm{NF}_{\mathrm{sing}}=\frac{4kT\dfrac{R_{S1}}{2}A^2+A^2\overline{V_n^2}}{\dfrac{A^2}{4}}\cdot\frac{1}{4kTR_{S1}} \tag{5.152}$$

$$=2+\frac{\overline{V_n^2}}{kTR_{S1}} \tag{5.153}$$

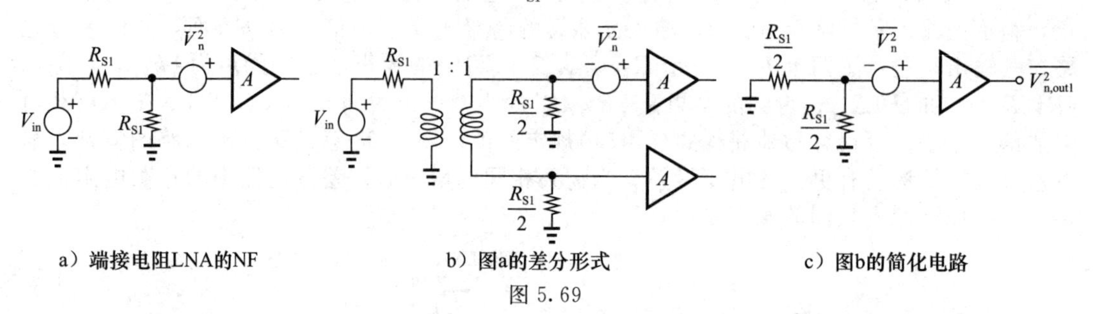

a）端接电阻LNA的NF　　b）图a的差分形式　　c）图b的简化电路

图 5.69

对于差分形式电路，我们从图5.69c所示的简化半边电路可以得出$\overline{V^2_{n,out1}}=(4kTR_{S1}/4)A^2+A^2\overline{V_n^2}$。差分电路的总输出噪声功率是这一数值的两倍。相应的噪声系数由下式给出

$$\mathrm{NF}_{\mathrm{diff}}=\frac{2\left(4kT\dfrac{R_{S1}}{2}A^2+A^2\overline{V_n^2}\right)}{\dfrac{A^2}{4}}\cdot\frac{1}{4kTR_{S1}} \tag{5.154}$$

$$=2+\frac{2\overline{V_n^2}}{kTR_{S1}} \tag{5.155}$$

可见，差分电路的噪声系数较高。所得结论是，差分形式LNA的NF变高还是变低，取决于电路的拓扑结构。◀

2. 差分CS级LNA

图5.65b所示的差分CS级LNA电路与CG级的特性有所不同。从5.3.4节可了解到每个半边电路的输入电阻等于$L_1\omega_T$，而现在则需减半。这个目标可以通过让L_1减半来实现。当输入匹配且L_1为负反馈电感时，从5.3.4节了解到放大器的电压增益为$R_1/(2L_1\omega_0)$，现在需要把这个值翻倍。图5.70a为巴伦和差分LNA级联的整体电路结构。假设每个输入晶体管的宽度和偏置电流与单端LNA相同。

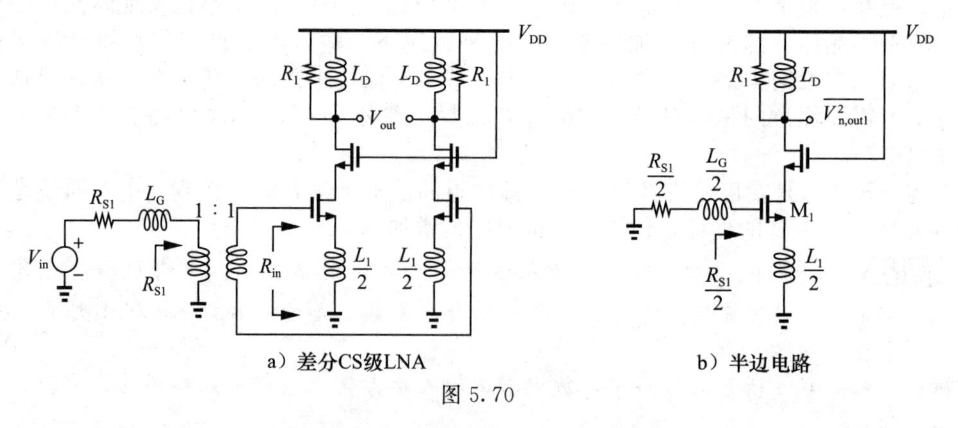

a）差分CS级LNA　　b）半边电路

图 5.70

为了计算噪声系数，要先确定如图5.70b所示半边电路的输出噪声。忽略共栅器件的噪声

影响，由 5.3.4 节可知，如果输入匹配，输入晶体管一半的噪声电流会流经输出节点。因此

$$\overline{V_{n,out1}^2}=kT\gamma g_{m1}R_1^2+4kT\frac{R_{S1}}{2}\left(\frac{R_1}{L_1\omega_0}\right)^2 \tag{5.156}$$

将此功率乘以 2，除以 $A_v^2=R_1^2/(L_1\omega_0)^2$ 和 $4kTR_{S1}$，并注意到 $L_1\omega_T/2=R_{S1}/2$，可得到：

$$\mathrm{NF}=\frac{\gamma}{2}g_{m1}R_{S1}\left(\frac{\omega_0}{\omega_T}\right)^2+\frac{2R_{S1}}{R_1}\left(\frac{\omega_0}{\omega_T}\right)^2+1 \tag{5.157}$$

如何将这个值与原来单端 LNA 的噪声系数(式(5.101))相比较呢？我们注意到，晶体管和负载的噪声贡献都只有原来的一半。前者是因为 g_{m1} 和晶体管噪声电流保持不变，而该电路的整体跨导加倍了。为理解这一点，回忆 5.3.4 节中原来的单端电路的跨导为 $G_m=\omega_T/(2\omega_0R_S)$。现在考虑在如图 5.71 所示的等效电路，差分跨导$(I_1-I_2)/V_{in}=\omega_T/(\omega_0R_{S1})$(为什么?)。差分输出电流包含 M_1 和 M_2 的噪声电流且等于 $2(kT\gamma g_{m1})$。如果该噪声功率除以跨导的平方和 $4kTR_{S1}$，就可以得到式(5.157)中的第一项。

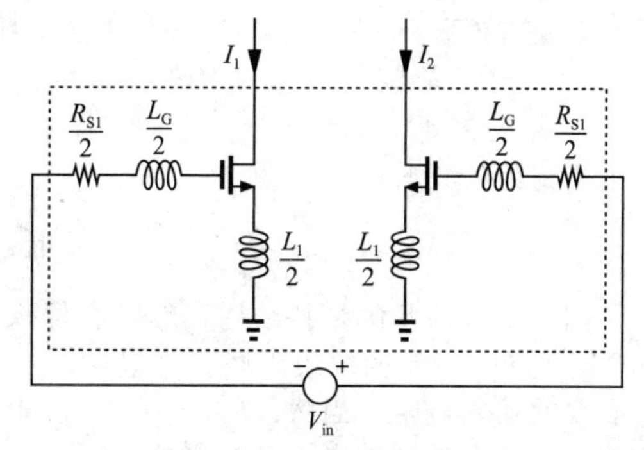

图 5.71　把差分 CS 级看作跨导网络

在式(5.157)中，输入晶体管噪声影响的减少是差分运算的显著特性，从而增强了源极负反馈型 CS 级相对于 CG 级 LNA 的 NF 优势。然而，这个结论只有当同时采用两个负反馈电感，且每一个电感的值为单端级电路中的一半时才能成立。利用键合线来达成这个目标很困难，因为其物理长度不能随意缩短。或者，该设计可以引入如图 5.72 所示的片上负反馈电感，将无法避免的键合线变为一个共模电感来看待。如果完美的对称，键合线电感对栅极之间的差分阻抗没有影响。然而如第 7 章所述，片上电感器受到品质因数较低(片上电感存有高的串联电阻)的影响，这可能降低噪声系数。在例 5.22 中，对单端和差分电路形式的功耗做了比较。

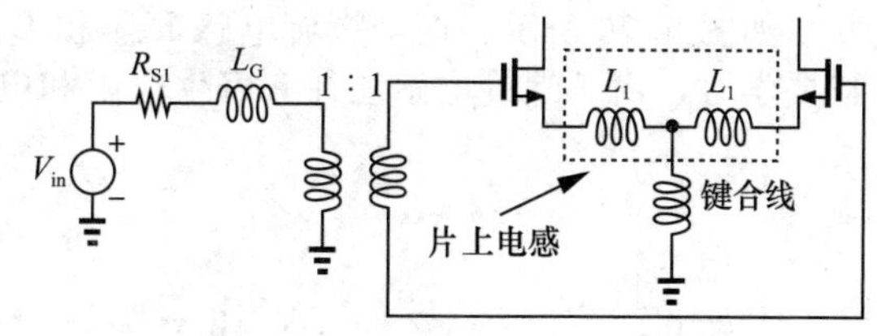

图 5.72　片上负反馈电感差分 CS 级

然而，式(5.157)表明的 NF 指数优势可能无法在现实中实现，因为巴伦的损耗不容忽略。

可以利用差分对将单端天线信号转换为差分形式吗？如图 5.73a 中，在一个输入端中施加信号，而另一个连接固定的偏置电压。从低频到中频，V_X 和 V_Y 都是差分的且电压增益等于 $g_{m1,2}R_D$。但是在高频时，以下两个效应使相位平衡性变差：节点 P 的寄生电容使从 M_1 传播到M_2 的信号产生衰减和延迟；M_1 的栅漏电容在 M_1 周围提供了非反相的前馈路径(而M_2 不包含这样的通道)。

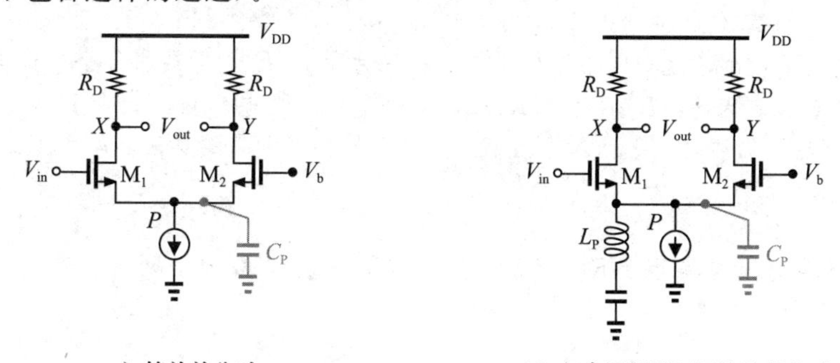

图 5.73　实现单端到差分转换

P 点处的电容可以通过图5.73b所示的并联电感来抵消[9]，但是 C_{GD1} 的前馈仍然存在。尾部电感可在芯片上实现，因为其谐振时的并联等效电阻($R_P=QL_P\omega_0$)通常远大于 $1/g_{m1,2}$。

例5.26 某学生在计算图5.73b中的 C_P 时，认为其等于 $C_{SB1}+C_{SB2}+C_{GS2}$，并据此选择 L_P 的值。该方法合适吗?

解： 并不合适。为了让 L_P 把 P 处的相移调零，它必须只与 $C_{SB1}+C_{SB2}$ 谐振才可以。这一点可以通过检测 P 处的分压看出。如图5.74所示，没有 $C_{SB1}+C_{SB2}$ 时，为了让 V_P 正好等于 V_{in} 的一半(零相位差)，必须有 $Z_1=Z_2$。由于每个阻抗值等于 $(g_m+g_{mb})^{-1}\parallel(C_{GS}s)^{-1}$，所以得到的结论是 C_{GS2} 不能为零[⊖]。

$$V_P=V_{in}\frac{Z_2}{Z_1+Z_2} \tag{5.158}$$ ◀

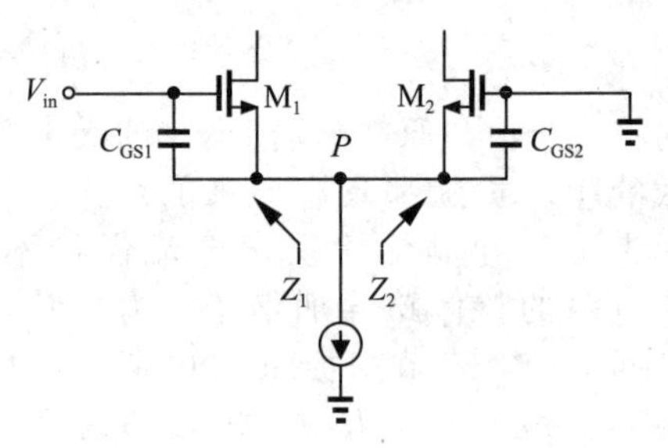

图5.74 差分对共源处的阻抗

图5.73b所示的拓扑结构仍然没有提供输入匹配。因此，必须插入(片上)电感与 M_1 和 M_2(见图5.75)的源级串联。这里，L_{P1} 和 L_{P2} 分别与 C_{P1} 和 C_{P2} 谐振，$L_{S1}+L_{S2}$ 提供了必要的输入电阻。当然，$L_{S1}+L_{S2}$ 实际上是一个电感。然而如5.7节所述，这种拓扑结构比图5.65b所示的电路具有更低的 IP_3。

3. 巴伦(平衡不平衡变换器)问题

对于上面研究的差分LNA特性，其前提是能提供理想的1∶1巴伦。事实上，外置的工作频率在吉赫兹(GHz)范围的低损耗(例如，0.5dB)巴伦可以从制造商那里买到，但是它们占用了较大的电路板空间且提高了成本。另一方面，片上集成巴伦受相对高的损耗和大电容的影响而性能欠佳。

如图5.76所示，两个螺旋电感 L_{AC} 和 L_{CB} 相互缠绕可以达到高的相互耦合。第7章将要学习，由于螺旋电感往往有寄生电阻和电容，所以这种巴伦比较缺乏吸引力。

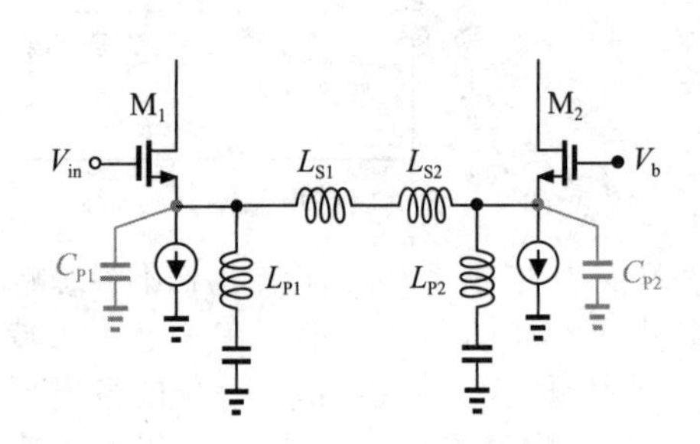

图5.75 利用片上电感谐振和负反馈

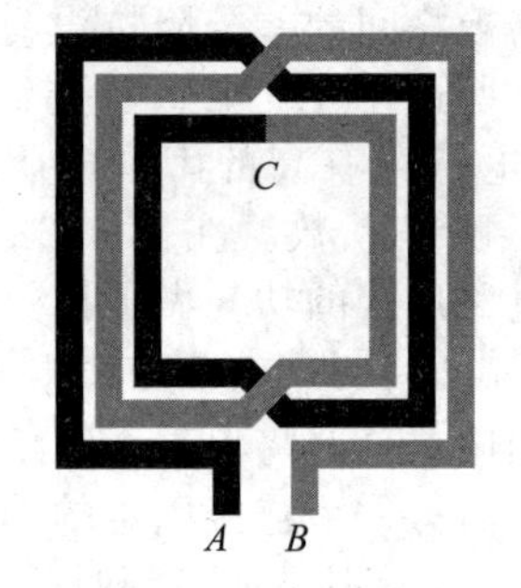

图5.76 二维平面1∶1巴伦

例5.27 某学生尝试用1∶N 巴伦，结合差分CS级，在较低的噪声系数下将输入电压放大 N 倍。请计算在这种情况下的噪声系数。

解： 如图5.77所示，这种电路结构将源阻抗变为了 N^2R_S，即要求每个半边电路提供的输入的实部为 $N^2R_S/2$。因此，$L_1\omega_T=N^2R_S/2$，即每个负反馈电感必须减少 $1/N^2$。由于每个输入晶体管的噪声电流仍然有一半流入输出节点，每个输出端测得的噪声功率由下式给出：

$$\overline{V^2_{n,out1}}=\overline{V^2_{n,out2}}=4kT\gamma g_{m1}\frac{R_1^2}{4}+4kTR_1 \tag{5.159}$$

V_{in} 到差分输出端的增益等于 $NR_1/(2L_1\omega_0)$。将上述功率增加了两倍，除以增益的平方，并用 $4kTR$ 标准化，可得到：

⊖ I_{SS} 的寄生电容必须是零。

$$NF = N^2 \frac{\gamma}{2} g_{m1} R_S \left(\frac{\omega_0}{\omega_T}\right)^2 + 2N^2 \frac{R_S}{R_1} \left(\frac{\omega_0}{\omega_T}\right)^2 + 1 \tag{5.160}$$

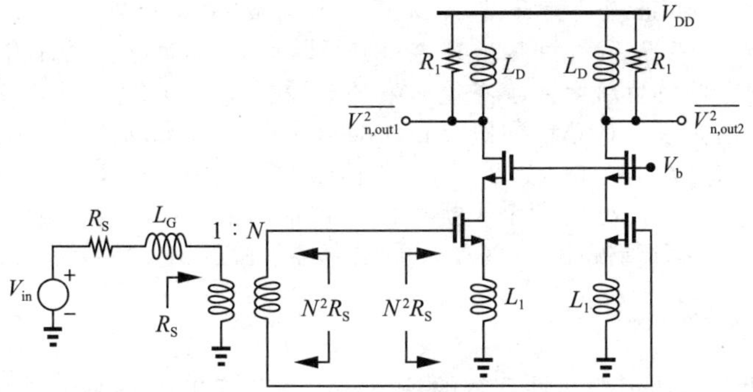

图 5.77　在 LNA 中使用 1∶N 巴伦

不幸的是，前两项增加了 N^2 倍[⊖]！这是因为 $L_1\omega_T = N^2 R_S/2$ 使电路的跨导降低了 $1/N^2$。因此，即使巴伦将 V_{in} 放大了 N 倍，整体电压增益仍然下降了 $1/N$。◀

读者可能想知道 N∶1(而不是 1∶N)型巴伦是否可以应用在上述例子中，因为它将式(5.160)的前两项乘以 $1/N^2$ 而非 N^2。事实上，如果用键合线实现的 L_1 可以被减少 $1/N^2$，片外巴伦就可以提供较低的噪声系数。另一方面，由于受较高的损耗和较低的耦合因子的影响，非单位匝数比的片上巴伦很难实现设计。如图 5.78a 中的例子[5]，其中一个螺旋线构成了巴伦的一次(或二次)绕组且两个螺旋线的串联构成了二次(或一次)绕组。或者，如图 5.78b 所示，也可以嵌入具有不同匝数的螺旋线[10]。

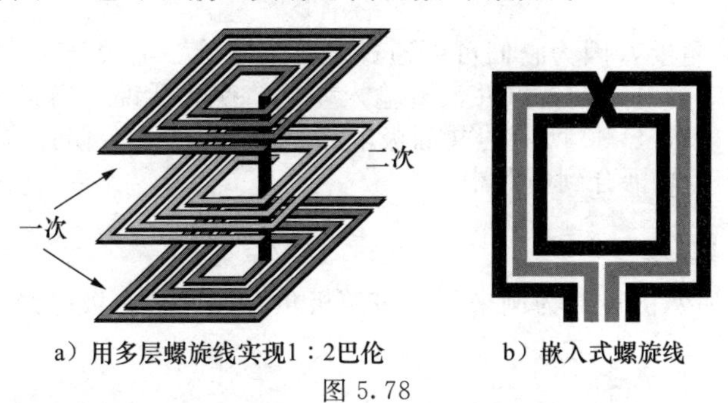

a）用多层螺旋线实现1∶2巴伦　　b）嵌入式螺旋线

图 5.78

5.6.2　其他提高 IP_2 的方法

在差分 LNA 的输入端上采用片外或片上巴伦都比较困难，这使得单端拓扑结构仍然是较好的选择。提高 IP_2 的一种可能方法是过滤掉低频二阶交调量，即在第 4 章中被称为的“拍频分量”。如图 5.79 所示，在 LNA 后采用一个简单的高通滤波器可以除去拍频。打个比方，假定在 2.4GHz 频带的边缘存在两个干扰，分别在 $f_1=2.4$GHz 和 $f_2=2.480$GHz 处。因此拍频为 80MHz，且被一阶高通滤波器衰减了 1/30(2400/80=30)。由于大幅度的信号抑制，LNA 的 IP_2 不太可能会限制 RX 性能，因此必须寻求改善混频器 IP_2(见第 6 章)的办法。

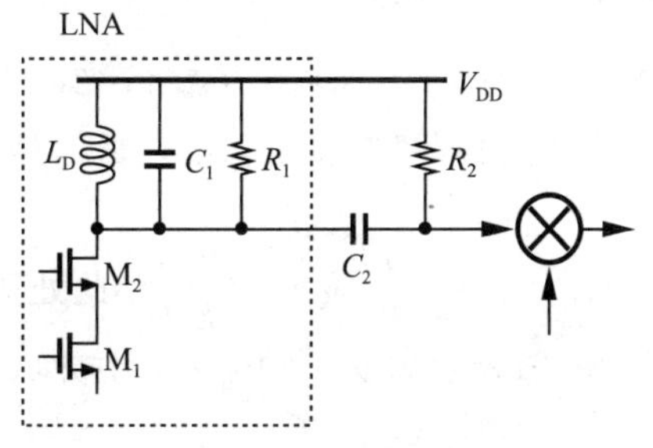

图 5.79　用一阶高通滤波器消除低频拍频

⊖　假设 g_{m1} 和 W_T 不变。

例 5.28 某同学认为上述计算是有误，因为泄漏到 11b/g 或蓝牙接收机基带中的 80MHz 拍频没有落在期望信道内。该同学的说法是否正确？

解： 该同学的说法正确。对于直接变频 11b/g 接收机，基带信号延展为－10～＋10MHz。因此，最坏情况下是拍频出现在 10MHz 处，例如，在两个干扰 2.400GHz 和 2.410GHz 之间。这样的拍频由一阶高通滤波器衰减了 1/240(2400/10＝240)。 ◀

对于更宽的通信频段，对 IM_2 乘积(2nd order Intermodulation Product)，即二级交调乘积的过滤并不是那么有效。例如，如果接收机必须容纳 1～10GHz 的频率，那么在 $f_1=2.4$GHz 和 $f_2=2.480$GHz 处的两个干扰可以在频带内部产生一个拍频，从而难以使用滤波器来滤除拍频。在这种情况下，LNA 可能成为接收机的 IP_2 系数提升的瓶颈所在。

5.7 非线性计算

第 2 章已经明确阐述了非线性系统的一般性，本节将采用一种新的方法来研究电路的非线性。

回顾第 2 章，可知，弱静态非线性系统可近似表示为多项式 $y=\alpha_1 x+\alpha_2 x^2+\alpha_3 x^3$。下面要做的就是找出一种方法，计算出给定电路的 $\alpha_1-\alpha_3$ 的值。虽然在许多电路中，想要得到 y 关于 x 的具体函数是十分困难的，但能得出如下关系式：

$$\alpha_1=\left.\frac{\partial y}{\partial x}\right|_{x=0} \tag{5.161}$$

$$\alpha_2=\left.\frac{1}{2}\frac{\partial^2 y}{\partial x^2}\right|_{x=0} \tag{5.162}$$

$$\alpha_3=\left.\frac{1}{6}\frac{\partial^3 y}{\partial x^3}\right|_{x=0} \tag{5.163}$$

这些表达式十分重要，因为它们可以通过微分来求导。需要注意的是，在大多数实际情况下，$x=0$ 所对应的电路偏置点并没有输入变化。换句话说，当 $x=0$ 时，对应的 y 值并不一定也等于 0。如图 5.80 所示的共源极电路，M_1 的栅－源偏置电压为 $V_{GS0}=V_b$，外加信号 V_{in} 的交流信号被耦合到电路中。

5.7.1 共源极负反馈

下面以图 5.81 所示的电路为例来研究带源极负反馈的共源极电路的非线性问题。

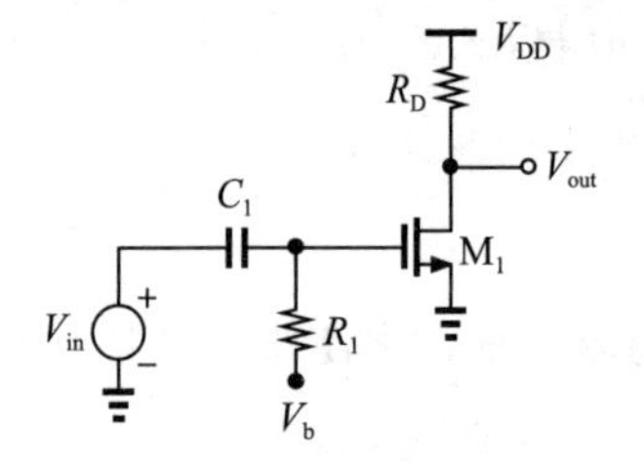

图 5.80 带栅极偏置的共源极电路

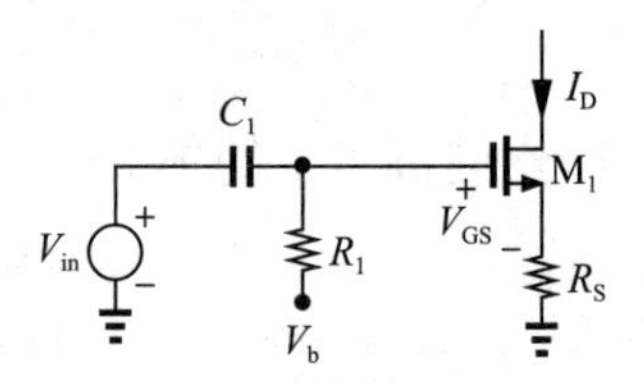

图 5.81 计算共源极非线性的电路

假设漏极电流是输出，目标是要计算出电路的 IP_3。对于简单的平方律器件来说：

$$I_D=K(V_{GS}-V_{TH})^2 \tag{5.164}$$

其中，$K=\left(\frac{1}{2}\right)\mu_n C_{ox}\left(\frac{W}{L}\right)$，此处忽略沟长调制效应和体效应的影响。

因此，当 $V_{GS}=V_{in}-R_S I_D$ 时，可得：

$$I_D=K(V_{in}-R_S I_D-V_{TH})^2 \tag{5.165}$$

于是，

$$\frac{\partial I_D}{\partial V_{in}}=2K(V_{in}-R_S I_D-V_{TH})\left(1-R_S\frac{\partial I_D}{\partial V_{in}}\right) \tag{5.166}$$

同理可得，

$$g_m=\frac{\partial I_D}{\partial V_{GS}}=2K(V_{GS}-V_{TH}) \tag{5.167}$$

$$=2K(V_{in0}-R_SI_{D0}-V_{TH}) \tag{5.168}$$

其中，$V_{in0}(=V_b)$和 I_{D0} 分别为偏置电压和偏置电流，所以在不施加信号激励时：

$$\left.\frac{\partial I_D}{\partial V_{in}}\right|_{V_{in0}}=\alpha_1=\frac{g_m}{1+g_mR_S} \tag{5.169}$$

这是意料之中的结果。

现在再来求式(5.166)的二阶导数：

$$\frac{\partial^2 I_D}{\partial V_{in}^2}=2K\left(1-R_S\frac{\partial I_D}{\partial V_{in}}\right)^2+2K(V_{in}-R_SI_D-V_{TH})\left(-R_S\frac{\partial^2 I_D}{\partial {V_{in}}^2}\right) \tag{5.170}$$

当无输入信号时，将式(5.168)和式(5.169)代入式(5.170)，得到：

$$\left.\frac{\partial^2 I_D}{\partial V_{in}^2}\right|_{V_{in0}}=2\alpha_2=\frac{2K}{(1+g_mR_S)^3} \tag{5.171}$$

最后，对式(5.170)进行三阶求导可得到：

$$\frac{\partial^3 I_D}{\partial V_{in}^3}=4K\left(1-R_S\frac{\partial I_D}{\partial V_{in}}\right)\left(-R_S\frac{\partial^2 I_D}{\partial V_{in}^2}\right)+2K\left(1-R_S\frac{\partial I_D}{\partial V_{in}}\right)\left(-R_S\frac{\partial^2 I_D}{\partial V_{in}^2}\right)-$$

$$2K(V_{in}-R_SI_D-V_{TH})R_S\frac{\partial^3 I_D}{\partial V_{in}^3} \tag{5.172}$$

由式(5.169)和式(5.171)可得：

$$\left.\frac{\partial^3 I_D}{\partial V_{in}^3}\right|_{V_{in0}}=6\alpha_3=\frac{-12K^2R_S}{(1+g_mR_S)^5} \tag{5.173}$$

虽然上述计算过程略显烦琐，但却可以从中得出有趣的结论。由式(5.173)可知：对于遵循平方律的晶体管而言，如果已知 $R_S=0$，则 $\alpha_3=0$。除此之外，α_1 和 α_3 具有相反的符号，这表明有源极负反馈的晶体管有压缩特性，而无源极负反馈的晶体管具有扩展特性。换句话说，平方律器件的电阻负反馈会导致系统三阶失真。

由第 2 章的内容可计算IP_3：

$$A_{IIP3}=\sqrt{\frac{4}{3}\left|\frac{\alpha_1}{\alpha_3}\right|} \tag{5.174}$$

$$=\sqrt{\frac{2g_m}{3R_S}\frac{(1+g_mR_S)^2}{K}} \tag{5.175}$$

1dB 压缩点有相同的表达式，但其降低了约 3.03 倍(9.6dB)。

读者可能会有所疑虑：当用跨导来表示 $\alpha_1-\alpha_3$ 时，上述的非线性分析是否会混淆大信号和小信号。但其实这种表示只是将 g_m 当作一个恒定的值 $2K(V_{in0}-R_SI_{DO}-V_{TH})$来简单表示而已，其与输入是无关的。当然，前提是 $\alpha_1-\alpha_3$ 必须和输入没有关系；否则该多项式的阶数将会大于 3。

例 5.29 一位同学在实验室测量图 5.81 所示的共源极电路的IP_3 时，得到的实际值仅为式(5.175)计算值的一半。请分析并阐述产生上述结果的原因。

解： 实验原理如图 5.82 所示，信号发生器能产生所需的输入信号[⊖]。题目中所提到的差异产生的原因是：信号发生器内部包含输出电阻 $R_G=50\Omega$，并且这里默认所测电路提供输入匹配，即 $Z_{in}=50\Omega$。

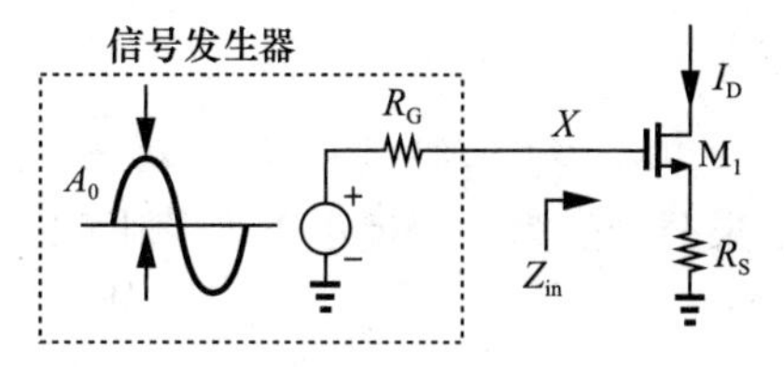

图 5.82　有限信号源阻抗驱动共源极电路

⊖ 在现实中，两个信号发生器的输出被合在一起，即为双音测试。

因此，信号发生器显示的振幅峰值为 $A_0/2$。

与之相反，由于简单的共源极具有很高的输入阻抗，因此不会受信号源内阻的影响，检测到的振幅峰值为 A_0 而不是 $A_0/2$。因此，该同学在实际测量中得到的读数为施加给电路的一半。由于将这个数值定义为可用输入功率，所以才导致 IP_3 的测量产生了错误。◀

例 5.30 当输入匹配时，计算共栅极的IP_3。忽略沟长调制和体效应。

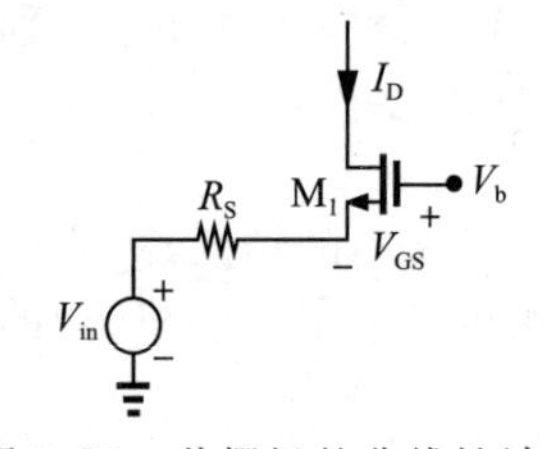

图 5.83 共栅极的非线性计算

解： 如图 5.83 所示，由图可得：

$$I_D=K(V_b-V_{in}-I_DR_S-V_{TH})^2 \tag{5.176}$$

并且 $K=\left(\frac{1}{2}\right)\mu_nC_{ox}\left(\frac{W}{L}\right)$。对等式两边同时求关于 V_{in} 的偏导数：

$$\frac{\partial I_D}{\partial V_{in}}=2K(V_b-V_{in}-I_DR_S-V_{TH})\left(-1-R_S\frac{\partial I_D}{\partial V_{in}}\right) \tag{5.177}$$

在无输入信号状态下，$2K(V_b-V_{in0}-I_{D0}R_S-V_{TH})$等于$M_1$ 的跨导。因此，

$$\left.\frac{\partial I_D}{\partial V_{in}}\right|_{V_{in0}}=\frac{-g_m}{1+g_mR_S} \tag{5.178}$$

其二阶导数的表达式与共源极式(5.171)相同：

$$\left.\frac{\partial^2 I_D}{\partial V_{in}^2}\right|_{V_{in0}}=\frac{2K}{(1+g_mR_S)^3} \tag{5.179}$$

其三阶导数为：

$$\left.\frac{\partial^3 I_D}{\partial V_{in}^3}\right|_{V_{in0}}=\frac{12K^2R_S}{(1+g_mR_S)^5} \tag{5.180}$$

因此，IP_3 的表达式(5.175)在这里同样适用。为使输入匹配，需要使 $R_S=1/g_m$。正如例 5.29 解释的那样，IP_3 是根据有用信号功率，即传递至匹配负载的功率来定义的。因此由式(5.175)得到的最大值应再除以 2，即：

$$A_{IIP3}=\frac{2}{K}\sqrt{\frac{2}{3}}g_m \tag{5.181}$$

$$=4\sqrt{\frac{2}{3}}(V_{GS0}-V_{TH}) \tag{5.182}$$

这里，V_{GS0} 表示栅源偏置电压。◀

5.7.2 无源极负反馈的共源极

观察图 5.80 所示的共源极电路，其中亚微米晶体管将会严重偏离平方律特性。由通道中纵向电场和横向电场引起的迁移率下降可以近似表示为

$$I_D=\frac{1}{2}\mu_0C_{ox}\frac{W}{L}\frac{(V_{GS}-V_{TH})^2}{1+\left(\frac{\mu_0}{2v_{sat}L}+\theta\right)(V_{GS}-V_{TH})} \tag{5.183}$$

这里 μ_0 表示零电场下的迁移率，v_{sat} 表示载流子的饱和速度，θ 表示垂直场的影响[11]。如果分母的第二项远小于 1，则可近似写为$(1+\varepsilon)^{-1}\approx1-\varepsilon$，因此

$$I_D\approx\frac{1}{2}\mu_0C_{ox}\frac{W}{L}\left[(V_{GS}-V_{TH})^2-\left(\frac{\mu_0}{2v_{sat}L}+\theta\right)(V_{GS}-V_{TH})^3\right] \tag{5.184}$$

输入信号 V_{in} 叠加在偏置电压 $V_{GS0}=V_b$ 之上，所以将式中的 V_{GS} 替换为 $V_{in}+V_{GS0}$，可得到：

$$\begin{aligned}I_D\approx{}&K[2-3a(V_{GS0}-V_{TH})](V_{GS0}-V_{TH})V_{in}+K[1-3a(V_{GS0}-V_{TH})]V_{in}^2-\\&KaV_{in}^3+K(V_{GS0}-V_{TH})^2-aK(V_{GS0}-V_{TH})^3\end{aligned} \tag{5.185}$$

其中，$K=\left(\frac{1}{2}\right)\mu_0 C_{ox}\left(\frac{W}{L}\right)$，$a=\frac{\mu_0}{(2v_{sat}L)}+\theta$，这里可以将 V_{in} 的系数作为跨导 $\partial I_D/\partial V_{in}$，将最后两项作为偏置电流，即：

$$\alpha_1 = K[2-3a(V_{GS0}-V_{TH})](V_{GS0}-V_{TH}) \tag{5.186}$$

$$\alpha_3 = -Ka \tag{5.187}$$

IP_3 可由下式给出：

$$A_{IIP3} = \sqrt{\frac{4}{3}\times\frac{2-3a(V_{GS0}-V_{TH})}{a}(V_{GS0}-V_{TH})} \tag{5.188}$$

$$= \sqrt{\frac{\frac{8}{3}(V_{GS0}-V_{TH})}{\frac{\mu_0}{2v_{sat}L}+\theta}-4(V_{GS0}-V_{TH})^2} \tag{5.189}$$

由此可发现，随着过驱动电压的上升，IP_3 将达到一个最大值。图 5.84 为IP_3 关于过驱动电压的函数曲线。当 $V_{GS0}-V_{TH}=(3a)^{-1}$ 时，IP_3 达到最大：

$$A_{IIP3,max} = \frac{2}{3a} = \frac{2}{3}\frac{1}{\frac{\mu_0}{2v_{sat}L}+\theta} \tag{5.190}$$

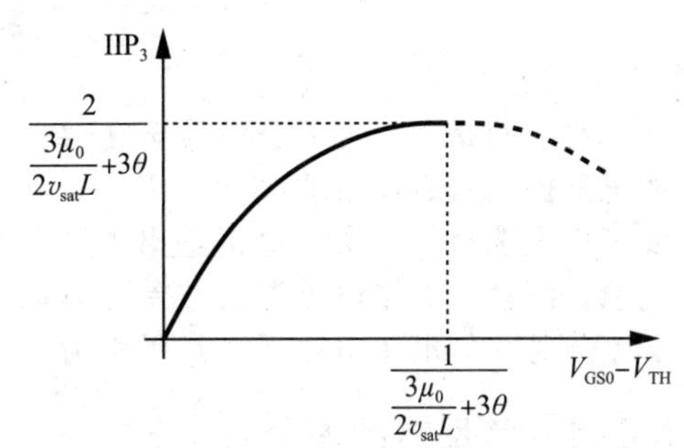

图 5.84　IP_3 相对于过驱动电压的特性曲线

例 5.31 如果式(5.183)中分母的第二项略小于 1，试利用更加精确的近似$(1+\varepsilon)^{-1}\approx 1-\varepsilon+\varepsilon^2$ 计算出 α_1 和 α_3 的值。

解：将附加项 $a^2(V_{GS}-V_{TH})^2$ 乘以 $K(V_{GS}-V_{TH})^2$，就可得到我们感兴趣的两项：$4Ka^2V_{in}(V_{GS}-V_{TH})^3$ 和 $4Ka^2V_{in}^3(V_{GS}-V_{TH})$。通过前一项可以得到 α_1，而通过后一项可以算出 α_3。因此可得：

$$\alpha_1 = K[2-3a(V_{GS0}-V_{TH})+4a^2(V_{GS}-V_{TH})^2](V_{GS0}-V_{TH}) \tag{5.191}$$

$$\alpha_3 = -Ka[1-4a(V_{GS0}-V_{TH})] \tag{5.192}$$ ◀

5.7.3　差分和准差分对

在射频系统中，差分信号的处理可以使用如图 5.85a 所示的差分对电路，也可以使用图 5.85b 所示的准差分对结构，只不过这两个拓扑结构所表现出的非线性明显不同。由上面的分析可以知道，信道中纵向和垂直区域迁移率的依赖性导致了三阶非线性和 IP_3，并可以根据式(5.189)计算。为了研究标准差分对的非线性，需要回顾之前的模拟电路的基本知识：

$$I_{D1}-I_{D2} = \frac{1}{2}\mu_n C_{ox}\frac{W}{L}V_{in}\sqrt{\frac{4I_{SS}}{\mu_n C_{ox}\frac{W}{L}}-V_{in}^2} \tag{5.193}$$

这里 V_{in} 定义为差分输入电压。如果$|V_{in}|\ll I_{SS}/(\mu_n C_{ox}W/L)$，则：

$$I_{D1}-I_{D2} \approx \frac{1}{2}\mu_n C_{ox}\frac{W}{L}V_{in}\sqrt{\frac{4I_{SS}}{\mu_n C_{ox}\frac{W}{L}}}\left(1-\frac{1}{2}\frac{V_{in}^2}{\frac{4I_{SS}}{\mu_n C_{ox}W/L}}\right) \tag{5.194}$$

所以

$$\alpha_1 = \sqrt{\mu_n C_{ox}\frac{W}{L}I_{SS}} \tag{5.195}$$

$$\alpha_3 = -\left(\mu_n C_{ox}\frac{W}{L}\right)^{\frac{3}{2}}\frac{1}{8\sqrt{I_{SS}}} \tag{5.196}$$

因此

$$A_{\mathrm{IIP3}}=\sqrt{\frac{6I_{\mathrm{SS}}}{\mu_{\mathrm{n}}C_{\mathrm{ox}}W/L}} \tag{5.197}$$

$$=\sqrt{6}(V_{\mathrm{GS0}}-V_{\mathrm{TH}}) \tag{5.198}$$

其中，$V_{\mathrm{GS0}}-V_{\mathrm{TH}}$ 表示平衡条件[⊖]($V_{\mathrm{in}}=0$)下每个晶体管的过驱动电压。

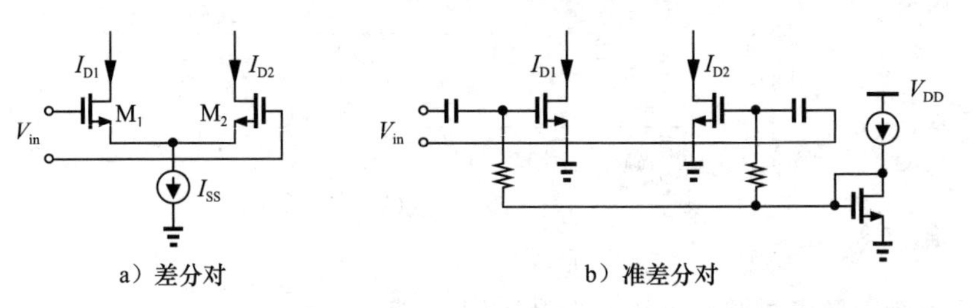

a) 差分对　　b) 准差分对

图 5.85

有趣的是，标准差分对甚至在缺少与电场有关的迁移率(即具有平方律功能的器件)的情况下仍然具有三阶非线性。因此，在线性度要求非常高的情况下，图 5.85 的准差分对成了优先选择。事实上也正是出于这个原因，图 5.65 所示的差分 CS 级 LNA 不采用尾电流源。而且，无尾电流源的准差分对也节省了与尾电流源相关的电压裕度，从而也证明了准差分对在低电源电压下更具吸引力。

5.7.4 负反馈的差分对

考虑如图 5.86 所示的负反馈对，这里 $I_{\mathrm{D1}}-I_{\mathrm{D2}}$ 表示为我们关心的输出。由于 $I_{\mathrm{D1}}+I_{\mathrm{D2}}=2I_0$，并且有 $\partial(I_{\mathrm{D1}}-I_{\mathrm{D2}})/\partial V_{\mathrm{in}}=2\partial I_{\mathrm{D1}}/\partial V_{\mathrm{in}}$，$V_{\mathrm{in1}}-V_{\mathrm{GS1}}-I_{\mathrm{S}}R_{\mathrm{S}}=V_{\mathrm{in2}}-V_{\mathrm{GS2}}$，以及 $I_{\mathrm{S}}=I_{\mathrm{D1}}-I_0$。所以

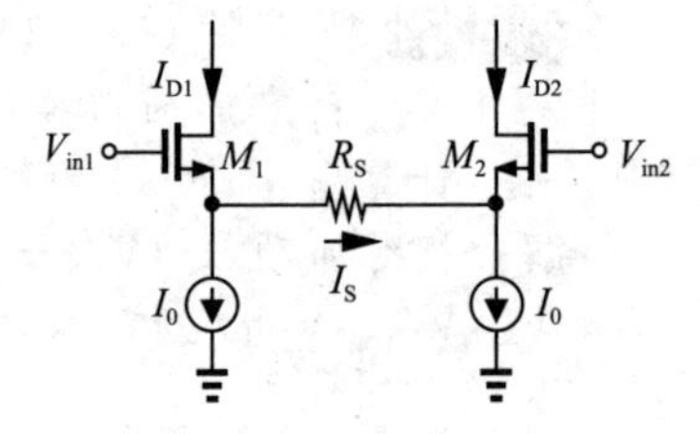

图 5.86 源极负反馈的差分对

$$V_{\mathrm{in}}-R_{\mathrm{S}}I_{\mathrm{D1}}+R_{\mathrm{S}}I_0=\frac{1}{\sqrt{K}}(\sqrt{I_{\mathrm{D1}}}-\sqrt{I_{\mathrm{D2}}}) \tag{5.199}$$

其中，$V_{\mathrm{in}}=V_{\mathrm{in1}}-V_{\mathrm{in2}}$，$K=(1/2)\mu_{\mathrm{n}}C_{\mathrm{ox}}(W/L)$。等式两边同时对 I_{D1} 求关于 V_{in} 的偏导数，

$$\frac{\partial I_{\mathrm{D1}}}{\partial V_{\mathrm{in}}}\left[R_{\mathrm{S}}+\frac{1}{2\sqrt{K}}\left(\frac{1}{\sqrt{I_{\mathrm{D1}}}}+\frac{1}{\sqrt{I_{\mathrm{D2}}}}\right)\right]=1 \tag{5.200}$$

当 $V_{\mathrm{in}}=0$，$I_{\mathrm{D1}}=I_{\mathrm{D2}}$ 时，

$$\alpha_1=\frac{1}{R_{\mathrm{S}}+\dfrac{2}{g_{\mathrm{m}}}} \tag{5.201}$$

此时 $g_{\mathrm{m}}=2I_0/(V_{\mathrm{GS0}}-V_{\mathrm{TH}})$。对等式(5.200)两边关于 V_{in} 求偏导数可得到：

$$\frac{\partial^2 I_{\mathrm{D1}}}{\partial V_{\mathrm{in}}^2}\left[R_{\mathrm{S}}+\frac{1}{2\sqrt{K}}\left(\frac{1}{\sqrt{I_{\mathrm{D1}}}}+\frac{1}{\sqrt{I_{\mathrm{D2}}}}\right)\right]-\frac{\partial I_{\mathrm{D1}}}{\partial I_{\mathrm{D2}}}\left[\frac{1}{4\sqrt{K}}\left(\frac{1}{I_{\mathrm{D1}}^{3/2}}\frac{\partial I_{\mathrm{D1}}}{\partial V_{\mathrm{in}}}+\frac{1}{I_{\mathrm{D2}}^{3/2}}\frac{\partial I_{\mathrm{D2}}}{\partial V_{\mathrm{in}}}\right)\right]=0 \tag{5.202}$$

设 $V_{\mathrm{in}}=0$，因为 $\partial I_{\mathrm{D1}}/\partial V_{\mathrm{in}}=-\partial I_{\mathrm{D2}}/\partial V_{\mathrm{in}}$，所以 $\partial^2 I_{\mathrm{D1}}/\partial V_{\mathrm{in}}^2=0$，而第二个方括号内的项也将消失。基于上式再次求导：

⊖ 当输入差分电压为$\sqrt{2}(V_{\mathrm{GS0}}-V_{\mathrm{TH}})$时，晶体管截止。

$$\left.\frac{\partial^3 I_{D1}}{\partial V_{in}^3}\right|_{V_{in}=0}=\frac{-3}{\left(R_S+\frac{2}{g_m}\right)^4 g_m I_0^2}=6\alpha_3 \tag{5.203}$$

由此可得 $6\alpha_3=\partial^3(I_{D1}-I_{D2})/\partial V_{in}^3=2\partial^3 I_{D1}/\partial V_{in}^3$，所以有：

$$A_{IIP_3}=\frac{2I_0}{3}\sqrt{g_m\left(R_S+\frac{2}{g_m}\right)^3} \tag{5.204}$$

习题

5.1 假设 $Z_{in}=x+jy$，推导图5.4中的等 Γ 线方程。

5.2 如果 $R_P=R_S$ 且 $g_m R_S\approx 1$，用式(5.18)计算NF值，只考虑式中的前三项，若要得到3.5dB的噪声系数，g_m 值需为多少？

5.3 基于图5.10a所示的特定网络，重做例5.5。

5.4 确定图5.87所示的各级电路相对于 R_S 源阻抗的噪声系数，忽略沟长调制效应和体效应。

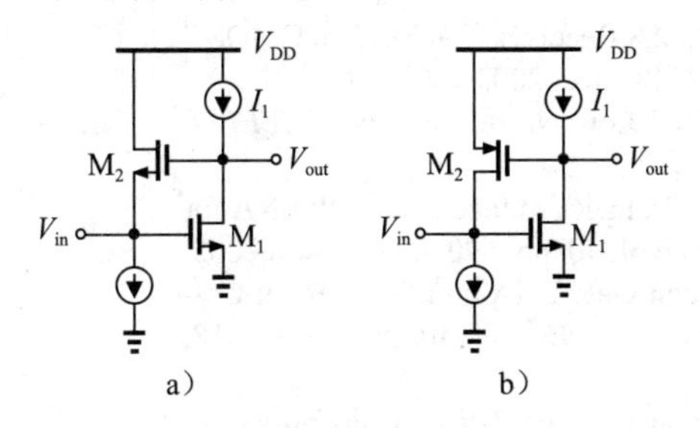

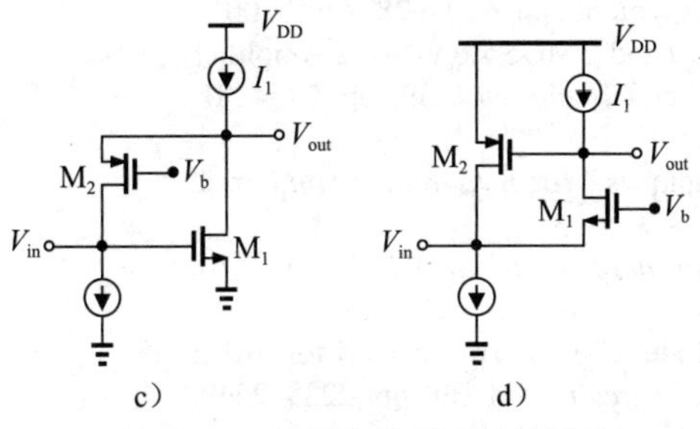

图5.87 各级电路的NF计算

5.5 对于图5.11b所示的感性负载共源极，确定 V_{out}/V_{in} 和在谐振频率下的电压增益，假定 $|jC_1\omega_0|\ll g_m$，$\omega_0=1/\sqrt{L_1(C_1+C_F)}$。

5.6 对于图5.13a中的共源极，确定闭环增益和噪声系数，不忽略沟长调制，且假设输入是匹配的。

5.7 对于图5.15所示的互补级，确定闭环增益和噪声系数，不忽略沟长调制，且假设输入是匹配的。

5.8 对于图5.16a所示的共栅极，计算输出谐振频率下的噪声系数，若 $g_m\neq 1/R_S$。如何选择 g_m 以产生小于 $1+\gamma+4R_S/R_a$ 的噪声系数？

5.9 电路有3dB的噪声系数，由源电阻 R_S 贡献的输出噪声功率占多大比例？NF=1dB时，又为多少？

5.10 确定图5.17所示的共栅极电路的噪声系数。

5.11 在例5.10中，我们认为若 ω 远大于 $(R_1C_X)^{-1}$ 但远小于 $g_{m2}/(C_{GS2}+C_X)$，M_2 的噪声就将无衰减地到达输出端。存在这样的频率范围吗？换句话说，在什么条件下有 $(R_1C_X)^{-1}<\omega\ll g_{m2}/(C_{GS2}+C_X)$？假设 $g_{m2}\approx g_{m1}$，LNA的增益为 $g_{m1}R_1$，C_X 大约等于 C_{SG2}。

5.12 如果图5.34中的 L_G 受串联电阻 R_t 的影响，确定该电路的噪声系数。

5.13 图5.88所示的LNA能在低电源电压下工作。在目标频率下，每个电感与其相应节点处的总电容谐振。忽略沟长调制和体效应，以及由于 L_2 上的损耗产生的噪声。计算LNA相对于源极电阻 R_S 的噪声系数，并且假定在谐振频率下可以把 L_1 看作是一个等于 R_P 的电阻。若 $R_P\to\infty$，将结果化为更一般的形式。（提示：负反馈共源极的等效跨导为 $g_m/(1+g_m R_1)$，其中 R_1 表示负反馈电阻）。

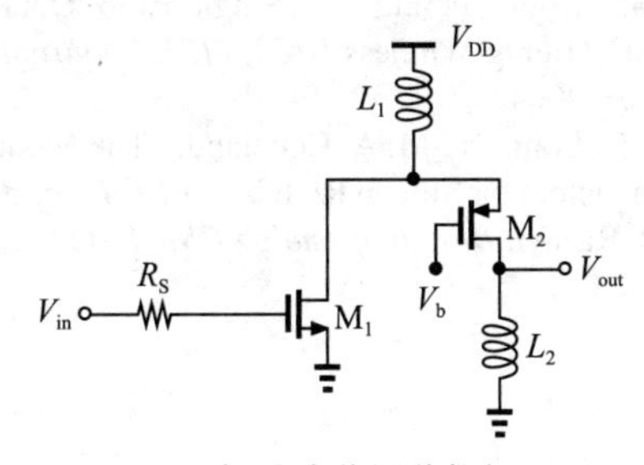

图5.88 折叠式共源共栅极LNA

5.14 确定图5.40中拓扑结构的 S_{11} 参数，并计算能让 S_{11} 低于−10dB的中心频率的最大偏差量。

5.15 在考虑沟长调制时，重复图5.43所示的CG级的分析。

5.16 重复图5.43 CG级的NF分析，考虑输入端串联的反馈网络噪声 $\overline{V_{nF}^2}$。

5.17 证明图5.45a中前馈放大器的输入参考噪声等于式(5.124)的第四项。

5.18 重复图5.45a中CG级的分析，考虑沟长调制。

5.19 图5.48b中R_F的噪声消除了吗？解释之。

5.20 对于图5.89所示的电路，输入输出特性为

$$I_{out}-I_0=\alpha_1(V_{in}-V_0)+\alpha_2(V_{in}-V_0)^2+\cdots \tag{5.205}$$

其中，I_0和V_0分别表示偏置值，即未加信号时的值。我们注意到，当$V_{in}=V_0$(或者$I_{out}=I_0$)时，$\partial I_{out}/\partial V_{in}=\alpha_1$。同样地，$V_{in}=V_0$(或者$I_{out}=I_0$)时，$\partial I_{out}^2/\partial V_{in}^2=2\alpha_2$。

(1) 用V_{in}和I_{out}(无V_{GS})写出输入网络的KVL方程。并将同时对方程两边的V_{in}求微分。这个等式可能会在(2)中用到。注意此处$2\sqrt{KI_0}=g_m$，其中，$K=\mu_n C_{ox}W/L$，确定$\partial I_{out}/\partial V_{in}$和$\alpha_1$。

(2) 针对(1)中得到的方程，再对V_{in}进行一次微分，并用I_0和g_m计算α_2。

(3) 确定电路的IP_2。

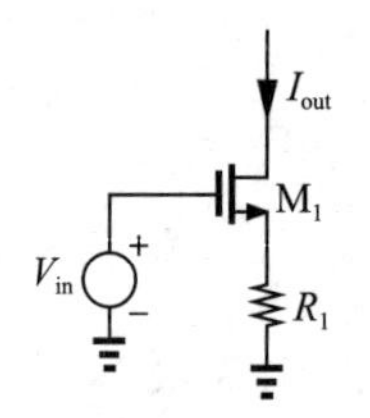

图5.89 计算IP_2的电路

参考文献

[1] J. Rogin et al., "A 1.5-V 45-mW Direct-Conversion WCDMA Receiver IC in 0.13-m CMOS," *IEEE Journal of Solid-State Circuits,* vol. 38, pp. 2239–2248, Dec. 2003.

[2] D. K. Shaeffer and T. H. Lee, "A 1.5-V, 1.5-GHz CMOS Low Noise Amplifier," *IEEE J. Solid-State Circuits,* vol. 32, pp. 745–759, May 1997.

[3] P. Rossi et al., "A Variable-Gain RF Front End Based on a Voltage-Voltage Feedback LNA for Multistandard Applications," *IEEE J. Solid-State Circuits,* vol. 40, pp. 690–697, March 2005.

[4] X. Li, S. Shekar, and D. J. Allstot, "G_m-Boosted Common-Gate LNA and Differential Colpitts VCO/QVCO in 0.18-um CMOS," *IEEE J. Solid-State Circuits,* vol. 40, pp. 2609–2618, Dec. 2005.

[5] A. Zolfaghari, A. Y. Chan, and B. Razavi, "Stacked Inductors and 1-to-2 Transformers in CMOS Technology," *IEEE Journal of Solid-State Circuits,* vol. 36, pp. 620–628, April 2001.

[6] F. Bruccoleri, E. A. M. Klumperink, and B. Nauta, "Wideband CMOS Low-Noise Amplifier Exploiting Thermal Noise Canceling," *IEEE J. Solid-State Circuits,* vol. 39, pp. 275–281, Feb. 2004.

[7] B. Razavi, "Cognitive Radio Design Challenges and Techniques," *IEEE Journal of Solid-State Circuits,* vol. 45, pp. 1542–1553, Aug. 2010.

[8] B. Razavi et al., "A UWB CMOS Transceiver," *IEEE Journal of Solid-State Circuits,* vol. 40, pp. 2555–2562, Dec. 2005.

[9] M. Zargari et al., "A Single-Chip Dual-Band Tri-Mode CMOS Transceiver for IEEE 802.11a/b/g Wireless LAN," *IEEE Journal of Solid-State Circuits,* vol. 39, pp. 2239–2249, Dec. 2004.

[10] J. R. Long and M. A. Copeland, "The Modeling, Characterization, and Design of Monolithic Inductors for Silicon RF ICs," *IEEE J. Solid-State Circuits,* vol. 32, pp. 357–369, March 1997.

[11] B. Razavi, *Design of Analog CMOS Integrated Circuits,* Boston: McGraw-Hill, 2001.

|Chapter 6| 第 6 章

混频器

本章主要研究分别应用于接收通道与发射通道中的下变频混频器和上变频混频器。十年前，大多数混频器被设计成吉尔伯特单元；现在，为了满足不同收发机结构的特定需求，已经出现了许多新颖的混频器。另外，单独设计混频器的意义不大，因为它的性能严重依赖于周围的其他电路。本章内容如下：

概述

- 混频器噪声系数
- 端到端馈通
- 单平衡和双平衡混频器
- 无源和有源混频器

有源混频器

- 转换增益
- 噪声
- 线性度

上变频混频器

- 有源混频器
- 无源混频器

无源混频器

- 转换增益
- 噪声
- 输入阻抗
- 电源驱动混频器

改进型混频器拓扑结构

- 电流源辅助的有源混频器
- 高 IP_2 有源混频器
- 低闪烁噪声有源混频器

6.1 概述

混频器通过把两个信号(可能包括它们的谐波)相乘，实现频率的变换。因此，混频器有三个不同的端口，图 6.1 是用于通用收发机中的混频器例子。在接收通道中，下变频混频器的 RF 端口检测 RF 信号，LO 端口接收本地振荡器(简称本振)信号。在外差 RX 结构中，输出端口称为“IF 端口”；在直接变频 RX 结构中，输出端口称为“基带端口”。类似地，在发射通道中，上变频混频器输入为 IF 信号或者基带信号，该端口也称为 IF 端口或者基带端口，输出端口称为 RF 端口。由 LO 驱动的混频器输入端称为 LO 端口。

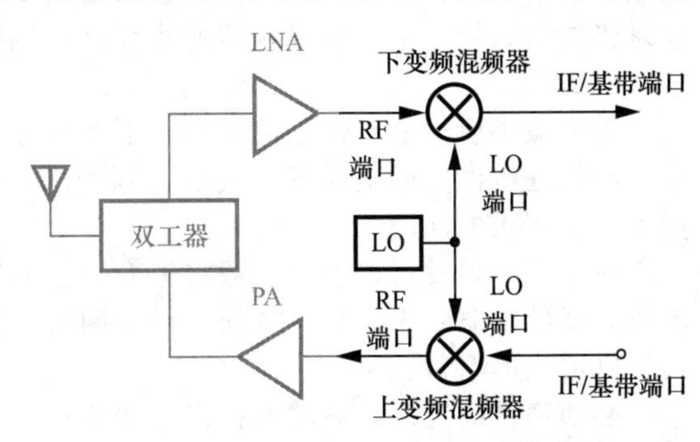

图 6.1 混频器在通用收发机中的应用

混频器的输入线性度应该达到什么程度？一个简单的混频器如图 6.2a 所示，其中，V_{LO} 控制开关的导通和断开。当开关导通时，$V_{IF}=V_{RF}$；当开关断开时，$V_{IF}=0$。正如第2章所解释的，随着开关的快速切换，即使V_{LO}本身是正弦信号，这个过程也可以看成RF输入信号与在0和1之间翻转的方波的乘积。图6.2b所示为输入与输出信号的频谱。混频器将射频输入信号与LO信号及其谐波相乘，会产生第4章所说的“混频杂散”。换而言之，混频器的LO端口是极其非线性的。当然，为了满足信号压缩和调制的要求，RF端口必须要保持足够的线性度。

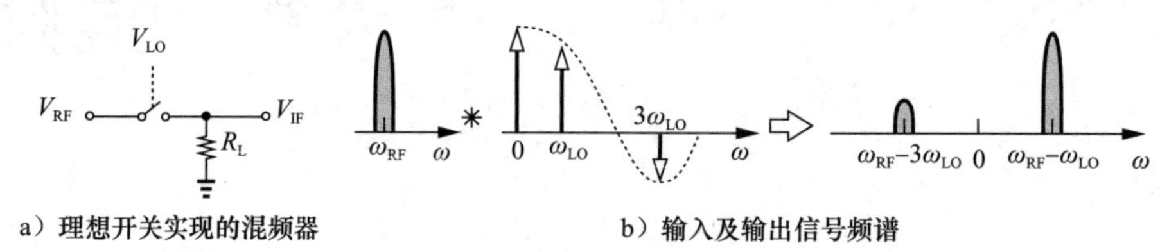

a）理想开关实现的混频器　　b）输入及输出信号频谱

图6.2

读者可能会猜测，是不是混频器的LO端口是线性的，就可以避免LO谐波影响。在本章的后面会看到，当LO端口的开关切换得不那么快速，混频器会受到增益降低、噪声增大的影响。因此，通过设计混频器和LO摆幅来保证开关可以快速切换，同时从结构级别来处理混频杂散。

6.1.1 性能参数

下面介绍混频器的性能参数，以及混频器对收发机的影响。

1. 噪声与线性度

在接收通道中，RX输入参考噪声为接在LNA后面的混频器的输入噪声除以LNA的增益。类似地，混频器的IP_3也要除以LNA的增益(回顾第5章的内容，混频器的噪声和IP_3要分别除以不同的增益)。设计下变频混频器时，要考虑噪声系数与IP_3(或者P_{1dB})的折中。混频器与LNA紧密相关，应该把它们级联在一起，作为一个整体来考虑。

要从哪里开始设计呢？由于混频器的噪声系数很少小于8dB，因此设计混频器时通常设定LNA的增益为10～15dB，然后再设计混频器，想办法在不提高噪声系数的前提下，尽可能地增大混频器的线性度。如果最终的混频器设计并不让人满意，就有必要进行迭代设计了。例如，即使噪声系数会增大，也可以进一步提高混频器的线性度，同时通过增加LNA的增益，来降低输入端的参考噪声。本章将会给出几个设计实例，以阐述这些设计思想。

在直接变频接收机中，LNA与混频器级联的IP_2应最大化。6.4节将会介绍提高混频器IP_2的方法。还有第4章提过，由LO谐波产生的混频杂散在宽带接收机中会变得很严重。

对于上变频混频器而言，TX输出端的噪声只有当其在RX的带宽内才变得有点严重，必须非常小(见第4章)，但即使在这些情况下，相比接收机，上变频混频器对噪声性能的要求仍然很宽松。上变频混频器的线性度由调制类型及基带信号摆幅决定。

2. 增益

为了减小后续电路带来的噪声，下变频混频器应提供足够的增益。但是在低电压设计中，在保证线性度的条件下，很难达到约10dB以上的增益。因此，混频器后续电路的噪声是一个严重的问题。

在直接变频发射机中，一般将上变频混频器的增益及输出摆幅最大化，从而放松对功率放大器的增益要求。另一方面，对于两级发射机，为避免压缩RF混频器，IF混频器只需提供适当的增益。

必须谨慎确定混频器的增益以避免混叠。下变频混频器电压转换增益是指IF信号与RF信号的方均根电压之比。这两个信号分别有两个不同的中心频率。给RF端施加频率

为 ω_{RF} 的正弦信号，在下变频端测量到频率为 ω_{IF} 的信号幅值，依据上面的定义，可以计算得到电压转换增益。上变频混频器的电压转换增益的定义与之类似，只不过是从基带或者 IF 端口到 RF 端口。

在传统的 RF 和微波设计中，混频器由“功率转换增益”表征，功率转换增益指输出信号功率与输入信号功率之比。在当前 RF 设计中，通常使用电压转换增益这个指标。因为输入阻抗在大部分情况下是虚数，这使得量化功率比较困难而且没有必要。

3. 端到端的馈通

由于器件自身电容的影响，混频器中经常会出现不希望的端口之间的馈通现象，如图 6.3a 所示。比如，在图 6.3b 中，如果混频器采用 MOSFET 实现，栅源电容与栅漏电容会在 LO 端口与 RF 端口、IF 端口之间产生馈通路径。

混频器中端口与端口之间的馈通对性能的影响取决于其电路结构。图 6.4 是个直接变频接收机。正如第 4 章所解释的，该电路中的 LO-RF 馈通是不希望出现的，它会导致基带失调以及来自天线的 LO 泄漏。有趣的是，这种馈通完全取决于混频器电路的对称性和 LO 信号的波形(见 6.2.2 节)。LO-IF 馈通影响不大，它会被基带低通滤波器滤除。

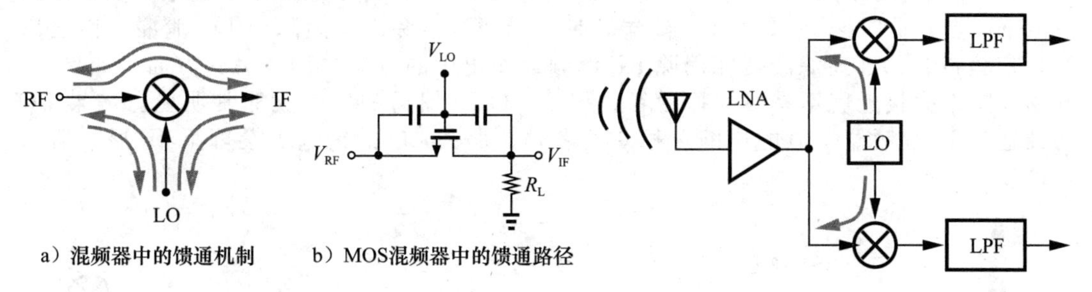

a）混频器中的馈通机制　　b）MOS混频器中的馈通路径

图 6.3

图 6.4　LO-RF 馈通带来的影响

例 6.1　考虑如图 6.5 所示的混频器，$V_{LO}=V_1\cos\omega_{LO}t+V_0$，其中，$C_{GS}$ 为 M_1 的栅源覆盖电容。忽略 M_1 的电阻，假设开关快速切换，且 $R_L\gg R_S$，求 $R_S=0$ 和 $R_S>0$ 两种情况下输出端的直流失调。

解： 到节点 X 的 LO 泄漏为：

$$V_X=\frac{R_SC_{GS}s}{R_SC_{GS}s+1}V_{LO}\tag{6.1}$$

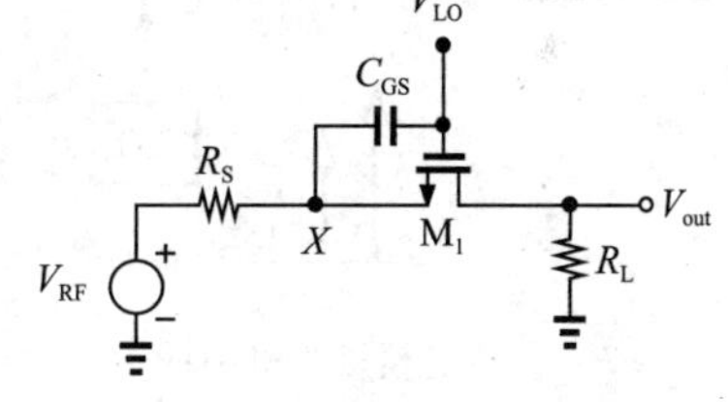

图 6.5　MOS 混频器中的 LO-RF 馈通

因为即使 M_1 导通时，节点 X 到地的电阻也近似为 R_S。开关快速切换，输出电压为 X 节点电压与方波(由开关的“0”和“1”控制产生)的乘积。V_X 和方波的基波相乘会导致直流失调。幅度 $2\mathrm{sm}(\pi/2)/\pi=2/\pi$，谐波可以表示为 $(2/\pi)\cos\omega_{LO}t$，所以：

$$V_{out}(t)=V_X(t)\times\frac{2}{\pi}\cos\omega_{LO}t+\cdots\tag{6.2}$$

$$=\frac{R_SC_{GS}\omega_{LO}}{\sqrt{R_S^2C_{GS}^2\omega_{LO}^2+1}}V_1\cos(\omega_{LO}t+\phi)\times\frac{2}{\pi}\cos\omega_{LO}t+\cdots\tag{6.3}$$

此处 $\phi=(\pi/2)-\arctan(R_SC_{GS}\omega_{LO})$。直流分量为

$$V_{dc}=\frac{V_1}{\pi}\frac{R_SC_{GS}\omega_{LO}\cos\phi}{\sqrt{R_S^2C_{GS}^2\omega_{LO}^2+1}}\tag{6.4}$$

从上式可知，当 $R_S=0$ 时，直流失调被消除了。◀

也可以很直观地看出直流失调的产生。在图 6.6 中，假设 RF 输入为正弦信号，且与 LO 信号具有相同的频率。那么，每次开关导通，输入波形的相同部分会出现在输出端，产生一定的平均值。

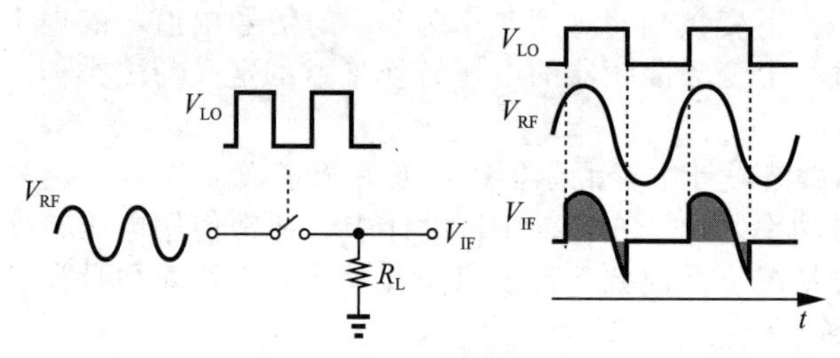

图 6.6　LO 泄漏产生的失调

在直接变频接收机中，RF-LO 和 RF-IF 的馈通被证明也是存在问题的。如图 6.7 所示，一个较大的带内干扰会耦合到 LO 端口，并使之注入牵引(见第 8 章)，从而使 LO 端的频谱变差。为了避免这个影响，可在 LO 端与混频器之间放置一个缓冲器。同样，正如第 4 章所解释的，由于 RF 通道中偶数阶失真导致的拍频分量，RF-IF 馈通会让基带信号变差(这个现象取决于 IP_2)。

现在，来看看图 6.8 中的外差式 RX。这里，LO-RF 的馈通作用不是很重要，原因有以下两点：①LNA 的选择性、前端频带选择滤波器和天线能降低 LO 泄漏，使之离开通信频带；②高通滤波器能消除 RF 混频器输出中的直流失调。另一方面，如果 ω_{IF} 和 ω_{LO} 频率太接近就不易滤除掉后者，那么 LO-IF 馈通的影响就非常明显。如果 LO 的馈通与 IF 混频器 1dB 的压缩点相差不多时，那么 LO 的馈通就会降低 IF 混频器的灵敏度。

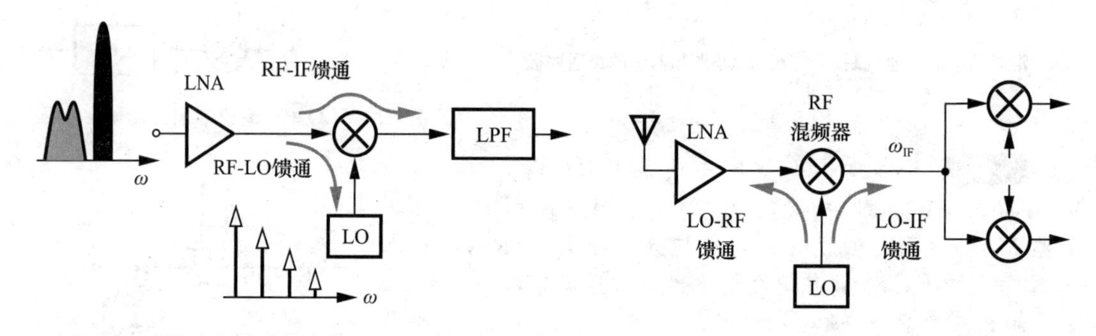

图 6.7　直接变频接收机中的 RF-LO 馈通的影响　　图 6.8　外差 RX 中 LO 馈通的影响

例 6.2　在图 6.9 所示的接收装置中，$\omega_{LO}=\omega_{RF}/2$，RF 信道的频率被转化为频率为 $\omega_{RF}-\omega_{LO}=\omega_{LO}$ 的 IF 信号，随后被转换为零频信号。请分析在这个装置中端到端馈通的影响。

解： 对于 RF 混频器，在频率为 $\omega_{RF}/2$ 时，LO-RF 的馈通是不显著的，甚至是被抑制的。同样，由于带内干扰的频率远大于 LO 的频率，使得 RF-LO 的馈通作用也不是很显著，从而产生了小的注入牵引。由于前端的作用，LO 频率附近的干扰会在信号达到混频器之前被减弱。RF-IF 的馈通被证明并不严重，因为高通滤波器能够消除 RF 端口的低频拍频分量。

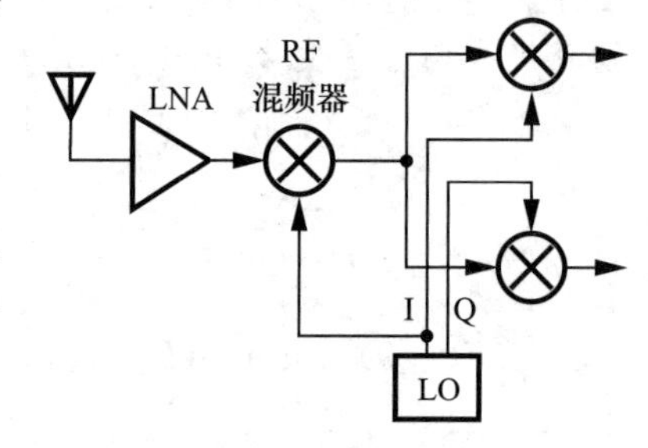

图 6.9　半射频 RX 结构

在上述装置中，RF 混频器 LO 端口到 IF 端口的馈通才是最关键的。由于 $\omega_{IF}=\omega_{LO}$，泄漏位于 IF 通道的中心，从而可能减小 IF 混频器的灵敏度(同时在基带中产生直流失调)，因此，设计 RF 混频器时，必须尽量减小 LO-IF 馈通效应(见 6.1.3 节)。

IF 混频器同样有着端口对端口的馈通效应。类似于直接变频接收机，本节内容将要学习图 6.4 和图 6.7 的拓扑结构。 ◀

上变频混频器的端口对端口的馈通作用只有在 LO-RF 中才显著，在其他情况下不显著。正如第 4 章解释的，由于 LO(或载波)的馈通作用会使传送信号的星座图恶化，因此必须尽量减小馈通效应。

6.1.2 混频器的噪声系数

为简单起见，可只考虑一个增益为“1”的无噪声混频器。在图 6.10 中，RF 端口的频谱由信号频带、镜像频带中的信号分量和 R_S 的热噪声组成。通过下变频，信号、信号频带中的噪声和镜像频带中的噪声都被转换到 ω_{IF}。因此，如果两个噪声分量有相同的功率，那么输出的 SNR 等于输入的 SNR 的一半。也就是说，从镜像频带到信号频带，混频器输入端呈现出平坦的频率响应特性。因此定义无噪声混频器的噪声因子是 3dB，同时称这个量为“单边带(SSB)”噪声因子，它表示有用信号频率只位于 LO 频率的一边，这在外差式接收机中是个普遍存在的情况。

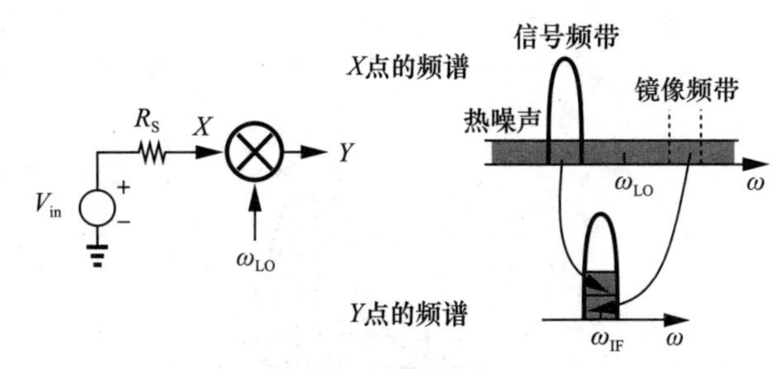

图 6.10 SSB 噪声因子

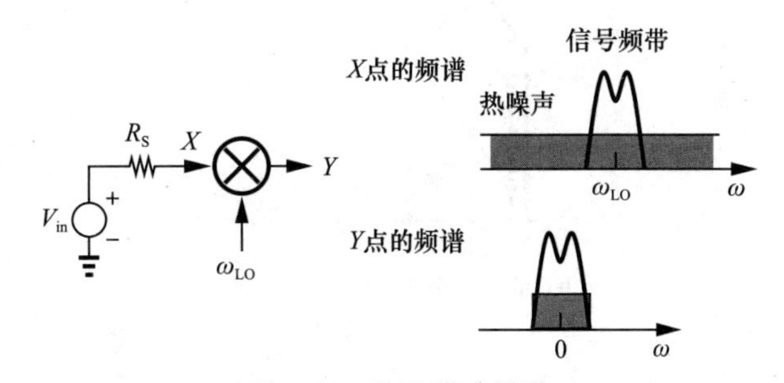

图 6.11 DSB 噪声因子

现在，来看看图 6.11 中的直接变频混频器，如果这个混频器是无噪声的，那么只有信号频带中的噪声转换到基带，从而产生相同的输入和输出信噪比。噪声特性因此为 0dB。这个量在直接变频接收机中是很常见的，可称它为“双边带(DSB)”噪声因子，用来强调输入信号频谱位于 ω_{LO} 两边。

总的来说，如果在混频器的 RF 端口，信号频带和镜像频带具有相同的增益，则混频器的 SSB 噪声因子比 DSB 噪声因子大 3dB。典型的噪声因子测试仪只测 DSB NF 值，测试仪给出的 SSB NF 值就是在 DSB 的 NF 值上简单地加 3dB。

例 6.3 一个同学设计了如图 6.12a 的外差接收机。假设两种情况，一种是 ω_{LO1} 远大于 ω_{RF}，另一种是 ω_{LO1} 和镜像频率均位于频带内。试探究在两种情形下接收机的噪声情况。

解： 在第一种情况下，由于天线、BPF 以及 LNA 的选择性，使得镜像频带内的热噪声得到了抑制。当然，RF 混频器仍然会有自己的噪声，图 6.12b 展示了整个特性，S_A 代表 LNA 输出端的噪声频谱，而 S_{mix} 代表着混频器自身输入网络的噪声。因此，混频器将以下 3 个重要的噪声分量下变频到 IF 端：ω_{RF} 附近的天线和 LNA 的放大噪声、ω_{RF} 周围的自身噪声以及 ω_{im} 周围的镜像噪声。

在第二种情况下，由天线、BPF 和 LNA 产生的噪声，从镜像频率到信号频率表现为一个十分平坦的频谱。由图 6.12c 可以看出，RF 混频器现在将 4 个重要的噪声分量下变频到 IF 端：ω_{im} 和 ω_{RF} 附近的 LNA 的输出噪声、ω_{im} 和 ω_{RF} 附近混频器的输入噪声。

因此可得出，第二种情况下的噪声因子远高于第一种情况。实际上，如果混频器产生的噪声远小于 LNA 产生的噪声，那么噪声因子损失就会达到 3dB。第 4 章的低 IF 接收机没有这个缺点，因为它采用了镜像抑制。

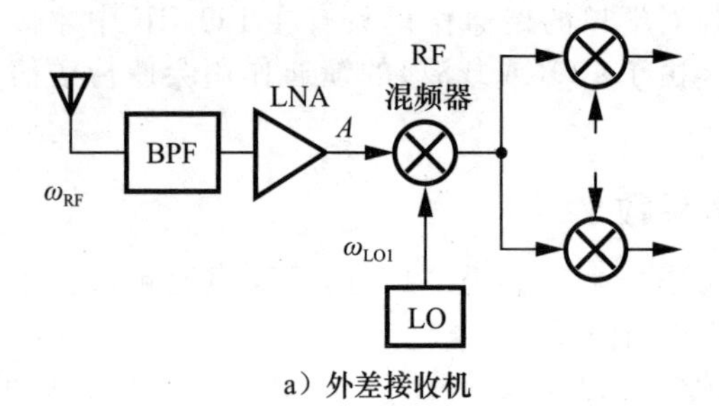

a）外差接收机

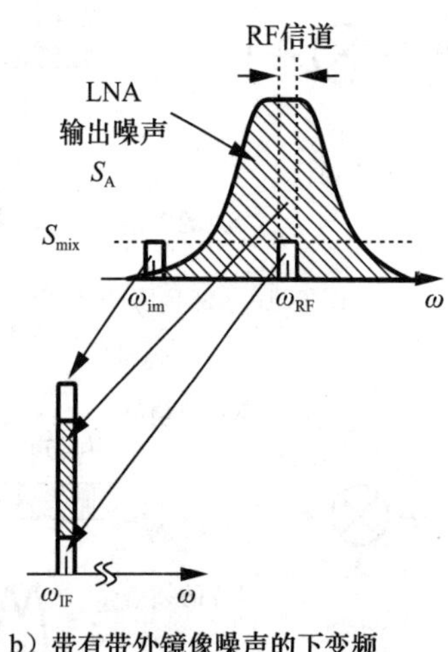

b）带有带外镜像噪声的下变频

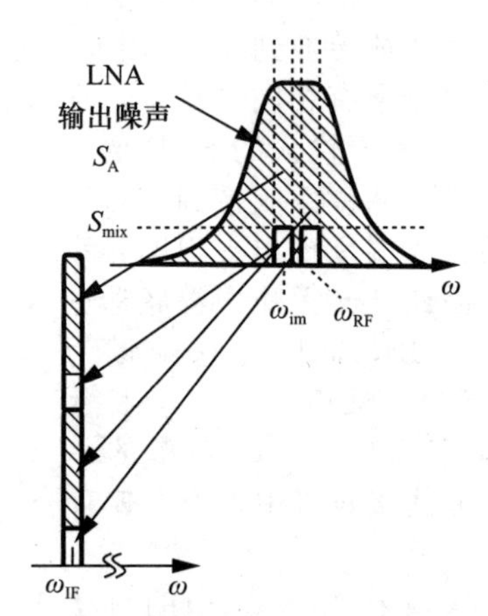

c）带有带内镜像噪声的下变频

图 6.12

直接变频接收机的噪声系数

在一个将信号转换到零中频的接收机中，很难定义噪声因子，即使是外差的系统也是同样如此。为了更好地理解这个问题，现在分析如图 6.13 所示的直接变频拓扑结构。我们认为，I 输出端观测到的噪声由 LNA 放大的噪声和 I 混频器的噪声组成(因为信号频谱位于 ω_{LO} 的两边，这里采用混频器的 DSB NF)。同样，Q 端口的输出噪声由 LNA 的放大噪声和 Q 混频器的噪声组成。

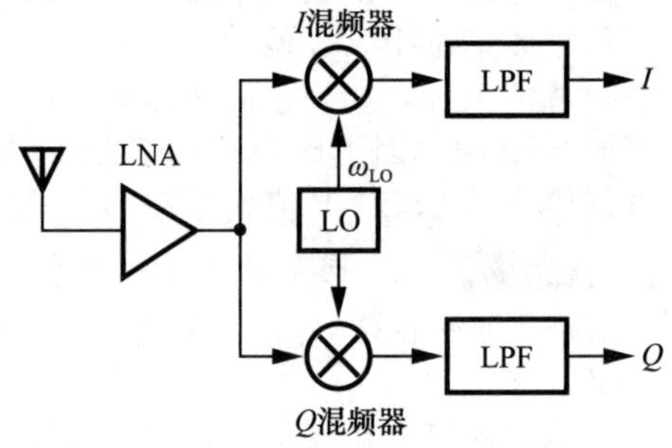

图 6.13　用于 NF 计算的直接变频接收机

但是，应该如何定义总的噪声系数呢？虽然该系统有两个输出端口，但是可以只选择其中一个来定义 NF：

$$NF=\frac{SNR_{in}}{SNR_I}=\frac{SNR_{in}}{SNR_Q} \tag{6.5}$$

其中，SNR_I 和SNR_Q 分别代表 I 和 Q 端口输出的信噪比。这是在直接变频接收机中最常用的 NF 定义公式。由于 I 和 Q 端的输出最终是要结合在一起(通常是在数字领域)，所以最终结合在一起的输出信号的信噪比将是对噪声性能更加精确的估量。然而，输出信号结合起来的方式依赖于调制方案，因而很难得到比较精确的输出信噪比。例如在第 4 章中，FSK 接收机通过 Q 端输出的数据边缘来对 I 端的二进制输出进行简单取样，从而实现了基带正弦信号的非线性结合。正是出于这些原因，所以可以采用式(6.5)来定义 NF，由于其他输出端的信号分量被忽略，所以这是一个有些悲观的估计值。最终，接收机的灵敏度由误码率来表征，这样可以避免 NF 定义的歧义。

例 6.4 图 6.14a 所示为简单的混频器，假设 $R_L \gg R_S$，R_L 不产生噪声，LO 的占空比为 50%，确定由 R_S 产生的输出噪声频谱。

解： 因为在 LO 的半个周期内，V_{out} 等于 R_S 的噪声，而在另外半个周期，V_{out} 等于 0，所以可以简单地认为输出的噪声功率密度为输入的一半，即 $\overline{V^2_{n,out}}=2kTR_S$（这是单端功率谱）。为证明这个推测，可以把 $V_{n,out}(t)$ 看作 $V_{n,R_S}(t)$ 与一个在 0 和 1 之间翻转的方波的乘积。输出频谱可由上述两个信号的频谱卷积得到，如图 6.14b 所示。特别注意地，方波的功率谱密度有 sinc^2 的包络线，在 $f=0$ 时，有个面积为 0.5^2 的脉冲；在 $f=\pm f_{LO}$ 时，各有一个面积为 $(1/\pi)^2$ 的脉冲。输出端的频谱包括：①$2kTR_S\times0.5^2$，②$2kTR_S$ 向右、向左平移 $\pm f_{LO}$，即乘以 $(1/\pi)^2$，③$2kTR_S$ 向右、向左平移 $\pm3f_{LO}$，即乘以 $[1/(3\pi)]^2$。

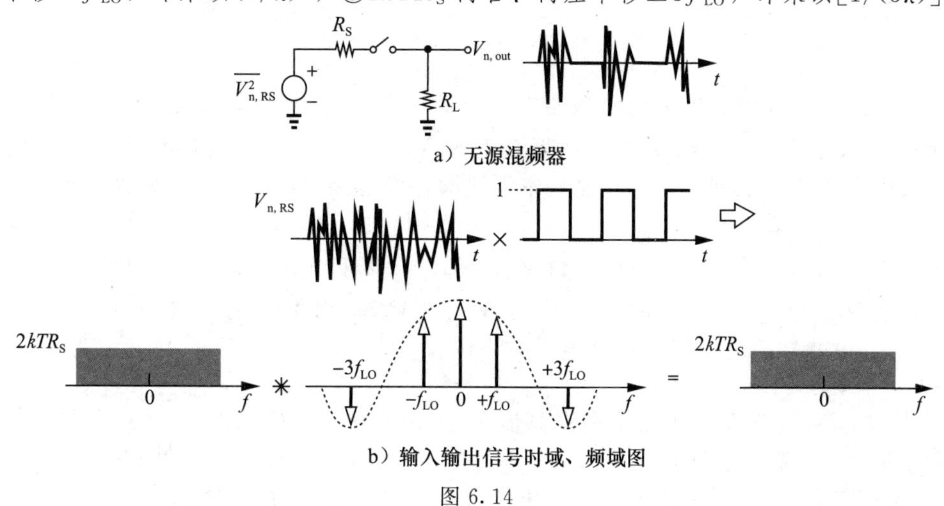

图 6.14

因此，输出噪声可以写成下式：

$$\overline{V^2_{n,out}}=2kTR_S\left[\frac{1}{2^2}+\frac{2}{\pi^2}+\frac{2}{(3\pi)^2}+\frac{2}{(5\pi)^2}+\cdots\right] \tag{6.6}$$

$$=2kTR_S\left[\frac{1}{2^2}+\frac{2}{\pi^2}\left(1+\frac{1}{3^2}+\frac{1}{5^2}+\cdots\right)\right] \tag{6.7}$$

可以证明 $1^{-2}+3^{-2}+5^{-2}+\cdots=\pi^2/8$。显然，双端输出噪声为 kTR_S，所以单端输出噪声为

$$\overline{V^2_{n,out}}=2kTR_S \tag{6.8}$$ ◀

从上面的例子中，可得出一个重要的结论：白噪声被占空比为 50%的方波调制，其结果还是白噪声，但功率减半。更一般地，如果白噪声导通时间为 ΔT，关断时间为 $T-\Delta T$，结果仍为白噪声，其功率按 $\Delta T/T$ 的比例减小。这个结论在分析混频器和振荡器时非常有用。

6.1.3 单平衡混频器与双平衡混频器

图 6.2a 是一个简单的混频器，图 6.3b 是它的具体实现，采用了单端 RF 输入及单端 LO 的结构。在 LO 信号半个周期内 RF 信号会被滤除掉，现代 RF 电路设计中已经很少采用这种结构。图 6.15a 给出了一种更为高效的结构，两个开关由两个不同相位 LO 信号驱动，把 RF 输入信号双端输出。由于平衡了 LO 波形，这种混频器称为单平衡混频器，其转换增益是图 6.2a（见 6.2.1 节）所示电路的两倍。而且，即使是单端 RF 输入，该电路自然地提供差分输出，简化了后续电路的设计。如图 6.15b 所示，如果电路是对称的，则会消除 LO-RF 端口之间在频率为 ω_{LO} 时的馈通效应㊀。

㊀ 由于非线性，$2\omega_{LO}$ 频率处依然有泄漏到输入的分量。

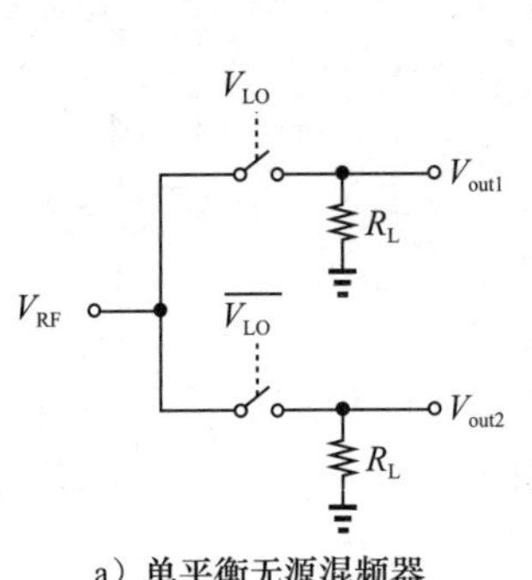

a）单平衡无源混频器

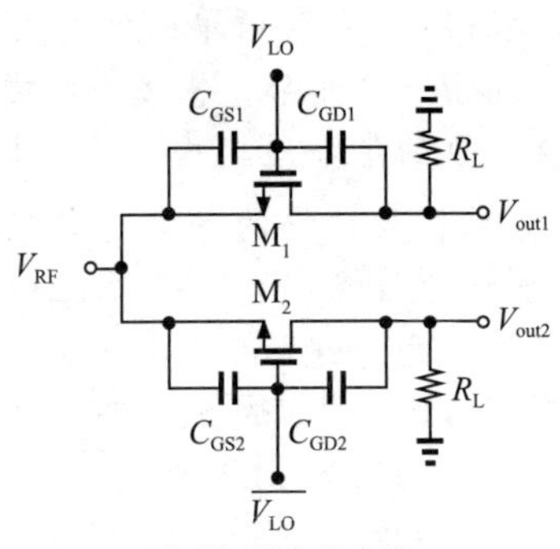

b）图a的实现电路

图 6.15

然而，图 6.15b 中的单平衡混频器有严重的 LO-IF 馈通。特别地，V_{LO} 到 V_{out1} 端的耦合用$+\alpha V_{LO}$ 表示，$\overline{V_{LO}}$ 到 V_{out2} 端的耦合用$-\alpha V_{LO}$ 表示，可以观测到，$V_{out1}-V_{out2}$ 包含了等于 $2\alpha V_{LO}$ 的 LO 泄漏。为消除这些本振泄漏，可连接两个单平衡混频器，这样输出端的 LO 馈通被抵消了，但它们的输出信号不会抵消。如图 6.16 所示，这样的拓扑结构在两个输出端引入相反的馈通，一个来自 V_{LO}，另一个来自 $\overline{V_{LO}}$，输出信号仍是不变的，这是因为，当 V_{LO} 为高电平时，$V_{out1}=V_{RF}^{+}$，$V_{out2}=V_{RF}^{-}$；当 $\overline{V_{LO}}$ 为高电平时，$V_{out1}=V_{RF}^{-}$，$V_{out2}=V_{RF}^{+}$。也就是说，当 V_{LO} 为高电平时，$V_{out1}-V_{out2}=V_{RF}^{+}-V_{RF}^{-}$；当 V_{LO} 为低电平时，$V_{out1}-V_{out2}=V_{RF}^{-}-V_{RF}^{+}$。

图 6.16 所示电路称为“双平衡混频器”，采用平衡的 LO 波形和平衡的 RF 输入信号，只使用一个单端的 RF 输入(比如说，LNA 是单端的)，同时让另外一个 RF 输入接地也是可行的，但代价是会有较高的输入参考噪声。

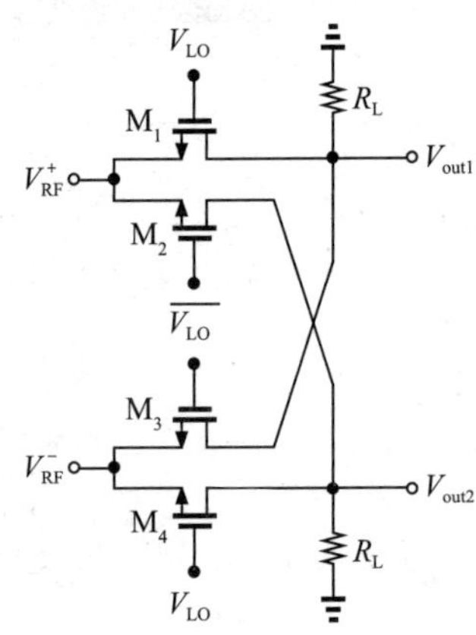

图 6.16 双平衡无源混频器

1. 理想的 LO 波形

理想的 LO 波形是什么样的？正弦信号或者方波？在 RF 收发机中，每个 LO 信号驱动一个混频器[⊖]，从上面的讨论中可知，为了实现开关的快速切换，保证最大的转换增益，理想的 LO 信号应该是方波。例如，在图 6.16b 所示的电路中，如果 V_{LO} 及信号 $\overline{V_{LO}}$ 信号变化缓慢，在一个周期的大量时间内它们近似相等(见图 6.17)。在此期间，4 个晶体管可能会同时导通，V_{RF} 信号可以看成共模输入。此时输入信号是无用的，因为在每个周期里，总有大概 $2\Delta T$ 的时间不产生差模分量。缓慢变化的边缘会提高噪声系数，这点后续会解释。

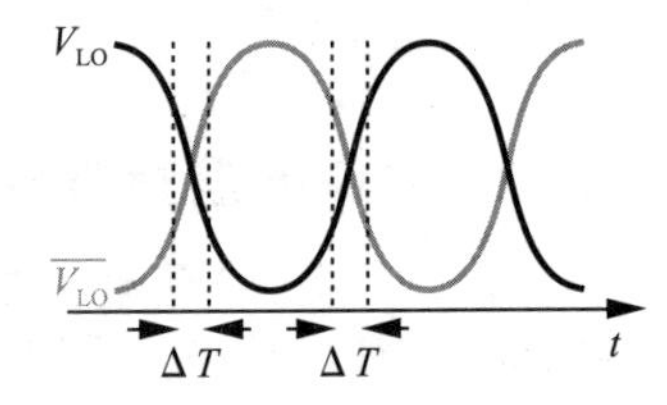

图 6.17 开关同时导通时的 LO 信号

在高频下，LO 波形不可避免地像正弦波。因此需要选择相对大的幅值，从而得到高的压摆率，最终得到尽可能小的重叠时间 ΔT。

因为混频器相当于将 RF 输入信号与方波相乘，它能将 LO 的谐波干扰(这在宽带接收机中是个严重的问题)下变频。例如，$3f_{LO}$ 处的干扰出现在基带时仅衰减约 10dB。

2. 无源混频器和有源混频器

混频器可以概括地分成无源和有源两种拓扑结构，而每种都可以采用单平衡或者双平

⊖ 一个期望是，为避免注入牵引(见第 4 章)，一个 LO 只驱动一个分频器。

衡电路实现，将在下面章节中研究这些电路。

6.2　无源下变频混频器

图 6.15 与图 6.16 所示的电路是典型的无源混频器结构，因为该结构中的晶体管并不作为放大器件使用。下面将介绍无源混频器的转换增益、噪声系数、输入阻抗。首先假设 LO 占空比为 50%，RF 输入由电压源提供。

6.2.1　增益

如图 6.18a 所示，输入信号与翻转于 0、1 之间的方波相乘。基波的幅值为 $2/\pi$，可表示为$(2/\pi)\cos\omega_{LO}t$。在频域中，该谐波由两个频率分别为$\pm\omega_{LO}$的脉冲组成，每个脉冲的面积为 $1/\pi$。因此，如图 6.18b 所示，RF 信号与这些脉冲的卷积构成了 IF 信号，增益为 $1/\pi$(≈ -10dB)。由此，LO 在快速切换时，转换增益为 $1/\pi$。在开关断开时，输出降到零，因此称这种结构为“归零”混频器。

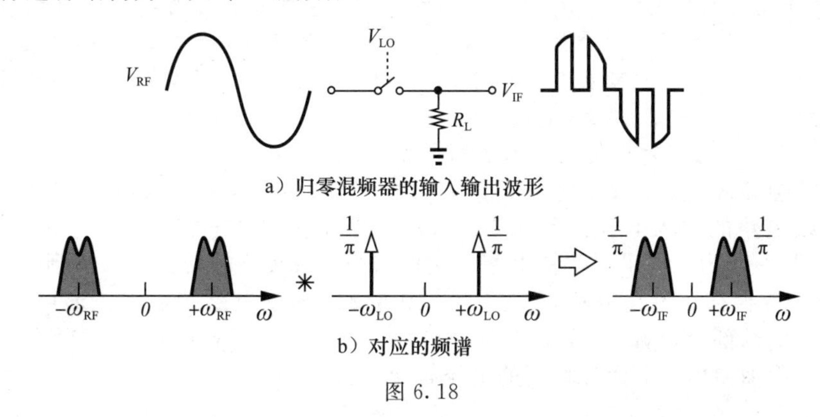

a）归零混频器的输入输出波形

b）对应的频谱

图 6.18

例 6.5 解释图 6.18 中的混频器电路为什么不适用于直接变频接收机。

解： 翻转于 0、1 之间的方波的平均值为 0.5，V_{RF} 本身会以 0.5 的转换增益出现在输出端。因此来自前级电路的偶次谐波中的低频拍频分量会直接叠加到输出端，导致较低的 IP_2。◀

例 6.6 如果将图 6.18a 所示的电路换成单平衡拓扑，确定其转换增益。

解： 如图 6.19 所示，第二个输出信号与第一个相似，但是相移 180°。因此差分输出幅值为每个单端输出的两倍，转换增益为 $2/\pi$(≈ -4dB)。采用差分输出和两倍转换增益，这个电路性能优于图 6.18a 中的单端结构。◀

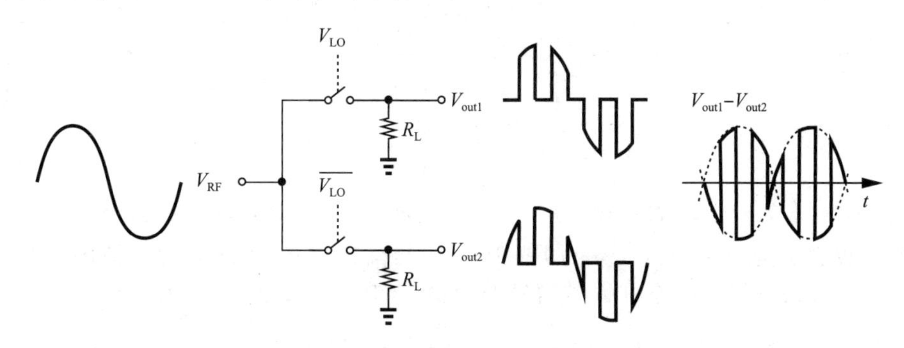

图 6.19　无源混频器增益计算的波形

例 6.7 求图 6.20a 中双平衡混频器的电压转换增益(将差分输出信号分解为归零波形)。

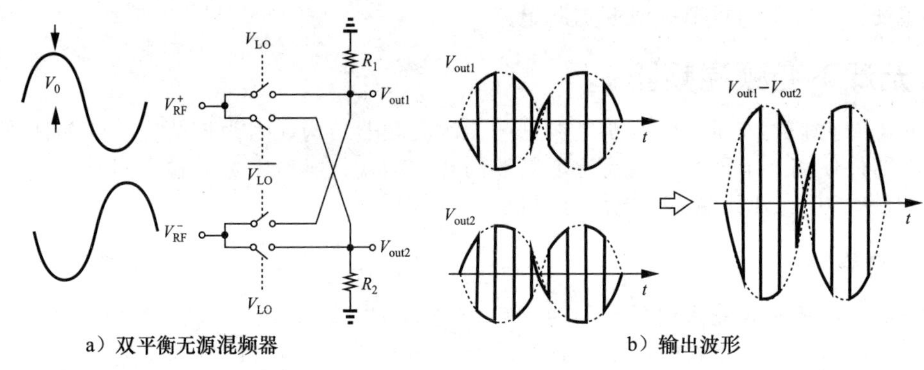

a）双平衡无源混频器　　　　b）输出波形

图 6.20

解：在这个例子中，在LO信号的半个周期里，$V_{out1}=V_{RF}^+$；在另外半个周期里，$V_{out1}=V_{RF}^-$。因为输出端没有“悬空”，R_1 和 R_2 可以忽略。从图6.20b所示的波形可知，$V_{out1}-V_{out2}$ 可以分解为关于时间轴对称的两个信号，每个信号的峰值为 $2V_0$(为何?)。每个信号产生幅值为$(1/\pi)2V_0$ 的IF信号，输出端存在180°的相移，所以 $V_{out1}-V_{out2}$ 的IF信号幅值为$(1/\pi)(4V_0)$。值得注意的是，峰值差分输入为 $2V_0$，得出的结论为，此电路提供的电压转换增益为 $2/\pi$，与相对应的单平衡混频器相等。◀

读者可能会好奇图6.18a中电阻 R_L 的作用，如果这个电阻被电容替代会怎么样，例如使用下一级电路的输入电容？图6.21a所示的电路称为“采样混频器”或者“不归零(NRZ)混频器”。作为一种采样保持电路，这种结构具有较高的增益，因为当开关关断后，其输出处于保持状态而不是复位。实际上，图6.21a所示电路的输出波形可以分解为如图6.21b所示的两部分。$y_1(t)$等于图6.18a中的归零输出，$y_2(t)$为开关 S_1 断开时，存储在电容上的附加输出。下面计算它的电压转换增益。

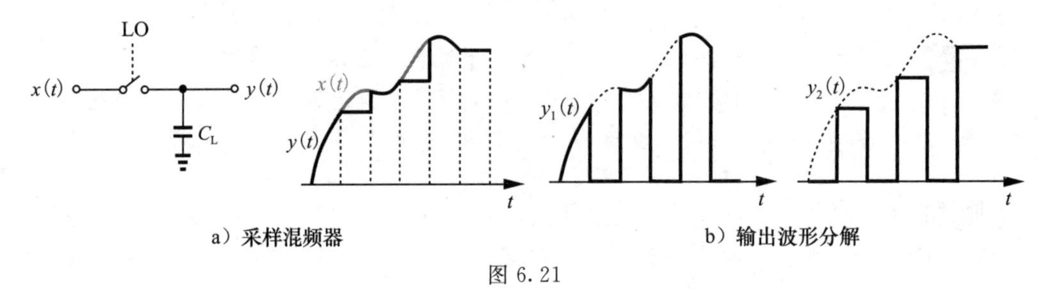

a）采样混频器　　　　b）输出波形分解

图 6.21

首先，回忆傅里叶变换：

$$\sum_{k=-\infty}^{+\infty}\delta(t-kT)\leftrightarrow\frac{1}{T}\sum_{k=-\infty}^{+\infty}\delta\left(f-\frac{k}{T}\right) \tag{6.9}$$

$$x(t-T)\leftrightarrow e^{-j\omega T}X(f) \tag{6.10}$$

$$\prod\left(\frac{t}{T/2}-\frac{1}{2}\right)\leftrightarrow\frac{1}{j\omega}(1-e^{-j\omega T/2}) \tag{6.11}$$

此处，$\prod[t/(T/2)-1/2]$ 表示在 $t=0\sim T/2$ 时为1、其余时间为0的方波。式(6.11)右边部分也可以表示为sinc形式。$y_1(t)$等于 $x(t)$与翻转于0、1之间的方波的乘积，方波信号等于一个方波脉冲与一系列冲激信号的卷积，如图6.22a所示。因此

$$y_1(t)=x(t)\left[\prod\left(\frac{t}{T_{LO}/2}-\frac{1}{2}\right)*\sum_{k=-\infty}^{+\infty}\delta(t-kT_{LO})\right] \tag{6.12}$$

T_{LO} 表示LO信号的周期。由式(6.9)和式(6.11)可得：

$$Y_1(f)=X(f)*\left[\frac{1}{j\omega}(1-e^{-j\omega T_{LO}/2})\frac{1}{T_{LO}}\sum_{k=-\infty}^{+\infty}\delta\left(t-\frac{k}{T_{LO}}\right)\right] \tag{6.13}$$

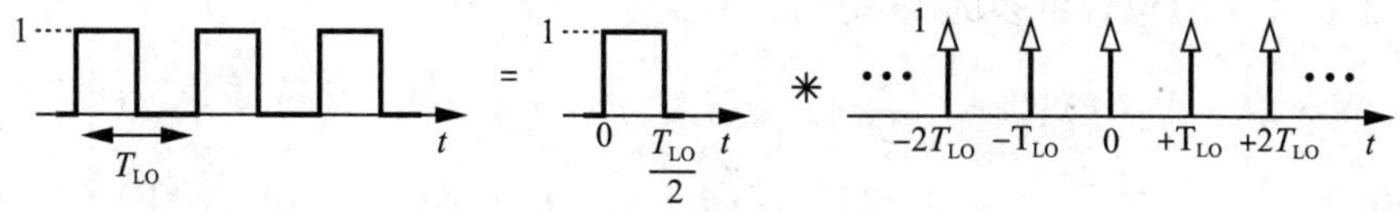

a）方波信号的分解

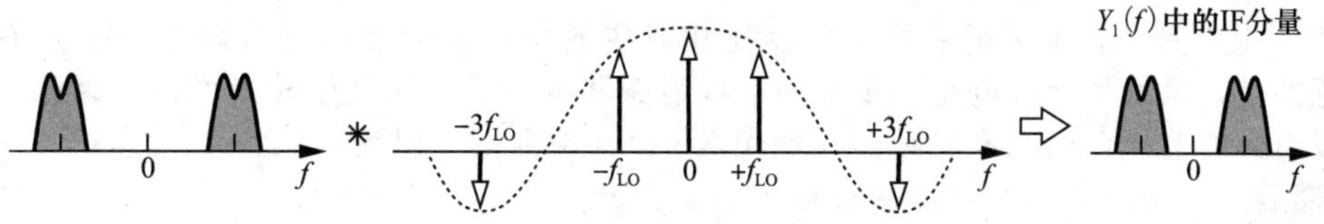

b）对应于 $y_1(t)$ 的输入输出频谱

图 6.22

图 6.22b 给出了对应的频谱。$Y_1(f)$中我们感兴趣的频率分量位于 IF 处，可以通过设置 k 为±1 得到：

$$Y_1(f)|_{IF}=X(f)*\left[\frac{1}{j\omega}(1-e^{-j\omega T_{LO}/2})\frac{1}{T_{LO}}\delta\left(f\pm\frac{1}{T_{LO}}\right)\right] \tag{6.14}$$

引入冲激信号，实际上是为了计算在频率为 $\pm 1/T_{LO}$ 时的 $[1/(j\omega)][1-\exp(-j\omega T_{LO}/2)]$，该值为 $\pm T_{LO}/(j\pi)$。用 $(1/T_{LO})\delta(f\pm 1/T_{LO})$ 与这个结果相乘，再与 $X(f)$ 卷积，可以得到：

$$Y_1(f)|_{IF}=\frac{X(f-f_{LO})}{j\pi}-\frac{X(f+f_{LO})}{j\pi} \tag{6.15}$$

正如所预料的，$X(f)$到 $Y_1(f)$的转换增益为 $1/\pi$，但是存在 90°的相移。

图 6.21b 中的第二个输出可理解为冲激序列对输入信号进行抽样，然后与一个方波脉冲卷积(见图 6.23a)，有：

$$y_2(t)=\left[x(t)\sum_{k=-\infty}^{+\infty}\delta\left(t-kT_{LO}-\frac{T_{LO}}{2}\right)\right]*\prod\left(\frac{t}{T_{LO}/2}-\frac{1}{2}\right) \tag{6.16}$$

所以

$$Y_2(f)=\left[X(f)*\frac{1}{T_{LO}}\sum_{k=-\infty}^{+\infty}e^{-j\omega T_{LO}/2}\delta\left(f-\frac{k}{T_{LO}}\right)\right]\cdot\frac{1}{j\omega}(1-e^{-j\omega T_{LO}/2}) \tag{6.17}$$

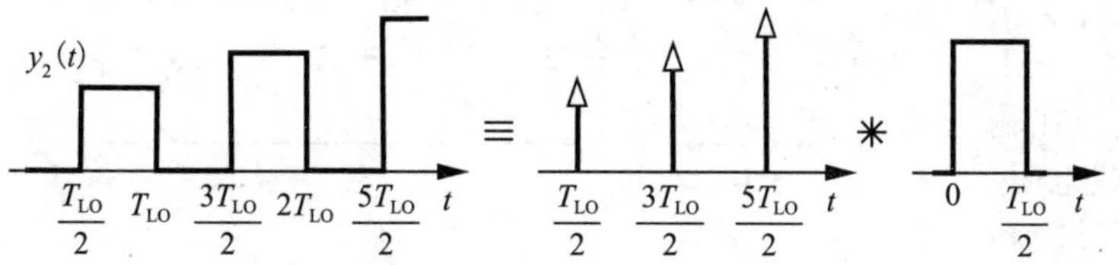

a）$y_2(t)$ 的分解

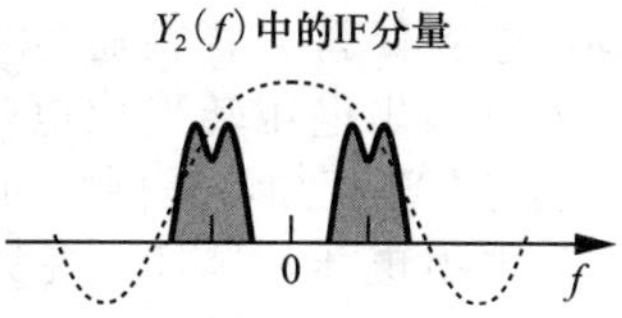

b）对应的频谱

图 6.23

图 6.23b 是 $Y_2(f)$的频谱图，从图中可以看出 $X(f)$搬移后的信号被 sinc 函数调制。$Y_1(f)$与 $Y_2(f)$有点区别：前者的频谱只是简单地乘以一个系数，而后者受 sinc 函数包络线的调制，导致每个搬移后的信号均有衰减。通过设置 k 为±1，得到 $Y_2(f)$中我们感兴趣的 IF 分量：

$$Y_2(f)|_{IF}=\frac{1}{T_{LO}}[-X(f-f_{LO})-X(f+f_{LO})]\left[\frac{1}{j\omega}(1-e^{-j\omega T_{LO}/2})\right] \tag{6.18}$$

第二个方括号内的项必须在 IF 频率处进行计算，如果 IF 信号的频率远低于 $2f_{LO}$，则 $\exp(-j\omega_{IF}T_{LO}/2)\approx 1-j\omega_{IF}T_{LO}/2$，故

$$Y_2(f)|_{\mathrm{IF}} \approx \frac{-X(f-f_{\mathrm{LO}})-X(f+f_{\mathrm{LO}})}{2} \tag{6.19}$$

$Y_2(f)$实际上比$Y_1(f)$包含更多的IF分量。总的IF输出为

$$|Y_1(f)+Y_2(f)|_{\mathrm{IF}}=\sqrt{\frac{1}{\pi^2}+\frac{1}{4}}\,[|X(f-f_{\mathrm{LO}})|+|X(f+f_{\mathrm{LO}})|] \tag{6.20}$$

$$=0.593[|X(f-f_{\mathrm{LO}})|+|X(f+f_{\mathrm{LO}})|] \tag{6.21}$$

如果用图6.24所示的单平衡结构来实现，其增益是这个值的两倍，即$1.186 \approx 1.48\mathrm{dB}$。也就是说，单平衡采样混频器比相对应的归零混频器的增益高5.5dB左右。值得注意的是，虽然是无源电路，单平衡采样混频器有大于1的电压转换增益，因此是一种更有吸引力的选择，而归零混频器在现代RF设计中则很少用到。

例6.8 求双平衡采样混频器的电压转换增益。

解： 如图6.25所示，这样的结构与图6.20a中的电路等效。换句话说，电容C_L对电路没有影响，因为每个输出端在任何时刻都等于一个输入。因此，转换增益为$2/\pi$，比图6.24中的单平衡结构低约5.5dB。

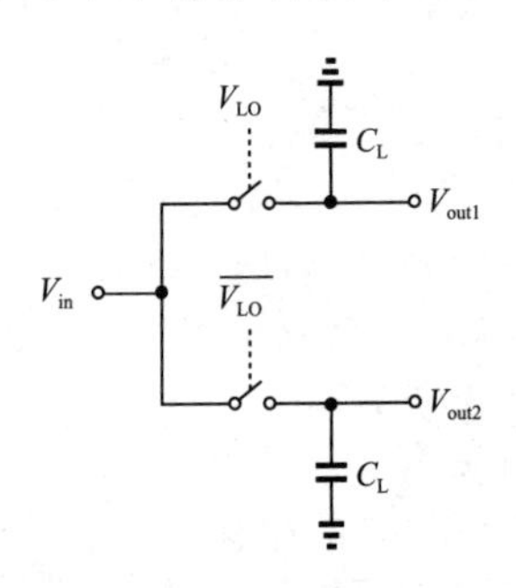

图6.24 单平衡采样混频器

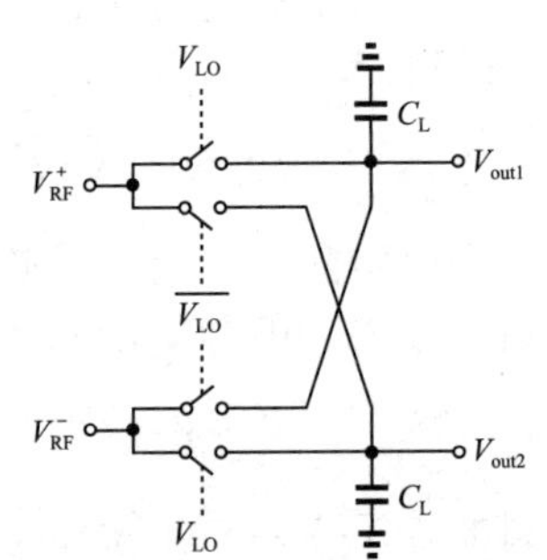

图6.25 双平衡采样混频器 ◀

上面的例子排除了双平衡采样混频器的应用。大多数接收机的设计都包含一个单端LNA，但这并不是一个严格的限制。然而，如果必要的话，通过将单平衡混频器的输出在电流域相加，双平衡结构可以用两个单平衡混频器实现。图6.26[1]对此概念进行了阐述，电容保持采样，通过$M_1 \sim M_4$把差分输出电压转换成电流，在输出端将电流相加，提供给负载电阻，产生输出电压。这样，混频器的转换增益仍为1.48dB。

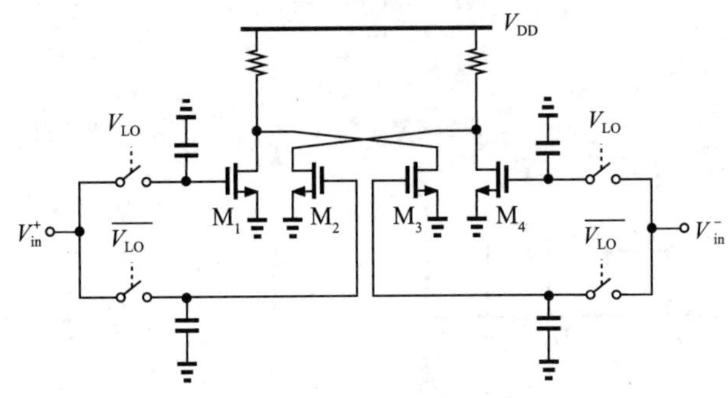

图6.26 两单平衡混频器电流相加产生输出电压

6.2.2 本振自混频

第4章提到，LO波形到混频器输入端的泄漏会叠加到RF信号上，然后与LO进行混频，在输出端产生一个直流失调。现在，来研究单平衡采样混频器中的自混频机制。如图6.27a所示，R_S为前级电路的输出阻抗(一般为LNA)，假设LO信号和晶体管完全对称，大幅值的LO信号会导致栅源电容C_{GS1}、C_{GS2}非线性，V_P随时间变化，其频率变为LO的两倍(见图6.27b)。一旦混杂了LO信号，这个分量会转换到频率f_{LO}和$3f_{LO}$处，并且不会产生直流分量。换而言之，如果器件和LO信号完全对称，则混频器中不会出现自混频现象，因此输出端也不会有直流失调。

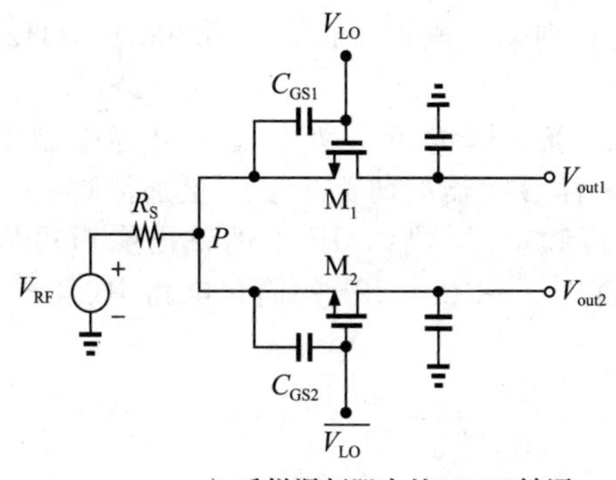

a）采样混频器中的LO-RF馈通

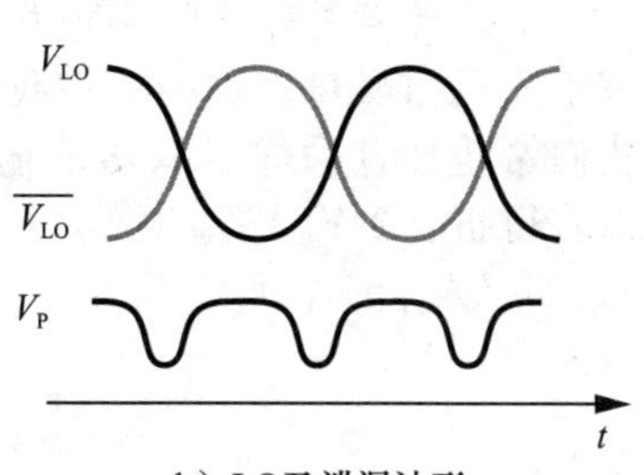

b）LO及泄漏波形

图 6.27

实际上，M_1 和 M_2 以及振荡器电路存在失配，导致部分 LO 信号馈通到节点 P 处。由于缺少不同类型的晶体管、电容、电感失配的数据，准确地计算直流失调很困难。根据经验粗略估计，混频器输出的直流失调一般为 10～20mV。

6.2.3 噪声

在本节中，我们将研究归零混频器和采样混频器的噪声行为。我们的方法是确定输出噪声频谱，计算 IF 1Hz 处的输出噪声功率，并将结果除以转换增益的平方，从而获得输入参考噪声。

让我们从 RZ 混频器开始。在图 6.28 中，R_{on} 表示开关的导通电阻。我们假设 LO 的占空比为 50%。当 S_1 导通时，输出噪声为 $4kT(R_{on}\|R_L)$；而当 S_1 关闭时，输出噪声为 $4kTR_L$。如例 6.4 所示，输出噪声的平均值由 $4kT(R_{on}\|R_L)$和 $4kTR_L$ 的各一半组成：

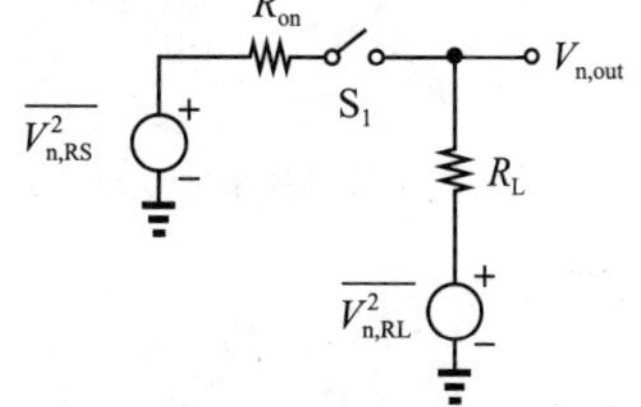

图 6.28 用于噪声计算的 RZ 混频器

$$\overline{V^2_{n,out}}=2kT[(R_{on}\|R_L)+R_L] \tag{6.22}$$

如果我们选择 $R_{on}\ll R_L$ 以使转换损耗最小化，则

$$\overline{V^2_{n,out}}\approx 2kTR_L \tag{6.23}$$

将这个结果除以 $1/\pi^2$，我们有

$$\overline{V^2_{n,in}}\approx 2\pi^2 kTR_L \tag{6.24}$$

$$\approx 20kTR_L \tag{6.25}$$

也就是说，R_L 的噪声功率$(=4kTR_L)$与输入信号相比被“放大”了 5 倍。

例 6.9 如果 $R_{on}=100\Omega$ 并且 $R_L=1\text{k}\Omega$，则确定上述 RZ 混频器的输入参考噪声。

解： 我们有

$$\sqrt{\overline{V^2_{n,in}}}=8.14\text{nV}/\sqrt{\text{Hz}} \tag{6.26}$$

在 50Ω 系统中，该噪声对应于 $10\log[1+(8.14/0.91)^2]=19\text{dB}$ 的噪声系数。 ◀

读者可能想知道我们的选择 $R_{on}\ll R_L$ 是否是最佳的。如果 R_L 非常高，则输出噪声降低，但转换增益也降低。现在我们放弃 $R_{on}\ll R_L$ 的假设，并将电压转换增益表示为$(1/\pi)R_L/(R_{on}+R_L)$。用式 (6.22) 除以该值的平方，得出

$$\overline{V^2_{n,in}}=2\pi^2 kT\frac{(R_{on}+R_L)(2R_{on}+R_L)}{R_L} \tag{6.27}$$

当 $R_L=\sqrt{2}R_{on}$ 时，该表达式有最小值：

$$\overline{V^2_{n,in,min}}=2\pi^2(2\sqrt{2}+3)kTR_{on} \tag{6.28}$$

$$\approx 117kTR_{on} \tag{6.29}$$

例如，如果 $R_{\text{on}}=100\Omega$，$R_{\text{L}}=\sqrt{2}\times100\Omega$，则输入噪声电压等于 $6.96\text{nV}/\sqrt{\text{Hz}}$(相当于 50Ω 系统中的 NF 为 17.7dB)。

实际上，上面计算的输出噪声电压并不准确，因为下一级的输入电容限制了噪声带宽，即噪声不再是白噪声。这一点在我们对采样混频器的研究中变得更加清晰。

现在我们希望计算采样混频器的输出噪声频谱。然后，IF 处的输出噪声可以除以转换增益，以获得折合到输入端的噪声电压。首先，在图 6.29a 的简化电路中(其中 R_1 表示开关电阻)，如果 $V_{\text{in}}=0$，那么

$$\overline{V_{\text{n,LPF}}^2}=\overline{V_{\text{nR1}}^2}\frac{1}{1+(R_1C_1\omega)^2} \tag{6.30}$$

式中，$\overline{V_{\text{nR1}}^2}=2kTR_1$(当 $-\infty<\omega<+\infty$)。我们说噪声是由滤波器“整形”的[⊖]。其次，在图 6.29b 的开关电路中，当 S_1 导通时，输出等于 R_1 的整形噪声；而当 S_1 关断时，输出则是一个采样的恒定值。最后，与图 6.21 中的增益计算类似，我们可以将输出分解为两个波形 V_{n1} 和 V_{n2}，如图 6.29c 所示。

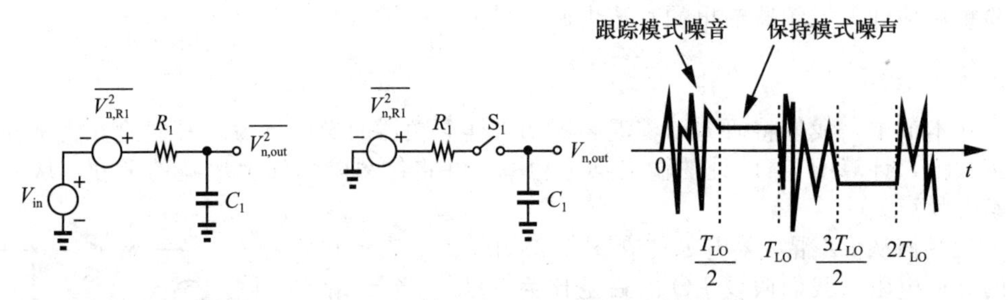

a）用于噪声计算的采样混频器等效电路　　b）开关状态下的噪声

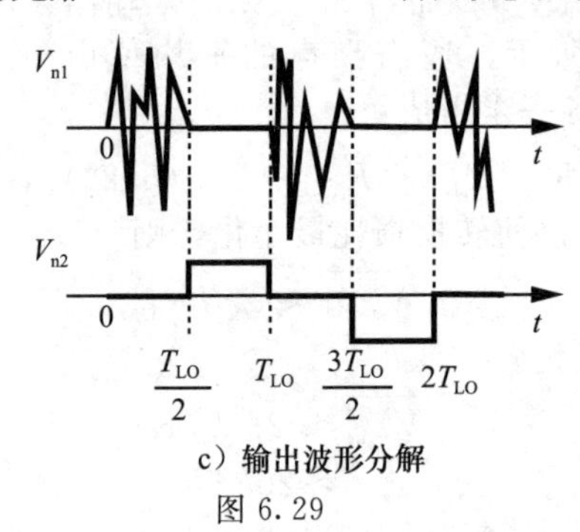

c）输出波形分解

图 6.29

我们将总输出频谱视为 V_{n1} 和 V_{n2} 的频谱之和。然而，如下所述，由 R_1 产生的低频噪声分量在跟踪模式和保持模式噪声波形之间产生相关性。为此，我们进行如下操作：①计算 V_{n1} 的频谱，同时排除 R_1 的噪声中的低频分量；②对 V_{n2} 进行相同的操作；③将低频分量的贡献添加到最终结果。在下面的推导中，我们将前两个简单地称为 V_{n1} 和 V_{n2} 的频谱，即使图 6.29c 中的 V_{n1} 和 V_{n2} 会受到 R_1 的低频噪声影响。类似地，我们使用符号 $\overline{V_{\text{n,LPF}}^2}(f)$ 作为标注，即使其低频分量被移除并被单独考虑。

V_{n1} 的频谱　为了计算 V_{n1} 的频谱，我们将该波形视为 $V_{\text{n,LPF}}(t)$ 和在 0～1 之间切换的方波的乘积。如图 6.30 所示，V_{n1} 的频谱由 $\overline{V_{\text{n,LPF}}^2}(f)$ 和方波(具有 sinc^2 包络的脉冲)的功率谱密度的卷积给出。实际上，混频器的采样带宽 $1/(R_1C_1)$ 很少超过 $3\omega_{\text{LO}}$，因此

$$\overline{V_{\text{n1}}^2}(f)=2\times\left(\frac{1}{\pi^2}+\frac{1}{9\pi^2}\right)\frac{2kTR_1}{1+(2\pi R_1C_1f)^2} \tag{6.31}$$

⊖ 回想一下基本模拟电路，该输出噪声从 0 到∞的积分等于 kT/C_1。

其中式(6.31)右边的因子表示负频和正频处的分量的混叠。在低输出频率下，该表达式简化为

$$\overline{V_{n1}^2}=0.226(2kTR_1) \tag{6.32}$$

注意，这是 $\overline{V_{n1}^2}$ 的双边谱。

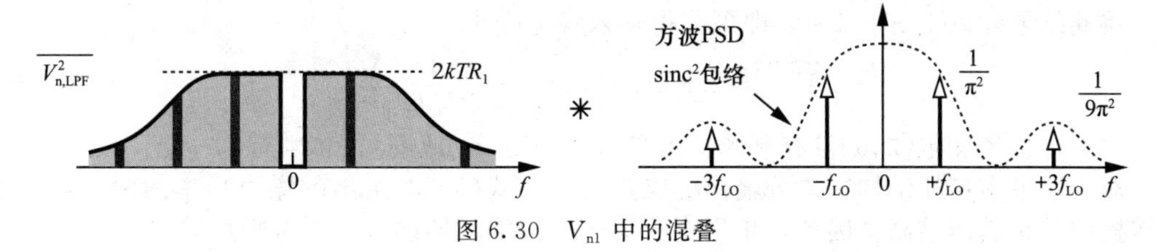

图 6.30 V_{n1} 中的混叠

V_{n2} 的频谱 图 6.29c 中 V_{n2} 的频谱可通过图 6.21 所示的转换增益方法获得。也就是说，V_{n2} 相当于通过一列脉冲对 $V_{n,LPF}$ 采样，并将采样结果与方波脉冲 $\prod[t/(2T_{LO})-1/2]$ 进行卷积。因此，我们必须用一列脉冲(每个脉冲的面积为 $1/T_{LO}^2$)对 $V_{n,LPF}$ 的频谱进行卷积，并将结果乘以 sinc^2 包络。如图 6.31 所示，卷积将 $\pm f_{LO}$、$\pm 2f_{LO}$ 等附近的噪声分量转换到中频处。这些混叠分量的总和为

$$\overline{V_{n,alias}^2}=2\times\frac{2kTR_1}{T_{LO}^2}\left[\frac{1}{1+4\pi^2R_1^2C_1^2f_{LO}^2}+\frac{1}{1+4\pi^2R_1^2C_1^2(2f_{LO}^2)}+\cdots\right] \tag{6.33}$$

$$=2\times\frac{2kTR_1}{T_{LO}^2}\sum_{n=1}^{\infty}\frac{1}{1+a^2n^2} \tag{6.34}$$

式中，$a=2\pi R_1C_1f_{LO}$。对于式(6.34)有

$$\sum_{n=1}^{\infty}\frac{1}{1+a^2n^2}=\frac{1}{2}\left(\frac{\pi}{a}\coth\frac{\pi}{a}-1\right) \tag{6.35}$$

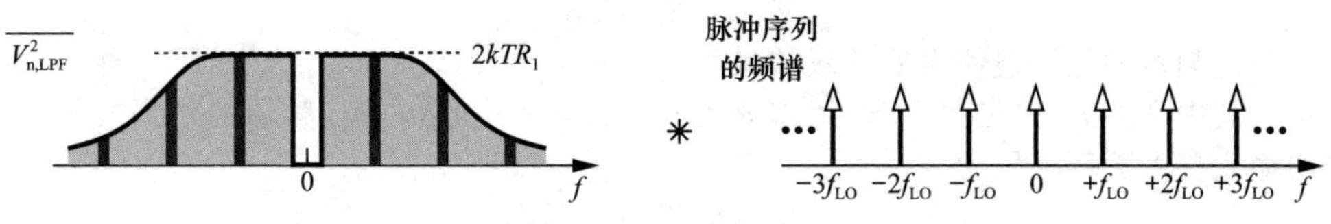

图 6.31 V_{n2} 中的混叠

此外，通常 $(2\pi R_1C_1)^{-1}>f_{LO}$，因此 $(2\pi R_1C_1)^{-1}\approx 1$。由此可见

$$\overline{V_{n,alias}^2}=\frac{kT}{T_{LO}^2}\left(\frac{1}{C_1f_{LO}}-2R_1\right) \tag{6.36}$$

这个结果必须乘以 sinc^2 包络，$|(j\omega)^{-1}[1-\exp(-j\omega T_{LO}/2)]|^2$，其在低频处的幅值为 $T_{LO}^2/4$。因此，V_{n2} 的双边 IF 谱由下式给出：

$$\overline{V_{n2}^2}=kT\left(\frac{1}{4C_1f_{LO}}-\frac{R_1}{2}\right) \tag{6.37}$$

V_{n1} 和 V_{n2} 之间的相关性 现在我们必须考虑图 6.29 中 V_{n1} 和 V_{n2} 之间的相关性。这种相关性产生于两种机制：①当电路进入跟踪模式时，前一个采样值需要一段有限的时间才能消失；②当电路进入保持模式时，冻结的噪声值 V_{n2} 与 V_{n1} 部分相关。对于后者，我们认识到：在跟踪和保持模式期间，远低于 f_{LO} 的噪声频率分量保持相对恒定(见图 6.32)，就好像它们经历了零阶保持操作，因此转换增益为 1。因此，从 0

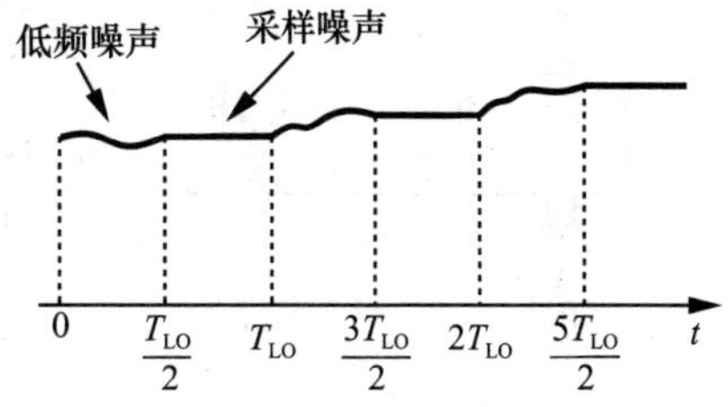

图 6.32 采集和保持模式下噪声分量之间的相关性

到大约 $f_{LO}/10$ 的 R_1 噪声分量直接出现在输出端，增加了 $2kTR_1$ 的噪声PSD。

将 V_{n1} 和 V_{n2} 的单侧频谱与低频贡献 $4kTR_1$ 相加，得出IF处的总(单边)输出噪声：

$$\overline{V^2_{n,out,IF}}=kT\left(3.9R_1+\frac{1}{2C_1f_{LO}}\right) \tag{6.38}$$

将此结果除以 $1/\pi^2+1/4$，即可获得输入参考噪声：

$$\overline{V^2_{n,in}}=2.85kT\left(3.9R_1+\frac{1}{2C_1f_{LO}}\right) \tag{6.39}$$

注意，参考文献[2,3]没有预测输入参考噪声对 R_1 或 C_1 的依赖性。

对于单平衡拓扑结构，差分输出的噪声功率是式(6.38)给出的噪声功率的两倍，但电压转换增益是其两倍高。因此，单平衡无源(采样)混频器的输入参考噪声等于

$$\overline{V^2_{n,in,SB}}=\frac{kT}{2\left(\frac{1}{\pi^2}+\frac{1}{4}\right)}\left(3.9R_1+\frac{1}{2C_1f_{LO}}\right) \tag{6.40}$$

$$=1.42kT\left(3.9R_1+\frac{1}{2C_1f_{LO}}\right) \tag{6.41}$$

现在让我们研究双平衡无源混频器的噪声。如例6.8所述，电路的行为与负载电容的存在与否没有太大关系。对于陡峭的LO边沿，在任何时间点，一个输入和一个输出之间都会出现一个等于 R_1 的电阻(见图6.33a)。在图6.33b中，$\overline{V^2_{n,out}}=8kTR_1$。由于电压转换等于 $2/\pi$，所以

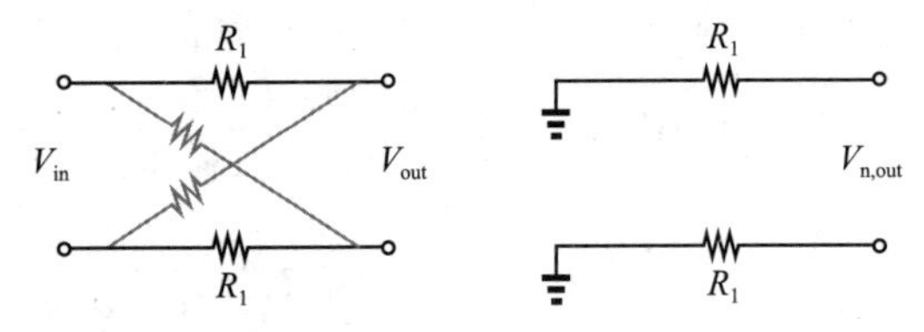

a）双平衡无源混频器的等效电路　　b）简化电路

图6.33

$$\overline{V^2_{n,in}}=2\pi^2kTR_1 \tag{6.42}$$

无源混频器的低增益使得后续级的噪声变得至关重要。图6.34a显示了一种典型的电路结构，其中准差分对(见第5章)用作放大器，其输入电容保持混频器的输出。每个共源极级的输入参考噪声电压为

$$\overline{V^2_{n,CS}}=\frac{4kT\gamma}{g_m}+\frac{4kT}{g_m^2R_D} \tag{6.43}$$

这一功率应加倍，以考虑到整个电路的两部分，并添加到混频器的输出噪声功率中。

图6.34a的电路是如何偏置的？图6.34b是一个示例。在这里，前级(LNA)的偏置被 C_1 阻断，由 R_{REF}、M_{REF} 和 I_{REF} 组成的网络定义了 M_1 和 M_2 的偏置电流。如第5章所述，电阻 R_{REF} 的选择要远远大于前级的输出电阻。我们通常选择 $W_{REF}\approx0.2W_1$，这样 $I_{D1,2}\approx5I_{REF}$。

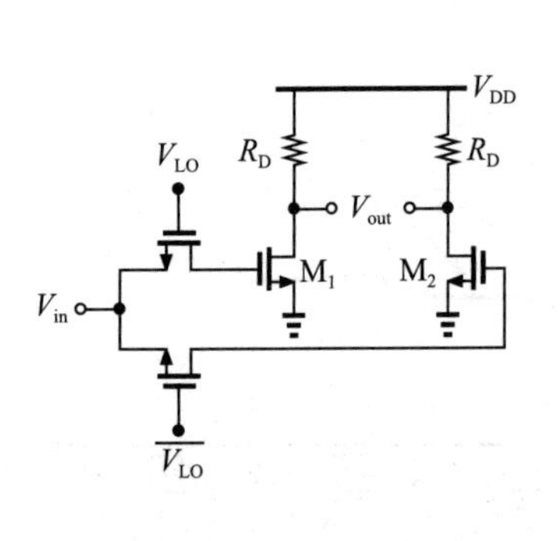

a）无源混频器后接增益级

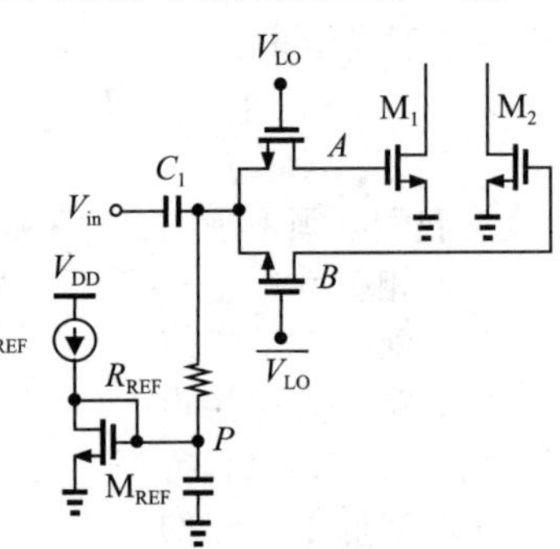

b）RF输入端的偏置路径

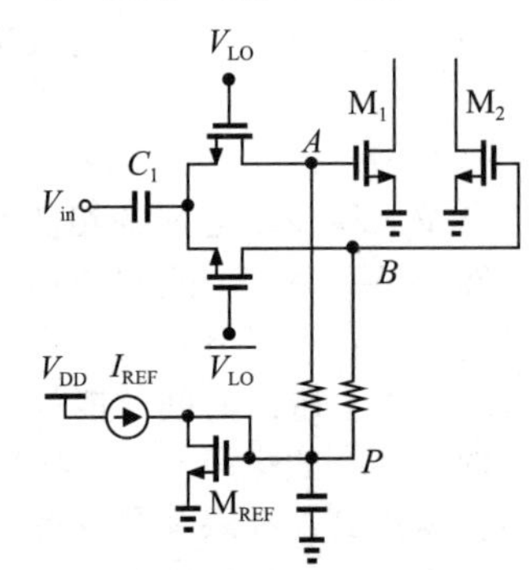

c）基带输出端的偏置路径

图6.34

在图 6.34b 中，节点 A 和 B 处的直流电压等于 V_P，除非 LO 自混合在这两个节点之间产生直流失调。读者可能想知道电路是否可以重新设计，如图 6.34c 所示，偏置电阻提供消除直流失调的路径。下面的例子详细说明了这一点。

例 6.10 图 6.35a 所示的电路中的 V_{in} 模拟了输入端的 LO 泄漏。一名学生认为图 6.35b 中的结构不存在直流失调，理由是输出端的直流电压 V_{dc} 将导致通过 R_L 的直流电流 V_{dc}/R_L 并因此导致通过 R_S 的相等电流。这是不可能的，因为这会在节点 X 处产生负电压。该学生的想法正确吗？

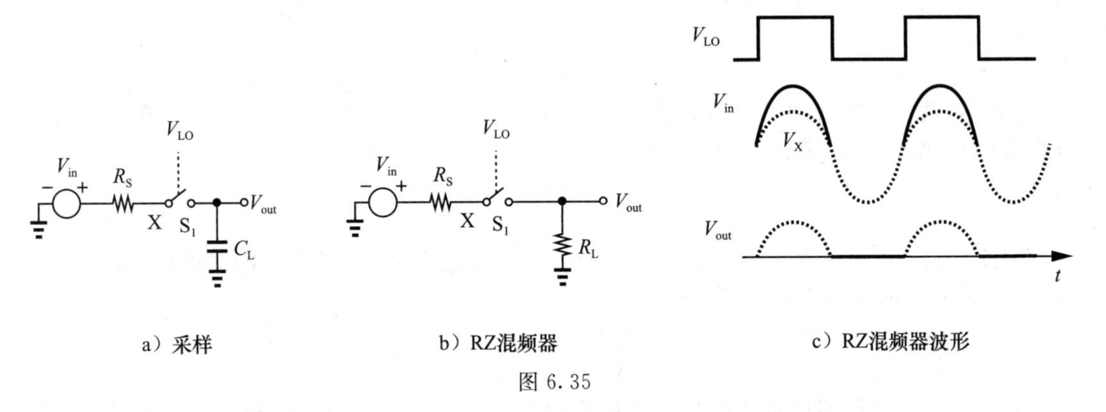

a）采样　　b）RZ混频器　　c）RZ混频器波形

图 6.35

解： 节点 X 处的平均电压可以是负的。在图 6.35c 中，V_X 在 S_1 接通时是 V_{in} 的衰减版本，并且在 S_1 断开时等于 V_{in}。因此，V_X 的平均值为负，而 R_L 也承载有限的平均电流。也就是说，图 6.35b 的电路仍然存在直流失调。◀

6.2.4　输入阻抗

无源混频器往往会给低噪声放大器带来明显的负载。因此，我们希望计算出无源采样混频器的输入阻抗。

考虑图 6.36 所示的电路，其中 S_1 现在假定为理想的。从图 6.21 可知，输出电压可以被视为两个波形 $y_1(t)$ 和 $y_2(t)$ 的和，由式(6.12)和式(6.16)给出。图 6.36 中 C_1 的电流等于

$$i_{out}(t)=C_1\frac{\mathrm{d}y}{\mathrm{d}t} \tag{6.44}$$

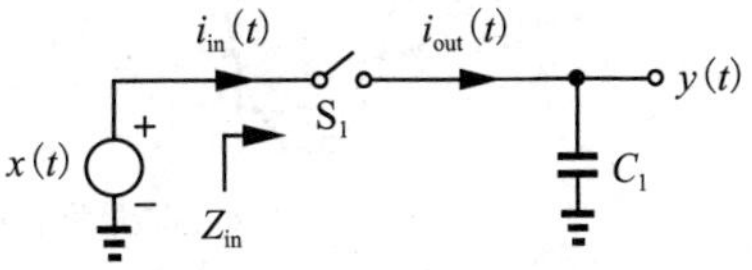

图 6.36　采样混频器的输入阻抗

此外，$i_{in}(t)=i_{out}(t)$。通过傅里叶变换，我们有

$$I_{in}(f)=C_1\mathrm{j}\omega Y(f) \tag{6.45}$$

其中 $Y(f)$ 等于 $Y_1(f)$ 和 $Y_2(f)$ 之和。

从图 6.22 和图 6.23 中可以明显看出，$Y(f)$ 包含许多频率成分。因此，我们必须思考“输入阻抗”的含义。由于输入电压信号 $x(t)$ 通常限制在一个较窄的带宽内，因此我们要在 $I_{in}(f)$ 中寻找位于 $x(t)$ 带宽内的频率成分。为此，我们将式(6.13)和式(6.17)中的 k 设为零，这样 $X(f)$ 就可以简单地与 $\delta(f)$ 卷积[即 $X(f)$ 的中心频率不变]。(这与增益和噪声计算形成鲜明对比，在增益和噪声计算中，k 的选择是为了将 $X(f)$ 转化为感兴趣的中频)。由此可见

$$\begin{aligned}\frac{I_{in}(f)}{C_1\mathrm{j}\omega}=&X(f)*\left[\frac{1}{\mathrm{j}\omega}(1-\mathrm{e}^{-\mathrm{j}\omega T_{LO}/2})\frac{1}{T_{LO}}\delta(f)\right]+\\&\left\{X(f)*\left[\frac{1}{T_{LO}}\mathrm{e}^{-\mathrm{j}\omega T_{LO}/2}\delta(f)\right]\right\}\frac{1}{\mathrm{j}\omega}(1-\mathrm{e}^{-\mathrm{j}\omega T_{LO}/2})\end{aligned} \tag{6.46}$$

在第一项的方括号中，ω 必须设置为零，以评估 $f=0$ 处的脉冲。因此，第一项简化为$(1/2)X(f)$。在第二项中，方括号中的指数也必须在 $\omega=0$ 处计算。因此，第二项简化为$(1/T_{\mathrm{LO}})X(f)[1/(\mathrm{j}\omega)][1-\exp(-\mathrm{j}\omega T_{\mathrm{LO}}/2)]$。然后，我们得到输入导纳的表达式：

$$\frac{I_{\mathrm{in}}(f)}{X(f)}=\mathrm{j}C_1\omega\left[\frac{1}{2}+\frac{1}{\mathrm{j}\omega T_{\mathrm{LO}}}(1-\mathrm{e}^{-\mathrm{j}\omega T_{\mathrm{LO}}/2})\right] \tag{6.47}$$

注意，开关的导通电阻只是与式(6.47)的倒数串联。

对式(6.47)的一些特殊情况进行研究很有启发。如果 ω(输入频率)远小于 ω_{LO}，则方括号中的第二项减少为1/2和

$$\frac{I_{\mathrm{in}}(f)}{X(f)}=\mathrm{j}C_1\omega \tag{6.48}$$

换句话说，在输入端可以看到整个电容(见图6.37a)。如果 $\omega\approx2\pi f_{\mathrm{LO}}$(如在直接转换接收机中)，则第二项等于 $1/(\mathrm{j}\pi)$，并且

$$\frac{I_{\mathrm{in}}(f)}{X(f)}=\frac{\mathrm{j}C_1\omega}{2}+2fC_1 \tag{6.49}$$

因此，输入阻抗包含一个等于$(1/2fC_1)$的并联电阻分量(见图6.37b)。最后，如果 $\omega\gg2\pi f_{\mathrm{LO}}$，则第二项远小于第一项，得到

$$\frac{I_{\mathrm{in}}(f)}{X(f)}=\frac{\mathrm{j}C_1\omega}{2} \tag{6.50}$$

对于单平衡混频器的输入阻抗，我们必须将式(6.47)的结果取倒数加上开关导通电阻 R_1 并将结果减半。如果 $\omega\approx\omega_{\mathrm{LO}}$，则

$$Z_{\mathrm{in,SB}}=\frac{1}{2}\left[R_1+\frac{1}{\frac{\mathrm{j}C_1\omega}{2}+2fC_1}\right] \tag{6.51}$$

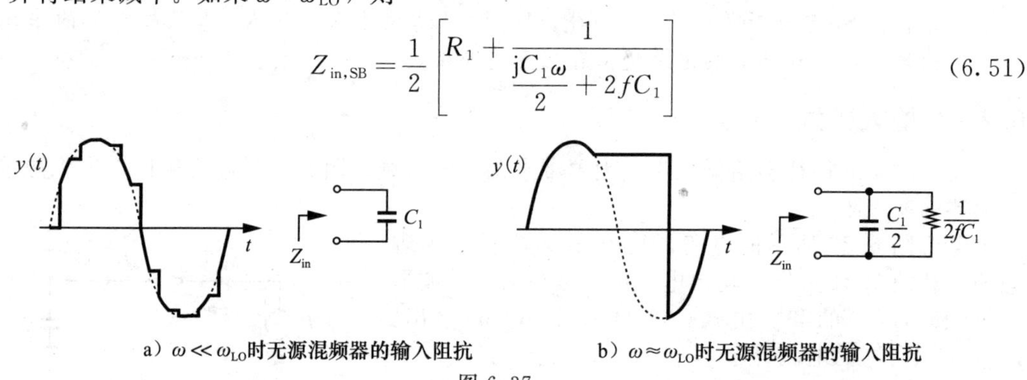

a) $\omega\ll\omega_{\mathrm{LO}}$时无源混频器的输入阻抗　　b) $\omega\approx\omega_{\mathrm{LO}}$时无源混频器的输入阻抗

图6.37

闪烁噪声　无源混频器相对于有源混频器的一个重要优势是其输出闪烁噪声要低得多。该特性在窄带应用中被证明是关键的，其中基带中的 $1/f$ 噪声可以显著地破坏下变频的信道。

如果MOSFET承载小电流[4]，则它们产生的闪烁噪声很小，如果负载电容相对较小，则无源采样混频器满足闪烁噪声很小的条件。然而，无源混频器的低增益使得后续级的 $1/f$ 噪声贡献变得至关重要。因此，混频器之后的基带放大器必须采用大晶体管，从而给混频器带来大负载电容(见图6.38)。如上所述，C_{BB} 表现在混频器的输入阻抗 Z_{mix} 上，从而对低噪声放大器产生负载。

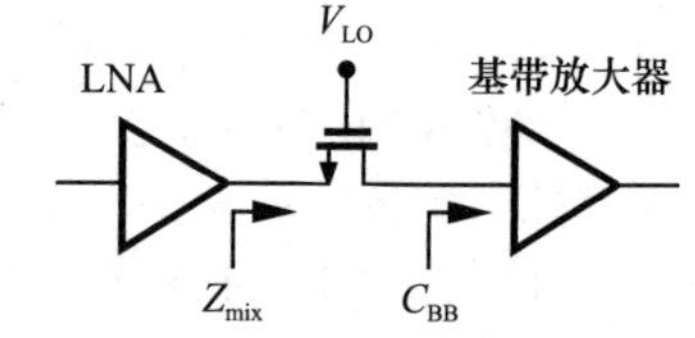

图6.38　无源混频器输入端反射的基带输入电容

LO摆幅　无源MOS混频器需要较大的(轨到轨)LO摆幅，这是有源混频器的一个缺点。由于LC振荡器通常会产生较大的摆幅，因此这并不是一个严重的缺点，至少在中等频率(5GHz或10GHz以下)时是如此。

在第13章中，我们将介绍一种无源混频器的设计，随后是用于11a/g应用的基带放大器。

6.2.5　电流驱动型无源混频器

前几节进行的增益、噪声和输入阻抗分析假定无源混频器的射频输入由电压源驱动。如果由电流源驱动，这种混频器就会表现出不同的特性。图 6.39a 显示了一种概念性结构，其中低噪声放大器具有相对较高的输出阻抗，近似于电流源。无源混频器仍然不带偏置电流，以实现低闪烁噪声，并驱动一般阻抗 Z_{BB}。电压驱动和电流驱动无源混频器有许多有趣的不同之处。

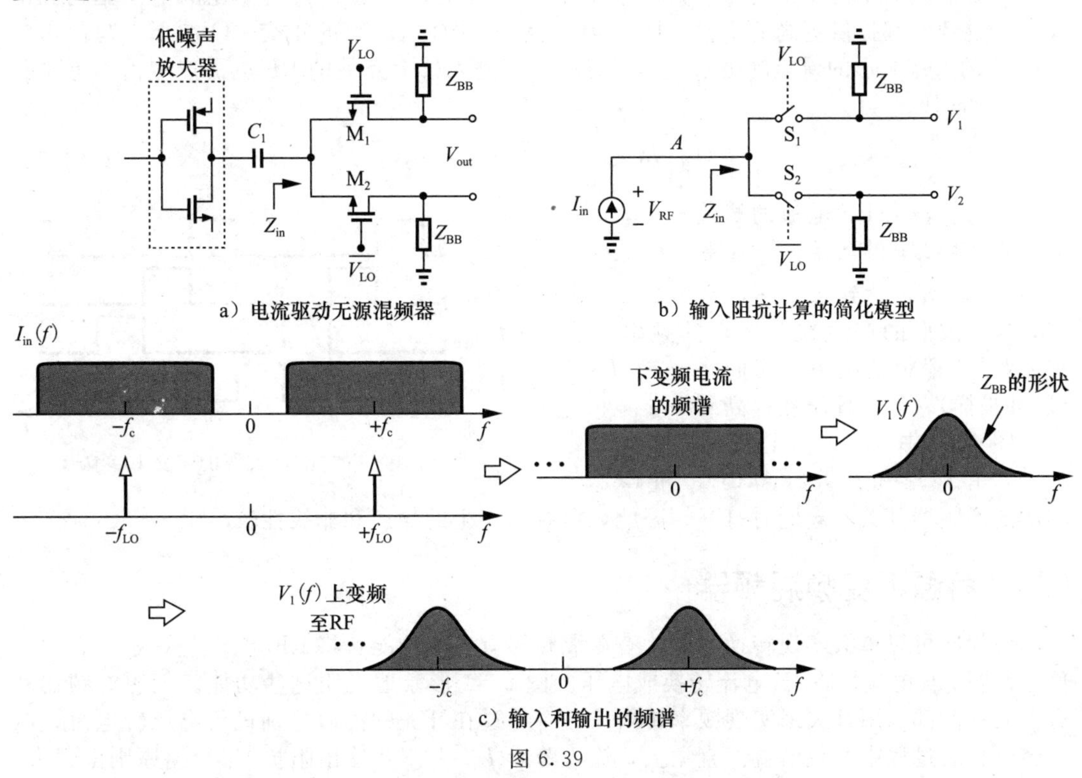

c）输入和输出的频谱

图 6.39

电流驱动型无源混频器的第一个特性是输入阻抗特性。图 6.39 中电流驱动混频器的输入阻抗与电压驱动混频器的输入阻抗截然不同。读者可能会觉得奇怪。事实上，我们熟悉的电路都具有与源阻抗无关的输入阻抗：我们可以通过在输入端口施加电压或电流源来计算低噪声放大器的输入阻抗。而无源混频器则不符合这一直觉，因为它是时变电路。要确定电流驱动单平衡混频器的输入阻抗，我们可以考虑图 6.39b 所示的简化情况，其中开关的导通电阻被忽略。我们希望计算载波(LO)频率附近的 $Z_{in}(f)=V_{RF}(f)/I_{in}(f)$，假设 LO 的占空比为 50%。

输入电流在 50%的时间内被路由到上臂并流过 Z_{BB}。在时域[5]中，

$$V_1(t)=[i_{in}(t)\times S(t)]*h(t) \tag{6.52}$$

其中 $S(t)$是在 0～1 之间切换的方波，并且 $h(t)$是 Z_{BB} 的脉冲响应。在频域中，

$$V_1(f)=[I_{in}(f)*S(f)]\cdot Z_{BB}(f) \tag{6.53}$$

式中，$S(f)$是方波的频谱。在与 $S(f)$的一次谐波卷积时，$I_{in}(f)$被转换到基带，然后经受 $Z_{BB}(f)$的频率响应。类似的现象发生也在图 6.39a 中的下分支电路。

我们现在提出一个重要观点[5]：图 6.39b 中的开关还将基带波形与 LO 混频，将经上变频的电压递送到节点 A。因此，当 $V_1(t)$返回到输入端时，$V_1(t)$乘以 $S(t)$，并且其频谱被转换为 RF。$V_2(t)$的频谱也被上变频并添加到该结果。

图 6.39c 总结了输入和输出的频谱，显示 $I_{in}(f)$的下变频频谱由 Z_{BB} 的频率响应整

形，结果通过混频器“返回”，在保留其频谱形状的同时到达 f_c 附近。换句话说，响应于针对 $I_{in}(f)$示出的频谱，在输入处已经出现由基带阻抗整形的 RF 电压频谱。这意味着 f_c 附近的输入阻抗类似于 $Z_{BB}(f)$的频率转换版本。例如，如果 $Z_{BB}(f)$是低通阻抗，则 $Z_{in}(f)$具有带通特性[5]。

电流驱动无源混频器的第二个特性是其噪声和非线性贡献降低[6]。这是因为，理想情况下，与电流源串联的器件不会改变通过它的电流。

无源混频器不需要采用50% LO 占空比。事实上，利用25%占空比的电压驱动和电流驱动混频器都提供更高的增益。图6.40显示了这种情况下的正交 LO 波形。写出占空比为 d 的 LO 波形的傅里叶级数，读者可以看到进入每个开关的 RF 电流产生由参考文献[6]给出的 IF 电流：

$$I_{IF}(t)=\frac{2}{\pi}\frac{\sin\pi d}{2d}I_{RF0}\cos\omega_{IF}t \tag{6.54}$$

式中，I_{RF0} 表示 RF 电流的峰值幅度。$d=0.5$ 时产生 $2/\pi$ 的增益。更重要的是，对于 $d=0.25$，增益达到 $2\sqrt{2}/\pi$，高出3dB。当然，这些波形的产生在非常高的频率下变得困难。[理想情况下，我们将选择 $d\approx0$（脉冲采样），以将此增益提高到1。]

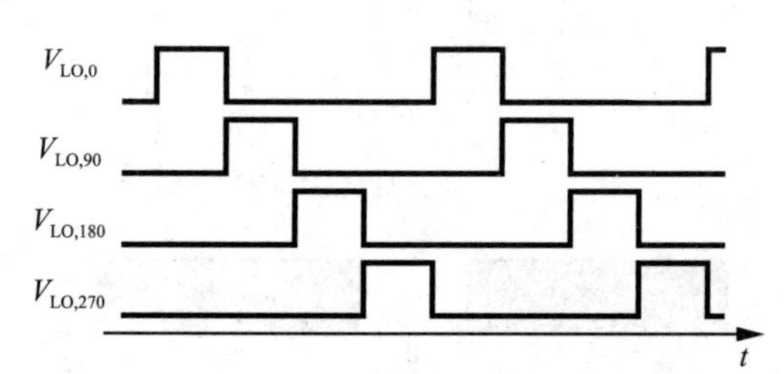

图6.40 占空比为25%的正交 LO 波形

图6.40中25%占空比的另一个有用特性是，由 LO_0 和 LO_{180}（或 LO_{90} 和 LO_{270}）驱动的混频器开关不会同时打开。因此，混频器产生的噪声和非线性较小[6]。

6.3 有源下变频混频器

混频器可以单级实现转换增益。有源混频器有3个功能：将 RF 电压转换成电流、LO 信号调制 RF 电流、将 IF 电流转换成电压。图6.41形象地说明这些功能。无源混频器和有源混频器都采用开关来实现频率转换。后者通过在开关的前后分别进行电压转电流，电流转电压的过程中实现增益。直觉上，输入跨导 I_{RF}/V_{RF} 及输出阻抗 V_{IF}/I_{IF} 原则上很大，因此可以实现任意大的增益。

图6.42给出了一个典型的单平衡混频器。M_1 将输入 RF 电压转换为电流（因此也称 M_1 为跨导管）。差分对 M_2-M_3（通常叫作开关对管）轮流导通，将电流传输到左边和右边的支路上，电流通过负载电阻 R_1、R_2 产生输出电压。正如6.2节所讲的无源混频器一样，我们希望量化这个电路的增益、噪声和非线性。值得注意的是，开关对管不需要轨到轨(rail-to-rail)的 LO 输入。后面的章节会解释，轨到轨输入会导致线性度恶化。

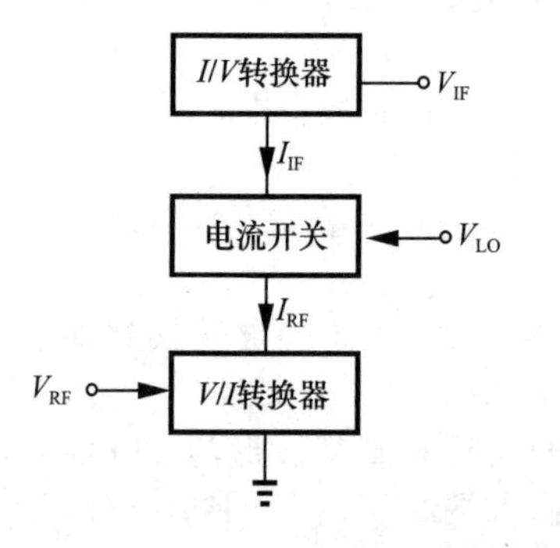

图6.41 有源混频器可以看作一个 V/I 转换器、电流开关、I/V 转换器的组合

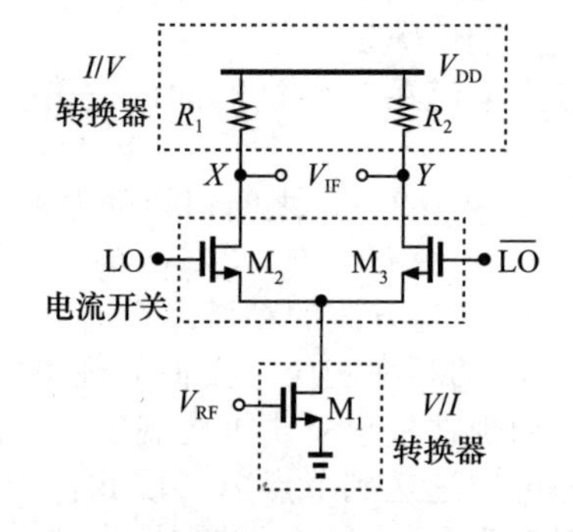

图6.42 单平衡有源混频器

双平衡拓扑结构

如果RF输入为差分形式(例如，LNA产生差分输出)，图6.42中的有源混频器要做一定的改变。接下来分析图6.43a中的电路。V_{RF}^{+}和V_{RF}^{-}分别表示不同相的RF输入，每半边电路把RF电流传到相应的IF输出。因为$V_{RF}^{+}-V_{RF}^{-}$，IF在X_1和Y_1的小信号分量分别等于它在X_2和Y_2处的负值，即$V_{X1}=-V_{Y1}=-V_{X2}=V_{Y2}$，因此可以把$X_1$和$Y_2$、$X_2$和$Y_1$短接，实现如图6.43b所示的双平衡混频器结构，其负载电阻等于$R_D/2$。为了看起来紧凑点，通常把这个电路画成图6.43c的形式。晶体管M_2、M_3、M_5及M_6称为开关管。后续章节将接着分析这种结构的优缺点。

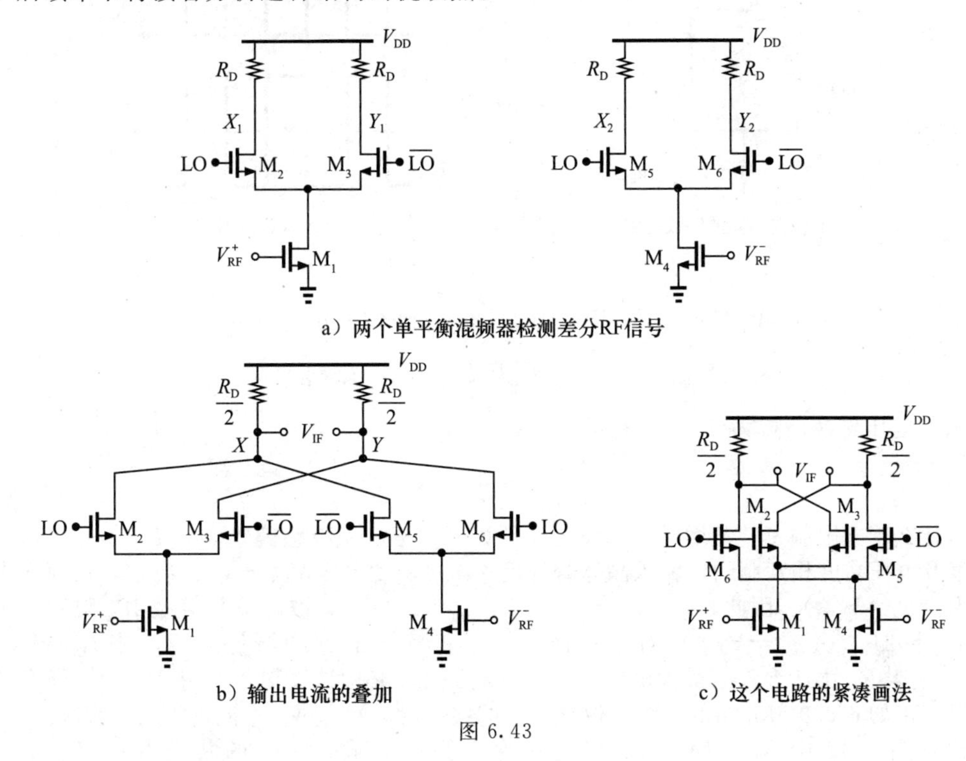

图6.43

与相对应的单平衡结构比较，双平衡混频器的优点是对LO信号的噪声抑制更好，这一点会在6.3.2节中接着讨论。

例6.11 把图6.43b中的负载电阻改为R_D，这能够使增益变为原来的两倍吗?

解：不能，由于通过每个电阻的静态电流翻倍，为了保证电压裕度，R_D应该为原来的一半。 ◀

6.3.1 转换增益

在图6.42所示的电路中，晶体管M_1产生的小信号电流为$g_{m1}V_{RF}$，LO快速切换，电路可以看作图6.44a所示的形式。由于LO和$\overline{LO}$是互补的，M_2将I_{RF}与翻转于0、1之间的方波$S(t)$相乘，M_3将I_{RF}与翻转于0、1之间的方波$S(t\text{-}T_{LO}/2)$相乘。因此

$$I_1=I_{RF}\cdot S(t) \tag{6.55}$$

$$I_2=I_{RF}\cdot S\left(t-\frac{T_{LO}}{2}\right) \tag{6.56}$$

由于$V_{out}=V_{DD}-I_1R_1-(V_{DD}-I_2R_2)$，$R_1=R_2=R_D$，所以

$$V_{out}(t)=I_{RF}R_D\left[S\left(t-\frac{T_{LO}}{2}\right)-S(t)\right] \tag{6.57}$$

从图6.44b可知，式(6.57)中的开关操作等效于I_{RF}和一个翻转于±1之间的方波相乘，而方波的基频分量幅值为$4/\pi$[⊖]，因此输出表示为

$$V_{out}(t)=I_{RF}(t)R_D\cdot\frac{4}{\pi}\cos\omega_{LO}t+\cdots \tag{6.58}$$

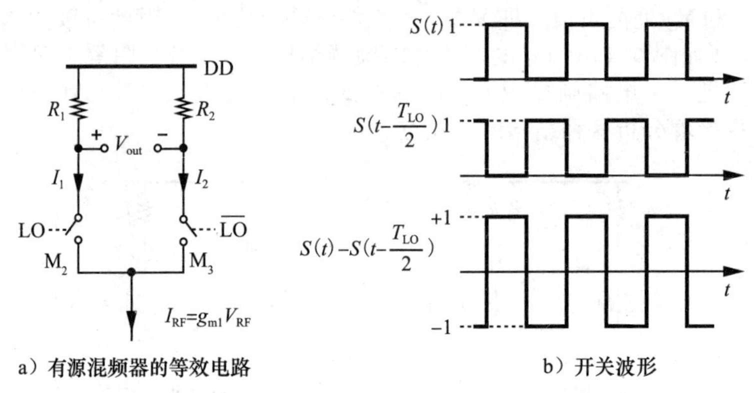

a）有源混频器的等效电路　　b）开关波形

图6.44

如果$I_{RF}(t)=g_{m1}V_{RF}\cos\omega_{RF}t$，则在$\omega_{RF}-\omega_{LO}$处的IF分量为：

$$V_{IF}(t)=\frac{2}{\pi}g_{m1}R_DV_{RF}\cos(\omega_{RF}-\omega_{LO})t \tag{6.59}$$

因此电压转换增益为

$$\frac{V_{IF,p}}{V_{RF,p}}=\frac{2}{\pi}g_{m1}R_D \tag{6.60}$$

是什么因素限制了转换增益？假设功耗预算事先给定，静态偏置电流I_{D1}不变，增益与线性度及电压裕度相互制约。输入晶体管的尺寸由过驱动电压$V_{GS1}-V_{TH1}$决定，从而产生所需的IP_3(见第5章)。因此，$V_{DS1,min}=V_{GS1}-V_{TH1}$。$M_1$的跨导被电流预算及$IP_3$限制，其跨导为$g_{m1}=2I_{D1}/(V_{GS1}-V_{TH1})$(对于工作在深三极管区的饱和器件来说，是$I_{D1}/(V_{GS1}-V_{TH1})$)。电阻$R_D$由所允许的最大电压决定，也就是说，必须计算图6.42中V_X、V_Y所允许的最小值。正如6.3.3节介绍的，为了保证一定的线性度，M_2、M_3不能进入三极管区。

假设图6.42中M_2、M_3的栅极电压保持为差分输入LO的共模电平$V_{CM,LO}$，如图6.45a所示。如果M_1处在饱和区临界点，即$V_N\geqslant V_{GS1}-V_{TH1}$，有：

$$V_{CM,LO}-V_{GS2,3}\geqslant V_{GS1}-V_{TH1} \tag{6.61}$$

接下来考虑M_2、M_3的栅极电压分别为$V_{CM,LO}+V_0$和$V_{CM,LO}-V_0$时的情况，从而$V_0=\sqrt{2}(V_{GS2,3}-V_{TH2})/2$，如此高的值足以关断$M_3$，如图6.32b所示。当$M_2$处于这一点时仍保持工作在饱和区，它的漏极电压必须不低于$V_{CM,LO}+\sqrt{2}(V_{GS2,3}-V_{TH2})/2-V_{TH2}$，从而

$$V_{X,min}=V_{CM,LO}+\frac{\sqrt{2}}{2}(V_{GS2,3}-V_{TH2})-V_{TH2} \tag{6.62}$$

由式(6.61)可推导出

$$V_{X,min}=V_{GS1}-V_{TH1}+\left(1+\frac{\sqrt{2}}{2}\right)(V_{GS2,3}-V_{TH2}) \tag{6.63}$$

因此，$V_{X,min}$必须大于M_1的过驱动电压与大约1.7倍开关管过驱动电压之和。每个负载电阻最大允许的直流电压为

$$V_{R,max}=V_{DD}-\left[V_{GS1}-V_{TH1}+\left(1+\frac{\sqrt{2}}{2}\right)(V_{GS2,3}-V_{TH2})\right] \tag{6.64}$$

⊖ 请记住：方波基波的峰值比方波的峰值高。

每个负载电阻上通过的电流为 I_{D1} 的一半，所以有：

$$R_{D,\max}=\frac{2V_{R,\max}}{I_{D1}} \tag{6.65}$$

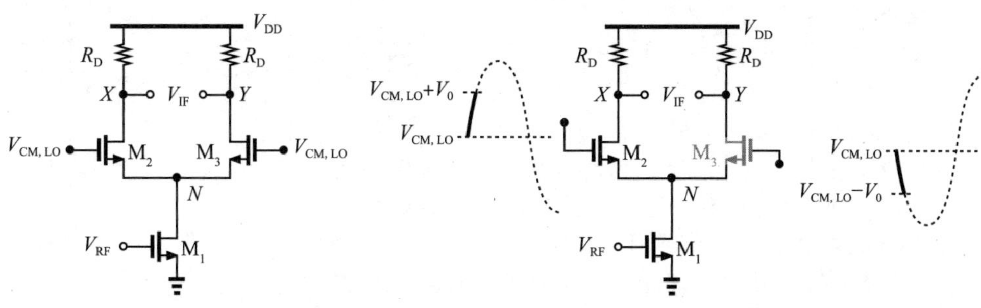

a）LO共模电平下的有源混频器　　b）足以关闭其中一个开关管所要求的输入摆幅

图 6.45

从式(6.64)、式(6.65)可知，最大电压转换增益为

$$A_{V,\max}=\frac{2}{\pi}g_{m1}R_{D,\max} \tag{6.66}$$

$$=\frac{4}{\pi}\frac{V_{R,\max}}{V_{GS1}-V_{TH1}} \tag{6.67}$$

综合上面的分析，可知道较低的供电电压将严重制约有源混频器的增益。

例 6.12 设单平衡有源混频器的电压—电流输入转换器晶体管所需的过驱动电压为 300mV。当开关晶体管的过驱动电压为 150mV，LO 的摆幅为 300mV，供电电压为 1V 时，这个混频器的增益为多少？

解： 由式(6.64)得，$V_{R,\max}=444\text{mV}$，所以

$$A_{R,\max}=1.88 \tag{6.68}$$

$$\approx 5.5\text{dB} \tag{6.69}$$

由于转换增益相对较小，负载电阻以及后级电路的噪声将很严重。◀

增益还有多少提升空间呢？当 IP_3 一定时，除非减小前级 LNA 的增益，否则输入晶体管的过驱动电压变化裕度很少。如果混频器的噪声系数可以降低，这将是可行的，如 6.3.2 节所解释的，噪声系数与功耗及输入电容存在折中。可以通过增大开关管的宽长比，来减小其过驱动电压(但是，这增大了 LO 端口的电容)。

当 LO 的摆幅减小，转换增益也会下降。如图 6.46 所示，当 M_2、M_3 同时导通时，通过 M_1 的 RF 电流近似均分给 M_2、M_3，这类似于共模电流，这期间的转换增益很小。减小 LO 的摆幅，会增加 M_2、M_3 同时导通的时间，因此将降低增益(假设 LO 是方波)。

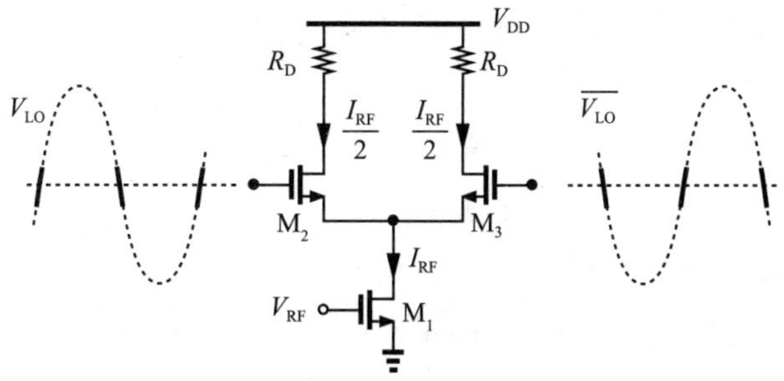

图 6.46　在 LO 的过零点处，RF 电流可看作共模分量

例 6.13 如图 6.47 所示为一个双栅混频器，M_1 和 M_2 可以被看作具有两个栅的单个晶体管，分析这个电路的缺点。

解：M_2 作为开关管，如果不考虑两个晶体管的过驱动电压，其栅极电压必须比0大 V_{TH2}(请读者思考为什么?)。因此，双栅混频器的LO摆幅大于单平衡混频器结构。而且，M_1 的RF电流与翻转于0、1之间的方波相乘，转换增益减半，为

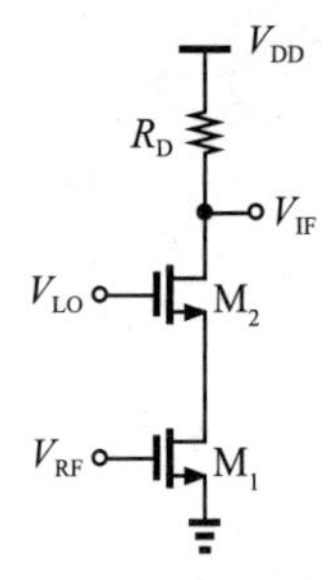

图6.47 双栅混频器

$$A_V = \frac{1}{\pi} g_{m1} R_D \tag{6.70}$$

此外，M_1 产生的所有频率分量(乘以方波均值，即1/2)传到输出端，而频率没有变换。因此，M_1 闪烁噪声的一半(因为是高频器件，故此噪声很小)会作用到IF。M_1 引起的偶次谐波中的低频拍频分量也会出现在输出端，导致 IP_2 较低。双栅混频器不需要差分LO信号，这是它微不足道的优点。基于这些原因，这种结构在现代RF设计中很少使用。 ◀

如图6.48a所示，当LO为正弦信号时，开关管的漏极电流不是方波，每半个周期中有部分时间近似相等，设时长为 ΔT。正如前面所提到的，在这段时间里，电路的增益很低，我们希望估算出增益减小了多少。

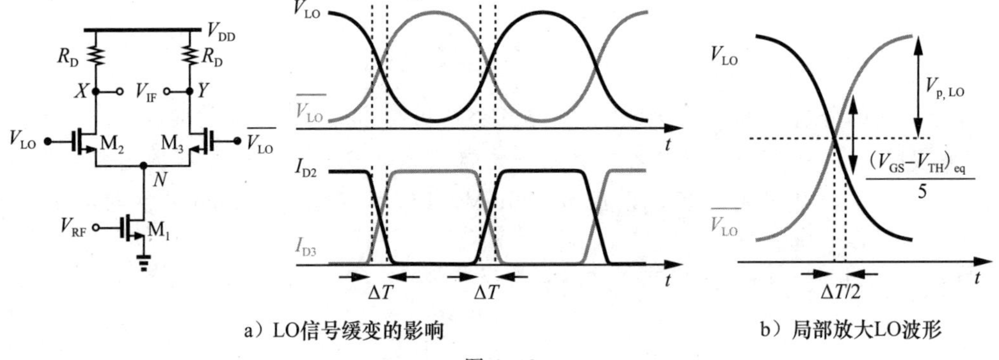

a) LO信号缓变的影响　　b) 局部放大LO波形

图6.48

差分对的过驱动电压为 $(V_{GS}-V_{TH})_{eq}$，当差分输入 $\Delta V_{in}=\sqrt{2}(V_{GS}-V_{TH})_{eq}$(对于平方律器件)时，尾电流恰好全部通过其中一个晶体管。假设 $\Delta V_{in} \leqslant (V_{GS}-V_{TH})_{eq}/5$ 时，通过差分对的电流大致相等，现要计算这个时间 ΔT。从图6.48b可知，如果单端LO波形的幅值为 $V_{P,LO}$，当LO和 $\overline{LO}$ 的差值达到 $(V_{GS}-V_{TH})_{eq}/5$ 时，经过的时间大约是 $\Delta T/2=(V_{GS}-V_{TH})_{eq}/5/(2V_{P,LO}\omega_{LO})$ 秒。将上升沿和下降沿的全部时间算在内，一个LO周期里 $\Delta V_{in} \leqslant (V_{GS}-V_{TH})_{eq}/5$ 的时间为 $\Delta T/2=(V_{GS}-V_{TH})_{eq}/5/(2V_{P,LO}\omega_{LO})$ 的4倍，将其归一化，可推测混频器的增益降低到了

$$A_V = \frac{2}{\pi} g_{m1} R_D \left(1-\frac{2\Delta T}{T_{LO}}\right) \tag{6.71}$$

$$= \frac{2}{\pi} g_{m1} R_D \left[1-\frac{(V_{GS}-V_{TH})_{eq}}{5\pi V_{p,LO}}\right] \tag{6.72}$$

例6.14 例6.12的条件改为LO信号沿缓变，重新求解该题。

解：将式(6.68)乘以 $1-0.0318 \approx 0.97$，得

$$A_{R,max} = 1.82 \tag{6.73}$$

$$\approx 5.2\text{dB} \tag{6.74}$$

因此，LO缓变导致混频器的增益下降了0.3dB左右[⊖]。 ◀

⊖ 原书此处计算有误。——译者注

增益减小的第二个原因与输入晶体管漏极的总电容有关。分析如图 6.49 所示的半个 LO 周期里有源混频器的情况。LO 快速切换，M_2 导通，M_3 截止，P 点处总的电容等于

$$C_P = C_{DB1} + C_{GS2} + C_{GS3} + C_{SB2} + C_{SB3} \tag{6.75}$$

此时，C_{GS3} 远小于 C_{GS2}(请读者思考为什么)。M_1 产生的 RF 电流在电容 C_P 及 M_2 源极看到的电阻 $1/g_{m2}$(忽略体效应)之间进行分配。因此，电压转换增益缩小为原来的 $g_{m2}/(sCp+g_{m2})$。换而言之，式(6.72)应改写为

$$A_{V,max} = \frac{2}{\pi} g_{m1} R_D \left[1 - \frac{2(V_{GS} - V_{TH})_{eq}}{5\pi V_{P,LO}}\right] \frac{g_{m2}}{\sqrt{C_P^2\omega^2 + g_{m2}^2}} \tag{6.76}$$

RF 电流的分流对增益有多大影响？换句话说，在上面的表达式中，$C_P^2\omega^2$ 与 g_{m2}^2 相比，大小如何？g_{m2}/C_P 远低于 M_2 的特征频率 f_T，因为①C_{DB1}、C_{SB2}、C_{SB3} 及 C_{GS3} 的和与 C_{GS2} 相当，甚至较大；②M_2 的过驱动电压较低(受电压裕度及增益要求限制)，导致其截止频率较低。当频率略高于晶体管最大特征频率 f_T 的 1/10 时，C_P 的影响将很严重。

例 6.15 如果图 6.49 中 M_2 的输出电阻不能忽略，在计算时应如何引入这个电阻？

解： 混频器的输出频率远低于输入信号及 LO 的频率。通常，每个输出节点接一个电容到地，以滤掉不需要的分量(见图 6.50)。在输入频率下，输出电容在 M_2 的漏极和地之间构建了一条交流通路，因此，从 M_2 的源极看到的电阻可简单写为$(1/g_{m2})\|r_{O2}$。◀

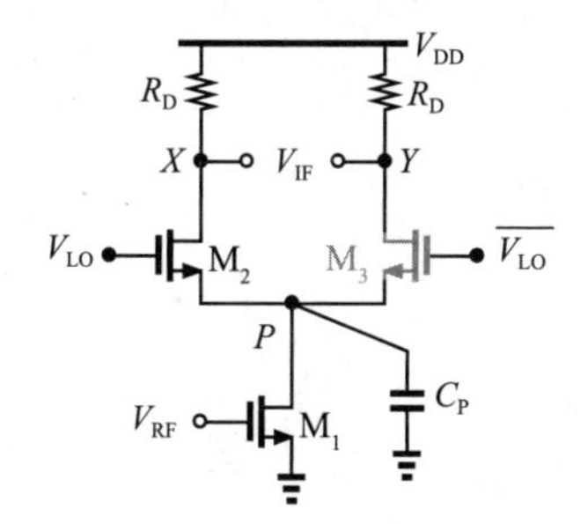

图 6.49　通过 C_P 到地的 RF 泄漏电流

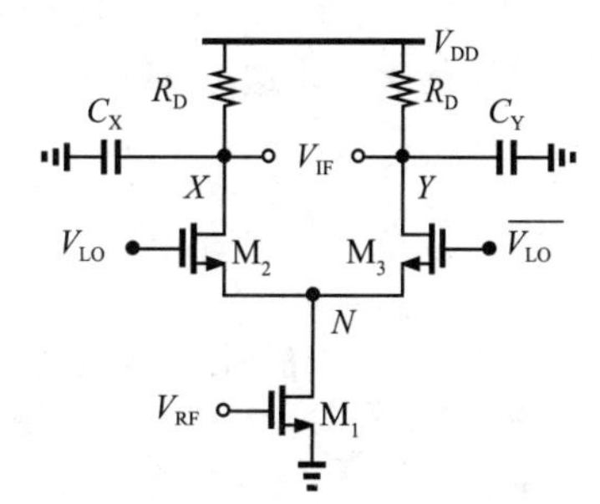

图 6.50　输出端接电容将限制电路带宽

例 6.16 比较单平衡和双平衡有源混频器的电压转换增益。

解： 由图 6.43a 知，单平衡混频器的电压转换增益等于$(V_{X1}-V_{Y1})/V_{RF}^+$。当 $V_{RF}^- = -V_{RF}^+$ 时，$V_{X1}=V_{Y2}$，$V_{Y1}=V_{X2}$。因此，如果把 X_1 和 Y_2 短接，X_2 和 Y_1 短接，节点电压不变。换而言之，图 6.43b 中 V_X-V_Y 等于图 6.43a 中 $V_{X1}-V_{Y1}$。因此，双平衡结构的差分电压转换增益为

$$\frac{V_X - V_Y}{V_{RF}^+ - V_{RF}^-} = \frac{V_{X1} - V_{Y1}}{2V_{RF}^+} \tag{6.77}$$

对应单平衡结构的一半。如图 6.43b 所示，因为电压裕度较小，不允许较大的负载电阻 R_D，所以导致增益较小。◀

6.3.2　有源混频器噪声

如图 6.51 所示，在下变频之前，我们感兴趣的噪声分布在 RF 信号频带内，在下变频之后，噪声分布在 IF 信号频带内。要注意的是，通过开关器件实现的 RF 噪声频率转换，在电路仿真器中不能直接用交流小信号及噪声分析(就像 LNA 所做的那样)，应该使用时域仿真。而且，由开关器件贡献的噪声随时间变化，这使得噪声分析更加复杂。

1. 定性分析

为研究有源混频器的噪声特点，有必要先进行定性分析。如图 6.52a 所示，假设 LO 信号快速变化，考虑半个 LO 周期内的情况，其中，

$$C_P = C_{GD1} + C_{DB1} + C_{SB2} + C_{SB3} + C_{GS3} \tag{6.78}$$

此时，电路可以简化为共源共栅结构。由于 P 点的电容，M_2 管贡献部分噪声(如第 5 章所讲)。回顾第 5 章中共源共栅结构的 LNA 分析，当频率远低于 f_T 时，M_2 管产生的输出噪声电流等于 $V_{n,M2}C_Ps$，如图 6.52b 所示。这个噪声与占主导地位的 M_1 管产生的噪声电流，被翻转于 0 和 1 之间的方波调制。M_3 管在 LO 的另半个周期起完全相同的作用。

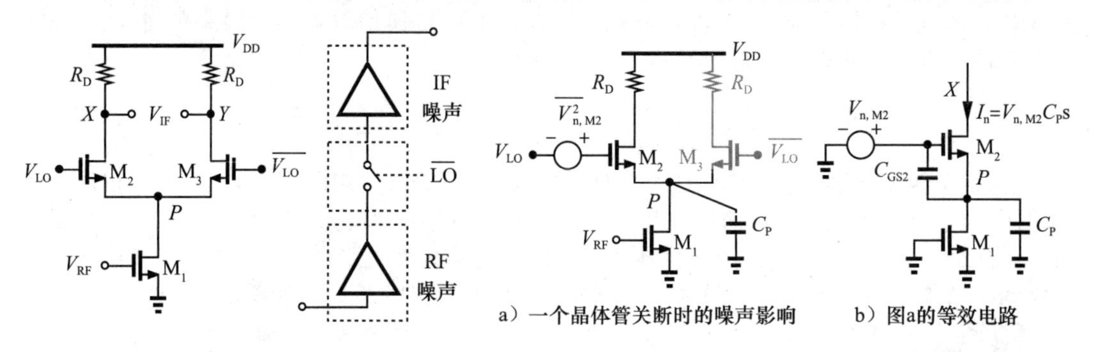

图 6.51 为进行噪声分析对有源混频器所做的划分

图 6.52

接下来，考虑一个更加实际的情况，即 LO 的电平转换不是很快速，则 M_2 和 M_3 在整个 LO 周期的某一个时间段内同时导通。如图 6.53 所示，此时该电路近似于一个差分对，会放大 M_2、M_3 的噪声。这里 M_1 的噪声对输出端的影响可忽略，因为它相当于一共模干扰。

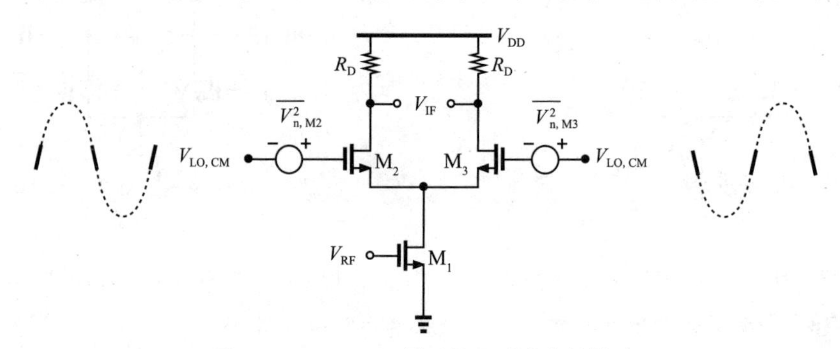

图 6.53 M_2、M_3 同时导通时噪声的影响

例 6.17 比较单平衡有源混频器与双平衡有源混频器的噪声性能，假设后者的偏置电流为前者的两倍。

解： 首先，分析图 6.54a 所示的混频器的输出噪声电流。如果单平衡结构总的差分输出噪声电流为 $\overline{I^2_{n,sing}}$，则双平衡结构的为 $\overline{I^2_{n,doub}}=2\overline{I^2_{n,sing}}$(为什么?)。接着，求输出端的噪声电压。记住，单平衡结构的负载电阻是双平衡结构的 2 倍。对于单平衡结构(见图 6.54b)，有：

$$\overline{V^2_{n,out,sing}}=\overline{I^2_{n,sing}}(R_D)^2 \tag{6.79}$$

$$\overline{V^2_{n,out,doub}}=\overline{I^2_{n,doub}}\left(\frac{R_D}{2}\right)^2 \tag{6.80}$$

回顾例 6.16 可知，双平衡混频器的电压转换增益为单平衡结构的一半。因此，两个电路的输入参考噪声电压有以下关系：

$$\overline{V^2_{n,in,sing}}=\frac{1}{2}\overline{V^2_{n,in,doub}} \tag{6.81}$$

在上述分析过程中，并没有涉及负载电阻的噪声。读者会发现，即使考虑负载电阻的噪声，式(6.81)依然成立。单平衡混频器的输入噪声更低，功耗也更小。

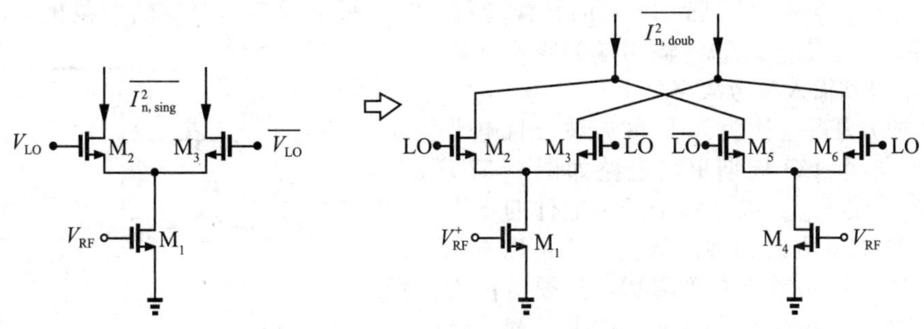

a）单平衡及双平衡混频器的输出噪声电流

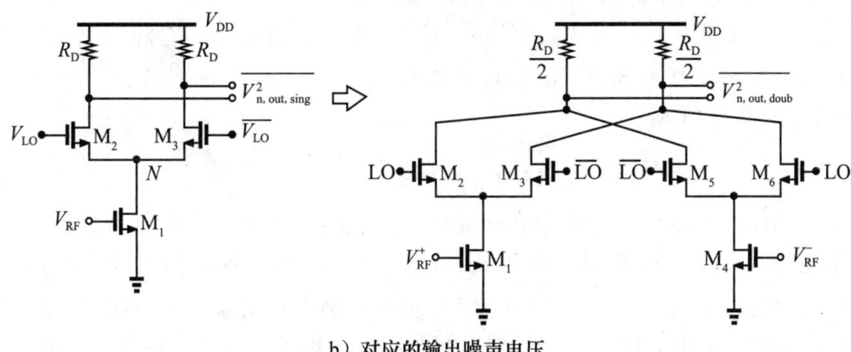

b）对应的输出噪声电压

图 6.54

◀

接下来看图 6.53 中的混频器，这很重要。当 M_2、M_3 都导通时，本振及其缓冲器产生的噪声与 M_2、M_3 的噪声难以区分开。如图 6.55 所示，用差分对来充当 LO 缓冲器，相比于 M_2、M_3，这可能会产生更大的输出噪声。因此很有必要将 LO 产生电路与混频器联系在一起来研究混频器的噪声性能。

例 6.18 请分析 LO 噪声对双平衡有源混频器噪声性能的影响。

解： 如图 6.56 所示，LO 噪声电压被开关对转换成电流，然后反向相加。因此双平衡结构能抵抗 LO 噪声，由式(6.81)知，会带来比单平衡结构低 3dB 的噪声，这是一个很有用的性质，缺点是会消耗更多的功率。这里，假设 LO 和 $\overline{LO}$ 中的噪声分量是差分的，对于差分缓冲器，这个假设是合理的，但对于一个准差分电路则并不合理。

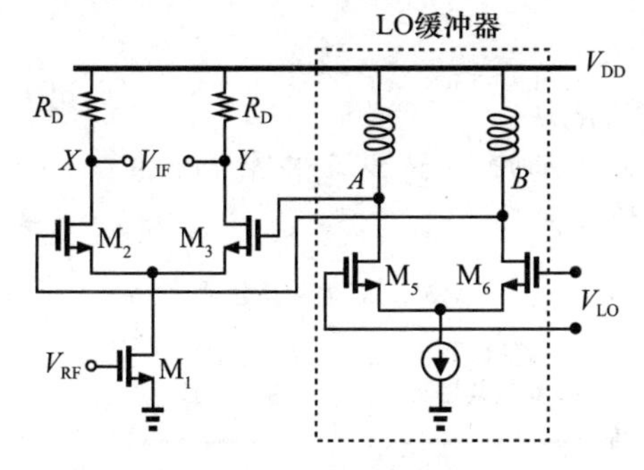

图 6.55　LO 缓冲器噪声对单平衡混频器的影响

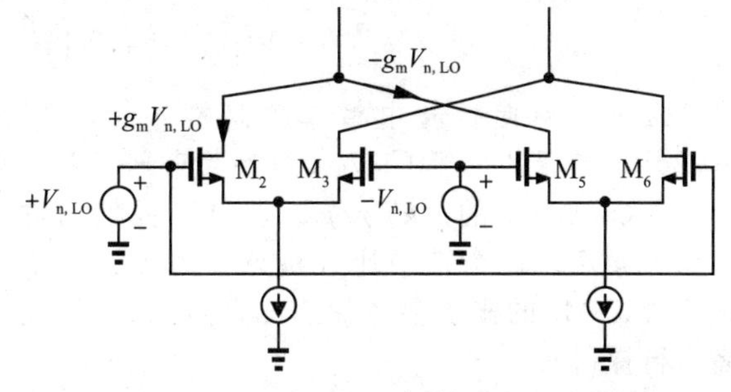

图 6.56　LO 噪声对双平衡混频器的影响

◀

2. 定量分析

分析如图 6.51 所示的单平衡混频器，由上面的定性分析可把这个电路分成 3 个部分：RF 部分、时域变化部分(开关)、IF 部分。为计算输入参考噪声电压，可采取以下步骤：

①对于每一个噪声源，求其到IF端的转换增益；②将每个噪声与对应的增益相乘，然后相加得到总的IF端噪声；③将输出端的噪声除以总的转换增益，得到输入参考噪声。

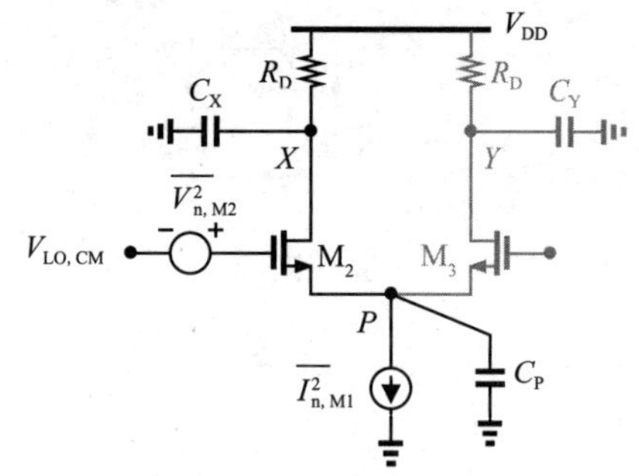

图6.57 有源混频器中输入器件和一个开关器件的噪声

假设LO为占空比为50%的方波，且电平变换快速。在每半个LO周期里，电路如图6.57所示，M_1的噪声电流$I_{n1,M1}$以及每个开关器件的噪声与翻转于0、1之间的方波相乘。从例6.4可以看到，白噪声被占空比为50%的方波调制，其频谱仍为白噪声，只不过功率为原来的一半。因此，M_1、M_2一半的噪声功率(电流值的平方)注入X节点，输出端的噪声谱密度为$(1/2)(I^2_{n,M1}+V^2_{n,M2}C^2_P\omega^2)R^2_D$，其中，$\overline{V^2_{n,M2}}C^2_P\omega^2$为$M_2$引入到$X$节点的噪声电流，因此$X$节点处的总噪声为

$$\overline{V^2_{n,X}}=\frac{1}{2}(\overline{I^2_{n,M1}}+\overline{V^2_{n,M2}}C^2_P\omega^2)R^2_D+4kTR_D \tag{6.82}$$

考虑到节点Y的噪声功率，上述结论必须翻倍，然后除以转换增益的平方。由式(6.76)，P节点处存在电容，LO快速切换(也就是，$V_{p,LO}\to\infty$)时的转换增益为$(2/\pi)g_{m1}R_Dg_{m2}/\sqrt{C^2_P\omega^2+g^2_{m2}}$。用式(6.75)及式(6.78)计算$M_2$贡献的噪声与增益时分别考虑了电容$C_P$的影响，但有些许不同。尽管如此，也仍可把它们看作近似相等。因此，输入参考噪声电压为

$$\overline{V^2_{n,in}}=\frac{\left(4kT\gamma g_{m1}+\dfrac{4kT\gamma}{g_{m2}}C^2_P\omega^2\right)R^2_D+8kTR_D}{\dfrac{4}{\pi^2}g^2_{m1}R^2_D\dfrac{g^2_{m2}}{C^2_P\omega^2+g^2_{m2}}} \tag{6.83}$$

$$=\pi^2\left(\frac{C^2_P\omega^2}{g^2_{m2}}+1\right)kT\left(\frac{\gamma}{g_{m1}}+\frac{\gamma C^2_P\omega^2}{g_{m2}g^2_{m1}}+\frac{2}{g^2_{m1}R_D}\right) \tag{6.84}$$

如果忽略电容C_P的影响，则：

$$\overline{V^2_{n,in}}=\pi^2kT\left(\frac{\gamma}{g_{m1}}+\frac{2}{g^2_{m1}R_D}\right) \tag{6.85}$$

例6.19 请比较式(6.84)与共源极电路的输入参考噪声电压，假设它们有相同的跨导及负载电阻。

解：对于共源极电路，有：

$$\overline{V^2_{n,in,CS}}=4kT\left(\frac{\gamma}{g_{m1}}+\frac{1}{g^2_{m1}R_D}\right) \tag{6.86}$$

因此，即使括号中第二项忽略不计，这个混频器的噪声功率也比式(6.85)的高3.92dB。有限的电容C_P及LO转换时间会导致更大的噪声。◀

式(6.85)中的$\pi^2kT\gamma/g_{m1}$为M_1贡献的输入参考噪声。这个结果让人疑惑：为什么这个值不等于M_1的栅极参考噪声$4kT\gamma/g_{m1}$？请读者自行探讨。

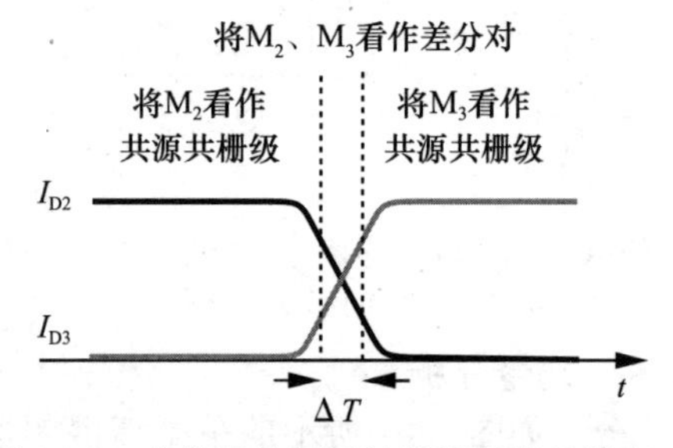

图6.58 分段线性逼近计算混频器的噪声

现在考虑LO缓变对噪声性能的影响。类似于6.3.1节中的增益计算，可采取分段线性来近似处理(见图6.58)：在每个LO周期里，两个开关管同时导通的时间为$2\Delta T=2(V_{GS}-V_{TH})_{eq}/(5V_{P,LO}\omega_{LO})$秒，开关管作为一个差分

对，其噪声引入到输出端。在这段时间内，M_1 贡献共模噪声，输出端噪声为

$$\overline{V_{n,diff}^2}=2(4kT\gamma g_{m2}R_D^2+4kTR_D) \tag{6.87}$$

此处假设 $g_{m2}\approx g_{m3}$。这个噪声功率要引入一个权重系数 $2\Delta T/T_{LO}$，式(6.83)的分子也要引入系数 $1-2\Delta T/T_{LO}$。引入系数之后，总的噪声折算到输入端时，必须除以式(6.76)的平方，因此输入参考噪声为

$$\overline{V_{n,in}^2}=\frac{8kT(\gamma g_{m2}R_D^2+R_D)\dfrac{2\Delta T}{T_{LO}}+\left[4kT\gamma\left(g_{m1}+\dfrac{C_P^2\omega^2}{g_{m2}}\right)R_D^2+8kTR_D\right]\left(1-\dfrac{2\Delta T}{T_{LO}}\right)}{\dfrac{4}{\pi^2}g_{m1}^2R_D^2\dfrac{g_{m2}^2}{C_P^2\omega^2+g_{m2}^2}\left(1-\dfrac{2\Delta T}{T_{LO}}\right)^2} \tag{6.88}$$

式(6.88)揭示了当两个开关晶体管同时导通的复杂情况：①在分子的第一项中，对于给定的偏置电流，$g_{m2}\propto(V_{GS}-V_{TH})_{eq}^{-1}$，$\Delta T\propto(V_{GS}-V_{TH})_{eq}$；②在分子的第二项中，噪声功率与 $1-2\Delta T/T_{LO}$ 成正比，而分母与 $(1-2\Delta T/T_{LO})^2$ 成正比。因此，为了减小噪声，应使 ΔT 最小。

例 6.20 对于特定的 IP_3、偏置电流、LO 摆幅、供电电压的单平衡混频器，在计算其噪声的时候，发现这个噪声很大，超出了可以接受的范围，应该要如何减小这个噪声？

解： 过驱动电压及负载电阻上的电压降限制了电路设计的灵活性。为了减小噪声，必须消耗更多的功率，这可以通过直接将晶体管尺寸按比例缩放来实现。如图 6.59 所示，一种方法是将晶体管的宽及电流乘以系数 α，负载电阻变为原来的 $1/\alpha$。这样所有的电压都没有变化，但是输入参考噪声电压$\sqrt{\overline{V_{n,in}^2}}$降为原来的 $1/\sqrt{\alpha}$。这种方法带来的问题是：会导致 RF 及 LO 端口的电容也会有相应的变化，造成前级 LNA 和 LO 缓冲器的设计更加复杂或者需要消耗更多的功率。◀

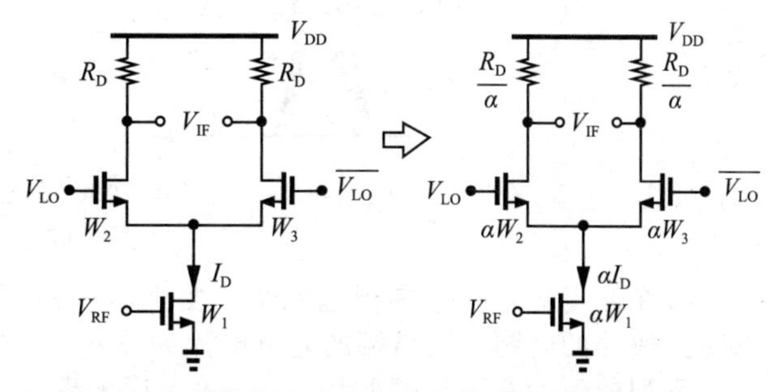

图 6.59　晶体管尺寸及电阻变化对噪声的影响

3. 闪烁噪声

不像无源混频器，有源结构输出端存在大量的闪烁噪声，当 IF 信号处于零频附近而且带宽较窄时，这个问题更加严重。

如图 6.60a 所示，这个电路完全对称，I_{SS} 的 $1/f$ 噪声不会出现在输出端，因为它与 ω_{LO}(及其谐波)进行了混频。因此，只需要考虑 M_2、M_3 的闪烁噪声。M_2 的噪声 $\overline{V_{n2}^2}$ 通过差分对放大后传递到输出。幸运的是，由于 LO 的幅值较大，在大部分时间，差分对都处于深饱和区，这对于 $\overline{V_{n2}^2}$ 而言降低了增益。

为计算图 6.60a 中 V_{n2} 到输出端的增益，假设 LO 为正弦信号，在 LO 和$\overline{\text{LO}}$过零点的一小段时间内，I_{SS} 将由全部流过 M_2 的状态，瞬间切换到全部流过 M_3，如图 6.60b 所示。这段时间内 V_{n2} 如何变化？除了 LO 的波形，噪声也会改变 LO 的过零点[7]。这个在计算 M_2、M_3 栅极电压在何时相等时可以得到证明。当 M_2 和 M_3 瞬时的栅极电压相等时，有：

$$V_{CM}+V_{p,LO}\sin\omega_{LO}t+V_{n2}(t)=V_{CM}-V_{p,LO}\sin\omega_{LO}t \tag{6.89}$$

所以

$$2V_{p,LO}\sin\omega_{LO}t=-V_{n2}(t) \tag{6.90}$$

在 $t=0$ 点附近，有：

$$2V_{p,LO}\omega_{LO}t\approx-V_{n2}(t) \tag{6.91}$$

LO 和$\overline{\text{LO}}$ 的交点偏移了 $\Delta T(\omega_{LO}\Delta T\ll 1\text{rad})$，如图 6.60c 所示：

$$2V_{p,LO}\omega_{LO}\Delta T \approx -V_{n2}(t) \tag{6.92}$$

所以

$$|\Delta T| = \frac{|V_{n2}(t)|}{2V_{p,LO}\omega_{LO}} \tag{6.93}$$

注意，$2V_{p,LO}\omega_{LO}$ 是差分 LO 信号的斜率$^{\ominus}$，用 S_{LO} 表示，所以 $|\Delta T| = |V_{n2}(t)|/S_{LO}$。

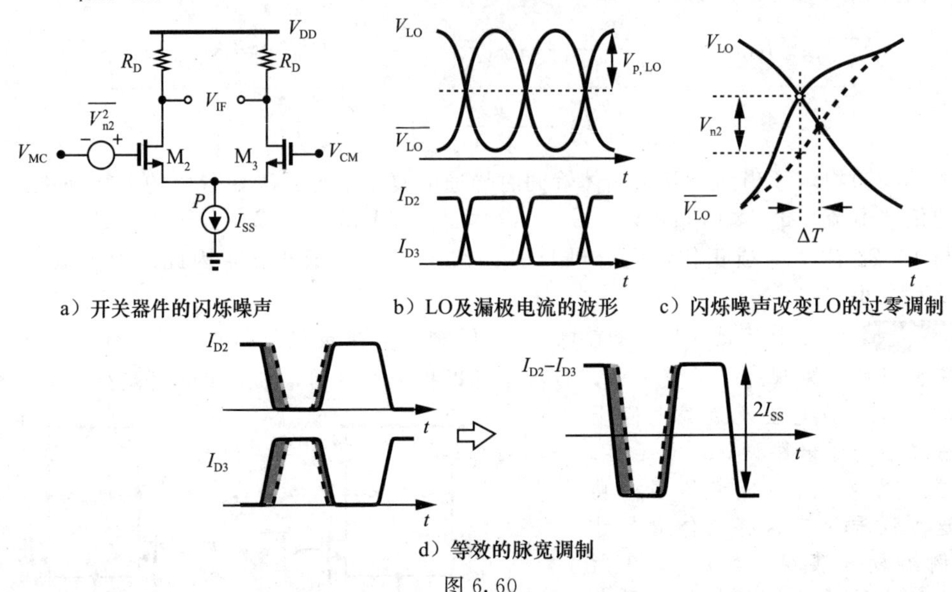

a）开关器件的闪烁噪声　b）LO及漏极电流的波形　c）闪烁噪声改变LO的过零调制

d）等效的脉宽调制

图 6.60

现在假定 M_2、M_3 漏极电流快速变化，考虑上面如图 6.60d 所示的电流的脉宽调制引起零点偏移的问题。输出端的差分电流如图 6.60d 所示，调制后的输出相当于理想输出加上一系列幅值为 $2I_{SS}$、宽度为 ΔT、每周期出现两次的窄脉冲噪声[7]。如果每个窄脉冲近似为冲激信号，$I_{D2}-I_{D3}$ 中的噪声可以表示为，

$$I_{n,out}(t) = \sum_{k=-\infty}^{+\infty} \frac{2I_{SS}V_{n2}(t)}{S_{LO}}\delta\left(t - k\frac{T_{LO}}{2}\right) \tag{6.94}$$

在频域中，由式(6.9)可得：

$$I_{n,out}(f) = \frac{4I_{SS}}{T_{LO}S_{LO}}\sum_{k=-\infty}^{+\infty} V_{n2}(f)\delta(t-2kf_{LO}) \tag{6.95}$$

当 $k=0$ 时，上式表示基带分量，这是因为 $V_{n2}(f)$ 表现出低通的频谱特性。

$$I_{n,out}(f)|_{k=0} = \frac{I_{SS}}{\pi V_{p,LO}}V_{n2}(f) \tag{6.96}$$

所以

$$V_{n,out}(f)|_{k=0} = \frac{I_{SS}R_D}{\pi V_{p,LO}}V_{n2}(f) \tag{6.97}$$

换而言之，每个晶体管的闪烁噪声作用到输出端，都要乘以系数 $I_{SS}R_D/(\pi V_{p,LO})$。因此，通常希望尽量减小开关管的偏置电流。值得注意的是，式(6.97)的值还应该乘以$\sqrt{2}$，这是把 M_3 的闪烁噪声也考虑进去的结果。

例 6.21 根据上面的分析，求混频器的输入噪声。

解：考虑 M_3 的噪声，将式(6.97)乘以$\sqrt{2}$，然后除以转换增益 $(2/\pi)g_{m1}R_D$，可得到输入噪声：

⊖ 因为 LO 和 $\overline{LO}$ 的差值在 ΔT 内一定会达到 0。

$$V_{n,in}(f)|_{k=0} = \frac{\sqrt{2}I_{SS}}{2g_{m1}V_{p,LO}}V_{n2}(f) \tag{6.98}$$

$$= \frac{\sqrt{2}(V_{GS}-V_{TH})_1}{4V_{p,LO}}V_{n2}(f) \tag{6.99}$$

例如，当 $(V_{GS}-V_{TH})_1=250\text{mV}$，$V_{p,LO}=300\text{mV}$ 时，从输入端口看，$V_{n2}(f)$ 减小为 1/3.4。请注意，由于 M_2、M_3 的尺寸相对较小，$V_{n2}(f)$ 通常都比较大。◀

前面的分析也解释了无源混频器具有较低 $1/f$ 噪声的原因。在无源混频器中 $I_{SS}=0$，与栅极串联的噪声电压源经过很大的衰减后作用在输出端。此外，MOSFET 上流过微弱的电流，产生的闪烁噪声可以忽略不计。

上面的结果也适用于 M_2、M_3 的热噪声吗？的确，分析方法是相同的[7]，结果也是类似的，只不过把 $V_{n2}(f)$ 换成 $4kT\gamma/g_{m2}$。读者会发现，如果 $\pi V_{p,LO}\approx 5(V_{GS}-V_{TH})_{eq2,3}$，用这个方法与用之前的热噪声分析方法所推导出的结果是大致相同的。

在有源混频器中，闪烁噪声的另外一个来源是图 6.60a 所示电路 P 节点处有限的电容[7]。在这个电路中，差分输出电流包含的闪烁噪声分量为[7]

$$I_{n,out}(f) = 2f_{LO}C_P V_{n2}(f) \tag{6.100}$$

因此，更大的 P 点电容或者更高的 LO 频率均会导致更大的噪声。尽管如此，第一种机制在中低频率范围内占主导地位。

6.3.3　线性度

有源混频器的线性度主要由输入晶体管的过驱动电压决定。正如第 5 章所解释的，随着输入晶体管过驱动电压的提高，共源极电路的 IP_3 随之提高，并最终趋近于常量。

输入晶体管的过驱动电压及尺寸必须要在线性度与噪声之间折中，因为

$$IP_3 \propto V_{GS}-V_{TH} \tag{6.101}$$

$$\overline{V_{n,in}^2} = \frac{4kT\gamma}{g_m} = \frac{4kT\gamma}{2I_D}(V_{GS}-V_{TH}) \tag{6.102}$$

我们注意到，6.3.1 节讲述的输入晶体管消耗的电压裕度为 $V_{GS}-V_{TH}$，降低了式(6.67)表示的转换增益。结合之前的例子可知，有源混频器的设计要考虑噪声、线性度、增益、功耗的折中。

当开关管进入三极管区，有源混频器的线性度会恶化。为理解这一点，下面讨论图 6.61 所示的电路，其中 M_2 处于三极管区，M_3 处于饱和区。请注意：①负载电阻及电容建立了与 IF 信号相匹配的输出带宽；②IF 信号与 LO 信号无关。如果 M_2、M_3 都处于饱和区，电流 I_{RF} 根据晶体管的跨导的大小分配电流，且与漏极电压无关[⊖]。另一方面，如果 M_2 处于三极管区，通过 M_2 的电流 I_{D2} 是 X 节点处 IF 电压的函数，此时 M_2、M_3 的电流受 V_{RF} 控制。为避免非线性，当 M_3 导通时应避免 M_2 进入三极管区，反之亦然。因此，LO 的摆幅不能是任意大。

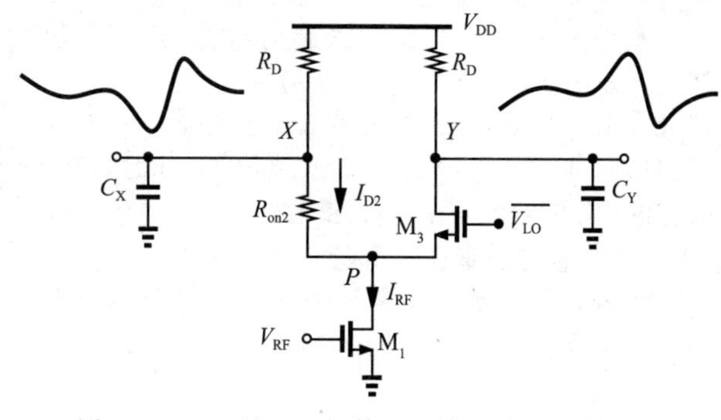

图 6.61　M_2 处于三极管区，输出对电流的影响

压缩

现在研究有源混频器的增益压缩。当电路接近压缩时，以上提到的效应将显现出来。当输出摆幅过大时，电路的输出端信号开始压缩，而不是在输入端压缩。这里的意思是说开关器件导致非线性，从而当输入晶体管没有到达压缩时，输出也会增益压缩。当有源混

⊖　此处忽略沟长调制效应。

频器的增益很大时，这种现象通常会出现。

例 6.22 某有源混频器的电压转换增益为10dB，1dB输入压缩点为$355\mathrm{mV_{pp}}$(=−5dBm)。开关器件会导致压缩吗？

解： 当输入为−5dBm时，混频器的增益降到9dB，差分输出摆幅为$355\mathrm{mV_{pp}}\times2.82\approx1V_{pp}$。因此，每个输出节点的最大摆幅为250mV。换而言之，在图6.61所示的电路中，节点X处的电压相比于其偏置电压低250mV。如果LO的幅值足够大，开关器件将进入三极管区，导致增益压缩。 ◀

即使是使用满足平方律关系的长沟道MOSFET，输入晶体管也会产生压缩。这是因为当输入幅值过大时，栅极电压增大，漏极电压减小，MOSFET有可能进入三极管区。根据图6.51，P节点处的RF电压摆幅可写为

$$V_{\mathrm{P}}\approx-g_{\mathrm{m1}}R_{\mathrm{P}}V_{\mathrm{RF}}\tag{6.103}$$

式中，R_{P}表示从M_2、M_3的源极到地的平均电阻[⊖]。R_{P}近似等于$(1/g_{\mathrm{m2}})\|(1/g_{\mathrm{m3}})$，$g_{\mathrm{m2}}$、$g_{\mathrm{m3}}$分别表示$M_2$、$M_3$的跨导。在一个典型的设计中，$g_{\mathrm{m1}}R_{\mathrm{P}}$的数量级为1。在上例中，输入器件在偏置电压基础上增加355mV/2=178mV，则漏极电压下降约178mV。如果M_1不处于三极管区，分配给M_1的漏源电压裕度必须为355mV，比其静态过驱动电压大。在例6.12中，我们并未考虑这个额外的漏极电压摆幅。如果考虑的话，转换增益将会更低。

有源混频器的$\mathrm{IP_2}$很有意思，我们将在6.4.3节中计算$\mathrm{IP_2}$。

例 6.23 采用65nm工艺，1.2V供电电压，2mA的静态电流，设计一个6GHz有源混频器。假设采用直接下变频结构，单端LO的正弦信号摆幅为400mV。

解： 有限的电压裕度限制了这个混频器的设计。图6.62中，给输入晶体管M_1分配300mV的过驱动电压，给开关管M_2、M_3分配150mV的过驱动电压。由式(6.64)知，每个负载电阻R_{D}上允许的最大电压降为600mV。总的静态电流为2mA，保守起见，选择$R_{\mathrm{D}}=500\Omega$。值得注意的是，LO的摆幅已远超过导通M_2、M_3所需的电压，使得电流I_{D2}或I_{D3}在5ps内由2mA变为0。

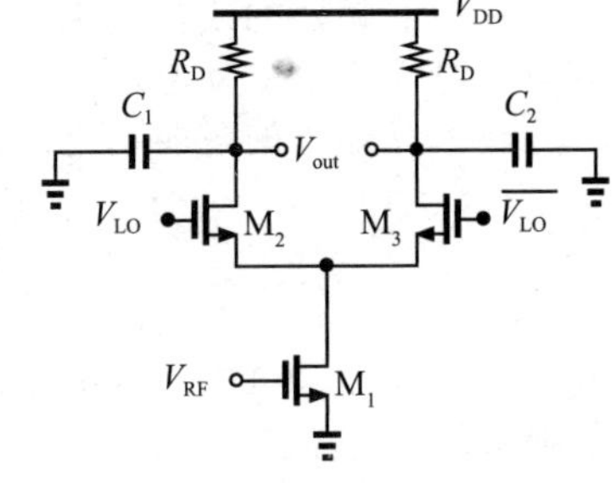

图6.62　6GHz带宽的有源混频器设计

根据上面选择的各晶体管的过驱动电压及MOSFET源漏电流与过驱动电压之间的关系式，容易求出$W_1=15\mu\mathrm{m}$，$W_{2,3}=20\mu\mathrm{m}$。根据第5章所画的g_{m}-I_{D}的关系曲线，可得$W=10\mu\mathrm{m}$，$I_{\mathrm{D}}=2\mathrm{mA}\times(10/15)=1.33\mathrm{mA}$时，$g_{\mathrm{m}}$近似等于8.5mS。因此，对于$W_1=15\mu\mathrm{m}$，$I_{\mathrm{D1}}=2\mathrm{mA}$，有$g_{\mathrm{m1}}=8.5\mathrm{mS}\times1.5=12.75\mathrm{mS}=(78.4\Omega)^{-1}$。电容$C_1$、$C_2$均为2pF，以抑制LO分量对输出的影响(否则该分量会加重混频器输出端的压缩)。

接着，来估算这个混频器的电压转换增益及噪声系数：

$$A_{\mathrm{v}}=\frac{2}{\pi}g_{\mathrm{m1}}R_{\mathrm{D}}\tag{6.104}$$

$$=4.1(=12.3\mathrm{dB})\tag{6.105}$$

为了计算热噪声的噪声系数，首先估算输入参考噪声电压：

$$\overline{V_{\mathrm{n,in}}^2}=\pi^2kT\left(\frac{\gamma}{g_{\mathrm{m1}}}+\frac{2}{g_{\mathrm{m1}}^2R_{\mathrm{D}}}\right)\tag{6.106}$$

$$=4.21\times10^{-18}\mathrm{V^2/Hz}\tag{6.107}$$

上式取$\gamma\approx1$。当IF≠0时，来自信号带及镜像频带的噪声最终会产生单边带噪声系数，当$R_{\mathrm{S}}=50\Omega$时，噪声系数NF可写成下式：

⊖ 因为R_{P}按$2\omega_{\mathrm{LO}}$的频率周期性变化，我们可以将其傅里叶展开，其第一项即为平均值。

$$\mathrm{NF_{SSB}}=1+\frac{\overline{V_{\mathrm{n,\,in}}^{2}}}{4kTR_{\mathrm{S}}} \tag{6.108}$$

$$=6.1(=7.84\mathrm{dB}) \tag{6.109}$$

双边带噪声系数比这个值小 3dB。

在混频器的仿真中，甚至对于直接变频接收机，我们要考虑非零基带频率的问题。毕竟，RF 信号带宽有限，在下变频时会产生非零 IF 分量。例如，一个 20MHz 11a 通道在基带中占据了±10MHz 的带宽。假设 LO 频率 f_{LO} 为 6GHz，输入频率 f_{RF} 为 6.01GHz，为采集足够的 IF 点来进行精确的快速傅里叶变换(FFT)，在时域仿真时，将消耗大量的时间。如果混频器的输出节点带宽允许，可以采用较高的 IF 信号来缩短仿真时间。

图 6.63 画出了 $f_{\mathrm{LO}}=6\mathrm{GHz}$，$f_{\mathrm{in}}=5.95\mathrm{GHz}$，$V_{\mathrm{in,p}}$ 逐渐增大时，混频器转换增益与输入电压幅值的仿真关系曲线。输入为 0 时，增益为 10.3dB，比估算值小 2dB 左右；输入 $V_{\mathrm{in,P}}$ 为 170mV(=−5.28dBm)时，增益下降 1dB。由于存在 LO 的馈通效应及信号失真，所以很难在时域中测量 50MHz 的 IF 信号的幅度。因此，通常对输入输出做 FFT 分析，进而求得转换增益。

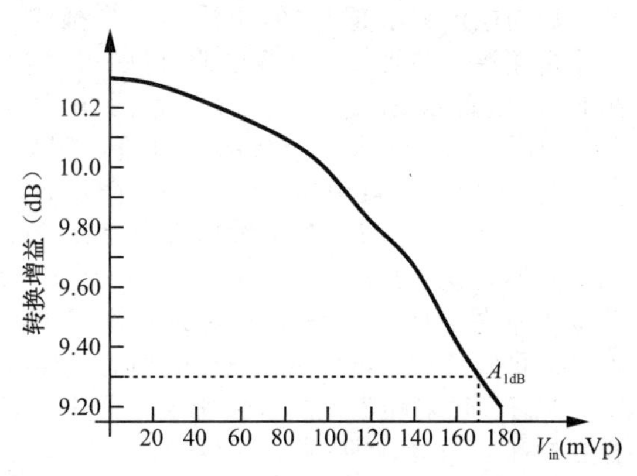

图 6.63　6GHz 混频器的增益压缩曲线

混频器在输入处或者输出处先被压缩吗？作为测试，可把负载电阻减小为原来的 1/5，输出摆幅也按比例做相应的处理，然后再次按上述流程仿真。我们注意到 $V_{\mathrm{in,p}}=170\mathrm{mV}$ 时，增益仅减小了 0.5dB。因此，输出或者开关管先被压缩。

为测量混频器的输入 $\mathrm{IP_3}$，输入分别接 5.945GHz 和 5.967GHz 的正弦波电压源，每一个信号的峰值都通过迭代来确定：如果峰值太小，则输出的 $\mathrm{IM_3}$ 分量被 FFT 噪底掩盖；如果过大，电路会有高阶非线性。因此，幅值可取为 40mV。图 6.64 给出了下变频之后的频谱，基频与 $\mathrm{IM_3}$ 的幅值相差 $\Delta P=50\mathrm{dB}$。把这个值除以 2，再除以 20，得 $10^{\Delta P/40}=17.8$，再用输入电压峰值乘以这个结果，则有 $\mathrm{IIP_3}=711\mathrm{mV_P}$(在 50Ω 系统里 =+7dBm)。在本设计中，$\mathrm{IIP_3}$ 比输入 P_{1dB} 高 12.3dB，这可能是因为当混频器接近 P_{1dB} 时，它的非线性特性里含有更高次项。

图 6.65 给出了混频器仿真的 DSB 噪声系数。闪烁噪声在高达几兆赫兹的范围内对基带信号有很严重的干扰。在 100MHz 时，NF=5.5dB，比所预测的高 0.7dB 左右。

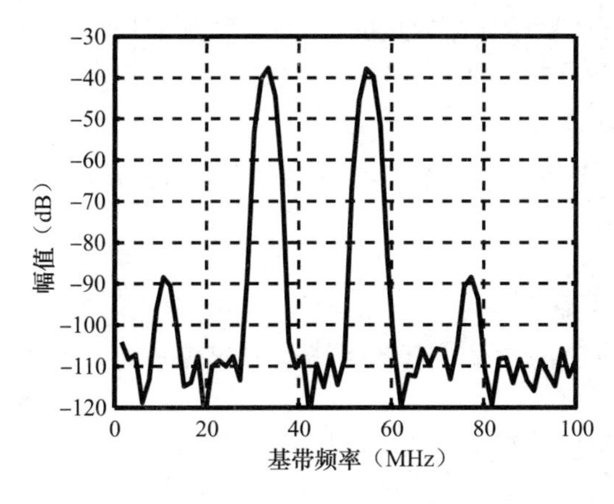

图 6.64　6GHz 混频器的双音测试

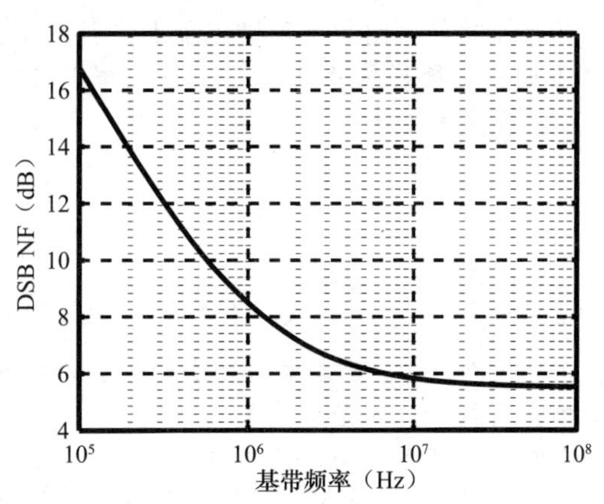

图 6.65　6GHz 混频器的噪声系数

6.4 改进型混频器拓扑结构

通常用噪声、非线性度、增益、功耗、电压裕度等指标来衡量混频器的性能，本节将主要研究高性能的混频器。因此采用了大量新的电路结构，尤其是有源结构，以提高混频器的性能。本节将介绍一些相关方法。

6.4.1 电流源辅助的有源混频器

设计有源混频器的难点在于，协调好输入晶体管的电流(为保证较低的噪声及良好的线性度，输入晶体管的电流越高越好)与负载电流(为了提供较大增益，希望负载电阻大一些，因而电流越小越好)的矛盾。于是推测，可增加一个电流源，并将其与负载电阻并联，以增大电阻的阻值，从而缓解这个矛盾(见图6.66)。如果$I_{D1}=2I_0$，每个电流源分担部分电流，例如αI_0，则负载电阻R_D的阻值变为$V_0/[(1-\alpha)I_0]$，由式(6.64)可知，电阻R_D的最大压降为V_0。随着α的增加，转换增益也会增加。例如，当$\alpha=0.5$，R_D的阻值变为原来的两倍，增益也变为原来的两倍。由式(6.85)可知，增大电阻R_D还可减小输入参考噪声。

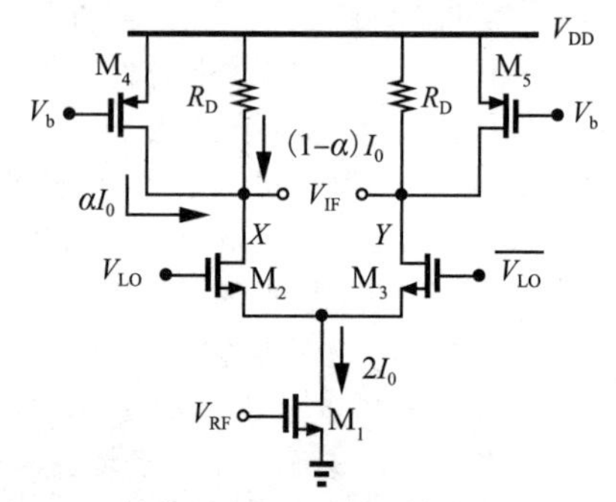

图6.66 用辅助电流源可缓解输出电压裕度的限制

M_4、M_5对噪声性能有无影响？假设M_4、M_5工作在饱和区边缘，即$|V_{GS}-V_{TH}|_{4,5}=V_0$，每个晶体管的噪声电流记为$4kT\gamma g_m=4kT\gamma(2\alpha I_0)/V_0$，将该噪声电流乘以$R_D^2$，可得到每个输出节点的噪声电压，再加上$R_D$自身的噪声，有：

$$\overline{V_{n,X}^2}=4kT\gamma\frac{2\alpha I_0}{V_0}R_D^2+4kTR_D \tag{6.110}$$

注意：在式(6.110)中，没有考虑其他器件的噪声。转换增益与电阻R_D成正比，将上式的噪声功率对R_D^2进行归一化，因此有：

$$\frac{\overline{V_{n,X}^2}}{R_D^2}=4kT\gamma\frac{2\alpha I_0}{V_0}+\frac{4kT}{R_D} \tag{6.111}$$

$$=4kT\frac{I_0}{V_0}(2\alpha\gamma+1-\alpha) \tag{6.112}$$

$$=4kT\frac{I_0}{V_0}[(2\gamma-1)\alpha+1] \tag{6.113}$$

有趣的是，由每个辅助电流源和其对应的负载电阻引起的总噪声随α增加而增加。当$\alpha=0$时，该噪声为$4kTI_0/V_0$；当$\alpha=1$时，该噪声为$(4kTI_0/V_0)(2\gamma)$。

例6.24 分析图6.66中M_4、M_5的闪烁噪声对电路的影响。

解： M_4、M_5的栅极参考电压记为$\overline{V_{n,1/f}^2}$，每个器件的闪烁噪声传递到输出端时应乘以$g_{m4,5}^2R_D^2$。由上面的推导，可把这个结果对R_D^2归一化：

$$\frac{\overline{V_{n,X}^2}}{R_D^2}=\overline{V_{n,1/f}^2}\left(\frac{2\alpha I_0}{V_0}\right)^2 \tag{6.114}$$

由于电压裕度V_0通常为几百毫伏，新增的电流源会贡献大量的闪烁噪声到输出端，这在直接变频接收机中是个严重的问题。◀

而且，在图6.66中，由M_4、M_5构成的电流源也会减小电路的线性度。在推导式(6.113)时，假设M_4、M_5工作在饱和区边缘，这样是为了减小M_4、M_5的跨导，进而减小它们的噪声电流，但是这种静态工作点在其他信号的影响下，很容易驱使M_4、M_5进入三极管区。因此，比起在输入端，这个电路在输出端更可能出现增益压缩。

6.4.2 具有增强跨导的有源混频器

按照上述思路，我们可以在RF路径而不是IF路径中插入电流源辅助器。如图6.67所示[8]，其原理是通过M_4提供M_1的大部分偏置电流，从而减少流经负载电阻(和开关晶体管)的电流。例如，如果$|I_{D4}|=0.75I_{D1}$，那么R_D和增益就可以增加四倍。此外，减少M_2和M_3开关的偏置电流可降低过驱动电压，使开关转换更迅速，从而降低图6.48a和图6.58中的ΔT，并减小式(6.72)和式(6.88)中的增益和噪声影响。最后，输出闪烁噪声下降(习题6.10)。

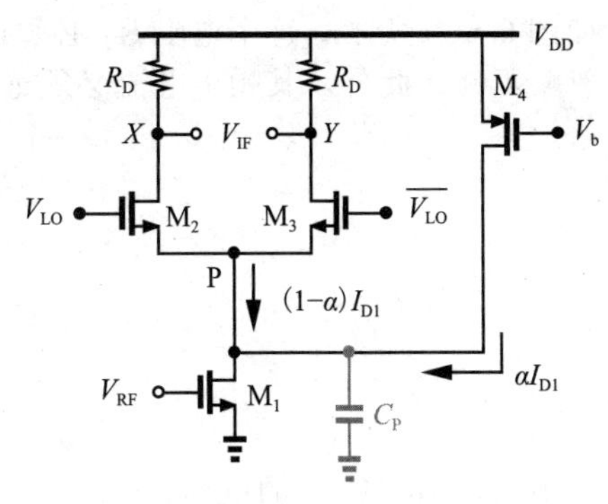

图6.67 将电流源添加到开关对的尾部

然而，上述方法面临两个问题。首先，晶体管M_4向节点P贡献附加电容，加剧了先前提到的困难。由于分配给M_2和M_3的偏置电流较小，从而提高了其源极处的阻抗[$\approx 1/(2g_m)$]，C_P“窃取”了M_1产生的RF电流的较大部分，从而降低了增益。其次，M_4的噪声电流直接添加到RF信号。我们可以很容易地将M_1和M_4的噪声电流表示为

$$\overline{I^2_{n,M1}}+\overline{I^2_{n,M4}}=4kT\gamma g_{m1}+4kT\gamma g_{m4} \tag{6.115}$$

$$=4kT\gamma\left[\frac{2I_{D1}}{(V_{GS}-V_{TH})_1}+\frac{2\alpha I_{D1}}{|V_{GS}-V_{TH}|_2}\right] \tag{6.116}$$

例6.25 一个学生希望最小化上述方程中M_4的噪声，选择$|V_{GS}-V_{TH}|_2=0.75\text{V}$以及$V_{DD}=1\text{V}$。解释一下这里的困难。

解： M_4的偏置电流必须精确定义，以便跟踪M_1的偏置电流。差的匹配可以“饿死”M_2和M_3，即显著降低其偏置电流，在节点P处产生高阻抗，并迫使RF电流通过C_P接地。现在，考虑图6.68所示的简单电流镜。如果$|V_{GS}-V_{TH}|_4=0.75\text{V}$，则$|V_{GS4}|$可能超过$V_{DD}$，没有为$I_{REF}$留下余量。换句话说，$|V_{GS}-V_{TH}|_4$必须选择小于$V_{DD}-|V_{GS4}|-V_{IREF}$，其中$V_{IREF}$表示$I_{REF}$两端的最小可接受电压。◀

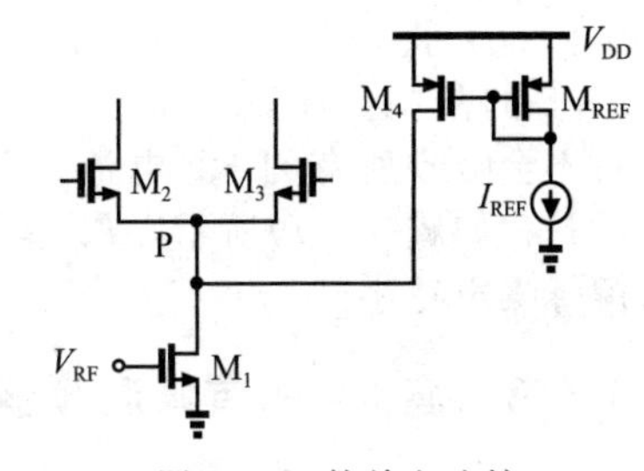

图6.68 简单电流镜

为了抑制图6.68中的M_4的电容和噪声贡献，电感可以与其漏极串联放置。如图6.69a[9]所示，这样的布置不仅增强了输入跨导，而且允许电感与C_P谐振。此外，电容C_1在RF处充当短路，将M_4的噪声电流分流到地。结果，M_1产生的大部分RF电流被M_2和M_3换向，并且由M_2和M_3注入的噪声也被降低(因为它们切换得更迅速)。

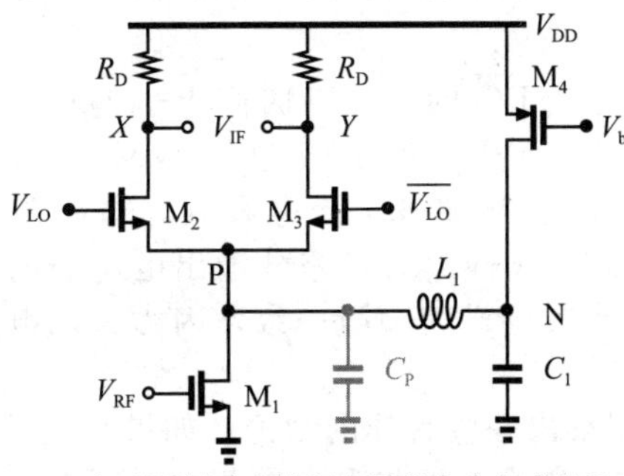

a）利用辅助电流源在尾部产生电感共振

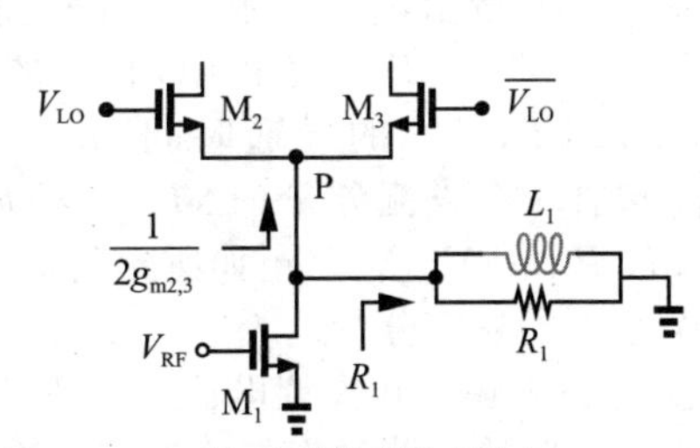

b）电感的等效电路

图6.69

在图6.69a的电路中，寄生电感必须小心处理。首先，L_1会对节点P产生一定的电容，相当于提高了C_P。其次，L_1的损耗转化为并联电阻，“浪费”RF电流并增加噪声。如图6.69b所示，这个电阻R_1必须保持远大于$1/(2g_{m2,3})$，以便分流RF电流，使其可以忽略不计。此外，其噪声电流必须远小于M_1的噪声电流。因此，电感的选择取决于以下条件：

$$L_1 C_{P,tot} = \frac{1}{\omega_{RF}^2} \tag{6.117}$$

$$R_1 = QL_1\omega_{RF} \gg \frac{1}{g_{m2,3}} \tag{6.118}$$

$$\frac{4kT}{R_1} = \frac{4kT}{QL_1\omega_{RF}} \ll 4kT\gamma g_{m1} \tag{6.119}$$

其中$C_{P,tot}$包括L_1的电容。

图6.67和图6.69的电路在深亚微米技术中具有缺点：由于M_1通常是一个小型晶体管，所以它与馈送M_4的电流镜装置的匹配很差。因此，流过开关对的确切电流可能会有相当大的差异。

图6.70显示了另一种拓扑结构，其中容性耦合允许输入晶体管和开关对的独立偏置电流[10]。这里，C_1在RF处充当短路，并且L_1与节点P和N处的寄生谐振。此外，M_1的电压余量不再受$(V_{GS}-V_{TH})_{2,3}$和负载电阻器两端的压降的约束。在典型的设计中，为了获得最佳性能，I_{D1}/I_0可以落在3～5的范围。注意，如果I_0过低，则开关对不会吸收所有的RF电流。另一个重要特性是，如式(6.97)所示，I_0越小，输出端的闪烁噪声越小。

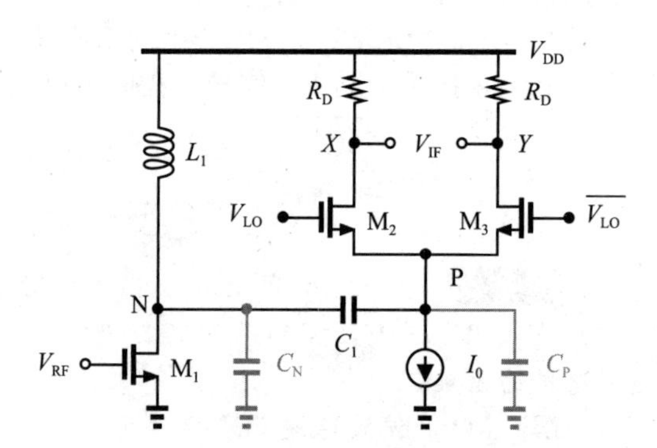

图6.70 采用电容耦合谐振的有源混频器

6.4.3 高IP_2的有源混频器

正如第4章所解释的，IP_2在直接变频和低中频接收机中很重要，因为它表示为两个干扰的拍频或者一个干扰的调制包络引起的信号变差。我们注意到LNA与混频器之间的容性耦合会滤掉低频拍频信号，给混频器带来设计瓶颈。因此，高IP_2混频器很值得研究。

计算电路不对称单平衡混频器的IP_2很有指导意义(回顾第4章可知道，对称混频器有无限大的IP_2)。从图6.71a开始，V_{OS}表示M_2、M_3不对称所导致的失调电压，我们想知道I_{SS}中有多少电流没有经过频率转换就流到了输出端。如6.3.3节中闪烁噪声的计算，假设LO和$\overline{LO}$在跳变时斜率有限，但是M_2、M_3瞬间完成切换，换而言之，它们根据V_A-V_B符号的正负，瞬间完成尾电流的切换。

如图6.71b所示，V_{LO}的幅值有所偏移，LO与$\overline{LO}$的交点在时间上也偏移了$\pm\Delta T$，其中$\Delta T=V_{OS}/S_{LO}$，S_{LO}表示LO信号的差分斜率($=2V_{p,LO}\omega_{LO}$)。这使得M_2的导通时间为$T_{LO}/2+2\Delta T$，M_3的导通时间为$T_{LO}/2-2\Delta T$。从图6.71c可看到，输出差分电流$I_{D2}-I_{D3}$包含一个直流分量$(4\Delta T/T_{LO})I_{SS}=V_{OS}I_{SS}/(\pi V_{p,LO})$，差分输出电压中的直流分量为$V_{OS}I_{SS}R_D/(\pi V_{p,LO})$。正如所预料的，这个结果与式(6.97)一致，因为失调电压可以看成一个很小的噪声分量。

从输出$1/f$噪声和失调电压的方程式可以观察出一些有趣的结论：如果开关对的静态电流减小，同时输入跨导保持不变，那么电路的性能会有所提升，因为增益不变，闪烁噪声及失调电压下降。例如，辅助电流源就有这个作用。

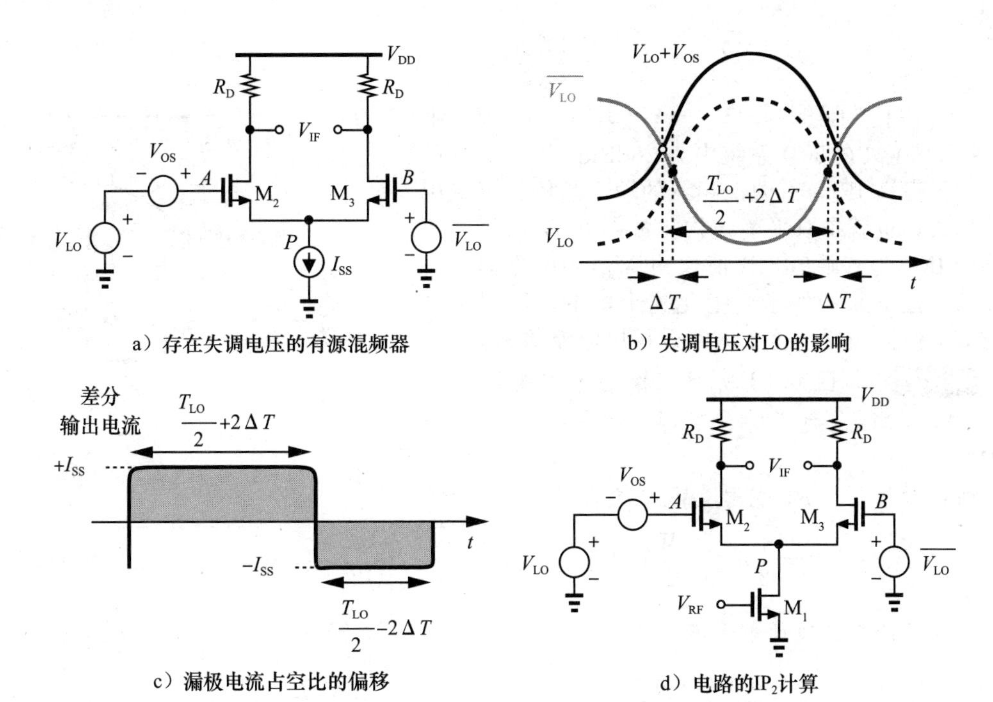

图 6.71

现在把 I_{SS} 换成一个跨导器件，如图 6.71d 所示，假设

$$V_{RF}=V_m\cos\omega_1 t+V_m\cos\omega_2 t+V_{GS0} \tag{6.120}$$

其中，V_{GS0} 表示 M_1 的栅源电压。根据 MOSFET 的平方律关系，IM_2 与 M_1 的电流有如下关系：

$$I_{IM2}=\frac{1}{2}\mu_n C_{ox}\frac{W}{L}V_m^2\cos(\omega_1-\omega_2)t \tag{6.121}$$

将此量乘以 $V_{OS}R_D/(\pi V_{p,LO})$，可直接馈通为输出

$$V_{IM2,out}=\left[\frac{1}{2}\mu_n C_{ox}\frac{W}{L}V_m^2\cos(\omega_1-\omega_2)t\right]\frac{V_{OS}R_D}{\pi V_{p,LO}} \tag{6.122}$$

为了计算 IP_2，必须增加 V_m 的值，直到 $V_{IM2,out}$ 的幅值等于下变频后主要分量的幅值。这个幅值可以简单地给定为$(2/\pi)g_{m1}R_D V_m$，因此

$$\frac{1}{2}\mu_n C_{ox}\frac{W}{L}V_{IIP2}^2\frac{V_{OS}R_D}{\pi V_{p,LO}}=\frac{2}{\pi}g_{m1}R_D V_{IIP2} \tag{6.123}$$

由于 $g_{m1}=\mu_n C_{ox}(W/L)(V_{GS}-V_{TH})_1$，所以

$$V_{IIP2}=4(V_{GS}-V_{TH})_1\frac{V_{p,LO}}{V_{OS}} \tag{6.124}$$

例如，当$(V_{GS}-V_{TH})_1=250\text{mV}$，$V_{p,LO}=300\text{mV}$，当 $V_{OS}=10\text{mV}$ 时，$V_{IIP2}=30V_p$（在 50Ω 系统中为 39.5dBm）。文献[12]介绍了其他的 IP_2 改进机制。

由于 LO 电路和它的缓冲器失配，LO 信号的非对称性将会增加，但上面的分析同样适用。如果占空比为$(T_{LO}/2-\Delta T)/T_{LO}$（例如 48%），则差分电流 $I_{D1}-I_{D2}$ 中的直流分量为$(2\Delta T/T_{LO})I_{SS}$，输出端的直流电压平均值为$(2\Delta T/T_{LO})I_{SS}R_D$。因此可用式(6.121)表示的 IM_2 替换 I_{SS}，则

$$V_{IM2,out}=\left[\frac{1}{2}\mu_n C_{ox}\frac{W}{L}V_m^2\cos(\omega_1-\omega_2)t\right]\frac{2\Delta T}{T_{LO}}R_D \tag{6.125}$$

令上式的幅值等于$(2/\pi)g_{m1}R_D V_m$，g_{m1} 等于 $\mu_n C_{ox}(W/L)(V_{GS}-V_{TH})_1$，所以

$$V_{\mathrm{IIP2}}=\frac{2T_{\mathrm{LO}}}{\pi\Delta T}(V_{\mathrm{GS}}-V_{\mathrm{TH}})_1 \tag{6.126}$$

例如，占空比为48%，$(V_{\mathrm{GS}}-V_{\mathrm{TH}})_1=250\mathrm{mV}$，则$V_{\mathrm{IIP2}}=7.96V_{\mathrm{P}}$(在50Ω系统中为28dBm)。

为了提高IP_2，有源混频器的输入晶体管可采用差分形式，也就是双平衡结构。如图6.72所示，此电路的IM_2为有限值，该值仅由M_1、M_2之间的失配导致。接下来的例子会量化这个影响。不同于之前的双平衡混频器，这个电路采用尾电流源驱动。

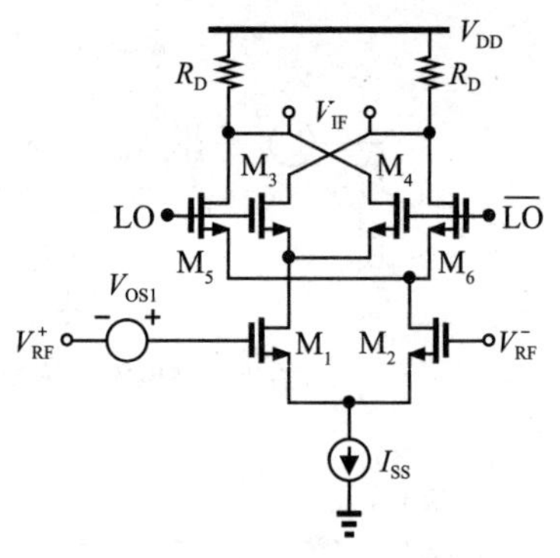

图6.72 双平衡混频器中的输入失调

例6.26 如图6.72所示，输入存在失调电压V_{OS1}，M_1、M_2满足平方律关系，求M_1、M_2产生的IM_2。

解：对于差分RF信号ΔV_{in}，差分输出电流为

$$I_{\mathrm{D1}}-I_{\mathrm{D2}}=\frac{1}{2}\mu_{\mathrm{n}}C_{\mathrm{ox}}\frac{W}{L}(\Delta V_{\mathrm{in}}-V_{\mathrm{OS1}})\sqrt{\frac{4I_{\mathrm{SS}}}{\mu_{\mathrm{n}}C_{\mathrm{ox}}(W/L)}-(\Delta V_{\mathrm{in}}-V_{\mathrm{OS1}})^2} \tag{6.127}$$

假设根号下的第二项远小于第一项，则记$\sqrt{1-\varepsilon}\approx 1-\frac{\varepsilon}{2}$，于是

$$I_{\mathrm{D1}}-I_{\mathrm{D2}}\approx\sqrt{\mu_{\mathrm{n}}C_{\mathrm{ox}}\frac{W}{L}I_{\mathrm{SS}}}\left[\Delta V_{\mathrm{in}}-V_{\mathrm{OS1}}-\frac{\mu_{\mathrm{n}}C_{\mathrm{ox}}(W/L)}{8I_{\mathrm{SS}}}(\Delta V_{\mathrm{in}}-V_{\mathrm{OS1}})^3\right] \tag{6.128}$$

当$\Delta V_{\mathrm{in}}=V_{\mathrm{m}}\cos\omega_1 t+V_{\mathrm{m}}\cos\omega_2 t$时，方括号中的立方项将产生$\mathrm{IM}_2$分量，这是因为$3\Delta V_{\mathrm{in}}^2V_{\mathrm{OS1}}$项会导致两个正弦信号的交叉乘积：

$$V_{\mathrm{IM2}}=\frac{3[\mu_{\mathrm{n}}C_{\mathrm{ox}}(W/L)]^{3/2}}{8\sqrt{I_{\mathrm{SS}}}}V_{\mathrm{m}}^2V_{\mathrm{OS1}}\cos(\omega_1-\omega_2)t \tag{6.129}$$

$$=\frac{3I_{\mathrm{SS}}}{8(V_{\mathrm{GS}}-V_{\mathrm{TH}})_{\mathrm{eq}}^3}V_{\mathrm{m}}^2V_{\mathrm{OS1}}\cos(\omega_1-\omega_2)t \tag{6.130}$$

其中，$(V_{\mathrm{GS}}-V_{\mathrm{TH}})_{\mathrm{eq}}$为每个MOSFET管的过驱动电压。当然，这个分量只有一小部分出现在混频器的输出端。例如，如果只考虑4个开关的失调V_{OS2}[⊖]，则IM_2需乘以$V_{\mathrm{OS2}}R_{\mathrm{D}}/(\pi V_{\mathrm{p,LO}})$，以得到$\mathrm{IIP}_2$，具体为

$$V_{\mathrm{IIP2}}=\frac{16(V_{\mathrm{GS}}-V_{\mathrm{TH}})_{\mathrm{eq}}^2V_{\mathrm{p,LO}}}{3V_{\mathrm{OS1}}V_{\mathrm{OS2}}} \tag{6.131}$$

例如，当$(V_{\mathrm{GS}}-V_{\mathrm{TH}})_{\mathrm{eq}}=250\mathrm{mV}$，$V_{\mathrm{p,LO}}=300\mathrm{mV}$，$V_{\mathrm{OS1}}=V_{\mathrm{OS2}}=10\mathrm{mV}$时，$V_{\mathrm{IIP2}}=1000V$(峰值)(在50Ω系统中为+70dBm)。◀

图6.72所示的电路采用了差分对，极大地提高了IP_2，而且也同时减小了IP_3。第5章介绍了准差分对(源端接在交流地上)具有更高的IP_3。根据图6.73所示的电路，可再次推导式(6.131)，注意：这个电路的输入共模抑制能力很差。

设$V_{\mathrm{RF}}^+=V_{\mathrm{m}}\cos\omega_1 t+V_{\mathrm{m}}\cos\omega_2 t+V_{\mathrm{GS0}}$，$V_{\mathrm{RF}}^-=-V_{\mathrm{m}}\cos\omega_1 t-V_{\mathrm{m}}\cos\omega_2 t+V_{\mathrm{GS0}}$，则

$$I_{\mathrm{D1}}=\frac{1}{2}\mu_{\mathrm{n}}C_{\mathrm{ox}}\left(\frac{W}{L}\right)_1(V_{\mathrm{m}}\cos\omega_1 t+V_{\mathrm{m}}\cos\omega_2 t+V_{\mathrm{OS1}}+V_{\mathrm{GS0}}-V_{\mathrm{TH}})^2 \tag{6.132}$$

$$I_{\mathrm{D2}}=\frac{1}{2}\mu_{\mathrm{n}}C_{\mathrm{ox}}\left(\frac{W}{L}\right)_2(V_{\mathrm{m}}\cos\omega_1 t+V_{\mathrm{m}}\cos\omega_2 t+V_{\mathrm{GS0}}-V_{\mathrm{TH}})^2 \tag{6.133}$$

不依赖于V_{OS1}，I_{D1}中的低频拍频需乘以$V_{\mathrm{OS2}}R_{\mathrm{D}}/(\pi V_{\mathrm{p,LO}})$，$I_{\mathrm{D2}}$中的低频拍频需乘以$V_{\mathrm{OS3}}R_{\mathrm{D}}/(\pi V_{\mathrm{p,LO}})$，$V_{\mathrm{OS2}}$、$V_{\mathrm{OS3}}$分别表示$M_3$-$M_4$和$M_5$-$M_6$的失调电压。因此，输出端的$\mathrm{IM}_2$

⊖ 本例中，V_{OS2}表示了M_3-M_4，以及M_5-M_6的失调电压。——译者注

分量为

$$V_{\mathrm{IM2,out}}=\left[\frac{1}{2}\mu_n C_{ox}\frac{W}{L}V_m^2\cos(\omega_1-\omega_2)t\right]\frac{R_D}{\pi V_{p,LO}}(V_{OS2}+V_{OS3}) \tag{6.134}$$

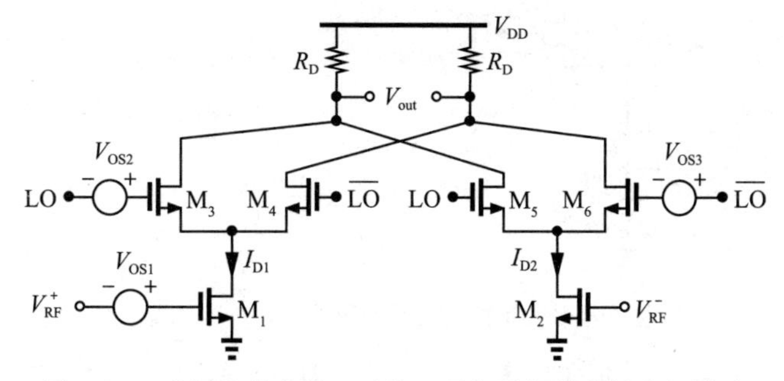

图 6.73　采用准差分输入对的双平衡混频器中的失调影响

要注意的是，每个基波的输出幅值等于$(2/\pi)2V_m g_{m1} R_D$，$g_{m1}=\mu_n C_{ox}(W/L)_1(V_{GS0}-V_{TH})$，因此

$$V_{\mathrm{IIP2}}=\frac{8(V_{GS0}-V_{TH})}{V_{OS2}+V_{OS3}}V_{p,LO} \tag{6.135}$$

例如，当 $V_{GS}-V_{TH}=250\mathrm{mV}$，$V_{p,LO}=300\mathrm{mV}$，当 $V_{OS2}=V_{OS3}=+10\mathrm{mV}$ 时，$V_{\mathrm{IIP2}}=30V_p$（在 50Ω 系统中为+39.5dBm）。经比较差分及准差分混频器的 $\mathrm{IIP_2}$，后者的 $\mathrm{IIP_2}$ 较低，这是 $\mathrm{IP_2}$ 与 $\mathrm{IP_3}$ 折中的结果。

现进一步分析造成有限 $\mathrm{IP_2}$ 的机制：混频器开关器件的低频馈通。另一方面，尽管跨导晶体管没有产生偶次谐波，如果开关器件或者 LO 信号不对称，开关器件的共源节点[11,12]存在有限的寄生电容，输出端还是有低频分量。如此，当信号 $V_m\cos\omega_1 t+V_m\cos\omega_2 t$ 到达共源节点处，会产生非线性，并且与 LO 的谐波混频，因此在下变频后，会产生一个频率为 $\omega_1-\omega_2$ 的分量。文献[11,12]详细介绍了这种机制。

根据图 6.74 所示的等效电路，可知：

$$\frac{I_m}{I_{\mathrm{beat}}}=\frac{L_1 s}{L_1 s+\dfrac{1}{C_1 s}+\dfrac{1}{2g_m}} \tag{6.136}$$

$$=\frac{L_1 C_1 s^2}{L_1 C_1 s^2+\dfrac{C_1 s}{2g_m}+1} \tag{6.137}$$

在低频时，式(6.137)的结果近似为

$$\frac{I_m}{I_{\mathrm{beat}}}\approx L_1 C_1 s^2 \tag{6.138}$$

存在很大的衰减。

另外一个提高 $\mathrm{IP_2}$ 的方法是采用容性负反馈。如图 6.75[10]所示，电容 C_d 将高频 RF 信号短路到地，对于低频拍频分量则呈开路状态。输入级的跨导为

$$G_m=\frac{g_{m1}}{1+\dfrac{g_{m1}}{C_d s}} \tag{6.139}$$

$$=\frac{g_{m1}C_d s}{C_d s+g_{m1}} \tag{6.140}$$

低频时的增益随 $C_d s$ 的减小而减小，这使 $\mathrm{M_1}$ 不可能会产生二阶交调量。

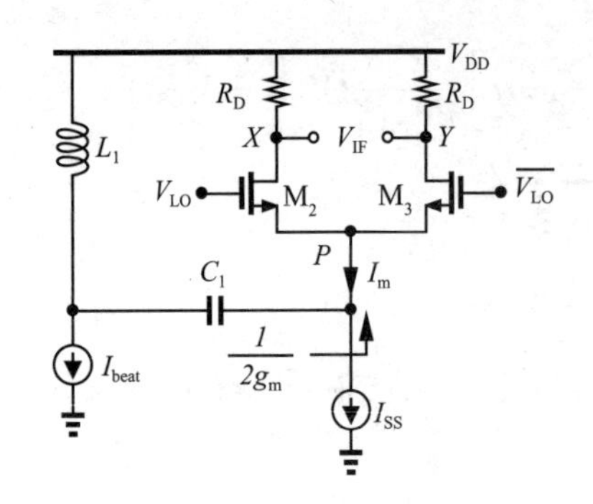

图 6.74　带电容耦合及谐振的混频器中低频拍频信号的影响

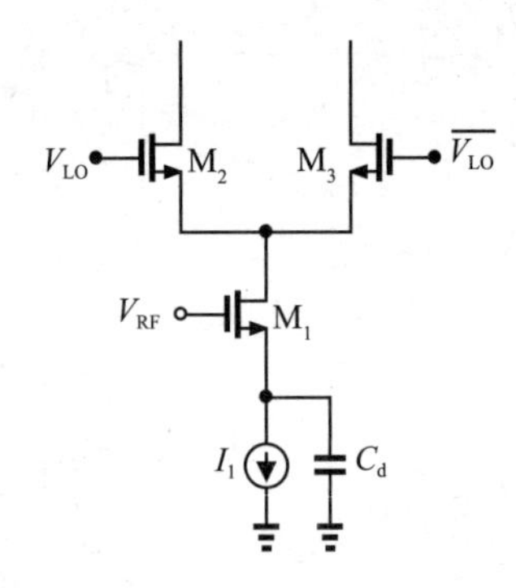

图 6.75　容性负反馈对 IP_2 的影响

例 6.27 图 6.75 所示的混频器通常用于 900MHz GSM 系统，假设这是个低中频接收机(见第 4 章)。有别于单独的 M_1，在容性负反馈的作用下，IM_2 最大的衰减是多少？

解： 首先确定最坏的情况，可以推测出，最高频的拍频信号经历最小的衰减，可得到最大的 IM_2。如图 6.76a 所示，当两个信号都处于 GSM 波段内，但是其频率相差最大(这样，信号就不会被前端滤波器衰减)，就会出现上面那种情况。换而言之，这两个信号频率相差 25MHz。假设极点频率 g_m/C_d 为 900MHz 左右。在 25MHz 时，IM_2 下降，由于容性负反馈，衰减了约 900MHz/25MHz=36(≈31dB)。但是，在低中频 IF 接收机中，下变频后 200kHz 带宽的 GSM 信道基本接近直流。因此，这种情况是不相关的。

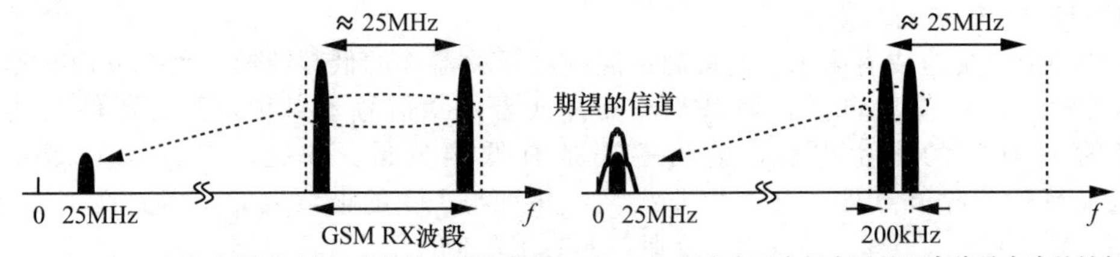

a）靠近GSM频带边缘的两个阻塞信号产生的拍频　b）GSM频带中两个很靠近的阻塞信号产生的拍频

图 6.76

上面的分析采用了两毗邻的信号，频率相差 200kHz。如图 6.76b 所示，GSM 带的边缘附近有两毗邻的信号，其中心频率之差为 200kHz，此频率的信号衰减了约 935MHz/200kHz=4675≈73dB。因此，低中频 IF 900MHz GSM 接收机具有非常大的 IP_2。◀

之前提到过，尽管在跨导器件与开关器件之间引入电容耦合，但是考虑开关差分对的失调，其共源节点处的电容还是限制了 IP_2 的提高。如果引入电感，使它与电容谐振，可得到较大的 IP_2。图 6.77 给出了一个采用容性负反馈以及谐振的双平衡混频器，其实现了高 IP_2(+78dBm)[11]。

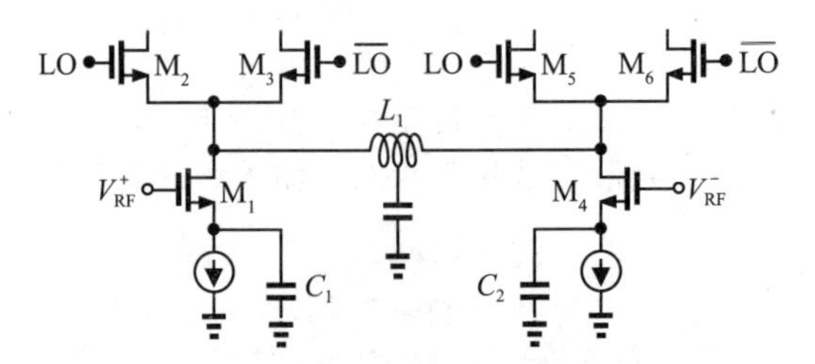

图 6.77　在开关管的源极引入电感，以提高 IP_2

6.4.4　低闪烁噪声有源混频器

我们在6.3.2节中对噪声的研究表明，开关器件的下变频闪烁噪声与其偏置电流和共源节点的寄生电容成正比。由于这些趋势也适用于有源混频器的 IP_2，因此我们推测6.4.3节所述的提高 IP_2 的技术也能降低闪烁噪声。特别是图6.69和图6.74中的电路拓扑结构，可以降低开关对的双向电流，并通过电感来消除尾部电容。不过，这种方法需要两个电感(每个正交混频器一个)，从而使布局和布线变得复杂。

让我们回到图6.67所示的辅助器构想，问一问，是否有可能只在需要时才开启辅助器？换句话说，我们能否只在LO的零交叉点开启PMOS电流源，从而降低开关器件的偏置电流，进而降低其闪烁噪声的影响[13]？在这种方案中，辅助器本身只会注入共模噪声，因为它只有在开关对处于平衡状态时才会开启。

图6.78展示了我们的首次尝试。由于大的LO摆幅会在 $2\omega_{LO}$ 处在节点P上产生合理的电压摆幅，因此当LO和 $\overline{LO}$ 相交、V_P 下降时，二极管连接的晶体管就会开启。因此，M_H 可以在LO和 $\overline{LO}$ 的交叉点附近提供 M_1 的大部分偏置电流，同时在其余时间内注入最小的噪声。

但是，图6.78中二极管连接的晶体管并没有在LO和 $\overline{LO}$ 离开交叉点时突然关闭。因此，M_H 继续在节点P处产生低阻抗，将RF电流分流到交流接地。这个问题可以通过将二极管连接器件重新配置为交叉耦合对来解决[13]。如图6.79所示[13]，M_{H1} 和 M_{H2} 同时导通和关断，因为 V_P 和 V_Q 变化相同，就好像 M_{H1} 和 M_{H2} 是二极管连接器件一样。就 M_1 和 M_4 的差分RF电流而言，交叉耦合对起到了负阻的作用(见第8章)，部分抵消了P和Q开关对产生的正阻。因此，M_{H1} 和 M_{H2} 不会分流RF电流。

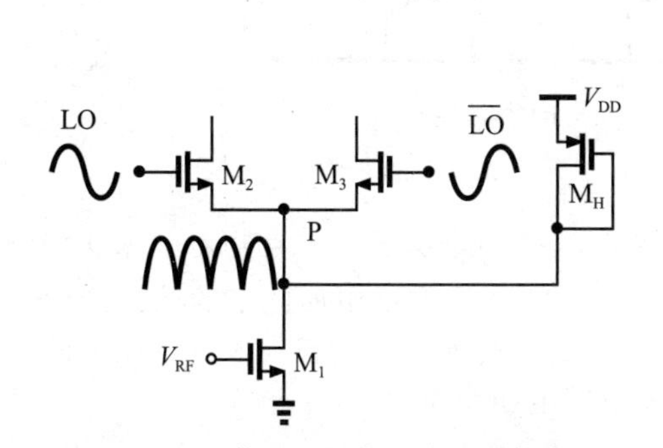

图6.78　使用二极管连接的器件来减小开关对电流

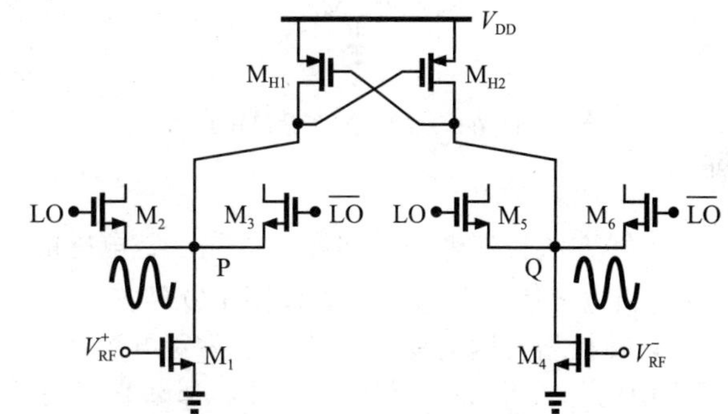

图6.79　使用交叉耦合对降低开关四路电流

然而图6.79的电路要求较大的LO摆幅，以确保 V_P 和 V_Q 快速且充分地上升，从而关断 M_{H1} 和 M_{H2} ㊀。否则，这两个器件在部分周期内继续注入差分噪声。这种技术的另一个缺点是它不适合单平衡混频器。

例6.28　在图6.79中，M_{H1} 和 M_{H2} 周围的正反馈可能导致闩锁效应，即两侧之间的轻微不平衡可以将P(或Q)拉向 V_{DD}，从而使 M_{H2}(或 M_{H1})截止。推导出避免闩锁效应的必要条件。

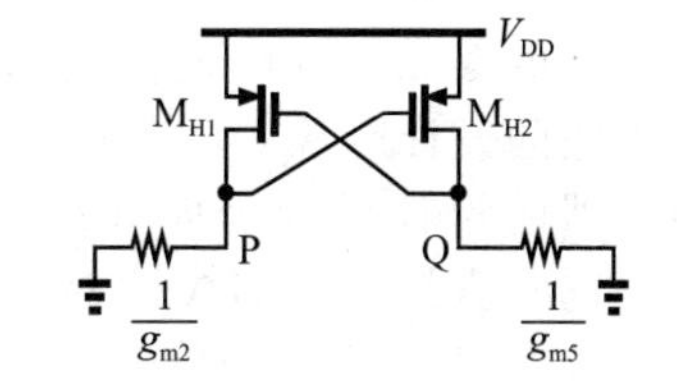

图6.80　闩锁效应计算的等效电路

解：当每个差分对中的任一晶体管关闭时，开关对P和Q的阻抗达到最高值(为什么?)图6.80所示为

㊀ 注意，M_{H1} 和 M_{H2} 对差分对的切换没有帮助，因为P和Q处的 $2\omega_{LO}$ 波形相同(而不是差分)。

最差情况。对于电路对称，环路增益等于$(g_{mH}/g_{m2,5})^2$，其中g_{mH}表示M_{H1}和M_{H2}的跨导。为了避免闩锁效应，我们必须确保

$$\left(\frac{g_{mH}}{g_{m2}}\right)^2<1 \tag{6.141}$$ ◀

在LO和$\overline{\text{LO}}$的交叉点减少通过开关器件的电流，也可以通过瞬间关闭跨导来实现[14]。如图6.81a所示，开关S_1由频率为$2f_{LO}$、占空比为80%的波形驱动。如图6.81b所示，在每个LO周期内，S_1会短暂关断跨导两次。因此，如果将LO和$\overline{\text{LO}}$的交叉点选在I_P为零的时刻，那么M_2和M_3的闪烁噪声就会大大减弱。此外，M_2和M_3在平衡点附近不会向输出注入热噪声。这一概念可扩展到正交双平衡混频器中[14]。在习题6.12中，我们将探索该电路是否也可视为一对差分电路，其电流是否以$2f_{LO}$的频率进行调制(斩波)。

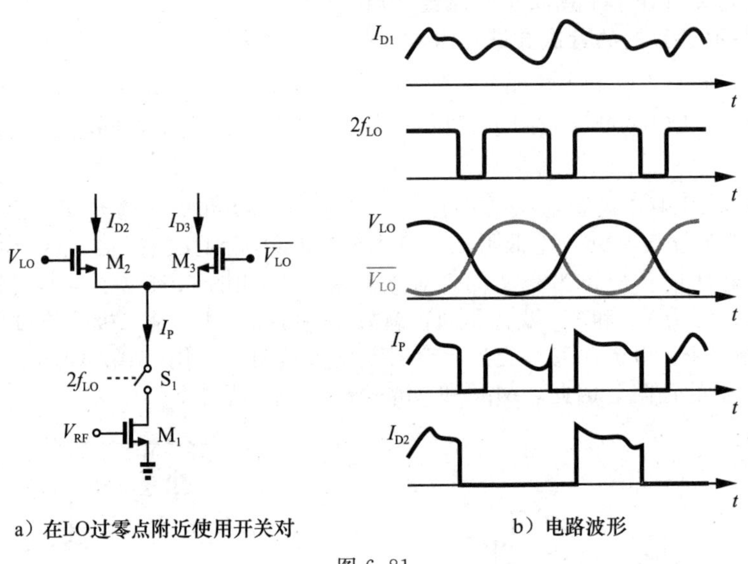

图6.81

上述方法会带来一些问题。首先，跨电感的关断时间必须足够长，并且相对于LO和$\overline{\text{LO}}$的相位要适当，这样才能包围LO转换。其次，在高频率下很难用如此窄的脉冲产生$2f_{LO}$；转换增益因此受到影响，因为跨电感在更长的周期内处于关闭状态。最后，如果图6.81中的开关S_1的电容忽略不计，那么它将消耗大量的电压余量。

6.5 上变频混频器

第4章中研究的发射机架构采用上变频混频器，通过一个或两个步骤将基带频谱转换为载波频率。在本节中，我们将讨论这种混频器的设计。

6.5.1 性能要求

考虑图6.82所示的普通发射机。发射机电路的设计通常从功率放大器开始，功率放大器的设计目的是向天线提供指定的功率，同时满足一定的线性要求(以相邻通道功率或1dB压缩点为单位)。因此，功率放大器具有一定的输入电容，并且由于其增益适中，需要一定的输入摆幅。上变频混频器必须：①将基带频谱转换为高输出频率(与

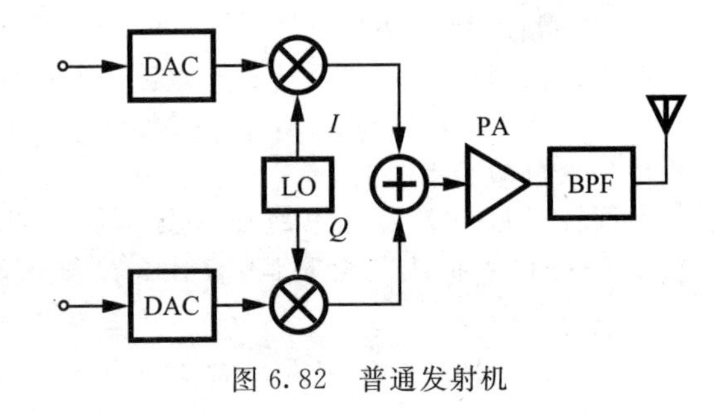

图6.82 普通发射机

下变频混频器不同)，同时提供足够的增益；②驱动功率放大器的输入电容；③为功率放大器输入提供必要的摆幅；④不限制发射机的线性度。此外，如第 4 章所述，上变频混频器中的直流失调会转化为载波馈通，因此必须尽量减小。

例 6.29 解释在图 6.82 中 PA 之前放置缓冲器的利弊。

解：缓冲器放宽了上变频器的驱动要求，或许也放宽了输出摆幅要求。但是，它可能会产生很大的非线性。因此，最好尽量减少混频器和天线之间的级数。◀

混频器与功率放大器之间的接口是另一个关键问题。由于基带和混频器电路通常以差分形式实现，而天线通常是单端，因此设计人员必须决定在什么时候以及如何将混频器的差分输出转换为单端信号。正如第 5 章所述，这种操作会带来许多困难。

上变频混频器的噪声要求通常比下变频混频器宽松得多。正如习题 6.13 所研究的那样，即使在 GSM 中也是如此，因为接收波段中上变频混频器的放大噪声必须满足特定规范(见第 4 章)。

图 6.82 中基带 DAC 与上变频混频器之间的接口也对设计造成了另一种限制。回顾第 4 章，基带信号的高通滤波会带来符号间干扰。因此，DAC 必须与混频器直接耦合，以避免信号频谱中出现缺口[⊖]。这决定了上变频混频器的偏置条件必须与 DAC 的输出共模电平相对独立。

6.5.2 上变频混频器拓扑

无源混频器　无源混频器在上变频方面极具吸引力。我们希望使用无源混频器构建正交上变频器。

我们对下变频混频器的研究表明，单平衡采样拓扑提供的转换增益比归零拓扑高约 5.5dB。上变频也是如此吗？考虑应用于采样混频器的低频基带正弦曲线(见图 6.83)。从图 6.83 可知，输出似乎包含大部分输入波形和少量高频能量。为了量化我们的直觉，我们返回到由式(6.12)和式(6.16)给出的组成波形 $y_1(t)$ 和 $y_2(t)$。假设 $x(t)$ 是基带信号，并重新检查它们的上变频。$Y_1(f)$ 中的感兴趣分量仍然出现在 $k=\pm1$ 处，并且由下式给出：

$$Y_1(f)|_{k=\pm1}=\frac{X(f-f_{LO})}{\mathrm{j}\pi}-\frac{X(f+f_{LO})}{\mathrm{j}\pi} \tag{6.142}$$

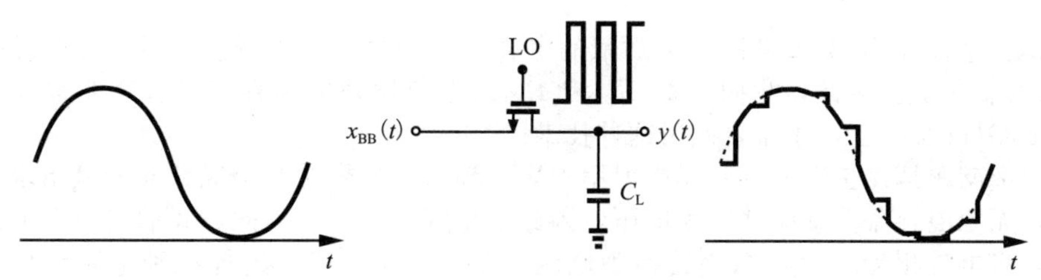

图 6.83　上变频采样混频器

对于 $Y_2(f)$，我们还必须将 k 设置为 ±1：

$$Y_2(f)|_{k=\pm1}=\frac{1}{T_{LO}}[-X(f-f_{LO})+X(f+f_{LO})]\left[\frac{1}{\mathrm{j}\omega}(1-\mathrm{e}^{-\mathrm{j}\omega T_{LO}/2})\right] \tag{6.143}$$

然而，第二组方括号中的项必须在上变频频率处进行评估。如果 $\omega=\omega_{LO}+\omega_{BB}$，其中 ω_{BB} 表示基带频率，则 $\exp(-\mathrm{j}\omega T_{LO}/2)=\exp(-\mathrm{j}\omega)\exp(-\mathrm{j}\omega_{BB}T_{LO}/2)$，对于 $\omega_{BB}\ll 2f_{LO}$，其减少为 $-(1+\mathrm{j}\omega_{BB}T_{LO}/2)$。类似地，如果 $\omega=-\omega_{LO}-\omega_{BB}$，则 $\exp(-\mathrm{j}\omega T_{LO}/2)\approx-(1+\mathrm{j}\omega_{BB}T_{LO}/2)$。将 $Y_1(f)$ 和 $Y_2(f)$ 相加得到

⊖ 实际上，每个 DAC 后面都有一个低通滤波器，用于抑制 DAC 的高频输出分量。

$$[Y_1(f)+Y_2(f)]_{k=\pm1}\approx\frac{\omega_{BB}}{\omega_{LO}+\omega_{BB}}\left[\left(\frac{1}{j\pi}+\frac{1}{2}\right)X(f-f_{LO})+\left(-\frac{1}{j\pi}+\frac{1}{2}\right)X(f+f_{LO})\right]\tag{6.144}$$

表明上变频输出幅度与 $\omega_{BB}/(\omega_{LO}+\omega_{BB})\approx\omega_{BB}/\omega_{LO}$ 成比例。因此，这种混频器不适合于上变频。

在习题 6.14 中，我们研究了用于上变频的归零混频器，并证明其转换增益仍然等于 $2/\pi$(对于单平衡拓扑)。类似地，在例 6.8 中，双平衡无源混频器表现出 $2/\pi$ 的增益。如图 6.84a 所示，这样的拓扑比单平衡结构与 TX 设计更相关，因为基带波形通常以差分形式可用。因此，我们在这里集中讨论双平衡混频器。

图 6.84a 中的电路虽然简单且相当线性，但必须处理一些问题。第一个问题是节点 X 和 Y 的带宽必须满足上变频的信号频率，以避免额外损耗。这一带宽取决于开关的导通电阻(R_{on})、开关对输出节点的电容贡献以及下一级的输入电容(C_{in})。开关越宽，带宽越大，直至其电容超过 C_{in}，但同时在 LO 端口也会产生更大的电容。

可以通过谐振使节点 X 和 Y 处的电容为零。如图 6.84b 所示[15]，电感 L_1 与 X 和 Y 处的总电容谐振，谐振角频率为

$$\omega_{IF}=\frac{1}{\sqrt{\frac{L_1}{2}(C_{X,Y}+C_{in})}}\tag{6.145}$$

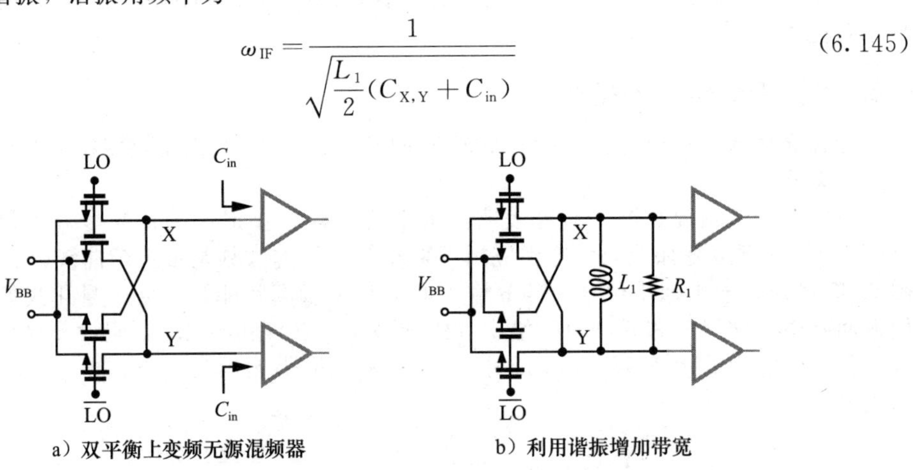

a）双平衡上变频无源混频器　　b）利用谐振增加带宽

图 6.84

式中，$C_{X,Y}$ 表示由 X 或 Y 处的开关贡献的电容。谐振时，混频器由电感的并联等效电阻 $R_1=QL_1\omega_{IF}$ 加载。因此，我们要求 $2R_{on}\ll R_1$ 以避免额外的损耗。只有在非常高的频率下，如 50GHz 及以上，才需要使用这种技术。

第二个问题是在正交上变频器中使用无源混频器，必须对两个混频器的输出求和。遗憾的是，无源混频器会感应并产生电压，因此很难直接求和。因此，我们将每个输出转换为电流，将电流相加，再将结果转换为电压。图 6.85a 描述了这样一种电路结构。在这里，准差分对 M_1-M_2 和 M_3-M_4 执行 V/I 转换，负载电阻执行 I/V 转换。这种电路可以提供增益，同时适合低电源电压。M_1-M_4 的源级接地还能产生相对较高的线性度㊀。

上述拓扑结构的一个缺点是，其偏置点对输入共模电平(即前一个 DAC 的输出 CM 电平)很敏感。如图 6.85b 所示，I_{D1} 取决于 V_{BB}，并随工艺和温度的变化而显著变化。因此，我们在混频器和 V/I 转换器之间采用交流耦合，并通过一个电流镜来定义后者的偏置。或者，我们也可以采用真正的差分对，其共源节点位于交流接地端(见图 6.86)。通过尾电流的定义，现在的偏置条件相对独立于输入 CM 电平，但每个尾电流源会消耗电压余量。

㊀ 源节点的交流接地降低了三阶非线性(见第 5 章)。

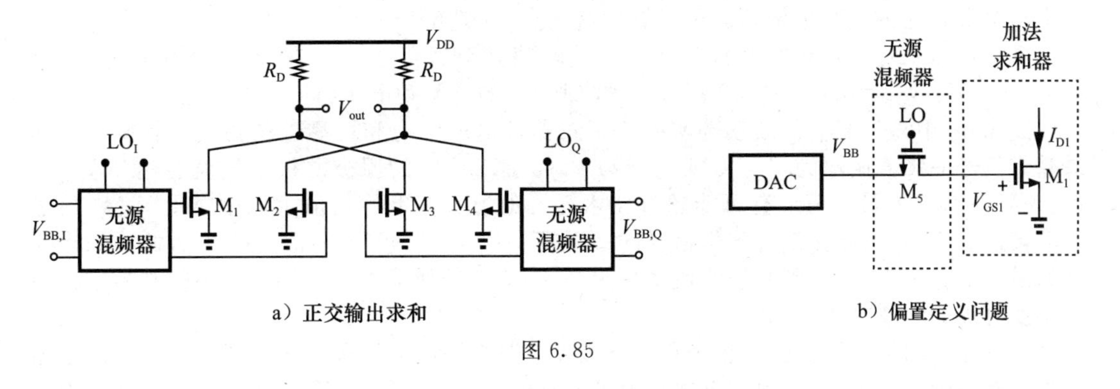

a）正交输出求和 b）偏置定义问题

图 6.85

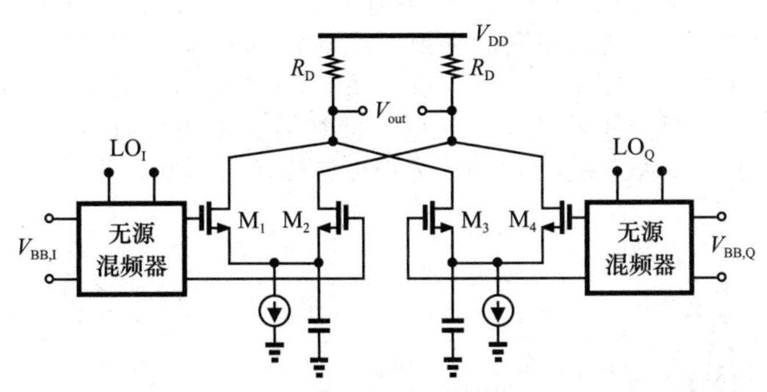

图 6.86 通过增加尾电流来确定上变频 V/I 转换器的偏置

例 6.30 图 6.85a 中 R_D 两端的电压降与电压增益之间的权衡证明是不可取的，因为 M_1-M_4 必须在三极管区域偏置一定的余量，以便在大信号情况下保持其线性。请解释如何避免这种权衡。

解： 由于上变频器的输出中心频率通常在千兆赫兹范围内，因此可以用电感代替电阻。如图 6.87 所示，这种技术消耗的余量很小(因为电感上的直流压降很小)，并通过谐振使输出端的总电容为零。

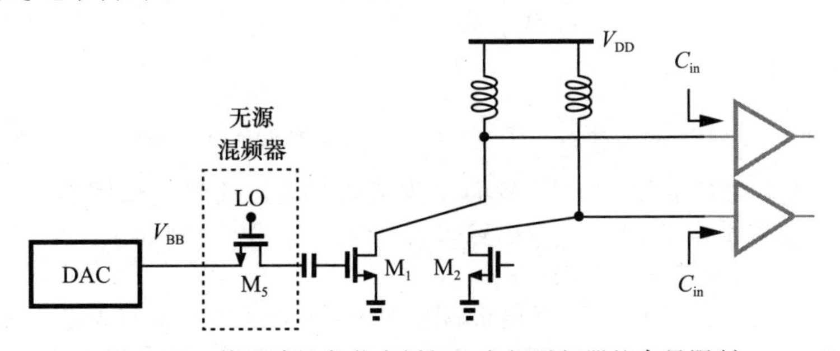

图 6.87 使用感性负载来缓解上变频混频器的余量限制 ◀

第三个问题涉及混频器开关的可用过驱动电压，这在图 6.85b 中是一个特别严重的问题。我们注意到 M_5 可以交流耦合到 M_1，但仍需要 $V_{TH5}+V_{GS1}+V_{BB}$ 的栅极电压才能导通。因此，如果 LO 的峰值电平等于 V_{DD}，开关的过驱动仅为 $V_{DD}-(V_{TH5}+V_{BB})$，从而在导通电阻和电容之间进行了严格的权衡。较小的过驱动也会降低开关的线性度。例如，如果 $V_{DD}=1\text{V}$，$V_{TH5}=0.3\text{V}$ 并且 $V_{BB}=0.5\text{V}$，则过驱动电压等于 0.2V。重要的是要认识到，图 6.87 中电感的使用放宽了从 V_{DD} 通过 R_D 和 M_1 的余量消耗限制，但由 V_{DD}、V_{GS5} 和 V_{BB} 组成的路径中的余量限制仍然存在。

如果 LO 的峰值电平可以超过 V_{DD}，上述困难就可以得到缓解。如果 LO 缓冲器包含

一个与 V_{DD} 连接的负载电感，就可以做到这一点(见图 6.88)。

现在，LO 的直流电平大致等于 V_{DD}，峰值达到 $V_{DD}+V_0$。例如，如果 $V_{DD}=1V$、$V_{TH5}=0.3V$、$V_{BB}=0.5V$ 并且 $V_0=0.5V$，则 M_5 的过驱动电压将升至 0.7V。

图 6.88 中高于 V_{DD} 的波动确实引起了对器件电压应力和可靠性的担忧。特别是，如果基带信号的峰值振幅为 V_a，CM 电平为 V_{BB}，那么 M_5 的栅极源极电压就会达到 $V_{DD}+V_0-(V_{BB}-V_a)$的最大值，有可能超过技术允许的值。在上述数值示例中，由于 M_5 的过驱动接近 0.7V，因此在没有基带信号的情况下，$V_{GS5}=0.7V+V_{TH5}=1V$。因此，如果允许的最大 V_{GS} 为 1.2V，则基带峰值摆幅限制为 0.2V。如第 4 章所述，较小的基带摆幅会加剧发射机的载波穿透问题。

值得注意的是，到目前为止，我们已经在电路中添加了许多电感：图 6.84b 中的电感是为了提高带宽，图 6.87 中的电感是为了节省电压余量，图 6.88 中的另一个电感是为了提高开关的过驱动电压。总之，正交上变频器需要大量电感。如果 LO 信号与 M_5 的栅极电容耦合，并偏置在 V_{DD} 电压下，则可以省去图 6.88 中的 LO 缓冲器。

载波馈通 研究无源混频器的发射机中载波馈通的来源具有启发意义。考虑图 6.89 所示的基带接口，其中 DAC 输出包含 V_a 的峰值信号摆幅和 $V_{OS,DAC}$ 的偏移电压。

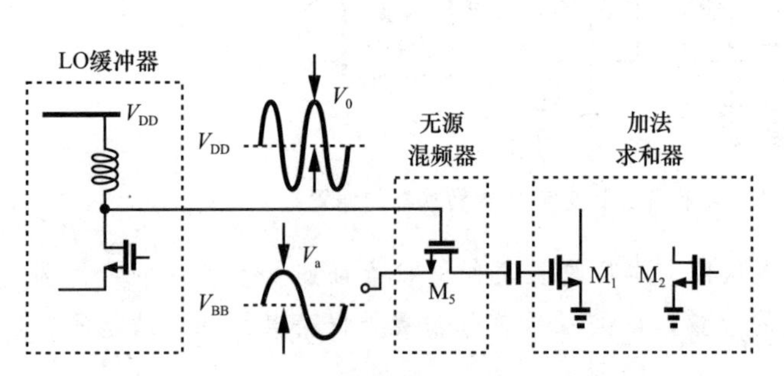

图 6.88 混频器余量考虑因素

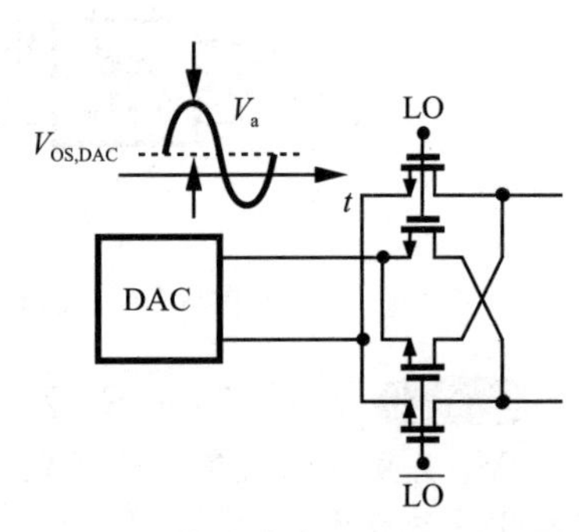

图 6.89 基带偏移对上变频混频的影响

理想的双平衡无源混频器对信号和失调进行上变频，在其输出端产生 RF(或 IF)信号和载波(LO)分量。如果将其建模为乘法器，则混频器产生的输出为

$$V_{out}(t)=\alpha(V_a\cos\omega_{BB}t+V_{OS,DAC})\cos\omega_{LO}t \tag{6.146}$$

式中，α 与转换增益相关。将右边展开可得

$$V_{out}(t)=\frac{\alpha V_a}{2}\cos(\omega_{LO}+\omega_{BB})t+\frac{\alpha V_a}{2}\cos(\omega_{LO}-\omega_{BB})t+\alpha V_{OS,DAC}\cos\omega_{LO}t \tag{6.147}$$

由于双平衡混频器的 $\alpha/2=2/\pi$，我们注意到载波馈通的峰值幅度为 $\alpha V_{OS,DAC}=(4/\pi)V_{OS,DAC}$，相对载波馈通等于 $\alpha V_{OS,DAC}/(\alpha V_a/2)=2V_{OS,DAC}/V_a$。例如，如果 $V_{OS,DAC}=10mV$ 并且 $V_a=0.1V$，则馈通等于$-34dB$。

如图 6.90a 所示，一对开关的阈值失配会使 LO 波形发生垂直偏移，从而扭曲占空比，也就是说，阈值失配会使 V_{in1} 与图 6.90b 所示的等效波形相乘。这种操作会在 f_{LO} 处产生输出分量吗？不会，只有当基带中的直流分量与 LO 基频混合时才会出现载波穿通。因此我们得出结论，无源混频器内的阈值失配不会产生载波馈通[⊖]。

例 6.31 如果 LO 电路中的不对称使占空比失真，无源混频器是否会发生载波馈通？

解：在这种情况下，图 6.90a 中的两个开关对会出现相同的占空比失真。上述分析表明，每一对开关都没有馈通，因此整个混频器也没有馈通。◀

⊖ 阈值失配实际上会导致开关之间的电荷注入失配以及 LO 频率下输出处的轻微干扰。但这种扰动只在 LO 跃迁期间出现，所以携带的能量很少。

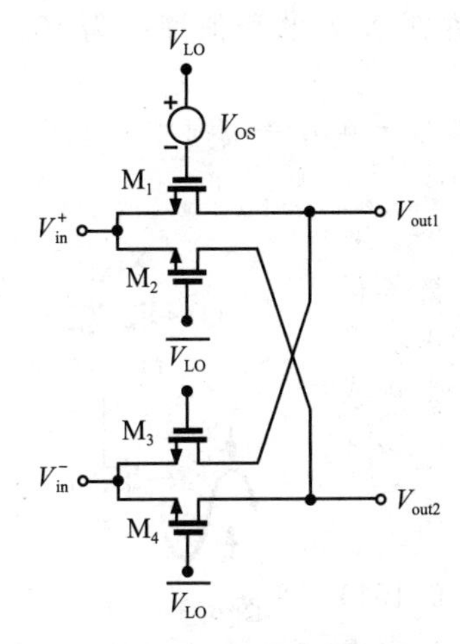

a）无源上变频混频器中的失调

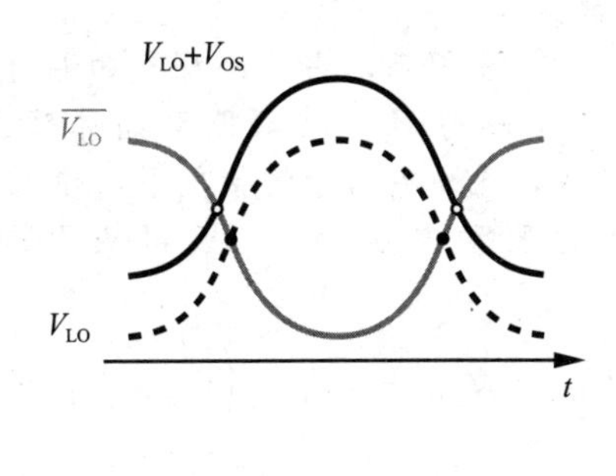

b）对LO波形的影响

图 6.90

无源上变频混频器中的载波馈通主要由开关的栅极-漏极电容之间的失配引起。如图 6.91 所示，在节点 X 处观察到的 LO 馈通等于

$$V_X = V_{LO}\frac{C_{GD1}-C_{GD3}}{C_{GD1}+C_{GD3}+C_X} \tag{6.148}$$

式中，C_X 表示从 X 到地的总电容(包括下一级的输入电容)。

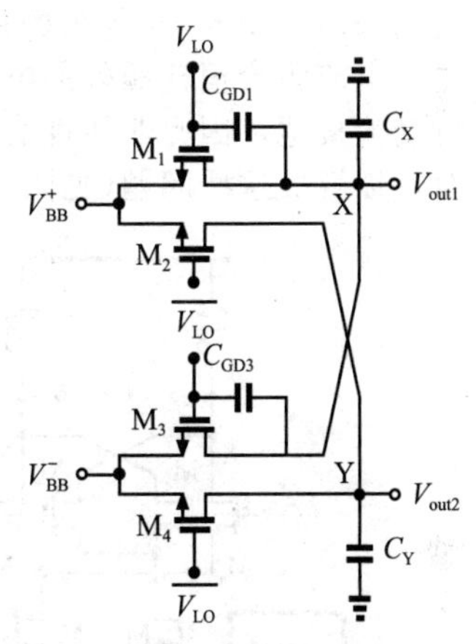

图 6.91 无源混频器中的 LO 馈通路径

例 6.32 计算 C_{GD} 失配为 5%，$C_X \approx 10C_{GD}$，LO 摆幅峰值为 0.5V，基带摆幅峰值为 0.1V 时的相对载波馈通。

解：在输出端，根据式(6.148)，LO 馈通约等于$(5\%/12)V_{LO}=2.1\text{mV}$。经上变频的信号具 $0.1\text{V}\times(2/\pi)=63.7\text{mV}$ 的峰值振幅。因此，载波馈通等于-29.6dB。◀

有源混频器 发射机中的上变频可以通过有源混频器来实现，所面临的问题与无源混频器不同。我们从采用准差分对的双平衡拓扑结构开始(见图 6.92)。电感负载有两个作用，一是缓解电压余量问题，二是通过消除输出节点的电容来提高转换增益(进而提高输出摆幅)。与 6.3 节研究的有源下变频混频器一样，电压转换增益可表示为

$$A_V = \frac{2}{\pi}g_{m1,2}R_P \tag{6.149}$$

式中，R_P 是谐振时每个电感器的等效并联电阻。

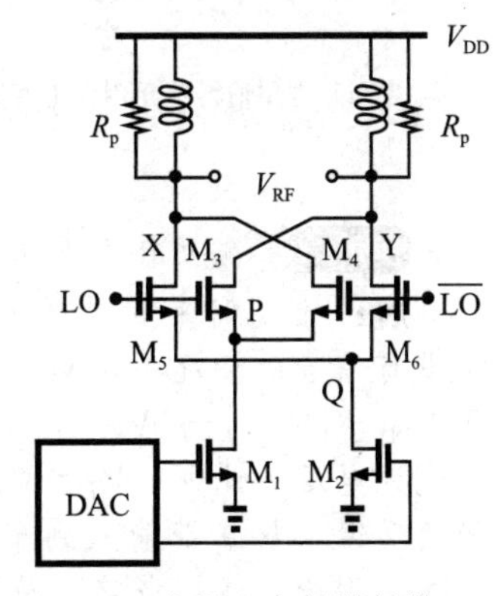

图 6.92 有源上变频混频器

由于图 6.92 中 M_1 和 M_2 的栅极和漏极只存在低频，因此电路对节点 P 和 Q 处的电容的要求没那么严格，这一点与下变频混频器形成鲜明对比。然而，晶体管的堆叠限制了电压余量。回顾 6.3 节中对下变频混频器的计算，X(或 Y)处的最小允许电压为

$$V_{X,\min} = V_{GS1}-V_{TH1}+\left(1+\frac{\sqrt{2}}{2}\right)(V_{GS3}-V_{TH3}) \tag{6.150}$$

如果忽略电感两端的直流压降。例如，如果 $V_{GS1}-V_{TH1}=30\text{mV}$ 并且 $V_{GS3}-V_{TH3}=$

200mV，则 $V_{X,\min}=60\text{mV}$；如果 $V_{DD}=1\text{V}$，则允许在 X 处的峰值摆幅为 $V_{DD}-V_{X,\min}=360\text{mV}$。这个值是合理的。

例 6.33 式(6.150)表明为输入晶体管分配的漏源电压等于其过驱动电压。解释为什么这是不够的。

解： 如图 6.93 所示，当一个栅极电压上升 V_a 时，相应的漏极电压下降约 V_a，从而驱动晶体管进入三极管区 $2V_a$。换句话说，在没有信号的情况下，输入器件的 V_{DS} 必须至少等于过驱动电压加上 $2V_a$，从而进一步限制式(6.150)为

$$V_{X,\min}=V_{GS1}-V_{TH1}+2V_a+\left(1+\frac{\sqrt{2}}{2}\right)(V_{GS3}-V_{TH3}) \tag{6.151}$$

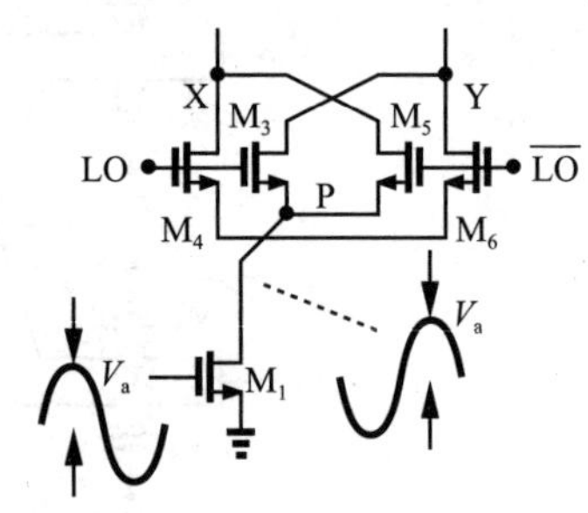

图 6.93 有源上变频混频器中的电压漂移

因此，输出摆幅很小。如果 $V_a=100\text{mV}$，则上述数值示例产生 160mV 的峰值输出摆幅。◀

遗憾的是，图 6.92 电路的偏置条件在很大程度上取决于 DAC 输出共模电平。因此，我们采用了图 6.86 所示的修改方案，形成了图 6.94a(吉尔伯特单元)中的拓扑结构。首先，电流源会消耗额外的电压净空。其次，由于在低基带频率下，节点 A 无法通过电容保持交流接地，因此非线性会更加明显。因此，我们需要折叠输入路径并退化(简并)差分对，以解决这些问题(见图 6.94a)。

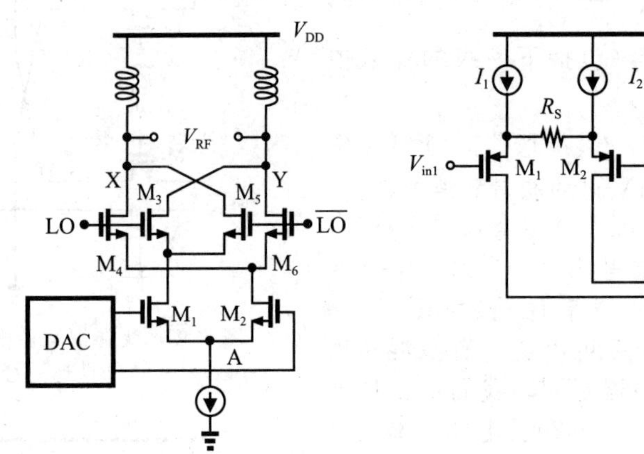

a) 吉尔伯特单元用作上变频混频器

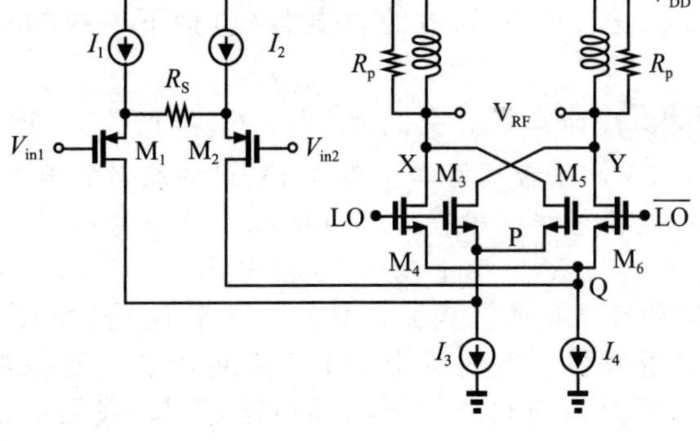

b) 带折叠输入级的混频器

图 6.94

例 6.34 确定图 6.94b 所示电路中允许的最大输入和输出波动。

解： 让我们来看看图 6.95 所示的简化拓扑结构。在没有信号的情况下，M_1 相对于地的最大栅极电压等于 $V_{DD}-|V_{GS1}|-|V_{I1}|$，其中 $|V_{I1}|$ 表示 I_1 两端的最小允许电压。此外，$V_P=V_{I3}$。需要注意的是，由于源级负反馈，从基带输入到节点 P 的电压增益要比 1 小得多。因此，我们忽略了节点 P 的基带摆幅，有

$$V_{DD}-|V_{GS1}|-|V_{I1}|-V_a+|V_{TH1}|\geqslant V_P \tag{6.152}$$

因此，

$$V_a\leqslant V_{DD}-|V_{GS1}-V_{TH1}|-|V_{I1}|-|V_{I3}| \tag{6.153}$$

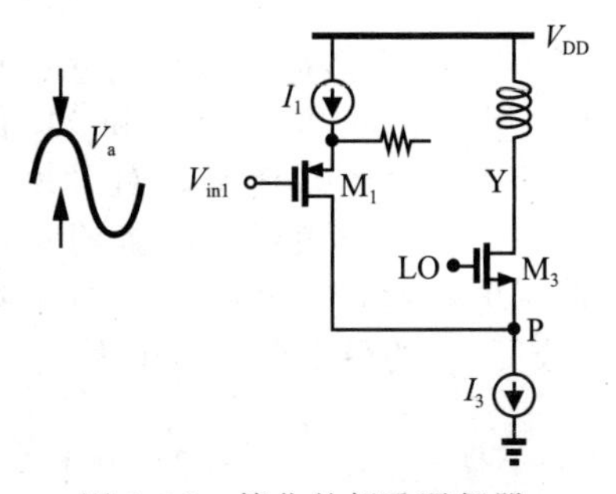

图 6.95 简化的折叠混频器

对于输出摆幅，式(6.150)变为

$$V_{X,min}=\left(1+\frac{\sqrt{2}}{2}\right)(V_{GS3}-V_{TH3})+V_{I3} \tag{6.154}$$

因此，可容忍的输出摆幅大于展开电路的输出摆幅。◀

尽管存在负反馈，但如果基带电压摆幅超过一定值，图 6.94b 中的电路可能会出现严重的非线性。如果 $V_{in1}-V_{in2}$ 变为足够大的负值，$|I_{D1}|$ 就会接近 I_3，从而使 M_3 和 M_5 陷入饥饿状态。现在，如果差分输入变得更负，M_1 和 I_1 必须进入三极管区域，以满足节点 P 的 KCL 方程，从而引入较大的非线性。由于随机基带信号偶尔会出现较大的电压偏移，因此很难避免这种影响，除非变量(如 R_S)选择得比较保守，否则混频器增益和输出摆幅都会受到影响。从而影响输出摆幅。

上述观察结果表明，可用于执行上变频并产生 RF 摆动的电流近似等于 I_1 和 I_3 之间(或 I_2 和 I_4 之间)的差。因此，最大基带峰值单端电压摆幅由下式给出：

$$V_{a,max}=\frac{|I_1-I_3|}{G_m} \tag{6.155}$$

$$=|I_1-I_3|\left(\frac{1}{g_{m1,2}}+\frac{R_S}{2}\right) \tag{6.156}$$

混频器载波馈通　与采用无源拓扑结构的发射机相比，使用有源上变频混频器的发射机可能会表现出更高的载波馈通。这是因为除了基带 DAC 偏移之外，混频器本身也会带来相当大的偏移。例如，在图 6.92 和图 6.94a 的电路中，基带输入晶体管的阈值电压与其他参数不匹配。

例 6.35　图 6.96a 显示了偏置电流源在折叠混频器中的作用。根据晶体管对的阈值失配确定参考输入的失调。忽略沟道长度调制效应和体效应。

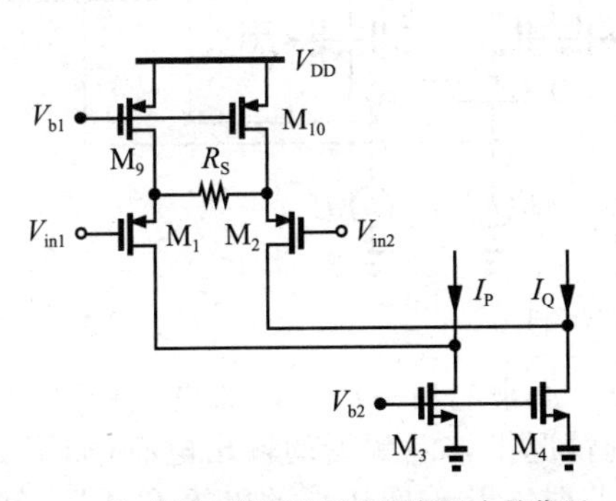

a）偏置电流源在折叠混频器中的作用

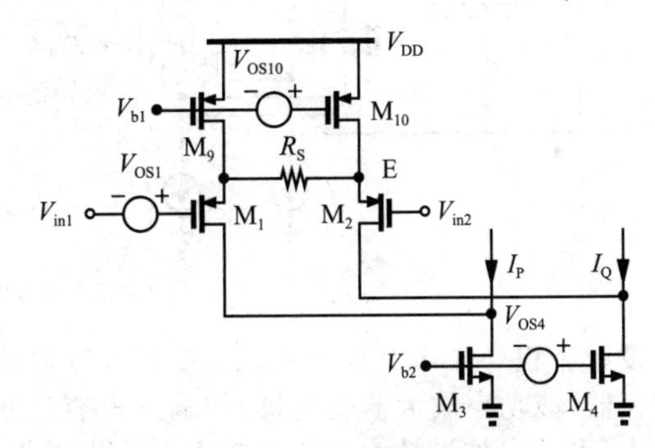

b）偏移的影响

图 6.96

解：如图 6.96b 所示，我们引入阈值失配，并求得 I_P 和 I_Q 之间的总失配。要获知 V_{OS10} 的影响，我们首先要认识到它会在 M_{10} 中产生 $g_{m10}V_{OS10}$ 的额外电流。由于节点 E 的小信号阻抗，该电流在 M_2 和 M_1 之间分配，即

$$|I_{D2}|_{VOS10}=g_{m10}V_{OS10}\frac{R_S+\frac{1}{g_{m1}}}{R_S+\frac{1}{g_{m1}}+\frac{1}{g_{m2}}} \tag{6.157}$$

$$|I_{D1}|_{VOS10}=g_{m10}V_{OS10}\frac{\frac{1}{g_{m2}}}{R_S+\frac{1}{g_{m1}}+\frac{1}{g_{m2}}} \tag{6.158}$$

I_P 和 I_Q 之间的结果失配由这两者之间的差给出：

$$|I_P - I_Q|_{VOS10} = g_{m10} V_{OS10} \frac{R_S}{R_S + \frac{2}{g_{m1,2}}} \tag{6.159}$$

其中 $g_{m1,2}=g_{m1}=g_{m2}$。请注意，随着退化程度的增加，这一贡献会变得越来越大，在 $R_S \gg 2/g_{m1,2}$ 时接近 $g_{m10}V_{OS10}$。

M_3 和 M_4 之间的失配简单地转换为 $g_{m4}V_{OS4}$ 的电流失配。将该分量添加到式(6.159)中，将结果除以输入对的跨导$(R_S/2+1/g_{m1,2})^{-1}$，并加上 V_{OS1}，我们得到输入参考失调：

$$V_{OS,in} = g_{m10} R_S V_{OS10} + g_{m4} V_{OS4} \left(\frac{R_S}{2} + \frac{1}{g_{m1,2}}\right) + V_{OS1} \tag{6.160}$$

该表达式在输入失调和分配给 M_9-M_{10} 和 M_3-M_4 的过驱动电压之间强加折中：对于给定的电流，$g_m=2I_D/(V_{GS}-V_{TH})$随着过驱动减小而增大，从而升高 $V_{OS,in}$。◀

除了失调之外，图 6.96a 中的六个晶体管也同样会产生噪声，这在 GSM 发射机中可能是一个问题[⊖]。值得注意的是，LO 占空比失真不会导致双平衡有源混频器中的载波馈通。习题 6.15 对此进行了研究。

有源混频器很容易适用于正交上变频，因为它们的输出可以在电流域中求和。图 6.97 显示了一个使用折叠混频器的例子。

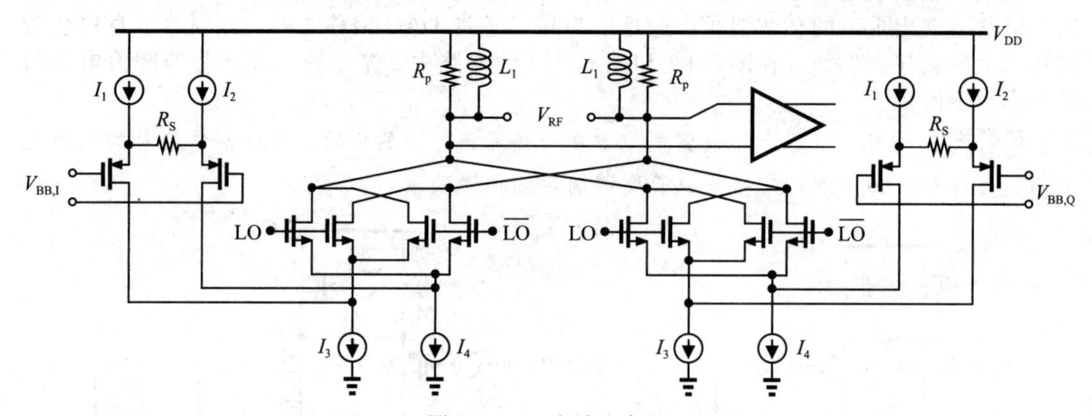

图 6.97 正交输出求和

设计流程 如 6.1 节所述，上变频混频器的设计通常与功率放大器的设计相同。在功率放大器(或功率放大器驱动器)的输入电容已知的情况下，混频器的输出电感(如图 6.97 中的 L_1 和 L_2)被设计为在相关频率上产生谐振。此时，开关四边形的电容 C_q 是未知的，必须进行猜测。因此

$$L_1 = L_2 = \frac{1}{\omega_0^2 (C_q + C_L)} \tag{6.161}$$

式中，C_L 包括下一级的输入电容和 L_1 或 L_2 的寄生电容。此外，电感的有限 Q 值会引入由下式给出的并联等效电阻：

$$R_p = \frac{Q}{\omega_0 (C_q + C_L)} \tag{6.162}$$

如果感测具有 V_a 的峰值单端摆幅的正交基带输入，则图 6.97 的电路将被放大，产生的输出摆幅由下式给出：

$$V_{p,out} = \sqrt{2}\, \frac{2}{\pi} \frac{R_p}{\frac{R_S}{2} + \frac{1}{g_{mp}}} (2V_a) \tag{6.163}$$

⊖ 如第 4 章所述，GSM 发射机在接收频段产生的噪声必须非常小。

式中，因数$\sqrt{2}$由正交信号的总和得出，$2V_a$ 表示每个输入端的峰值差分摆幅，g_{mp} 是输入 PMOS 器件的跨导。因此，必须选择合适的 R_S、g_{mp} 和 V_a，以便产生所需的输出摆幅和适当的线性度。

如何选择偏置电流？我们必须首先考虑下面的例子。

例 6.36 图 6.98 的尾电流随时间变化为 $I_{SS}=I_0+I_0\cos\omega_{BB}t$。计算上变频信号的电压摆幅。

解： 我们知道，I_{SS} 在上变频时会乘以$(2/\pi)R_p$。因此，在 $\omega_{LO}-\omega_{BB}$ 或 $\omega_{LO}+\omega_{BB}$ 处的输出电压摆动等于$(2/\pi)I_0R_P$。我们假设 I_{SS} 在 $0\sim 2I_0$ 之间摆动，但输入晶体管在经历如此大的电流变化时可能会变得相当非线性。 ◀

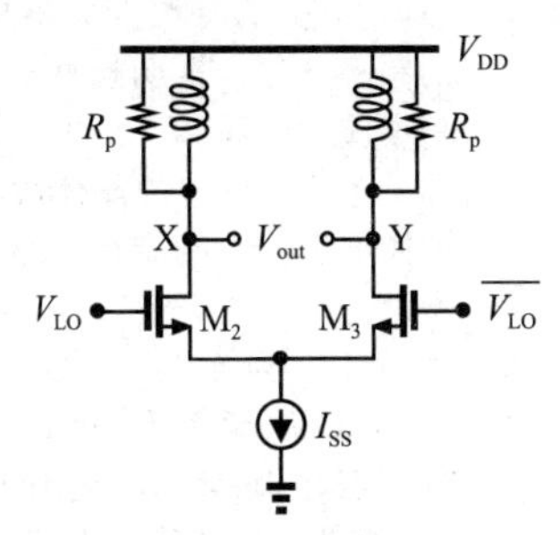

图 6.98 计算摆幅的简化电路

上述例子表明，I_0 必须足够大才能产生所需的输出摆幅。也就是说，在已知 R_P 的情况下，可以计算出 I_0 的值。双平衡电路可产生两倍的输出摆幅，而正交拓扑结构(见图 6.97)可将结果提高$\sqrt{2}$倍，从而产生$(4\sqrt{2}/\pi)I_0R_P$ 的峰值输出摆幅。已知 I_0(图 6.97 中等于 $I_3/2=I_4/2$)，我们选择 $I_1=I_2=I_3/2=I_4/2$。

如何选择晶体管尺寸？首先考虑开关器件，注意图 6.97 中的每对开关器件在基带摆动的最大值时都要承载近 $I_3(=I_4)$的电流。因此，这些晶体管必须选择足够宽的尺寸，以便：①在为 I_3 和 I_4 留出足够电压余量的同时承载 I_3 的电流；②在给定的 LO 摆幅下几乎完全切换其尾部电流。

然后，根据允许电压余量确定 I_3 和 I_4 晶体管的大小。最后，选择输入差分对以及实现 I_1 和 I_2 的晶体管的尺寸。有了这些选择，就必须检查输入参考偏移[参见式(6.160)]。

例 6.37 一位工程师设计了一款正交上变频混频器，输出频率给定，输出摆幅给定，负载电容 C_L 给定。令她大失所望的是，工程师的经理将 C_L 提高到了 $2C_L$，因为下面的功率放大器必须重新设计，以获得更高的输出功率。如果上变频器的输出摆幅必须保持不变，工程师如何修改她的设计以驱动 $2C_L$？

解： 根据前面的计算，我们发现负载电感和 R_P 必须减半。因此，所有偏置电流和晶体管宽度都必须增加一倍，以保持输出电压摆幅。这反过来又会增加 LO 的负载电容。换句话说，较大的功率放大器输入电容会“传播”到 LO 端口。这下，设计 LO 的工程师就有麻烦了。 ◀

习题

6.1 如图 6.13 所示，LNA 的电压增益为 A_0，混频器输入阻抗很大。如果 I 和 Q 简单地相加，求 LNA 总的噪声系数 NF 及混频器的输入参考噪声电压。

6.2 假设条件与上题一样，求哈特莱接收机的噪声系数。忽略输出端加法器和 90°移相电路的噪声。

6.3 如图 6.99 所示，C_1、C_2 相等，代表图 6.15b 所示电路中的栅源电容。假设 $V_1=-V_2=V_0\cos w_{LO}t$。

(1) 如果 $C_1=C_2=C_0(1+\alpha_1V)$，V 表示电容两端的电压，求 V_{out} 中 LO 馈通的分量。假设 $\alpha_1V\ll 1$。

(2) 如果 $C_1=C_2=C_0(1+\alpha_1V+\alpha_2V^2)$，求 V_{out} 中 LO 馈通的分量。

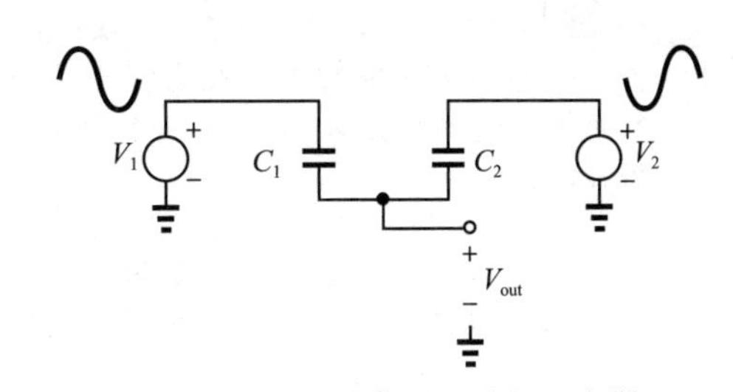

图 6.99 由差分信号驱动的电容器

6.4 我们在图 6.29c 中将 V_{n1} 表示为整形电阻噪声电压和在 0～1 之间切换的方波的乘积。证明方程(6.31)是 V_{n1} 的频谱。

6.5 当 LO 的脉宽趋近于零时(也就是说，保持时间接近于 LO 的周期)，证明采样混频器的电压转换增益近似于 6dB。

6.6 思考图6.55所示的LO缓冲器。证明M_5和M_6的噪声在节点A和B处产生的差异(忽略元件堆损失引起的噪声)。

6.7 在图6.57的有源混频器中，$I_{n,M1}$包含所有的频率分量。证明这些分量与LO谐波的卷积本质上是将$4kT\gamma/g_m$乘以因子$\pi^2/4$。

6.8 如果图6.60a中的晶体管M_2和M_3存在V_{OS}的阈值失配，确定闪烁噪声I_{SS}导致的输出噪声。

6.9 图6.100所示为1.8GHz接收机的前端电路。LO的频率为900MHz，负载电感和电容谐振在IF处的品质因子为Q。

(1) 假设M_1的静态电流为I_1，混频器和LO完全对称。假设M_2和M_3切换瞬间完成，计算LO-IF馈通(换而言之，在RF信号置零时，求输出端900MHz的分量)。

(2) 解释为什么M_1的闪烁噪声在这里很关键。

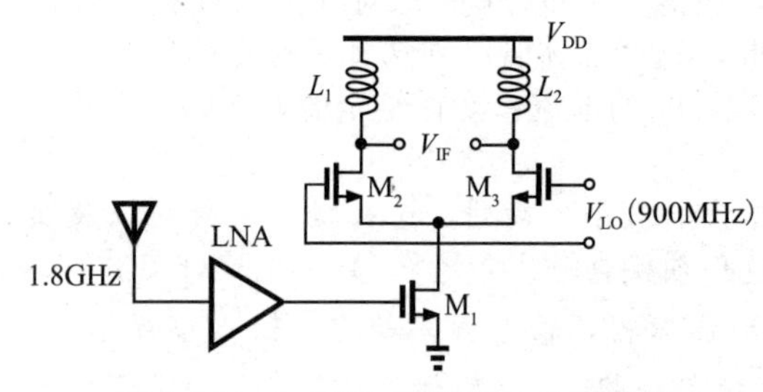

图6.100 1.8GHz接收机的前端链路

6.10 假设图6.67中的辅助器将开关对的偏置电流减小到原来的1/2。闪烁噪声的输入参考贡献下降的因素是什么?

6.11 在图6.67的电路中，我们将一个平行的RLC谐振箱与M_4信号源串联，这样在共振时，M_4的噪声贡献就会减小。如果谐振箱提供等效并联电阻R_p，重新计算式(6.116)(请记住，R_p本身也会产生噪声)。

6.12 能否将图6.81a中的电路视为尾电流以$2f_{LO}$的速率调制的差分对?请进行分析并解释结果。

6.13 假设GSM发射机中的正交上变频混频器以0.3V的峰值基带摆幅工作。如果发射机TX的输出功率为1W，请确定混频器的最大可容忍输入参考噪声，以使GSM RX频段的发射噪声不超过−155dBm。

6.14 证明即使是上变频，单平衡归零混频器的电压转换增益也等于$2/\pi$。

6.15 证明LO占空比失真不会在双平衡有源混频器中引入载流子馈通。

6.16 证明LO占空比失真不会在双平衡有源混频器中引起载波馈通。

6.17 图6.101是传统微波设计中的双栅混频器。假设M_1导通时，导通电阻为R_{on1}。设LO占空比为50%，电平转换快速，忽略沟道长度调制效应和体效应。

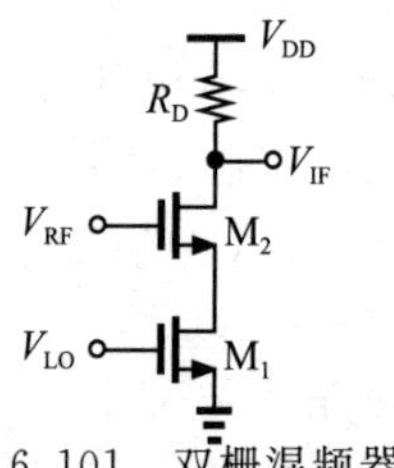

图6.101 双栅混频器

(1) 计算此电路的电压转换增益。假设M_2不进入三极管区，其跨导为g_{m2}。

(2) 如果R_{on1}很小，求这个电路的IP_2。假设当不存在信号时M_2的过驱动电压为$V_{GS0}-V_{TH}$(当它是导通的)。

6.18 图6.102所示的有源混频器的LO电平转换速度快，占空比为50%。沟道长度调制效应及体效应忽略不计。负载电阻失配，电路的其他部分是对称的。假设M_1的静态电流为I_{SS}。

(1) 求输出失调电压。

(2) 依据M_1的过驱动电压和偏置电流，求电路的IP_2。

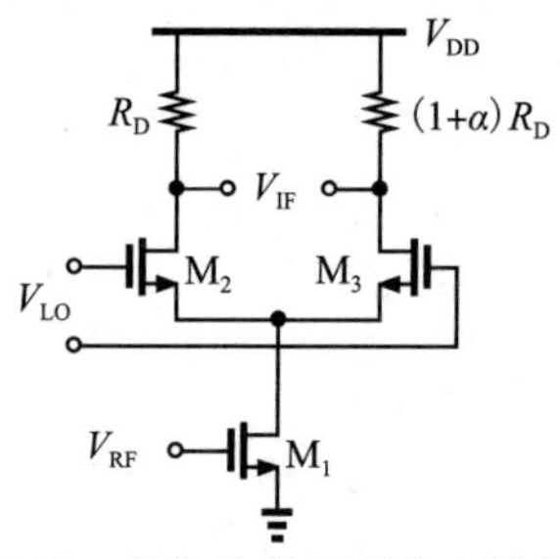

图6.102 带有负载失配的有源混频器

参考文献

[1] B. Razavi, "A Millimeter-Wave Circuit Technique," *IEEE J. of Solid-State Circuits,* vol. 43, pp. 2090–2098, Sept. 2008.

[2] P. Eriksson and H. Tenhunen, "The Noise Figure of A Sampling Mixer: Theory and Measurement," *IEEE Int. Conf. Electronics, Circuits, and Systems,* pp. 899–902, Sept. 1999.

[3] S. Zhou and M. C. F. Chang, "A CMOS Passive Mixer with Low Flicker Noise for Low-Power Direct-Conversion Receivers," *IEEE J. of Solid-State Circuits,* vol. 40, pp. 1084, 1093, May 2005.

[4] D. Leenaerts and W. Readman-White, "1/f Noise in Passive CMOS Mixers for Low and Zero IF Integrated Receivers," *Proc. ESSCIRC*, pp. 41–44, Sept. 2001.

[5] A. Mirzaei et al., "Analysis and Optimization of Current-Driven Passive Mixers in Narrowband Direct-Conversion Receivers," *IEEE J. of Solid-State Circuits,* vol. 44, pp. 2678–2688, Oct. 2009.

[6] D. Kaczman et al., "A Single-Chip 10-Band WCDMA/HSDPA 4-Band GSM/EDGE SAW-less CMOS Receiver with DigRF 3G Interface and +90-dBm IIP2," *IEEE J. Solid-State Circuits,* vol. 44, pp. 718–739, March 2009.

[7] H. Darabi and A. A. Abidi, "Noise in RF-CMOS Mixers: A Simple Physical Model," *IEEE J. of Solid-State Circuits,* vol. 35, pp. 15–25, Jan. 2000.

[8] W. H. Sansen and R. G. Meyer, "Distortion in Bipolar Transistor Variable-Gain Amplifiers," *IEEE Journal of Solid-State Circuits,* vol. 8, pp. 275–282, Aug. 1973.

[9] B. Razavi, "A 60-GHz CMOS Receiver Front-End," *IEEE J. of Solid-State Circuits,* vol. 41, pp. 17–22, Jan. 2006.

[10] B. Razavi, "A 900-MHz CMOS Direct-Conversion Receiver," *Dig. of Symposium on VLSI Circuits,* pp. 113–114, June 1997.

[11] M. Brandolini et al., "A +78-dBm IIP2 CMOS Direct Downconversion Mixer for Fully-Integrated UMTS Receivers," *IEEE J. Solid-State Circuits,* vol. 41, pp. 552–559, March 2006.

[12] D. Manstretta, M. Brandolini, and F. Svelto, "Second-Order Intermodulation Mechanisms in CMOS Downconverters," *IEEE J. Solid-State Circuits,* vol. 38, pp. 394–406, March 2003.

[13] H. Darabi and J. Chiu, "A Noise Cancellation Technique in Active RF-CMOS Mixers," *IEEE J. of Solid-State Circuits,* vol. 40, pp. 2628–2632, Dec. 2005.

[14] R. S. Pullela, T. Sowlati, and D. Rozenblit, "Low Flicker Noise Quadrature Mixer Topology," *ISSCC Dig. Tech. Papers,* pp. 76–77, Feb. 2006.

[15] B. Razavi, "CMOS Transceivers for the 60-GHz Band," *IEEE Radio Frequency Integrated Circuits Symposium,* pp. 231–234, June 2006.

第 7 章 |Chapter 7|

无源器件

现在射频集成电路能取得成功的关键因素是能够在片上集成大量无源器件，从而减少了片外器件的数目。当然，集成无源器件(特别是采用 CMOS 工艺实现的)表现出的性能要比具有同样功能的片外器件差。但是，正如本书所介绍的那样，在射频收发机的设计中，现在通常使用数以百计的无源器件，如果将这些器件放在片外，这是不切实际的。

本章介绍了集成电感、变压器、可变电容和恒定电容的分析和设计。本章内容如下：

电感

- 基本结构
- 电感等式
- 寄生电容
- 损耗机制
- 电感建模

电感结构

- 对称电感
- 接地屏蔽效应
- 堆叠螺旋结构

变压器

- 结构
- 耦合电容效应
- 变压器建模

可变电容

- PN 结
- MOS 变容器
- 变容器建模

7.1 概述

模拟集成电路通常采用电阻和电容，而 RF 电路还需要其他无源器件，例如电感、变压器、传输线和可变电容器。为什么坚持将这些器件集成在芯片上呢？如果整个收发机只需要一个或两个电感，为什么不利用键合线或片外器件呢？现在仔细研究这些问题。

现代射频电路设计需要用许多电感。为了理解这一点，可以参考如图 7.1a 所示的简单的共源极电路。这种结构有两个严重的缺点：①X 节点的带宽受限于 $1/[(R_D \| r_{O1})C_D]$，②电源电压裕度和电压增益 $g_{m1}(R_D \| r_{O1})$存在折中关系。用 CMOS 技术的按比例缩小原则通常会改进前者，但牺牲后者。例如，在 65nm 工艺中，当供电电压为 1V 时，电路能够提供几千兆赫兹的带宽，而电压增益却只能达到 3～4。

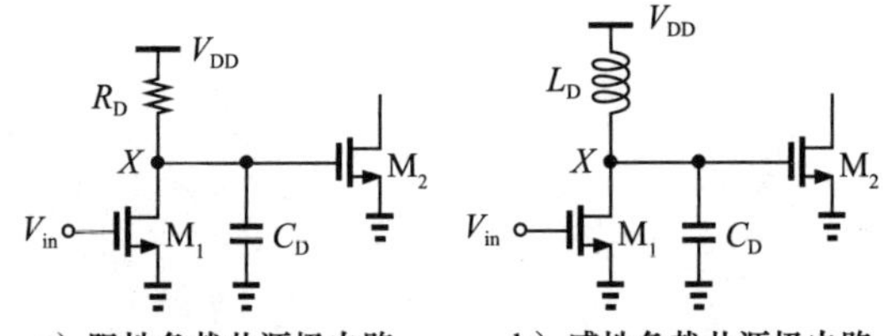

a）阻性负载共源极电路　　b）感性负载共源极电路

图 7.1

现在考虑如图 7.1b 所示的感性负载电路。这里，L_D 和 C_D 共同起作用，使电路可以工作在更高的频率上(尽管是窄带)。此外，由于 L_D 只需维持较小的直流压降，所以电路能够很容易工作在较低的供电电压下，且能提供合适的电压增益(比如，10)。正是由于电感具有这两个关键特性，所以它成为射频收发机电路中最常用的器件。而且，集成电感的这种优良特性也使得它如今像其他器件(如电阻、电容)一样，被射频电路设计者广泛使用。

除了成本增大的不足之外，片外器件的应用还会带来其他的不良影响。首先，如图7.2所示，芯片与外界联系的键合线和封装引脚都很有可能产生显著的耦合作用，而这种耦合作用将会在收发机的各个不同部分之间造成串扰。

例7.1 当LO电感被放置在片外时，试分析确定其产生的两种不良耦合机制。

解： 如图7.3所示，连接到电感的键合线与LNA输入键合线耦合，从而在基带产生了LO发射以及较大的直流失调。此外，PA输出键合线的耦合则可能会导致严重的LO牵引。

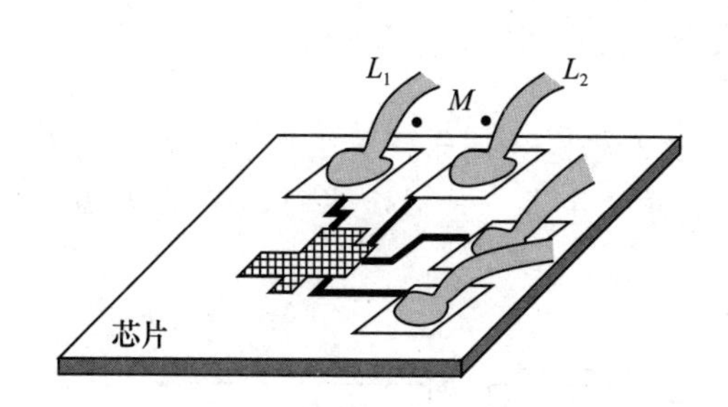

图7.2 键合线之间的耦合

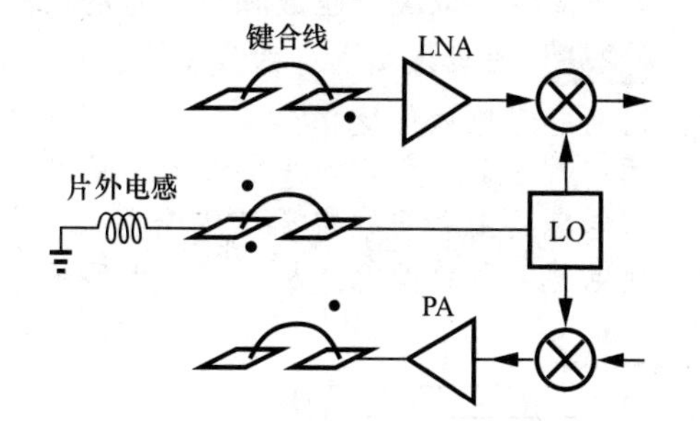

图7.3 假设收发机使用片外电感出现的问题 ◀

再者，外部连线引入的寄生参数在高频下的影响更加显著。例如，1nH的键合线电感足以改变工作频率在吉赫兹(GHz)电路的特性。最后，难以采用外部负载实现差分电路，因为很难控制键合线的长度。

尽管集成器件有如此多的优点，但现在问题的关键在于，如何在射频微电子领域用相对较少的器件设计高性能的电路。例如，片上电感比片外电感表现出较低的品质因数，会导致振荡器(见第8章)中存在更高的“相位噪声”。射频电路设计者因此需要寻求新的振荡器结构，使其在中等的电感品质因数Q下仍然能产生低的相位噪声。

建模问题

不像集成电阻和平板电容可以通过几个简单的参数定义，电感和一些其他结构的建模比较困难。事实上，所需的建模方法正是进入射频电路设计领域的一大障碍：如果没有精确的模型，就不能将电感添加到电路中，并且模型高度依赖于几何结构、布局以及工艺中的金属层(这是最重要的)。

正是基于这些考虑，本章重点讨论无源器件的分析和设计。

7.2 电感

7.2.1 基本结构

集成电感通常以金属螺旋结构实现，如图7.4所示。由于每两匝线圈之间的相互耦合，所以螺旋结构比相同长度的直线结构表现出更高的电感值。为了减小串联电阻和寄生电容，螺旋结构是用最顶部的金属层(该层金属最厚)实现的。

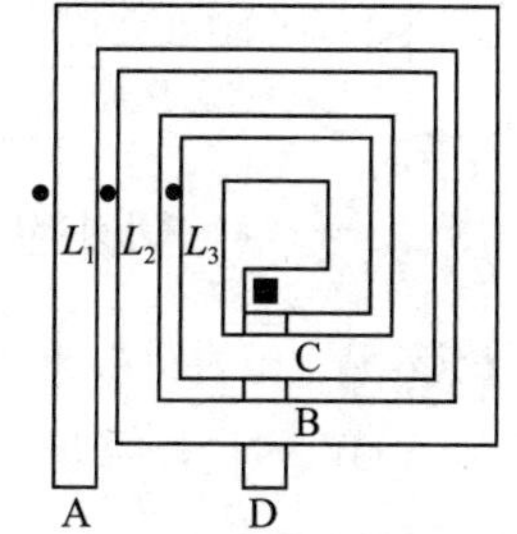

图7.4 简单的螺旋结构电感

例7.2 对于如图7.4所示的三匝螺旋电感，确定总的电感值。

解： 将螺旋电感的三匝分别标记为AB、BC和CD，它们单个的电感值分别表示为L_1、L_2和L_3。同时，L_1和L_2之间的互感用M_{12}表示，以此类推。因此，总的电感为

$$L_{tot}=L_1+L_2+L_3+M_{12}+M_{13}+M_{23} \quad (7.1)$$ ◀

式(7.1)表明，总的电感值和匝数的平方成比例。事实上，例7.1已经证明了，N匝结构的电感值表达式中含有$N(N+1)/2$项。然而，正是由于表达式中参数N的存在，使得电感的增长率受到两个因素限制：①根据几何形状的平面特性，内部的匝数较小，因此其电感值也较小；②对于左右相邻的匝，互耦合系数只有0.7左右；而对于不相邻的匝，耦合系数则大幅降低。例如，在式(7.1)中，L_3比L_1小得多，并且M_{13}也远小于M_{12}。这几点将在例7.4中详细说明。

如图7.5所示，二维方形螺旋电感可以由4个量完全定义：外部尺寸D_{out}、线宽W、线的间距S和匝数N[⊖]。

电感值主要取决于匝数和每一匝的尺寸，但是线宽和线的间距间接影响这两个参数。

例7.3 假设螺旋电感的线宽增大一倍，以减小它的电阻，但是D_{out}、S和N保持不变。请问电感值如何变化？

解： 如图7.6所示，线宽增大一倍必然减小内部电感匝的尺寸，因此降低了它们的电感值，电感线圈之间的空隙增大会降低它们的相互耦合作用。我们注意到，W的大幅增加，使电感的匝数降低，从而减小电感值。

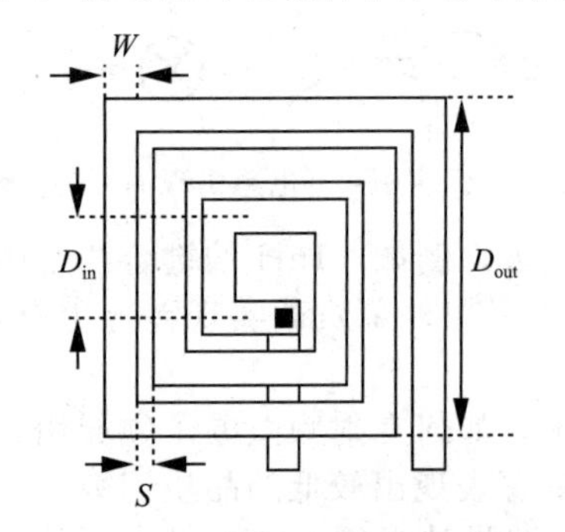

图7.5 一个螺旋电感的各参数

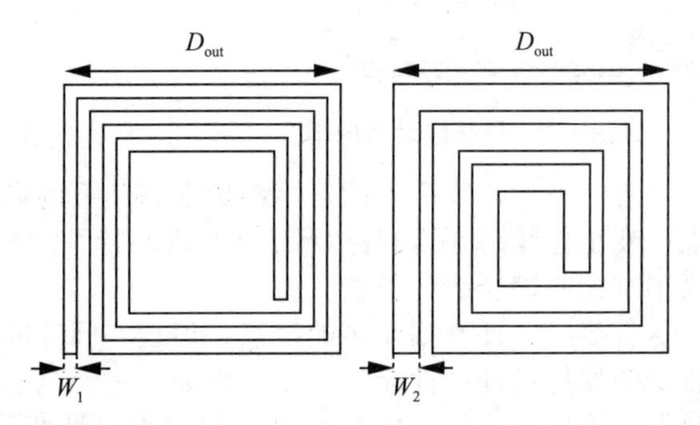

图7.6 螺旋电感的线宽增大一倍带来的影响 ◀

与晶体管和电阻相比，电感通常具有更大的尺寸(覆盖面积)，但这会导致芯片的面积过大，以及各模块之间的传输线距离过长。因此，需要减小电感的外形尺寸。对于给定的电感来说，可以通过两种方式实现：①减小W，如图7.7a所示；②增大N，如图7.7b所示。对于前者，由于线阻增加，降低了电感的性能。而对于后者，由于最内侧匝两侧的线圈所携带的电流流动方向相反，其互相耦合，从而降低了电感值。如图7.7b所示，两个最内侧匝的不同方向的分支产生相反的磁场，抵消了彼此之间的部分耦合电感。

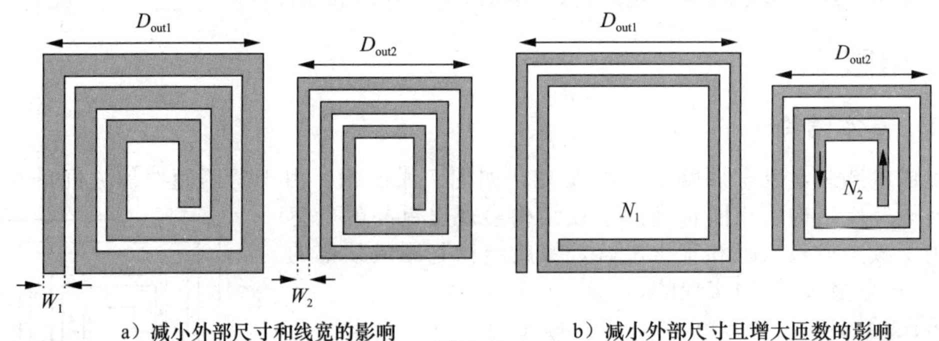

a）减小外部尺寸和线宽的影响　　b）减小外部尺寸且增大匝数的影响

图7.7

例7.4 图7.8给出了两个直金属线之间的磁耦合系数与它们的归一化间距的函数关系，即S/W。由电磁场模拟得到的曲线图分别对应下面两种情况：长度为20μm或

⊖ 或者是用内部的开口尺寸D_{in}，而不是D_{out}或N。

100μm 的金属线（线宽是 4μm）。那么这些图形所限定的螺旋电感的内部直径是多少呢？

解：希望减小最内侧电感两侧的耦合，而通常的电感设计符合图 7.8 中长度为 20μm 的特性曲线。由该曲线可知，内部空隙间距应选择为线宽 W 的 5～6 倍，这样才能确保耦合可以忽略不计。记住这个经验法则是很有益的。◀

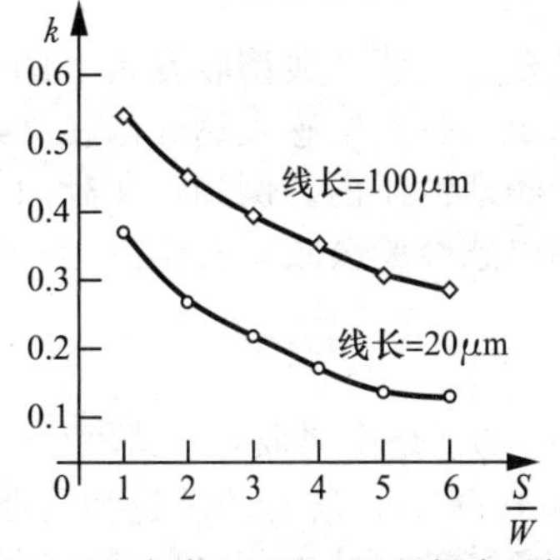

图 7.8 两条直金属线之间的耦合系数与它们的归一化间距的函数关系

即使面对如图 7.5 所示的基本电感结构，也必须回答一系列的问题：①如何计算该种结构的电感值、品质因数和寄生电容？②当面临参数选择时，将如何权衡？③什么样的工艺和电感参数会影响品质因数？这些问题将在 7.2.6 节的电感建模中得到回答。

7.2.2 电感的几何形状

从对方形螺旋电感的定性学习中了解到，电感设计很自由，特别是电感的匝数和外部尺寸。但是，也有许多其他形状的电感结构会进一步增大设计自由度。

图 7.9 展示了在射频集成电路设计中出现的一系列电感结构。本章后续小节会研究这些结构的性质，但是读者可以观察到：①图 7.9a 和 b 中的结构与方形结构存在区别；②图 7.9c 中的螺旋结构是对称的；③图 7.9d 中的“堆叠”几何形状采用两个或多个螺旋结构串联；④图 7.9e 中的拓扑结构包括一个在电感下面接地的“屏蔽层”；⑤图 7.9f 中的结构中平行放置两个或多个螺旋结构[㊀]。当然，这些概念还可以进行组合，例如，图 7.9f 中的平行拓扑结构也可以利用对称的螺旋结构和接地的屏蔽层实现。

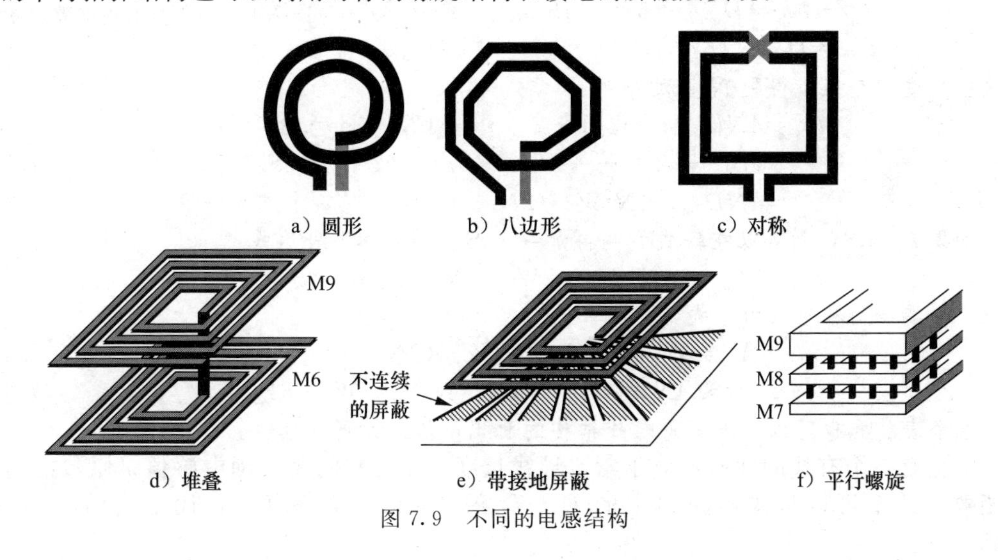

图 7.9 不同的电感结构

为什么有如此多不同的电感结构？因为设计者在改善电感设计、不断权衡的过程中总结出了这些结构。权衡内容特别体现在品质因数和寄生电容之间，或者是电感值和器件尺寸之间。

在这些额外出现的自由度下，电感几何形状的丰富度同样使建模任务变得更加复杂，特别是在实验条件允许对理论模型进行微调时。电感的类型究竟有多少种？用户必须要学习多少不同的指标？对于给定的电路应用来说，哪些结构更有前途？面对实际设计中的时间限制，设计者们通常只选择少数几种几何形状，然后针对它们的电路和频率等感兴趣的指标进行优化。

㊀ 螺旋结构之间可以用过孔短接，虽然过孔并不是必需的。

7.2.3 电感等式

随着电感在典型收发机上的大量使用，人们希望能用封闭方程式来表达螺旋电感值。实际上，各种电感表达式已在文献[1～3]中提及，一些是基于曲线拟合的，一些是基于电感的物理性质的。例如，文献[1]中给出了电感值在5～50nH的范围变化且误差小于10%时的电感经验公式，对于方形螺旋结构，可以被归纳为如下形式：

$$L \approx 1.3\times 10^{-7}\frac{A_{\rm m}^{5/3}}{A_{\rm tot}^{1/6}W^{1.75}(W+S)0.25} \tag{7.2}$$

其中，$A_{\rm m}$是金属面积(见图7.5中的阴影区域面积)，$A_{\rm tot}$是总的电感面积(在图7.5中，约等于$D_{\rm out}^2$)，所有的单位为公制。

例7.5 试计算用其他几何尺寸表示的金属面积。

解：考虑如图7.10所示的结构。该螺旋电感有3匝，因为它的4边均包含3个完整的导线段。为了计算金属的面积，先计算出线的总长度$l_{\rm tot}$，然后用它乘以W。从A到B的长度等于$D_{\rm out}$，从B到C的长度等于$D_{\rm out}-W$等。以此类推。

$$l_{\rm AB}=D_{\rm out} \tag{7.3}$$

$$l_{\rm BC}=l_{\rm CD}=D_{\rm out}-W \tag{7.4}$$

$$l_{\rm DE}=l_{\rm EF}=D_{\rm out}-(2W+S) \tag{7.5}$$

$$l_{\rm FG}=l_{\rm GH}=D_{\rm out}-(3W+2S) \tag{7.6}$$

$$l_{\rm HI}=l_{\rm IJ}=D_{\rm out}-(4W+3S) \tag{7.7}$$

$$l_{\rm JK}=l_{\rm KL}=D_{\rm out}-(5W+4S) \tag{7.8}$$

$$l_{\rm LM}=D_{\rm out}-(6W+5S) \tag{7.9}$$

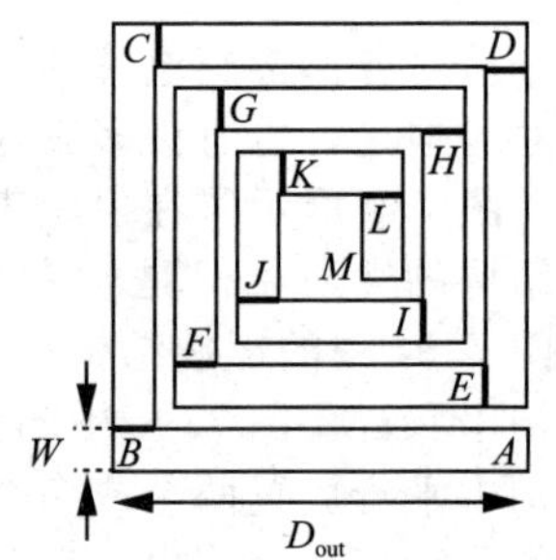

图7.10 计算线长度的螺旋电感

将这些长度加起来，得到N匝的结果：

$$l_{\rm tot}=4ND_{\rm out}-2W[1+2+\cdots+(2N-1)]-2NW-2S[1+2+\cdots+(2N-2)]-(2N-1)S \tag{7.10}$$

$$=4ND_{\rm out}-4N^2W-(2N-1)^2S \tag{7.11}$$

如果$l_{\rm tot}\gg S$，则可以在等式右侧再加一个S，得到如下表达式：

$$l_{\rm tot}\approx 4N[D_{\rm out}-W-(N-1)(W+S)] \tag{7.12}$$

因此，金属的面积可以由下式给出：

$$A_{\rm m}=W[4ND_{\rm out}-4N^2W-(2N-1)^2S] \tag{7.13}$$

$$\approx 4NW[D_{\rm out}-W-(N-1)(W+S)] \tag{7.14}$$

这个表达式也可以用来汇总螺旋结构的面积，从而计算电容值。◀

电感有一个有趣的性质：对于给定导线长度、宽度和间距，则电感值是匝数的弱相关函数。这个可以从式(7.12)中的$D_{\rm out}$看出，注意，$A_{\rm tot}\approx D_{\rm out}^2$，代入式(7.2)可以得到：

$$L\approx 1.3\times 10^{-7}\times\frac{l_{\rm tot}^{5/3}}{\left[\dfrac{l_{\rm tot}}{4N}+W+(N-1)(W+S)\right]^{1/3}W^{0.083}(W+S)^{0.25}} \tag{7.15}$$

我们注意到，N只在分母的方括号中出现，并在这两项中向着相反的方向变化，且受到幂指数1/3的影响。例如，如果$l_{\rm tot}=2000\mu$m，$W=4\mu$m，并且$S=0.5\mu$m，然后N依次由2变化到3、到4、到5，则电感值由3.96nH分别增加到4.47nH、4.83nH、4.96nH。换句话说，无论一个给定长度的导线绕几匝[⊖]，它都能产生一个几乎恒定的电

⊖ 为了产生相关耦合，螺旋电感匝数应该至少为2。

感。这里的关键是，因为这个长度有给定的串联电阻(在低频下)，N 的选择只轻微影响 Q(但是可以节省面积)。

图 7.11 给出了仿真器 ASITIC(在后面介绍)在匝数 N 由 2 变化到 6 时，仿真出来的电感值，并且总的线长保持在 2000μm ㊀。我们注意到，在 $N>3$ 时 L 保持相对恒定。同时，由 ASITIC 得到的结果比等式(7.15)要小。

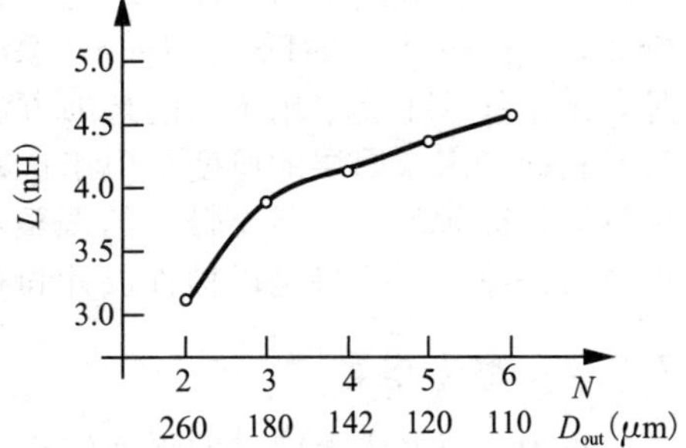

图 7.11　对于给定长度的螺旋电感的匝数和电感值的关系

对于螺旋电感的电感值，还有其他表达式，例如

$$L=\frac{\mu_0 N^2 D_{avg}\alpha_1}{2}\left(\ln\frac{\alpha_2}{\rho}+\alpha_3\rho+\alpha_4\rho^2\right) \tag{7.16}$$

其中，基于图 7.5 所示的器件结构，$D_{avg}=(D_{out}+D_{in})/2$，$\rho$ 是“填充因子”，并且等于式$(D_{out}-D_{in})/(D_{out}+D_{in})$[3]。$\alpha$ 系数的选择如下[3]：

$$\alpha_1=1.27,\quad \alpha_2=2.07,\quad \alpha_3=0.18,\quad \alpha_4=0.13\quad (\text{方形}) \tag{7.17}$$

$$\alpha_1=1.07,\quad \alpha_2=2.29,\quad \alpha_3=0,\quad \alpha_4=0.19\quad (\text{八边形}) \tag{7.18}$$

另一个经验表达式由文献[3]给出：

$$L=1.62\times10^{-3}D_{out}^{-1.21}W^{-0.147}D_{avg}^{2.4}N^{1.78}S^{-0.03}\quad (\text{方形}) \tag{7.19}$$

$$L=1.33\times10^{-3}D_{out}^{-1.21}W^{-0.163}D_{avg}^{2.4}N^{1.75}S^{-0.049}\quad (\text{八边形}) \tag{7.20}$$

1. 精度考虑

对于不同的几何形状，上述的电感表达式有不同的精度。例如，文献[3]测量了数以万计的电感，结果显示：用式(7.19)和式(7.20)表征电感，20%的电感有 8%的误差，50%的电感有 4%的误差。我们必须要问：在电感值的计算中，多大的误差是可以容忍的呢？像本书探讨的，特别是图 7.1b 举例说明的，在期望频率上，电感通常会和周围的电容产生谐振。由于小的误差，例如 $\Delta L/L$，谐振频率 ω_0 大约会改变 $\Delta L/(2L)$(请读者思考为什么?)，所以必须确定 ω_0 可容忍的误差大小。

现在，谐振频率的误差在放大器和振荡器中变得十分重要，特别是后者。这是因为，正如第 8 章讲的那样，对于 LC 振荡器的设计，在“调谐范围”和其他参数之间难以权衡。因为调谐范围必须包含 ω_0 的误差，所以大的误差就需要更宽的调谐范围，进而也就降低了振荡器其他方面的性能。在实践中，高性能的 LC 振荡器的调谐范围很少超过±10%，从而要求电容和电感的误差只能是这个参数值中的一小部分，例如，百分之几。因此，上述的电感值表达式不能为振荡器的设计提供足够的精确度。

电感值表达式的另一个问题是它们面对不同几何结构时的局限性。在图 7.9 所示的拓扑结构中，只有少数结构符合上面给出的公式。例如，在图 7.9b、c 所示结构上的细小差别，或者在图 7.9f 中的螺旋电感的平行组合，在电感值推算中就可能产生百分之几的误差。

另一个难点是电感值参数同样受工作频率的影响，虽然较弱。文献给出的大多数等式通常指的是低频下的电感值。7.2.6 节将阐述这种依赖关系。

2. 电场仿真

弄清楚了上述误差的来源，在实际中应该怎么计算电感值呢？这可以从上述标准结构的近似表达式着手，但是最终必须针对标准的或者是不标准的几何结构利用电磁场仿真工具获得精确值。场仿真器采用有限元的分析方法解决稳态场方程，并且在给定的频率下计算出该结构的电特性。

公众场仿真器是专为电感和变压器的分析而开发的，取名为“螺旋电感与变压器的分析和仿真”(ASITIC)[4]。这个工具可以分析一个给定的结构并且报告它的等效电路元件。

㊀ 在这个实验中，电感的外形尺寸从 260μm 到 110μm 变化。

虽然 ASITIC 简单有效，但和上面的表达式一样，同样会表现出不精确的性质[3,5]㊀。

在通过公式或 ASITIC 粗略的估算之后，必须在一个更通用的场仿真器中分析结构。例如，Agilent 的“ADS”、Sonnet 公司的“Sonnet”和 Ansoft 公司的“HFSS”。有趣的是，由于这些工具采用不同的近似方法，所以产生的参数值也不尽相同。例如，一些工具没有精确考虑金属层的厚度。由于这些差异，在首次制造时，射频电路有时候并不能准确地达到目标频率，这需要轻微的调整和多次“迭代”。虽然已经有精心测量和建模完成的电感器件库，但这将是以牺牲设计和布局的灵活性为代价的。

7.2.4 寄生电容

作为在衬底之上建立的平面结构，螺旋电感受到寄生电容的影响。主要确定为两种类型：①构成电感的金属线与衬底之间存在平板电容和边缘电容，如图 7.12a 所示。如果选择较宽的线来减小其电阻，则平板电容将会增加。②相邻的匝也会形成边缘电容，它等效为在每一段以并联的方式出现，如图 7.12b 所示。

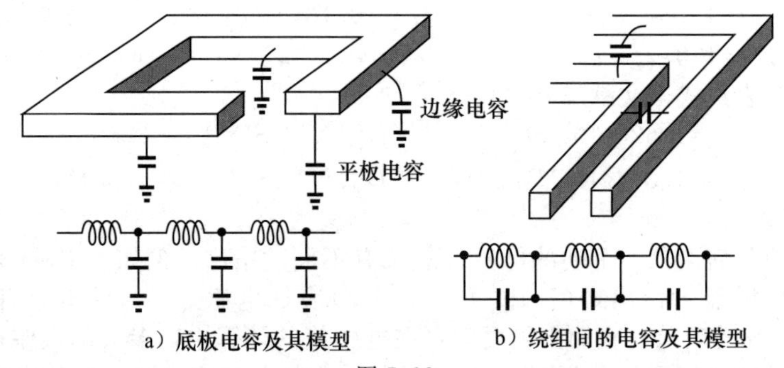

a）底板电容及其模型　b）绕组间的电容及其模型

图 7.12

首先分析到衬底的电容。因为在大多数电路中，电感的终端是交流接地的，现构建如图 7.13 所示的均匀分布等效电路，每一段的电感为 L_u。目的是获得这个网络的集总模型。为了简化分析，做两个假设：①每两个电感段的相互耦合系数是 M；②耦合足够强，以至于 M 可以假设近似等于 L_u。尽管并不是非常有效，但通过这些假设可以得到相对准确的结果。

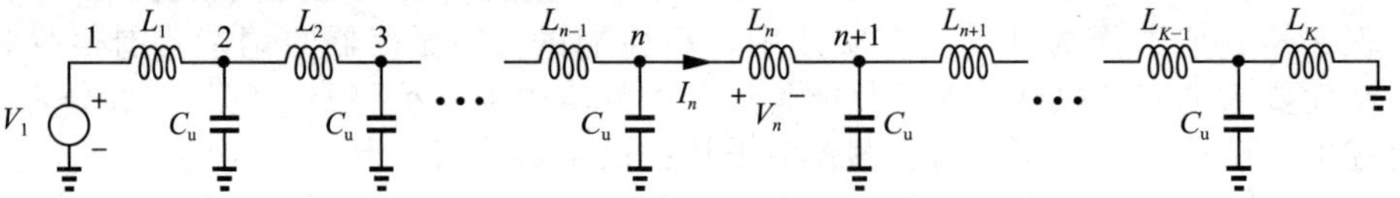

图 7.13　电感对地的分布电容模型

每个电感两端的电压取决于流经该段的电流和流经其他段的电流，因此有：

$$V_n = \mathrm{j}\omega L_n I_n + \sum_{m=1}^{n-1} \mathrm{j}\omega I_m M + \sum_{m=n+1}^{K} \mathrm{j}\omega I_m M \tag{7.21}$$

如果 $M \approx L_u$，则

$$V_n = \mathrm{j}\omega \sum_{m=1}^{K} I_m L_m \tag{7.22}$$

因为这个公式与 n 无关，所以我们注意到所有电感段拥有相等的电压[6]，所以节点 n 的电压可由 $(n/K)V_1$ 给出，所产生的电能存储在对应的节点电容上，其值为

$$E_u = \frac{1}{2} C_u \left(\frac{n}{K}\right)^2 V_1^2 \tag{7.23}$$

㊀ 事实上，式(7.19)和式(7.20)就是基于 ASITIC 建立的。

将所有单元电容上存储的能量叠加起来，有：

$$E_{\text{tot}}=\frac{1}{2}C_{\text{u}}\sum_{n=1}^{K}\left(\frac{n}{K}\right)^{2}V_{1}^{2} \tag{7.24}$$

$$=\frac{1}{2}C_{\text{u}}\frac{(K+1)(2K+1)}{6K}V_{1}^{2} \tag{7.25}$$

如果 $K\to\infty$ 且 $C_{\text{u}}\to0$，则 KC_{u} 等于总的线电容 C_{tot}，则[6]

$$E_{\text{tot}}=\frac{1}{2}\frac{C_{\text{tot}}}{3}V_{1}^{2} \tag{7.26}$$

表明螺旋电感的等效集总电容由 $C_{\text{tot}}/3$ 给出(如果一端是接地的)。

现在来讨论匝到匝(即匝间)的电容。利用如图 7.14 所示的模型，其中 $C_1=C_2=\cdots C_K=C_{\text{F}}$，我们意识到式(7.22)仍然适用于单个电容。因此，每个电容保持的电压为 V_1/K，储存的能量为

$$E_{\text{u}}=\frac{1}{2}C_{\text{F}}\left(\frac{1}{K}V_{1}\right)^{2} \tag{7.27}$$

则储存的总能量由下式给出：

$$E_{\text{tot}}=KE_{u} \tag{7.28}$$

$$=\frac{1}{2K}C_{\text{F}}V_{1}^{2} \tag{7.29}$$

有趣的是，当 $K\to\infty$ 且 $C_{\text{F}}\to0$ 时，E_{tot} 降至 0。这是因为，对于许多匝来说，相邻匝之间的电位差非常小，因而只在 C_{F} 上产生很小的能量储存。

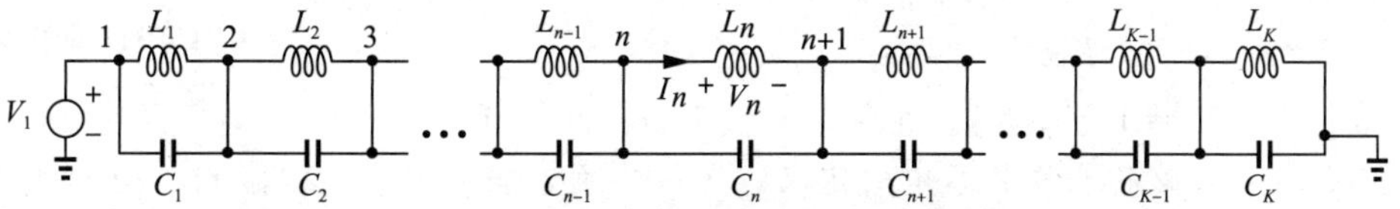

图 7.14 电感匝间的电容模型

实际上，可以利用式(7.29)估算有限匝数的等效集总电容。下面的例子说明了这一点。

例 7.6 估算如图 7.15a 所示的三匝螺旋电感结构中匝间的等效电容。

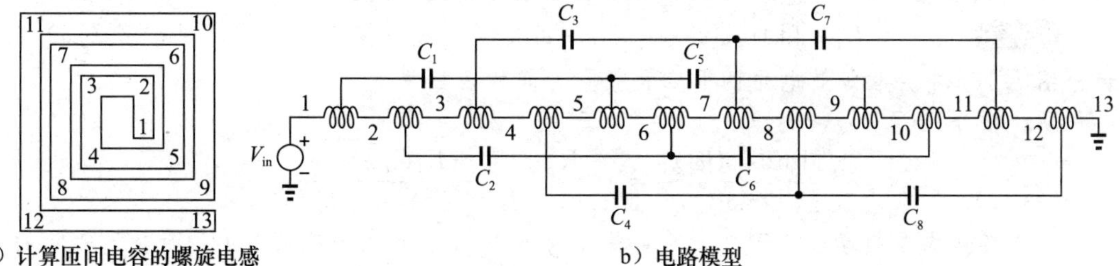

a) 计算匝间电容的螺旋电感　　b) 电路模型

图 7.15

解：要准确地计算，就要“分解”结构，将每一匝作为一个电感，相邻匝之间放一个电容来进行建模，如图 7.15b 所示。但是，由于各匝分支的长短不一，这个模型存在不相等的电感和电容，使分析变得困难。为了实现均匀分布的模型，选择 C_j 的值等于 $C_1,\cdots,C_8$ 的平均值，并且 L_j 等于总的电感值除以 12。因此，应用式(7.29)可得：

$$C_{\text{eq}}=\frac{1}{K}C_{\text{F}} \tag{7.30}$$

$$=\frac{1}{8}\frac{C_1+\cdots+C_8}{8} \tag{7.31}$$

$$=\frac{C_1+\cdots+C_8}{64} \tag{7.32}$$

一般的，对于一个 N 匝螺旋来说，有：

$$C_{\text{eq}}=\frac{C_1+\cdots+C_{4(N-1)}}{[4(N-1)]^2} \tag{7.33}$$ ◀

电感和它自身电容谐振的频率叫作“自谐振频率”(f_{SR})。本质上，若频率在 f_{SR} 以上，电感表现为容性。出于这个原因，f_{SR} 作为给定电感最大使用频率的参数。

例 7.7 类比于电感品质因数 $Q=L\omega/R_S$ 的定义，代表电感 L 的串联电阻为 R_S，阻抗 Z_1 的 Q 有时被定义为

$$Q=\frac{\text{Im}\{Z_1\}}{\text{Re}\{Z_1\}} \tag{7.34}$$

计算如图 7.16a 所示并联电感模型的 Q。

解：由于

$$Z_1(s)=\frac{R_pL_1s}{R_pL_1C_1s^2+L_1s+R_p} \tag{7.35}$$

当 $s=\text{j}\omega$ 时，

$$Z_1(\text{j}\omega)=\frac{[R_p(1-L_1C_1\omega^2)-\text{j}L_1\omega]\text{j}R_pL_1\omega}{R_p^2(1-L_1C_1\omega^2)^2+L_1^2\omega^2} \tag{7.36}$$

因此，

$$Q=\frac{R_p(1-L_1C_1\omega^2)}{L_1\omega} \tag{7.37}$$

$$=\frac{R_p}{L_1\omega}\left(1-\frac{\omega^2}{\omega_{\text{SR}}^2}\right) \tag{7.38}$$

a）简单模型

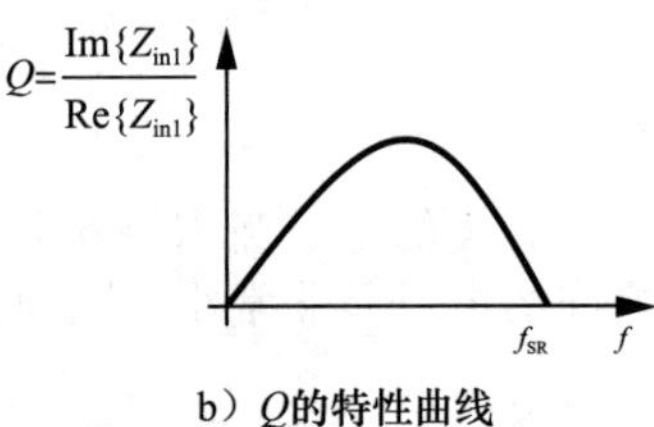

b）Q的特性曲线

图 7.16

其中，$\omega_{\text{SR}}=2\pi f_{\text{SR}}=1/\sqrt{L_1C_1}$。在频率远低于 ω_{SR} 时，有 $Q=R_p/(L_1\omega_R)$，这符合第 2 章中的定义。另一方面，当频率接近 f_{SR} 时，Q 降至 0，如图 7.16b 所示，就像谐振电路不再存在一样！这个定义意味着总的阻抗(包括由晶体管引入的电容)在谐振时 Q 表现为 0。当然，图 7.16a 中的等效电路在频率 f_{SR} 上仅仅减小至电阻 R_p，Q 的值为 $R_p/(L_1\omega_{\text{SR}})$而不是 0。由于在谐振点左右，电路无意义，式(7.34)给出的 Q 定义和电路设计不相干。7.2.6 节会重新考虑这一点。 ◀

例 7.8 类比于 $L_1=$阻抗$/\omega=(L_1\omega)/\omega$ 的定义，电感有时候定义为 $\text{Im}\{Z_1(\text{j}\omega)\}/\omega$。讨论图 7.16a 中并联等效电路的电感和频率之间的函数关系。

解：根据式(7.36)，有：

$$\frac{\text{Im}\{Z_1(\text{j}\omega)\}}{\omega}=\frac{R_p^2L_1(1-L_1C_1\omega^2)}{R_p^2(1-L_1C_1\omega^2)^2+L_1^2\omega^2} \tag{7.39}$$

这个表达式在频率远低于 f_{SR} 时可简化为 L_1，但在谐振时会降至 0。而对于实际的电感，在频率改变时只轻微地变化。因此这个电感的定义是无意义的。然而，这种定义对于在低频情况下估算电感的值是很有帮助的。 ◀

7.2.5 损耗机制

电感的品质因数 Q 在各种射频电路中都起着关键的作用。例如，振荡器的相位噪声和 $1/Q^2$ 成正比(见第 8 章)，以及“调谐放大器”(例如图 7.1b 的共源极放大器)的电压增益和 Q 成正比。在传统的 CMOS 技术中和对于频率升至 5GHz 的电路，Q 值为 5 被认为是差不多的，若 Q 值是 10，则相对较高。

7.2.6 节将仔细定义 Q 值，但是现在将 Q 作为衡量正弦电流通过电感时能量损失多少的指标。因为只有电阻元件消耗能量，所以电感的损耗就来源于电感结构内部或周围存在的电阻。

本节将介绍这些损耗机制。我们会看到，对损耗进行解析是困难的，因此必须采取仿

真的方法，甚至通过测量来获得精确的电感模型。对损耗机制的理解将有助于对电感进行建模和制定设计方针。

1. **金属电阻**

如图7.17所示，假设金属线形成的电感具有串联电阻 R_S，Q 可以被定义为理想阻抗 $L_1\omega_0$ 和不理想阻抗 R_S 的比值：

$$Q=\frac{L_1\omega_0}{R_S} \tag{7.40}$$

例如，5nH 的电感工作在 5GHz 时，R_S 值为 15.7Ω，则 Q 值为 10。

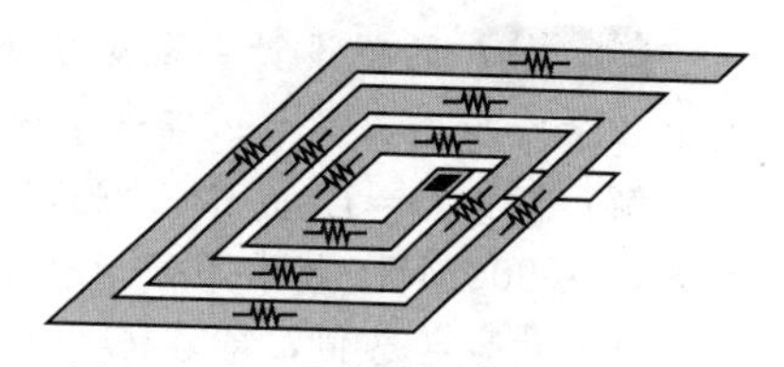

图7.17 一个螺旋电感的金属电阻

例7.9 假设金属的方块电阻是 22mΩ/□，$W=4\mu m$ 且 $S=0.5\mu m$，确定这些数据是否可用。

解： 回顾7.2.3节中的假设，一个 2000μm 长，4μm 宽的线绕成 $N=5$ 匝，且 $S=0.5\mu m$，电感值约为 4.96nH，则这个线包括 2000/4=500 个方块，因此它的电阻值为 500×22mΩ/□=11Ω。综上所述，频率在 5GHz 时 Q 值为 10 是可用的。 ◀

不幸的是，上面的例子仅仅塑造了一个理想的状态。其实，Q 值不仅受限于(低频下)串联电阻，而且还受其他几个机制的影响。也就是说，总的 Q 值也许远比 10 要低。经验法则是，在设计电感时，应尽力使其金属电阻的 Q 值在低频条件下为理想值的两倍，并寄希望于其他机制下，让 Q 值下降不要超过理想情况下的二分之一。

对于给定的电感，应该如何降低金属的直流电阻呢？正如7.2.3节所解释的，金属线的总长度和电感值之间有着千丝万缕的联系，例如，对给定的 W、S 和线长，电感值是 N 的弱相关函数。因此，在 W 和 S 已知时，所需的电感值可以转化成确定的长度，故确定的直流电阻几乎与 N 无关。图7.18给出了一个匝数 N 由 2～6 变化的 5nH 电感的线电阻，且 $W=4\mu m$，$S=0.5\mu m$。类似于图7.11所示的变平趋势，在 $N>3$ 时，R_S 几乎降低为一个定值。

从上面的讨论中，可总结出在参数 D_{out}、S、N 和 W 中显著影响电阻值的是 W。理所当然，更宽的金属线表现出更低的电阻，但是相对于衬底却有更大的电容。因此螺旋电感将会在它们的 Q 值和寄生电容之间进行权衡。电容对电路设计的影响在第5章和第8章有讨论。

正如例7.3所阐述的，如果 S、D_{out} 和 N 保持定值，更宽的金属线会产生更小的电感值。换句话说，当 W 升高时，为了保持同样的电感值，必须不可避免地增大 D_{out}(或 N)，因此在增加了长度的同时抵消了由于线变宽而降低的电阻值。为了阐明这个影响，可以设计具有给定电感值但是有不同线宽的螺旋电感，同时得出电阻值。对于4匝或5匝的 2nH 电感，图7.19画出了 R_S 和 W 的函数关系。我们注意到在 W 从 3μm 变化到大约 5μm 时，R_S 下降非常明显，但随后则趋于平缓。换句话说，在该例中，当选择 $W>5\mu m$ 时，电阻阻值的下降几乎可以忽略不计，但寄生电容却将会成比例增大。

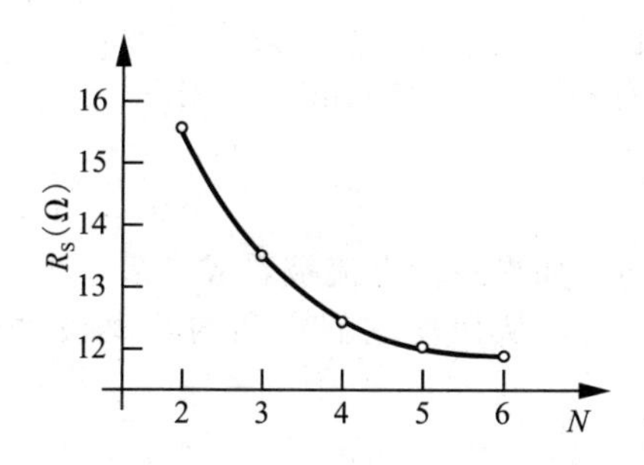

图7.18 电感的金属电阻和匝数的函数关系

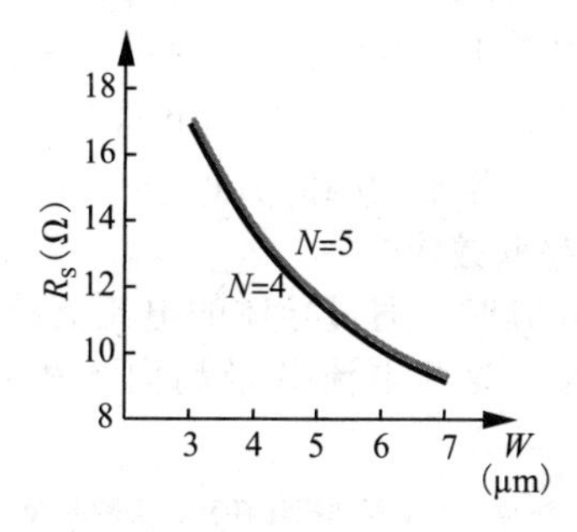

图7.19 不同匝数电感的金属电阻和线宽的函数关系

总之，对于给定的电感值，N 的选择对 R_S 有很小的影响，而较大的 W 从某种程度上来讲可以减小 R_S 但同时也会产生较高的寄生电容。这些限制特别是在低频下会表现出来，正如下面的例子所示。

例 7.10 希望设计一个应用于 900MHz GSM 系统的螺旋电感。例 7.9 中的 5nH 结构的电感适合这个系统吗？是否还有其他选择？

解： 假设 $Q=L_1\omega_0/R_S$，如果频率从 5GHz 降低至 900MHz，则 Q 值从 10 下降至 1.8[㊀]。因此，在 900MHz 频率下使用该电感时，5nH 的值是不足的。

试着升高电感值，即在 $Q=L_1\omega_0/R_S$ 式中，L_1 比 R_S 增加的程度更大。事实上，从式(7.15)注意到 $L_1\propto l_{tot}^{5/3}$，然而 $R_S\propto l_{tot}$。例如，如果 $l_{tot}=8$mm，$N=10$，$W=6\mu$m，$S=0.5\mu$m，则由式(7.15)可得 $L\approx35$nH。由于方块电阻为 22mΩ/□，因此 $R_S=(8000\mu m/6\mu m)\times22$mΩ/□ $=29.3\Omega$。因此，在 900MHz 时 Q 值(由于存在直流电阻)可达到 6.75。然而，注意，这种结构会占据较大的面积。读者可以发现这个螺旋结构的外部尺寸等于 265μm。◀

另一个减小线电阻的方法是将两层或者是多层金属并联，如图 7.9f 所示。例如，在第 9 层金属基础上，添加第 7 层和第 8 层金属螺旋结构，则电阻会降低为原来的 1/2，因为第 7 和第 8 层金属通常是第 9 层金属厚度的一半。然而，由于第 7 层金属更接近衬底，所以会稍微增加寄生电容。

例 7.11 一个学生提出：将 m 个螺旋电感并联使 Q 值降低的实际原因并不是电阻降低到原来的 $1/m$，而是电感降低到了原来的 $1/m$。试解释这个学生观点中的缺陷。

解： 由于螺旋结构之间的垂直间距比它们的横向尺寸小得多，每两个之间会有强烈的相互耦合(见图 7.20)。如果$L_1=L_2=L_3=L$ 且 $M\approx L$，则总的电感值保持在 L(为什么?)。◀

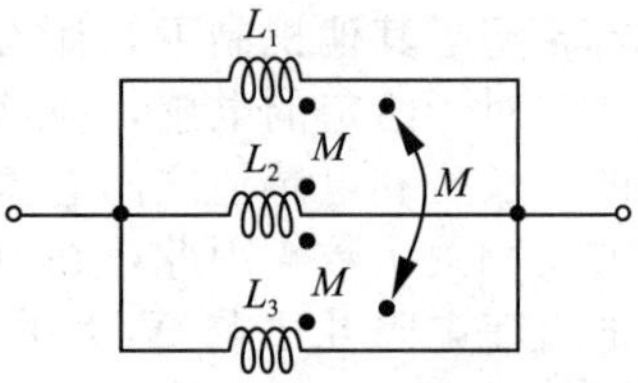

图 7.20 将电感紧密地平行放置带来的影响

哪种方法在权衡电阻与电容的时候会更加有效：加宽的单层金属线或者是将多层金属线并联？我们推测为后者。毕竟，如果 W 翻倍，单个螺旋结构的电容至少也会增加 2 倍，但是如果金属层 7 和金属层 8 与金属层 9 的螺旋结构并联，则电容只会增加 50%。例如，金属层 9 的衬底电容和金属层 7 的衬底电容分别约为 $4af/um^2$ 和 $6af/um^2$。下面的例子说明了这一点。

例 7.12 用并联的金属层 7、8 和 9 设计例 7.10 中的电感，且 $W=3\mu$m，$S=0.5\mu$m，$N=10$。

解： 因为 W 从 6μm 降低到 3μm，式(7.15)的分母中的$(W+S)^{0.25}$ 项以 1.17 的因子下降，这需要分子中的 $l_{tot}^{5/3}$ 有相似的下降，以确保 $L\approx35$nH。迭代产生的 $l_{tot}\approx6800\mu$m。由于更窄的金属线可以允许更紧密的线圈匝，所以其长度和外部尺寸会更小。当 3 个金属层并联时，假设方块电阻约为 11mΩ/□，可得 $R_S=25\Omega$，因此 Q 值为 7.9(因为存在直流电阻)，平行组合获得更高的 Q。

将例 7.10 中金属层 9 的电容和上述多层结构进行比较是有益的。对于前者，总的金属面积是 $l_{tot}\cdot W=48\,000\ \mu m^2$，得到的电容为$(4aF/\mu m^2)\times48\,000\ \mu m^2=192$fF[㊁]。而对于后者，面积等于 $20\,400\mu m^2$，并且电容为 122.4fF。◀

2. **趋肤效应**

在高频时，通过导体的电流更趋向于在表面流动。如果总的电流被看成是多个平行的电流分量，这些电流分量趋向于相互排斥，逐渐远离，从而使它们之间的距离最大化。

㊀ 注意，由于其他损耗存在，实际的 Q 值可能更低。

㊁ 电感的等效(集总)电容要低于该值(见 7.2.4 节)。

图7.21阐明了这个趋势。流过较小的横截面，高频电流则将表现出较大的电阻。电流的实际分布从导体的表面向内遵循一个指数衰减 $J(s)=J_0\exp(-x/\delta)$，其中 J_0 表示表面的电流密度(单位 $\mathrm{A/m^2}$)，δ 是“趋肤深度”，δ 的值由下式给出：

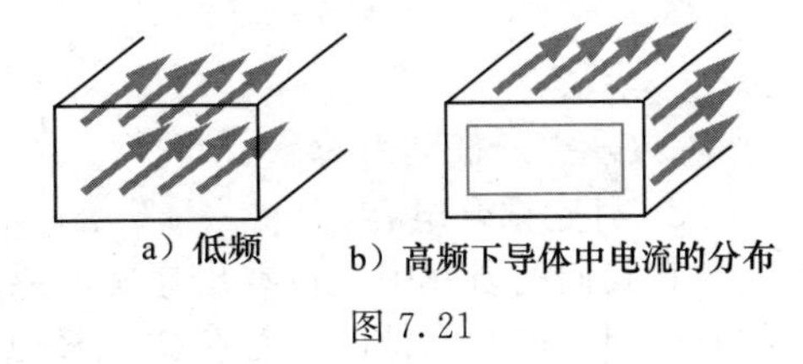

图7.21

$$\delta=\frac{1}{\sqrt{\pi f\mu\sigma}} \tag{7.41}$$

其中，f 表示频率，μ 是磁导率，σ 是电导率。例如，对于铝来说，在10GHz时 $\delta\approx 1.4\mu\mathrm{m}$。由于导体的趋肤效应产生的额外电阻等于

$$R_{\text{skin}}=\frac{1}{\sigma\delta} \tag{7.42}$$

如果趋肤深度超过金属线厚度的总和，平行的螺旋可以降低这个电阻。

在螺旋电感中，相邻匝的靠近将导致复杂的电流分布。如图7.22a所示，电流会集中在导线的边缘附近。为了理解这个“电流集聚”效应，考虑如图7.22b所示的更加详细的图形，每匝的电流为 $I(t)$[7,8]。每匝的电流产生随时间变化的磁场 B，并穿过其他匝，从而生成电流回路㊀，叫作“涡流”。涡流分量从导线的一个边缘加入 $I(t)$中，在另一边从 $I(t)$中减去。由于感应电压随频率的增加而增加，所以涡流分布得不均匀，频率越高越明显。

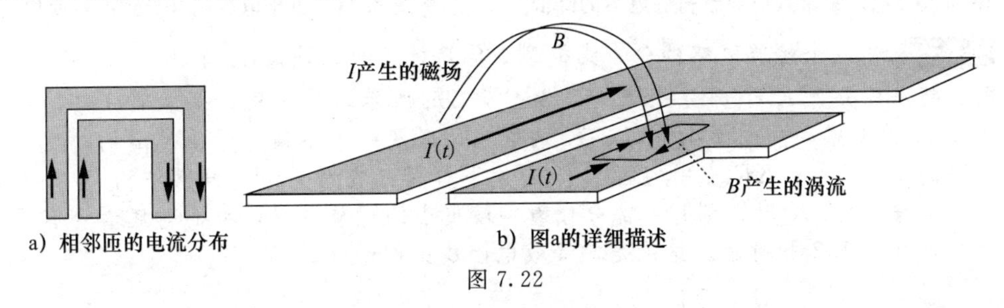

图7.22

基于这些观察，文献[7，8]得出螺旋电感的电阻表达式如下所示：

$$R_{\text{eff}}\approx R_0\left[1+\frac{1}{10}\left(\frac{f}{f_{\text{crit}}}\right)^2\right] \tag{7.43}$$

其中，R_0 是直流电阻，频率 f_{crit} 表示电流出现聚集时的频率，由下式给出：

$$f_{\text{crit}}\approx\frac{3.1}{2\pi\mu}\frac{W+S}{W^2}R_{\square} \tag{7.44}$$

在等式中，$R_{\square}$代表金属的低频方块电阻值。

例7.13 计算在例7.9和例7.12中所研究的30nH电感在900MHz条件下的串联电阻。假设 $\mu=4\pi\times10^{-7}\mathrm{H/m}$。

解： 对于单层的螺旋，$R_{\square}=22\mathrm{m}\Omega/\square$，$W=6\mu\mathrm{m}$，$S=0.5\mu\mathrm{m}$，且 $f_{\text{crit}}=1.56\mathrm{GHz}$。因此，$R_{\text{eff}}=1.03R_0=30.3\Omega$。对于多层螺旋，$R_{\square}=11\mathrm{m}\Omega/\square$，$W=3\mu\mathrm{m}$，$S=0.5\mu\mathrm{m}$，且 $f_{\text{crit}}=1.68\mathrm{GHz}$。因此有 $R_{\text{eff}}=1.03R_0=26\Omega$。◀

电流集聚效应也会改变螺旋结构的电感和电容，因为电流被推到导线边缘，每一匝的等效直径会有轻微的变化，会产生一个不同于低频值的电感值。相似地，如图7.23a所示，如果一个导体只在边缘附近传输电流，那么它中间的部分就会在不改变电流和电压的情况下被“空出来”，从而表明这部分的电容(即 C_m)是不存在的。从另一个角度看，C_m 只有在它传输位移电流时才能体现出来，当中间部分没有电流时它显然是不存在的。基于

㊀ 根据法拉第定理，电流感应产生的电压与磁场随时间的变化成正比。

这个观察，文献[7，8]近似给出了总的电容 C_m，它和导线的电阻成反比：

$$C_{tot} \approx \frac{R_0}{R_{eff}} C_0 \tag{7.45}$$

其中，C_0 表示低频电容。

3. **衬底耦合电容**

在我们的研究中，可看出螺旋电感和衬底之间存在电容。当螺旋电感的每个节点电压随着时间升高和降低时，它产生位移电流流经电容至衬底，如图 7.24 所示。由于衬底的电阻率既不是零也不是无穷大，在运行的每个周期里，这个电流的流动会转换成损失，降低 Q。

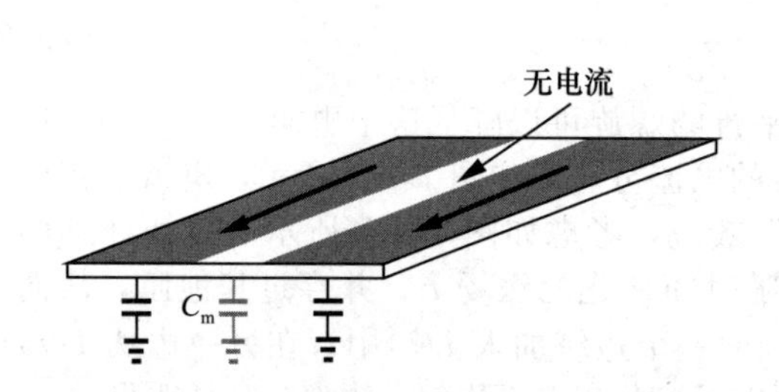

图 7.23 电流集聚效应导致衬底电容的降低

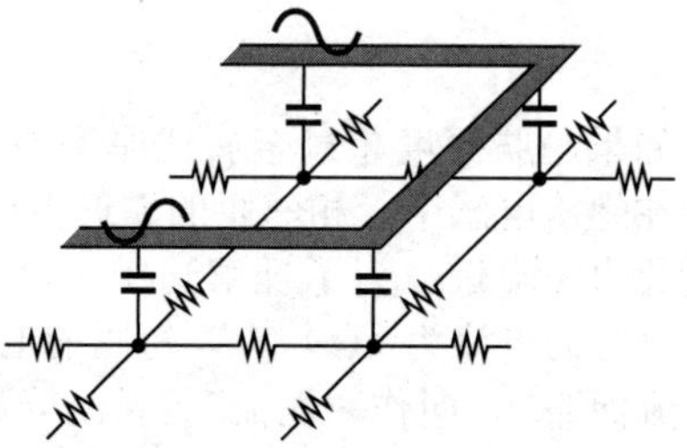

图 7.24 由于电容耦合导致的衬底损耗

例 7.14 用一个螺旋电感的分布式模型来估算衬底的能量损耗。

解：将结构分为 K 个部分来建模，如图 7.25a 所示。在这里，每个部分包括一个大小为 L_{tot}/K 的电感，一个大小为 C_{tot}/K 的电容，以及一个阻值等于 KR_{sub} 的衬底。此处忽略其他的损耗机制。KR_{sub} 中的因子 K 有如下解释：当增大给定电感结构(即分布式模型接近实际结构)的 K 时，则每一部分代表一段更小的螺旋电感，故向衬底看会有更小的横截面积，如图 7.25b 所示。结果是，等效电阻成比例增加。

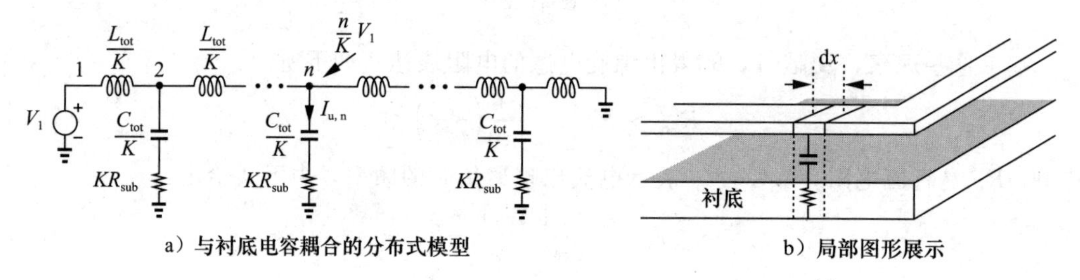

a）与衬底电容耦合的分布式模型　　b）局部图形展示

图 7.25

如果假定在每两个电感段存在完美耦合，则每段之间的电压降由式(7.22)给出：

$$V_u = \sum_{m=1}^{K} j\omega I_m L_m \tag{7.46}$$

其中，I_m 表示流经 L_m 段的电流。有趣的是，由于电感段近似均匀地分布，所以无论电容和电阻如何分布，所有的电感段都能维持相等的电压。因此节点 n 的电压由$(n/K)V_1$ 给出，则通过 RC 支路的电流为：

$$I_{u,n} = \frac{n}{K} \frac{V_1}{KR_{sub} + \left(j\frac{C_{tot}}{K}\omega\right)^{-1}} \tag{7.47}$$

由于在电阻 KR_{sub} 中消耗的平均功率为 $|I_{u,n}|^2 R_{sub}$，在螺旋电感中总的能量损失为

$$P_{tot} = \sum_{n=1}^{K} |I_{u,n}|^2 KR_{sub} \tag{7.48}$$

$$= \sum_{n=1}^{K} \frac{V_1^2 K R_{sub}}{K^2 R_{sub}^2 + \left(\frac{C_{tot}}{K}\omega\right)^{-2}} \frac{n^2}{K^2} \tag{7.49}$$

$$= \frac{V_1^2 K R_{sub}}{K^2 R_{sub}^2 + \left(\frac{C_{tot}}{K}\omega\right)^{-2}} \frac{K(K+1)(2K+1)}{6K^2} \tag{7.50}$$

让 K 趋于无穷大，有：

$$P_{tot} = \frac{V_1^2}{R_{sub}^2 + (C_{tot}^2\omega^2)^{-1}} \frac{R_{sub}}{3} \tag{7.51}$$

例如，如果 $R_{sub}^2 \ll (C_{tot}^2\omega^2)^{-1}$，则 $P_{tot} \approx V_1^2 R_{sub} C_{tot}^2 \omega^2/3$。相反，如果 $R_{sub}^2 \gg (C_{tot}^2\omega^2)^{-1}$，则 $P_{tot} \approx V_1^2/(3R_{sub})$。◀

上述例子提供了与衬底间的电容耦合而产生能量损耗的直观视角。然而，衬底的分布式模型是不准确的。如图 7.26a 所示，由于衬底连接到地的物理距离较远，一些位移电流从衬底上横向流过。如图 7.26b 所示，电流从衬底横向流过的现象在相邻匝之间更加的明显，因为它们的电压差为 $V_1 - V_2$，比图 7.26a 中的压降 $V_{n+1} - V_n$ 高。这里的关键是，只有在使用三维模型时，电感和衬底之间的相互作用才可以准确地量化，但是在实际中很少这样去精确建模。

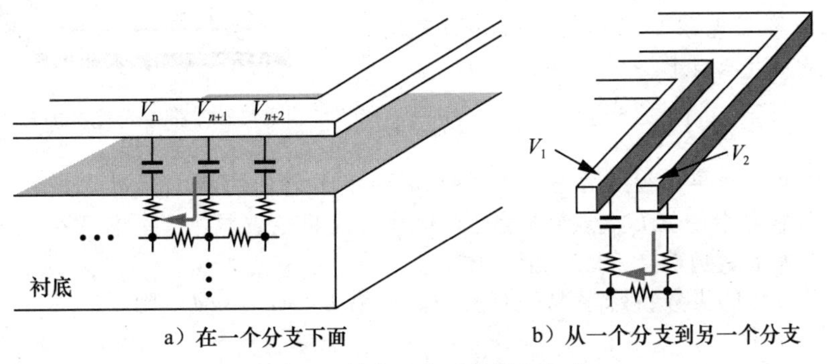

图 7.26 衬底上流过的横向电流

4. 与衬底间的磁耦合

电感和衬底之间的磁耦合可以通过基本的电磁定律来理解：①安培定律指出电流通过导体产生围绕导体的磁场；②法拉第定律指出时变磁场产生感应电势，如果电势出现在导体两端，就会产生电流；③楞次定律指出磁场产生感应电流，并诱导产生与原来磁场方向相反的磁场。

安培定律和法拉第定律揭示了，当通过电感的电流随时间变化时，它会在衬底中产生如图 7.27 所示的涡流。楞次定律表明电流沿相反的方向流动。当然，如果衬底电阻为无穷大，就没有电流流动，也就没有损失。

在衬底中感应的涡流也可以看作是变压器耦合。如图 7.28a 所示，电感和衬底分别是主要的和次要的。图 7.28b 描绘了整个系统的集总模型，其中，L_1 代表螺旋电感，M 是磁耦合，L_2 和 R_{sub} 是衬底。因此，

$$V_{in} = L_1 s I_{in} + M s I_2 \tag{7.52}$$

$$-R_{sub} I_2 = I_2 L_2 s + M s I_{in} \tag{7.53}$$

则

$$\frac{V_{in}}{I_{in}} = L_1 s - \frac{M^2 s^2}{R_{sub} + L_2 s} \tag{7.54}$$

当 $s = j\omega$ 时，

$$\frac{V_{in}}{I_{in}}=\frac{M^2\omega^2R_{sub}}{R_{sub}^2+L_2^2\omega^2}+\left(L_1-\frac{M^2\omega^2L_2}{R_{sub}^2+L_2^2\omega^2}\right)\mathrm{j}\omega \tag{7.55}$$

这意味着 R_{sub} 乘以系数 $M^2\omega^2/(R_{sub}^2+L_2^2\omega^2)$，并且电感减少了 $M^2\omega^2L_2/(R_{sub}^2+L_2^2\omega^2)$。

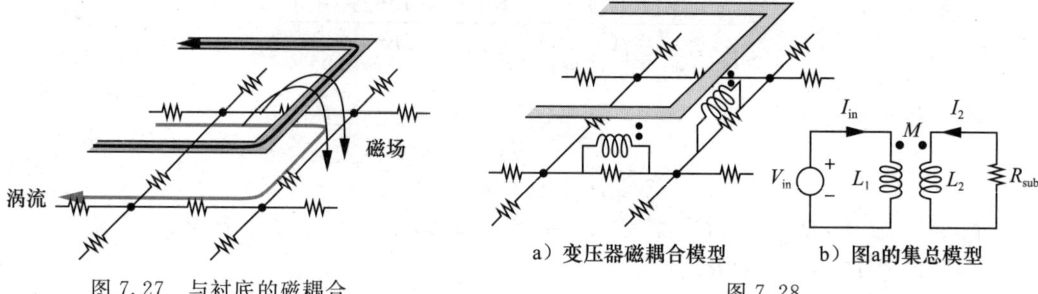

a）变压器磁耦合模型　b）图a的集总模型

图 7.27　与衬底的磁耦合　　图 7.28

例 7.15 一个学生认为将接地的导电平板放在螺旋电感下方，如图7.29所示，可以消除电感和衬底间的电耦合和磁耦合。解释这种方法的优缺点。

解： 这种方法确实能够减小无论是位移电流还是涡流的路径电阻。然而，式(7.55)表明等效电感也随着 R_{sub} 下降。对于 $R_{sub}=0$，

$$L_{eq}=L_1-\frac{M^2}{L_2} \tag{7.56}$$

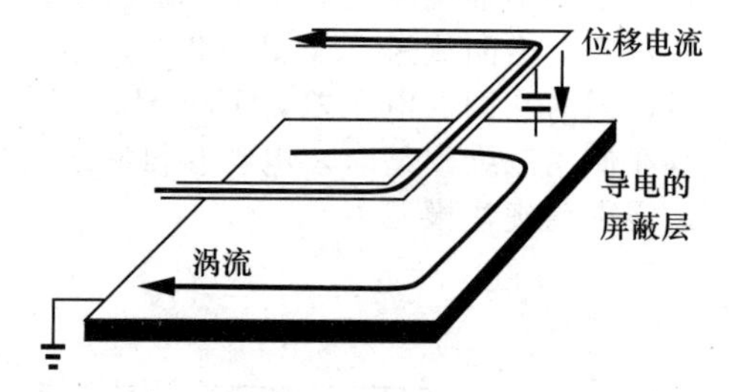

图 7.29　带一个连续屏蔽平板的电感

由于螺旋电感和导电板的垂直间距($\approx 5\mu$m)小于它们的横向尺寸，所以有 $M\approx L_2\approx L_1$，从而得到非常小的值 L_{eq}。换句话说，即使衬底损耗被减小了，但因为螺旋电阻存在，等效电感的大幅下跌仍然会产生一个低的 Q。◀

考虑式(7.54)的少数特殊情况是有益的。如果 $L_1=L_2=M$，则

$$\frac{V_{in}}{I_{in}}=L_1s\|R_{sub} \tag{7.57}$$

表明 R_{sub} 只是和 L_1 并联出现，降低了 Q。

例 7.16 描绘出一个给定电感的 Q 值与频率的函数关系。

解： 在低频时，Q 由螺旋电感的直流电阻 R_S 给出。当频率升高时，$Q=L_1\omega/R_S$ 线性升高到某点，这时趋肤效应开始起作用，如图7.30a所示。然后 Q 随 $\sqrt{f}$ 成比例增加。在更高的频率处，$L_1\omega\gg R_S$，并且式(7.57)表明 R_{sub} 分流了电感，将 Q 值限制在：

$$Q\approx\frac{R_{sub}}{L_1\omega} \tag{7.58}$$

并且 Q 值将随着频率的升高而降低。图7.30a描绘了该特性。◀

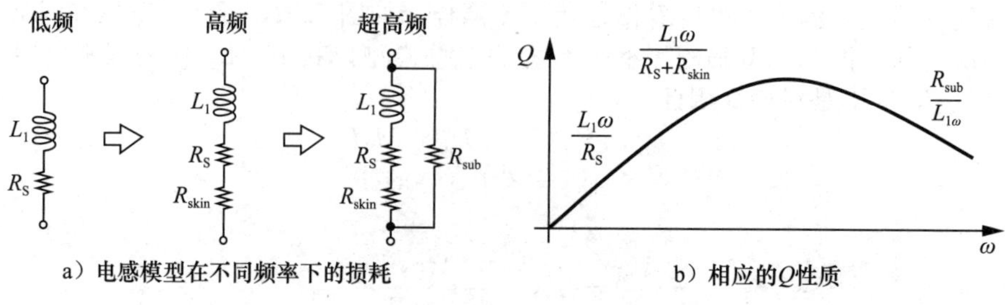

a）电感模型在不同频率下的损耗　b）相应的Q性质

图 7.30

对于另一种特殊情况，设想 $R_{sub} \ll |L_2 s|$，那么可以在式(7.54)中导出因子 $L_2 s$，近似得到的结果为

$$\frac{V_{in}}{I_{in}} = \left(L_1 - \frac{M^2}{L_2}\right)s + \frac{M^2}{L_2^2}R_{sub} \tag{7.59}$$

因此，如同在例 7.15 中所预测的那样，电感将减小 M^2/L_2，而衬底电阻将变为原来的 M^2/L_2^2，并且和电感网络串联出现。

7.2.6　电感建模

对螺旋电感各种效应的研究为开发一个可以应用于仿真的电路模型做了准备。在理想情况下，我们希望得到一个模型，从物理视角上看，这个模型要求既简单又准确。事实上，必须做出一些妥协。

值得注意的是，①螺旋电感和衬底作为三维分布式结构，只能由二维集总模型近似；②由于趋肤效应、电流集聚效应以及涡流，电感的某些参数随着频率变化，使模型难以适应较宽的带宽。

例 7.17 如果射频电路主要用于处理窄带系统，那还有必要设计宽带模型吗？

解：从实用的角度来看，为给定的电感结构开发一个宽带的模型是最理想的，它可以被多个设计师在不同的频率下使用，而不用每次都重复建模。此外，某些射频系统，例如超宽带(UWB)和认知无线电都工作在宽的带宽下，因此需要宽带的模型。◀

现从代表金属损耗的模型开始分析。如图 7.31a 所示，串联电阻即为低频电阻和趋肤电阻。当 R_S 恒定时，模型在有限的频率范围内有效。如在第 2 章所解释的，损耗也可以由图 7.31b 所示的并联电阻建模，但是如果 R_p 是恒定值，则该模型只适用于较窄的频率范围。

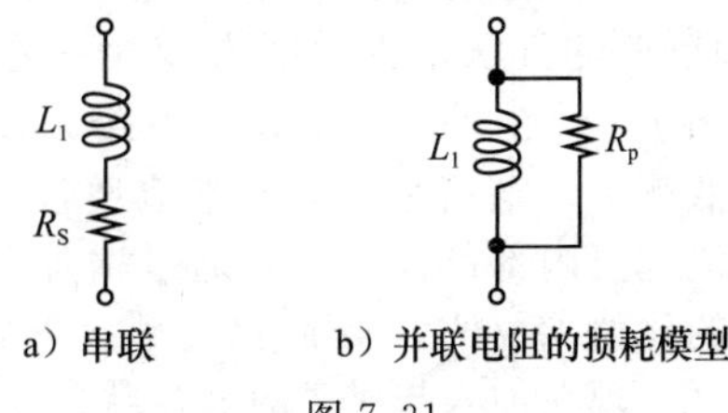

a）串联　　b）并联电阻的损耗模型

图 7.31

一个有趣的发现是：可以将图 7.31a、b 结合起来，以此来拓宽有效的带宽。下面的例子就是以此为出发点的。

例 7.18 如果图 7.31 中的电感和电阻值与频率无关，这两个模型如何预测 Q 的变化？

解：在图 7.31a 中，$Q=L_1\omega/R_S$，而在图 7.31b 中，$Q=R_p/L_1\omega$，即随着频率的改变，两个模型的 Q 值会向着相反的方向变化(例 7.16 中也有这种影响)。◀

上述的观察表明，可以将这两个模型组合起来，以消除 Q 对频率的依赖。如图 7.32a 所示，这个模型将串联电阻和并联电阻的损耗区分开来，其中一个简单的方法就是在带宽的中心频率处给两者各分配一半的损耗：

$$R'_S = \frac{L_1\omega}{2Q} \tag{7.60}$$

$$R'_p = 2QL_1\omega \tag{7.61}$$

将电路总的 Q 定义为 $\mathrm{Im}\{Z_1\}/\mathrm{Re}\{Z_1\}$，在习题 7.2 中证明了它等于

$$Q = \frac{L_1\omega R'_p}{L_1^2\omega^2 + R'_S(R'_S + R'_p)} \tag{7.62}$$

注意：在这里，Q 的定义是有含义的，因为此时电路不在任何频率下谐振。如图 7.32b 所示，当 $\omega_0=\sqrt{R'_S R'_p}/L_1$ 时，Q 达到一个峰值 $2\sqrt{R'_p/R'_S}$。选择合适的 R'_S 和 R'_p，可以在一段特定频率范围内让 Q 的变化小一些。

文献[9]给出了一个更加通用的趋肤模型，如图 7.33 所示。假设该模型只在直流和高频条件下有效，那么可选择一个等效于趋肤效应的串联电阻 R_{S1}，并且将 R_{S1} 和 L_1 的串联组合与一

个大电感 L_2 并联分流，如图 7.33a 所示。然后将 R_{S2} 串联加入模型中，建立导线的低频电阻模型。在高频下，L_2 是断开的，$R_{S1}+R_{S2}$ 表示总的损耗；在低频下，损耗减小到 R_{S2}。

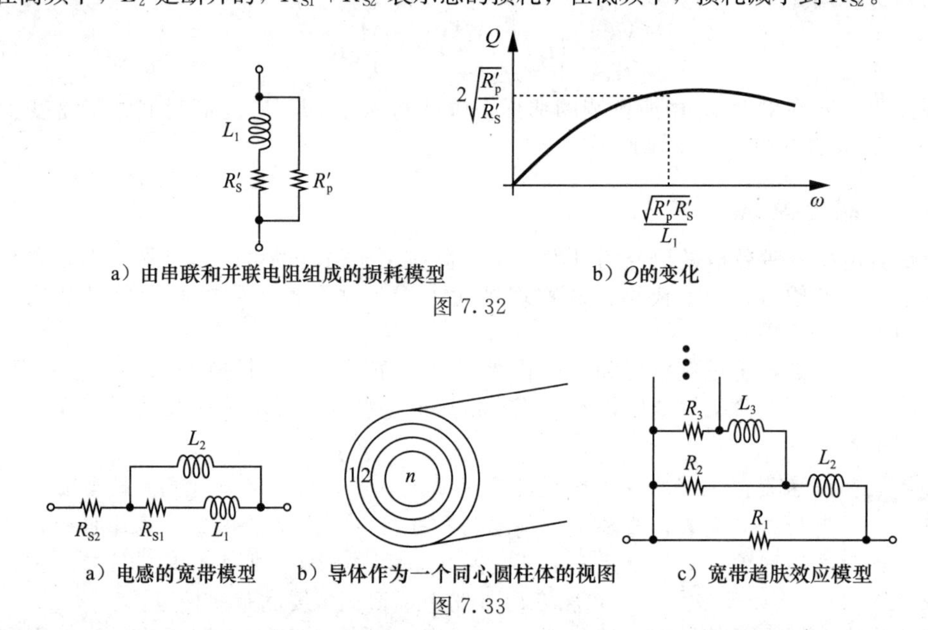

a）由串联和并联电阻组成的损耗模型　　b）Q的变化

图 7.32

a）电感的宽带模型　　b）导体作为一个同心圆柱体的视图　　c）宽带趋肤效应模型

图 7.33

上述原理可以扩展到趋肤效应的宽带建模。如图 7.33b 描绘的一个圆柱形导线，文献[9]的方法是将导线看成是一系列同心圆，每一个圆有一定的低频电阻和电感，组成图 7.33c 中的分布式模型电路。在这里，支路中的 R_j 和 L_j 代表第 j 个同心圆的阻抗。在低频下，电流是均匀分布地通过导体，模型减小至 $R_1\|R_2\|\cdots\|R_n$[9]。当频率升高时，电流远离内部的同心圆，通过增加每个支路电感的阻抗来模拟。在文献[9]中，常常用恒定的比值 R_j/R_{j+1} 来简化模型。随后会再次分析这个电感模型的应用。

现在加入与衬底的电容耦合效应，图 7.34a 显示了一维均匀分布模型，它的总电感和串联电阻被分成 n 个相等的段，即 $L_1+L_2+\cdots+L_n=L_{tot}$ ㊀ 和 $R_{S1}+R_{S2}+\cdots+R_{Sn}=R_{S,tot}$。衬底的节点由 $R_{sub1},\cdots,R_{sub,n-1}$ 依次连接，并由 $R_{G1},\cdots,R_{Gn}$ 连接到地。螺旋电感和衬底间的总电容被分解为 $C_{sub1},\cdots,C_{subn}$。

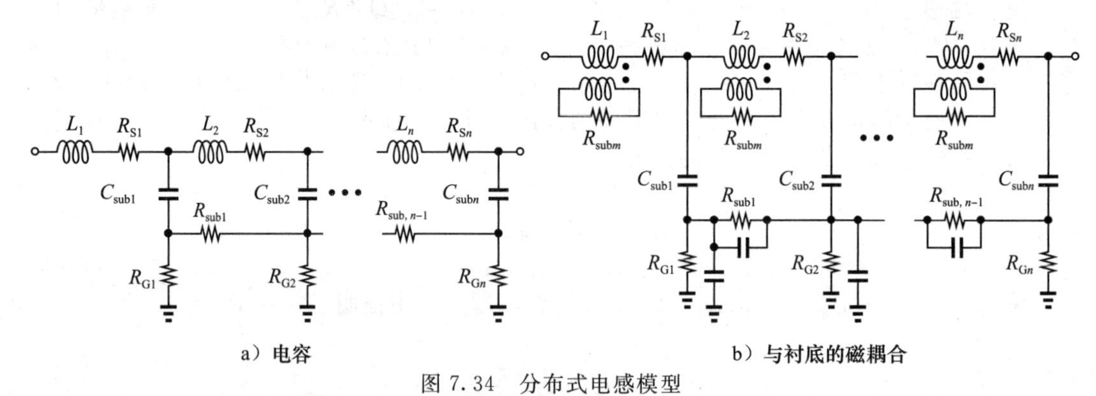

a）电容　　b）与衬底的磁耦合

图 7.34　分布式电感模型

继续模型的研究，现在考虑与衬底的磁耦合。如图 7.34b 所示的，每个电感段通过一个变压器耦合到衬底。互感和 R_{subm} 的正确选择，保证了这种损耗模型的准确表征。在这个模型中，同时也包括了衬底节点间的电容。

㊀ 更精确的模型应该包括互感，从而有 $L_{tot}=L_1+L_2+\cdots+L_n+nM$。

在获取电感的物理特性时，7.34b所示的模型对于实际应用来说太复杂了，主要的问题是，众多的参数使模型难以测量。因此必须寻求更加简单的模型，使得它们更容易进行参数的提取和拟合。第一步，回到集总模型。为了简单起见，可回到7.32a所示的并联－串联组合，并且将电容加到衬底上，如图7.35a所示。猜测 R'_S 和 R'_p 可以代表所有的损失，即使它们在物理上没有反映衬底损耗。我们也还记得7.2.4节的等效集总电容 C_F，它在两个端子之间出现。当元件的值恒定时，这个模型在中心频率周围±20%的带宽内是准确的。

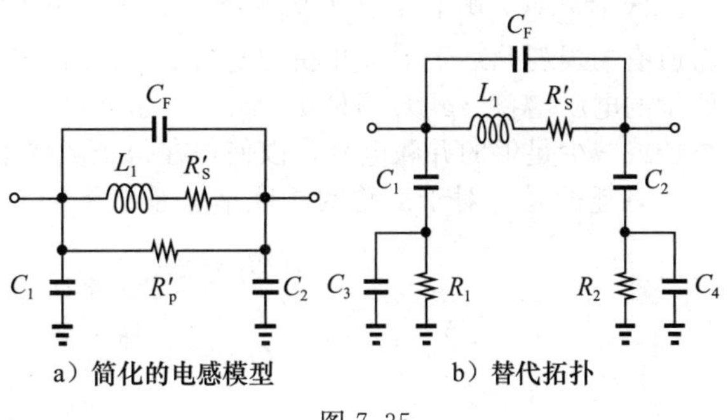

图7.35

在上述集总模型中有一个有趣的现象，即可以选择 C_1 和 C_2 等于到衬底总电容的一半，但7.2.4节的分析表明，如果电容的一端接地，等效电容是总量的1/3。这是集总模型的一个缺点。

另一个被证明是相对更加精确的模型如图7.35b所示。在这里，R_1 和 R_2 与图7.35a中的 R'_p [⊖]扮演类似的角色。注意，没有哪个模型明确地包含与衬底的磁耦合。假设这3个电阻足以代表在一个合理的带宽内(例如在元件值被计算±20%左右的频率)的损耗。文献[10]描述了一个更加适合宽带的模型。

Q的定义

本书已经介绍了电感 Q 值的几种定义：

$$Q_1=\frac{L\omega}{R_S} \tag{7.63}$$

$$Q_2=\frac{R_p}{L\omega} \tag{7.64}$$

$$Q_3=\frac{\mathrm{Im}\{Z\}}{\mathrm{Re}\{Z\}} \tag{7.65}$$

在基本的物理学中，有损振荡系统的 Q 值被定义为

$$Q_4=2\pi\,\frac{\text{存储总能量}}{\text{每周期能量损耗}} \tag{7.66}$$

此外，对于二阶网络，Q 值可以用谐振频率 ω_0 和－3dB带宽的频率 ω_{BW} 来定义，即

$$Q_5=\frac{\omega_0}{\omega_{BW}} \tag{7.67}$$

为了让事情变得更复杂，可以将开环系统在频率 ω_0 处的 Q 定义为

$$Q_6=\frac{\omega_0}{2}\frac{\mathrm{d}\phi}{\mathrm{d}\omega} \tag{7.68}$$

其中，ϕ 表示系统传输函数的相位(见第8章)。

上述哪一个定义和射频电路设计相关？现回顾一下第2章，Q_1 和 Q_2 用单个电阻对损耗建模，这适用于窄带情况。同时，从例7.7可知，可不考虑 Q_3，它失败的主要原因是：在大多数射频电路中，电感工作在谐振下(与它们自己的电容和与其他电路的电容谐振)，表现出 $Q_3=0$。剩下的3个，即 Q_4、Q_5 和 Q_6，在谐振频率附近的二阶网络中是等价的。

在进一步缩小 Q 的定义前，必须认识到，通常，一个电路的分析不需要电路器件 Q 值的有关知识。例如，如图7.34b所示的电感模型完整地描述了器件性质。因此，发明 Q

⊖ 原书误写为 R_p。——译者注

主要是为了提供一种直观的表述，使检查分析像使用确定的经验法则一样。

本书主要采用上述定义中的 Q_2。将所有可能的谐振网络减少至一个并联的 RLC 系统，将所有的损耗归结于单个并联的电阻 R_p，并且定义 $Q_2=R_p/(L\omega_0)$。这很容易得到如图7.1b所示的电压增益 $-g_m(r_o\|R_p)$。此外，如果要计算在不同频率下的给定电感的 Q 值，就需要添加或减少足够的并联电容，以使得在每个频率下都能产生谐振，进而确定相应的 Q_2 值。

有趣的是，对于二阶的并联谐振系统下的 Q_2 和 Q_3，有：

$$Q_2=2\pi\frac{\text{峰值磁能}}{\text{每周期损耗能量}} \tag{7.69}$$

$$Q_3=2\pi\frac{\text{峰值磁能}-\text{峰值电能}}{\text{每周期损耗能量}} \tag{7.70}$$

7.2.7 其他电感结构

由如图7.9所示的概念可知，螺旋电感的许多变种可以潜在地提高 Q 值，降低寄生电容或者减小横向尺寸。例如，螺旋电感的并联被证明有利于减小金属电阻。在本节中，要学习好几种电感结构。

1. 对称电感

如图7.36所示，差分电路更希望使用单个对称电感，而不是两个不对称螺旋电感。为了节省面积，一个差分的结构(由差分信号驱动)也呈现出更高的 Q[11]。为了理解该原理，给出图7.35b所示的电路模型，并添加图7.37中的单端和差分信号激励。如果在图7.37a中忽略 C_3，并且假设 C_1 有低的阻抗，因此在高频下电感被电阻分流，电阻约等于 R_1，也就是说，电路被简化为图7.37b。

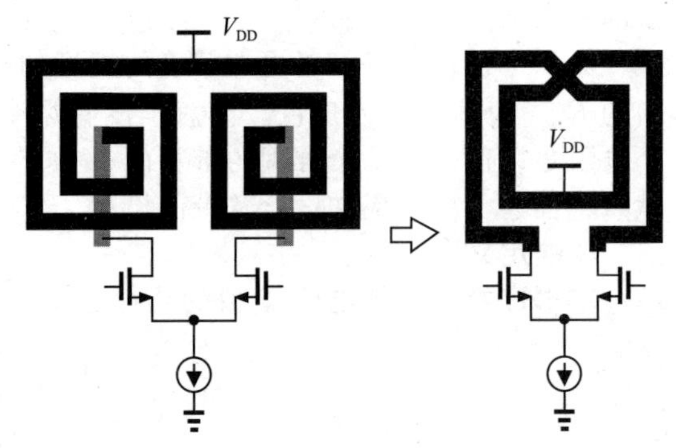

图7.36 差分电路中对称电感的应用

现在，考虑如图7.37c所示的差分结构，该电路可以被分解为两个对称的半边电路，如图7.37d所示：其中 R_1(或者 R_2)和电感 $L/2$ 并联出现，因此 Q 受到 R_S 的影响变小[11]。在习题7.4中，用等式(7.62)来比较两种情况下的 Q。对于在5GHz以上的频率，差分螺旋电感的 Q 为8或者更高，单端电感的 Q 为5～6。

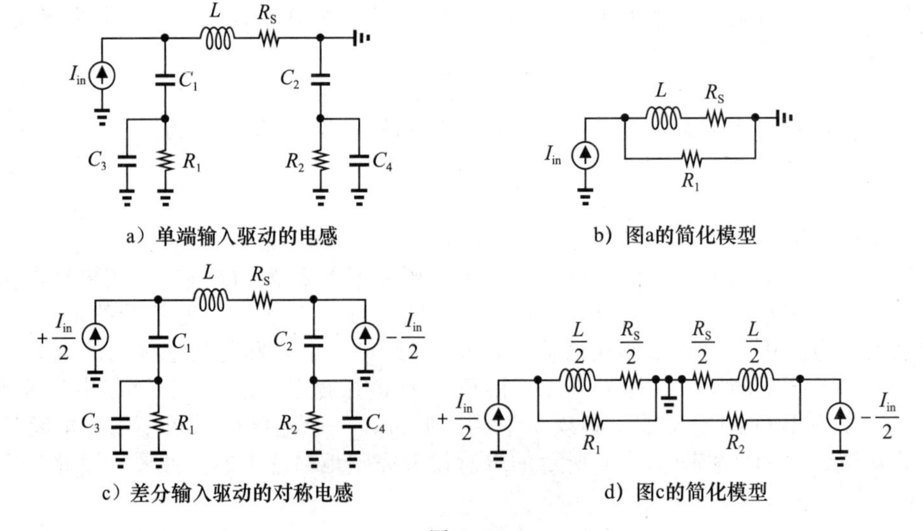

图7.37

对称电感的主要缺点是大的绕组间电容，和等式(7.29)预测的趋势相反。考虑如图 7.38a 所示的布局，电感被差分电压驱动，并且被看成串联的 4 段。用每一段电感来建模，且包括段与段之间的边缘电容，可得到如图 7.38b 所示的网络。注意：对称结构在节点 3 处构成了虚拟地。该模型表明，假如从节点 1 到节点 5 施加线性电压，则 C_1 和 C_2 维持大的电压，例如 $V_{in}/2$，如图 7.38c 所示。

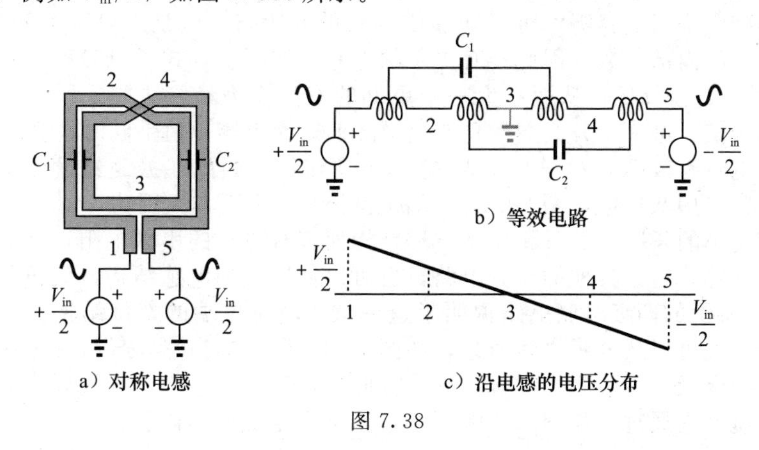

a）对称电感　b）等效电路　c）沿电感的电压分布

图 7.38

例 7.19 估算如图 7.39a 所示的三匝螺旋电感的等效集总绕组电容。

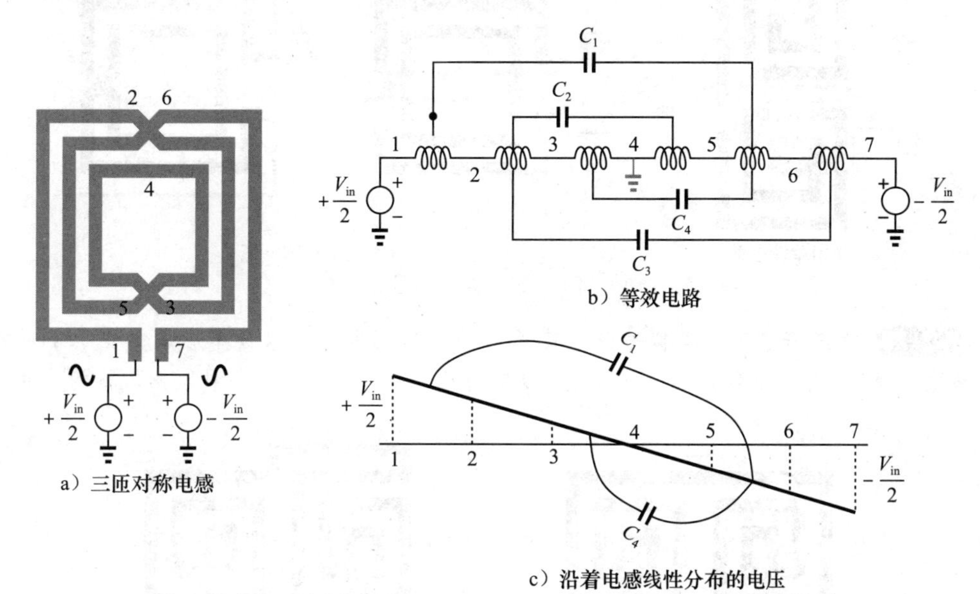

a）三匝对称电感　b）等效电路　c）沿着电感线性分布的电压

图 7.39

解：将该结构分解成如图 7.39b 所示的等效电路，作为近似，假设所有单元的电感是相等的，电容也是如此。进一步假设电压从一端到另一端线性分布，如图 7.39c 所示。因此，C_1 维持的电压为 $4V_{in}/6$，C_3 也是如此。同样地，C_2 和 C_4 的电压为 $2V_{in}/6$。因此在这 4 个电容上存储的总电能为

$$E_{tot}=2\left[\frac{1}{2}C\left(\frac{2}{3}V_{in}\right)^2+\frac{1}{2}C\left(\frac{1}{3}V_{in}\right)^2\right] \tag{7.71}$$

其中，$C=C_1=\cdots=C_4$。$C_1+\cdots+C_4$ 表示为 C_{tot}，则有：

$$E_{tot}=\frac{5}{9}\frac{C_{tot}}{4}V_{in}^2 \tag{7.72}$$

因此，一个等价的集总电容为

$$C_{eq}=\frac{5}{18}C_{tot} \tag{7.73}$$

与对应的单端电感式(7.32)相比，该值是它的160/9≈18倍。实际上，差分电感的等效绕组间电容通常远大于与衬底间的电容，并将主导谐振频率。◀

应该怎样减小绕组电容呢？可以增加线到线的间距 S，但是，对于给定的外观尺寸，这将会导致更小的内部匝数，因此会有更小的电感。实际上，式(7.15)表明，当 S 升高且 l_{tot} 保持恒定时，L 会降低，从而产生一个更低的 Q。作为经验法则，所选择的间距约是最小允许值的3倍。进一步升高 S，只能稍微降低边缘电容，但是同时也会降低 Q。

由于差分电感有较高的 Q 值，并且 Q 起主要作用，因此在振荡器设计中差分电感很常见。它们通常采用八边形，图7.9b所示的是一个对称版本。因为，对于一个给定的电感，八边形有更小的长度，并且相比于方形结构而言有更小的串联电阻。注意：垂直的侧面产生较小的互感。对于其他的差分电路，也可以使用这种电感结构，代价是牺牲路线复杂度。图7.40所示的两级级联电路说明了这一点。由于单端的螺旋结构分布在两边，所以到达下一级的线可以从电感之间通过，如图7.40a所示。当然，导线和电感之间需要留一些空隙，以确保减小不希望的耦合。另一方面，对于差分结构，导线要么必须从电感之间通过，要么绕着它通过，如图7.40b所示，这会产生更大的耦合。

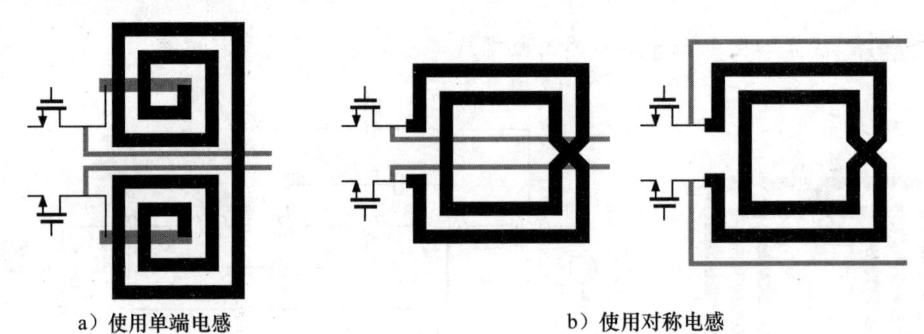

a）使用单端电感　　b）使用对称电感

图7.40　到下一级电路的信号走线方式

例7.20　如果需要实现类似差分电路的负载，单端电感可以被布局成如图7.41a所示的“镜像对称”，或者如图7.41b所示的“复制对称”形式。请讨论每种版图风格的优缺点。

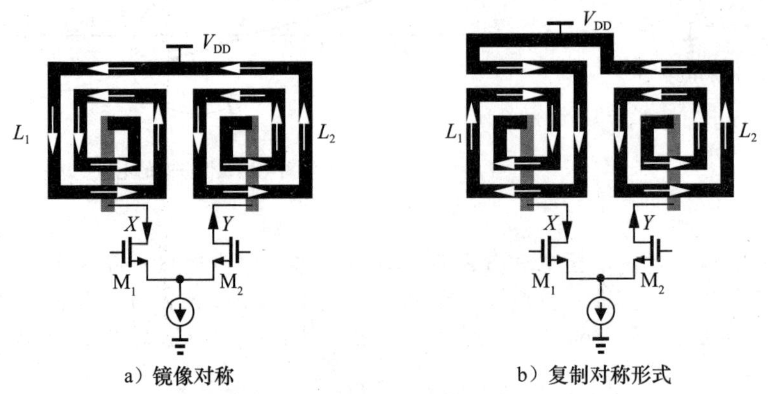

a）镜像对称　　b）复制对称形式

图7.41　差分对负载电感

解： 图7.41a所示的电路是轴对称的，但是在 L_1 和 L_2 之间受到不良的互感的影响。因为由 M_1 和 M_2 产生的差分电流在螺旋电感中向相反的方向流动，从 X 和 Y 之间看到的等效电感为

$$L_{eq}=L_1+L_2-2M \tag{7.74}$$

其中，M 表示 L_1 和 L_2 之间的互感。在螺旋电感之间有小的空隙，互感系数 k，可能约为 0.25，如果 $L_1=L_2=L$，则可得 $M=k\sqrt{L_1L_2}=0.25L$。换句话说，L_{eq} 比 L_1+L_2 小 25%，表现出更小的 Q。当 k 下降到百分之几时，L_1 和 L_2 之间的空隙必须约超过每个外部尺寸的 1/2。

在图 7.41b 所示的电感结构中，由电流的方向导致的结果是：

$$L_{eq}=L_1+L_2+2M \tag{7.75}$$

进而升高 Q。然而，电路并不对称。因此，如果对称性要求很严格(例如，第 4 章学过的直接变频接收机中的 LO 缓冲器)，则选择前者且在 L_1 和 L_2 之间有一些空隙。否则，选择后者。◀

单端电感与差分电感之间的另一个重要区别表现在它们所产生的信号耦合量。在图 7.42a 所示的拓扑结构中，考虑对称轴上的 P 点。运用右手法则，可观察到由 L_1 产生的磁场穿进 P 点所在的面，并且由 L_2 产生的磁场穿出该面，因此两个磁场沿着对称轴相互抵消。相反，图 7.42b 中的差分螺旋电感在 P 点产生唯一的磁场，即使在对称轴上也能和其他器件耦合[⊖]。这个问题在振荡器中特别的严重：为了获得高的 Q，则希望用对称的电感，但是这会使电路对功率放大器的注入牵引更加敏感。

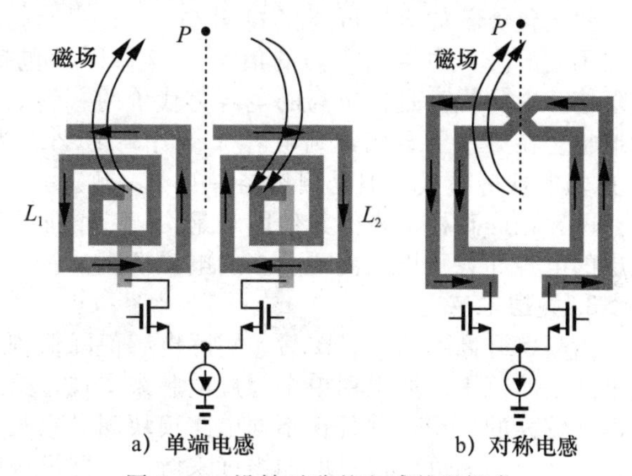

图 7.42　沿轴对称的电感的磁耦合

例 7.21　图 7.43 所示的拓扑结构或许可以作为减小耦合的待选方案。请分析这个结构的优缺点。

解：这个结构实际上包含两个单端电感，因为节点 N 是虚拟地。实际上，两边磁场在对称轴上相互抵消。这种结构比图 7.42a 中复制对称的单端螺旋电感有更高的对称性。不幸的是，这种拓扑的 Q 比差分螺旋电感还低，因为每半边电感都有自身的衬底损耗，即从图 7.37 观察到的衬底分流电阻的翻倍现象并没有发生在这里。文献[12]还描述了该结构的其他变形。◀

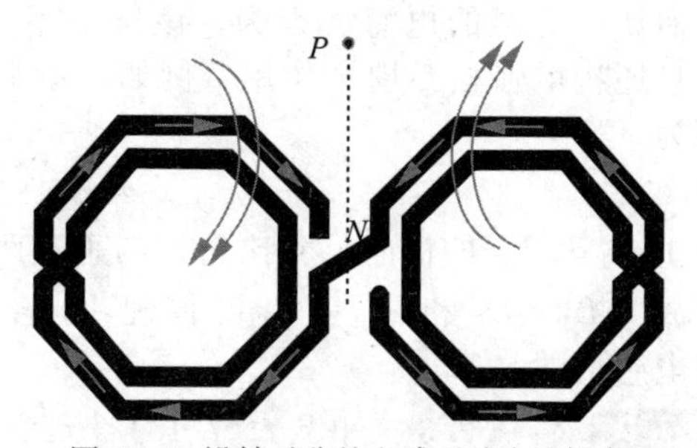

图 7.43　沿轴对称的电感可减小磁耦合

2. 带接地屏蔽的电感

前面 7.2.5 节关于衬底损耗的内容介绍了在电感下面做接地屏蔽的应用，其目标是让位移电流通过一个接地的低电阻流动，从而避免衬底的电耦合造成的损耗。但是我们发现连续屏蔽板中的涡流大大降低了电感值和 Q 值。

我们注意到即使屏蔽板不是连续的，也可以提供一个相当低的电阻终端。如图 7.44 所示的“图案化”屏

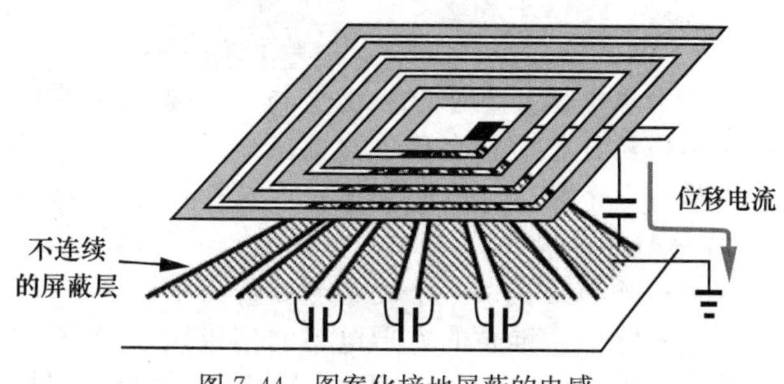

图 7.44　图案化接地屏蔽的电感

⊖　可以将单个螺旋电感看作环形天线。

蔽板，即在垂直于涡流流动的方向上将屏蔽板周期性断开，接收大部分电场线而不减小电感[13]。一小部分电场线穿过屏蔽板的间隙而终止在有损耗的衬底上。因此，间隙的宽度必须取最小值。

需要重点注意的是，图案化接地屏蔽只降低与衬底的电容耦合效应。遵循法拉第和楞次定理，磁耦合产生的涡流仍然从衬底上流过。

例 7.22 一个学生设计图案化接地屏蔽，认为最小化间隙宽度不是一个好主意，因为它会升高每两段屏蔽板之间的电容，有可能使更大的涡流流过屏蔽板。这个学生的说法正确吗？

解： 诚然，间隙电容确实会增加，我们必须注意到，所有的间隙电容以串联的形式出现在涡流的路径上。因此，总的等效电容非常小，对于涡流来说阻抗非常高。◀

图案化屏蔽的应用可能将 Q 升高 10%～15%[13]，但是这个升高取决于很多因素，因此在不同的报告中给出不同的值[14]。这些因素包括单端和差分操作、金属的厚度和衬底电阻值。Q 的提高是以更高的电容为代价的。例如，如果电感用第 9 层金属实现，而屏蔽接地板是在第 1 层金属，则电容大约升高 15%。为避免电容升高，也可以利用衬底上的 n^+ 区域实现屏蔽板，但是测量结果并不一致。

图案化屏蔽板带来的其他困难是，额外增加了建模和版图布局中的复杂度，使得到屏蔽层的电容和各种损耗需要更多的电磁仿真。

3. 叠层电感

当频率升高到约 5GHz 后，实际电感值降低到 5 到几十纳亨的范围。如果用单个螺旋电感来实现，这个电感占据较大的面积，并且在不同电路模块间导致长的互连线。这个问题可以通过增加维度来解决，即堆叠螺旋电感，如图 7.45 所示，将两个或多个螺旋电感串联放置，从而获得更高的电感。因为，该结构不仅仅是串联，而且还将增强相互耦合作用。例如，图 7.45 中总的电感为

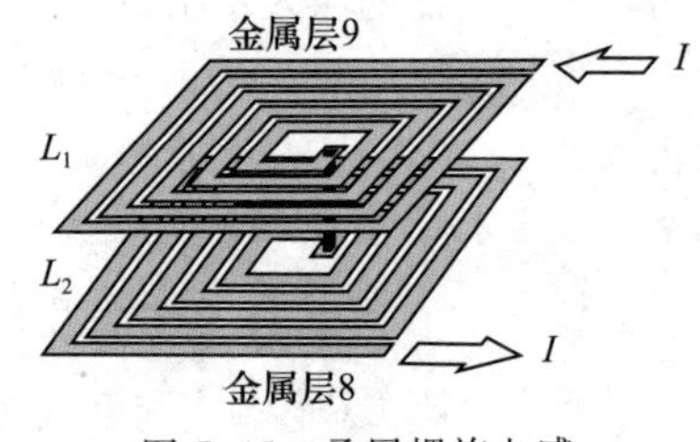

图 7.45 叠层螺旋电感

$$L_{tot} = L_1 + L_2 + 2M \tag{7.76}$$

由于 L_1 和 L_2 的横向尺寸比它们的垂直距离大得多，L_1 和 L_2 表现出近乎完美的耦合，即 $M \approx L_1 = L_2$ 和 $L_{tot} \approx 4L_1$。同理，n 叠层螺旋电感串联后，以大约为 n^2 的倍数升高总的电感值。

例 7.23 在 7.2.3 节中从式(7.15)得到的 5 匝 4.96nH 电感具有的外部尺寸为

$$D_{out} = \frac{l_{tot}}{4N} + W + (N-1)(W+S) \tag{7.77}$$

$$= 122\mu\text{m} \tag{7.78}$$

对于单个螺旋电感，假设堆叠 2 层螺旋电感，利用式(7.15)确定一个有相同 W 和 S 的 4 匝叠层结构的符合要求的电感外部尺寸。

解： 每个螺旋电感必须提供的电感值为 4.96nH/4=1.24nH。在式(7.15)中代入 $N=4$，$W=4\mu\text{m}$ 和 $S=0.5\mu\text{m}$，得到 $l_{tot} \approx 780\mu\text{m}$，因此 $D_{out}=66.25\mu\text{m}$。在这种情况下，叠层结构的外部尺寸以一个近似为 2 的因子降低。◀

在实际中，堆叠的方形电感的倍乘因子比 n^2 小，因为电感的每一段与相邻其他段互相垂直，无法形成耦合。例如，两个螺旋电感的堆叠结构约以 3.5 倍升高电感[6]。对于八边形的螺旋结构，其倍数接近于 n^2，而对于圆形的结构，倍数几乎等于 n^2。

除了衬底间的电容和绕组间的电容之外，叠层电感也在螺旋电感之间包含一个电容，如图 7.46a 所示。

例 7.24 在大多数电路中，电感的一端接交流地。请问图 7.46a 中的电感哪一端必须接地？

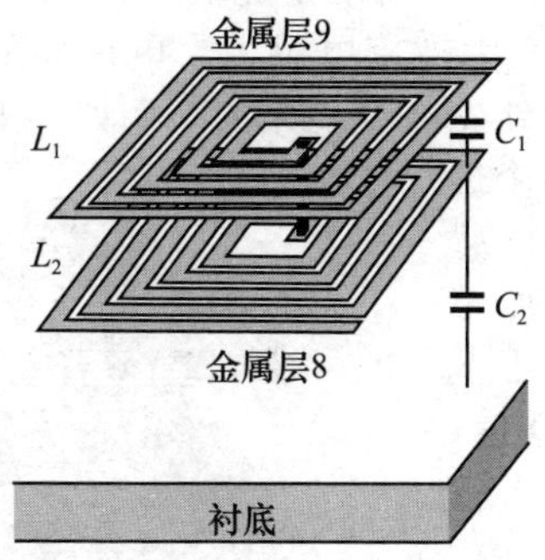

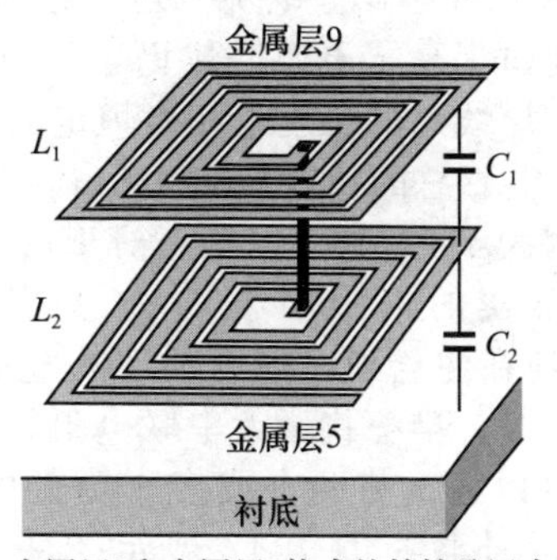

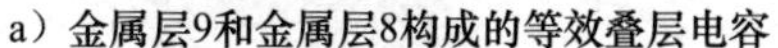

a）金属层9和金属层8构成的等效叠层电容　　b）金属层9和金属层5构成的等效叠层电容

图 7.46

解：对于衬底来说，由于 L_2 比 L_1 拥有更大的电容，所以 L_2 的终端应该接地。这是在叠层电感应用中极为重要的一点。

运用与 7.2.4 节相似的基于能量的分析方法，如果 L_2 的悬空端接交流地㊀，文献[6]证明了如图 7.46a 所示的电感的等效集总电容为

$$C_{eq}=\frac{4C_1+C_2}{12} \tag{7.79}$$

有趣的是，螺旋电感之间的电容比与衬底间的电容有一个更大的权重因子。如图 7.46b 所示，如果 L_2 被移到更低的金属层，即使 C_2 增加，C_{eq} 也会降低。注意：只要电感的横向尺寸远大于 L_1 和 L_2 之间的垂直间距，总的电感大致保持不变。◀

例 7.25 假设最底层的螺旋电感用第 5 层金属实现，运用如表 7.1 所示的电容数据，请比较例 7.23 中单层和叠层的 4.96nH 电感的等效集总电容。

表 7.1　金属电容一览表　　（单位：$aF/\mu m^2$）

	金属层 8	金属层 7	金属层 6	金属层 5	衬底
金属层 9	52	16	12	9.5	4.4
金属层 8		52	24	16	5.4
金属层 7			88	28	6.1
金属层 6				88	7.1
金属层 5					8.6

解：对于第 9 层金属实现的单个电感，总的面积等于 $2000\mu m\times 4\mu m=8000\mu m^2$，得到与衬底间的总电容是 35.2fF。如式(7.26)所建议的，等效的集总电容是这个值的 1/3，即 11.73fF。对于叠层结构，每一个螺旋电感的面积是 $780\mu m\times 4\mu m=3120\ \mu m^2$。因此，$C_1=29.64$fF，$C_2=26.83$fF，将导致

$$C_{eq}=12.1\text{fF} \tag{7.80}$$

对叠层电感的选择因此转换为电容对比㊁。如果 L_2 向下移至金属层 4 或金属层 3，叠层电感的电容降低得更多。◀

对于 n 叠层螺旋电感，已经证明有：

$$C_{eq}=\frac{4\sum_{m=1}^{n-1}C_m+C_{sub}}{3n^2} \tag{7.81}$$

㊀ 如果是 L_1 的悬空端接地，则等效电容要大很多。

㊁ 为了简化，此处忽略边缘电容。

其中，C_m 表示每个螺旋电感之间的电容[6]。

叠层结构如何影响 Q 呢？可以推测，螺旋电感中“与电阻无关”的耦合 M，在不增加电阻的同时提高了电感。然而，M 也存在于单匝大螺旋电感中。更重要的是，对于给定的电感，导线总的长度是相对恒定的，并且与导线怎么缠绕无关。例如，上述的单个螺旋4.96nH电感总的长度为2000μm，例7.23中两个螺旋叠层结构为1560μm。但是，对于两个叠层螺旋电感有一个更现实的倍乘因子3.5，总的长度约增加至1800μm。现在注意到，因为顶部的金属层通常比更低层的金属层厚，堆叠将增大串联电阻，从而降低 Q 值。这个问题可以通过将两个或多个更低的螺旋电感平行放置来进行补救。图7.47展示了一个例子，其中，第6层金属和第5层金属螺旋电感先并联，再与第9层金属螺旋电感串联。当然，在高频下，由于复杂的电流聚集效应，需要仔细进行电磁场模拟来确定 Q。

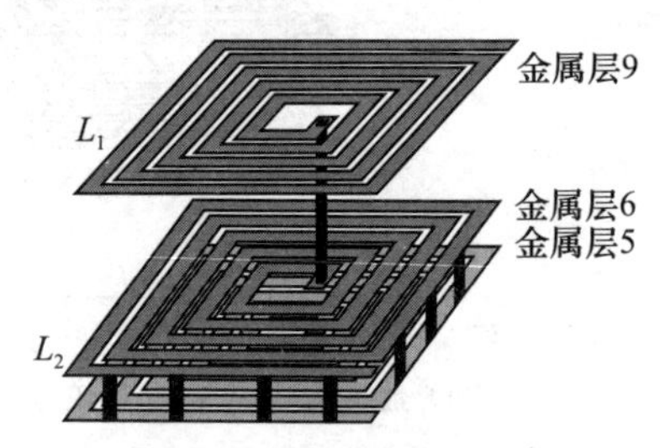

图7.47　第6层金属和第5层金属螺旋电感并联的叠层电感

7.3 变压器

在射频设计中，集成变压器可以实现许多有用的功能：①阻抗匹配；②正负极性反馈或前馈；③单端到差分转换或反向转换；④级间交流耦合。不过，与电感相比，它们更难建模和设计。

设计良好的变压器必须具备以下特点：①一次和二次绕组的串联电阻低；②一次和二次绕组之间的磁耦合高；③一次和二次绕组之间的耦合电容低；④衬底的寄生电容低。其中一些权衡因素与电感类似。

7.3.1 变压器结构

集成变压器一般由两个具有强磁耦合的螺旋电感组成。要获得“平面”结构，我们首先要做一个对称电感，并在其对称点处将其断开(见图7.48)。现在，AB 段和 CD 段充当相互耦合的电感。我们认为这种结构是1∶1变压器，因为一次和二次绕组完全相同。

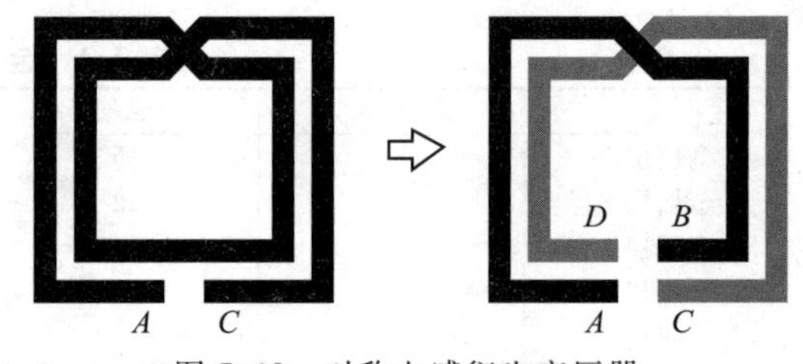

图7.48　对称电感衍生变压器

例7.26 图7.48中对称螺旋的电感与由此产生的变压器电感之间的关系是什么？

解： 我们有

$$L_{AC}=L_{AB}+L_{CD}+2M \tag{7.82}$$

式中，每个 L 指的是其端点之间的电感，M 指的是 L_{AB} 和 L_{CD} 之间的互感。由于 $L_{AB}=L_{CD}$，有

$$L_{AC}=2L_{AB}+2M \tag{7.83}$$

如果 L_{AC} 和 M 已知，我们可以确定一次和二次绕组的电感值。◀

图7.48中的变压器结构存在磁耦合低、一次绕组不对称和二次绕组不对称等问题。为了解决前者，可以增加匝数(见图7.49b)，但代价是耦合电容增加。要解决后者的问题，可以嵌入两个对称的螺旋线圈，但一次和二次绕组电感略有不同，如图7.49b所示。上述所有结构的耦合系数通常都小于0.8。我们将在下面的示例中研究这一缺陷的影响。

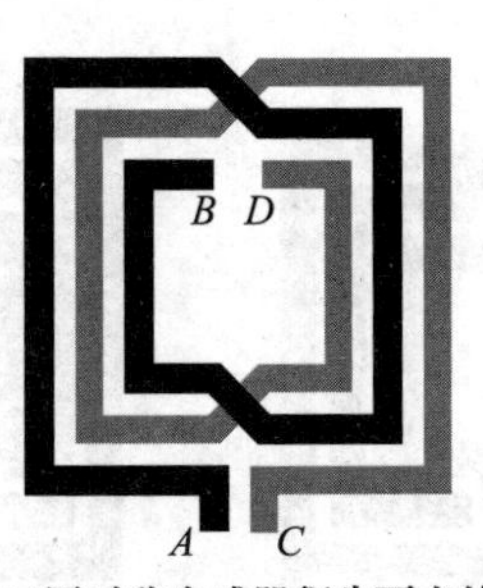

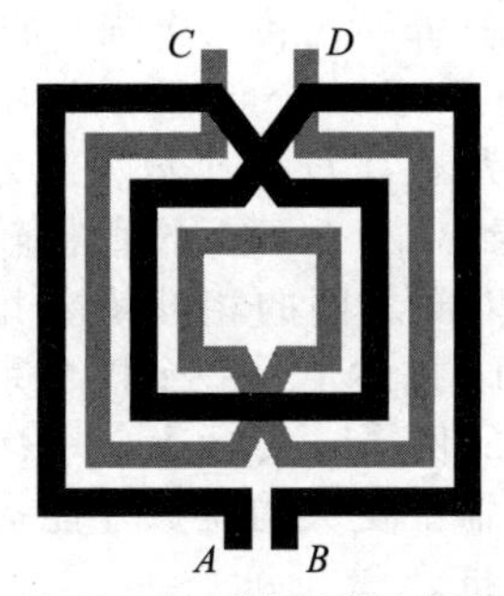

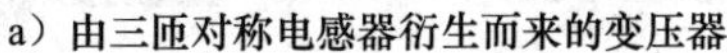

a）由三匝对称电感器衍生而来的变压器　　b）由两个嵌入式对称螺旋线构成的变压器

图 7.49

例 7.27 考虑图 7.50 所示的电路，其中 C_F 模拟一次和二次绕组之间的等效叠加电容。确定传递函数 V_{out}/V_{in} 并讨论二次绕组单元磁耦合系数的影响。

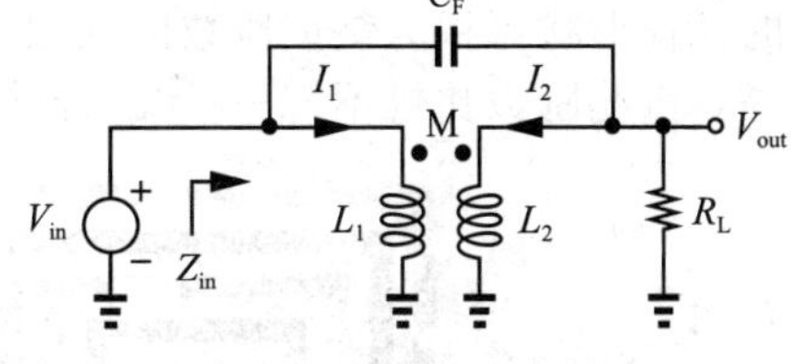

图 7.50　简单变压器模型

解：变压器的工作原理是

$$V_{in}=L_1sI_1+MsI_2 \tag{7.84}$$

$$V_{out}=L_2sI_2+MsI_1 \tag{7.85}$$

从式(7.84)中得到 I_1，并将结果代入式(7.85)有

$$I_2=\frac{V_{out}}{L_2s}-\frac{M(V_{in}-MsI_2)}{L_1L_2s} \tag{7.86}$$

此外，由输出节点处的 KCL 方程知

$$(V_{in}-V_{out})C_Fs-I_2=\frac{V_{out}}{R_L} \tag{7.87}$$

将式(7.86)中的 I_2 代入并化简，得到

$$\frac{V_{out}}{V_{in}}(s)=\frac{L_1L_2\left(1-\frac{M^2}{L_1L_2}\right)C_Fs^2+M}{L_1L_2\left(1-\frac{M^2}{L_1L_2}\right)C_Fs^2+\frac{L_1L_2}{R_L}\left(1-\frac{M^2}{L_1L_2}\right)s+L_1} \tag{7.88}$$

在一些特殊情况下研究这一传递函数很有启发。首先，如果 $C_F=0$

$$\frac{V_{out}}{V_{in}}=\frac{M}{\frac{L_1L_2}{R_L}\left(1-\frac{M^2}{L_1L_2}\right)s+L_1} \tag{7.89}$$

这表明，由于 $k=M/\sqrt{L_1L_2}<1$，变压器表现出低通响应，真实的极点位于

$$\omega_{p1,2}=\frac{1}{2R_LC_F}\left[-1\pm\sqrt{1-\frac{4R_L^2C_F}{L(1-k^2)}}\right] \tag{7.90}$$

◀

式(7.88)表明，在 k 保持不变的情况下，减小 L_1 和 L_2 是有益的；当 L_1 和 L_2(并且 $M=k\sqrt{L_1L_2}$)接近零时，有

$$\frac{V_{out}}{V_{in}}(s)\approx\frac{M}{L_1} \tag{7.91}$$

如果 $L_1=L_2$，则与频率无关的量等于 k。然而，如图 7.50 所示，L_1 和 L_2 的减小也降低了输入阻抗 Z_{in}。例如，如果 $C_F=0$，则我们从式(7.54)可知

$$Z_{in}=L_1s-\frac{M^2s^2}{R_L+L_2s} \tag{7.92}$$

因此，必须选择一次和二次绕组的匝数，使得 Z_{in} 在相关频率范围内足够高。

图 7.51a 显示了一个例子，其中 AB 的匝数大约为 1，CD 的匝数大约为 2。但我们注意到，由于 CD 的直径较小，AB 与 CD 内圈之间的相互耦合相对较弱。图 7.51b 描述了另一个耦合系数更强的 1∶2 的例子。实际上，一次和二次绕组可能需要更大的匝数才能提供合理的输入阻抗。

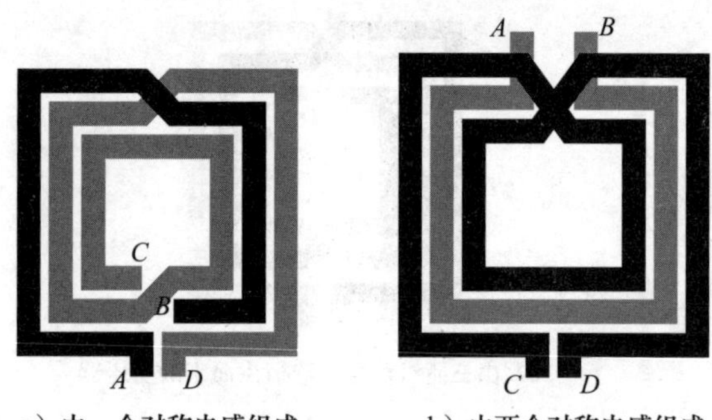

a）由一个对称电感组成　　b）由两个对称电感组成

图 7.51　1∶2 变压器

图 7.52 展示了平面变压器的另外两个例子。在这里，两个不对称线圈相互缠绕，以实现高耦合系数。图 7.52a 的几何形状可视为绕成匝数的两根平行导体。由于长度不同，一次和二次绕组的电感不相等，因此匝数比也不统一[16]。而图 7.52b 的结构则提供了一个精确的单位匝数比[16]。

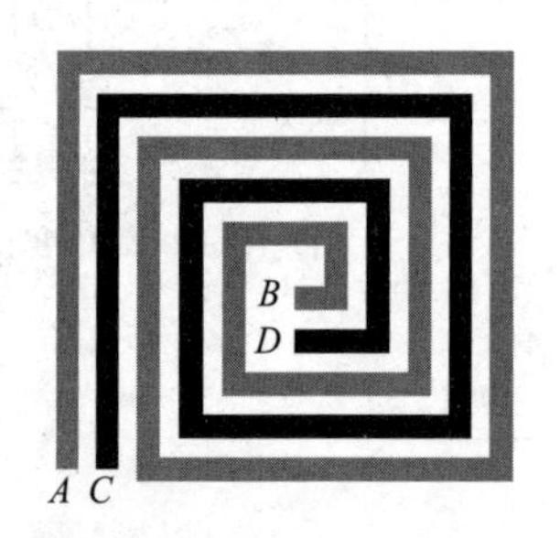

a）两根导线绕在一起形成的变压器

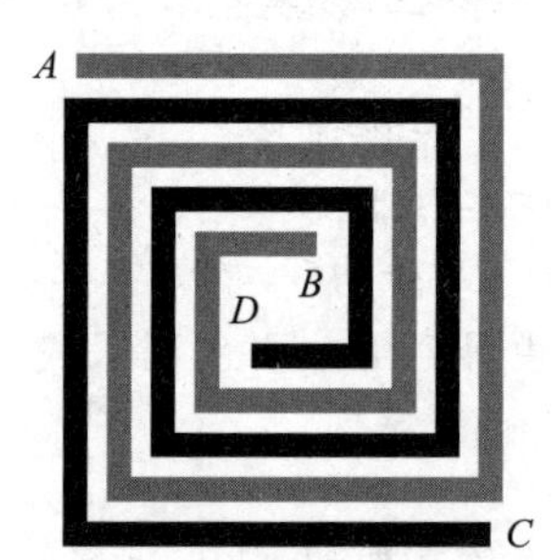

b）一次和二次绕组长度相等的替代形式

图 7.52

变压器也可以采用三维结构。与 7.2.7 节中研究的叠层电感器类似，变压器的一次和二次绕组也可以采用叠层螺旋结构[6]。图 7.53a 展示了一个 1∶1 的例子。重要的是要认识到以下特性：①一次和二次绕组匝数的排列导致磁耦合系数略高于图 7.49 和图 7.51 中的平面变压器；②与平面结构不同，一次和二次绕组可以对称且相同(除了它们的电容不同)；③三维变压器所占的总面积小于平面变压器。

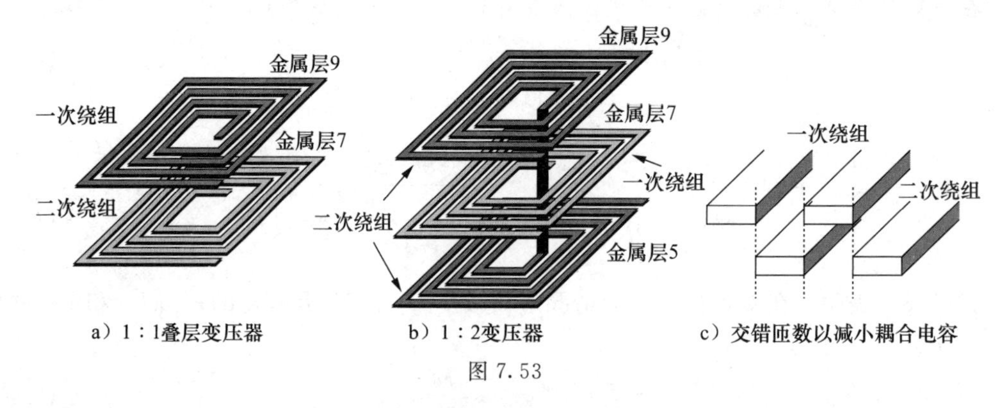

a）1∶1叠层变压器　　b）1∶2变压器　　c）交错匝数以减小耦合电容

图 7.53

叠层变压器的另一个优点是可以提供高于 1 的匝数比[6]。如图 7.53b 所示，其原理是将多个线圈串联起来，形成一次或二次绕组。因此，拥有九个金属层的技术可以提供 1～8 个变压器！根据参考文献[6]，叠层变压器确实能在吉赫兹频率下提供显著的电压或电流增益。这种“免费”增益可在链中的各级之间加以利用。

不过，叠层变压器必须解决两个问题。首先，由于金属层较薄，较低的螺旋面电阻较大。其次，一次和二次绕组之间的电容比平面变压器大(为什么?)为了减小电容，可以将一次和二次绕组匝“错开”，从而最大限度地减小重叠(见图 7.53b)[6]。但这要求每个电感器相邻匝之间的间距相对较大，从而降低了电感。

7.3.2　耦合电容的影响

一次和二次绕组之间的耦合电容会产生负和正互(磁)耦合因子的不同行为类型。为了理解这一点，我们回到式(7.88)中的传递函数，并注意到对于 $s=\mathrm{j}\omega$，分子简化为

$$N(\mathrm{j}\omega)=-L_1L_2\left(1-\frac{M^2}{L_1L_2}\right)C_F\omega^2+M \tag{7.93}$$

第一项总是负的，但第二项的极性取决于所选择的相互耦合方向。因此，如果 $M>0$，$N(\mathrm{j}\omega)$将会在下式频率处减小至 0：

$$\omega_Z=\sqrt{\frac{M}{L_1L_2\left(1-\frac{M^2}{L_1L_2}\right)C_F}} \tag{7.94}$$

即频率响应在 ω_Z 处呈现一个零点。如果 $M<0$，则不存在这样的零点，并且变压器可以在更高的频率下操作。因此，我们说“同相”变压器的速度比“反相”变压器低[16]。

上述现象也可以直观地解释：通过 C_F 的前馈信号可以抵消从 L_1 耦合到 L_2 的信号。具体而言，图 7.50 中 L_2 两端的电压包含两项，即 $L_2\mathrm{j}\omega I_2$ 和 $M\mathrm{j}\omega I_1$。如果在某个频率下，I_2 完全由 C_F 提供，则前一项可以抵消后一项，从而产生零输出电压。

7.3.3　变压器建模

集成变压器可视为两个具有磁耦合和电容耦合的电感器。因此，7.2.6 节中描述的电感器模型直接适用于此。图 7.54 显示了一个例子，一次和二次绕组用图 7.35b 的替代拓扑表示，并添加了相互耦合 M 和耦合电容 C_F。有关变压器建模的更多详情，请参阅参考文献[16]和参考文献[17]。

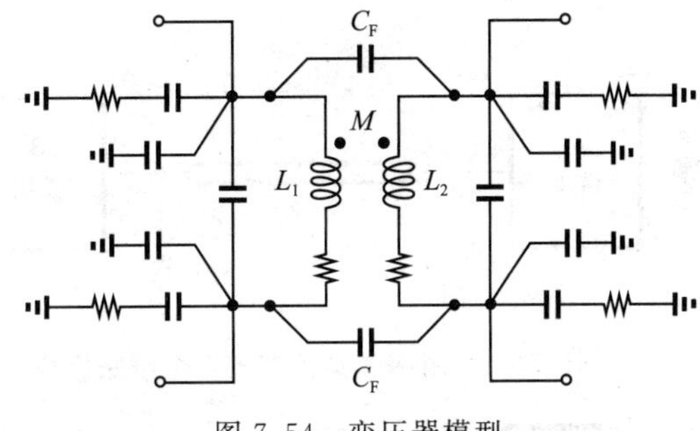

图 7.54　变压器模型

由于该模型的复杂性，很难从仅提供整个结构的 S 或 Y 参数的测量或现场模拟中找到每个元件的值。在实际中，为了深入了解变压器的局限性，我们在这种建模上花费了一些精力，但要准确地表示变压器，可能需要设计人员在电路仿真中直接使用 S 参数或 Y 参数。然而，电路仿真器在使用这些参数时有时会遇到收敛困难。

7.4　传输线

射频设计中偶尔会用到集成传输线(T 型线)。举几个 T 型线应用的例子很有启发。假设一根长导线将高频信号从一个电路块传输到另一个电路块(见图 7.55)。导线存在电感、电容和电阻。如果增加导线的宽度以减小电感和串联电阻，那么与衬底之间的电容就会升高。当频率超过几吉赫兹时，这些寄生效应可能会明显降低信号的质量。

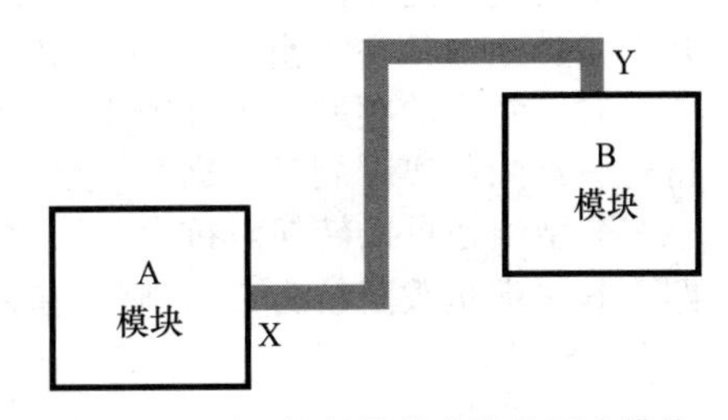

图 7.55　用一根长导线连接的两个模块

例 7.28 对于图 7.55 所示的导线，我们还可以说电流的“返回路径”不明确。请解释这一特性及其影响。

解：在理想情况下，信号电流通过导线从模块 A 流向模块 B，并通过接地平面返回(见图 7.56a)。但在实际情况中，由于导线寄生和两个模块之间的非理想接地连接，部分信号电流流经衬底(见图 7.56b)。由于返回路径的复杂性，很难准确预测导线在高频下的行为。此外，与衬底的耦合会导致信号泄漏到芯片的其他部分。

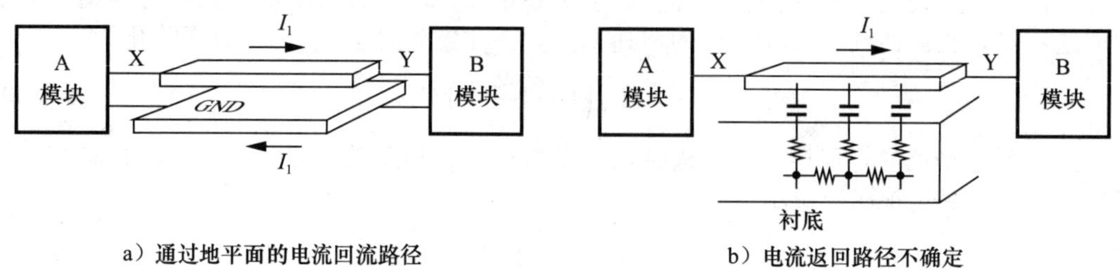

a）通过地平面的电流回流路径　　b）电流返回路径不确定

图 7.56 ◀

如果将图 7.55 中的长导线换成 T 型线，并修改模块 B 的输入端口以匹配 T 型线，那么上述问题就会得到缓解。如图 7.57 所示，线路电感和电容不再使信号劣化，而 T 型线接地板不仅为返回电流提供了低阻抗路径，还将信号与衬底的相互作用降至最低。线路电阻也可以降低，但要权衡利弊(参见 7.4.1 节)。

作为 T 型线应用的另一个例子，请回顾第 2 章的内容：如果 T 型线的短路终端比波长短得多，那么它就可以充当电感使用。因此，T 型线可用作感性负载(见图 7.58)。

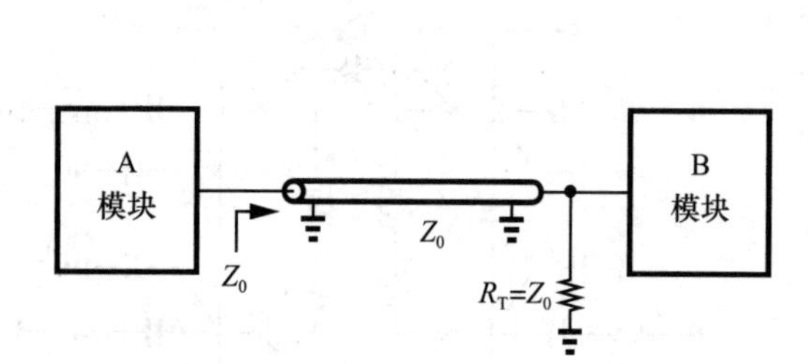

图 7.57 用 T 型线连接的两个电路模块

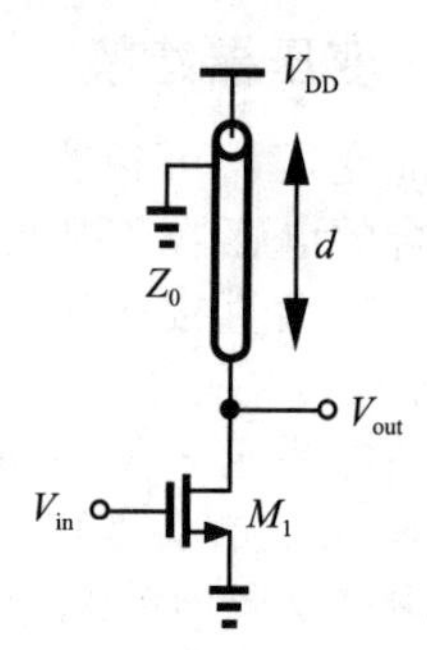

图 7.58 用作电感负载的 T 型线

例 7.29 确定图 7.58 中流经 T 型线的电流信号的返回路径。

解：由于信号电流会到达 V_{DD} 线路，因此必须在 V_{DD} 和地之间放置一个旁路电容。如图 7.59 所示，这种布置必须最大限度地减少返回路径中的寄生电感和电阻。请注意，任何高频单端电路都需要低阻抗的返回路径和旁路电容。◀

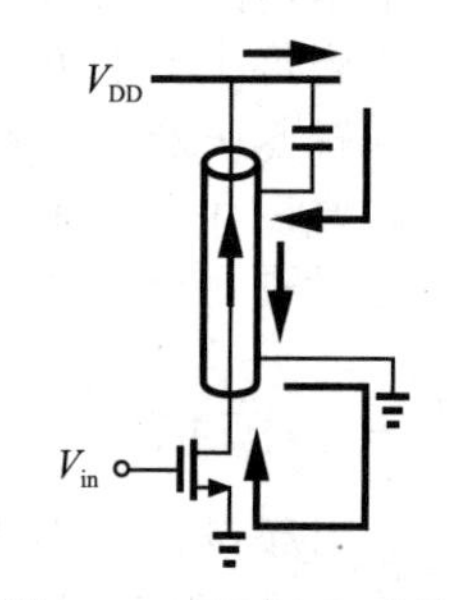

图 7.59 CS 级 T 型线周围的回路

T 型线电感器的 Q 值与螺旋结构的 Q 值相比如何？对于高达几十兆赫兹的频率，由于匝间的相互耦合，后者能提供更高的 Q 值。对于更高的频率，预计前者的 Q 值会更高，但目前还没有支持这一预测的实际测量数据——至少在 CMOS 技术中是如此。

T 型线还可以转换阻抗。如第 2 章所述，一条长度为 d 的线路，其终端负载阻抗为 Z_L，则其输入阻抗为

$$Z_{in}(d)=\frac{Z_L+jZ_0\tan(\beta d)}{Z_0+jZ_L\tan(\beta d)} \tag{7.95}$$

式中，$\beta=2\pi/\lambda$ 和 Z_0 是线路的特性阻抗。例如，如果 $d=\lambda/4$，则 $Z_{in}=Z_0^2/Z_L$，也就是

说，容性负载可以转化为感性负载。当然，所需的四分之一波长只有在毫米波频率的集成电路中才具有实际应用价值。

T 型线结构

在微波领域开发的各种 T 型线结构中，只有少数几种可以实现集成。在选择几何结构时，射频集成电路设计人员需要考虑以下参数：损耗、特性阻抗、速度和尺寸。

在研究 T 型线结构之前，让我们先简单了解一下 CMOS 工艺的典型后端工艺，如图 7.60 所示。典型的工艺提供一个硅化多晶硅层和大约九个金属层。多晶硅的高薄片电阻 R_{sh}（10～20Ω/□）使其成为不良导体。下层金属层的厚度约为 0.3μm，R_{sh} 为 60～70mΩ/□。顶层的厚度约为 0.7～0.8μm，R_{sh} 为 25～30mΩ/□。在每两个连续的金属层之间有两个电介质层：0.7μm 层，$\varepsilon_r \approx 3.5$；0.1μm 层，$\varepsilon_r \approx 7$。

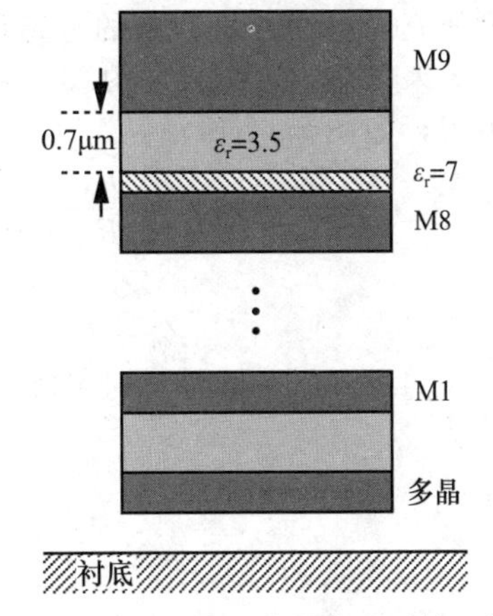

图 7.60　CMOS 工艺的典型后端工艺

微带　图 7.61 所示的“微带”结构是集成 T 型线的天然候选结构，它由最上层金属层中的信号线和下层金属层中的接地平面组成。这种拓扑结构的一个重要特点是可以将信号线与基底之间的相互作用降至最低。如果接地平面的宽度足以容纳信号线产生的大部分电场线，就能实现这一目的。作为场约束和 T 型线尺寸之间的折中方案，我们选择 $W_G \approx 3W_S$。

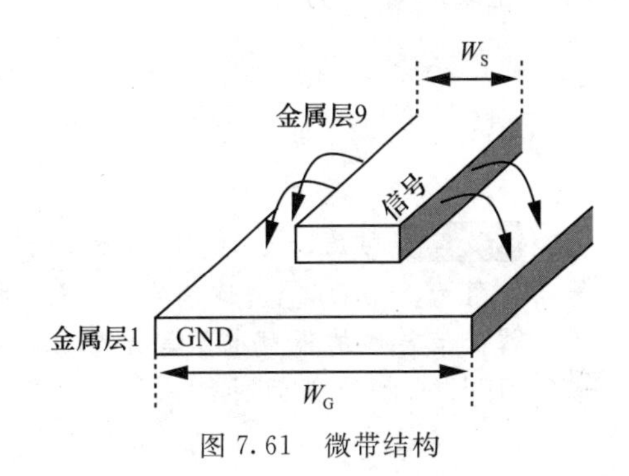

图 7.61　微带结构

在微波领域中，已经开发了许多方程来表示微带的特性阻抗。例如，如果信号线相对于接地平面具有厚度 t 和高度 h，则

$$Z_0 = \frac{377}{\sqrt{\varepsilon_r}} \frac{h}{W_S} \frac{1}{1 + 1.735\varepsilon_r^{-0.0724}(W_e/h)^{-0.836}} \tag{7.96}$$

式中

$$W_e = W_S + \frac{t}{\pi}\left(1 + \ln\frac{2h}{t}\right) \tag{7.97}$$

例如，如果 $h = 7\mu m$，$t = 0.8\mu m$，$\varepsilon_r = 4$，并且 $W_S = 4\mu m$，则 $Z_0 \approx 86\Omega$。这些方程的误差高达 10%。实际上，要计算 Z_0，必须进行包括后端细节在内的电磁场仿真。

例 7.30　一个短微带可以被用作电感使用，与电路中的晶体管电容谐振。如果线路的特性阻抗误差为 10%，则确定谐振频率的误差 ω_{res}。

解：从式(7.95)可知，$Z_L = 0$ 并且 $2\pi d \ll \lambda$ 的 T 型线提供的输入阻抗为

$$Z_{in} = jZ_0 \tan(\beta d) \tag{7.98}$$

$$\approx jZ_0\left(2\pi\frac{d}{\lambda}\right) \tag{7.99}$$

$$\approx j\omega\frac{Z_0 d}{v} \tag{7.100}$$

也就是说，电感为 $L_{eq} = Z_0 d/v = L_u d$，其中 v 表示波速，L_u 表示每单位长度的电感。由于 ω_{res} 与 L_{eq} 成反比，因此 L_{eq} 中的 10% 误差转化为 ω_{res} 中的约 5% 误差。◀

微带线的损耗由信号线和接地平面两者的电阻引起。在现代CMOS技术中，金属层1实际上比较高层薄，引入了与信号线损耗相当的接地平面损耗。

如果T型线只是连接两个模块，则其损耗表现为信号衰减(或带宽降低)。在几十兆赫兹的频率下，微带的典型损耗小于0.5dB/mm，因此可以很好地实现这一目的。如果一根T型线充当Q值至关重要的电感负载，则需要更低的损耗。我们可以很容易地把损耗和Q联系起来。假设单位长度的T型线呈现R_u的串联电阻，如图7.62所示：

$$\frac{V_{out}}{V_{in}} \approx \frac{R_L}{R_S + R_u + R_L} \tag{7.101}$$

$$\approx \frac{Z_0}{2Z_0 + R_u} \tag{7.102}$$

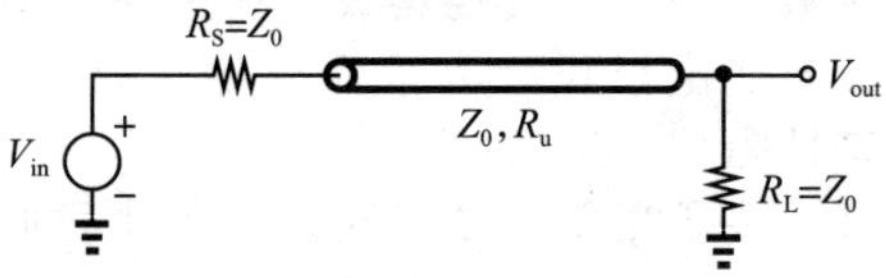

图7.62 有损耗传输线

我们找到这个结果与理想值之间的差异，然后归一化为1/2：

$$\text{Loss} \approx \frac{R_u}{2Z_0 + R_u} \tag{7.103}$$

$$\approx \frac{R_u}{2Z_0} \tag{7.104}$$

前提是$R_u \ll 2Z_0$。请注意，此值以分贝表示为20lg(1－Loss)，结果为负。单位长度的T型线的Q值为

$$Q = \frac{L_u\omega}{R_u} \tag{7.105}$$

$$= \frac{L_u\omega}{2Z_0 \cdot \text{Loss}} \tag{7.106}$$

例7.31 考虑一条1000μm长的微带线，$Z_0=100\Omega$，$L=1\text{nH}$。如果信号线宽4μm，薄层电阻为25mΩ/□，请确定5GHz时的损耗和Q值。忽略趋肤效应和地平面的损耗。

解： 信号线的低频电阻等于6.25Ω，由式(7.104)知，损耗为0.031≡－0.276dB。由式(7.106)求得Q值为

$$Q = 5.03 \tag{7.107}$$

◀

为了减少微带的损耗，可以增加信号线的宽度(要求接地平面的宽度也相应增加)。但这样做的结果是：①会降低单位长度的电感(就像多条信号线平行放置一样)；②会提高接地平面的电容。这两种效应都会导致特性阻抗降低，即$Z_0=\sqrt{L_u/C_u}$。例如，信号线宽度增加一倍，Z_0大约减半[⊖]。式(7.97)也显示了这种粗略的依赖关系。

加宽信号线会导致特性阻抗降低，从而增加电路设计的难度。如图7.57所示，正确端接的T型线给驱动级(A模块)带来的阻抗为Z_0。因此，随着Z_0的减小，A模块的增益也会减小。换句话说，A模块的增益和T型线的反向损耗的乘积必须达到最大，这就要求将电路和T型线设计为一个整体。

我们还可以通过堆叠金属层来降低微带的电阻。如图7.63所示，这种几何形状可减轻损耗和特性阻抗之间的权衡。此外，通过堆叠还可以

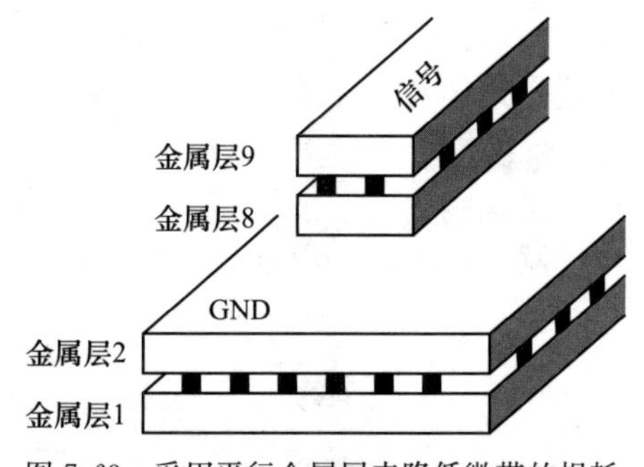

图7.63 采用平行金属层来降低微带的损耗

⊖ 将宽度加倍不会使L_u减小2倍，因为将两个耦合导线并联放置不会使电感减半。

缩小 T 型线的占用面积，从而简化布线和布局。

例 7.32 用于转换阻抗的传输线对于高达几十吉赫兹的频率来说太长了。然而，$v=1/\sqrt{L_u C_u}$ 的关系表明，如果 C_u 升高，那么波速可以降低，$\lambda=v/f$ 也可以降低。说明这个想法的实用性。

解： 问题是较高的 C_u 会导致较低的 Z_0。因此，传输线可以更短，但它需要更大的驱动能力。此外，阻抗变换变得更加困难。例如，假设使用 $\lambda/4$ 线将 Z_L 提升到 Z_0^2/Z_L，这仅当 $Z_0>Z_L$ 时才可能。◀

共面线 “共面”结构是集成 T 型线的另一种候选结构。如图 7.64 所示，这种几何结构将信号线和接地线集成在一个平面内，如金属层 9。共面线的特性阻抗可能高于微带线，这是因为：①图 7.64 中信号线和地线的厚度相当小，这导致它们之间的电容很小；②两条线之间的间距可以很大，进一步减小了电容。当然，当 S 与 h 相等时，信号线发出的更多电场线会终止在衬底上，从而产生更大的损耗。此外，信号线的两侧也会被地线包围。共面线的特性通常是通过电磁场仿真获得的。

上述用于微带的损耗降低技术也可用于共面线路，但需要做出类似的权衡。不过，共面线路由于其横向分布而有更大的占地面积，这使得布局更加困难。

带状线 “带状线”由接地平面环绕的信号线组成，因此对环境产生的场泄漏很小。例如，金属层 5 信号线的周围可以是金属层 1 和金属层 9 平面以及连接这两个平面的通孔（见图 7.65）。如果过孔间距较近，信号线在四个方向上都能保持屏蔽。

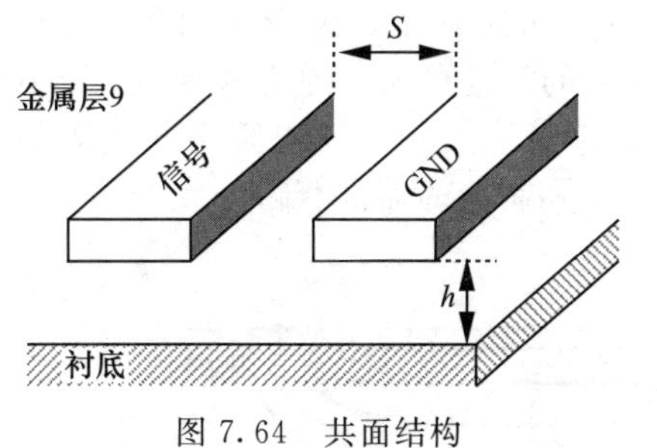

图 7.64　共面结构

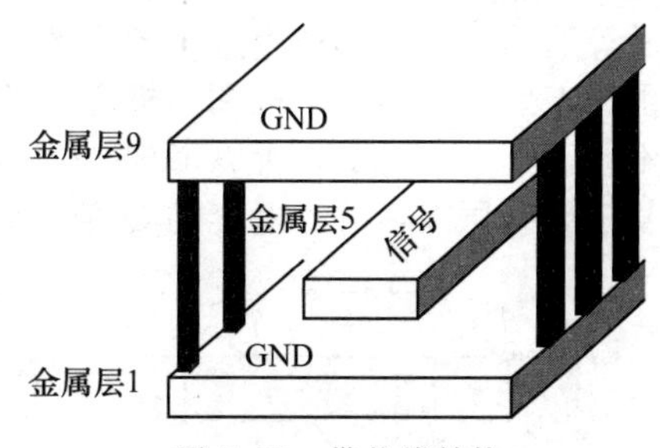

图 7.65　带状线结构

与微带和共面结构相比，带状线的特性阻抗较小。因此，只有在必须限制场的情况下才会使用它。

7.5 可变电容

正如在第 8 章所描述的，“可变电容”是 LC 压控振荡器的一个基本元件。可变电容有时也用于调整窄带放大器的谐振频率。

可变电容是电压依赖性电容。可变电容的两个特性是振荡器设计中的关键：①电容变化范围，即可变电容能够提供的最大电容和最小电容的比值；②可变电容的品质因数，受结构的串联寄生电阻限制。有趣的是，这两个参数在一些情况下需折中考虑。

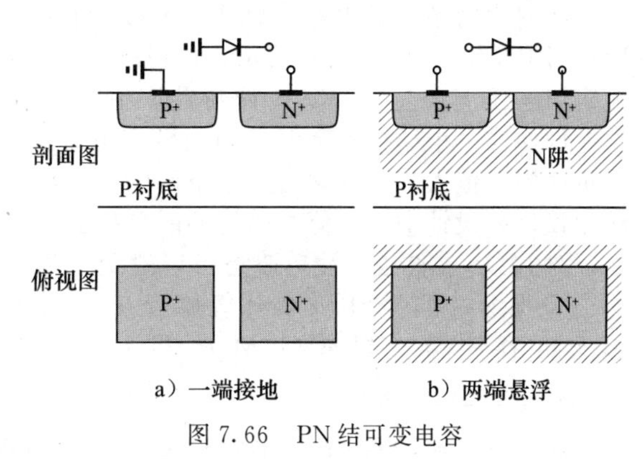

图 7.66　PN 结可变电容

在老一代射频集成电路中，可变电容用反向偏置的 PN 结实现。图 7.66a 给出了一个例子，其中，P 衬底形成阳极，而 N^+ 是阴极（P^+ 提供一个低阻连接至衬底)。在这种情况下，阳极被强制接地，限制了设计的灵活性。另一种灵活的PN结如图7.66b所示，用在N阱中制作二极管，N阱作为阴极。

现在来看看电容的范围和PN结的Q值。若V_D反向偏置，结电容C_j为

$$C_j=\frac{C_{j0}}{\left(1+\frac{V_D}{V_0}\right)^m} \tag{7.108}$$

其中，C_{j0}是在零偏置时的电容，V_0是内建电势，在集成结构中m取0.3左右。我们认识到C_j对V_D的弱依赖性。因为$V_0\approx0.7\sim0.8$V，并且由于V_D被如今的供电电压限制为低于1V，所以因式$1+V_D/V_0$在1～2之间变化。此外，约为0.3的指数m弱化了这个变化，导致电容范围$C_{j,\max}/C_{j,\min}$大约为1.23。在实践中，可以让可变电容有一些正向偏置(0.2～0.3V)，从而获得较大的范围。

PN结可变电容的Q由该结构的总串联电阻给出。在图7.66b所示的二极管中，电阻主要是由于N阱产生的，并且可以缩小N^+和P^+接触点间距来减小电阻。此外，如图7.67所示，每个P^+区可以被N^+环包围，因此可从两个方面来减小电阻。

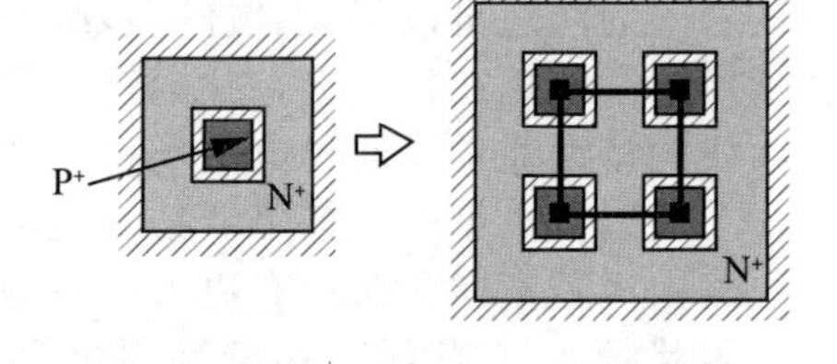

图7.67 应用N^+环来减小可变电容的电阻

不像电感、变压器和T线，可变电容非常难以模拟和建模，特别是对于Q的计算。考虑位移电流的流动如图7.68a所示，由于电流流动的二维性质，比较难以确定或计算该结构的等效串联电阻。产生这个问题的部分原因如图7.68b所示，因为N阱的方块电阻通常是由代工厂测量的，阴极和阳极之间的间距比N阱的深度更大。因为这种情况下的电流路径不同于7.68a所示，所以N阱方块电阻不能够直接应用到可变电容串联电阻的计算中。基于这些原因，可变电容的Q值通常通过测量实际制造的器件获得[⊖]。

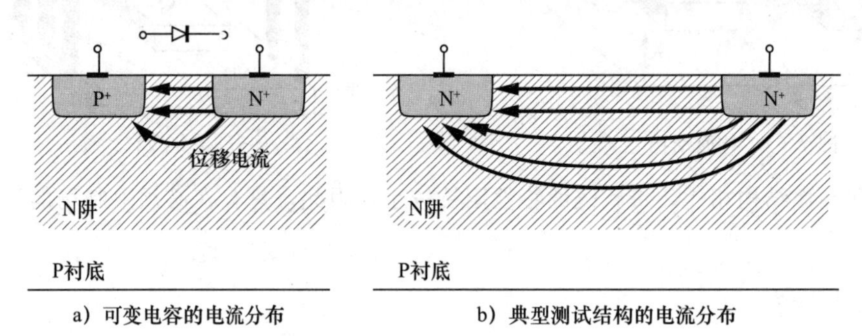

a) 可变电容的电流分布　　b) 典型测试结构的电流分布

图7.68

在现代射频集成电路设计中，MOS可变电容已经取代了PN结。如图7.69所示，常规的MOSFET的栅电容与电压有关，但是其单调特性限制了设计的灵活性。例如，一个压控振荡器采用的可变电容会要求V_{GS}从负值到正值大范围变化。这个单调的频率调谐行为将成为锁相环设计中一个值得探讨的问题(见第9章)。

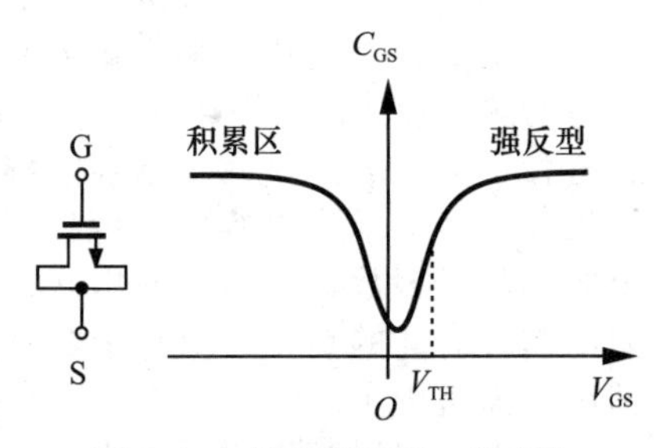

图7.69 栅电容随V_{GS}的变化

对MOS器件进行简单改造可以避免上述问题。如图7.70所示，将NMOS晶体管放置在N阱中制成的可变电容叫作“积累型MOS可变电容”。如果

⊖ 当然，如果知道掺杂水平和结深，可以使用半导体器件仿真工具得到。

$V_G < V_S$，则 N 阱中的电子被硅/氧化物界面排斥，形成耗尽区，如图 7.70b 所示。在该条件下，等效电容是由氧化物和耗尽电容的串联得到。当 V_G 超过 V_S 时，界面从 N^+ 源/漏端吸引的电子形成一个沟道，如图 7.70c 所示。总的电容因此升高至与氧化物电容相同的水平，如图 7.70d 所示(由于在栅极下面的材料是 N 型硅，此处并不适用强反型的概念)。

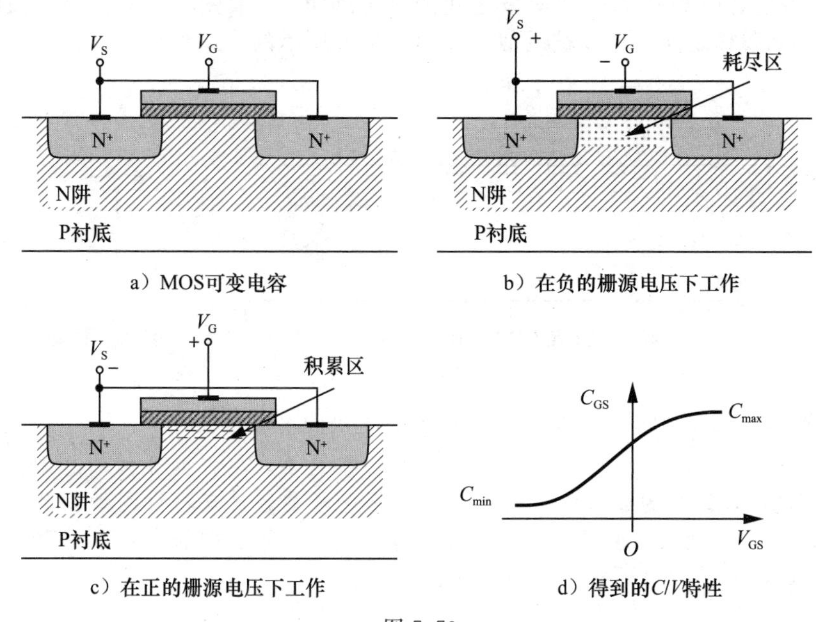

a) MOS可变电容　b) 在负的栅源电压下工作　c) 在正的栅源电压下工作　d) 得到的C/V特性

图 7.70

MOS 可变电容随各代 CMOS 器件尺寸的缩放，很好地保持了 C/V 特性。对于 65nm 器件，当 $V_{GS} \approx \pm 0.5\text{V}$ 时，电容值可以达到了 C_{max} 和 C_{min} 的饱和水平。这些可变电容因此比 PN 结能更好地工作在低供电电压情况下。

积累型 MOS 可变电容的另一个优点是，它们可以承受正负电压，而不像 PN 结只能承受反向电压。事实上，图 7.70d 所示的特征曲线表明，MOS 可变电容可以工作在正负偏置下，以此获得更大的调节范围。第 8 章关于压控振荡器的设计会继续探讨这一点。

在电路仿真中，必须综合考虑图 7.70d 中可变电容的 C/V 特性。在实践中，测量制造好的器件，从而制作一个离散值的表格。然而，这个表格可能会衍生出不连续的问题，导致在仿真中产生不良的影响(例如，高噪底)。因此需要一个良好的函数来近似 C/V 曲线。无论是对于饱和特性还是连续导数，在这里双曲正切函数都是有效的。注意到 $\tanh(\pm\infty) = \pm 1$，因此可将图 7.70d 所示的特性曲线近似描述为

$$C_{var}(V_{GS}) = \frac{C_{max} - C_{min}}{2}\tanh\left(a + \frac{V_{GS}}{V_0}\right) + \frac{C_{max} + C_{min}}{2} \tag{7.109}$$

其中，a 和 V_0 可以分别拟合截距和斜率，并且 C_{min} 和 C_{max} 包括栅漏和栅源覆盖电容。

在不同的电路仿真器中，上述可变电容模型表现出不同的特性！例如，相比于 Cadence 公司的工具，HSPICE 会预测一个较窄的振荡器调节范围。仿真工具根据电压和电流分析电路(例如，HSPICE)，正确地解释非线性电容方程。另一方面，用电荷方程来表示电容行为的程序(例如，Cadence 公司的 Spectre)要求模型必须被转化为 Q/V 的关系。为此，可通过式 $dQ = C(V)dV$ 来回顾电容的一般定义，并且写出：

$$Q_{var} = \int C_{var}\,dV_{GS} \tag{7.110}$$

$$= \frac{C_{max} - C_{min}}{2}V_0\ln\left[\cosh\left(a + \frac{V_{GS}}{V_0}\right)\right] + \frac{C_{max} + C_{min}}{2}V_{GS} \tag{7.111}$$

换句话说，可变电容由二端器件表示，它的电荷和电压的关系可由式(7.112)给出。然后仿真工具计算流过可变电容的电流为

$$I_{\mathrm{var}}=\frac{\mathrm{d}Q_{\mathrm{var}}}{\mathrm{d}t} \tag{7.112}$$

MOS可变电容的Q由源极和漏极之间的电阻确定[⊖]。如图7.71a所示，该电阻和电容分布在源极到漏极之间，可以被近似为如图7.71b所示的集总模型。

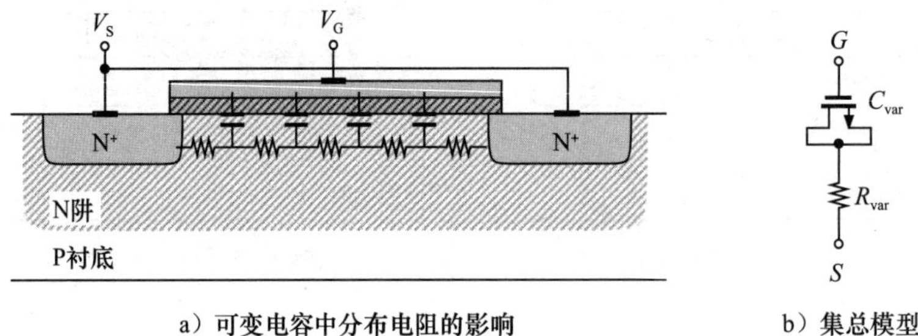

a）可变电容中分布电阻的影响　　b）集总模型

图7.71

例7.33 确定图7.71b中的集总模型的等效电阻和电容值。

解： 首先只考虑如图7.72a所示的半边结构。在这里，单位电容加到总的分布式电容C_{tot}上，单位电阻加到总的分布式电阻R_{tot}上。将电路翻转过来，得到如图7.72b所示的常见拓扑。现在，该电路类似于一个传输线，包含串联电阻和并联电容。对于一般的T形线(见图7.72c)，文献[18]证明了其输入阻抗Z_{in}为

$$Z_{\mathrm{in}}=\sqrt{\frac{Z_1}{Y_1}}\frac{1}{\tanh(\sqrt{Z_1Y_1}\,d)} \tag{7.113}$$

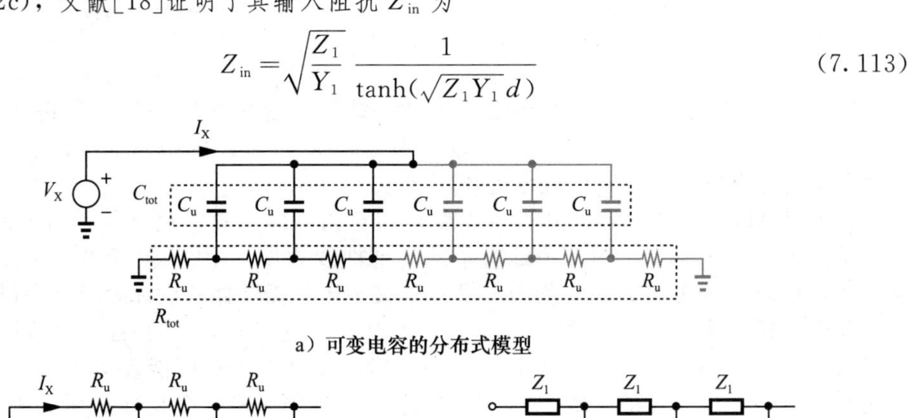

a）可变电容的分布式模型

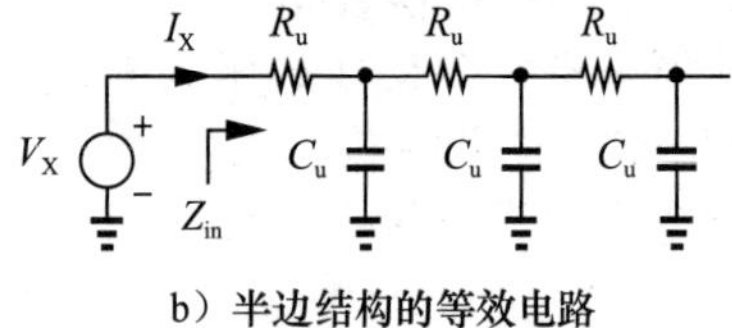

b）半边结构的等效电路

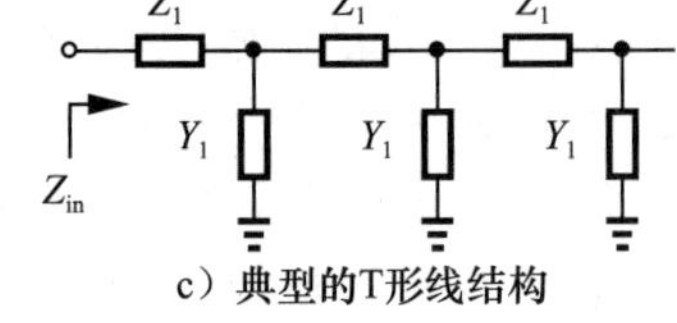

c）典型的T形线结构

图7.72

其中，Z_1和Y_1表征了单位长度的阻抗，d是导线的长度。从图7.72b可知，$Z_1d=R_{\mathrm{tot}}/2$和$Y_1d=C_{\mathrm{tot}}s/2$，则

$$Z_{\mathrm{in}}=\sqrt{\frac{R_{\mathrm{tot}}}{C_{\mathrm{tot}}s}}\frac{1}{\tanh(\sqrt{R_{\mathrm{tot}}C_{\mathrm{tot}}s/4})} \tag{7.114}$$

当频率刚好在$1/(R_{\mathrm{tot}}C_{\mathrm{tot}}/4)$以下时，由于tanh的值远小于1，所以允许以下近似：

$$\tanh\varepsilon\approx\varepsilon-\frac{\varepsilon^3}{3} \tag{7.115}$$

⊖ 假设栅极电阻被合理布局最小化了。

$$\approx \frac{\varepsilon}{1+\frac{\varepsilon^2}{3}} \tag{7.116}$$

则有：

$$Z_{in} \approx \frac{1}{C_{tot}s/2}+\frac{R_{tot}/2}{3} \tag{7.117}$$

即半边结构的集总模型包含它的分布电容的串联，以及分布电阻的1/3。再考虑图7.72b中另外的灰色半边电路，可得到

$$Z_{in} \approx \frac{1}{C_{tot}s}+\frac{R_{tot}}{12} \tag{7.118}$$ ◀

计算MOS可变电容(做在一个N阱里)Q的主要困难是，从MOS晶体管的特性曲线中，不能够直接计算源极和漏极之间的电阻。与PN结一样，MOS可变电容的Q通常从实验测量中获得。

MOS可变电容的Q随电容如何变化呢？在图7.70d所示的特性曲线中，可从C_{min}开始，电容较小而电阻则相对较大(即N阱的电阻)。另一方面，当接近C_{max}时，电容升高而电阻下降。因此，等式$Q=1/(RC\omega)$表明Q可能保持相对恒定。然而在实践中，当C_{GS}从C_{min}变化到C_{max}时，Q会降低，如图7.73所示，这表明电容的相对上升大于电阻的相对下降。

如第8章所解释的，对于振荡器的设计，希望使可变电容的Q值最大化。从前面关于MOS可变电容的学习中，可总结出器件的长度(源极和漏极之间的距离)必须最小化。不幸的是，对于最小的沟道长度，栅极和源极或漏极之间的覆盖电容占据了总电容中的相当大一部分，从而限制了电容的变化范围。如图7.74所示，覆盖电容(与电压无关)将C/V特性曲线上移，得到一个比率$(C_{max}+2WC_{ov})/(C_{min}+2WC_{ov})$，其中$C_{max}$和$C_{min}$表示“固有”值，即没有覆盖电容影响的电容值。对于最小的沟道长度，$2WC_{ov}$甚至可能比C_{min}大，从而大大减小了电容变化比率。

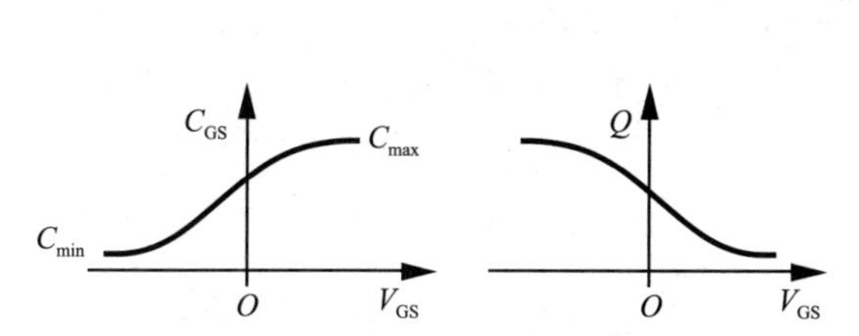

图7.73　可变电容的Q随电容的变化

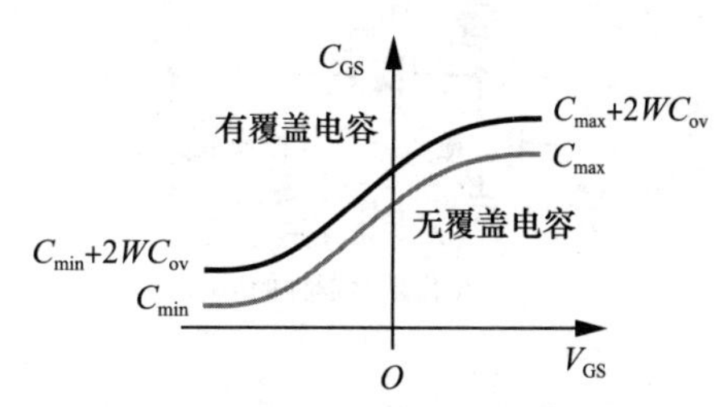

图7.74　覆盖电容对可变电容范围的影响

例7.34　用65nm工艺实现的MOS可变电容的有效长度为50nm，$C_{ov}=0.09\text{fF}/\mu\text{m}^2$。如果$C_{ox}=17\text{fF}/\mu\text{m}^2$，试确定这个可变电容可以提供的最大电容范围。

解： 假设这个器件的宽度为1μm，则有$2WC_{ov}=0.18\text{fF}$，并且栅极氧化层电容为$17\text{fF}/\mu\text{m}^2\times1\mu\text{m}\times50\text{nm}=0.85\text{fF}$。因此，最小的电容是0.18fF(如果氧化物电容和耗尽电容的串联被忽略)，且最大的电容可达到0.85fF+0.18fF=1.03fF。因此最大的可能电容比率等于5.72。在实践中，氧化物电容和耗尽电容的串联组合结果和$2WC_{ov}$相当，因此将这个比率减小至约为2.5。 ◀

为了获得更大的电容调节范围，MOS可变电容的长度可以增加。在上面的例子中，如果有效的沟道长度升高至100nm，则电容比率可达到(1.7fF+0.18fF)/(0.18fF)=10.4。然而，更大的源－漏电阻将导致更小的Q。因为最大电容在1.03～1.88fF之间变化，并且由于沟道电阻翻倍，$Q[=1/(RC\omega)]$以一个3.65的倍数降低。换句话说，沟道长度的m倍增加转化为Q的大约$1/m^2$的降低。

可变电容的电容变化范围和Q之间的折中最终导致另一个折中关系出现，该折中关

系存在于 LC 压控振荡器的调谐范围和相位噪声之间。第8章将讲解这个问题。当频率升高至约为10GHz时，通常选择最小沟道长度的两倍值，以在扩大电容的变化范围时依然保持比电感的 Q 大得多的可变电容的 Q。

7.6 恒定电容

射频电路使用恒定电容的目的多种多样，例如：①调整LC谐振腔的谐振频率；②提供级间交流耦合；③将电源轨旁路至地。射频集成电路中使用的电容的关键参数包括电容密度(芯片上单位面积的电容量)，寄生电容和 Q 值。

7.6.1 MOS电容

在集成电路中，配置为电容使用的MOSFET密度最高，因为在CMOS工艺中，C_{ox} 比其他电容大。然而，使用MOS电容会带来两个问题。首先，为了提供最大电容，器件要求 V_{GS} 高于阈值电压(见图7.69)。如果要提供最大电容，MOS变容二极管也需要类似的“偏置”要求。其次，沟道电阻限制了MOS电容在高频下的 Q 值。根据式(7.118)，我们注意到沟道电阻在集总模型中除以12，得到

$$Q=\frac{12}{R_{tot}C_{tot}\omega} \tag{7.119}$$

图7.75a是一个例子，其中 M_3 承受的偏置栅-源电压约等于 $V_{DD}-V_{GS2}$(为什么?)在 $V_{DD}=1V$ 和 $V_{GS2}=0.5V$ 的典型值下，M_3 的过驱动电压很小，因此沟道电阻很高。此外，如果电路感应到较大的干扰，M_3 电容的非线性可能会显现出来。由于这些原因，MOS电容很少用作耦合器件。

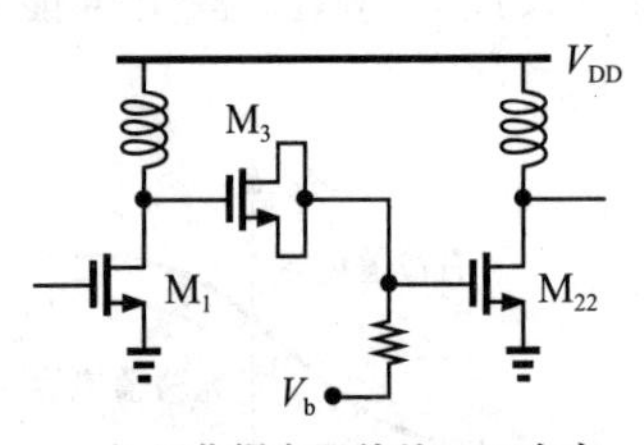

a) 用作耦合器件的MOS电容

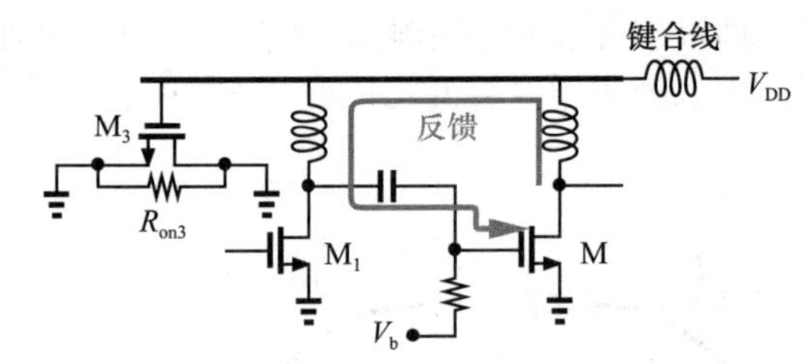

b) 用作旁路元件的MOS电容

图7.75

MOS电容的一个应用是在电源旁路中。如图7.75b所示，电源线可能包含很大的键合线电感，从而在高频时允许从第二级反馈到第一级。旁路电容 M_3 可在电源和地线之间形成低阻抗，从而抑制反馈。在这种情况下，M_3 的 Q 值仍然很重要：如果器件的等效串联电阻与电容的电抗相当，那么旁路阻抗可能不足以抑制反馈。

值得注意的是，如果源极和漏极短路，典型的MOS模型将不包括沟道电阻 R_{on}。如图7.75b中的 M_3 所示，R_{on3} 被表示为两个端子之间的单个叠加元件，电路仿真器只是将其“短路”。因此，设计人员必须根据 I/V 特性计算 R_{on}，并除以12，然后计算与MOS电容串联的结果。

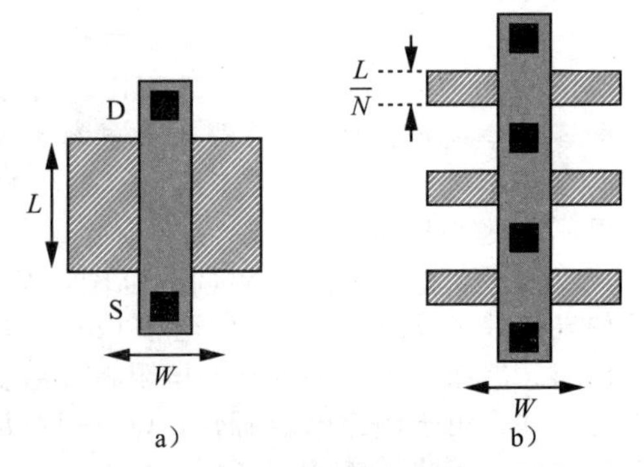

图7.76 MOS电容实现为一个长指(图a)或多个短指(图b)

例7.35 一个MOS电容可以由一个长度为 L 的晶体管(见图7.76a)或 N 个并联的晶体管构成，每个晶体管的长度为 L/N。比较两种

结构的 Q 值。为简单起见，假设有效沟道长度分别等于 L 和 L/N。

解： 图7.76a中的电路结构的沟道电阻为

$$R_{on,a}=\frac{1}{\mu_n C_{ox}\frac{W}{L}(V_{GS}-V_{TH})} \tag{7.120}$$

而图7.76b中的每个器件的沟道电阻为

$$R_{on,u}=\frac{1}{\mu_n C_{ox}\frac{W}{L/N}(V_{GS}-V_{TH})} \tag{7.121}$$

由于 N 个器件并行出现，因此 $R_{on,b}=R_{on,u}/N=R_{on,a}/N^2$。也就是说，把器件分解成 N 个器件的并联，电阻会减少 N^2 倍。 ◀

对于高达几十吉赫兹的频率，上述分解可以产生合理的 Q 值(例如5～10)，从而可以使用MOS电容进行电源旁路。

需要注意的是，非常大的MOS电容会受到显著的栅极漏电流的影响，尤其是在 V_{GS} 高到接近 V_{DD} 的情况下。如果系统必须进入低功耗(待机)模式，则此电流就会显现出来：只要施加 V_{DD}，泄漏就持续存在，从而耗尽电池电量。

7.6.2 金属板电容

如果MOS电容的 Q 值或线性度不够，可以使用金属板电容来代替。如图7.77所示，“平行板”结构采用了不同金属层的平面。为了获得最大的电容密度，可以使用所有金属层(甚至是聚合层)。

例7.36 显示图7.77所示金属层之间所需的实际连接。

解： 偶数金属层必须相互连接，奇数金属层也必须如此。如图7.78所示，这些连接是通过通孔实现的。实际上，为了获得较小的串联电阻，有必要将各层连接成一排通孔(插入页面)。

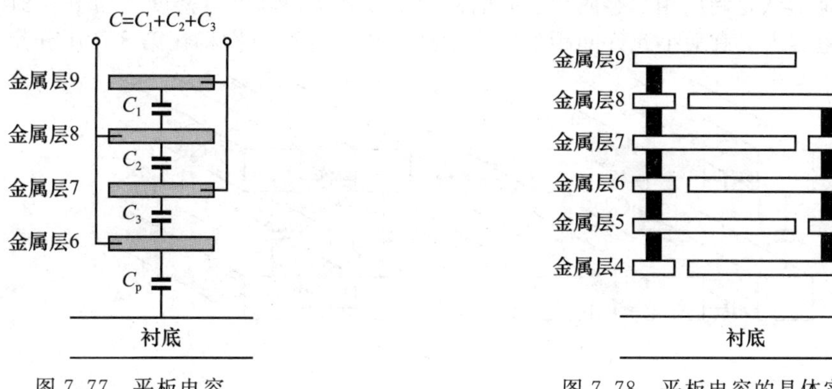

图7.77 平板电容

图7.78 平板电容的具体实现 ◀

设计良好的平板电容的 Q 值和线性度通常很高，通常无须考虑这些因素。不过，即使使用所有金属层和一个聚合层，平行板结构的电容密度也低于MOSFET。例如，在65nm技术中使用九层金属层时，前者的电容密度约为1.4fF/μm^2，而后者则为17fF/μm^2。

平行板几何结构还存在与衬底之间的寄生电容。如图7.79所示，最低的金属层与衬底之间的电容 C_P 除以所需的电容 $C_{AB}=C_1+\cdots+C_9$ 表示这种寄生的严重程度。在典型工艺中，该值可能高达10%，会给电路设计带来严重困难。

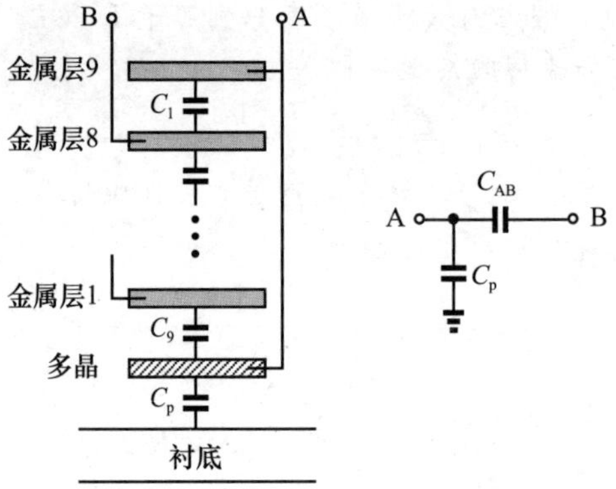

图 7.79 板底寄生电容

例 7.37 我们希望在一个输入电容为 C_{in} 的输入端采用电容耦合(见图 7.80)。请确定耦合电容产生的额外输入电容。假设 $C_P=0.1C_C$。

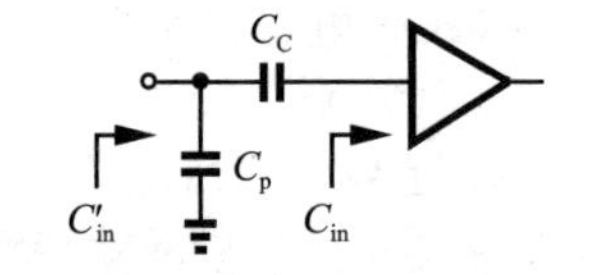

图 7.80 输入耦合电容值的选择

解: 为了使信号衰减最小化,C_C 必须远大于 C_{in},例如,$C_C\approx 5C_{in}$。因此,$C_P=0.5C_{in}$,得到

$$C'_{in}=\frac{C_C C_{in}}{C_C+C_{in}}+0.5C_{in} \tag{7.122}$$

$$=\frac{4}{3}C_{in} \tag{7.123}$$

也就是说,输入电容提高了30%以上。◀

为了缓解上述问题,可以只使用几层顶层金属。例如,由金属层9～金属层4组成的结构密度为660aF/μm^2,寄生电容的结构密度为18aF/μm^2,即2.7%。当然,较低的密度意味着更大的面积和更复杂的信号布线。

另一种几何形状是利用相邻金属线之间的横向电场来实现高电容密度。如图7.81所示,这种"边沿"电容由具有最小允许间距的窄金属线组成。这种结构将在第8章中介绍。

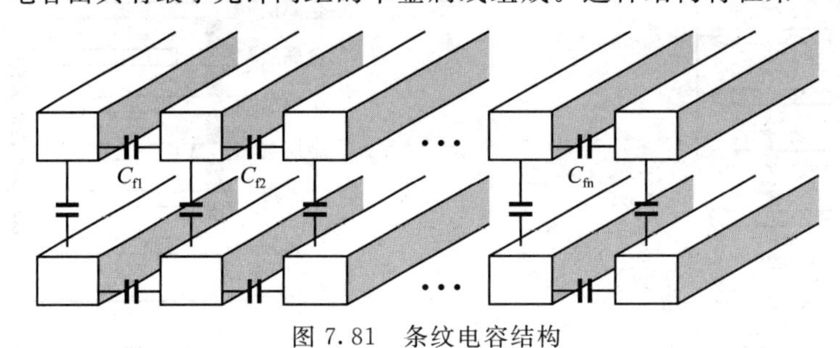

图 7.81 条纹电容结构

习题

7.1 将式(7.1)扩展至 N 匝螺旋电感,并且表示出包含 $N(N+1)/2$ 项的 L_{tot}。

7.2 证明:如图7.32a所示的电路的 Q 可由式(7.62)给出。

7.3 证明:对于 N 匝螺旋电感,等效的绕组间电容由下式给出:

$$C_{eq}=\frac{C_1+\cdots+C_{4(N-1)}}{[4(N-1)]^2} \tag{7.125}$$

7.4 用式(7.62)比较图7.37b、d所示电路的 Q 值。

7.5 考虑图7.41中电感产生的磁场。在远离电路时,哪一种拓扑结构在它的对称线上产生更低的磁场?

7.6 对于采用5μm线宽、线的间距为0.5μm且有4匝的5nH电感,重做例7.13,结果会在很大程度上取决于外部尺寸吗?

7.7　对于 7.28a 所示的电路，计算 Y_{11}，并且找出并联等效电阻。结果和式(7.55)的相同吗？

7.8　使匝数为 4 匝，重做例 7.19，可以找出一个适用于 N 匝的表达式吗？

7.9　求图 7.50 所示电路的输入阻抗。

7.10　对于一个用 4 层金属层堆叠实现的电感，运用表 7.1 的电容数据重做例 7.25。假设电感值约为单个螺旋电感的 9 倍。

7.11　假设一个 LC 压控振荡器(见第 8 章)采用 PN 结可变电容，如果可变电容必须保持在反向偏置，确定控制电压的边界以及输出摆幅。

参考文献

[1] J. Craninckx and M. S. J. Steyaert, "A 1.8 GHz CMOS Low Phase Noise Voltage-Controlled Oscillator with Prescaler," *IEEE Journal of Solid-State Circuits,* vol. 30, pp. 1474–1482, Dec. 1995.

[2] S. Jenei, B. K. J. C. Nauwelaers, and S. Decoutere, "Physics-Based Closed-Form Inductance Expressions for Compact Modeling of Integrated Spiral Inductors," *IEEE Journal of Solid-State Circuits,* vol. 37, pp. 77–80, Jan. 2002.

[3] S. S. Mohan et al., "Simple Accurate Expressions for Planar Spiral Inductances," *IEEE J. Solid-State Circuits,* vol. 34, pp. 1419–1424, Oct. 1999.

[4] A. Niknejad and R. G. Meyer, "Analysis, Design, and Optimization of Spiral Inductors and Transformers for Si RF ICs," *IEEE J. Solid-State Circuits,* vol. 33, pp. 1470–1481, Oct. 1998.

[5] M. Kraemer, D. Dragomirescu, and R. Plana, "Accurate Electromagnetic Simulation and Measurement of Millimeter-Wave Inductors in Bulk CMOS Technology," *IEEE Topical Meeting on Silison Monolithic Integrated Circuits in RF Systems,* pp. 61–64, Jan. 2010.

[6] A. Zolfaghari, A. Y. Chan, and B. Razavi, "Stacked Inductors and 1-to-2 Transformers in CMOS Technology," *IEEE Journal of Solid-State Circuits,* vol. 36, pp. 620–628, April 2001.

[7] W. B. Kuhn, "Approximate Analytical Modeling of Current Crowding Effects in Multi-Turn Spiral Inductors," *IEEE RFIC Symp. Dig. Tech. Papers,* pp. 271–274, June 2000.

[8] W. B. Kuhn and N. M. Ibrahim, "Analysis of Current Crowding Effects in Multiturn Spiral Inductors," *IEEE Tran. MTT,* vol. 49, pp. 31–39, Jan. 2001.

[9] C. S. Yen, Z. Fazarinc, and R. Wheeler, "Time-Domain Skin-Effect Model for Transient Analysis of Lossy Transmission Lines," *Proc. of IEEE*, vol. 70, pp. 750–757, July 1982.

[10] Y. Cao et al., "Frequency-Independent Equivalent Circuit Model of On-Chip Spiral Inductors," *Proc. CICC*, pp. 217–220, May 2002.

[11] M. Danesh et al., "A Q-Factor Enhancement Technique for MMIC Inductors," *Proc. IEEE Radio Frequency Integrated Circuits Symp.*, pp. 217–220, April 1998.

[12] N. M. Neihart et al., "Twisted Inductors for Low Coupling Mixed-signal and RF Applications," *Proc. CICC,* pp. 575–578, Sept. 2008.

[13] C. P. Yue and S. S. Wong, "On-Chip Spiral Inductors with Patterned Ground Shields for Si-Based RF ICs," *IEEE J. Solid-State Circuits,* vol. 33, pp. 743–751, May 1998.

[14] S.-M. Yim, T. Chen, and K. K. O, "The Effects of a Ground Shield on the Characteristics and Performance of Spiral Inductors," *IEEE J. Solid-State Circuits,* vol. 37, pp. 237–245, Feb. 2002.

[15] Y. E. Chen et al., "Q-Enhancement of Spiral Inductor with N^+-Diffusion Patterned Ground Shields," *IEEE MTT Symp. Dig. Tech. Papers,* pp. 1289–1292, 2001.

[16] J. R. Long, "Monolithic Transformers for Silicon RF IC Design," *IEEE J. Solid-State Circuits,* vol. 35, pp. 1368–1383, Sept. 2000.

[17] J. R. Long and M. A. Copeland, "The Modeling, Characterization, and Design of Monolithic Inductors for Silicon RF ICs," *IEEE J. Solid-State Circuits,* vol. 32, pp. 357–369, March 1997.

[18] S. Ramo, J. R. Whinnery, and T. Van Duzer, *Fields and Waves in Communication Electronics,* Third Edition, New York: Wiley, 1994.

第 8 章 | Chapter 8 |

振荡器

第 4 章曾提到振荡器在发射路径和接收路径中的广泛应用。有趣的是，在大多数系统中，每个混频器都需要周期信号作为输入，这就产生了对振荡器的需求。本章讲述振荡器的分析和设计，主要内容如下：

概述

- 反馈原理
- 单端口振荡器
- 交叉耦合振荡器
- 三点式振荡器

相位噪声

- 相位噪声效应
- 分析方法Ⅰ
- 分析方法Ⅱ
- 压控振荡器设计步骤
- 低噪声压控振荡器

压控振荡器

- 调频限制
- 变容二极管 Q 值的影响
- 宽调频范围的压控振荡器

正交压控振荡器

- 耦合成一个振荡器
- 基本拓扑
- 正交振荡器的特性

8.1 性能参数

一个应用于射频收发机中的振荡器必须满足两个要求：①系统指标，比如工作频率和输出信号的“纯净度”；②接口的技术指标，比如驱动能力和输出摆幅。本节将研究振荡器的性能参数以及它们在整个系统中的作用。

1. 频率范围

在设计射频振荡器时，必须使它的振荡频率能够在一个特定范围内变化。该范围包括两个部分：①系统指标。例如，一个 900MHz 的 GSM(全球数字移动电话系统)的直接变频接收机的本振频率需要从 935MHz 调节到 960MHz；②为了弥补工艺、温度变化以及建模不准产生的误差而需要的额外裕度。额外裕度通常占系统指标的几个百分点。

例 8.1 一个为 2.4GHz 和 5GHz 这两个无线频段所设计的直接变频收发机如图 8.1 所示。如果一个本振必须覆盖这两个频段，那么最小可接受的调频范围是多少？

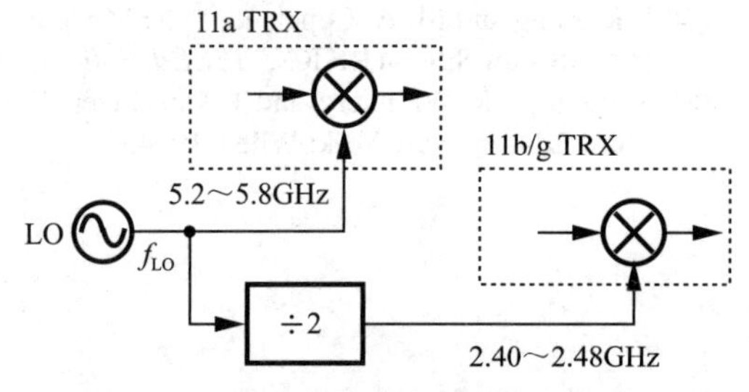

图 8.1　一种双频带收发机的本振实现

解： 图 8.1 为一种能够覆盖双频段的系统方案。对于较低频带，$4.8\text{GHz} \leqslant f_{LO} \leqslant 4.96\text{GHz}$。因此，需要一个 4.8～5.8GHz 的

总调频范围，调谐范围约为20%。如果用 LC 振荡器实现，这么宽的调频范围是较困难实现的。◀

振荡器的实际频率范围也同样取决于是否需要正交输出，以及是否考虑注入牵引(injection pulling)现象(见第4章)。直接变频收发机采用正交相位的载波，从而要求由振荡器直接产生正交输出，或者让一个二倍频的振荡器经一个二分频结构来产生所需的输出。例如，在图8.1所示的混合拓扑中，本振虽然容易由功率放大器的输出引起注入牵引，但其仍然需要在5GHz范围内提供正交相位。在8.10节将介绍正交相位相关的问题。

CMOS振荡器能够产生多高的频率呢？尽管高至300GHz的振荡频率已经被证实[1]，但在实际应用中，当电路工作频率很高时，很多需要折中考虑的问题变得不可忽视，有的甚至变得更加显著。稍后将在本章分析这些折中问题。

2. 输出电压摆幅

正如图8.1所示，射频系统中的振荡器将驱动混频器和分频器。正因如此，它们必须产生足够大的输出摆幅，从而确保后一级电路中晶体管状态可以完全切换。除此之外，过低的输出摆幅将加剧振荡器的内部噪声对输出的影响。对于1V电源系统，典型的单端摆幅可能在0.6～0.8V_{pp}之间。为了加大摆幅，以便更好地驱动下一级电路，可以在振荡器之后增加一个缓冲器。

3. 驱动能力

振荡器有时需要驱动大的电容负载，图8.2描述了接收机的一种典型结构。除了驱动下变频混频器，振荡器还要驱动一个分频器(图中用“÷N”方块表示)。这是因为名叫“频率综合器”的反馈环路能精确地控制振荡器的频率，从而需要分频器电路。换句话说，本振必须驱动至少一个混频器和一个分频器的输入电容。

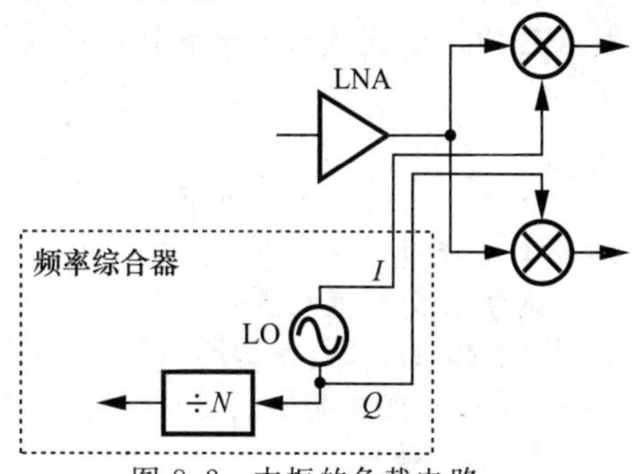

图8.2 本振的负载电路

有趣的是，典型的混频器和分频器通常展现出两方面的折中特性：一方面是能使它们正常工作的最小本振摆幅，另一方面是其在本振输出端口呈现的电容值。这种特性可以从图8.3a所示的典型电路中看出。在这一结构中，能尽量快地转换 M_1 和 M_2 的状态是我们所期望的(见第6章)。为此，可以选择大的本振摆幅，从而使 $V_{GS1}-V_{GS2}$ 迅速地达到一个很大的值，以便关断一个晶体管，如图8.3b所示。或者，选用小一些的本振摆幅，但要使用更宽的晶体管，这样流过晶体管的电流就可以由较小的差分输入来控制，如图8.3c所示。

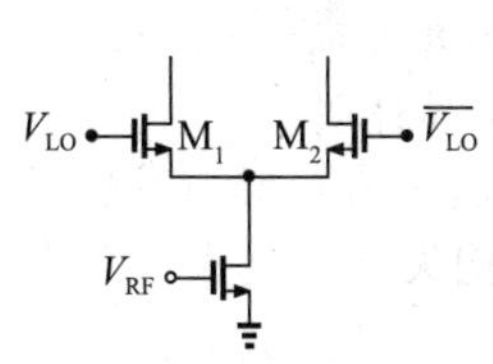

a）混频器和分频器的典型本振路径

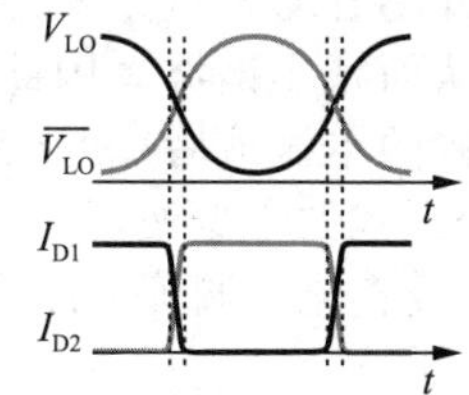

b）本振摆幅较大时的电流控制

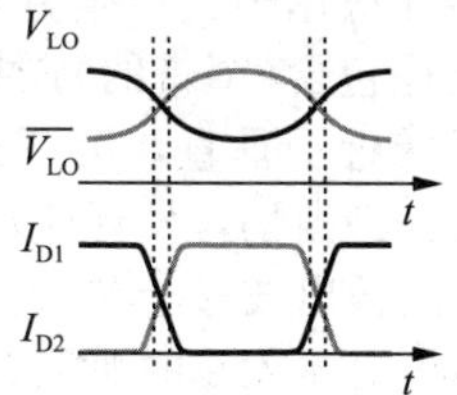

c）本振摆幅较小但使用宽晶体管时的电流控制

图8.3

在发射机中，容性负载所带来的问题将更加严峻。

为了减小混频器和分频器带来的负载效应，可以试着增大摆幅，方法是在本振后添加一个缓冲器，譬如差分对电路。注意：在图8.2中，对正交相位而言，需要两个缓冲器。缓冲器消耗额外的功率，并且由于速度限制以及对超过电源电压的摆幅的需求(见第6章)，缓冲器可能需要使用感性负载。额外的电感将使版图设计和高频信号通路变得复杂。

例8.2 请证明：下变频混频器的本振端口表现为一个近乎容性的阻抗，而上变频混频器却还包含一个阻性分量。

解：考虑如图8.4所示的简化模型。在这里，R_P 代表一个下变频混频器的负载电阻，它与 C_L 一起构成了一个低通滤波器。而在一个上变频混频器中，R_P 则代表一个负载电感在谐振时的等效并联电阻。在习题8.1中，将计算电路的输入导纳，结果显示导纳的实部减小到如下所示的值：

$$\mathrm{Re}\{Y_{in}\}=\frac{[(1+g_mR_p)C_{GD}+g_mR_pC_L]R_pC_{GD}\omega^2}{1+R_D^2(C_{GD}+C_L)^2\omega^2} \tag{8.1}$$

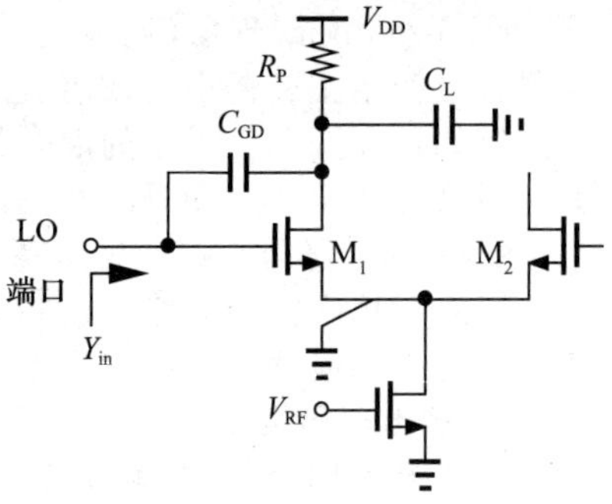

在下变频混频器中，输出节点的 -3dB带宽与通道带宽相当，因此是一个非常小的值。也就是说，可以假定 R_PC_L 非常大，从而将式(8.1)简化为

$$\mathrm{Re}\{Y_{in}\}\approx\frac{g_mC_{GD}C_L}{(C_{GD}+C_L)^2} \tag{8.2}$$

图8.4　差分对的输入导纳

同时，对于一个下变频混频器，假设 $C_L\gg C_{GD}$ 是合理的，因此从输入端看到的并联电阻分量为

$$R_{in}\approx\frac{1}{g_m}\frac{C_L}{C_{GD}} \tag{8.3}$$

注意，这是与输入并联的电阻，但只描述了当 M_1 和 M_2 在平衡点附近的情况。例如，如果 $1/g_m\approx100\Omega$，$C_L=1$pF 且 $C_{GD}=5$fF，那么 $R_{in}=20$kΩ，这是一个比较大的值。

对于上变频混频器，式(8.1)可能提供了一个小得多的输入阻抗值。例如，若 $g_mR_P=2$，$R_P=200\Omega$，$C_{GD}=5$fF，$C_L=20$fF 且 $\omega=2\pi\times(10\text{GHz})$，那么 $R_{in}=5.06$kΩ(在现实应用中，C_L 被负载电感抵消)。这个阻性分量作为本振的负载，将会降低本振的性能。◀

4. 相位噪声

在实际中，振荡器的频谱不是脉冲，并且会被其电路部件产生的噪声“拓宽”。这个现象会对射频接收机和发射机产生很大影响，称之为“相位噪声”。然而，相位噪声与振荡器的调频范围、功耗有直接的折中关系，这就让设计变得更具挑战性。因为 LC 振荡器的相位噪声与其谐振回路的 Q 值成反比，所以要尤其注意那些会减小 Q 值的因素。

5. 输出波形

射频振荡器的理想输出波形是什么样的呢？回顾第6章对混频器的分析可知，本振的快速翻转将会减小噪声并且增大转换增益。此外，如果本振信号的占空比为50%，那么诸如直接馈通效应将被抑制。快速翻转也能提高分频器的性能。因此，大多数情况下理想的本振波形是方波。

在实际应用中，产生方形本振波并不容易。这主要是因为本振电路本身以及随后的缓冲器中往往包含(窄带的)谐振负载，从而减小谐波。因此，正如图8.3所说明的，为了使电流的翻转近乎垂直，可以选择大振幅的本振或者(和)较宽的开关晶体管。

经过仔细斟酌，发现应该选用差分形式的本振波形。首先，正如在第6章中看到的，平衡混频器的输出波形会在增益、噪声以及直流失调等方面使拓扑结构失衡。其次，对于差分波形，本振对输入端的泄漏普遍较小。

6. 电源敏感度

振荡器的频率会随电源电压的变化而变化，这是我们不希望看到的，因为它会将电源噪声转化为频率(或相位)噪声。例如，内置或外置的电压调制器会产生大量的闪烁噪声，这些噪声由于含有低频分量而难以被旁路电容轻易消除。因此，如图8.5所示，该噪声将会影响振荡器的频率。

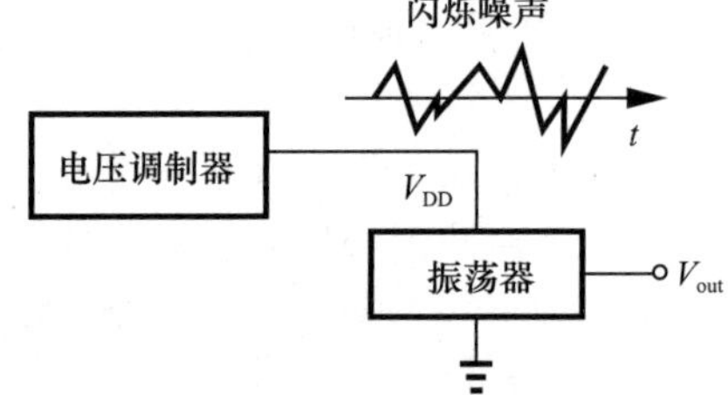

图8.5　调制器噪声对振荡器的影响

7. 功耗

在一些应用中，本振和它的缓冲器消耗的功率是非常重要的，这是因为其与相位噪声

和调频范围之间有着相互折中的关系。因此，已经出现了许多能够在给定功耗情况下减小相位噪声的技术。

8.2 基本原理

振荡器产生周期性输出。因此，电路必须拥有一个自我维持的机制，能够允许自身噪声增长并最终变成周期性的信号。

8.2.1 振荡器中的反馈

振荡器可以看作是一个“设计拙劣”的负反馈放大器——拙劣到它拥有零或者负的相位裕度。尽管设计一个振荡器比设计一个不稳定的放大器需要更多的技巧，但上述观点可以为我们的学习提供一个好的开端。考虑图8.6中的简单线性负反馈系统，其中

$$\frac{Y}{X}(s)=\frac{H(s)}{1+H(s)} \tag{8.4}$$

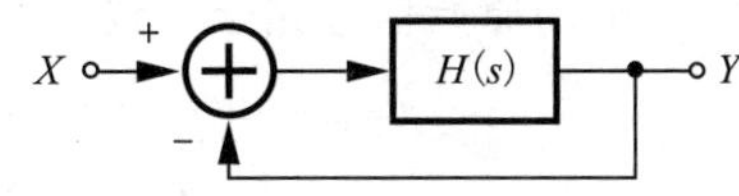

图8.6 负反馈系统

如果正弦波频率为 ω_1 时，$H(s=j\omega_1)$的值变为-1，则会发生什么呢？从输入到输出的增益变成无穷大，从而使电路无限放大噪声中频率为 ω_1 的分量。也就是说，电路能够维持频率为 ω_1 的输出。另外，这个闭环系统表现出$\pm j\omega_1$ 两个虚极点。

例8.3 为使上述系统产生振荡，频率为 ω_1 的噪声必须出现在输入端吗？

解：没有必要，噪声可以出现在环路中的任何地方。例如，考虑图8.7中的系统，其中噪声 N 出现在反馈路径中。此时

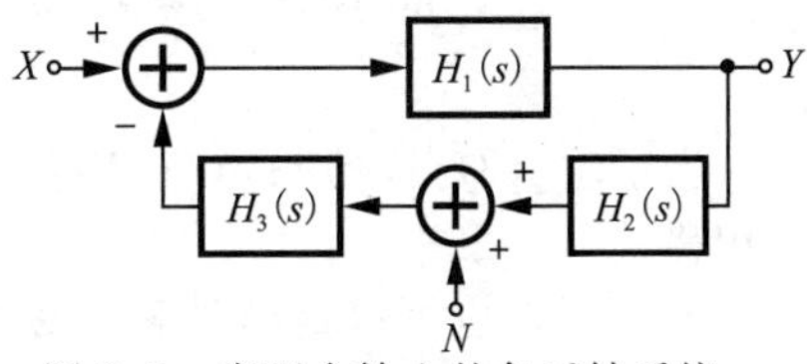

图8.7 有两个输入的负反馈系统

$$Y(s)=\frac{H_1(s)}{1+H_1(s)H_2(s)H_3(s)}X(s)+\frac{H_1(s)H_3(s)}{1+H_1(s)H_2(s)H_3(s)}N(s) \tag{8.5}$$

因此，如果环路增益 $H_1H_2H_3$ 的值在频率为 ω_1 时接近-1，那么 N 也可以被无限放大。◀

从上面的例子中可以得出一个普遍且有力的结论：在振荡器的小信号模型中，信号通路上的任何两个节点(不包括地)之间的阻抗在振荡频率 ω_1 处变为无穷大，这是因为频率为 ω_1 的噪声电流在注入这两个节点之间后，能够产生一个无穷大的电压摆幅。基于这个观察，可以确定振荡条件和振荡频率。

例8.4 在图8.6中，若 $H(j\omega_1)=-1$，试推导 $\omega=\omega_1$ 附近 Y/X 的表达式。

解：若 $\omega=\omega_1+\Delta\omega$，则可以通过对 $H(j\omega)$进行泰勒展开，并取前两项，从而得到其近似值：

$$H[j(\omega_1+\Delta\omega)]\approx H(j\omega_1)+\Delta\omega\frac{dH(j\omega_1)}{d\omega} \tag{8.6}$$

因为 $H(j\omega_1)=-1$，故有：

$$\frac{Y}{X}[j(\omega_1+\Delta\omega)]=\frac{H(j\omega_1)+\Delta\omega\dfrac{dH(j\omega_1)}{d\omega}}{\Delta\omega\dfrac{dH(j\omega_1)}{d\omega}} \tag{8.7}$$

$$\approx\frac{H(j\omega_1)}{\Delta\omega\dfrac{dH(j\omega_1)}{d\omega}} \tag{8.8}$$

$$\approx\frac{-1}{\Delta\omega\dfrac{dH(j\omega_1)}{d\omega}} \tag{8.9}$$

不出所料，当 $\Delta\omega\to 0$ 时 $Y/X\to\infty$，且其“锐度(sharpness)”与 $dH/d\omega$ 成正比。◀

由于 $H(s)$是一个复数，$H(j\omega_1)=-1$ 的条件可以等价表示为

$$|H(s=j\omega_1)|=1 \tag{8.10}$$

$$\angle H(s=j\omega_1)=180° \tag{8.11}$$

这两个条件被称为判断振荡的“巴克豪森准则”。现在考察这两个条件，从而拓展认识的深度。在图 8.8a 中，频率为 ω_1 的信号在通过 $H(s)$时，经历了单位增益和 180°的相移。考虑到这个系统最初是为了实现负反馈而设计的(输入端的减法表明了负反馈机制)，可得出结论：频率为 ω_1 的信号在经过整个环路后实现了总共 360°的相移，图 8.8b 给出了这个结论。当然，可以预料的是，为了使电路达到稳定的振荡状态，返回到 A 处的信号必须与 A 处的原始信号完全一致。

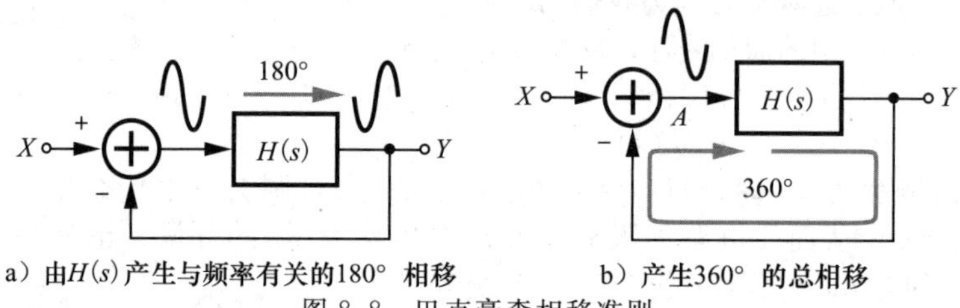

图 8.8 巴克豪森相移准则

为了将$\angle H(j\omega_1)$与负反馈导致的 180°相移区分开来，可将前者称为“与频率有关”的相移。

上述观点也可以这样理解：尽管该系统最初是为了实现负反馈而构建的，$H(s)$却是如此的“迟缓”，以至于在频率 ω_1 处产生了一个 180°的附加相移，因而导致了在该频率处出现“正反馈”。

$|H(j\omega_1)|=1$ 的意义是什么呢？对于频率为 ω_1 的噪声分量，为了使其能够在有正反馈机制的回路中循环流动时不至于衰减，环路增益至少为 1。图 8.9 阐明了在$|H(j\omega_1)|=1$ 且$\angle H(j\omega_1)=180°$时，振荡器是如何“启动”的。频率为 ω_1 的输入信号通过 $H(s)$后，不但没有衰减而且发生了翻转。输入信号“减去”翻转之后的信号，产生了振幅为原来输入两倍的波形。这种增长随时间而持续。可将$|H(j\omega_1)|=1$ 称为振荡器的“启动”条件。

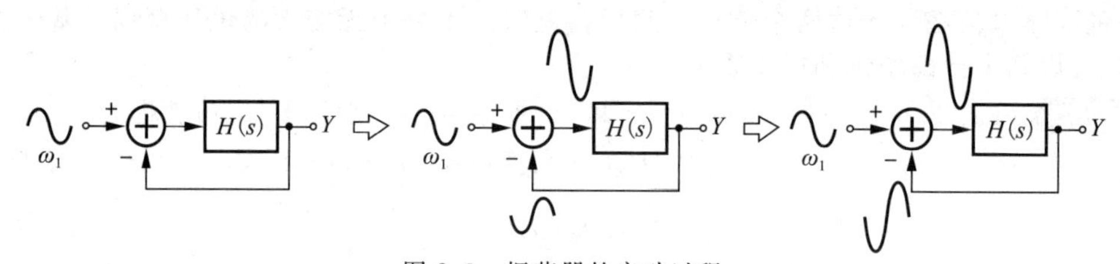

图 8.9 振荡器的启动过程

如果$|H(j\omega_1)|>1$，$\angle H(j\omega_1)=180°$则会怎样？图 8.9 所示的增长仍然会发生，但其速率会更快，这是因为通过反馈路径传回来的波形已经被放大了。注意，此时的闭环极点位于右半平面。由于电路的非线性，这种振幅的增长最终会停止。稍后将在本章详细说明上述要点。

例 8.5 一个双极点系统能够振荡吗？

解： 假设一个系统在 ω_P 处有两个重合的实极点。图 8.10a 给出了一个例子，其中两个级联的共源极电路构成了 $H(s)$且 $\omega_P=(R_1C_1)^{-1}$。该系统不能同时满足巴克豪森准则的两个条件，这是因为与每个极点相关的相移只有在 $\omega=\infty$ 时才能达到 90°，但$|H(\infty)|=0$。图 8.10b 描绘了$|H|$和$\angle H$ 随频率的变化，从中可以看出，任何一个频率都不能同时满足两个条件。因此，该电路不能振荡。

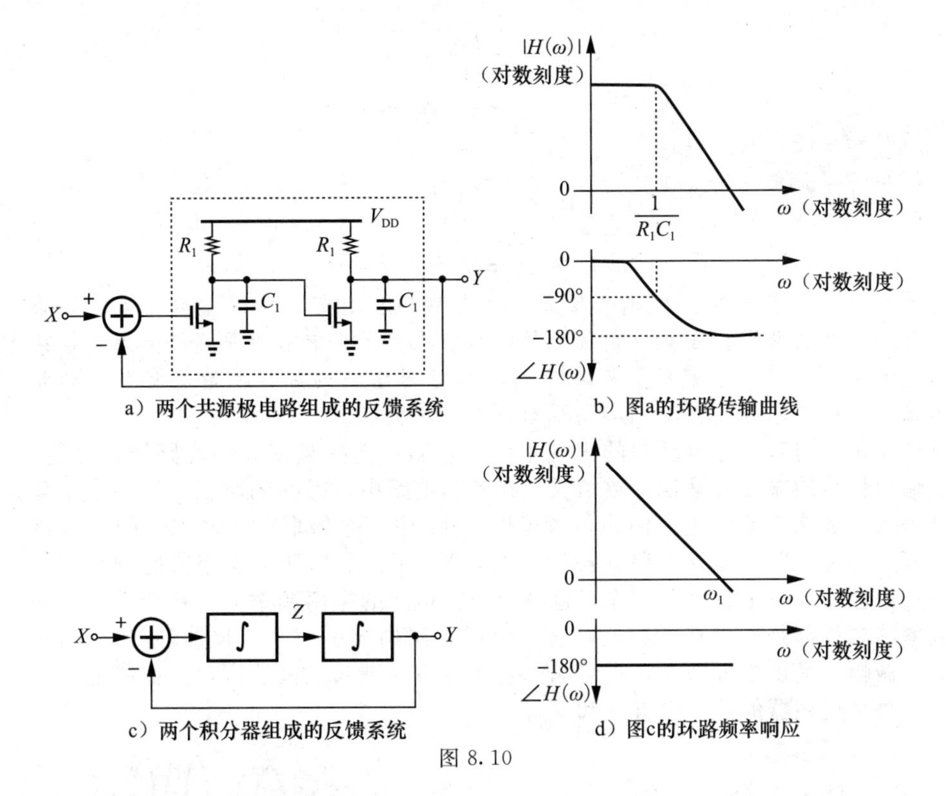

a）两个共源极电路组成的反馈系统

b）图a的环路传输曲线

c）两个积分器组成的反馈系统

d）图c的环路频率响应

图 8.10

但是，如果两个极点都位于原点处则会怎样？如图 8.10c 所示，这种电路可以由两个理想的积分器构成的环路实现。该电路可以振荡，这是因为只要频率不为零，那么每个积分器都会提供一个$-90°$的相移。图 8.10d 所示为这个系统的$|H|$和$\angle H$的响应曲线。 ◀

至此所学的内容已经能帮助我们预测振荡器的频率：寻找使环路的总相移为 360°的频率，并确定环路增益在该频率处是否达到 1(下面的例题描述了一种例外情况)。然而，用这种计算不能预测振荡器的振幅。在一个完全线性的环路中，如果在振荡频率处的环路增益为 1，那么振幅则仅仅由保存在存储元件上的初始条件所决定。下面的例题说明了这一点。

例 8.6 考虑图 8.10c 所示的反馈环路，两个积分器输出端的初始状态为 z_0 和 y_0，$x(t)=0$，电路在 $t=0$ 时被激活，试确定振荡频率和振幅。

解：假设每个积分器的传输函数可表示为 K/s，则有：

$$\frac{Y}{X}(s)=\frac{K^2}{s^2+K^2} \tag{8.12}$$

这样，在时域内，

$$\frac{\mathrm{d}^2 y}{\mathrm{d}t^2}+K^2 y=K^2 x(t) \tag{8.13}$$

已知 $x(t)=0$，假设 $y(t)$的形式为 $A\cos(\omega_1 t+\phi_1)$，代入式(8.13)可得：

$$-A\omega_1^2\cos(\omega_1 t+\phi_1)+K^2A\cos(\omega_1 t+\phi_1)=0 \tag{8.14}$$

因此有：

$$\omega_1=K \tag{8.15}$$

有趣的是，该电路会自动找到使环路增益 K^2/ω^2 降到 1 的频率。

为了计算振幅，可使用 $t=0$ 时的初始条件：

$$y(0)=A\cos\phi_1=y_0 \tag{8.16}$$

和

$$z(0)=\frac{1}{K}\frac{\mathrm{d}y}{\mathrm{d}t}|_{t}=0 \tag{8.17}$$

$$=-A\sin\phi_1=z_0 \tag{8.18}$$

由式(8.16)和式(8.18)可得：

$$\tan\phi_0=-\frac{z_0}{y_0} \tag{8.19}$$

$$A=\sqrt{z_0^2+y_0^2} \tag{8.20}$$

为什么该电路在频率小于 $\omega_1=K$ 时不能振荡呢？看起来在这些频率处，环路具有足够的增益和180°的相移。正如先前提到的，只有在系统含有右半平面极点时，振荡才能在环路增益大于1的情况下起振。而对于两个积分器组成的环路，情况却并非如此：Y/X 只在虚轴上有极点，因此在 $s=\mathrm{j}\omega\neq\mathrm{j}K$ 时不能产生振荡。◀

其他振荡器与双积分器环路的表现不同：它们在起振频率处的环路增益可能比1大，因此其输出信号的振幅会呈现指数增长。在实际电路中，振幅的增长最终会由于环路中的放大器进入饱和状态而停止。例如，考虑图8.11中三个级联的CMOS反相器(该结构也称为“环形振荡器”)。如果电路在被激活时，X、Y、Z 都处于反相器的翻转点，那么每一级电路都会作为一个放大器工作，这就导致在最终的振荡频率处，每个反相器的贡献依赖于频率的相移都是60°(在低频处，这3个反相器构成了一个负反馈环路)。因为环路增益很高，振幅会呈现指数增长，直到晶体管在峰值处进入三极管区，从而降低了增益。在稳态时，每个反相器的输出接近0和 V_{DD}。

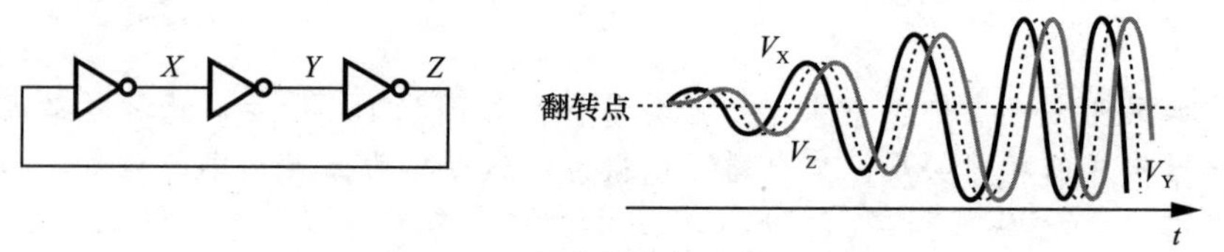

图8.11　环形振荡器及其波形

在我们感兴趣的大多数振荡器拓扑中，电压摆幅都是由差分对的饱和状态所定义的。下面的例题详细说明了这一点。

例8.7　图8.12a所示的感性负载差分对由一个频率为 $\omega_0=1/\sqrt{L_1C_1}$ 的大输入正弦波信号所驱动，绘出输出波形并确定输出摆幅。

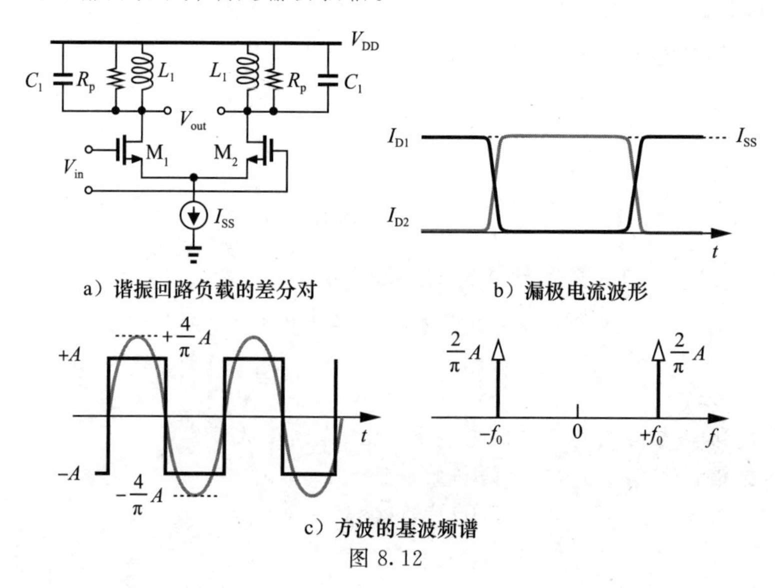

图8.12

解：如图8.12b所示，由于输入摆幅很大，M_1 和 M_2 在很短的过渡时间内就能完成切换，从而将近似方波的电流送入谐振回路中。漏极电流的平均值为 $I_{SS}/2$，峰值也是 $I_{SS}/2$。电流的基波将被放大 R_P 倍，而高次谐波却因为谐振回路的选择性而衰减。在图8.12c中，回顾峰值为 A 的方波(占空比为50%)的傅里叶展开式，可发现，基波的振幅为$(4/\pi)A$(比 A 略大)。因此，单端输出的摆幅为$(4/\pi)(I_{SS}/2)R_p=2I_{SS}R_p/\pi$，故差分输出的摆幅为

$$V_{out}=\frac{4}{\pi}I_{SS}R_p \tag{8.21}$$

如果读者在频域内进行上述计算，则应注意基波的频谱包含两个脉冲，每个脉冲的面积为$(2/\pi)A$，而不是$(4/\pi)A$，如图8.12c所示。◀

8.2.2 单端口振荡器

上一节将振荡器看作是在某些频率下具有充分正反馈的负反馈系统，而另一种观点是将振荡器看作是两个单端口组件，一边是有损谐振器，另一边则是抵消损耗的有源电路。这种观点可以帮助读者更深入地理解振荡的本质，本节将叙述此观点。

如图8.13a所示，假设电流脉冲 $I_0\delta(t)$ 被施加到一个无损谐振回路中。该脉冲被 C_1 完全吸收(为什么?)，产生电压 I_0/C_1。然后，C_1 的电荷开始流过 L_1，且输出电压下降。当 V_{out} 降至0时，C_1 不再携有能量，但流经 L_1 的电流为 $L_1 dV_{out}/dt$，该电流反向为 C_1 充电，驱动 V_{out} 向它的负峰值处变化。这种在 C_1 和 L_1 之间的周期性能量交换将无限地持续下去，且其幅值由初始脉冲的强度决定。

现在，假设谐振回路有损耗。如图8.13b所示，该电路有着相似的表现，但不同的是，R_P 会在每次循环中消耗(以发热形式)部分能量，从而导致幅值的指数性衰减。因此猜想，如果一个有源电路能够补充每个周期中损失掉的能量，那么振荡就可以继续下去。事实上，可以预测，一个表现出$-R_P$输入阻抗的有源电路若能并联在谐振回路上，则会抵消 R_P 的影响，从而再现图8.13a中的理想情形。由此得到的拓扑电路被称为“单端口振荡器”，如图8.13c所示。

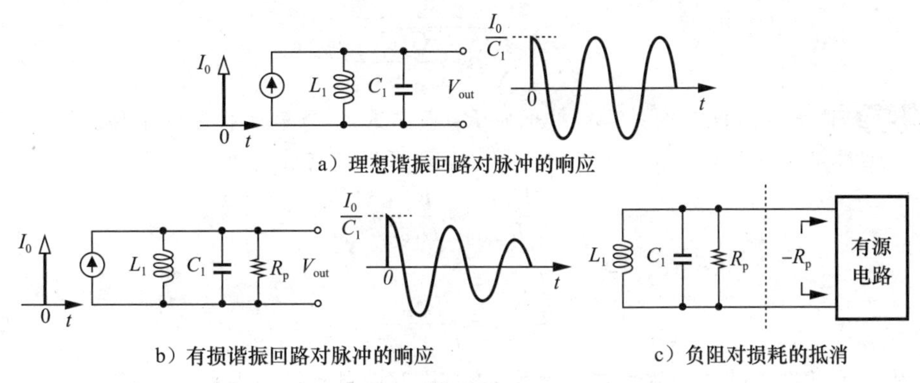

a）理想谐振回路对脉冲的响应

b）有损谐振回路对脉冲的响应　　c）负阻对损耗的抵消

图8.13

例8.8 某同学还记得谐振电路的损耗导致了噪声，因此他提出假设：如果图8.13c中的电路与理想的无损拓扑相类似，那么它必定也表现出零噪声。这种说法正确吗?

解：该猜想并不正确。电阻 R_p 和有源电路仍然会产生各自(相互无关联)的噪声。◀

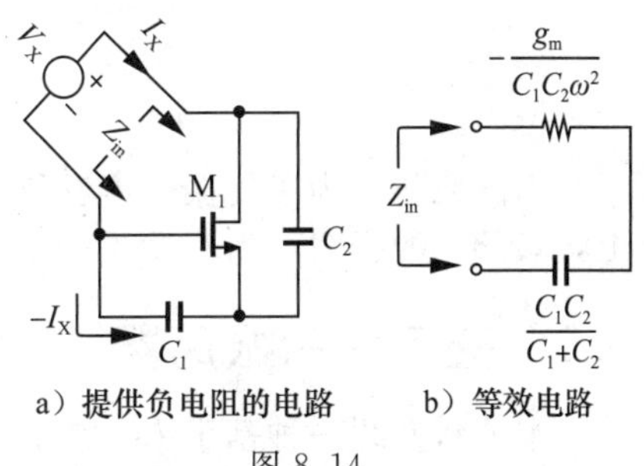

a）提供负电阻的电路　　b）等效电路

图8.14

一个电路如何才能呈现出负的(小信号)输入电阻呢? 图8.14a给出了一个例子，其中两个电容分别从晶体管的栅极和漏极连接到源极。

注意：流过C_1的电流为$-I_X$，产生了晶体管栅源电压$-I_X/(C_1 s)$，因此有漏电流$-I_X g_m/(C_1 s)$，由此可计算出阻抗Z_{in}。I_X与漏电流之差流过C_2，产生电压$[I_X+I_X g_m/(C_1 s)]/(C_2 s)$。这个电压必与$V_{GS}+V_X$相等：

$$-\frac{I_X}{C_1 s}+V_X=\left(I_X+I_X\frac{g_m}{C_1 s}\right)\frac{1}{C_2 s} \tag{8.22}$$

由此可得

$$\frac{V_X}{I_X}(s)=\frac{1}{C_1 s}+\frac{1}{C_2 s}+\frac{g_m}{C_1 C_2 s^2} \tag{8.23}$$

对于一个正弦输入，$s=j\omega$，

$$\frac{V_X}{I_X}(j\omega)=\frac{1}{jC_1\omega}+\frac{1}{jC_2\omega}-\frac{g_m}{C_1 C_2\omega^2} \tag{8.24}$$

这样，输入阻抗可以看作是C_1、C_2以及一个负电阻$-g_m/(C_1 C_2\omega^2)$的串联，等效电路如图8.14b所示。有趣的是，负电阻的值随频率变化而变化。

有了负电阻，现在就可以将其加入一个有损谐振回路中，从而构建一个振荡器。由于式(8.24)的容性分量可以作为谐振回路的一部分，所以只需要像图8.15显示的那样，对负电阻端口连上一个电感，就能满足振荡的条件。在这种情况下，用一个串联电阻R_S来模拟电感的损耗会比较简单。若

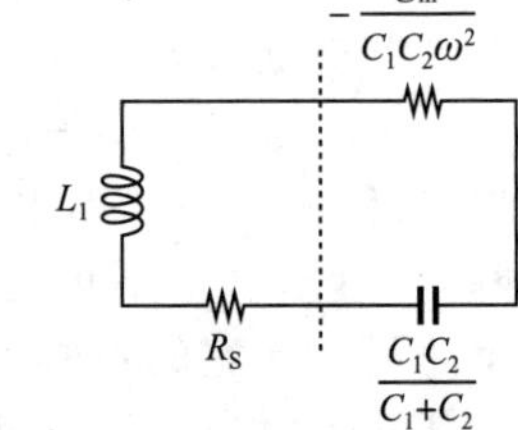

图8.15 有损电感与负电阻电路的连接

$$R_S=\frac{g_m}{C_1 C_2\omega^2} \tag{8.25}$$

则电路振荡。

此时，电路化简为C_1和C_2的串联以及L_1，且其振荡频率为

$$\omega_{osc}=\frac{1}{\sqrt{L_1\dfrac{C_1 C_2}{C_1+C_2}}} \tag{8.26}$$

例8.9 请尝试用电感的并联等效电阻R_P而非R_S，以表达振荡的条件。

解：回顾第2章可知，如果$Q>3$，那么串联可以被转化为并联，且

$$\frac{L_1\omega}{R_S}\approx\frac{R_p}{L_1\omega} \tag{8.27}$$

因此，

$$\frac{L_1^2\omega^2}{R_p}=\frac{g_m}{C_1 C_2\omega^2} \tag{8.28}$$

此外，可以用式(8.26)中的值来替换ω^2，从而得到起振条件：

$$g_m R_p=\frac{(C_1+C_2)^2}{C_1 C_2} \tag{8.29}$$

$$=\frac{C_1}{C_2}+\frac{C_2}{C_1}+2 \tag{8.30}$$ ◀

不出所料，为了使振荡能够发生，图8.14a中的晶体管必须提供足够大的跨导。实际上，式(8.30)表明，当$C_1=C_2$时，g_m可以取到最小值，即$g_m R_P\geqslant 4$。

8.3 交叉耦合振荡器

本节将介绍一种基于LC的振荡器拓扑，由于它能可靠工作，所以已经成为射频应用中的首选。现从一个反馈系统开始研究，并且随后会发现，相应的研究结果也适用于

8.2.2 节描述的单端口振荡器。

我们希望使用“LC 调谐”放大级来构造一个负反馈振荡系统。图 8.16a 展示了这样的放大级，其中 C_1 表示在输出节点处看到的总电容，R_p 表示谐振回路在谐振频率处的等效并联电阻。此处不考虑 C_{GD}，但以后将会发现，这个电容可以很容易地包含进最终的振荡器拓扑中。

现在考察该电路的频率响应。在非常低的频率处，L_1 是主要的负载，有：

$$\frac{V_{out}}{V_{in}} \approx -g_m L_1 s \tag{8.31}$$

也就是说，$|V_{out}/V_{in}|$ 非常小且 $\angle(V_{out}/V_{in})$ 维持在 $-90°$ 左右。在谐振频率 ω_0 处，谐振回路可化简为 R_P 且

$$\frac{V_{out}}{V_{in}} = -g_m R_p \tag{8.32}$$

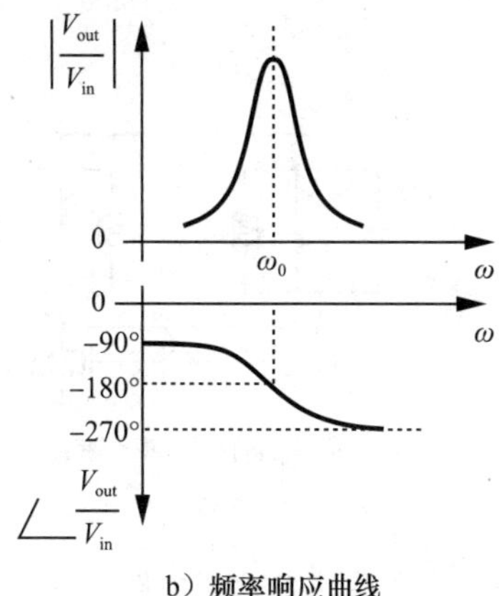

a）调谐放大器　　b）频率响应曲线

图 8.16

因此，从输入到输出的相移等于 $-180°$。在非常高的频率处，C_1 起主要作用，故有：

$$\frac{V_{out}}{V_{in}} \approx -g_m \frac{1}{C_1 s} \tag{8.33}$$

于是，$|V_{out}/V_{in}|$ 减小且 $\angle(V_{out}/V_{in})$ 接近 $+90°(=-270°)$。整个频率范围内的响应如图 8.16b 所示。

如果将图 8.16a 中的电路输入输出短接，那么它还能够振荡吗？正如图 8.16b 中的开环幅值和相位图形所表示的那样，没有哪个频率能够满足巴克豪森准则，总相移在任何频率处都不能达到 360°。

经过更仔细的检查，可发现电路在 ω_0 处提供 180°的相移且其增益($g_m R_P$)有可能足够大。而我们要做的仅仅是将总相移提高到 360°，这也许可以通过在环路中插入另外一级电路来实现。如图 8.17a 所示，具体是将两个相同的 LC 调谐级电路级联起来，从而在谐振时使环路的总相移等于 360°。这样，如果环路增益$\geqslant 1$，那么电路就能够振荡：

$$(g_m R_p)^2 \geqslant 1 \tag{8.34}$$

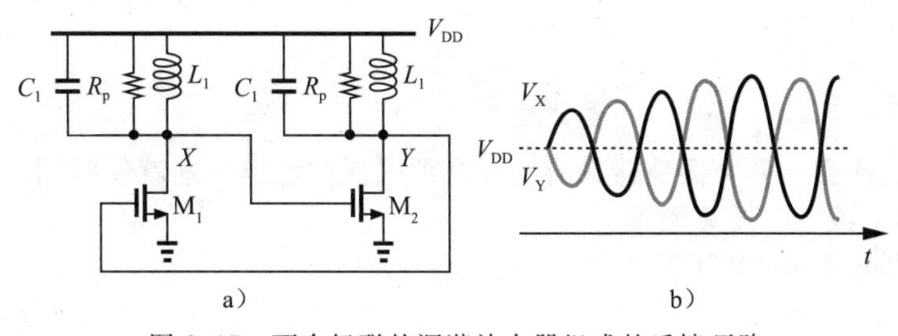

a）　　b）

图 8.17 两个级联的调谐放大器组成的反馈环路

例 8.10 假设图 8.17a 所示的电路能够振荡，试绘出 X 点和 Y 点的电压波形。

解：在 $t=0$ 时，$V_X=V_Y=V_{DD}$。当一个频率为 ω_0 的噪声分量被放大且经过环路流动时，V_X 和 V_Y 就开始增大，但始终会保持 180°的相位差，如图 8.17b 所示。感性负载的一种特性是：能够提供高于电源电压的峰值电压[⊖]。当 M_1 和 M_2 进入三极管区后，环路增益下降，V_X 和 V_Y 的增长将会停止。◀

⊖ 如果 L_1 没有串联电阻，那么它的平均电压降必定为零。因此，V_X 和 V_Y 必定在 V_{DD} 上下波动。

上面的电路可以被重画为图 8.18a 所示中的样子，考虑到 M_1 和 M_2 的连接方式，该电路被称为“交叉耦合”振荡器。该拓扑构成了大多数实用射频振荡器的核心电路，且具有诸多有趣的特性，本节将从不同的角度介绍它。

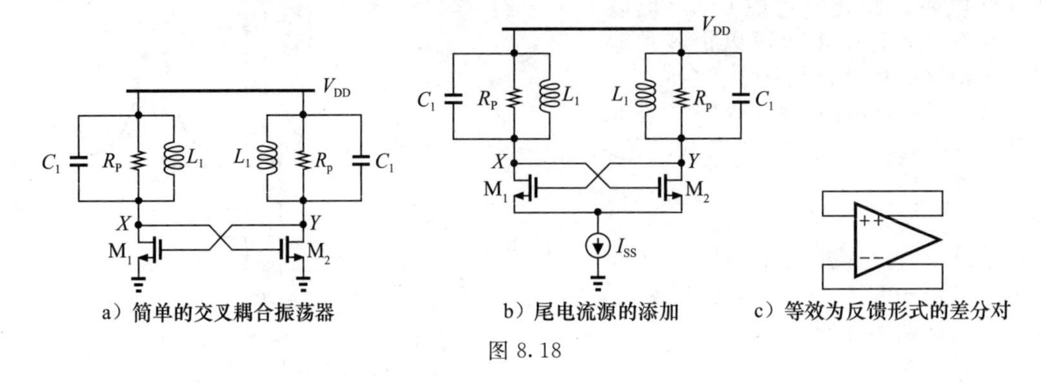

图 8.18

现在计算这个电路的振荡频率。X 处的电容包括 C_{GS2}、C_{DB1}，且受 C_{GD1} 和 C_{GD2} 的影响。注意：① C_{GD1} 和 C_{GD2} 是并联的；② $C_{GD1}+C_{GD2}$ 上的总电压变化是 X(或 Y)处的两倍，这是因为 V_X 和 V_Y 是差动变化的。因此，

$$\omega_{osc}=\frac{1}{\sqrt{L_1(C_{GS2}+C_{DB1}+4C_{GD}+C_1)}} \tag{8.35}$$

此处，C_1 表示 L_1 的寄生电容加下一级电路的输入电容。

图 8.18a 所示振荡器的缺点是偏置电流难以确定。因为每个晶体管的平均 V_{GS} 都等于 V_{DD}，电流强烈依赖于迁移率、阈值电压和温度。由于 V_X 和 V_Y 是差分信号，我们猜想，如果 M_1 和 M_2 被接到同一个尾电流源上，那么它们可以作为一个差分对工作。如图 8.18b 所示，由上述猜想得到的电路鲁棒性更强，且可以被认为是带有正反馈的感性负载差分对(见图 8.18c)。振荡幅度会一直增长，直到差分对进入饱和状态。为了与其他交叉耦合拓扑结构区分开来，有时称这个电路为“尾电流偏置振荡器”。

例 8.11 如果图 8.18b 中的 M_1 和 M_2 能瞬时完成完全的电流切换，试计算电路的电压摆幅。

解：由例题 8.7 可知，每个晶体管的漏极电流的摆幅为 $0\sim I_{SS}$，因此峰值差分输出的摆幅为

$$V_{XY}\approx\frac{4}{\pi}I_{SS}R_p \tag{8.36}$$ ◀

图 8.18b 中的交叉耦合振荡器具有超过电源电压的摆幅，这就使我们不得不考虑晶体管的可靠性。M_1 或 M_2 任意两端之间的瞬时电压差都必须保持在工艺所允许的最大值以下。图 8.19 显示了当 M_1 关断、M_2 导通时电路的“快照”。每个晶体管都需要经历以下情况：①对 M_1 来说，漏极电压达到 $V_{DD}+V_a$，其中 V_a 为单端摆幅的峰值，例如 $(2/\pi)I_{SS}R_P$，而此时栅压降至 $V_{DD}-V_a$。晶体管保持关断，但其漏-栅电压等于 $2V_a$ 且漏-

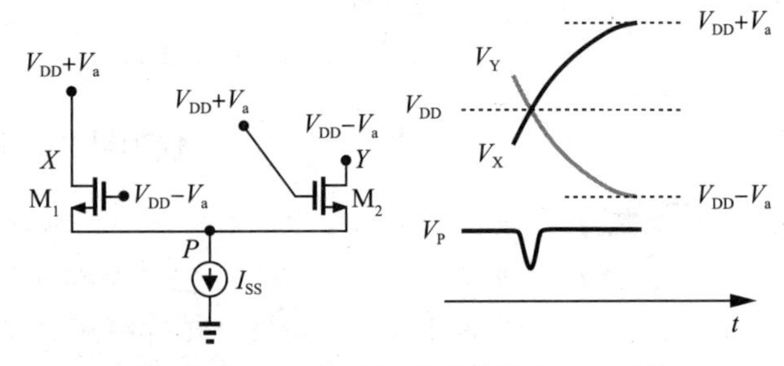

图 8.19 交叉耦合振荡器中的电压摆动[㊀]

㊀ 如果 M_1 和 M_2 在任意点处都不会进入三极管区，那么节点 P 处的电压将在 V_X 和 V_Y 的交点处下降。另外，若在半个周期内每个晶体管都进入深三极管区，那么 V_P 在大多数时间内都很小，且在 V_X 和 V_Y 的交点处增大。

源电压大于 $2V_a$(为什么?)。②对于 M_2 而言，漏极电压降至 $V_{DD}-V_a$ 而栅压增至 $V_{DD}+V_a$。因此，栅一漏电压达到 $2V_a$ 且栅一源电压超过 $2V_a$。注意：不管是 V_{DS1} 还是 V_{GS2} 都有可能过大。选择适当的 V_a、I_{SS} 和器件尺寸，能够避免过高的电压给晶体管带来的压力。

读者可能想知道交叉耦合振荡器中电感值和器件尺寸应如何选择。压控振荡器和相位噪声(见 8.7 节)之后的内容将会讲解相关的设计方法。

例 8.12 一位同学认为，如果尾电流源是理想的，那么图 8.18b 中的交叉耦合振荡器将对电源不敏感。这种说法正确吗?

解：这并不正确。如图 8.20 所示，每个晶体管的漏极一衬底电容的平均电压都维持在 V_{DD}。因此，电源电压的变化将调节这个电容并导致振荡频率的变化。◀

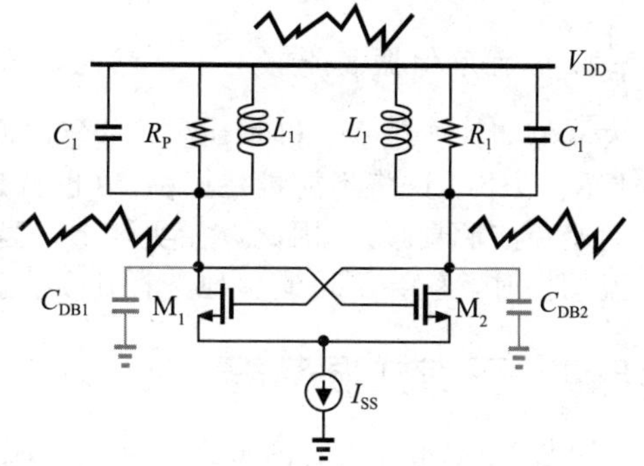

图 8.20 V_{DD} 对漏极电容的调节作用

交叉耦合振荡器被看作是一个反馈系统的同时，还可用 8.2.2 节所表述的单端口的观点来分析。首先，重新将电路画成图 8.21a 中的样子并指出：对于 X 和 Y 处很小的差分波形，即使 V_N 没有被连接到 V_{DD}，它也不会发生变化。因此，在小信号分析中将该节点与 V_{DD} 断开连接，同时，考虑到两个串联的相同谐振腔可以被一个谐振腔所代替，因此可将电路画成图 8.21b。

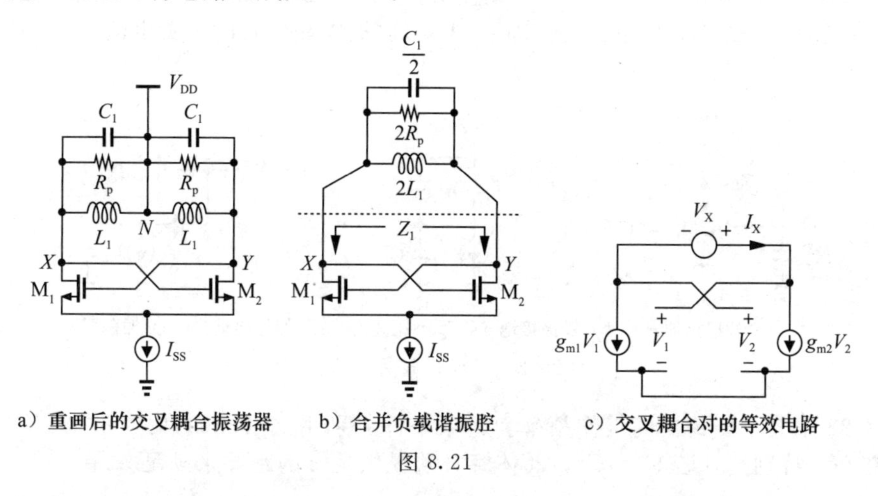

a）重画后的交叉耦合振荡器　b）合并负载谐振腔　c）交叉耦合对的等效电路

图 8.21

现在，可以将这个振荡器看作是一个有损谐振器($2L_1$、$C_1/2$ 和 $2R_P$)，且这个谐振器连接到了一个有源电路(M_1、M_2 和 I_{SS})的端口。这样，有源电路就能够补充谐振器所消耗的能量。也就是说，Z_1 必须包含一个负电阻，这一点可以从图 8.21c 所示的等效电路中看出，其中 $V_1-V_2=V_X$，且

$$I_X=-g_{m1}V_1=g_{m2}V_2 \tag{8.37}$$

由此可得：

$$\frac{V_X}{I_X}=-\left(\frac{1}{g_{m1}}+\frac{1}{g_{m2}}\right) \tag{8.38}$$

对于 $g_{m1}=g_{m2}=g_m$，上式可化简为

$$\frac{V_X}{I_X}=-\frac{2}{g_m} \tag{8.39}$$

为使振荡能够发生，负电阻必须抵消掉谐振腔的损耗：

$$\frac{2}{g_m} \leqslant 2R_p \tag{8.40}$$

因此

$$g_m R_p \geqslant 1 \tag{8.41}$$

不出所料，这个条件与式(8.34)相等价[⊖]。

g_m 的选择

前面的学习表明，在图8.18b中，可以选择使交叉耦合晶体管的 g_m 略大于谐振腔的 $\frac{1}{R_p}$，从而确保振荡能够发生。然而，这样的选择将会导致很小的电压摆幅。如果摆幅很大，例如，如果 M_1 和 M_2 经历完全切换，那么 g_m 将会在一个周期中的一段时间内降至 $1/R_p$ 以下，这将不能维持振荡。(也就是说，当 $g_m \approx 1/R_p$ 时，M_1 和 M_2 必须保持线性才能避免波形衰减)。因此，在实际中，当所设计的电路要实现 M_1 和 M_2 之间近乎完全的电流切换时，就会不可避免地选择比 $1/R_p$ 大得多的 g_m。

8.4 三点式振荡器

8.2.2节介绍过，图8.14a中的电路连接一个电感后就能组成一个振荡器。注意，在推导阻抗 Z_{in} 时没有假定任何终端接地。因此，如果将晶体管的每个端口分别接地，可以得到3个不同的振荡器拓扑结构。图8.22a、b和c中的电路分别对应源极、栅极和漏极交流接地。在每种情况下，都有一个电流源来决定晶体管的偏置电流。图8.22b中 M_1 的栅极和图8.22c中 L_1 的左端都必须连接到一个合适的电位(例如 $V_b - V_{DD}$)以提供晶体管的偏置电流。

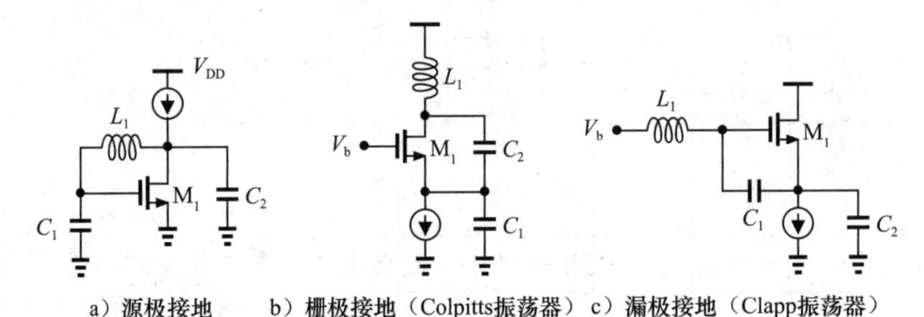

图8.22 三点式振荡器的变形

图8.22中3个振荡器的工作频率和起振条件分别由式(8.26)和式(8.30)给出，这需要牢记在心。特别地，若 $C_1 = C_2$，晶体管必须提供足够的跨导来满足：

$$g_m R_p \geqslant 4 \tag{8.42}$$

这个条件比用于交叉耦合振荡器的式(8.34)更为苛刻，说明图8.22中的电路有可能由于电感的 Q 值不够大而难以振荡。这类振荡器的主要缺点就在于此，这也是它们不够流行的原因之一。

图8.22所示电路的另一个缺点是，它们只产生单端输出。我们期望可以将两个相同的振荡器结合，从而让它们以差动方式工作。图8.23显示了一个例子，两个如图8.22c所示的振荡器的电感在 P 处相连。电阻 R_1 在 P 处和 M_1、M_2 的栅极产生了大小为 V_{DD} 的直流电平。更重要的是，如果这个电阻选择恰当，就可以防止共模振荡。为理解这一点，假设 X 和 Y 同相位摆动，且 A 与 B 也如此，那么流过 L_1 和 L_2 的电流就是同相位的。然后这两个电流汇聚成一个，并且 L_1 与 L_2 并联后，再与 R_1 相串联，从而降低了它

⊖ 这个拓扑也被称为“负 G_m 振荡器”，但这种叫法不是非常准确，因为该拓扑含有一个负电导，而不是一个负跨导。

们的Q值。如果R_1足够大，那么共模振荡将不会发生。另外，对于差分波形，流过L_1和L_2的电流是相等且反向的，这使P点成为交流地。

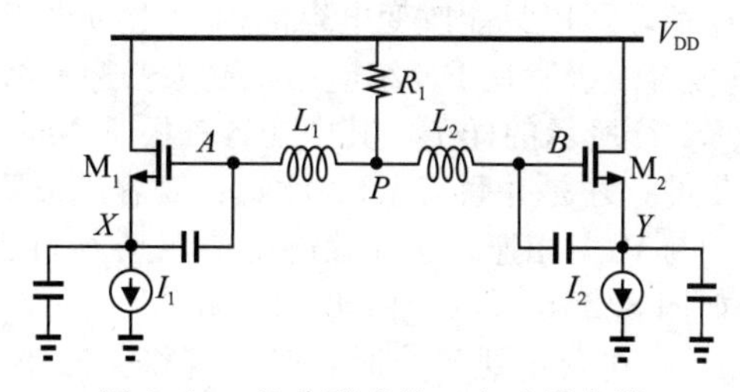

图 8.23 差分形式的三点式振荡器

即使图8.23中的电路具有差分输出，它仍然不如图8.18b中的交叉耦合振荡器——这不仅是因为其起振条件苛刻，还因为I_1和I_2的噪声直接破坏了振荡。不过，这个电路也应用在某些设计中。

8.5 压控振荡器

大多数振荡器的频率都需要在一个特定频率范围内可调。因此，我们希望构建频率能够电可调的振荡器——压控振荡器(VCO)。

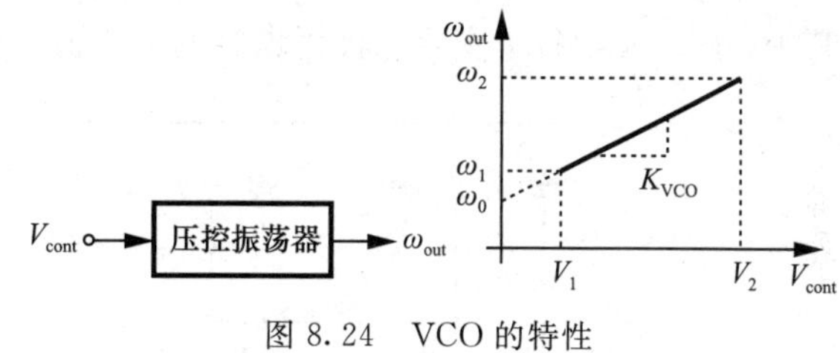

图 8.24 VCO的特性

图8.24概念性地显示了VCO的特性，当控制电压V_{cont}从V_1变到V_2时，输出频率从ω_1变到ω_2(即是需要调频的范围)。特性曲线的斜率K_{VCO}称为压控振荡器的“增益”或“灵敏度”，其单位是rad/V或者Hz/V。特性曲线可描述为

$$\omega_{out}=K_{VCO}V_{cont}+\omega_0 \tag{8.43}$$

其中，ω_0表示为纵轴上的交点。正如第9章中所描述的，我们希望特性曲线是相对线性的，也就是说，在调频范围内K_{VCO}不发生显著变化。

例 8.13 例题8.12解释过，交叉耦合振荡器展现出相对于V_{DD}的敏感性。现将V_{DD}视作“控制电压”，试确定增益。

解： 现有

$$\omega_{osc}=\frac{1}{\sqrt{L_1(C_1+C_{DB})}} \tag{8.44}$$

其中，C_1包括除了C_{DB}以外，电路中所有的电容。因此

$$K_{vco}=\frac{\partial\omega_{out}}{\partial V_{DD}} \tag{8.45}$$

$$=\frac{\partial\omega_{osc}}{\partial C_{DB}}\cdot\frac{\partial C_{DB}}{\partial V_{DD}} \tag{8.46}$$

MOSFET的结电容C_{DB}可近似为

$$C_{DB}=\frac{C_{DB0}}{\left(1+\dfrac{V_{DD}}{\phi_B}\right)^m} \tag{8.47}$$

其中，ϕ_B表示结的内建电场，m为0.3～0.4。由式(8.46)和(8.47)可得：

$$K_{VCO}=\frac{-1}{2\sqrt{L_1}}\cdot\frac{1}{\sqrt{C_1+C_{DB}}(C_1+C_{DB})}\cdot\frac{-mC_{DB0}}{\phi_B\left(1+\dfrac{V_{DD}}{\phi_B}\right)^{m+1}} \tag{8.48}$$

$$=\frac{C_{DB}}{C_1+C_{DB}}\cdot\frac{m}{2\phi_B+2V_{DD}}\omega_{osc} \tag{8.49}$$ ◀

为了调节 LC 振荡器的频率，就必须改变其谐振腔的谐振频率。由于用电控方式难以改变电感值，所以只能改变电容的值，比如改变变容二极管的电容值。正如第7章中学过的，MOS变容二极管比PN结应用得更为普遍，特别是在低电压设计中。因此，将VCO构建成如图8.25a所示的样子，其中变容二极管 M_{V1} 和 M_{V2} 与谐振腔并联(当 V_{cont} 是由理想电压源所提供的，才是并联关系)。注意：变容二极管的栅极与振荡器节点相连，而其源极和漏极、N阱则与 V_{cont} 相连。这样就避免了N阱与衬底间的寄生电容成为 X 和 Y 节点的负载。

如图8.25b所示，由于 M_{V1} 和 M_{V2} 的平均栅压为 V_{DD}，它们的栅源电压一直为正，且当 V_{cont} 从0变化到 V_{DD} 时，其电容将会减小。即使 X 和 Y 处的电压摆幅很大且因此导致 M_{V1} 和 M_{V2} 上的电压也很大时，上述行为也会持续存在。此处的关键点在于，当 V_{cont} 从0变到 V_{DD} 时，每个变容二极管两端的平均电压会从 V_{DD} 降至0，从而使它们的电容单调减小。因此，振荡频率可表示为

$$\omega_{osc}=\frac{1}{\sqrt{L_1(C_1+C_{var})}} \tag{8.50}$$

其中，C_{var} 表示每个变容二极管电容的平均值。

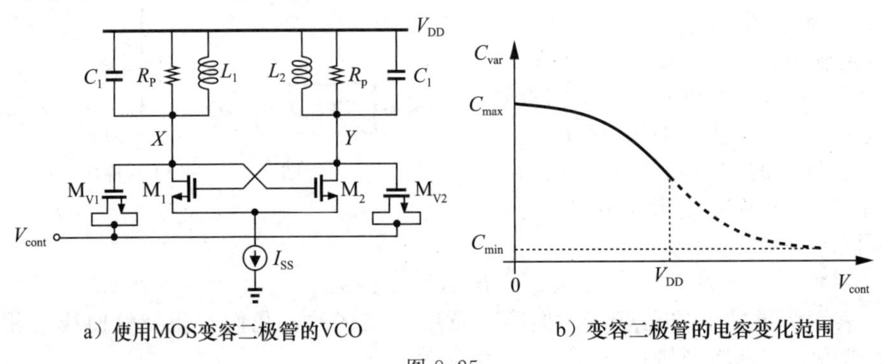

a）使用MOS变容二极管的VCO　　b）变容二极管的电容变化范围

图8.25

读者可能好奇电容 C_1 为什么被包含在图8.25a所示的振荡器结构中，似乎没有 C_1 时，变容二极管可以在更大程度上调节频率，从而提供更宽的调频范围。这确实是真的，并且我们很少有意地向谐振腔添加定值电容。换句话说，C_1 仅仅代表出现在 X 和 Y 处的不可避免的寄生电容，主要包括：①C_{GS}、C_{GD}(由于有米勒效应，所以要乘以2)，以及 M_1 和 M_2 的 C_{DB}；②每个电感的寄生电容；③后一级(比如缓冲器、分频器或混频器)的输入电容。正如第4章提到的，后级输入电容在信号发送侧显得尤其重要，这是由从功率放大器输入端到上变频混频器输入端电容的“传播”作用引起的。

上述VCO拓扑有两点需要说明。首先，当 V_{cont} 接近“地”且 V_X(或 V_Y)显著高于 V_{DD} 时，变容二极管将面临高电压工作的压力。其次，正如图8.25b所描述的那样，大约只有一半的 $C_{max}-C_{min}$ 被用于调频。本章稍后会解决这些问题。

第7章曾说明过，差动波形下的对称螺旋电感比单端电感具有更高的 Q 值。因此，图8.25中的 L_1 和 L_2 往往是由一个电感做成的两个对称的部分。图8.26阐明了这种想法并给出了电路形式。电感的对称中点(即“中间抽头”)被连至 V_{DD}。在分析中，为简单起见，可忽略中间抽头。

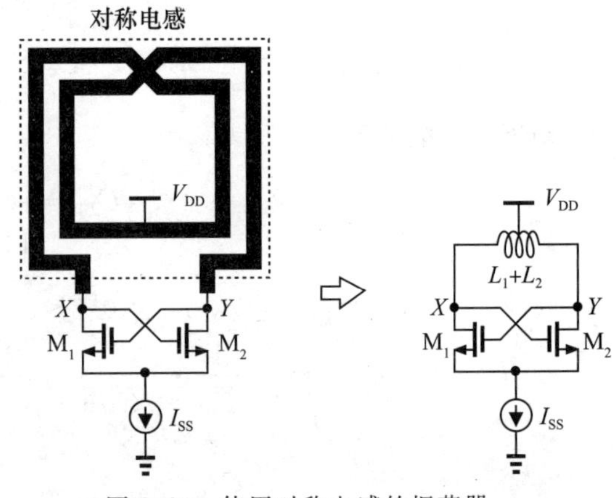

图8.26　使用对称电感的振荡器

例 8.14 在图 8.26 中，对称电感的值为 2nH，在 10GHz 频率下，它的 Q 值为 10。为了确保起振，M_1 和 M_2 所需要的最小跨导是多少？

解：$L_1+L_2=2\text{nH}$ 电感的并联等效电阻为 $Q(L_1+L_2)\omega=1.26\text{k}\Omega$。由式(8.40)可得：

$$g_{m1,2}\geqslant(630\Omega)^{-1} \tag{8.51}$$

或者，可以将电感分解为 L_1 和 L_2，这样就回到了如图 8.18b 所示的电路。在这种情况下，$R_P=QL_1\omega=QL_2\omega=630\Omega$，且 $g_{m1,2}R_P\geqslant1$。因此，$g_{m1,2}\geqslant(630\Omega)^{-1}$。此处的关键在于，为了计算频率和起振条件，可以将 L_1+L_2 看作一个电感，从而使用单端口模型，或者将 L_1 和 L_2 划分到两级电路中并使用反馈模型。◀

图 8.25a 中的 VCO 提供接近于 V_{DD} 的共模输出电平，这对于下一级电路来说可能是优点，也可能是缺点(见 8.8 节)。

8.5.1　调频范围的限制

尽管如图 8.25a 所示的交叉耦合振荡器是一种鲁棒性很好的通用拓扑结构，但它的缺点是调频范围很窄。正如先前所提到的，构成 C_1 的 3 个分量将会限制变容二极管电容变化所带来的影响。在式(8.50)中，C_{var} 往往是总电容值的一小部分，所以可以进行一个粗略的近似，即 $C_{var}\ll C_1$，并将式(8.50)重新写为

$$\omega_{osc}\approx\frac{1}{\sqrt{L_1C_1}}\left(1-\frac{C_{var}}{2C_1}\right) \tag{8.52}$$

如果变容二极管的电容值从 C_{var1} 变化到 C_{var2}，那么调频范围可由下式给出：

$$\Delta\omega_{osc}\approx\frac{1}{\sqrt{L_1C_1}}\frac{C_{var2}-C_{var1}}{2C_1} \tag{8.53}$$

例如，若 $C_{var2}-C_{var1}=20\%C_1$，那么调频范围大约为中心频率的$\pm5\%$。

是什么在限制变容二极管的电容范围 $C_{var2}-C_{var1}$ 呢？第 7 章曾指出，变容二极管的 $C_{var2}-C_{var1}$ 与其 Q 值存在权衡关系：较长的沟道将会减小栅漏和栅源相对的覆盖电容，从而使电容变化范围变宽，但同时会减小 Q 值。因此，调频范围与整个谐振腔的 Q 值相互制约，进而与相位噪声相制约。

另一个限制 $C_{var2}-C_{var1}$ 的因素来自振荡器的控制电压，即图 8.25a 中的 V_{cont}。这个电压通常是由“电荷泵”所产生的(见第 9 章)，而电荷泵与其他模拟电路一样，都具有输出电压摆幅有限的缺点。例如，一个工作在 1V 电源下的电荷泵可能产生不了低于 0.1V 或高于 0.9V 的输出。因此，图 8.25b 中的特性曲线要缩减为图 8.27 中的样子。

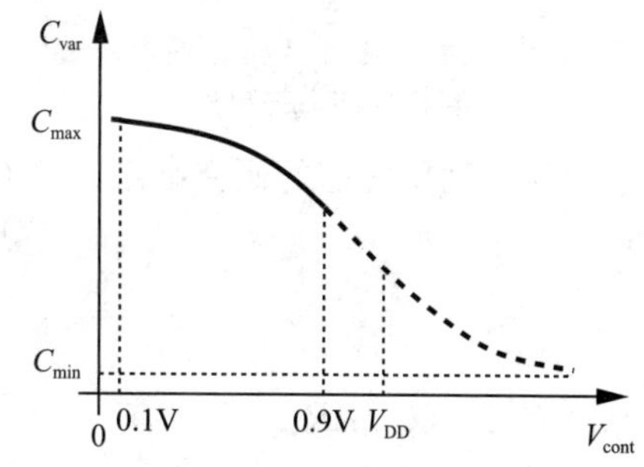

图 8.27　当输入限制在 0.1～0.9V 时变容二极管的变化范围

在 LC 压控振荡器的设计中，上述调频限制被证明过于严格。8.6 节将介绍一些具有更宽调频范围的振荡器拓扑，但这是以牺牲其他方面的性能为代价的。

8.5.2　变容二极管 Q 值的影响

正如 8.5.1 节介绍的，变容二极管的电容值只不过是总的谐振腔电容的一小部分。因此可做出猜测，变容二极管的阻性损耗只在一定程度上降低谐振腔的总 Q 值。现从最基本理论开始分析。

例 8.15 一个有损电感和一个有损电容构成了并联谐振电路。试根据其品质因数确定总的 Q 值。

解：在很窄的频率范围内，电感或电容的损耗可以用并联电阻来模拟。因此，将谐振

电路构建成如图 8.28 所示的电路，其中电感和电容的 Q 值分别由以下两式给出：

$$Q_{\mathrm{L}}=\frac{R_{\mathrm{p1}}}{L_1\omega} \tag{8.54}$$

$$Q_{\mathrm{C}}=R_{\mathrm{p2}}C_1\omega \tag{8.55}$$

注意，在谐振点附近，$L_1\omega=(C_1\omega)^{-1}$。将 R_{p1} 和 R_{p2} 合并可得总的 Q 值：

$$Q_{\mathrm{tot}}=\frac{R_{\mathrm{p1}}R_{\mathrm{p2}}}{R_{\mathrm{p1}}+R_{\mathrm{p2}}}\cdot\frac{1}{L_1\omega} \tag{8.56}$$

$$=\frac{1}{\dfrac{L_1\omega}{R_{\mathrm{p1}}}+\dfrac{L_1\omega}{R_{\mathrm{p2}}}} \tag{8.57}$$

$$=\frac{1}{\dfrac{L_1\omega}{R_{\mathrm{p1}}}+\dfrac{1}{R_{\mathrm{p2}}C_1\omega}} \tag{8.58}$$

由此可得：

$$\frac{1}{Q_{\mathrm{tot}}}=\frac{1}{Q_{\mathrm{L}}}+\frac{1}{Q_{\mathrm{C}}} \tag{8.59}$$ ◀

为了量化变容二极管损耗所带来的影响，考虑图 8.29a 中的谐振电路，其中 R_{p1} 代表电感的损耗，R_{var} 代表变容二极管的等效串联电阻。我们希望计算出谐振电路的 Q 值。通过将 C_{var} 与 R_{var} 的串联形式转化为如图 8.29b 所示的并联形式，并结合第 2 章的相关内容，有：

$$R_{\mathrm{p2}}=\frac{1}{C_{\mathrm{var}}^2\omega^2R_{\mathrm{var}}} \tag{8.60}$$

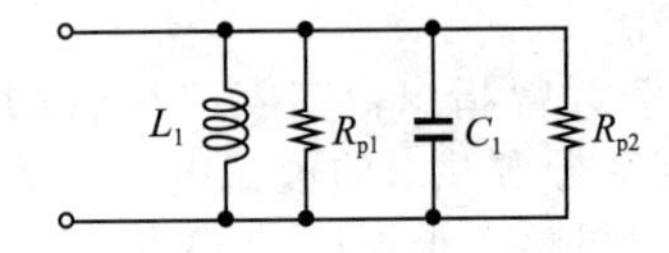

图 8.28　由有损电感和有损电容构成的谐振电路

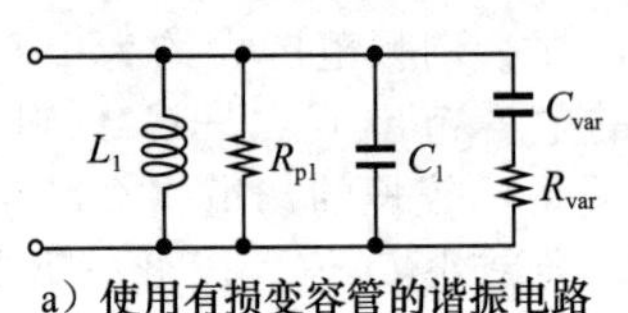

a）使用有损变容管的谐振电路

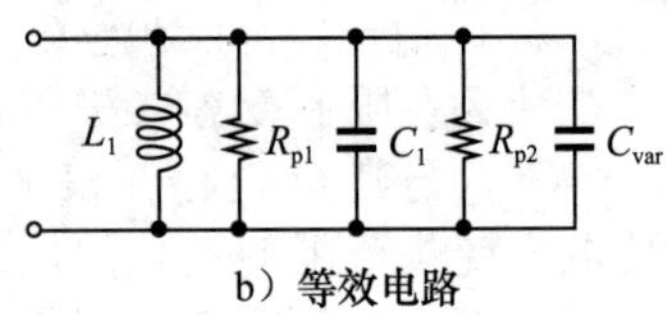

b）等效电路

图 8.29

为了利用之前的研究结果，将 C_1 与 C_{var} 结合起来。与 C_1+C_{var} 有关的 Q 值为

$$Q_{\mathrm{C}}=R_{\mathrm{p2}}(C_1+C_{\mathrm{var}})\omega \tag{8.61}$$

$$=\frac{C_1+C_{\mathrm{var}}}{C_{\mathrm{var}}^2\omega R_{\mathrm{var}}} \tag{8.62}$$

结合 $Q_{\mathrm{var}}=(C_{\mathrm{var}}\omega R_{\mathrm{var}})^{-1}$，有：

$$Q_{\mathrm{C}}=\left(1+\frac{C_1}{C_{\mathrm{var}}}\right)Q_{\mathrm{var}} \tag{8.63}$$

换句话说，变容二极管的 Q 值因为因子 $1+C_1/C_{\mathrm{var}}$ 被“增大”。因此，整个谐振电路的 Q 值可由下式给出：

$$\frac{1}{Q_{\mathrm{tot}}}=\frac{1}{Q_{\mathrm{L}}}+\frac{1}{\left(1+\dfrac{C_1}{C_{\mathrm{var}}}\right)Q_{\mathrm{var}}} \tag{8.64}$$

对于高至几十吉赫兹的频率而言，式(8.64)中的第一项占主导地位(除非所选变容二极管为长沟道器件)。

如果谐振电路包括一个理想电容 C_1，以及一系列的有损电容 $C_2,\cdots,C_n$，且其分别表现出 $R_2,\cdots,R_n$ 的串联电阻，那么式(8.64)可进行一般化推广。读者可以证明

$$\frac{1}{Q_{\text{tot}}}=\frac{1}{Q_{\text{L}}}+\frac{C_2}{C_{\text{tot}}}\frac{1}{Q_2}+\cdots+\frac{C_n}{C_{\text{tot}}}\frac{1}{Q_n} \tag{8.65}$$

其中，$C_{\text{tot}}=C_1+\cdots+C_n$ 且 $Q_j=(R_jC_j\omega)^{-1}$。

8.6 具有宽调频范围的低噪声压控振荡器

8.6.1 可连续调频的压控振荡器

由图 8.27 中的 C-V 特性曲线所得到的调频范围窄得难以接受，这主要是由于与负 V_{GS}(对于 $V_{\text{cont}}>V_{\text{DD}}$)相对应的电容变化范围没有被利用。因此，必须寻求一种能够允许变容二极管两端电压为正和负(平均值)的振荡器拓扑，从而利用几乎 $C_{\min}\sim C_{\max}$ 的全部范围。

图 8.30a 给出了一个这样的拓扑结构。与 8.3 节中所讲的尾电流偏置结构不同，这个电路通过一个上端电流源 I_{DD} 来偏置 M_1 和 M_2。首先，通过计算共模输出电平来分析这个电路。没有振荡时，电路可简化为图 8.30b，其中 M_1 和 M_2 平分 I_{DD} 且可以看作是二极管连接方式的器件。因此，共模电平仅仅由一个二极管连接的晶体管的栅源电压给出，且流过该管的电流为 $I_{\text{DD}}/2$ ⊖。例如，对于平方律器件，

$$V_{\text{GS1,2}}=\sqrt{\frac{I_{\text{DD}}}{\mu_n C_{\text{ox}}(W/L)}}+V_{\text{TH}} \tag{8.66}$$

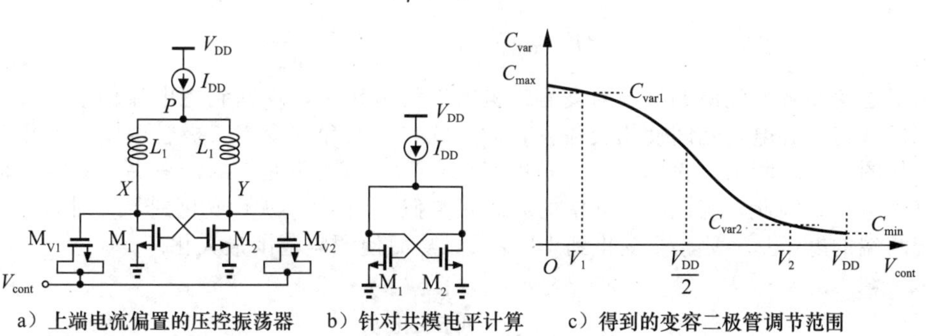

a）上端电流偏置的压控振荡器 b）针对共模电平计算的等效电路 c）得到的变容二极管调节范围

图 8.30

选择合适的晶体管尺寸，从而使共模电平约等于 $V_{\text{DD}}/2$。于是，当 V_{cont} 从 0 变化到 V_{DD} 时，变容二极管的栅源电压 $V_{\text{GS,var}}$ 将从 $+V_{\text{DD}}/2$ 变化到 $-V_{\text{DD}}/2$，几乎扫过了 $C_{\min}\sim C_{\max}$ 的全部范围，如图 8.30c 所示。实际上，产生 V_{cont} 的电路(通常是电荷泵电路)只能提供$V_1\sim V_2$ 的电压范围，从而只能提供图 8.30c 中 $C_{\text{var1}}\sim C_{\text{var2}}$ 的电容变化范围。

图 8.30a 中振荡器的起振条件、振荡频率和输出摆幅与图 8.18b 中尾偏置电路的很相似。另外，为了获得更高的 Q 值，L_1 和 L_2 都由单个对称电感实现，电感的中间抽头被连接到 I_{DD}。

与下端尾电流偏置电路相比，图 8.30a 中的拓扑结构虽然提供更宽的调频范围，却产生了更大的相位噪声。就像式(8.66)所表明的那样，这个弊端主要是由 I_{DD} 的噪声电流对共模输出电平的调节所导致的。但这种现象并不会发生在尾电流偏置振荡器中，因为电感的直流电阻很小，其共模输出电平被“钉”在 V_{DD} 处。下面的例题解释了这种差异。

例 8.16 若上述两种拓扑结构的振荡器的尾偏置电流或上端偏置电流改变了 ΔI，试确定变容二极管两端的电压变化量。

解： 如图 8.31a 所示的尾电流偏置拓扑可知，每个电感包含一个很小的低频电阻 r_{S}(往往小于 10Ω)。若 I_{SS} 改变了 ΔI，则输出共模电平的变化为 $\Delta V_{\text{CM}}=(\Delta I/2)r_{\text{S}}$，且每个变容二

⊖ 在大信号振荡时，M_1 和 M_2 的非线性将会轻微地改变共模输出电平，但此处忽略这种效应。

极管两端的电压也如此变化。另一方面，在图8.31b所示的上端电流偏置电路中，电流变化量ΔI流过两个二极管连接的晶体管，导致共模输出电平的变化$\Delta V_{CM}=(\Delta I/2)(1/g_m)$。由于$1/g_m$往往在几百欧姆的范围内，上端电流偏置拓扑要遭受高得多的变容二极管电压调节。

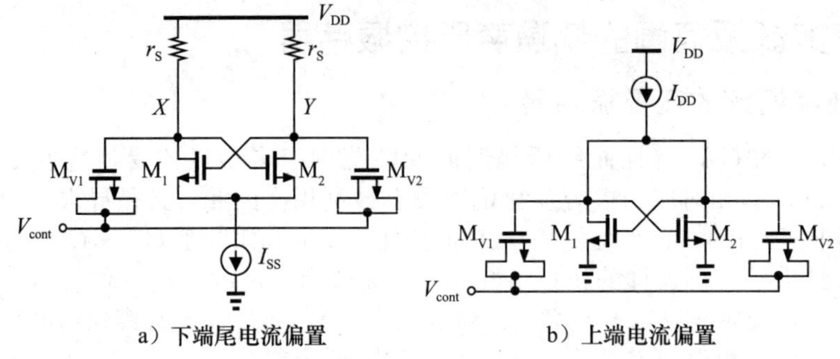

a）下端尾电流偏置　　b）上端电流偏置

图8.31　压控振荡器中共模输出电平对偏置电流的依赖 ◀

例8.17 上述例题中，振荡频率的变化是多少?

解： 由于X和Y处的共模变化与V_{cont}的变化无法区分，所以有：

$$\Delta\omega=K_{VCO}\Delta V_{CM} \tag{8.67}$$

$$=K_{VCO}\frac{\Delta I}{2}r_S \text{ 或 } K_{VCO}\frac{\Delta I}{2}\frac{1}{g_m} \tag{8.68}$$ ◀

为了避免偏置电流源的噪声对变容二极管起调节作用，现回到尾电流偏置拓扑，但在变容二极管与核心电路之间使用交流耦合的方式，从而允许变容二极管两端的电压为正或负值。如图8.32a所示，我们的想法是用$V_b(\approx V_{DD}/2)$而不是V_{DD}，来决定变容二极管栅极的直流电压。因此，与图8.30c中的方式相类似，当V_{cont}从0变化到V_{DD}时，每个变容二极管两端的电压从$-V_{DD}/2$变化到$+V_{DD}/2$，从而使调频范围最大化。

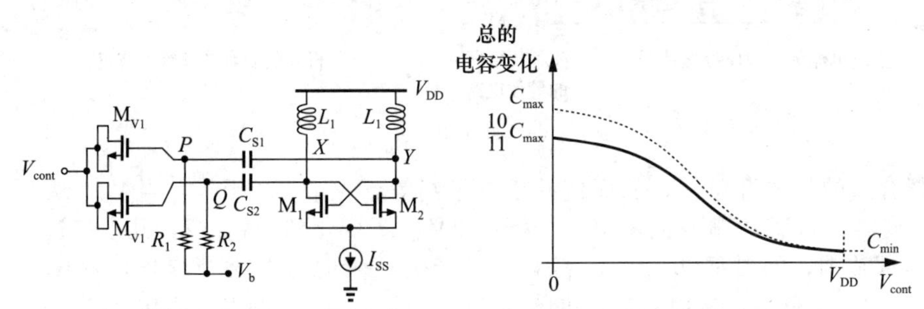

a）使用电容耦合变容二极管的压控振荡器　　b）有限的C_{S1}和C_{S2}导致调频范围的减小

图8.32

上述电路的主要缺点来自于耦合电容的寄生效应。在图8.32a中，C_{S1}和C_{S2}必须远大于变容二极管电容的最大值C_{max}，从而使变容二极管呈现出的电容范围相对谐振腔而言基本不变。若$C_{S1}=C_{S2}=C_S$，那么在式(8.53)中，C_{var2}和C_{var1}必须与C_S串联，因此

$$\Delta\omega_{os}\approx\frac{1}{\sqrt{L_1C_1}}\cdot\frac{1}{2C_1}\cdot\frac{C_S^2(C_{var2}-C_{var1})}{(C_S+C_{var2})(C_S+C_{var1})} \tag{8.69}$$

例如，若$C_S=10C_{max}$，那么串联组合所提供的最大电容为$(10C_{max}\cdot C_{max})/(11C_{max})=(10/11)C_{max}$，也就是说，比$C_{max}$约小10%。因此，如图8.32b所示，电容范围减小了大约10%。同样地，电容的最大值与最小值之比从C_{max}/C_{min}减小到$(10C_{max}+C_{min})/(11C_{min})\approx(10/11)(C_{max}/C_{min})$。

$C_S=10C_{max}$的选择方案使电容变化范围减小了10%，但在X和Y处或P和Q处引入

了大量的寄生电容。这是因为集成电容与衬底之间存在寄生电容。图 8.33a 描述了一个例子，其中从第 6 层金属到第 9 层金属构成了从节点 A 到 B 的电容，且底层金属与衬底间的电容 C_b 出现在节点 A 与地之间。因此必须选择合适的金属层数，从而使 C_b/C_{AB} 最小。图 8.33b 绘出了这个比值相对于金属层数的函数曲线，并假设从顶层开始。如果只有金属层 9 和金属层 8，C_b 是很小的，但 C_{AB} 也是如此。当更多的层被堆叠时，C_b 的增大速率比 C_{AB} 慢，从而使两者之比下降。当底层靠近衬底时，C_b 的增长速度开始比 C_{AB} 快，从而产生了图 8.33b 所示的最小值。也就是说，C_b/C_{AB} 往往超过 5%。

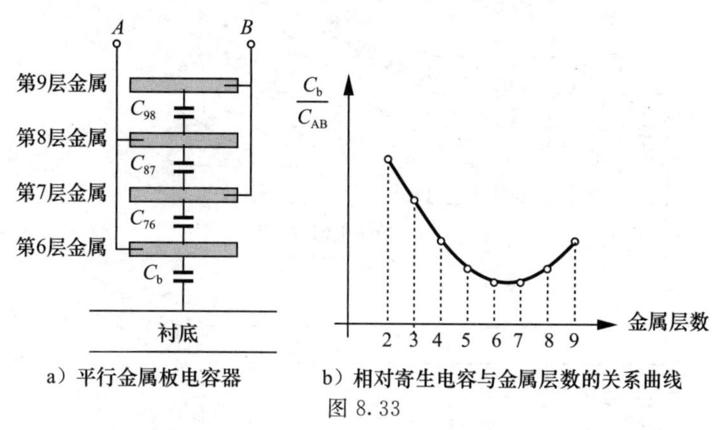

a）平行金属板电容器　　b）相对寄生电容与金属层数的关系曲线

图 8.33

下面研究图 8.32a 中 C_{S1} 和 C_{S2} 的寄生效应带来的影响。由式(8.53)我们注意到，较大的 C_1 进一步限制了调频范围。换句话说，式(8.53)的分子将因 C_S 的串联效应而减小，且其分母将因 C_S 的寄生电容而增大。为了用公式表达这些限制，假设一个典型情况，$C_{max} \approx 2C_{min}$，且 $C_{var2} \approx C_{max}$，$C_{var1} \approx C_{min}$，$C_S = 10C_{max}$，$C_b = 0.05C_S = 0.5C_{max}$。则式(8.69)可化简为

$$\Delta\omega_{osc} \approx \frac{1}{\sqrt{L_1(C_1 + 0.5C_{max})}} \times \frac{1}{2(C_1 + 0.5C_{max})} \times \frac{C_S^2(C_{max} - 0.5C_{max})}{(10C_{max} + C_{max})(10C_{max} + 0.5C_{max})} \tag{8.70}$$

$$\approx \frac{1}{\sqrt{L_1(C_1 + 0.5C_{max})}} \times \frac{0.43C_{max}}{2(C_1 + 0.5C_{max})} \tag{8.71}$$

例 8.18 图 8.32a 中的压控振荡器在不考虑 C_S 的串联效应和 C_b 的并联效应时被设计成 10% 的调频范围。若 $C_S = 10C_{max}$，$C_{max} = 2C_{min}$ 且 $C_b = 0.05C_S$，试确定实际的调频范围。

解：不考虑 C_S 和 C_b 的影响时，由式(8.53)可得：

$$\Delta\omega_{osc} \approx \frac{1}{\sqrt{L_1C_1}} \frac{0.5C_{max}}{2C_1} \tag{8.72}$$

为使这个范围达到中心频率的 10%，有：

$$C_{max} = \frac{2}{5}C_1 \tag{8.73}$$

考虑 C_S 和 C_b 的影响时，由式(8.71)可得：

$$\Delta\omega_{osc} \approx \sqrt{\frac{1}{\sqrt{L_1(1.2C_1)}}} \times \frac{0.43}{6} \tag{8.74}$$

$$\approx \frac{7.2\%}{\sqrt{1.2L_1C_1}} \tag{8.75}$$

◀

因此，调频范围降至7.2%(在$1/\sqrt{1.2L_1C_1}$附近)。

在上面的内容中，假设C_b出现在图8.32a中的节点X和Y处。在另一种情况下，C_b可以出现在节点P和Q处，这将在习题8.8中进行研究，并计算出类似的调频范围的限制。

一种比图8.33a中的金属夹层电容的寄生效应更小的电容结构如图8.34a所示，该拓扑结构被称为“边缘”或“横向场”电容，它含有密集的窄金属线，从而使线间的边缘电容最大化。该拓扑结构中每单位体积的电容值比金属夹层的大，从而使寄生效应较小。

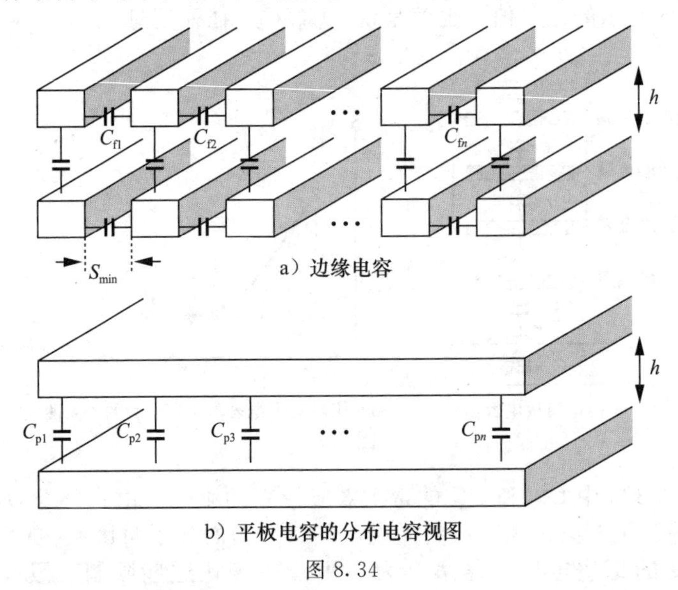

图 8.34

例 8.19 试解释为何边缘电容结构每单位体积提供了更大的电容值。

解： 在图8.34b中，假设一个两层的金属夹层电容器可以看作是小单元之和。当垂直间距h为定值时，两板之间的电容值等于$C_{p1}+\cdots+C_{pn}$。现在，将每个电容板分解成许多窄线，其间距等于工艺所允许的最小值S_{min}，如图8.34a所示。例如，$S_{min}=0.15\mu m$，$h=0.5\mu m$。现在我们意识到，一些平行板电容C_{pj}被忽略了，但是大约为上述值两倍的边缘电容C_{fj}被添加了进去。另外，因为$S_{min}<h$，故$C_{fj}>C_{pj}$。因此，总的电容值将会显著上升。◀

图8.32a中有其他3个问题值得我们关注。首先，由于R_1与R_2可近似看作与谐振腔并联，必须选择比R_P大得多的值(即使大10倍，也会由于降低了10%的Q值而被证明不够大)。其次，中间的偏置电压V_b上的噪声会直接调节变容二极管，因此其必须取最小值。最后，R_1和R_2上的噪声也会调节变容二极管，从而产生大量的相位噪声。

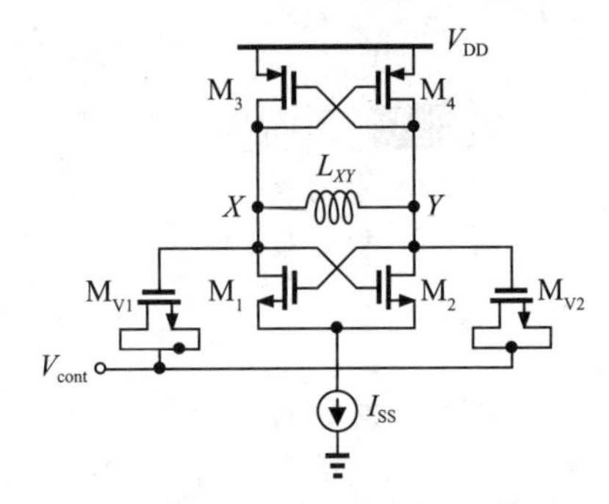

图 8.35　使用NMOS和PMOS交叉耦合对的压控振荡器

图8.35所示为另外一种能够自然地提供约等于$V_{DD}/2$的共模输出电平的压控振荡器拓扑。该电路可被看作是两个背对背的CMOS反相器，只不过NMOS器件的源极被连接到一个尾电流源上；也可看作是共享同一个偏置电流源的交叉耦合NMOS对和交叉耦合PMOS对。选择适当的器件尺寸和I_{SS}，能够在X和Y处产生约为$V_{DD}/2$的共模电平，进而使调频范围最大化。

在这个电路中，偏置电流被PMOS器件“再利用”，从而提供了更高的跨导。但相较于图8.25a、图8.30a以及图8.32a中的拓扑结构而言，上述拓扑一个更重要的优点在于，当偏置电流和电感值给定时，它能够产生两倍的电压摆幅。为了理解这一点，假设互补电路中的 L_{XY} 与先前电路中的 L_1+L_2 相等。因此，L_{XY} 呈现出 $2R_P$ 的等效并联电阻。如图 8.36 所示，分别绘制每半个振荡周期的电路，我们认识到每个谐振腔中的电流在 $+I_{SS}$ 和 $-I_{SS}$ 之间摆动，而在之前的拓扑当中，电流是在 I_{SS} 与 0 之间摆动，因此输出电压摆幅翻倍。

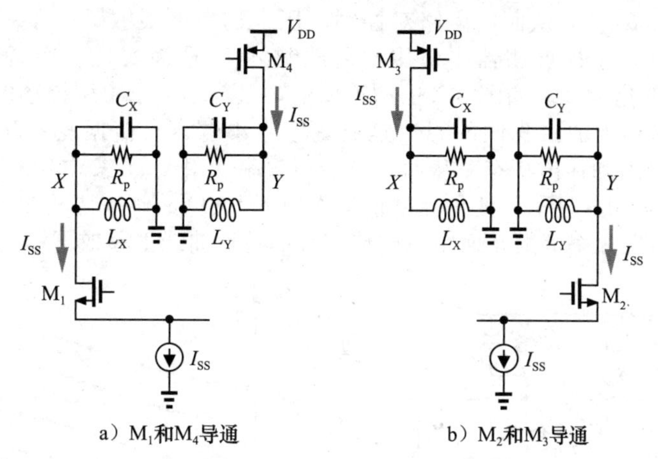

图 8.36　M_1 和 M_4 或者 M_2 和 M_3 导通时电流分别流过谐振腔示意

不过，图 8.35 所示的电路却存在两个缺点。首先，为了使 $|V_{GS3}|+V_{GS1}+V_{ISS}=V_{DD}$，PMOS 晶体管往往要很宽，这样就产生了很大的寄生电容，从而限制了调频范围。这个问题在高频时尤其棘手，此时需要一个很小的电感，最终削弱了上面所说的摆幅上的优点。其次，正如图 8.30a 所示，偏置电流源的电流噪声调节了输出共模电平，并因此改变了变容二极管的电容值，从而产生频率和相位噪声。效仿例题 8.17，读者可以证明，I_{SS} 变化 ΔI 将会导致每个变容二极管两端电压变化$(\Delta I/2)/g_{m3,4}$，并因此产生频率变化 $K_{VCO}(\Delta I/2)/g_{m3,4}$。由于 I_{SS} 可用的“净空”很小，其噪声电流 $4kT\gamma g_m$ 往往很大。

例 8.20　一名同学试图不通过尾电流源来消除噪声，设计了如图 8.37 所示的电路。解释这样一个拓扑的优点和缺点。

解： 该电路确实避免了由尾电流源噪声所引起的频率调节，而且，它也节省了与尾电流源有关的电压裕度。然而，这个电路现在对电源电压非常敏感。例如，提供 V_{DD} 的稳压器可能展现出显著的闪烁噪声，并因此调制频率(通过改变共模电平)。此外，该电路的偏置电流会随工艺和温度发生很大的变化。◀

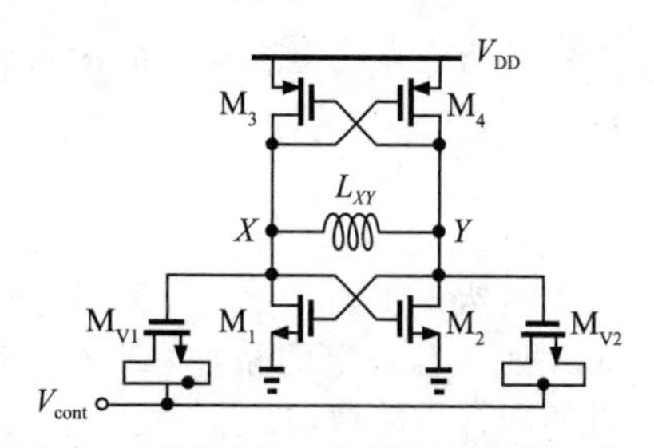

图 8.37　不带偏置电流源的压控振荡器

8.6.2　幅度变化与频率调节

除了变容二极管很窄的电容值调节范围，另外一个限制可用调频范围的因素就是振幅的变化。当谐振腔内的电容值增大时，振幅往往会减小。为了用公式表达这一效应，假设谐振腔的电感仅仅展现出一个串联电阻 R_S(由金属的电阻和趋肤效应造成)。回忆第 2 章，对于很窄的频率范围和大于 3 的 Q 值，有：

$$Q=\frac{L_1\omega}{R_S}=\frac{R_p}{L_1\omega}\tag{8.76}$$

因此

$$R_p=\frac{L_1^2\omega^2}{R_S}\tag{8.77}$$

当谐振腔中的电容值更大时，R_P 将与 ω^2 成比例地下降[⊖]。例如，ω 改变10%将使振幅变化20%。

8.6.3 离散调频

例8.18对变容二极管调频的研究指出了一个相对窄的调节范围。大变容二极管的使用将会导致很高的 K_{VCO}，从而使电路对控制电压上的噪声很敏感。在一些需要宽调频范围的应用中，可以在压控振荡器中使用“离散调频”，从而实现一个远大于变容二极管 C_{max}/C_{min} 的电容变化范围。如图8.38a所说明的，且与第5章中所描述的针对低噪声放大器的离散调频技术相类似，我们的想法是放置一组小电容与谐振腔并联，每个电容值为 C_u，通过改变其输入和输出状态，从而调节谐振频率。用 V_{cont} 来“精调”，用数字输入信号来“粗调”。图8.38b显示了两种控制信号作用下VCO的频率调整曲线。精调提供了一个连续但较窄的谐振频率范围，而粗调则使连续的特性曲线上移或下移。

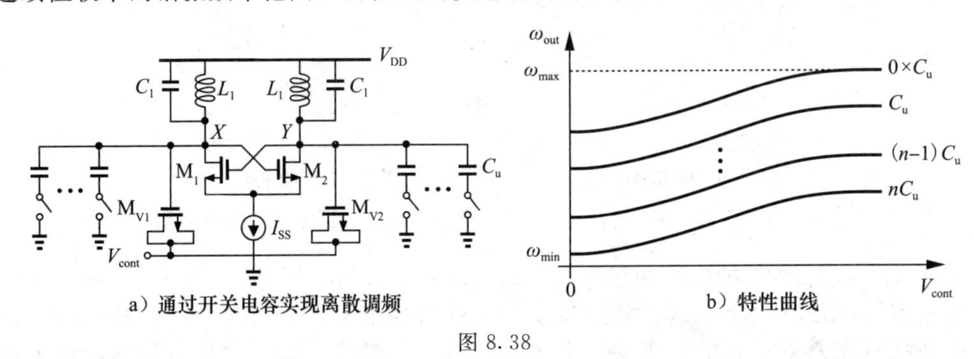

图8.38

对总的调频范围可以进行如下的计算。对于理想的转换开关和单位电容，当所有的电容都被接入电路且变容二极管在其最大值 C_{max} 处时，可以得到最低频率：

$$\omega_{min}=\frac{1}{\sqrt{L_1(C_1+C_{max}+nC_u)}} \tag{8.78}$$

若所有单位电容都未被接入电路，而且变容二极管处在最小值 C_{min} 处，则可以得到最高频率：

$$\omega_{max}=\frac{1}{\sqrt{L_1(C_1+C_{min})}} \tag{8.79}$$

当然，正如式(8.77)所表达的那样，振幅可能在这个范围内发生显著变化，故需要在 ω_{max} 处留有一定的裕度(或依靠校准)，从而在 ω_{min} 处实现合理的摆动。

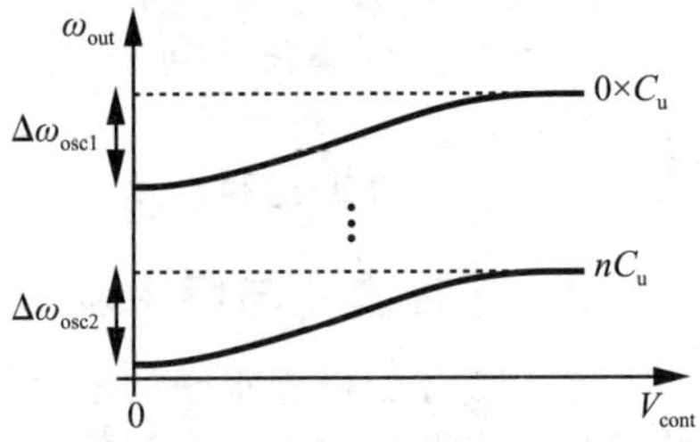

图8.39 精细调频范围的变化

例8.21 现对图8.38b中的特性曲线进行更仔细的分析，如图8.39所示。在离散调频的过程中，连续调频的范围保持一致吗？换句话讲，我们能保证 $\Delta\omega_{osc1}\approx\Delta\omega_{osc2}$ 吗？

解：我们预计 $\Delta\omega_{osc1}$ 会比 $\Delta\omega_{osc2}$ 大，因为当 nC_u 被接入谐振腔时，变容二极管将有一个更大的定值电容。事实上，根据式(8.53)，有：

$$\Delta\omega_{osc1}\approx\frac{1}{\sqrt{L_1C_1}}\frac{C_{max}-C_{min}}{2C_1} \tag{8.80}$$

和

⊖ 串联电阻 R_S 只略微地随 ω 减小，这是因为它等于低频分量和趋肤效应分量之和，且后者随 $\sqrt{\omega}$ 变化。

$$\Delta\omega_{osc2} \approx \frac{1}{\sqrt{L_1(C_1+nC_u)}}\frac{C_{max}-C_{min}}{2(C_1+nC_u)} \tag{8.81}$$

由此可见

$$\frac{\Delta\omega_{osc1}}{\Delta\omega_{osc2}} = \left(1+\frac{nC_u}{C_1}\right)^{3/2} \tag{8.82}$$

这种 K_{VCO} 的变化在锁相环设计中是不想要的。◀

图 8.38a 所示的离散调频技术中有几个难题。首先，控制单位电容的 MOS 开关的导通电阻 R_{on} 减小了谐振腔的 Q 值。将式(8.65)运用到图 8.40 所示的并联结构中，并用 Q_{bank} 表示$[(R_{on}/n)(nC_u)\omega]^{-1}$，有：

$$\frac{1}{Q_{tot}} = \frac{1}{Q_L}+\frac{C_{var}}{C_1+C_{var}+nC_u}\frac{1}{Q_{var}}+\frac{nC_u}{C_1+C_{var}+nC_u}\frac{1}{Q_{bank}} \tag{8.83}$$

$$= \frac{R_S}{L_1\omega}+\frac{C_{var}}{C_1+C_{var}+nC_u}R_{var}C_{var}\omega+\frac{nC_u}{C_1+C_{var}+nC_u}R_{on}C_u\omega \tag{8.84}$$

我们能够简单地通过增大图 8.38a 中开关晶体管的宽度来减小 R_{on} 吗？不幸的是，更宽的晶体管在单位电容的下极板与地之间引入了更大的寄生电容，因此当开关断开时将为谐振腔提供更大的电容。如图 8.41 所示，当 $C_u \gg C_{GD}+C_{DB}$ 时，电容组的每一个分支都向谐振腔贡献电容 $C_{GD}+C_{DB}$。因此，当有 n 个分支时，为 C_1 带来了附加的定值成分，其值为 $n(C_{GD}+C_{DB})$，这进一步限制了精细调频的范围。例如，式(8.80)中的 $\Delta\omega_{osc1}$ 必须被重写为

$$\Delta\omega_{osc1} \approx \frac{1}{\sqrt{L_1(C_1+nC_{GD}+nC_{DB})}}\frac{C_{max}-C_{min}}{2(C_1+nC_{GD}+nC_{DB})} \tag{8.85}$$

这种在 Q 值与调频范围之间的权衡关系限制了离散调频的应用。

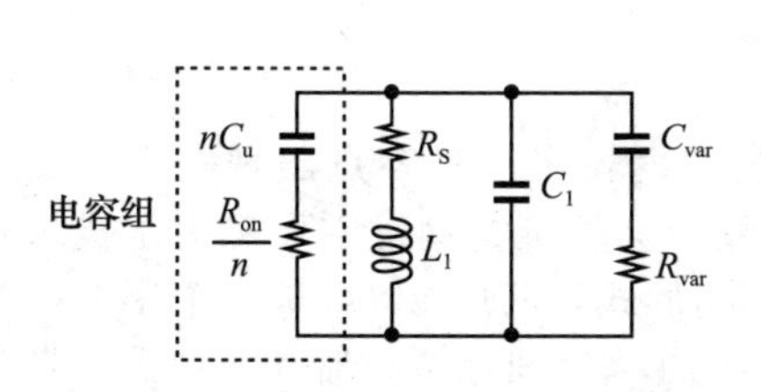

图 8.40　计算 Q 值所用的等效电路

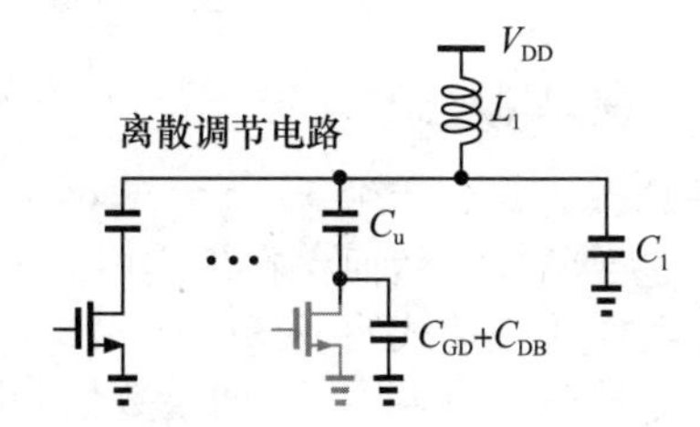

图 8.41　开关寄生电容的影响

开关导通电阻的问题可以通过振荡器差动运行的方式得以缓解。如图 8.42a 所示，这种想法是在节点 A 与 B 之间放置一个主开关 S_1，从而使得这些节点差动摆动时，只有一半的 R_{on1} 与每个单位电容串联，图 8.42b 为等效电路。这就使得对于给定电阻，开关的宽度可以减小 1/2。开关 S_2 和 S_3 是最小尺寸的器件，其仅仅决定了 A 和 B 的共模电平。

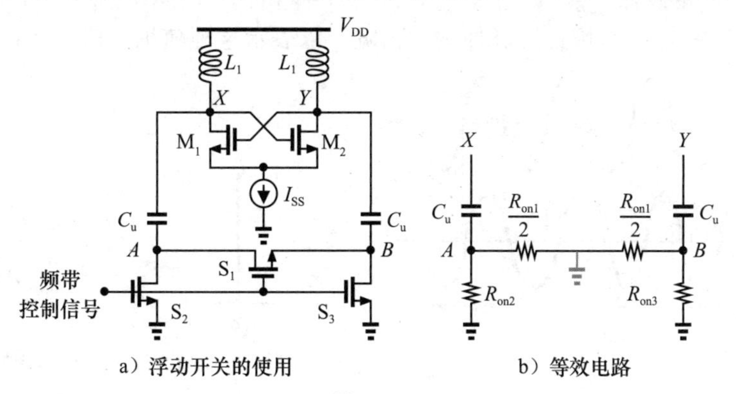

图 8.42

离散调频的第二个问题与潜在的“盲区”有关。如图8.43a所示，假设第j个单位电容被断开，导致了频率变化$\omega_4-\omega_2\approx\omega_3-\omega_1$，但由变容二极管所提供的精细调频范围$\omega_4-\omega_3$却比$\omega_4-\omega_2$要小。那么，对于任何一种精细控制与粗调控制的结合，该振荡器都不能覆盖$\omega_2\sim\omega_3$之间的频率范围。

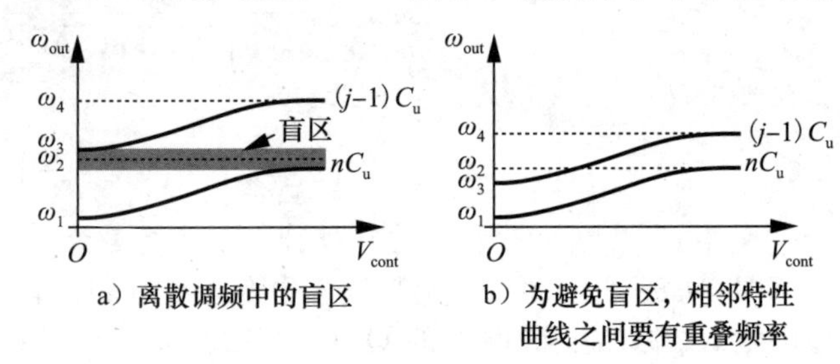

图8.43

为了避免盲区，每两条相邻特性曲线必须在纵轴上有一些重叠。如图8.43b所示，这种保护手段造成了更小的单位电容，不过数量更多，因此使版图更复杂。正如第11章所解释的，可以通过选择不相等的单位电容来解决这个问题。注意，重叠对于避免K_{VCO}在每条调频曲线末端的过度变化也是必需的。例如，在图8.43b中的ω_2附近，下面的一条调频曲线趋于平坦，因此需要使用上面一条曲线。

最近的一些设计中出现了只具有离散调频功能的振荡器，其名为“数字控制振荡器”(DCO)，这样的电路必须使用非常精细的频率步长，文献[2]讲述了这类例子。

在第11章中，我们将设计一个针对11a/g应用的压控振荡器并进行仿真，其具有连续和离散两种调频方式。

8.7 相位噪声

VCO的设计必须在调谐范围、相位噪声和功耗之间进行权衡。到目前为止，我们的研究主要集中在调谐上。现在我们将注意力转向相位噪声。

8.7.1 基本概念

理想振荡器会产生$x(t)=A\cos\omega_c t$形式的完全周期输出。过零点出现在$T_c=2\pi/\omega_c$的精确整数倍处。然而，在现实中，振荡器设备的噪声会随机扰动过零点。为了模拟这种扰动，我们将表达式写成$x(t)=A\cos[\omega_c t+\phi_n(t)]$的形式，其中$\phi_n(t)$是一个小的随机相位量，它使过零点偏离$T_c$的整数倍。图8.44展示了时域中理想振荡器和噪声振荡器的波形。术语$\phi_n(t)$称为“相位噪声”。

图8.44中的波形还可以从另一个略有不同的角度来观察。我们可以说，如果$x(t)=A\cos\omega_c t$，周期保持不变，但如果$x(t)=A\cos[\omega_c t+\phi_n(t)]$，则周期随机变化(如图8.44中的$T_1$，…，$T_m$所示)。换句话说，在前一种情况下，波形的频率是恒定的，而在后一种情况下，频率是随机变化的。由此可以得出振荡器输出的频谱。对于$x(t)=A\cos\omega_c t$，频谱由位于ω_c的单脉冲组成(见图8.45a)，而对于$x(t)=A\cos[\omega_c t+\phi_n(t)]$，频率则随机变化，即偶尔偏离$\omega_c$。因此，脉冲被“拓宽”以表示这种随机偏离(见图8.45b)。

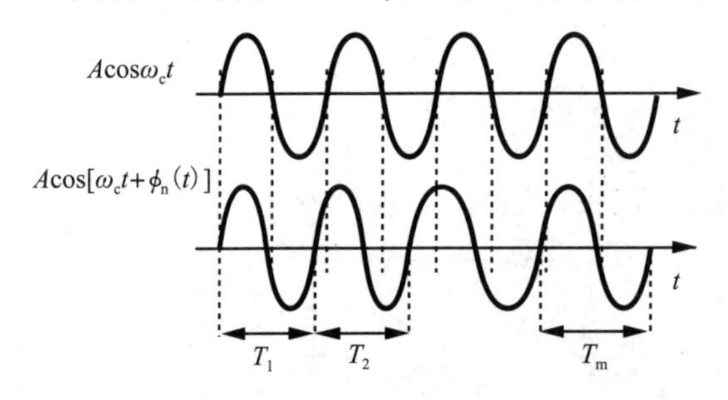

图8.44 理想振荡器和噪声振荡器的输出波形

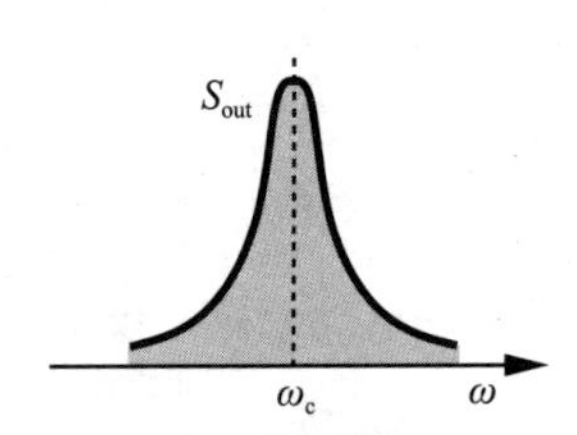

图8.45

例 8.22 解释为什么加宽的脉冲不能呈现图 8.46 中所示的形状。

解： 如果振荡器频率在 $\omega_c-\Delta\omega$ 和 $\omega_c+\Delta\omega$ 之间出现的概率相等，就会出现这种频谱。然而，我们直觉地认为振荡器更偏好 ω_c 而不是其他频率，因此在距离 ω_c 较远的频率上花费的时间较少。这就是图 8.45b 中相位噪声"裙边"下降的原因。◀

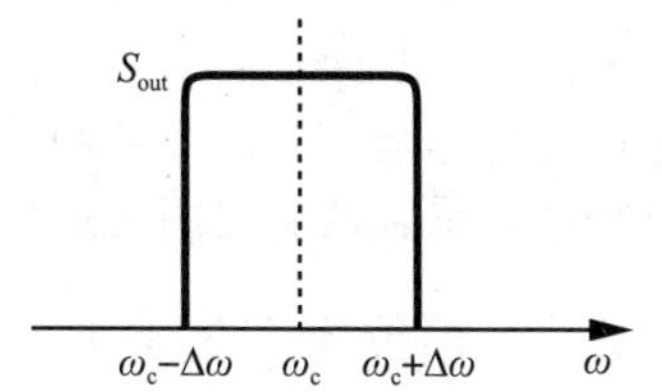

图 8.46 振荡频率附近的平坦频谱

我们之所以关注过零点的噪声而非振幅噪声，是因为我们假定后者可以通过振荡器后级的硬件开关消除。例如，有源混频器中的开关晶体管在非平衡状态下花费的时间很少，从而在其余时间"掩盖"了大部分 LO 振幅噪声。

图 8.45b 的频谱可以与时域表达式联系起来。由于 $\phi_n(t)\ll 1$，

$$x(t)=A\cos[\omega_c t+\phi_n(t)] \tag{8.86}$$

$$\approx A\cos\omega_c t-A\sin\omega_c t\sin[\phi_n(t)] \tag{8.87}$$

$$\approx A\cos\omega_c t-A\phi_n(t)\sin\omega_c t \tag{8.88}$$

也就是说，$x(t)$的频谱由 ω_c 处的脉冲和转换到 ω_c 中心频率的 $\phi_n(t)$的频谱组成。因此，图 8.45b 中不断下降的裙边实际上代表了 $\phi_n(t)$在频域中的行为。

在相位噪声计算中，许多 2 或 4 的因子出现在不同阶段，必须仔细考虑。例如，在图 8.47 中，①由于式(8.88)中的 $\phi_n(t)$乘以 $\sin\omega_c t$，因此其功率谱密度 $S_{\phi n}$ 在转换到$\pm\omega_c$ 时需要乘以 1/4；②频谱分析仪在测量所得频谱时会将负频谱叠加到正频谱之上，从而将频谱密度提高 2 倍。

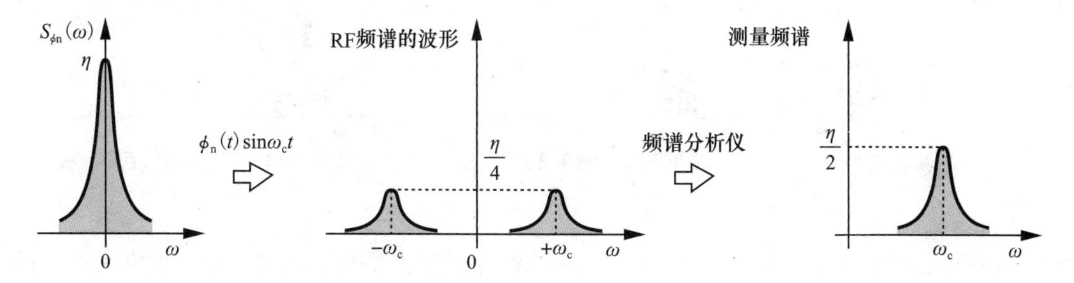

图 8.47 噪声转换为相位噪声时出现的 4 和 2 的各种因子

如何量化相位噪声？由于相位噪声落在距离 ω_c 较远的频率上，因此必须指定一定的"频率偏移"，即相对于 ω_c 的一定差值。如图 8.48 所示，我们将频谱的 1Hz 带宽偏移为 Δf，测量该带宽内的功率，并将结果归一化为"载波功率"。载波功率可视为频谱的峰值或(更准确地说是)式(8.86)给出的功率，即 $A^2/2$。例如，GSM 应用中振荡器的相位噪声在 600kHz 偏移时必须低于-115dBc/Hz。单位 dBc 称为"相对于载波的 dB"，表示将噪声功率归一化为载波功率。

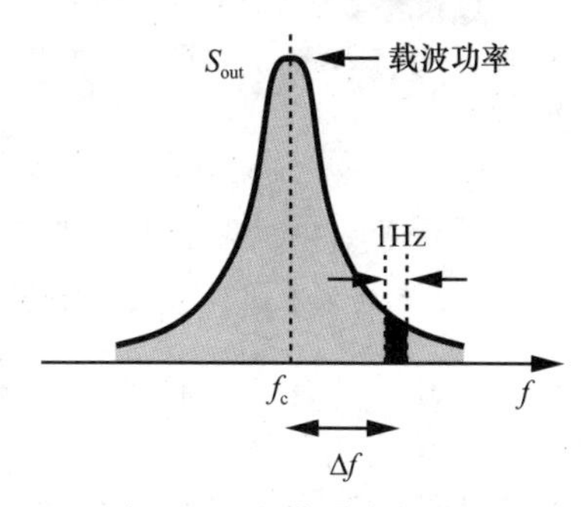

图 8.48 相位噪声规范

例 8.23 在高载波频率下，很难测量 1Hz 带宽内的噪声功率。假设频谱分析仪在 1kHz 带宽内测量到的噪声功率为-70dBm，偏移量为 1Hz。如果振荡器的平均输出功率为-2dBm，那么该偏移下的相位噪声有多大？

解： 由于 1kHz 带宽的噪声比 1Hz 带宽的噪声高 10(lg1000Hz)=30dB，因此我们得出结论，1Hz 的噪声功率等于-100dBm。按载波功率归一化，该值相当于-98dBc/Hz 的

相位噪声。

实际上，相位噪声在频率偏移较大时(超过几兆赫兹)会达到一个恒定的最低点(见图8.49)。我们将靠近载波和远离载波的区域分别称为“近距离”和“远距离”相位噪声，尽管两者之间的边界并不明确。

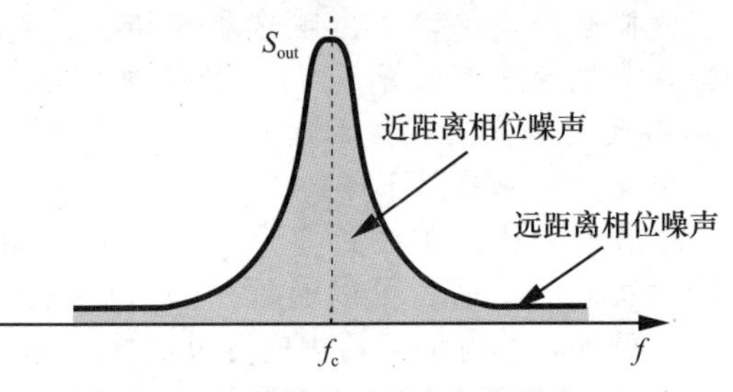

图8.49 近距离和远距离相位噪声

8.7.2 相位噪声的影响

为了解RF系统中相位噪声的影响，考虑图8.50a所示的接收机前端，并研究下变频频谱。参照图8.50b中描述的理想情况，我们可以发现，所需的信道与LO处的脉冲相卷积，在$\omega_{IF}=\omega_{in}-\omega_{LO}$处产生IF信号。现在，假设LO存在相位噪声，且期望信号伴有较大的干扰信号。如图8.50c所示，期望信号和干扰信号与噪声LO频谱的卷积导致加宽的下变频干扰信号，其噪声边沿破坏期望IF信号。这种现象被称为“互易混频”。

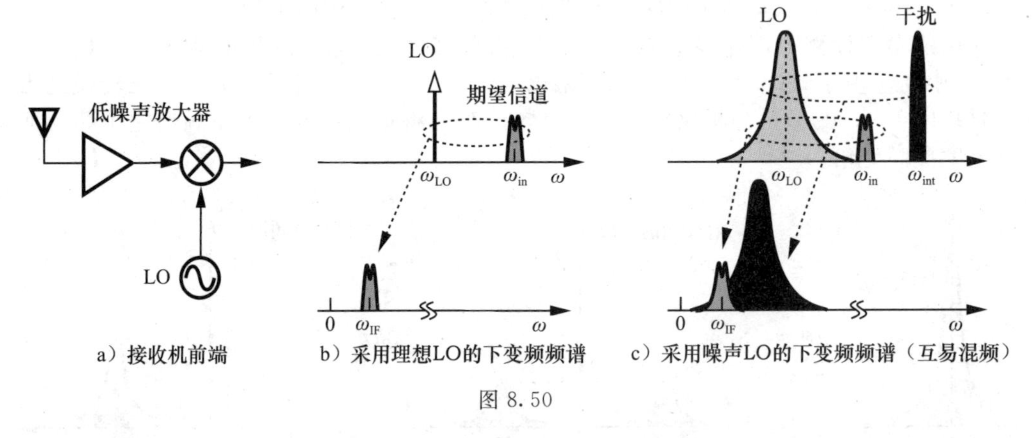

图8.50

在可能感应到大干扰的接收机中，互易混频变得至关重要。因此，LO相位噪声必须非常小，以至于在理想信道上进行积分时，其产生的损耗可以忽略不计。

例8.24 一个GSM接收机必须能够承受距离期望信道三个信道且高出45dB的干扰。如果往复混合造成的干扰必须保持低于期望信号15dB，请估算LO的最大可容忍相位噪声。

解： 图8.51描述了互易混频示例。噪声干扰在期望信道中引入的总噪声功率等于

$$P_{n,tot}=\int_{f_L}^{f_H}S_n(f)\mathrm{d}f \tag{8.89}$$

式中，$S_n(f)$表示干扰的加宽频谱，f_L和f_H分别是期望信道的下端和上端。为简单起见，我们假设$S_n(f)$在此带宽内相对平坦，且等于S_0，从而得到$P_{n,tot}=S_0(f_H-f_L)$，因此

$$\mathrm{SNR}=\frac{P_{sig}}{S_0(f_H-f_L)} \tag{8.90}$$

其值必须至少为15dB。换句话说，

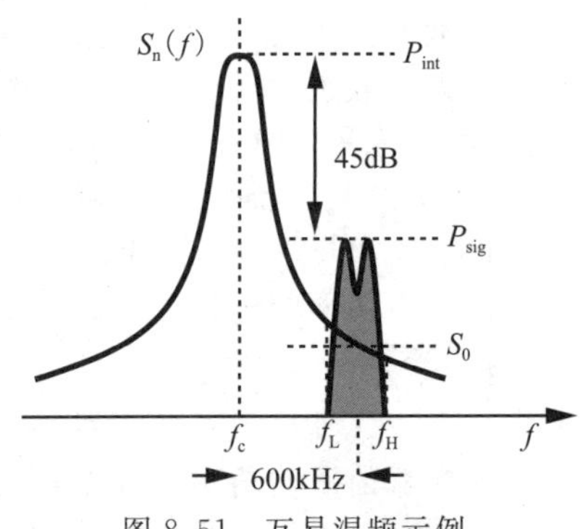

图8.51 互易混频示例

$$10\lg \frac{S_0}{P_{\text{sig}}} = -15\text{dB} - 10\log(f_{\text{H}} - f_{\text{L}}) \tag{8.91}$$

由于干扰与 LO 相位噪声(S_0)相卷积，因此必须将其归一化为 P_{int}。由于 $10\log(P_{\text{int}}/P_{\text{sig}})=45\text{dB}$，我们将式(8.91)重写为

$$10\log \frac{S_0}{P_{\text{int}}} = -15\text{dB} - 10\lg(f_{\text{H}} - f_{\text{L}}) - 45\text{dB} \tag{8.92}$$

如果 $f_{\text{H}}-f_{\text{L}}=200\text{kHz}$，那么

$$10\log \frac{S_0}{P_{\text{int}}} = -113\text{dBc/Hz}，在 600\text{kHz} 偏移处 \tag{8.93}$$

◀

实际上，从 f_{L} 到 f_{H} 的相位噪声裙边并不是恒定的，因此需要更精确的计算。我们将在第 13 章进行更精确的分析。

相位噪声在发射机中也有体现。图 8.52 所示的情况是：两个用户相距很近，1 号用户在 f_1 处发射大功率信号，2 号用户接收该信号和 f_2 处的微弱信号。如果 f_1 和 f_2 相距只有几个信道，那么相位噪声裙边掩盖了 2 号用户接收到的信号，甚至在下变频之前就已经大大干扰了该信号。

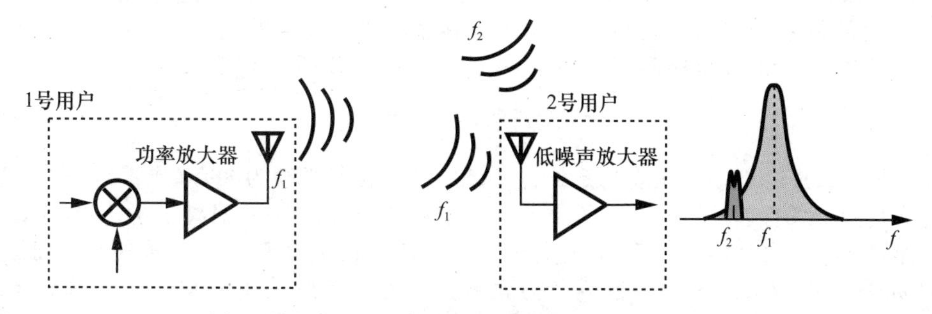

图 8.52　由于无用信号的相位噪声造成的接收噪声

例 8.25 有人认为，如果图 8.52 中 f_1 处的干扰非常大，以至于其相位噪声干扰了 2 号用户的接收，那么它也会严重压缩 2 号用户的接收机。这是真的吗？

解： 不一定。如例 8.24 所示，干扰信号(例如比期望信号高 50dB)产生的相位噪声裙边是不可忽略的。例如，期望信号的电平可能是 -90dBm，而干扰信号的电平可能是 -40dBm。由于大多数接收机的 1dB 压缩点都远高于 -40dBm，因此 2 号用户的接收机不会出现脱敏现象，但图 8.52 中的现象仍然非常严重。◀

在上变频或下变频过程中，LO 相位噪声也会破坏相位调制信号。由于相位噪声与相位(或频率)调制无法区分，因此信号与发送或接收路径中的噪声 LO 混合会严重干扰信号所携带的信息。例如，含有相位噪声的 QPSK 信号可表示为

$$x_{\text{QPSK}}(t) = A\cos\left[\omega_c t + (2k+1)\frac{\pi}{4} + \phi_n(t)\right] k = 0,\cdots,3 \tag{8.94}$$

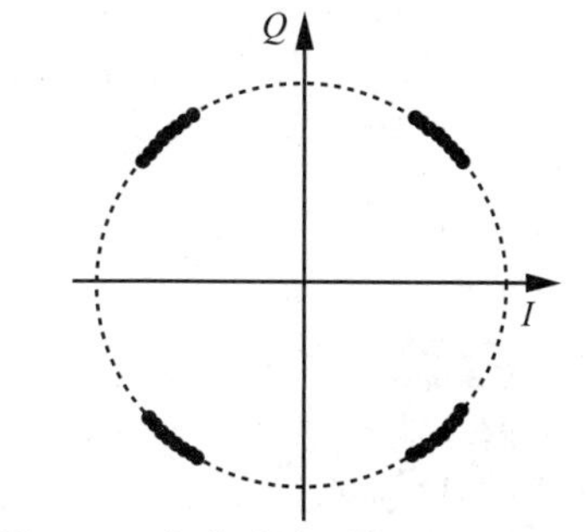

图 8.53　相位噪声引起的对 QPSK 信号的严重干扰

这表明振幅不受相位噪声的影响。因此，星座点只经历绕原点的随机旋转(见图 8.53)。如果相位噪声和其他非理想性足够大，就会将星座点移动到另一个象限，从而产生误差。

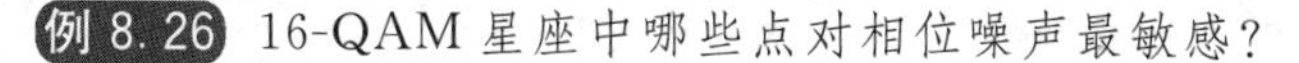

例 8.26 16-QAM 星座中哪些点对相位噪声最敏感？

解： 请看右上角象限中的四个点(见图8.54)。点B和点C在移动到相邻象限之前可以承受45°的旋转。而A点和D点只能旋转$\theta=\arctan(1/3)=18.4°$。因此，$I$轴和$Q$轴附近的八个外围点对相位噪声最为敏感。◀

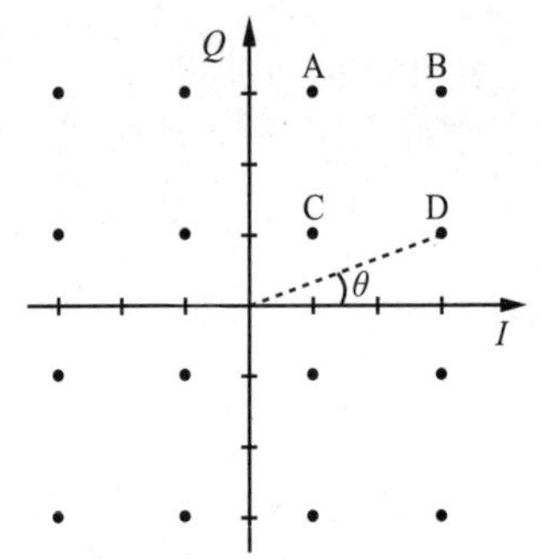

图8.54 用于研究相位噪声影响的16-QAM星座图

8.7.3 相位噪声分析：方法Ⅰ

对振荡器相位噪声的研究已有数十年历史[3-17]，由此产生了大量频域和时域分析技术。手工计算相位噪声十分烦琐，但Cadence的SpectreRF等仿真工具大大简化了这项工作。尽管如此，扎实了解相位噪声的产生机制对于振荡器设计仍然至关重要。在本节中，我们将分析这些机制。特别是，我们必须回答两个重要问题：①在振荡周期中，每个器件“注入”了多少噪声？②注入的噪声如何在输出电压波形中产生相位噪声？

振荡器的Q值 在第2章和第7章中，我们推导出了LC谐振电路Q值的各种表达式。我们可以直观地看出，高Q值意味着更强烈的共振，即更高的选择性。图8.55展示了开环Q值的另一个定义，它特别适用于振荡器。在这里，电路被视为一个反馈系统，开环传递函数$\phi(\omega)$的相位在共振频率ω_0处进行检验。开环Q值定义为

$$Q=\frac{\omega_0}{2}\left|\frac{\mathrm{d}\phi}{\mathrm{d}\omega}\right| \tag{8.95}$$

如果我们回想一下，要实现稳定振荡，环路的总相移必须为360°(或零)，那么这个定义就会给我们带来有趣的启示。假设器件注入的噪声试图使频率偏离ω_0，从图8.55可以看出这种偏差会导致环路总相移发生变化，从而违反巴克豪森准则，迫使振荡器返回到ω_0。$\phi(\mathrm{j}\omega)$的斜率越大，这种“恢复”力就越大；也就是说，开环Q值高的振荡器在ω_0以外的频率上花费的时间就越少。在习题8.10中，我们将证明Q值的这一定义与我们最初的定义$Q=R_P/(L\omega)$相吻合，适用于由二阶谐振电路加载的CS级。

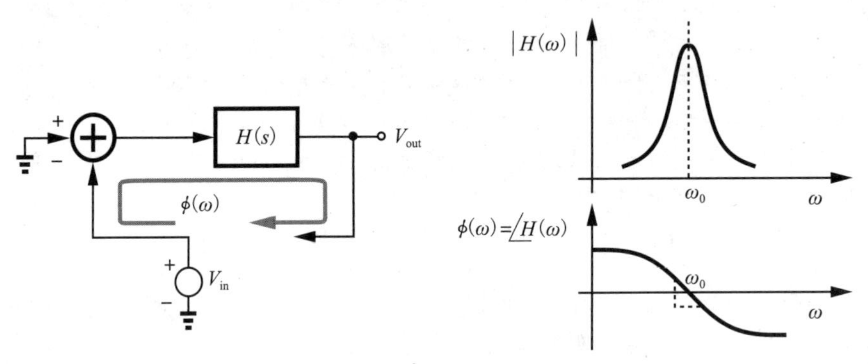

图8.55 开环Q值的另一个定义

例8.27 计算交叉耦合LC振荡器的开环Q值。

解： 我们构建了如图8.56所示的开环电路，并注意到$V_{out}/V_X=V_X/V_{in}$，因此$H(s)=V_{out}/V_{in}=(V_X/V_{in})^2$。因此，$V_{out}/V_{in}$的相位等于$V_X/V_{in}$相位的两倍。令$s=\mathrm{j}\omega$，有

$$\frac{V_X}{V_{in}}(\mathrm{j}\omega)=\frac{-\mathrm{j}g_mR_pL_1\omega}{R_p(1-L_1C_1\omega^2)+\mathrm{j}L_1\omega} \tag{8.96}$$

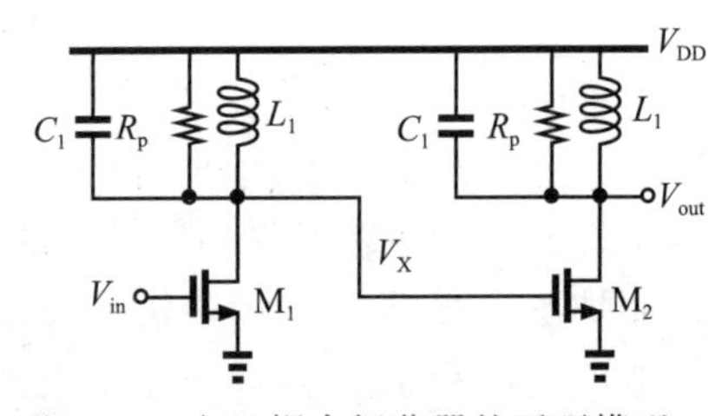

图8.56 交叉耦合振荡器的开环模型

我们有

$$\angle H(\mathrm{j}\omega)=2\left[-\frac{\pi}{2}-\arctan\frac{L_1\omega}{R_\mathrm{p}(1-L_1C_1\omega^2)}\right] \tag{8.97}$$

对 ω 两边求导，计算 $\omega_0=(\sqrt{L_1C_1})^{-1}$ 处的结果，然后乘以 $\omega_0/2$，我们得到

$$\left|\frac{\omega_0}{2}\frac{\mathrm{d}\angle H(\mathrm{j}\omega)}{\mathrm{d}\omega}\right|\Bigg|_{\omega_0}=2R_\mathrm{p}C_1\omega_0 \tag{8.98}$$

$$=2Q_\mathrm{tank} \tag{8.99}$$

式中 Q_tank 表示每个谐振腔的 Q 值。这一结果是意料之中的：频率选择级的级联使相位转换比单级转换更敏锐。◀

虽然开环 Q 值表示振荡器对噪声的“抑制”程度，但相位噪声还取决于其他三个因素：不同器件注入的噪声量、器件在一个周期内注入噪声的时间点(波形的某些部分比其他部分更敏感)，以及输出电压摆幅(载波功率)。我们将在分析相位噪声时详细阐述这些因素。

振荡器中的噪声整形 作为表述相位噪声的第一步，我们希望了解在振荡电路中注入噪声会发生什么情况。利用反馈模型，我们将噪声表示为加法项(见图 8.57a)，由此得到

$$\frac{Y(s)}{X(s)}=\frac{H(s)}{1+H(s)} \tag{8.100}$$

在振荡频率附近，即在 $\omega=\omega_0+\Delta\omega$ 处，我们可以用其泰勒级数中的前两项近似表示 $H(\mathrm{j}\omega)$：

$$H(\mathrm{j}\omega)\approx H(\mathrm{j}\omega_0)+\Delta\omega\frac{\mathrm{d}H}{\mathrm{d}\omega} \tag{8.101}$$

如果 $H(\mathrm{j}\omega_0)=-1$ 并且 $\Delta\omega\mathrm{d}H/\mathrm{d}\omega\ll 1$，则式(8.100)简化为

$$\frac{Y}{X}(\mathrm{j}\omega_0+\mathrm{j}\Delta\omega)\approx\frac{-1}{\Delta\omega\dfrac{\mathrm{d}H}{\mathrm{d}\omega}} \tag{8.102}$$

也就是说，如图 8.57b 所示，噪声频谱是由以下因素“整形”而成的：

$$\left|\frac{Y}{X}(\mathrm{j}\omega_0+\mathrm{j}\Delta\omega)\right|^2=\frac{1}{\Delta\omega^2\left|\dfrac{\mathrm{d}H}{\mathrm{d}\omega}\right|^2} \tag{8.103}$$

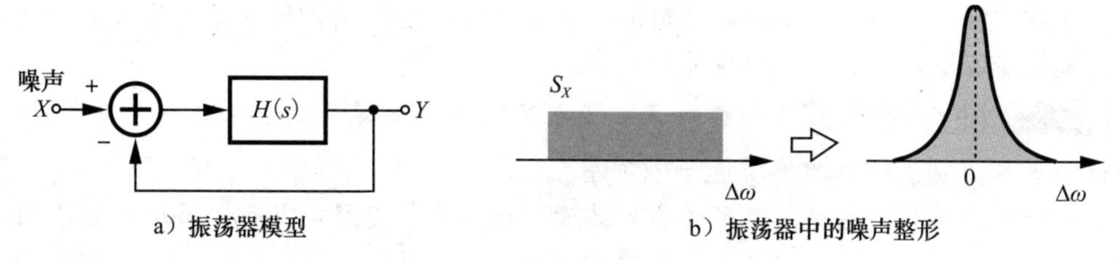

图 8.57

为了确定 $|\mathrm{d}H/\mathrm{d}\omega|^2$ 的形式，我们将 $H(\mathrm{j}\omega)$写成极坐标形式，即 $H(\mathrm{j}\omega)=|H|\exp(\mathrm{j}\phi)$。对 ω 进行微分，有

$$\frac{\mathrm{d}H}{\mathrm{d}\omega}=\left(\frac{\mathrm{d}|H|}{\mathrm{d}\omega}+\mathrm{j}|H|\frac{\mathrm{d}\phi}{\mathrm{d}\omega}\right)\exp(\mathrm{j}\phi) \tag{8.104}$$

由此可知

$$\left|\frac{\mathrm{d}H}{\mathrm{d}\omega}\right|^2=\left|\frac{\mathrm{d}|H|}{\mathrm{d}\omega}\right|^2+\left|\frac{\mathrm{d}\phi}{\mathrm{d}\omega}\right|^2|H|^2 \tag{8.105}$$

这个方程引出了 Q 值的一般定义[4]，但我们在这里的研究仅限于简单的 LC 振荡器。请注意：①在 LC 振荡器中，$|\mathrm{d}|H|/\mathrm{d}\omega|^2$ 在谐振频率附近远小于 $|\mathrm{d}\phi/\mathrm{d}\omega|^2$；②对于稳定的振荡，$|H|$ 接近于 1。因此，式(8.105)的右侧简化为 $|\mathrm{d}\phi/\mathrm{d}\omega|^2$，得到

$$\left|\frac{Y}{X}(\mathrm{j}\omega_0+\mathrm{j}\Delta\omega)\right|^2=\frac{1}{\frac{\omega_0^2}{4}\left|\frac{\mathrm{d}\phi}{\mathrm{d}\omega}\right|^2}\frac{\omega_0^2}{4\Delta\omega^2} \tag{8.106}$$

由式(8.95)可得

$$\left|\frac{Y}{X}(\mathrm{j}\omega_0+\mathrm{j}\Delta\omega)\right|^2=\frac{1}{4Q^2}\left(\frac{\omega_0}{\Delta\omega}\right)^2 \tag{8.107}$$

这一结果被称为“利森方程”(Leeson's Equation)[3]，它再次证实了开环 Q 值可表示振荡器对噪声的抑制程度。

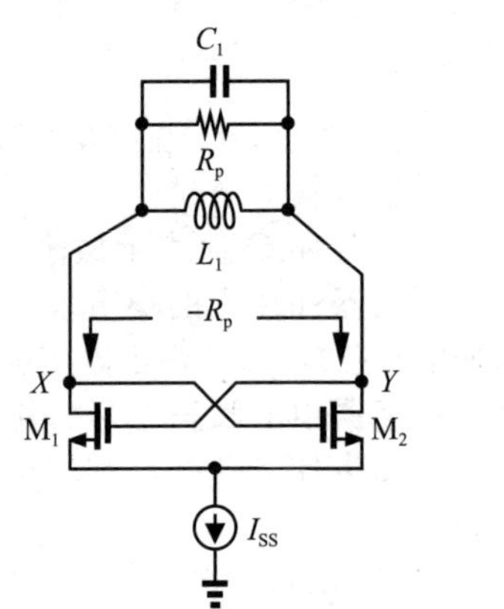

图 8.58 振荡器中的 Q 值显然为无穷大

例 8.28 图 8.58 所示为交叉耦合振荡器，$2/g_m=2R_P$，谐振腔的 Q 值为无限大，因此振荡器不会产生相位噪声！⊖ 解释这一论点的缺陷。(该电路与图 8.21b 中的电路类似，只是将谐振腔的元件重新命名)。

解：式(8.107)中的 Q 值是开环 Q 值，即开环传递函数相位斜率的 $\omega_0/2$ 倍，这在例 8.27 中已计算过。闭环 Q 值的意义不大。◀

在习题 8.11 中，我们将证明，如果反馈路径具有传递函数 $G(s)$(见图 8.59)，则

$$\left|\frac{Y}{X}(\mathrm{j}\omega_0+\mathrm{j}\Delta\omega)\right|^2=\frac{1}{4Q^2}\left(\frac{\omega_0}{\Delta\omega}\right)^2\left|\frac{1}{G(\mathrm{j}\omega_0)}\right|^2 \tag{8.108}$$

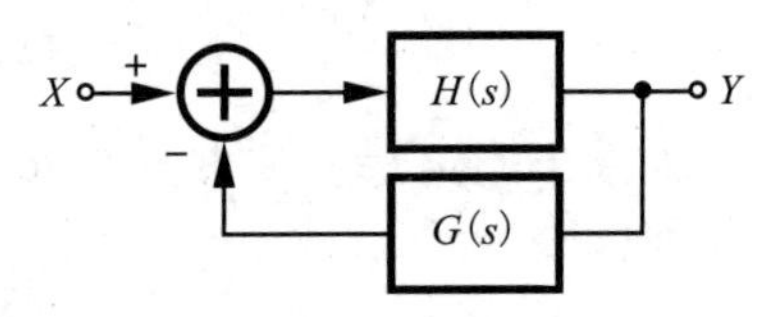

图 8.59 普通振荡器中的噪声整形

式中开环 Q 值由下式给出：

$$Q=\frac{\omega_0}{2}\left|\frac{\mathrm{d}(GH)}{\mathrm{d}\omega}\right| \tag{8.109}$$

线性模型 上述研究表明，可以根据从每个噪声源到输出端的类似于式(8.107)的传递函数来获得振荡器输出端的总噪声。这种方法以小信号(线性)模型为起点，可以解释某些非理想状态[4]。然而，小信号模型可能会忽略一些重要影响，例如尾电流源的噪声，或面临其他困难。下面的例子可以说明这一点。

例 8.29 计算晶体管处于平衡状态时注入交叉耦合振荡器差分输出的总噪声。注意，漏极电流噪声的双侧谱密度等于 $\overline{I_n^2}=2kT\gamma g_m$。

解：让我们首先确定这对交叉耦合晶体管的诺顿等效电路。从图 8.60a 可以看出，短路输出电流 I_X 等于每个晶体管噪声电流的一半：$I_X=(I_{n2}-I_{n1})/2$。因此，如图 8.60b 所示，输出噪声为

$$\overline{V_{n,out}^2}=\left(\overline{I_X^2}+\frac{2kT}{R_p}\right)\frac{R^2L_1^2\omega^2}{R^2(1-L_1C_1\omega^2)^2+L_1^2\omega^2} \tag{8.110}$$

式中 $R=(-2/g_m)\|R_P$。由于 I_{n1} 和 I_{n2} 不相关，$\overline{I_X^2}=(\overline{I_{n1}^2}+\overline{I_{n2}^2})/4=kT\gamma g_m$，因此

$$\overline{V_{n,out}^2}=\left(kT\gamma g_m+\frac{2kT}{R_p}\right)\frac{R^2L_1^2\omega^2}{R^2(1-L_1C_1\omega^2)^2+L_1^2\omega^2} \tag{8.111}$$

图 8.61 是晶体管噪声电流引起的输出频谱。但是，这一结果与利森的结论相矛盾。如 8.3 节所述，g_m 通常比 $2/R_P$ 高得多，因此 $R\neq\infty$ 时，$\overline{V_{n,out}^2}$ 不会达到无穷大。这是线

⊖ L_1 的中心引脚与 V_{DD} 连接，但未显示。

性模型带来的另一个难题。

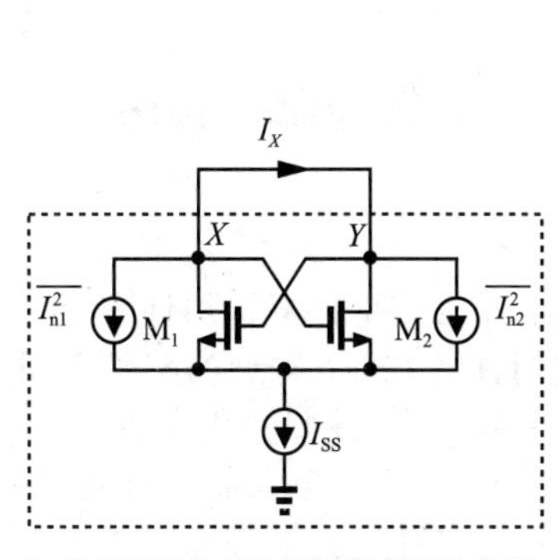

a）求交叉耦合对的诺顿噪声等效电路

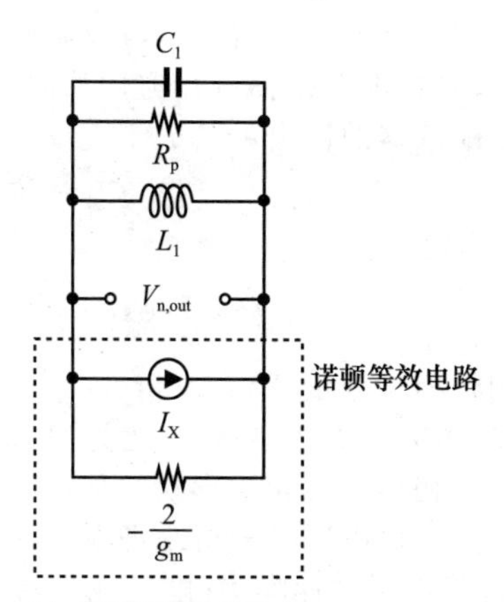

b）振荡器的整体模型

图 8.60

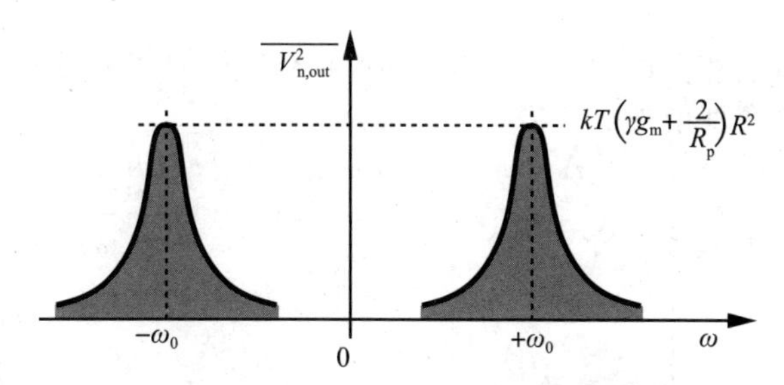

图 8.61 晶体管噪声电流引起的输出频谱

加性噪声到相位噪声的转换 根据式(8.107)所表示的结果和式(8.111)所举的例子，可以得出在输出端添加到振荡波形中的总噪声。现在我们必须确定附加噪声是如何以及在多大程度上破坏相位的。

让我们从图 8.62a 中描述的简单情况开始。载波出现在 ω_0 处，以 $\omega_0+\Delta\omega$ 为中心的 1Hz 带宽内的加性噪声由脉冲模拟。在时域中，整体波形为 $x(t)=A\cos\omega_0 t+a\cos(\omega_0+\Delta\omega)t$，其中 $a\ll A$。直观地说，我们预期加性成分会产生振幅和相位调制。为了理解这一点，我们用幅度为 A 的相量来表示载波，该相量以 ω_0 的速率旋转(见图 8.62b)。位于 $\omega_0+\Delta\omega$ 处的分量以矢量方式加到载波上，即在载波相位的顶端出现一个小相位，并以 $\omega_0+\Delta\omega$ 的速率旋转。在任何时间点，小相位都可以表示为另外两个相位的总和，一个与 A 平行，另一个与 A 垂直。前者调节幅度，后者调节相位。图 8.62c 展示了时域波形。

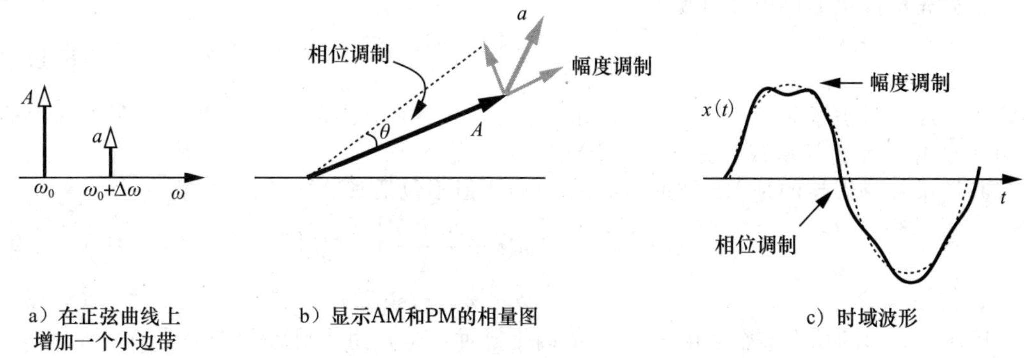

a）在正弦曲线上增加一个小边带

b）显示AM和PM的相量图

c）时域波形

图 8.62

为了计算 $\omega_0+\Delta\omega$ 处的小正弦波产生的相位调制，我们需要注意两点。首先，如第3章所述，图8.62a的频谱可以写成调幅信号和调频信号之和。其次，通过将复合信号应用于硬件限幅器(即对振幅进行剪切从而去除AM的电路)，可以获得整体信号的相位。根据第3章，限幅器的输出可写成

$$x_{\lim}(t)=\frac{A}{2}\cos\omega_0 t-\frac{a}{2}\cos(\omega_0+\Delta\omega)t+\frac{a}{2}\cos(\omega_0-\Delta\omega)t \tag{8.112}$$

$$\approx\frac{A}{2}\cos\left(\omega_0 t-\frac{2a}{A}\sin\Delta\omega t\right) \tag{8.113}$$

我们将相位分量 $(2a/A)\sin\Delta\omega t$ 简单地理解为 $\omega_0+\Delta\omega$ 处的原始加性分量，但向下平移了 ω_0，移位了90°，并归一化为 $A/2$。因此，我们预计在 ω_0 附近的窄带随机加性噪声会产生一个相位，其频谱形状与加性噪声相同，但平移了 ω_0 并归一化为 $A/2$。

这一猜想可以通过分析来证明。我们将表达式写成 $x(t)=A\cos\omega_0 t+n(t)$ 的形式，其中 $n(t)$ 表示窄带加性噪声(电压或电流)。可以证明，ω_0 附近的窄带噪声可以用其正交分量来表示[9]：

$$n(t)=n_{\mathrm{I}}(t)\cos\omega_0 t-n_{\mathrm{Q}}(t)\sin\omega_0 t \tag{8.114}$$

式中 $n_{\mathrm{I}}(t)$ 和 $n_{\mathrm{Q}}(t)$ 具有相同的频谱，也等于 $n(t)$ 的频谱[对于实数 $n(t)$]，但向下平移了 ω_0(见图8.63)，频谱密度增加了一倍。由此可见

$$x(t)=[A+n_{\mathrm{I}}(t)]\cos\omega_0 t-n_{\mathrm{Q}}(t)\sin\omega_0 t \tag{8.115}$$

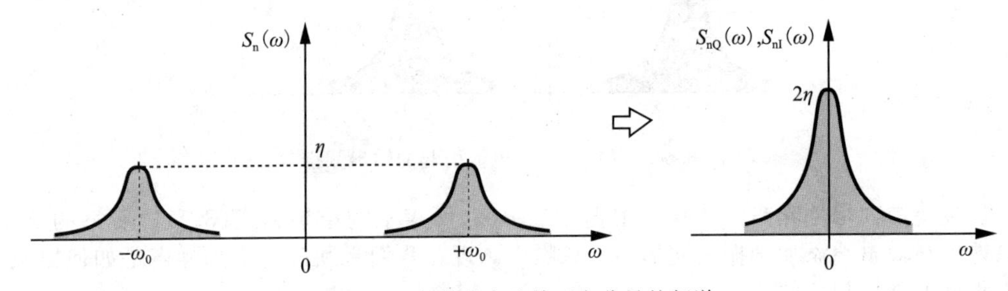

图8.63 窄带噪声及其正交分量的频谱

在极坐标形式下表示等式(8.115)，有

$$x(t)=\sqrt{[A+n_{\mathrm{I}}(t)]^2+n_{\mathrm{Q}}^2(t)}\cos\left[\omega_0 t+\arctan\frac{n_{\mathrm{Q}}(t)}{A+n_{\mathrm{I}}(t)}\right] \tag{8.116}$$

由于 $n_{\mathrm{I}}(t)$、$n_{\mathrm{Q}}(t)\ll A$，所以相位分量等于

$$\phi_n(t)\approx\frac{n_{\mathrm{Q}}(t)}{A} \tag{8.117}$$

正如先前假定的。由此可见

$$S_{\phi n}(\omega)=\frac{S_{n\mathrm{Q}}(\omega)}{A^2} \tag{8.118}$$

请注意，A 是载波的峰值振幅(而不是方均根振幅)。在习题8.12中，我们证明了一半的噪声功率由AM边带承载，另一半由PM边带承载。

我们最终感兴趣的是RF波形的频谱 $x(t)$，但不包括其AM噪声。我们有

$$x(t)\approx A\cos\left[\omega_0 t+\frac{n_{\mathrm{Q}}(t)}{A}\right] \tag{8.119}$$

$$\approx A\cos\omega_0 t-n_{\mathrm{Q}}(t)\sin\omega_0 t \tag{8.120}$$

因此，$x(t)$ 的功率谱密度由 $\pm\omega_0$ 处的两个脉冲组成，每个脉冲的功率为 $A^2/4$，$S_{n\mathrm{Q}}/4$ 以 $\pm\omega_0$ 为中心。如图8.64所示，频谱分析仪将负频谱和正频谱内容折叠。折叠后，我们

将相位噪声归一化为总载波功率 $A^2/2$。

上述研究可归纳如下(见图 8.64)：$\pm\omega_0$ 附近的相加噪声具有峰值为 η 的双边频谱密度，其结果是 $\pm\omega_0$ 附近的相位噪声频谱具有峰值为 $2\eta/A^2$ 的归一化单面频谱密度，其中 A 是载波的峰值振幅。

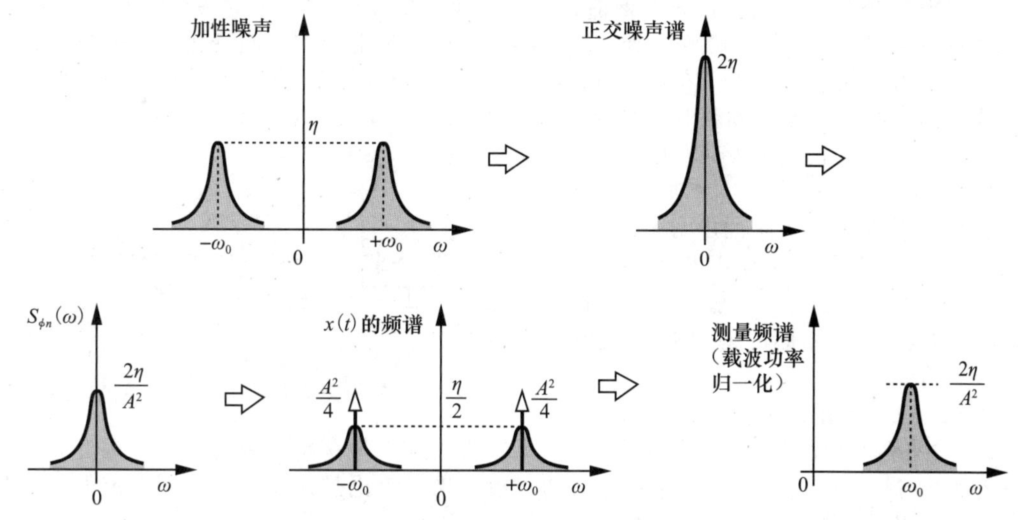

图 8.64　将加性噪声转换为相位噪声的总结

周期稳态噪声　在式(8.111)的推导过程中，我们假设每个晶体管的噪声可以用恒定的频谱密度来表示；但是，当晶体管经历大信号偏移时，它们的跨导和噪声功率会发生变化。由于振荡器会周期性地进行这种噪声调制，因此我们称此类噪声源为“周期稳态”噪声源，即其频谱会周期性变化。我们从第 6 章中关于周期性白噪声的观察结果开始分析：白噪声乘以时域中的周期性包络线后仍然是白噪声。例如，如果以 50%的占空比开关白噪声，结果仍然是白噪声，但频谱密度减半。

为了研究周期稳态噪声的影响，我们回到原来的交叉耦合振荡器，从图 8.65a 可知：①当 V_X 达到最大值和 V_Y 达到最小值时，M_1 关闭，不注入任何噪声；②当 M_1 和 M_2 接近平衡时，它们注入最大噪声电流，总的两边频谱密度为 $kT\gamma g_m$，其中 g_m 为平衡跨导；③当 V_X 达到最小值和 V_Y 达到最大值时，M_1 导通，但因尾电流 I_{SS} 而减弱(M_2 关闭)，向输出注入少量噪声。因此，我们得出结论：总噪声电流的包络线是振荡频率的两倍，并在 0～1 之间摆动(见图 8.65b)。

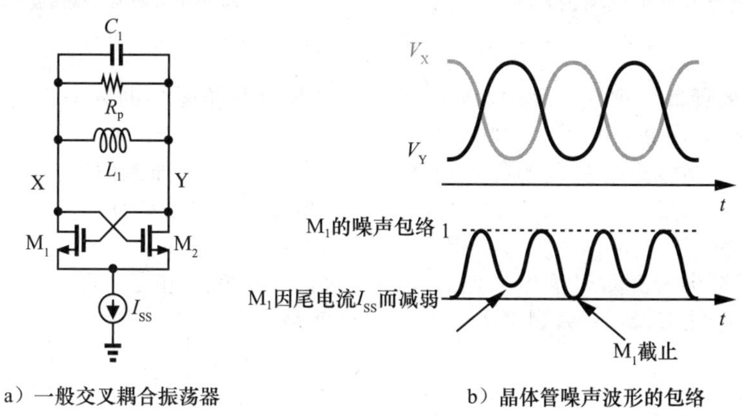

a）一般交叉耦合振荡器　　b）晶体管噪声波形的包络

图 8.65

噪声包络波形可以通过仿真来确定，我们可以用正弦波来近似包络，即 $0.5\sin2\omega_0 t+0.5$。读者可以看到，白噪声乘以这样一个包络，就会得到频谱密度为 3/8 的白噪声。因此，我们只需将 M_1 和 M_2 的噪声贡献 $kT\gamma g_m$ 乘以 3/8。

谐振腔的噪声如何？我们注意到图 8.58 中 R_p 的噪声是稳态的。换句话说，谐振腔双边噪声的贡献等于 $2kT/R_P$(但只有该值的一半转换为相位噪声)。

时变电阻 除了周期稳态噪声外，交叉耦合对产生的电阻的时间变化也使分析变得复杂。不过，由于我们已经从"宏观"角度看待了环形静态噪声，并用等效白噪声对其进行了建模，因此我们也可以考虑电阻的时间平均值。

我们注意到，在图 8.65(a)中，M_1 和 M_2 的漏极之间的电阻周期性地从 $-2/g_m$ 变化到接近无穷大。相应的电导率 G 则在 $-g_m/2$ 和接近零之间波动(见图 8.66)，并呈现出一定的平均值：$-G_{avg}$。$-G_{avg}$ 的值很容易通过电导率波形的傅里叶级数展开的第一项得到。

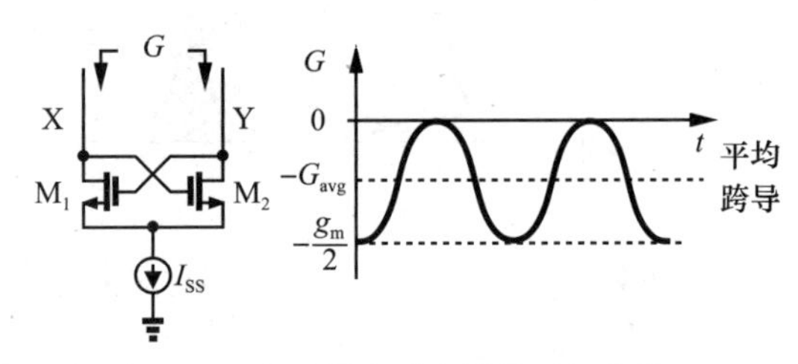

图 8.66 交叉耦合对电导的时间变化

如果 $-G_{avg}$ 不足以补偿谐振腔 R_P 的损耗，那么振荡就会减弱。反之，如果 $-G_{avg}$ 足够大，那么振荡幅度就会增大。因此，在稳定状态下，$G_{avg}=1/R_P$。这是一个强有力的观察结果：无论晶体管尺寸和尾电流的大小如何，G_{avg} 与 R_P 有关。

例 8.30 如果增大尾电流，跨导波形和 G_{avg} 会发生什么变化?

解: 由于 G_{avg} 必须保持等于 $1/R_P$，因此波形的形状会发生变化，使其具有较大的偏离，但平均值仍保持不变。如图 8.67a 所示，尾电流越大，跨导峰值(即 $-g_{m2}/2$)越大，同时跨导在零附近停留的时间增加，从而使平均值保持不变。也就是说，晶体管处于平衡状态的时间更短(见图 8.67b)。

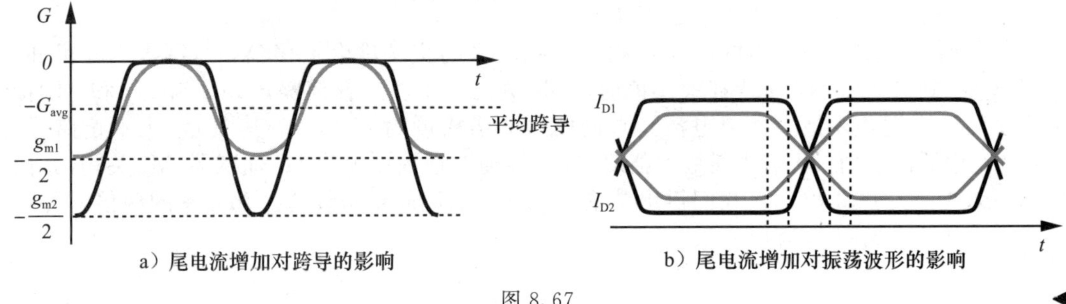

图 8.67 ◀

相位噪声的计算 现在，我们对将加性噪声转换为相位噪声的方法、周期稳态噪声和时变电阻进行综合分析：

1）计算由交叉耦合对注入的噪声电流的平均频谱密度。如果假定有正弦包络，则两侧频谱密度为 $kT\gamma g_m\times(3/8)$，其中 g_m 表示每个晶体管的平衡跨导。

2）将 R_P 的噪声电流加入其中，得到 $(3/8)kT\gamma g_m+2kT/R_P$。

3）将上述频谱密度乘以输出节点之间净阻抗的平方值。由于 $G_{avg}=1/R_P$，平均电阻为无限大，因此图 8.65a 中只剩下 L_1 和 C_1。也就是说

$$\overline{V_{n,out}^2}=kT\left(\frac{3}{8}\gamma g_m+\frac{2}{R_P}\right)\frac{L_1^2\omega^2}{(1-L_1C_1\omega^2)^2} \tag{8.121}$$

对于 $\omega=\omega_0+\Delta\omega$ 和 $\Delta\omega\ll\omega_0$，式(8.121)简化为

$$\overline{V_{n,out}^2} = kT\left(\frac{3}{8}\gamma g_m + \frac{2}{R_P}\right)\frac{1}{4C_1^2\Delta\omega^2} \tag{8.122}$$

4）根据图 8.64，将这一结果除以 $A^2/2$ 即可得到 ω_0 附近的单边相位噪声频谱。请注意，在图 8.65a 中，$A=(4/\pi)(I_{SS}R_P/2)=(2/\pi)I_{SS}/R_P$ 并且 $R_P=QL_1\omega_0$。[㊀]由此可得

$$S(\Delta\omega) = \frac{\pi^2}{2}\frac{kT}{I_{SS}^2}\left(\frac{3}{8}\gamma g_m + \frac{2}{R_P}\right)\frac{\omega_0^2}{4Q^2\Delta\omega^2} \tag{8.123}$$

随着尾电流的增大，输出波动也随之增大，I_{SS}^2 比 g_m 上升得更快，从而降低了相位噪声(只要晶体管不进入深三极管区)。

对交叉耦合振荡器的仔细研究表明，相位噪声实际上与晶体管的跨导无关[10,11,17]。这可以从以下方面得到定性解释。假设增加两个晶体管的宽度，而输出电压摆幅和频率保持不变。现在，晶体管可以用较小的电压摆幅来控制其尾部电流，从而实现更快速的电流切换(见图 8.68)。也就是说，M_1 和 M_2 向电容注入噪声的时间更短。然而，从噪声包络线可以明显看出，较高的跨导意味着较高的注入噪声。事实证明，噪声包络脉冲宽度的减小和高度的增加相互抵消，因此在上式中可以简单地用 $2/R_P$ 代替 g_m[10,11,17]：

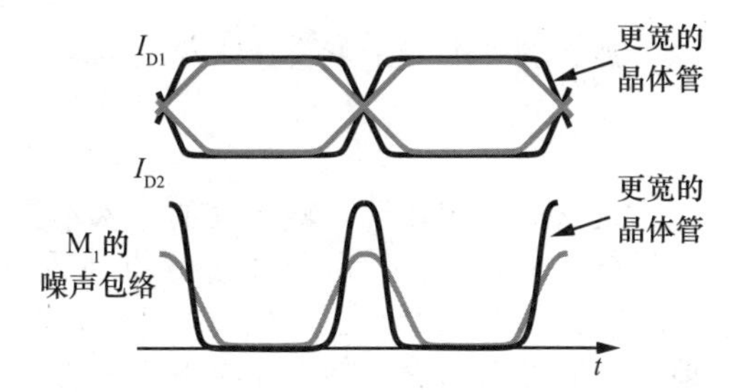

图 8.68 不同宽度晶体管的振荡器波形

$$S(\Delta\omega) = \frac{\pi^2}{R_p}\frac{kT}{I_{SS}^2}\left(\frac{3}{8}\gamma + 1\right)\frac{\omega_0^2}{4Q^2\Delta\omega^2} \tag{8.124}$$

尾部电容问题 如果其中一个晶体管进入深晶体管区会发生什么情况？如图 8.69a 所示，相应的谐振腔通过晶体管的导通电阻暂时与尾部电容相连，从而降低了 Q 值。

将 R_{on} 和 C_T 的串联组合转换为并联电路，我们就得到了图 8.69b 所示的等效网络，其中 $R_T=(R_{on}C_T^2\omega_0^2)^{-1}$。如果 R_T 与 R_1 相当，且每个晶体管在相当长的一段时间内都处于深晶体管区，则 Q 值会显著下降。同样，M_2 注入的噪声也会大幅上升[17]。

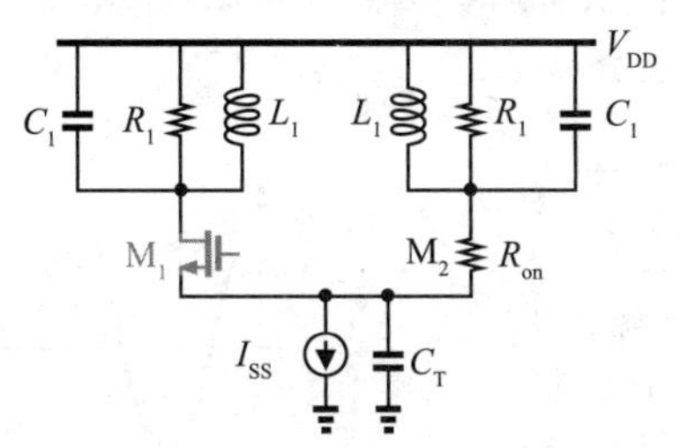

a）深晶体管区有一个晶体管的振荡器

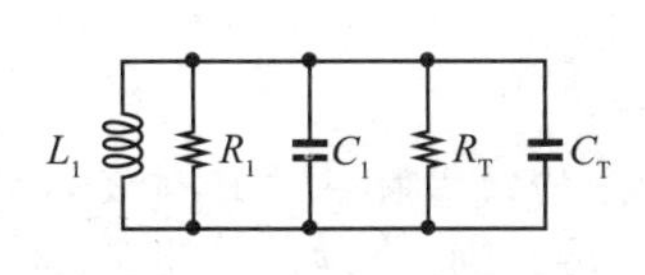

b）谐振腔的等效电路

图 8.69

这里的关键结果是，随着尾电流的增加，(相对)相位噪声持续下降，直至晶体管进入晶体管区。超过这一点后，尾电流越大，输出摆幅上升得越快，但整体谐振电路的 Q 值开始下降，相位噪声没有明显改善。当然，这种趋势取决于 C_T 的值，只有在某些设计中才会明显。这个电容可能由于 I_{SS} 的寄生效应而较大，也可能是为了将 I_{SS} 的噪声分流到地(参见 8.7.5 节)而故意增加的。

例 8.31 上述现象在图 8.30a 的上端电流偏置拓扑结构中是如何体现的？

解： 在这种情况下，进入深晶体管区的每个晶体管都提供了直接接地的电阻路径。由

㊀ 差分电阻 R_P 可视为两个与 V_{DD} 连接的电阻，其值为 $R_P/2$。因此，单端摆幅峰值等于$(2/\pi)(R_P/2)I_{SS}$。

于节点 P 也处于(交流)接地状态，因此谐振电路的 Q 值严重劣化。我们预计，如果 M_1 或 M_2 进入深晶体管区，这种拓扑结构将受到更严重的影响。◀

8.7.4 相位噪声分析：方法Ⅱ

本节介绍的方法沿用了参考文献[6]中的方法。考虑一个理想的 LC 谐振腔，由于初始条件，它产生正弦输出(见图8.70a)。在振荡过程中，L_1 和 C_1 交换初始能量，前者在过零点时携带全部能量，后者在峰值时携带全部能量。假设电路开始时，电容两端的初始电压为 V_0。现在，假设在输出电压的峰值处向振荡槽注入一个脉冲电流(见图8.70b)，在 C_1 上产生一个电压阶跃。如果㊀

$$I_{in}(t)=I_1\delta(t-t_1) \tag{8.125}$$

那么额外的能量就会产生更大的振幅：

$$V_p=V_0+\frac{I_1}{C_1} \tag{8.126}$$

这里的关键在于，峰值处的注入不会干扰振荡的相位(如例8.32所示)。

接下来，让我们假设在过零点注入脉冲电流。电压跃变再次产生，但导致相位跃变(见图8.70c)。由于电压从0跳变到 I_1/C_1，相位受到的干扰等于 $\arcsin[I_1/(C_1V_0)]$。因此，我们得出结论：如果在峰值处注入噪声，噪声只会产生幅度调制；如果在过零点处注入噪声，噪声只会产生相位调制。

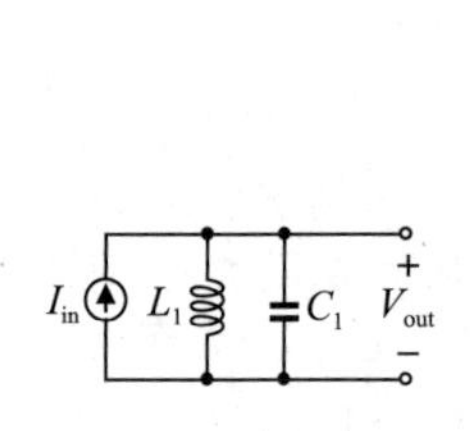

a）电流脉冲的理想谐振腔

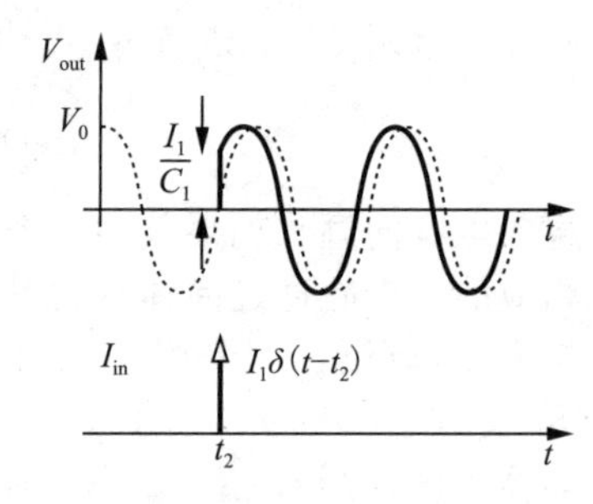

b）波形峰值处脉冲注入的影响　　c）波形过零时脉冲注入的影响

图8.70

例8.32 解释如何通过分析确定电流脉冲的影响。

解： 谐振腔的线性特性允许对注入电流(输入)和电压波形(输出)进行叠加。输出波形由两个正弦分量组成，一个是初始条件㊁(振荡波形)，另一个是脉冲。图8.71展示了两种情况下的正弦分量：如果在 t_1 注入，脉冲产生的正弦波与原始分量完全同相；如果在 t_2 注入，脉冲产生的正弦波与原始分量的相位相差90°。在前一种情况下，峰值不受影响，而在后一种情况下，过零点不受影响。◀

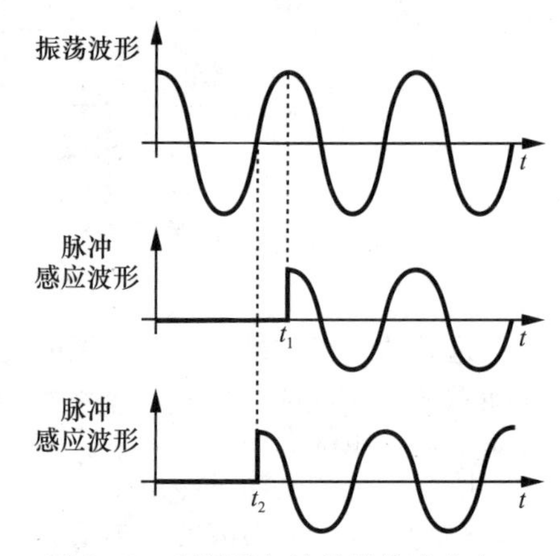

图8.71 利用叠加法计算脉冲响应

上述研究结果表明，需要一种方法来量化振荡器中每个噪声源如何以及何时“撞击”输出波形。当晶体管开启和关闭时，一个噪声源可能只出现在

㊀ 请注意，这个等式中的 I_1 实际上是一个电荷量，因为它表示脉冲下的面积。

㊁ 谐振腔中的初始条件也可以由电流脉冲产生，因此不会使系统成为非线性系统。

输出电压的峰值附近，产生的相位噪声可以忽略不计，而另一个噪声源则可能出现在过零点，产生大量相位噪声。为此，我们定义了一个从每个噪声源到输出相位的线性时变系统。线性特性是合理的，因为噪声水平非常小，而时间方差对于捕捉噪声在输出端出现的时间的影响是必要的。

对于线性时变系统，卷积特性成立，但脉冲响应随时间变化。因此，响应噪声 $n(t)$ 的输出相位由以下公式给出：

$$\phi(t)=h(t,\tau)*n(t) \tag{8.127}$$

式中，$h(t,\tau)$ 是 $n(t)$ 至 $\phi(t)$ 的时变脉冲响应。在振荡器中，$h(t,\tau)$ 周期性变化。如图 8.72 所示，在 $t=t_1$ 或其后周期的整数倍注入噪声脉冲，会产生相同的相位变化。现在，计算输出相位噪声的任务包括计算每个噪声源的 $h(t,\tau)$ 并将其与噪声波形卷积。脉冲响应 $h(t,\tau)$ 在参考文献[6]中被称为“脉冲灵敏度函数”(ISF)。

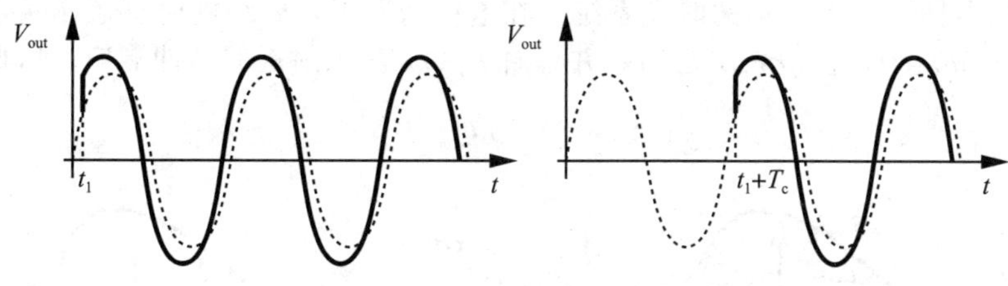

图 8.72　振荡器中的周期脉冲响应

例 8.33 请解释图 8.70a 中的 LC 谐振腔如何在电感和电容保持不变的情况下仍具有时变特性。

解：时间方差源于有限的初始条件(如 C_1 两端的初始电压)。当初始条件为零时，电路开始时的输出为零，表现出对输入的时不变响应。◀

例 8.34 计算图 8.70a 中无损 LC 谐振电路的相位脉冲响应。

解：我们引用例 8.32 中的叠加法，希望计算任意时刻 t_1 时电流脉冲所产生的相位变化(见图 8.73)。总输出电压可以表示为

$$V_{out}(t)=V_0\cos\omega_0 t+\Delta V[\cos\omega_0(t-t_1)]u(t-t_1) \tag{8.128}$$

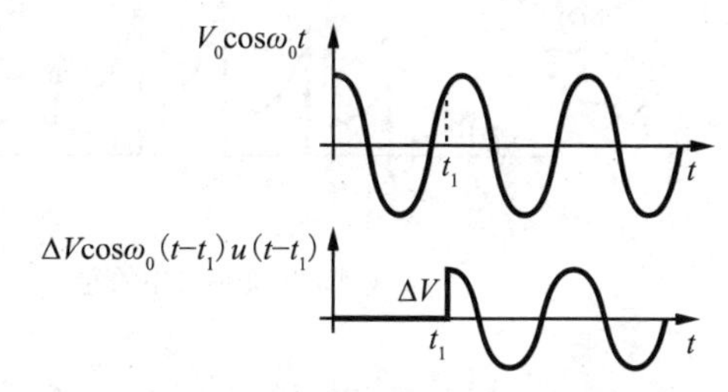

图 8.73　计算谐振腔相位脉冲响应的波形

其中 ΔV 由脉冲(图 8.70 中的 I_1)下的面积除以 C_1 得出。对于 $t\geqslant t_1$，V_{out} 等于两个余弦波之和：

$$V_{out}(t)=V_0\cos\omega_0 t+\Delta V\cos\omega_0(t-t_1)\quad t\geqslant t_1 \tag{8.129}$$

将第二项展开并重新组合后，可以得出

$$V_{out}(t)=(V_0+\Delta V\cos\omega_0 t_1)\cos\omega_0 t+\Delta V\sin\omega_0 t_1\sin\omega_0 t\quad t\geqslant t_1 \tag{8.130}$$

因此，输出的相位等于

$$\phi_{out}=\arctan\frac{\Delta V\sin\omega_0 t_1}{V_0+\Delta V\cos\omega_0 t_1}\quad t\geqslant t_1 \tag{8.131}$$

有趣的是，ϕ_{out} 通常不是 ΔV 的线性函数。但是，如果 $\Delta V\ll V_0$，那么

$$\phi_{out}\approx\frac{\Delta V}{V_0}\sin\omega_0 t_1\quad t\geqslant t_1 \tag{8.132}$$

如果归一化为输入脉冲下的面积(I_1)，则该结果产生脉冲响应：

$$h(t,t_1)=\frac{1}{C_1V_0}\sin\omega_0 t_1 u(t-t_1) \tag{8.133}$$

正如预期的那样，$h(t,t_1)$ 在 $t_1=0$ 处(在 $V_0\cos\omega_0 t$ 的峰值处)为零，在 $t_1=\pi/(2\omega_0)$ 处

(在 $V_0\cos\omega_0 t$ 的过零点处)为最大值。◀

现在让我们回到式(8.127)并确定卷积是如何进行的。给定的输入 $x(t)$ 可以用一系列时域脉冲来近似表示，每个脉冲在很短的时间跨度内携带 $x(t)$ 的能量(见图8.74a)：

$$x(t) \approx \sum_{n=-\infty}^{+\infty} x(t_n)\delta(t-t_n) \tag{8.134}$$

每个脉冲在 t_n 处产生系统的时不变脉冲响应。因此，$y(t)$ 由 $h(t)$ 搬移后的信号组成，每个搬移后的信号根据 $x(t)$ 的对应值在幅度上缩放：

$$y(t) \approx \sum_{n=-\infty}^{+\infty} x(t_n)h(t-t_n) \tag{8.135}$$

$$= \int_{-\infty}^{+\infty} x(\tau)h(t-\tau)\mathrm{d}\tau \tag{8.136}$$

现在，请看图8.74b所示的时变系统。在这种情况下，$h(t)$ 的时移版本可能不同，我们用 $h_1(t), h_2(t), \cdots, h_n(t)$ 表示它们，并理解 $h_j(t)$ 是 t_j 附近的脉冲响应。由此可见

$$y(t) \approx \sum_{n=-\infty}^{+\infty} x(t_n)h_n(t) \tag{8.137}$$

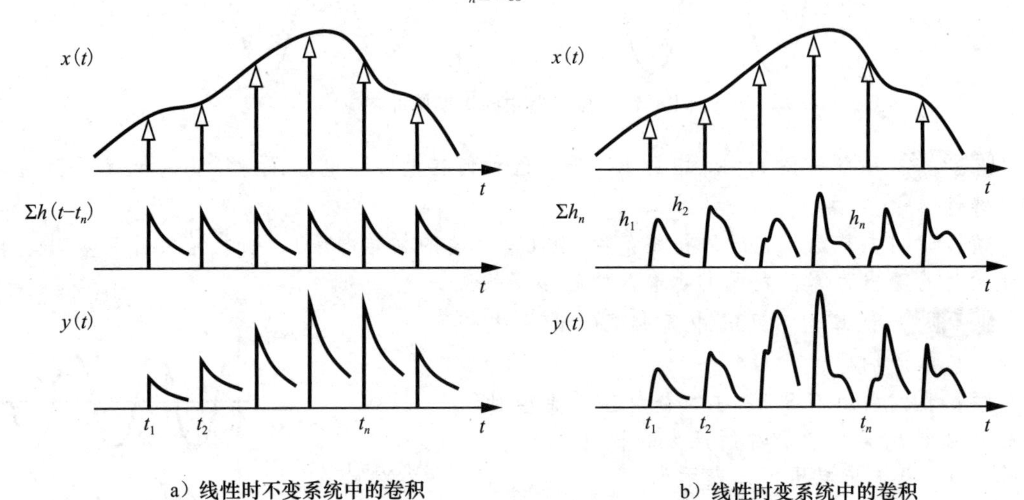

a）线性时不变系统中的卷积　　b）线性时变系统中的卷积

图8.74

如何将这些脉冲响应表示为连续时间函数？我们只需将其写成 $h(t,\tau)$，其中 τ 是具体的时间偏移。例如，$h_1(t)=h(t,1\text{ns})$、$h_2(t)=h(t,2\text{ns})$ 等。因此

$$y(t) = \int_{-\infty}^{+\infty} x(\tau)h(t,\tau)\mathrm{d}\tau \tag{8.138}$$

例8.35 确定注入图8.70a中谐振腔的具有白噪声频谱 $S_i(f)$ 的电流 $i_n(t)$ 产生的相位噪声。

解：从式(8.133)和式(8.138)可知

$$\phi_n(t) = \int_{-\infty}^{+\infty} i_n(\tau)\frac{1}{C_1 V_0}\sin\omega_0\tau u(t-\tau)\mathrm{d}\tau \tag{8.139}$$

$$= \frac{1}{C_1 V_0}\int_{-\infty}^{t} i_n(\tau)\sin\omega_0\tau\mathrm{d}\tau \tag{8.140}$$

如果 $i_n(t)$ 是白噪声，那么 $g(t)=i_n(t)\sin\omega_0 t$ 也是白噪声(为什么?)，但频谱密度只有 $i_n(t)$ 的一半：

$$S_g(f) = \frac{1}{2}S_i(f) \tag{8.141}$$

因此，我们的任务就是找出图 8.75a 所示系统的传输函数。为此，我们注意到：①该系统的脉冲响应等于$(C_1V_0)^{-1}u(t)$；②$u(t)$的傅里叶变换由$(\mathrm{j}\omega)^{-1}+\pi\delta(\omega)$确定。我们忽略$\pi\delta(\omega)$，因为它仅包含$\omega=0$处的能量，并得到

$$S_{\phi n}(f)=|H(\mathrm{j}\omega)|^2S_g(f) \tag{8.142}$$

$$=\frac{1}{C_1^2V_0^2}\frac{1}{(2\pi f)^2}\frac{S_i(f)}{2} \tag{8.143}$$

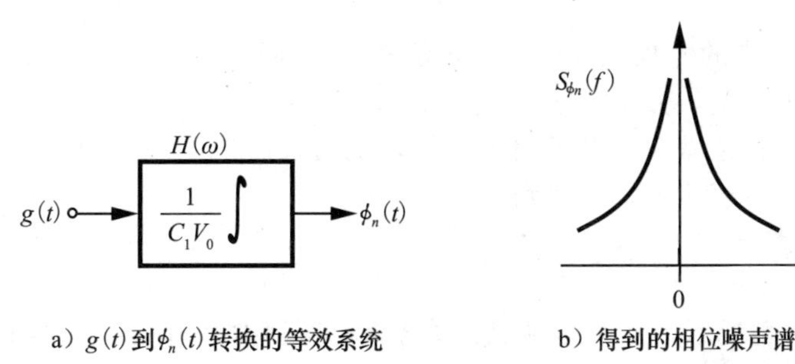

a）g(t)到$\phi_n(t)$转换的等效系统　　b）得到的相位噪声谱

图 8.75

正如我们所预测的，相对相位噪声与振荡峰值振幅V_0成反比。如图 8.75b 所示，该方程与 8.7.3 节中描述的噪声整形概念一致：$A\cos[\omega_0t+\phi_n(t)]$的频谱包含$S_{\phi n}(f)$，但中心频率移动到了$\pm\omega_0$处。图 8.76 总结了将注入噪声电流转换为载波周围相位噪声的机制。为清晰起见，$\pm\omega_0$附近的白噪声显示为三个窄带段。

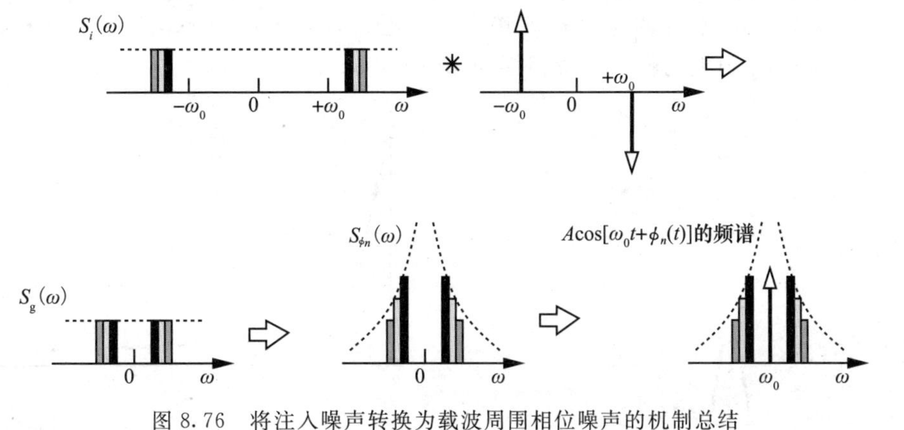

图 8.76　将注入噪声转换为载波周围相位噪声的机制总结 ◀

读者可能会对上述例子感到困惑：如果把初始条件为非零的无损耗谐振腔看作一个无穷大 Q 值的振荡器，为什么相位不为零？如果我们认识到当$Q\to\infty$时，维持振荡所需的晶体管宽度和双向电流将变得无限小，这种混淆就可以得到解决。因此，晶体管注入的噪声几乎为零；也就是说，如果$i_n(t)$代表晶体管噪声，那么$S_i(f)$接近于零。

例 8.36 上例中，$i_n(t)$中哪些频率成分会产生显著的相位噪声？

解： 由于$i_n(t)$与$\sin\omega_0t$相乘，因此ω_0附近的噪声分量被转换到零频率附近，随后出现在式(8.143)中(见图 8.76)。因此，对于正弦相位脉冲响应(ISF)，只有在ω_0附近的噪声频率才会产生显著的相位噪声。建议读者重复图 8.76 中使用的方法，以获得$S_i(\omega)$中的低频分量。 ◀

闪烁噪声的影响 由于振荡器的周期性，其脉冲响应可以用傅里叶级数来表示：

$$h(t,\tau)=[a_0+a_1\cos(\omega_0t+\phi_1)+a_2\cos(2\omega_0t+\phi_2)+\cdots]u(t-\tau) \tag{8.144}$$

式中，a_0是$h(t,\tau)$的平均值(或“直流”值)。在上文研究的低通滤波器中，当$j\neq1$时$a_j\neq0$，

但一般情况下可能并非如此。特别是，假设$a_0 \neq 0$。那么，响应注入噪声$i_n(t)$的相应相位噪声等于

$$\phi_{n,a_0} = \int_{-\infty}^{t} a_0 i_n(\tau)\mathrm{d}\tau \tag{8.145}$$

根据例8.35，积分相当于$(\mathrm{j}\omega)^{-1}$的传递函数，因此

$$S_{\phi n,a_0}(f) = \frac{a_0^2}{\omega^2} S_i(f) \tag{8.146}$$

也就是说，$i_n(t)$中的低频成分会产生相位噪声。(回想一下，$S_{\phi n,a_0}$被上变频到ω_0的中心频率。)这里的关键是，如果$h(t,\tau)$的“直流”值不为零，那么振荡器中MOS晶体管的闪烁噪声就会产生相位噪声。对于闪烁噪声，我们采用$S_v(f)=[K/(WLC_{ox})]/f$所给出的栅极参考噪声电压表达式，并得到

$$S_{\phi n,a_0}(f) = \frac{a_0^2}{4\pi^2} \frac{K}{WLC_{ox}} \frac{1}{f^3} \tag{8.147}$$

请注意，在这种情况下，a_0代表从晶体管栅极电压到输出相位的脉冲响应的直流项。由于a_0与$h(t,\tau)$的对称性有关，$1/f$噪声的低上变频要求电路设计具有奇数对称性$h(t,\tau)$[6]。然而，电路中不同晶体管的$1/f$噪声可能会出现不同的脉冲响应，因此可能无法最大限度地降低所有$1/f$噪声源的上变频。例如，在图8.35的电路中，可以使从M_1-M_4的栅极到输出端的$h(t,\tau)$对称，但不能使从尾电流源到输出端的$h(t,\tau)$对称。当I_{SS}缓慢波动时，输出CM电平也会随之波动，从而影响振荡频率。一般来说，相位噪声频谱的形状如图8.77所示。

高次谐波周围的噪声 现在让我们来关注式(8.144)中的其他项。如例8.35所述，$a_1\cos(\omega_0 t+\phi_1)$将$\omega_0$附近的噪声频率转换到零附近，并转换为相位噪声。同样，$a_m\cos(m\omega_0 t+\phi_j)$将$m\omega_0$附近的噪声分量转换为相位噪声。图8.78展示了这一行为[6]。

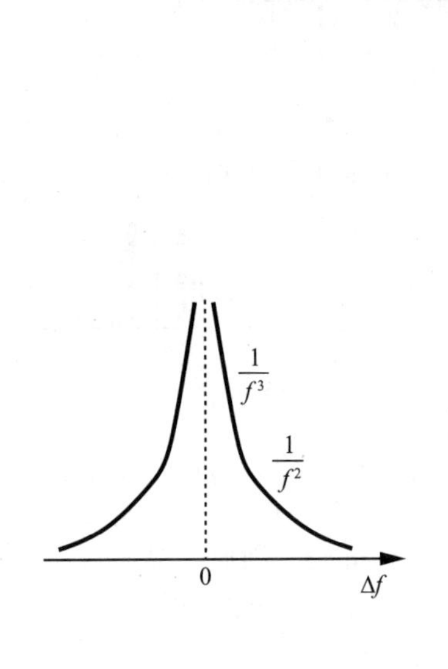

图8.77 相位噪声频谱的形状

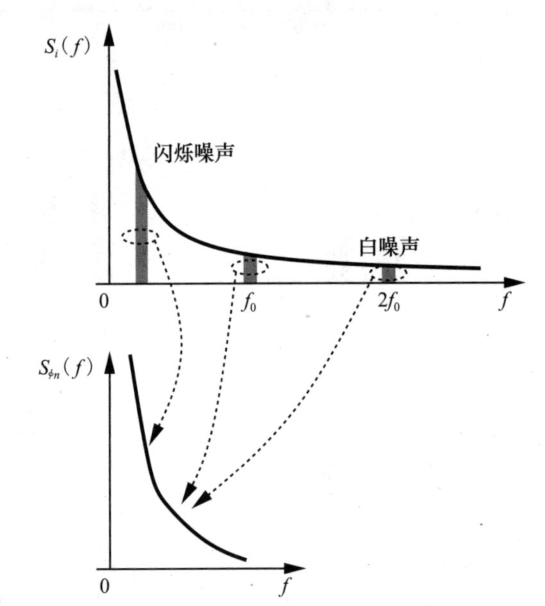

图8.78 各种噪声分量到相位噪声的转换

周期稳态噪声 我们还必须考虑周期静态噪声的影响。正如8.7.3节所解释的，这种噪声可以看作是静止噪声$n(t)$乘以周期包络线$e(t)$。因此，式(8.138)可以写成

$$y(t) = \int_{-\infty}^{+\infty} n(\tau)e(\tau)h(t,\tau)\mathrm{d}\tau \tag{8.148}$$

这意味着$e(t)h(t,\tau)$可被视为“有效的”脉冲响应[6]。也就是说，$n(t)$对相位噪声的

影响最终取决于周期稳态噪声包络与 $h(t,\tau)$ 的乘积。

这种相位噪声分析方法通常需要通过对每个器件进行多次仿真来确定噪声包络和脉冲响应。因此，优化设计可能是一项漫长的任务。

8.7.5 偏置电流的噪声

振荡器通常采用偏置电流源，以尽量减少对电源电压及其噪声的敏感性。我们希望研究该电流源产生的相位噪声。图 8.79 总结了本节研究的尾部相关噪声机制。

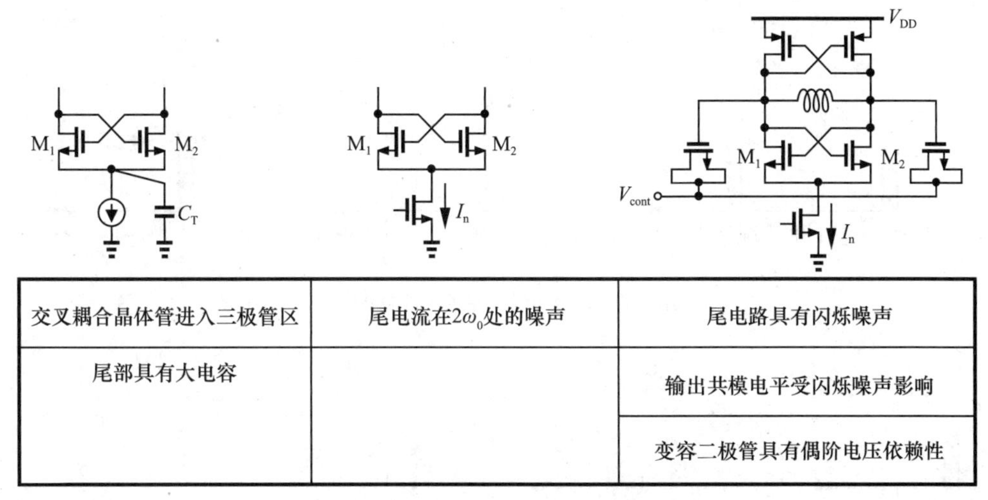

交叉耦合晶体管进入三极管区	尾电流在$2\omega_0$处的噪声	尾电路具有闪烁噪声
尾部具有大电容		输出共模电平受闪烁噪声影响
		变容二极管具有偶阶电压依赖性

图 8.79 交叉耦合振荡器的尾部噪声机制

考虑图 8.80a 所示的拓扑结构，其中 I_n 模拟 I_{SS} 的噪声，包括零频率附近的闪烁噪声、振荡频率 ω_0 附近的热噪声、$2\omega_0$ 附近的热噪声等。我们还认识到，M_1 和 M_2 周期性地开启和关闭，从而引导(换向)$I_{SS}+I_n$，并因此起到混频器的作用。换句话说，图 8.80b 所示的两个电路是相似的，M_1 和 M_2 向谐振腔注入的差分电流可以看作是 $I_{SS}+I_n$ 与在 $-1\sim+1$ 之间切换的方波的乘积(大波动时)。

现在我们来看看不同频率的噪声对图 8.80a 中振荡器性能的影响。I_n 中的闪烁噪声会缓慢地改变偏置电流和输出电压摆幅($4I_{SS}R_P/\pi$)，从而引入幅度调制。因此，我们假设闪烁噪声产生的相位噪声可以忽略不计。正如后面所解释的，在输出节点存在电压相关电容(如变容二极管)的情况下，相位噪声并不存在，但我们暂时忽略闪烁噪声的影响。

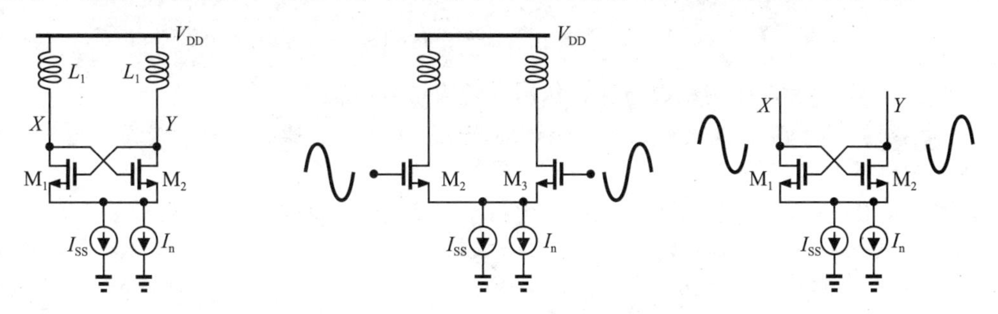

a）带噪声尾电流源的振荡器　　b）被视为混频器的电路

图 8.80

ω_0 附近的噪声如何？这个噪声成分与方波的谐波混合在一起，分别为 $\omega_0, 3\omega_0, 5\omega_0, \cdots$ 降落在 $0, 2\omega_0, 4\omega_0, \cdots$ 处。因此，这个分量可以忽略不计。

$2\omega_0$ 附近的噪声显著影响性能[7,12]。如图8.81a所示，略低于 $2\omega_0$ 的噪声分量与方波的一次和三次谐波混合，从而落在略低于和高于 ω_0 的位置，但具有不同的振幅和极性。为了确定这些分量是产生AM信号还是FM信号，我们将振荡器输出表示为 $\cos\omega_0 t$，将其三次谐波表示为 $(-1/3)\cos(3\omega_0 t)$。对于尾电流噪声分量 $I_0\cos(2\omega_0-\Delta\omega)t$，$M_1$ 和 M_2 的差分输出电流表现为

$$I_{out}\propto\cos\omega_0 t I_0\cos(2\omega_0-\Delta\omega)t+\frac{-1}{3}\cos(3\omega_0 t)I_0\cos(2\omega_0-\Delta\omega)t \tag{8.149}$$

$$\propto\frac{I_0}{2}\cos(\omega_0-\Delta\omega)t-\frac{I_0}{6}\cos(\omega_0+\Delta\omega)t+\cdots \tag{8.150}$$

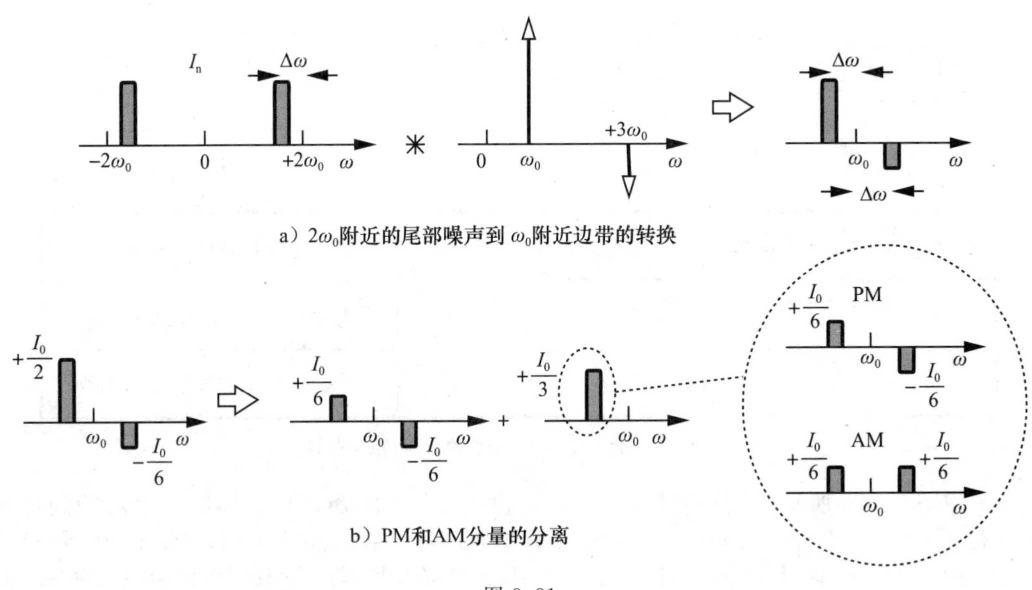

图8.81

如第3章所述，围绕余弦载波的符号相反的两个相等的余弦边带表示FM信号。然而，在上面的等式中，两个边带具有不相等的幅度，也会产生一些AM信号。写出 $(I_0/2)\cos(\omega_0-\Delta\omega)t=(I_0/6)\cos(\omega_0-\Delta\omega t)+(I_0/3)\cos(\omega_0-\Delta\omega)t$，并从第二项中提取其PM分量(见图8.81b)作为 $(I_0/6)\cos(\omega_0-\Delta\omega t)-(I_0/6)\cos(\omega_0+\Delta\omega)t$，我们得到总PM边带：

$$I_{out}\propto\frac{I_0}{3}\cos(\omega_0+\Delta\omega)t-\frac{I_0}{3}\cos(\omega_0-\Delta\omega)t+\cdots \tag{8.151}$$

如例8.37所示，比例系数与综合作用的转换增益有关。

例8.37 对于图8.80a中 $I_n=I_0\cos(2\omega_0+\Delta\omega)t$ 的尾部噪声，请确定差分输出电流中调频边带的大小。

解： 在频域中，$2\omega_0$ 附近的每个脉冲的幅度为 $I_0/2$。与方波的一次谐波混合后，$2\omega_0+\Delta\omega$ 处的脉冲出现在 $\omega_0+\Delta\omega$ 处，高度为 $(2/\pi)(I_0/2)$。同样，与三次谐波混合后，在 $\omega_0-\Delta\omega$ 处产生一个脉冲，高度为 $-(1/3)(2/\pi)(I_0/2)$。如上文所述，将AM分量分离后，我们得出

$$I_{out}=\frac{1}{3}\frac{4}{\pi}I_0\cos(\omega_0+\Delta\omega)t-\frac{1}{3}\frac{4}{\pi}I_0\cos(\omega_0-\Delta\omega)t+\cdots \tag{8.152}$$ ◀

为了获得输出电压中的相位噪声，必须将上述示例中计算的电流边带乘以频率偏移 $\pm\Delta\omega$ 的谐振电路阻抗，并且将结果归一化为振荡幅度。请注意，电流分量一旦注入输出节点，就会看到谐振电路的无损阻抗，因为 M_1 和 M_2 呈现的平均负电导抵消了损耗。如

果 $\Delta\omega \ll \omega_0$，则该阻抗由 $-j/(2C_1\Delta\omega)$ 给出。因此，相对相位噪声可以表示为

$$S(\Delta\omega)=\frac{\dfrac{16\overline{I_n^2}}{9\pi^2}\left(\dfrac{1}{2C\Delta\omega}\right)^2}{\dfrac{4}{\pi^2}I_{SS}^2R_p^2}=\frac{4\overline{I_n^2}}{9I_{SS}^2}\left(\frac{\omega_0}{2Q\Delta\omega}\right)^2 \tag{8.153}$$

ω_0 处的高阶偶次谐波附近的热噪声也起着类似的作用，在 ω_0 附近产生调频边带。可以看出，将所有边带功率相加，就会得到以下由尾电流源引起的相位噪声表达式[8,10]：

$$S(\Delta\omega)=\frac{\pi^2\overline{I_n^2}}{16I_{SS}^2}\left(\frac{\omega_0}{2Q\Delta\omega}\right)^2 \tag{8.154}$$

现在让我们来看看图 8.30a 中顶部电流源的噪声。我们希望表示出由该噪声产生的频率调制。假设 I_{DD} 包含噪声电流 $i_n(t)$。根据例 8.16 的计算，$i_n(t)$产生的共模电压变化为

$$\Delta V=\frac{1}{g_m}\frac{i_n(t)}{2} \tag{8.155}$$

这种变化与控制电压 V_{cont} 相等，但变化是相反的。如 8.10 节所述，输出波形可表示为

$$V_{out}(t)=V_0\cos\left[\omega_0 t+\int K_{VCO}\frac{i_n(t)}{2g_m}dt\right] \tag{8.156}$$

式中，方括号中的第二项是产生的相位噪声 $\phi_n(t)$。如果 $\phi_n(t)\ll 1\text{rad}$，则

$$V_{out}(t)\approx V_0\cos\omega_0 t-V_0\frac{K_{VCO}}{2g_m}\left[\int i_n(t)dt\right]\sin\omega_0 t \tag{8.157}$$

我们认识到，$i_n(t)$中的低频分量被上变频到 ω_0 附近。特别是，如图 8.82 所示，$i_n(t)$中的 $1/f$ 噪声分量经历$[K_{VCO}/(2g_m)](1/s)$的传递函数，产生

$$S_{\phi n}(f)=\left(\frac{K_{VCO}}{2g_m}\frac{1}{2\pi f}\right)^2\frac{\alpha}{f} \tag{8.158}$$

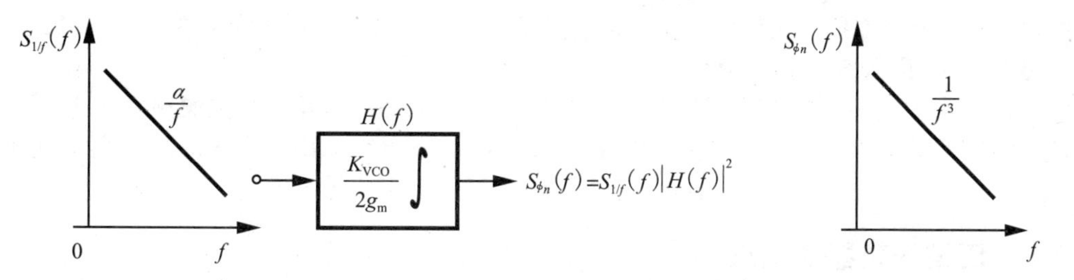

图 8.82 顶部偏置电流转换为相位噪声的等效传递函数

AM/PM 转换 让我们总结一下目前为止的发现。在尾偏置振荡器(和顶偏置振荡器)中，零频率附近的噪声会带来幅度调制，而 ω_0 处的偶次谐波附近的噪声则会导致相位噪声。[在顶偏振荡器中，电流源的低频噪声也会调制输出 CM 电平，产生相位噪声(见例 8.16)。]

当谐振腔中存在非线性电容时，偏置电流噪声产生的幅度调制会转化为相位噪声[13-14]。为了理解这一点，我们回到第 2 章中的 AM/PM 调制研究。由于变容二极管电容随时间周期性变化，因此可以用傅里叶级数来表示：

$$C_{var}=C_{avg}+\sum_{n=1}^{\infty}a_n\cos n\omega_0 t+\sum_{n=1}^{\infty}b_n\sin n\omega_0 t \tag{8.159}$$

式中，C_{avg} 表示“直流”值。如果电路中的噪声调制了 C_{avg}，那么振荡频率和相位也会被调制。因此，我们必须确定在什么条件下尾部噪声(即输出调幅噪声)会调制 C_{avg}。

考虑图 8.83a 所示的谐振腔，首先假定 C_1 的电压依赖性是绕垂直轴奇对称的，例如 $C_1=C_0(1+\alpha V)$。在这种情况下，C_{avg} 与信号振幅无关，因为电容在 C_0 上下花费的时间相等(见图 8.83b)。因此谐振腔的平均谐振频率是恒定的，不会出现相位调制。

如果 C_1 表现出偶数阶电压依赖性，例如 $C_1=(1+\alpha_1 V+\alpha_2 V^2)$，则上述结果会发生变化。现在，电容在负电压或正电压下的变化更剧烈，产生的平均值取决于电流幅值(见图 8.83c)。

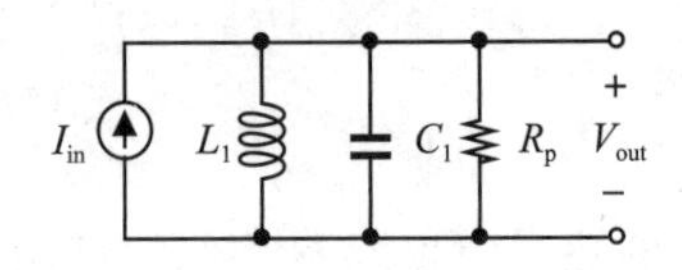

a）由射频电流过程驱动的谐振腔

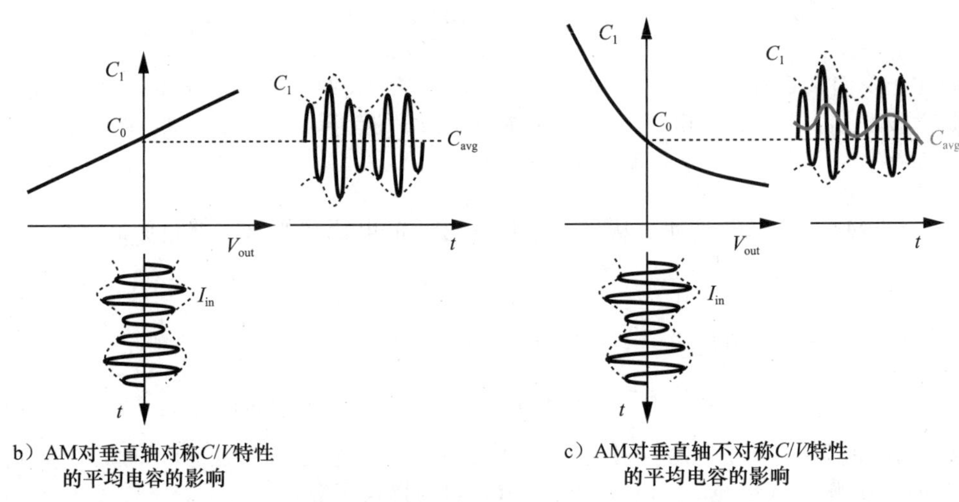

b）AM对垂直轴对称C/V特性的平均电容的影响

c）AM对垂直轴不对称C/V特性的平均电容的影响

图 8.83

因此，我们观察到，在采用这种结构的振荡器中，振幅的缓慢调制会改变谐振腔的平均共振频率，从而改变振荡频率。低频偏置电流噪声产生的相位噪声计算见参考文献[13]。我们在习题 8.13 中研究了一个简化案例。

值得注意的是，图 8.35 中的尾电流通过三种不同的机制引入相位噪声：①其闪烁噪声调制输出 CM 电平，进而调制可变电容；②其闪烁噪声在输出端产生 AM 信号，进而通过 AM/PM 转换产生相位噪声；③$2\omega_0$ 处的热噪声引起相位噪声。

8.7.6 压控振荡器的优点

本章的研究表明，VCO 的相位噪声，功耗和调谐范围之间存在折中。例如，如第 7 章所述，变容二极管本身就存在电容范围和 Q 值之间的折中。我们还从 Leeson 方程[式(8.107)]中得知，如果 Q 值没有成比例地增加，相位噪声就会随着振荡频率的增加而增加。

可概括其中一些折中的优点系数(FOM)定义如下：

$$\mathrm{FOM}_1=\frac{(\text{振荡频率})^2}{\text{功耗}\times\text{相位噪声}\times(\text{偏移频率})^2} \tag{8.160}$$

其中，相位噪声乘以测量时偏移频率的平方，以便进行归一化处理。必须注意该表达式中相位噪声的单位(噪声功率与载波功率的归一化)。请注意，功耗与相位噪声的乘积单位为 W/Hz。另一个能额外表示调谐范围折中的 FOM 是

$$\mathrm{FOM}_2=\frac{(\text{振荡频率})^2}{\text{功耗}\times\text{相位噪声}\times(\text{偏移频率})^2}\times\left(\frac{\text{可调范围}}{\text{振荡频率}}\right)^2 \tag{8.161}$$

最先进的 CMOS VCO 在几千兆赫兹范围内的 FOM_2 约为 190dB。一般来说，上述表达式中的相位噪声指的是最坏情况下的值，通常是最高振荡频率下的值。此外，请注意这些 FOM 并未考虑 VCO 驱动的负载。

8.8　设计流程

学习了调频技术和相位噪声之后，现在来学习 LC 压控振荡器的设计流程。我们关注如图 8.25a 所示的拓扑结构，并假设已知下面的参数：中心频率 ω_0、输出电压摆幅、功耗，以及负载电容 C_L。即便一开始这些参数中的某些并不是已知的，筛选出一些合理的值并在需要时进行替换也是有帮助的。当然，必须合理选择输出摆幅，以免晶体管在工作时承受过大电压。

整个流程包含 6 步：

1）基于功率预算并由此求得所允许的最大 I_{SS}，选择谐振腔并联电阻 R_P，从而得到所需的电压摆幅$(4/\pi)I_{SS}R_P$。

2）选择能够在 ω_0 处提供并联电阻 R_P 的最小电感，即找到使得 Q 值 $R_P/(L\omega_0)$ 最大的电感。当然，这依赖于对当前技术下能实现的电感更加详细的建模和特性描述(参见第 7 章)。将电感对每个节点贡献的电容用 C_P 表示。

3）确定 M_1 和 M_2 的尺寸，从而使它们在给定的电压摆幅下能够经历完全的开关转换。为了让寄生电容贡献最小化，晶体管要选择最小沟道长度。

4）注意到晶体管、电感、负载电容在每个输出节点产生的电容之和为 $C_{GS}+4C_{GD}+C_{DB}+C_P+C_L$，则能计算出可以添加的最大变容二极管的电容值 $C_{var,max}$，当变容二极管为这个值时能够达到调频范围的下端 ω_{min}，例如，$\omega_{min}=0.9\omega_0$，即

$$\frac{1}{\sqrt{L_0(C_{GS}+4C_{GD}+C_{DB}+C_p+C_L+C_{var,max})}}\approx 0.9\omega_0 \tag{8.162}$$

5）使用适当的变容二极管模型，确定该管的最小电容值 $C_{var,min}$，并计算出调频范围的上端：

$$\omega_{max}=\frac{1}{\sqrt{L_0(C_{GS}+4C_{GD}+C_{DB}+C_p+C_L+C_{var,min})}} \tag{8.163}$$

6）若 ω_{max} 比所需值大很多，则增大式(8.162)中的 $C_{var,max}$，从而使调频范围以 ω_0 为中心。

上述流程以已知的 ω_0、输出摆幅、功耗和 C_L 为条件，设计得到一个能够达到最大调频范围的振荡器。如果变容二极管的 Q 值足够高，那么这样一个设计也具有最高的谐振腔 Q 值。此时，再计算或仿真调频范围内不同频率下的相位噪声。若相位噪声在 ω_{min} 或 ω_{max} 处显著增大，那么调频范围就必须被减小，且若减小后，相位噪声依旧过高，那么该设计流程就必须在更高的功率预算下重复一遍。在要求低相位噪声的应用中，需要设计和仿真大量不同的压控振荡器拓扑，从而得到性能令人满意的解决方案。

例 8.38　若分配给图 8.25a 中压控振荡器拓扑的功率预算翻倍，则相位噪声减小多少?

解：功率预算的翻倍可以看作如图 8.84a 所示的两个相同振荡器的并联，或者如图 8.84b 所示，将一个振荡器中的所有元器件缩小 1/2 的情况。在这种情况下，输出电压摆幅和调频范围保持不变(为什么?)，但相位噪声的功率减小 1/2(3dB)。◀

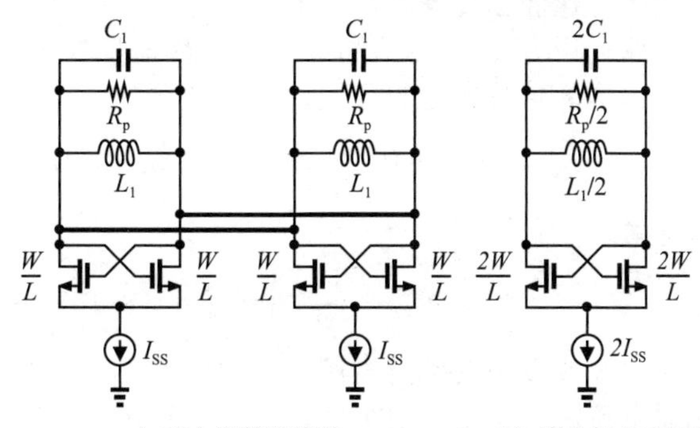

a）两个振荡器并联　　b）缩小每个元器件

图 8.84　振荡器缩放的方法

低噪声压控振荡器

为了降低压控振荡器的相位噪声、功耗和调频范围之间的权衡依赖关系，人们进行了大量的努力。这一节将介绍一些例子。

为了减少由闪烁噪声所带来的相位噪声，一般的交叉耦合振荡器更倾向使用 PMOS 晶体管而不是 NMOS

器件。图8.85为图8.25a和8.30a所示电路的PMOS对应形式。由于PMOS器件表现出更小的闪烁噪声，这些振荡器的带内相位噪声(Close-in phase noise)往往低至5～10dB。这些拓扑结构的主要缺点是速度有限，但这个问题在追求几十吉赫兹的频率时才会出现。

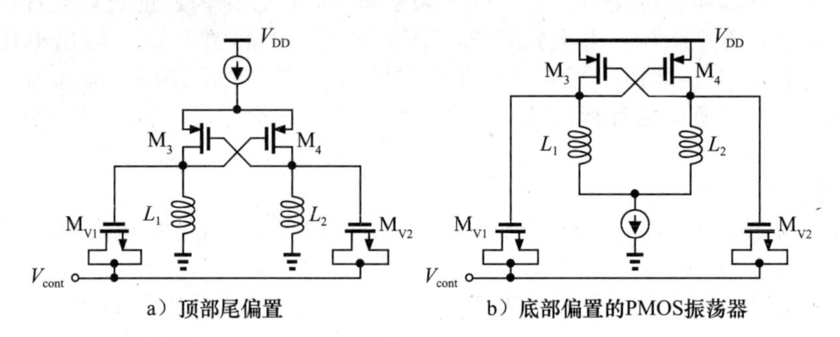

图8.85

正如尾电流源中位于$2\omega_0$处的噪声电流会转化为ω_0附近的相位噪声，该噪声和更高次的噪声谐波可以被图8.86a中的电容消除。然而，若M_1和M_2在振荡过程中进入深三极管区，那么将会有两种效应引起相位噪声：①每个晶体管的导通电阻会减小谐振腔的Q值[16]；②从每个晶体管的噪声到输出相位噪声的脉冲响应(ISF)将变得很大[17]。以上问题可以通过两种技术来解决。如果必须要避免工作在深三极管区且希望有大的输出摆幅，那么可以在回路中插入容性耦合，如图8.86b所示。适当选择偏置电压V_b，使每个晶体管的栅极峰值电压高于漏极电压的部分不超过一个阈值。文献[17]描述了一个与此拓扑结构类似的C类振荡器。

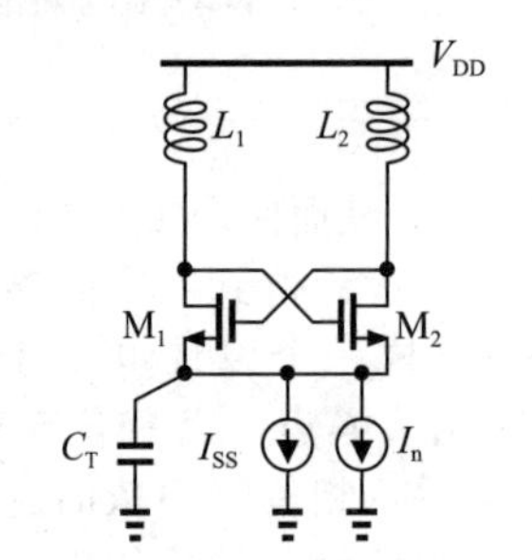

a）使用电容来旁路尾电流噪声

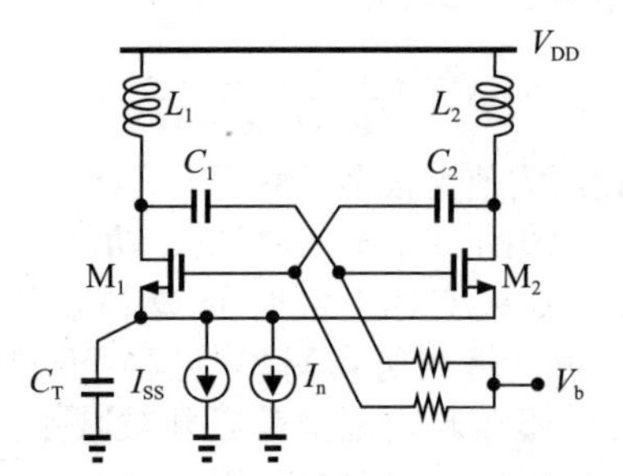

b）采用交流耦合来避免晶体管工作在深三极管区

图8.86

例8.39 若C_1、C_2与晶体管电容一起使栅极输入的摆幅为输出摆幅的1/2，试确定使晶体管工作在饱和区的偏置电压V_b。

解： 图8.87所示为栅极和漏极的电压波形。为使晶体管保持在饱和区，则：

$$\frac{V_p}{2}+V_b-(V_{DD}-V_p)\leqslant V_{TH} \quad (8.164)$$

因此有

$$V_b\leqslant V_{DD}-\frac{3V_p}{2}+V_{TH} \quad (8.165)$$ ◀

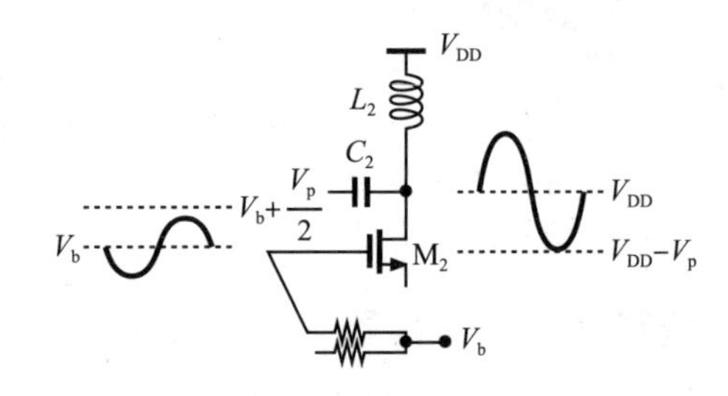

图8.87 容性耦合时栅极和漏极的电压摆动

图8.86b中的偏置电压V_b必须足够高，从而为交叉耦合晶体管提供足够的V_{GS}，并为尾电流源提供足够的裕度。因此，输出摆幅可能仍然严重受限。在习题8.14中，我们将指出，电压峰值摆幅大约不会超过$V_{DD}-2(V_{GS}-V_{TH})$。这只有在容性衰减大到能够产

生一个可忽略的栅压摆动时才能达到，此时需要很高的 g_m。

第二种方法是允许图 8.86a 中的 M_1 和 M_2 进入三极管区，但要消除 $2\omega_0$ 处尾电容的影响。如图 8.88 所示[16]，方法是插入一个电感 L_T，使其与尾节点串联，并选择电感值使其在 $2\omega_0$ 处与 C_B 谐振。这个拓扑结构相较于图 8.86b 的优点在于，它能够提供更大的摆幅。缺点是其使用了额外的电感，且在宽频带工作时需要尾部调谐。

例 8.40 若电源电压包含高频噪声，试研究图 8.88 所示电路的性能。

解： 电容 C_B 减小了电路的高频共模抑制。如图 8.89 所示，将 C_B 连接至 V_{DD}，可以部分解决这个问题。现在，在高频下 C_B 将节点 P 引至 V_{DD}。当然，若 C_B 仅为尾节点处的寄生电容，则不可能实现电源抑制的功能。

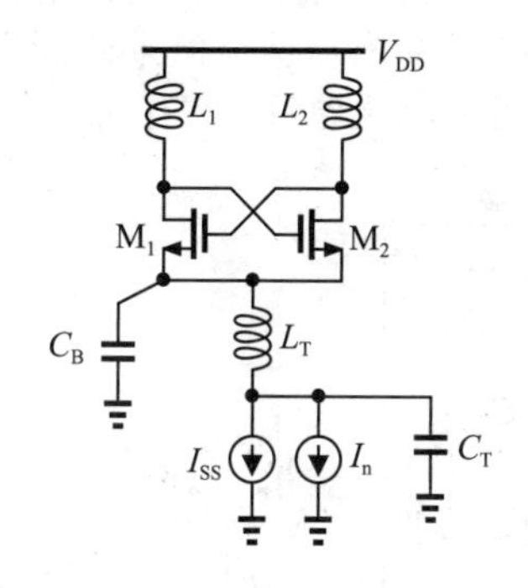

图 8.88 使用尾部谐振来避免在深三极管区时谐振腔 Q 值衰减

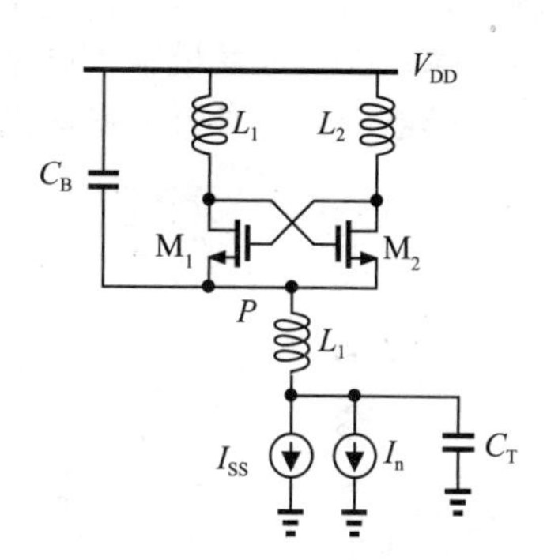

图 8.89 将电容连至 V_{DD} 以提高电源噪声抑制能力 ◀

8.9 本振接口

射频系统中的振荡器往往用于驱动混频器和分频器，即它们的输入电容就是振荡器的负载。除此之外，本振的共模输出电平必须与这些电路的共模输入电平相兼容。现在来研究这个兼容性问题。

本章所讲的振荡器的共模输出电平约为 V_{DD}、$V_{DD}/2$，对图 8.85a 中的 PMOS 振荡器而言，共模输出电平约为 0。另一方面，第 6 章讲过了混频器，对有源 NMOS 拓扑结构而言，所需的共模输入电平比 $V_{DD}/2$ 高一些，而用无源 NMOS(PMOS)实现时，所需共模电平约为 V_{DD}(0)。图 8.90 给出了一些本振与混频器的连接图，从中可以看到，直流耦合只在一些情况下适用。

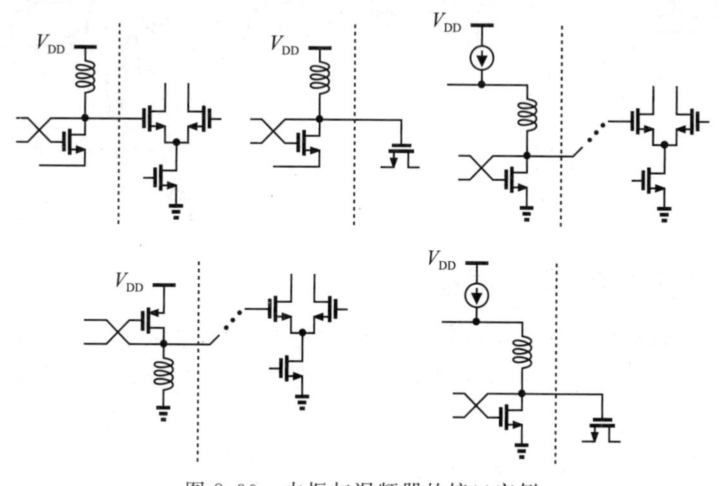

图 8.90 本振与混频器的接口实例

考虑两种可以共模兼容的设计途径。第一种如图 8.91a 所示，该方案使用了容性耦合并可以适当选择 V_b，从而保证 M_1 和 M_2 在本振输出摆幅的峰值处不会进入三极管区。为了尽量避免电阻 R_1 降低振荡器谐振腔的 Q 值，其选值必须足够大。电容 C_1 的值可被选为 5~10 倍的 C_{in}，从而避免本振的显著衰减。不过，有源混频器往往在适度的本振摆幅下工作。但是，为了减少相位噪声，振荡器的输出摆幅有可能要大得多。因此，往往通过选择合适的 C_1 来减小本振振幅。例如，若 $C_1=C_{in}$，则衰减因子为 2，呈现给本振的负载电容值降至 $C_1C_{in}/(C_1+C_{in})=C_{in}/2$，这是有源混频器提供的一种有用特性。

第二种实现共模电压兼容的方案是在本振和混频器之间插入一个缓冲器。在实际应用中，若混频器的输入电容超过了本振的负载能力，或者在本振与混频器之间的版图中出现了很长的有损互连线，那么缓冲器就不可或缺。如图 8.91b 所示，其中电感负载的差分对作为缓冲器工作，提供的共模输出电平为 $V_{DD}-I_1R_1$。可以通过选择这个值来匹配混频器本振端口的共模电平。这种方案的缺点来自额外电感的使用和由此导致的复杂布线。

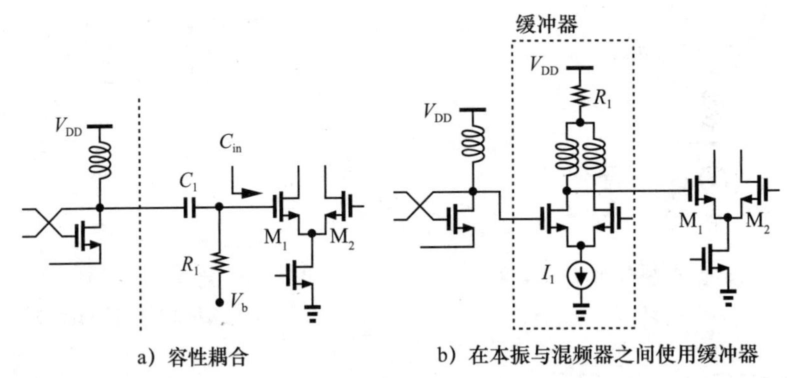

图 8.91

也可以用相似的想法设计振荡器与分频器之间的接口。例如，在图 8.92a 中，为了确保电流舵晶体管 M_1 和 M_2 不会进入深三极管区，分频器的共模输入电平必须远远低于 V_{DD}。另外，一些如图 8.92b 所示的分频器需要轨对轨的输入，也可能需要容性耦合。

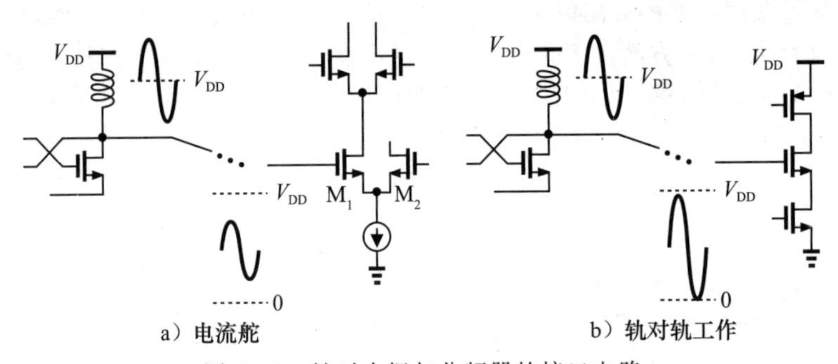

图 8.92 针对本振与分频器的接口电路

8.10 压控振荡器的数学模型

8.5 节对压控振荡器的定义中将输出频率与控制电压用一个线性时不变方程 $\omega_{out}=\omega_0+K_{VCO}V_{cont}$ 来描述。那么，在时域中如何表示输出呢？为此，必须重新审视对频率和相位的理解。

例 8.41 画出 $V_1(t)=V_0\sin\omega_1 t$ 和 $V_2(t)=V_0\sin(at^2)$ 的波形。

解： 为了谨慎地画出这些波形，必须确定使正弦波的相角达到 π 的整倍数的时刻。对

$V_1(t)$来说，相角 $\omega_1 t$ 随时间线性增大，并在 $t=\pi k/\omega_1$ 时穿过 $k\pi$，如图 8.93a 所示。另一方面，对于 $V_2(t)$，相角随时间上升得越来越快，穿过 $k\pi$ 也越来越频繁。因此，$V_2(t)$ 如图 8.93b 所示。

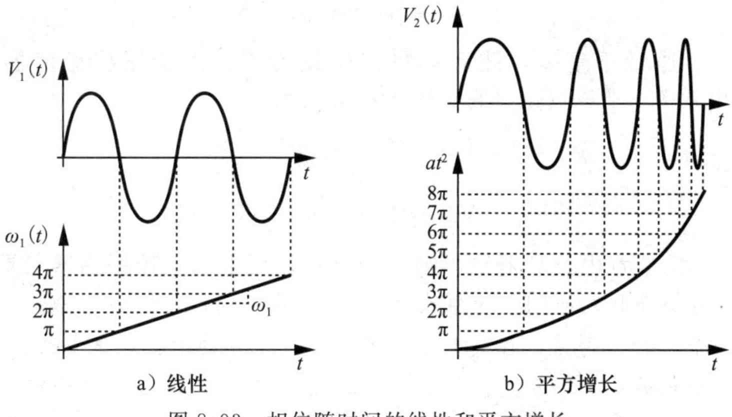

图 8.93 相位随时间的线性和平方增长

例 8.42 由于具有恒定频率 ω_1 的正弦波可以表示为 $V_0\cos\omega_1 t$，一名同学推测，压控振荡器的输出波形可以写作：

$$V_{out}(t)=V_0\cos\omega_{out}t \tag{8.166}$$

$$=V_0\cos(\omega_0+K_{VCO}V_{cont})t \tag{8.167}$$

试解释这为什么不正确。

解： 举个例子，假设 $V_{cont}=V_m\sin\omega_m t$，即振荡器的频率被周期性地调节。凭直觉可推测出，输出波形如图 8.94a 所示，其中，频率周期性地在 $\omega_0+K_{VCO}V_m$ 与 $\omega_0-K_{VCO}V_m$ 之间摆动，也就是说，频率有 $\pm K_{VCO}V_m$ 的"峰值偏差"。然而，由这名同学的表达式可得到：

$$V_{out}(t)=V_0\cos[\omega_0 t+K_{VCO}V_m(\sin\omega_m t)t] \tag{8.168}$$

现画出这个波形。从例 8.41 可注意到，必须确定相角穿过 π 的整数倍的时刻，同时发现相角的第二部分展现出随时间增大的幅值，将整个相角绘制在图 8.94b 中，并画出与 $k\pi$ 对应的水平线。每条水平线与相位曲线的交点意味着 $V_{out}(t)$ 的零点。因此，$V_{out}(t)$ 如图 8.94c 所示。此处的关键点在于压控振荡器的频率并不是周期性调制的。

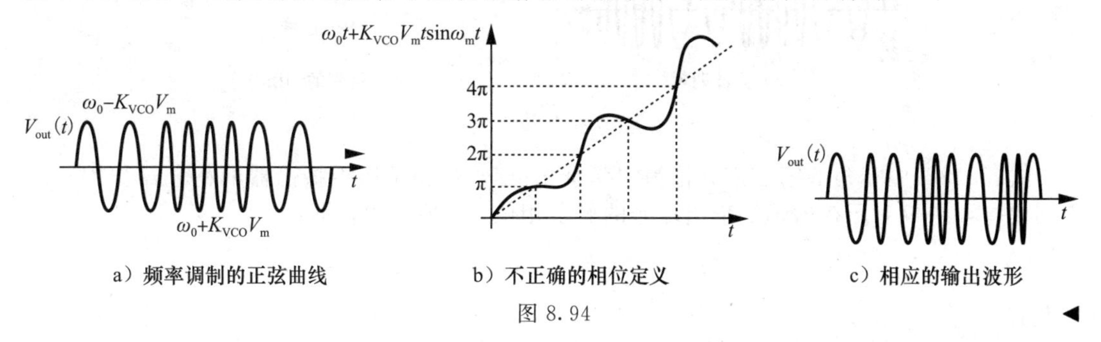

图 8.94

现在来考虑一个非调制的正弦波 $V_1(t)=V_0\sin\omega_1 t$。正弦相角 $\omega_1 t$ 被称为"总相位"，在这个例子中它随时间线性变化，表现出的斜率 ω_1，如图 8.93a 所示。我们说相位以 ω_1 的速率在"积累"。换句话讲，若 ω_1 增加至 ω_2，那么相位积累得更快，并以更高的速率穿过 π 的整数倍。因此，将瞬时频率定义为相位对时间的微分是合理的，即：

$$\omega = \frac{\mathrm{d}\phi}{\mathrm{d}t} \tag{8.169}$$

反过来有：

$$\phi = \int \omega \mathrm{d}t + \phi_0 \tag{8.170}$$

初始相位 ϕ_0 通常不重要，此后都将其假设为零。由于压控振荡器表现出 $\omega_0 + K_{\mathrm{VCO}} V_{\mathrm{cont}}$ 的输出频率，所以可以将它的输出波形表示为

$$V_{\mathrm{out}}(t) = V_0 \cos\left(\int \omega_{\mathrm{out}} \mathrm{d}t\right) \tag{8.171}$$

$$= V_0 \cos\left(\omega_0 t + K_{\mathrm{VCO}} \int V_{\mathrm{cont}} \mathrm{d}t\right) \tag{8.172}$$

将这个结果与第3章中调频器输出结果做比较，可发现压控振荡器只是一个调频器。例如，窄带调频近似在此处适用。注意式(8.167)与式(8.172)之间的差别。

例 8.43 一个压控振荡器的控制电压受到小方波信号的干扰，试分析输出频谱。

解： 如图8.95a所示，若方波在 $+a$ 与 $-a$ 之间切换，那么频率就在 $\omega_0 - K_{\mathrm{VCO}} a$ 与 $\omega_0 + K_{\mathrm{VCO}} a$ 之间切换。为计算该频谱，将其中的方波展开为傅里叶级数：

$$V_{\mathrm{cont}}(t) = a\left(\frac{4}{\pi}\cos\omega_{\mathrm{m}} t - \frac{1}{3}\frac{4}{\pi}\cos 3\omega_{\mathrm{m}} t + \cdots\right) \tag{8.173}$$

由此可得：

$$V_{\mathrm{out}}(t) = V_0 \cos\left[\omega_0 t - K_{\mathrm{VCO}} a \left(\frac{1}{\omega_{\mathrm{m}}}\frac{4}{\pi}\sin\omega_{\mathrm{m}} t - \frac{1}{9\omega_{\mathrm{m}}}\frac{4}{\pi}\sin 3\omega_{\mathrm{m}} t + \cdots\right)\right] \tag{8.174}$$

若 $4K_{\mathrm{VCO}} a/(\pi\omega_{\mathrm{m}}) \ll 1\mathrm{rad}$，使用窄带调频近似有：

$$V_{\mathrm{out}}(t) \approx V_0 \cos\omega_0 t + \left[K_{\mathrm{VCO}} a \left(\frac{1}{\omega_{\mathrm{m}}}\frac{4}{\pi}\sin\omega_{\mathrm{m}} t - \frac{1}{9\omega_{\mathrm{m}}}\frac{4}{\pi}\sin 3\omega_{\mathrm{m}} t + \cdots\right)\right] V_0 \sin\omega_0 t \tag{8.175}$$

对应频谱如图8.95b所示，包含 ω_0 处的载波和 $\omega_0 \pm \omega_{\mathrm{m}}$、$\omega_0 \pm 3\omega_{\mathrm{m}}$ 等处的边带。

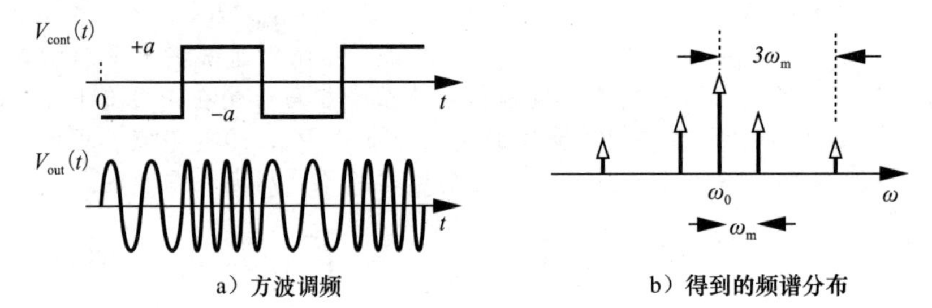

a）方波调频　　b）得到的频谱分布

图 8.95 ◀

式(8.172)中相角的第二部分称为“剩余相位”，代表了压控振荡器的积分器作用。换句话说，如果仅对压控振荡器输出信号的剩余相位 ϕ_{ex} 感兴趣，即：

$$\phi_{\mathrm{ex}} = K_{\mathrm{VCO}} \int V_{\mathrm{cont}} \mathrm{d}t \tag{8.176}$$

因此有：

$$\frac{\phi_{\mathrm{ex}}}{V_{\mathrm{cont}}}(s) = \frac{K_{\mathrm{VCO}}}{s} \tag{8.177}$$

上式一个重要的结论是，压控振荡器的输出频率(几乎)随 V_{cont} 的变化而瞬时变化，但压控振荡器的输出相位则需要一定的时间才变化，且具有“记忆”效应。

8.11　正交振荡器

在第 4 章收发机结构的学习中，注意到下变频和上变频工作对正交本振相位的需求。我们也知道，基于触发器的二分频电路能够产生正交相位，但其会限制本振频率的最大值。在分频器不能提供足够快速度的情况下，可能要用多相滤波器或正交振荡器来代替它。本节讲解后者。

8.11.1　基本概念

两个相同的振荡器可以通过“耦合”成正交的方式工作。因此，先来学习将一个信号耦合(或注入)到振荡器的概念。图 8.96 描述了一个例子，其中，输入电压信号被转换为电流并注入振荡器中。差分对是一种很自然的耦合手段，因为交叉耦合对也可以将电流注入谐振腔。如果这两对晶体管能够完全引导它们各自的尾电流，那么“耦合因子”为 I_1/I_{SS} ㊀。因为振荡器信号几乎不会耦合回输入端口，这个电路也是“单向”耦合的典型。相比之下，若用两个电容连接 V_{in} 和振荡器节点，则耦合是“双向”的。

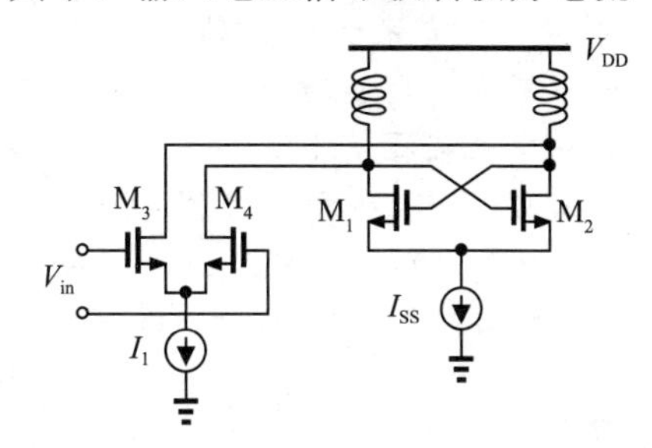

图 8.96　往振荡器中单向注入信号

现在来考虑两个单边耦合的相同振荡器，如图 8.97 所示，这有两种可能情况，分别为“同相”和“反相”耦合。两个耦合因子的前半部分符号相同，后半部分符号相反。现使用振荡器的反馈模型和单端口模型来分析这些拓扑。注意，本章前面所介绍的调频技术在这些拓扑中同样适用。

1. 反馈模型

图 8.97 中的电路可以被映射成如图 8.98 所示的两个耦合反馈振荡器，其中 $|\alpha_1|=|\alpha_2|$，且 $\alpha_1\alpha_2$ 的符号决定这种耦合是同相还是反相的[18]。上面一个加法器的输出等于 $\alpha_1 Y-X$，故有：

$$X=(\alpha_1 Y-X)H(s) \tag{8.178}$$

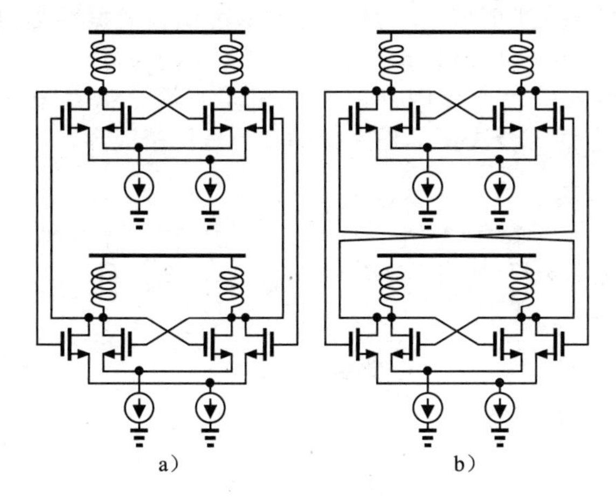

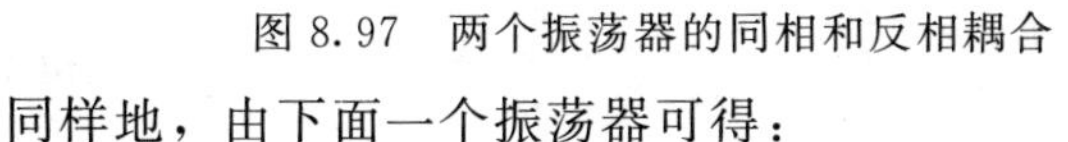
图 8.97　两个振荡器的同相和反相耦合

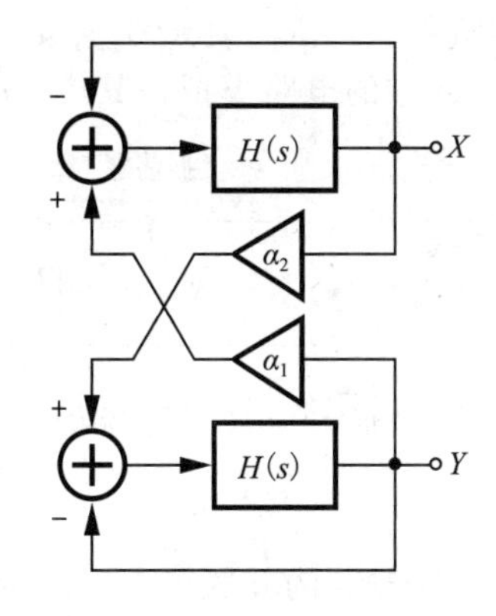

图 8.98　正交振荡器的反馈模型

同样地，由下面一个振荡器可得：

㊀ 本电路中，我们通常根据偏置电流来等比缩放晶体管的 w，即 $g_{m3,4}/g_{m1,2}=I_1/I_{SS}$，在小信号分析中，耦合因子等于 $g_{m3,4}/g_{m1,2}$。

$$Y=(\alpha_2 X-Y)H(s) \tag{8.179}$$

将式(8.178)两边同乘以$\alpha_2 X$，式(8.179)两边同乘$\alpha_1 Y$，并将结果相减，可得：

$$(\alpha_2 X^2-\alpha_1 Y^2)[1+H(s)]=0 \tag{8.180}$$

正如下面所解释的，在振荡频率处$1+H(s)\neq 0$，因此

$$\alpha_2 X^2=\alpha_1 Y^2 \tag{8.181}$$

若$\alpha_1=\alpha_2$(同相耦合)，则$X=\pm Y$，也就是说，两个振荡器有0°或180°的相位差。

例8.44 使用巴克豪森准则，解释$\alpha_1=\alpha_2$时，为什么在振荡频率处$1+H(s)\neq 0$。

解： 由于每个振荡器都收到来自另一个振荡器的额外输入信号，故需要重新考虑振荡的起振条件。将电路的一半画在图8.99a中，我们注意到，输入路径与反馈路径可以合并为如图8.99b所示的电路。因此，等效环路的传输函数等于$-(1\pm\alpha_1)H(s)$，由巴克豪森准则可知，其值必须等于1，即

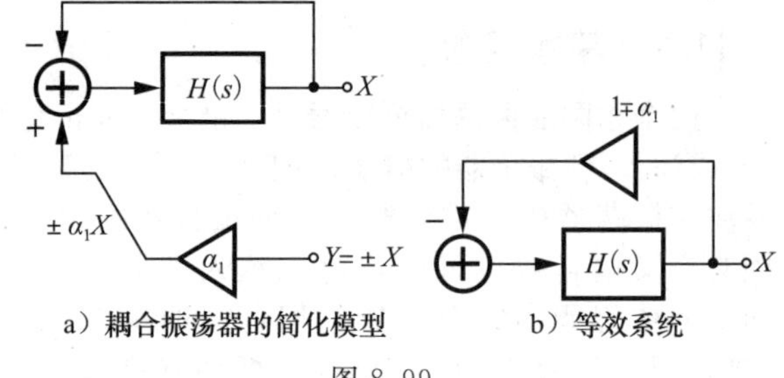

a）耦合振荡器的简化模型　b）等效系统

图8.99

$$-(1\pm\alpha_1)H(s=j\omega_0)=1 \tag{8.182}$$

即

$$H(j\omega_0)=-\frac{1}{1\pm\alpha_1} \tag{8.183}$$

这个方程可当作电路的起振条件。◀

由如图8.84可知，由于两个振荡器同相运行时可以被简单地合并成一个，故上述方法并不是特别有用。另外，若$\alpha_1=-\alpha_2$(反相耦合)，那么由式(8.181)可得：

$$X=\pm jY \tag{8.184}$$

也就是说，输出信号有+90°或−90°的相位差。在这种情况下，式(8.182)应修正为

$$-(1\pm j\alpha_1)H(s=j\omega_0)=1 \tag{8.185}$$

2. 单端口模型

对每个振荡器采用单端口模型可能会得到更多的信息。一个单边耦合的振荡器可由图8.100a表示，其中，G_m表示耦合差分对(即图8.96中的M_3和M_4)的跨导，Z_T表示谐振腔阻抗，$-R_C$表示交叉耦合对引入的负阻。因此，两个相同的耦合振荡器可由图8.100b中的电路模拟，其中，$G_{m1}G_{m2}$的符号决定了是同相耦合还是反相耦合。

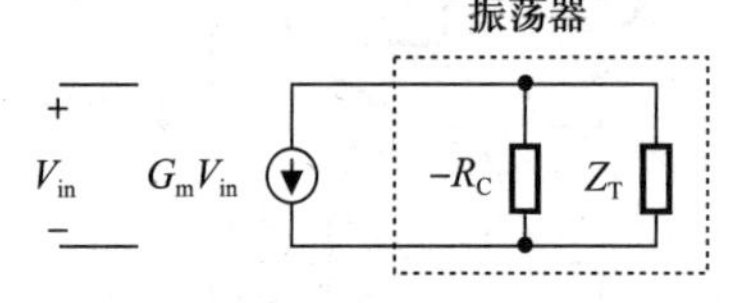

a）包含注入信号的单端口振荡器模型

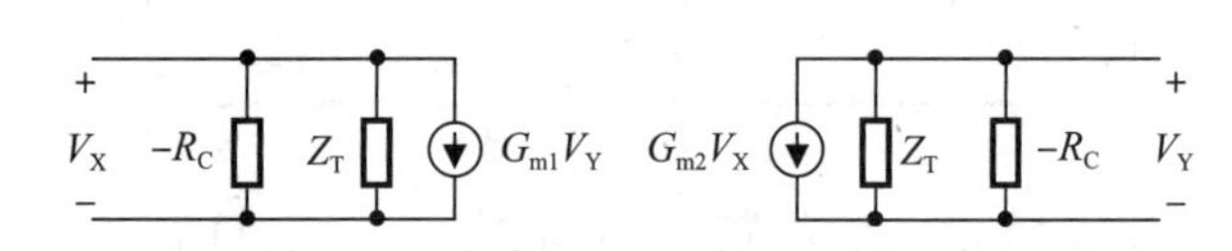

b）耦合振荡器模型

图8.100

Z_T与$-R_C$的并联可用$-Z_T R_C/(Z_T-R_C)$表示，故有：

$$G_{m2}V_X\frac{Z_T R_C}{Z_T-R_C}=V_Y \tag{8.186}$$

$$G_{m1}V_Y\frac{Z_T R_C}{Z_T-R_C}=V_X \tag{8.187}$$

将式(8.186)两边同乘以V_X，式(8.187)两边同乘以V_Y，并将结果相减，则有：

$$(G_{m2}V_X^2 - G_{m1}V_Y^2)\frac{Z_T R_C}{Z_T - R_C} = 0 \tag{8.188}$$

由于 Z_T 与 $-R_C$ 的并联结果不可能为 0，因此有：

$$G_{m2}V_X^2 = G_{m1}V_Y^2 \tag{8.189}$$

上式表明，若 $G_{m1} = -G_{m2}$，那么两个振荡器以正交方式运行。由于每个振荡器都从对方那里接收能量，故起振条件不必如 $Z_T(s=\omega_0) = R_C$ 一般苛刻(见本章习题 8.15)。

8.11.2　耦合振荡器的特性

单向耦合振荡器表现出一些有趣的特性。首先来考虑同相耦合的情况。如图 8.101 所示，构建该电路的电压和电流矢量图。绘制该图时需注意：①$\boldsymbol{V}_A$ 和 $\boldsymbol{V}_B$ 的相位差为 180°，$\boldsymbol{V}_C$ 和 $\boldsymbol{V}_D$ 也是如此；②每个晶体管的漏电流向量都与其栅压的矢量相同。因此，流过 Z_A 的总电流等于 $\boldsymbol{I}_{D1}$ 和 $\boldsymbol{I}_{D3}$ 的矢量之和，并依据式(8.182)来决定起振条件。

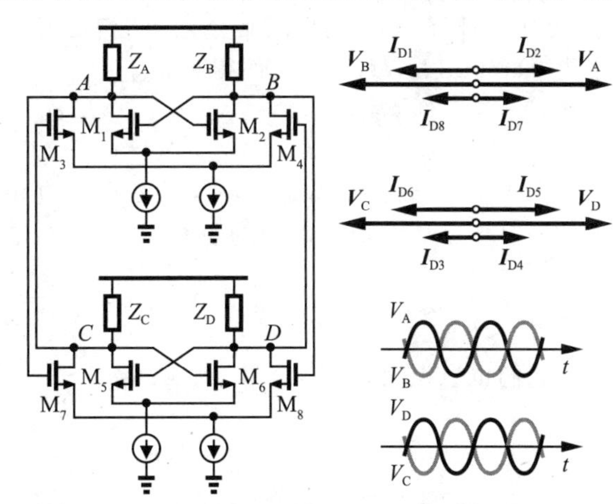

图 8.101　同相耦合的矢量图

电路能在 $\boldsymbol{I}_{D3}$ 与 $\boldsymbol{I}_{D1}$ 反向，即 $\boldsymbol{V}_C = -\boldsymbol{V}_B$ 且 $\boldsymbol{V}_D = -\boldsymbol{V}_A$ 的条件下运行吗？换句话说，在式(8.181)的两个解 $X=+Y$ 和 $X=-Y$ 中，电路会选择哪个呢？由式(8.182)可知，$\boldsymbol{V}_C = -\boldsymbol{V}_B$ 等效于一个更低的环路增益，从而振荡波形的幅值增长更慢。电路倾向于以 $\boldsymbol{I}_{D3}$ 来增加 $\boldsymbol{I}_{D1}$ 作为起振条件(图 8.101)，但这种相位不确定性会存在。

现在针对反相耦合重复这种研究。由于两个差动振荡器以正交方式运行，电压和电流的矢量图如图 8.102 所示，且每个晶体管的漏电流向量依旧与其栅压矢量相同。在这种情况下，流过每个谐振腔的总电流包含两个相互垂直的矢量，例如，Z_A 上有电流 $\boldsymbol{I}_{D1}$ 和 $\boldsymbol{I}_{D3}$。

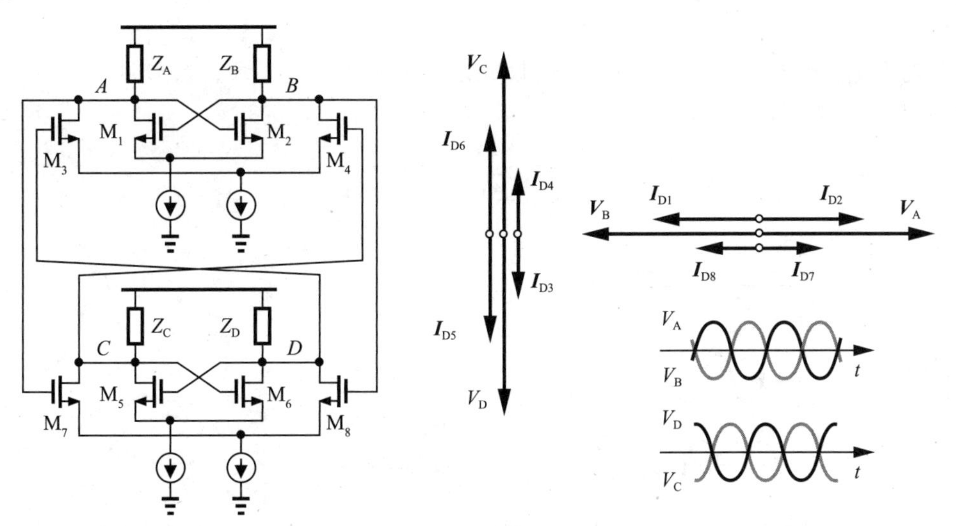

图 8.102　反相耦合的矢量图

$\boldsymbol{I}_{D1}+\boldsymbol{I}_{D3}$ 的矢量之和如何产生 $\boldsymbol{V}_A$ 呢？如图 8.103a 所示，所得结果 $\boldsymbol{I}_{ZA}$ 相对于 $\boldsymbol{I}_{D1}$ 有夹角 θ。因此，为了将电流转化为电压，谐振腔必须顺时针旋转 $\boldsymbol{I}_{ZA}$，旋转量为 θ。换句话说，谐振腔的阻抗必须提供 θ 的相移。这只有在振荡频率与谐振腔的谐振频率不同时才有可能实现。如图 8.103b 所示，只有振荡发生在频率 ω_{osc1} 处，谐振腔相移才能达到了 θ。由图 8.103a 可知，谐振腔必须旋转 $\boldsymbol{I}_{ZA}$，且旋转量等于：

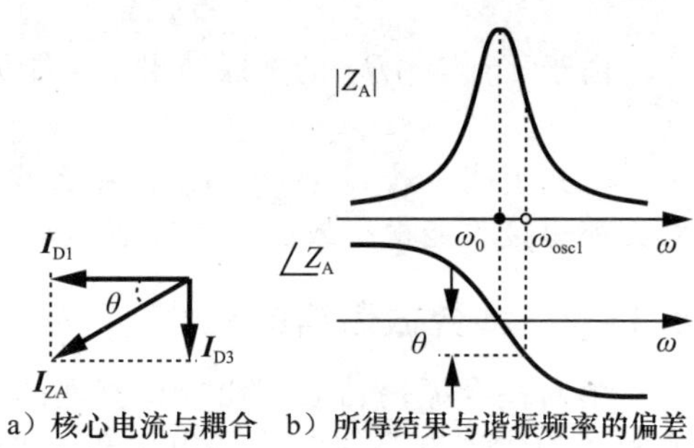

a）核心电流与耦合电流的矢量和　b）所得结果与谐振频率的偏差

图 8.103

$$\angle Z_A=-\arctan\frac{\boldsymbol{I}_{D3}}{\boldsymbol{I}_{D1}} \tag{8.190}$$

也就是说，所需的旋转量由耦合因子决定。若 $Z_A=(L_1s)\|(C_1s)^{-1}\|R_P$，那么 Z_A 的相移可被设为 $-\arctan(\boldsymbol{I}_{D3}/\boldsymbol{I}_{D1})$，从而得到 ω_{osc1}：

$$\frac{\pi}{2}-\arctan\frac{L_1\omega_{osc1}}{R_p(1-L_1C_1\omega_{osc1}^2)}=-\arctan\frac{\boldsymbol{I}_{D3}}{\boldsymbol{I}_{D1}} \tag{8.191}$$

由于 $\omega_{osc1}-\omega_0=\Delta\omega\ll\omega_0$，所以可将左边 arctan 的相角进行简化，具体做法是取分子上的 $\omega_{osc1}\approx\omega_0$，并取分母中的 $\omega_{osc1}^2\approx\omega_0^2+2\Delta\omega\Delta\omega_0$：

$$\frac{\pi}{2}-\arctan\frac{1}{-2R_pC_1\Delta\omega}=-\arctan\frac{\boldsymbol{I}_{D3}}{\boldsymbol{I}_{D1}} \tag{8.192}$$

我们也意识到，若 $a\gg1$，则 $\arctan a\approx\frac{\pi}{2}-\frac{1}{a}$，将这个近似用到等式的左边，有：

$$-2R_pC_1\Delta\omega=-\arctan\frac{\boldsymbol{I}_{D3}}{\boldsymbol{I}_{D1}} \tag{8.193}$$

由于 $2R_PC_1\omega_0=2Q_{tank}$，所以

$$\Delta\omega=\frac{\omega_0}{2Q_{tank}}\arctan\frac{\boldsymbol{I}_{D3}}{\boldsymbol{I}_{D1}} \tag{8.194}$$

例 8.45 在图8.102 所示的矢量图中，曾假设 $\boldsymbol{V}_C$ 比 $\boldsymbol{V}_A$ 超前 90°，那么 $\boldsymbol{V}_C$ 有可能比 $\boldsymbol{V}_A$ 落后 90°吗？

解： 有可能。构建如图 8.104a 所示的矢量图，注意 $\boldsymbol{I}_{D3}$ 现在指向上方。如图 8.104b 所示，现在 $\boldsymbol{I}_{D1}$ 和 $\boldsymbol{I}_{D3}$ 的和电流必须被谐振腔逆时针旋转，故要求振荡频率降至 ω_0 以下，如图 8.104c 所示。在这种情况下，

$$\Delta\omega=-\frac{\omega_0}{2Q_{tank}}\arctan\frac{\boldsymbol{I}_{D3}}{\boldsymbol{I}_{D1}} \tag{8.195}$$

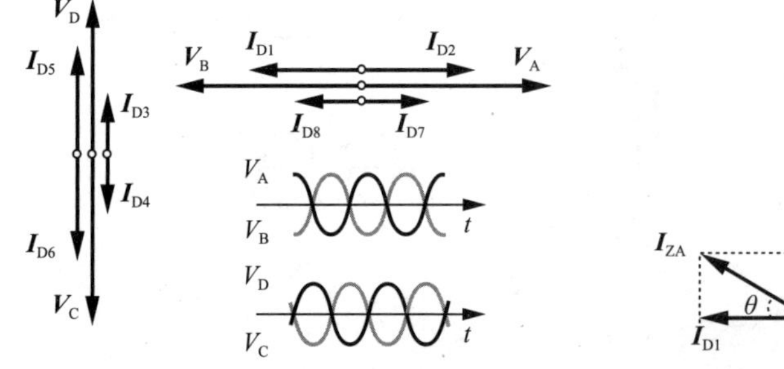

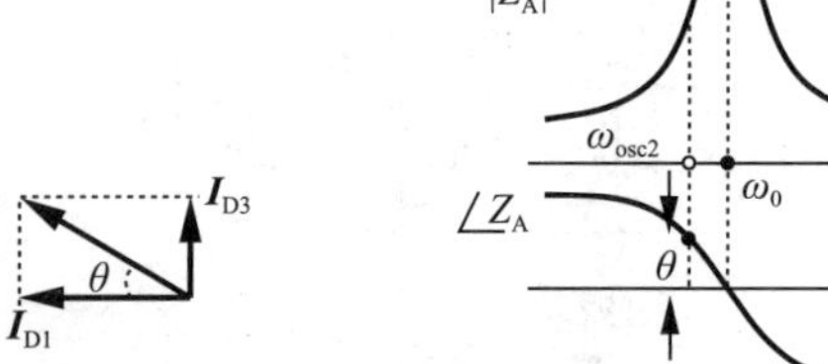

a）正交振荡器的另一种可能模式的矢量图　b）和电流与耦合电流的矢量和　c）所得结果与谐振频率的偏差

图 8.104

◀

上述例题指出，正交振荡器可能工作在两个频率中的任意一个上，这两个频率分别高于

或者低于 ω_0。事实上，式(8.185)也预测出了同样的结果：由于 $H(j\omega_0)$是一个复数，所以振荡必须偏离谐振频率，且由于 $1+j\alpha_1$ 和 $1-j\alpha_1$ 均可接受，故存在两种答案，分别高于或低于谐振频率。该特性在实际应用中也能被观察到[19]，这是一个严重的缺陷。在电路瞬态仿真中，振荡器往往运行在 ω_{osc2} 处，即使初始条件不同，也几乎不能在较高频率处起振。不过，可以设计一个仿真来揭示振荡发生在每种频率上的可能性。

例 8.46 试直观地解释为什么图 8.102 中的耦合振荡器不能以同相方式运行。

解： 如果同相运行，那么电压和电流矢量如图 8.105 所示。注意，$\boldsymbol{I}_{D3}$ 与 $\boldsymbol{I}_{D1}$ 方向相反，而 $\boldsymbol{I}_{D7}$ 能使 $\boldsymbol{I}_{D5}$ 增大，因此使下面振荡器的输出摆幅大于上面振荡器的。但是，整个电路的对称性不允许这类失衡的存在。同样地，除 90°以外，任何相位差都不被允许。◀

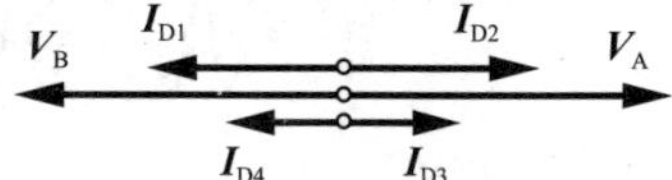

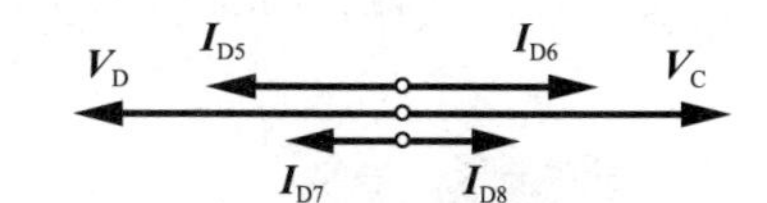

图 8.105　在正交拓扑中假设同相振荡的矢量图

此处有两点观察很重要。

1）上述推导并没有为耦合因子强加一个下限，也就是说，正交运行可以有一个任意小的耦合因子。遗憾的是，由于两个振荡器的自然频率之间存在不匹配，一个小的耦合因子可能无法确保“锁定”。因此，每个振荡器都倾向于在自己的 ω_0 处运行，但同时也会被另一个振荡器影响。由于这种相互的注入牵引的影响，整个电路展现出了其他的杂散分量(见图 8.106)[20]。为了避免这种现象，耦合因子最小必须等于[20]

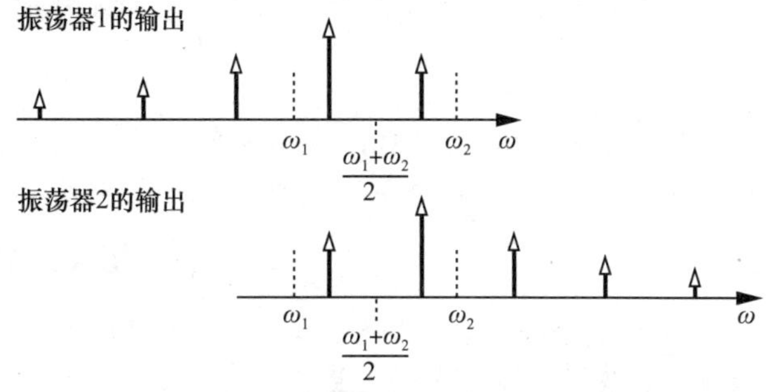

图 8.106　两个振荡器之间的相互注入影响

$$\alpha = Q\,\frac{\omega_1-\omega_2}{(\omega_1+\omega_2)/2} \tag{8.196}$$

通常选择 0.2～0.25 之间的 α 值。

2）随着耦合因子的增大，有两个问题变得更加严重：①ω_{osc1} 和 ω_{osc2} 相差得越来越远，这使得在两种频率都能够产生时，很难选定所需的那一个；②电路的相位噪声增大，这是由于耦合晶体管的闪烁噪声在低频失调时的贡献非常大[21,27]。这一点可以从式(8.194)中的 $\Delta\omega$ 上看出，该值为耦合因子 I_{D3}/I_{D1} 的函数，而耦合因子会随着耦合晶体管的闪烁噪声及其尾电流缓慢变化[21](见习题 8.16)。由此可见，耦合因子的选择需要在适当且无杂散波的运行方式和相位噪声之间做出权衡。在给定的功耗下，正交振荡器的相位噪声往往比单独的一个振荡器高出 3～5dB[23]。

两个振荡器的核心电路以及耦合对之间的不匹配，导致了正交输出之间相位和振幅的不匹配。文献[22,24]详细地研究了这些效应。

8.11.3　改进的正交振荡器

目前已经提出了许多正交振荡器拓扑结构，以减轻上述折中问题。迄今为止所研究的通用配置的主要缺点是耦合对会带来很大的相位噪声。因此，我们假设，如果通过不同的方法建立两个核心振荡器之间的正交关系，就可以减少相位噪声。

考虑图 8.107a 所示的两个振荡器，假设它们以某种方式被强制正交运行，频率为 ω_{osc}。因此，尾部节点 A 和 B 在 $2\omega_{osc}$ 振荡频率下显示出周期波形，相位相差 180°。反之，如果附加电路迫使 A 和 B 保持 180°的相位差，则两个振荡器正交运行。如图 8.107b[25] 所示，这种电路可以是一个简单的 1∶1 变压器，将 V_A 耦合到 V_B，反之亦然。耦合极性的选择是使变压器将每个节点上的电压反相，并施加到另一个节点上。

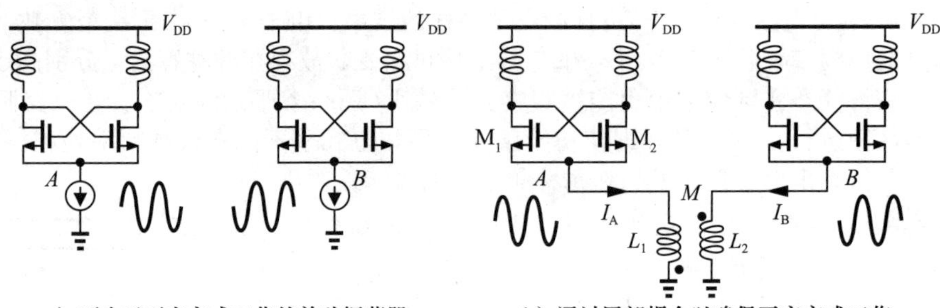

a）两个以正交方式工作的差动振荡器　　b）通过尾部耦合以确保正交方式工作

图 8.107

例 8.47 假设 $L_1=L_2$，请解释图 8.107b 中两个核心振荡器不能同相工作的原因。

解： 假设 L_1 和 L_2 之间的互感系数为 M，那么在一般情况下，我们可以得出

$$I_A L_1 s - I_B M s = V_A \tag{8.197}$$

$$I_B L_2 s - I_A M s = V_B \tag{8.198}$$

如果两个振荡器正交工作，则 $V_A=-V_B$ 且 $I_A=-I_B$，产生的尾部阻抗为

$$\frac{V_A}{I_A}=L_1 s + M s \tag{8.199}$$

选择等效电感 L_1+M，使其与 $2\omega_{osc}$ 振荡处的尾部节点电容产生共振，从而产生高阻抗，并允许 A 和 B 自由摆动。如果振荡器同相工作，则 $V_A=V_B$ 且 $I_A=I_B$，尾部阻抗为

$$\frac{V_A}{I_A}=L_1 s - M s \tag{8.200}$$

如果 L_1 和 L_2 是紧耦合的，则 $L_1\approx M$，而式(8.200)表明节点 A 和 B 几乎对地短路，从而产生共模摆幅。因此，整个电路几乎不会产生同相输出。◀

图 8.107b 的拓扑结构值得注意。首先，由于不存在图 8.97 中通用电路中使用的耦合对，两个核心振荡器在其谐振腔的共振频率 ω_{osc} 下工作，而不是偏离振荡点，从而产生额外的相移。这一重要特性意味着这种方法避免了式(8.194)和式(8.195)中提出的频率模糊性。此外，它还能改善相位噪声。其次，与图 8.88 所示相似，L_1+M 与尾部电容在 $2\omega_{osc}$ 振荡处的共振也改善了相位噪声[25]。最后，该电路除了主谐振腔中的电感外，还需要一个变压器，因此布局比较复杂。图 8.108 显示了可能的器件布局，表明 T_1 必须与主电感保持相对较远的距离，以尽量减少 $2\omega_{osc}$ 振荡对两个核心振荡器的泄漏。这种泄漏使输出的占空比失真，从而降低由此类波形驱动的混频器的 IP_2。

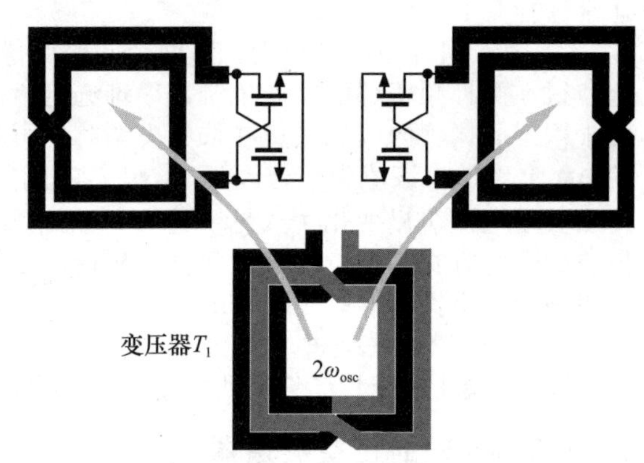

图 8.108　尾部变压器与核心振荡器之间的耦合

在图 8.107b 的核心振荡器之间存在不匹配的情况下，A 和 B 的电压摆幅以及 L_1 和 L_2 之间的相互耦合都必须超过一定的最小值才能保证锁定。请注意，I_A 由 M_1 和 M_2 换向(如在混频器中)，转换增益为 $2/\pi$。

上述例子表明，减少振荡频率与谐振频率偏差的技术也可以降低耦合晶体管的闪烁噪声。具体来说，可以通过无源器件在耦合网络中引入额外的相移，从而使式(8.194)和式(8.195)中的 $\Delta\omega$ 趋于零。图 8.109a 为一个例子，其中变性网络产生的总体跨导为

$$G_m(s)=\frac{g_m(R_1C_1s+1)}{R_1C_1s+1+g_mR_1/2} \tag{8.201}$$

如图8.109b所示，零点频率和极点频率之间的相位差达到几十度。不过，反馈确实会降低耦合系数，从而需要更大的晶体管和偏置电流。

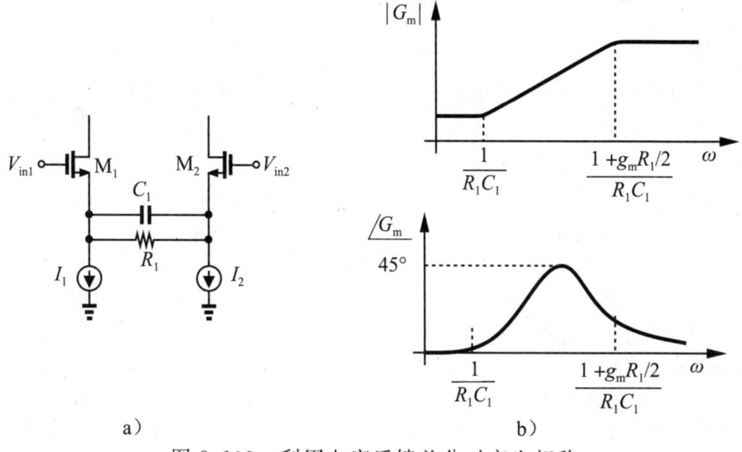

图8.109　利用电容反馈差分对产生相移

为了避免耦合器件的闪烁噪声，我们可以通过主晶体管的主体进行耦合。如图8.110所示[26]，其原理是将一个振荡器的差分输出施加到另一个振荡器中交叉耦合晶体管的n阱㊀。大电阻R_1和R_2将n阱的偏置电压设置为V_P。此外，C_1和C_2也足够小，可与n阱衬底电容C_W形成约0.25的耦合系数。请注意，这种技术仍然允许两个振荡频率的存在。

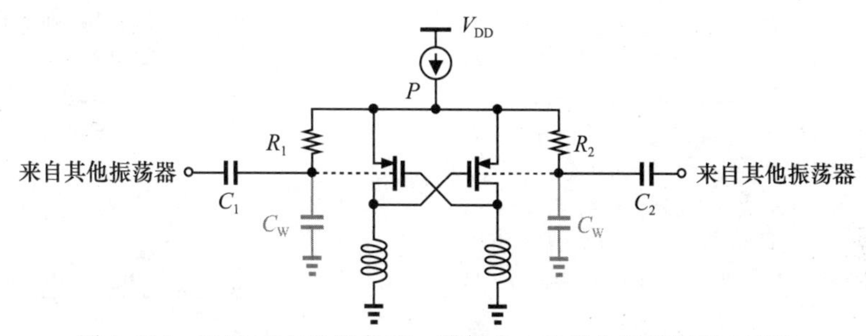

图8.110　通过PMOS器件的n阱耦合，以避免闪烁噪声上变频

8.12　拓展：正交振荡器的仿真

为了研究正交振荡器在高于和低于ω_0频率下工作的趋势(见图8.103b和8.104c]，我们对电路进行了如下仿真。首先，我们重新配置电路，使其在同相耦合下工作，因此频率为ω_0。这一仿真提供了所有电容存在时ω_0的精确值。

接下来，我们应用反相耦合并仿真电路，从而得到ω_{osc2}(如果振荡器偏好较高模式，则为ω_{osc1})的精确值。由于$\omega_0-\omega_{osc2}\approx\omega_{osc1}-\omega_0$，因此我们现在得到了$\omega_{osc1}$的相对精确值。

最后，我们向振荡器注入频率为ω_{osc1}的正弦电流$I_{inj}=I_0\cos\omega_{osc1}t$(见图8.111)，并让电路运行几百个周期。如果$I_0$足够大(例如$0.2I_{SS}$)，电路很可能会“锁定”到$\omega_{osc1}$。实现锁定后，我们关闭$I_{inj}$，观察振荡器是否继续在$\omega_{osc1}$上运行。如果是，那么$\omega_{osc1}$也是一个可能的解。

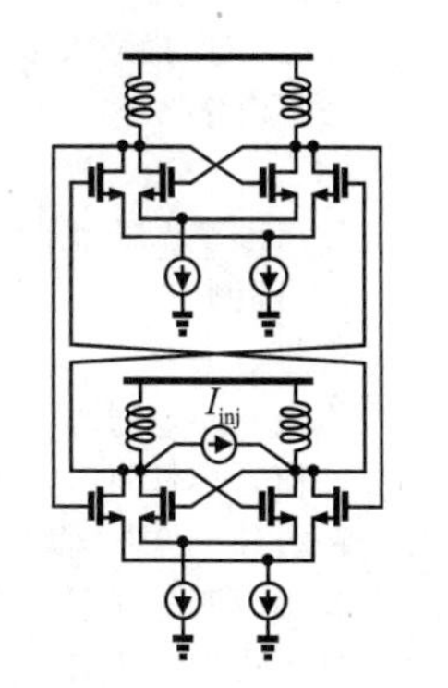

图8.111　外部电流源注入锁定示例

㊀　在参考文献[26]中，晶体管是NMOS器件，假设它们的体端是分离的。

精确的电感模型对于正确仿真正交振荡器至关重要。如果没有并联或串联电阻来模拟各种损耗机制(参见第7章)，电路在仿真中可能会表现得很奇怪。

习题

8.1 试确定图8.4中电路的输入导纳并指出其实部。

8.2 假设图8.6中的$H(s)$在频率ω_1处满足以下条件：$|H(j\omega_1)|=1$但$\angle H(j\omega_1)=170°$。解释将会发生什么？

8.3 若$|H(j\omega_1)|<1$但$\angle H(j\omega_1)=180°$，重复上面的问题。

8.4 若C_{GD}不能忽略，试分析图8.16中的电路㊀。

8.5 可以将使用有损谐振器的反馈振荡器看成图8.13c中的单端口系统吗？

8.6 假设图8.17a所示振荡器的电感展现出ΔL的不匹配。试通过计算使环路总相移达到360°的频率来确定振荡频率。

8.7 求证：图8.21a中的两个谐振腔的串联可被图8.21b中的一个谐振腔所代替。

8.8 在例8.18中，若C_b被放在图8.32a中的节点P和Q处，计算调频范围。

8.9 为什么流过图8.36中PMOS器件上的电流为I_{SS}？

8.10 对于一个二阶并联RLC谐振腔负载的CS级，试证明$R_P/(L\omega_0)=(\omega_0/2)d\phi/d\omega(=Q)$。

8.11 证明图8.59所示系统中的噪声整形为式(8.108)所给出的。

8.12 假设$x(t)=A\cos\omega_0 t+n(t)=A\cos\omega_0 t+n_I(t)\cos\omega_0 t-n_Q(t)\sin\omega_0 t$，求证：AM边带携带的功率与PM边带的相同且等于$n(t)$功率的一半。

8.13 假设图8.25a的VCO采用变容二极管，其电容由$C_{var}=C_0(1+\alpha_1 V+\alpha_2 V^2)$给出，其中$V$表示栅-源电压。假设整个电流舵和$I_{SS}$中的低频噪声电流相等，即$I_n=I_m\cos\omega_m t$。

(1) 确定I_n产生的AM噪声。

(2) 确定变容二极管电容的平均值如何随I_n变化。

(3)计算谐振槽谐振频率调制产生的相位调制。

8.14 求证：在图8.46b中，漏极电压摆动的峰值大约不超过$V_{DD}-2(V_{GS}-V_{TH})$。为达到该值，容性衰减必须使栅压摆动最小化。

8.15 在图8.100中，假设$Z_T=(L_1 s)\|(C_1 s)^{-1}\|R_P$，试确定起振条件。

8.16 对于小信号工作，式(8.194)可被写作

$$\Delta\omega=\frac{\omega_0}{2Q_{tank}}\arctan\frac{g_{m3}}{g_{m1}} \quad (8.202)$$

现在假设耦合晶体管的尾电流I_{T1}包含闪烁噪声分量，$I_n \ll I_{T1}$。$g_{m3}=\sqrt{2\mu_n C_{ox}(W/L)_3(I_{T1}+I_n)/2}$，试将$\Delta\omega$表示为$I_n$的线性函数并求相应的“增益”，$K_{VCO}=\partial(\Delta\omega)/\partial I_n$。

8.17 在图8.112所示的VCO电路中，每个变容二极管的电压依赖性可表示为$C_{var}=C_0(1+\alpha_1 V_{var})$，其中，$V_{var}$表示变容二极管两端的平均电压。在本题中可使用窄带调频近似，忽略所有其他的电容并假设对于给定的值V_{cont}，电路在频率ω_0处振荡。电感两端的直流压降可忽略。

(1) 计算从I_{SS}到输出频率ω_{out}的“增益”，即假设I_{SS}变化了一个很小的值，计算变容二极管两端电压的改变量，并由此求得输出频率的变化。

(2) 假设I_{SS}含有噪声分量$I_n\cos\omega_n t$，使用(1)中求得的结果，确定振荡器输出边带的频率和相对大小。

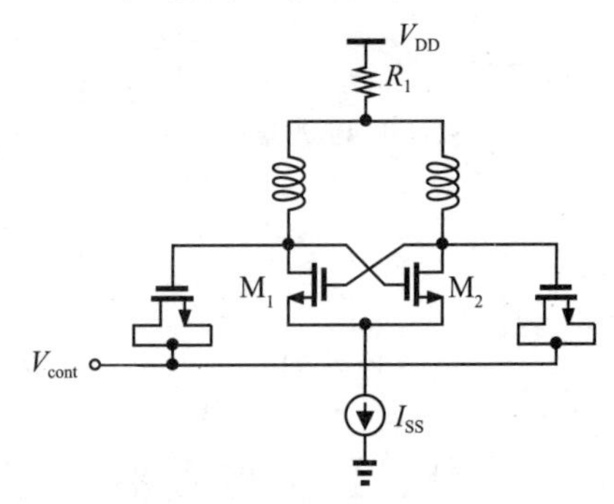

图8.112 带有电平转移电阻的压控振荡器

8.18 图8.113所示为一个“双模式”振荡器[28]的简化模型。电压控制的电流源模拟了一个晶体管。若$s=j\omega$时Z_{in}趋向于无穷大，则电路振荡。

(1) 确定输入阻抗Z_{in}。

(2) 对于$s=j\omega$，将Z_{in}的分母设为0，求得起振条件和两个振荡频率。

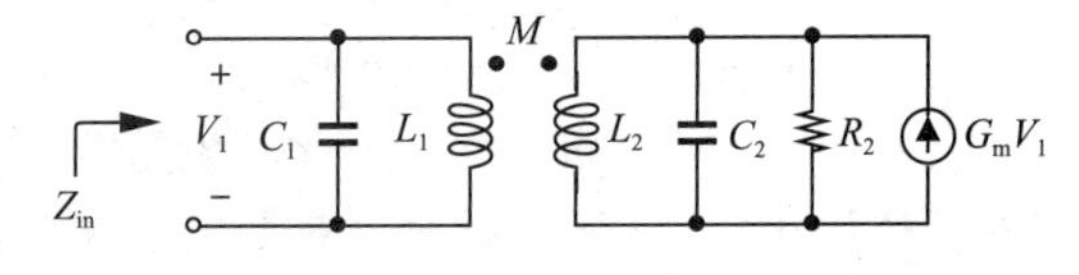

图8.113 双模式振荡器的简化模型

㊀ 此处原书笔误。——译者注。

参考文献

[1] B. Razavi, "A 300-GHz Fundamental Oscillator in 65-nm CMOS Technology," *Symposium on VLSI Circuits Dig. Of Tech. Papers,* pp. 113–114, June 2010.

[2] R. B. Staszewski et al., "All-Digital PLL and GSM/EDGE Transmitter in 90-nm CMOS," *ISSCC Dig. Tech. Papers,* pp. 316–317, Feb. 2005.

[3] D. B. Leeson, "A Simple Model of Feedback Oscillator Noise Spectrum," *Proc. IEEE,* vol. 54, pp. 329–330, Feb. 1966.

[4] B. Razavi, "A Study of Phase Noise in CMOS Oscillators," *IEEE Journal of Solid-State Circuits,* vol. 31, pp. 331–343, March 1996.

[5] J. Craninckx and M. Steyaert, "Low-Noise Voltage-Controlled Oscillators Using Enhanced LC Tanks," *IEEE Tran. Circuits and Systems, II,* vol. 42, pp. 794–804, Dec. 1995.

[6] A. Hajimiri and T. H. Lee, "A General Theory of Phase Noise in Electrical Oscillators," *IEEE J. of Solid-State Circuits,* vol. 33, pp. 179–194, Feb. 1998.

[7] J. J. Rael and A. A. Abidi, "Physical Processes of Phase Noise in Differential LC Oscillators," *Proc. CICC,* pp. 569–572, May 2000.

[8] J. J. Rael, *Phase Noise in Oscillators,* PhD Dissertation, University of California, Los Angeles, 2007.

[9] L. W. Couch, *Digital and Analog Communication Systems,* Fourth Edition, New York: Macmillan Co., 1993.

[10] P. Andreani et al., "A Study of Phase Noise in Colpitts and LC-Tank CMOS Oscillators," *IEEE J. Solid-State Circuits,* vol. 40, pp. 1107–1118, May 2005.

[11] P. Andreani and A. Fard, "More on the 1/f Phase Noise Performance of CMOS Differential-Pair LC-Tank Oscillators," *IEEE J. Solid-State Circuits,* vol. 41, pp. 2703–2712, Dec. 2006.

[12] C. Samori et al., "Spectrum Folding and Phase Noise in LC Tuned Oscillators," *IEEE Tran. Circuits and Systems, II,* vol. 45, pp. 781–791, July 1998.

[13] S. Levantino et al., "AM-to-PM Conversion in Varactor-Tuned Oscillators," *IEEE Tran. Circuits and Systems, II,* vol. 49, pp. 509–513, July 2002.

[14] A. Bonfanti et al., "A Varactor Configuration Minimizing the Amplitude-to-Phase Noise Conversion," *IEEE Tran. Circuits and Systems, II,* vol. 53, pp. 481–488, March 2006.

[15] B. De Muer et al., "A 2-GHz Low-Phase-Noise Integrated LC-VCO Set with Flicker-Noise Upconversion Minimization," *IEEE J. of Solid-State Circuits,* vol. 35, pp. 1034–1038, July 2000.

[16] E. Hegazi, H. Sjoland, and A. A. Abidi, "A Filtering Technique to Lower LC Oscillator Phase Noise," *IEEE J. Solid-State Circuits,* vol. 36, pp. 1921–1930, Dec. 2001.

[17] A. Mazzanti and P. Andreani, "Class-C Harmonic CMOS VCOs, with a General Result on Phase Noise," *IEEE J. Solid-State Circuits,* vol. 43, no. 12, pp. 2716–2729, Dec. 2008.

[18] T. P. Liu, "A 6.5-GHz Monolithic CMOS Voltage-Controlled Oscillator," *ISSCC Dig. Tech. Papers,* pp. 404–405, Feb. 1999.

[19] S. Li, I. Kipnis, and M. Ismail, "A 10-GHz CMOS Quadrature LC-VCO for Multirate Optical Applications," *IEEE J. Solid-State Circuits,* vol. 38, pp. 1626–1634, Oct. 2003.

[20] B. Razavi, "Mutual Injection Pulling Between Oscillators," *Proc. CICC,* pp. 675–678, Sept. 2006.

[21] P. Andreani et al., "Analysis and Design of a 1.8-GHz CMOS LC Quadrature VCO," *IEEE J. Solid-State Circuits,* vol. 37, pp. 1737–1747, Dec. 2002.

[22] L. Romano et al., "Phase Noise and Accuracy in Quadrature Oscillators," *Proc. ISCAS,* pp. 161–164, May 2004.

[23] B. Razavi, "Design of Millimeter-Wave CMOS Radios: A Tutorial," *IEEE Trans. Circuits and Systems, I,* vol. 56, pp. 4–16, Jan. 2009.

[24] A Mazzanti, F. Svelto, and P. Andreani, "On the Amplitude and Phase Errors of Quadrature LC-Tank CMOS Oscillators," *IEEE J. Solid-State Circuits,* vol. 41, pp. 1305–1313, June 2006.

[25] S. Gierkink et al., "A Low-Phase-Noise 5-GHz Quadrature CMOS VCO Using Common-Mode Inductive Coupling," *Proc. ESSCIRC,* pp. 539–542, Sept. 2002.

[26] H. R. Kim et al., "A Very Low-Power Quadrature VCO with Back-Gated Coupling," *IEEE J. Solid-State Circuits,* vol. 39, pp. 952–955, June 2004.

[27] A. Mazzanti and P. Andreani, "A Time-Variant Analysis of Fundamental $1/f^3$ Phase Noise in CMOS Parallel LC-Tank Quadrature Oscillator," *IEEE Tran. Circuits and Systems, I,* vol. 56, pp. 2173–2181, Oct. 2009.

[28] B. Razavi, "Cognitive Radio Design Challenges and Techniques," *IEEE Journal of Solid-State Circuits,* vol. 45, pp. 1542–1553, Aug. 2010.

第9章 |Chapter 9|

锁相环

大多数合成器使用锁相技术获得高的频率精度。因此，本章对锁相环(PLL)进行研究，但是要彻底讲明白锁相环需要一整本书，本章的目标是为读者打好锁相环的基础，使其便于开展频率合成器的分析与设计。在学习本章之前，读者最好先回顾第8章VCO的数学模型。本章内容如下：

Ⅰ型锁相环

- VCO相位对齐
- Ⅰ型锁相环的动态特性
- 频率倍增
- Ⅰ型锁相环的缺陷

Ⅱ型锁相环

- 鉴频/鉴相器
- 电荷泵
- 电荷泵锁相环
- 瞬态响应

锁相环的非理想性

- PFD/CP的非理想性
- 电路技术
- VCO相位噪声
- 参考相位噪声

9.1 基本概念

简而言之，锁相环是由VCO和鉴相器(PD)组成的负反馈系统。因此，首先定义PD，然后构造这个环路。

鉴相器

鉴相器的平均输出电压与其两个周期性输入的相位差成正比。如图9.1所示，鉴相器的输入/输出特性是一条理想的直线，这条直线的斜率K_{PD}就是鉴相器的增益。由于输出是电压量纲，K_{PD}的单位是V/rad。实际上，其特性可能并非线性，甚至并非单调的。

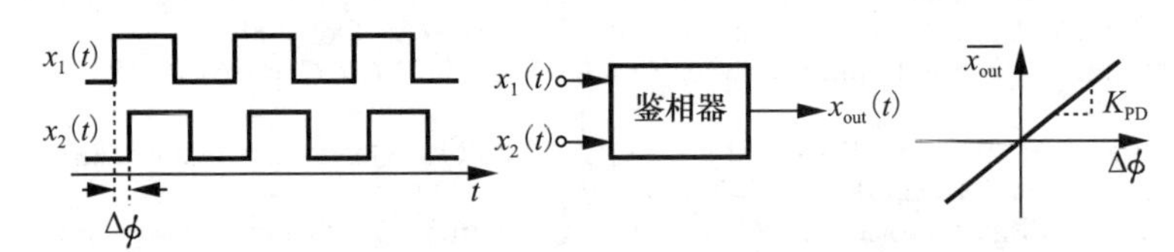

图9.1 鉴相器及其输入/输出特性

例9.1 鉴相器两个周期性输入信号的频率必须相等吗？

解：不一定。但是若频率不等，输入信号的相位差会随着时间变化。如图9.2所示，$x_2(t)$的频率更高，其积累相位比$x_1(t)$更快，从而改变了相位差$\Delta\phi$。鉴相器的输出脉宽持续增长，直到$\Delta\phi$达到180°，之后降至0。因此输出的波形有一种拍频特性，其频率等于

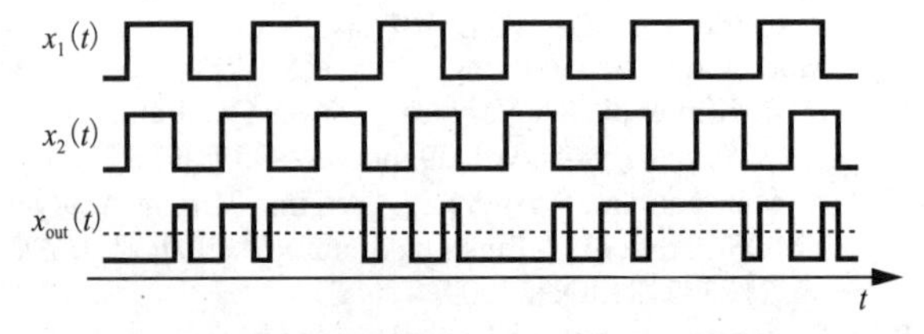

图9.2 两不同频率输入信号的拍频特性

两个输入频率差，而且要注意平均相位差和平均输出都是 0。◀

鉴相器如何实现？我们寻找一个平均输出与输入相位差成正比的电路。例如，异或门 (XOR) 就能达到这个目的。如图 9.3 所示，异或门产生宽度为 $\Delta\phi$ 的脉冲，在这种情况下，电路在输入的上升沿和下降沿都产生脉冲。

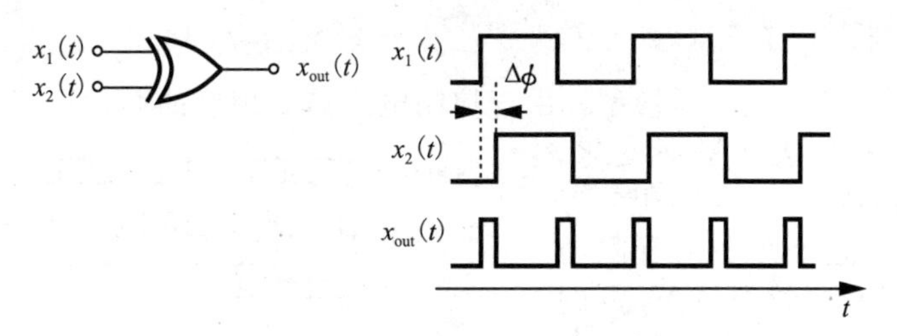

图 9.3　用异或门实现的鉴相器

例 9.2 画出在以下两种情况下，异或门鉴相器的输入/输出特性曲线：(1) 电路单端输出，其摆幅为 $0\sim V_{DD}$；(2) 电路有差分输出，其摆幅为 $-V_0\sim+V_0$。

解：(1) 摆幅为 V_{DD} 的输出脉冲如图 9.3 所示，$\Delta\phi$ 从 0 上升到 180°时，输出平均值由 0 上升到 V_{DD}（由于输入脉冲的重叠部分为 0）。随着 $\Delta\phi$ 超过 180°，输出平均值下降，当 $\Delta\phi=360°$时降为 0。图 9.4a 描述了这种周期性非单调的性质。

(2) 图 9.4b 描绘了对于小的相位差，输出表现为 $-V_0$ 之上的窄脉冲，因此，其平均值近似于 $-V_0$。

随着 $\Delta\phi$ 的增加，输出值为 $+V_0$ 的时间增加，当 $\Delta\phi=90°$时，平均值为 0。随着 $\Delta\phi$ 的继续增长，输出平均值增加，当 $\Delta\phi=180°$时，平均值达到最大值 $+V_0$。如图 9.4c 所示，随后平均值下降，在 $\Delta\phi=270°$时过零点，并且在 360°时到达 $-V_0$。

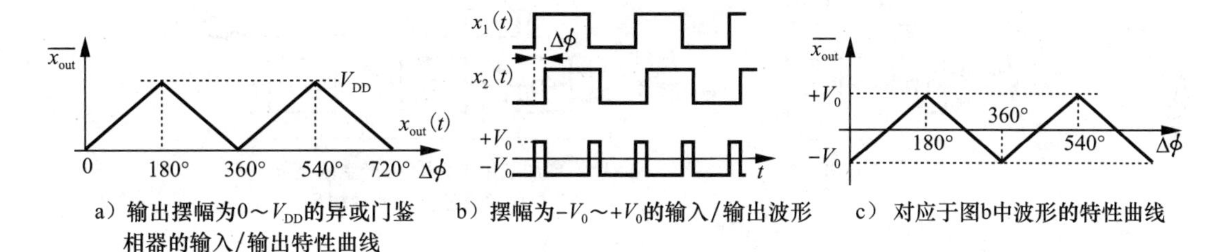

a）输出摆幅为 $0\sim V_{DD}$ 的异或门鉴相器的输入/输出特性曲线　b）摆幅为 $-V_0\sim+V_0$ 的输入/输出波形　c）对应于图b中波形的特性曲线

图 9.4　◀

例 9.3 解释单 MOS 开关怎么用作性能较差的鉴相器。

解：第 6 章对混频器的研究表明：MOS 开关可以用作归零电路或者抽样混频器。对于两个信号 $x_1(t)=A_1\cos\omega_1 t$ 及 $x_2(t)=A_2\cos(\omega_2 t+\phi)$，混频之后有：

$$x_{out}(t)=\alpha A_1\cos\omega_1 t\cdot A_2\cos(\omega_2 t+\Delta\phi) \tag{9.1}$$

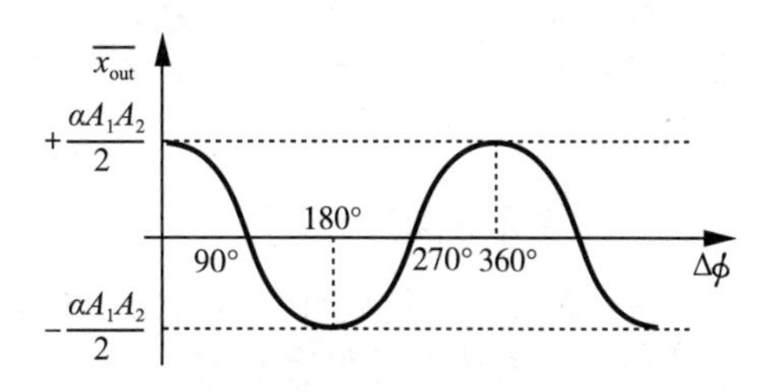

图 9.5　作为混频器工作的晶体管的输入/输出特性曲线

其中，α 与转换增益有关，而且忽略高次谐波。如图 9.2 所述，当输入频率不相等时，输出包括了 $\omega_1-\omega_2$ 的拍频。另一方面，如果 $\omega_1=\omega_2$，则输出平均值为

$$\overline{x_{out}(t)}=\frac{\alpha A_1 A_2}{2}\cos\Delta\phi \tag{9.2}$$

如图9.5所示，该曲线特性类似于图9.4c所示的平滑版本(除了负信号)。鉴相器的增益随着$\Delta\phi$变化，在$\pi/2$的偶数⊖倍处达到最大值$\pm\alpha A_1A_2/2$。◀

9.2 Ⅰ型锁相环

9.2.1 VCO的相位对齐

回忆第8章中VCO的数学模型，由于控制电压需要理想的脉冲但又无法提供理想脉冲，VCO的输出相位无法迅速变化。如图9.6所示，假设VCO与理想参考时钟的频率相同，但存在一个有限的相位误差。我们希望通过调整VCO的相位来消除这个误差。注意控制电压只是输入并且其相位不能立刻变化，我们意识到必须①改变VCO的频率，②允许VCO比参考时钟更快(或者更慢)地积累相位，从而消除相位误差，③恢复频率到初始值。如图9.6所示，V_{cont}在$t=t_0$处产生阶跃，并维持新的电压值到$t=t_1$，此时相位误差变为0。此后，两个信号的频率相同，相位差为0。

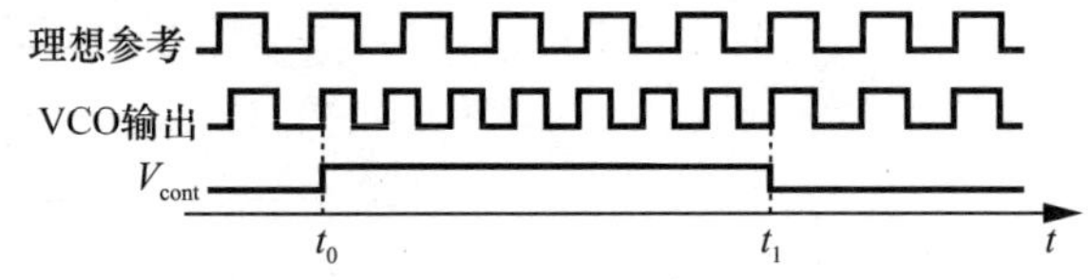

图9.6 通过改变频率使VCO输出相位对齐

如何确定图9.6中相位误差到达0的时间呢？可以采用鉴相器来比较VCO和参考信号的相位来实现，如图9.7a所示，鉴相器与VCO共同组成一个负反馈环路。如果环路增益足够高，电路的输入误差几乎为0。注意，因为输入“减法器”(鉴相器)只工作在相位模式下，环路只能处理相位量，而不能处理电压或者电流量。

图9.7a所示的电路存在一个严重的问题。鉴相器在输出端产生了重复的脉冲，将调制VCO的频率并且产生大的边带。因此，为了抑制这些脉冲，需要在PD和VCO之间插入低通滤波器(通常称之为环路滤波器)，电路如图9.7b所示。

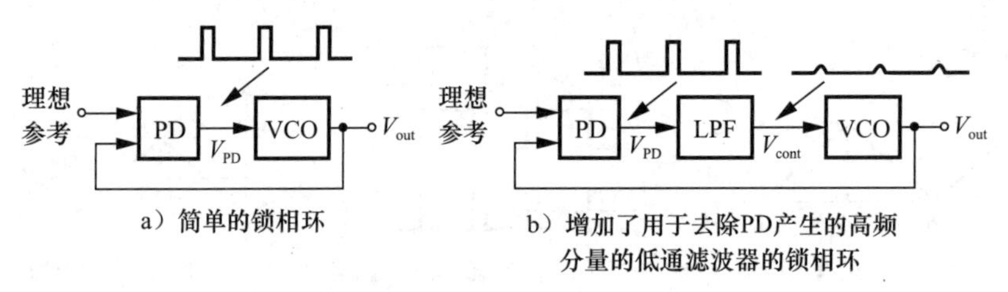

图9.7

例9.4 一个学生认为，负反馈电路一定会迫使相位误差为零，此时PD并不产生脉冲，而且VCO不会受到影响。因此，不需要插入低通滤波器。

解： 正如后面解释的，该反馈系统只有有限的环路增益，这导致其在稳态时会产生一个有限的相位误差。因此，即使锁相环有无限大的环路增益，其包含的非理想因素也会改变V_{cont}。◀

9.2.2 简单的锁相环

称如图9.7b所示的电路为锁相环，并且将详细地研究它的特性，但是先理解锁相或者锁相环的表达式是很有益的。

首先，考虑如图9.8a所示的电压域的电路，因为我们对电压信号处理更为熟悉。如果单位增益缓冲器的开环增益相对较大，其输出电压会“跟踪”输入电压。相似地，图9.8b中的锁相环会确保$\phi_{out}(t)$跟踪$\phi_{in}(t)$。如果$\phi_{out}(t)-\phi_{in}(t)$不随时间改变(不需要

⊖ 原书误写为奇数。——译者注

为零)，那么称环路锁定。为了强调相位跟踪特性，也称输出相位锁定在输入相位。

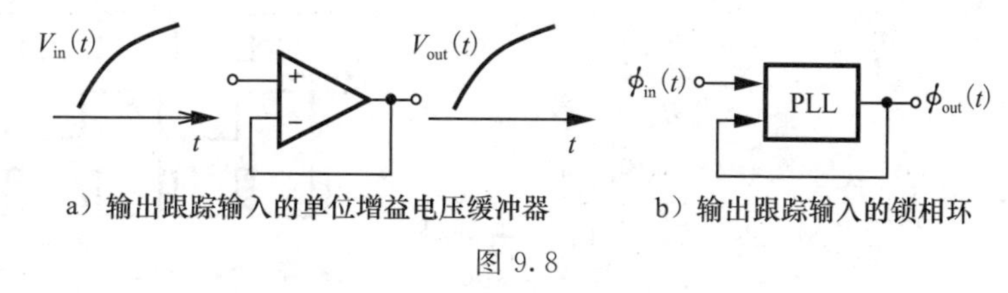

a）输出跟踪输入的单位增益电压缓冲器　　b）输出跟踪输入的锁相环

图 9.8

相位锁定的一个重要而且唯一的条件是锁相环的输入输出频率精确相等，这可以表示为

$$\phi_{out}(t) - \phi_{in}(t) = 常数 \tag{9.3}$$

因此

$$\frac{d\phi_{out}}{dt} = \frac{d\phi_{in}}{dt} \tag{9.4}$$

这个属性在锁相环系统中是很重要的，包括在 RF 合成器中。

例 9.5 一个学生认为，即使将图 9.7b 中的鉴相器换成鉴频器(FP)，即一个产生与输入频率差成正比的直流值的电路，输入输出频率还应该是精确相等的。解释这一说法的缺陷。

解： 图 9.9 描述了该学生的想法，我们也可以称之为“锁频环(FLL)”。负反馈环路试图将 f_{in} 和 f_{out} 的误差最小化。但是，误差会降至零吗？这个电路类似于图 9.8b 中的单位增益放大器，由于运算放大器有限的增益及失调，输入和输出可能不会精确相等。如果环路增益有限或者鉴频器有失调，FLL 可能会有小的误差。同样地，图 9.7b 中的锁相环可能不会产生 $\phi_{out}(t)=\phi_{in}(t)$，但是作为锁相的副产品，却能保证 $f_{out}=f_{in}$。◀

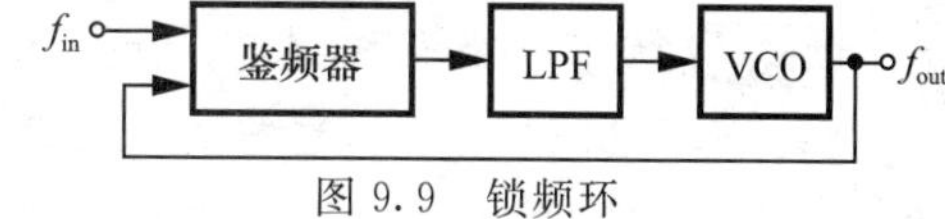

图 9.9　锁频环

两个周期性的波形可以有恒定的相位差但是频率不同吗？如果定义相位差为连续的过零点之间的时间间隔，则发现这是不可能的。也就是说，如果相位“锁定”，频率自然相等。

9.2.3 简单锁相环的分析

图 9.10a 展示了利用异或门和顶部偏置的 LC VCO(见第 8 章)组成锁相环的电路。低通滤波器通过 R_1 和 C_1 实现。如果环路锁定，输入和输出频率相等，PD 产生重复脉冲，环路滤波器提取平均值，该值控制 VCO，从而使其工作在需要的频率上。注意环路中我们感兴趣的信号变化包括：PD 的输入是相位，PD 的输出和 LPF 的输出是电压，VCO 的输出是相位。相比而言，图 9.8a 所示的单位增益缓冲器包含的只有电压和电流量纲的信号。

依照上面的研究，可能有许多关于锁相环的问题：①锁相环如何达到锁相的状态？②锁相环一直锁定吗？③在锁定情形下如何计算环路的电压和相位？④对于输入信号的改变，锁相环如何响应？本节将会解决其中的一些问题。

通过检查图 9.10a 所示电路中不同节点的信号开始分析。图 9.10b 显示了环路锁定状态下的波形。输入和输出频率相等，但是存在有限的相位差 $\Delta\phi_1$，从而 PD 产生的输出脉宽为 $\Delta\phi_1$。这些脉冲经过 LPF 滤波产生直流电压，使 VCO 工作频率等于输入频率 ω_1。控制电压上的残余扰动叫“纹波”。低的 LPF 转角频率可以进一步减小纹波，但是会降低其他参数性能，稍后来讲这一点。

熟悉 VCO 和 PD 的特性后，则可以计算出 VCO 的控制电压和相位误差。如图 9.10c 所示，如果 $V_{cont}=V_1$，那么 VCO 的频率为 ω_1，而且当 $\Delta\phi=\Delta\phi_1$ 时，PD 产生的直流值为 V_1。这个值被称为“静态相位误差”。

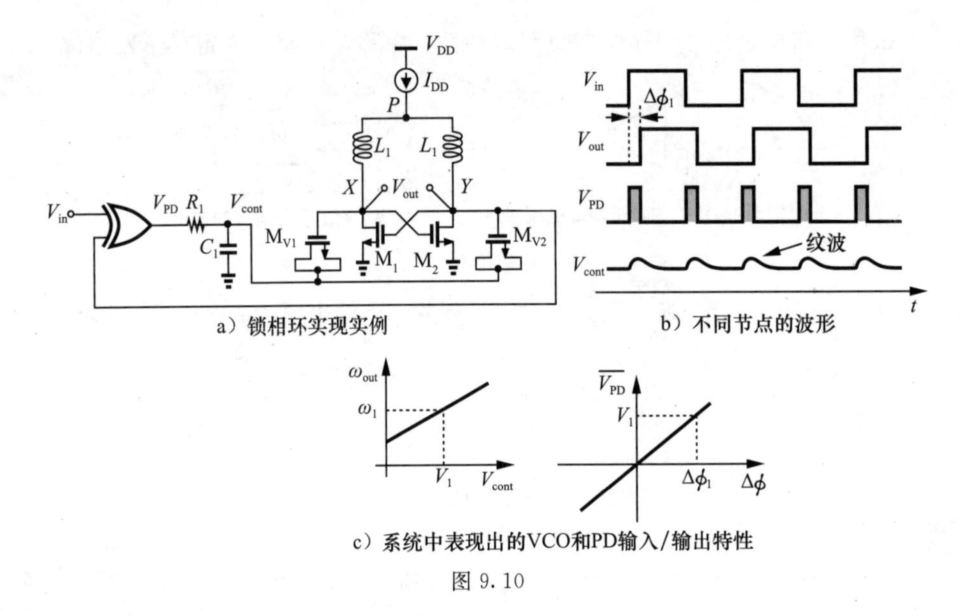

a）锁相环实现实例

b）不同节点的波形

c）系统中表现出的VCO和PD输入/输出特性

图 9.10

例 9.6 假设环路保持锁定，如果输入频率变化 $\Delta\omega$，相位误差会变化多少？

解： 如图 9.11 所示，这样的变化需要 V_{cont} 变化 $\Delta\omega/K_{VCO}$。这反过来需要相位误差变化：

$$\Delta\phi_2-\Delta\phi_1=\frac{\Delta\omega}{K_{PD}K_{VCO}} \tag{9.5}$$

这里明确显示相位误差是随着频率变化的。为了使相位误差变化最小化，$K_{PD}K_{VCO}$ 的值必须最大，即使它不是无量纲的，$K_{PD}K_{VCO}$ 有时称为环路增益。

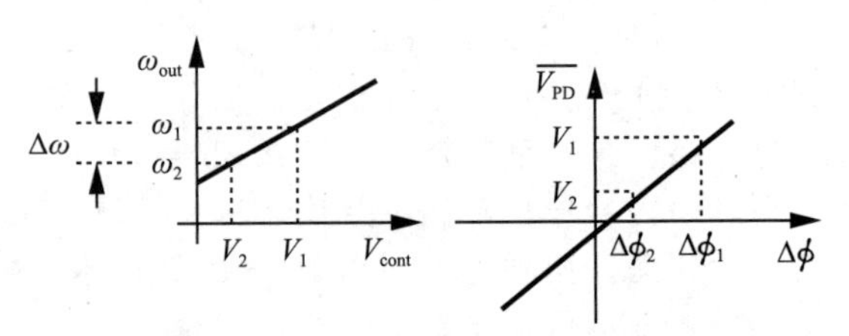

图 9.11 输入频率变化对相位误差的影响

◀

现在定量分析锁相环的响应。当 $t<t_0$ 时，锁相环锁定。如图 9.12 所示，在 $t=t_0$ 时，出现一个小的正向频率阶跃 $\Delta\omega$。我们希望环路达到例 9.6 中规定的终值，但同时希望能监测瞬态特性。由于输入频率 ω_{in} 暂时高于输出频率 ω_{out}，V_{in} 能更快地积累相位，也就是相位误差开始增加。因此，PD 产生宽度急剧增加的脉冲，LPF 输出的直流量增加，

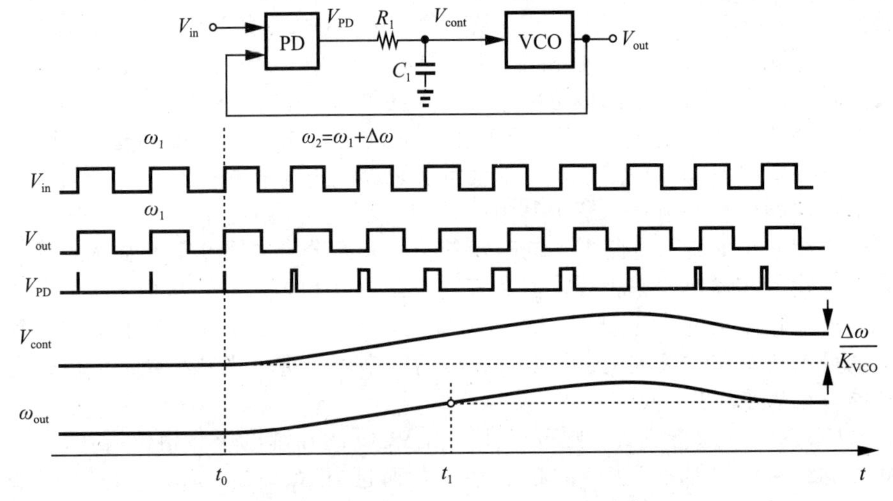

图 9.12 锁相环对输入频率阶跃的响应

因此，VCO 的频率增加。随着 ω_{out} 和 ω_n 频率差的减小，PD 输出脉宽也减小，最终比初始值增加 $\Delta\omega/(K_{PD}K_{VCO})$，而且控制电压增加 $\Delta\omega/K_{VCO}$。

上述研究给出了两个重要结论。首先，在锁相环的各个节点中，控制电压最直接地表现了瞬态响应。对应地，VCO 或 PD 的输出并不能轻易地揭示环路的建立特性。只有以下两个条件都满足时环路才会锁定：①ω_{out} 变化到等于 ω_{in}，②$\phi_{in}-\phi_{out}$ 达到适当的值[1]。例如，图 9.11 中的曲线说明输入频率变化到 $\omega_1+\Delta\omega$ 时需要输出频率也变化到 $\omega_1+\Delta\omega$，而且相位误差变化到 $\Delta\phi_2$。从图 9.12 中也能看出在 $t=t_1$ 时(即此刻，$\omega_{out}=\omega_{in}$)，V_{cont} 等于最终值，但是由于静态相位误差未达到适当的值，环路继续变化。换句话说，要使环路稳定，相位和频率都必须稳定到合适的值。

例 9.7 给锁相环加载 FSK 波形，请描绘控制电压关于时间的函数曲线。

解： 输出频率跟随输入频率在两个值之间来回切换，控制电压也必须在两个值之间切换。因此，控制电压提供了原始的比特流，波形如图 9.13 所示。也就是说，如果 V_{cont} 作为输出，锁相环可以作为 FSK(更普遍的是 FM)解调器。◀

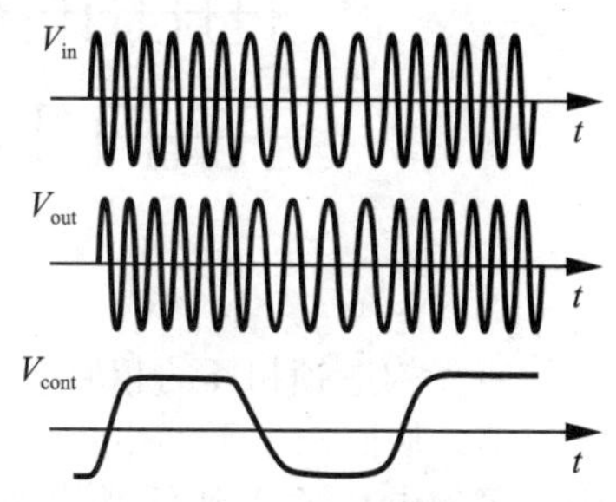

图 9.13　作为 FSK 解调器的锁相环

例 9.8 一个到目前为止认真学习本课程的学生提出，除了 FSK 解调器的应用，由于锁相环会使输入和输出的频率、相位相等，那么它并不比一根导线好用。该学生的说法有什么缺陷？

解： 本章后面的内容将更能说明锁相的重要性，但是也可以通过环路的动态特点得出重要且有用的特性。假设在例 9.7 中，输入频率以相对较高的速率切换，使 PLL 的保持时间很短。如图 9.14 所示，每次输入频率跳变时，控制电压向相反的方向改变，但是没有足够长的建立时间。也就是说，输出频率的变化小于输入频率的变化。因此在输入频率变化时环路相当于一个低通滤波器——如同在图 9.8a 中，当运算放大器带宽有限时，单位增益缓冲器在输入电压变化时相当于一个低通滤波器。实际上，很多应用都使用锁相环，以通过它的低通滤波特性来减小信号的频率或相位噪声。◀

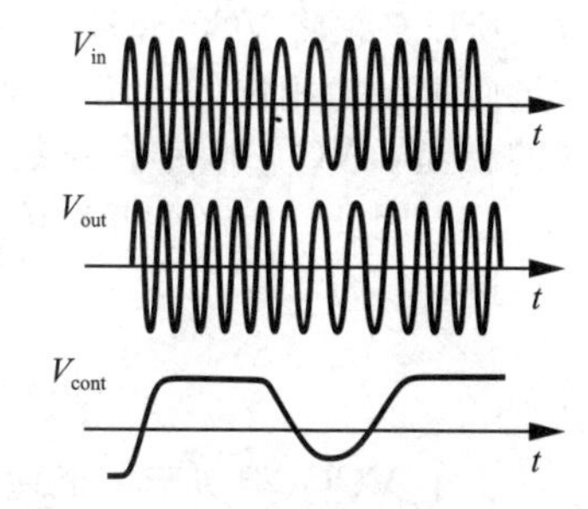

图 9.14　锁相环有限的带宽导致的 FDK 信号调制失真

如果锁相环的输入/输出相位误差随着时间变化，则称环路未锁定，这是一种由于输出不能追踪输入所导致的非理想状态。例如，若在启动阶段，VCO 的频率与输入频率相差甚远，那么锁相环永远不会锁定。虽然在未锁定状态下，锁相环的特性并不重要，但其是否锁定以及如何获得锁定状态都是关键问题。这一节关于 PLL 的研究会介绍一种确保锁定的方法。

9.2.4　环路动态特性

锁相环的瞬态特性通常是难以简单公式化的非线性现象。尽管如此，在锁相环设计中，用线性近似可以获得直观的理解和折中的设计。首先从推导传递函数开始分析，接下来，通过检查传递函数来预测电路的时域特性。

在锁相环系统中理解“传递函数”这个词的含义意义重大。在更为熟悉的电压量纲的电路中，例如图 9.15a 中的单位增益缓冲器，传输函数意味着正弦输入信号是如何传输到输出的㊀。例如，低频的正弦波输入对应的输出衰减很小，而高频的正弦波对应的输出电压幅度会减小。如何将这些概念扩展至相位域？锁相环的传输函数揭示了缓慢或者快速的

㊀ 当然，传递函数也体现非正弦输入的特性。

输入(剩余)相位改变如何传输到输出端。图9.15b阐述了相位变化慢或快的例子。根据例9.7，当输入相位快速变化时，可预测到锁相环的低通特性使输出相位偏移较小。也就是说只有在相位缓慢变化的情况下，输出相位紧密追踪输入相位。

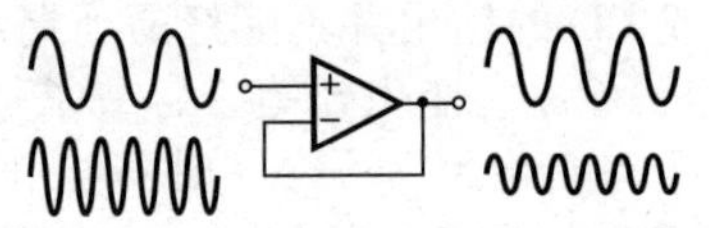

a）单位增益电压缓冲器对低频或高频的响应

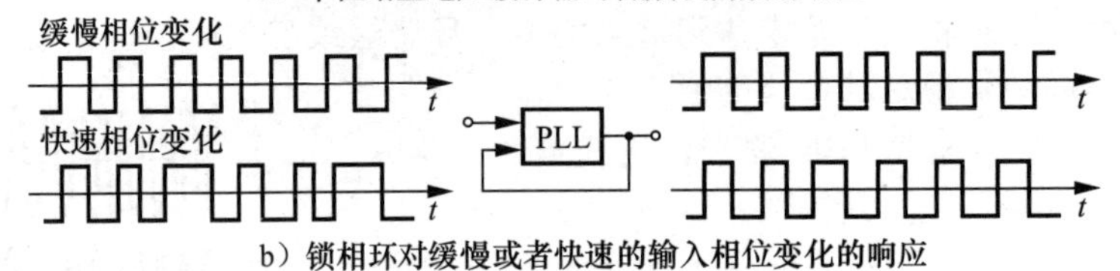

b）锁相环对缓慢或者快速的输入相位变化的响应

图9.15

首先构造锁相环的相域模型。鉴相器将输入相位与输出相位简单地相减，其输出被放大K_{PD}倍，从而产生平均电压。如图9.16所示，平均电压输入到低通滤波器，然后再输入到VCO。由于鉴相器只能感知输出相位，所以必须将VCO建模为一个输入为电压量而输出为相位的电路。根据第8章建立的模型，VCO的传输函数可以表示为K_{VCO}/s。因此，PLL的开环传递函数可以表示为$[K_{PD}/(R_1C_1s+1)](K_{VCO}/s)$，则整体的闭环传递函数为

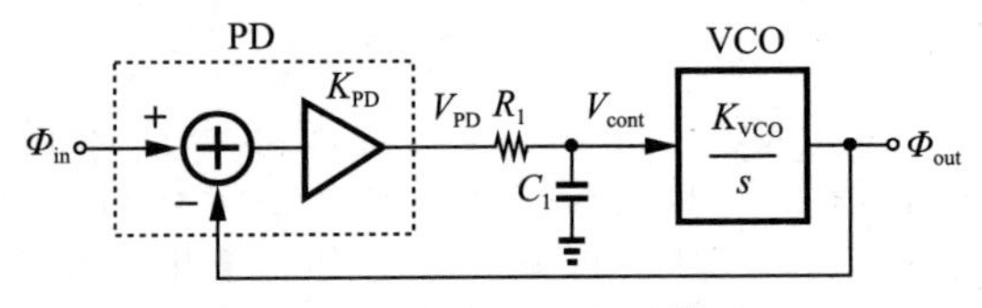

图9.16 Ⅰ型锁相环的相域模型

$$H(s)=\frac{\phi_{out}}{\phi_{in}}(s)=\frac{K_{PD}K_{VCO}}{R_1C_1s^2+s+K_{PD}K_{VCO}} \tag{9.6}$$

由于VCO(类似于一个理想的积分器)的存在，开环传递函数在原点包含了一个极点，该系统被称为“Ⅰ型锁相环”。正如所预期的，对于缓慢的输入相位变化($s\approx0$)，$H(s)\approx 1$，输出相位跟踪输入相位。

例9.9 图9.10的分析表明环路锁定于一个有限的相位误差，而等式(9.6)则表明在相位缓慢变化时$\phi_{in}=\phi_{out}$，两者结论一致吗?

解: 是一致的。和任何传递函数一样，式(9.6)处理的是输入和输出的变化而不是它们的总值。换而言之，式(9.6)只是表明输入端$\Delta\phi$的相位阶跃，最终表现为输出端$\Delta\phi$的相位变化，而不是产生静态的相位偏移。◀

式(9.6)中的二阶传递函数可能会出现过阻尼、临界阻尼或欠阻尼现象。为了得到不同情况对应的条件，可以把分母写成控制理论中常见的形式，即$s^2+2\zeta\omega_ns+\omega_n^2$，其中$\zeta$为“阻尼系数”，$\omega_n$是“固有频率”，从而

$$H(s)=\frac{\omega_n^2}{s^2+2\zeta\omega_nS+\omega_n^2} \tag{9.7}$$

其中，

$$\zeta=\frac{1}{2}\sqrt{\frac{\omega_{LPF}}{K_{PD}K_{VCO}}} \tag{9.8}$$

$$\omega_n=\sqrt{K_{PD}K_{VCO}\omega_{LPF}} \tag{9.9}$$

且$\omega_{LPF}=1/(R_1C_1)$。通常，为了得到较好的响应(临界阻尼或过阻尼)，选择阻尼系数大于等于$\sqrt{2}/2$。

例 9.10 利用开环系统的波特图解释为什么 ζ 与 K_{VCO} 成反比。

解： 图 9.17 显示了在两个不同的 K_{VCO} 值下，开环传递函数的特性 H_{open}。随着 K_{VCO} 的增加，单位增益带宽增加，从而相位裕度(PM)减小。这个趋势类似于在很多电压(或者电流)反馈电路中，高的环路增益导致低的稳定性。◀

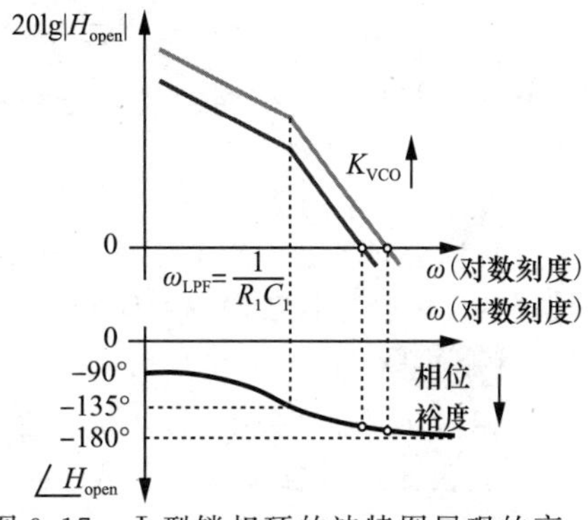

图 9.17　Ⅰ型锁相环的波特图展现的高 K_{VCO} 效应

由于相位和频率之间的线性时不变特性，式(9.6)也用于频率计算。例如，如果输入频率缓慢变化，输出频率将紧密追踪输入频率。

例 9.11 如何保证图 9.10 中的反馈是负反馈？

解： 如图 9.4a 所示，鉴相器提供了正增益及负增益。因此，环路在负反馈下自然锁定。◀

9.2.5　倍频

锁相环有一个非常有用的属性叫作频率倍增特性，即输出频率是输入频率的倍数。锁相环是如何“放大”频率的呢？重新观察图 9.8a 中更为熟悉的电压缓冲器，如果输出返回输入之前被缩小，就能实现放大。类似地，在图 9.18b 中，锁相环的输出频率可以按比例缩小并反馈回输入端。其中，÷M 电路是一个计数器，每 M 个输入脉冲产生一个输出脉冲。从另一方面，在 $\omega_F=\omega_{in}$ 的锁定情形下，有 $\omega_{out}=M\omega_{in}$。分频系数 M 也称为“模”。

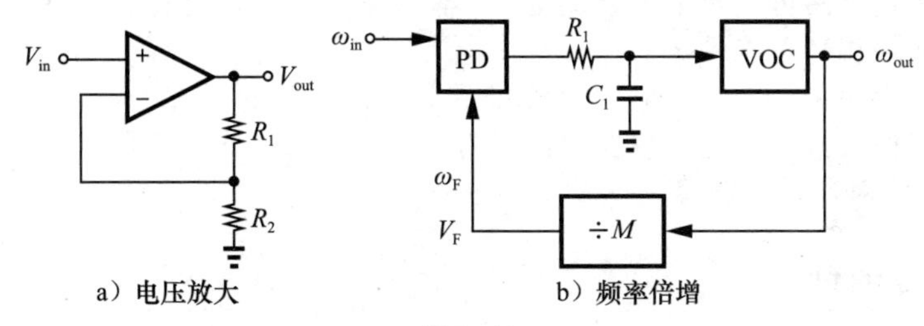

图 9.18

例 9.12 图 9.18b 中的控制电压有一个频率为 ω_{in} 且幅度为 V_m 的小的正弦纹波，画出 VCO 和分频器输出的频谱。

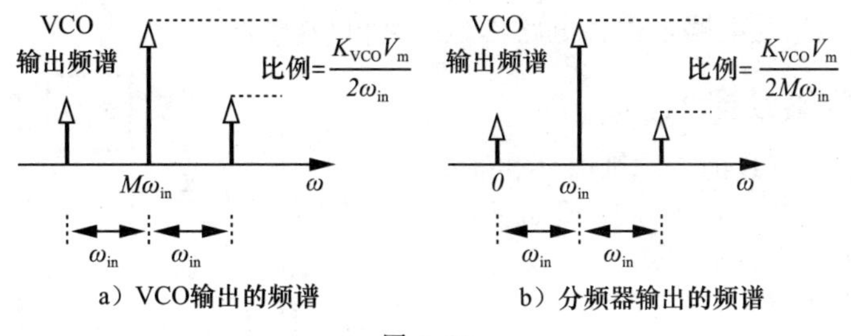

图 9.19

解： 根据窄带 FM 近似，VCO 输出在 $M\omega_{in}\pm\omega_{in}$ 处包含两个边带，如图 9.19a 所示。分频器如何响应这个频谱呢？由于一个分频器仅仅对输入频率或相位按比例缩小，可以推出 V_F：

$$V_F(t)=V_0\cos\left[\frac{1}{M}\left(M\omega_{in}t+K_{VCO}\int V_m\sin\omega_{in}t\,dt\right)\right]\tag{9.10}$$

$$\approx V_0 \cos\omega_{\text{in}} t - \frac{K_{\text{VCO}} V_{\text{m}}}{2M\omega_{\text{in}}} V_0 \cos(\omega_{\text{in}} + \omega_{\text{in}})t + \frac{K_{\text{VCO}} V_{\text{m}}}{2M\omega_{\text{in}}} V_0 \cos(\omega_{\text{in}} - \omega_{\text{in}})t \tag{9.11}$$

也就是分频后，边带相对载波保持一定间距，但幅值减小为原来的 $1/M$，结果如图 9.19b 所示。 ◀

图 9.18b 中的锁相环也能合成频率：如果分频器的“模”变化 1 倍，则输出频率变化 ω_{in}。

反馈分频器如何影响回路的动态特性？与图 9.18a 所示的运算放大电路相似，我们认为较弱的反馈会导致较慢的响应和较大的相位误差。接下来的例子会探讨习题 9.7 中的响应。

例 9.13 重新分析图 9.11，并计算图 9.18b 所示锁相环中的静态相位误差。

解： 如果 ω_{in} 变化 $\Delta\omega$，ω_{out} 必须变化 $M\Delta\omega$，这种变化转换为控制电压变化 $M\Delta\omega/K_{\text{VCO}}$。因此，相位误差变化 $M\Delta\omega/(K_{\text{VCO}}K_{\text{PD}})$。正如所预料的，误差增加了 M 倍。 ◀

9.2.6 简单锁相环的缺陷

现代射频合成器几乎不使用这里研究的简单锁相环，原因有二：首先，式(9.8)中的环路稳定性(ζ)与低通滤波器的角频率关系紧密。回顾例 9.12，控制电压上的纹波调制了 VCO 的频率，并且纹波必须被小的 ω_{LPF} 值抑制。但是小的 ω_{LPF} 值导致了更差的环路稳定性。我们希望找到一种不表现出这类折中的锁相环结构。

其次，简单锁相环的频率“捕获范围”十分有限，即如果在启动时 VCO 的频率与输入频率相差很大，环路可能永远不会锁定[㊀]。不用深入研究锁定过程，我们希望能完全避免这个问题，使锁相环总能锁定。

然而在一些应用中，即使与射频合成器不是直接相关的，式(9.5)体现的有限静态相位误差及其随着输入频率变化的特性也被证明是不可取的。通过无限的环路增益可将误差降至 0——下节将对此进行解释。

9.3 Ⅱ型锁相环

继续研究，首先解决上面提出的第二个问题，即有限的捕获范围。如果鉴相器输入不相等的频率，则几乎不产生有用信息，导致有限的捕获范围，这些内容超出了本书的讨论范围。因此，假设在环路中加入鉴频器，那么就可以增加获取范围。当然，例 9.5 中鉴频器本身的范围并不足够，且环路最终必须锁定相位。因此，如果输入频率不等，则要寻求能够同时鉴频和鉴相的电路，这种电路称为“鉴相/鉴频器”(PFD)。

9.3.1 鉴相器/鉴频器

图 9.20 概述了 PFD 的工作机理。电路有两个输出端 Q_{A} 和 Q_{B}，工作原理如下：①若 Q_{A} 为低电平，在 A 的上升沿处 Q_{A} 会产生一个上升沿，②若 Q_{A} 为高电平，在 B 的上升沿处 Q_{A} 复位。对于 A 和 B(及 Q_{A} 和 Q_{B})而言，电路对称。由图 9.20a 可知，如果 $\omega_{\text{A}} > \omega_{\text{B}}$，$Q_{\text{A}}$ 会产生脉冲而 Q_{B} 保持为零。相反，如果 $\omega_{\text{A}} < \omega_{\text{B}}$，$Q_{\text{B}}$ 处会产生正

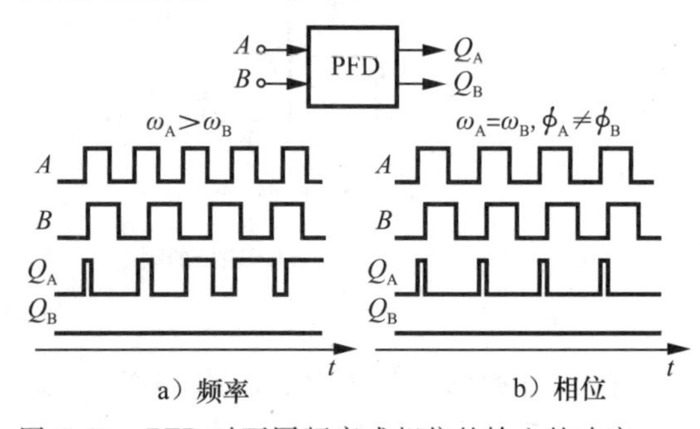

图 9.20 PFD 对不同频率或相位的输入的响应

㊀ 传统锁相环的特性包括“捕获范围”“牵引范围”“捕捉范围”“锁定范围”“追踪范围”等。我们很快会发现，现代锁相环不需要管这些区别。

向脉冲而 $Q_A=0$。另一方面，如图 9.20b 所述，如果 $\omega_A=\omega_B$，电路在 Q_A 或 Q_B 处会产生脉宽等于 A 和 B 相位差的脉冲。因此，Q_A-Q_B 的平均值体现了频率或者相位的差异。

为了搭建实现上述想法的电路，假设至少有 3 个必需的逻辑状态：$Q_A=Q_B=0$；$Q_A=0$，$Q_B=1$ 及 $Q_A=1$，$Q_B=0$。为了避免输出对输入工作周期的依赖性，电路应该采取边沿触发。图 9.21 所示的状态图总结了 PFD 的工作状态。如果 PFD 处于状态 0，当 A 转换时，PFD 进入状态Ⅰ，其中 $Q_A=1$，$Q_B=0$。电路保持在这种状态直到 B 发生变化，此时 PFD 返回状态 0。在状态 0 和状态Ⅱ之间的切换序列与此类似。

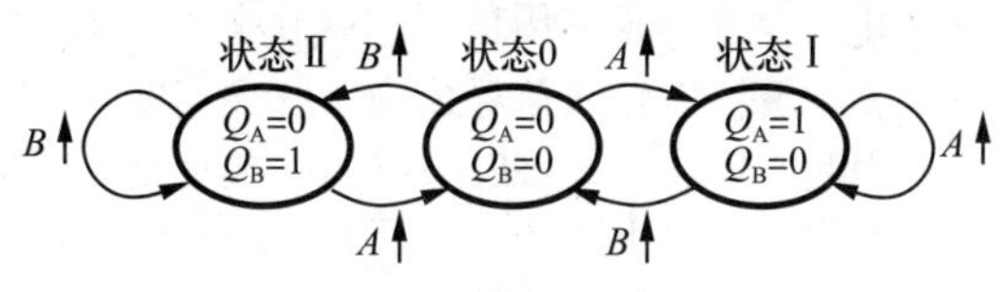

图 9.21　PFD 状态图

图 9.22 阐述了上述状态机的逻辑实现方案，图中电路包含了两个边沿触发、带复位的 D 触发器，其中 D 输入端接逻辑 1。信号 A 和 B 分别作为触发器 DFF_A 和 DFF_B 的时钟输入端，若 $Q_A=Q_B=1$，与门使触发器复位。注意，A 的切换使 Q_A 等于 D 输入端(例如逻辑 1)，当 B 切换为高电平时，Q_B 也是如此，然后激活了触发器的复位端。因此，Q_A 和 Q_B 会同时变高，持续时间为与门和触发器的复位路径上的总延时。读者可以发现，如果 A 和 B 相位精确同步，那么 Q_A 和 Q_B 都显示出窄的“复位脉冲”。

图 9.22 中 Q_B 上的复位脉冲的作用是什么？因为只关注 Q_A-Q_B 的平均值，该脉冲不会干扰电路的正常工作。然而，9.4 节将会解释，复位脉冲会引入一些误差，从而使控制电压的纹波增加。

图 9.22 中带复位的 D 触发器可由图 9.23 中的电路实现，注意该电路无 D 输入端。另外，该电路工作速度有限，因为在倍频锁相环中，ω_{in} 通常比 ω_{out} 低得多。例如，在 GSM 系统中，可以使 $\omega_{in}=2\pi\times(200\text{kHz})$ 且 $\omega_{out}=2\pi\times(900\text{MHz})$。通过分析图 9.22 和图 9.23 中的复位逻辑，可以发现 Q_A 和 Q_B 窄的复位脉宽等于 3 级门延时加上与门的延时。如果与门由一个与非门和一个反相器组成，则脉宽可达到 5 级门延时。自此以后，对于输入相位差为零的情况，假设复位脉冲宽度为 5 级门延时。

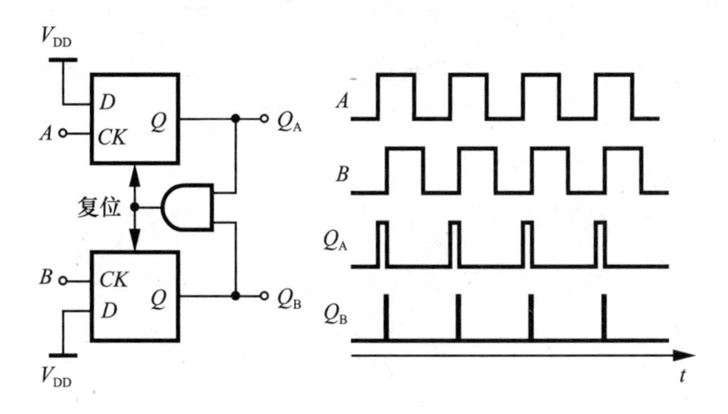

图 9.22　PFD 实现

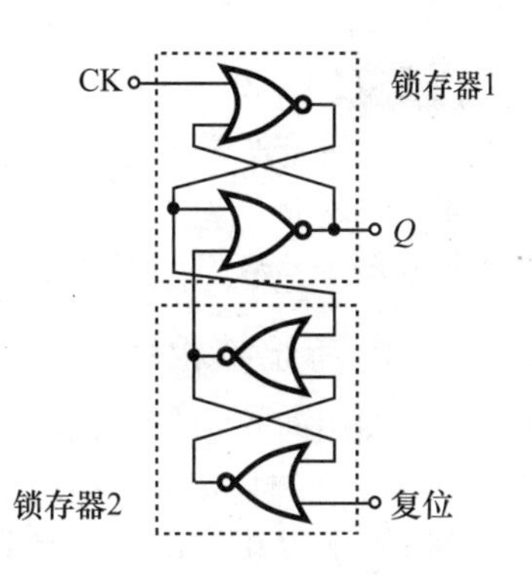

图 9.23　可复位 D 触发器的逻辑实现

在锁相环中应用 PFD，解决了获取范围有限的问题。图 9.24 为应用 PFD 的概念实现框架。通过低通滤波器和放大器 A_1 处理得到 Q_A-Q_B 的直流分量。在瞬态响应初期，PFD 作为鉴频器工作，驱使 VCO 的输出频率接近输入频率。当两者足够接近后，PFD 作为鉴相器工作，使环路进入锁相状态。注意，这里反馈的极性很重要，但在例 9.11 的简单锁相环中并不是这样的。

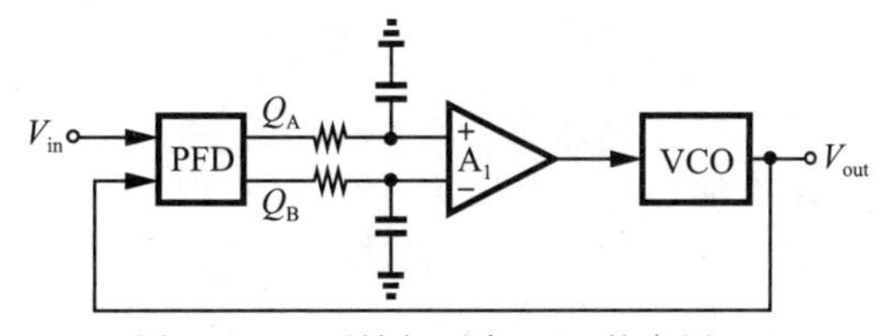

图 9.24　Ⅰ型锁相环中 PFD 的应用

接下来必须解决阻尼系数和环路滤波器转角频率的折中问题(见式(9.8)),这可以通过在环路中引入“电荷泵(CP)”来实现。

9.3.2 电荷泵

电荷泵在一段有限的时间内将电流泵入或泵出。如图9.25所示,开关S_1和S_2分别由“上拉”和“下拉”输入信号控制。脉冲宽度为ΔT的“上拉”信号让S_1导通ΔT秒,I_1对C_1充电。因此,V_{out}升高$\Delta T \cdot I_1/C_1$。类似地,“下拉”脉冲使V_{out}下降。在理想情况下,$I_1=I_2=I_P$。因此,如果上拉和下拉同时动作,则I_1仅流经S_1,并通过S_2流过I_2,V_{out}并未充放电。

在图9.25所示电路的输入端接PFD,组成如图9.26所示的电路。如果A比B超前,则Q_A产生脉冲,V_{out}持续升高。这里很重要的一点是:A与B之间任意小(比如常量)的相位误差使一个开关持续导通(虽然时间很短),因而可以缓慢地对C_1充放电并使V_{out}最后达到$+\infty$或$-\infty$。换而言之,图9.26所示电路的增益无穷大,其增益定义为V_{out}的终值除以输入相位误差。从另一方面来说,对于恒定的相位差,PFD/CP/C_1的级联产生一个类似斜坡的输出,从而表现出积分器的特性。

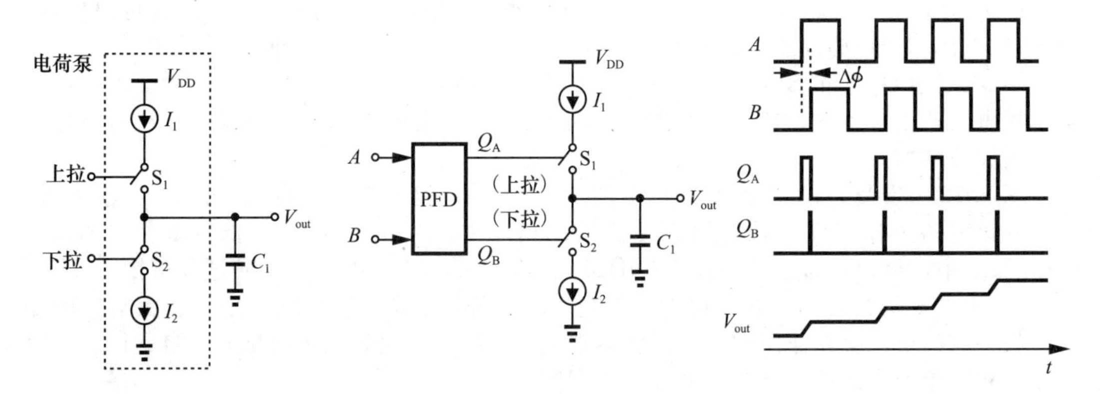

图9.25 电荷泵　　　　图9.26 PFD/CP级联的工作原理

例9.14 将图9.26中的PFD/CP电路视为具有某平均值的电流源驱动C_1,输入周期为T_{in}时,计算电流源的平均值及输出斜率。

解: 输入相位差为$\Delta\phi$时,脉宽为$[\Delta\phi/(2\pi)]\times T_{in}$秒,平均电流为$I_P\Delta\phi/(2\pi)$,且平均斜率为$I_P\Delta\phi/(2\pi)/C_1$。◀

9.3.3 电荷泵锁相环

现在利用图9.26所示的电路构造出如图9.27所示的锁相环。在前面章节提到过,有限的输入相位误差会导致V_{cont}变到无穷大,所以这个环路的输入相位误差需精确等于零。为了定量分析这种特性,可以通过ϕ_{in}和ϕ_{out}推导出传递函数。首先研究PFD/CP/C_1级联电路的变换。

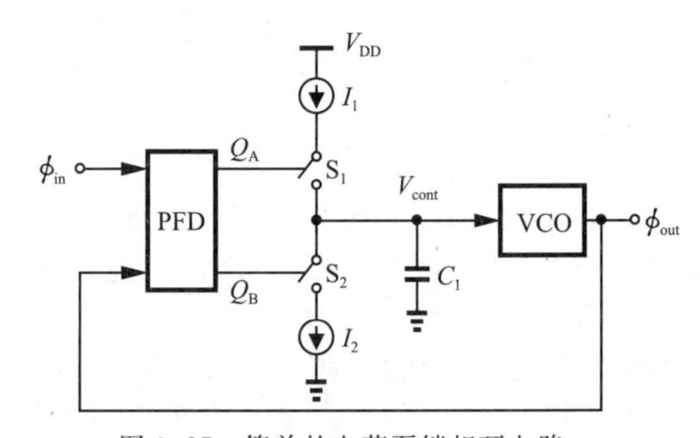

图9.27 简单的电荷泵锁相环电路

如何计算这个传递函数呢?可以在输入端施加(相位)阶跃信号,并在时域中计算输出值,对其结果取时间的微分,再计算出拉普拉斯传递函数[2]。

相位阶跃仅意味着过零点的移位,如图9.28所示,输入端的相位阶跃$\Delta\phi_0$使S_1或者

S_2 不断导通，从而使得输出端单调变化。

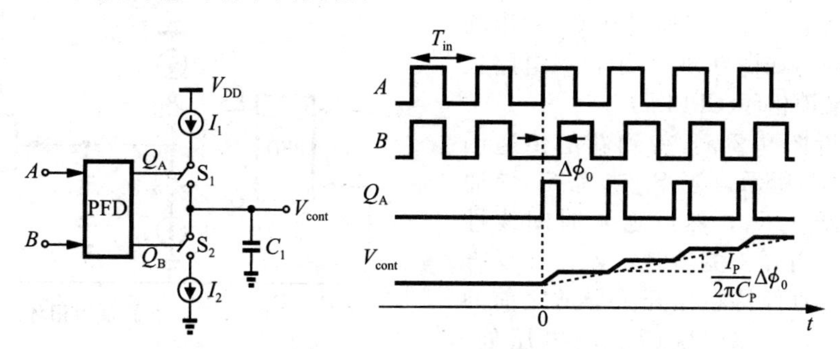

图 9.28　PFD/CP/C_1 级联的相位阶跃响应的推导

这种特性类似于积分器，然而这个系统是非线性的，如果 $\Delta\phi_0$ 变为原来的两倍，“充电-保持”输出波形 V_{out} 上的每个值并没有都变为原来的两倍(为什么?)。为了解决这个问题，可用一个斜坡来近似输出波形，如同电荷泵向 C_1 持续注入电流(见例 9.14)，这可称为“持续时间(CT)近似”。V_{cont} 在每个周期的变化为

$$\Delta V_{cont}=\frac{\Delta\phi_0}{2\pi}T_{in}\frac{I_p}{C_1}\tag{9.12}$$

其中，$[\Delta\phi_0/(2\pi)]T_{in}$ 是以秒为单位的相位差，且 $I_P=I_1=I_2$。斜坡的斜率可由 $\Delta V_{cont}/T_{in}$ 给出，因此

$$V_{cont}(t)\approx\frac{\Delta\phi_0}{2\pi}\frac{I_p}{C_1}tu(t)\tag{9.13}$$

令式(9.13)对时间进行微分，并向 $\Delta\phi_0$ 归一化，得到拉普拉斯传递函数：

$$\frac{V_{cont}}{\Delta\phi}(s)=\frac{I_p}{2\pi C_1}\frac{1}{s}\tag{9.14}$$

如前面推测的，PFD/CP/C_1 级联电路工作起来类似于积分器。

例 9.15　画出图 9.28 中的 V_{cont} 及其斜坡近似的导数曲线，并解释在什么情况下这两个导数近似?

解：图 9.29 所示为两者的导数曲线。重复脉冲用单个脉冲近似，这比“充电-保持”曲线用斜坡曲线近似，更没说服力。实际上，如果函数 $f(x)$ 与另一个函数 $g(x)$ 近似，$f(x)$ 的导数与 $g(x)$ 的导数不一定能很好地近似。然而，如果所关注的时间刻度远远大于输入周期，可以将阶跃看成重复脉冲的平均值。因此，阶跃的高度等于$(I_P/C_1)(\Delta\phi_0/2\pi)$。

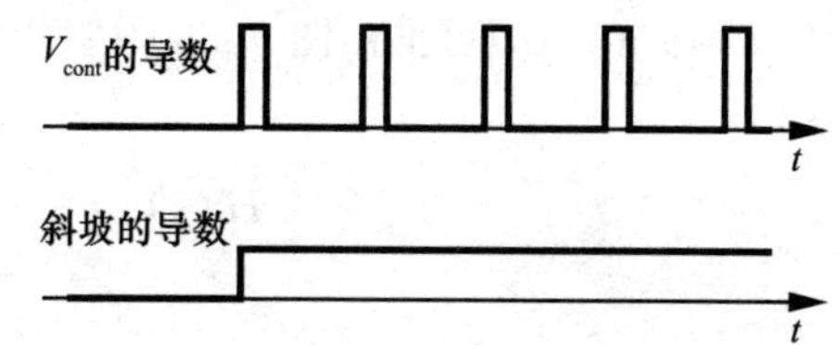

图 9.29　PFD/CP/电容级联电路的实际相位阶跃响应与斜坡的导数的对比

◀

根据式(9.14)，图 9.27 中锁相环的闭环传递函数可表示为

$$H(s)=\frac{\dfrac{I_p}{2\pi C_1 s}\cdot\dfrac{K_{VCO}}{s}}{1+\dfrac{I_p}{2\pi C_1 s}\cdot\dfrac{K_{VCO}}{s}}\tag{9.15}$$

$$=\frac{I_p K_{VCO}}{2\pi C_1 s^2+I_p K_{VCO}}\tag{9.16}$$

其开环传递函数在原点处包含了两个极点(即两个理想的积分器)，所以称之为Ⅱ型锁相环。

式(9.16)在虚轴上有两个极点，预示着这是一个振荡的系统。从例 8.5 可知，一个环

路中有两个理想(无损耗的)积分器，则该电路是不稳定的。假设改动其中的一个积分器，系统可以变得稳定。这可以通过在 C_1 中串联一个电阻实现，如图9.30所示，该电路被称为“电荷泵锁相环(CPPLL)”。

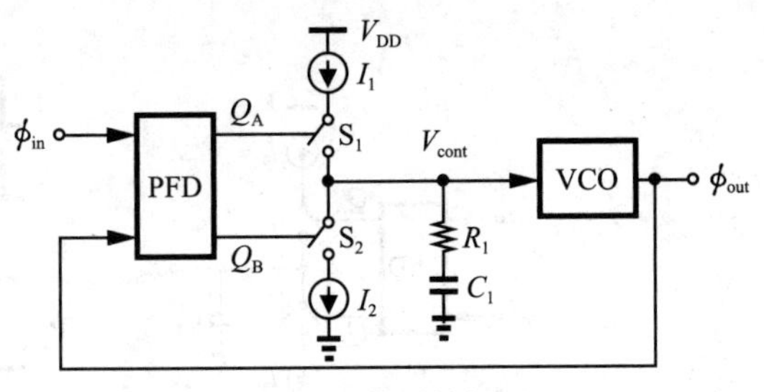

图9.30 电荷泵锁相环

再次分析图9.28a，得到新的传递函数。如图9.31所示，当 S_1 或者 S_2 导通时，V_{cont} 跳跃 I_PR_1，然后随着时间线性上升或下降。当开关关断时，V_{cont} 在反方向跃变，并一直保持在比开关导通之前的值高出 $(I_P/C_1)[\Delta\phi_0/2\pi]T_{in}$ 的电压处。最终波形可以视为原始的“充电-保持”波形与脉冲序列之和，如图9.28b所示。每个脉冲下的面积大约为 $(I_PR_1)[\Delta\phi_0/2\pi]T_{in}$。如例9.15所示，如果时间远大于 T_{in} 时，脉冲序列的阶跃高度近似为 $(I_PR_1)[\Delta\phi_0/2\pi]$，得出：

$$V_{cont}(t)=\frac{\Delta\phi_0}{2\pi}\frac{I_P}{C_1}tu(t)+\frac{\Delta\phi_0}{2\pi}I_PR_1u(t) \tag{9.17}$$

因此，PFD/CP/LPF级联电路的传递函数为

$$\frac{V_{cont}}{\Delta\phi}(s)=\frac{I_P}{2\pi}\left(\frac{1}{C_1s}+R_1\right) \tag{9.18}$$

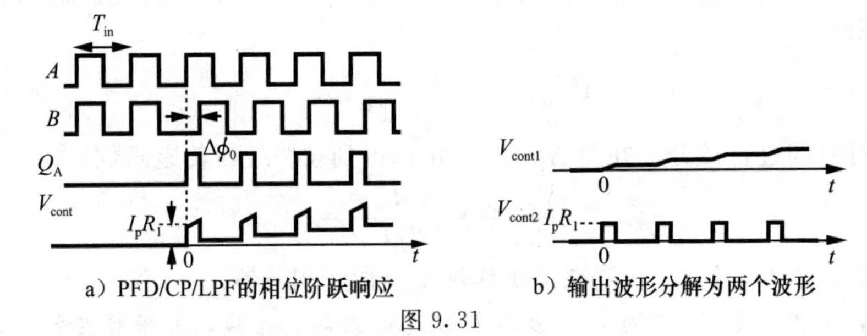

a) PFD/CP/LPF的相位阶跃响应　　b) 输出波形分解为两个波形

图9.31

由式(9.18)可推出图9.30中锁相环的闭环传输函数为

$$H(s)=\frac{\dfrac{I_PK_{VCO}}{2\pi C_1}(R_1C_1s+1)}{s^2+\dfrac{I_P}{2\pi}K_{VCO}R_1s+\dfrac{I_P}{2\pi C_1}K_{VCO}} \tag{9.19}$$

同9.2节中的Ⅰ型锁相环，将分母表示为 $s^2+2\zeta\omega_ns+\omega_n^2$ 的形式，则：

$$\zeta=\frac{R_1}{2}\sqrt{\frac{I_PC_1K_{VCO}}{2\pi}} \tag{9.20}$$

$$\omega_n=\sqrt{\frac{I_PK_{VCO}}{2\pi C_1}} \tag{9.21}$$

有趣的是，随着 C_1 的增加(可减小控制电压的纹波)，ζ 也增加，这个趋势与在Ⅰ型锁相环中观察到的情况正好相反。因此，Ⅱ型锁相环解决了稳定性和纹波幅度之间的折中问题，得出闭环极点为

$$\omega_{p1,2}=\left[-\zeta\pm\sqrt{\zeta^2-1}\right]\omega_n \tag{9.22}$$

由式(9.19)可知在 $-\omega_n/(2\zeta)$ 处有一个闭环零点。

例9.16 在图9.22实现的PFD中，如果 A 和 B 相位差为零，则 Q_A 和 Q_B 端产生两个窄脉冲。因此，S_1 和 S_2 同时导通一段短暂的时间，此时 I_1 流向 I_2。这意味着图9.30中的CPPLL没有纹波吗？

解：错，实际上，I_1 和 I_2 之间的失配、上拉和下拉脉冲宽度的失配以及其他的非理想因子都会产生一定的纹波，9.4 节将会分析这些效应。◀

式(9.18)中的传递函数从两个积分器环路的稳定性(频率补偿)角度提供了另外的视角。将式(9.18)改写为

$$\frac{V_{\text{cont}}}{\Delta\phi}(s)=\frac{I_{\text{P}}}{2\pi}\left(\frac{R_1C_1s+1}{C_1s}\right) \tag{9.23}$$

可以看出一个左半平面的实零点 $\omega_z=-1/(R_1C_1)$ 已经加入开环传递函数，因此锁相环稳定。通过观察补偿前后的环路波特图，可以更好地理解这一点。如图 9.32 所示，当环路中有两个理想的积分器时，系统没有相位裕度，而加入零点后，幅频和相频曲线都向上弯曲，相位裕度增加。

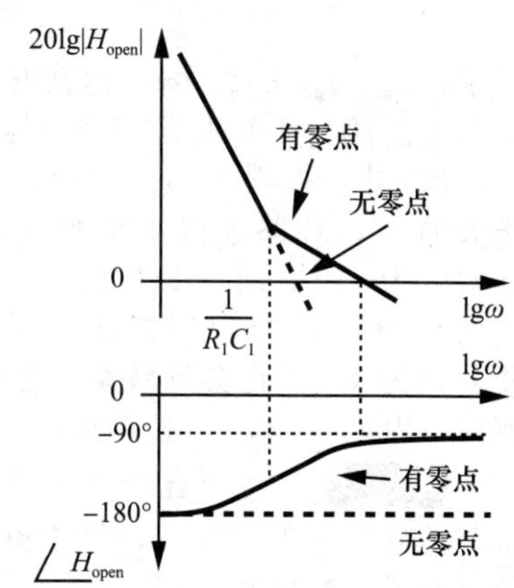

图 9.32 有或无零点时的开环电荷泵锁相环的波特图

图 9.32 所示的特性曲线也解释了 ζ 对 K_{VCO} 的依赖性，见式(9.20)。随着 K_{VCO} 的增加，幅频曲线下移而相频曲线保持不变。因此，单位增益带宽离 $-180°$ 更近，相位裕度降低，这与例 9.10 中Ⅰ型锁相环的特性相反。

假设在锁定瞬间，在某个时间点上相位差不为 0。那么 I_{P} 电流流经 R_1，产生 $I_{\text{P}}R_1$ 的压降。在习题 9.10 中，分析此压降可达到 $1.6\pi V_{\text{DD}}$（当然，CP 不可能提供这么大的摆幅）。这里的关键点就是控制电压会产生大的跳跃。9.3.7 节会进一步说明，这种跃变甚至会发生在锁定状态，并产生显著的纹波。

9.3.4 瞬态响应

通过式(9.19)中的闭环传递函数，可以预测瞬态响应。

例 9.17 如果 $\zeta=1$，以 ω 为变量，画出式(9.19)的幅频曲线。

解：闭环系统包含两个相等的实极点 $-\omega_{\text{n}}$ 和一个零点 $-\omega_{\text{n}}/2$。绘制在图 9.33 中，$|H|$ 在 $\omega=\omega_{\text{n}}/2$ 处开始从单位增益上升，并在 $\omega=\omega_{\text{n}}$ 处达到峰值，在 $\omega=\sqrt{2}\omega_{\text{n}}$ 处变回单位增益，此后曲线以 -20dB/dec 的斜率下降。◀

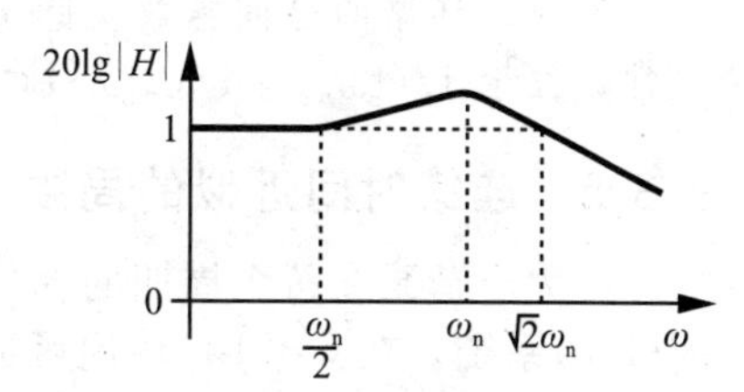

图 9.33 两个相等的闭环极点的闭环锁相环系统的频率响应曲线

对式(9.19)进行反向拉普拉斯变换，可推出对于频率阶跃 $\Delta\omega_{\text{in}}$ 的输入端，以时间为变量的输出频率 $\Delta\omega_{\text{out}}$ 的函数为

$$\begin{aligned}\Delta w_{\text{out}}(t)&=\Delta\omega_{\text{in}}u(t)-\Delta\omega_{\text{in}}\Big[\cos(\sqrt{1-\zeta^2}\,\omega_{\text{n}}t)-\\&\qquad\frac{\zeta}{\sqrt{1-\zeta^2}}\sin(\sqrt{1-\zeta^2}\,\omega_{\text{n}}t)\Big]\mathrm{e}^{-\zeta\omega_{\text{n}}t}u(t),\ \zeta<1 &(9.24)\\&=\Delta\omega_{\text{in}}u(t)-\Delta\omega_{\text{in}}(1-\omega_{\text{n}}t)\mathrm{e}^{-\zeta\omega_{\text{n}}t}u(t),\ \zeta=1 &(9.25)\\&=\Delta\omega_{\text{in}}u(t)-\Delta\omega_{\text{in}}\Big[\cosh(\sqrt{\zeta^2-1}\,\omega_{\text{n}}t)-\\&\qquad\frac{\zeta}{\sqrt{\zeta^2-1}}\sinh(\sqrt{\zeta^2-1}\,\omega_{\text{n}}t)\Big]\mathrm{e}^{-\zeta\omega_{\text{n}}t}u(t),\ \zeta>1 &(9.26)\end{aligned}$$

由于该响应按指数下降，可以认为 $1/(\zeta\omega_{\text{n}})$ 是环路的“时间常数”，但是如同下面解释的，这并不是一个精确的描述。假设 $\zeta/\sqrt{1-\zeta^2}=\tan\psi$（即 $\zeta=\sin\psi$），式(9.24)可以简化为

$$\Delta\omega_{\text{out}}(t)=\Delta\omega_{\text{in}}u(t)-\frac{\Delta\omega_{\text{in}}}{\sqrt{1-\zeta^2}}\cos(\sqrt{1-\zeta^2}\,\omega_{\text{n}}t+\psi)\mathrm{e}^{-\zeta\omega_{\text{n}}t}u(t),\ \zeta<1 \tag{9.27}$$

根据式(9.20)和式(9.21)，环路的时间常数可以表示为

$$\frac{1}{\zeta\omega_n}=\frac{4\pi}{R_1 I_p K_{VCO}} \tag{9.28}$$

如果ζ接近于1，该量(或其倒数)可以用来度量环路的建立速度。

ζ远大于1时会出现什么情况？如果$\zeta^2 \gg 1$，那么$\sqrt{\zeta^2-1}\approx\zeta[1-1/(2\zeta^2)]=\zeta-1/(2\zeta)$，且式(9.22)可简化为

$$\omega_{p1}\approx -\frac{1}{2\zeta}\omega_n=-\frac{1}{R_1C_1} \tag{9.29}$$

$$\omega_{p2}\approx -2\zeta\omega_n=-\frac{R_1 I_p K_{VCO}}{2\pi} \tag{9.30}$$

其中，$\omega_{p1}/\omega_{p2}\approx 4\zeta^2 \gg 1$。这意味着$\omega_{p2}$成为主极点了吗？不！有趣的是零点也位于$-\omega_n/(2\zeta)$处，抵消了$\omega_{p2}$的作用。因此，对于大的$\zeta^2$，环路近似于单极点系统，其时间常数为$1/|\omega_{p1}|=1/(2\zeta\omega_n)$。图9.34所示为$\zeta=1.5$时的$|H|$曲线，可以看出，即使$\zeta$仅为1.5，也会导致系统近似于单极点响应，因为$\omega_z$和$\omega_{p1}$相对很近。

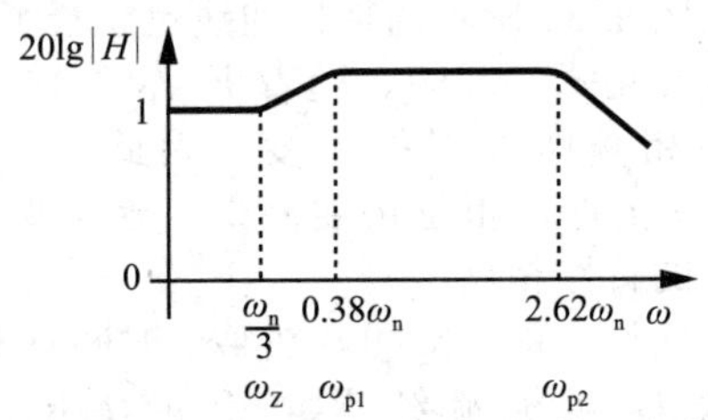

图9.34　$\zeta=1.5$时闭环锁相环的频率响应曲线

例9.18 一个学生与我们的推导结论不一致，我们的结论是当$\zeta^2\gg 1$时，环路的时间常数近似等于$1/(2\zeta\omega_n)$，但是由式(9.24)～式(9.26)可明显推出时间常数为$1/(\zeta\omega_n)$，解释这种不一致的原因。

解： 对于$\zeta^2\gg 1$，有$\zeta/\sqrt{\zeta^2-1}\approx 1$，由于$\cosh x-\sinh x=e^{-x}$，重写式(9.26)为

$$\Delta\omega_{out}(t)=\Delta\omega_{in}u(t)-N\Delta\omega_{in}(e^{-\zeta\omega_n t})e^{-\zeta\omega_n t}u(t),\ \zeta^2\gg 1 \tag{9.31}$$

因此，环路的时间常数实际上等于$1/(2\zeta\omega_n)$。更普遍的是，如果ζ为典型值，环路时间常数位于$1/(\zeta\omega_n)$～$1/(2\zeta\omega_n)$之间。◀

9.3.5 连续时间近似的局限

因为电荷泵在每个周期的部分时间内关断且环路断开，所以CPPLL本质上是离散时间(DT)系统。在CPPLL传递函数的推导中，假定了两个连续时间近似：将图9.28中的“充电-保持”波形近似为一个斜坡波形，以及将图9.31b中的系列脉冲波形近似为一个阶跃波形。只有原始波形中固有的时间“粒度”远小于关注的时间刻度时，上述近似才会成立。为了更好地理解这点，要考虑相反的情形，即连续时间波形的离散近似。如图9.35所示，如果从一个时钟周期到另一个时钟周期的CT波形变化很小，那么近似正确，但是如果CT波形变化很快，精度就会降低。

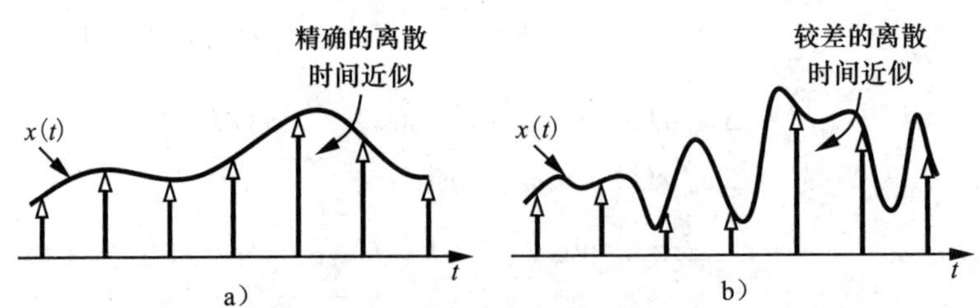

图9.35　精确的和较差的连续时间波形的离散时间近似

这也揭示了，只有内部状态(控制电压和VCO的相位)从一个周期到另一个周期的变化较慢时，CPPLL才遵循式(9.19)的传输函数。当环路的时间常数远大于输入周期时才满足。实际上，在锁相环的设计过程中，这点尤为重要。在参考文献[3]中，有CPPLL的

离散时间分析，但实际上，环路变化不会那么慢，因此会体现出欠阻尼行为，或者仅仅可能不会锁定。因此 CT 近似在很多实际应用中是可行的。

9.3.6 倍频电荷泵锁相环

如同 9.2.5 节的图 9.18b 所述，若锁相环在反馈路径中包含模为 M 的分频器，则得到的输出频率为输入频率的 M 倍。要推出Ⅱ型倍频锁相环的动态特性，可简单地将式(9.29)与 K_{VCO}/s 的乘积作为正向传递函数，而 $1/M$ 为反馈因子，得出：

$$H(s)=\frac{\dfrac{I_p K_{VCO}}{2\pi C_1}(R_1C_1s+1)}{s^2+\dfrac{I_p}{2\pi}\dfrac{K_{VCO}}{M}R_1s+\dfrac{I_p}{2\pi C_1}\dfrac{K_{VCO}}{M}} \tag{9.32}$$

除了 K_{VCO} 要除以 M 之外，该式的分母类似于式(9.19)。因此，式(9.20)和式(9.21)可以相应地调整为

$$\zeta=\frac{R_1}{2}\sqrt{\frac{I_pC_1}{2\pi}\frac{K_{VCO}}{M}} \tag{9.33}$$

$$\omega_n=\sqrt{\frac{I_p}{2\pi C_1}\frac{K_{VCO}}{M}} \tag{9.34}$$

如图 9.32 所示，K_{VCO} 减小到 $1/M$ 会使环路稳定性变差(为什么?)，因此需要更大的 I_P 或更大的 C_1。将式(9.32)改写为

$$H(s)=M\frac{2\zeta\omega_ns+\omega_n^2}{s^2+2\zeta\omega_ns+\omega_n^2} \tag{9.35}$$

例 9.19 倍频锁相环的输入为有两个小且靠近的调频边带的正弦波，即调制频率相对较低。请给出锁相环的输出频谱图。

解： 输入可以表示为

$$V_{in}(t)=V_0\cos(\omega_{in}t+a\int\cos\omega_m t\,dt) \tag{9.36}$$

$$=V_0\cos\left(\omega_{in}t+\frac{a}{\omega_m}\sin\omega_m t\right) \tag{9.37}$$

由于边带很小，可以应用窄带 FM 近似，且输入边带的幅度归一化到载波幅度，即为 $a/(2\omega_m)$。由于 $\sin\omega_m t$ 缓慢调制输入相位，令式(9.35)中的 $s\to 0$，则：

$$\frac{\phi_{out}}{\phi_{in}}(s\approx 0)=M \tag{9.38}$$

这是意料中的结果，因为倍频和相位倍增是同义的。因此，输出相位调制为输入相位调制的 M 倍。

$$V_{out}(t)=V_1\cos\left(M\omega_{in}t+\frac{Ma}{\omega_m}\sin\omega_m t)\right) \tag{9.39}$$

换而言之，边带的相对幅度增加 M 倍，但是与载波之间的间隔保持常量，如图 9.36 所示。这种特性与从例 9.12 观察到的分频特性相反。

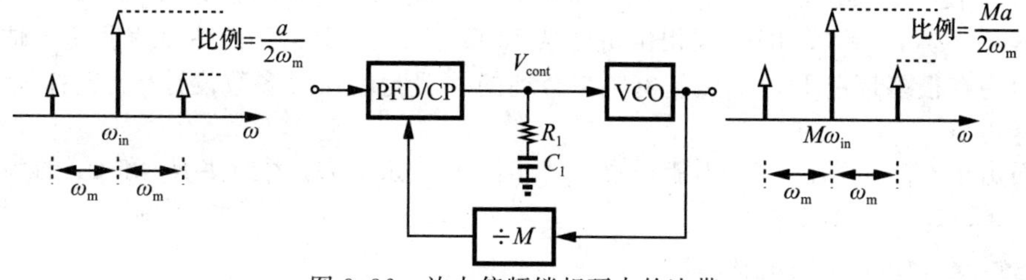

图 9.36 放大倍频锁相环中的边带

◀

需注意的是，上例只适用于锁相环输入的缓慢相位或频率调制的状况，输出才能准确地追踪输入的变化。对于快速调制，输出相位相对于输入相位减小，且受式(9.32)的影响。

9.3.7 高阶环路

即使在锁定条件下，图9.30中包含R_1和C_1的环路滤波器也不能有效地抑制纹波，所以该电路是不可行的。例如，假设在锁定状态下，由于图9.37中PFD的传播路径失配，上拉和下拉脉冲每隔T_{in}秒产生一个小的斜坡。因此，一个开关比另一个开关先开启，使得相应的电流源流经R_1并在控制电压上产生I_PR_1的瞬时变化。在上拉和下拉脉冲的下降沿，会发生相反的情况。因此，每隔T_{in}秒纹波由幅度为I_PR_1的正负脉冲组成。由于I_PR_1非常大(甚至高于电源电压)㊀，需要寻找其他减小纹波的方法。

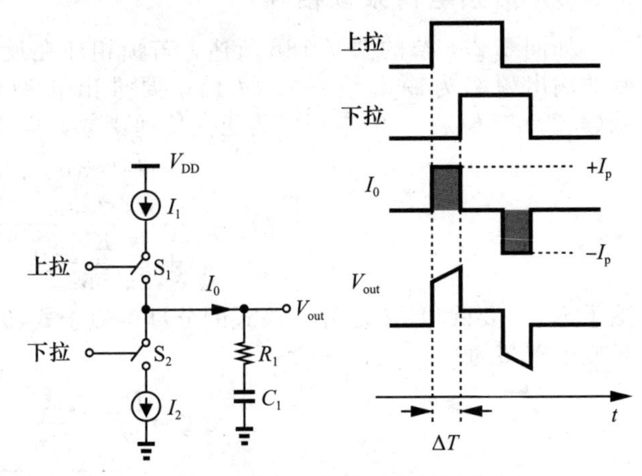

图9.37 上拉和下拉脉冲的斜坡效应

减小纹波最常用的方法就是在控制电压到地之间直接接一个电容。如图9.38所示，这个方法就是在电荷泵输出端提供一个到地的低阻抗路径。也就是说，CP产生的宽度为ΔT的电流脉冲首先流入C_2，导致V_{cont}变化$(I_P/C_2)\Delta T$(由于通常$R_1C_2 \gg \Delta T$，所以电压的变化可近似于一个斜坡)。CP关断后，C_2开始通过R_1与C_1共享电荷，使V_{cont}以R_1C_{eq}的时间常数指数衰减，其中，$C_{eq}=C_1C_2/(C_1+C_2)$。当然，C_2越大，产生的纹波越小。

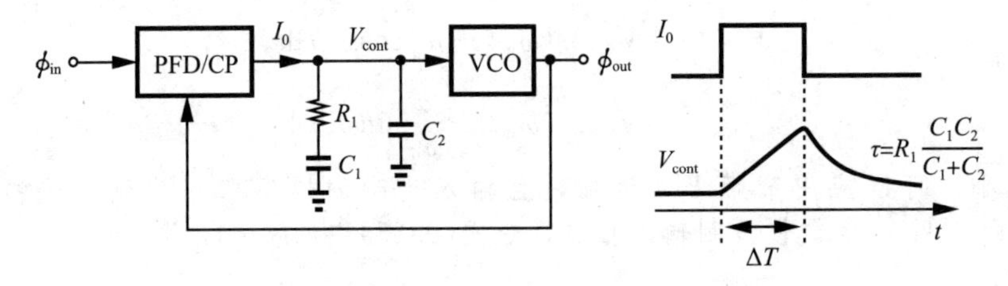

图9.38 在环形滤波器中加入第二个电容

C_2可以取到多大？环路滤波器提供的“电流-电压”转换阻抗由$R_1+(C_1s)^{-1}$变为$[R_1+(C_1s)^{-1}] \| (C_2s)^{-1}$，在$(R_1C_{eq})^{-1}$处产生了一个额外的极点，降低了环路的稳定性。因此，必须计算出增加C_2前后的相位裕度：

$$\mathrm{PM} \approx \arctan(4\zeta^2) - \arctan\left(4\zeta^2 \frac{C_{eq}}{C_1}\right) \tag{9.40}$$

其中，为了使PM最大化，令ζ等于$0.5\sqrt[4]{C_1/C_{eq}}$。例如，如果$C_2=0.2C_1$，那么$(R_1C_{eq})^{-1}=6\omega_z$，$\zeta \approx 0.783$，且相位裕度从76°降至46°。锁相环的仿真表明这个估算有点悲观，因为在很多情况下，$C_2 \leqslant 0.2C_1$是合理的。因此，在大多数设计中㊁选择$\zeta=0.8 \sim 1$且$C_2 \approx 0.2C_1$。

然而由于C_2的存在，R_1不能任意大。实际上，如果R_1大到使R_1和C_1的串联组合

㊀ 在习题9.11中，有I_pR_1的计算。

㊁ ζ仍然是原始二阶环路的阻尼系数。

对系统的影响被 C_2 盖过，那么锁相环可简化为图 9.27 中的系统且满足式(9.16)。R_1 的上限为

$$R_1^2 \leqslant \frac{2\pi}{I_p K_{VCO} C_{eq}} \tag{9.41}$$

例 9.20 观察图 9.39 中的两个滤波器/VCO 结构，解释在电源噪声方面，哪种结构的性能更好。

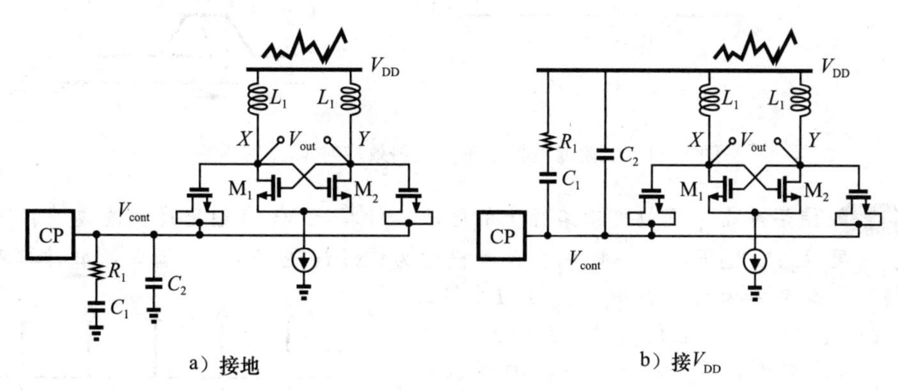

图 9.39 环路滤波器

解： 在图 9.39a 中，环路滤波器接地，而变容二极管两端的电压则接 V_{DD}。由于 C_1 和 C_2 远大于变容二极管的电容，V_{cont} 保持相对恒定，且 V_{DD} 调制变容二极管的值。另一方面，在图 9.39b 中，环路滤波器和变容二极管参考同一电压级，即 V_{DD}。因此，可以忽略 V_{DD} 上的噪声对变容二极管上电压的调制作用。大体上，环路滤波器使 V_{cont} "自举"至 V_{DD}，从而使前者追踪后者，因此，这种结构更好。在任意的锁相环设计中应该遵守环路滤波器和 VCO 中的接口规则。 ◀

另一种环路滤波器如图 9.40 所示，也可以减小纹波。其中节点 X 处的纹波可能很大，但是经过 R_2 和 C_2 组成的低通滤波器后纹波会被抑制。如果在关注的频段有 $|R_2+(C_2s)^{-1}| \gg |R_1+(C_1s)^{-1}|$，则会产生一个额外的极点 $(R_2C_2)^{-1}$。读者可以自行证明：

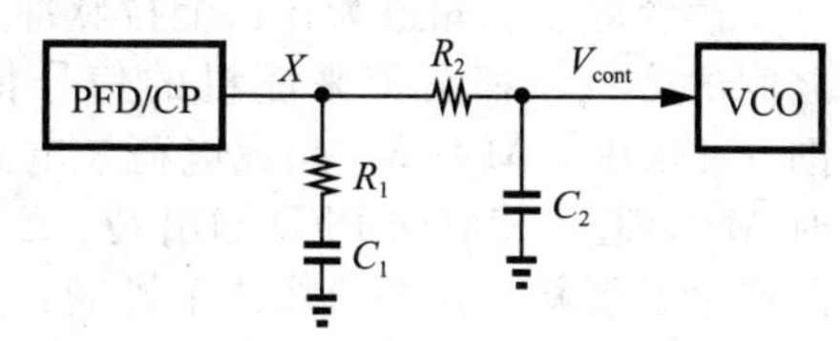

图 9.40 二阶环形滤波器的备选方案

$$\mathrm{PM} \approx \arctan(4\zeta^2) - \arctan\left(4\zeta^2 \frac{R_2C_2}{R_1C_1}\right) \tag{9.42}$$

为了得到合理的相位裕度，$(R_2C_2)^{-1}$ 必须比 ω_z 高 5～10 倍。

9.4 PFD/CP 的非理想特性

在之前锁相环的研究中，我们已经深刻理解了它的工作原理，但是忽略了很多非理想元素。这节将分析 PFD/CP 级联结构的非理想效应，并给出解决这些效应的电路实现技术。

9.4.1 上拉下拉歪斜和宽度失配

由 PFD 产生的上拉脉冲和下拉脉冲可能不同时到达。如 9.3.7 节的图 9.37 所述，到达时间的失配 ΔT 可转换为两个极性相反、高为 I_P、宽为 ΔT 的电流脉冲，在每个相位比较瞬间从电荷泵注入。由于这些脉冲的时间刻度很短，所以只有图 9.38 中的作为储存元件的 C_2，在控制线上产生了图 9.41 中的脉冲。脉冲的宽度等于复位脉冲的宽度 T_{res}(在图 9.22 和图 9.23 的 PFD 应用中大约为 5 个门级延时)再加上 ΔT，而脉冲的高度为 $\Delta T I_P/C_2$。

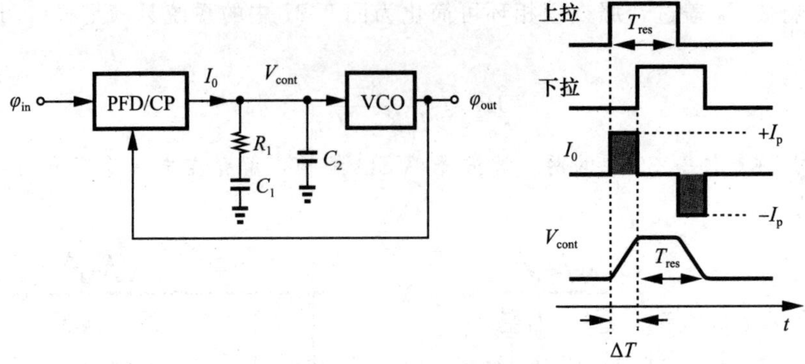

图 9.41　二阶滤波器中正负歪斜效应对 V_{cont} 的影响

例 9.21 使用冲击来近似控制路径上的脉冲，计算出 VCO 输出产生的边带的幅度。

解： 如果 $T_{res} \gg 2\Delta T$，每个脉冲下的面积约为$(\Delta T I_p/C_2)T_{res}$。因此，脉冲序列的傅里叶变换中包含频率为输入频率 $f_{in}=1/T_{in}$ 整数倍的脉冲，其幅度为$(\Delta T I_p/C_2)T_{res}/T_{in}$，如图 9.42 所示。在$\pm 1/T_{in}$ 处的两个脉冲对应一个峰值为 $2(\Delta T I_p/C_2)T_{res}/T_{in}$ ㊀ 的正弦波。如果窄带 FM 近似平稳，则 VCO 输出在 $f_c \pm f_{in}$ 处的边带相对幅度为

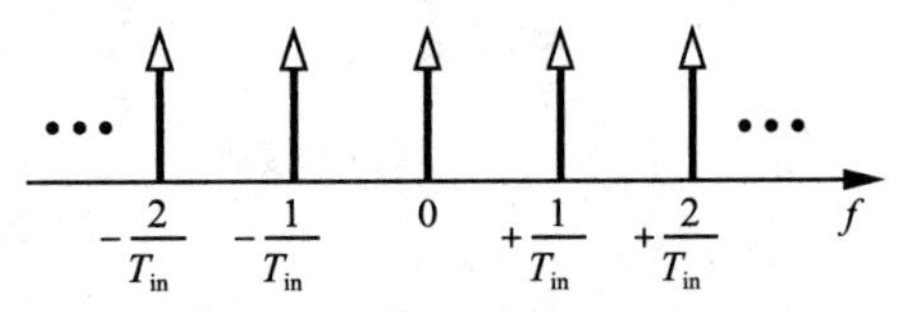

图 9.42　控制电压上纹波的频谱图

$$\frac{A_{side}}{A_{carrier}}=\frac{1}{2\pi}\frac{\Delta T I_p}{C}T_{res}K_{VCO} \tag{9.43}$$

而 $f_c \pm n f_{in}$ 处的边带幅度减小为原值的 $1/n$。这里得到了一个有趣且有用的结论是：式(9.43)与 f_{in} 无关。◀

读者可能想知道为什么上拉脉冲和下拉脉冲不会同时达到。PFD 以及 PFD 与电荷泵之间的接口，都会带来随机的信号传输时间失配，从而可能导致系统的歪斜。例如在图 9.43a 中，$M_1 \sim M_4$ 组成电荷泵电路，由于 S_1 由 PMOS 器件实现，为了实现 Q_A 为高时 M_1 导通，相应的 PFD 输出 Q_A 必须反向。反相器带来的延时使上拉/下拉两个脉冲中间产生了歪斜。为了消除这个影响，可以在 Q_B 和 M_2 的栅极之间插入一个传输门，使之与反相器的延时相等，如图 9.43b 所示㊁。

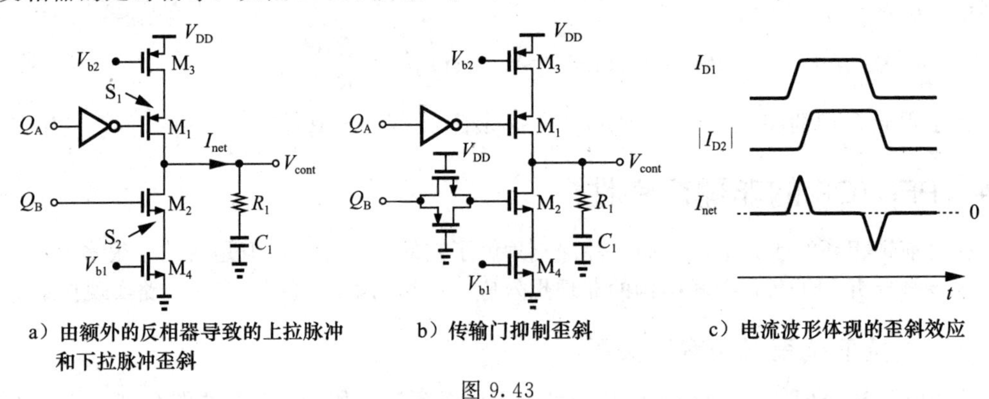

a）由额外的反相器导致的上拉脉冲和下拉脉冲歪斜　b）传输门抑制歪斜　c）电流波形体现的歪斜效应

图 9.43

图 9.43b 能产生完美对齐的上拉脉冲和下拉脉冲吗？不一定。由于 M_1 和 M_2 导通、

㊀ 原书有误。
㊁ 由于从 Q_B 端看到的电容可能与从 Q_A 端看到的电容不相等，所以歪斜不能完全消除。

关断的时刻可能对不准，电荷泵的PMOS和NMOS产生的电流由于歪斜而出现偏差。换句话说，图9.43c中上下两路的电流波形I_{D1}和I_{D2}之间的歪斜量实际上很重要，最终注入环路滤波器的电流为$I_{net}=I_{D1}-I_{D2}$。在PFD/CP级联电路的设计中，I_{net}的幅值和持续时间必须最小化。

例9.22 上拉脉冲和下拉脉冲之间的脉宽失配的影响是什么？

解： 图9.44a中下拉脉冲宽度小于上拉脉冲，这种情形表明在每一个相位比较瞬间，都有电流脉冲注入环形滤波器。然而，这种周期性的注入可能使V_{cont}无限上升和下降。因此，图9.44b中的锁相环产生一个相位偏移，从而使下拉脉冲与上拉脉冲宽度相等。因此，注入滤波器的电流I_{net}由大小相等、方向相反的脉冲组成。对于原始的脉宽失配ΔT，式(9.43)依然适用。

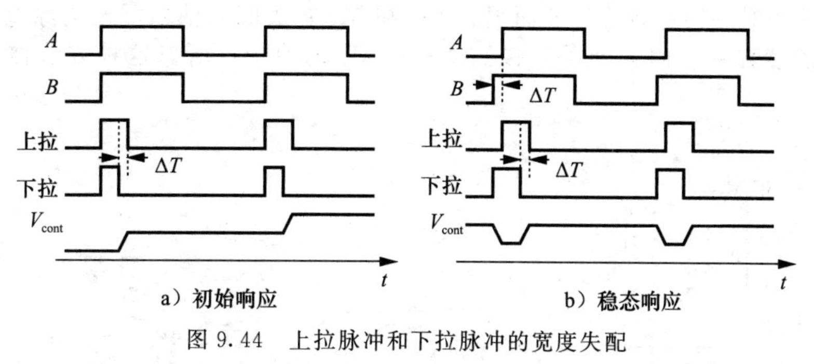

a）初始响应　　b）稳态响应

图9.44　上拉脉冲和下拉脉冲的宽度失配 ◀

9.4.2 电压裕度

回顾第8章，将K_{VCO}维持在一个合适的值时希望VCO的可调范围最大化。因此，需要设计出一种电荷泵，其输出电压尽可能是轨到轨的。在图9.43b所示简单的电荷泵电路中，电流源的源漏极电压需要最小化，而且每个开关都要维持一个电压降，可以说输出电压裕度为V_{DD}减去两个过驱动电压及两个开关压降。为了使输出电压裕度最大化，需采用宽尺寸器件，下面讲述由此带来的其他问题。

9.4.3 电荷注入和时钟馈通效应

现在讨论电荷泵的缺陷。在图9.43b所示的简单CP电路中，当开关晶体管M_1和M_2导通时，其反型层中存在一定数量的电荷，电荷可以表示为

$$|Q_{ch}|=WLC_{ox}|V_{GS}-V_{TH}| \tag{9.44}$$

随着开关导通，电荷被吸收，而开关关断时，电荷被消除，两种情况下都是通过开关管的源极和漏极作用的。通常，由于M_1和M_2的尺寸和过驱动电压不同，不能正好抵消对方的电荷吸收或注入，因此在导通和关断时控制电压会受到干扰，如图9.45a所示。此后将这个效应称为电荷注入效应，而当开关关断时，电荷的吸收作用与此类似。

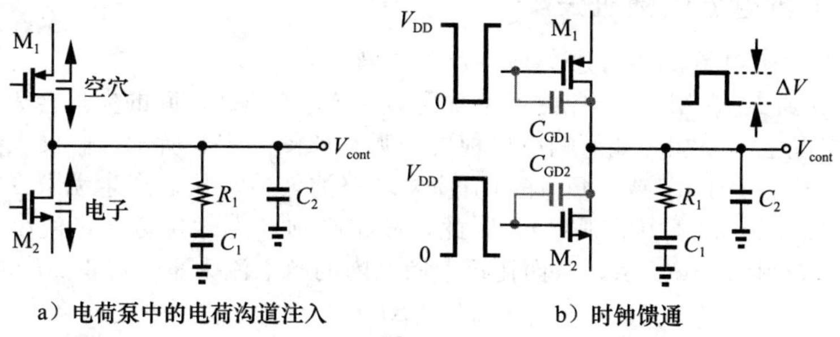

a）电荷泵中的电荷沟道注入　　b）时钟馈通

图9.45

另一个效应是关于开关管栅漏极覆盖电容的效应，如图9.45b所示，上拉脉冲和下拉脉冲通过C_{GD1}和C_{GD2}耦合，并且都到达V_{cont}。由于R_1C_1很大，在刚开始，只有C_2会减弱这种时钟馈通效应：

$$\Delta V=\frac{C_{GD1}-C_{GD2}}{C_{GD1}+C_{GD2}+C_2}V_{DD} \tag{9.45}$$

当电荷泵关断后，C_2和C_1共享的电荷将电压减小至

$$\Delta V'=\frac{C_{GD1}-C_{GD2}}{C_{GD1}+C_{GD2}+C_2+C_1}V_{DD} \tag{9.46}$$

可以采用很多种技术来减小电荷注入和时钟馈通效应。如图9.46a所示，其中一种方法是在电源附近放置开关[4]，因此，在M_3和M_4的源极电压改变之前，X和Y节点到地的总电容会减小时钟馈通效应。然而因为M_3和M_4在关断时依然需要消除电荷，所以电荷注入效应依然存在。因为开关连接到M_3和M_4的源极，所以这种方法称为“源极开关”法。

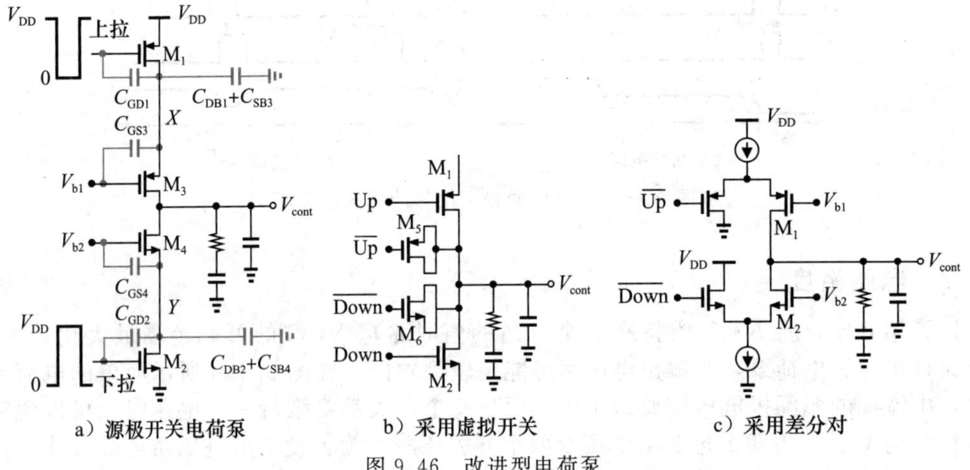

图9.46 改进型电荷泵

另外一个方法是加入“虚拟”开关以抑制这两种效应[5]。如图9.46b所示，增加两个晶体管以作为电容工作，并由上拉脉冲和下拉脉冲的互补信号进行驱动。读者可以证明，如果$W_5=0.5W_1$且$W_6=0.5W_2$，那么每个开关的时钟馈通效应会正好抵消。另外，如果每个开关在源极和漏极的电荷完全相等，电荷注入效应也会消失。由于这种条件很难成立，电荷注入效应只能部分消除。

图9.46c显示了另一种方法，差分对产生上拉电流和下拉电流。如果V_{b1}和V_{b2}分别接在M_1和M_2的栅极，从而提供了小的阻抗，那么$\overline{\mathrm{Up}}$和$\overline{\mathrm{Down}}$信号到输出的路径中将不会出现馈通。但是，M_1和M_2之间的电荷注入失配仍然不能消除。

9.4.4 上拉下拉电流的随机失配

电荷泵中的两个电流源不可避免地会产生失配，如图9.47a所示，I_{REF}镜像到M_4和M_6，而I_{D6}镜像到M_3。M_4与M_6之间的失配以及M_3与M_5之间的失配会表现在上拉电流和下拉电流的失配上。锁相环如何响应这种失配呢？如图9.47b所示，假设上拉脉冲和下拉脉冲保持对齐，然后一个正(或者负)净电流注入环路滤波器，从而产生无限变化的控制电压(一定程度上类似于例9.22中的现象)。因此，环路必须产生相位偏移，使小电流的持续时间长于大电流，如图9.47c所示，从而让每个周期内的净电流为零。对于ΔI的失配，如果

$$I_p\cdot\Delta T=\Delta I\cdot T_{res} \tag{9.47}$$

那么I_{net}为零，其中I_P为平均电流，因此，

$$\Delta T = T_{\mathrm{res}} \frac{\Delta I}{I_{\mathrm{p}}} \tag{9.48}$$

纹波幅度为 $\Delta T \times I_{\mathrm{p}}/C_2 = T_{\mathrm{res}} \Delta I / C_2$。

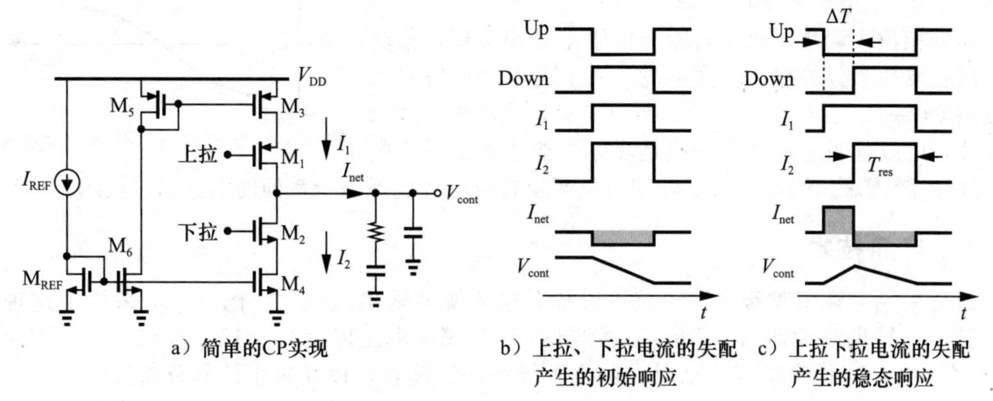

a）简单的CP实现　b）上拉、下拉电流的失配产生的初始响应　c）上拉下拉电流的失配产生的稳态响应

图 9.47

如何比较由于上拉、下拉歪斜和电流失配产生的纹波影响呢？正如前面推导的，前者产生的纹波幅度为 $\Delta T \cdot I_{\mathrm{p}}/C_2$，与歪斜时间和电荷泵平均电流的乘积成正比，而后者与复位脉冲的宽度和失配电流的乘积成正比，因此，两者是可以比较的。

增大电流源晶体管的尺寸，可以减小上拉、下拉电流的随机失配。由模拟电路设计方法可知，随着晶体管尺寸和面积的增加，失配的影响减小。例如使晶体管的面积加倍，相当于让两个晶体管并联，可以使阈值电压的失配减小到 $1/\sqrt{2}$。但是，使用更大尺寸的晶体管会导致更大的电荷注入和时钟馈通效应。

9.4.5　沟长调制

电流源的沟长调制效应也会导致上拉、下拉电流的失配，也就是说，不同的输出电压会不可避免地致使电流源中源漏电压产生相反的改变，从而产生大的失配。

为了量化沟长调制效应的影响，测量如图 9.48a 所示的电荷泵电路，其中两个开关都是导通的，而且输出在合理的范围内变化。理想情况下，在整个范围内都有 $I_{\mathrm{X}}=0$，但实际上，如图 9.48b 所示，因为 PMOS 和 NMOS 中的电流不相等，I_{X} 是变化的。I_{X} 距零点最大的偏移 $I_{\max}$ 除以 I_{P} 的标称值，可以计算出沟长调制效应的影响。对于短沟道器件，这个比例可以达到 30%～48%。

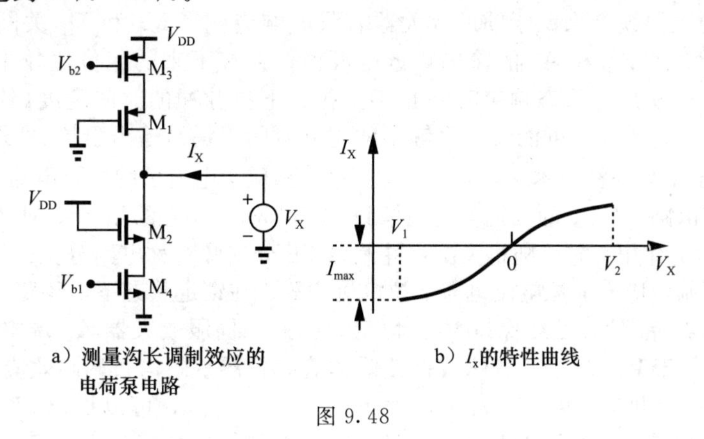

a）测量沟长调制效应的电荷泵电路　b）I_x的特性曲线

图 9.48

例 9.23　为什么 CPPLL 的相位失调随着输出频率的变化而变化？

解：每一个输出频率点会对应一个控制电压，沟长调制效应会在上拉、下拉电流之间引入一定的失配，如图9.48b所示。根据式(9.48)，这种失配归一化到I_P，再与T_{res}相乘就可得到相位失调。总体的特性曲线如图9.49所示。◀

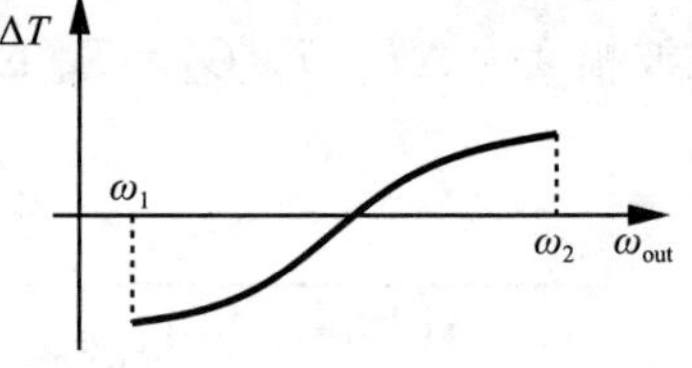

图9.49 随着频率变化的相位失调

尽管相位失调或变化在射频分析中不是很关键，但其产生的纹波却十分关键。也就是说，为了产生可以容忍的纹波幅度($=T_{res}\Delta I/C_2$)，沟长调制效应必须足够小。较长的晶体管可以削弱这种影响，但是实际上要达到足够小的ΔI可能比较困难。因此，为了处理沟长调制效应，我们提出一系列的电路改进技术。

9.4.6 电路技术

通过采用“调节型级联”电路可以提升电流源的输出阻抗[6]。图9.50a采用了这种结构，其中，辅助放大器A_0感测V_P并调整M_1的栅极电压以使V_P与V_b近似相等，因此流过R_S的电流I_X相对恒定。结果，输出阻抗增加，读者可以通过小信号分析证明：

$$\frac{V_X}{I_X}=(1+A_0)g_m r_O R_S+r_O+R_S \tag{9.49}$$

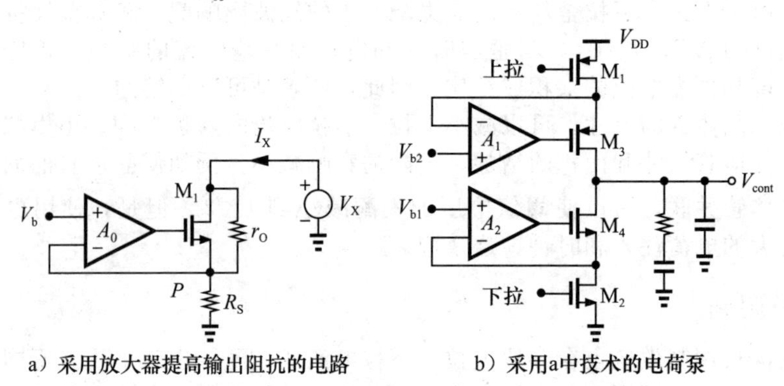

a）采用放大器提高输出阻抗的电路　　b）采用a中技术的电荷泵

图9.50

该技术比较有吸引力，因为它提高了输出阻抗而没有浪费额外的电压裕度。

图9.50b为采用调节型级联电路的电荷泵，开关与M_3和M_4的源极串联。如果辅助放大器的增益足够大，即使M_3和M_4稍微进入三极管区，上拉、下拉电流的失配也会限制在很小的程度。

这种方法的主要缺点来源于辅助放大器有限的响应。当M_1和M_2关断时，M_3和M_4的反馈环路失效，使A_1和A_2的输出接近电源值。在接下来的相位比较中，输出必须先回到合适的值——实质上瞬态响应时间长于上拉、下拉脉冲的时间宽度(约为5个门级延时)。换而言之，A_1和A_2可能没有足够多的建立时间以提高输出阻抗(见式(9.49))。

图9.51给出了另一种技术[7]，其中，M_1～M_4构成了电荷泵的主要电路，而M_5～M_8是一个对称的分支电路。M_{REF}的偏置电流镜像到M_6和M_4，额外的晶体管M_9和M_8有类似于M_2(当其导通时)的作用。忽略随机失配，并假设CP分支和对称电路分支的尺寸相同，那么即使存在沟长调制效应，上拉电流也与下拉电流相等。在锁定状态下，环路滤波器相当于一个工作良好的“存储器”，始终保持V_{cont}恒定。因此，伺服放大器A_0调整了M_5的栅压，从而使V_X近似等于V_{cont}。这又意味着即使晶体管有较严重的沟长调制效应，仍然有$I_{D6}\approx I_{D4}$(因为$V_{D6}\approx V_{D4}$)和$I_{D5}\approx I_{D3}$。甚至，由于$|I_{D5}|=|I_{D6}|$，可以推出$|I_{D3}|=I_{D4}$，即上拉电流等于下拉电流。因此，只要A_0的开环增益足够大，能保证$V_X\approx V_{cont}$，那么电路可以允许工作在很宽的输出电压范围内。

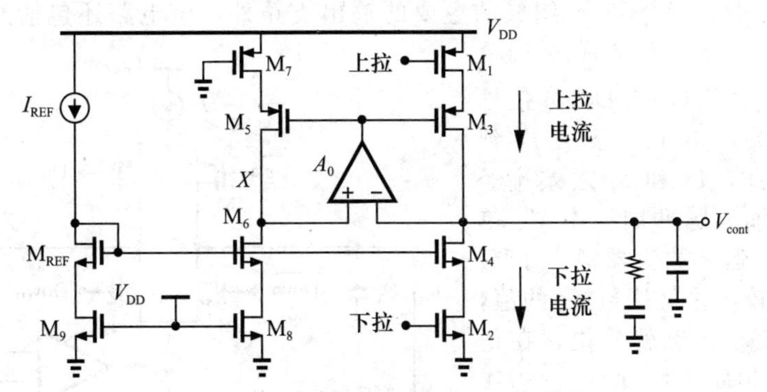

图 9.51　采用伺服环路克服沟长调制效应

这种电荷泵结构相比如图 9.50b 所示结构的一个关键优势就是 A_0 不需要提供快速响应。因为当 M_1 和 M_2 关断时，由 A_0 和 M_5 组成的反馈回路仍然工作，因此，瞬态响应可以忽略不计。

但是，电路性能仍然受 NMOS 电流源和 PMOS 电流源随机失配的影响。并且，因为 V_{cont} 必须尽可能接近电源电平，运算放大器必须工作在接近轨到轨的输入共模电平范围内。

例 9.24 图 9.51 中的电路包含了 A_0 和 M_3 组成的另外一个反馈环路，即差分放大器中的一个环路必须为正反馈。请解释如何选择反馈极性。

解： 由于输出端的滤波器是电路的大负载，输出支路的变化要比对称支路的变化慢，因此选择 A_0 和 M_5 为负反馈环路，而 A_0 和 M_3 组成正反馈环路。 ◀

图 9.52a 是采用伺服放大器的另一个例子[8]。类似于图 9.51，A_0 使 V_X 约等于 V_{cont}，从而满足 $I_{D5} \approx I_{D4}$ 且 $I_{D6} \approx I_{D3}$（不考虑随机失配），进而 $|I_{D3}| \approx I_{D4}$。但是，电路通过 M_3 和 M_4 分别控制上拉、下拉电流，因此，要比图 9.51 所示的电路节约 M_1 和 M_2 的电压裕度。这种方法称为“栅极开关”法。

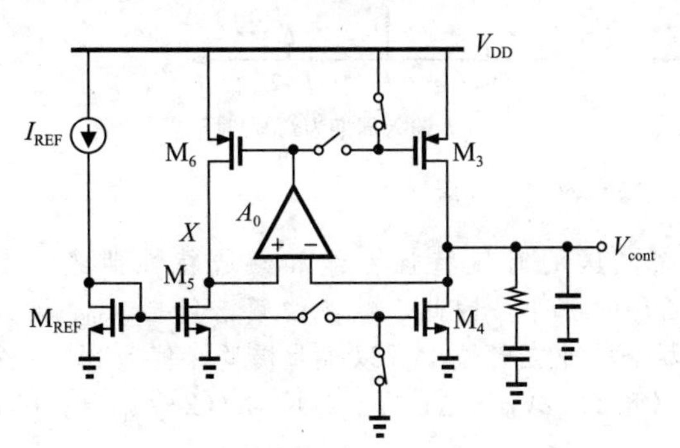

a）在栅极开关CP中采用伺服电路抑制沟长调制效应

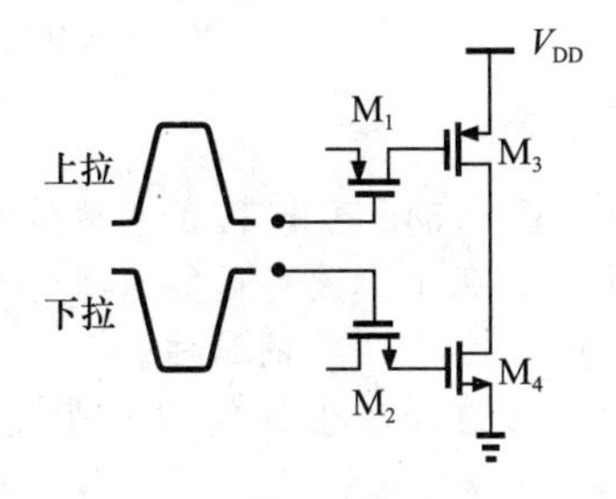

b）上拉、下拉歪斜中工艺参数变化的影响

图 9.52

尽管如此，栅极开关的应用会加剧上拉、下拉路径的失配。为了理解这个问题，分析图 9.52b 中的电路，其中上拉脉冲和下拉脉冲有一个有限的上升时间和下降时间。当上拉脉冲达到 $V_{DD} - |V_{GS3}| - |V_{TH1}|$ 时，M_1 导通或者关断，而当下拉脉冲达到 $V_{GS4} + V_{TH2}$ 时，M_2 导通或者关断。由于这些值都是随着工艺和温度变化的，所以很难保证上拉、下拉电流同时到达。而且，运算放大器 A_0 还必须工作在宽的输入电压范围下。

图 9.53 所示的电路是消除了上拉、下拉电流的随机失配和确定性失配的另一个例

子[9]。除了 I_1、M_1、M_2 和 I_2 组成的主要的输出支路外，该电路还包括开关 M_5 和 M_6，积分电容 C_X 和运算放大器 A_0。当没有做相位比较时，由 $\overline{Up}$ 和 $\overline{Down}$ 信号驱动的额外开关产生了一条从 I_1 到 I_2 的通路。因此，I_1 和 I_2 之差流经 C_X，在连续的输入脉冲周期中 V_X 单调增加或减小。运算放大器 A_0 对 V_X 和 V_{cont} 进行比较，并且调整 I_2 的值，使 V_X 约等于 V_{cont}。也就是说，在稳态时，V_X 保持恒定。因此，$I_1=I_2$。电路的精度最终受电荷注入效应和 M_1 与 M_5 及 M_2 和 M_6 之间的时钟馈通的失配限制。

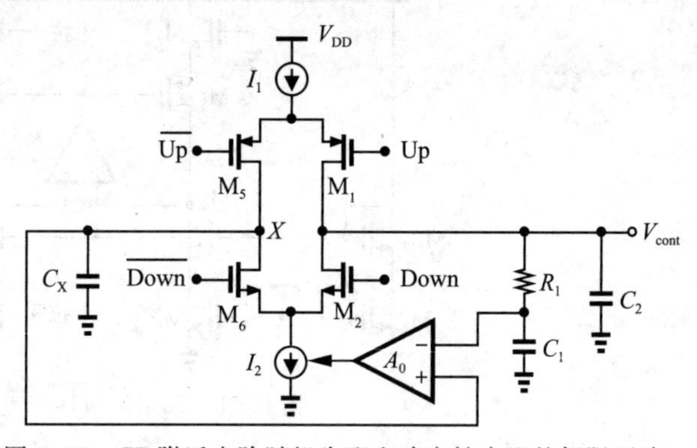

图 9.53 CP附近去除随机失配和确定性失配的伺服环路

例 9.25 参考频率为 f_{REF} 且分频比率为 N 的锁相环输出端的参考边带比载波低 60dB。如果参考频率翻番，而分频比率减半(这样输出频率不变)，参考边带会如何变化?假设考虑 CP 的非理想因素，而且 CP 导通的时间仍然远小于 $T_{REF}=1/f_{REF}$。

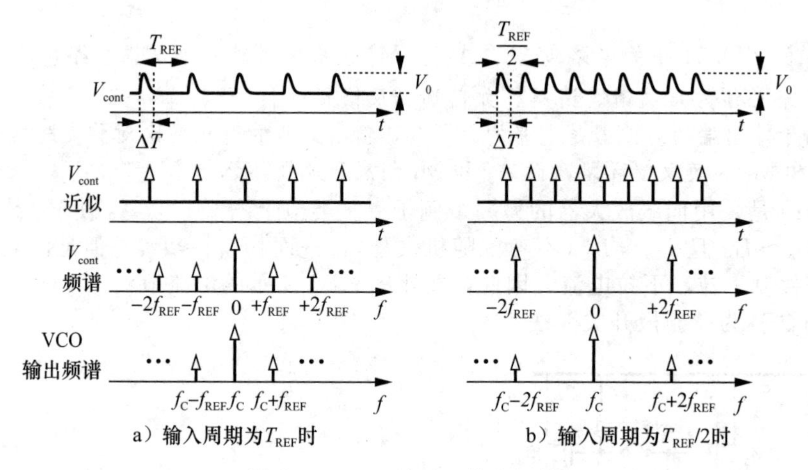

图 9.54 PLL 波形及输出频谱

解：图 9.54a 画出了第一种情况下控制电压的时域特性曲线和频域特性曲线。由于 $\Delta T \ll T_{REF}$，每个纹波可近似为高度为 $V_0 \cdot \Delta T$ 的脉冲。因此，纹波的频谱包括 f_{REF} 谐波处高度为 $V_0 \cdot \Delta T/T_{REF}$ 的脉冲。$\pm f_{REF}$ 处的两个脉冲在时域上可以视为幅度峰值为 $2V_0 \cdot \Delta T/T_{REF}$ 的正弦波，产生的输出边带比载波低 $(1/2)(2V_0 \cdot \Delta T/T_{REF})K_{VCO}/(2\pi f_{REF})=(V_0 \cdot \Delta T K_{VCO})/(2\pi)$ 倍。

现在分析图 9.54b 中的第二种情况。纹波频率加倍且频域上脉冲高度加倍。输出边带的幅度是载波的 $(1/2)(4V_0 \cdot \Delta T/T_{REF})K_{VCO}/(4\pi f_{REF})=(V_0 \cdot \Delta T K_{VCO})/(2\pi)$ 倍。换句话说，边带从载波附近移走，但是相对幅度没有变化。◀

9.5 锁相环中的相位噪声

在第 8 章对振荡器的研究中，我们分析了器件噪声转化为相位噪声的机制。当振荡器被锁相时，其输出相位噪声分布改变。此外，PLL 的参考输入包含相位噪声，从而破坏输出。我们研究了Ⅱ型锁相环的这些影响。

9.5.1 压控振荡器的相位噪声

我们对锁相的理解是，PLL 不断尝试使输出相位跟踪输入相位。因此，如果参考输入没有相位噪声，即使 VCO 显示出自身的相位噪声，PLL 也会尝试将输出相位噪声降至零。从另一个角度来看，当 VCO 相位噪声累积到一个明显的相位误差时，环路会检测到这一误差，并命令电荷泵短暂开启并纠正这一误差。如果 VCO 没有相位漂移，即使环路被禁用，它也将继续以特点的频率和相位工作。

为了计算由 VCO 相位噪声引起的 PLL 输出噪声，我们首先推导从 VCO 相位到 PLL 输出相位的传递函数。为此，我们构建了图 9.55a 所示的线性相位模型，其中输入的多余相位设置为零，以表示“干净”的参考。从输出开始，我们有

$$-\phi_{\text{out}}\left[\frac{I_{\text{p}}}{2\pi}\left(R_1+\frac{1}{C_1 s}\right)\right]\cdot\frac{K_{\text{VCO}}}{s}+\phi_{\text{VCO}}=\phi_{\text{out}} \tag{9.50}$$

使用 9.3.3 节中推导的 ζ 和 ω_{n} 的表达式，我们得到

$$\frac{\phi_{\text{out}}}{\phi_{\text{VCO}}}=\frac{s^2}{s^2+2\zeta\omega_{\text{n}}s+\omega_{\text{n}}^2} \tag{9.51}$$

不出所料，该传递函数具有与式(9.19)相同的极点，但在原点处也包含两个零点，表现出高通特性(见图 9.55b)。

这一结果表明，PLL 可以抑制 VCO 相位的缓慢变化(见图 9.55b 中的 ω_{p1}]，但无法对 VCO 相位的快速变化进行太大的校正。在锁定过程中，VCO 相位与输入相位进行比较，相应的误差被转换为电流，注入环路滤波器以产生电压，最后施加到 VCO 上以抵消其相位变化。由于电荷泵和 VCO 对于缓慢变化的信号几乎都具有无穷大的增益，因此对于缓慢的相位变化，负反馈仍然很强。对于快速变化，环路增益下降，负反馈的校正作用减弱。

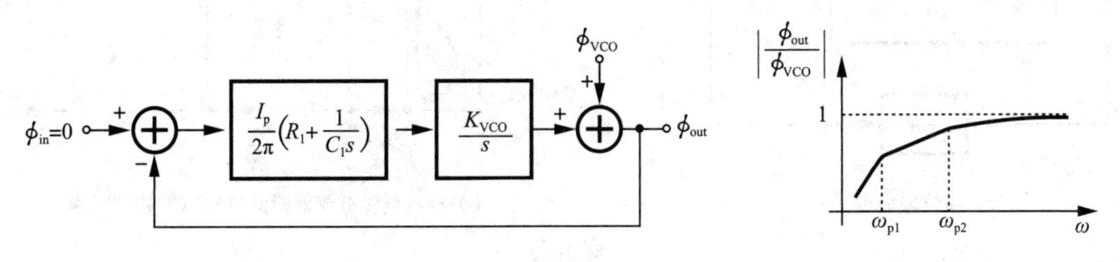

a）用于研究VCO相位噪声影响的相位域模型 b）由此产生的高通响应

图 9.55

从另一个角度看，图 9.55a 中的系统可以重绘为图 9.56a，因此也可以重绘为图 9.56b。系统响应 $G(s)$相当于两个理想积分器的级联，因此在其输入端(ϕ_{out} 处)产生了一个“虚拟接地”。如果 ϕ_{VCO} 变化缓慢，则 ϕ_{out} 接近于零。但随着 ϕ_{VCO} 变化加快，$|G(s)|$下降，虚地出现较大摆动。

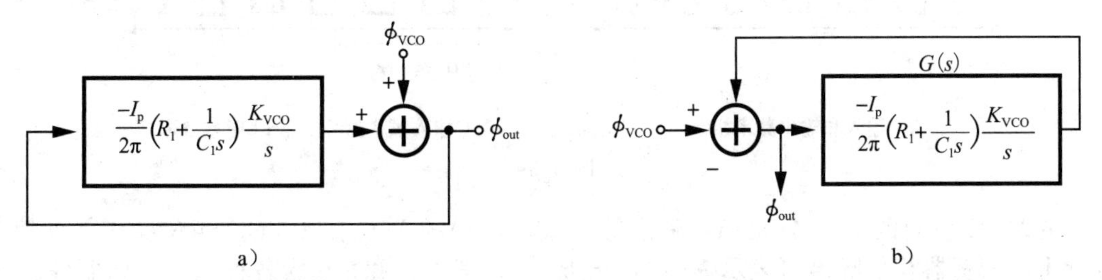

a） b）

图 9.56 显示 VCO 相位噪声影响的相位域模型替代图

例9.26 如果ω_n增大K倍，而ζ保持不变，图9.55b所示的频率响应会发生什么变化？

解： 从式(9.22)中，我们发现两个极点都放大了K倍。由于$s\approx 0$，$\phi_{out}/\phi_{VCO}\approx s^2/\omega_n^2$，因此在$\omega$值较低时，曲线向下移动了$K^2$倍。如图9.57所示，响应现在能够在更大程度上抑制VCO的相位噪声。◀

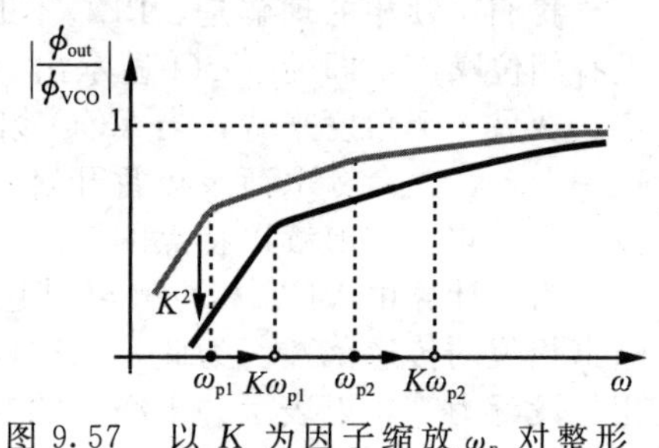

图9.57 以K为因子缩放ω_n对整形VCO相位噪声的影响

例9.27 考虑一个反馈分频比为N的PLL，比较这种情况与无分频环路的相位噪声行为。假设输出频率不变。

解： 将图9.56a中的环路重绘为图9.58a，我们会发现反馈现在减弱了N倍。式(9.51)所给出的传递函数仍然适用，但ζ和ω_n都减少了$\sqrt{N}$倍。

图9.55b中的幅值图发生了什么变化？我们提出两点看法：①为了保持相同的瞬态行为，ζ必须是常数；例如，电荷泵电流必须按比例放大N倍。因此，由式给(9.22)出的极点简单地减少了$\sqrt{N}$倍。②当$s\to 0$时，$\phi_{out}/\phi_{VCO}\approx s^2/\omega_n^2$，这比无分频器环路高$N$倍。因此，传递函数的大小如图9.58b所示。

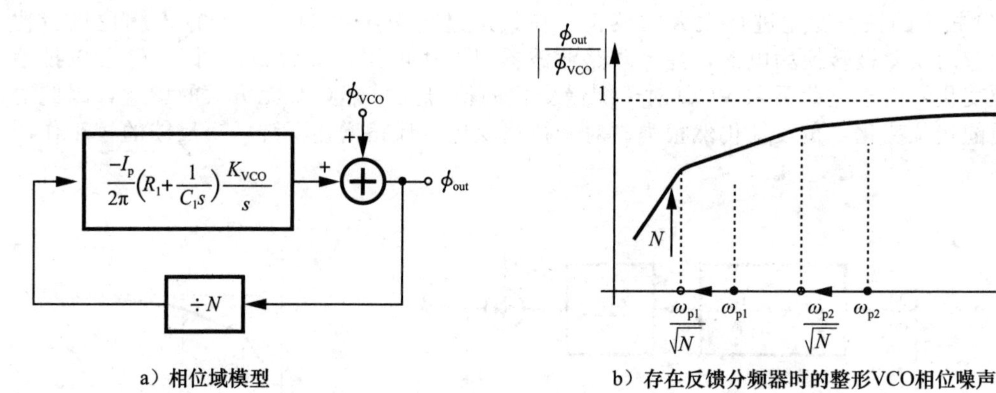

图9.58

假设两种情况下的输出频率保持不变，我们注意到无分频器环路进行相位比较(因此进行相位校正)的频率是带分频器环路的N倍。也就是说，在有分频器的情况下，VCO可以累积N个周期的相位噪声而不进行任何校正。图9.59展示了这两种情况。

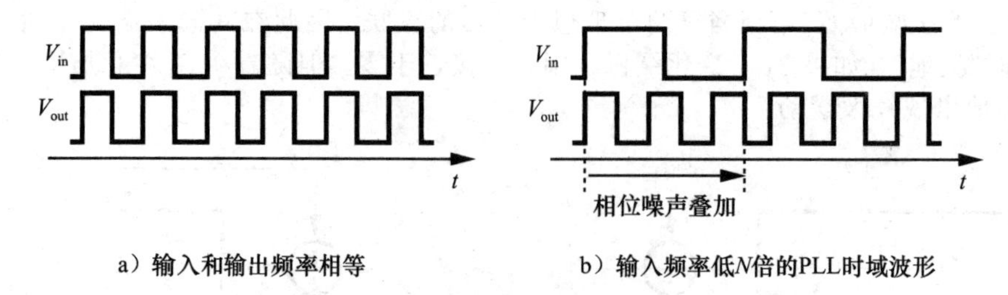

图9.59 ◀

由VCO引起的PLL输出相位噪声等于式(9.51)的平方乘以VCO相位噪声。如第8章所述，振荡器相位噪声可表示为$(\alpha/\omega^3+\beta/\omega^2)$，其中$\alpha$和$\beta$包含各种因素，如器件注入的噪声和$Q$值，$\omega$是我们对偏移频率的表示(第8章中为$\Delta\omega$)。因此

$$\overline{\phi_{\text{out}}^2}=\frac{\omega^4}{(\omega^2-\omega_n^2)^2+4\zeta^2\omega_n^2\omega^2}\left(\frac{\alpha}{\omega^3}+\frac{\beta}{\omega^2}\right) \tag{9.52}$$

我们说 VCO 相位噪声是由传递函数“整形”出来的。

研究上述低偏移频率和高偏移频率的相位噪声行为很有启发。在低偏移频率下（VCO 相位变化缓慢），闪烁噪声引起的项占主导地位：

$$\overline{\phi_{\text{out}}^2}\,|\,\omega\text{ 足够小}\approx\frac{\alpha\omega}{(\omega^2-\omega_n^2)^2+4\zeta^2\omega_n^2\omega^2} \tag{9.53}$$

事实上，如果 ω 足够小，$\overline{\phi_{\text{out}}^2}\approx\alpha\omega/\omega_n^4$。即相位噪声功率随频率线性上升。读者可以看到式(9.53)在 $\omega=\omega_n/\sqrt{3}$ 处达到最大值 $9\alpha/(16\sqrt{3}\omega_n^3)$。图 9.60a 绘制了这一特性，表明锁相 VCO 在 $\omega_n/\sqrt{3}$ 时的相位噪声降低了 12dB。我们认识到，在 ω 较大时，式(9.53)接近 α/ω^3，因为式(9.51)趋于 1。

在高偏移频率下，式(9.52)中的白噪声项占主导地位，得出

$$\overline{\phi_{\text{out}}^2}\,|\,\omega\text{ 足够大}=\frac{\beta\omega^2}{(\omega^2-\omega_n^2)^2+4\zeta^2\omega_n^2\omega^2} \tag{9.54}$$

同样，该函数在 ω 足够大时接近 β/ω^2。读者可以证明，如果 $\zeta=1$，则式(9.54)在 $\omega=\omega_n$ 时达到最大值 $\beta/(4\omega_n^2)$。图 9.60b 显示了这一行为，表明在 ω_n 处相位噪声降低了 6dB。实际上，整体输出相位噪声是这两个结果的组合。

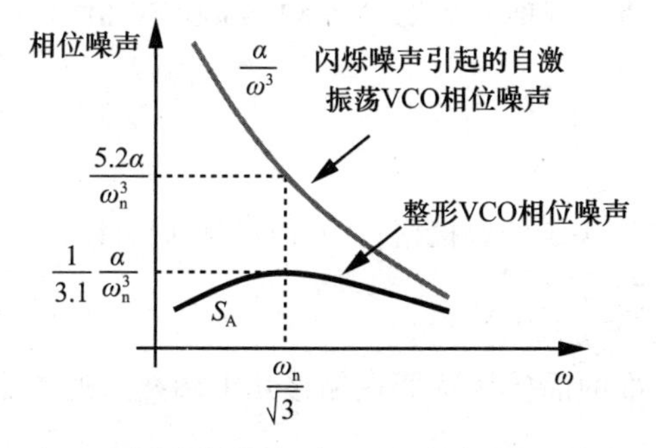

a）PLL对由闪烁噪声引起的VCO相位噪声的影响

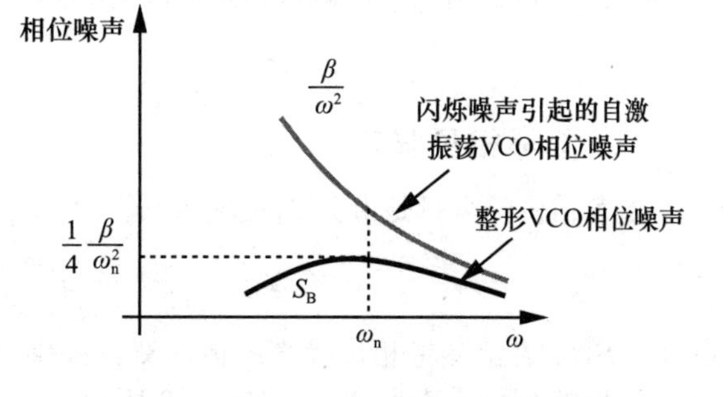

b）PLL对由白噪声引起的VCO相位噪声的影响

图 9.60

图 9.61 总结了整形 VCO 噪声。除了自激振荡的 VCO 相位噪声外，图 9.61 还绘制了与 α/ω^3 和 β/ω^2 相对应的曲线。整个 PLL 输出相位噪声等于 S_A 和 S_B 之和。然而，实际形状取决于两个因素：α/ω^3 和 β/ω^2 的交点频率和 ω_n 的值。下面的例子说明了这些依赖关系。

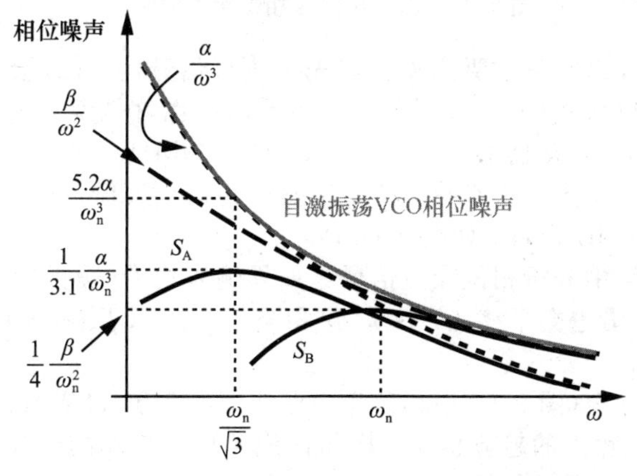

图 9.61 整形 VCO 相位噪声的总结

例 9.28 如果①α/ω^3 和 β/ω^2 的交点位于低频，且 ω_n 远大于该频率；②α/ω^3 和 β/ω^2 的交点位于高频，且 ω_n 小于该频率，则绘制整体输出相位噪声的草图(这两种情况分别代表高热噪声和低热噪声引起的相位噪声)。

解： 如图 9.62a 所示，第一种情况几乎不包含 $1/f$ 噪声，表现出异形相位噪声 S_{out}，在大偏移量时仅跟随 β/ω^2。图 9.62b 所示的第二种情况，其频率特性主要由整形 $1/f$ 噪声控制，并且提供了大致超过 $\omega=\omega_n$ 的自激 VCO 相位噪声的整形频谱。我们注意到，在后一种情况下，PLL 相位噪声的峰值更大。

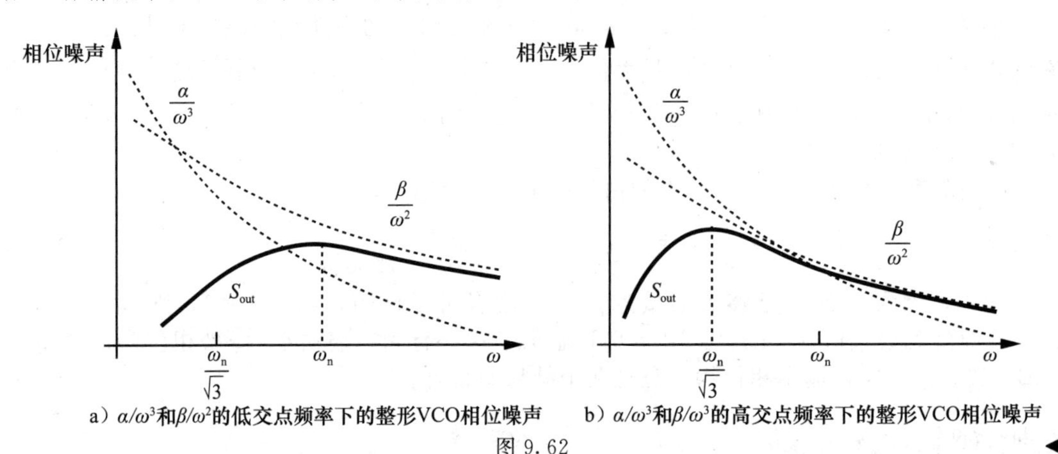

a) α/ω^3和β/ω^2的低交点频率下的整形VCO相位噪声　b) α/ω^3和β/ω^3的高交点频率下的整形VCO相位噪声

图 9.62

9.5.2 参考相位噪声

参考相位噪声只是由 PLL 的输入/输出传递函数决定的。根据式(9.19)，我们可以得到

$$S_{out}=\frac{4\zeta^2\omega_n^2\omega^2+\omega_n^4}{(\omega^2-\omega_n^2)^2+4\zeta^2\omega_n^2\omega^2}S_{REF} \tag{9.55}$$

式中，S_{REF} 表示参考相位噪声。请注意，提供基准的晶体振荡器在偏移几千赫兹后通常会显示平坦的相位噪声曲线，如图 9.63 所示。

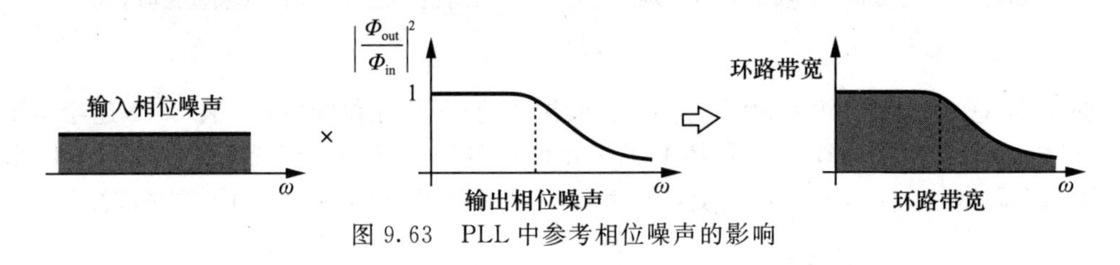

图 9.63　PLL 中参考相位噪声的影响

现在，我们必须提出两条重要意见。首先，执行倍频的 PLL 会按比例“放大”低频参考相位噪声。这可以从式(9.35)和例 9.19 中看出。也就是说，$S_{out}=M^2S_{REF}$ 在环路带宽内。例如，802.11g 合成器将 1MHz 倍增到 2400MHz 时，参考相位噪声会增加 20lg2400≈68dB。由于晶体振荡器的典型相位噪声为－150dBc/Hz，因此在环路带宽内的输出相位噪声约为－82dBc/Hz，如图 9.64 所示。

我们还可以在时域中分析相位噪声倍增：如果输入边沿(缓慢)平移 ΔT 秒[$2\pi T/T_{REF}$(弧度)]，那么输出边沿也会平移 ΔT(s)，这相当于 $2\pi T/(T_{REF}/N)$弧度，因此相位噪声会增加 20lg$N$ 分贝。

输出端的总相位噪声(图 9.63 中相位噪声曲线下的面积)随着环路带宽的增加而增加，这一趋势与 VCO 相位噪声的趋势相反。换句话说，环路带宽的选择需要在参考相位噪声和 VCO 相位噪声贡献之间进行折中。

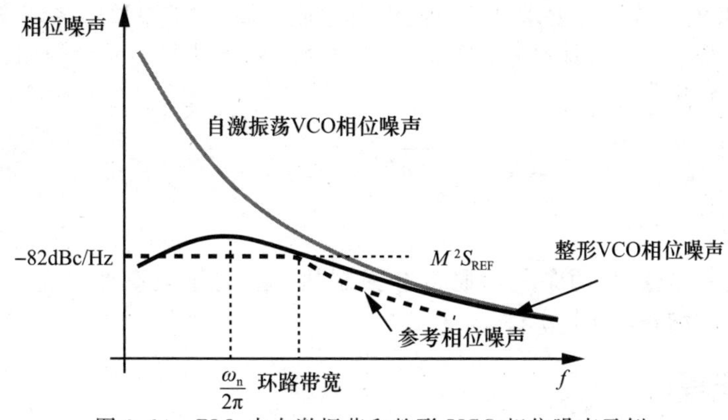

图 9.64　PLL 中自激振荡和整形 VCO 相位噪声示例

9.6　环路带宽

PLL 的带宽对整体性能起着至关重要的作用。迄今为止，我们的研究结果表明：①根据 ζ 的值可以大致描述建立特性(见例 9.18)，其时间常数在 $1/(\zeta\omega_n)$ 和 $1/(2\zeta\omega_n)$ 之间；②连续时间近似要求 PLL 时间常数比输入周期长得多；③如果 PLL 带宽增大，VCO 相位噪声会受到更严重的抑制，而参考相位噪声会在输出端出现在更大的带宽上。

但如何定义环路带宽呢？我们只需让式(9.19)幅值的平方等于 1/2 即可计算出 −3dB 带宽：

$$\frac{(2\zeta\omega_n\omega_{-3dB})^2+\omega_n^4}{(\omega_{-3dB}^2-\omega_n^2)^2+(2\zeta\omega_n\omega_{-3dB})^2}=\frac{1}{2} \tag{9.56}$$

由此可见

$$\omega_{-3dB}^2=\left[1+2\zeta^2+\sqrt{(1+2\zeta^2)^2+1}\right]\omega_n^2 \tag{9.57}$$

例如，如果 ζ 位于 $\sqrt{2}/2\sim1$ 的范围内，那么 ω_{-3dB} 介于 $2.1\omega_n\sim2.5\omega_n$ 之间。同样，如果 $2\zeta^2\gg1$，那么 $\xi_{-3dB}\approx2\zeta\omega_n$，正如 9.3.4 节中的单极近似所预测的那样。图 9.65a 为 $\zeta=1$ 时的 $|\Phi_{out}/\Phi_{in}|$ 和 $|\Phi_{out}/\Phi_{VCO}|$ 的曲线图。图中还显示了白噪声情况下的 VCO 相位噪声。图 9.65b 重复了 $\zeta^2\gg1$ 时的这些结果。

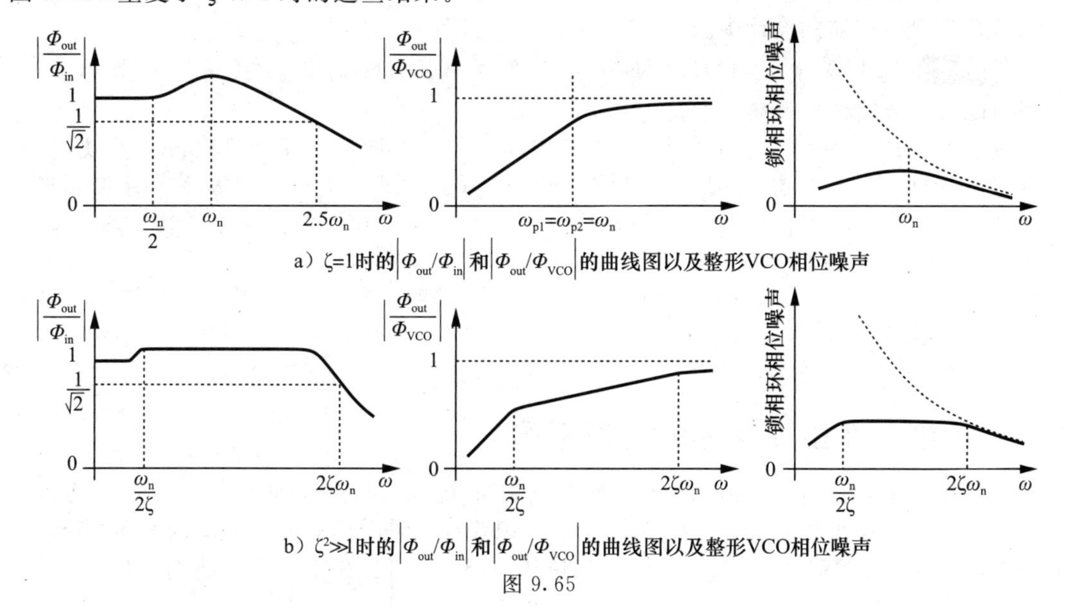

a）ζ=1时的 $|\Phi_{out}/\Phi_{in}|$ 和 $|\Phi_{out}/\Phi_{VCO}|$ 的曲线图以及整形VCO相位噪声

b）$\zeta^2\gg1$时的 $|\Phi_{out}/\Phi_{in}|$ 和 $|\Phi_{out}/\Phi_{VCO}|$ 的曲线图以及整形VCO相位噪声

图 9.65

在设计PLL时，我们会要求环路时间常数比输入周期(T_{in})长得多，或者要求环路带宽比输入频率小得多，以确保平稳。然而，这两个约束条件并不完全等同。例如，如果ζ趋近于一，前者转化为

$$\frac{1}{\zeta\omega_n} \gg T_{in} \tag{9.58}$$

而后者转化为

$$2.5\omega_n \ll \omega_{in} \tag{9.59}$$

式(9.59)是一个更强的条件，通常会强制执行。对于较高的ζ值，环路带宽接近$2\zeta\omega_n$，并设置为大约ω_{in}的十分之一。

9.7 设计流程

PLL的设计从构件开始，根据第8章所述的标准和程序设计VCO：设计反馈分频器，以提供所需的分频比，并在最大VCO频率下工作(参见第10章)；设计PFD时要注意上拉和下拉脉冲的匹配；设计电荷泵时要注意宽输出电压范围、最小沟道长度调制等。下一步，必须选择一个环路滤波器，并将各个构件组装起来，以构成PLL。

为了设计出性能良好的PLL，我们必须正确选择电荷泵电流和环路滤波器元件。我们从两个控制方程入手：

$$\zeta = \frac{R_1}{2}\sqrt{\frac{I_p C_1 K_{VCO}}{2\pi M}} \tag{9.60}$$

$$\omega_n = \sqrt{\frac{I_p K_{VCO}}{2\pi C_1 M}} \tag{9.61}$$

我们选择

$$\zeta = 1 \tag{9.62}$$

$$2.5\omega_n = \frac{1}{10}\omega_{in} \tag{9.63}$$

由于K_{VCO}已从VCO的设计中获知，因此我们现在有两个方程和三个未知数，即I_p、C_1和R_1；也就是说，解决方案并不是唯一的。特别是，电荷泵电流可在几十微安到几毫安的范围内选择。选定I_p后，C_1由式(9.61)和式(9.63)求得，R_1由式(9.60)求得。最后，我们选择第二个电容(图9.38中的C_2)，其大小约为$0.2C_1$。我们将在第13章中把这一过程应用到合成器的设计中。

例9.29 PLL必须从1MHz基准频率产生2.4GHz的输出频率。如果$K_{VCO}=300\text{MHz/V}$，请确定其他环路参数。

解：我们选择$\zeta=1$，$2.5\omega_n=\omega_{in}/10$，即$\omega_n=2\pi(40\text{kHz})$，$I_p=500\mu\text{A}$。将$K_{VCO}=2\pi\times(300\text{MHz/V})$代入式(9.61)，得到$C_1=0.99\text{nF}$。如此大的电容值需要片外电容来实现。然后，由式(9.60)得到$R_1=8.04\text{k}\Omega$。此外，$C_2=0.2\text{nF}$。如拓展Ⅰ所述，选择$\zeta=1$和$C_2=0.2C_1$自动满足了由式(9.41)表示的条件。

由于C_1相当大，我们可以修改对I_p的选择。例如，如果$I_p=100\mu\text{A}$，则由式(9.61)得到$C_1=0.2\text{nF}$(仍然很大)。但是，对于$\zeta=1$，R_1必须提高5倍，即$R_1=40.2\text{k}\Omega$。此外，$C_2=40\text{pF}$。◀

9.8 拓展：Ⅱ型锁相环的相位裕度

在本拓展中，我们推导出二阶和三阶Ⅱ型PLL的相位裕度。如图9.66所示，考虑二阶PLL的开环幅度和相位响应。幅值以-40dB/dec的斜率下降，直到零频率$\omega_z=(R_1C_1)^{-1}$，此时斜率变为-20dB/dec。相位从$-180°$开始，在零频率处达到$-135°$。为了

确定相位裕度，我们必须计算在单位增益频率 ω_u 处零点的相位贡献。让我们先计算一下 ω_u 的值。

$$\left|\frac{I_p}{2\pi}\left(R_1+\frac{1}{C_1 s}\right)\frac{K_{VCO}}{s}\right|^2_{s=j\omega_u}=1 \tag{9.64}$$

因此

$$\left(\frac{I_p K_{VCO}}{2\pi}\right)^2\frac{R_1^2C_1^2\omega_u^2+1}{C_1^2\omega_u^4}=1 \tag{9.65}$$

使用式(9.20)和式(9.21)作为助记符，并注意到 $R_1C_1\omega_n^2=2\zeta\omega_n$，我们得出

$$-\omega_u^4+4\zeta^2\omega_n^2\omega_u^2+\omega_n^4=0 \tag{9.66}$$

并且有

$$\omega_u^2=(2\zeta^2+\sqrt{4\zeta^4+1})\omega_n^2 \tag{9.67}$$

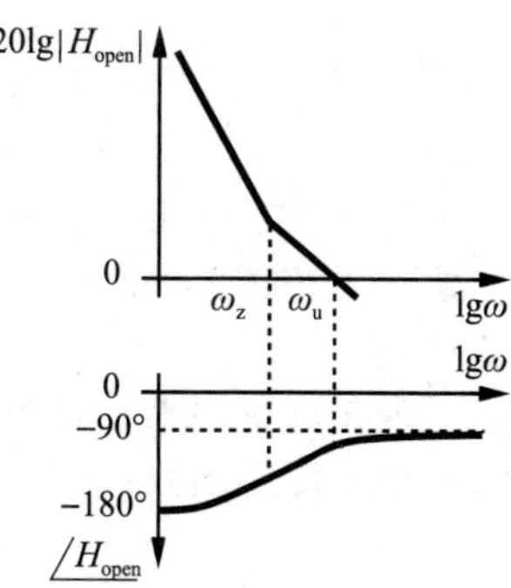

图 9.66　Ⅱ型 PLL 的开环幅度和相位响应

因此，相位裕度由下式给出：

$$PM=\arctan\frac{\omega_u}{\omega_z}=\arctan R_1C_1\omega_u \tag{9.68}$$

$$=\arctan(2\zeta\sqrt{2\zeta^2+\sqrt{4\zeta^4+1}}) \tag{9.69}$$

例如，如果 $\zeta=1$，则 PM=76°和 $\omega_u/\omega_z\approx 4$，如果 $\zeta=\sqrt{2}/2$，则 PM=65°和 $\omega_u/\omega_z\approx$ 2.2。对于 $\zeta\geqslant\sqrt{2}/2$，我们有 $\sqrt{4\zeta^4+1}\approx 2\zeta^2+1/(4\zeta^2)$，因此

$$PM\approx\arctan\left(2\zeta\sqrt{4\zeta^2+\frac{1}{4\zeta^2}}\right) \tag{9.70}$$

$$\approx\arctan\left[4\zeta^2\left(1+\frac{1}{32\zeta^4}\right)\right] \tag{9.71}$$

例 9.30　绘制以 R_1 或 C_1 为变量的 PLL 开环特性图。

解： 随着 R_1 的增加，ω_z 下降，但 ω_u 上升(因为 $|H_{open}|$ 的斜率必须仍然等于 −20dB/dec)(见图 9.67a)。另一方面，随着 C_1 的增加，ω_z 下降，ω_u 保持相对恒定(见图 9.67b)。这是因为，对于 $\zeta\geqslant\sqrt{2}/2$，有

$$\omega_u\approx\sqrt{4\zeta^2+\frac{1}{4\zeta^2}}\,\omega_n \tag{9.72}$$

$$\approx 2\zeta\left(1+\frac{1}{32\zeta^4}\right)\omega_n \tag{9.73}$$

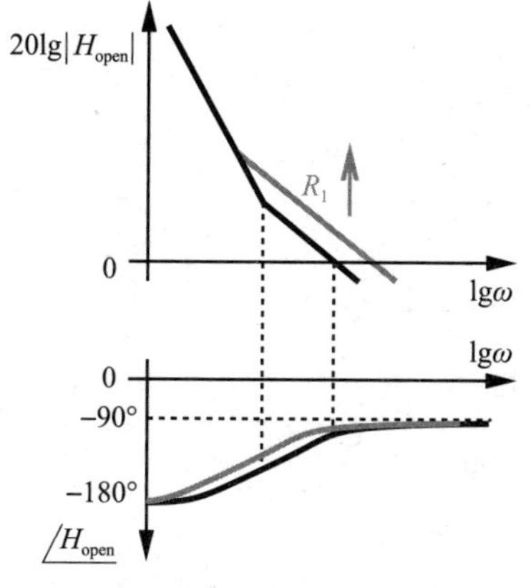

a) 较高的 R_1 对II型PLL频率响应的影响

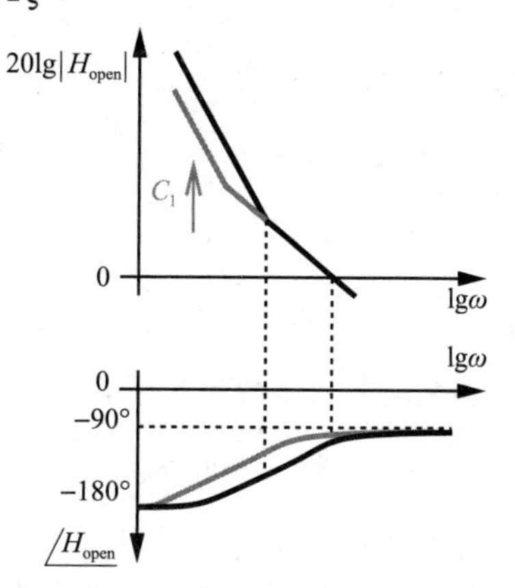

b) 较高的 C_1 对II型PLL频率响应的影响

图 9.67

在大多数实际情况下，可以写成

$$\omega_u \approx 2\zeta\omega_n \tag{9.74}$$

$$\approx \frac{R_1 I_p K_{VCO}}{2\pi} \tag{9.75}$$

图 9.67a 和 b 中描述的两种趋势也说明了 ζ 对 R_1 的依赖性比对 C_1 的依赖性更强：在前者中，PM 的增加是因为 ω_z 下降和 ω_u 上升，而在后者中，PM 的增加仅仅是因为 ω_z 下降。◀

现在让我们来看看图 9.38 中的三阶环路。读者可以看到，PFD/CP/滤波器的级联提供了如下传递函数：

$$\frac{V_{cont}}{\Delta\phi}(s) = \frac{I_p}{2\pi} \cdot \frac{R_1 C_1 s + 1}{R_1 C_{eq} s + 1} \cdot \frac{1}{(C_1 + C_2)s} \tag{9.76}$$

式中，$C_{eq} = C_1 C_2/(C_1 + C_2)$。因此，滤波器贡献的极点 ω_{p2} 位于 $-(R_1 C_{eq})^{-1}$ 处。图 9.68a 给出了开环频率响应的一个例子，揭示了由于 C_2 引起的 PM 下降。

如何选择 ω_{p2} 呢？如果 ω_{p2} 位于 ω_u 以下，则该极点产生小于 45°的 PM。这是因为图 9.68a 中所示的相位曲线在 ω_{p2} 处经历来自 ω_{p2} 的 $-45°$相位衰减，因此在 ω_u 处具有更负的量。因此，ω_{p2} 必须选择为高于 ω_u(见图 9.68b)。这里的关键点是，即使存在 ω_{p2}，ω_u 的幅度也大致相同，因此可以使用式(9.73)。

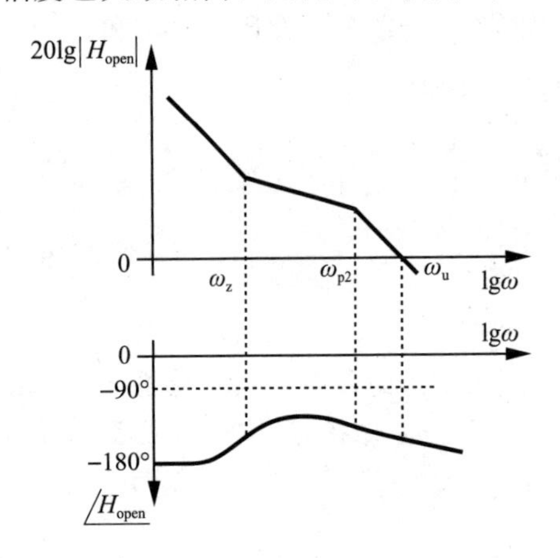

a）$\omega_{p2}=(R_1C_{eq})^{-1}<\omega_u$时，第二个电容对PLL开环响应的影响

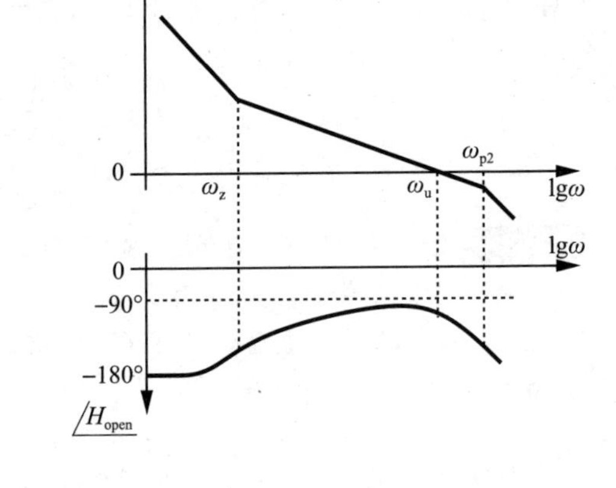

b）$\omega_{p2}=(R_1C_{eq})^{-1}>\omega_u$时，第二个电容对PLL开环响应的影响

图 9.68

相位裕度的计算公式为

$$\mathrm{PM} = \arctan\frac{\omega_u}{\omega_z} - \arctan\frac{\omega_u}{\omega_{p2}} \tag{9.77}$$

$$= \arctan(R_1 C_1 \omega_u) - \arctan(R_1 C_{eq} \omega_u) \tag{9.78}$$

$$= \arctan\left[4\zeta^2\left(1 + \frac{1}{32\zeta^2}\right)\right] - \arctan\left[4\zeta^2\,\frac{C_{eq}}{C_1}\left(1 + \frac{1}{32\zeta^2}\right)\right] \tag{9.79}$$

在实际感兴趣的大多数情况下，$32\zeta^2 \gg 1$，因此

$$\mathrm{PM} \approx \arctan(4\zeta^2) - \arctan\left(4\zeta^2\,\frac{C_{eq}}{C_1}\right) \tag{9.80}$$

请注意，只有当 $\zeta \geqslant 1$ 且 ω_{p2} 远大于 ω_u 时，这一结果才有效。

另一种方法是寻找使式(9.78)中 PM 最大的 ω_u 值[10]。微分得到

$$\omega_u = \frac{1}{R_1 C_1}\sqrt{1+\frac{C_1}{C_2}} \tag{9.81}$$

相应的 ζ 可以通过微分方程(9.80)得到

$$\zeta = \frac{1}{2}\sqrt[4]{\frac{C_1}{C_{eq}}}, \tag{9.82}$$

对于 $C_1 = 5C_2$，其值约等于 0.783。

上述研究还揭示了环路参数选择的另一个重要限制：在 C_2 存在的情况下，R_1 不能任意增大。毕竟，如果 $R_1 \to \infty$，R_1 和 C_1 的串联组合消失，只剩下 C_2，因此环路中只有两个理想积分器。为了确定 R_1 的上限，我们注意到随着 R_1 的增大，ω_{p2} 会逐渐接近并最终小于 ω_u(见图 9.69)。如果我们将 $\omega_{p2} \approx \omega_u$ 视为 ω_{p2} 的下限，则

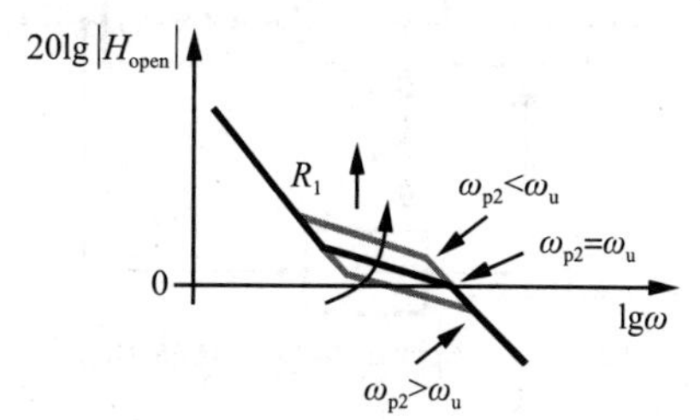

图 9.69　存在第二个电容时，较大 R_1 对 PLL 频率响应的影响

$$\frac{1}{R_1 C_{eq}} \geqslant 2\zeta\omega_n \tag{9.83}$$

$$\geqslant \frac{R_1 I_p K_{VCO}}{2\pi} \tag{9.84}$$

由此可见

$$R_1^2 \leqslant \frac{2\pi}{I_p K_{VCO} C_{eq}} \tag{9.85}$$

因此

$$\frac{C_2}{C_1 + C_2} \leqslant \frac{1}{4\zeta^2} \tag{9.86}$$

我们注意到，如果 $\zeta \approx 1$ 且 $C_2 \approx 0.2C_1$，则满足这一条件。

习题

9.1　图 9.5 所示的混频鉴相器在峰值时的增益为 0，例如，在 $\Delta\phi = 0$ 时。因此，一个采用了这种鉴相器的锁相环会在这些点出现零环路增益，这意味着锁相环不会锁定吗？

9.2　如果图 9.10a 所示锁相环的 K_{VCO} 非常高，并且鉴相器有着如图 9.5 所示的特性，试估测 $\Delta\phi$ 的值。

9.3　如果 K_{VCO} 有变化，重做习题 9.2？

9.4　试确定如图 9.7a 所示的输出边带的频率，这些到底是边带还是谐波呢？

9.5　在图 9.8b 所示的锁相环中，输入变化 $\Delta\phi$ 将导致输出精确变化 $\Delta\phi$。另一方面，在图 9.8a 所示的缓冲器中，输入变化 ΔV 会使输出产生 $\Delta V/(A_0+1)$的变化，其中 A_0 是运放的开环增益。解释为什么会出现不同的结论？

9.6　假设如图 9.12 所示的锁相环已锁定。若将 R_1 用开路替换，输出会随时间如何变化？考虑两种情况：无噪声的 VCO 和有噪声的 VCO。这个例子说明如果 VCO 相位不随时间漂移，反馈回路会被破坏。

9.7　对于图 9.18b 所示的倍频锁相环，试确定传递函数、ζ 和 ω_n。

9.8　对于如图 9.20 所示的 PFD，判断 $Q_A - Q_B$ 的平均值是否是输出频率差的一个线性函数。

9.9　计算例 9.17 中 $|H|$ 的峰值。

9.10　假设一个锁相环的 $\zeta = 1$，环路带宽为 $\omega_n/25$，调谐范围为 10%。假定 V_{cont} 可以从 0 变化到 V_{DD}。证明如果没有二阶电容的话，环路滤波器阻抗上的电压降大致为 $1.6\pi V_{DD}$。

9.11　对于一个输入频率为 1MHz、输出频率为 1GHz 的锁相环。若设计将输入频率变更为 2MHz。运用式(9.43)解释若输出频率保持不变或输出频率加倍，这两种情况下输出边带会发生什么变化。假定在后一种情况下 K_{VCO} 会加倍。

9.12　控制电压上的纹波会在 PLL 输出端载波周围产生边带，相当于干扰 VCO 的相位。请解释为什么 PLL 能够抑制 VCO 相位噪声(在环路

带宽内)，而不能抑制纹波引起的边带。

9.13 考虑图9.70所示的PLL，其中放大器A_1位于滤波器和VCO之间。如果放大器的输入参考闪烁噪声密度为α/f，请确定PLL的输出相位噪声。

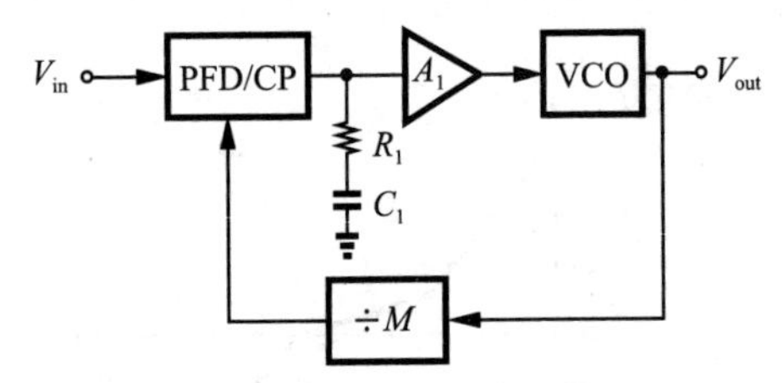

图9.70 链路中带放大器的PLL

9.14 锁相环包含一个有如图9.71所示特性的VCO，可以通过改变电荷泵的电流作为控制电压的函数来补偿VCO的非线性，以使环路动态特性保持相对恒定。画出电荷泵电流所需要的变化曲线。

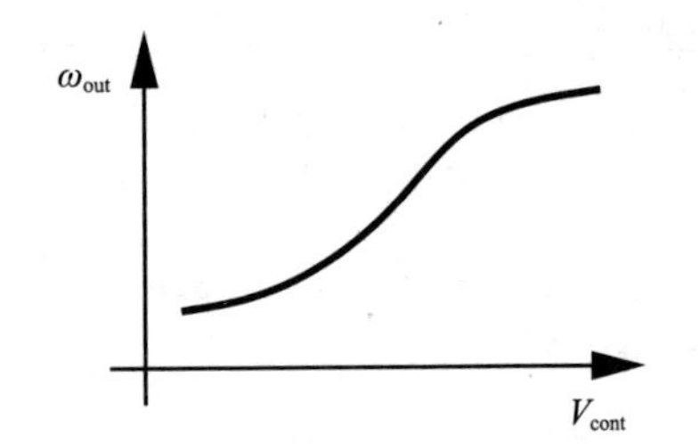

图9.71 VCO的非线性特性

9.15 PLL在输入和输出频率为f的情况下工作。假设输入频率和输出频率更改为$f/2$。假设所有循环参数保持不变并忽略连续时间近似问题，请解释下面两个结论哪一个是正确的，为什么另一个不正确。

(1) 现在PFD每秒进行的相位比较次数减半，泵入环路滤波器的电荷量减半。因此，环路的稳定性降低。

(2) $\zeta=(R_P/2)\sqrt{(I_P K_{VCO} C_P)/(2\pi)}$表示$\zeta$保持恒定，环路和以前一样稳定。

9.16 在图9.72所示的回路中，V_{ex}突然跳变ΔV。绘制V_{cont}和V_{LPF}的波形草图，并确定V_{cont}、V_{LPF}、输出频率和输入输出相位差的总变化。

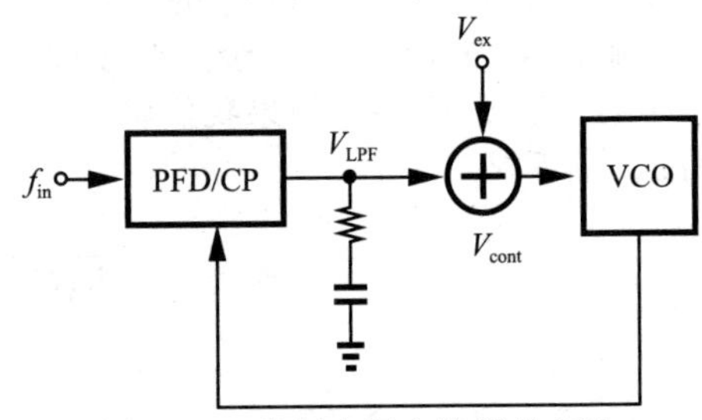

图9.72 控制电压有阶跃的PLL

9.17 两种PLL配置如图9.73所示。假设SSB混频器将其输入频率相加。同时，假设f_1是外部提供的恒定频率，且$f_1 < f_{REF}$。控制电压会出现频率为f_{REF}的小正弦波纹。两个PLL均已锁定。

(1) 确定两个PLL的输出频率。

(2) 确定A点因纹波而产生的频谱

(3) 现在确定B点和C点的频谱。

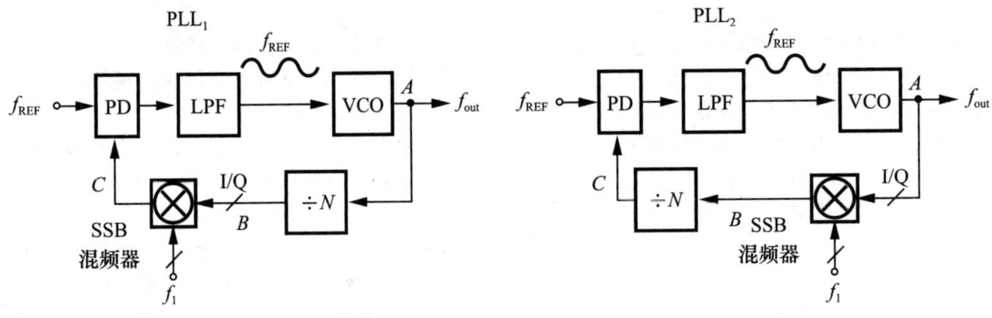

图9.73 两种PLL配置

参考文献

[1] F. M. Gardner, *Phaselock Techniques*, Second Edition, New York: Wiley & Sons, 1979.

[2] B. Razavi, *Design of Analog CMOS Integrated Circuits,* Boston: McGraw-Hill, 2001.

[3] J. P. Hein and J. W. Scott, "z-Domain Model for Discrete-Time PLLs," *IEEE Trans. Circuits and Systems,* vol. 35, pp. 1393–1400, Nov. 1988.

[4] J. Alvarez et al., "A Wide-Bandwidth Low-Voltage PLL for PowerPC Microprocessors," *IEEE J. of Solid-State Circuits,* vol. 30, pp. 383–391, April 1995.

[5] J. M. Ingino and V. R. von Kaenel, "A 4-GHz Clock System for a High-Performance System-on-a-Chip Design," *IEEE J. of Solid-State Circuits,* vol. 36, pp. 1693–1699, Nov. 2001.

[6] B. J. Hosticka, "Improvement of the Gain of CMOS Amplifiers," *IEEE J. of Solid-State Circuits,* vol. 14, pp. 1111–1114, Dec. 1979.

[7] J.-S. Lee et al., "Charge Pump with Perfect Current Matching Characteristics in Phase-Locked Loops," *Electronics Letters,* vol. 36, pp. 1907–1908, Nov. 2000.

[8] M. Terrovitis et al., "A 3.2 to 4 GHz 0.25 μm CMOS Frequency Synthesizer for IEEE 802.11a/b/g WLAN," *ISSCC Dig. Tech. Papers,* pp. 98–99, Feb. 2004.

[9] M. Wakayam, "Low offset and low glitch energy charge pump and method of operating same," US Patent 7057465, April 2005.

[10] H. R. Rategh, H. Samavati, and T. H. Lee, "A CMOS Frequency Synthesizer with an Injection-Locked Frequency Divider for a 5-GHz Wireless LAN Receiver," *IEEE J. of Solid-State Circuits,* vol. 35, pp. 780–788, May 2000.

第 10 章 | Chapter 10 |

整数 N 频率合成器

射频收发机中使用的振荡器通常嵌入在“合成器”结构中，以便精确定义其输出频率。几十年来，合成器设计一直是一项艰巨的任务，由此产生了数百种射频合成技术。射频合成器通常采用锁相技术，必须处理第 9 章所述的一般 PLL 问题。在本章中，我们将研究一类名为“整数 N”合成器。本章大纲如下所示。建议读者首先复习第 8 章和第 9 章。

基本合成器

- 建立特性
- 杂散减少技术

基于锁相环的调制

- 环路内调制
- 偏移式锁相环发射机

分频器设计

- 脉冲吞吐分频器
- 双模分频器
- CML 和 TSPC 技术
- 米勒和注入锁定分频器

10.1 概述

回顾第 3 章，每种无线标准都提供一定数量的频率信道用于通信。例如，蓝牙在 2.400～2.480GHz 范围内有 80 个 1MHz 的信道。在每次通信会话开始时，其中一个信道 f_j 会分配给用户，这就要求相应地设置(定义)LO 频率(见图 10.1)。合成器完成了这一精确设置。

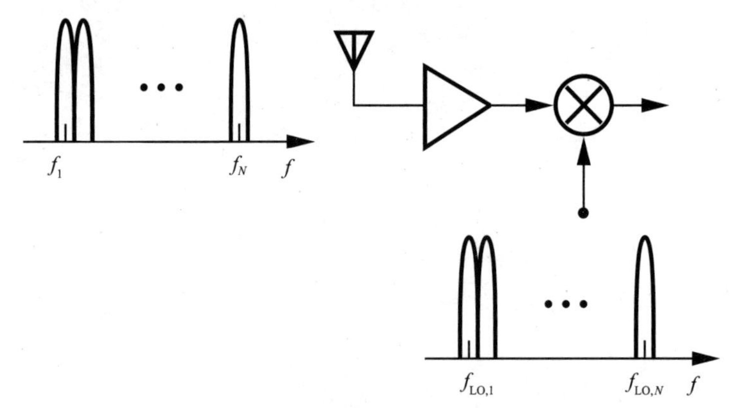

图 10.1 每个接收信道的 LO 频率设置

读者可能会问为什么需要合成器。似乎只需改变 VCO 的控制电压，就能建立所需的 LO 频率。第 8 章研究的 VCO 被称为“自激振荡”，因为在给定的控制电压下，其输出频率由电路和器件参数决定。因此，频率会随温度、工艺和电源电压的变化而变化。此外，由于低频相位噪声成分，频率还会随时间漂移。由于这些原因，VCO 由相位锁定环路控制，其输出频率可以跟踪精确的参考频率(通常来自晶体振荡器)。

对 LO 频率的高精度要求不足为奇。毕竟，在无线标准中，狭窄、间隔紧密的信道对发射和接收载波频率误差的容忍度很低。例如，如图 10.2 所示，轻微的偏移就会导致大功率干扰源严重溢出到期望信道中。我们从第 3 章研究的无线标准中得知，信道间隔可以小到 30kHz，而中心频率则在吉赫兹范围内。

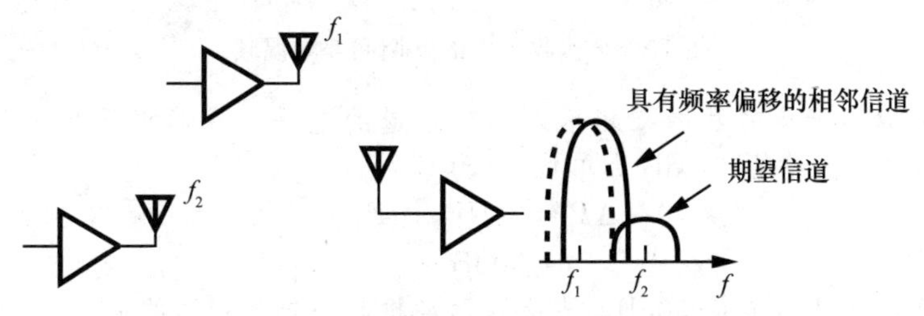

图 10.2 发射机中 LO 频率误差的影响

图 10.3 展示了迄今为止我们所研究的合成器的概念图。输出频率是以精确参考频率 f_{REF} 的倍数产生的，这个倍数由信道选择命令改变，以覆盖标准所要求的载波频率。

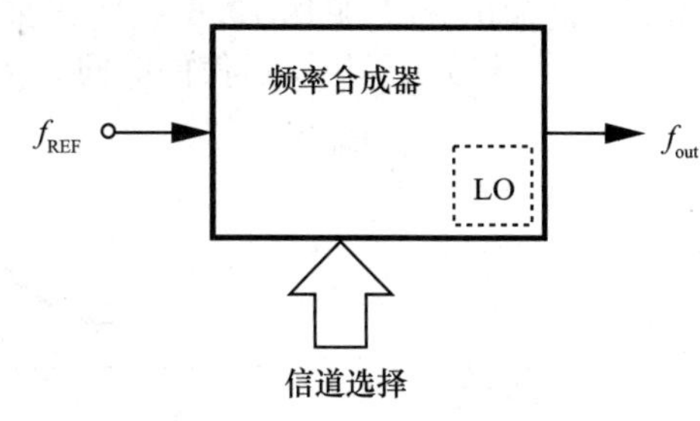

图 10.3 通用频率合成器

除了精度和信道间隔外，合成器的其他几个方面也会影响收发机的性能：相位噪声、边带和“锁定时间”。我们在第 8 章中研究了相位噪声的影响，这里将讨论边带和锁定时间。我们知道，如果 VCO 的控制电压受到周期性干扰，那么输出频谱就会包含围绕载波对称分布的边带。如果将 VCO 置于锁相环中，并经历由 PFD 和 CP 非理想性产生的纹波，也会出现这种情况。因此，我们希望了解这种边带（“杂散”）的影响。如图 10.4 所示，边带的影响在接收路径中尤其麻烦。假设合成器（LO）的输出由位于 ω_{LO} 处的载波和位于 ω_S 处的边带组成，而接收信号在 ω_{int} 处伴有干扰信号。下变频混合后，期望信道与载波卷积，干扰信号与边带卷积。如果 $\omega_{int}-\omega_S=\omega_0-\omega_{LO}(=\omega_{IF})$，则下变频后的干扰源落在期望信道上。例如，如果干扰源比期望信号高 60dB，边带比载波低 70dB，那么 IF 的失真就比信号低 10dB——这在某些标准中几乎是不可接受的值。

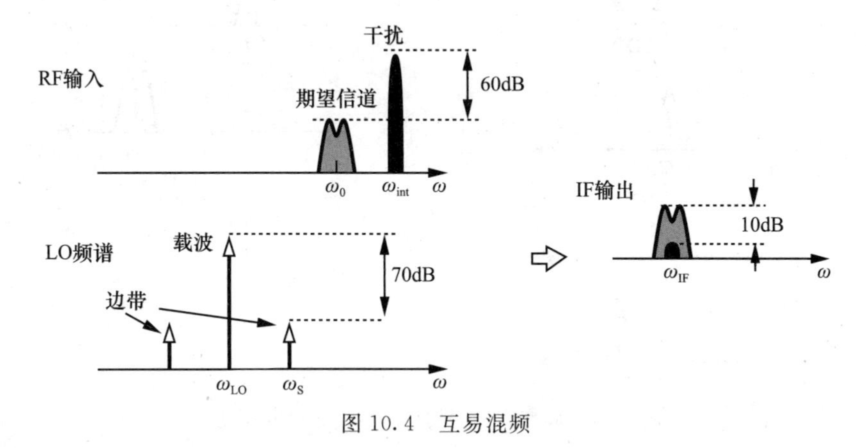

图 10.4 互易混频

例 10.1 如图 10.5 所示，IIP_3 为 −15dBm 的接收机可接收到一个预期信号和两个干扰信号。LO 在 ω_S 处也出现了边带，破坏了下变频。什么样的相对 LO 边带幅度会产生与互调一样多的失真？

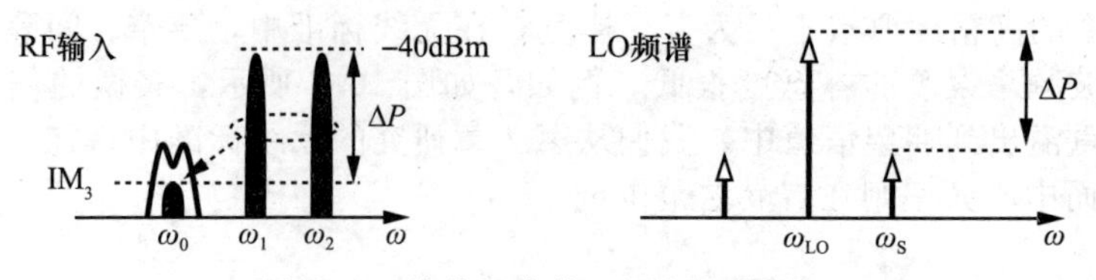

图 10.5 接收机中的互调和互易混频

解：为了计算所产生的互调乘积落入期望信道的电平，我们将干扰电平与 IM_3 电平(等于 290dBm)之间的差值(以 dB 为单位)写为

$$\Delta P = 2(IIP_3 - P_{in}) \tag{10.1}$$

$$= 50dB \tag{10.2}$$

因此，如果边带比载波低 50dB，那么这两种机制会导致相同的失真。◀

当图 10.3 中的数字通道选择命令的值发生变化时，合成器需要一段有限的时间来调整到新的输出频率(见图 10.6)。对于采用 PLL 的合成器来说，这段时间被称为“锁定时间”，它直接减去了用于通信的时间。下面的示例详细说明了这一点。

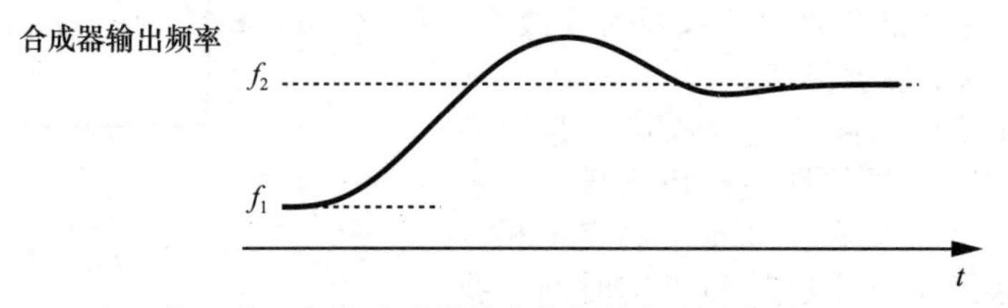

图 10.6 频率合成器锁定期间的频率稳定过程

例 10.2 在合成器稳定期间，发射机中的功率放大器处于关闭状态。请解释原因。

解：如果功率放大器一直处于开启状态，那么 LO 频率变化就会在沉降时间内对传输载波产生较大的波动。如图 10.7 所示，这种效应会严重干扰其他用户的信道。

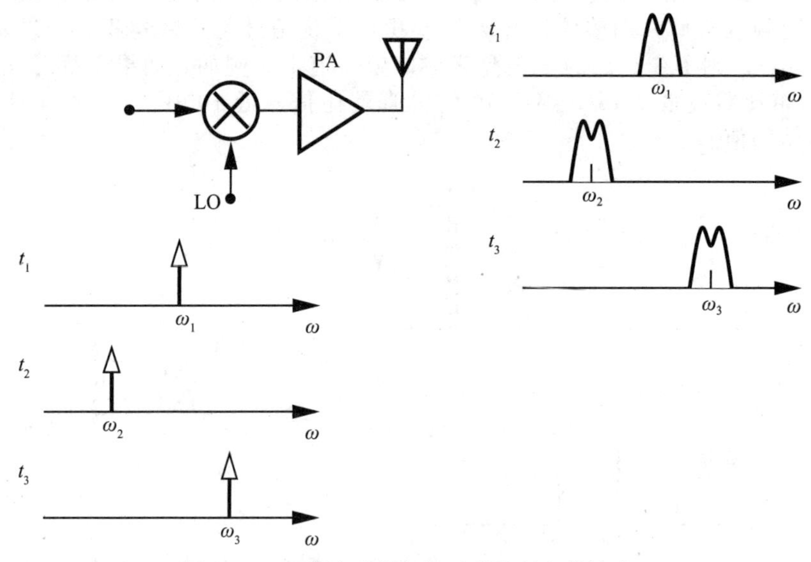

图 10.7 频率合成器切换时载波频率的波动 ◀

典型射频系统所需的锁定时间从几十毫秒到几十微秒不等(超宽带系统等特殊情况下的锁定时间要求小于 10ns)。但如何定义锁定时间呢？如图 10.8 所示，锁定时间通常是指输出频率达到其最终值附近一定裕量(如 100ppm)所需的时间。

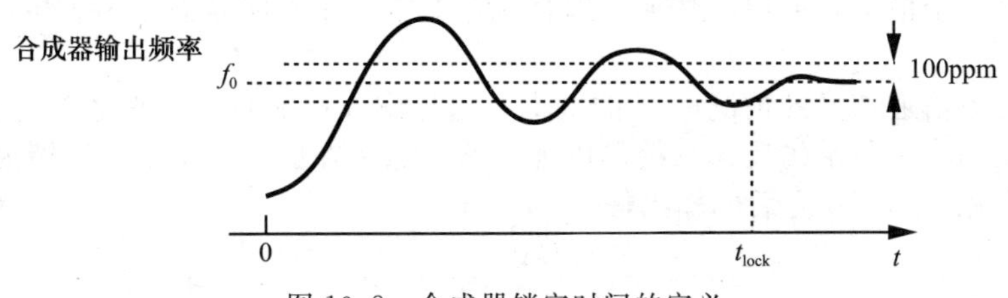

图 10.8　合成器锁定时间的定义

10.2　基本整数 N 合成器

回顾第 9 章，采用反馈分频比为 N 的 PLL 会将输入频率乘以相同的系数。基于这一概念，整数 N 合成器产生的输出频率是参考频率的整数倍(见图 10.9)。如果 N 增加 1，则 f_{out} 增加 f_{REF}；也就是说，最小信道间隔等于参考频率。

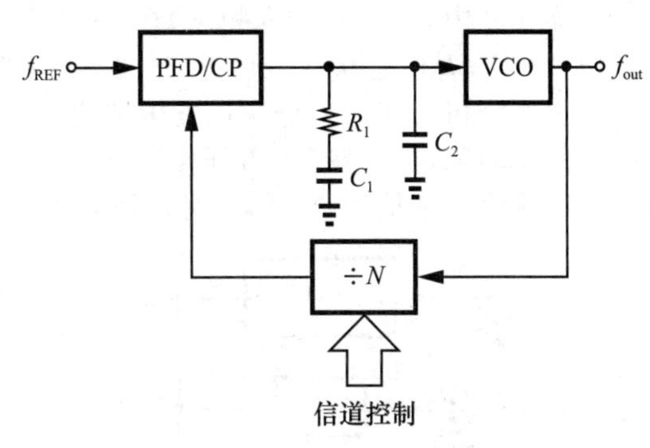

图 10.9　整数 N 频率合成器

图 10.9 中的整数 N 频率合成器如何覆盖所需的频率范围 $f_1 \sim f_2$? 分频比必须可编程，例如从分频比 N_1 到分频比 N_2，以便 $N_1 f_{REF} = f_1$ 和 $N_2 f_{REF} = f_2$。因此，我们认为 f_{REF} 的选择有两个条件：它必须等于所需的信道间距；它必须是 f_1 和 f_2 的最大公约数。选择这两个条件之一来控制，例如，最小信道间距可能小于 f_1 和 f_2 的最大公约数。

例 10.3 计算为蓝牙接收机设计的整数 N 合成器所需的参考频率和分频比范围。考虑两种情况：①直接转换；② $f_{LO}=(2/3)f_{RF}$ 的滑动中频下变频(见第 4 章)。

解：(1)如图 10.10a 所示，LO 范围从第一个信道的中心 2400.5MHz 一直延伸到最后一个通道的中心 2479.5MHz。因此，即使通道间距为 1MHz，f_{REF} 也必须选择为 500kHz。因此，$N_1=4801$ 和 $N_2=4959$。

(2)如图 10.10b 所示，在这种情况下，信道间隔和中心频率乘以 2/3。因此，$f_{REF}=1/3$MHz，$N_1=4801$，$N_2=4959$。

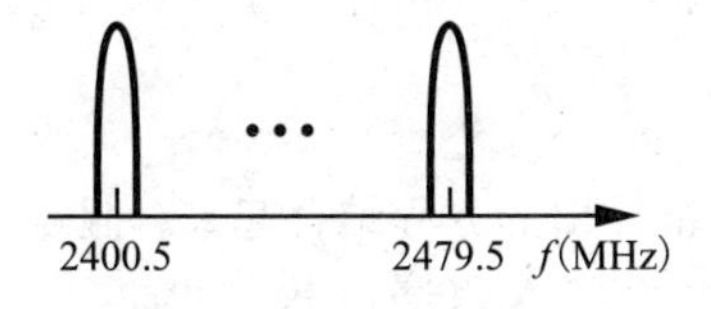

a）直接转换的蓝牙LO频率范围

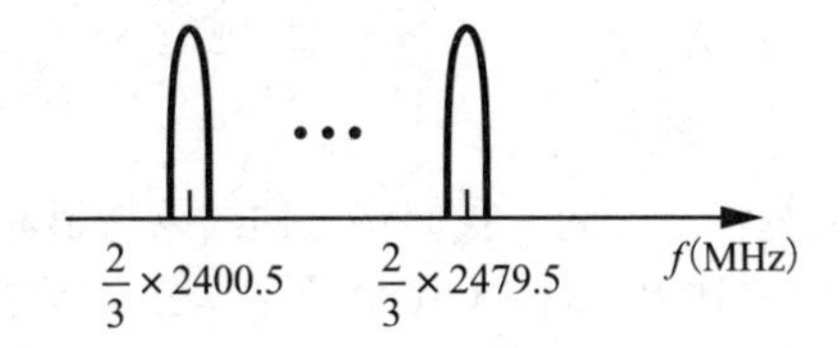

b）滑动中频下变频的蓝牙LO频率范围

图 10.10 ◀

整数 N 合成器的简洁性使其成为一个极具吸引力的选择。作为标准 PLL，这种结构适合于第 9 章进行的分析。第 9 章所述的 PFD/CP 非理想性和设计技术尤其适用于整数 N 合成器。

10.3　建立特性

我们在第 9 章中对 PLL 动态特性的研究涉及的是输入端的频率或相位变化，这在 RF 合成器中并不多见。相反，我们感兴趣的瞬态变化是反馈分频比的变化，即合成器从一个信道跳转到另一个信道，或启动切换，即合成器原本处于关闭状态以节省电能但是现在被开启。

让我们考虑信道切换的情况。N 的微小变化与输入频率的微小变化产生了相同的瞬态行为。借助图 10.11 所示的反馈系统可以证明这一点，在图 10.11 中，反馈因子 A 在 $t=0$ 时发生微小变化 ε。$t=0$ 之后的输出等于

$$Y(s)=\frac{H(s)}{1+(A+\varepsilon)H(s)}X(s) \tag{10.3}$$

$$\approx\frac{H(s)}{1+AH(s)}\cdot\frac{1}{1+\varepsilon/A}X(s) \tag{10.4}$$

$$\approx\frac{H(s)}{1+AH(s)}\left(1-\frac{\varepsilon}{A}\right)X(s) \tag{10.5}$$

这意味着这一变化相当于将 $X(s)$ 乘以 $(1-\varepsilon/A)$，同时保持相同的传递函数。由于在合成器环境中，$x(t)$(输入频率)在 $t=0$ 之前是恒定的，即 $x(t)=f_0$，因此我们可以把乘以 $(1-\varepsilon/A)$ 看作是从 f_0 到 $f_0(1-\varepsilon/A)$ 的阶跃函数[⊖]，即 $-(\varepsilon/A)f_0$ 的频率跳跃。

上述分析表明，当分频比发生变化时，环路的响应就像输入频率阶跃一样，需要一定的时间才能稳定在最终值的可接受范围内。如图 10.12 所示，最坏的情况是合成器输出频率必须从第一个信道 $N_1 f_{REF}$ 变化到最后一个信道 $N_2 f_{REF}$，反之亦然。

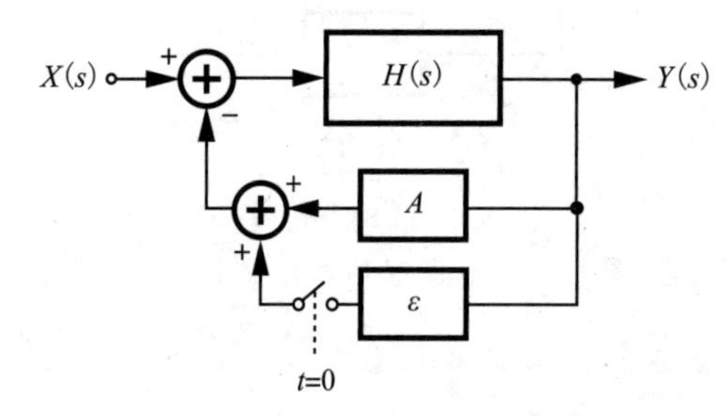

图 10.11　改变反馈系数的影响

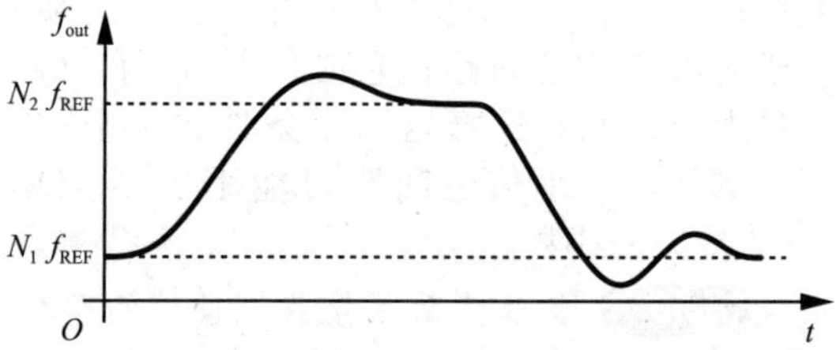

图 10.12　频率合成器稳定的最坏情况

例 10.4 在频率合成器稳定过程中，所关注的量是相对于最终值的频率误差 ω_{out}。请确定从输入频率到该误差的传递函数。

解：误差等于 $\omega_{in}[N-H(s)]$，其中 $H(s)$ 是第二类 PLL 的传递函数(见第 9 章)。因此

$$\frac{\Delta\omega_{out}}{\omega_{in}}=N\frac{s^2}{s^2+2\zeta\omega_n s+\omega_n^2} \tag{10.6}$$

◀

为了估算稳定时间，我们将上述结果与第 9 章中推导出的方程结合起来。假定 $N_2-N_1\ll N_1$。如果分频比从 N_1 跃升至 N_2，这一变化相当于输入频率步长为 $\Delta\omega_{in}=(N_2-N_1)\omega_{REF}/N_1$。

我们还必须注意：①锁相环稳定方程乘以分频比，$N_1(\approx N_2)$；②要获得建立时间，必须将稳定方程归一化为最终频率 $N_2\omega_{REF}$。要使归一化误差降到一定量 α 以下，我们有

$$\left|1-\frac{N_1}{N_2}\right|g(t)u(t)\leqslant\alpha \tag{10.7}$$

式中

$$g(t)=1-\left[\cos(\sqrt{1-\zeta^2}\,\omega_n t)-\frac{\zeta}{\sqrt{1-\zeta^2}}\sin(\sqrt{1-\zeta^2}\,\omega_n t)\right]e^{-\zeta\omega_n t}\,\zeta<1 \tag{10.8}$$

⊖ 请注意，式(10.3)～式(10.5)是针对频率量得到的，但也适用于相位量。

$$=1-(1-\omega_n t)e^{-\zeta\omega_n t}\quad \zeta=1 \tag{10.9}$$

$$=1-\left[\cosh(\sqrt{\zeta^2-1}\,\omega_n t)-\frac{\zeta}{\sqrt{\zeta^2-1}}\sinh(\sqrt{\zeta^2-1}\,\omega_n t)\right]e^{-\zeta\omega_n t}\quad \zeta>1 \tag{10.10}$$

例如，如果 $\zeta=\sqrt{2}/2$，则通过式(10.7)和式(10.8)得到

$$\left|1-\frac{N_1}{N_2}\right|\left(\cos\frac{\omega_n t_s}{\sqrt{2}}-\sin\frac{\omega_n t_s}{\sqrt{2}}\right)e^{-\omega_n t_s/\sqrt{2}}=\alpha \tag{10.11}$$

式中，t_s 表示稳定时间。稳定的充分条件是指数包络衰减到小值：

$$\left|1-\frac{N_1}{N_2}\right|\sqrt{2}\,e^{-\omega_n t_s/\sqrt{2}}=\alpha \tag{10.12}$$

式中，$\sqrt{2}$代表式(10.11)中余弦和正弦的结果。因此，我们可以得出归一化误差 α 的稳定时间为

$$t_s=\frac{\sqrt{2}}{\omega_n}\ln\left|\sqrt{2}\left(1-\frac{N_1}{N_2}\right)\frac{1}{\alpha}\right| \tag{10.13}$$

例 10.5 一台 900MHz GSM 合成器的工作频率为 $f_{REF}=200$kHz，提供 128 个频道。如果 $\zeta=\sqrt{2}/2$，请确定频率误差为 10ppm 时所需的建立时间。

解： 分频比约等于 4500，并以 128 为间隔变化，即 $N_1\approx4500$ 和 $N_2-N_1=128$。因此由式(10.13)得出

$$t_s\approx\sqrt{2}\,\frac{8.3}{\omega_n} \tag{10.14}$$

或者

$$t_s=\frac{8.3}{\zeta\omega_n} \tag{10.15}$$

虽然这一关系式是针对 $\zeta=\sqrt{2}/2$ 得出的，但它为其他 ζ 值提供了一个合理的近似值，最高可达约 1。

如何选择 $\zeta\omega_n$ 的值呢？根据第 9 章，我们注意到环路时间常数大致等于输入周期的十分之一。因此，$(\zeta\omega_n)^{-1}\approx10T_{REF}$，因此

$$t_s\approx83T_{REF} \tag{10.16}$$

在实际应用中，建立时间会更长，而根据经验 PLL 的建立时间是参考周期的 100 倍。◀

正如第 9 章和本节所述，环路带宽与许多关键参数有关，包括稳定时间和 VCO 相位噪声抑制。另一个重要的因素是环路带宽与参考边带幅度之间的折中。在锁定状态下，电荷泵不可避免地会在每个相位比较瞬间干扰控制电压，从而对 VCO 进行调制。为了减少这种干扰，第二个电容(见图 10.9 中的 C_2)必须增大，主电容 C_1 也必须增大。因为 $C_2\leqslant0.2C_1$。

整数 N 结构的主要缺点是输出信道间距等于输入参考频率。我们认识到，锁定时间(≈100 个输入周期)和环路带宽(≈输入频率的 1/10)都与信道间距密切相关。因此，为窄信道应用而设计的合成器锁定时间较长，只能略微降低 VCO 相位噪声。

10.4 杂散减少技术

环路带宽与参考杂散水平之间的折中促使人们在不牺牲带宽的前提下，对减少杂散的方法进行了大量研究。实际上，第 9 章中介绍的缓解电荷共享，沟道长度调制和上下电流失配等问题的技术就属于此类。在本节中，我们将研究降低控制电压纹波的其他方法。

例 10.6 一位学生认为，如果缩小电荷泵中晶体管的宽度和漏极电流，纹波也会随之减小。这是对的吗?

解：这是正确的，因为纹波与不需要的电荷泵注入的绝对值成正比，而不是与其相对值成正比。然而，这种推理可能会导致错误的结论，即缩小 C_P 会降低输出边带电平。由于 I_P 的减小必须通过 K_{VCO} 的成比例增加来补偿，以保持 ζ 不变，因此边带电平几乎没有变化。◀

设计减少电压杂散技术的一个关键点是，控制电压的干扰主要发生在相位比较的瞬间。换句话说，V_{cont} 受干扰的时间很短，而在其余的输入周期内则保持相对恒定。因此，我们推测，如果在这段时间内将 V_{cont} 与干扰隔离，就可以降低输出边带。例如，考虑图 10.13a 所示的结构，其中 S_1 在相位比较开始前关闭，并在干扰结束后开启。因此，C_2 只感知 X 处的稳定值，并在 S_1 关闭时保持该值(S_1 的电荷注入和时钟馈通仍会轻微干扰 V_{cont})。

遗憾的是，图 10.13a 中的结构会导致 PLL 不稳定。为了理解这一点，我们需要认识到，将 V_{cont} 与干扰隔离的同时也消除了 R_1 的作用。由于我们在干扰结束前一直关闭 S_1，因此 S_1 接通时 C_2 检测到的电压与 R_1 的值无关。也就是说，如果 $R_1=0$，电路的行为不会改变(如第 9 章所述，为了产生零点，每次检测到有限的随机相位误差时，R_1 必须在控制电压上产生一个轻微的跳变)。

现在，我们将环路滤波器的两个部分对调，如图 10.13b 所示，其中 S_1 仍根据图 10.13a 中的波形进行切换。这种拓扑结构能否产生稳定的 PLL? 可以。当出现有限相位误差引起的跳变时，节点 X 会在 S_1 导通后将跳变传递到 V_{cont}。因此，R_1 的作用得以保留。由 PFD 和 CP 的非理想特性引起的短时干扰会被 S_1 “掩盖”，从而在输出端产生较低的边带[1-2]。在实际应用中，约一半的 C_2 与 V_{cont} 绑定，以抑制 S_1 的电荷注入和时钟馈通的影响[1-2]。这种“采样环路滤波器”为 S_1 提供了互补晶体管，以适应轨至轨的控制电压。

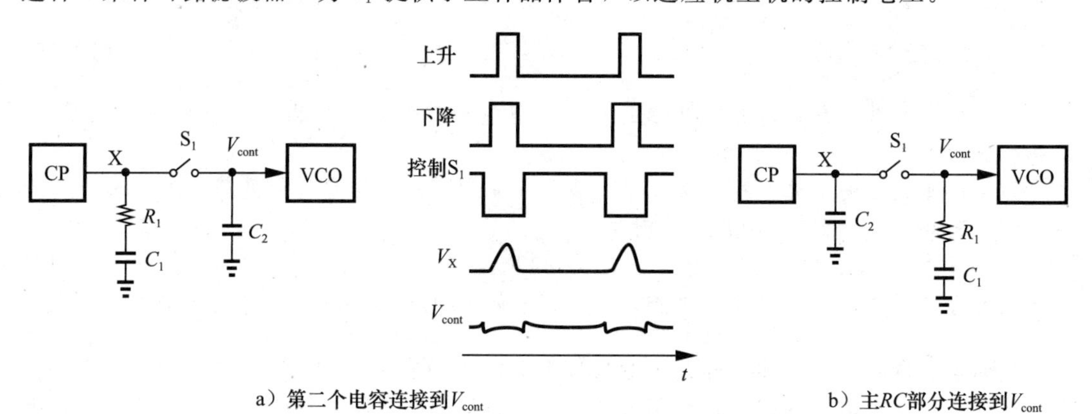

图 10.13 通过插入开关屏蔽节点 X 处的纹波

为了找到另一种减少杂散的方法，让我们回到Ⅱ型二阶锁相环的开环传递函数：

$$H_{open}(s)=\frac{I_P}{2\pi}\left(R_1+\frac{1}{C_1 s}\right)\frac{K_{VCO}}{s} \tag{10.17}$$

回顾第 9 章，R_1 与 C_1 串联，以便在 $H_{open}(s)$中产生一个零点。那么我们可以问，是否有可能在 K_{VCO}/s 而不是 $1/(C_1 s)$中添加一个常数? 也就是说，我们能否实现

$$H_{open}(s)=\frac{I_P}{2\pi}\frac{1}{C_1 s}\left(\frac{K_{VCO}}{s}+K_1\right) \tag{10.18}$$

从而得到一个零点? 现在，环路在 K_{VCO}/K_1 处包含一个零点，可以通过选择其大小来获得合理的阻尼系数。

在计算阻尼系数之前，我们先思考一下式(10.18)中 K_1 的含义。由于 K_1 只是增加了 VCO 的输出相位，我们可以推测它表示 VCO 之后的恒定延迟。但这种延迟[为 $\exp(-K_1 s)$]

的传递函数将乘以 K_{VCO}/s。为了避免这种混淆，我们构建了一个表示式(10.18)的框图(见图 10.14a)，认识到 $K_{\mathrm{VCO}}/s+K_1$ 实际上是从 V_{cont} 到 ϕ_1 的传递函数，即

$$\frac{\phi_1}{V_{\mathrm{cont}}}(s)=\frac{K_{\mathrm{VCO}}}{s}+K_1 \tag{10.19}$$

也就是说，K_1 表示由 V_{cont} 控制的区块。事实上，K_1 代表一个可变变延时级[3]，其"增益"为：

$$K_1=\frac{\Delta T_{\mathrm{d}}}{\Delta V_{\mathrm{cont}}} \tag{10.20}$$

式中，T_{d} 是该级的延迟(见图 10.14b)。

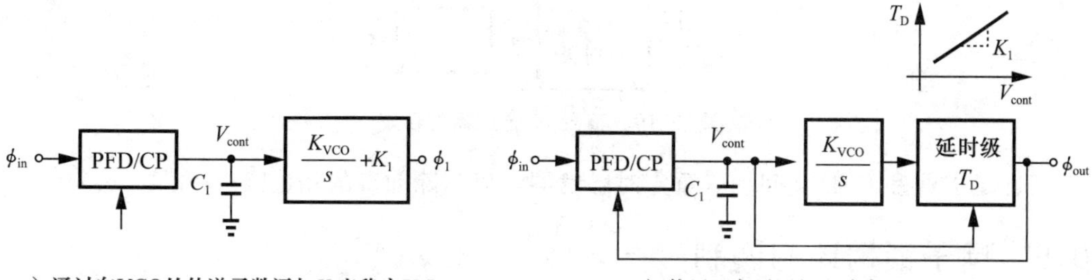

a）通过向VCO的传递函数添加K_1来稳定PLL　　b）使用可变延迟级来稳定PLL

图 10.14

与标准Ⅱ型 PLL 相比，图 10.14b 所示拓扑结构的主要优势在于，通过避免与 C_1 串联的电阻，它允许电容吸收 PFD/CP 非理想特性。相比之下，在标准 PLL 中，只有较小的电容起此作用。

为了确定阻尼系数，我们使用式(10.18)来表示闭环传递函数：

$$H_{\mathrm{closed}}(s)=\frac{\frac{I_{\mathrm{P}}}{2\pi C_1 s}\left(\frac{K_{\mathrm{VCO}}}{s}+K_1\right)}{1+\frac{I_{\mathrm{P}}}{2\pi C_1 s}\left(\frac{K_{\mathrm{VCO}}}{s}+K_1\right)} \tag{10.21}$$

$$=\frac{\frac{I_{\mathrm{P}}K_1}{2\pi C_1}s+\frac{I_{\mathrm{P}}K_{\mathrm{VCO}}}{2\pi C_1}}{s^2+\frac{I_{\mathrm{P}}K_1}{2\pi C_1}s+\frac{I_{\mathrm{P}}K_{\mathrm{VCO}}}{2\pi C_1}} \tag{10.22}$$

由此可得

$$\zeta=\frac{K_1}{2}\sqrt{\frac{I_{\mathrm{P}}}{2\pi C_1 K_{\mathrm{VCO}}}} \tag{10.23}$$

$$\omega_{\mathrm{n}}=\sqrt{\frac{I_{\mathrm{P}}K_{\mathrm{VCO}}}{2\pi C_1}} \tag{10.24}$$

在习题 10.1 中，我们证明了在有反馈分频器的情况下，这些参数的修正值为

$$\zeta=\frac{K_1}{2}\sqrt{\frac{I_{\mathrm{P}}}{2\pi C_1 K_{\mathrm{VCO}}N}} \tag{10.25}$$

$$\omega_{\mathrm{n}}=\sqrt{\frac{I_{\mathrm{P}}K_{\mathrm{VCO}}}{2\pi C_1 N}} \tag{10.26}$$

式(10.25)意味着 K_1 必须与 N 成比例，以保持合理的 ζ 值，这是一项艰巨的任务，因为适应高频率的延迟级不可避免地会表现出较短的延迟。因此，电路结构被修改为图 10.15 所示，可变延迟线出现在分频器之后[3]。读者可以看到

$$\zeta=\frac{K_1}{2}\sqrt{\frac{I_PN}{2\pi C_1K_{VCO}}} \tag{10.27}$$

$$\omega_n=\sqrt{\frac{I_PK_{VCO}}{2\pi C_1N}} \tag{10.28}$$

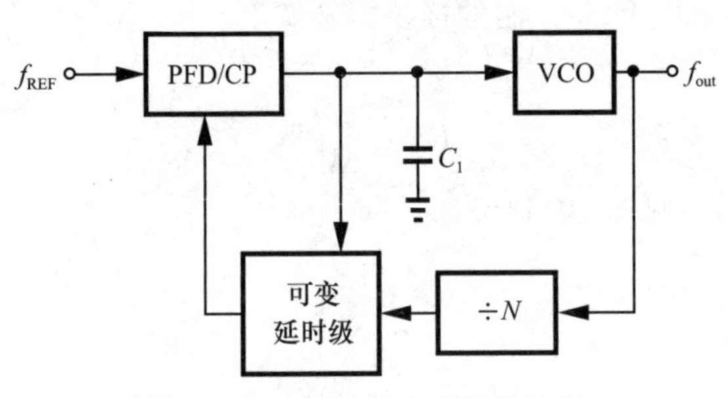

图 10.15 整数 N 合成器的稳定

可在延迟线和 PFD 之间插入重定时触发器，以消除前者的相位噪声(见 10.6.7 节)。

10.5 基于锁相环的调制

除了第 4 章介绍的调制器和发射机结构外，还可以使用许多其他拓扑结构将调制和频率合成功能合并在一起。本节将介绍其中两种，第 12 章还将介绍另外几种。

10.5.1 环内调制

除频率合成外，PLL 还能进行调制。回顾第 3 章，FSK 和 GMSK 调制可通过感应二进制数据的 VCO 来实现。图 10.16a 描述了一种一般情况，即滤波器在一定程度上平滑了时域转换，从而降低了所需带宽[⊖]。这里的主要问题是载波频率定义不清：VCO 中心频率随时间和温度漂移，且无限制。补救措施之一是定期将 VCO 相位锁定到基准，以重置其中心频率。如图 10.16b 所示，这种系统首先禁用基带数据路径并启用 PLL，使 f_{out} 稳定在 Nf_{REF}。然后禁用 PLL，并将 $x_{BB}(t)$施加到 VCO 上。

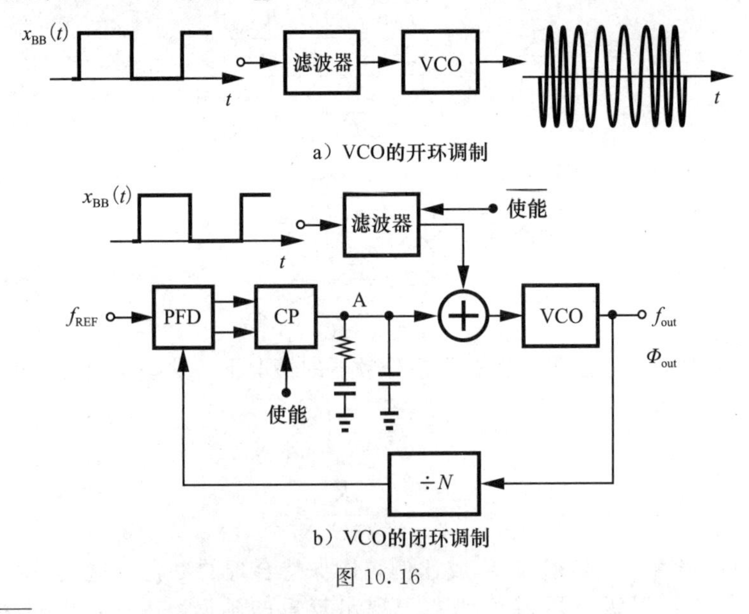

图 10.16

⊖ 即使是 FSK，也可以加入一个简单的模拟滤波器，以提高带宽效率。

图 10.16b 中的结构需要在通信过程中定期“空闲”一段时间来锁定 VCO 的相位，这是一个严重的缺点。此外，输出信号带宽取决于 K_{VCO}，这是一个不好控制的参数。此外，由于负载电容或电源电压的变化，自激振荡 VCO 频率可能由于其负载电容或电源电压的变化而偏移 Nf_{REF}。具体而言，如图 10.17 所示，如果功率放大器在传输开始时发生斜变，其输入阻抗 Z_{PA} 会发生很大变化，从而改变缓冲器输入端的电容[“负载牵引”(load pulling)]。此外，功率放大器在开启时会从系统电源中吸取很大的电流，使其电压降低几十毫伏或几百毫伏，从而改变 VCO 频率[“电源推动”(supply pushing)]。

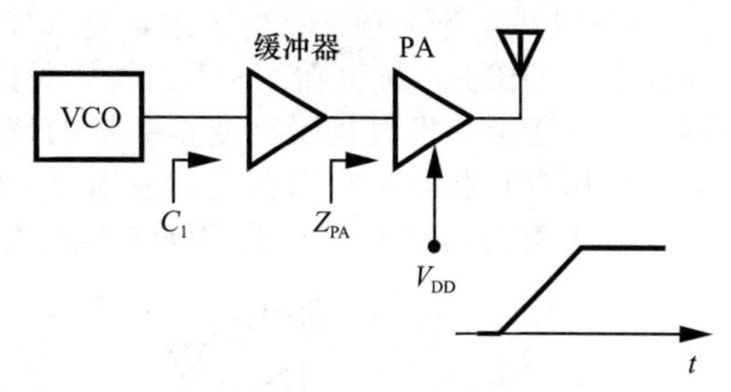

图 10.17　PA 斜升过程中缓冲器输入阻抗的变化

为了缓解上述问题，VCO 可以在感测基带数据时保持锁定。也就是说，图 10.16b 中的 PLL 可持续监测和校正 VCO 输出(即始终启用 CP)。当然，为了成功地将数据加载到载波上，设计必须选择一个非常慢的环路，这样输出上所需的相位调制就不会被 PLL 校正。这种方法被称为“环内调制”，与第 4 章研究的正交上变频技术相比，它具有两个优势。首先，与正交 GMSK 调制器相比，它对基带数据的处理要求要低得多。其次，它不要求 LO 的正交相位。当然，这种方法只能应用于恒定包络调制方案。

例 10.7　图 10.16b 中 PLL 对数据的影响也可以在频域中进行研究。忽略数据路径中滤波器的影响，确定从 $x_{BB}(t)$ 到 ϕ_{out} 的传递函数。

解： 从输出开始，我们将到达 PFD 的反馈信号写成 ϕ_{out}/N，从 0(输入相位)中减去 ϕ_{out}/N，然后将结果乘以 $I_P/(2\pi)[R_1+(C_1s)^{-1}]$，得到节点 A 的信号。然后，我们将 X_{BB} 与该信号相加[⊖]，再将总和乘以 K_{VCO}/s：

$$\left[-\frac{\phi_{out}}{N}\cdot\frac{I_P}{2\pi}\left(R_1+\frac{1}{C_1s}\right)+X_{BB}\right]\frac{K_{VCO}}{s}=\phi_{out} \tag{10.29}$$

由此可得

$$\frac{\phi_{out}}{X_{BB}}(s)=\frac{K_{VCO}s}{s^2+\dfrac{I_PK_{VCO}R_1}{2\pi N}s+\dfrac{I_PK_{VCO}}{2\pi NC_1}} \tag{10.30}$$

该响应简单地等于 VCO 相位噪声传递函数(见第 9 章)乘以 K_{VCO}/s。(为什么会有这样的结果?)在 s 值较低时，系统呈现高通特性，减弱 X_{BB} 的低频成分。当 s 变大到足以用 s^2 来近似分母时，响应就会接近所需的 K_{VCO}/s(频率调制器的响应)。图 10.18 描述了这一行为。读者可以证明，响应在 $\omega=\omega_n$ 处达到等于 $K_{VCO}/(2\zeta\omega_0)$ 的峰值。要使基带数据经历可忽略不计的高通滤波，ω_n 必须远低于数据的最低频率含量。根据经验，我们认为 ω_n 应当为比特率的 1/1000 左右。◀

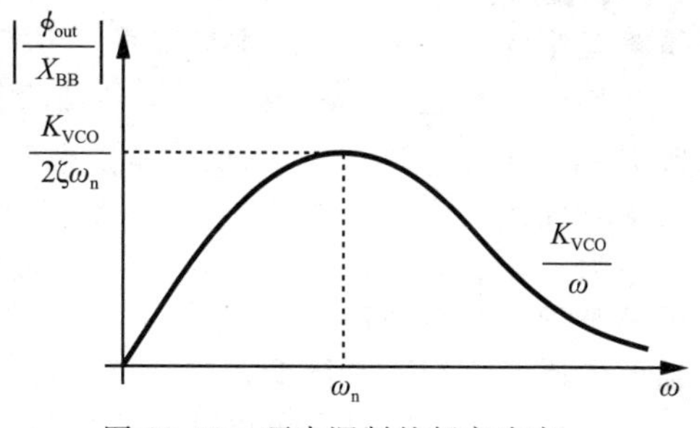

图 10.18　环内调制的频率响应

环内调制有两个缺点：①由于 PLL 带宽非常小，VCO 相位噪声大部分仍未校正；②调制信号带宽是 K_{VCO} 的函数，而 K_{VCO} 是一个与工艺和温度有关的参数。

⊖　为了简单起见，忽略了 X_{BB} 路径中滤波器的影响。

10.5.2 偏移式锁相环的调制

GSM规定了一项严格的要求，要求发射机采用具有“偏移混频”功能的PLL结构。该要求与GSM发射机在GSM接收频段内允许发射的最大噪声有关，即-129dBm/Hz。图10.19所示为发射机噪声变得关键的情况：用户B从用户A接收到f_1附近的微弱信号，而用户C位于用户B附近，发射f_2附近的高功率信号和大量宽带噪声。如图所示，用户C发射的噪声干扰了f_1附近的期望信号。

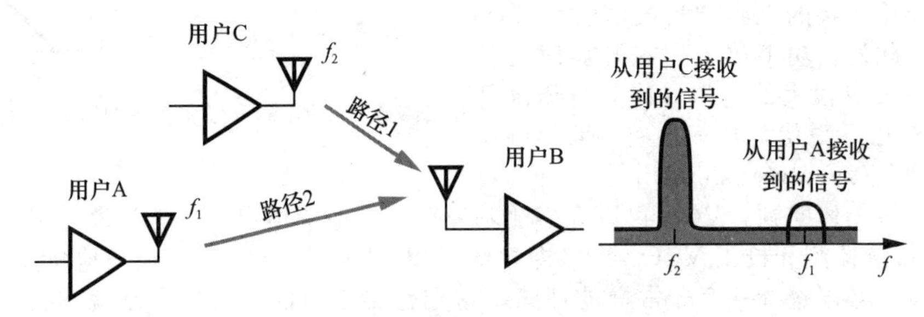

图10.19 接收机频带中的发射噪声问题

宽带噪声问题在直接变频发射机中尤为突出。如图10.20所示，信号路径中的每一级都会产生噪声，即使基带LPF能够抑制信道外DAC输出噪声，也会在RX频段产生高输出噪声。在习题10.2中，我们观察到LO的远输出相位噪声在功率放大器输出端也表现为宽带噪声。

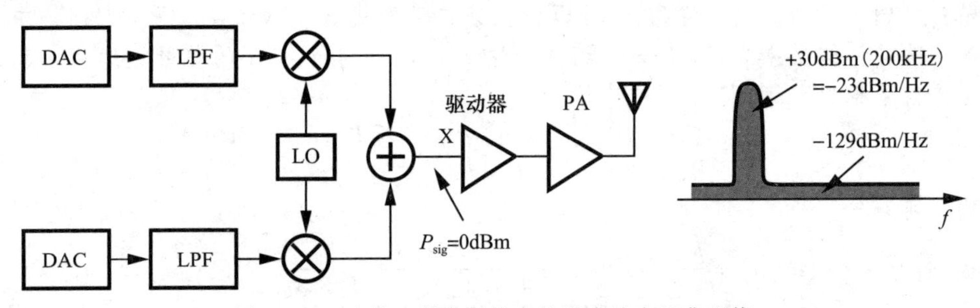

图10.20 直接变频发射机中的噪声放大及典型值

例10.8 如果图10.20中X节点处的信号电平约为$0.632V_{PP}$(在50Ω系统中等于0dBm)，请确定此时的最大可容忍本底噪声。假定以下各级均无噪声。

解： 本底噪声必须比功率放大器输出的噪声低30dB，即在50Ω系统中为$-159\text{dBm/Hz}=2.51\text{nV(rms)}/\sqrt{\text{Hz}}$。如此低的噪声水平要求上变频混频器的负载电阻非常小。换句话说，在发射机链上的每个点都保持足够低的本底噪声是不切实际的。◀

为了减少RX波段的发射噪声，可以在天线和收发机之间安装一个双工滤波器。(回顾第4章，在GSM中双工器是不必要的，因为发送和接收不是同时进行的)。不过，双工器的损耗(2～3dB)会降低传输功率，提高接收机噪声系数。

另外，也可以对上变频链进行修改，以产生少量宽带噪声。例如，考虑图10.21a所示的拓扑结构，其中基带信号经过上变频后施加于PLL。如果PLL的带宽只够容纳信号，那么$x_{out}(t)\approx x_1(t)$，但传到天线的宽带噪声主要来自VCO的远输出相位噪声。也就是说，与图10.20中的发射机链不同，这种架构只需最小化一个构建模块的宽带噪声。注意$x_1(t)$的包络是恒定的。

上述方法要求PFD和CP在载波频率下工作，这是一个相对困难的要求。因此，我们在PLL中加入一个反馈分频器，按比例降低$x_1(t)$的载波频率(见图10.21b)。如果$x_1(t)=$

$A_1\cos[\omega_1 t+\phi(t)]$，其中 $\phi(t)$表示 GMSK 或其他类型的频率或相位调制，并且如果 PLL 带宽足够大，则

$$x_{out}(t)=A_2\cos[N\omega_1 t+N\phi(t)] \tag{10.31}$$

遗憾的是，PLL 会将相位乘以 N 倍，从而改变信号带宽和调制方式。

现在我们来修改图 10.21c[4]所示的结构。在这里，“偏移混频器” MX_1 将输出下变频至 f_{REF} 的中心频率，然后将结果分离成正交相位，与基带信号混合，并作用于 PFD ⊖。由于环路锁定，$x_1(t)$与参考输入完全相同，因此不含调制。因此，$y_I(t)$和 $y_Q(t)$将“吸收”基带信号的调制信息。这种结构被称为“偏移式锁相环”发射机或“平移”环路。

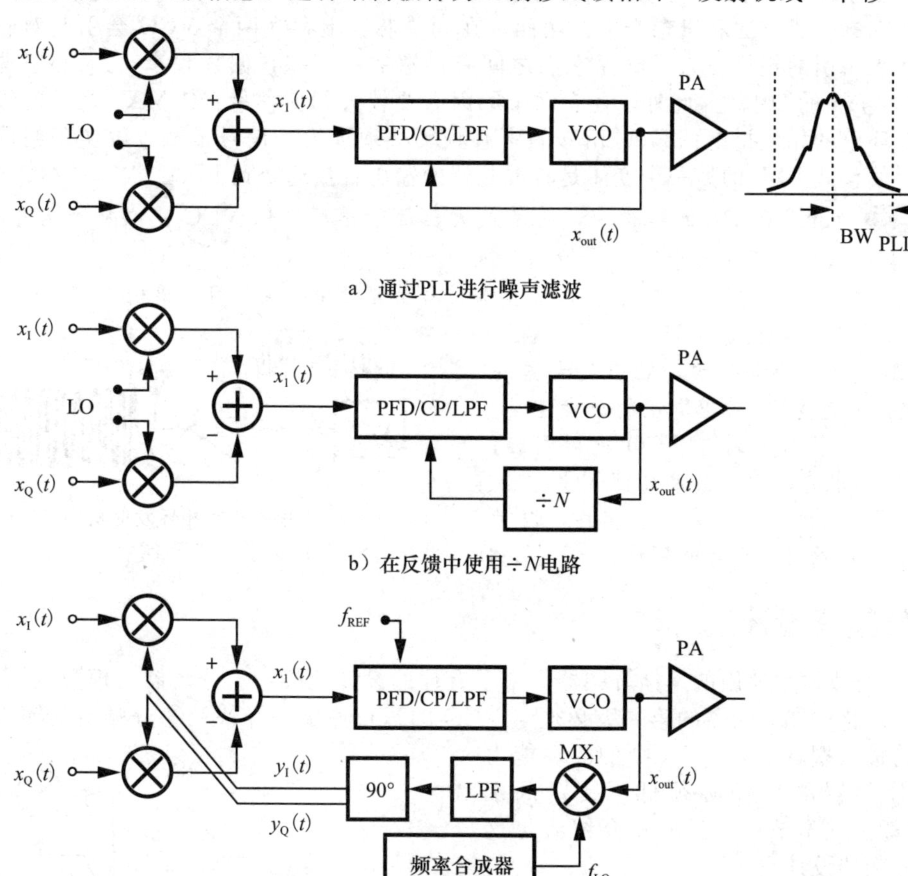

a）通过PLL进行噪声滤波

b）在反馈中使用÷N电路

c）偏移式PLL结构

图 10.21

例 10.9 如果 $x_I(t)=A\cos[\phi(t)]$且 $x_Q(t)=A\sin[\phi(t)]$，推导出 $y_I(t)$和 $y_Q(t)$的表达式。

解： 以 f_{REF} 为中心，$y_I(t)$和 $y_Q(t)$可分别表示为

$$y_I(t)=a\cos[\omega_{REF}t+\phi_y(t)] \tag{10.32}$$

$$y_Q(t)=a\sin[\omega_{REF}t+\phi_y(t)] \tag{10.33}$$

其中 $\omega_{REF}=2\pi f_{REF}$，$\phi_y(t)$表示相位调制信息。进行正交上变频操作，并令结果等同于未调制信号 $x_1(t)=A\cos\omega_{REF}t$，我们得到

⊖ LPF 可以消除 MX_1 输出端的和分量。

$$A_1 a\cos[\phi(t)]\cos[\omega_{REF}t+\phi_y(t)]-A_1 a\sin[\phi(t)]\sin[\omega_{REF}t+\phi_y(t)]=A\cos\omega_{REF}t \tag{10.34}$$

由此可得

$$A_1 a\cos[\omega_{REF}t+\phi(t)+\phi_y(t)]=A\cos\omega_{REF}t \tag{10.35}$$

因此

$$\phi_y(t)=-\phi(t) \tag{10.36}$$

请注意，$x_{out}(t)$也包含相同的相位信息。◀

当然，驱动图10.21c中偏移混频器的本地振荡器波形必须由另一个PLL根据本章目前为止所研究的合成方法和概念产生。然而，在同一芯片上存在两个VCO会引起对它们之间相互注入牵引的担忧。为了确保它们之间有足够的频率差，偏移频率f_{REF}必须选得足够高(例如f_{LO}的20%)。此外，还有两个原因需要较大的偏移量：①MX_1之后的级不能降低整个环路的相位裕度；②90°相移的中心频率必须远大于信号带宽，以实现精确的正交分离。偏移式PLL的另一个变体是将混频器的输出直接返回到PFD[5]。

例10.10 在图10.21c的结构中，功率放大器的输出频谱以VCO中心频率为中心。VCO是否由功率放大器注入牵引？

解： 对一阶系统而言，并非如此。这是因为，与第4章中研究的TX架构不同，这种结构会在VCO和功率放大器上产生相同的调制波形(见图10.22)。换句话说，功率放大器的瞬时输出电压只是VCO输出电压的放大信号。因此，功率放大器的泄漏与VCO波形同相，就好像VCO输出的一部分被反馈回VCO。实际上，通过PA的延迟会带来一些相移，但对VCO的总体影响通常可以忽略不计。◀

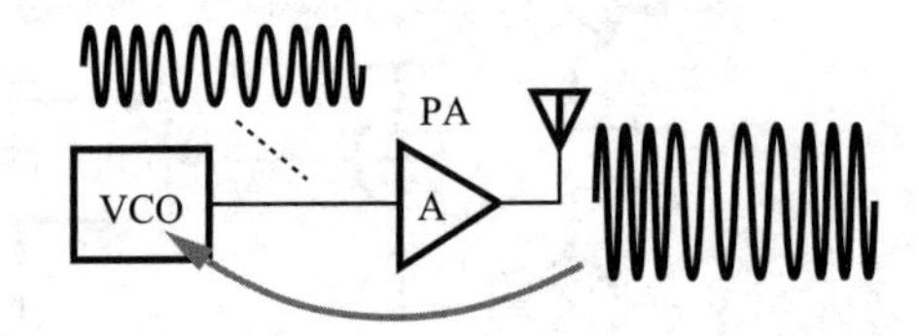

图10.22 在偏移式锁相环发射机中，PA输出与VCO的耦合

10.6 分频器设计

整数N合成器中使用的反馈分频器带来了有趣的设计挑战：①分频器的模数N必须以单位步长变化；②分频器的第一级必须与VCO的运行速度一样快；③分频器的输入电容和所需的输入摆幅必须与VCO的驱动能力相称；④分频器的功耗必须低，最好低于VCO的功耗。在本节中，我们将介绍满足这些要求的分频器设计。

值得注意的是，分频器的设计通常假定VCO具有一定的电压摆幅和输出驱动能力，因此必须与VCO的设计一起进行。图10.23所示是一个示例，其中VCO以两倍载波频率运行，以避免注入牵引效应，其后是一个÷2级电路。该分频器可能需要驱动相当大的负载电容C_L，因此有必要在其中使用宽晶体管，从而为VCO提供较大的电容C_{div}。可以在分频器的输入和/或输出端插入缓冲器，但代价是消耗更大的功率。

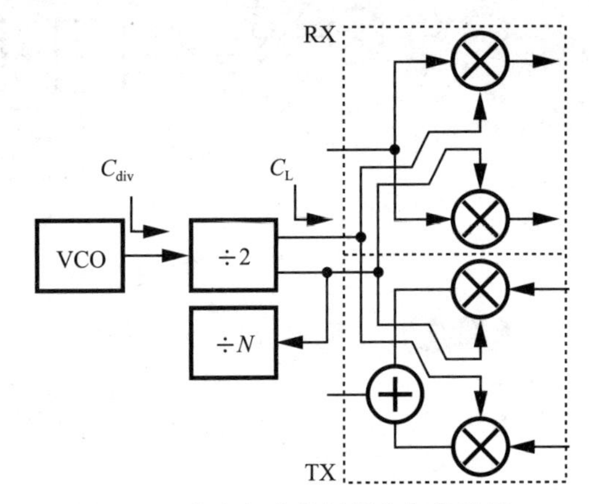

图10.23 收发机中分频器的负载示例

10.6.1 脉冲吞吐分频器

反馈分频器的一种常见实现方式是“脉冲吞吐分频器”，它允许在模数中采用单位步

长。如图 10.24 所示，该电路由三个模块组成：

(1)“双模预分频器”。该计数器根据其“模数控制”输入的逻辑状态，提供 $N+1$ 或 N 的分频比。

(2)“吞脉冲计数器”。该电路将输入频率除以 S，通过数字输入可将 S 设置为 1 或更高的数值，步长为 1 [⊖]。该计数器可控制预分频器的模数，并具有复位输入。

(3)“程序计数器”。这个分频器有一个恒定模数 P。当程序计数器“满格”时(在其输入端计数 P 个脉冲后)，它将重置吞脉冲计数器。

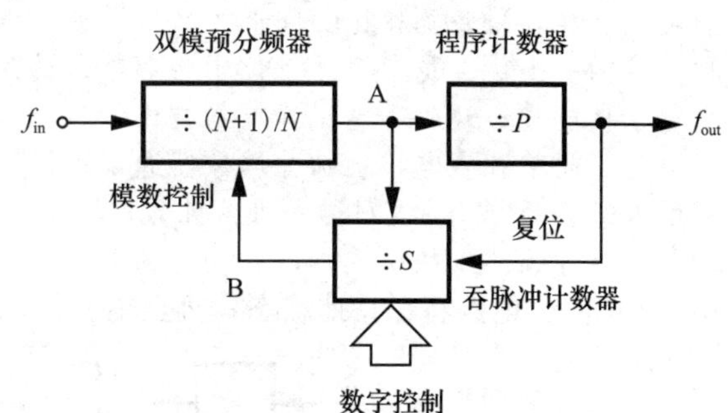

图 10.24　脉冲吞吐分频器

现在我们来证明，图 10.24 中的整体脉冲吞吐分频器的分频比为 $NP+S$。假设所有三个分频器都从复位开始。预分频器按 $N+1$ 计数，主输入端每接收到 $N+1$ 个脉冲，吞脉冲计数器(位于 A 点)就得到一个脉冲。程序计数器对预分频器(B 点)的输出脉冲进行计数。这个过程一直持续到吞脉冲计数器满为止，即在其输入端接收到 S 个脉冲(因此，主输入端接收到$(N+1)S$ 个脉冲)。然后，吞脉冲计数器将预分频器的模数改为 N，并再次从零开始。请注意，到目前为止，程序计数器已经计数了 S 个脉冲，需要另外 $P-S$ 个脉冲来填满。现在，预分频器 N 分频，产生 $P-S$ 个脉冲，以填满程序计数器。在这种模式下，主输入端必须接收 $N(P-S)$个脉冲。将两种模式下预分频器输入端的脉冲总数相加，得出$(N+1)S+N(P-S)=NP+S$。也就是说，主输入端每产生 $NP+S$ 个脉冲，程序计数器就会在输出端产生一个脉冲。吞脉冲计数器复位后，重复上述操作。注意，P 必须大于 S。

预分频器用于感知高频输入，是三个模块结构中最具挑战性的一个。因此，人们推出了许多预分频器拓扑结构。下一节将介绍其中一些。根据经验，双模预分频器的速度比÷2 电路慢 2 倍。

例 10.11　为了放宽对双模预分频器速度的要求，可以在脉冲吞吐分频器前加一个÷2 电路(见图 10.25a)。请解释这种方法的利弊。

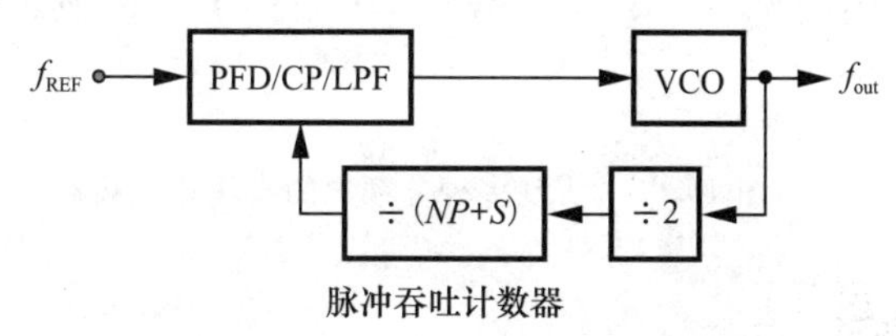

a) 使用÷2 级放宽脉冲吞吐分频器的速度要求

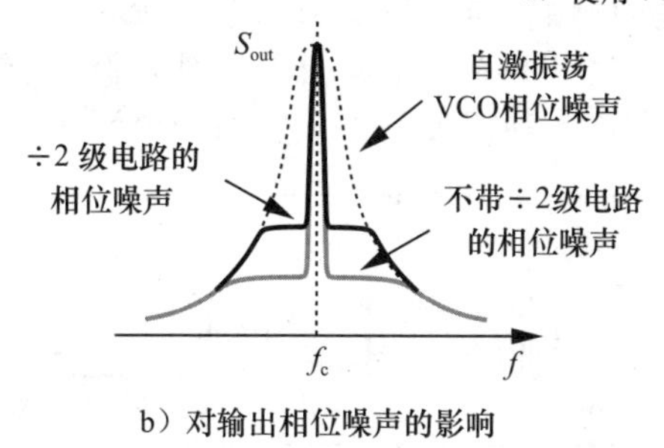

b) 对输出相位噪声的影响

c) 使用和不使用÷2 级时参考杂散的位置

图 10.25

⊖　整个电路被称为“脉冲吞吐分频器”，而这个模块被称为“吞脉冲计数器”。

解：这里，$f_{out}=2(NP+S)f_{REF}$。因此，f_{ch}的通道间距决定了$f_{REF}=f_{ch}/2$。因此，锁定速度和环路带宽按比例降低了2倍，使得VCO相位噪声更加明显(见图10.25b)。这种方法的一个优点是参考边带位于相邻信道的边沿而不是中间(见图10.25c)。由于混合了少量杂散能量，边带可能比标准结构中的边带大得多。 ◀

为了简单和省电，吞脉冲计数器通常被设计为异步电路。图10.26展示了一种可能的实现方式：级联÷2级对输入进行计数，NAND门将计数与数字输入$D_nD_{n-1}\cdots D_1$进行比较。一旦计数达到数字输入，Y变为高电平，从而置位RS锁存器。然后，锁存器输出禁用÷2电路。电路将保持此状态，直至主复位(由程序计数器发出)。

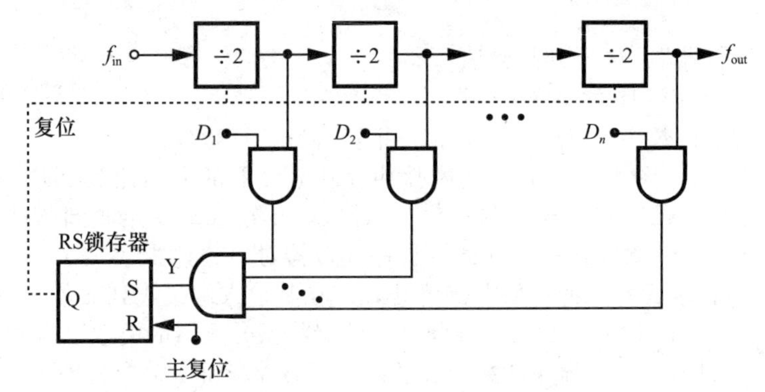

图10.26 吞脉冲计数器实现

文献[7]介绍了在合成器中实现反馈分频器的另一种方法。这种方法将÷2/3电路以模块化形式集成，从而降低了设计复杂度。如图10.27所示，分频器采用n个÷2/3级电路，每个模块接收下一级的模数控制(最后一级除外)。数字输入根据以下公式设置总的分频比：

$$N=2^n+D_n2^{n-1}+D_{n-1}2^{n-2}+\cdots+2D_2+D_1 \tag{10.37}$$

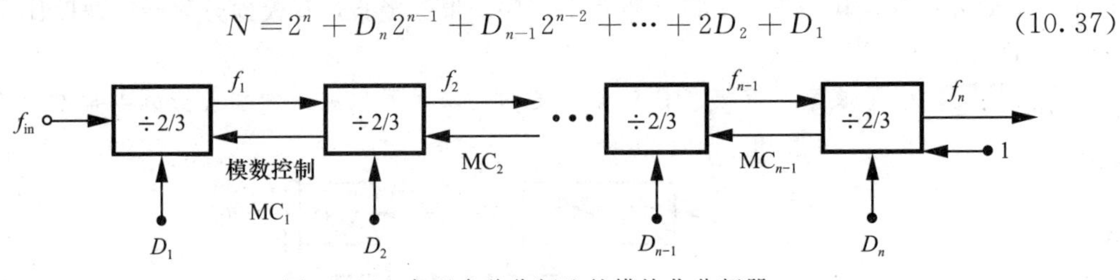

图10.27 实现多种分频比的模块化分频器

10.6.2 双模分频器

如上所述，双模预分频器是分频器设计中最困难的挑战。我们在10.6.1节对脉冲吞吐分频器的分析中还注意到，模量变化必须是瞬时的，这是一个显而易见的条件，但并非所有双模设计都能满足。正如下文所述，米勒分频器和注入锁定分频器等电路需要若干个输入周期才能达到稳定状态。

让我们从一个2/3分频电路开始研究双模预分频器。回顾第4章，÷2电路可以通过一个置于负反馈回路中的D触发器来实现。而÷3电路则需要两个触发器。图10.28是一个示例[⊖]，其中一个AND门将$Q_1\cdot\overline{Q_2}$

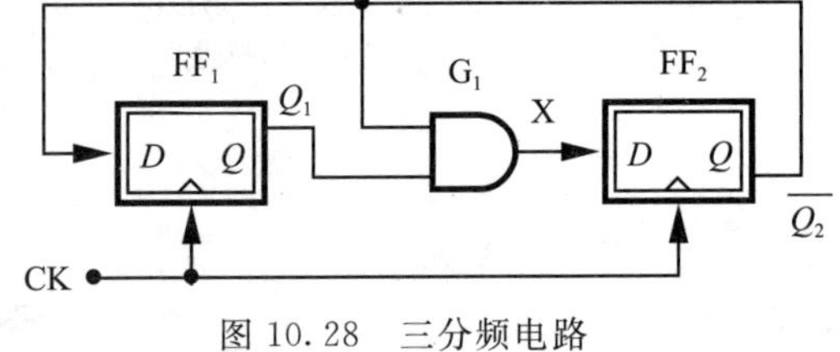

图10.28 三分频电路

⊖ 在本书中，我们用单框表示锁存器，用双框表示FF。

加到 FF_2 的 D 输入端。假设电路以 $Q_1\overline{Q_2}=00$ 开始。第一个时钟后，Q_1 取 $\overline{Q_2}$ 的值(0)，$\overline{Q_2}$ 取 $\overline{X}$ 的值(1)。在接下来的三个周期中，$Q_1\overline{Q_2}$ 分别变为 10、11 和 01。请注意，$Q_1\overline{Q_2}=00$ 的状态不会再次出现，因为它要求 $\overline{Q_2}$ 和 X 之前的值分别为 0 和 1，而这是 AND 门所禁止的。

例 10.12 使用 NOR 门而不是 AND 门设计一个 ÷3 电路。

解： 我们从图 10.28 的拓扑结构开始，感测 FF_2 的 Q 端输出，并添加"圆圈"来表示逻辑取反(见图 10.29a)。现在，FF_1 输入端的取反可以转移到其输出端，从而在 AND 门的相应输入端添加一个圆圈(见图 10.29b)。最后，输入端有两个圆圈的 AND 门可以用一个 NOR 门代替(见图 10.29c)。读者可以证明该电路循环通过以下三种状态：$Q_1\overline{Q_2}=00$，01，10。

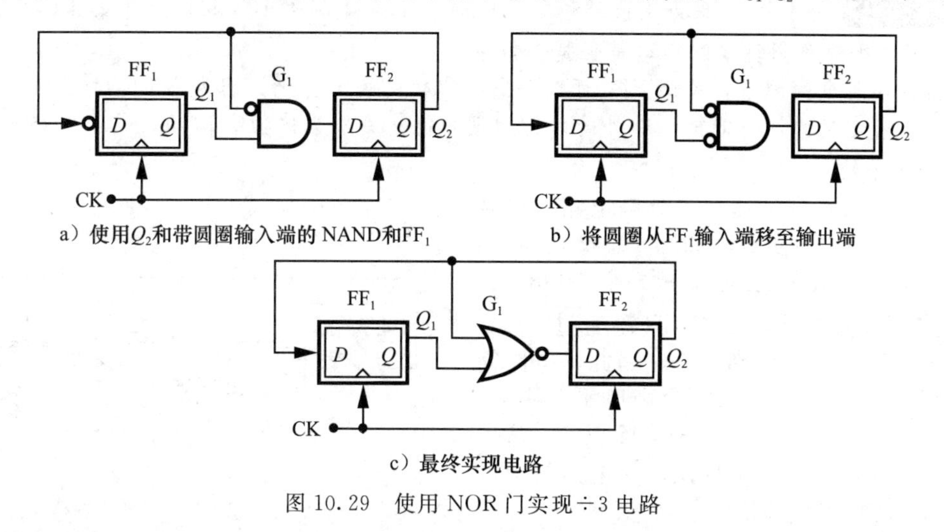

图 10.29 使用 NOR 门实现 ÷3 电路 ◀

例 10.13 分析图 10.30 所示 ÷3 级电路的速度限制。

解： 我们绘制的电路如图 10.30a 所示，明确显示了 FF_2 内的两个锁存器。假设 CK 初始为低电平，L_1 不透明(处于锁存模式)，L_2 透明(处于检测模式)。换句话说，$\overline{Q_2}$ 刚刚发生变化。当 CK 变高，L_1 开始感应时，$\overline{Q_2}$ 的值必须在 CK 再次变低之前通过 G_1 和 L_1 传播。因此，G_1 的延迟进入了关键路径。此外，L_2 必须驱动 FF_1、G_1 和输出缓冲器的输入电容。这些影响大大降低了速度，要求 CK 保持高电平足够长的时间，以便 $\overline{Q_2}$ 传播到 Y。

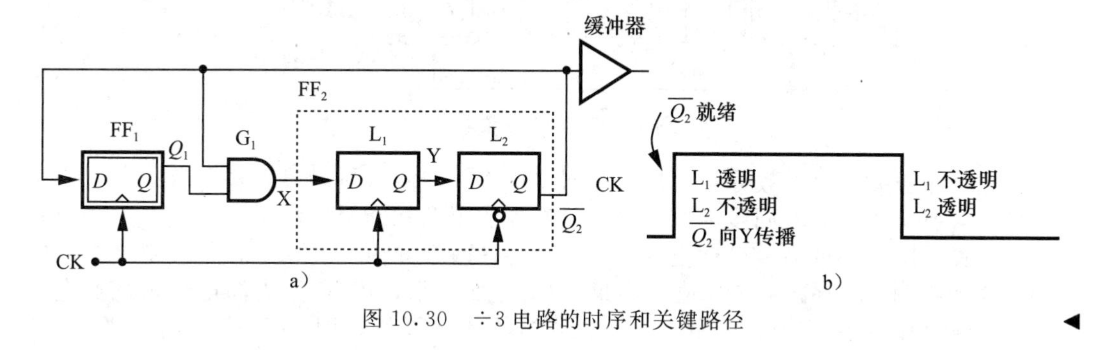

图 10.30 ÷3 电路的时序和关键路径 ◀

图 10.28 的电路现在可以修改为具有两个模数。如图 10.31 所示，÷2/3 电路采用一个 OR 门，如果模数控制 MC 为低电平(为什么?)，则允许三分频；如果模数控制 MC 为高电平，则允许二分频。在后一种情况下，只有 FF_2 将时钟除以 2，而 FF_1 则不起作用。

因此，输出只能由 FF_2 提供。

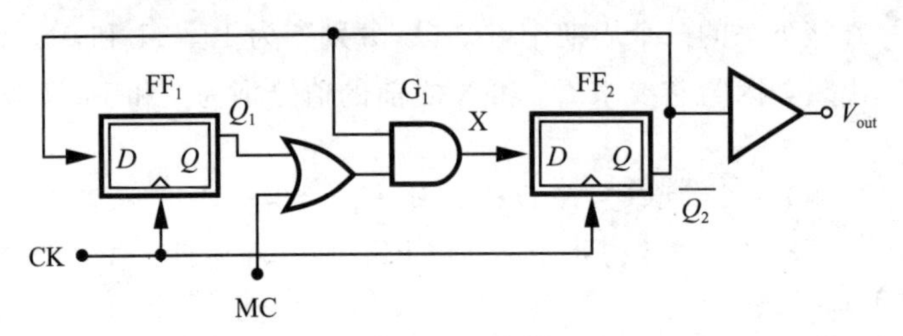

图 10.31 2/3 分频电路

例 10.14 一位寻求低功耗预分频器设计的学生推测，图 10.29 电路中的 FF_1 可以在 MC 为高电平时关闭。请解释这是否是个好主意。

解： 在省电的同时，关闭 FF_1 可能会影响模数的瞬时变化，因为当 FF_1 打开时，其初始状态是未定义的，可能需要额外的时钟周期才能达到所需的值。例如，整个电路可以从 $Q_1\overline{Q_2}=0$ 开始。 ◀

可以重新安排高速 2/3 分频电路，以减少第二个触发器的负载。如图 10.32 所示[6]，电路在每个触发器之前都有一个 NOR 门。如果 MC 为低电平，则 $\overline{Q_1}$ 只需通过 G_2 反相，如同 FF_2 直接跟随 FF_1。因此，电路简化为图 10.29c。如果 MC 为高电平，则 Q_2 保持低电平，允许 G_1 和 FF_1 除以 2。请注意，输出可以仅由 FF_1 提供。该电路的速度比图 10.31 中的电路快 40%[6]。

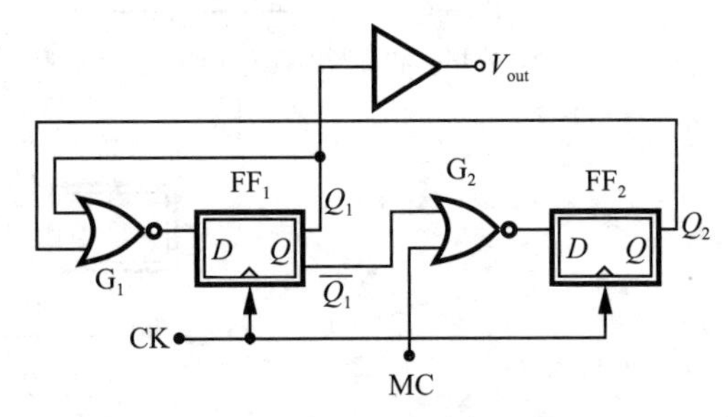

图 10.32 高速 2/3 分频电路

图 10.33 显示了一个 3/4 分频电路。如果 MC=1，G_2 置 1，从而使 G_1 可以简单地将 FF_1 的输出传递到 FF_2 的 D 输入端。因此，该电路类似于一个回路中的四个锁存器，因此分频比为 4。如果 MC=0，G_2 将 Q_2 传递到 G_1 的输入端，从而将电路简化为图 10.28 所示的电路。我们注意到，与图 10.28 中的三分频电路相比，该电路的关键路径(FF_2 附近)包含更大的延迟。第 13 章将介绍这种分频器的晶体管级设计。

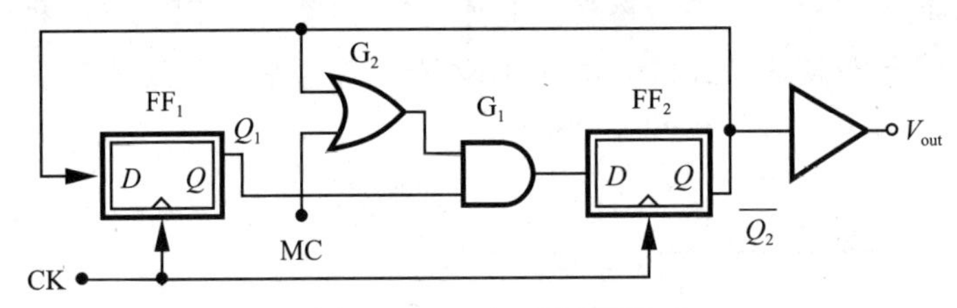

图 10.33 3/4 分频电路

迄今为止研究的双模数分频器都采用同步操作，即同时对触发器进行计时。对于更高的模数，具有小模数的同步内核与异步分频器级电路相结合。图 10.34 以 8/9 预分频器为例。图 10.31 中的 2/3 分频电路(D23)之后是两个异步÷2 级，MC_1 被定义为其输出与主模数控制 MC_2 的 NAND 值。如果 MC_2 为低电平，则 MC_1 为高电平，从而允许 D23 二分频。如果 MC_2 为高电平，÷2 级从初始状态开始，则 MC_1 也为高电平，D23 二分频。这种情况一直持续到 A 和 B 都为高电平，此时 MC_1 为低电平，迫使 D23 在一个时钟周期内三分频，然后 A 和 B 恢复为零。因此，在这种模式下电路实现 9 分频的功能。

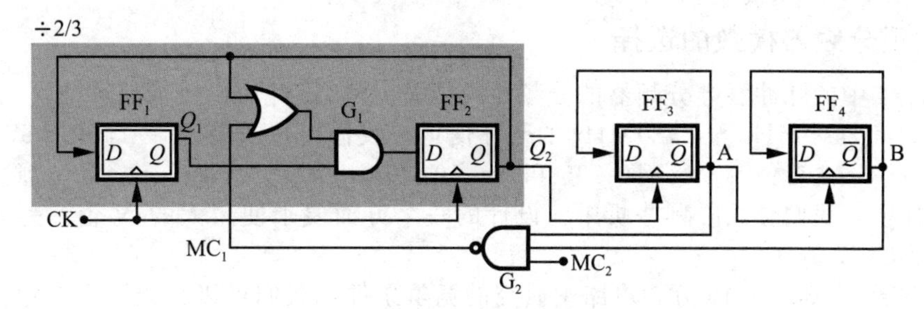

图 10.34　8/9 分频电路

例 10.15 使用图 10.33 中的 3/4 分频电路设计一个÷15/16 电路。

解： 由于 MC 为高电平时，÷3/4 级(D34)除以 4，因此我们推测，接下来只需两个÷2 电路就能产生÷16。要产生÷15，我们必须强制 D34 在一个时钟周期内除以 3。如图 10.35 所示，电路通过一个 OR 门检测异步÷2 级的输出，并在 $AB=00$ 时拉低 MF。因此，如果 MC 为高电平，电路将除以 16。如果 MC 为低电平，÷2 级从 11 开始，则 MF 保持高电平，D34 除以 4，直到 $AB=00$。此时，MF 为低电平，D34 除以 3，持续一个时钟周期，然后 A 变为高电平。

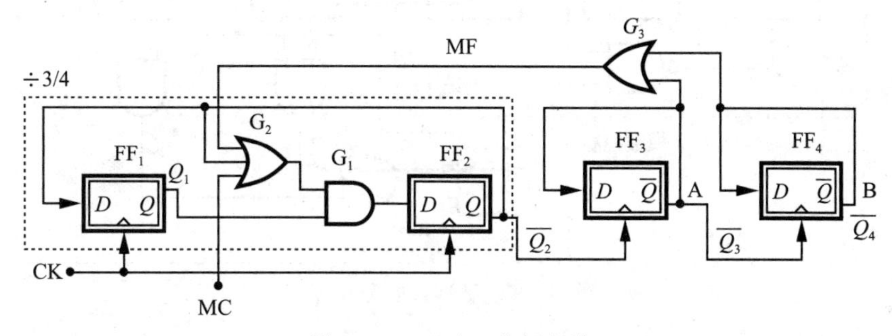

图 10.35　15/16 分频电路

◀

在图 10.35 中同时使用同步和异步电路的一个重要问题是，当电路 15 分频时，可能会出现竞争。要理解这个问题，首先假设 FF_3 和 FF_4 在时钟输入上升沿改变输出状态。如果 MC 为低电平，电路将继续 16 分频，即 $Q_1\overline{Q_2}$ 经过以下循环：01、11、10、00，直至 $\overline{Q_3}$ 和 $\overline{Q_4}$ 均为低电平。如图 10.36a 所示，$Q_1\overline{Q_2}$ 在状态 10 之后跳过状态 00。由于从 $\overline{Q_3}$ 变为低电平到 $Q_1\overline{Q_2}$ 跳过一个状态，已经经过了三个 CK_{in} 周期，因此通过 FF_3 和 G_3 的传播延迟不需要少于一个 CK_{in} 周期。

现在考虑 FF_3 和 FF_4 在时钟输入下降沿改变输出状态的情况。那么，如图 10.36b 所示，$\overline{Q_3}\,\overline{Q_4}$ 下降到 00 后，÷3/4 电路必须立即跳过 00 状态，这就要求通过 FF_3，FF_4 和 G_3 的延迟必须小于半个 CK_{in} 周期。这一般很难实现，会使设计复杂化，并产生更高的功耗。因此，第一种选择更为可取。

a)

	Q_1	$\overline{Q_2}$	$\overline{Q_3}$	$\overline{Q_4}$	
	0	0	1	0	← 在 $\overline{Q_3}$ 状态改变
	0	1	0	0	
	1	1	0	0	
跳过状态 →	1	0	0	0	
	0	1	1	1	

b)

	Q_1	$\overline{Q_2}$	$\overline{Q_3}$	$\overline{Q_4}$	
	0	0	1	1	
	0	1	1	1	
	1	1	1	1	← 在 $\overline{Q_3}$ 和 $\overline{Q_4}$ 状态改变
跳过状态 →	1	0	0	0	
	0	1	0	0	

图 10.36　当 FF_3 和 FF_4 在时钟的上升沿(见图 a)和下降沿(见图 b)工作时，÷15/16 电路中的延迟预算

10.6.3 预分频器模数的选择

图 10.24 中的脉冲吞吐分频器的分频比为 $NP+S$，因此可以灵活地选择这三个参数。例如，要覆盖 2400MHz 至 2480MHz 的蓝牙信道，我们可以选择 $N=4$，$P=575$ 和 $S=100$，…，180，或者 $N=10$，$P=235$ 和 $S=50$，…，130。(回想一下，P 必须大于 S。)在这些选择中，我们会面临哪些折中？设计的一个方面要求使用大的 N 值，另一个方面要求使用小的 N 值。

回到在图 10.35 15/16 分频电路中研究的竞争条件，我们可以得出以下结论。如果时钟边沿选择得当，D34 会在 $\overline{Q}_3$ 变化时开始÷4 运算，并在进入÷3 模式之前再持续两个输入周期。更一般地说，对于一个同步÷$(N+1)/N$ 电路，其后是异步级，时钟边沿的正确选择可使电路在模数变为 N 之前的 N-1 个输入周期内变为 $N+1$ 分频。这一原理同样适用于脉冲吞吐分频器，需要较大的 N，以便通过异步级和反馈环路实现较长的延迟。

例 10.16 请看图 10.37 所示的脉冲吞吐分频器。确定通过吞脉冲计数器的关键反馈路径。

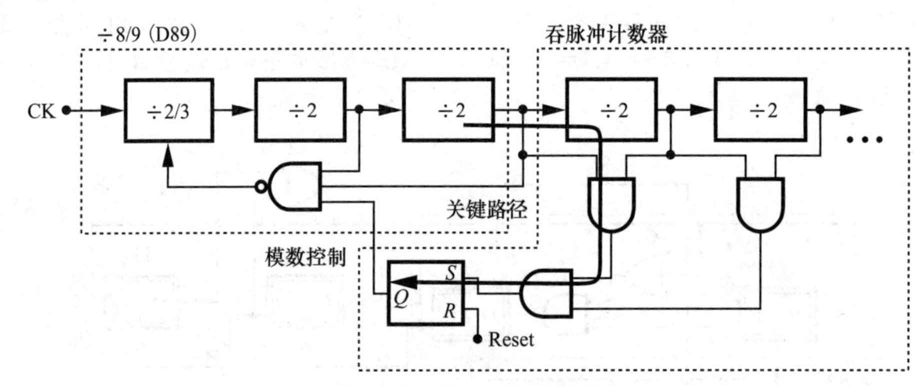

图 10.37 脉冲吞吐分频器

解：当预分频器的÷9 运算开始时，电路最多有 7 个输入周期将其模数变为 8。因此，预分频器在前一个÷8 模式下(就在÷9 模式开始之前)产生的最后一个脉冲必须在少于 7 个输入周期的时间内通过吞脉冲计数器、后续逻辑和 RS 锁存器的第一个÷2 级。◀

上述观点促使预分频器采用较大的 N。如果预分频器内的级采用电流导引以高速运行，则较大的预分频器模数会导致较高的功耗(见 10.6.4 节)。因此，预分频器的模数要通过仔细仿真来确定。也可以对图 10.37 中 RS 锁存器的输出进行流水线处理，这样 N 值较小，但模量变化的周期较长[6]。

10.6.4 分频器逻辑类型

合成器反馈回路中的分频器模块可以通过各种逻辑方式实现。分频器拓扑结构的选择受以下几个因素的制约：输入摆幅(如 VCO 的输入摆幅)、输入电容(如 VCO 的输入电容)、最高速度、输出摆幅(如后续级电路的要求)、最低速度(即动态逻辑与静态逻辑)和功耗。在本节中，我们将结合不同的逻辑系列来研究分频器的设计。

电流转向电路 电流转向逻辑[又称“电流模式逻辑”(CML)]是速度最快的电路，可在适度的输入和输出波动下运行。CML 电路提供差分输出，因此具有自然反转功能；例如，单级电路既可用作 NAND 门，也可用作 AND 门。CML 的速度源于这样一个特性：差分对可以通过其尾部电流源快速启用和禁用。

图 10.38a 展示了一个 CML AND/NAND 逻辑门。顶部差分对检测差分输入端 A 和 $\overline{A}$，并受 M_3 控制，因此也受 B 和 $\overline{B}$ 控制。如果 B 是高电平，M_1 和 M_2 保持导通，X 为 $\overline{A}$ 和 Y 为 A。如果 B 为低电平，则 M_1 和 M_2 关断，X 为 V_{DD}，Y 被 M_4 拉低至 $V_{DD}-$

$R_D I_{SS}$。从另一个角度看，我们可以从图 10.38b 中注意到 M_1 和 M_3 类似 NAND 支路，而 M_2 和 M_4 类似 NOR 支路。该电路通常是为 $R_D I_{SS}=300\text{mV}$ 的单端输出摆幅而设计的，晶体管的尺寸使其在这样的输入摆幅下也能实现完全开关。

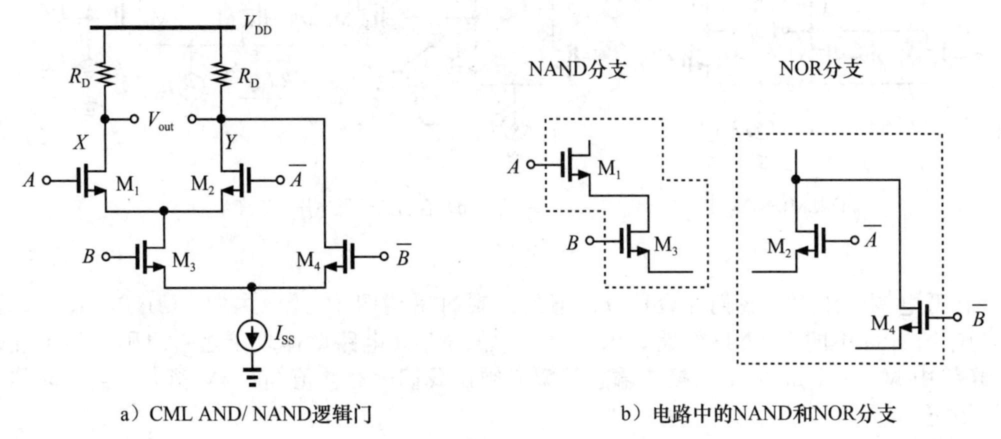

a）CML AND/NAND逻辑门　　b）电路中的NAND和NOR分支

图 10.38

要使图 10.38a 中的差分对以适度的输入摆幅进行切换，晶体管不得进入三极管区。例如，如果 M_3 在导通时处于三极管区，则 B 和 $\overline{B}$ 的摆幅必须大于 300mV，才能使 M_3 关断，M_4 导通。因此，B 和 $\overline{B}$ 的共模电平必须低于 A 和 $\overline{A}$ 的共模电平至少一个过驱动电压，这就给前级的设计带来了困难。图 10.39 展示了一个例子，在 NAND 门之前有两个具有代表性的 CML 级。在这里，A 和 $\overline{A}$ 在 V_{DD} 和 $V_{DD}-R_1 I_{SS1}$ 之间摆动。通过电平移动电阻 R_T，B 和 $\overline{B}$ 在 $V_{DD}-R_T I_{SS2}$ 和 $V_{DD}-R_T I_{SS2}-R_2 I_{SS2}$ 之间变化。R_T 的添加看似简单，但如果 M_5 和 M_6 不能进入三极管区域，F 和 $\overline{F}$ 的高电平就会受到限制。也就是说，该高电平不得超过 $V_{DD}-R_T I_{SS2}-R_2 I_{SS2}+V_{TH}$。

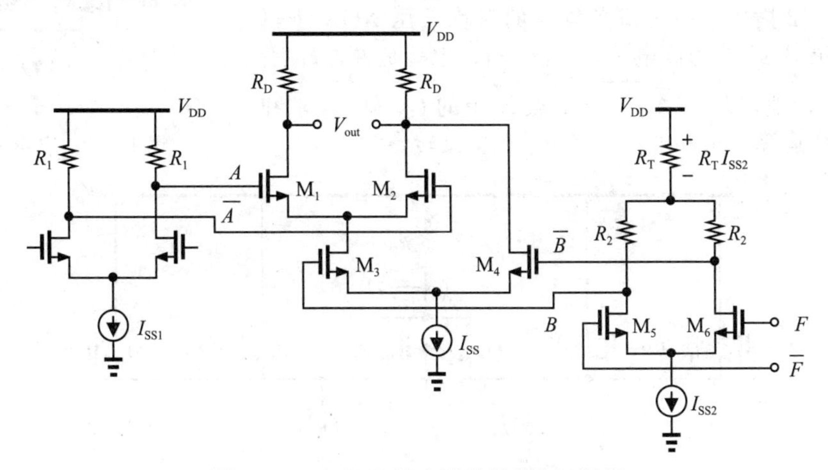

图 10.39　NAND 输入端共模兼容性问题

图 10.38a 的 NAND 门中差分对的堆叠不适合低电源电压。而 CML NOR/OR 门则避免了堆叠。如图 10.40a 所示，如果 A 或 B 为高电平，电路会将尾电流导向左侧，在 X 处产生低电平，在 Y 处产生高电平。但遗憾的是，该级只能在单端输入的情况下工作，因此需要特别注意 A 和 B 的 CM 电平以及 V_b 的选择。如图 10.40b 所示，V_b 是通过复制产生 A 的电路的分支来建立的。A 的 CM 电平等于 $V_{DD}-R_2 I_{SS2}/2$，V_b 的值也是如此。在高速运行时，可在 V_b 和 V_{DD} 之间绑定一个电容，从而在 M_3 的栅极保持稳固的交流接地。

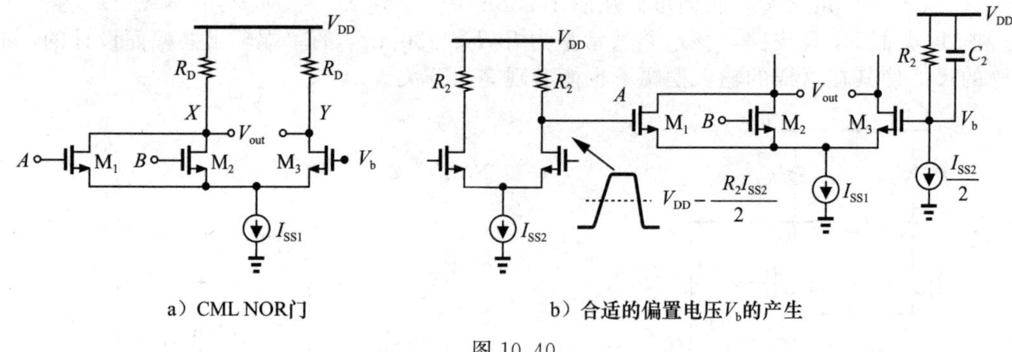

a）CML NOR门　　　　b）合适的偏置电压V_b的产生

图 10.40

在低电源电压下，我们在设计分压器的逻辑时采用图 10.40a 中的 CML NOR 门，而不是图 10.38a 中的 NAND 电路。图 10.32 中的÷2/3 电路就体现了这一原则。为了确保 NOR 级中 $M_1 \sim M_3$ 的完全切换，输入摆幅必须比我们的经验值 300mV 稍大，或者晶体管必须更宽。

例 10.17 图 10.40a 中的 M_1-M_3 是否应该保持相同的宽度？

解： 我们可以推测，如果 M_1 和 M_2 都处于导通状态，它们将作为单个晶体管工作，并吸收所有的 I_{SS1}，即 W_1 和 W_2 无须超过 $W_3/2$。但是，如果只有 M_1 或 M_2 导通，则会出现最坏的情况。因此，要使任一晶体管"克服" M_3，我们要求 $W_1=W_2 \geqslant W_3$。◀

另一个常用的门电路是 XOR 电路，如图 10.41 所示。其拓扑结构与第 6 章研究的吉尔伯特单元混频器相同，只是两个输入端口都由大摆幅电压驱动，以确保完全切换。与 CML NAND 逻辑门一样，该电路需要对 B 和 $\overline{B}$ 进行适当的共模电平偏置，而且不易在低电源电压下工作。

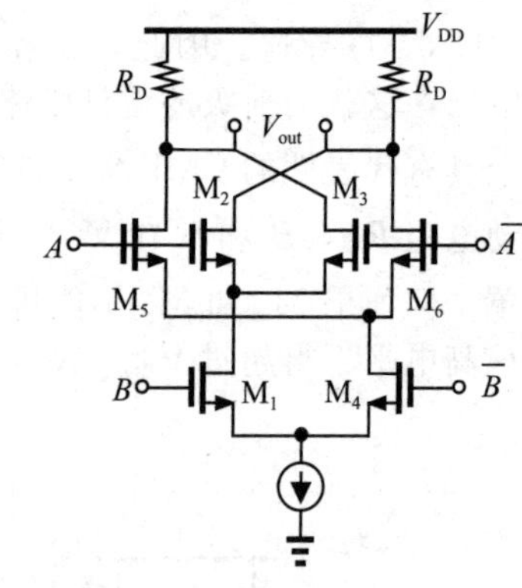

图 10.41　XOR 电路

图 10.42 描述了一个避免堆叠的对称低压 XOR 逻辑门[8]。如果 A 或 B 为高电平，M_3 关断；也就是说，$I_{D3}=\overline{A+B}$。类似地，$I_{D6}=\overline{\overline{A}+\overline{B}}$。节点 X 上的 I_{D3} 和 I_{D6} 求和相当于 OR 运算，求和电流流经 R_D 产生反转。

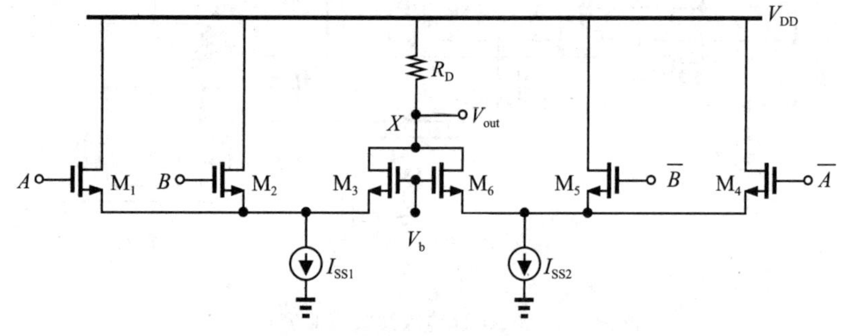

图 10.42　避免堆叠的对称低压 XOR 逻辑门

因此，

$$V_{out}=\overline{(\overline{A+B}+\overline{\overline{A}+\overline{B}})} \tag{10.38}$$

$$=\overline{A}B+A\overline{B} \tag{10.39}$$

与图 10.41 中的 XOR 门不同，该电路在 A 和 B 之间完全对称，这一特性在某些应用中非常有用。

图 10.42 的 XOR 拓扑虽然适用于低电源电压，但它以单端形式感测每个输入，面临的问题与图 10.40a 的 CML NOR 门类似。换句话说，必须精确定义 V_b，输入电压摆幅和/或晶体管宽度必须大于图 10.41 的 XOR 所需值。此外，为了提供差分输出，必须另复制一套电路，并将 A 和 $\overline{A}$(或 B 和 $\overline{B}$)对调。

CML 电路的速度优势在锁存器中尤为明显。图 10.43a 展示了一个 CML D 锁存器。该电路由一对输入差分对 M_1-M_2、一对锁存器或“再生”对 M_3-M_4 和一对时钟对 M_5-M_6 组成。在“感测模式”下，CK 为高电平，M_5 处于导通状态，从而使 M_1-M_2 能够感测和放大 D 与 $\overline{D}$ 之间的差值。也就是说，X 和 Y 跟踪了输入。在过渡到“锁存模式”(或“再生模式”)时，CK 为低电平，M_1-M_2 关断，$\overline{CK}$ 为高电平，M_3-M_4 导通。电路现在简化为图 10.43b，其中围绕 M_3 和 M_4 的正反馈再生结构放大了 V_X 和 V_Y 之间的差值。如果环路增益超过 1，再生将持续到一个晶体管关闭为止，例如，V_X 上升到 V_{DD}，V_Y 下降到 $V_{DD}-R_DI_{SS}$。这种状态一直保持到 CK 发生变化，下一个感测模式开始为止。

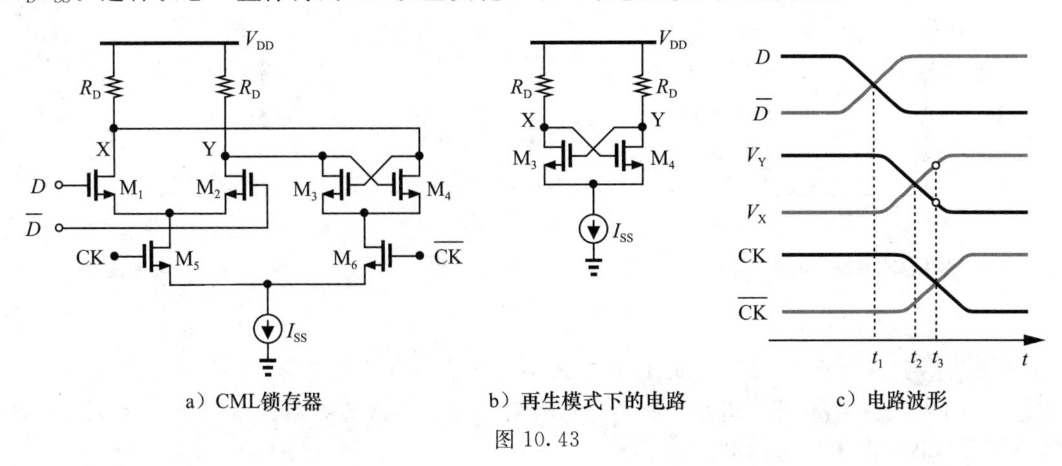

a) CML锁存器　b) 再生模式下的电路　c) 电路波形

图 10.43

为了了解锁存器的速度特性，让我们来看看电路从感测模式转入锁存模式时的电压波形。如图 10.43c 所示，D 和 $\overline{D}$ 在 $t=t_1$ 时交叉，V_X 和 V_Y 在 $t=t_2$ 时交叉。尽管 V_X 和 V_Y 在 $t=t_3$ 时还没有达到满摆幅，但电路仍可进入锁存模式，因为再生对在 $t=t_3$ 之后还可以继续放大。当然，锁存模式的时间必须足够长，V_X 和 V_Y 才能接近其最终值。因此，我们得出结论：如果在感测模式下，V_X 和 V_Y 从满电平开始，然后交叉；并且在锁存模式下，V_X 和 V_Y 之间的初始差值可以放大到 $I_{SS}R_D$ 的最终值，那么即使 X 和 Y 的带宽有限，锁存也能正常工作。

例 10.18 如果 V_X-V_Y 以初始值 V_{XY0} 开始，请计算图 10.43b 中电路的再生时间常数大。

解： 如果 V_{XY0} 较小，则 M_3 和 M_4 接近平衡，小信号等效电路的构建如图 10.44a 所示。这里，C_D 表示在 X 和 Y 处看到的对地总电容，包括 $C_{GD1}+C_{DB1}+C_{GS3}+C_{DB3}+4C_{GD3}$ 和下一级的输入电容。栅漏电容乘以 4 倍，因为它来自 M_3 和 M_4，并且由差分电压驱动(见图 10.44b)。在 X 节点列出 KCL 方程得到

$$\frac{V_X}{R_D}+C_D\frac{dV_X}{dt}+g_{m3,4}V_Y=0 \tag{10.40}$$

类似地，

$$\frac{V_Y}{R_D}+C_D\frac{dV_Y}{dt}+g_{m3,4}V_X=0 \tag{10.41}$$

将式(10.40)减去式(10.41)，并将各项分组，得出

$$-R_D C_D \frac{d(V_X - V_Y)}{dt} = (1 - g_{m3,4} R_D)(V_X - V_Y) \tag{10.42}$$

我们用 V_{XY} 表示 $V_X - V_Y$，式(10.42)两边除以 $-R_D C_D V_{XY}$，两边乘以 dt，然后在初始条件 $V_{XY}(t=0) = V_{XY0}$ 下积分。因此

$$V_{XY} = V_{XY0} \exp \frac{(g_{m3,4} R_D - 1)t}{R_D C_D} \tag{10.43}$$

有趣的是，V_{XY} 随时间呈指数增长(见图10.44c)，再生时间常数为

$$\tau_{reg} = \frac{R_D C_D}{g_{m3,4} R_D - 1} \tag{10.44}$$

当然，随着 V_{XY} 的增大，一个晶体管开始关断，其 g_m 下降为零。请注意，如果 $g_{m3,4} R_D \gg 1$，则 $\tau_{reg} \approx C_D / g_{m3,4}$。

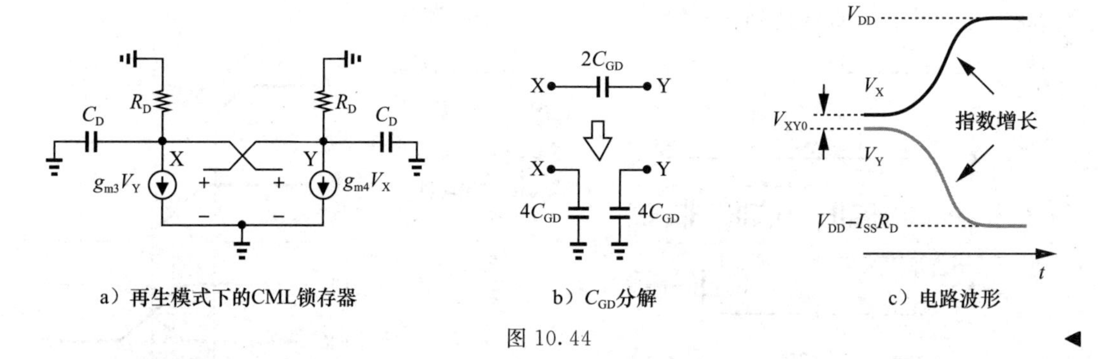

a）再生模式下的CML锁存器　　b）C_{GD}分解　　c）电路波形

图 10.44

例 10.19 假设图10.43a中的D锁存器必须在最小时钟周期为 T_{ck} 的情况下运行，在每种模式下花费一半的时钟周期。推导电路参数与 T_{ck} 之间的关系。假设锁存模式下的摆幅必须至少达到其最终值的90%。

解：我们从再生模式开始计算。由于再生对必须在 $0.5T_{ck}$ 内产生 $V_{XY} = 0.9 I_{SS} R_D$，因此需要一个初始电压差 V_{XY0}，这个电压差可以从式(10.43)中得到：

$$V_{XY0} = 0.9 I_{SS} R_D \exp \frac{0.5 T_{ck}}{\tau_{reg}} \tag{10.45}$$

最小初始电压必须由输入差分对在感测模式下建立(在图10.43c中 $t = t_3$ 之前)。在最坏的情况下，当感测模式开始时，V_X 和 V_Y 处于相反的极端，必须在 $0.5T_{ck}$ 内相交并达到 V_{XY0}(见图10.45)。例如，V_Y 从 V_{DD} 开始，其变化如下所示：

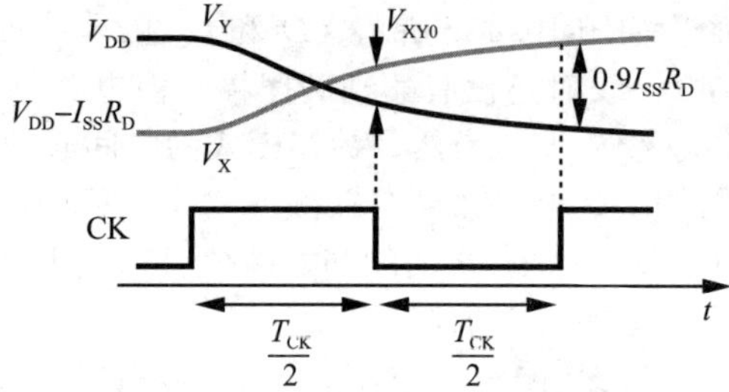

图 10.45　显示正常运行所需的最短时间的锁存器波形

$$V_Y(t) = V_{DD} - I_{SS} R_D \left(1 - \exp \frac{-t}{R_D C_D}\right) \tag{10.46}$$

类似地，

$$V_X(t) = V_{DD} - I_{SS} R_D \exp \frac{-t}{R_D C_D} \tag{10.47}$$

由于 $V_X - V_Y$ 必须在 $0.5T_{ck}$ 内达到式(10.45)所示电压差，因此我们有

$$-2 I_{SS} R_D \exp \frac{-0.5 T_{ck}}{R_D C_D} + I_{SS} R_D = 0.9 I_{SS} R_D \exp \frac{-0.5 T_{ck}}{\tau_{reg}} \tag{10.48}$$

因此

$$0.9\exp\frac{-0.5T_{ck}}{\tau_{reg}}+2\exp\frac{-0.5T_{ck}}{R_DC_D}=1 \tag{10.49}$$

在已知 T_{ck} 的情况下，该表达式限制了 R_DC_D 的上限和 $g_{m3,4}$ 的下限。在实际应用中，由于时钟的上升和下降时间有限，每个模式的上升和下降时间均小于 $0.5T_{ck}$，因此这些限制更为严格。◀

可以将逻辑与锁存器合并，从而减少延迟和功耗。例如，图 10.32 中描述的 FF_1 的 NOR 和主锁存器可如图 10.46 所示实现。该电路在 A 和 B 的感测模式下执行 NOR/OR 操作，并在锁存模式下存储结果。

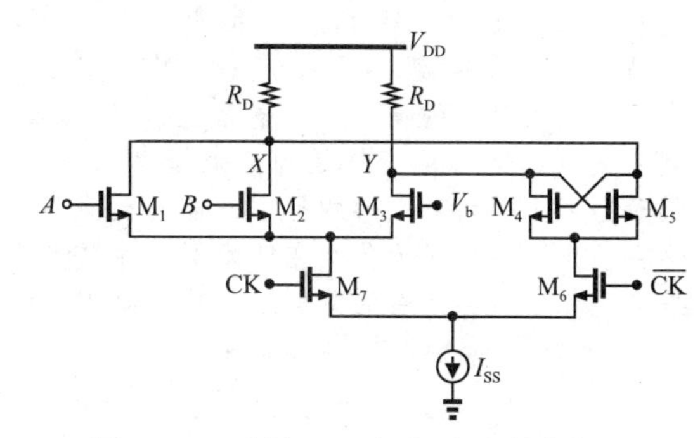

图 10.46　采用 NOR 门的 CML 锁存器

设计流程　让我们将两个 D 锁存器置于负反馈回路中，构建一个二分频电路(见图 10.47)。请注意，时钟输入端的总电容是单个锁存器的两倍。电路设计从三个已知参数开始：功耗预算，时钟摆幅和负载电容(下一级的输入电容)。然后，我们按照以下步骤进行设计：①根据功耗预算选择 I_{SS}；②选择 $R_DI_{SS}\approx 300$mV；③选择 $(W/L)_{1,2}$，使差分对在 300mV 的差分输入下几乎完全切换；④选择 $(W/L)_{3,4}$，使再生环路周围的小信号增益超过 1；⑤选择 $(W/L)_{5,6}$，使时钟对在指定的时钟摆幅下引导大部分尾电流。必须确保环路周围的反馈为负值(为什么?)

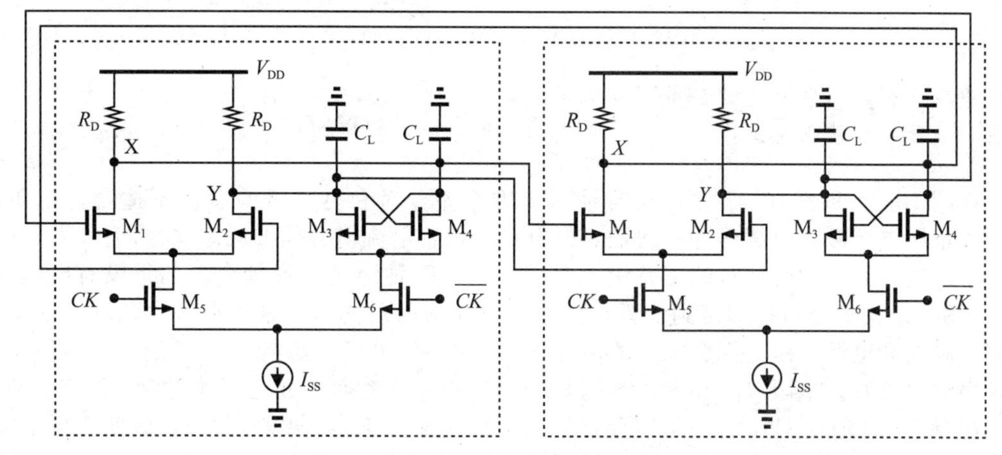

图 10.47　由负反馈环路中的两个 CML 锁存器组成的二分频电路

通过上述方法得到的粗略设计，加上指定的负载电容，达到的速度高于式(10.49)预测的极限，因为每个锁存器中 X 和 Y 处的电压波动不需要达到 $I_{SS}R_D$ 的全量即可正常工作。换句话说，当时钟频率超过式(10.49)所给出的限制时，输出摆幅会变小，直至 V_X 和 V_Y 没有足够的时间交叉，电路失效。

在实际应用中，晶体管宽度可能需要超出上述范围，原因有三：① M_1-M_2 和 M_3-M_4 的尾节点电压可能过低，导致 M_5-M_6 进入三极管区；② M_5-M_6 的尾节点电压可能过低，为 I_{SS} 留出的余量很小；③在高速运行时，X 和 Y 的电压摆幅达不到 R_DI_{SS}，需要更宽的晶体管来引导电流。

例 10.20　高速分频器的性能通常通过将所需的最小时钟电压摆幅(“灵敏度”)绘制为时钟频率的函数来表征。请画出图 10.47 中÷2 电路的灵敏度。

解： 对于具有陡峭边沿的时钟，我们期望所需的时钟摆幅将保持相对恒定，直到内部时间常数开始显现。超过这一点，所需的摆幅必须增加。分频器灵敏度图如图10.48所示。有趣的是，所需的时钟摆幅在某个频率f_1时降至零。由于输入摆幅为零时，I_{SS}只需在图10.47中的M_5和M_6之间平分，因此电路简化为图10.49所示。我们可以看出，其结果类似于两级环形振荡器。换句话说，在没有输入时钟的情况下，电路仅以$f_1/2$的频率振荡。这一观察结果为分频器的工作提供了另一个视角：电路的行为就像对输入时钟进行注入锁定的振荡器(参见10.6.6节)。这一观点也解释了为什么在低频下时钟摆幅不能任意变小。即使是方形时钟波形，较小的摆幅也无法引导所有的尾电流，从而使M_2-M_3和M_3-M_4同时导通。因此，电路可能会在$f_1/2$时振荡(或由时钟注入牵引)。

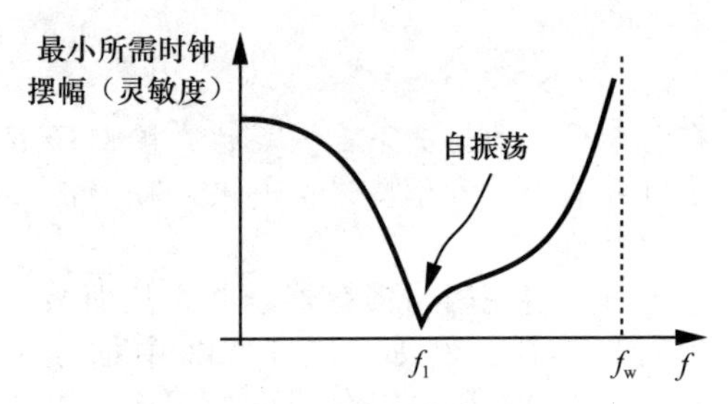

图10.48　分频器灵敏度图

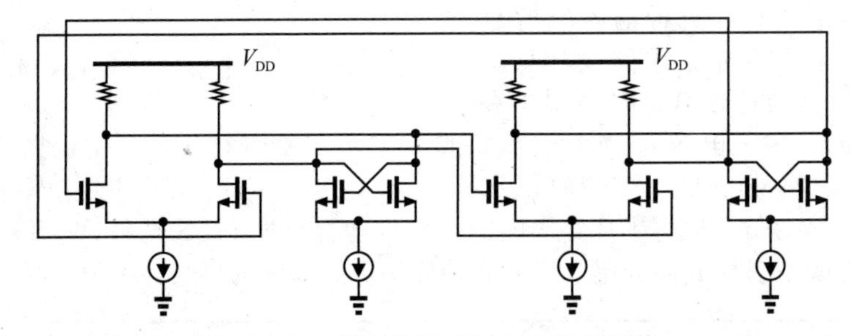

图10.49　从环形振荡器看二分频电路

事实证明，分频器的“自振”也有助于设计过程：如果选择的器件尺寸不允许自振，那么分频器就无法正常工作。因此，我们首先用零时钟摆幅测试电路，以确保它能振荡。

◀

在图10.43和图10.47中，在时钟对上堆叠差分对和再生对的做法不适合低电源电压。省略尾电流源可以缓解这一问题，但电路的偏置电流仍必须准确定义。图10.50展示了一个示例[9]，其中时钟对的偏置由电流镜定义，时钟通过电容耦合。如果没有电流镜，即M_5和M_6的栅极直接绑定到前级，偏置电流和锁存器输出摆幅将在很大程度上取决于工艺，温度和电源电压。耦合电容的值应为M_5和M_6栅极电容的5～10倍，以尽量减少时钟振幅的衰减。电阻R_{B1}和R_{B2}连同C_1和C_2产生的时间常数比时钟周期长得多。请注意，如果VCO输出CM电平与锁存器输入CM电平不兼容(见第8章)，即使有尾电流，也可能需要电容耦合。

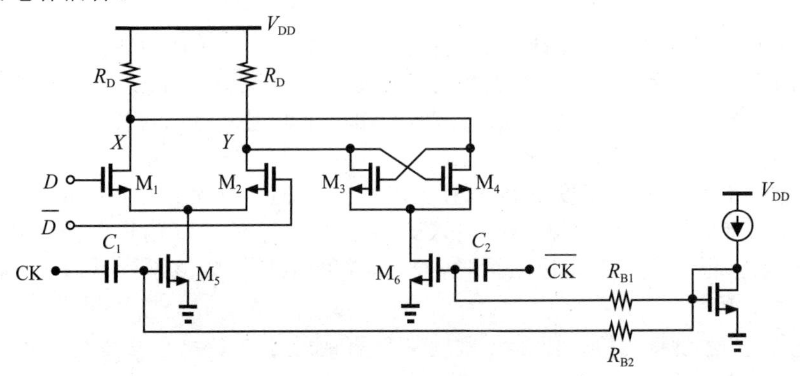

图10.50　AB级

在图 10.50，较大的时钟摆幅允许晶体管 M_5 和 M_6 以 AB 类模式工作，即其峰值电流远远超过其偏置电流。这一特性提高了分频器的速度[9]。

例 10.21 一名学生设计了一个摆幅相对较大的 VCO，以尽量减少相对相位噪声，并设计了一个只需中等时钟摆幅的 CML÷2 电路。应如何选择耦合电容？

解： 假设 VCO 输出摆幅是分频器所需输出摆幅的两倍。我们只需选择每个耦合电容，使其等于分频器的输入电容(见图 10.51)。这样可以最大限度地减小耦合电容的尺寸，VCO 看到的负载电容(分压器输入电容的一半)以及分频器输入电容变化对 VCO 的影响。

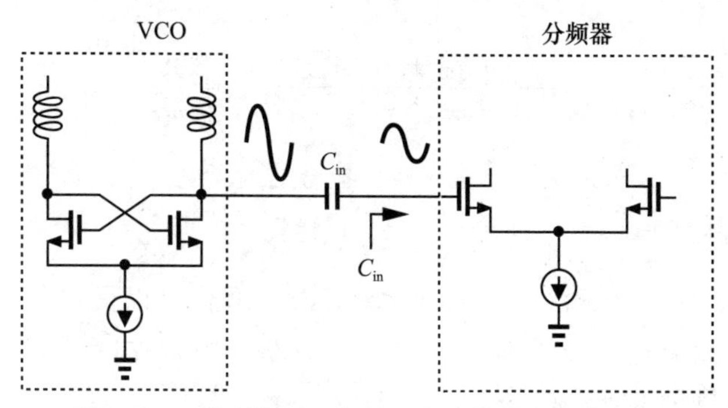

图 10.51　使用与下一级输入电容相等的耦合电容 ◀

回顾第 4 章，VCO/÷2 电路级联在产生 LO 的 I 相和 Q 相以及避免功率放大器的注入牵引方面都很有用。不过，这种拓扑结构要求在两倍相关载波频率的条件下工作。为了使÷2 级在高频率下运行，必须最大限度地提高图 10.43 或图 10.50 中 D 锁存器的速度。例如，电感峰化可提高输出节点的带宽(见图 10.52a)。从小信号的角度来看，我们会发现电感在较高频率时阻抗会上升，从而使晶体管产生的更多电流流过电容，从而产生更大的输出电压。这种行为可以借助图 10.52b 所示的等效电路来描述。我们可以得出

$$\frac{V_{out}}{I_{in}}=\frac{L_D s+R_D}{L_D C_D s^2+R_D C_D s+1} \tag{10.50}$$

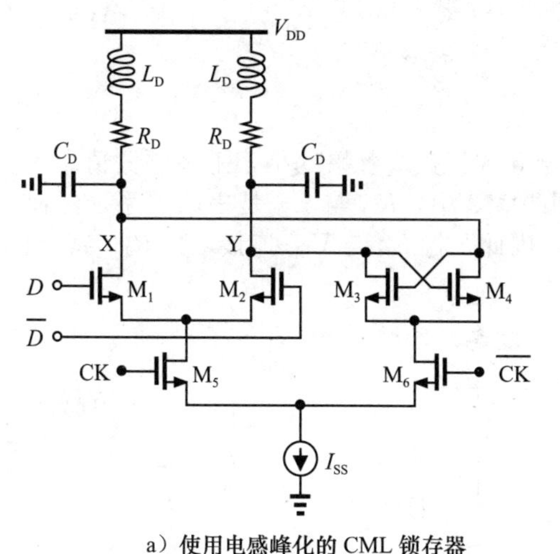

a）使用电感峰化的 CML 锁存器

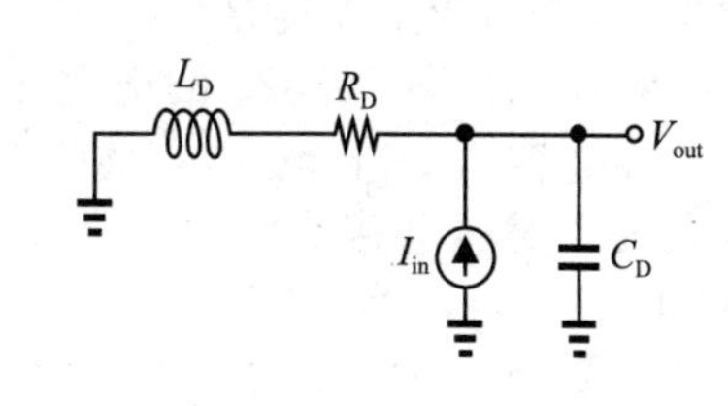

b）等效电路

图 10.52

通常将此传递函数重写为

$$\frac{V_{out}}{I_{in}}=\frac{s+2\zeta\omega_n}{s^2+2\zeta\omega_n s+\omega_n^2}\cdot\frac{1}{C_D} \tag{10.51}$$

其中

$$\zeta=\frac{R_D}{2}\sqrt{\frac{C_D}{L_D}} \tag{10.52}$$

这是“阻尼因子”，并且

$$\omega_n=\frac{1}{\sqrt{L_DC_D}} \tag{10.53}$$

这是“固有频率”。为了确定-3dB带宽，我们将式(10.51)的平方幅度等效为$(1/2)(2\zeta/\omega_n)^2(1/C_D)^2$：

$$\frac{\omega_{-3dB}^2+4\zeta^2\omega_n^2}{(\omega_{-3dB}^2-\omega_n^2)^2+4\zeta^2\omega_n^2\omega_{-3dB}^2}=\frac{2\zeta^2}{\omega_n^2} \tag{10.54}$$

由此可得

$$\omega_{-3dB}^2=\left[-2\zeta^2+1+\frac{1}{4\zeta^2}+\sqrt{\left(-2\zeta^2+1+\frac{1}{4\zeta^2}\right)^2+1}\right]\omega_n^2 \tag{10.55}$$

例如，注意到$\omega_n=2\zeta/(R_DC_D)$，如果$\zeta=1/\sqrt{2}$，我们可以得到$\omega_{-3dB}\approx1.8/(R_DC_D)$，即带宽增加80%。如果进一步增加$L_D$，使$\zeta=1/\sqrt{3}$，则$\omega_{-3dB}=1.85/(R_DC_D)$。另一方面，$\zeta=1$的保守值可得出$\omega_{-3dB}=1.41/(R_DC_D)$。

例10.22 如果频率响应必须呈现无漂移，ζ的最小容许值是多少？

解： 如果传递函数的幅度在某个频率达到局部最大值，就会出现峰值。对式(10.51)的幅度平方求对于ω的导数，并将让其等于零，我们得到

$$\omega^4+8\zeta^2\omega_n^2\omega^2+[4\zeta^2(4\zeta^2-2)-1]\omega_n^4=0 \tag{10.56}$$

如果满足下面的条件，该方程就有解：

$$-4\zeta^2+\sqrt{8\zeta^2+1}\geqslant0 \tag{10.57}$$

因此

$$\zeta\geqslant\sqrt{\frac{1+\sqrt{2}}{4}}\approx0.78 \tag{10.58}$$

对ζ的这一约束转化为

$$\omega_{-3dB}\leqslant\frac{1.73}{R_DC_D} \tag{10.59}$$ ◀

在实际应用中，片上电感的寄生效应会导致带宽改善幅度小于上述预测值。人们可能会认为电感器的Q值并不重要，因为在图10.52中，R_D与L_D是串联关系。然而，由于电感的寄生电容有限，Q值确实起了作用。因此，将L_D与V_{DD}连接，将R_D与输出节点连接，比将L_D与输出节点连接，将R_D与V_{DD}连接要好；在图10.52a的电路中，L_D的分布电容有一半被V_{DD}吸收[⊖]。这也允许使用对称电感结构，从而获得更高的Q值。

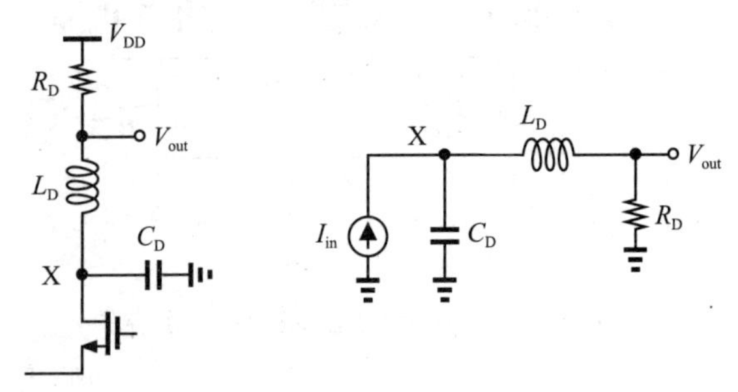

图10.53 串联峰化

图10.52a所示的拓扑结构称为“并联峰化”，因为电阻电感支路与输出端口并联。也可以采用“串联峰化”，即电感与不需要的电容串联。如图10.53所示，电路具有如下传递函数：

⊖ 可以证明，事实上2/3的分布电容都被交流接地吸收了(见第7章)。

$$\frac{V_{\text{out}}}{I_{\text{in}}}(s)=\frac{R_D}{L_D C_D s^2+R_D C_D s+1} \tag{10.60}$$

与式(10.50)类似，但对于零点。−3dB 带宽的计算公式为

$$\omega_{-3\text{dB}}^2=\left[-(2\zeta^2-1)+\sqrt{(2\zeta^2-1)^2+1}\right]\omega_n^2 \tag{10.61}$$

式中，ζ 和 ω_n 分别由式(10.52)和式(10.53)求得。例如，如果 $\zeta=1/\sqrt{2}$，则 $\omega_{-3\text{dB}}=\omega_n=\sqrt{2}/(R_D C_D)$，即串联峰化使带宽增加约 40%。读者可以证明，如果 $\zeta<1/\sqrt{2}$，频率响应会出现峰化。请注意，V_X/I_{in} 满足式(10.50)的并联峰化传递函数。

例 10.23 在直观地理解了并联峰化之后，一位学生认为串联峰化会降低带宽，因为在高频下，图 10.53 中的电感 L_D 会阻碍电流的流动，迫使 I_{in} 的较大部分流经 C_D。由于流经 L_D 和 R_D 的电流较小，因此在较高频率下 V_{out} 会下降。请解释这一论点的缺陷。

解： 让我们研究一下 $\omega_n=1/\sqrt{L_D C_D}$ 时的电路特性。如图 10.54a 所示，I_{in}、C_D 和 L_D 的戴维南等效电路是通过注意以下几点构建的：①开路输出电压等于 $I_{\text{in}}/(C_D s)$；②输出阻抗(I_{in} 设为零)为零，因为 C_D 和 L_D 在 ω_n 处发生共振。因此，在 $\omega=\omega_n$ 时，$V_{\text{out}}=I_{\text{in}}/(C_D s)$，即好像电路中只有 I_{in} 和 C_D(见图 10.54b)。由于 I_{in} 似乎完全流经 C_D，因此与必须在 C_D 和 R_D 之间分流的情况相比，它产生的 V_{out} 幅值更大。

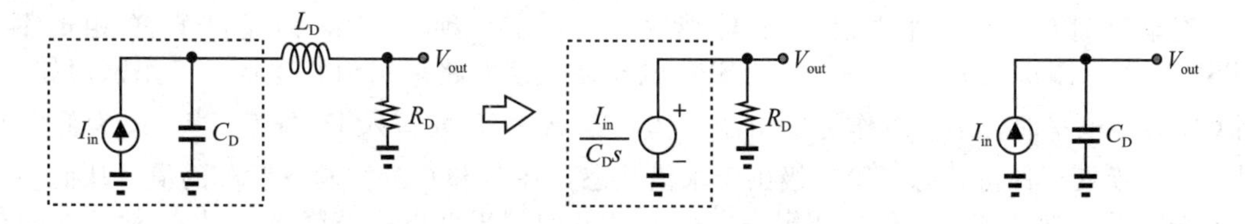

a）在共振频率下的戴维南等效电路　　b）简化视图

图 10.54 ◀

采用串联峰化的电路通常比图 10.53 中描述的情况更为复杂。具体来说，产生 I_{in} 的晶体管存在输出电容，可以用 C_D 表示，但下一级也存在输入电容，图 10.52a 属于 C_D 的一部分，但图 10.53 没有包括。图 10.55a 是一个更完整的模型，图 10.55b 是两个采用串联峰化的电路示例。图 10.55a 中拓扑结构的传递函数为三阶，因此很难计算带宽，但可以通过仿真来量化其性能。与并联峰化相比，串联峰化通常需要较小的电感值。

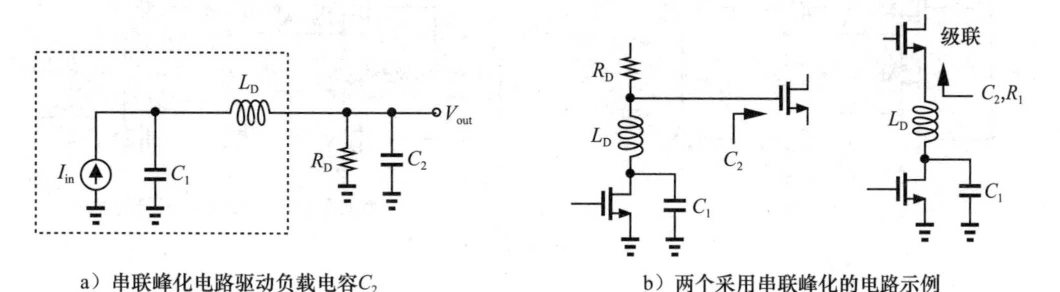

a）串联峰化电路驱动负载电容 C_2　　b）两个采用串联峰化的电路示例

图 10.55

随着图 10.52a 中 L_D 从零开始增加，分频器的最大工作频率也随之上升。当然，÷2 电路至少需要两个(对称)电感，这使得布局变得复杂。此外，当 L_D 的值变得如此之大，以至于 $L_D\omega/R_D$(串联结构的 Q 值)在最大输出频率下超过 1 时，工作频率范围的下限就会增加。也就是说，电路在低频时开始失效。如图 10.56a 所示，出现这种现象是因为电路接近于输入时钟注入锁定的正交 LC 振荡器。图 10.56b 显示的是简化电路，与第 8 章研

究的正交拓扑结构相似。当谐振腔的Q值超过1时，电路的注入锁定范围会变窄。

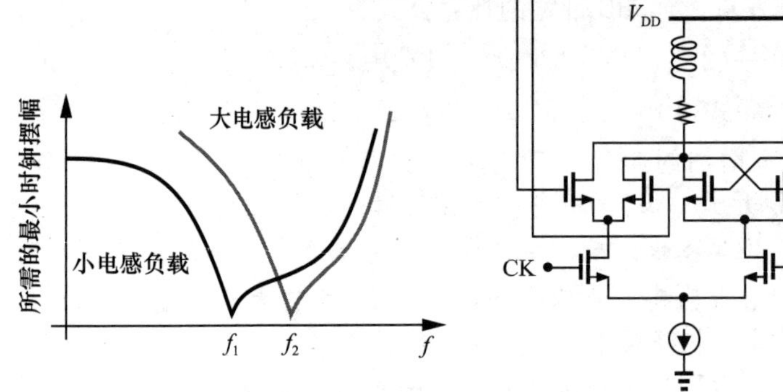

a）小负载电感和大负载电感的灵敏度图

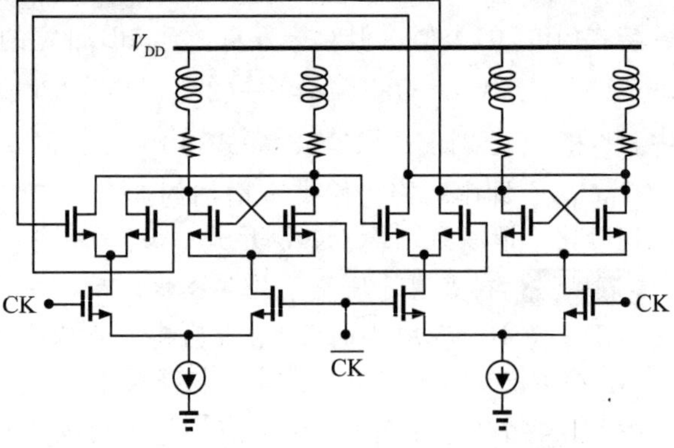

b）电感峰化锁存器视为正交振荡器

图10.56

在深亚微米CMOS技术中，CML分频器已经达到了非常高的速度。例如，使用电感峰化和AB类操作，÷2电路的最高时钟频率可达96GHz[10]。

真单相时钟 分频器设计中经常采用的另一种逻辑结构是“真单相时钟”(TSPC)[11]。图10.57a显示了一个TSPC触发器。该电路采用动态逻辑，工作原理如下。当CK为高电平时，第一级作为反相器工作，在A和E处写入$\overline{D}$的值。当CK为低电平时，第一级处于保持状态，第二级出于求值状态，在B和C处“写入”$\overline{A}$的值，从而使Q处电平等于A处电平。E处的逻辑高电平和B处的逻辑低电平被降级，但A和C处的电平可确保电路正常运行。

时钟是否会完全禁用前两级中的每一级？假设CK为低电平。如果D从低电平变为高电平，A保持不变。另一方面，如果D从高电平变为低电平(见图10.57b)，A上升，但B的状态不会改变，因为M_4关断，M_6保持关断。(要改变状态，晶体管必须导通)。现在假设CK为高电平，使M_2导通，M_5关断。D的变化会传播到Q吗？例如，如果Q为高电平，D上升，则A下降，B上升，M_7关断。因此，Q保持不变。

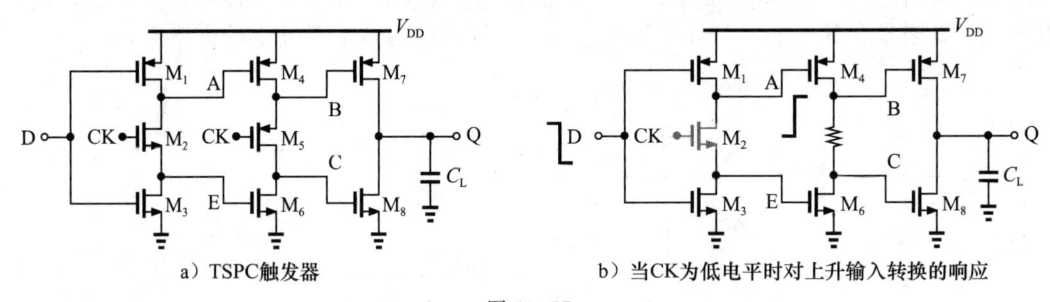

a）TSPC触发器　　b）当CK为低电平时对上升输入转换的响应

图10.57

由于图10.57中的触发器包含一个反相器，因此如果将Q与D绑定，它就可以作为一个÷2电路。图10.58[11]显示了另一种÷2 TSPC电路。这种拓扑结构以较低的功耗实现了相对较高的速度，但与CML分频器不同，它需要轨到轨的时钟摆幅才能正常工作。此外，它不提供正交输出。请注意：①该电路不产生静态功率[⊖]；②作为动态逻辑拓扑结构，分频器在时钟频率很低时就会因晶体管漏电而失效。例如，如果合成器的参考频率设

⊖ 除了晶体管的亚阈值漏电。

计为 1MHz，那么图 10.24 中程序计数器的最后几级必须在几兆赫兹的频率下工作，可能无法保留存储在晶体管电容上的状态。

图 10.57 中的 TSPC FF 可以很容易地在其输入端合并其他逻辑。例如，如图 10.59 所示，NAND 门可以与主锁存器合并。因此，图 10.31 中的÷3 级电路也可以通过 TSPC 逻辑来实现。在 TSPC 电路的设计中，我们会发现更宽的时钟器件(如图 10.57a 中的 M_2 和 M_5)可以提高最高速度，但代价是要加载前一级电路(如 VCO)。

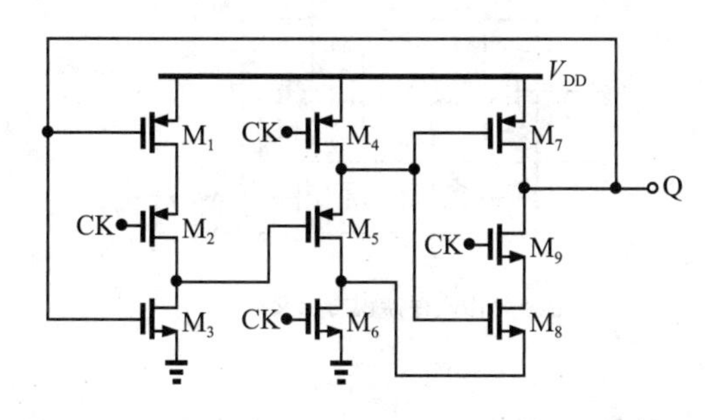

图 10.58 ÷2 TSPC 电路

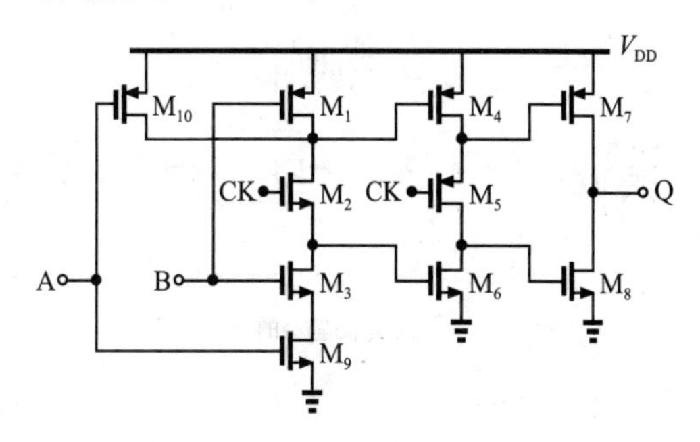

图 10.59 包含一个 NAND 门的 TSPC FF

图 10.60[12] 描述了 TSPC 逻辑的一种变体，它可以实现更高的速度。在这里，第一级作为主 D 锁存器运行，后两级作为从 D 锁存器运行。从锁存器被设计为“有比”逻辑，即使 M_4 或 M_6 处于开启状态，两个 NMOS 器件都有足够的强度来拉低 B 和 Q 的值。当 CK 为高电平时，第一级降为反相器，第二级在 B 处强制为零，第三级处于存储模式。当 CK 下降时，如果 A 为高电平，B 保持低电平；如果 A 为低电平，B 上升，Q 跟踪 B，因为 M_7 和 M_6 起到了有比反相器的作用。

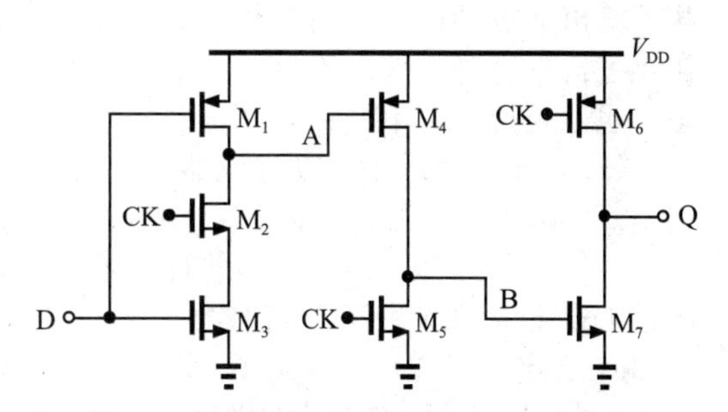

图 10.60 使用有比逻辑的 TSPC 电路

例 10.24 当 CK 为低电平时，图 10.60 中的第一级并没有完全失效。请解释在这种模式下如果 D 发生变化会出现什么情况。

解： 如果 D 从低电平变为高电平，A 不会发生变化。如果 D 由高电平变为低电平，A 从低电平变为高电平，但由于 M_4 关闭，它无法改变 B 的状态。因此，D 的变化不会改变从锁存器存储的状态。 ◀

图 10.60 电路中的第二级和第三级在其时钟晶体管与输入设备对抗时消耗静态功率。不过，在高速运行时，动态功率占主导地位，因此这一缺点是可以接受的。在典型的设计中(PMOS 迁移率约为 NMOS 迁移率的一半)，电路中所有晶体管的尺寸可以相等，但 W_5 除外，它的宽度必须是其他晶体管宽度的两到三倍，以最大限度地提高速度。输入还可以采用类似图 10.59 的逻辑结构。在 65nm CMOS 技术中，这种技术可以实现 10GHz 左右的÷2 电路速度和 6GHz 左右的÷3 电路速度。我们将在第 13 章÷3/4 电路的设计中采用这种逻辑结构。

TSPC 电路及其变体以轨到轨摆幅方式工作，但不提供差分或正交输出。第 13 章介绍了解决这一问题的互补逻辑方式。

10.6.5 米勒分频器

如 10.6.4 节所述，CML 分频器通过电流转向和适度的电压摆幅实现高速。如果所需的速度超过 CML 电路所能提供的速度，则可以考虑使用“米勒分频器”[13]，也称为“动态分频器”[㊀]。米勒拓扑结构如图10.61a所示，分频比为2，由一个混频器和一个低通滤波器组成，低通滤波器的输出反馈到混频器。如果电路工作正常，则 $f_{out}=f_{in}/2$，在节点X处产生两个分量，即 $3f_{in}/2$ 和 $f_{in}/2$。前者通过LPF衰减，而后者围绕环路循环。换句话说，正确的运行要求前一个分量的环路增益足够小，而后一个分量的环路增益超过1。

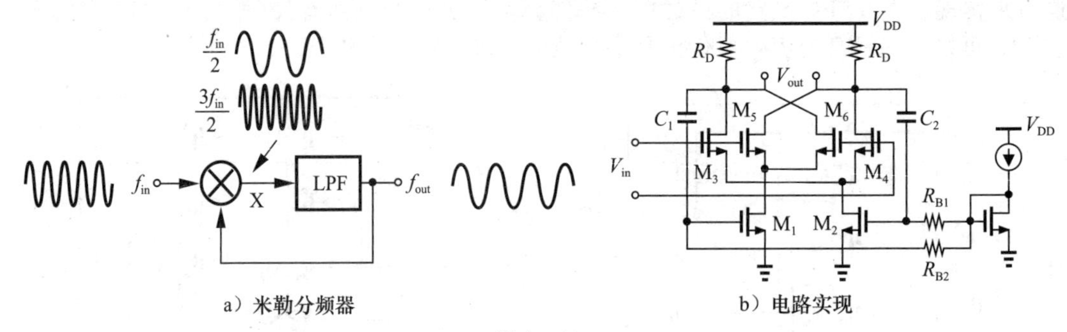

a）米勒分频器　　b）电路实现

图10.61

米勒分频器之所以能达到很高的速度，有两个原因：①低通特性可以简单地归因于混频器输出节点的固有时间常数；②该电路不依赖于锁存器，因此随着输入频率的增加，它比触发器更容易失效。不过，需要注意的是，分频器环路需要一定的周期才能达到稳定状态，也就是说，它不会在瞬间正确分频。

图10.61b显示了米勒分频器的实现示例。双平衡混频器在其LO端口检测输入，C_1 和 C_2 将输出返回到RF端口[㊁]。中频段频率下的环路增益等于 $(2/\pi)g_{m1,2}R_D$(见第6章)，并且必须保持在1以上。电路的最大速度大致取决于环路增益下降到1的频率。请注意，R_D 和输出节点的总电容决定了LPF的拐点。当然，在高频情况下，由 M_1 和 M_2 漏极处的极点引起的滚降也会限制速度。

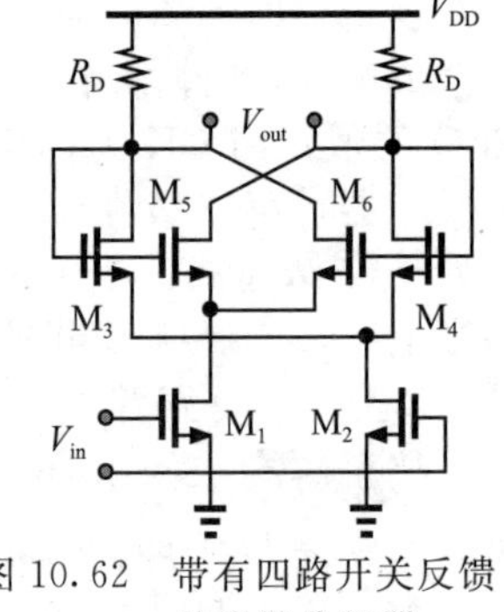

图10.62　带有四路开关反馈的米勒分频器

例10.25 是否有可能通过将输出返回到混频器的LO端口来构建一个米勒分频器？

解： 如图10.62所示，这种拓扑结构会感应到混频器RF端口的输入(奇怪的是，M_3 和 M_4 现在显示为二极管连接的器件)。我们将在下文中看到，这一电路无法进行分频。◀

读者可能会问，为什么我们上面说 $3f_{in}/2$ 处的分量必须足够小。毕竟，这个分量只是期望输出的三次谐波，似乎只会使输出边沿更加陡峭。然而，这个谐波实际上为分频器的工作频率设定了一个有限的下限。当 f_{in} 减小，$3f_{in}/2$ 处的分量低于LPF的拐角频率时，电路就无法分频。

为了理解这一点，让我们看向如图10.63a所示的电路，并将混频器的输出表示为

$$V_X(t)=\alpha(V_0\cos\omega_{in}t)\left(V_m\cos\frac{\omega_{in}t}{2}\right)\tag{10.62}$$

$$=\frac{\alpha V_0V_m}{2}\left(\cos\frac{\omega_{in}t}{2}+\cos\frac{3\omega_{in}t}{2}\right)\tag{10.63}$$

其中 α 与混频器的转换增益有关。如图10.63b所示，该和值会出现额外的过零点，如果不加变化地通过LPF，则无法进行分频[14]。因此，必须对三次谐波进行衰减——至少衰减3倍[14]——以避免出现额外的过零点。

㊀ 但是这个术语不能与动态逻辑混淆。

㊁ 电容耦合确保 M_1 和 M_2 可以在饱和状态下工作。

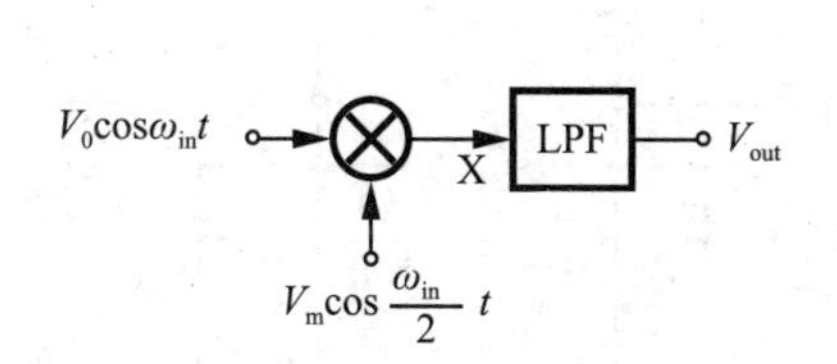

a）米勒分频器的开环等效电路

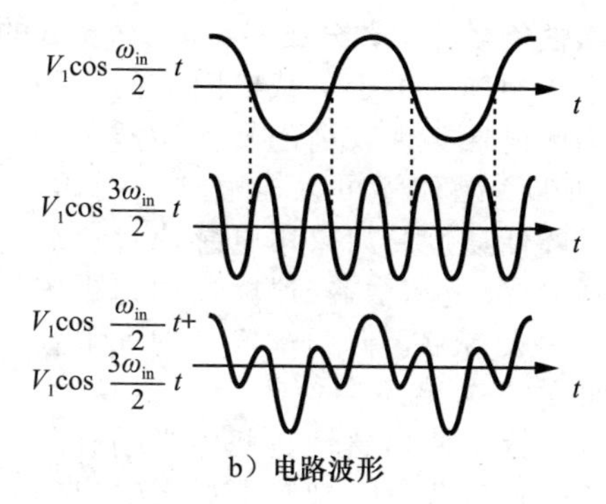

b）电路波形

图 10.63

例 10.26 图 10.64 所示的电路结构是分频器吗？

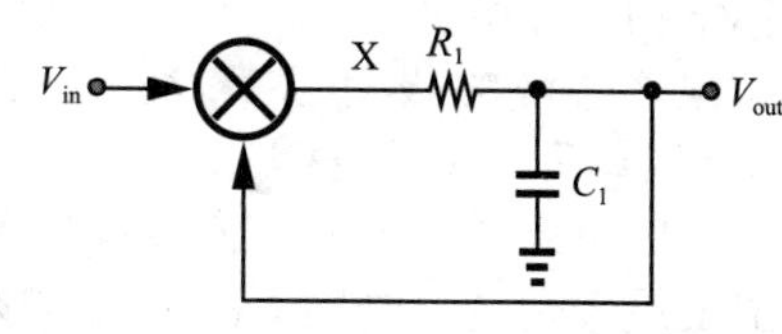

图 10.64　使用一阶低通滤波器的米勒分频器

解：由于 R_1 两端的压降等于 $R_1C_1\mathrm{d}V_{out}/\mathrm{d}t$，因此 $V_X=R_1C_1\mathrm{d}V_{out}/\mathrm{d}t+V_{out}$。另外，$V_X=\alpha V_{in}V_{out}$。如果 $V_{in}=V_0\cos\omega_{in}t$，则

$$R_1C_1\frac{\mathrm{d}V_{out}}{\mathrm{d}t}+V_{out}=\alpha(V_0\cos\omega_{in}t)V_{out} \tag{10.64}$$

由此可得

$$R_1C_1\frac{\mathrm{d}V_{out}}{V_{out}}=(\alpha V_0\cos\omega_{in}t-1)\mathrm{d}t \tag{10.65}$$

我们将左侧从 V_{out0}(输出端的初始条件)积分到 V_{out}，并将右侧从 0 积分到 t：

$$R_1C_1\ln\frac{V_{out}}{V_{out0}}=\frac{1}{\omega_{in}}\alpha V_0\sin\omega_{in}t-t \tag{10.66}$$

因此，

$$V_{out}(t)=V_{out0}\exp\left(\frac{-t}{R_1C_1}+\frac{\alpha V_0}{R_1C_1\omega_{in}}\sin\omega_{in}t\right) \tag{10.67}$$

有趣的是，无论 α 或 ω_{in} 的值如何变化，指数项都会使输出为零[14]。电路失效的原因是单极滤波器不能充分衰减三次谐波和一次谐波。这一分析的一个重要推论是，图 10.62 中的拓扑结构无法分频：单极点回路遵循式(10.67)，无法在输出端充分抑制三次谐波。◀

为了避免图 10.63b 中显示的额外过零点，还可以在 $\cos(\omega_{in}t/2)$和/或 $\cos(3\omega_{in}t/2)$中引入相移。例如，如果 $\cos(3\omega_{in}t/2)$衰减 2 倍，但相移 45°，则两个分量相加后的波形如图 10.65 所示。换句话说，如果对三次谐波进行衰减和移位，以避免额外的过零点，则米勒分频器可以正常工作[14]。这一观察结果表明，只有当 M_1 和 M_2 漏极的极点提供足够的相移时，图 10.61b 的拓扑结构才能成功分频，而这是一个困难的条件。

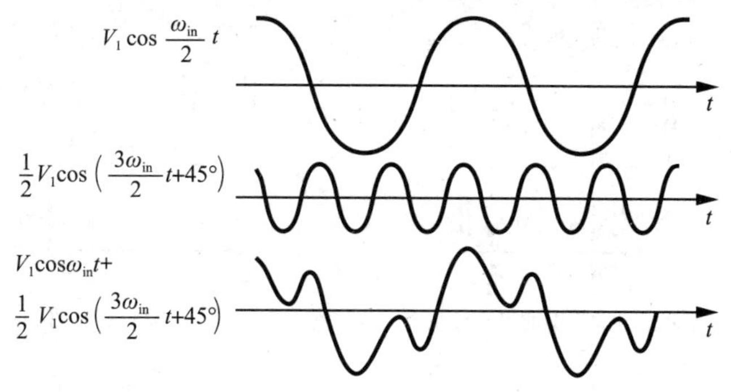

图 10.65　三次谐波相移 45°且振幅减半时米勒分频器的正常工作波形

带感性负载的米勒分压器 图10.61b的拓扑结构与第6章所述有源混频器的增益-余量折中方法相同。由于负载电阻上的压降有限，因此很难实现较高的转换增益。加宽输入和LO晶体管可以缓解这一问题，但代价是降低速度。如果用电感取代负载电阻，增益-余量和增益-速度之间的折中问题就会大大缓解，但频率范围的下限会升高。此外，电感还会使布局变得复杂。图10.66显示了使用感性负载的米勒分频器。由于电感负载大大抑制了所需输出的三次谐波，因此该电路比图10.61b[14]的拓扑结构更加稳健。

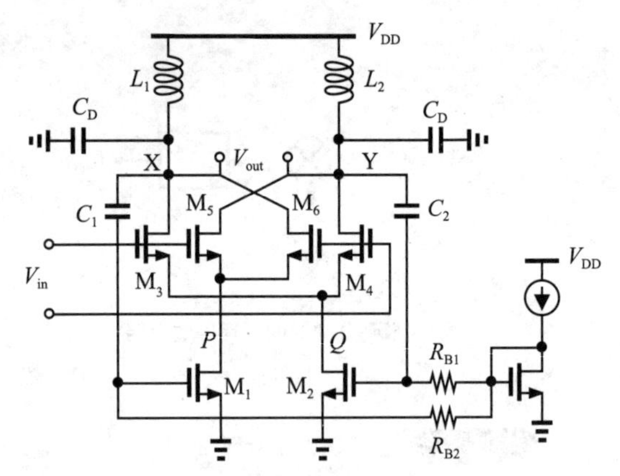

图10.66 使用感性负载的米勒分频器

该电路的设计步骤如下。我们假设LO端口有一定的容差电容，输出节点有一定的负载电容。根据前者选择M_3-M_6的宽度，LO共模电平最好等于V_{DD}，为M_1和M_2留出最大余量。电感L_1和L_2必须与X和Y处的总电容共振，共振频率约为输入"中频"频率的一半。例如，如果我们希望输入频率范围在40～50GHz之间，我们可以选择22.5GHz左右的谐振频率。在这一步中，M_1和M_2的电容是未知的，需要合理的猜测和迭代。在L_1和L_2的值已知的情况下，它们的并联等效电阻R_P必须与M_1和M_2一起提供足够的增益[回想一下，混频器的转换增益为$(2/\pi)g_{m1,2}R_P$]。选择M_1和M_2的宽度和偏置电流是为了使增益最大化。当然，过高的偏置电流会导致V_P和V_Q值过低，从而使M_1和M_2进入三极管区。因此，有必要进行一些优化。可以看出，电路正常工作的输入频率范围为

$$\Delta\omega=\frac{2\omega_0}{Q}\left(\frac{2}{\pi}g_{m1,2}R_P\right)^2 \tag{10.68}$$

式中，ω_0和Q分别表示回路的谐振频率和品质因数[14]。

例10.27 如果将负载电阻换成电感，图10.62的电路是否会像分频器一样工作?

解: 如图10.67a所示，这种结构实际上类似于振荡器。将电路重绘如图10.67b所示，我们注意到M_5和M_6是一对交叉耦合器件，而M_3和M_4则是二极管连接器件。换句话说，由M_5-M_6和L_1-L_2组成的振荡器受到M_3-M_4的重负载，无法振荡(除非谐振腔的Q值为无限大，或者M_3和M_4比M_5和M_6的作用弱)。与图10.66的拓扑结构相比，这种结构确实可以作为分频器工作，但频率范围较窄。

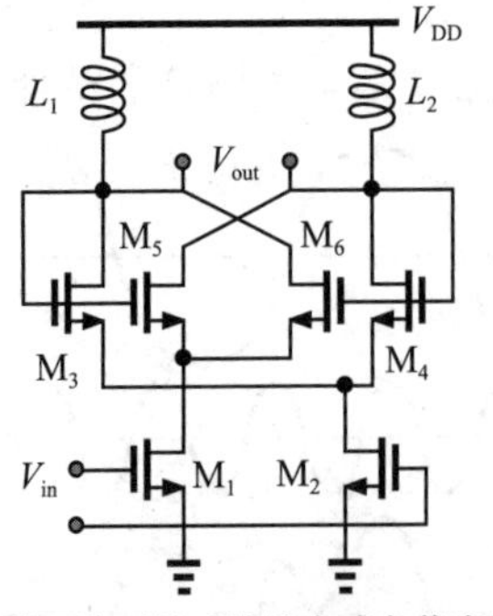

a) 带四路开关反馈的电感负载米勒分频器

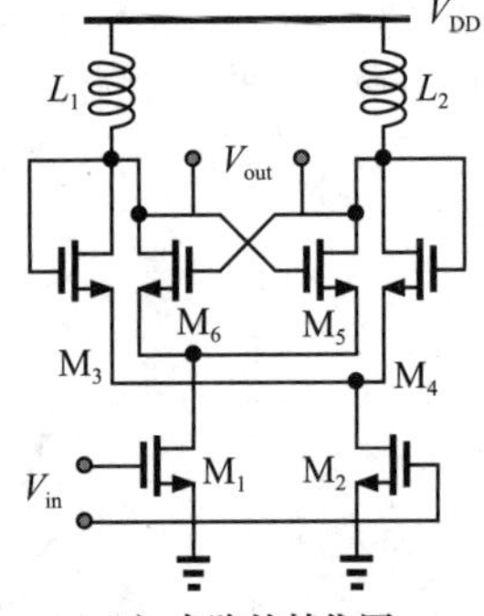

b) 电路的替代图

图10.67 ◀

使用无源混频器可以构建米勒分频器。图10.68描述了一个示例，其中 M_1-M_4 构成无源混频器，M_5-M_6 构成放大器[16]。由于输出CM电平接近 V_{DD}，因此反馈路径采用了电容耦合，使 M_1-M_4 的源极和漏极保持在约0.4V的电压。(如第6章所述，LO CM电平仍必须接近 V_{DD}，以便为 M_1-M_4 提供足够的过驱动)。可以增加交叉耦合对 M_7-M_8，利用其负电阻增加增益。但是，如果功率过大，这对 M_7-M_8 就会与回路一起振荡，导致频率范围变窄(见10.6.6节)。

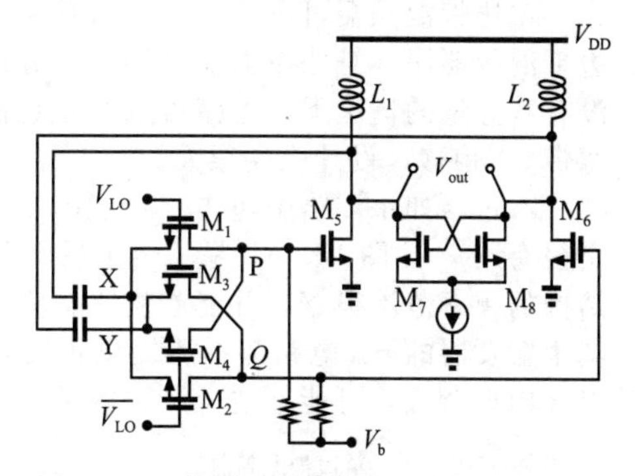

图10.68　使用无源混频器的米勒分频器

在CMOS技术中，米勒分频器的速度可超过100GHz[16]，但它不能提供正交输出，这对于以两倍载波频率运行振荡器并使用分频器生成I相和Q相的RF收发机来说是一个缺点。

产生其他模量的米勒分频器　在最初的论文中，米勒还考虑在其拓扑结构的反馈回路中使用分频器，以产生2以外的模量。图10.69是一个例子，反馈路径中的 $\div N$ 电路产生 $f_b = f_{out}/N$，在X处产生 $f_{in} \pm f_{out}/N$。如果LPF对总和进行了抑制，则 $f_{out} = f_{in} - f_{out}/N$，因此

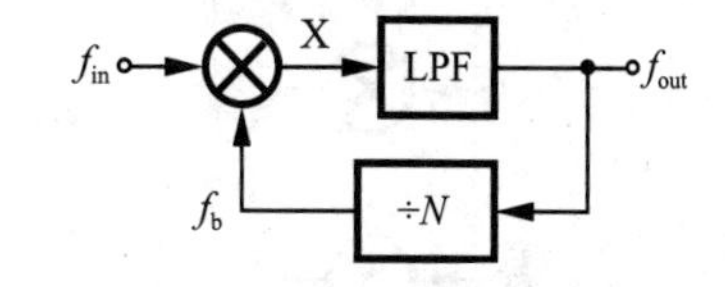

图10.69　具有另一级分频器反馈的米勒分频器

$$f_{out} = \frac{N}{N+1} f_{in} \tag{10.69}$$

此外，

$$f_b = \frac{1}{N+1} f_{in} \tag{10.70}$$

例如，如果 $N=2$，输入频率将分别除以1.5和3，这两个模量很难通过基于触发器的分频器在高速下获得。

图10.69拓扑结构中的一个重要问题是，随着 N 的增加，X处的和分量与差分量的距离会越来越近，这就决定了LPF的滚降更加陡峭。在上例中，这两个分量分别位于 $4f_{in}/3$ 和 $2f_{in}/2$ 处，即仅相差一个倍频程(Only One Octave Apart)。因此，电路工作的频率范围更加有限。

图10.69中米勒分频器的另一个关键问题与混频器的端口到端口馈通有关。下面的例子可以说明这一点。

例10.28　在图10.69中假设 $N=2$，研究混频器每个输入端口对其输出的馈通影响。

解： 图10.70a显示了该电路。从主输入到节点X的馈通会在 f_{in} 处产生一个杂散。同样，从Y到X的馈通会在 $f_{in}/3$ 处产生一个杂散。因此，输出在所需频率附近包含两个正脉冲(见图10.70b)。有趣的是，Y处的信号并没有出现杂散：当图10.70b中的频谱通过分频器时，主频分量被分出，而杂散则保持了相对于载波的间距(见第9章)。如图10.70c所示，Y处的频谱只包含谐波和直流失调。读者可以证明这些结果适用于任何 N 值。

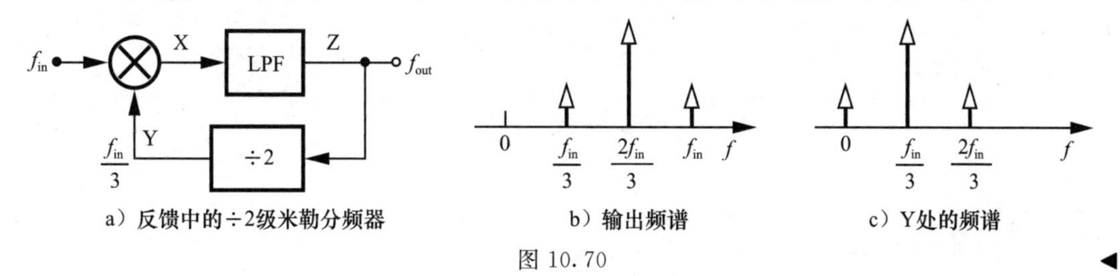

a）反馈中的÷2级米勒分频器　b）输出频谱　c）Y处的频谱

图10.70

图10.61a的初始拓扑结构是否也会出现杂散？在习题10.17中，我们证明了它不会。

单边带混频器可以扩展米勒分频器的频率范围。如图10.71a所示，其原理是通过单边带混频器而不是滤波器来抑制总和分量，从而避免图10.63所示的额外过零点问题。在没有和分量的情况下，电路可以在任意低的频率下正常分频。但遗憾的是，这种方法需要宽带90°相移，设计难度很大。

不过，如果环路中包含一个能产生正交输出的分频器，那么使用单边带(SSB)混频确实很有用[17]。图10.71b是一个采用÷2电路并在输出端产生$f_{in}/3$的例子[17]。这种拓扑结构的频率范围很宽，并能产生正交输出，这对多频带应用非常有用。相反，图10.28中基于触发器的÷3电路却不能提供正交输出。我们从例10.28中注意到，X处的÷1.5输出会出现杂散，可能不适合严格的系统。

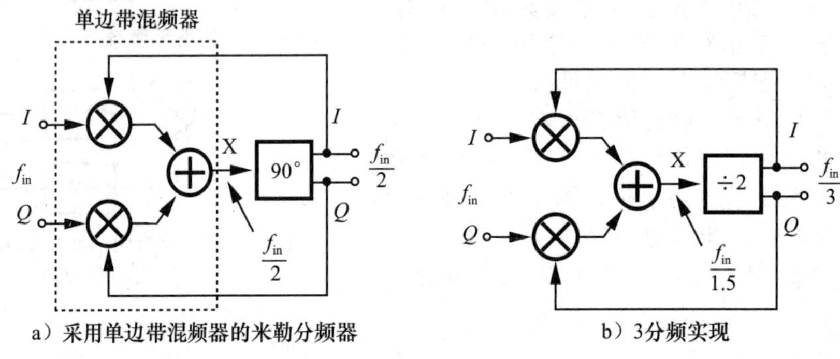

a）采用单边带混频器的米勒分频器　　b）3分频实现

图10.71

图10.71b及其变体电路的主要缺点是需要正交LO相位。正如第8章所述，正交振荡器会产生较高的相位噪声。

10.6.6 注入锁定分频器

另一类分频器是基于注入锁定到其振荡频率的谐波的振荡器[15]。为了理解这一原理，让我们回到图10.68中的米勒分频器，并假设交叉耦合对的强度足以产生振荡。现在可以将晶体管M_5和M_6视为将混频器输出耦合到振荡器的器件⊖。因此，整个环路的建模如图10.72所示，其中X与振荡器之间的连接表示注入而非频率控制。如果环路工作正常，则$f_{out}=f_{in}/2$，在X处同时产生$f_{in}/2$和$3f_{in}/2$。前者耦合并锁定振荡器，而后者则被振荡器的选择性抑制。如果f_{in}在一定的“锁定范围”内变化，振荡器将保持对X节点处$f_{out}-f_{in}$分量的注入锁定。如果f_{in}在锁定范围之外，振荡器将被注入牵引，从而产生损坏的输出。

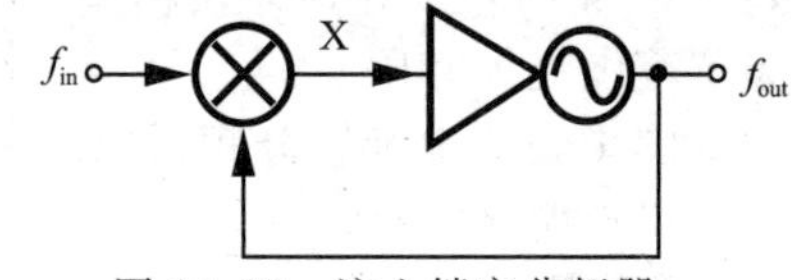

图10.72 注入锁定分频器

例10.29 如果振荡器保持锁定，请确定图10.73所示拓扑结构的分频比。

解： 混频器在节点X上产生两个分量，即$f_{in}-f_{out}/N$和$f_{in}+f_{out}/N$。如果振荡器锁定到前者，则$f_{in}-f_{out}/N=f_{out}$，因此

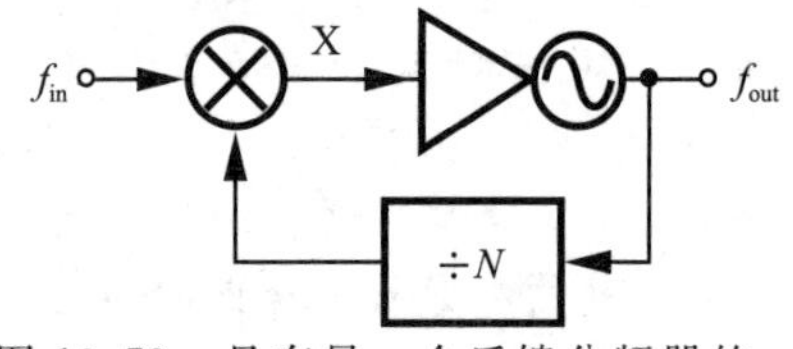

图10.73 具有另一个反馈分频器的注入锁定分频器

$$f_{out}=\frac{N}{N+1}f_{in} \tag{10.71}$$

⊖ 以类似于正交振荡器中的耦合机制的方式(第8章)。

类似地，如果振荡器锁定到后者，那么

$$f_{\text{out}}=\frac{N}{N-1}f_{\text{in}} \tag{10.72}$$

因此，振荡器锁定范围必须足够窄，以便只锁定两个分量中的一个。◀

读者可能会问，图 10.72 中的注入锁定分频器(ILD)与图 10.61a 中的米勒分频器有什么不同。两者的根本区别在于，前者即使将输入振幅设置为零也会振荡，而后者则不会。因此，ILD 的工作频率范围通常比米勒分频器窄。

现在让我们来实现一个 ILD。虽然图 10.72 中的拓扑结构是一个候选方案，但如果我们认识到振荡器中的交叉耦合对也可以作为混频器工作，就可以设想出一种更简单的结构。事实上，我们在第 8 章中利用这一特性研究了尾部噪声电流对相位噪声的影响。图 10.72 所示的环路因此简化为一个交叉耦合对，其漏极提供负阻，尾节点提供混频输入。图 10.74a 描述了这一结果：$I_{\text{in}}(=g_{m3}V_{\text{in}})$ 被 M_1 和 M_2 通断，从而转化为 $f_{\text{out}}\pm f_{\text{in}}$，因为它出现在这些晶体管的漏极。该电路可等同于图 10.74b 所示电路，其中 I_{eq} 表示 $f_{\text{out}}\pm f_{\text{in}}$ 处的电流分量，每个分量的振幅为 I_{in} 振幅的$(2/\pi)$倍[⊖]。

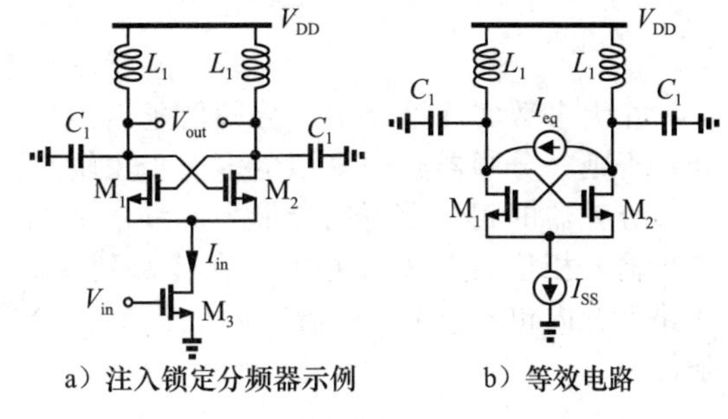

a）注入锁定分频器示例　　b）等效电路

图 10.74

由于和分量被振荡器大大衰减，我们可以只将差分量视为振荡器的输入。根据第 8 章，双端注入锁定范围为$(\omega_0/Q)(I_{\text{inj}}/I_{\text{osc}})$，其中 $I_{\text{inj}}=(2/\pi)I_{\text{in}}$。因此，电路保持锁定的输出频率范围为[18]

$$\Delta\omega_{\text{out}}=\frac{\omega_0}{Q}\left(\frac{2}{\pi}\frac{I_{\text{in}}}{I_{\text{osc}}}\right) \tag{10.73}$$

输入锁定范围是此值的两倍：

$$\Delta\omega_{\text{in}}=\frac{\omega_0}{Q}\left(\frac{4}{\pi}\frac{I_{\text{in}}}{I_{\text{osc}}}\right) \tag{10.74}$$

如第 8 章所述，如果振荡器在锁定范围边沿附近锁定，注入锁定振荡器的相位噪声会接近未锁定电路的相位噪声。式(10.74)指出了锁定范围和相位噪声之间的折中：当 Q 值降低时，前者会增大，但后者会减小。

如 10.6.4 节所述，基于触发器的分频器也可视为注入锁定环振荡器。与 LC 振荡器相比，这些分频器的锁定范围要宽得多，而且由于对输入的锁定很强，因此相位噪声很低。需要注意的是，LC 振荡器表现出注入锁定动态特性，需要与其 Q 值相称的建立时间。也就是说，这种分频器不会立即开始正常工作。

同样需要注意的是，在 PLL 环境中，分频器的锁定范围必须超过 VCO 调谐范围。在锁定瞬态期间，VCO 频率会上下波动，如果分频器在任意 VCO 频率下失效，PLL 可能根本无法锁定。

10.6.7 分频器延迟和相位噪声

包含异步逻辑的分频器从输入到输出可能会出现明显的延迟。例如，在图 10.24 的脉冲吞吐分频器中，所有三个计数器都会产生延迟：在主输入的一个边沿上，预分频器在节点 A 产生转换之前会产生一些延迟，然后必须通过程序计数器传播才能到达输出端。

分频器延迟对整数 N 合成器有何影响？具有恒定延迟 ΔT 的级电路的传递函数为

⊖ 我们假设 M_1 和 M_2 经历了迅速的切换。

$\exp(-\Delta T \cdot s)$，得出整体开环传递函数为

$$H_{\text{open}}(s)=\frac{I_{\text{P}}}{2\pi}\left(R_{\text{P}}+\frac{1}{C_1 s}\right)\frac{K_{\text{VCO}}}{NS}\text{e}^{-\Delta T\cdot s} \tag{10.75}$$

如果延迟相对于所关注的时间尺度较小，我们可以写成 $\exp(-\Delta T \cdot s)\approx 1-\Delta T \cdot s$，认识到延迟会产生右半平面的零点。这样的零点会产生负相移，即 $-\arctan(\Delta T \cdot \omega)$，从而降低环路的稳定性。图 10.75 展示了分频器延迟对 PLL 相位裕度的影响，显示出零点有两个不良影响：它使增益变平，将增益分频推向高值(原则上为无穷大)，并使相位曲线向下弯曲。因此，这个零点必须保持在环路的原始单增益带宽之上，例如

$$\frac{1}{\Delta T}\approx 5\omega_{\text{u}} \tag{10.76}$$

$$\approx 5(2\zeta^2+\sqrt{4\zeta^4+1})\omega_{\text{n}}^2 \tag{10.77}$$

在大多数实际设计中，分频器延迟满足上述条件，因此对环路动态的影响可以忽略不计。否则，分频器必须采用更多同步逻辑来减少延迟。

分频器的相位噪声也会带来麻烦。如图 10.76 所示，分频器的输出相位噪声 $\phi_{\text{n,div}}$ 直接与输入相位噪声 $\phi_{\text{n,in}}$ 相加，在传播到 ϕ_{out} 时经历相同的低通响应。换句话说，$\phi_{\text{n,div}}$ 在环路带宽内也被乘以 N 倍。因此，要使分频器产生可忽略的相位噪声，必须满足以下条件

$$\phi_{\text{n,div}} \ll \phi_{\text{n,in}} \tag{10.78}$$

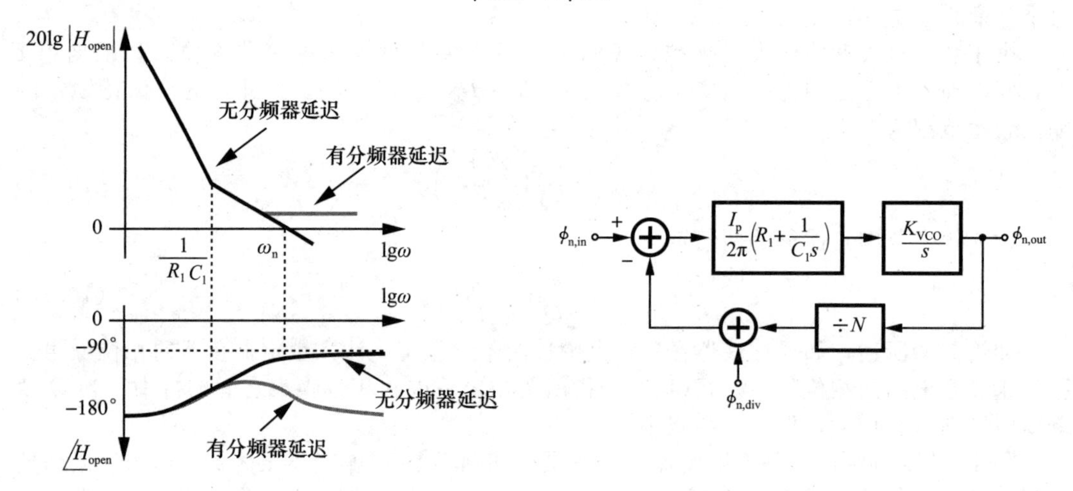

图 10.75 分频器延迟对 PLL 相位裕度的影响　　　图 10.76 分频器相位噪声对 PLL 的影响

当然，在窄带合成器中，输出相位噪声主要由 VCO 的相位噪声所控制，因此 $\phi_{\text{n,in}}$ 和 $\phi_{\text{n,div}}$ 就不那么重要了。不过，如果分频器的相位噪声很大，可以使用重定时触发器来抑制其影响。如图 10.77a 所示，其原理是通过 VCO 波形对分频器输出进行采样，从而仅在 VCO 转换时向 PFD 显示边沿。如图 10.77b 所示，只有当 VCO 输出发生变化时，V_{Y} 才会发生变化，从而避免了 V_{X} 的抖动(即避免产生相位噪声，如果抖动小于 V_{out} 的一个周期)。实质上，重新定时操作绕过了分频器链中积累的相位噪声。

例 10.30 将上述电路的输出相位噪声与采用无噪声分频器和无重定时触发器的类似环路的输出相位噪声进行比较。仅考虑输入相位噪声。

解： 相位噪声与此类似。从时域的角度来看，我们注意到输入边沿(缓慢)位移 ΔT 仍然需要 Y 处的边沿位移 ΔT，而这只有在 VCO 边沿位移相同的情况下才有可能。◀

例 10.31 图 10.77a 中的重定时操作是否消除了分频器延迟的影响?

解： 并没有。进入分频器的边沿仍然需要一定的时间才能出现在 X 处，进而出现在 Y

处。事实上，图 10.77b 显示，V_Y 相对于 V_X 最多延迟一个 VCO 周期。也就是说，在这种情况下，整体反馈延迟时间略长。◀

在使用图 10.77a 中的重定时触发器时，如果 VCO 输出边沿靠近节点 X 的跳变，就会出现问题。在这种情况下，触发器会出现"亚稳态"，即需要很长时间才能产生一个定义明确的逻辑电平。如图 10.77c 所示，这种效应会导致节点 Y 处的失真，从而混淆 PFD。因此，在设计上必须保证 VCO 的采样边沿安全地远离 X 节点的跳变。如果分频器延迟随工艺和温度变化的幅度高达一个 VCO 周期，那么就极难避免亚稳态的产生。

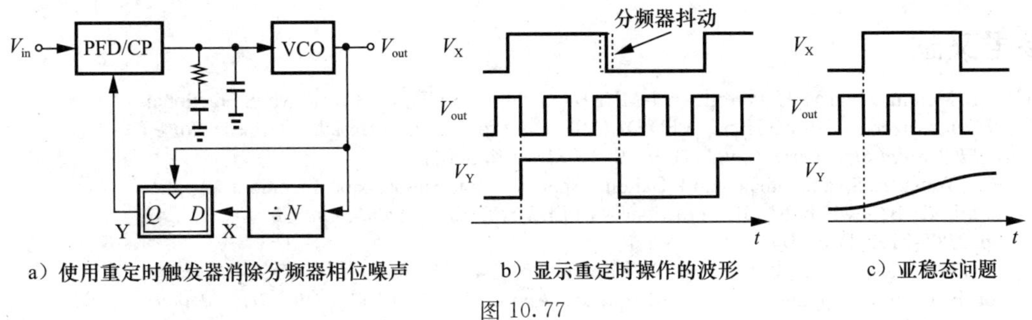

a）使用重定时触发器消除分频器相位噪声　b）显示重定时操作的波形　c）亚稳态问题

图 10.77

习题

10.1 证明在图 10.14b 中插入一个反馈分频器可推导出式(10.25)和式(10.26)。

10.2 证明图 10.20 中 LO 的远输出相位噪声也会作为噪声出现在 RX 波段。忽略其他噪声源，确定 GSM 在 25MHz 偏移时的相位噪声。

10.3 图 10.13b 中 S_1 为采样开关，采样后经过 R_1 与 C_1 构成的滤波器进行采样滤波，该采样滤波器是否消除了上下电流不匹配的影响？

10.4 实际上，图 10.13b 中的采样滤波器使用了另一个从 V_{cont} 到地的电容。请解释原因。该电容和 C_2 应如何选择才不会降低环路稳定性？

10.5 假设图 10.13b 中的 S_1 具有较大的导通电阻。这是否会影响环路稳定性？

10.6 解释图 10.13b 中 S_1 的电荷注入和时钟馈入是否会在环路锁定后对控制电压产生纹波。

10.7 图 10.78 显示了一种环内调制方案。考虑两种情况：①基带比特周期比环路时间常数短得多；②基带比特周期比环路时间常数长得多。

(1) 画出两种情况下 VCO 的输出波形。

(2) 画出两种情况下分频器的输出波形。

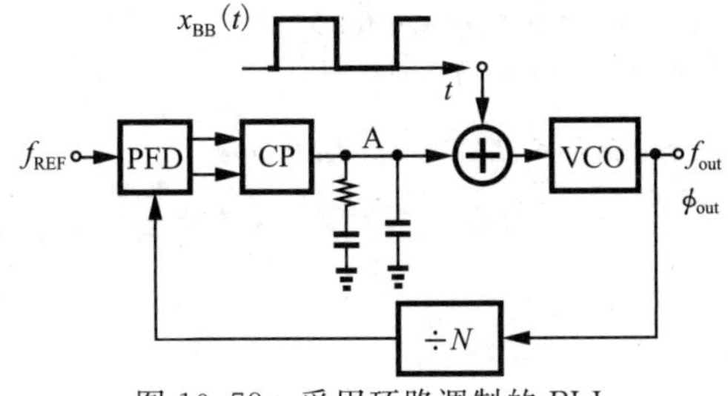

图 10.78 采用环路调制的 PLL

10.8 在图 10.24 的脉冲吞吐分频器中，预分频器的模数控制被意外反相。请解释发生了什么。

10.9 在图 10.79 所示的 PLL 中，控制电压在频率为 f_{REF} 时产生正弦波纹。绘制 A 和 B 处的频谱图。

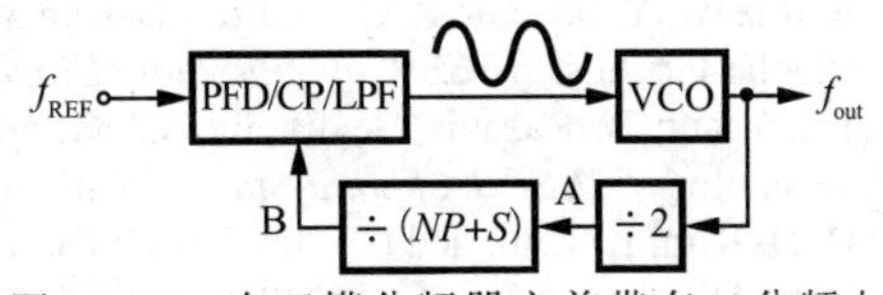

图 10.79 在双模分频器之前带有二分频电路的 PLL

10.10 在图 10.31 的分频电路中，G1 被误认为是 NAND 门。请解释发生了什么。

10.11 如何修改图 10.42 的 XOR 门以提供差分输出？

10.12 在图 10.44a 的电路中，用理想电流源代替了电阻。请解释发生了什么。

10.13 在第 8 章对振荡器的研究中，我们得出结论：一个只包含两个极点的回路不可能振荡(除非两个极点都在原点)。那么图 10.49 中的电路为什么会振荡呢？

10.14 例 10.18 表明，如果 $g_{m3,4}R_D \gg 1$，那么 τ_{reg} 与 R_D 无关。请直观地解释这一性质。

10.15 要使图 10.43a 中的 D 锁存器正常工作，时钟转换是否必须迅速？考虑时钟转换时间与 X 和 Y 处的时间常数相当，以及时钟转换时间远长于该时间常数这两种情况。

10.16 对于图10.68中的米勒分频器，请确定电路的环路增益。假设 M_1 和 M_2 漏极中的电容可由谐振时的电阻 R_P 代替。忽略所有晶体管电容，并假设连接到 M_5 和 M_6 栅极的电阻很大。

10.17 证明图10.61a中的米勒分频器在输出端不会出现杂散，即使混频器存在端口到端口的馈通。

10.18 如果混频器的每个端口都存在非线性，重新解答习题10.17。

10.19 研究图10.69所示米勒分频器的杂散响应，考虑混频器表现出端口到端口的馈通和端口非线性这两种情况。

10.20 在第6章研究的有源混频器拓扑结构中，哪些适合图10.61a中的米勒分频器？

参考文献

[1] S. E. Meninger and M. H. Perrott, "A 1-MHz Bandwidth 3.6-GHz 0.18-μm CMOS Fractional-N Synthesizer Utilizing a Hybrid PFD/DAC Structure for Reduced Broadband Phase Noise," *IEEE J. Solid-State Circuits,* vol. 41, pp. 966–981, April 2006.

[2] K. J. Wang, A. Swaminathan, and I. Galton, "Spurious Tone Suppression Techniques Applied to a Wide-Bandwidth 2.4 GHz Fractional-N PLL," *IEEE J. of Solid-State Circuits,* vol. 43, pp. 2787–2797, Dec. 2008.

[3] A. Zolfaghari, A. Y. Chan, and B. Razavi, "A 2.4-GHz 34-mW CMOS Transceiver for Frequency-Hopping and Direct-Sequence Applications," *ISSCC Dig. Tech. Papers,* pp. 418–419, Feb. 2001.

[4] G. Irvine et al., "An Upconversion Loop Transmitter IC for Digital Mobile Telephones," *ISSCC Dig. Tech. Papers,* pp. 364–365, Feb. 1998.

[5] T. Yamawaki et al., "A 2.7-V GSM RF Transceiver IC," *IEEE J. of Solid-State Circuits,* vol. 32, pp. 2089–2096, Dec. 1997.

[6] C. Lam and B. Razavi, "A 2.6-GHz/5.2-GHz Frequency Synthesizer in 0.4-μm CMOS Technology," *IEEE J. of Solid-State Circuits,* vol. 35, pp. 788–794, May 2000.

[7] C. S. Vaucher et al., "A Family of Low-Power Truly Modular Programmable Dividers in Standard 0.35-μm CMOS Technology," *IEEE J. of Solid-State Circuits,* vol. 35, pp. 1039–1045, July 2000.

[8] B. Razavi, Y. Ota, and R. G. Swartz, "Design Techniques for Low-Voltage High-Speed Digital Bipolar Circuits," *IEEE J. of Solid-State Circuits,* vol. 29, pp. 332–339, March 1994.

[9] J. Lee and B. Razavi, "A 40-Gb/s Clock and Data Recovery Circuit in 0.18-μm CMOS Technology," *IEEE J. of Solid-State Circuits,* vol. 38, pp. 2181–2190, Dec. 2003.

[10] D. D. Kim, K. Kim, and C. Cho, "A 94GHz Locking Hysteresis-Assisted and Tunable CML Static Divider in 65nm SOI CMOS," *ISSCC Dig. Tech. Papers,* pp. 460–461, Feb. 2008.

[11] J. Yuan and C. Svensson, "High-Speed CMOS Circuit Technique," *IEEE J. Solid-State Circuits,* vol. 24, pp. 62–70, Feb. 1989.

[12] B. Chang, J. Park, and W. Kim, "A 1.2-GHz CMOS Dual-Modulus Prescaler Using New Dynamic D-Type Flip-Flops," *IEEE J. Solid-State Circuits,* vol. 31, pp. 749–754, May 1996.

[13] R. L. Miller, "Fractional-Frequency Generators Utilizing Regenerative Modulation, " *Proc. IRE,* vol. 27, pp. 446–456, July 1939.

[14] J. Lee and B. Razavi, "A 40-GHz Frequency Divider in 0.18-μm CMOS Technology," *IEEE J. of Solid-State Circuits,* vol. 39, pp. 594–601, Apr. 2004.

[15] H. R. Rategh and T. H. Lee, "Superharmonic Injection-Locked Frequency Dividers," *IEEE J. of Solid-State Circuits,* vol. 34, pp. 813–821, June 1999.

[16] B. Razavi, "A Millimeter-Wave CMOS Heterodyne Receiver with On-Chip LO and Divider," *IEEE J. of Solid-State Circuits,* vol. 43, pp. 477–485, Feb. 2008.

[17] C.-C. Lin and C.-K. Wang, "A Regenerative Semi-Dynamic Frequency Divider for Mode-1 MB-OFDM UWB Hopping Carrier Generation," *ISSCC Dig. Tech. Papers,* pp. 206–207, Feb. 2005.

[18] B. Razavi, "A Study of Injection Locking and Pulling in Oscillators," *IEEE J. of Solid-State Circuits,* vol. 39, pp. 1415–1424, Sep. 2004.

|Chapter 11| 第 11 章

小数 N 频率合成器

我们在第 10 章中对整数 N 频率合成器的研究指出了这些架构的一个基本缺陷：输出信道间距等于参考频率，从而限制了环路带宽，建立速度以及 VCO 相位噪声的抑制程度。“小数 N” 架构允许信道间距与参考频率之间存在分数关系，从而放宽了上述限制。

本章讨论小数 N 频率合成器(FNS)的分析和设计。本章大纲如下。

随机化和噪声整形

- 模数随机化
- 基本噪声整形
- 高阶噪声整形
- 带外噪声
- 电荷泵失配

量化降噪

- DAC 前馈
- 小数分频器
- 基准倍增
- 多相分频

11.1 基本概念

在反馈中包含一个 $\div N$ 电路的 PLL 将基准频率乘以 N 倍。如果 N 随时间变化，会发生什么情况？例如，如果分频器一半时间 N 分频，另一半时间 $N+1$ 分频，会发生什么情况？我们推测，分频器的“平均”模数现在等于$[N+(N+1)]/2=N+0.5$，即 PLL 平均将基准频率乘以 $N+0.5$ 倍。我们还期望通过简单地改变分频器除以 N 或 $N+1$ 的时间百分比，获得 N 与 $N+1$ 之间的其他分频比。

例如，考虑图 11.1 所示的电路，其中 $f_{REF}=1\text{MHz}$ 并且 $N=10$。假设预分频器在 90%的时间内(9 个参考周期)10 分频，在 10%的时间内(1 个参考周期)11 分频。因此，每 10 个参考周期，输出产生 $9\times10+11=101$ 个脉冲，平均分频比为 10.1，因此 $f_{out}=10.1\text{MHz}$。原则上，如果能对$\div N$ 和$\div(N+1)$模式的持续时间进行小百分比的调整，该架构就能提供任意精细的频率步长。

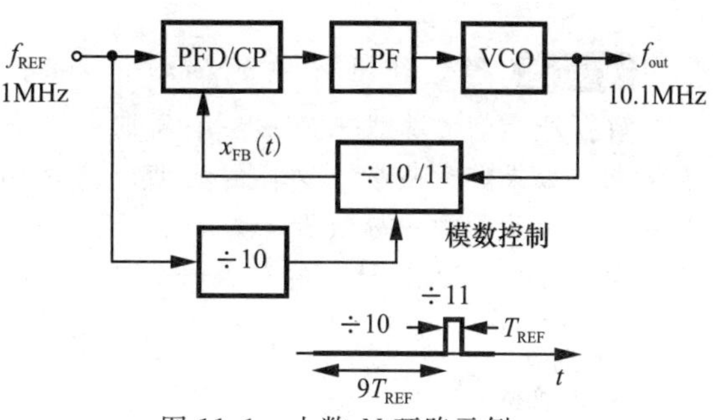

图 11.1　小数 N 环路示例

上例说明了小数 N 合成器在构建精细信道间隔方面的作用，它能从相对较高的基准频率开始运行。除了环路带宽比整数 N 架构更宽之外，这种方法还减少了参考相位噪声的带内“放大”问题(见第 10 章)，因为它需要更小的 $N(\approx f_{out}/f_{REF})$。在上例中，整数 N 环路会将参考相位噪声放大 100 倍。

FNS 设计中的主要挑战来自“小数杂散”。为了理解这种影响，让我们回到图 11.1 的回路，重新审视其在时域中的工作情况。如果电路按预期工作，则输出周期恒定，等于

$(10.1\mathrm{MHz})^{-1}\approx 99\mathrm{ns}$。回想一下，9个参考周期的输出周期乘以10，1个参考周期的输出周期乘以11。如图11.2所示，分频信号前九个周期的每个周期长990ns，略短于参考周期。因此，参考信号和反馈信号之间的相位差在f_{REF}的每个周期内都在增长，直到发生11分频时相位差恢复为零[⊖]。因此，相位检测器会产生逐渐变宽的脉冲，从而在LPF输出端产生周期性波形。请注意，该波形每10个参考周期重复一次，以0.1MHz的速率对VCO进行调制，并在10.1MHz附近产生$\pm 0.1\mathrm{MHz}\times n$的边带，其中$n$表示谐波数。这些边带被称为小数杂散。更一般地说，对于$(N+\alpha)f_{REF}$的标称输出频率，LPF输出呈现出周期为$1/(\alpha f_{REF})$的重复波形。

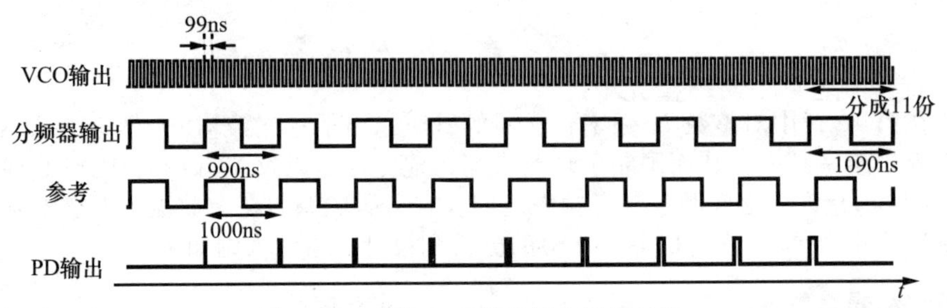

图11.2 小数N环路的详细运行过程

我们可以从另一个角度来解释小数杂散的出现。如图11.3所示，总反馈信号$x_{FB}(t)$可以写成两个波形的总和，每个波形每10 000ns重复一次。第一个波形包括990ns的9个周期和1090ns的"死区"时间，而第二个波形只是一个宽度为1090/2ns的脉冲。由于每个波形每10 000ns重复一次，因此其傅里叶级数只包括0.1MHz、0.2MHz等频率的谐波。如果将相位检测器视为混频器，我们就会发现，1MHz附近的谐波在从相位检测器发出时被转换为"基带"，从而对VCO进行调制。

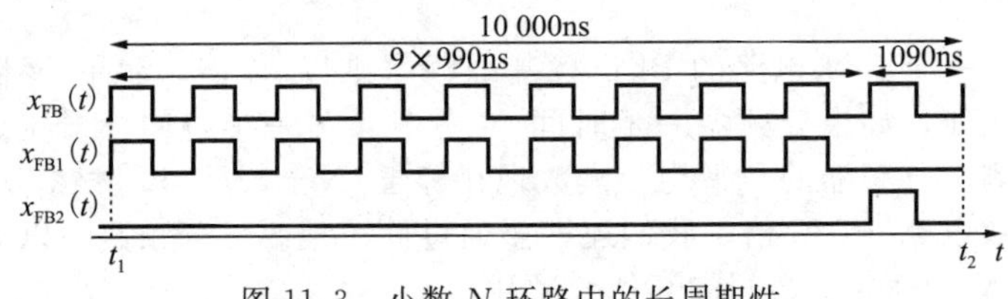

图11.3 小数N环路中的长周期性

例11.1 确定图11.3中$x_{FB1}(t)$的频谱。

解： 让我们首先求出波形一个周期($t_1\sim t_2$)的傅里叶变换。这个波形由9个990ns周期组成。如果有无限多个这样的周期，傅里叶变换将只包含1.01MHz的谐波。在九个周期中，能量从脉冲中分散开来，与图11.4a相似。如果该波形每10μs重复一次，其傅里叶变换将与一列0.1MHz的整数倍脉冲相乘。频谱图如图11.4b所示。

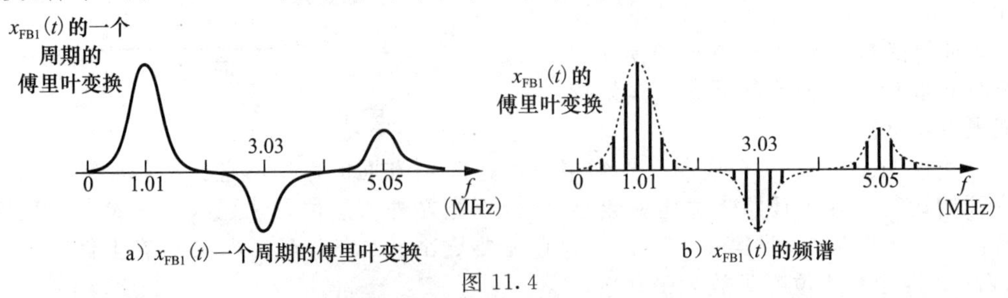

a) $x_{FB1}(t)$一个周期的傅里叶变换　　b) $x_{FB1}(t)$的频谱

图11.4

◀

[⊖] 这只是一种简化的看法。由于Ⅱ型PLL迫使平均相位误差为零，因此相位差实际上在正值和负值之间波动。

如果将反馈信号视为 1MHz 的波形(而其基频实际上为 0.1MHz)，那么它就会包含许多 0.1MHz 整数倍的边带。如第 3 章所述，这些边带可视为 FM(和 AM)成分，从而导致周期性相位调制：

$$x_{FB}(t) \approx A\cos[\omega_{REF}t + \phi(t)] \tag{11.1}$$

将 $x_{FB}(t)$与 f_{REF} 的理想基准比较，PFD 产生的输出与 $\phi(t)$成比例，以 0.1MHz 的周期波形驱动环路滤波器。这种观点不需要我们将 PFD 视为混频器。

总之，上例中的反馈信号周期为 10μs，因此谐波频率为 $n\times0.1$MHz，但我们可以粗略地将其视为平均频率为 1MHz 的信号，以及偏移±0.1MHz 的边带等。这些边带会在 PFD 输出端产生 $n\times0.1$MHz 的分量，对 VCO 进行调制并产生小数杂散。

11.2 随机化与噪声整形

小数杂散相当大，需要采用“补偿”手段。在过去的几十年里，小数 N 合成器领域推出了数百种补偿技术。其中一类技术采用了“噪声整形”[1]，这种技术适合集成到 CMOS 技术中，并已成为一种流行的技术。本章将专门讨论这一类 FNS。我们从“模数随机化”和噪声整形的概念开始研究。

11.2.1 模数随机化

对图 11.1 中合成器的分析表明，10 个参考周期(0.1MHz)的环路行为具有周期性。如果将分频器模数随机设置为 10 或 11，但其平均值仍为 10.1，会发生什么情况？如图 11.5a 所示，$x_{FB}(t)$显示出 990ns 和 1090ns 周期的随机序列。因此，与图 11.4b 中的情况不同，$x_{FB}(t)$现在包含了随机相位调制(见图 11.5b)，

$$x_{FB}(t) = A\cos[\omega_{REF}t + \phi_n(t)] \tag{11.2}$$

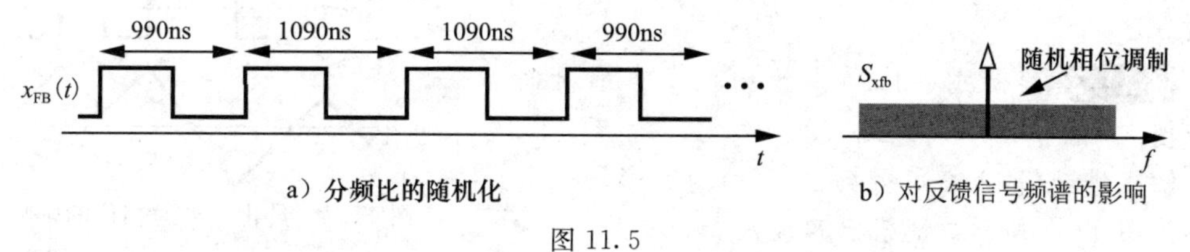

a）分频比的随机化　　b）对反馈信号频谱的影响

图 11.5

导致 PFD 输出出现随机波形(即噪声)。换句话说，模数的随机化打破了环路行为的周期性，将确定性边带转换为噪声。

现在我们来计算反馈信号中的噪声 $\phi_n(t)$。假设分频器有两个模量，分别为 N 和 $N+1$，并且必须提供 $N+\alpha$ 的平均模量。我们可以将瞬时模量写成 $N+b(t)$，其中 $b(t)$的值随机为 0 或 1，平均值为 α。因此，反馈信号的瞬时频率表示为

$$f_{FB}(t) = \frac{f_{out}}{N+b(t)} \tag{11.3}$$

式中，f_{out} 表示 VCO 输出频率。在理想情况下，$b(t)$是恒定的，等于 α，但我们的技术用二进制流(即 1bit 分辨率)来近似 α，因此引入了大量噪声。由于 $b(t)$是一个均值不为零的随机变量，我们可以用它的均值和另一个均值为零的随机变量来表示它：

$$b(t) = \alpha + q(t) \tag{11.4}$$

我们称 $q(t)$为“量化噪声”，因为它表示 $b(t)$在近似 α 值时产生的误差。在习题 11.1 中，我们将这一结果应用于图 11.1 中的示例，其中 $N=10$，$\alpha=0.1$，但 $b(t)$没有随机化。

例 11.2 绘制 $b(t)$和 $q(t)$的时间函数图。

解： 序列 $b(t)$偶尔包含一个方波脉冲，因此平均值为 α(图 11.6a)。从 $b(t)$中减去 α

即可得到噪声波形$q(t)$(见图11.6b)。

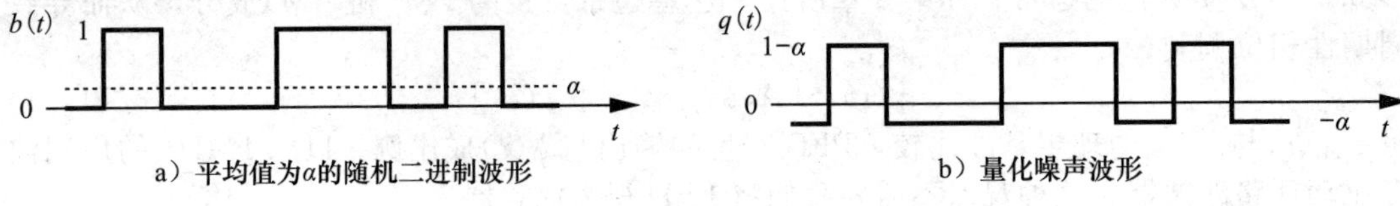

图 11.6

如果$q(t) \ll N+\alpha$，我们有

$$f_{\mathrm{FB}}(t)=\frac{f_{\text{out}}}{N+\alpha+q(t)} \tag{11.5}$$

$$\approx \frac{f_{\text{out}}}{N+\alpha}\left[1-\frac{q(t)}{N+\alpha}\right] \tag{11.6}$$

$$\approx \frac{f_{\text{out}}}{N+\alpha}-\frac{f_{\text{out}}}{(N+\alpha)^2}q(t) \tag{11.7}$$

因此，到达PFD的反馈波形可以表示为

$$V_{\mathrm{FB}}(t) \approx V_0\cos\left[\frac{2\pi f_{\text{out}}}{N+\alpha}t-\frac{2\pi f_{\text{out}}}{(N+\alpha)^2}\int q(t)\mathrm{d}t\right] \tag{11.8}$$

因为相位由频率的时间积分给出。不出所料，分频器输出的平均频率为$f_{\text{out}}/(N+\alpha)$，相位噪声为

$$\phi_{\mathrm{n,div}}(t)=-\frac{2\pi f_{\text{out}}}{(N+\alpha)^2}\int q(t)\mathrm{d}t \tag{11.9}$$

在习题11.2中，我们计算了图11.1中示例的相位。

例 11.3 绘制式(11.9)中的相位噪声的时间函数图。

解： 借助例11.2中得到的$q(t)$的波形，我们得到了图11.7所示的随机三角波形。◀

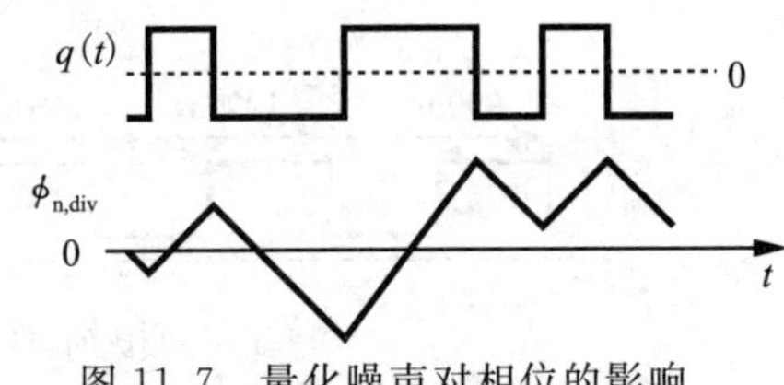

图 11.7 量化噪声对相位的影响

例 11.4 根据式(11.9)确定$\phi_{\mathrm{n,div}}(t)$的频谱。

解： 函数的时间积分产生$1/s$的频域系数。因此，$q(t)$的功率谱密度必须乘以$[2\pi f_{\text{out}}/(N+\alpha)^2/\omega]^2$，可得

$$\overline{\phi_{\mathrm{n,div}}^2}(f)=\frac{1}{(N+\alpha)^4}\left(\frac{f_{\text{out}}}{f}\right)^2 S_q(f) \tag{11.10}$$

式中，$S_q(f)$是量化噪声$q(t)$的频谱。请注意，这种噪声可以“参考”另一个PFD输入，就好像它存在于参考波形中，而不是分频器输出中。◀

利用上述结果，我们现在可以确定合成器在环路带宽内的输出相位噪声。将相位噪声视为基准中的一个分量，我们只需将式(11.10)乘以平均分频比$N+\alpha$的平方即可：

$$\overline{\phi_{\mathrm{n,out}}^2}=\left[\frac{f_{\text{out}}}{(N+\alpha)f}\right]^2 S_q(f) \tag{11.11}$$

或者，由于$f_{\text{out}}=(N+\alpha)f_{\mathrm{REF}}$，

$$\overline{\phi_{\mathrm{n,out}}^2}=\left(\frac{f_{\mathrm{REF}}}{f}\right)^2 S_q(f) \tag{11.12}$$

例 11.5 如果$b(t)$由宽度为T_b的方形脉冲组成，以$1/T_b$的速率随机重复，则计算$S_q(f)$。

解：我们首先确定 $b(t)$ 的频谱 $S_b(f)$。如拓展Ⅰ所示，$S_b(f)$ 为

$$S_b(f)=\frac{\alpha(1-\alpha)}{T_b}\left(\frac{\sin\pi T_b f}{\pi f}\right)^2+\alpha^2\delta(f) \tag{11.13}$$

其中第二项表示直流成分。因此

$$S_q(f)=\frac{\alpha(1-\alpha)}{T_b}\left(\frac{\sin\pi T_b f}{\pi f}\right)^2 \tag{11.14}$$

图 11.8 是频谱图，显示了 $f=0$ 和 $f=1/T_b$ 之间的一个主"叶"。请注意，随着 T_b 的减小，$S_q(f)$ 在垂直方向上收缩，而在水平方向上扩张，其面积保持不变(为什么?)在习题 11.3 中，我们将考虑该频谱与合成器环路带宽的关系。◀

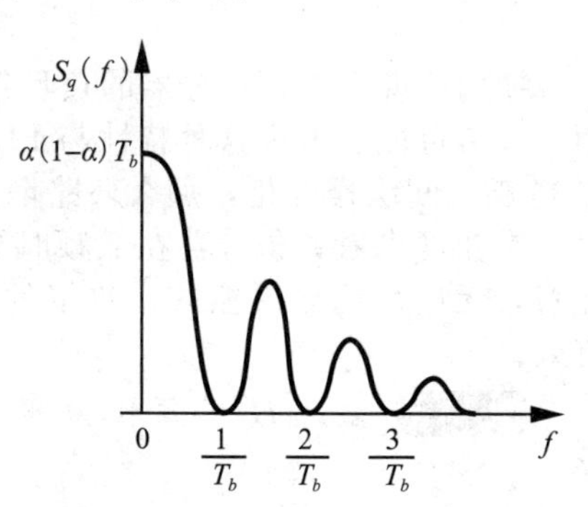

图 11.8　随机二进制波形的频谱

11.2.2　基本噪声整形

模量随机化在抑制小数杂散的同时，也会产生较高的相位噪声。高量化噪声的产生是由于仅用两个粗略级别(即 0 和 1)来近似精确值 α。由于预分频器模数不能取 N 和 $N+1$ 之间的任何其他值，因此分辨率被限制在 1bit，无法直接降低量化噪声。现代 FNS 通过随机化来解决这个问题，使产生的相位噪声呈现高通频谱。如图 11.9 所示，其原理是将反馈信号中心频率附近的频谱密度降到最低，并允许有限的合成器环路带宽抑制远离中心频率的噪声。产生 $b(t)$ 序列以创建高通相位频谱的过程称为"噪声整形"。

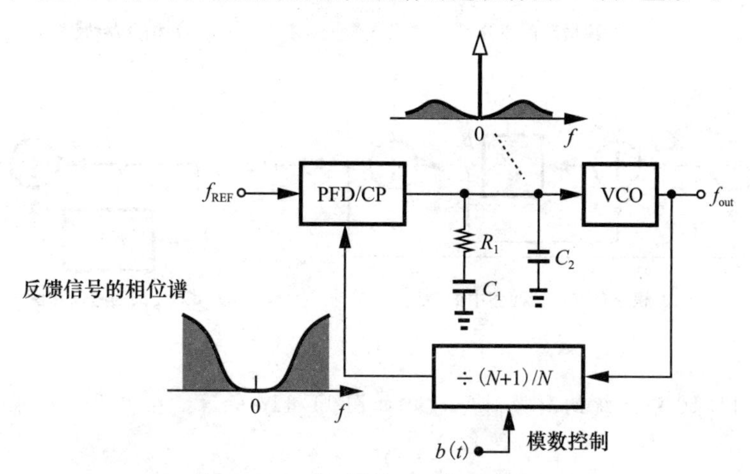

图 11.9　采用模数随机化的合成器

让我们总结一下我们的想法。我们希望生成一个随机二进制序列 $b(t)$，在 N 和 $N+1$ 之间切换分频器模数，从而使序列的平均值为 α，并且让序列的噪声呈现高通频谱。如果"1"的数量除以"1"和"0"的数量之和等于 α(在较长的持续时间内)，第一个目标就实现了。我们现在重点讨论第二个目标。

在理解噪声整形概念的第一步，我们考虑图 11.10 所示的负反馈系统，其中 $X(s)$ 表示主输入，$Q(s)$ 表示辅助输入，例如加性噪声。从 $Q(s)$ 到 $Y(s)$ 的传递函数[$X(s)$ 设置为零]等于

$$\frac{Y(s)}{Q(s)}=\frac{1}{1+H(s)} \tag{11.15}$$

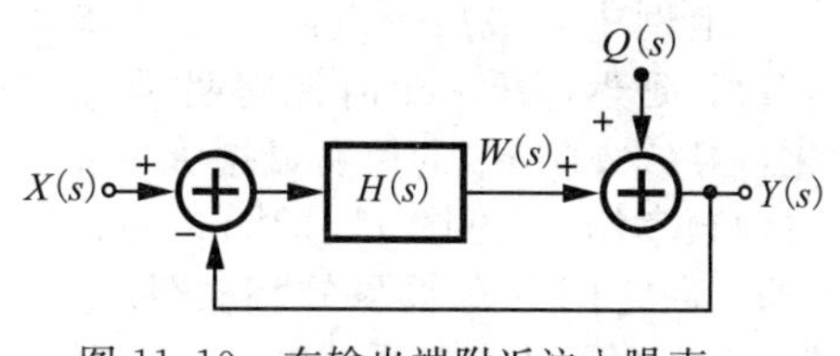

图 11.10　在输出端附近注入噪声的负反馈系统

例如，如果 $H(s)$ 是一个理想的积分器：

$$\frac{Y(s)}{Q(s)}=\frac{s}{s+1} \tag{11.16}$$

换句话说，包含积分器的负反馈环路对注入输出“附近”的噪声起着高通系统的作用。读者可能会发现这种特性与PLL中VCO相位噪声的影响(见第9章)十分相似。如果Q随时间缓慢变化，那么环路增益就会很大，使W近似等于Q，从而使Y变小。从另一个角度来看，积分器在低频时会提供较高的环路增益，从而迫使Y近似等于X。请注意，无论系统是模拟的、数字的，还是模拟和数字模块的混合系统，这些结果仍然有效。

例11.6 如果H必须作为积分器工作，请构造图11.10所示系统的离散时间版本。

解： 离散时间积分可以通过延迟信号并将结果与自身相加来实现(见图11.11a)。我们可以观察到，例如，如果$A=1$，那么输出将在每个时钟周期内以单位递增。由于单时钟延迟的Z变换等于z^{-1}，我们可以绘制出如图11.11b所示的积分器，并将积分器的传递函数表示为

$$\frac{B}{A}(z)=\frac{z^{-1}}{1-z^{-1}} \tag{11.17}$$

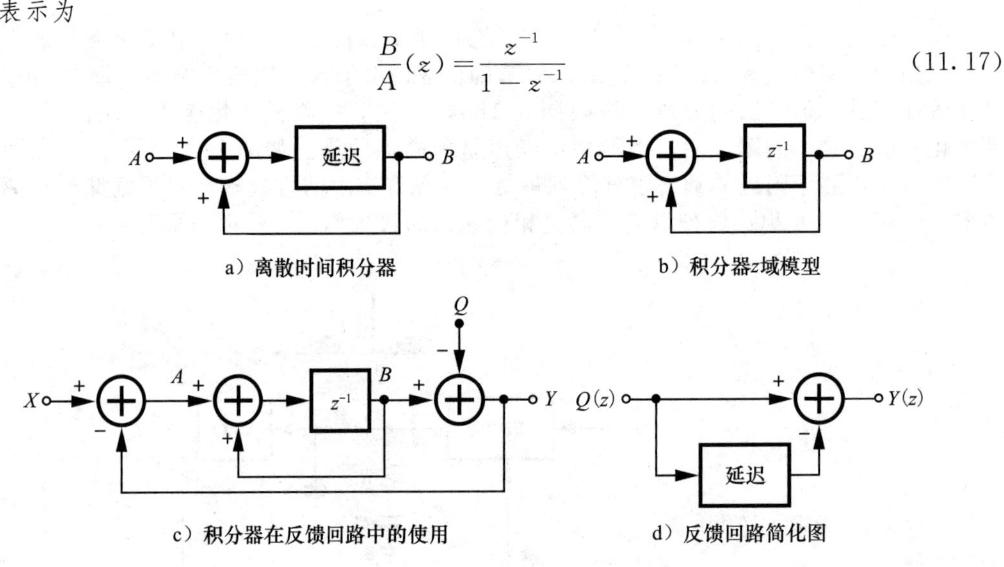

图11.11

因此，图11.10中系统的离散时间版本如图11.11c所示。在这里，如果$Q=0$，则

$$\frac{Y}{X}(z)=z^{-1} \tag{11.18}$$

也就是说，输出简单地跟踪经过延迟的输入。另外，如果$X=0$，那么

$$\frac{Y}{Q}(z)=1-z^{-1} \tag{11.19}$$

这是一种高通响应(微分器响应)，正如图11.11d所示，从信号中减去经过延迟的信号，如果信号在延迟期间变化不大，则输出很小。◀

上例中的最后一点值得进一步研究。图11.12所示的系统是从$a(t)$减去经过延迟的$a(t)$。延迟等于一个时钟周期T_{ck}。图11.12a描述了$a(t)$在一个时钟周期内发生显著变化，导致a_2-a_1的值明显增大的情况。也就是说，如果$a(t)$变化缓慢，$g(t)\approx 0$。如果时钟频率增加(见图11.12b)，$a(t)$变化的时间就会减少，a_1和a_2就会出现微小的差异(即它们之间具有很强的相关性)。这里的关键结果是，如果延迟元件的时钟频率更快，图11.11c和d中的系统会以更大的幅度抑制Q。

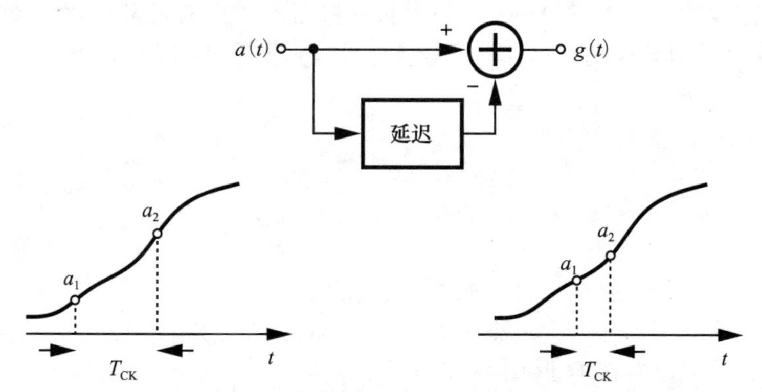

a）高时钟频率下信号及其延迟信号的相加　　b）低时钟频率下信号及其延迟信号的相加

图 11.12

例 11.7 在数字域中构建精度（字长）为 m 位的如图 11.11c 所示的系统。

解： 如图 11.13 所示，该系统包含一个输入加法器（1 号）（实际上是一个减法器）和一个由数字加法器（2 号）和寄存器（延迟元件）组成的积分器（累加器）。第一个加法器接收两个 m 位的输入，产生一个 $(m+1)$ 位的输出。同样，积分器产生一个 $(m+2)$ 位的输出。由于来自 Y 的反馈路径舍弃了积分器输出的两个最小有效位，因此我们说它引入了量化噪声，并用加法项 Q 来表示。

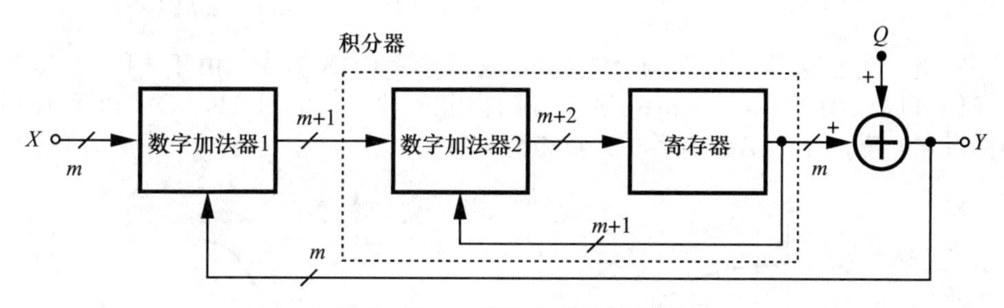

图 11.13　m 位输入的反馈系统

与图 11.10 所示系统类似，我们注意到积分器的高增益迫使 Y 在低频时等于 X，即 Y 的平均值等于 X 的平均值。◀

现在，我们将目前为止所描述的概念集合起来，构建一个系统，产生具有平均值 α 和整形噪声频谱的二进制输出。如图 11.14 所示，我们首先得到一个足够精确的 m 位 α 表示值（图 11.13 中的 X）。除了积分器的高分辨率输出驱动一个触发器（即一位量化器），从而在输出端产生一位二进制流之外，该值被应用于一个源自图 11.11c 的反馈环路。从 $m+2$ 比特量化为 1bit 会产生很大的噪声，但反馈环路会将噪声按 $1-z^{-1}$ 的比例进行调节。如例 11.7 所述，高积分器增益可确保输出平均值等于 X。这种反馈系统称为“ΣΔ 调制器”。图 11.14 中 m 的选择取决于合成器输出频率的精确度。例如，频率误差为 10ppm 时，$m\approx 17$bit。

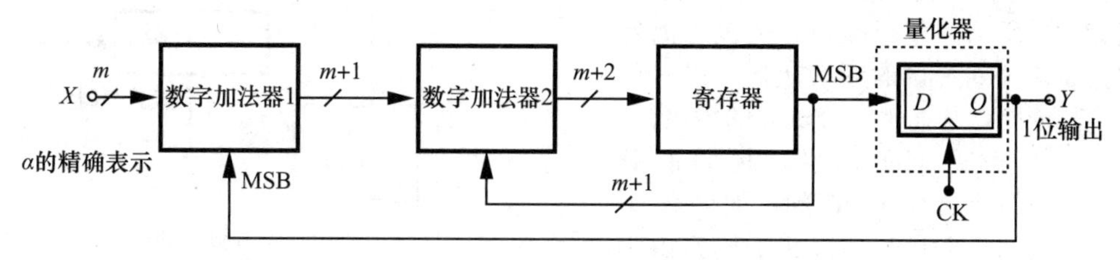

图 11.14　具有一位输出的 ΣΔ 调制器

下一步，我们将研究频域中$1-z^{-1}$的形状。根据z变换的定义，$z=\exp(\mathrm{j}2\pi f T_{\mathrm{CK}})$，其中$T_{\mathrm{CK}}$表示采样或时钟周期。因此，在图11.11c和图11.13的系统中，

$$\frac{Y}{Q}(z)=1-z^{-1} \tag{11.20}$$

$$=\mathrm{e}^{-\mathrm{j}\pi f T_{\mathrm{CK}}}(\mathrm{e}^{\mathrm{j}\pi f T_{\mathrm{CK}}}-\mathrm{e}^{-\mathrm{j}\pi f T_{\mathrm{CK}}}) \tag{11.21}$$

$$=2\mathrm{j}\mathrm{e}^{-\mathrm{j}\pi f T_{\mathrm{CK}}}\sin(\pi f T_{\mathrm{CK}}) \tag{11.22}$$

由此可得

$$S_y(f)=S_q(f)\,|2\sin(\pi f T_{\mathrm{CK}})|^2 \tag{11.23}$$

$$=2S_q(f)\,|1-\cos(2\pi f T_{\mathrm{CK}})| \tag{11.24}$$

如图11.15所示，噪声整形函数在$f=0$时开始，在$f=(2T_{\mathrm{CK}})^{-1}$(时钟频率的一半)时上升到4。正如之前预测的那样，较高的时钟频率会使函数水平扩展，从而降低低频的噪声密度。图11.14中的系统又被称为“一阶一位ΣΔ调制器”，因为它包含一个积分器。

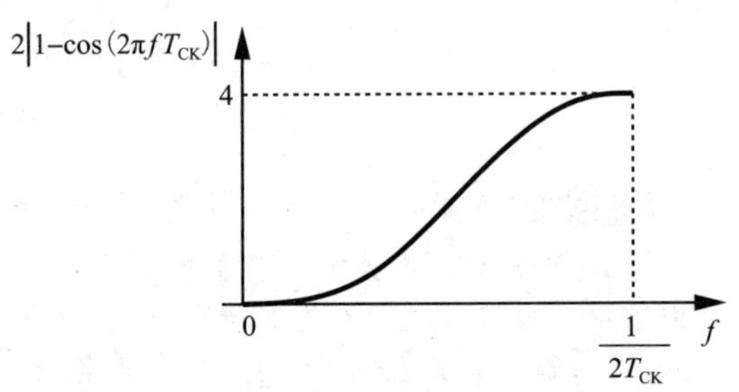

图11.15　一阶调制器中的噪声整形函数

从$S_y(f)$的形状我们能得到些什么呢？由式(11.14)，

$$S_y(f)=2\,\frac{\alpha(1-\alpha)}{T_{\mathrm{CK}}}\left(\frac{\sin\pi T_{\mathrm{CK}} f}{\pi f}\right)^2|1-\cos(2\pi f T_{\mathrm{CK}})| \tag{11.25}$$

如下所述，时钟频率f_{CK}实际上等于合成器参考频率f_{REF}。由于PLL带宽远小于f_{REF}，我们可以认为$S_q(f)$在相关频率范围内相对平坦(见图11.16)。以下我们假设$S_y(f)$的形状与噪声整形函数的形状大致相同。

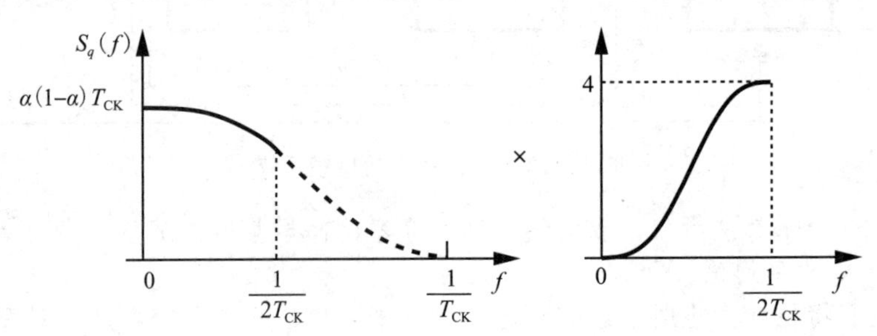

图11.16　二进制波形量化频谱和噪声整形函数的乘积

图11.17显示了目前为止研究的小数N合成器。在反馈信号的时钟作用下，ΣΔ调制器在N和$N+1$之间切换分频比，使平均值等于$N+\alpha$。

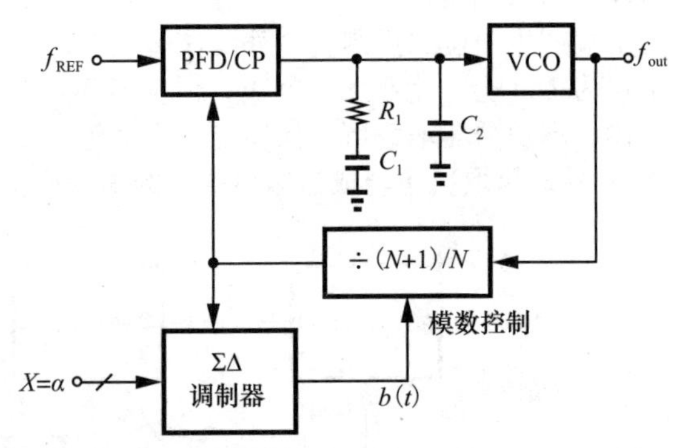

图11.17　使用ΣΔ调制器随机化分频比的基本小数N分频环路

音调问题　ΣΔ调制器的输出频谱包含图11.15所示的整形噪声，也包含离散音调。如果这些音调的频率较低，PLL就无法将其消除，从而破坏合成器的输出。

为了理解音调的起源，我们回到图11.14中的调制器，并询问：如果X不变，输出的二进制序列是随机的吗？由于系统没有随机输入，我们怀疑输出也可能

不是随机的。例如，假设 $X=0.1$。那么，如图 11.18 所示，输出每十个时钟周期包含一个脉冲。事实上，在每个输出脉冲之后，积分器输出都会下降到零，然后以每个时钟周期 0.1 的步长上升，直到达到 1 并驱动 FF 输出高电平。换句话说，系统表现出周期性行为(“极限循环”)。每十个时钟周期重复一次，图 11.18 的输出波形由 $f_{CK}/10$ 的谐波组成，其中一些谐波可能落在 PLL 的带宽范围内，因此在输出端出现杂散。

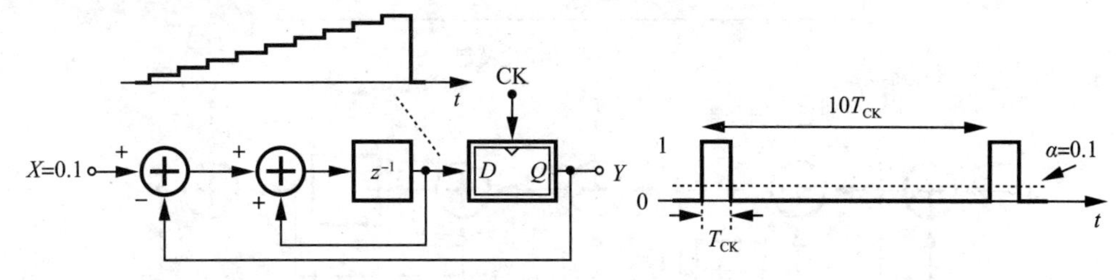

图 11.18　在 ΣΔ 环路中产生空闲音

要抑制这些音调，必须打破系统的周期性。例如，如果 X 的 LSB 在 0 和 1 之间随机切换，那么图 11.18 输出波形中的脉冲就会随机出现，从而产生一个音调相对较小(但本底噪声较高)的频谱。这种随机化被称为“抖动”，必须以一定的速率进行：如果速率过慢，就不能充分打破周期性(抖动仍可能在非线性系统中产生音调)。

11.2.3　高阶噪声整形

式(11.24)所表示的噪声整形函数并不能充分抑制带内噪声。注意到 $f \ll (\pi T_{CK})^{-1}$ 时，式(11.23)简化为

$$S_y(f)=S_q(f)\,|2\pi f T_{CK}|^2 \tag{11.26}$$

也就是说，当 f 接近零时，频谱会出现二阶滚降[⊖]。因此，我们需要一个滚降更迅速的系统，例如，输出频谱与 f^n 成比例($n>2$)。下文将介绍一种“非延时积分器”，如图 11.19 所示。其传递函数为

$$\frac{B}{A}(z)=\frac{1}{1-z^{-1}} \tag{11.27}$$

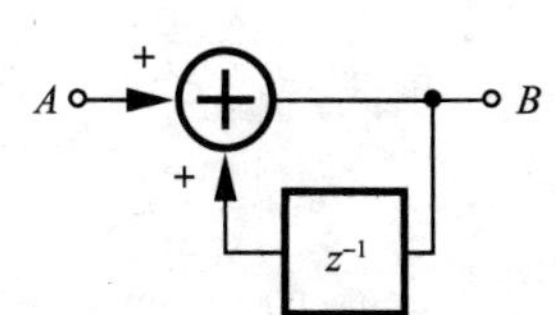

图 11.19　非延迟积分器

为了实现具有更高阶噪声整形的系统，让我们重温图 11.14 的系统，并设法提高量化器(触发器)本身的分辨率，即使用能产生较低量化噪声的量化器。ΣΔ 调制器可以达到这样的目的，因为它可以抑制低频的量化噪声。因此，我们用 ΣΔ 调制器取代一位量化器(见图 11.20a)。为了确定噪声整形函数，我们从图 11.20b 所示的等效模型中得到，

$$\left(-Y\frac{z^{-1}}{1-z^{-1}}-Y\right)\frac{z^{-1}}{1-z^{-1}}+Q=Y \tag{11.28}$$

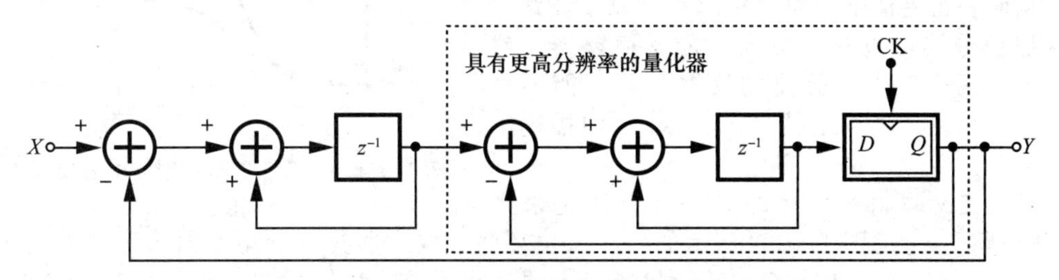

a）在一个ΣΔ环路中使用ΣΔ调制器作为量化器

图 11.20

⊖　也可以通过提高 f_{CK} 来降低带内噪声，但在频率合成器环境中，$f_{CK}=f_{REF}$。

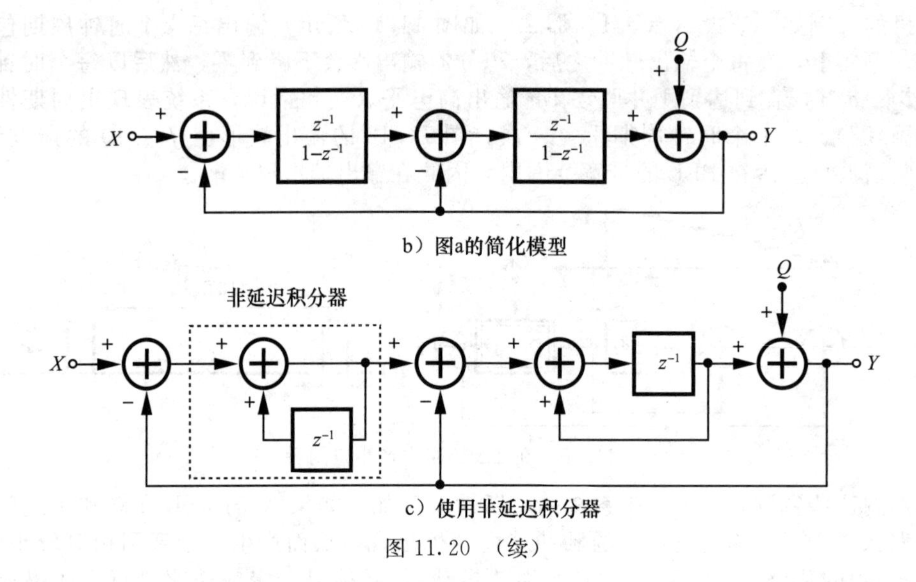

b）图a的简化模型

c）使用非延迟积分器

图 11.20 （续）

由此可得

$$\frac{Y}{Q}(z)=\frac{(1-z^{-1})^2}{z^{-2}-z^{-1}+1} \tag{11.29}$$

分子的确代表了更清晰的整形，但分母却表现出两个极点。将第一个积分器修改为非延时拓扑结构(见图 11.20c)，我们得到

$$\left(-Y\frac{1}{1-z^{-1}}-Y\right)\frac{z^{-1}}{1-z^{-1}}+Q=Y \tag{11.30}$$

因此，

$$\frac{Y}{Q}(z)=(1-z^{-1})^2 \tag{11.31}$$

根据式(11.23)，我们得出

$$S_y(f)=S_q(f)\,|2\sin(\pi f T_{\rm CK})|^4 \tag{11.32}$$

也就是说，当 f 接近零时，噪声整形与 f^4 成比例下降。图 11.20c 中的系统又称为“二阶一位 ΣΔ 调制器”。图 11.21 中绘制了式(11.23)和式(11.32)所给出的噪声整形函数，可以看出在频率高达$(6T_{\rm CK})^{-1}$ 时，后者仍然低于前者。

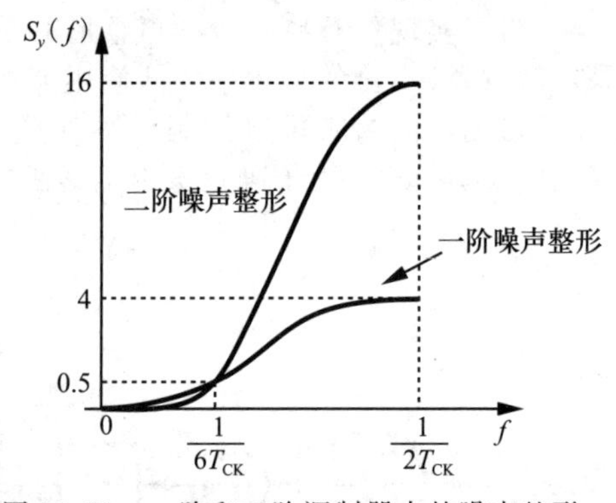

图 11.21 一阶和二阶调制器中的噪声整形

是否有可能进一步提高 ΣΔ 调制器环路的阶数，从而获得更清晰的噪声整形？可以，环路中的附加积分器可以提供更高阶的噪声整形。然而，包含两个以上积分器的反馈环路可能不稳定，需要采用各种稳定技术。文献[2]中描述了一些例子。

高阶 ΣΔ 调制器设计的另一种方法是采用“级联环路”。考虑图 11.22a 所示的一阶一位环路，减法器找出量化器输入和输出之间的差值，产生 $U=Y_1-W=Q$，即量化器引入的量化误差。我们推测，如果从 Y_1 中减去这个误差，结果就会包含较少的量化噪声。然而，U 有 m 位。因此，我们必须首先将其转换为具有合理精确度的一位表示，而 ΣΔ 调制器可以很好地完成这项任务。如图 11.22b 所示，U 驱动第二个环路，产生一个一位数据流 Y_2。由于用一位 Y_2 近似 m 位 U 所产生的量化误差是由第二个环路决定的，因此我们可以看到 Y_2 是 U 的一个相对精确的复制品。最后，Y_2 与 Y_1 相结合，得到 Y_{out} 作为 X 更准确的表示。这个系统被称为“1-1 级联”，表示每个循环都是一阶的。

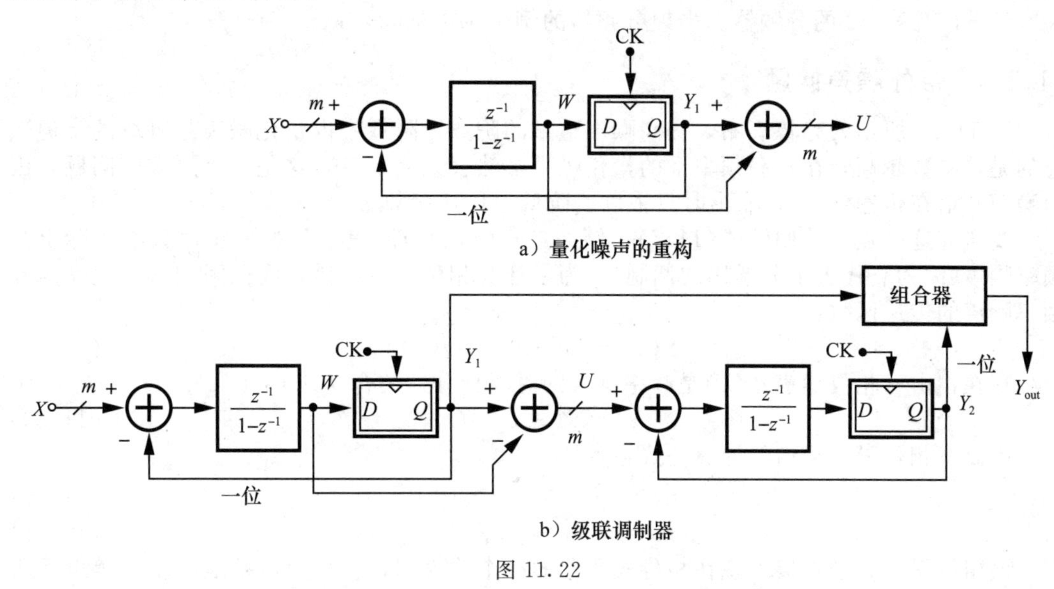

a）量化噪声的重构

b）级联调制器

图 11.22

让我们计算一下 Y_{out} 中的剩余量化噪声。将图 11.22b 中的系统重绘如图 11.23 所示，其中 Q'表示第二回路量化器引入的噪声，我们得到

$$Y_1(z)=z^{-1}X(z)+(1-z^{-1})Q(z) \tag{11.33}$$

以及

$$Y_2(z)=z^{-1}U(z)+(1-z^{-1})Q'(z) \tag{11.34}$$

$$=z^{-1}Q(z)+(1-z^{-1})Q'(z) \tag{11.35}$$

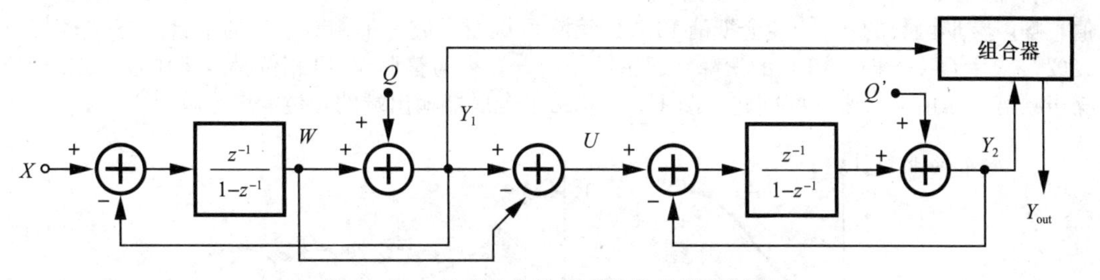

图 11.23　显示量化噪声成分的级联调制器

我们希望把 $Y_1(z)$和 $Y_2(z)$结合起来，从而可以抵消 $Q(z)$。为此“组合器”将式(11.33)两边乘以 z^{-1}，将式(11.35)两边乘以$(1-z^{-1})$，然后从前者减去后者的结果：

$$Y_{out}(z)=z^{-1}Y_1(z)-(1-z^{-1})Y_2(z) \tag{11.36}$$

$$=z^{-2}X(z)-(1-z^{-1})^2Q'(z) \tag{11.37}$$

有趣的是，1-1 级联与图 11.20c 中的二阶调制器具有相同的噪声整形特性。

例 11.8　构建一个电路，能够执行图 11.23 所示的组合操作。

解：对于一位数据流，z^{-1} 的乘法由一个触发器实现。电路如图 11.24 所示。◀

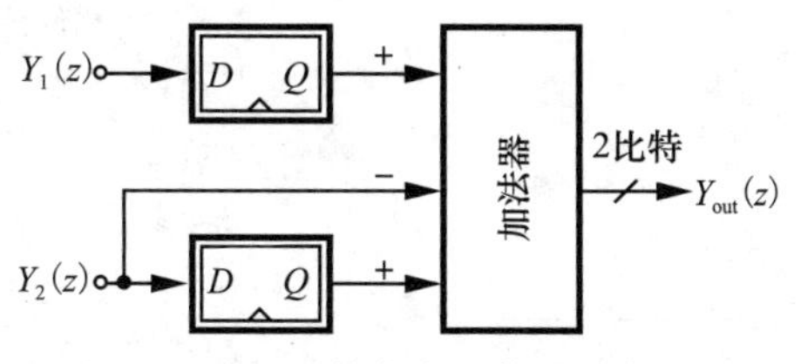

图 11.24　级联结构中的信号组合器

级联调制器也被称为“MASH架构”，可以实现高阶噪声整形，而不会出现高阶单环调制器固有的不稳定风险。不过，如上例所示，级联的最终输出宽度超过一位，因此需要使用多模分频器。例如，如果 Y_{out} 有四个可能的电平，那么就需要一个模数等于 $N-1$、N、$N+1$ 和 $N+2$ 的分频器。多模分频器的例子见文献[3，4]。

11.2.4 带外噪声问题

图11.21所示的趋势表明，提高噪声整形的阶数以降低带内量化噪声是可取的。但遗憾的是，阶数越高，在较高频率下的量化噪声必然会急剧上升，这是一个严重的问题，因为噪声频谱在传输到PLL输出时只乘以二阶低通传递函数。

要研究这一点，请回顾式(11.7)，例如，式(11.32)所表示的整形噪声频谱实际上是频率噪声(因为它代表了分频比的调制)。为了计算相位噪声频谱，我们回到从量化噪声到频率噪声的传递函数：

$$Y(z)=(1-z^{-1})^2Q(z) \tag{11.38}$$

现在，由于相位噪声 $\Phi(z)$ 是频率噪声的时间积分，结合 $\Phi(z)=Y(z)/(1-z^{-1})$，有

$$\Phi(z)=(1-z^{-1})Q(z) \tag{11.39}$$

因此，相位噪声频谱的计算公式为

$$S_\Phi(f)=|1-z^{-1}|^2S_q(f) \tag{11.40}$$

$$=|2\sin(\pi fT_{CK})|^2S_q(f) \tag{11.41}$$

该相位噪声频谱直接出现在相位检测器的一个输入端，与合成器基准的相位噪声无法区分，从而体现了PLL的低通传输特性：

$$S_{out}(f)=|2\sin(\pi fT_{CK})|^2S_q(f)N^2\frac{4\zeta^2\omega_n^2\omega^2+\omega_n^4}{(\omega^2-\omega_n^2)^2+4\zeta^2\omega_n^2\omega^2} \tag{11.42}$$

式中，N 为分频器比并且 $\omega=2\pi f$。图11.25展示了噪声整形频谱和PLL传输函数[⊖]。如果ΣΔ调制器的时钟频率等于PLL基准(通常是这种情况)，那么我们可以从第9章中注意到，$f_{-3dB}\approx 0.1f_{REF}\approx 1/(10T_{CK})$。对于小的 f 值，式(11.42)中的噪声整形函数可近似为 $4\pi^2f^2T_{CK}^2$，而PLL传输函数等于 N^2。因此，乘积 $S_{out}(f)$ 从零开始，并在一定程度上上升。对于较大的 f 值，噪声整形函数的 f^2 特性会抵消PLL的滚降，从而形成一个相对恒定的平台。当 f 值接近 $1/(2T_{CK})=f_{REF}/2$ 时，PLL的滚降将起主导作用。如果与整形VCO相位噪声相比较，ΣΔ相位噪声频谱的峰值会带来一些问题。图11.26总结了合成器输出端的相位噪声影响。

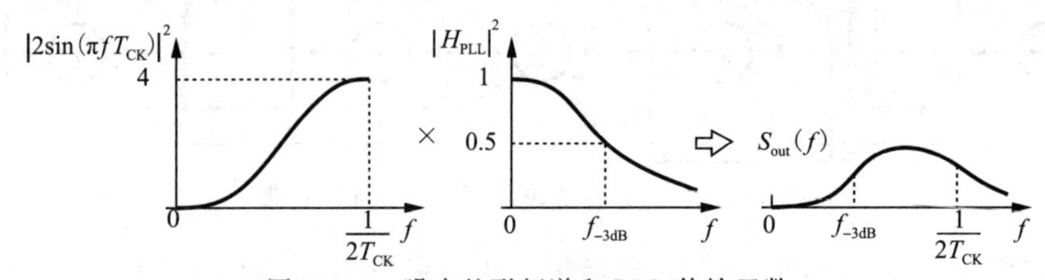

图11.25 噪声整形频谱和PLL传输函数

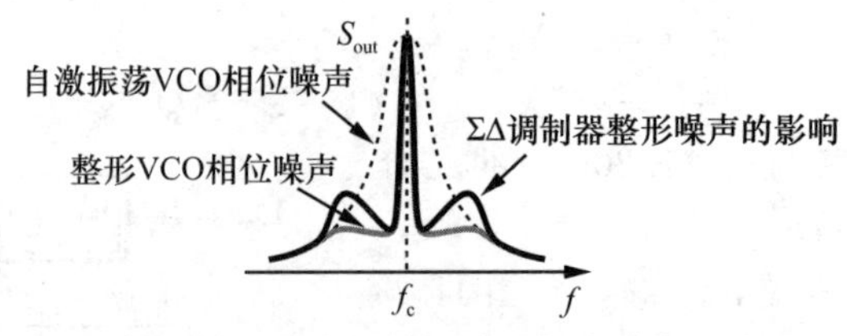

图11.26 合成器输出端的相位噪声影响

⊖ 正如式(11.25)所描述的，$S_q(f)$ 在相关频率范围内相对平坦。

上述研究表明，除非大幅降低 PLL 带宽，否则阶数大于 2 的 ΣΔ 调制器会在合成器输出端产生相当大的相位噪声。这一折中违反了小数 N 频率合成器的大带宽前提。我们将在习题 11.4 中量化三阶调制器的这种特性。

11.2.5　电荷泵失配的影响

我们在第 9 章中对 PFD/CP 非理想性的广泛研究，揭示了在振荡器控制电压上产生纹波，从而在输出端产生边带的多种效应。特别是，在当今的设计中，随机效应和沟道长度调制导致的上拉电流和下拉电流不匹配现象相当严重。这种不匹配给小数 N 合成器带来了额外的问题[5]。

为了了解电荷泵失配的影响，我们考虑图 11.27a 所示的 PFD/CP/LPF 组合结构，并研究输送到 C_1 的净电荷与输入相位差 ΔT_{in} 的函数关系[5]。请注意，电流源记作 I_1 和 I_2，到达输出节点的电流波形记作 I_{Up} 和 I_{Down}。此外，$I_{net}=I_{Up}-I_{Down}$。图 11.27b 所示为从 A 领先 B 增加 ΔT_{in} 时的波形。上拉脉冲首先达到高电平，泵出 I_1 的电流。下拉脉冲在 ΔT_{in} 后达到高电平，抽取 I_2 电流，持续 ΔT_1，其中 ΔT_1 表示 PFD 复位脉冲宽度(约五个门延迟)。净电流 I_{net} 在 ΔT_{in} 内的值为 I_1，在 ΔT_1 内的值为 I_1-I_2。因此，输送到环路滤波器的总电荷等于

$$Q_{tot1}=I_1\cdot\Delta T_{in}+(I_1-I_2)\cdot\Delta T_1 \tag{11.43}$$

现在，让我们反转输入相位差的极性。如图 11.27c 所示，上拉脉冲首先变为高电平，产生 $-I_2$ 的净电流，直到上拉脉冲变为高电平，I_{net} 跳变至 I_1-I_2。在这种情况下

$$Q_{tot2}=I_2\cdot\Delta T_{in}+(I_1-I_2)\Delta T_1 \tag{11.44}$$

(注意此处 ΔT_{in} 为负值。)这里的关键点是，当 ΔT_{in} 从负值变为正值时，Q_{tot} 作为 ΔT_{in} 的函数，其斜率从 I_2 跳变为 I_1(见图 11.27d)。换言之，PFD/CP 特性具有非线性。这种非线性会对 ΣΔ 调制器产生的宽带噪声产生不利影响，从而进一步影响反馈分频器。

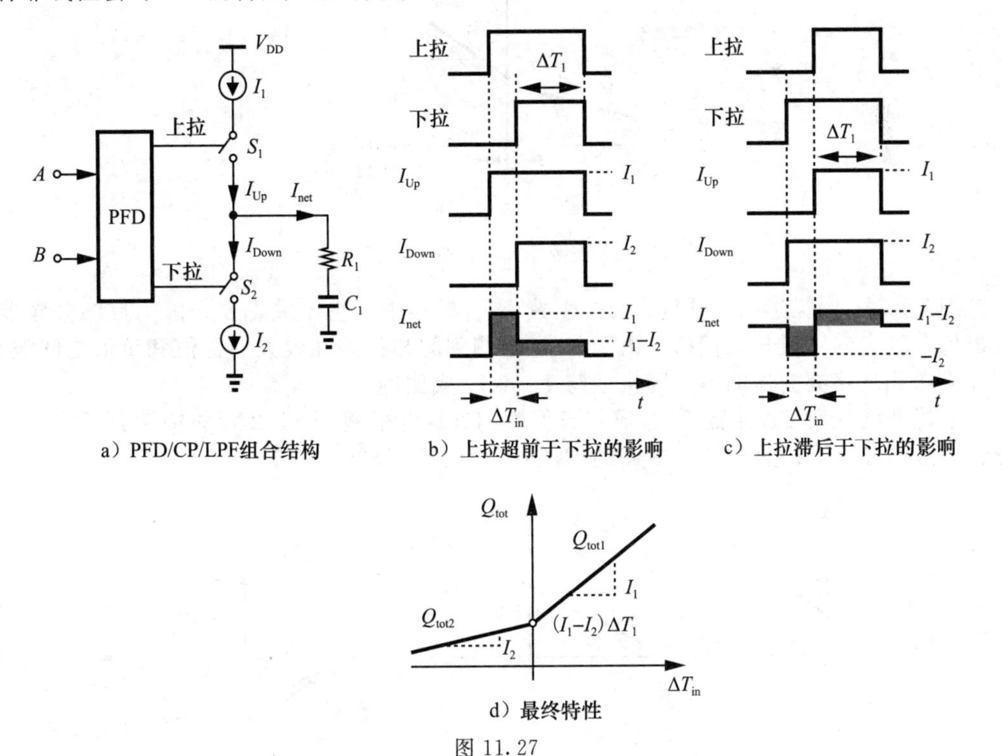

a) PFD/CP/LPF组合结构　b) 上拉超前于下拉的影响　c) 上拉滞后于下拉的影响

d) 最终特性

图 11.27

例 11.9 上述非线性在整数 N 合成器中是否会表现出来?

解: 并不会。回顾第9章,在 I_1 和 I_2 不匹配的情况下,整数 N 锁相环锁定静态相位偏移 ΔT_0,这样注入环路滤波器的净电荷为零(见图 11.28a)。现在,假设分频器输出相位出现一个小的正瞬时跳变(例如由于 VCO 相位噪声,见图 11.28b)。因此,净电荷将按比例变为正值。同样,当瞬时相位出现一个小的负瞬时跳变时,净电荷也会按比例变为负电荷(见图 11.28c)。关键在于,在这两种情况下,电荷都与 I_1 成正比,从而产生图 11.28d 所示的特性。只要反馈信号的抖动保持小于 ΔT_0,就可以避免非线性现象(如果 ΔT_0 非常小,I_1 和 I_2 之间的不匹配也会非常小,因此非线性也非常小)。

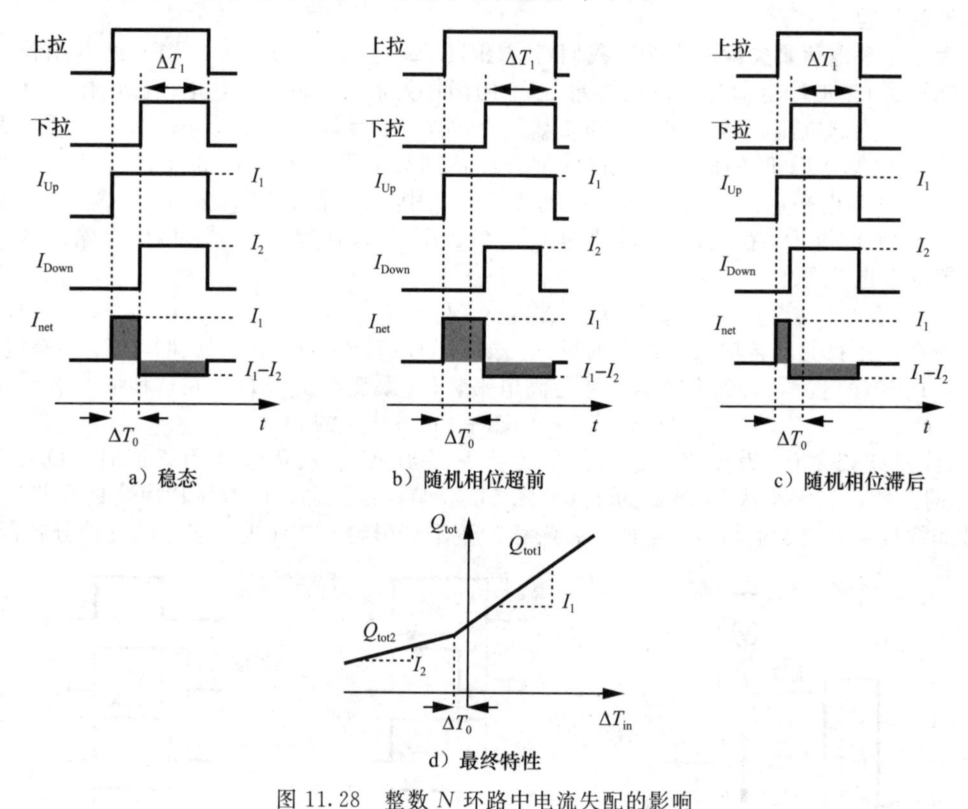

图 11.28 整数 N 环路中电流失配的影响 ◀

图 11.27d 中描述的非线性在 ΣΔ 小数 N 合成器中变得至关重要,因为反馈分频器的输出包含较大的随机相位偏移。由于 PFD 感测到的相位差在较大的正值和负值之间波动,因此输送到环路滤波器的电荷随机地与 I_1 和 I_2 成比例。

上述非线性对 ΣΔ 小数 N 合成器有何影响?让我们将图 11.27d 的特性分解为两个部分:通过“端点”的直线和非单调的“误差”(见图 11.29)。

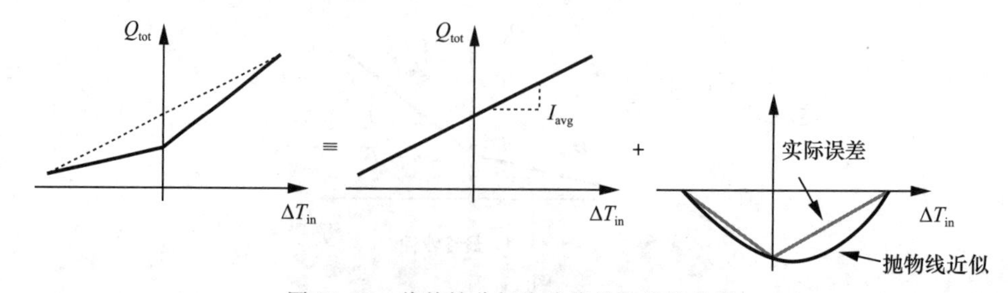

图 11.29 将特性分解为非线性和线性分量

端点对应于分频器输出端出现的最大负相位波动和正相位波动。我们用抛物线 $a\Delta T_{\text{in}}^2-b$ 来大致估算误差，并得到

$$Q_{\text{tot}} \approx I_{\text{avg}}\Delta T_{\text{in}} + a\Delta T_{\text{in}}^2 - b \tag{11.45}$$

式中，I_{avg} 表示直线的斜率。我们预计第二项会改变 ΣΔ 相位噪声的频谱。事实上，ΔT_{in}（相位噪声）与自身相乘是一种混合效应，并转化为其频谱与自身的卷积。因此，我们必须进行图 11.30 所示的卷积。将频谱分解为窄通道，并将每个通道视为一个脉冲，我们会发现，以 $+f_1$（和 $-f_1$）为中心的通道与以 $+f_2$（和 $-f_2$）为中心的通道卷积，会产生一个 f_2-f_1 的分量和另一个 f_2+f_1 的分量。同样，以 f_1 为中心的通道与另一个接近零点的通道卷积，会产生一个接近 f_1 但能量很小的分量。如图 11.30 所示，整个频谱现在呈现出一个接近零频率的峰值，在 $f_{\text{CK}}/2$ 时降至零，然后再次上升，在 f_{CK} 处达到另一个峰值。当然，每个峰值的高度都与 a^2 成正比，因此相对较小，但可能比零频率附近的原始整形噪声要高得多。也就是说，电荷泵非线性将 ΣΔ 调制器的高频量化噪声转化为带内噪声，从而对 VCO 进行调制。我们还注意到，随着 ΣΔ 调制器的阶数的增加，这种“噪声折叠”效应会变得更加明显，因此高频量化噪声也会增加。11.2.2 节所述的空闲音也可能出现类似的折叠现象。

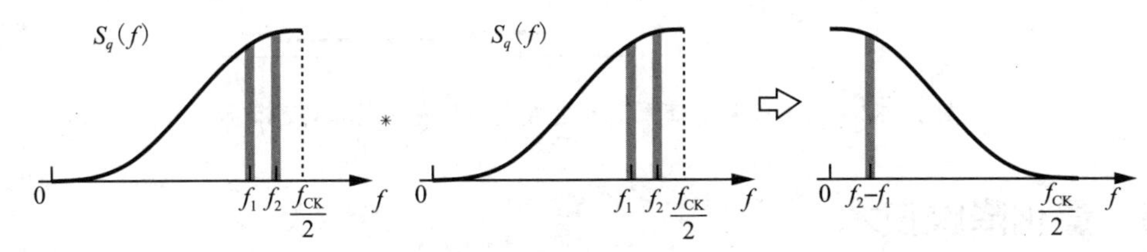

图 11.30　CP 非线性导致的高频量化噪声的下变频

为了缓解电荷泵失配的问题，我们可以考虑第 9 章中研究的一些解决方案。例如，图 9.53 中的拓扑结构可同时抑制随机和确定性失配，但需要运算放大器具有接近轨到轨的共模输入范围。或者，我们可以回到例 11.9，观察到只要静态相位偏移大于反馈分频器产生的相位波动，非线性就不会表现出来。换句话说，如果在上拉电流和下拉电流之间引入刻意的不匹配，从而产生较大的静态相位偏移，那么该特性的斜率就会在零附近保持不变。如图 11.28d 所示，$\Delta I=I_1-I_2$ 的失配产生的峰峰值相位波动为

$$\Delta T_0 = \frac{\Delta I}{I}\Delta T_1 \tag{11.46}$$

式中，I 表示 I_1 和 I_2 中较小的值，ΔT_1 表示 PFD 复位脉冲的宽度。遗憾的是，如此大的不匹配也会导致控制电压产生较大的纹波和较高的电荷泵噪声(因为 CP 电流流过的时间较长)。

另一种产生静态相位误差的方法是将 PFD 复位脉冲分开，如图 11.31 所示[6]。由于 FF_1 的复位时间比 FF_2 复位时间晚 T_D 秒，因此上拉脉冲比下拉脉冲晚 T_D 秒。PLL 必须锁定在零净电荷，从而使其稳定在以下状态

$$\Delta T_0 \cdot I_2 \approx T_D \cdot I_1 \tag{11.47}$$

静态相位偏移现在由下式给出：

$$\Delta T_0 \approx T_D \tag{11.48}$$

也就是说，对于足够大的 T_D 以及 ΔT_0，相位波动只需调制 I_{net} 中负电流脉冲的宽度即可，从而产生斜率为 I_2 的特性。遗憾的是，这种技术也会给控制电压带来显著的纹波(峰值电压为 $I_2\Delta T_0$)。

上述两种方法在解决电荷泵失配问题的同时，也会在控制电压上产生纹波。如第 10 章所述，在电荷泵和环路滤波器之间插入一个采样电路，可以“屏蔽”纹波，确保振荡器控制线只看到 CP 产生的稳定电压(见图 11.32)。换句话说，特意设置的电流偏移或上/下偏移以及采样电路可以消除电荷泵产生的非线性，并产生较小的纹波。

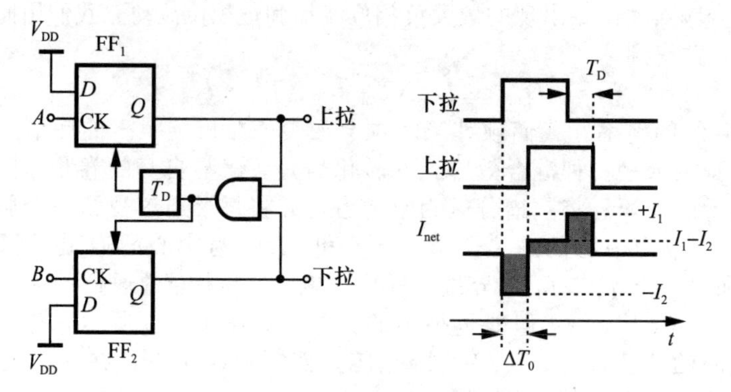

图 11.31　在 PFD 中分开复位脉冲以避免斜率变化

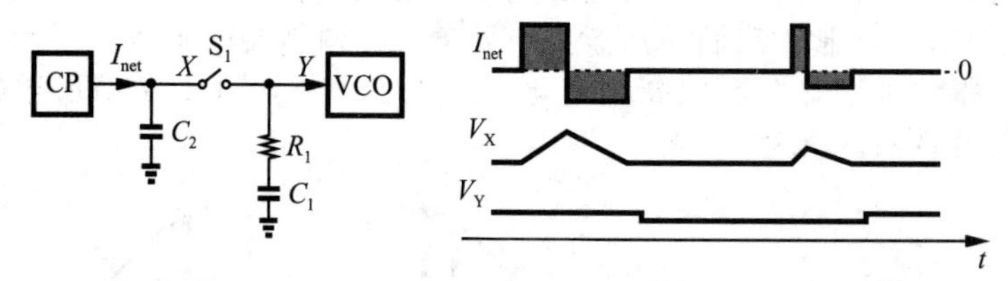

图 11.32　用于屏蔽电荷泵活动的控制电压影响的采样滤波器

11.3　量化降噪技术

如 11.2.4 节所述，ΣΔ 调制器的量化噪声急剧上升，导致小数 N 合成器输出端出现大量相位噪声。事实上，这种相位噪声的贡献可能远远超过 VCO 本身。这个问题可以通过降低 PLL 带宽来改善，但代价是要牺牲小数 N 运算的预期优势，即在大带宽范围内快速建立特性和抑制 VCO 相位噪声。在本节中，我们将研究一些在不降低合成器环路带宽的情况下降低 ΣΔ 调制器相位噪声的技术。

11.3.1　DAC 前馈

让我们从重建 ΣΔ 调制器的量化噪声开始。图 11.33 举例说明了一阶一位调制器产生的量化噪声为

$$Y(z)=z^{-1}X(z)+(1-z^{-1})Q(z) \tag{11.49}$$

然后，我们将 $X(z)$ 延迟一个时钟周期，并将结果与 $Y(z)$ 相减，以重建量化误差：

$$W(z)=Y(z)-z^{-1}X(z) \tag{11.50}$$

$$=(1-z^{-1})Q(z) \tag{11.51}$$

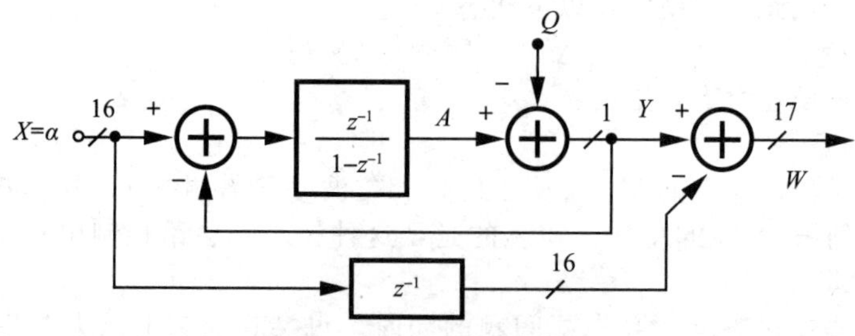

图 11.33　量化噪声的重建

这一运算得出 $Y(z)$ 中存在的全部(整形)量化误差。请注意，在此示例中，$W(z)$ 具有 17 位表示形式。

读者切勿将这一操作与级联调制器中的量化误差重建混淆。在这里，W 是整形噪声，而在级联调制器中，我们计算的 $Q=Y-A$ 是非整形噪声。

如何处理重建误差？理想情况下，我们希望从 $Y(z)$ 中减去 $W(z)$ 以“消去”后者。然而，这样的减法只会得到字长为 16 位的 $X=\alpha$！因此，我们必须在系统中寻找另一个点，在这个点上，$W(z)$ 可以从 $Y(z)$ 中减去，但不会产生多位数字信号。

按照上述思路，假设如图 11.34a 所示，我们将 $W(z)$ 转换为模拟电荷，并将结果注入环路滤波器，其极性可消除 ΣΔ 调制器产生的 $(1-z^{-1})Q(z)$ 噪声的影响。在没有模拟和定时失配的情况下，ΣΔ 调制器输出的每个脉冲在经过分频器、PFD 和电荷泵时，都会与 DAC 产生的另一个脉冲相遇，从而达到完美的抵消效果。我们称这种方法为“DAC 前馈消除”。

图 11.34a 中的系统存在一些问题，需要进行一些修改。第一个问题是 PFD/CP 组合产生的电荷与分频器输出的相位成正比，即频率的时间积分。因此，环路滤波器的量化噪声形式为 $(1-z^{-1})Q(z)/(1-z^{-1})=Q(z)$，而 DAC 输出的量化噪声形式为 $(1-z^{-1})Q(z)$。因此，我们必须在减法器和 DAC 之间插入一个积分器。图 11.34b 说明了使用阶数为 L 的更通用的 ΣΔ 调制器的结果。

第二个问题与 DAC 的精度要求有关。由于实现 17 位 DAC 极其困难，我们可能会将 DAC 输入截断为 6 位，但这种截断会将高频量化噪声折叠到低频[5]，其方式类似于图 11.30 所示的卷积。因此，有必要通过另一个 ΣΔ 调制器对 DAC 的 17 位输入进行“重新量化”，从而产生一个量化噪声已整形的 6 位输入[5]（见图 11.34c）。

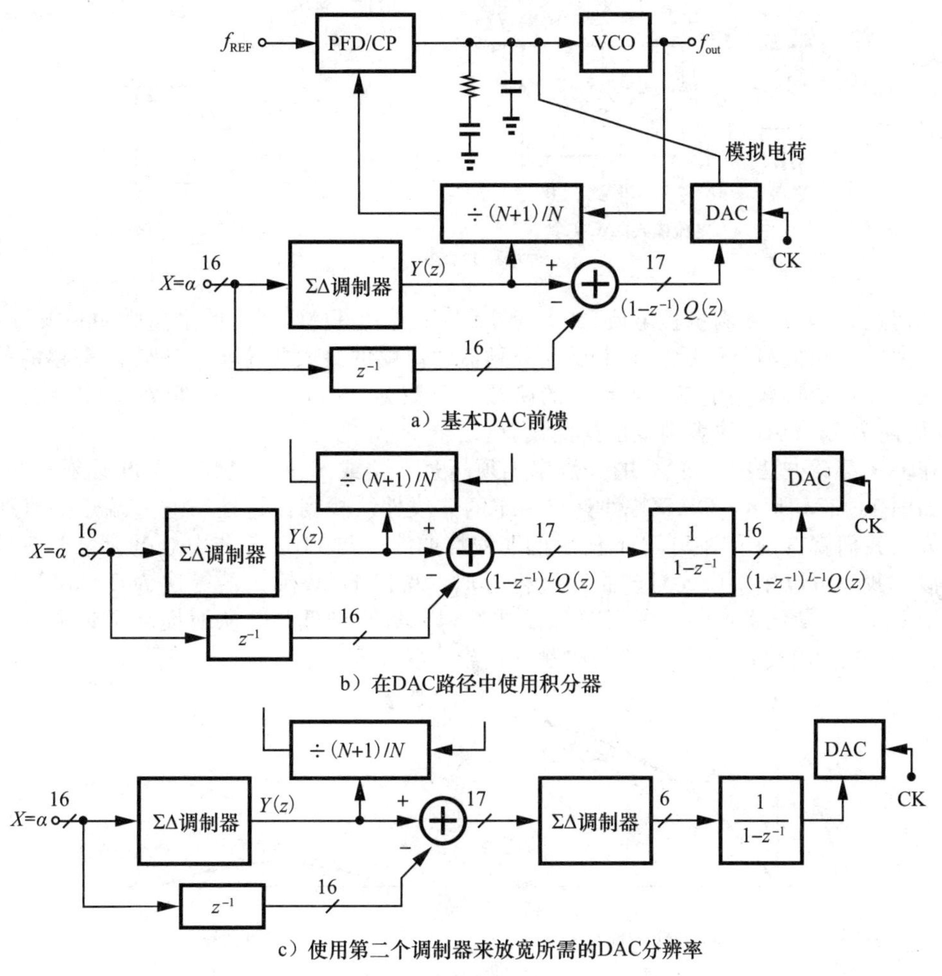

a）基本DAC前馈

b）在DAC路径中使用积分器

c）使用第二个调制器来放宽所需的DAC分辨率

图 11.34

第三个问题源于通过两条路径的脉冲的性质。上拉脉冲和下拉脉冲仅在参考周期的一部分时间内激活 CP，每次产生的电流脉冲高度恒定。而 DAC 则产生宽度恒定的电流脉冲。如图 11.35 所示，在理想情况下，CP 和 DAC 脉冲下的面积相等，但它们的到达时间和持续时间却不相等。因此，控制电压上仍会出现一些纹波。图 11.32 中的采样滤波器通常用于屏蔽纹波。

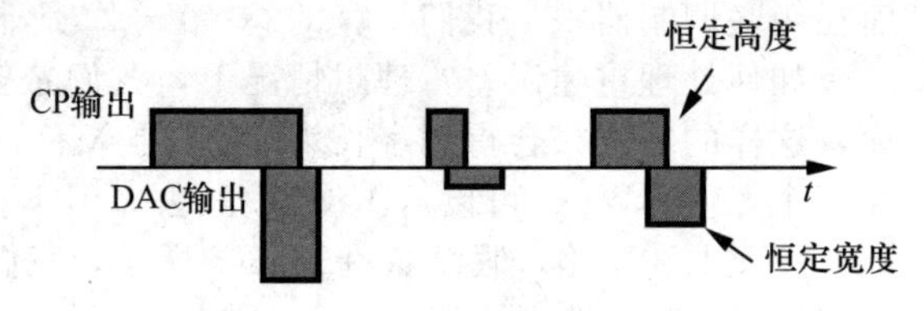

图 11.35　CP 和 DAC 输出电流波形

例 11.10 图 11.34 中电荷泵电流与 DAC 电流不匹配会产生什么影响？

解：CP 和 DAC 产生的电流脉冲区域不相等，导致量化噪声无法完全消除。例如，5%的不匹配将降噪限制在大约 26dB。◀

例 11.10 中研究的不匹配也称为“DAC 增益误差”。图 11.36a 从概念上展示了一个 3 位 DAC，其输出电流为

$$I_{out}=I_{REF}(4D_3+2D_2+D_1) \tag{11.52}$$

式中，D_3、D_2、D_1 分别各自表示二进制输入。图 11.36b 显示了输入/输出特性，将 I_{REF} 误差转化为斜率误差，即增益误差。由于电荷泵电流和 DAC 电流都是通过电流镜定义的，因此这些电流镜之间的不匹配会导致量化噪声的不完全消除。DAC 增益校准方法见文献[7]。

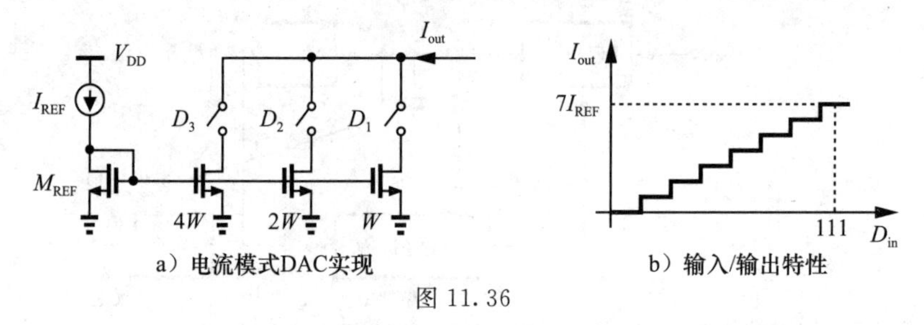

图 11.36

如何选择 DAC 的满量程电流(如上例中的 $7I_{REF}$)？DAC 产生的最高脉冲必须与 CP 产生的最宽脉冲相抵消，而后者又由反馈分频器输出端的最大相位步长决定。有趣的是，最大分频器相位步长取决于 ΣΔ 调制器的阶数，阶数为 2 时，VCO 周期为 3，阶数为 3 时，VCO 周期为 7。DAC 的满刻度也据此设置。

在上述前馈方法中，DAC 的分辨率无须超过 5 位或 6 位，但其线性度必须相当高[5]。假设如图 11.37a 所示，DAC 特性具有一定的非线性。找到该特性与通过端点的直线之间的差值，我们就得到了图 11.37b 所示的非线性曲线。与 11.2.5 节中对电荷泵非线性的研究类似，我们可以用多项式对该曲线进行近似，得出 DAC 输入的幂次为 2、3 等的结论。应用于 DAC 的量化噪声的整形高频分量被卷积并折叠到低频，从而提高了带内相位噪声(见图 11.30)。因此，DAC 必须采取额外措施来实现高线性度[5]。

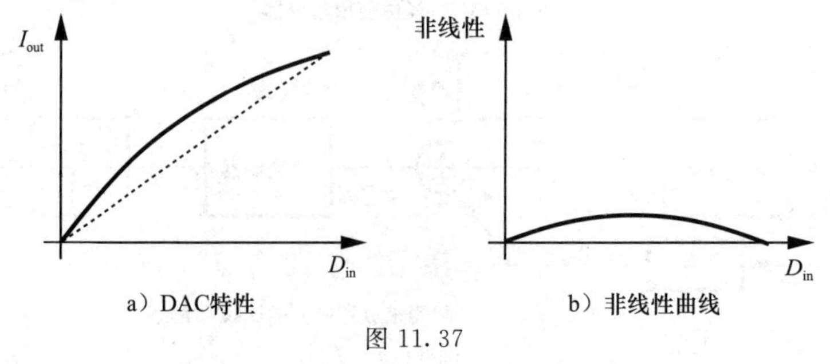

图 11.37

11.3.2　小数分频器

减少 ΣΔ 调制器量化噪声的另一种方法是使用“小数”分频器，即可以将输入频率除以 1.5 或 2.5 等非整数值的电路。例如，如果电路能以 2 或 2.5 分频，则量化误差减半，频谱下移 6dB㊀。但电路如何以 1.5 分频呢？如图 11.38a 所示，DET 触发器包含两个由 CK 和 $\overline{CK}$ 驱动的 D 锁存器和一个多路选择器(MUX)。当 CK 为高电平时，顶部锁存器处于检测模式，底部锁存器处于保持模式，反之亦然。此外，当 CK 为低电平时，MUX 选择 A，而当 CK 为高电平时，MUX 选择 B㊁。现在，让我们用“半速率时钟”(即周期为输入比特周期两倍的时钟)驱动电路。因此，如图 11.38b 所示，即使使用半速率时钟，D_{out} 也能跟踪 D_{in}。换句话说，对于给定的时钟速率，DET 触发器的输入数据速度是单边沿触发器的两倍。图 11.38c 显示了电路的 CML 实现。

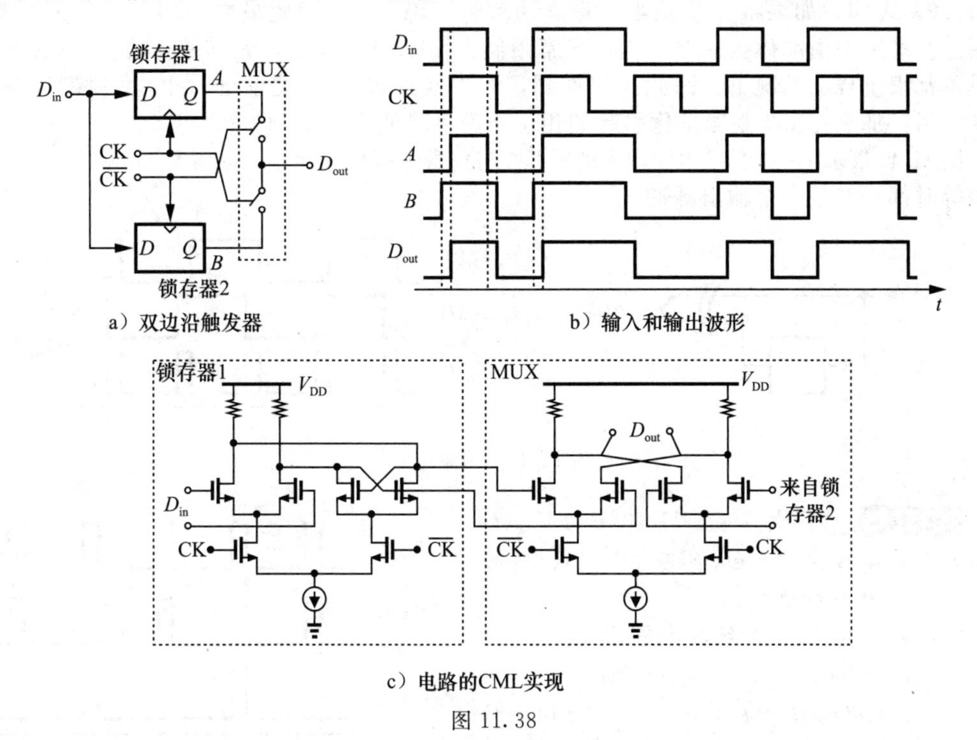

图 11.38

现在让我们回到第 9 章中学习的÷3 电路，用图 11.39a 中的 DET 电路替换触发器㊂。注意到现在每个触发器在 CK 为高电平和低电平时都“读取”其输入，我们从 $Q_1\overline{Q_2}=00$ 开始，观察第一个时钟高电平时，将 Q_1 保持为 0(因为 $\overline{Q_2}$ 原来为 0)，并将 $\overline{Q_2}$ 提升为 1(因为 Q_1 原来为 0)(见图 11.39b)。当 CK 下降时，触发器再次读取其输入，产生 $Q_1=1$ 和 $Q_2=1$。最后，当 CK 再次升高时，Q_1 保持高电平，而 $\overline{Q_2}$ 下降。因此，电路每 1.5 个输入周期产生一个输出周期。

DET 触发器可用于其他具有奇模数的分频器，以获得小数除法比。例如，÷5 电路很容易转换成÷2.5 电路。但需要注意的是，DET 触发器的时钟输入电容要大于单边沿触发器。此外，时钟占空比失真也会导致输出端出现不必要的杂散。

㊀ 由于误差幅度减半，PSD 下降 6dB 而不是 3dB。

㊁ 锁存器和 MUX 时钟相位的这种选择，使每个锁存器和 MUX 之间都能进行主从操作。

㊂ 双边沿操作由时钟输入处的双箭头表示。

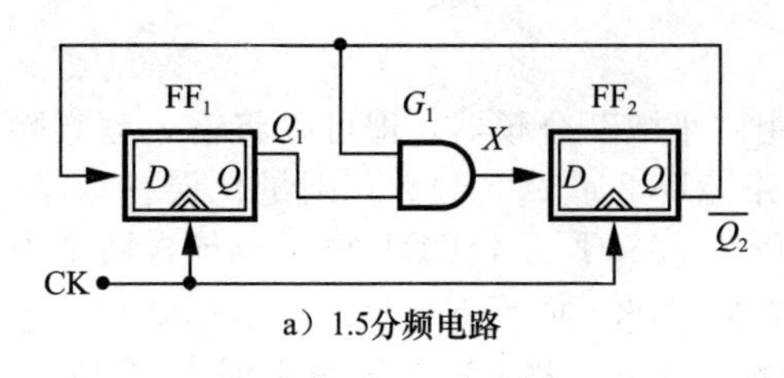

a) 1.5分频电路

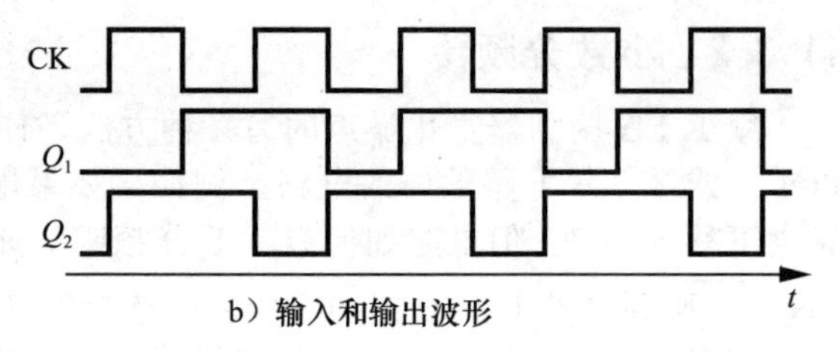

b) 输入和输出波形

图 11.39

11.3.3 基准倍增

我们在11.2.2节中对噪声整形函数的推导表明，噪声直接取决于时钟频率。事实上，式(11.26)表明，如果将 T_{CK} 减半，噪声功率将下降6dB，因此最好使用可用的最高基准频率。基准频率由晶体振荡器产生，通常限制在100MHz以下，尤其是在功耗，相位噪声和成本都很重要的情况下。因此我们推测，如果能通过PLL之前的片上电路将基准频率提高一倍，那么ΣΔ调制器量化引起的相位噪声可降低6dB(对于一阶环路)[8]。

图11.40展示了一个倍频电路输入被延迟并与自身进行异或操作，每次 $V_{in}(t)$ 和 $V_{in}(t-\Delta T)$ 不相等时都会产生一个输出脉冲。

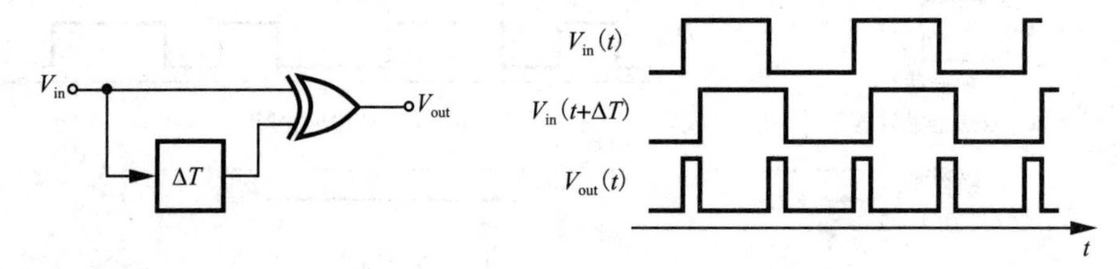

图 11.40 倍频电路

例 11.11 如果我们将图11.40中的 $V_{out}(t)$ 视为两个半速率波形之和(见图11.41)，请确定 $V_{out}(t)$ 的傅里叶级数。

解： $V_1(t)$ 的傅里叶级数可表示成

$$V_1(t) = a_1\cos(\omega_0 t + \phi_1) + a_2\cos(2\omega_0 t + \phi_2) + a_3\cos(3\omega_0 t + \phi_3) + \cdots \quad (11.53)$$

第二个波形 $V_2(t)$ 是通过将 V_1 移动 T_1 得到的。因此，第一谐波移动了 $\omega_0 T_1 = \pi$，第二谐波移动了 $2\omega_0 T_1 = 2\pi$，依此类推。由此可得

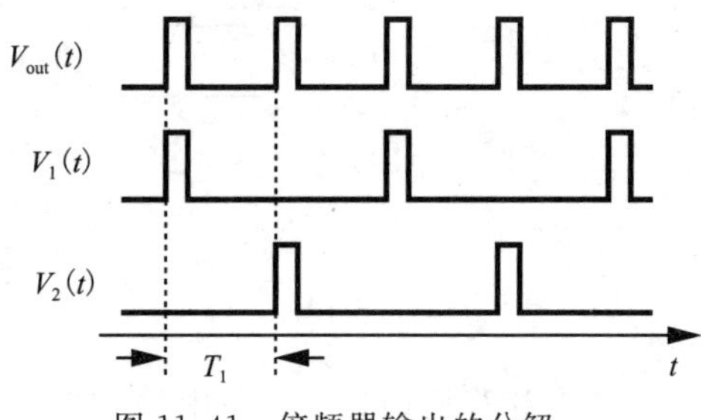

图 11.41 倍频器输出的分解

$$V_2(t) = -a_1\cos(\omega_0 t + \phi_1) + a_2\cos(2\omega_0 t + \phi_2) - a_3\cos(3\omega_0 t + \phi_3) + \cdots \quad (11.54)$$

将 $V_1(t)$ 和 $V_2(t)$ 相加，我们会发现 ω_0 的所有奇次谐波都消失了，从而得到基频为 $2\omega_0$ 的波形。◀

遗憾的是，如果输入占空比偏离50%，图11.40的电路就会产生间隔不均匀的脉冲(见图11.42a)。根据例11.11[8]，我们将输出分解为两个周期为 $2T_1$ 的波形，并发现 $V_1(t)$ 和 $V_2(t)$ 之间的时移 ΔT 现在偏移了 T_1。因此，奇次谐波并没有被完全消除，而是以边带的形式出现在 $1/T_1$ 处主分量的周围(见图11.42b)。由于PLL的带宽约为 $1/T_1$ 的十分之一，因此这在一定程度上减弱了边带。我们将在习题11.10中证明，$2.5\omega_n = 0.1 \times (2\pi/T_1)$ 的环路带宽可将 $1/(2T_1)$ 处的边带幅度降低约16dB。然而，当到达合成器输出端时，边带以等于反馈分频比的系数增长。

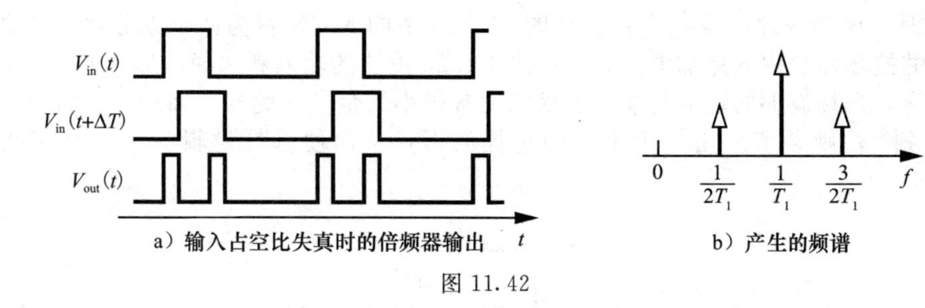

图 11.42

上述分析表明，输入波形的占空比必须严格控制。文献[8]中描述的合成器采用了占空比校正电路。由于内部不匹配，此类电路仍会出现占空比残余误差，可能会在合成器输出端产生不可接受的大参考边带——除非环路带宽减小。

11.3.4　多相分频

通过使用多相 VCO 可以减少分频比的量化误差。根据 11.1 节的分析，我们注意到当分频模数从 N 切换到 $N+1$(或反之)时，分频器输出相位会跳变一个 VCO 周期(见图 11.43)。另一方面，如果有更精细的 VCO 相位，则相位跳变会按比例变小，从而降低量化噪声。

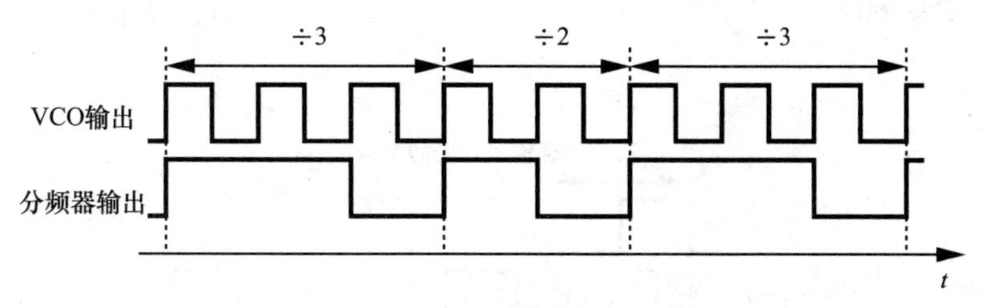

图 11.43　双模分频器输出端的相位跳变

通过多相 VCO 和多路选择器可以产生小数分频比。假设一个 VCO 产生 M 个相位输出，最小间隔为 $2\pi/M$，MUX 每次选择一个相位，产生的输出为

$$V_{\mathrm{MUX}}(t)=V_0\cos\left(\omega_c t-k\frac{2\pi}{M}\right) \tag{11.55}$$

式中，k 为整数。现在，让我们假设 k 随时间线性变化，依次为 $0,1,\cdots,M-1,M,M+1,\cdots$。因此，$k=\beta t$，其中 β 表示 k 的变化率，由此可得

$$V_{\mathrm{MUX}}(t)=V_0\cos\left[\left(\omega_c-\beta\frac{2\pi}{M}\right)t\right] \tag{11.56}$$

由此可知频率为 $\omega_c-\beta(2\pi/M)$。因此，分频比等于 $1-(\beta/\omega_c)(2\pi/M)$。

以图 11.44a 所示电路为例，该电路将 VCO 的正交相位复用以产生输出。最初选择 V_I，V_{out} 跟踪 V_I 直到 $t=t_1$，此时选择 V_Q。同样，V_{out} 跟踪 V_Q 直到 $t=t_2$，然后跟踪 V_I 直到 $t=t_3$ 依此类推。因此，我们可以观察到，这种正交相位的周期性“拼接”会产生一个周期为 $T_{in}+T_{in}/4=5T_{in}/4$ 的输出，相当于 ÷1.25 的操作。换句话说，这种技术提供了一个模数为 1 和模数为 1.25 的分频器[10]。由于分频比可以以 0.25 为单位进行调整，因此量化噪声降低了 $20\lg4=12\mathrm{dB}$[10]。

在上述示例中使用正交 LO 相位不会对系统造成额外的限制，因为直接转换收发机在上变频和下变频时都需要正交 LO 相位。然而，更精细的小数增量需要额外的 LO 相位，从而使振荡器设计变得更加复杂且功耗更高。

多相小数分频必须解决两个问题。第一个问题是 MUX 选择命令(决定每次加到载波上的相位)很难生成。这是因为为了避免 MUX 输出出现毛刺，只有在 MUX 输入端均未

发生变化时，该命令才会发生变化。将图11.44a中的MUX视为四个差分对，共享其输出节点，并按顺序启用其尾部电流，绘制出÷1.25电路的输入和选择波形，如图11.45所示。请注意，选择波形的边沿与输入边沿相比有很小的余量。此外，如果必须将分频比从1.25切换到1，则必须应用一组不同的选择波形，从而使选择逻辑的生成和布线变得复杂。

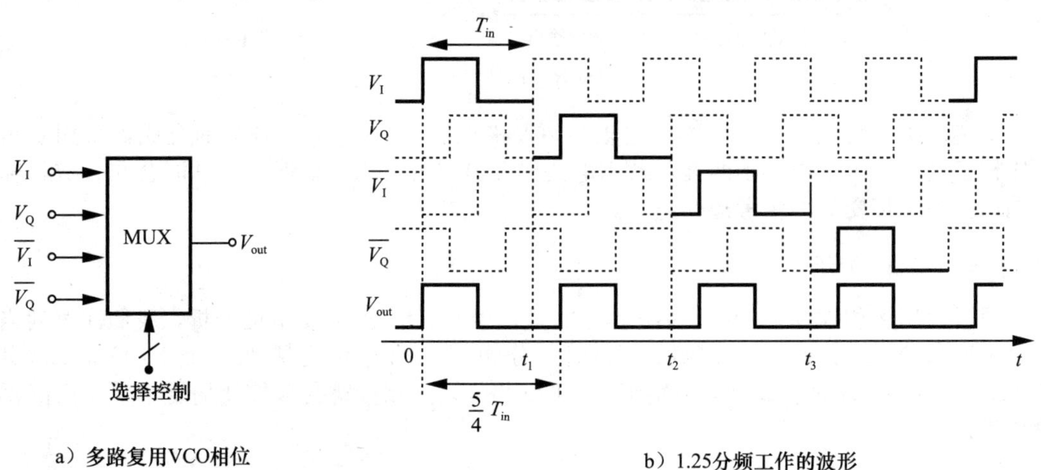

a）多路复用VCO相位　　b）1.25分频工作的波形

图 11.44

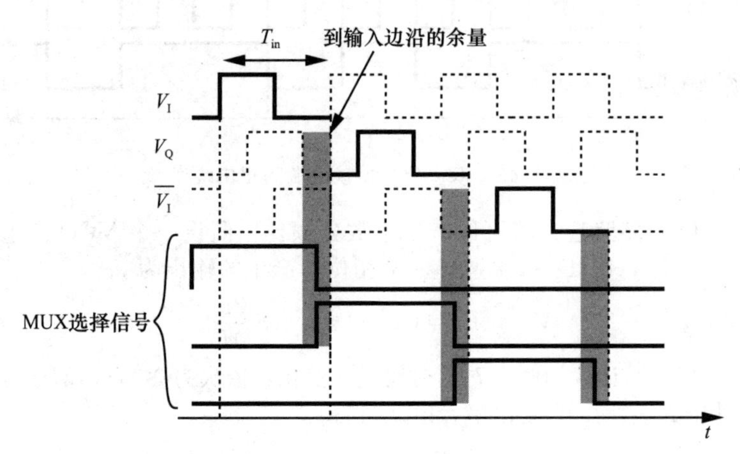

图 11.45　相位选择的时间余量问题

第二个问题与相位失配有关。例如，在图11.44a的电路中，正交LO相位和MUX内的路径出现了失配，从而使输出转换偏离了理想的时间点。如图11.46a所示，现在的连续周期是不相等的。严格来说，我们注意到波形现在每$4\times1.25T_{in}=5T_{in}$重复一次，在$1/(5T_{in})$时出现谐波。也就是说，频谱在$4/(5T_{in})$处包含一个大的分量，在$1/(5T_{in})$的其他整数倍频率处包含“边带”（见图11.46b）。

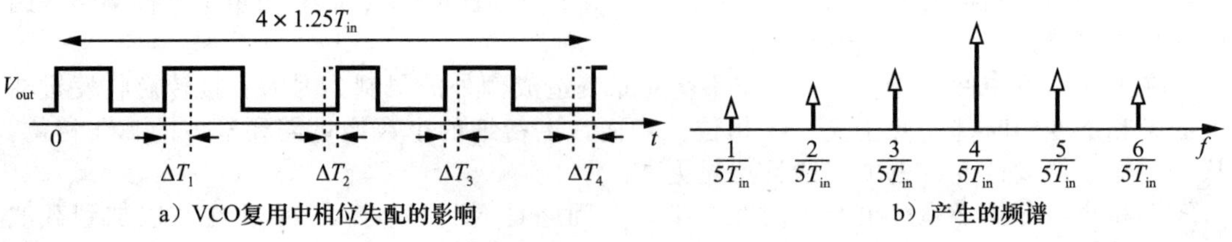

a）VCO复用中相位失配的影响　　b）产生的频谱

图 11.46

可以随机选择图 11.44a 中的相位，从而将边带转换为噪声[10]。事实上，这种随机化可以结合噪声整形，从而形成图 11.47 所示的结构。然而，第一个问题，即时间余量的问题依然存在。为了缓解这一问题，可以将 VCO 相位的多路复用放在反馈分频器之后[9,10]。

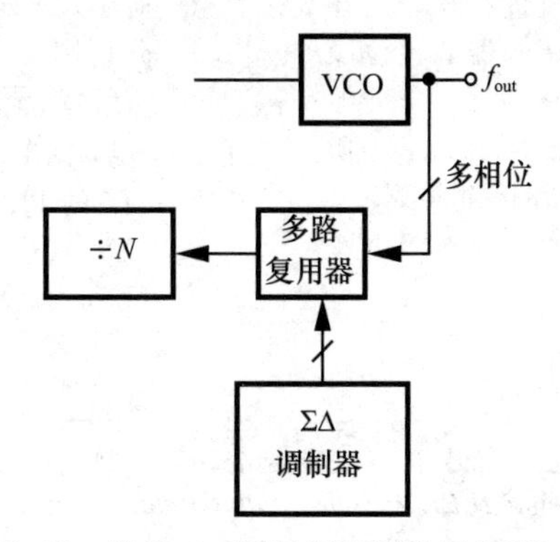

图 11.47　使用 ΣΔ 调制器随机选择 VCO 相位

11.4　拓展：量化噪声频谱

图 11.6a 中的随机二进制序列 $b(t)$ 由宽度为 T_b 的方形脉冲组成，以 $1/T_b$ 的速率随机重复。一般来说，如果每 T_b 随机重复一个脉冲 $b(t)$，得到的频谱由式(11.57)[11]给出：

$$S(f)=\frac{\sigma^2}{T_b}|P(f)|^2+\frac{m^2}{T_b^2}\sum_{k=-\infty}^{+\infty}\left|P\left(\frac{k}{T_b}\right)\right|^2\delta\left(f-\frac{k}{T_b}\right) \tag{11.57}$$

式中，σ^2 表示数据脉冲的方差(功率)，$P(f)$ 表示 $p(t)$ 的傅里叶变换，m 表示数据脉冲的平均振幅。$p(t)$ 只是一个在 0～1 之间切换但概率不等的方形脉冲，$p(t)$ 出现的概率就是所需的平均值 $\alpha(=m)$。随机变量 x 的方差为

$$\sigma_x^2=\int_{-\infty}^{+\infty}(x-m)^2 g(x)\mathrm{d}x \tag{11.58}$$

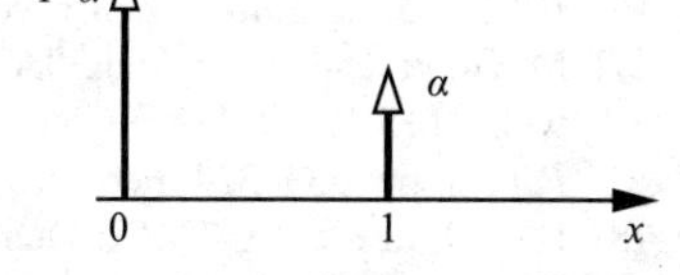

图 11.48　平均值为 α 的二进制数据的概率密度函数

式中，$g(x)$ 是 x 的概率密度函数。对于 $b(t)$，$g(x)$ 包含 $x=0$ 时高度为 $1-\alpha$ 的脉冲和 $x=1$ 时高度为 α 的脉冲(为什么?)(见图 11.48)。因此

$$\sigma^2=\int_{-\infty}^{+\infty}[(0-\alpha)^2(1-\alpha)\delta(0)+(1-\alpha)^2\alpha\delta(x-1)]\mathrm{d}x \tag{11.59}$$

$$=\alpha(1-\alpha) \tag{11.60}$$

此外，$p(t)$ 的傅里叶变换等于

$$P(f)=\frac{\sin\pi f T_b}{\pi f} \tag{11.61}$$

当 $k\neq 0$ 时，其值在 $f=k/T_b$ 时降为 0。因此，式(11.57)中的第二项可以化简为 $(\alpha^2/T_b)^2|P(0)|^2\delta(f)=\alpha^2\delta(f)$，通过这些推导可以得出式(11.13)。

习题

11.1　在图 11.1 的电路中，$N=10$，$b(t)$ 为周期波形，$\alpha=0.1$。求 $f_{FB}(t)\approx(f_{out}/N)[1-b(t)/N]$ 的频谱。同时，绘制 $q(t)$ 的波形。

11.2　根据习题 11.1 的结果，用时间函数表示分频器的输出相位。

11.3　假设在式(11.14)中，T_b 等于 PLL 输入基准周期。回想一下，环路带宽约为基准频率的十分之一。这说明 $S_q(f)$ 的临界部分是多少?

11.4　对三阶 ΣΔ 调制器进行扩展分析，推导出

式(11.42)，并研究这种情况下的带外噪声问题。

11.5 确定四阶 ΣΔ 调制器的噪声整形函数，并将其峰值与二阶调制器的峰值进行比较。在给定的 PLL 带宽下，四阶调制器的相位噪声峰值比二阶调制器多多少分贝？

11.6 将图 11.22b 所示方法推广到二阶系统和一阶系统的级联。确定输出组合器的逻辑运算。

11.7 假设上拉电流和下拉电流产生 5%的不匹配。估计式(11.45)的值。

11.8 确定 PFD/CP 组合中的其他两种效应是否会导致噪声折叠：①上拉和下拉脉宽不相等；②电荷泵中上拉和下拉开关之间的电荷注入不匹配。

11.9 分析图 11.38a 的电路，假设 MUX 由 CK 而不是 $\overline{CK}$ 驱动。

11.10 说明图 11.42b 中 $1/(2T_1)$处的边带在 $f_{out}=f_{in}$ 的 PLL 中衰减了约 16dB。如果 $f_{out}=Nf_{in}$，边带幅度会发生什么变化?（假设 ζ 和 ω_n 保持不变）。

参考文献

[1] T. A. D. Riley, M. A. Copeland, and T. A. Kwasniewski, “Delta-Sigma Modulation in Fractional-N Frequency Synthesis,” *IEEE J. Solid-State Circuits,* vol. 28, pp. 553–559, May 1993.

[2] R. Schreier and G. C. Temes, *Understanding Delta-Sigma Data Converters,* New York: Wiley, 2004.

[3] P. Larsson, “High-Speed Architecture for a Programmable Frequency Divider and a Dual-Modulus Prescaler,” *IEEE J. Solid-State Circuits,* vol. 31, pp. 744–748, May 1996.

[4] C. S. Vaucher et al., “A Family of Low-Power Truly Modular Programmable Dividers in Standard 0.35-μm CMOS Technology,” *IEEE J. Solid-State Circuits,* vol. 35, pp. 1039–1045, July 2000.

[5] S. Pamarti, L. Jansson, and I. Galton, “A Wideband 2.4 GHz Delta-Sigma Fractional-N PLL with 1 Mb/s In-Loop Modulation,” *IEEE J. of Solid State Circuits,* vol. 39, pp. 49–62, January 2004.

[6] S. E. Meninger and M. H. Perrott, “A 1-MHz Bandwidth 3.6-GHz 0.18-μm CMOS Fractional-N Synthesizer Utilizing a Hybrid PFD/DAC Structure for Reduced Broadband Phase Noise,” *IEEE J. Solid-State Circuits,* vol. 41, pp. 966–981, April 2006.

[7] M. Gupta and B.-S. Song, “A 1.8-GHz Spur-Cancelled Fractional-N Frequency Synthesizer with LMS-Based DAC Gain Calibration,” *IEEE J. Solid-State Circuits, ISSCC Dig. Tech. Papers,* pp. 323–324, Feb. 2006.

[8] H. Huh et al., “A CMOS Dual-Band Fractional-N Synthesizer with Reference Doubler and Compensated Charge Pump,” *ISSCC Dig. Tech. Papers,* pp. 186–187, Feb. 2004.

[9] C.-H. Park, O. Kim, and B. Kim, “A 1.8-GHz Self-Calibrated Phase-Locked Loop with Precise I/Q Matching,” *IEEE J. Solid-State Circuits,* vol. 36, pp. 777–783, May 2001.

[10] C.-H. Heng and B.-S. Song, “A 1.8-GHz CMOS Fractional-N Frequency Synthesizer with Randomized Multiphase VCO,” *IEEE J. Solid-State Circuits,* vol. 38, pp. 848–854, June 2003.

[11] L. W. Couch, *Digital and Analog Communication Systems,* Fourth Edition, New York: Macmillan Co., 1993.

|Chapter 12| 第 12 章

功率放大器

功率放大器(简称功放)是射频收发机中耗能最大的模块，其设计也较为困难。在过去的10年中，功率放大器的设计得到了长足的发展——通过设计相对复杂的发射机结构来提高功率放大器的线性度和效率之间的折中效果。本章介绍了功率放大器的分析及设计方法，并着重讲解它施加给发射机的限制。本章只介绍了基础知识，如果想要深入了解功率放大器，需要阅读专门的教材。读者可以通过文献[1]、[2]进行深入学习。本章内容如下：

基本的功率放大器分类

- A 类功率放大器
- B 类功率放大器
- C 类功率放大器

线性化技术

- 前馈
- 笛卡儿反馈
- 预失真
- 极性调制
- 异相
- 功率放大器

高效率功率放大器

- 谐波增强 A 类功率放大器
- E 类功率放大器
- F 类功率放大器

PA 设计示例

- 级联 PA
- 正反馈 PA
- 带功率组合的 PA
- 极性调制 PA
- 异相功率放大器

12.1 概述

首先，假设发射机需要向 50Ω 的天线传递 1W(即+30dBm)的功率，则天线处的电压峰峰值摆幅 V_{pp} 将达到 20V，流过负载的峰值电流将达到 200mA。若使用共源极(或共射极)结构直接驱动负载，如图 12.1a、b 所示，则需要电源电压大于 V_{pp}。然而，如果使用如图 12.1c 所示的电感作为负载，则漏极交流电压可以超过 V_{DD}，甚至可以达到 $2V_{DD}$ 或更高。这种结构虽然降低了电源电压，但并未减小晶体管所承受的电压；如果要向 50Ω 的负载传递 1W 的功率，则 M_1 的最大漏源电压依然至少为 20V(若 V_{DD}=10V，则比 V_{DD} 还要大 10V)。

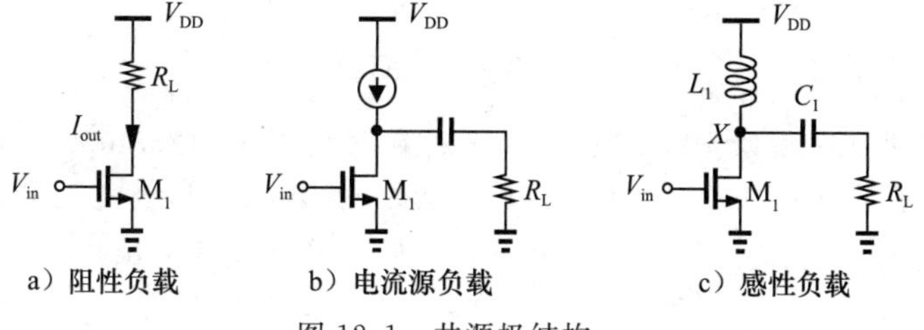

图 12.1　共源极结构

上面的例子阐述了功放设计中的基本问题，即需要在输出晶体管的输出功率和电压摆幅之间考虑折中。已知硅器件的击穿电压和本征频率 f_T 的乘积约为 200GHz·V[3]，因此，一个本征频率 f_T 为 200GHz 的晶体管所允许的电压摆幅要小于 1V。

例 12.1 在图 12.1c 中，假设 L_1 足够大，表现为射频扼流圈(RFC)的特性，即在所关注的频率下可视为交流开路，那么流过 M_1 的峰值电流为多少？

解： 如果 L_1 足够大，则流过它的电流为常数 I_{L1}(读者自己可以思考一下为什么)。如果 M_1 截止，这个电流就全部流向 R_L，产生一个大小为 $I_{L1}R_L$ 的正峰值电压，如图 12.2a 所示。如果 M_1 完全开启，它就会“汇集”来自电感的电流和来自 R_L 的反向电流 I_{L1}，从而产生一个大小为 $-I_{L1}R_L$ 的峰值电压，如图 12.2b 所示。因此，流过输出晶体管的峰值电流等于 400mA。

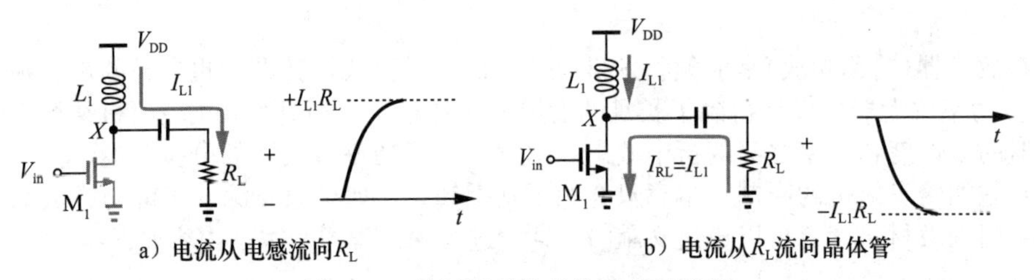

a）电流从电感流向R_L　　b）电流从R_L流向晶体管

图 12.2　共源极结构的输出电压波形 ◀

为了减小输出晶体管所要承受的峰值电压，可以在功放和负载之间插入一个如图 12.3a 所示的“匹配网络”。匹配网络将负载电阻转换为一个小的阻值 R_T，这样，则用更小的电压摆幅就能够传递所需的功率。

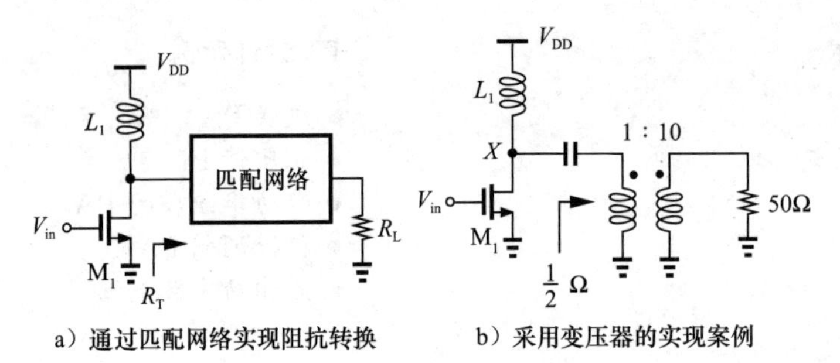

a）通过匹配网络实现阻抗转换　　b）采用变压器的实现案例

图 12.3

例 12.2 假设图 12.3a 中的功放需要向负载电阻 R_L(阻值为 50Ω)传递 1W 的功率，电源电压为 1V。试估算 R_T 的大小。

解： M_1 漏极电压的峰峰值 V_{pp} 约为 2V，由于

$$P_{out}=\frac{1}{2}\left(\frac{V_{pp}}{2}\right)^2\frac{1}{R_T} \tag{12.1}$$

$$=1\text{W} \tag{12.2}$$

则有

$$R_T=\frac{1}{2}\Omega \tag{12.3}$$

因此，匹配网络必须以 100 的比例系数来缩小 R_L。图 12.3b 为一种可用的方法，无损变压器的匝数比为 1∶10，它将 M_1 漏极上大小为 $2V_{pp}$ 的漏极电压转换为 R_L 两端的大小为 $20V_{pp}$ 的电压[⊖]。从这一角度看，变压器将晶体管漏极的电压摆幅放大了 10 倍。 ◀

⊖ 匝数比为 1∶n 的无损耗变压器将负载电阻以 n^2 的比例系数缩小(为什么?)。

如果需要更大的电压摆幅转换，意味着输出晶体管产生的电流必须相应地成比例增大。在上面的例子中，流过变压器一次绕组的峰值电流需高达 10×200mA＝2A。而 M_1 必须"汇集"电感电流和负载峰值电流，也就是说 M_1 中流过的电流高达 4A!

例 12.3 在图 12.1c 中，若 M_1 能够吸入足够大的电流，使 V_X 接近 0，画出 V_X 和 V_{out} 随时间变化的波形。假设波形均为正弦曲线，L_1、C_1 均为理想值且足够大。

解：无输入信号时，$V_X=V_{DD}$，$V_{out}=0$。因此，C_1 两端的电压等于 V_{DD}。还可以观察到，在稳态下，V_X 的平均值必须等于 V_{DD}，这是因为 L_1 是理想的，必须维持零平均电压。也就是说，如果 V_X 能从 V_{DD} 变到 0，它也必须能从 V_{DD} 变到 $2V_{DD}$，以使 V_X 的平均值等于 V_{DD}，如图 12.4 所示。输出电压波形可简单地通过将 V_X 下移 V_{DD} 得到。

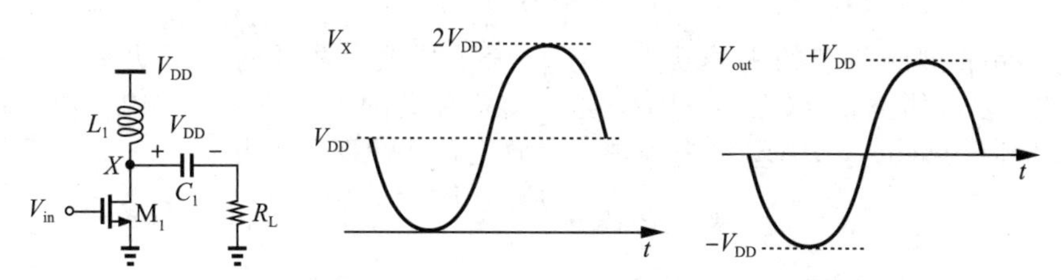

图 12.4　感性负载共源极结构的漏极电压和输出电压 ◀

12.1.1　大电流效应

在功放的设计和封装过程中，流过输出器件和匹配网络的大电流会带来一些问题。如果选择足够宽的输出晶体管来承载大电流，它的输入电容会非常大，这加大了前级的设计难度。如图 12.5 所示，可以在上变频混频器和输出级之间插入驱动级来解决这个问题。然而，正如在第 4 章所介绍的，级数的增加会限制发射机的输出压缩点。此外，相对于输出级的功耗，驱动级的功耗可能不可忽略。

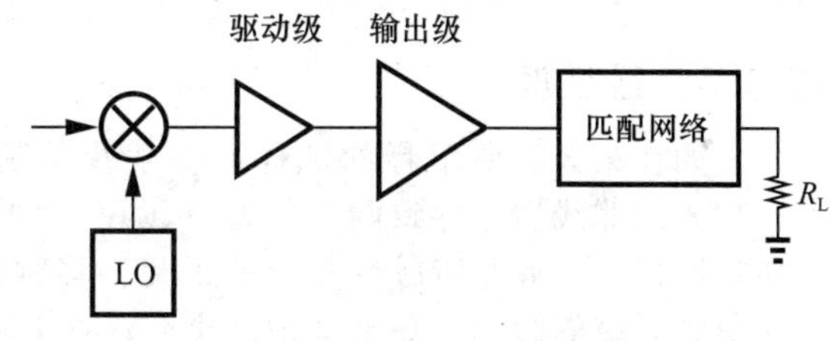

图 12.5　发射机链中的驱动级

另一个由功放的大交流电流引起的问题是封装时的寄生效应。下面的例子将说明这一点。

例 12.4 图 12.3b 中的输出晶体管承载着一个大小在 0～4A 之间、频率为 1GHz 的电流。封装时的键合线会形成一个与晶体管源极串联的电感，要使这个电感两端的电压降小于 100mV，则键合线的电感最大只能为多少？

解：M_1 的漏极电流可近似表示为

$$I_D(t)=I_0\cos\omega_0 t+I_0 \tag{12.4}$$

其中，$I_0=2A$，$\omega_0=2\pi(1GHz)$。源极电感 L_S 两端的电压降可表示为

$$V_{LS}=L_S\frac{dI_D}{dt} \tag{12.5}$$

其峰值为 $L_S\omega_0 I_0$，这个值要小于 100mV，则可得：

$$L_S<7.96pH \tag{12.6}$$

这是一个非常小的电感值。然而，单根键合线的电感值通常会超过 1nH。 ◀

封装寄生效应会造成什么影响？源极串联电感会影响晶体管的性能，从而降低输出功率。此外，地和电源的寄生电感可能会在功放的输出和输入之间引入反馈，进而会在频率响应中产生纹波，甚至会使系统变得不稳定。

大电流还会导致匹配网络产生高损耗。组成匹配网络的器件，尤其是电感，会受到寄生电阻的影响，将信号能量转换成热量，从而造成损耗。出于这个原因，高功率应用中的

匹配网络通常选用片外低损耗器件。

12.1.2 效率

由于功放是射频收发机中最耗电的模块，因此其效率至关重要。一个功率为1W、效率为50%的功放在工作时，需要从电源获得2W的功率，这远远超过收发机其他模块所消耗的功率。

功放的效率有两种定义方式："漏极效率"(用于场效应晶体管电路)和"集电极效率"(用于双极型晶体管电路)。计算公式如下：

$$\eta = \frac{P_L}{P_{supp}} \tag{12.7}$$

其中，P_L 表示传递到负载的平均功率，P_{supp} 表示从电源获得的平均功率。在一些电路中，输出级的功率增益较低(例如3dB)，这时就需要高的输入功率。常用"功率附加效率(power-added efficiency，PAE)"来表现这个效应，其计算公式为

$$\text{PAE} = \frac{P_L - P_{in}}{P_{supp}} \tag{12.8}$$

其中，P_{in} 为输入平均功率。

例12.5 讨论图12.3中共源极结构的PAE。

解： 在中低频段，输入阻抗为容性，因此平均输入功率为0。当然，驱动一个大电容是很困难的。这时，PAE=η。在高频段，由栅-漏电容造成的反馈给 Z_{in} 引入了实部，导致输入端消耗部分功率[⊖]，这时，PAE<η。在单独的功放中，我们可能会有意地引入50Ω的输入电阻，此时，PAE<η。◀

12.1.3 线性度

正如在第3章所解释的那样，在某些调制方式中，功放的线性度十分重要。具体来说，功放的非线性会导致两个问题：①由于频谱再生(regrowth)造成的相邻信道高功率；②振幅压缩。例如基带脉冲整形的正交相移键控调制可能会受到前级的影响，16QAM则可能受到后级的影响。在某些情况下，AM/PM变换也可能会受到非线性的影响。

功放非线性的表征必须对应于相应的调制方式。然而，如果想要通过采用真实调制输入的电路级仿真得到能准确显示临近信道功率比(ACPR)的输出频谱，则需要花费很长的时间(见第3章)。同理，量化振幅压缩效应(即误码率)的电路级仿真也十分复杂。出于这个原因，一般先用两个基于未调制单频信号的通用非线性测试方法来表征功放的特性：交调测试和压缩测试。如果采用两个足够大的单频信号，交调测试会显示ACPR的部分特征。如图12.6a所示，选择合适的单频信号幅度，使得输出的每个主要分量均比满功率水平低6dB，由此，当两个单频信号同相叠加时，可得到输出电压摆幅的最大期望值。在如图12.6b所示的压缩测试中，只采用一个单频信号，逐渐增大它的幅度，以确定输出1dB压缩点。

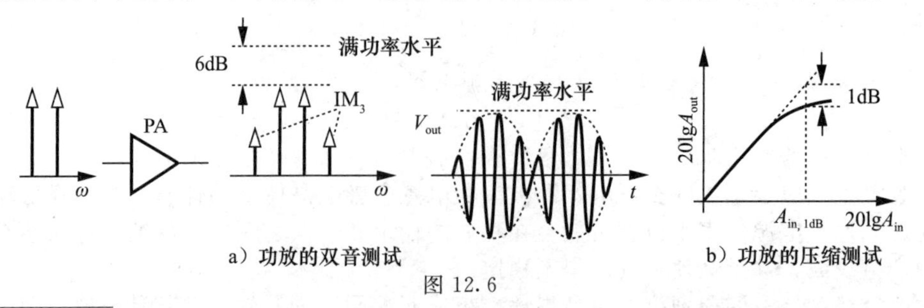

a) 功放的双音测试　　b) 功放的压缩测试

图12.6

⊖ 在非常高的频率下，栅电阻和沟道电阻也会引入实部。

通过上面的测试，可以得到功放非线性的一阶估算。但是由于功放电路比较复杂，不能简单地用一个多项式来表征它的非线性，因此需要更准确的表征方法。正如第 2 章所解释的，Volterra 级数可用于表示动态非线性，但它往往十分复杂。下面是另一种表示非线性的模型[4]，假设调制输入的形式为

$$x(t)=a(t)\cos[\omega_0 t+\phi(t)] \tag{12.9}$$

那么，输出中也包含幅度和相位调制，并可以表示为

$$y(t)=A(t)\cos[\omega_0 t+\phi(t)+\Theta(t)] \tag{12.10}$$

现在进行准静态近似：如果输入信号的带宽远小于功放的带宽，即功放能够紧跟输入信号的动态响应，那么就可以假设 $A(t)$ 和 $\Theta(t)$ 均仅为与输入幅度 $a(t)$ 相关的非线性静态函数。于是

$$y(t)=A[a(t)]\cos\{\omega_0 t+\phi(t)+\Theta[a(t)]\} \tag{12.11}$$

其中，$A[a(t)]$ 和 $\Theta[a(t)]$ 分别表示“AM/AM 转换”和“AM/PM 转换”[4]。例如，我们发现 A 和 Θ 满足下面的经验公式：

$$A(a)=\frac{\alpha_1 a}{1+\beta_1 a^2} \tag{12.12}$$

$$\Theta(a)=\frac{\alpha_2 a^2}{1+\beta_2 a^2} \tag{12.13}$$

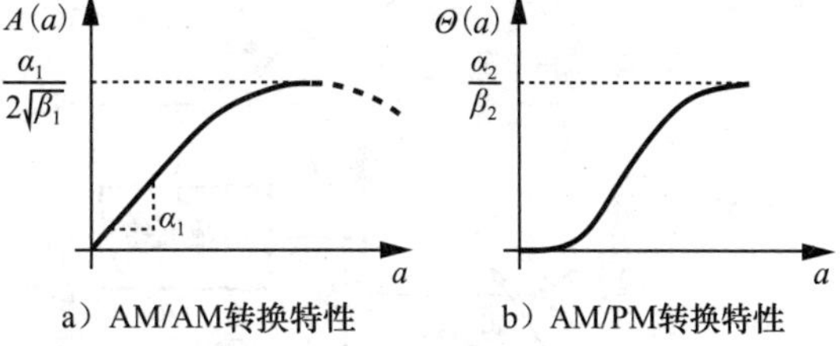

a）AM/AM转换特性　　b）AM/PM转换特性

图 12.7

其中，α_j 和 β_j 为拟合参数[4]。如图 12.7a 所示，$A(a)$ 类似于图 12.6b 中的特性曲线，注意在较高的输入水平下会降低。在功放输入端加上一个单频信号，然后测得功放的相移与输入幅度的关系，就可以很容易地得到如图 12.7b 所示的 AM/PM 转换函数曲线。

读者可能会疑惑，上述模型为什么可用？的确，目前还没有任何证据可以证明这个模型的正确性。然而，实验表明，在输入信号带宽远小于功放的带宽时，这个模型具有足够高的精度。需注意的是，对于多级的级联结构，其整体模型可能会相当复杂，A 和 Θ 的特性也会有很大的不同。

当通过电路仿真得到 $A(a)$ 和 $\Theta(a)$ 后，可以通过式(12.11)为功放建模，然后即可采用更高效的仿真器(如 MATLAB)对功放进行深入研究。于是，就可以量化功放非线性对 ACPR 或信号(如 OFDM 波形)品质的影响。

“拉普(Rapp)模型”是另一种表示功放非线性的方法[5]，其表达式如下：

$$g(V_{in})=\frac{\alpha V_{in}}{\left[1+\left(\frac{V_{in}}{V_0}\right)^{2m}\right]^{\frac{1}{2m}}} \tag{12.14}$$

其中，α 表示大约当 $V_{in}=0$ 时，功放的小信号增益，V_0 和 m 为拟合参数。这种模型被广泛应用于处理集成功放设计中的静态非线性。第 13 章在讲回退算法(back-off calculations)时，会再次提到这个模型。文献[6]讲解了功放的一些其他建模方法。

12.1.4　单端和差分结构

大多数独立的功放被设计成单端结构的级联，这是因为天线通常为单端结构，而且，测试单端射频电路比测试其相应的差分结构要容易得多。

但是，单端功放有两个缺点。如图 12.8a 所示，第一，它们“浪费”了发射机一半的电压增益，因为它们仅采用了上变频器的一个输出。这个问题可以通过在上变频器和功放之间插入一个如图 12.8b 所示的巴伦(Balun，即平衡－不平衡变换器)来缓解。但是巴伦会引入自身损耗(如果它集成在芯片内部，则损耗更为严重)，这会使电压增益只提高几个

分贝(而非6dB)。

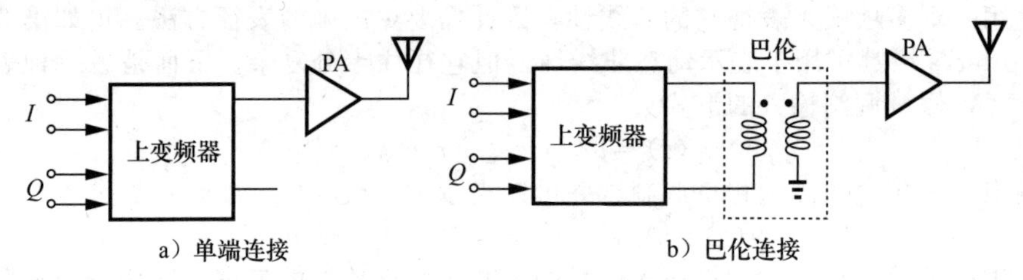

图12.8 上变频器与功放级联

单端功放的第二个缺点源于它会从电源抽取巨大的瞬时电流。如图12.9a所示，若电源键合线的电感L_{B1}的大小可以与L_D相比拟，将改变输出网络的共振或阻抗变换特性。此外，L_{B1}会使一些输出级信号通过V_{DD}线返回到前级，使频率响应中出现纹波，甚至使系统变得不稳定。同样的，GND键合线电感L_{B2}会降低输出级性能，并引入反馈。

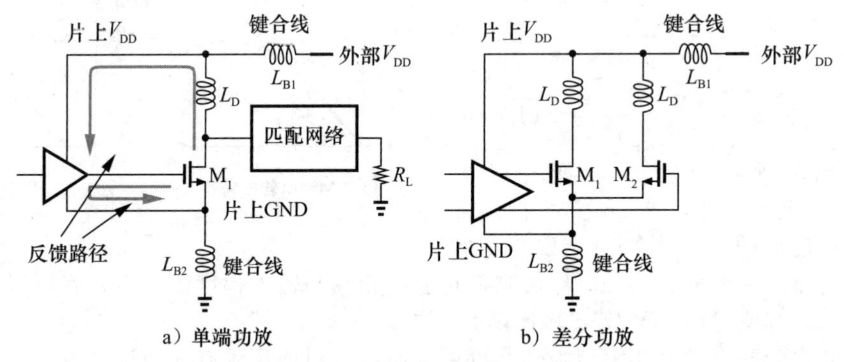

图12.9 由键合线造成的反馈

相对而言，差分功放在很大程度上缓解了这两个问题。如图12.9b所示的结构从电源线和地线抽取较小的瞬态电流，因此会表现出对L_{B1}和L_{B2}更小的敏感性，产生更少的反馈。例12.4中被量化的性能衰减问题也因为负反馈现象被大大缓解。

虽然采用差分功放改善了电压增益和封装寄生效应的问题，但是在大多数情况下，功放仍需要驱动单端天线。因此，必须在功放和天线之间插入如图12.10所示的巴伦。

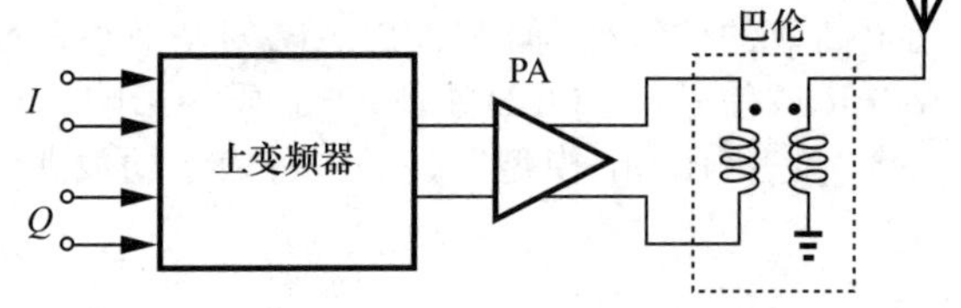

图12.10 在功放和天线间插入巴伦

例12.6 假设插入的巴伦损耗为1.5dB，则在图12.8b和图12.10中，哪个发射机的效率受损耗的影响更大?

解：在图12.8b中，巴伦使电压增益降低了1.5dB，但消耗较少的功率。例如，如果上变频器传递给功放的功率约为0dBm，那么损耗为1.5dB的巴伦会造成约0.3mW的热耗散。而在图12.10中，巴伦传递了功放传递给负载的全部功率，损耗了大量能量。例如，如果功放的输出为1W，那么巴伦的1.5dB损耗就意味着300mW的热耗散。因此，图12.10中发射机的效率下降得更为严重。 ◀

差分功放的另一个优点是与本振的耦合更小，因此可以减小本振频率牵引(LO pulling)(见第4章)。如果功放各级产生的差分波形对称地向本振传播，则它们可以相互抵消掉。当然，如第7章讲到的，如果功放包含有对称电感，则耦合问题依然存在。

单端功放或差分功放的取舍选择催生了两种观点：一些是基于全差分电路来设计发射

机，并在输出匹配网络前插入片上或片外巴伦；其他设计则使用单端功放，其中有的会在上变频器后加入巴伦，有的则不会。

12.2　功放的分类

人们通常将功放分为A、B、C、D、E、F等几种传统类型。传统的功放有一个特点，即假设输入与输出均为正弦波形。如果取消这种假设，功放可以提供更高的性能，这一点将在12.3节学习。

本节将讲解A、B、C三类功放，其中重点讲解它们用集成电路工艺实现时的优缺点。

12.2.1　A类功放

如果在整个输入输出范围内，功放均保持线性工作，且电路中的晶体管均保持导通，那么此类功放称为A类功率放大器，如图12.11所示。我们注意到，晶体管的偏置电流要高于信号电流峰值 I_P，以保证在任何输入信号情况下，晶体管均不会截止。

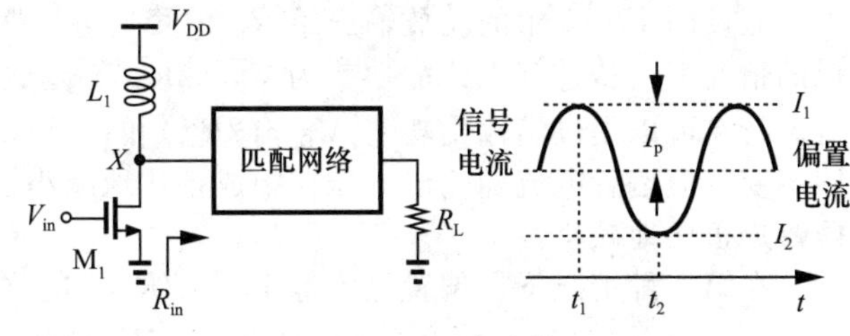

图12.11　A类功放

读者可能会问，在这里是如何定义“线性工作”的？毕竟保证晶体管一直导通并不一定意味着功放就会有足够的线性：如果图12.11中 $I_1=5I_2$，若要让功放保持线性，那么从 t_1 到 t_2 期间，晶体管的跨导要产生巨大的变化。这也是A类功放定义中模糊的地方。尽管如此，仍然可以说，当系统要求功放具有高线性度时，A类运放的工作机制是必要的。

现在来计算A类功放的最大漏极(集电极)效率。为使效率达到最高，假设图12.11中的 V_X 可以达到 $2V_{DD}$，也可以接近0，那么，传递到匹配网络的功率约等于 $(2V_{DD}/2)^2/(2R_{in})=V_{DD}{}^2/(2R_{in})$，如果匹配网络是无损的，这个功率会直接传递给 R_L。另外，从例12.1可知，负载电感可从电源获取大小为 V_{DD}/R_{in} 的恒定电流。因此，

$$\eta=\frac{V_{DD}^2/(2R_{in})}{V_{DD}^2/R_{in}} \tag{12.15}$$

$$=50\% \tag{12.16}$$

可见，50%的电源功率被 M_1 自身消耗掉了。

例12.7 上面计算的效率是否与A类功放线性的假设相符合？

解： 不符合。当输入为正弦时，仅当晶体管截止时，图12.11中的 V_X 才会达到 $2V_{DD}$，而这一点确保了传递到负载的电流摆幅从0变化到偏置值的两倍。◀

现在，总结出可以使A类功放效率达到50%的重要假设：①漏极(集电极)的电压峰峰值摆幅等于电源电压的两倍，也就是说，晶体管可以承受大小为 $2V_{DD}$ 的漏源(或集电极-发射极)电压，而不出现可靠性方面的问题和击穿问题[⊖]；②晶体管几乎关断，也就是说，由于器件跨导的巨大变化产生的非线性是可接受的；③输出晶体管和天线之间的匹配网络不产生损耗。

例12.8 解释为什么低增益输出级的效率和线性度的折中问题会更麻烦。

解： 思考如图12.12所示的两种情况，要使 M_1 在 $t=t_1$ 时依然饱和，漏极电压必须超过 $V_0+V_{p,in}-V_{TH}$。在图12.12a所示的高增益级中，$V_{p,in}$ 更小，使得 V_X 比在图12.12b中的低增益级中更接近于0。◀

⊖　在大的电压摆幅下，晶体管也将依然带来严重的非线性问题。

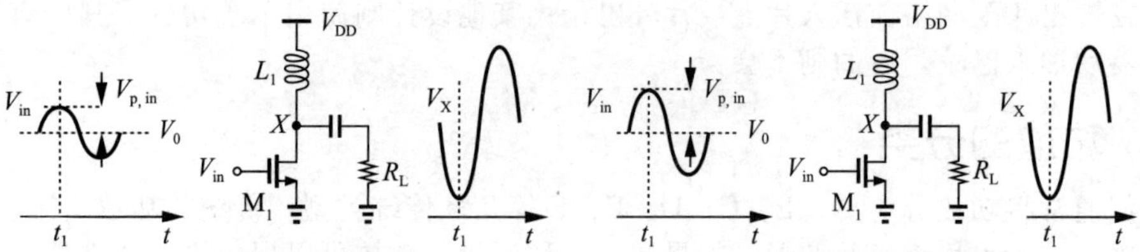

a）高增益级的非线性　　b）低增益级的非线性

图 12.12

上面的例子说明，考虑到 V_{DD}，最小漏极电压不可忽略，这使得输出电压摆幅小于 $2V_{DD}$。因此，必须在更小的输出信号幅度下计算效率，计算结果对于输出功率可变的发射机来说是有意义的。例如，从第 4 章可知，CDMA 网络要求移动设备不断调整它的发射功率，以便基站接收到的功率在一个恒定水准上。

假设图 12.11 中的功放输送给 R_{in} 的峰值电压摆幅为 V_P，也就是说，在匹配网络无损耗的情况下，传送到天线的功率为 $V_P^2/(2R_{in})$。考虑下列 3 种情况：①电源电压和偏置电流保持在可以提供满输出功率$[V_{DD}^2/(2R_{in})]$的水平，仅输入信号摆幅减小；②电源电压保持不变，但偏置电流随输出电压摆幅成正比地减小；③电源电压和偏置电流均随输出电压摆幅成正比地减小。

在第一种情况下，偏置电流等于 V_{DD}/R_{in}，电路从电源获取的功率为 V_{DD}^2/R_{in}。因此

$$\eta_1=\frac{V_p^2/(2R_{in})}{V_{DD}^2/R_{in}} \tag{12.17}$$

$$=\frac{V_p^2}{2V_{DD}^2} \tag{12.18}$$

效率随着输入和输出电压摆幅的减小而迅速减小。

在第二种情况下，偏置电流减小到能够使峰值电压为 V_P 的最小值，即 V_P/R_{in}，其效率为

$$\eta_2=\frac{V_P^2/(2R_{in})}{(V_P/R_{in})V_{DD}} \tag{12.19}$$

$$=\frac{V_P}{2V_{DD}} \tag{12.20}$$

这里，V_{DD} 保持不变，效率随着 V_P 的下降而线性地减小。

在第三种情况下，电源电压也在变化，在理想条件下，根据 $V_{DD}=V_P$ 可以得到：

$$\eta_3=50\% \tag{12.21}$$

这种情况是我们最想要的，然而设计一个电源电压可变的功放十分困难。图 12.13 总结了这 3 种情况。

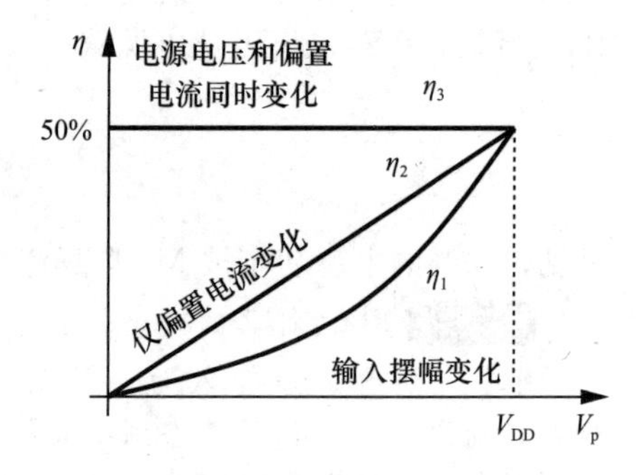

图 12.13　效率与输出峰值电压之间的函数关系

例 12.9　一位同学设计了如图 12.14 所示的电源电压可变的输出级电路。其中 M_2 工作在线性区，作为一个压控电阻；电容 C_2 在 Y 处建立一个交流接地点。请问，这个电路的效率能够达到 50%吗？

解：不能，原因在于 M_2 本身会消耗功率。若使偏置电流等于 V_P/R_{in}，那么无论 M_2 的导通电阻为多少，从 V_{DD} 获取的总功率都为$(V_P/R_{in})V_{DD}$。

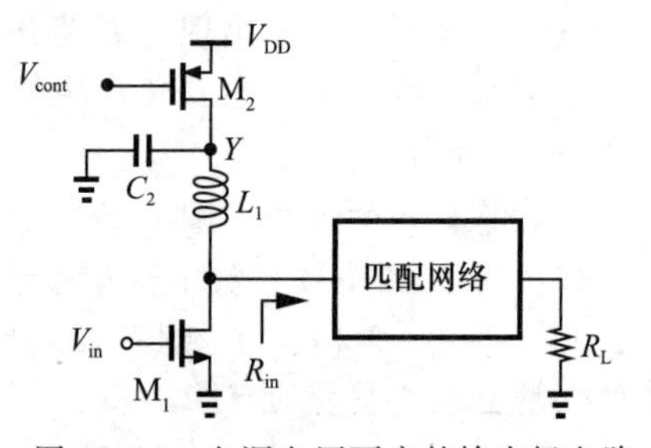

图 12.14　电源电压可变的输出级电路

而 M_2 会消耗的功率为 $(V_P/R_{in})^2R_{on2}$ ⊖，其中 R_{on2} 代表 M_2 的导通电阻。◀

导通角

在某些情况下，通过输出晶体管的“导通角”可以用来区分功放种类。“导通角”定义为一个信号周期内，晶体管导通时间所占的百分比乘以 360°。对于 A 类功放，由于晶体管总是导通的，所以导通角为 360°。

12.2.2 B 类功放

B 类功放的定义一直在不断修改。传统的 B 类功放采用两路并联的结构，每路的导通角各为 180°，因此其效率要高于对应的 A 类功放。图 12.15 为一个示例，M_1 和 M_2 的漏极电流通过变压器 T_1 相互结合。可以将这个电路看作准差分结构，巴伦用于驱动单端负载。B 类功放要求每个晶体管在半个周期内截止（即导通角为 180°），因此，晶体管的栅极偏置电压应大约等于其阈值电压。

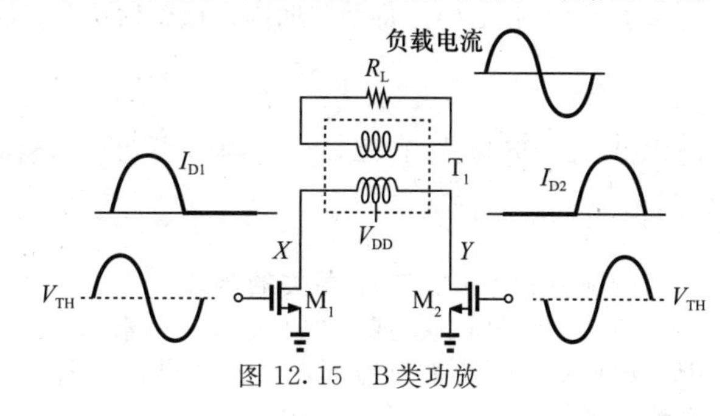

图 12.15　B 类功放

例 12.10 解释 B 类功放中 T_1 是如何将 M_1 和 M_2 产生的半周期电流结合到一起的。

解： 通过叠加原理，可以画出如图 12.16 所示的电路在每半个周期中的输出网络。在图 12.16a 中，当 M_1 导通时，X 节点处出现电流 I_{D1}，在二次绕组中产生一个流向 R_L 的电流，进而产生正的 V_{out}。相反，在图 12.16b 中，当 M_2 导通时，Y 节点处出现电流 I_{D2}，二次绕组中的电流从 R_L 流出，进而产生一个负的 V_{out}。

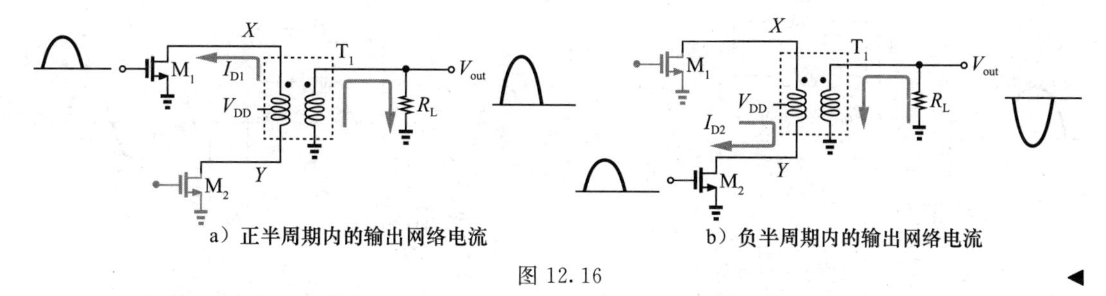

图 12.16　◀

如果寄生电容较小，一次绕组、二次绕组电感较大，那么图 12.15 中的 V_X 和 V_Y 也是在 V_{DD} 附近摆动的半波整流正弦曲线，如图 12.17 所示。在习题 12.3 中，将要证明 V_{DD} 上方的电压摆幅约为 V_{DD} 下方电压摆幅的一半。这使得电路的效率很低，我们不希望出现这种情况。因此，在变压器的二次（或一次）绕组上并联一个电容进行调谐，以抑制 X 节点和 Y 节点处半波整流正弦波的谐波，使得 V_{DD} 上方和下方的摆幅相等。

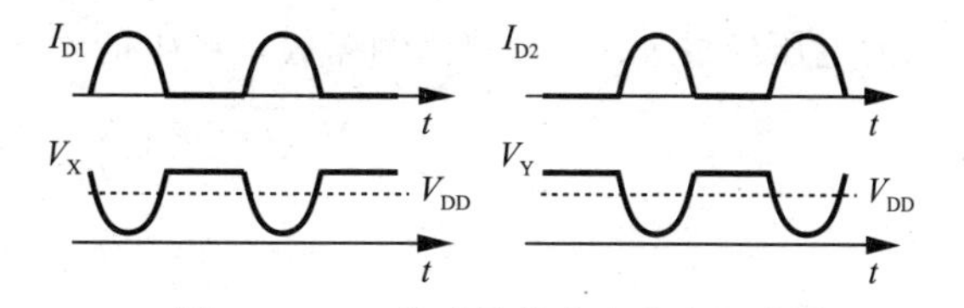

图 12.17　B 类功放的电流和电压波形

现在来计算图 12.15 中 B 类功放的效率。假设每个晶体管从一次绕组抽取的电流峰值大小为 I_p。正如例 12.10 所说的，这个电流只流经一次绕组的一半（因为另一半没有电流）。假设变压器的匝数比如图 12.18 所示，我们知道，半个周期的正弦电流 $I_{D1}=$

⊖ 原书误写为 $(V_P/R_{in})R_{on2}$。——译者注

$I_p \sin\omega_0 t (0<t<\pi/\omega_0)$会在二次绕组中产生一个相似的电流，其峰值为$(m/n)I_p$。因此，在每个完整周期中，流经$R_L$的总电流为$I_L=(m/n)I_p \sin\omega_0 t$，由此产生的输出电压为

$$V_{out}(t)=\frac{m}{n}I_p R_L \sin\omega_0 t \tag{12.22}$$

传输的平均功率为

$$P_{out}=\left(\frac{m}{n}\right)^2 \frac{R_L I_p^2}{2} \tag{12.23}$$

现在来计算电路从V_{DD}获得的平均功率。每个晶体管从V_{DD}抽取的半波整流电流的平均值为I_p/π(为什么?)。每个周期内，电路均从V_{DD}抽取这两个电流，则V_{DD}提供的平均功率为

$$P_{supp}=2\frac{I_p}{\pi}V_{DD} \tag{12.24}$$

用式(12.23)除以式(12.24)，得到B类功放的漏极(集电极)效率：

$$\eta=\frac{\pi}{4V_{DD}}\left(\frac{m}{n}\right)^2 I_p R_L \tag{12.25}$$

正如所预料的，η是与I_p相关的函数。

最后，计算二次(或一次)绕组的负载存在谐振现象时，X和Y节点处的电压摆幅。因为谐振抑制了半波整流周期的高次谐波，所以V_X和V_Y是类似于相位差180°的正弦波，直流电平等于V_{DD}(见图12.19)，即：

$$V_X=V_p \sin\omega_0 t+V_{DD} \tag{12.26}$$

$$V_Y=-V_p \sin\omega_0 t+V_{DD} \tag{12.27}$$

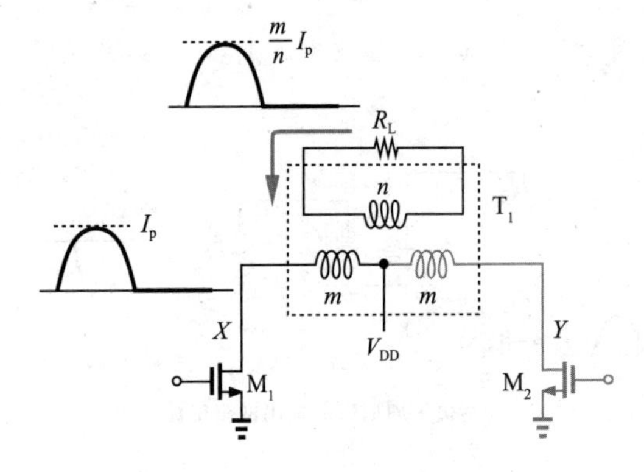

图12.18　B类功放的效率计算

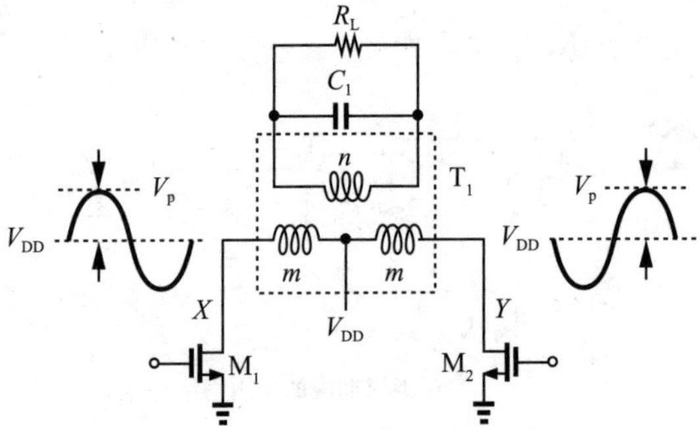

图12.19　二次绕组是谐振网络的B类功放

由此可得变压器一次绕组两端的电压为

$$V_{XY}=2V_p \sin\omega_0 t \tag{12.28}$$

上面的电压经过$n/(2m)$的比例缩放，产生的输出电压为

$$V_{out}(t)=\left(\frac{n}{2m}\right)2V_p \sin\omega_0 t \tag{12.29}$$

$$=\frac{m}{n}I_p R_L \sin\omega_0 t \tag{12.30}$$

上式遵循

$$V_p=\frac{m^2}{n^2}I_p R_L \tag{12.31}$$

选择$V_p=V_{DD}$以使效率最大化，从式(12.25)可得到：

$$\eta=\frac{\pi}{4} \tag{12.32}$$

$$\approx 79\% \tag{12.33}$$

在近期的射频设计文献中，很多 B 类功放采用如图 12.12 和图 12.18 所示电路的一半，晶体管依然只工作半个周期。这样的电路线性度极差，但最高效率依然为 π/4。

正如 12.1.4 节所说的，在功放中使用片上巴伦会使效率降低。当功率略高于 100mW 时，如果效率是关键参数，则应使用片外巴伦。

AB 类功放

有些时候人们用“AB 类”功放归类导通角介于 180°～360°之间的功放，即输出晶体管截止时间短于半个周期的单端功放(例如共源极)。从另一个角度来看，AB 类功放的线性度要差于 A 类、优于 B 类。这通常是通过减小输入电压摆幅，进而远离 1dB 压缩点来实现的。但尽管如此，AB 类功放的定义依然模糊。

12.2.3　C 类功放

通过对 A 类和 B 类功放的学习，我们知道，导通角越小，效率越高。在 C 类功放中，导通角进一步减小，电路变得更加非线性。

对图 12.11 中的 A 类功放进行一些修改，可以得到 C 类功放。在如图 12.20a 所示的一种偏置状态下，V_{in} 的峰值电压将 V_X 抬升至比 V_{TH} 高时，M_1 导通。如图 12.20b 所示，V_X 仅在小半个周期中大于 V_{TH}，看起来就好像是一个窄脉冲信号在激励 M_1。因此，在每个周期中，晶体管向输出端输送一个窄脉冲电流。为了避免在天线处产生大谐波电平，匹配网络必须进行一些滤波工作。事实上，匹配网络的输入阻抗依然能够在所需的频率处谐振，从而使漏极电压变为正弦波形。

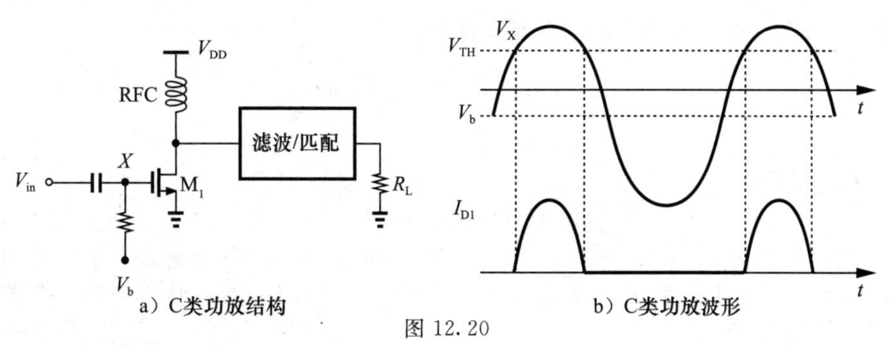

a）C类功放结构　　b）C类功放波形

图 12.20

C 类功放和单晶体管 B 类功放的区别在于导通角 θ。当 θ 减小时，晶体管导通时间所占的百分比更小，因此消耗的功率更少。但也因为如此，晶体管传递给负载的功率也更小。

如果图 12.20a 中 M_1 的漏极电流是正弦波的尖峰部分，漏极电压是峰值为 V_{DD} 的正弦波，那么电路的效率为[7]

$$\eta=\frac{1}{4}\frac{\theta-\sin\theta}{\sin(\theta/2)-(\theta/2)\cos(\theta/2)} \tag{12.34}$$

如图 12.21a 所示，θ 趋近于零时，效率达到 100%。

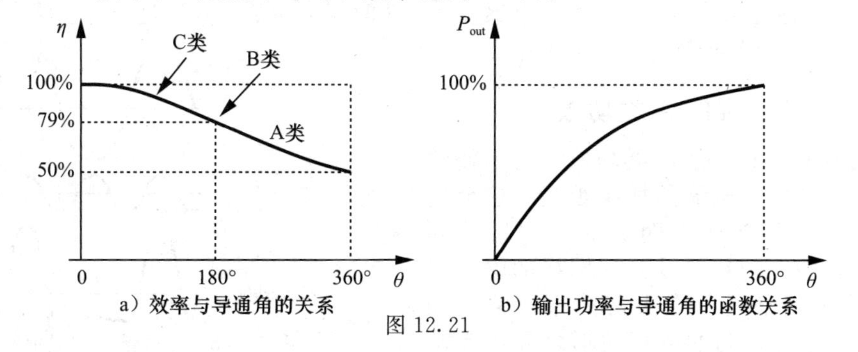

a）效率与导通角的关系　　b）输出功率与导通角的函数关系

图 12.21

通常认为最高效率为100%是C类功放的一个突出特征。然而，另一个需要考虑到的特征是电路传递给负载的实际功率，其表达式为[7]

$$P_{out} \propto \frac{\theta - \sin\theta}{1-\cos(\theta/2)} \tag{12.35}$$

读者可以通过洛必达法则证明，当θ趋近于零时，P_{out}减小到0。换句话说，对于给定的设计电路，C类功放只有在输送一小部分峰值输出功率(对应于全A类功放工作时的功率)时，才具有高效率。

怎么样才能使C类功放提供与A类功放相当的输出功率呢？小的导通角决定了输出晶体管必须非常宽，能够在短时间内传输大电流。换句话说，在这两种情况中，漏极电流的基波必须相等。

例12.11 当导通角为θ时，计算图12.20中晶体管漏极电流的基波幅度。

解： 观察图12.22所示的波形，导通角从A点开始，到B点结束。正弦曲线的角度在A点为α，在B点为$\pi-\alpha$，则$\pi-\alpha-\alpha=\theta$，$\alpha=(\pi-\theta)/2$。基波的傅里叶系数为

$$a_1 = \frac{2}{T_0}\int_{\alpha/\omega_0}^{(\pi-\alpha)/\omega_0} I_p \sin\omega_0 t \sin\omega_0 t \, dt \tag{12.36}$$

$$b_1 = \frac{2}{T_0}\int_{\alpha/\omega_0}^{(\pi-\alpha)/\omega_0} I_p \sin\omega_0 t \cos\omega_0 t \, dt \tag{12.37}$$

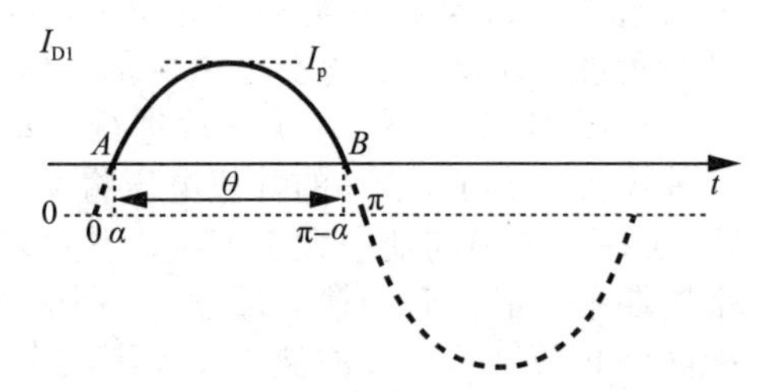

图12.22 用于谐波计算的C类功放波形

其中，T_0为周期，大小为$2\pi/\omega_0$。上两式遵循：

$$a_1 = I_p\frac{\pi-2\alpha}{2\pi} + \frac{I_p}{2\pi}\sin2\alpha \tag{12.38}$$

$$b_1 = 0 \tag{12.39}$$

因此，基波可表示为

$$I_{\omega_0}(t) = a_1 \sin\omega_0 t \tag{12.40}$$

注意，$\alpha \to \pi/2$时$a_1 \to 0$。如果$\alpha=\pi/4$，则$a_1 \approx 0.41 I_P$，那么此时为了获得相同的输出功率，晶体管的尺寸必须是A类功放中的2.4倍。乘上R_{in}后，这个谐波必须产生接近$2V_{DD}$的漏极电压摆幅。◀

在现代的射频电路设计中，C类功放已被不需要大尺寸晶体管的高效率放大技术所取代。

12.3 高效率功放

A、B和C类功放通常假设输出晶体管的漏极(或集电极)电流和电压的波形是正弦曲线(或正弦曲线的一部分)。若没有这个假设，则可以利用高次谐波来改善功放的性能。下面将讲解这种技术的几个范例，电路依靠特殊的无源输出网络对波形整形，使输出晶体管承载大电流、维持大电压的时间最小化。这种方法既减少了由晶体管消耗的功率，又提高了效率。然而，我们也注意到，因为片上寄生电感较大，匹配网络通常只能通过外部电路来实现，这使得“全集成功放”的称呼变得名不副实。

12.3.1 谐波增强的A类功放

回忆图12.11中的A类功放，为了使效率最大化，晶体管电流的摆幅很大，这会造成非线性。电流包含有明显的二次谐波和(或)三次谐波。现在假设匹配网络的输入阻抗在基波下很低，在二次谐波下很高。如图12.23所示，得到的电压波形之和比起基

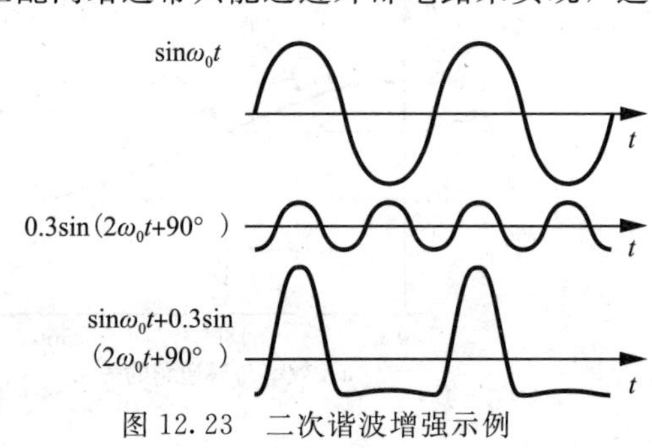

图12.23 二次谐波增强示例

波来，更像窄脉冲，这减少了晶体管两端的电压和流经晶体管的电流的重叠时间。因此，输出晶体管消耗的平均功率减少，效率得到了提高。

有趣的是，上述改进不需要增加传输给负载的信号的谐波含量。这种技术只需通过对不同谐波表现出不同的终端阻抗，使得漏极电压接近于方波。

例如，分析图 12.24a 所示的 A 类功放，L_1、C_1 和 C_2 组成的匹配网络在 $f=850\text{MHz}$ 下将 50Ω 的负载转换为 $Z_1=9\Omega+\text{j}0$，在 $2f=1.7\text{GHz}$ 下将负载转换为 $Z_2=330\Omega+\text{j}0$[8]。在本例中，二次谐波会变大 37 倍。图 12.24b 所示为漏极电压波形。电路以 73%的效率向负载传递 2.9W 的功率，并向负载传输 −25dBc 的三次谐波[8]。文献[9]讲解了关于谐波终止的其他分析。这种增强技术也可以应用在其他类型的功放中。

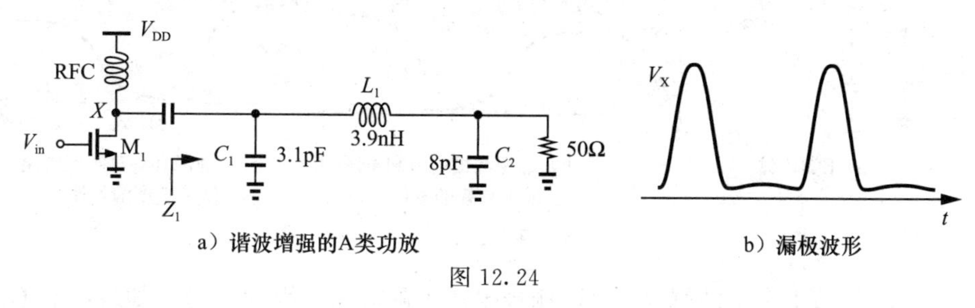

a）谐波增强的A类功放　　b）漏极波形

图 12.24

12.3.2　E 类功放

E 类功放是非线性放大器，它可以在输送满功率时达到近 100%的效率，这一点明显优于 C 类功放。在深入学习 E 类功放前，先回顾图 12.3a 所示电路的简图，如图 12.25 所示。假设这个电路中的晶体管不被用作压控电流源，而是用作开关，能够理想地迅速导通和关断。这种电路结构称为“开关功放”，当满足下列条件时，电路可实现高效率[10]：①有电流流过 M_1 时，它漏源两端的电压很小；②M_1 漏源两端电压较大时，流过它的电流很小；③导通和关断状态的过渡时间最小化。通过条件①和③，可以得出，开关晶体管的导通电阻必须非常小，加在 M_1 栅极上的电压必须近似为方波。然而，就算满足这两个条件，如果 V_X 较高时 M_1 导通，条件②也有可能不满足。当然，在实际应用中，在高频率下很难得到迅速的输入转换。

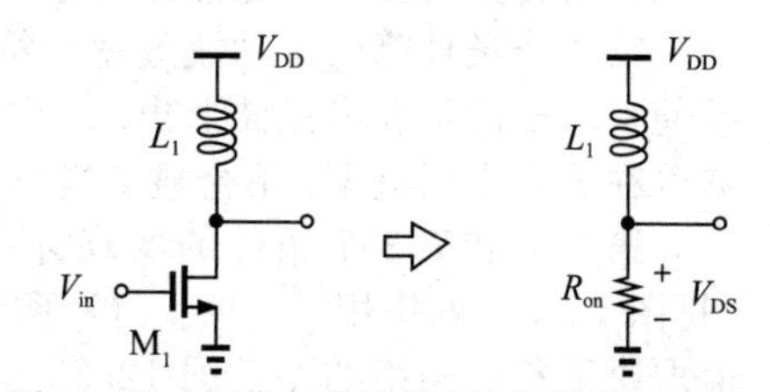

图 12.25　工作在开关状态的晶体管输出级

理解前面介绍的功放与图 12.25 中开关结构的根本区别很重要。前者中，匹配网络是在假设晶体管被用作电流源的条件下设计的；而后者中，这种假设没有必要。如果晶体管依然是被用作电流源，那么必须精确控制漏极电压的最小值和栅极电压的最大值，以保证晶体管不会进入线性区。根据漏源电压差最小化的需要，就算所有的器件和波形都是理想的，也会使效率降低。与此相反，开关放大器的晶体管漏极电压可以接近于零(甚至为小的负值)。

非线性功放的设计存在一个严重的问题：如图 12.26a 所示，输出器件的栅极必须能够尽快实现状态切换，以使效率最大化，但大尺寸的输出晶体管通常会在栅极造成谐振现象，这不可避免地会使接收到的波形近似为正弦波，如图 12.26b 所示。

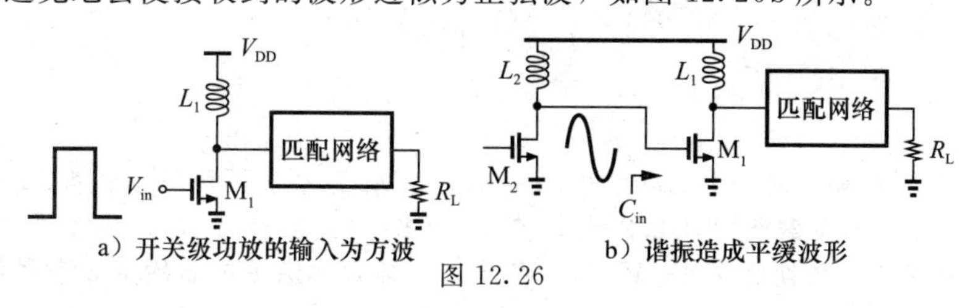

a）开关级功放的输入为方波　　b）谐振造成平缓波形

图 12.26

E 类功放通过合适的负载设计来控制有限的输入和输出转换时间。如图 12.27a 所示，E 类功放由输出晶体管 M_1、接地电容 C_1 和串联网络 L_1、C_2 组成[10]。注意 C_1 包括 M_1 的结电容和 RFC 的寄生电容。适当选择 C_1、C_2、L_1 和 R_L 的值，可以使得 V_X 满足 3 个条件：①开关关断时，V_X 能保持时间足够长的低电平，从而使电流下降到 0，如图 12.27b 所示，V_X 和 I_{D1} 的波形不重叠；②如图 12.27c 所示，开关导通前，V_X 正好达到零；③开关导通时，dV_X/dt 接近于 0。现在研究这 3 个条件，以了解电路的特性。

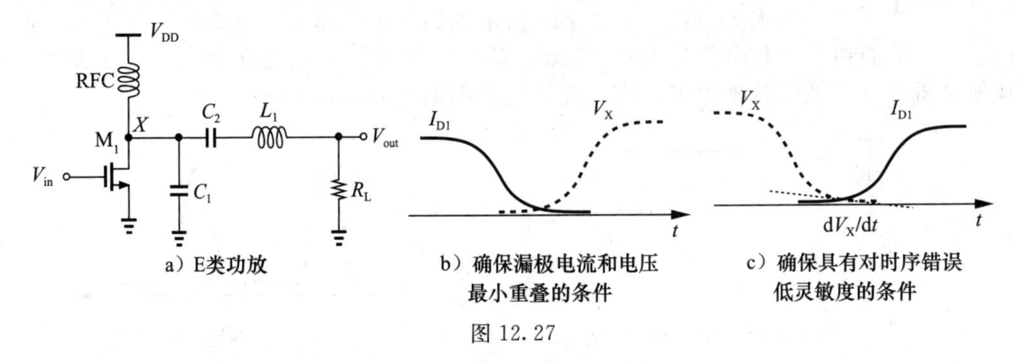

a）E类功放　b）确保漏极电流和电压最小重叠的条件　c）确保具有对时序错误低灵敏度的条件

图 12.27

由 C_1 实现的第 1 个条件解决了 M_1 栅极电压下降时间有限的问题。如果没有 C_1，V_X 将随着 V_{in} 的下降而上升，使得 M_1 消耗大量功率。

第 2 个条件保证了开关器件的 V_{DS} 和 I_D 不在导通点附近重叠，这样即使在有限的输入和输出转换时间下，也能最大限度地减少晶体管的功率损耗。

第 3 个条件降低了功放效率对第 2 个条件的敏感度。也就是说，如果器件或电源的偏差使得电压波形和电流波形出现一些重叠，效率也只会略微下降，因为 $dV_X/dt=0$，这意味着在关断点附近 V_X 不会显著变化。

第 2 个和第 3 个条件的实现并不那么直观。开关关断后，负载网络起二阶阻尼系统(见图 12.28)的作用[10]，C_1、C_2 两端的电压以及 L_1 中的电流为初始条件。V_X 的时间响应取决于负载网络的 Q，图 12.28 所示为 V_X 在欠阻尼、过阻尼和临界阻尼条件下的响应情况。我们注意到，在最后一种情况下，V_X 以零斜率接近 0，因此，如果开关在此时开启，就可以满足第 2 个和第 3 个条件。

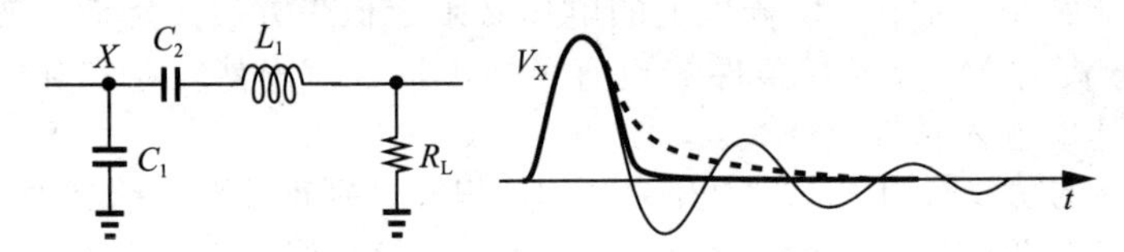

图 12.28　将 E 类功放的匹配网络视作阻尼网络

例 12.12 图 12.29a 所示为 E 类功放的模型，画出该电路的电压和电流波形。

解： M_1 导通时将节点 X 短接到地，但流过它的电流很小，因为 V_X 此时已接近于 0，满足了前述的第 2 个条件，如图 12.29b 所示。如果 R_{on1} 较小，V_X 保持接近于 0，L_D 两端维持相对恒定的电压，那么流过 L_D 的电流为

$$I_{LD}=\frac{1}{L_D}\int(V_{DD}-V_X)dt \tag{12.41}$$

$$\approx\frac{V_{DD}-V_X}{L_D}t \tag{12.42}$$

也就是说，用半个周期的时间为 L_D 充电，这个阶段 M_1 两端的压降最小。当 M_1 关断时，电感电流开始流经 C_1 和负载(见图 12.29d)，使 V_X 上升。V_X 在 $t=t_1$ 时达到峰值，并在那之后开始下降，在第 2 个半周期结束时，V_X 以零斜率向 0 靠近，满足前述的第 2 个和第 3 个条件。

匹配网络减弱了 V_X 的高次谐波，产生近似正弦波的输出波形。完整的波形如图 12.29c 所示。

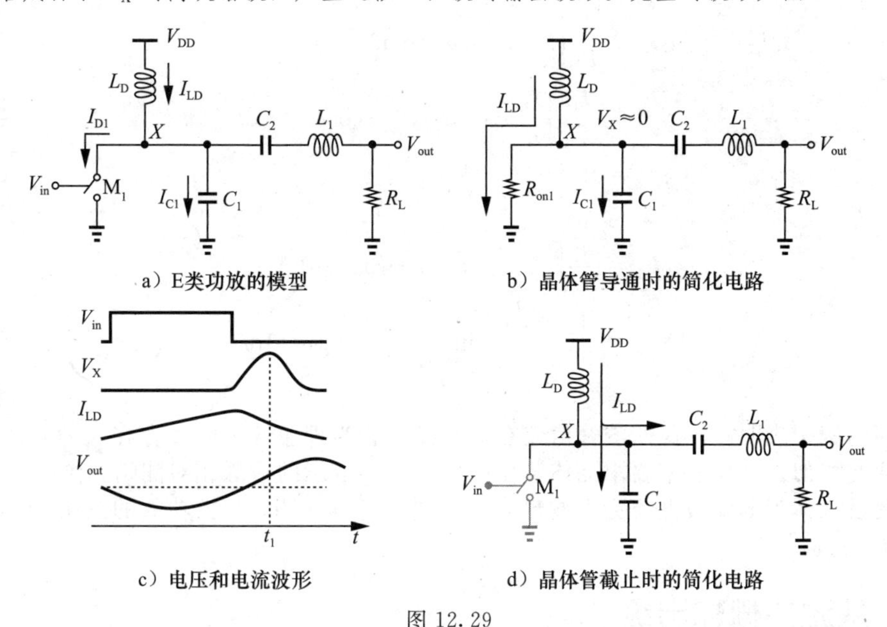

a）E类功放的模型　　b）晶体管导通时的简化电路

c）电压和电流波形　　d）晶体管截止时的简化电路

图 12.29

E 类功放的非线性现象很严重，但在输出谐波含量和功放效率之间获得了折中。为了使输出谐波最小，输出网络的 Q 值必须高于第 2 个和第 3 个条件的典型需求。因为在大多数标准中，载波的谐波会进入其他通信频带，所以载波的谐波必须足够小。注意，谐波较低并不一定意味着功放本身是线性的；输出晶体管依然能产生频谱再生或振幅压缩。

E 类功放的另一个特性是开关在关断状态下能保持大的峰值电压，其大小约为 $3.56V_{DD}-2.56V_S$，V_S 是晶体管两端的最小电压差[10]。在 $V_{DD}=1\text{V}$，$V_S=50\text{mV}$ 的条件下，峰值电压的大小超过了 3V，这导致了器件可靠性降低或器件击穿的问题。

E 类功放的设计公式超出了本书的范围，读者可以自行阅读文献[10]进行深入学习。

12.3.3　F 类功放

12.3.1 节所述的谐波终止的想法可以应用到非线性放大器中。如果在图 12.25 所示的通用开关结构中，负载网络在二次或三次谐波下表现出高终端阻抗，开关两端的电压波形将会呈现出比正弦波更陡的边缘，因此就降低了晶体管的功率损耗。这样的电路称为 F 类功放[11]。

图 12.30a 所示为 F 类功放的结构。L_1 和 C_1 组成的回路在 2 倍或 3 倍于输入频率的频率处谐振，近似为开路。如图 12.30b 所示，V_X 的波形接近于矩形波叠加上三次谐波。

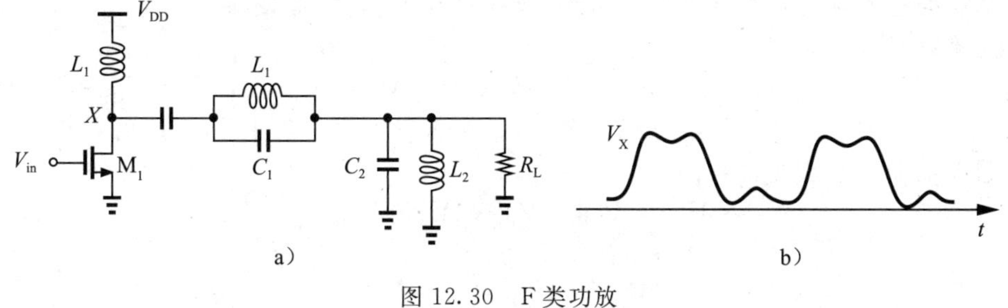

a）　　b）

图 12.30　F 类功放

例 12.13　解释为什么 B 类功放会产生三次谐波峰值。

解：如果输出晶体管导通时间为半个周期，那么产生的半波整流电流不包含三次谐

波。三次谐波的傅里叶系数为

$$a_3=\frac{1}{T_0}\int_0^{T_0/2}I_0\sin\omega_0 t\sin 3\omega_0 t\,dt \tag{12.43}$$

$$=\frac{I_0}{2T_0}\int_0^{T_0/2}(\cos 2\omega_0 t-\cos 4\omega_0 t)\,dt \tag{12.44}$$

$$=0 \tag{12.45}$$

以及

$$b_3=\frac{1}{T_0}\int_0^{T_0/2}I_0\sin\omega_0 t\cos 3\omega_0 t\,dt \tag{12.46}$$

$$=\frac{I_0}{2T_0}\int_0^{T_0/2}(\sin 4\omega_0 t-\sin 2\omega_0 t)\,dt \tag{12.47}$$

$$=0 \tag{12.48}$$ ◀

上面的例子表明，三次谐波峰值仅在输出晶体管为理想开关时才存在，即它的输出电流与矩形波相似。这反过来要求晶体管栅极(或基极)电压的边缘相对陡峭。

若假设晶体管的漏极电流为半波整流正弦波，可以证明，F类功放的三次谐波峰值最大效率为88%[11]。

12.4 共源共栅输出级

前面章节中对功放的研究表明，为实现高效率，输出级必须产生超过V_{DD}的摆幅。例如，在计算A类和B类功放的效率时，就假设漏极波形的峰峰值摆幅接近$2V_{DD}$。然而，如果使V_{DD}等于该工艺的额定电源电压，输出晶体管可能被击穿或者承受极大的电压。可以使V_{DD}等于晶体管所能承受的最大电压的一半，但这样有两个缺点：①较低的电压裕度限制了电路的线性电压范围；②对于给定的输出功率，成比例增加的输出电流会使由输出匹配网络造成的损耗更大，降低了效率。

共源共栅输出级可在一定程度上改善上述缺点。如图12.31a所示，V_X上升时，共栅器件会“屏蔽”输入晶体管，使M_1的漏源电压始终小于V_b-V_{TH2}(为什么?)。图12.31b所示为典型波形：V_X的摆幅约为$2V_{DD}$，V_Y的摆幅约为V_b-V_{TH}(如果最小漏源电压很小)。

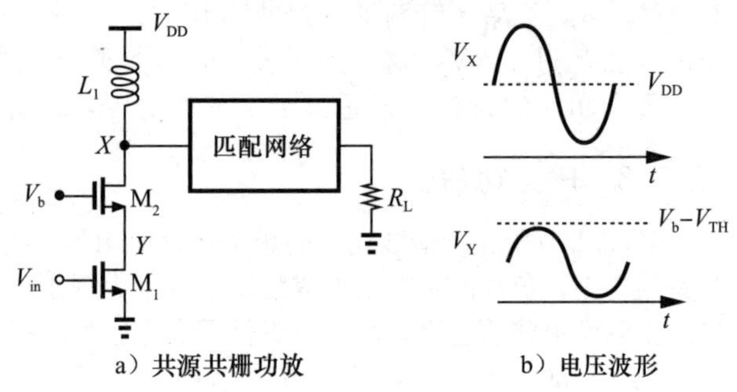

图12.31

例12.14 试确定图12.31a中M_1和M_2端对端电压的最大差异。设V_{in}的直流电平为V_m，峰值振幅为V_0，V_X的峰值振幅为V_P(直流电平为V_{DD})。

解：V_{in}下降至V_m-V_0时，M_1的V_{DS}最大。若M_1接近截止，那么$V_{DS1}\approx V_b-V_{TH2}$，$V_{GS1}=V_m-V_0$，$V_{DG1}=V_b-V_{TH2}-(V_m-V_0)$。在相同的输入条件下，$M_2$的漏极电压也达到最大值$V_{DD}+V_P$，由此得到：

$$V_{DS2}=V_{DD}+V_P-(V_b-V_{TH2}) \tag{12.49}$$

以及

$$V_{DG2}=V_{DD}+V_p-V_b \tag{12.50}$$

此外，M_2的漏-衬底电压V_{DB}也达到了$V_{DD}+V_p$。 ◀

在图12.31a所示的共源共栅结构中，需选择适当的V_b和V_P的值，以保证V_{DS2}和V_{DG2}在任何时候都低于V_{DD}(若不考虑器件工作的可靠性，通常允许漏-体电压达到$2V_{DD}$

甚至更高）。根据式(12.49)和式(12.50)，可以得到：

$$V_{DD}+V_p-V_b+V_{TH2}\leqslant V_{DD} \tag{12.51}$$

$$V_{DD}+V_P-V_b\leqslant V_{DD} \tag{12.52}$$

前一个不等式的条件更严苛，可以化简为

$$V_P\leqslant V_b-V_{TH2} \tag{12.53}$$

例如，如果 $V_b=V_{DD}$，那么 $V_P\leqslant V_{DD}-V_{TH2}$，也就是说，$X$ 节点的峰峰摆幅被限制在 $2V_{DD}-2V_{TH2}$。由于存在体效应，在 90nm 和 65nm 的工艺中，V_{TH2} 可能达到 0.5V，因此该结构的总摆幅只有 $1V_{pp}$，几乎与非共源共栅的共源极结构相同。因此，可观察到，在低电源电压下，共源共栅结构仅允许输出的最大摆幅略微增长[⊖]。因为电源电压为 V_{DD} 的共源共栅结构的输出摆幅约等于电源电压为 $V_{DD}/2$ 的共源极结构的输出电压摆幅，所以我们认为前者的效率约为后者的一半，也就是 A 类功放效率的 25%。

现在来比较共源共栅结构和共源极结构的线性度。通过观察图 12.32 所示的结构，分析使 M_1 处于饱和区边缘的最大输出电压摆幅。通过图 12.32a 得

$$V_{DD}-V_{p,cas}-V_{DS2}+V_{TH1}=V_0+V_m \tag{12.54}$$

通过图 12.32b 可得：

$$V_{DD}-V_{p,CS}+V_{TH1}=V_0+V_m \tag{12.55}$$

上面两式遵循：

$$V_{p,CS}=V_{p,cas}+V_{DS2} \tag{12.56}$$

因此，相比于共源共栅结构，共源极结构在更宽的输出电压范围内保持线性。

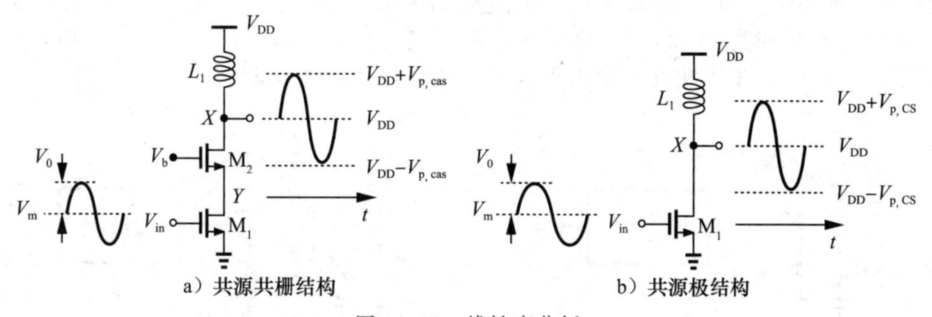

a）共源共栅结构　　b）共源极结构

图 12.32　线性度分析

上述研究表明，在低电源电压下，相比于共源极，共源共栅输出级只有轻微的电压摆幅优势，而且还要以降低效率和线性度为代价。但尽管如此，因为存在高反向隔离的优点，共源共栅结构的反馈更少，所以电路会更加稳定。正如在第 5 章中学习低噪声放大器时讲到的，简单的共源极结构可能会存在负输入电阻的问题。

例 12.15　观察如图 12.33a 所示的两级功放，如果输出级表现出负输入电阻，为了使电路保持稳定，应如何设计？

解：如图 12.33b 所示，通过画出第一级的戴维南等效电路，可以观察到，如果

$$\mathrm{Re}\{Z_{out1}\}+R_{in}>0 \tag{12.57}$$

就可以避免电路不稳定的问题，V_{Thev} 就不会从电路“吸收”能量。如果用图 12.33c 所示的并联谐振回路对 Z_{out1} 建模，那么

$$\mathrm{Re}\{Z_{out1}\}=R_p \tag{12.58}$$

因此要求

$$R_p+R_{in}>0 \tag{12.59}$$

⊖ 使用低阈值晶体管 M_2 可以缓解这个问题。

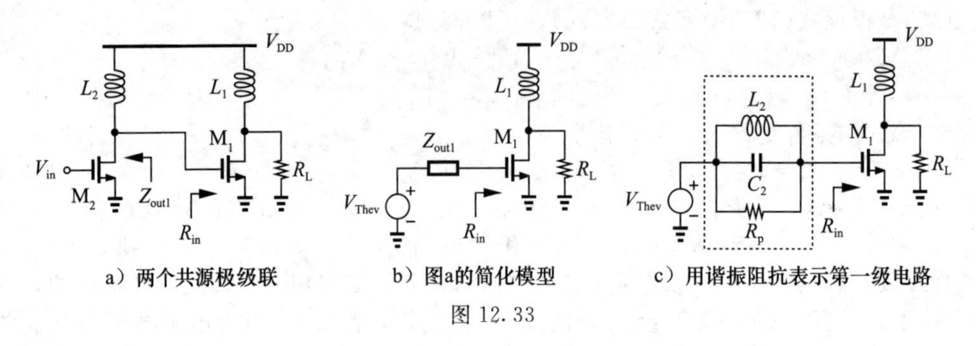

a）两个共源极级联　　b）图a的简化模型　　c）用谐振阻抗表示第一级电路

图 12.33

当然，这个条件必须在所有的频率下和一定的 R_{in} 范围内保持成立。例如，如果使用手机时握住手机的天线，那么 R_L 就会改变，R_{in} 也就跟着改变。◀

我们将在 13 章中讲解 6GHz 共源共栅功放的晶体管级电路设计，电路的效率在压缩点附近达到 30%，但当回退到满足 11a 需求时，电路效率下降至 5%。

12.5 大信号阻抗匹配

在迄今为止的功率放大器的研究过程中，我们假定输出匹配网络只是将 R_L 变换到一个较低的值。图 12.34a 显示了这一输出网络的简化模型，其中 M_1 作为理想电流源工作，L_1 与 C_{DB1} 谐振，使晶体管的 RF 电流流入 R_L。但实际上的情况更为复杂：晶体管具有输出电阻 r_{O1}，而且 r_{O1} 和 C_{DB1} 都随 V_{DS1} 的变化而显著变化(见图 12.34b)。如果效率很高，V_{DS1} 会从接近于零变为 $2V_{DD}$，I_{D1} 会从接近于零变为很大的值，从而导致 r_{O1} 和 C_{DB1} 发生很大的变化。因此，非线性复合输出阻抗必须与线性负载相匹配。

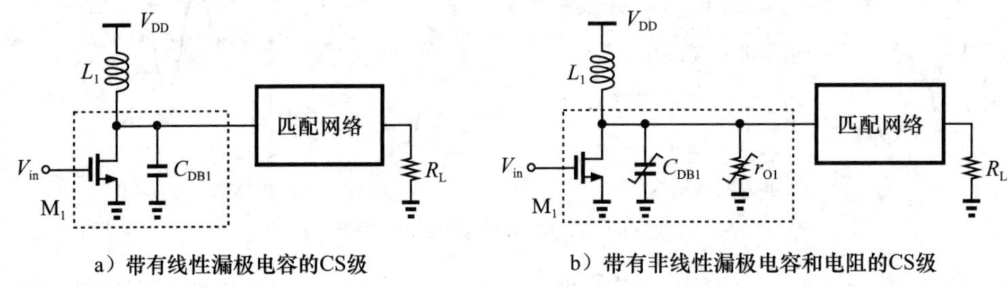

a）带有线性漏极电容的CS级　　b）带有非线性漏极电容和电阻的CS级

图 12.34

在处理非线性阻抗匹配任务之前，让我们先考虑一个简单的情况，即晶体管被建模为具有线性阻抗输出阻抗的理想电流源(见图 12.35a)。对于给定的 r_{O1}，我们如何选择 R_L? 让我们计算一下 M_1 输出到 R_L 的功率 P_{RL} 和晶体管输出阻抗消耗的功率 P_{ro1}。我们有

$$P_{RL}=\frac{I_p^2}{2}\frac{R_L r_{O1}^2}{(R_L+r_{O1})^2} \tag{12.60}$$

式中，I_P 表示晶体管的 RF 电流的峰值幅度。同样地，

$$P_{ro1}=\frac{I_p^2}{2}\frac{R_L^2 r_{O1}}{(R_L+r_{O1})^2} \tag{12.61}$$

对于最大功率传输，R_L 被选择为等于 r_{O1}，从而 $P_{RL}=P_{ro1}$。也就是说，晶体管消耗一半的功率，使效率下降到原来的 1/2。根据

$$\frac{P_{RL}}{p_{ro1}}=\frac{r_{O1}}{R_L} \tag{12.62}$$

我们认识到，降低 R_L 可使晶体管消耗的相对功率最小化，从而使效率接近理论最大

值(如A级的50%)。这里的关键点是，最大功率传输并不对应于最大效率[㊀]。因此，在功率放大器设计中，R_L 被转换为远小于 r_{O1} 的值[㊁]。

下一步，假设如图12.35b所示，晶体管输出电容也包括在内。请注意，在输出功率为100mW的情况下，M_1 可能会有几毫米宽，从而表现出较大的电容。匹配网络现在必须提供一个无功分量来抵消 C_{DB1} 的影响。图12.35c展示了一个简单的示例，其中 L_1 抵消了 C_{DB1}，C_1 和 L_2 将 R_L 变为较低值。

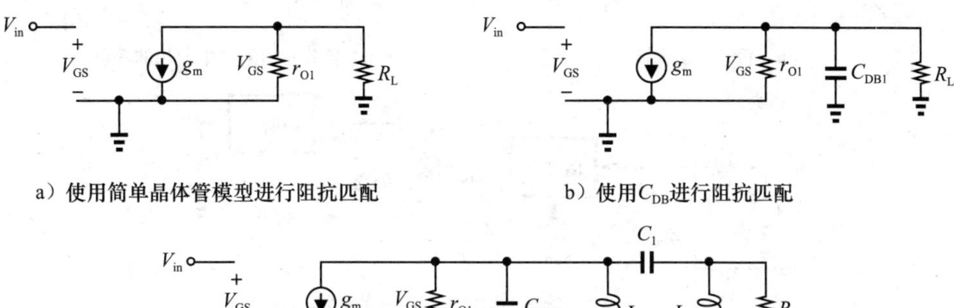

a）使用简单晶体管模型进行阻抗匹配

b）使用C_{DB}进行阻抗匹配

c）使用LC网络进行阻抗

图12.35

现在考虑非线性复合输出阻抗的一般情况。输出电压和电流中间范围的阻抗的小信号近似值可用于获得匹配网络元件的粗略值，但要修改这些值以获得最大的大信号效率，需要进行大量的反复试验，尤其是在必须考虑封装寄生的情况下。在实践中，我们采用了一种称为“负载牵引测量”的更为系统的方法。

负载牵引测量 让我们设想一下，应当如何设计输出晶体管和负载之间的匹配网络。如图12.36a所示，无损可变无源网络(调谐器)可以向 M_1 提供复数负载阻抗 $\boldsymbol{Z}_1$，其虚部和实部由外部控制。我们改变 $\boldsymbol{Z}_1$，使输送到 R_L 的功率保持恒定并等于 P_1，从而得到图12.36b所示的等值线。P_1 越低，$\mathrm{Re}\{\boldsymbol{Z}_1\}$ 和 $\mathrm{Im}\{\boldsymbol{Z}_1\}$ 的范围越宽，因此等值线也越宽。接下来，我们寻找能产生较高输出功率 P_2 的 $\boldsymbol{Z}_1$ 值，从而得到另一条(可能更窄的)等值线。这些“负载牵引”测量可在功率不断增加的情况下重复进行，最终得出最大输出功率的最佳阻抗 Z_{opt}。请注意，功率等值线还显示了 P_{out} 对 $\boldsymbol{Z}_1$ 选择误差的敏感性。

在上述布置中，由于 M_1 的栅漏电容，晶体管的输入阻抗 $\boldsymbol{Z}_{in}$ 对 $\boldsymbol{Z}_1$ 有一定的依赖性。因此，输送到晶体管的功率随 $\boldsymbol{Z}_1$ 的变化而变化，从而导致功率增益的变化。在信号发生器和栅极之间插入另一个调谐器，并对其进行调整以获得每个 $\boldsymbol{Z}_1$ 值的输入端共轭匹配，就可以避免这种影响(见图12.36c)。不过，在多级功率放大器中，这种调整可能是不必要的：在 $\boldsymbol{Z}_1$ 达到最优值之后，$\boldsymbol{Z}_{in}$ 会保持一定的值，而前级的设计只是为了驱动 $\boldsymbol{Z}_{in}$。

负载牵引技术已被广泛应用于功率放大器的设计中，但它需要配备精确稳定的调谐器进行自动设置。这种方法有三个缺点。首先，一种器件尺寸的测量结果不能直接应用于不同尺寸的器件。其次，等值线和阻抗水平是在单一频率下测量的，无法预测其他频率下的行为(如稳定性)。最后，由于图12.36a中 $\boldsymbol{Z}_1$ 的最佳选择不一定能在高次谐波时提供峰值，因此该技术无法预测谐波终止时的效率和输出功率。由于这些原因，使用负载拉动数据进行高性能功率放大器设计仍然需要进行一些试验和误差测试。

㊀ 从另一个角度看，功率没有转移，也不一定就耗散掉了。

㊁ 不过，天线看到的功率放大器输出阻抗必须接近50Ω，以吸收来自天线的反射。也就是说，功率放大器通常必须达到合理的 $|S_{22}|$。

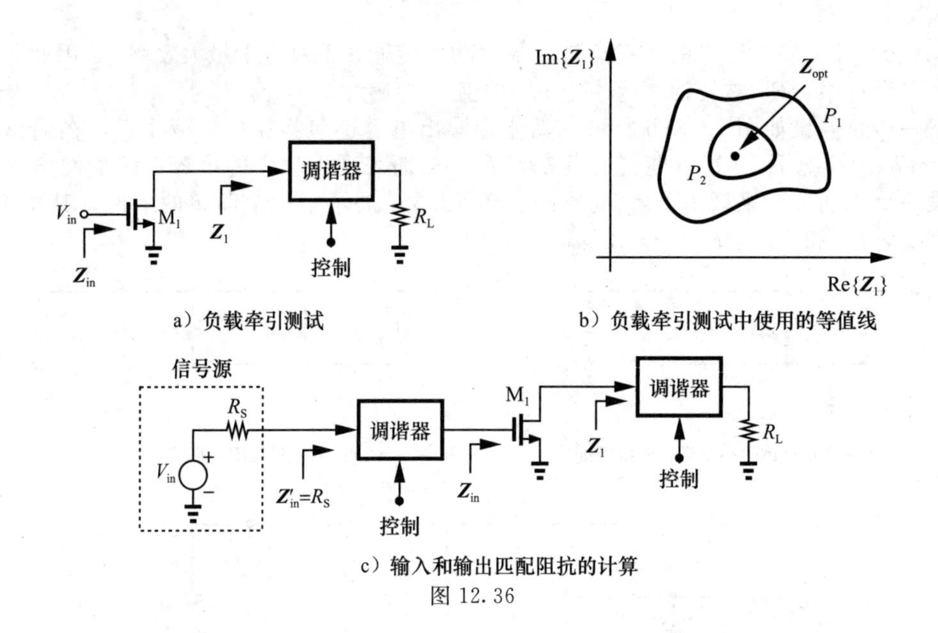

a）负载牵引测试

b）负载牵引测试中使用的等值线

c）输入和输出匹配阻抗的计算

图 12.36

12.6 基本的线性化技术

回顾12.3节的内容可知，如果将功放设计成高效率功放电路，会使功放的线性度变差。对于输出功率较低的情况，例如小于+10dBm(10mW)，可以简单地从功放的1dB压缩点往回退，直到线性度达到一个可以接受的数值。这样做会使功放的效率显著下降(例如，采用16QAM的OFDM调制方式的效率会下降至10%)，但是从电源吸取的绝对功率依然是合理的(例如100mW)。然而，对于输出功率较高的情况，低效率意味着高功耗。

人们投入了大量的精力，以找到相比于从1dB压缩点回退的方式能够提供更高整体效率的线性化技术。这些技术可以分为两类：需要功放核心电路具备一定线性度的技术，以及原则上可以采用任意非线性结构的技术。预计后者可以达到更高的效率。

在接下来的学习中将会观察到另外一点，线性功放极少通过负反馈放大器来实现，这是出于稳定性的考虑(尤其是当需要考虑封装寄生效应及其可变性的时候)。

本节提出了4种技术：前馈、笛卡儿反馈、预失真和包络反馈。另外两种技术，即极化调制与移相已经在现代射频电路的设计中得到了广泛应用。

12.6.1 前馈

非线性功放产生的输出电压波形可以看作是所期望信号的线性复制与“误差”信号之和。“前馈”结构可以估算这个错误，并通过适当的缩放比例，从输出波形中将其过滤掉[12~14]。图12.37a所示为一个简单的例子，将主功放的输出V_M按$1/A_V$的比例缩小，得到V_N，再减去输入信号，然后将得到的结果以A_V的比例放大，并从V_M中减去，得到最终输出。如果$V_M=A_VV_{in}+V_D$，其中V_D代表失真量，那么

$$V_N=V_{in}+\frac{V_D}{A_V} \tag{12.63}$$

可得到$V_P=V_D/A_V$，$V_Q=V_D$，因此，$V_{out}=A_VV_{in}$。

在实际应用中，图12.37a中的两个放大器在高频下表现出较大的相移，导致V_D不能被完全抵消。因此，如图12.37b所示，需要插入一个延时电路Δ_1以补偿主功放的相移，Δ_2用于补偿误差放大器的相移。从V_{in}至第一个减法器的两条通路有时被称为“信号抵消回路”，从M和P到第二个减法器的两条通路有时被称为“误差抵消回路”。

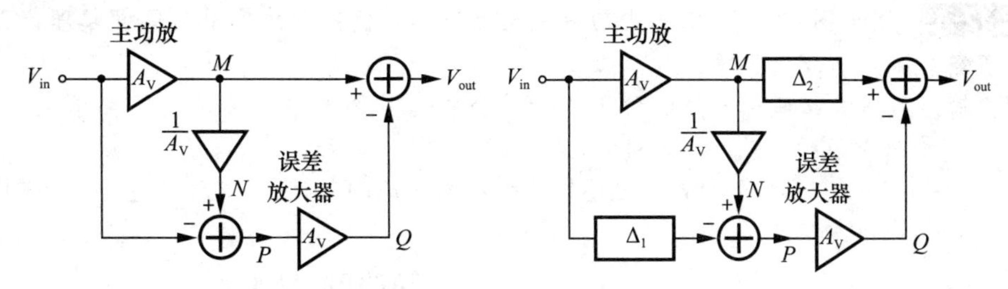

图 12.37　前馈线性化

由于避免了反馈，如果组成电路的两个功放保持稳定，那么前馈结构肯定是稳定的，这是这种结构的主要优点。尽管如此，前馈技术的一些缺点使得它在集成功放设计中的应用变得困难。第一，模拟延迟单元如果是无源的，就会引入损耗，如果是有源的，就会引入失真，特别是当它承载全摆幅信号时，Δ_2 会产生特别严重的问题。第二，输出减法器(例如变压器)的损耗会降低效率。例如，1dB 的损耗会降低约 22%的效率。

例 12.16 一位学生推测，如图 12.38 所示，如果输出减法是在电流域中进行的，就不会引入损耗。这个想法可行吗？

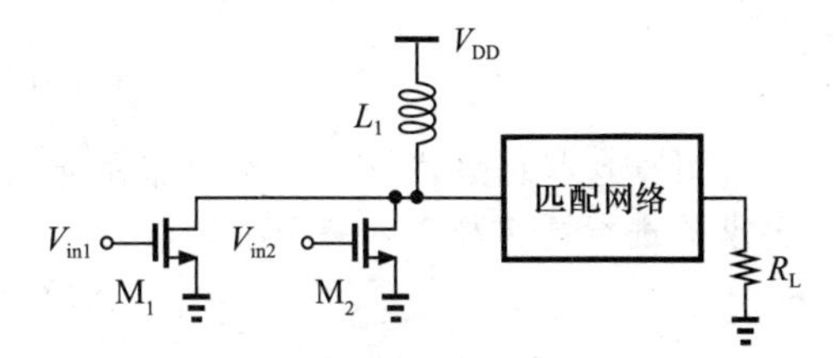

图 12.38　电流域中的信号相加

解： 因为图 12.37b 中的主功放后面有延时线，在电流域中执行延时是很困难的，所以减法必须要在电压域中通过无源器件进行。因此这个想法是不实际的，后面将会讨论与这个概念相关的其他问题。◀

第三，线性度的改善取决于每一个减法器输出信号的增益与相位的匹配程度。线性度可以通过双音测试方法来测量。可以看出[12]，在图 12.37b 中，如果从 V_{in} 到第一个减法器输入端的两条通路表现出 $\Delta\phi$ 的相位失配和 $\Delta A/A$ 的相对增益失配，那么 V_{out} 中交调乘积的幅度的叠加为

$$E=\sqrt{1-2\left(1+\frac{\Delta A}{A}\right)\cos\Delta\phi+\left(1+\frac{\Delta A}{A}\right)^2} \tag{12.64}$$

例如，如果 $\Delta A/A=5\%$，$\Delta\phi=5°$，那么 $E=0.102$，也就是说前馈将交调乘积降低了约 20dB。误差校正回路的相位失配和增益失配会进一步降低功放性能。

例 12.17 将图 12.37b 中的系统看作一个核心功放电路，请使用一级前馈电路来进一步改善线性度。

解： 图 12.39 所示电路为“嵌套式”前馈结构[15]。核心功放的输出以 $1/A'_V$ 的比例缩小，并从中减掉主输入延时的复制 Δ_3。误差放大 A'_V 倍，然后加上核心功放输出延时的复制 Δ_4。

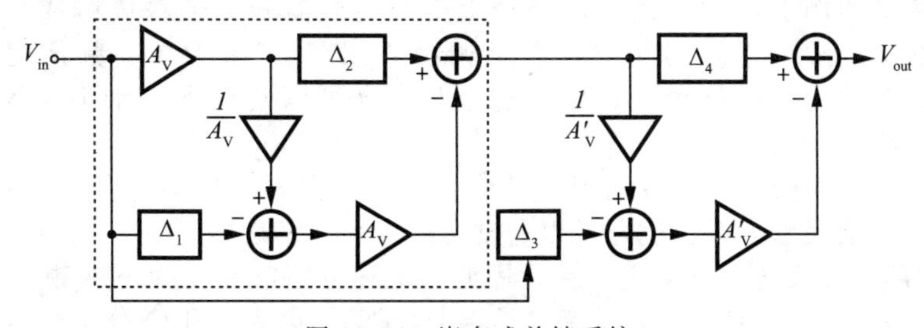

图 12.39　嵌套式前馈系统　◀

尽管可以设计不同的校准方案来处理路径失配，输出减法器(和 Δ_2)的损耗仍是这种结构的主要缺点。

例 12.18 假设图 12.37a 中的主功放完全非线性，例如它的输出晶体管起理想开关的作用。研究前馈对功放的影响。

解： 输出晶体管起理想开关的作用，功放会将信号的包络移除，仅保留相位调制(见图 12.40)。如果 $V_{in}(t)=V_{env}(t)\cos[\omega_0 t+\phi(t)]$，那么

$$V_M(t)=V_0\cos[\omega_0 t+\phi(t)] \tag{12.65}$$

其中，V_0 为常数。

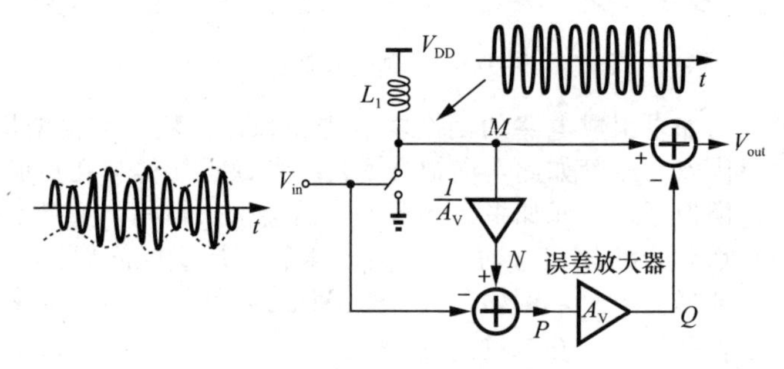

图 12.40　简化的前馈系统

对于这样的非线性级电路，很难定义电压增益 A_V，因为输出与输入几乎不同。然而，要继续进行前馈校正，将 V_M 除以 A_V，可得到：

$$V_p(t)=V_N(t)-V_{in}(t) \tag{12.66}$$

$$=\left[\frac{V_0}{A_V}-V_{env}(t)\right]\cos[\omega_0 t+\phi(t)] \tag{12.67}$$

紧接着，

$$V_{out}(t)=V_M(t)-V_Q(t) \tag{12.68}$$

$$=V_0\cos[\omega_0 t+\phi(t)]-[V_0-A_V V_{env}(t)]\cos[\omega_0 t+\phi(t)] \tag{12.69}$$

$$=A_V V_{env}(t)\cos[\omega_0 t+\phi(t)] \tag{12.70}$$

这样，输出就能够忠实地以 A_V 的电压增益跟随输入一起变化。有趣的是，最后的输出与 V_0 无关。◀

12.6.2 笛卡儿反馈

正如前面所提到的，因为存在稳定性问题，所以在功放周围应用高频负反馈是十分困难的。然而，如果大部分线性化所需的环路增益是在低频下得到的，那么剩余相移可以保持为一个较小的值，系统也可以维持稳定。在发射机中，这是可能的，因为功放处理的波形实际上是由基带信号变频产生的。因此，如果将功放的输出下变频并与基带信号相比较，就可以建立一个正比于发射机链非线性度的误差项。图 12.41a 所示为一个简单的例子，发射机仅由一个上变频混频器和一个功放组成。其中的环路试图在不同的载波频率下，均能够使 V_{PA} 精确复制 V_{in}。由于在高频情况下，信号经过混频器和功放后的总相移很大，所以这个相移 θ 可以被加到某个 LO 信号中，以保证电路的稳定性。

注意图 12.41a 中校正整个发射机链非线性的信号路径，即 A_1、MX_1 和 PA。当然，因为 MX_2 必须具有足够的线性度，所以通常会前置一个衰减器。

大多数的调制方式需要正交上变频，因此，上述方案需要正交下变频。图 12.41b 所示为最终的电路结构。这种技术被称为“笛卡儿反馈”，因为 I 和 Q 分量均参与到回路中。

将一般前馈结构与笛卡儿反馈结构进行比较显得很有意义。后者不使用输出减法器，并且对路径失配的敏感度要低得多。然而，笛卡儿反馈要求功放具备一定的线性度：如果使用完全非线性功放移除信号的包络，那么再多的反馈也无法使它还原了。

笛卡儿反馈存在一个严重的问题：稳定LO相移(例如图12.41a中的θ)的选择并不明确，因为环路的相移随工艺和温度的变化而变化。例如，当靠近或离开基站时，手机会调整功放的输出功率，因此不可避免地会影响芯片的温度，这使得为θ选定一个固定的值将变得十分困难。

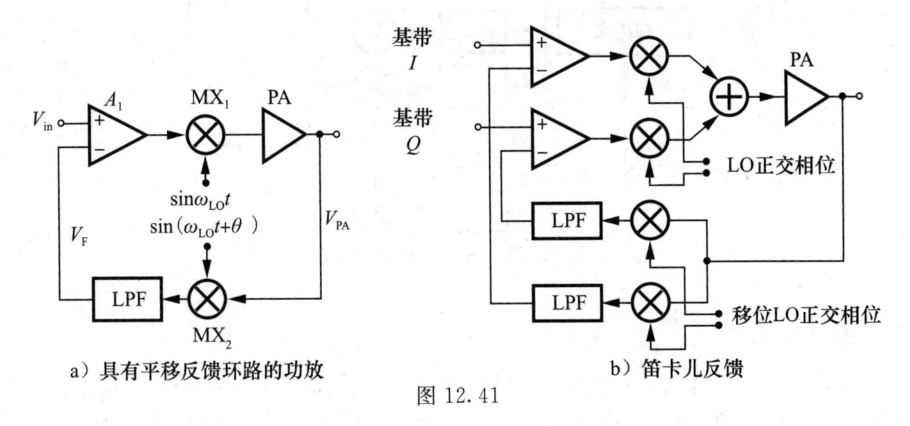

图12.41

12.6.3 预失真

如果已知功放具有非线性特性，可以用下面的方式对输入波形进行“预失真”处理：在经历功放的非线性后，它类似于理想波形。例如在图12.42a中，对于一个静态特性表示为$y=g(x)$的功放，预失真使输入服从$y=g^{-1}(x)$的特性。尤其是当$g(x)$是压缩信号时，预失真必须增大信号振幅。

预失真有三个缺点。第一，如果功放的非线性随工艺、温度和负载阻抗的变化而变化，而预失真电路不随这些因素变化，系统性能就会下降。例如，如果功放的压缩变强，那么预失真电路的增大必须也加强，这是很困难的。第二，功放的非线性不能是任意的，因为再多的预失真也不能校正突变的非线性。第三，天线阻抗的变化(例如使用者如何握手机)会影响功放的非线性，但预失真提供的是固定的校正。

可以在数字域中进行预失真处理，以实现更精确的抵消。如图12.42b所示，这种方法是改变基带信号(例如增大它的幅度)，这样，在经历发射机的非线性后，基带信号会恢复它的理想波形。当然，这里依然存在上述的前两个问题。

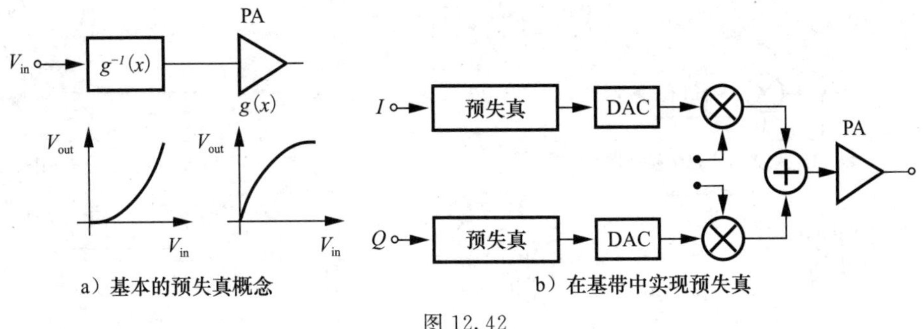

图12.42

例12.19 一位学生认为，如果预失真电路可以持续地获知功放的非线性情况，即如果功放的输出被反馈给预失真电路，那么图12.42a所示结构的性能可以得到改善。解释这一想法的利弊。

解： 事实上，围绕这些结构的反馈会使电路相似于图12.41所示的结构。在图12.43中，电路中的低频ADC产生的反馈信号会“调整”预失真。

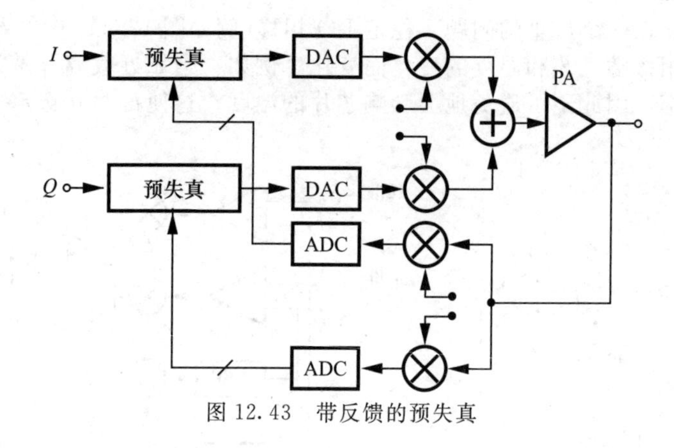

图 12.43 带反馈的预失真 ◀

12.6.4 包络反馈

为了降低功放的包络非线性(即 AM/AM 转换)，可以仅对信号包络进行负反馈。如图 12.44 所示，将输出以 α 的系数衰减，检测所得信号的包络，并将它与输入信号包络相比较，然后相应地调整信号路径的增益。当环路增益很高时，A、B 处的信号几乎是完全相同的，从而迫使 V_{out} 以 $1/\alpha$ 的增益系数跟随 V_{in} 变化。

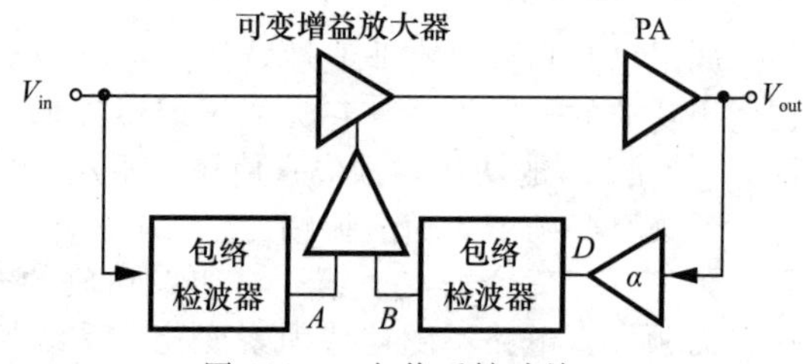

图 12.44 包络反馈功放

例 12.20 包络检波器的失真如何影响上述系统的性能？

解： 如果两个检波器的特性相同，则它们的失真不影响系统性能，因为反馈环路仍然会使得 $V_A \approx V_B$，且由此有 $V_D \approx V_{in}$。这个性质在这里很有帮助，因为典型的包络检波器会受到非线性的影响。 ◀

包络检波

读者可能会问，应如何设计包络检波器。如图 12.45a 所示，混频器可以将输入提高到二次幂，若输入为 $V_{in}(t) = V_{env}(t)\cos[\omega_0 t + \phi(t)]$，得到的输出为

$$V_{out}(t) = \beta V_{env}^2(t)\cos^2[\omega_0 t + \phi(t)] \tag{12.71}$$

$$= \beta V_{env}^2(t)\,\frac{1+\cos[2\omega_0 t + 2\phi(t)]}{2} \tag{12.72}$$

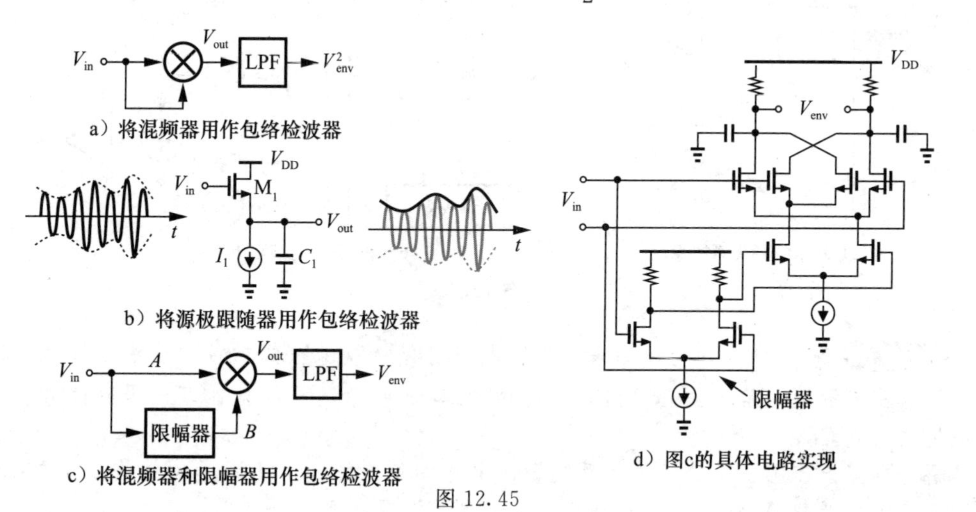

图 12.45

其中，β 代表混频器转换增益。因此，输出的低频项与 $V_{env}^2(t)$ 成正比。因为在上述方案中，包络检波器的非线性不是关键因素，所以选择这种结构有一定的道理。

图 12.45b 所示为基于"峰值检波"的包络检波器电路。在这里，由 I_1/C_1 得出的转换速率远远小于载波转换速率，因此输出跟随的是包络而不是载波。当 V_{in} 升高到高于 $V_{out}+V_{TH}$ 时，V_{out} 将跟随它，但随着 V_{in} 下降，M_1 截止，V_{out} 保持相对恒定，这是因为通过 I_1、C_1 的放电过程十分缓慢。必须谨慎选择 M_1 的尺寸和 I_1、C_1 的值，如果 M_1 不够大或 C_1 过大，V_{out} 都会无法跟随包络。

如果将图 12.45a 中的结构修改为如图 12.45c 所示的结构，就可以得到真正意义上的包络检波器。这种电路称为"同步调幅检波器"，在其中一条信号路径上使用一个限幅器，从而消除该路径中的包络变化。将 B 点的信号表示为 $V_0\cos[\omega_0 t+\phi(t)]$，可得到：

$$V_{out}(t)=\beta V_0 V_{env}(t)\cos^2[\omega_0 t+\phi(t)] \tag{12.73}$$

$$=\beta V_0 V_{env}(t)\frac{1+\cos[2\omega_0 t+2\phi(t)]}{2} \tag{12.74}$$

因此，低通滤波器产生真正的包络。图 12.45d 所示为晶体管级的电路实现方法。在这里，限幅晶体管必须具有小的过驱动电压，以消除振幅的变化。在实际应用中，限幅器可能需要两个或者更多的级联差分对，以便在通向混频器的路径中消除包络变化。

12.7 极化调制

在过去十年中，一种最初被称为"包络消除和恢复"（EER）[16]，最近被称为"极化调制"[17]的线性化技术开始流行起来。这种技术有两个关键优势，可以实现高效率：①可以在任意非线性输出级上运行㊀；②不需要输出组合器（如前馈拓扑中的减法器）。

12.7.1 基本思想

让我们从最初的 EER 方法开始。如第 3 章所述，任何带通信号都可以表示为 $V_{in}(t)=V_{env}(t)\cos[\omega_0 t+\phi(t)]$，其中 $V_{env}(t)$ 和 $\phi(t)$ 分别表示包络分量和相位分量。因此，我们可以假设将 $V_{in}(t)$ 分解为包络信号和相位信号，分别进行放大，最后将结果合并。图 12.46 展示了这一概念。输入信号同时驱动包络检测器和限幅器，从而产生包络信号 $V_{env}(t)$ 和相位调制分量 $V_{phase}(t)=V_0\cos[\omega_0 t+\phi(t)]$ 请注意，尽管被称为"相位"信号，但后者仍包含载波，而不仅仅是 $\phi(t)$。这些信号随后在功率放大器中放大和"合并"，再现所需的波形。由于输出级放大的是恒定包络信号 $V_{phase}(t)$，因此它可以是非线性的，因而效率很高。这种方法也称为极化调制，因为它以幅度（包络）分量和相位分量的形式处理信号。

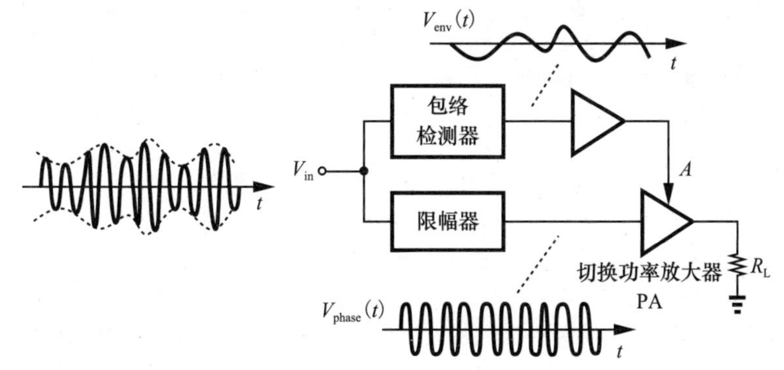

图 12.46 包络消除和恢复

㊀ 假设输出级中的 AM/PM 转换可以忽略不计或可以被校正。

在输出级中，$V_{env}(t)$和号$V_{phase}(t)$的放大信号应如何组合？将这两个信号分别称为$A_0V_{env}(t)$和$A_0V_{phase}(t)$，我们可以发现，所需的输出形式为$A_0V_{env}(t)\cos[\omega_0 t+\phi(t)]$，即$A_0V_{phase}(t)$的振幅必须由$A_0V_{env}(t)$调制。由此可见，组合操作必须包含乘法或混合，而不是线性加法。

例12.21 一名学生认为简单的混频器就能达到组合的目的，并构建了图12.47所示的系统。这是个好主意吗？

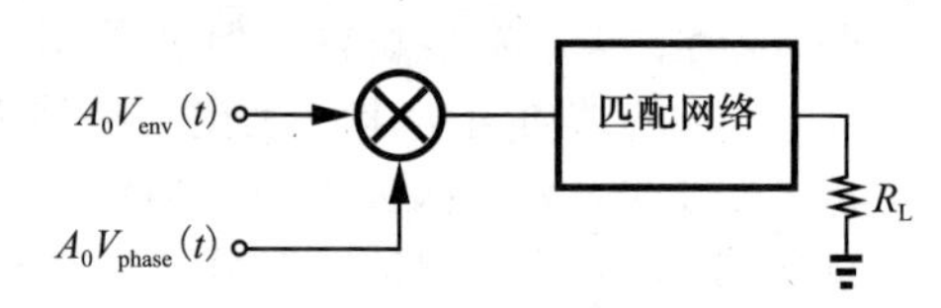

图12.47 使用混频器组合包络信号和相位信号

解： 不，并不是。在这里，必须提供高功率的混频器，而不是简单的混频器，这是一项非常艰巨的任务。◀

组合操作通常是通过将包络信号施加到输出级的电源电压V_{DD}上进行的——假定输出电压摆幅是V_{DD}的函数。为了理解这一点，让我们从图12.48a所示的简单电路开始，其中S_1由相位信号驱动。当S_1接通时，V_{out}跳变到接近于零，随后以指数方式向V_{DD}上升(见图12.48b)。当S_1关断时，电感电流的瞬时变化产生输出电压的脉冲。输出电压摆幅显然是V_{DD}的函数。请注意，指数部分和脉冲下的平均面积必须相等，以便输出平均值与V_{DD}保持一致。

现在来看看图12.48c所示的更为现实的电路。在这种情况下，输出波形有点像正弦波(见图12.48d)，但其振幅仍然是V_{DD}的函数。

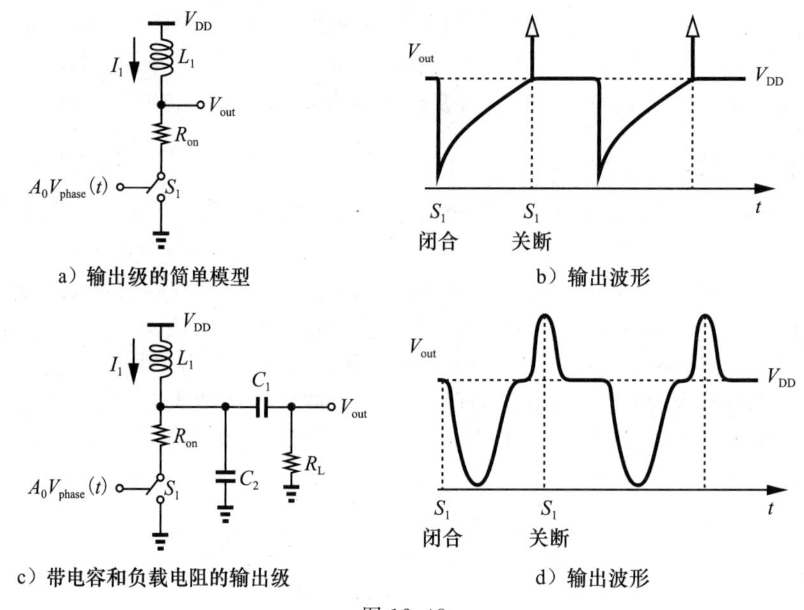

图12.48

例12.22 在什么情况下PA的输出摆幅不是V_{DD}的函数？

解： 如果输出晶体管充当电压控制的电流源(如工作在饱和状态的MOSFET)，则输出摆幅仅是V_{DD}的弱相关函数。换句话说，所有采用输出晶体管作为电流源的功率放大器都属于这一类，不适合EER。◀

通过上述观察，我们可以得出图12.49a所示的概念组合电路，其中包络信号直接驱动PA级的电源节点。流经该级的电流较大，因此需要在该路径上设置缓冲器，但出于效率考虑，需要将缓冲器消耗的电压余量降至最低。例如，图12.49b中的电路包括一个电压的电阻(晶体管M_2提供)，用于根据$A_0V_{env}(t)$的比例调节$V_{DD,PA}$。对于通过L_1的平均

电流 I_0 和 M_2 漏极-源极电阻上的平均压降 V_0，该器件消耗的功率为 I_0V_0，从而降低了效率。因此，M_2 通常是一个非常宽的晶体管。

图 12.49b 的电路能否保证 $V_{DD,PA}$ 如实跟踪 $A_0V_{env}(t)$呢？实际上并不能。在这种“开环”控制中，$V_{DD,PA}$ 是各种器件参数的函数。如果 PA 必须提供可变的输出电平，这个问题就会变得更加严重，因为改变输出级的电流也会改变 $V_{DD,PA}$。我们可以将该电路修改为图 12.49c 所示的“闭环”控制，其中放大器 A_1 引入一个高环路增益，使 $V_{DD,PA}\approx A_0V_{env}(t)$。当然，$A_1$ 必须适应 V_{DD} 附近的输入共模电平。

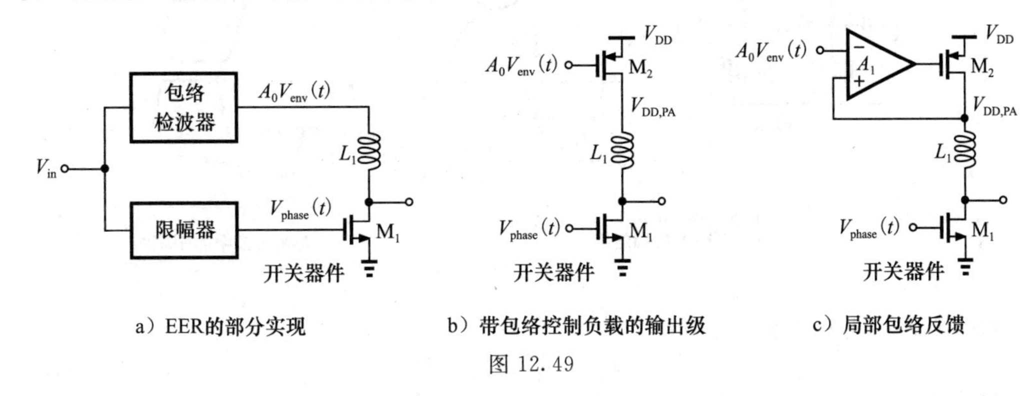

a）EER的部分实现　b）带包络控制负载的输出级　c）局部包络反馈

图 12.49

12.7.2　极化调制问题

极化调制会产生一系列问题。第一个问题是包络路径和相位路径的延迟不匹配会破坏图 12.46 中的信号。为了说明这种影响，我们假设延迟失配为 ΔT，并将输出表示为

$$V_{out}(t)=A_0V_{env}(t-\Delta T)\cos[\omega_0t+\phi(t)] \tag{12.75}$$

对于一个小的 ΔT，$V_{env}(t-\Delta T)$可以近似为泰勒级数中的前两项：

$$V_{env}(t-\Delta T)\approx V_{env}(t)-\Delta T\frac{\mathrm{d}V_{env}(t)}{\mathrm{d}t} \tag{12.76}$$

由此可见

$$V_{out}(t)\approx A_0V_{env}(t)\cos[\omega_0t+\phi(t)]-\Delta T\frac{\mathrm{d}V_{env}(t)}{\mathrm{d}t}\cos[\omega_0t+\phi(t)] \tag{12.77}$$

因此，损坏与包络信号的导数成正比，从而导致大量的频谱再生，因为 $V_{env}(t)$的频谱等效地乘以 ω^2。例如，在 EDGE 系统中，40ns 的延迟失配使得输出频谱与所需频谱掩码之间只有 5dB 的差距[18]。

图 12.46 中的两条路径采用了不同类型的电路，工作频率也大不相同，因此延迟不匹配问题非常严重：包络路径包含一个包络检测器和一个低频缓冲器，而相位路径则包含一个限幅器和一个输出级。

第二个问题与包络检波器的线性度有关。与图 12.44 中的反馈拓扑结构不同，图 12.46 中的极性 TX 依赖于包络检波器对 $V_{env}(t)$的精确重建。如习题 12.6 所示，该电路的非线性会产生频谱再生。

第三个问题涉及限幅器在高频下的运行。一般来说，带宽有限的非线性电路会产生 AM/PM 转换，即出现取决于输入振幅的相移。例如，考虑图 12.50a 所示的差分对，其带宽由输出极点定义，即 $\omega_p=1/(R_1C_1)$。如果输入是位于 ω_0 处的小正弦信号，那么差分输出电流也是正弦信号，其相移为

$$|\theta_1|=\arctan(R_1C_1\omega_0) \tag{12.78}$$

因为它被转换成电压。对于 $\omega_0\ll\omega_p$，

$$|\theta_1|\approx R_1C_1\omega_0 \tag{12.79}$$

现在，如果电路感应到一个较大的输入正弦波(见图 12.50b)，使 M_1 和 M_2 产生近似矩形的漏极电流波形，则输入和输出之间的延迟约等于[一]

$$\Delta T = R_1C_1\ln 2 \tag{12.80}$$

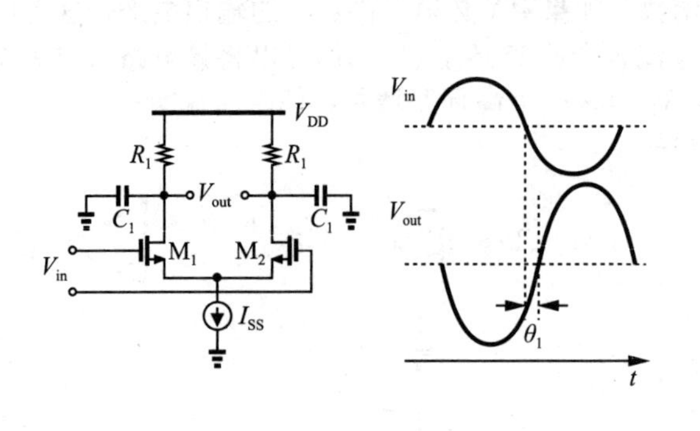

a）小输入摆幅的限幅级

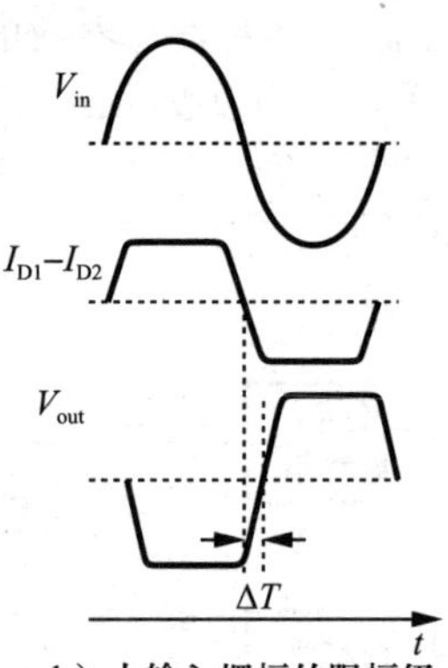

b）大输入摆幅的限幅级

图 12.50

用弧度表示这个结果，我们有

$$|\theta_2| = R_1C_1\omega_0\ln 2 \tag{12.81}$$

比较式(12.79)和(12.81)可以发现，相移随着输入振幅的增加而减小。因此，图 12.46 中的限幅器可能会因包络线的大幅偏移而损坏相位信号。

第四个问题源于图 12.49c 中输出节点电容(C_{DB})随包络信号的变化。随着 $V_{DD,PA}$ 上下波动以跟踪 $A_0V_{env}(t)$，C_{DB} 也随之变化，M_1 栅极到漏极的相移 ϕ_0 也随之变化(见图 12.51)。也就是说，相位信号被包络信号破坏。这种影响可以量化如下。我们认识到 C_{DB} 的变化会改变输出节点的共振频率 ω_1。因此，我们可以将 ϕ_0 与漏极电压的关系表示为一条直线，其斜率为[二]

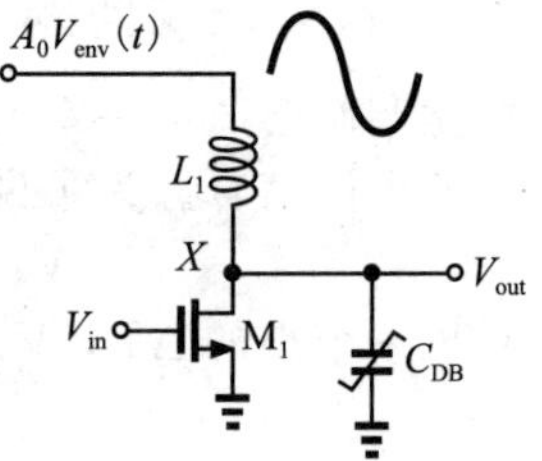

图 12.51 输出电容非线性引起的 AM/PM 转换

$$\frac{d\phi_0}{dV_X} = \frac{dC_{DB}}{dV_X} \cdot \frac{d\omega}{dC_{DB}} \cdot \frac{d\phi_0}{d\omega} \tag{12.82}$$

等式右边的一阶导数可以很容易求出，例如，

$$C_{DB} = \frac{C_{DB0}}{\left(1+\frac{V_X}{V_B}\right)^m} \tag{12.83}$$

式中，V_B 表示结内建电势，并且 m 通常在 0.4 左右。二阶导数 $d\omega/dC_{DB}$ 由 $\omega_1 = 1/\sqrt{L_1C_{DB}}$ 获得，公式为

$$\frac{d\omega}{dC_{DB}} = \frac{-1}{2\sqrt{L_1C_{DB}}} \cdot \frac{1}{L_1C_{DB}} \tag{12.84}$$

$$= -\frac{1}{2}\omega_1^3 \tag{12.85}$$

最后，$d\phi_0/d\omega$ 由输出网络的品质因数 Q 计算(见第 8 章)，即

[一] 我们将延迟定义为输入和输出达到其全摆幅的 50%的时间之间的延迟。

[二] 这等价于通过泰勒展开式的前两项来近似 $\phi_0(V_X)$。

$$Q=\frac{\omega_1}{2}\frac{\mathrm{d}\phi_0}{\mathrm{d}\omega} \tag{12.86}$$

因此

$$\frac{\mathrm{d}\phi_0}{\mathrm{d}\omega}=\frac{2Q}{\omega_1} \tag{12.87}$$

由此可见

$$\frac{\mathrm{d}\phi_0}{\mathrm{d}V_X}=-Q\omega_1^2\frac{\mathrm{d}C_{DB}}{\mathrm{d}V_X} \tag{12.88}$$

至于第一阶导数

$$\phi_0(t)=A_0V_{\mathrm{env}}(t)\frac{\mathrm{d}\phi_0}{\mathrm{d}V_X}+\cdots \tag{12.89}$$

如前所述，极化调制的另一个问题是包络缓冲器(见图 12.49c 中的 M_2)导致的效率(和电压余量)降低。我们将在下文中看到，在上述问题中，只有最后一个问题不符合设计技术，并在低电源电压下成为瓶颈。

12.7.3　改进的极化调制

射频集成电路技术的出现也大大改进了极性发射机。在本节中，我们将研究一些解决上一节所述问题的技术。这里的关键原则是将设计范围扩大到整个发射机链，而不仅仅是射频功率放大器。

在图 12.46 所示的概念方法中，我们试图将射频信号分解为包络和相位分量，从而应对限幅器的 AM/PM 转换。现在在基带中对信号进行分解。对于 RF 波形 $V_{env}(t)\cos[\omega_0 t+\phi(t)]$，正交基带信号为

$$x_{\mathrm{BB,I}}(t)=V_{\mathrm{env}}(t)\cos[\phi(t)] \tag{12.90}$$

$$x_{\mathrm{BB,Q}}(t)=V_{\mathrm{env}}(t)\sin[\phi(t)] \tag{12.91}$$

因此，

$$V_{\mathrm{env}}(t)=\sqrt{x_{\mathrm{BB,I}}^2(t)+x_{\mathrm{BB,Q}}^2(t)} \tag{12.92}$$

$$\phi(t)=\arctan\frac{x_{\mathrm{BB,Q}}(t)}{x_{\mathrm{BB,I}}(t)} \tag{12.93}$$

换句话说，数字基带处理器可以直接或通过 I 和 Q 分量生成 $V_{\mathrm{env}}(t)$和 $\phi(t)$，而无须在 RF 域进行分解。

虽然 $V_{\mathrm{env}}(t)$现在可用于调制功率放大器电源，但 $\phi(t)$并不容易上变频到无线电频率。下面的例子可以说明这一点。

例 12.23 在第三章对频率调制或相位调制发射机的研究中，我们遇到了两种结构，即直接 VCO 调制和正交上变频。这些结构能否用于极化调制系统？

解： 首先，考虑将相位信息应用于 VCO 的控制线。VCO 进行积分时，需要先对 $\phi(t)$进行微分(见图 12.52a)。我们有

$$V_{\mathrm{phase}}(t)=V_0\cos\left(\omega_0 t+K_{\mathrm{VCO}}\int\frac{1}{K_{\mathrm{VCO}}}\frac{\mathrm{d}\phi}{\mathrm{d}t}\mathrm{d}t\right) \tag{12.94}$$

$$=V_0\cos[\omega_0 t+\phi(t)] \tag{12.95}$$

然而，正如第 3 章所述，$\mathrm{d}\phi/\mathrm{d}t$(模拟域)和 K_{VCO} 的满量程摆幅定义不明，$V_{\mathrm{phase}}(t)$的带宽也是如此。此外，调制过程中 VCO 的自激振荡可能会使载波频率偏离预期值。

现在，我们来看看正交调制器，正如第 3 章中对 GMSK 所规定的那样。在这种情况下，$V_{\mathrm{phase}}(t)$表示为

$$V_{\mathrm{phase}}(t)=V_0\cos\omega_0 t\cos\phi-V_0\sin\omega_0 t\sin\phi \tag{12.96}$$

即 $V_0\cos\phi$ 和 $V_0\sin\phi$ 由基带产生，并由正交混频器上变频(见图 12.52b)。然而，正如第 4

章所述，这种方法仍可能在接收波段引入大量噪声，因为混频器的噪声会被功率放大器上变频和放大。

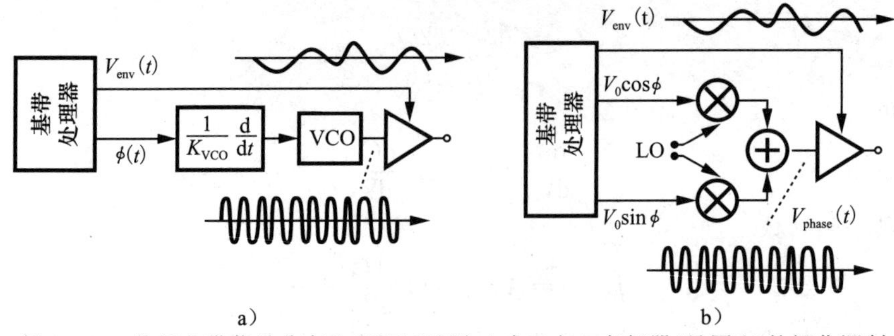

图 12.52 使用基带信号分离和VCO(见图a)或正交上变频器(见图b)的极化调制

除了直接VCO调制和正交上变频之外，我们还在第9章中研究了一些可以实现偏置PLL发射机的技术。例如，我们考虑将PLL作为相位信号上变频的一种手段。图12.53a描述了将这一想法与极化调制相结合的架构。在这种情况下，基带处理器产生的相位信号位于一个有限的载波频率 ω_{IF} 上，其相位偏移按 N 倍缩小。因此，PLL产生的输出为

$$V_{PLL}(t)=V_0\cos[N\omega_{IF}t+\phi(t)] \tag{12.97}$$

式中，$N\omega_{IF}$ 的选择等于所需的载波频率。ω_{IF} 值必须保持在两个范围之间：①必须足够低，以避免对基带DAC造成严重的速度功率折中；②必须足够高，以避免混叠(见图12.53b)。

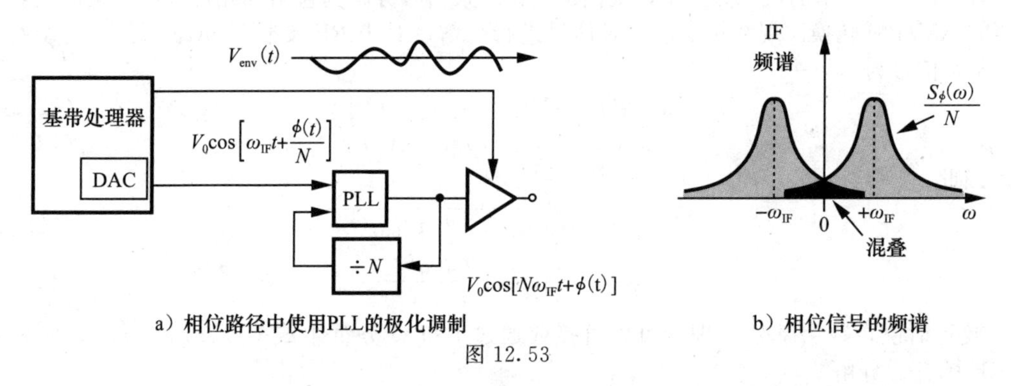

a) 相位路径中使用PLL的极化调制　　b) 相位信号的频谱

图 12.53

可以将偏置PLL发射机与极化调制结合起来[19]。如图12.54所示，其原理是对某个中频信号进行正交上变频，提取包络分量并将其应用于功率放大器。VCO输出被下变频，作为正交调制器的LO波形。请注意，节点 A 的IF信号几乎不带相位调制，因为PLL反馈迫使 A 处的相位跟踪 f_{REF}(未调制参考)的相位。在正确选择PLL带宽的情况下，接收波段内的输出噪声主要由VCO设计决定。

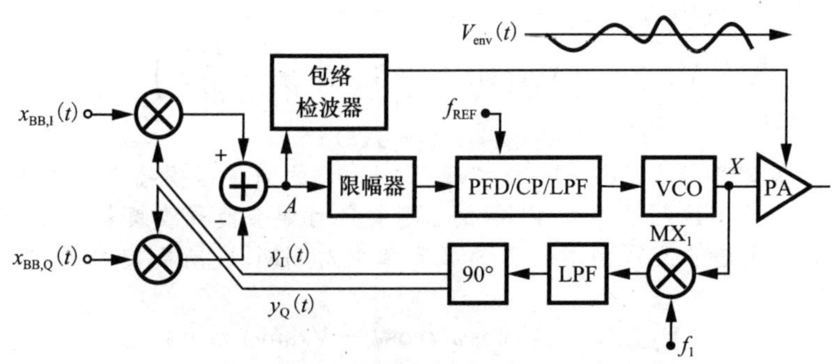

图 12.54 带相位反馈的极化调制

例 12.24 如何修改图 12.54 的结构以避免使用包络检波器?

解: 如果正交上变频器只感知基带相位信息(如图 12.52b),那么包络也可以来自基带。图 12.55 显示了这样一种结构,包络成分直接由基带处理器产生。

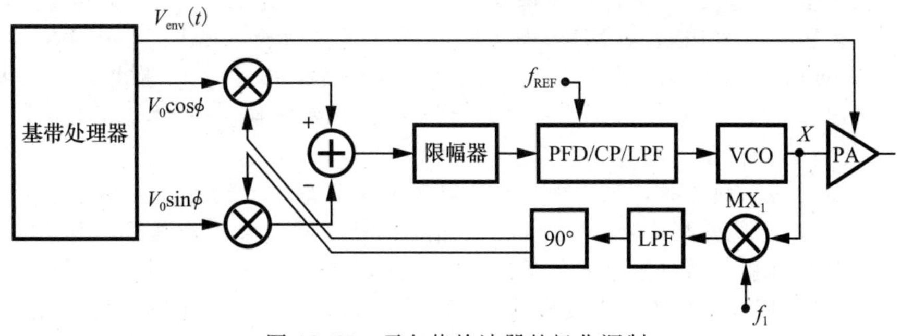

图 12.55 无包络检波器的极化调制 ◀

上述研究的极化调制架构仍未能解决两个问题,即功率放大器输出包络的定义不清和功率放大器的 AM/PM 转换(如输出电容的非线性)造成的损坏问题。因此,我们必须使用反馈来感知和纠正这些影响。如图 12.49c 所示,可以通过驱动功率放大器电源轨的反馈缓冲器来精确控制包络;或者,如图 12.44 中的包络反馈结构,可以将输出包络与输入包络进行比较。图 12.56 所示为带包络反馈的极化调制。PA 的输出电压摆幅按 α 因子缩放,应用于包络检测器,并与 IF 包络进行比较。因此,反馈环路在功率放大器输出端强制产生 IF 包络的忠实(缩放)复制品。带包络检波器的实现如图 12.45c 和 d 所示。

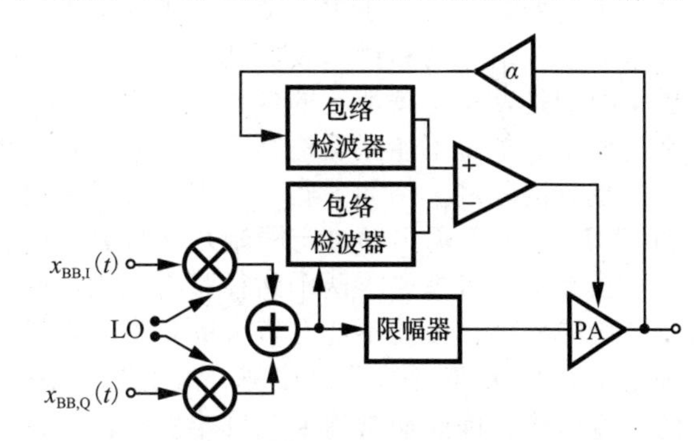

图 12.56 带包络反馈的极化调制

为了校正 PA 的 AM/PM 转换,PA 输出相位必须出现在 PLL 内,即 PLL 反馈路径必须感应 PA 输出而不是 VCO 输出。如图 12.57 所示,这种结构通过 PLL 的高环路增益,将基带相位偏移施加到功率放大器的输出上。换句话说,如果 PA 引入了 AM/PM 转换,PLL 仍能保证 X 处的相位跟踪基带相位调制。这种结构中的两个反馈环路会相互影响,从而导致不稳定,因此需要谨慎选择它们的带宽。

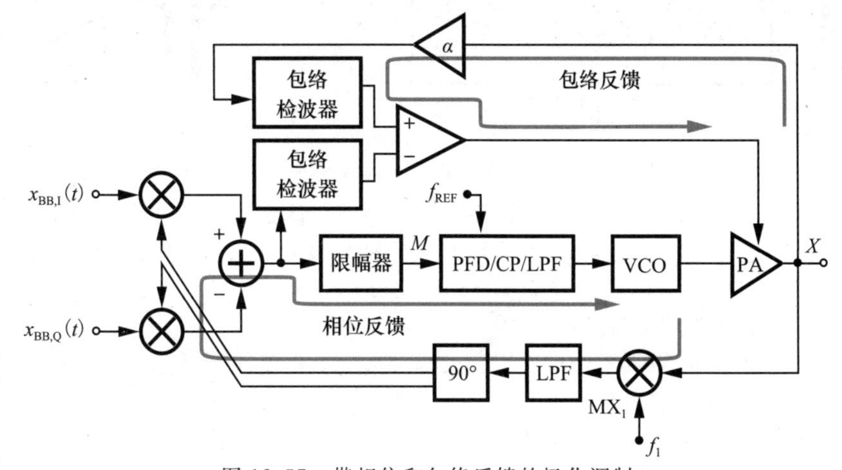

图 12.57 带相位和包络反馈的极化调制

例 12.25 指出图 12.57 所示架构的缺点。

解：这里的一个关键问题与功率控制的需要有关。由于功率放大器的输出电平必须是可变的(GSM/EDGE 约为 30dB，CDMA 约为 60dB)，因此在功率范围的较低端，应用于混频器 MX_1 的摆幅可能会不足，从而降低环路的稳定性。例如，当 X 处的最大峰峰值摆幅为 2V，功率范围为 30dB 时，MX_1 检测到的最小摆幅约为 $66mV_{pp}$。要解决这个问题，必须在 PA 和 MX_1 之间插入一个限幅器，但我们从图 12.50 中可以看出，如果限幅器的输入感应到较大范围的振幅，则会带来相当大的 AM/PM 转换。当然，环路不会对限幅器的 AM/PM 转换进行修正。

这种结构的另一个缺点是，独立的包络环路和相位环路的延迟可能大不相同，从而加剧式(12.77)所描述的延迟失配效应。换句话说，图 12.57 中通过包络检测器、误差放大器和供电调制装置的延迟可能与通过限幅器的延迟完全不同，而这两个环路不提供任何校正。 ◀

其他问题 图 12.57 的结构或其变体[19]解决了 12.7.2 节中指出的一些极化调制问题。不过，还有其他一些问题值得关注。

第一个问题是必须仔细选择包络信号和相位信号路径的带宽。这里的关键是，每个分量所占的带宽都要大于整个复合调制信号的带宽。例如，图 12.58 是 EDGE 系统[18]中各分量和复合信号的频谱以及频谱限制图。我们注意到，包络频谱在少数区域超过了限制，更重要的是，相位谱消耗的带宽要大得多。如果包络和相位路径不能提供足够的带宽，那么这两个分量就不能正确地结合在一起，最终的功率放大器输出就会出现频谱再生，可能会违反频谱限制。例如，在一个 EDGE 系统中，如果 AM 和 PM 路径带宽分别等于 1MHz 和 3MHz，那么输出频谱与限制相比只有 2dB 的余量[18]。

虽然上述考虑要求两个路径都有较大的带宽，但我们必须记住，PLL 专门用于降低接收波段的噪声，因此不能有较大的带宽。在频谱再生和 RX 波段噪声之间的折中反过来又决定了对 PLL 带宽的严格控制。由于充电泵电流和 K_{VCO} 与工艺和温度的关系会导致显著的带宽变化，因此通常需要某种带宽校准方法[18]。

第二个问题与作为加性成分泄漏到输出端的 PM 信号有关。例如，假设如图 12.59 所示，VCO 电感将 PM 信号的一部分耦合到功率放大器输出端的电感(或引脚)[18]。

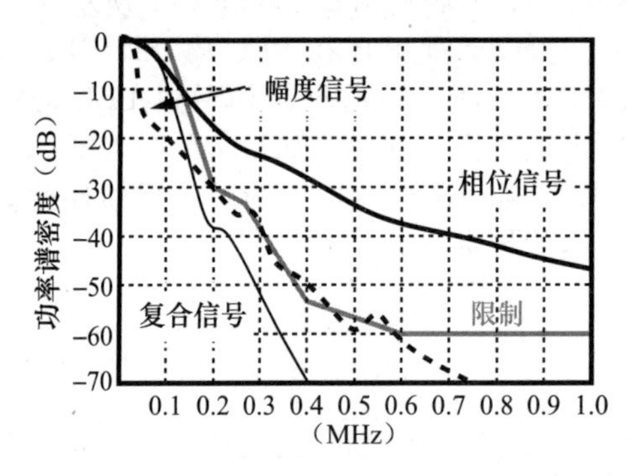

图 12.58 EDGE系统中各分量和复合信号的频谱以及频谱限制图

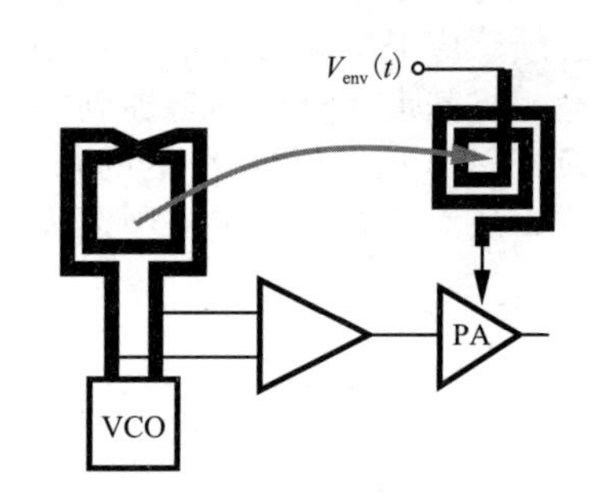

图 12.59 相位信号泄漏路径

注意到图 12.58 中相位信号的带宽很宽，我们可以认识到，如果没有经过适当的包络调制，这种泄漏会产生相当大的频谱再生[18]。这种现象可以简单地表述为

$$V_{out}(t) = AV_{env}(t)\cos[\omega_0(t) + \phi(t)] + V_1\cos[\omega_0 t + \phi(t)] \tag{12.98}$$

其中第二项表示加性成分泄漏。

第三个问题涉及包络路径中的直流失调[18]。如果包络检测器产生的包络有偏移(V_{OS})，则功率放大器的输出为

$$V_{out}(t) = A_0[V_{env}(t) + V_{OS}]\cos[\omega_0 t + \phi(t)] \tag{12.99}$$

也就是说，输出包含一个 PM 泄露分量，等于 $A_0 V_{OS}\cos[\omega_0 t + \phi(t)]$，必须将其最小化，

以避免频谱再生。例如，在 EDGE 系统中，V_{OS} 必须保持在 $V_{env}(t)$ 值的 0.2% 以下，以便为其他误差留出足够的余量[18]。当然，如果输出功率必须是可变的，那么即使是最低输出电平也必须满足这一条件，这是一项艰巨的任务。

12.8　异相

12.8.1　基本思想

通过将可变包络设计分解为两个恒定包络波形，可以避免功率放大器中的包络变化。这种方法在文献[20]中被称为“异相”，在文献[21]中被称为“带非线性分量的线性放大”(LINC)，其原理是将带通信号 $V_{in}(t)=V_{env}(t)\cos[\omega_0 t+\phi(t)]$ 表示为两个相位调制分量之和(见图 12.60)：

$$V_{in}(t)=V_{env}(t)\cos[\omega_0 t+\phi(t)] \tag{12.100}$$

$$=V_1(t)+V_2(t) \tag{12.101}$$

其中

$$V_1(t)=\frac{V_0}{2}\sin[\omega_0 t+\phi(t)+\theta(t)] \tag{12.102}$$

$$V_2(t)=-\frac{V_0}{2}\sin[\omega_0 t+\phi(t)-\theta(t)] \tag{12.103}$$

并且

$$\theta(t)=\sin^{-1}\frac{V_{env}(t)}{V_0} \tag{12.104}$$

因此，如果从 $V_{in}(t)$ 生成 $V_1(t)$ 和 $V_2(t)$，并通过非线性级进行放大，然后将其相加，输出就会包含与 $V_{in}(t)$ 相同的包络和相位信息。

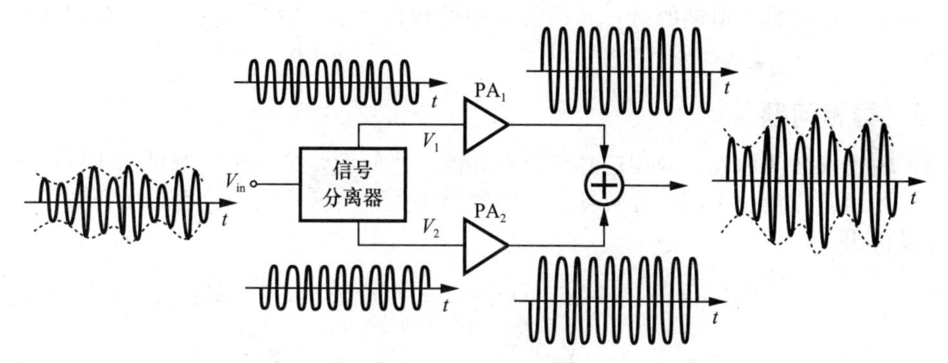

图 12.60　基本异相

从 $V_{in}(t)$ 生成 $V_1(t)$ 和 $V_2(t)$ 很复杂，主要是因为它们的相位必须受 $\theta(t)$ 的调制，而 $\theta(t)$ 本身是 $V_{env}(t)$ 的非线性函数。有人提出使用非线性频率转换反馈回路[21,22]，但回路稳定性问题限制了这些技术的可行性。一种更实用的方法[23]将 $V_1(t)$ 和 $V_2(t)$ 视为

$$V_1(t)=V_I(t)\cos[\omega_0 t+\phi(t)]+V_Q(t)\sin[\omega_0 t+\phi(t)] \tag{12.105}$$

$$V_2(t)=-V_I(t)\cos[\omega_0 t+\phi(t)]+V_Q(t)\sin[\omega_0 t+\phi(t)] \tag{12.106}$$

其中基带分量由下式给出：

$$V_I(t)=\frac{V_{env}(t)}{2} \tag{12.107}$$

$$V_Q(t)=\sqrt{V_0^2-\frac{V_{env}^2(t)}{2}} \tag{12.108}$$

由于产生 $V_Q(t)$ 所需的非线性运算可在基带中进行(如使用查找表 ROM)，因此这种

方法只需采用正交上变频即可产生 $V_1(t)$ 和 $V_2(t)$。

例 12.26 构建一个完整的异相发射机。

解：根据我们在第3章中对GMSK调制技术的研究，相位分量 $\phi(t)$ 也应该在基带中实现，而不是在LO上实现。因此，我们将式(12.102)和式(12.103)分别展开如下：

$$V_1(t)=\frac{V_0}{2}\cos[\phi(t)+\theta(t)]\sin\omega_0 t+\frac{V_0}{2}\sin[\phi(t)+\theta(t)]\cos\omega_0 t \tag{12.109}$$

$$V_2(t)=-\frac{V_0}{2}\cos[\phi(t)-\theta(t)]\sin\omega_0 t-\frac{V_0}{2}\sin[\phi(t)-\theta(t)]\cos\omega_0 t \tag{12.110}$$

因此，异相发射机如图12.61所示。

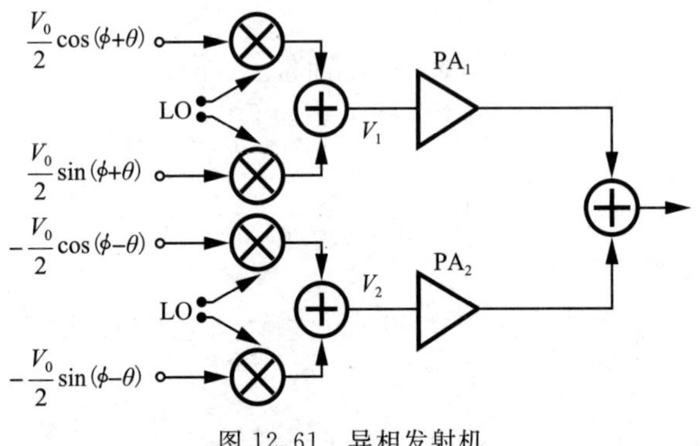

图 12.61 异相发射机 ◀

异相结构可在完全非线性功率放大器级上运行，这是一个与极化调制类似的重要特性。异相技术的一个重要优势是不需要电源调制，从而节省了极化调制需要的包络缓冲器所损失的效率和余量。遗憾的是，异相技术中的输出求和会造成功率损耗(与前馈拓扑结构相同)。

12.8.2 异相问题

除了输出求和问题外，异相还必须处理其他一些问题。第一个问题是图12.60中两条路径之间的增益和相位失配会导致输出端的频谱再生。将两个失配分别用 ΔV 和 $\Delta\theta$ 表示，我们可以得出

$$V_1(t)=\left(\frac{V_0}{2}+\Delta V\right)\sin[\omega_0 t+\phi(t)+\theta(t)+\Delta\theta] \tag{12.111}$$

$$V_2(t)=\frac{V_0}{2}\sin[\omega_0 t+\phi(t)-\theta(t)] \tag{12.112}$$

如果 $\Delta\theta\ll 1$ 弧度，那么

$$V_1(t)+V_2(t)=V_{\text{env}}(t)\cos[\omega_0 t+\phi(t)]+\Delta V\sin[\omega_0 t+\phi(t)+\theta(t)]-\Delta\theta\frac{V_0}{2}\cos[\omega_0 t+\phi(t)+\theta(t)] \tag{12.113}$$

右侧的后两项会造成频谱增长，因为它们的带宽比复合信号(第一项)大得多。

例 12.27 找出图12.61结构不匹配的原因。

解：为避免LO失配，两个正交上变频器必须共享LO相位。剩下的信号源包括混频器、功率放大器和输出求和机制。 ◀

第二个问题涉及图12.60中每条路径所需的带宽。由于 $V_1(t)$ 和 $V_2(t)$ 的相位偏移较大，即 $\phi(t)\pm\theta(t)$(当 ϕ 和 θ "跳变"时)，这两个信号需要占用较大的带宽。从图12.58可以看出，$\cos[\omega_0 t+\phi(t)]$ 形式的分量的带宽是复合信号的数倍。由于额外的相位 $\theta(t)$ 的

存在，这种情况在异相中更加严重。

例 12.28 一名学生试图通过在式(12.104)中选择 $V_a > V_0$ 的比例电压来减少 $\theta(t)$ 的偏移：

$$\theta(t) = \arcsin \frac{V_{\text{env}}(t)}{V_a} \tag{12.114}$$

解释对整个发射机的影响。假设基带波形是根据式(12.109)和式(12.110)产生的，即振幅为 $V_0/2$。

解： 如果在基带信号振幅保持不变的情况下缩小 $\theta(t)$，复合输出振幅就会下降。在习题 12.9 中，我们将证明式(12.113)现在必须写成

$$V_1(t) + V_2(t) = \frac{V_0}{V_a} V_{\text{env}}(t)\cos[\omega_0 t + \phi(t)] + \Delta V \sin[\omega_0 t + \phi(t) + \theta(t)] - \Delta\theta \frac{V_0}{2}\cos[\omega_0 t + \phi(t) + \theta(t)] \tag{12.115}$$

由此可见，随着 V_a 的增加和 $\theta(t)$ 的缩小，失配的影响会变得更加明显。◀

第三个问题涉及两个功率放大器通过输出求和装置产生的相互作用。通过一个功率放大器的信号可能会影响到通过另一个功率放大器的信号，从而导致频谱再生甚至损坏。为了理解这一点，让我们考虑图 12.62a 所示的简单组合电路。如果 M_1 和 M_2 作为理想电流源工作，则一个功率放大器的信号对另一个功率放大器的信号影响很小[㊀]。然而，在保持 M_1 和 M_2 处于饱和状态的同时，很难达到较高的效率。

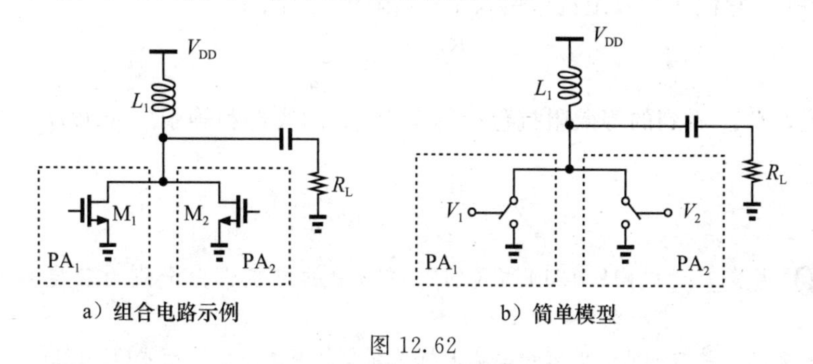

a）组合电路示例　　b）简单模型

图 12.62

现在，假设 M_1 和 M_2 进入深三极管区，并可模拟为压控开关(见图 12.62b)。在这种情况下，一个功率放大器看到的负载会受到另一个功率放大器的调制，因此会随时间变化，从而使信号失真。

为了说明功率放大器之间的相互作用，我们考虑了图 12.63a 中描述的更为常见的结构，即一个变压器将输出相加[㊁]并驱动负载电阻。输出网络可简化为图 12.63b。我们希望确定每个功率放大器相对于地的阻抗。为此，我们必须计算 $I_{AB} = (V_A - V_B)/R_L$，然后是 $Z_1 = V_A/I_{AB}$ 和 $Z_2 = -V_B/I_{AB}$。如果将每个功率放大器级建模为具有单位增益的理想电压缓冲器，则 $V_A = V_1$ 且 $V_B = V_2$，从而得到

$$I_{AB}(t) = \frac{V_1(t) - V_2(t)}{R_L} \tag{12.116}$$

$$= \frac{V_0 \sin(\omega_0 t + \phi + \theta) - V_0 \sin(\omega_0 t + \phi - \theta)}{2R_L} \tag{12.117}$$

$$= \frac{V_0 \cos(\omega_0 t + \phi)\sin\theta}{R_L} \tag{12.118}$$

㊀ 通过 C_{GD} 将输出耦合到每个晶体管的栅极确实会产生一些相互作用。

㊁ 在这种情况下，变压器电压实际上是从 V_1 减去 V_2。因此，V_2 必须在到达 PA_2 之前被取反。

由此可见

$$\frac{V_A(t)}{I_{AB}(t)}=\frac{V_0\sin(\omega_0 t+\phi)\cos\theta+V_0\cos(\omega_0 t+\phi)\sin\theta}{2V_0\cos(\omega_0 t+\phi)\sin\theta}R_L \tag{12.119}$$

$$=\frac{R_L}{2}+\frac{R_L}{2}\frac{\sin(\omega_0 t+\phi)}{\cos(\omega_0 t+\phi)}\cdot\theta \tag{12.120}$$

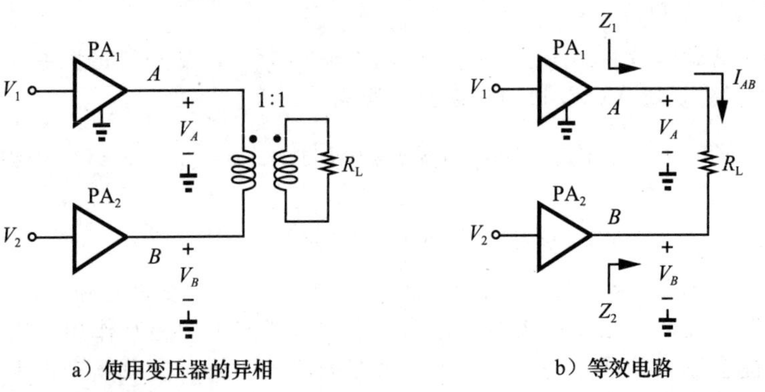

图 12.63

现在我们假设 θ 随时间相对恒定，并将结果转换到频域。由于第二项中分数的分子和分母相位差 90°，它们在等效阻抗中引入了−j 因子。因此

$$Z_1=\frac{R_L}{2}-\mathrm{j}\cot\theta\frac{R_L}{2} \tag{12.121}$$

也就是说，PA_1 看到的等效阻抗包括等于 $R_L/2$ 的实部和等于$(-\cot\theta)R_L/2$ 的虚部⊖，类似地，

$$Z_2=\frac{R_L}{2}+\mathrm{j}\cot\theta\frac{R_L}{2} \tag{12.122}$$

例 12.29 通常来说式(12.121)和式(12.122)中的电抗部分分别对应电容和电感。这种说法准确吗？

解： 一般来说，并非如此。电容和电感电抗必须与频率成正比，而式(12.121)和式(12.122)中的第二项则不然。不过，对于窄带信号，负电抗可视为电容，正电抗可视为电感。 ◀

Z_1 和 Z_2 对 θ 的依赖关系表明，如果功率放大器不是理想的电压缓冲器，那么信号就会出现时变电压分压(见图 12.64a)，从而产生失真。Chireix[20] 认识到，如果在每个功率放大器的输出端额外绑定一个极性相反的电抗，以抵消式(12.121)或式(12.122)中的第二项，就可以减轻这种影响(见图 12.64b)。由于并联电抗(导纳)通常是首选，因此我们首先将 Z_1 和 Z_2 转换为导纳。将式(12.121)的左侧取倒数，并将分子和分母乘以 1+jcosθ，得到

$$Y_1=\frac{2}{R_L}(\sin^2\theta+\mathrm{j}\sin\theta\cos\theta) \tag{12.123}$$

为了抵消第二项的影响

$$\frac{1}{\mathrm{j}\omega_0 L_A}=-\frac{2}{R_L}\mathrm{j}\sin\theta\cos\theta \tag{12.124}$$

因此

$$L_A=\frac{R_L}{\omega_0\sin 2\theta} \tag{12.125}$$

类似地，

⊖ 如果输入波形用余弦表示，则虚部由$(-\tan\theta)R_L/2$ 给出。

$$Y_2 = \frac{2}{R_L}(\sin^2\theta - \mathrm{j}\sin\theta\cos\theta) \tag{12.126}$$

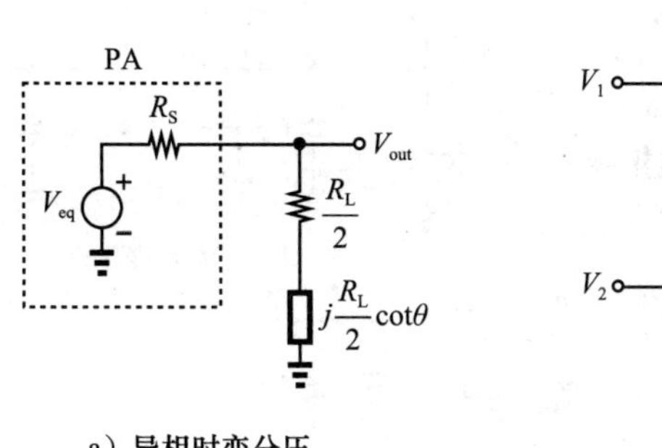

a）异相时变分压

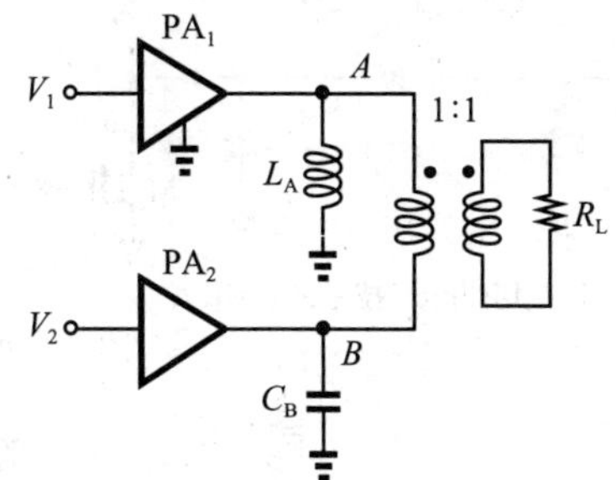

b）Chireix消除技术

图 12.64

为了消除式(12.122)中的第二项，

$$\mathrm{j}C_B\omega_0 = \frac{2}{R_L}\mathrm{j}\sin\theta\cos\theta \tag{12.127}$$

因此

$$C_B = \frac{\sin 2\theta}{R_L\omega_0} \tag{12.128}$$

在完全抵消的情况下，$Z_1 = Z_2 = R_L/(2\sin^2\theta)$。有趣的是，$L_A$ 和 C_B 在载波频率上共振，因为

$$L_A C_B = \frac{1}{\omega_0^2} \tag{12.129}$$

上述结果基于两个假设：每个功率放大器都可以用一个电压源来近似；θ 相对恒定。读者可能会对这两个假设有疑惑。毕竟，高开关功率放大器级的输出阻抗会在小值(晶体管处于深三极管区时)和大值(晶体管关闭时)之间波动。此外，包络时间变化转化为随时间变化的 θ。换言之，在输出节点上添加恒定电感和恒定电容只能提供粗略的补偿。

读者可能会问，是否有可能构建一个三端口电源网络，在其中两个端口之间提供隔离，从而避免上述相互作用。事实证明，这样的网络不可避免地会产生损耗。

为了提高补偿效果，电感和电容可以跟踪包络变化[24]。然而，由于电感难以变化，我们必须寻求一种只适合电容变化的布置方式。为此，让我们使用 Chireix 的消除技术，如图 12.65a 所示。有趣的是，L_A 和 C_B 将两个输出回路的共振频率向相反的方向移动。因此，我们可以推测，如果只在 A 和 B 上绑定不相等的电容，并沿相反方向变化，则仍可能发生抵消。如图 12.65b 所示，我们选择 C_A 和 C_B 为[24]

$$C_A = C_0 + \Delta C \tag{12.130}$$

$$C_B = C_0 - \Delta C \tag{12.131}$$

寻求 ΔC 的适当值。谐振电路的导纳由下式给出：

$$Y_{\mathrm{tank},A} = \frac{1}{\mathrm{j}L_0\omega} + \mathrm{j}(C_0 + \Delta C)\omega \tag{12.132}$$

$$Y_{\mathrm{tank},B} = \frac{1}{\mathrm{j}L_0\omega} + \mathrm{j}(C_0 - \Delta C)\omega \tag{12.133}$$

式中，$L_1 = L_2 = L_0$。注意，对于窄带信号，$1/(\mathrm{j}L_0\omega)$ 和 $\mathrm{j}C_0\omega$ 抵消，我们使用式(12.123)和式(12.132)，求出 A 处的总导纳：

$$Y_{\mathrm{tot},A} = Y_{\mathrm{tank},A} + Y_1 \tag{12.134}$$

$$= \mathrm{j}\Delta C\omega + \frac{2\sin^2\theta}{R_L} + \frac{\mathrm{j}\sin 2\theta}{R_L} \tag{12.135}$$

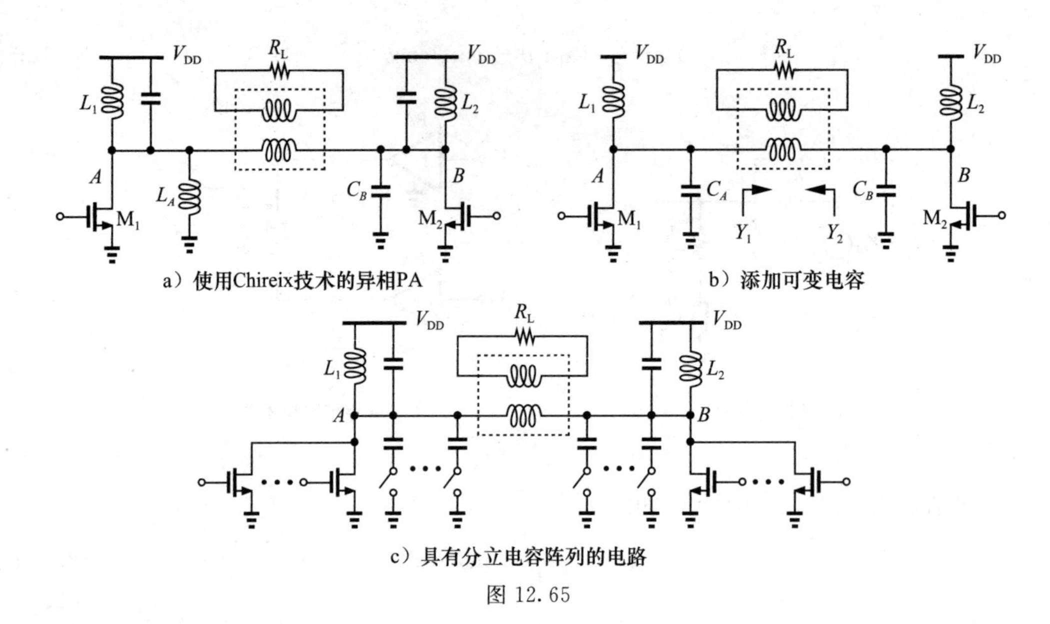

a) 使用Chireix技术的异相PA　b) 添加可变电容

c) 具有分立电容阵列的电路

图 12.65

无功部分被抵消，如果

$$\Delta C = -\frac{\sin 2\theta}{R_L \omega} \tag{12.136}$$

类似地，对于 B 节点，

$$Y_{tot,B} = Y_{tank,B} + Y_2 \tag{12.137}$$

$$= -j\Delta C\omega + \frac{2\sin^2\theta}{R_L} - j\frac{\sin 2\theta}{R_L} \tag{12.138}$$

得出与式(12.136)中相同的 ΔC，这是一个幸运的巧合。

上述研究表明，如果 ΔC 的变化与 $\sin 2\theta$ 成比例，那么抵消就会更加准确，在整体阻抗中留下的实部等于

$$\mathrm{Re}\{Y_{tot,B}\} = \frac{2\sin^2\theta}{R_L} \tag{12.139}$$

遗憾的是，这一分量也会随着包络的变化而变化㊀。这个问题可以通过调整每个功率放大器的强度来解决，从而保持相对恒定的输出功率[24]。图 12.65c 显示了这一结果[24]，其中电容和晶体管都可以分步调整。利用键合线作为电感和片外平衡器，PA 在 WCDMA 模式下的输出功率为 13dBm，漏极效率为 27%[24]。

12.9 多尔蒂功率放大器

迄今为止我们研究的放大器级均采用单输出晶体管，当晶体管进入三极管区(双极设备的饱和区)时，不可避免地会接近饱和。因此，我们推测，如果引入一个辅助晶体管，只有当主晶体管开始压缩时才提供增益，那么在输入和输出电平较高时，整体增益可以保持相对恒定。图 12.66a 演示了这一原理：主放大器在输入波动高达约 V_1 时保持线性，而辅助放大器则在输入超过 V_1 时提供输出功率。前者以 A 类放大器的形式工作，后者以 C 类放大器的形式工作。

虽然上述原理简单而优雅，但实施起来却并不简单。究竟应该如何将辅助放大器与主放大器绑定在一起？图 12.66b 显示了一个例子，两个分支产生的电流在输出节点处简单

㊀ 如果输入波形用余弦表示，则实部由 $2\cos^2\theta/R_L$ 给出。

相加。但是，如果 X 处的电压摆幅大到足以将 M_1 推入三极管区，那么也很可能将 M_2 推入三极管区。

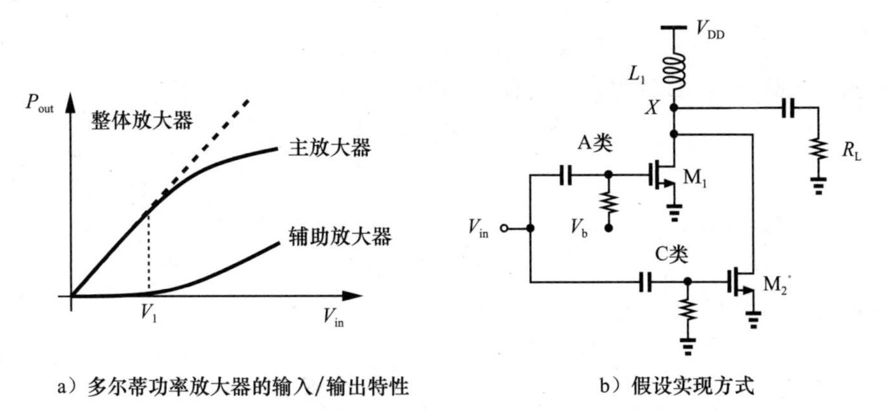

a）多尔蒂功率放大器的输入/输出特性　　b）假设实现方式

图 12.66

由于认识到调幅信号只是偶尔达到峰值，因此平均效率较低，多尔蒂引入了上述双路径原理，并开发了图 12.67a 所示的多尔蒂功率放大器[25]。他将主级和辅助级分别称为“载波”和“峰值”放大器。载波放大器之后是一条长度等于 $\lambda/4$ 的传输线，其中 λ 表示载波波长。为了匹配通过这条传输线的延迟，在峰值放大器的输入端串联插入另一条 $\lambda/4$ 的 T 形传输线。

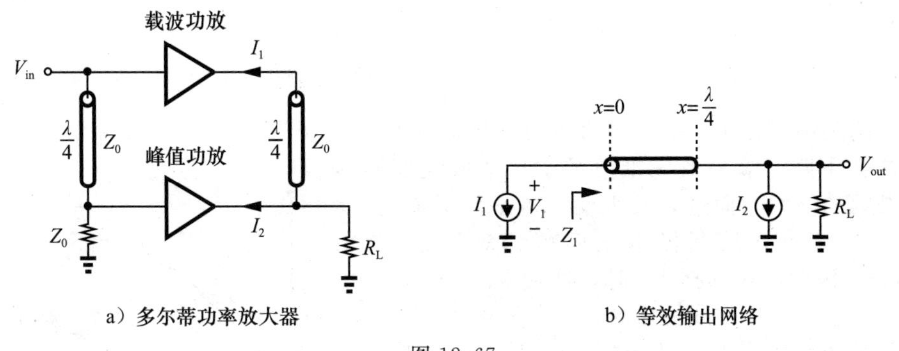

a）多尔蒂功率放大器　　b）等效输出网络

图 12.67

为了了解多尔蒂功率放大器的工作原理，我们构建了图 12.67b 所示的等效电路，其中 I_1 和 I_2 分别代表载波级和峰值级产生的 RF 电流。我们的第一个目标是确定阻抗 Z_1。无损传输线 x 点的电压和电流波形分别为

$$V(t,x)=V^{+}\cos(\omega_0 t-\beta x)+V^{-}\cos(\omega_0 t+\beta x) \tag{12.140}$$

$$I(t,x)=\frac{V^{+}}{Z_0}\cos(\omega_0 t-\beta x)-\frac{V^{-}}{Z_0}\cos(\omega_0 t+\beta x) \tag{12.141}$$

式中，每个表达式中的第一项表示沿 x 轴正方向传播的波，第二项表示沿 x 轴负方向传播的波，$\beta=2\pi/\lambda$，Z_0 是线路的特性阻抗。由于 I_2 相对于 I_1 的延迟为 $\lambda/4(=90°)$，我们可以写成 $I_1=I_0\cos\omega_0 t$ 和 $I_2=\alpha I_0\cos(\omega_0-90°)=-\alpha I_0\sin\omega_0 t$，其中 α 是表示峰值阶段相对“强度”的比例系数。式(12.140)和式(12.141)现在必须在 $x=0$ 时满足：

$$V(t,0)=(V^{+}+V^{-})\cos\omega_0 t=V_1 \tag{12.142}$$

$$I(t,0)=\left(\frac{V^{+}}{Z_0}-\frac{V^{-}}{Z_0}\right)\cos\omega_0 t=-I_1 \tag{12.143}$$

并且在 $x=\lambda/4$ 处，

$$V\left(t,\frac{\lambda}{4}\right)=(-V^{+}+V^{-})\sin\omega_0 t=V_{out} \tag{12.144}$$

$$I\left(t,\frac{\lambda}{4}\right)=\left(-\frac{V^{+}}{Z_0}-\frac{V^{-}}{Z_0}\right)\sin\omega_0 t \tag{12.145}$$

在输出节点列出 KCL 方程，我们有

$$\frac{V_{out}}{R_L}+I_2=I\left(t,\frac{\lambda}{4}\right) \tag{12.146}$$

因此

$$\frac{(-V^{+}+V^{-})\sin\omega_0 t}{R_L}-\alpha I_0\sin\omega_0 t=\left(-\frac{V^{+}}{Z_0}-\frac{V^{-}}{Z_0}\right)\sin\omega_0 t \tag{12.147}$$

由此可得

$$\frac{V^{+}-V^{-}}{R_L}+\alpha I_0=\frac{V^{+}+V^{-}}{Z_0} \tag{12.148}$$

在最后一步中，我们注意到 $Z_1=-V_1/I_1$，根据式(12.142)和式(12.143)得出

$$Z_1=-\frac{V^{+}+V^{-}}{V^{+}-V^{-}}Z_0 \tag{12.149}$$

此外，式(12.143)指出 $V^{+}-V^{-}=-I_0Z_0$，并且因此得到 $Z_1=-(V^{+}+V^{-})/I_0$。将这些值代入式(12.148)，得到

$$-\frac{I_0Z_0}{R_L}+\alpha I_0=-\frac{I_0Z_1}{Z_0} \tag{12.150}$$

并且

$$Z_1=Z_0\left(\frac{Z_0}{R_L}-\alpha\right) \tag{12.151}$$

这里的关键点在于，随着峰值级功放开始放大(α 升至零以上)，主功率放大器看到的负载阻抗会下降。这种效应抵消了主功率放大器漏极电压摆幅的增大，而这是较大输入电平所必需的，从而导致过渡点之后漏极电压摆幅相对恒定(见图 12.68)。因此，在选择 V_1 时，即使 $V_{in}>V_1$，主功率放大器也能工作在线性区域。

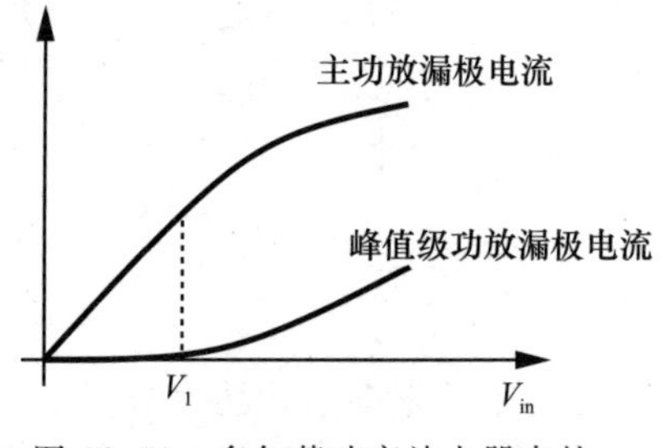

图 12.68　多尔蒂功率放大器中的电流和电压变化

多尔蒂功率放大器的几个特性[25]是：①该技术将线性范围扩大了约 6dB；②在全输出功率下，效率达到 79%的理论最大值；③如果图 12.67a 中的 Z_0 被选择等于 $2R_L$，则可获得这一效率。

在集成电路设计方面，多尔蒂功率放大器面临着自身的挑战。两条传输线，尤其是输出端的传输线，会带来相当大的损耗，从而降低效率。此外，当波动较大时，峰值级功放中的晶体管会开启或关闭，从而导致输出电流导数的不连续性，并可能产生较高的相邻通道功率。换句话说，如果必须避免信号压缩，这种电路可能会很有用，但如果必须保持较小的 ACPR，这种电路就不适用了。

12.10　设计实例

大多数功率放大器都采用两级结构(有时是三级)，并在输入端、级与级之间以及输出端设置匹配网络(见图 12.69)。“驱动器”可视为上变频器和输出级之间的缓冲器，提供增益并驱动后者的低输入阻抗。例如，如果功率放大器必须输出＋30dBm，图 12.69 中的两级结构可能具有 25～30dB 的增益，从而使上变频器的输出在 0～＋5dBm 的范围内。根据载波频率和功率水平的不同，可以省略第一个匹配网络 N_1，即驱动器只需检测上变频器

输出电压即可。

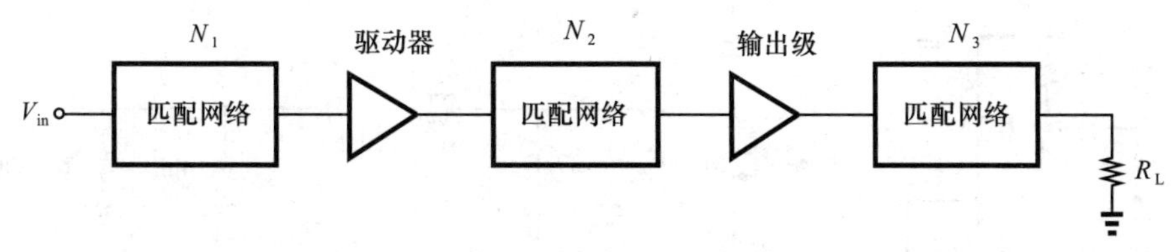

图 12.69 典型的两级功率放大器

图 12.69 中的输入和输出匹配网络具有不同的作用：N_1 可以提供 50Ω 的输入阻抗，而 N_3 则可以放大输出级产生的电压摆幅(或将 R_L 变为较低值)。如果功率放大器被设计为独立电路，并通过外部元件与前级电路连接，则 50Ω 的输入阻抗是必要的。在集成发射机中，上变频/功率放大器接口阻抗可以选择得更高。

图 12.69 中的匹配网络 N_2 是出于实用性考虑而加入的。由于设计开始时可能需要对输出晶体管进行负载拉动测量，因此在完成输出级设计时，该器件为实现最高效率而必须达到的源阻抗是已知的，并且是固定的。因此，驱动器必须驱动这样的输入阻抗，通常需要一个匹配网络。换句话说，使用 N_2 可以实现模块化设计：首先是输出级，其次是驱动器，最后是级间匹配，并在最后进行一些迭代。如果没有 N_2，则必须将驱动器和输出级视为单个电路，共同设计以获得最佳性能。虽然这种方法可能更加复杂，但由于避免了 N_2 的损耗，因此效率可能会更高一些。

在本节中，我们将研究文献中报道的一些功率放大器设计。我们将看到，不同设计的效率和线性度差别很大。因此，请读者注意，比较不同功率放大器的性能并不能够直接比较。特别是，我们必须提出以下问题：

1)目标载波频率和最大输出功率是多少？这些参数越高，效率和线性度的折中就越严格。

2)功率放大器能提供多大的增益？增益较低的设计往往线性度较高。

3)功率放大器是否采用片外元件？大多数输出匹配网络都是在外部实现的，以避免片内器件的损耗。例如，有些设计将键合线作为该网络的一部分——尽管这种功率放大器可能被称为“全集成的”。

4)集成电路技术是否提供厚金属化？对于高达几十千兆赫兹的频率，厚金属可降低片上电感器和传输线的损耗(频率越高，趋肤效应越明显，厚金属化的优势就越小)。

5)设计是否会对晶体管造成压力？许多报告的功率放大器采用的电源电压等于器件的最大容许电压(V_{max})，但允许高于电源电压的波动，这可能会对晶体管造成压力。

6)功率放大器在哪种封装中进行测试？封装寄生对功率放大器的性能起着至关重要的作用。

7)效率和 ACPR 是在相同的输出功率水平下测量的吗？有些设计可能在最大功率下标出效率，但在较低的平均输出功率下标出 ACPR。

12.10.1 共源共栅功放示例

非线性功率放大器可以利用共源共栅器件来减少晶体管的压力。图 12.70 显示了 900MHz 频段的 E 类功放示例[26]。在这里，M_3 和 M_4 在部分输入摆幅中开启。与简单的共源极相比，使用级联器件可提供近两倍的漏极电压摆幅，从而使漏极的负载电阻增加 4 倍。因此，输出功率为 1W 时，匹配网络只需将 50Ω 变为约 4.4Ω，损耗更小。对于这些功率水平，M_1-M_2 支路的导通电阻约为 1.2Ω，小于匹配网络中的其他等效电阻，但要求每个支路的 W/L 为 15mm/0.25μm！M_2 的大漏极电容由 C_1 吸收，而 M_1 的栅极电容则由一根 2nH 的键合线和一个外部可变电容调节。电感 L_2 和 L_3 也可以通过键合线进行实现。

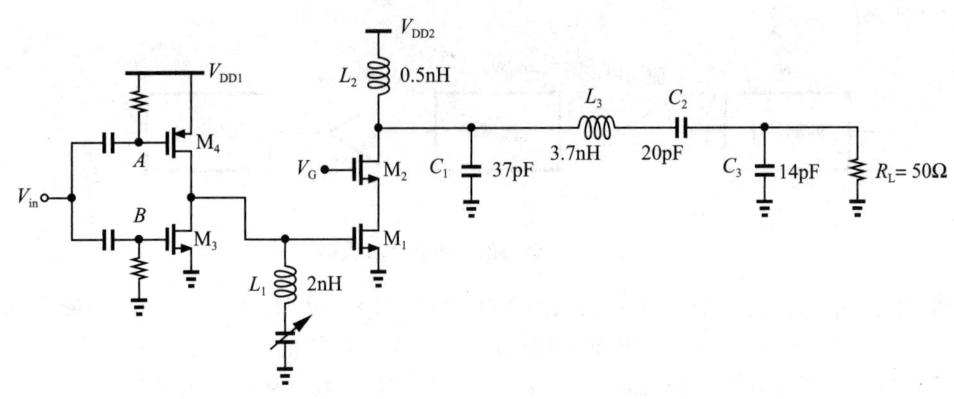

图 12.70 E类功放示例

图 12.70 中由 M_3 和 M_4 组成的输入级作为C类放大器工作，因为晶体管的偏置电流可忽略不计，直到摆幅将 V_B 升至 T_{TH3} 以上或将 V_A 降至 $V_{DD}-|T_{TH4}|$ 以下。功率放大器在 $V_{DD1}=2.5V$ 和 $V_{DD2}=1.8V$ 时的功率为 0.9W，功率效率达到 41%。实际设计采用了两套准差分形式的电路，并通过片外平衡器组合输出[26]。

图 12.71a 显示了共源共栅功率放大器的另一个示例[27]。为了使 M_2 的漏极产生更大的摆幅，这种拓扑结构通过 R_1 将级联器件的栅极引导到输出端。换句话说，由于 V_P 以及 V_Q 随 V_{out} 上升，M_2 现在承受的压力比 V_P 保持不变时要小。当然，如果 V_P 跟踪单位增益时的 V_{out}，那么 M_2 将作为二极管连接器件工作，从而限制 V_{out} 的最小值㊀。因此，增加了电容 C_1，在 V_P 处产生部分输出摆幅。图 12.71b 绘制了电路波形，显示 M_1 和 M_2 的最大漏极-源极电压大致相等[27]，从而产生较大的可容忍输出摆幅。

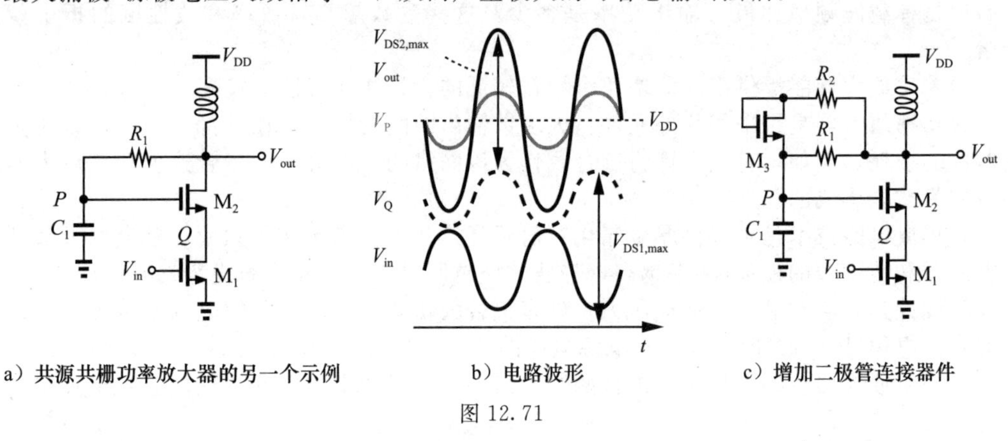

a）共源共栅功率放大器的另一个示例　　b）电路波形　　c）增加二极管连接器件

图 12.71

例 12.30 在理想情况下，图 12.71a 的拓扑结构能提供多大的输出电压摆幅？

解： 在理想情况下，V_{DD} 可以等于最大允许漏极-源极电压 V_{max}，这样 V_{out} 就可以从几乎为零摆动到大约 $2V_{DD}=2V_{max}$。如果在 $V_{out}=2V_{max}$ 时，M_2 的栅极电压升高到足以产生 $V_{DS2}=V_{DS1}=V_{max}$，就可以做到这一点。◀

图 12.71a 中的拓扑结构可以进一步改进，使自举路径略微单侧化，从而使正摆幅大于负摆幅。当 V_{out} 上升时，M_3 导通，M_2 的栅极电压随之上升。当 V_{out} 下降时，M_3 关断，只有 R_1 可以拉低栅极电压。

例 12.31 解释在正负摆幅不对称的情况下，输出占空比会发生什么变化。

㊀ 同时也失去了共源共栅结构的优势。

解：由于 V_{DD} 以上的摆幅大于 V_{DD} 以下的摆幅，因此占空比必须小于 50%，才能产生仍等于 V_{DD} 的平均电压。不过，平均输出功率还是会增加。从图 12.72 所示的近乎理想的波形中可以看出这一点，其中我们有

$$V_1 T_1 \approx V_2 T_2 \tag{12.152}$$

以确保平均电压等于 V_{DD}。平均功率为

$$P_{avg} \approx \frac{(V_1 + V_2)^2 T_1}{T_1 + T_2} \tag{12.153}$$

根据式(12.152)，简化为

$$P_{avg} \approx \left(1 + \frac{T_2}{T_1}\right) V_2^2 \tag{12.154}$$

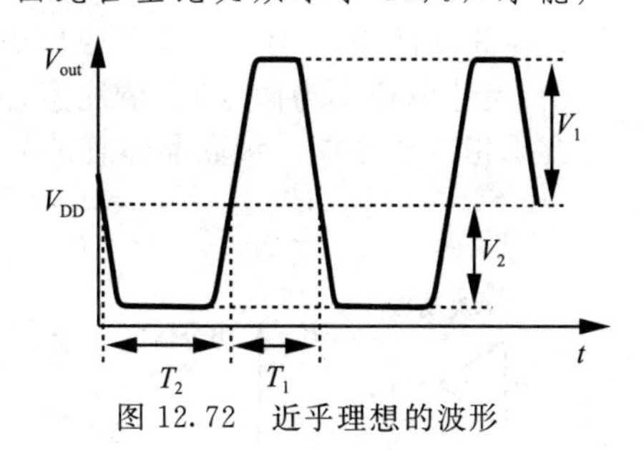

图 12.72　近乎理想的波形

因此，随着 V_1 的增大，T_1 随之减小，P_{avg} 会上升，因为 $V_2 \approx V_{DD}$。◀

图 12.73 显示了用于 2.4GHz 频段的自举共源共栅功率放大器总体设计[27]。虚线框内是片上电路，L_1-L_3 表示键合线，T_1-T_7 是传输线，作为印制电路板上的连线。输出级使用的器件宽度为 $W_3=2\text{mm}$ 和 $W_4=1.5\text{mm}(L=0.18\mu\text{m})$，输入电容约为 4pF。在驱动级中，$W_1=600\mu\text{m}$，$W_2=300\mu\text{m}$。

电路采用了三个匹配网络：①T_1、C_1 和 T_2 将输入匹配为 50Ω；②T_3、L_2 和 C_2 提供级间匹配；③L_3、T_4-T_6、C_3 和 C_4 将 50Ω 的负载转换为较低的电阻。传输线 T_7 在 2.4GHz 时为开路。

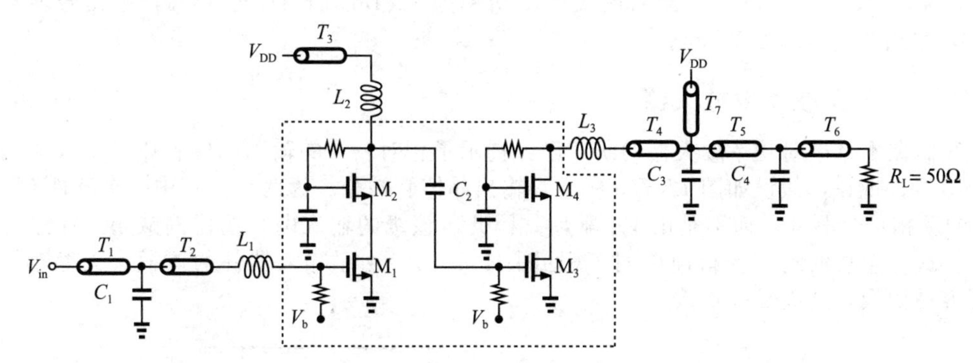

图 12.73　用于 2.4GHz 频段的自举共源共栅功率放大器总体设计

例 12.32　如果图 12.73 中 M_4 的漏极电压从 0.1V 波动到 4V，功率放大器输出功率为 +24dBm，输出匹配网络必须将负载电阻转换为几倍？

解：当峰峰摆幅为 $V_{PP}=3.9\text{V}$ 时，功率达到 +24dBm(=250mW)，如果

$$\left(\frac{V_{PP}}{2\sqrt{2}}\right)^2 \frac{1}{R_{in}} = 250\text{mW} \tag{12.155}$$

其中，R_{in} 是 M_4 漏极处的电阻。由此可得

$$R_{in} = 7.6\Omega \tag{12.156}$$

因此，输出匹配网络必须将负载转换为 6.6 倍大小。◀

图 12.73 中的功率放大器工作电压为 2.4V，最大(饱和)输出为 24.5dBm，增益为 31dB，PAE 为 49%。输出 1dB 压缩约为 21dBm。

图 12.74a[28]从概念上说明了共源共栅功率放大器设计的另一个例子。在这里，一个 B 类与一个 A 类放大器并联，在后者开始压缩时贡献增益。其操作类似于图 12.66a 中的多尔蒂功率放大器。两级输出的求和也面临图 12.66b 所示的同样问题，但如果两级在输入时都经历了压缩，那么它们的输出就可以在电流域中简单求和[28]。根据这一假设，产

生了图12.74b所示的功率放大器电路，其中M_1-M_4构成主A级功放，M_5-M_6构成B级功放。在此设计中，$(W/L)_{1,2}=192/0.8$，$(W/L)_{3,4}=1200/0.34$，并且$(W/L)_{5,6}=768/0.18$(所有尺寸单位均为微米)。请注意，$(W/L)_{5,6}>(W/L)_{1,2}$，因为B类器件在高输出电平时会承担主要功能。级联晶体管的氧化层较厚，沟道较长，因此输出电压摆幅较高。

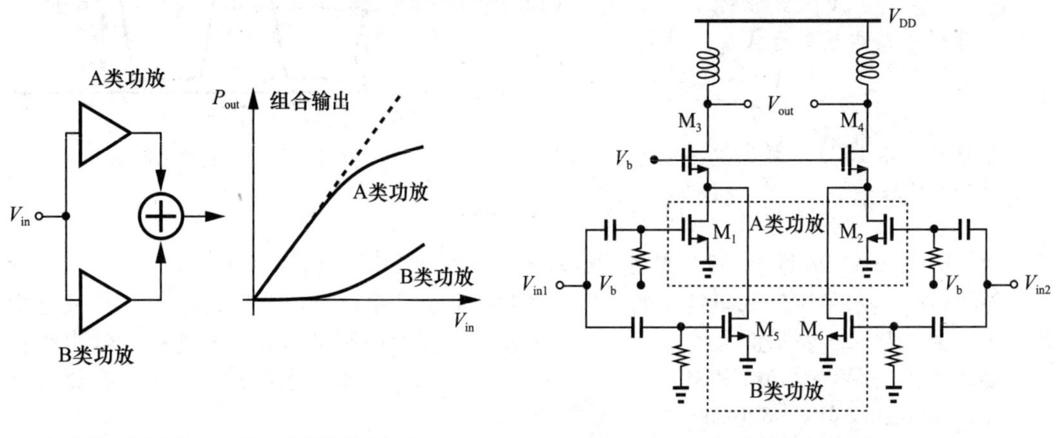

a）并联A类和B类功率放大器以提高压缩点　　b）功率放大器电路

图12.74

图12.74b中的功率放大器的最大输出功率为22dBm，PAE为44%，小信号增益为12dB，输出P_{1dB}为20.5dBm。[⊖]

12.10.2 正反馈功率放大器

我们在本章中对功率放大器的研究已经揭示了相对较大的输出晶体管以及前级驱动它们的困难。现在，假设如图12.75a所示，输出晶体管被分解为两个，其中一个器件M_2由V_{out}的反相信号驱动，而不是由V_{in}驱动。因此，该级的输入电容按比例减小。在差分设计中，这一想法的实现变得简单明了(见图12.75b)。由于输入器件的体积大大缩小，因此更容易切换，从而提高了效率。

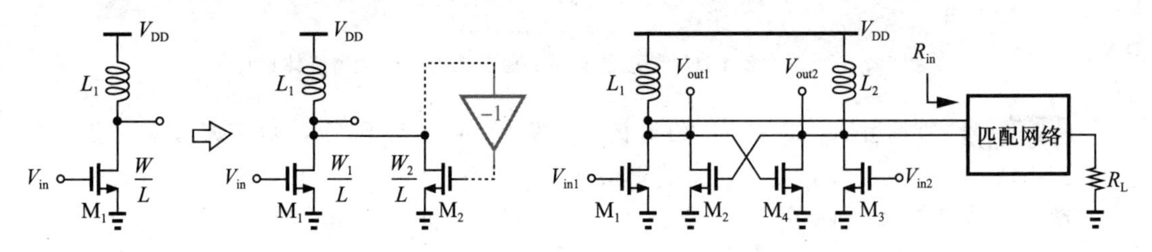

a）输出器件分解，其中一部分由输出驱动　　b）PA驱动自身电容

图12.75

在图12.75b中，M_1-M_3和M_2-M_4之间应如何分配驱动能力？我们倾向于将所需宽度的大部分分配给M_2-M_4，以尽量减少W_1和W_3。然而，当设计向这一方向倾斜时，会产生两种影响：①输出节点处的电容变得过大，可能导致谐振电感(L_1和L_2)过小，从而降低输出功率。在E类功放电路中，这个问题较小，因为输出电容可以被匹配网络吸收。②当M_2和M_4变宽并按比例承载更大电流时，它们会与L_1和L_2形成一个振荡器，其中L_1和L_2通过等效电阻R_{in}加载。

⊖ 没有提及工作频率和电源电压。不清楚哪些元件是外部元件。

是否有可能采用振荡功率放大器级？对于可变包络信号，这种电路会产生相当大的失真。但是，对于恒定包络波形，如果振荡级的输出相位能够忠实地跟踪输入相位，那么振荡级是可以接受的。换句话说，交叉耦合振荡器必须以足够的带宽对输入进行注入锁定，这样输入相位偏移才不会衰减地传到输出端。如果图 12.75b 中的 M_1 和 M_3 相对于 M_2 和 M_4 过小，则输入耦合系数可能无法保证锁定。当然，锁定范围必须足够宽，以覆盖整个发射波段。具体来说，锁定范围可以表示为

$$\Delta\omega = \pm\frac{\omega_0}{2Q}\frac{g_{m1,3}}{g_{m2,4}} \tag{12.157}$$

式中，$Q\approx L_{1,2}\omega/(R_{in}/2)$。$R_{in}$ 通常为几欧姆，锁定范围通常相当宽。

图 12.76 显示了基于注入锁定技术的 1.9GHz E 类功率放大器[29]。两级都包含正反馈，电感由键合线实现。在此设计中，所有晶体管的沟道长度均为 0.35μm，W_5-W_8 = 980μm，$W_1=W_3$=3600μm 并且 $W_2=W_4$=4800μm。此外，L_1-L_4=0.37nH，$L_5=L_6$=0.8nH，C_D=0.1pF。PCB 上的微带平衡器将差分输出转换为单端输出。

图 12.76 中的电路采用 2V 电源供电，最大漏极电压为 5V，功率为 1W，PAE 为 48%。它适用于恒定包络调制方案，例如 GMSK。

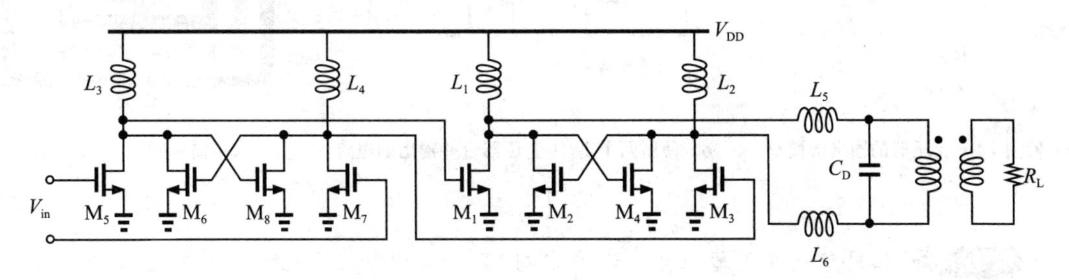

图 12.76　注入锁定功放示例

一个有趣的问题与输出功率控制有关。在其他拓扑结构中，降低输入电平最终会产生任意小的输出(即使电路是非线性的)，而注入锁定功率放大器即使输入振幅降为零(如果电路振荡)，也能提供相对较大的输出。图 12.77 描述了一个由 M_P 控制输出级偏置电流的示例。然而，为了确保在最大输出电平下的效率衰减可以忽略不计，$V_{cont}\approx 0$ 时该器件的导通电阻必须非常小，这就需要一个非常宽的晶体管。

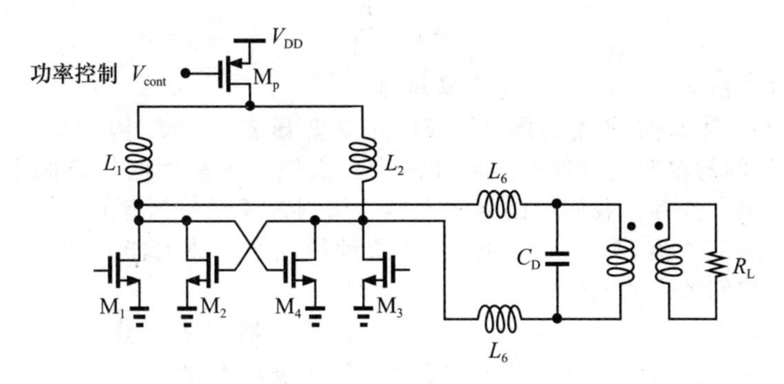

图 12.77　带输出功率控制的注入锁定功率放大器

12.10.3　功率合成功率放大器

我们在本章中注意到，晶体管应力问题限制了功率放大器的电源电压，进而限制了输出摆幅，这就要求匹配网络具有较大的阻抗变换比。我们也可以反过来问，是否有可能直

接将多级输出电压相加，从而产生较大的输出功率?

让我们回到基于变压器的匹配概念(见图12.78a)。在芯片上实现1∶n变压器存在许多困难，尤其是一次和/或二次绕组必须承载大电流时。例如，如果要输出超过数百毫瓦的功率，一次绕组的串联电阻和电感都必须保持很小。此外，如第7章所述，叠层变压器含有各种寄生效应，多匝平面变压器的匝数比很难大于2。换句话说，最好只采用1∶1变压器。

考虑到这些问题，我们采用图12.78b所示的变压器匹配方法。在这里，两个1∶1变压器的一次绕组并联，二次绕组串联[30]。由于$V_1=V_2=V_{in}$的关系，我们预计电路会将电压摆幅放大2倍。如图12.78c所示，1∶1变压器更易于集成。

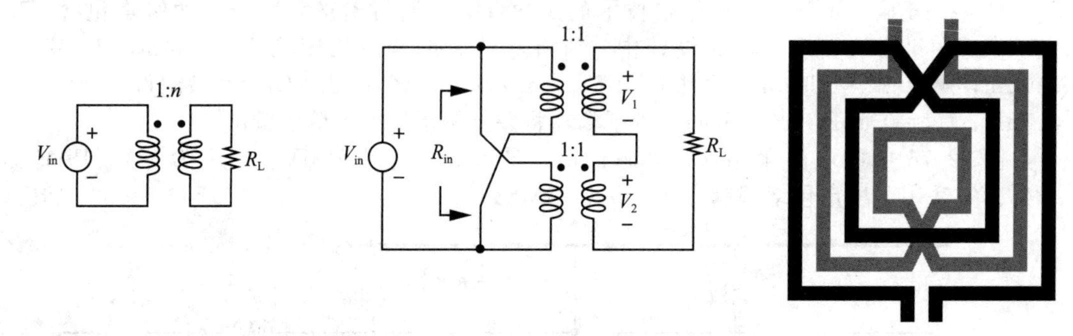

a）使用1∶n变压器的输出级模型　b）使用两个1∶1变压器合并输出的电路　c）简单的1∶1变压器

图12.78

例12.33 如果忽略变压器损耗，请确定图12.78b中V_{in}所见的等效电阻。

解：由于输送到R_L的功率为$P_{out}=(2V_{in})^2/R_L$，其中V_{in}表示输入的有效值，因此我们得出

$$P_{in}=P_{out} \tag{12.158}$$

$$=\frac{4V_{in}^2}{R_L} \tag{12.159}$$

此外，$P_{in}=V_{in}^2/R_{in}$，可得

$$R_{in}=\frac{R_L}{4} \tag{12.160}$$

与驱动负载电阻为R_L的1∶2变压器相同。◀

实际的输出级是如何连接到图12.78b的双变压器拓扑结构中的?我们可以采用图12.79a中描述的简单布置，但放大器和两个一次绕组电路之间较长的大电流互连会带来损耗和额外电感。或者，我们可以将放大器“切割”成两个相等的部分，并将每个部分放在各自初级电路的附近(见图12.79b)。在这种情况下，放大器的输入线可能较长，但问题不大，因为它们携带的电流较小。

图12.79b所示的概念可扩展至多个1∶1变压器，从而获得更大的R_L/R_{in}比。图12.80显示了一个采用四个差分分支的2.4GHz E类放大器[30]。每个电感都采用片上直宽金属线来实现，以小电阻处理大电流。为了实现E类功放电路的运行，必须在每两个输入(差分)晶体管的漏极之间放置一个电容，但N_1和N_2等之间的物理距离不可避免地会增加与电容串联的电感。由于图12.80中奇数节点的电位相同，偶数节点的电位也相同，因此电容被连接在N_2和N_3之间，而不是N_1和N_2之间。

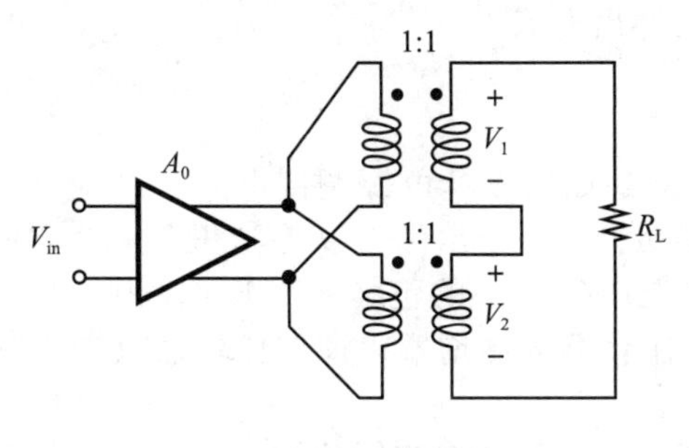

a）单个功率放大器

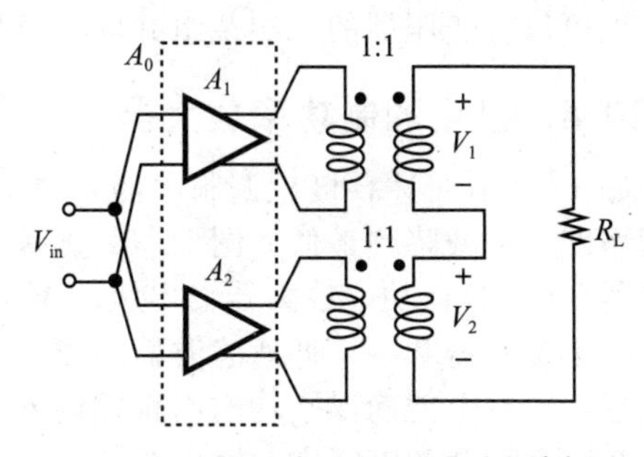

b）驱动两个变压器的两个功率放大器

图 12.79

例 12.34 如果变压器无损耗，请确定图 12.80 中每个放大器的差分电阻。

解： 回到图 12.79b 所示的较简单情况，我们可以看到，A_1 和 A_2 看到的电阻是 A_0 看到的电阻的两倍，即 $R_L/2$。因此，在图 12.80 的四放大器布置中，每个差分对的负载电阻为 $R_L/4$。◀

图 12.80 中的电路设计用于 2W 输出电平[30]，采用了宽输入晶体管。为了实现输入匹配，在相邻分支的 V_{in}^- 和 V_{in}^+ 之间插入了电感。差分输入首先路由到二次绕组的中心，然后分配到所有四个放大器，从而最大限度地减少了相位和振幅失配。限制变压器式功率放大器效率的一个因素是初级/次级耦合因子，平面结构的耦合因子通常不高于 0.6[30]。

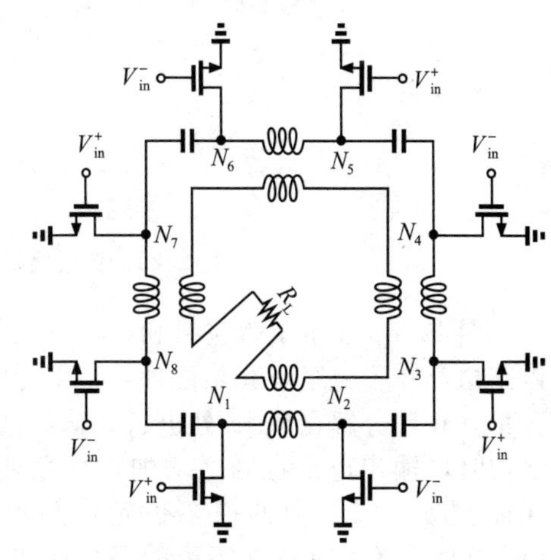

图 12.80 采用四个差分分支的 2.4GHz E 类放大器

图 12.80 中的设计采用 0.35μm 技术，顶层金属厚度为 3μm，输出功率为 1.9W(32.8dBm)，PAE 为 41%。功率放大器的小信号增益为 16dB，采用 2V 电源供电。输出 P_{1dB} 约为 27dBm。

例 12.35 图 12.80 所示的功率放大器的增益在满输出功率时降至 8.7dB[30]。请估算驱动该功率放大器所需的功率级消耗的功率。

解： 驱动器必须输出 32.8dBm－8.7dBm＝24.1dBm(＝257mW)。根据以前的例子，这样的功率可以在效率约为 40%的情况下获得，即功耗约为 640mW。由于上述功率放大器的供电功率约为 4W[⊖]，我们注意到驱动器还需要额外消耗 16%的功率。◀

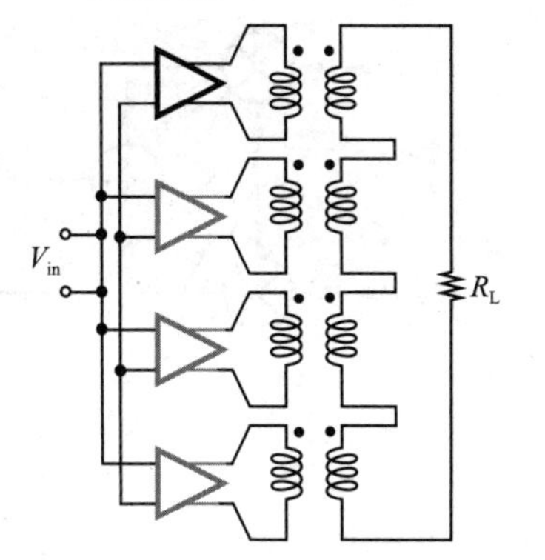

图 12.81 可开关关断级的功率合成

上述拓扑结构中驱动 1∶1 变压器的多个放大器也可以单独关闭，从而实现输出功率控制[31]。如图 12.81 所示，如果 N 个放大器中只有 M 个开启，那么输出电压摆幅将下降 N/M 倍。这种方法的显著优点是，随着输出功率的减小，其效率比传统功率放大器更高[31]。(关断级的一次绕组必须通过开关短路)。

⊖ 漏极效率为 48%[30]。

也可以将变压器的二次绕组并联，以增加其输出电流[32]。

12.10.4 极化调制功率放大器

如12.7节所述，极化调制中的一个关键问题是如何设计电源调制电路，以将效率和电压裕度的衰减降到最低。图12.82显示了包络路径的一个示例[33]。在这里，一个“增量调制器”(DM)在功率放大器输出级的 V_{DD} 节点上产生 V_{env} 的包络。DM回路由一个比较器，一个缓冲器和一个低通滤波器组成[⊖]。由于比较器的高增益，即使比较器只产生二进制波形，回路也能确保平均输出跟踪输入。

在图12.82的电路中，输出级的平均电流流经低通滤波器和缓冲器。为了最大限度地减少效率和电压裕度的损失，低压放大器使用了(片外)电感而不是电阻，缓冲器必须使用非常宽的晶体管。此外，DM环路带宽必须适应包络信号频谱，并引入可由相位路径匹配的延迟。

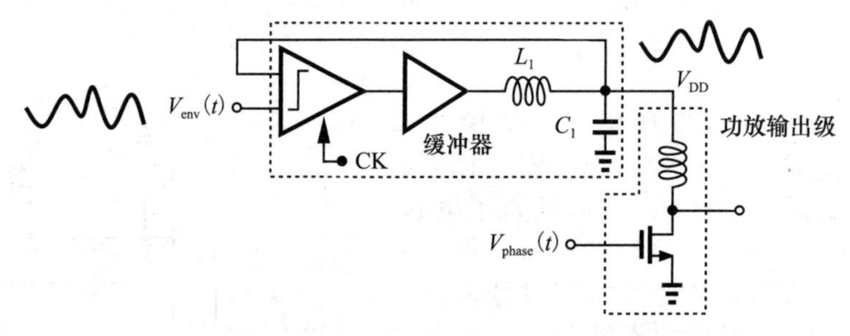

图12.82 包络路径使用增量调制器的极化调制功放

图12.83显示了带包络和相位反馈的极化调制功放[19]。与12.7节所研究的结构不同，该结构合并了包络环和相位环：MX_1 和 VGA_1 在高度线性级联下变频并在IF处再现两个分量，并且分解在该IF处进行。输出功率由 VGA_1 和 VGA_2 控制，例如，当它们的增益增加时，输出电平也随之增加，从而使 B 处的包络线与 A 处的包络线保持相等。这也保证了反馈限幅器的摆幅恒定，并可针对最小AM/PM转换进行优化。该发射机由BiCMOS和GaAs技术实现的多个模块组成。该系统在900MHz的EDGE模式下输出功率为+29dBm[19]。

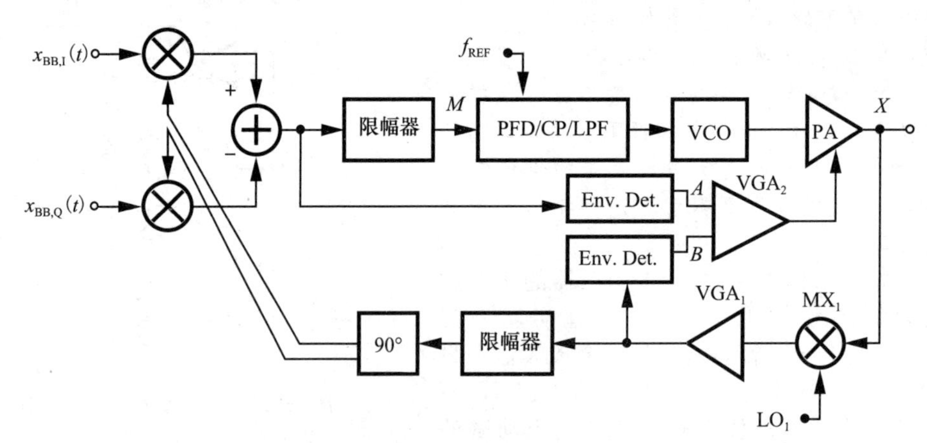

图12.83 带包络和相位反馈的极化调制功放

⊖ 为确保稳定性，必须在此环路中添加一个零点[33]。

图 12.84a 是在中频分离包络和相位信号的极化发射机[18]。在这里，正交上变频器独立工作，产生具有包络和相位成分的 IF 波形，然后提取这两个信号，前者控制输出级，后者驱动偏移式锁相环。

图 12.84b 显示了发射机前端的细节。它包括一个包络检测器，一个低通滤波器和一个由 VCO 驱动的双平衡混频器。混频器的设计功率为 +1dBm，它将包络信号与 VCO 产生的相位信号相乘，从而在输出端产生复合波形[18]。如 12.7 节所述，包络通路中的直流失调会导致相位分量的泄漏，此处的发射机在包络通路中采用了偏移消除来抑制这种影响。

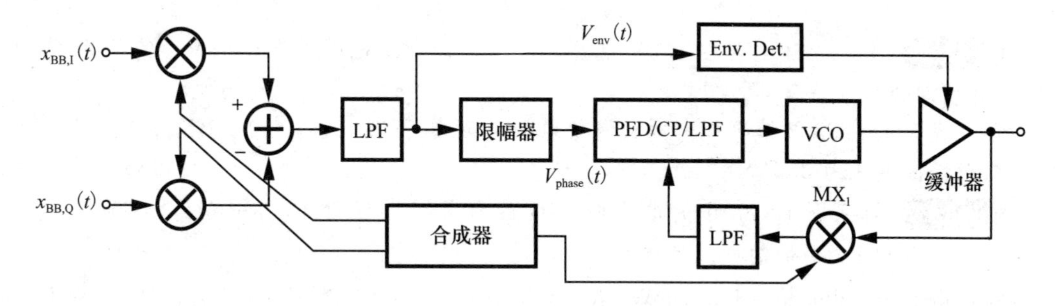

a）在中频分离包络和相位信号的极化发射机

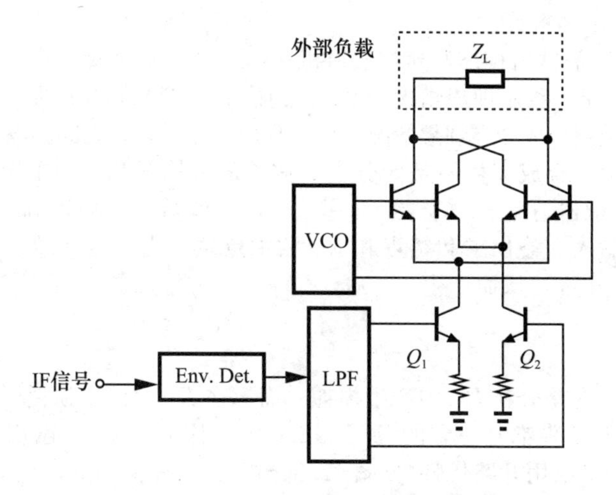

b）输出组合电路的实现

图 12.84

读者可能会问，为什么上面研究的极化发射机不采用这种混频器来合成包络信号和相位信号。从图 12.84b 可以看出，混频器需要较大的电压裕度，耗电量很大。因此，这种技术适用于较低或中等的输出电平。

12.10.5　异相功率放大器示例

回想一下，异相发射机包含两个相同的非线性功率放大器，将它们的输出相加即可获得复合信号。图 12.85 显示了一个用于 5.8GHz 频段的功率放大器[34,35]。片内变压器用作输入平衡器，将差分相位应用到驱动级。电感 L_1 和 L_2 以及电容 C_1 和 C_2 提供级间匹配。输出级工作于 E 类模式，L_3-L_5，C_3 和 C_4 对不重叠的电压和电流波形进行整形。请注意，该设计假定负载电阻为 12Ω，该值由下文所述的功率合成器提供。

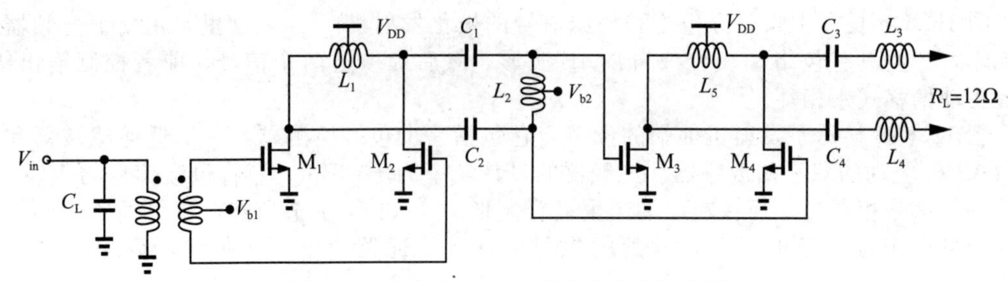

图 12.85　用于 5.8GHz 频段的功率放大器

例 12.36 如果上述电路在 1.2V 电源下工作，最低漏极电压为 0.15V，请估算 M_3 和 M_4 的峰值漏极电压。

解： 我们从 12.3.2 节可知，漏极峰值电压大致等于 $3.56V_{DD}-2.56V_{DS}$。在实际设计中，漏极峰值电压为 3.5V[34,35]。◀

例 12.37 如果图 12.85 中的电路向 12Ω 的负载[34,35]提供 15.5dBm 的功率，请比较漏极电压摆幅和 R_L 两端的电压摆幅。

解： 由于 15.5dBm 相当于 35.5mW，R_L 两端的峰-峰差分电压摆幅等于 $2\sqrt{2}\sqrt{(35.5\text{mW})R_L}=1.85\text{V}$。因此，在这种情况下，E 类输出网络实际上将电压摆幅降低了 3.8 倍㊀。从器件应力的角度来看，这是不可取的。◀

为了将功率放大器的输出相加，异相发射机采用了“威尔金森功率合成器”而不是变压器。回顾 12.3.2 节，变压器在理想情况下没有损耗，但它允许两个功率放大器之间相互影响。相比之下，威尔金森合成器在理想情况下可实现两个输入端口之间的隔离，但会产生损耗。

如图 12.86a 所示，合成器由两条四分之一波长的传输线和一个电阻 R_T 组成。

威尔金森功率分配器通常按“奇数”(差分)和“偶数”(共模)输入进行分析。对于图 12.86a 中的差分输入，输出求和结点和 R_T 的中点位于交流接地端(见图 12.86b)。$\lambda/4$ 传输线将短路转换为开路，从而产生

$$Z_{1,\text{diff}}=Z_{2,\text{diff}}=\frac{R_T}{2} \tag{12.161}$$

也就是说，V_{in1} 和 V_{in2} 的差分在 R_T 中产生损耗，而不在 R_L 中产生损耗。对于共模输入，电路中所有结点的上升和下降都是一致的(见图 12.86c)。因此，R_L 可以用两个并联的阻值为 $2R_L$ 的电阻代替，R_T 可以用开路代替(见图 12.86d)。在这种情况下，每个电压源的阻抗为

$$Z_{1,\text{CM}}=Z_{2,\text{CM}}=\frac{Z_0^2}{2R_L} \tag{12.162}$$

我们认识到，V_{in1} 和 V_{in2} 的共模分量会造成 R_L 的损耗，但不会造成 R_T 的损耗。

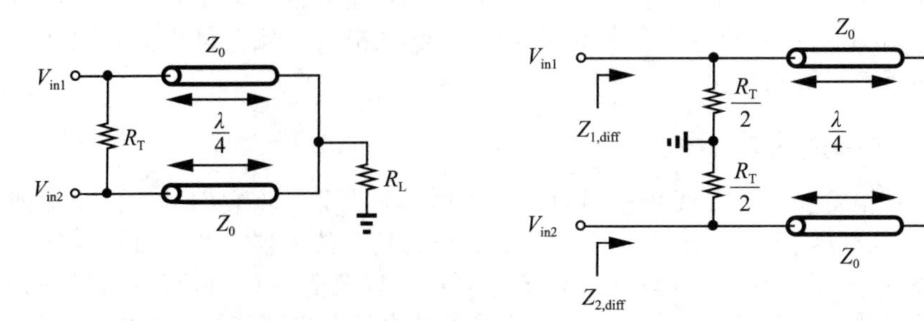

a）威尔金森功率合成器　　b）差分输入等效电路

图 12.86

㊀ 当然，漏极信号包含比输出信号更强的谐波。

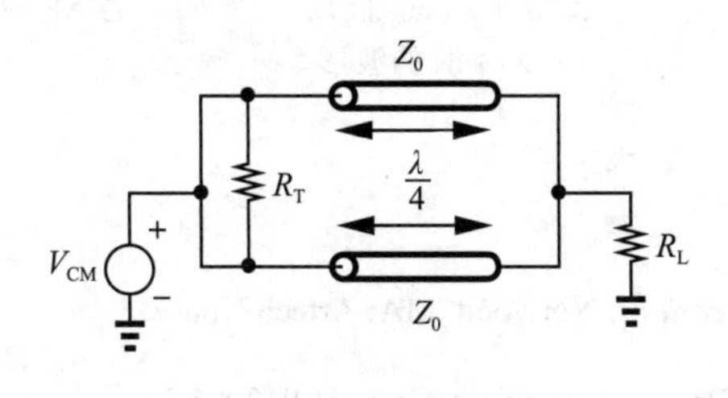

c）共模输入等效电路

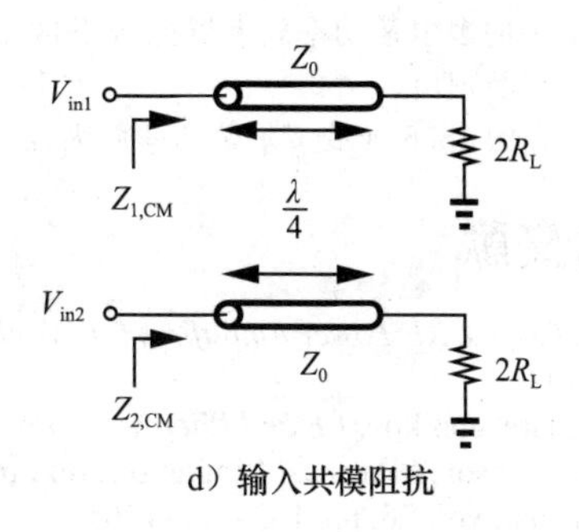

d）输入共模阻抗

图 12.86 （续）

例 12.38 图 12.86a 中的威尔金森合成器如何实现输入端口之间的隔离？

解： 如果每个输入电压源的阻抗恒定，且与差分或共模分量无关，则 V_{in1} 不会“感知”到 V_{in2} 的存在，反之亦然。满足这一条件的条件是

$$Z_{1,diff}=Z_{1,CM} \tag{12.163}$$

$$Z_{2,diff}=Z_{2,CM} \tag{12.164}$$

用 Z_{in} 表示所有这些阻抗，我们有

$$Z_{in}=\frac{R_T}{2}=\frac{Z_0^2}{2R_L} \tag{12.165}$$

◀

由式(12.162)得出的结果表明，如果 Z_0 选择得当，威尔金森合成器也能将负载阻抗变换到所需的值。文献[34,35]中的失谐系统使用 $Z_0=35\Omega$ 将 $R_L=50\Omega$ 转换为 $Z_{in}=12\Omega$。两个差分放大器输出的组合需要四条传输线，每条传输线的长度为 2.8mm。片上传输线缠绕在功率放大器电路上，如图 12.87 所示。

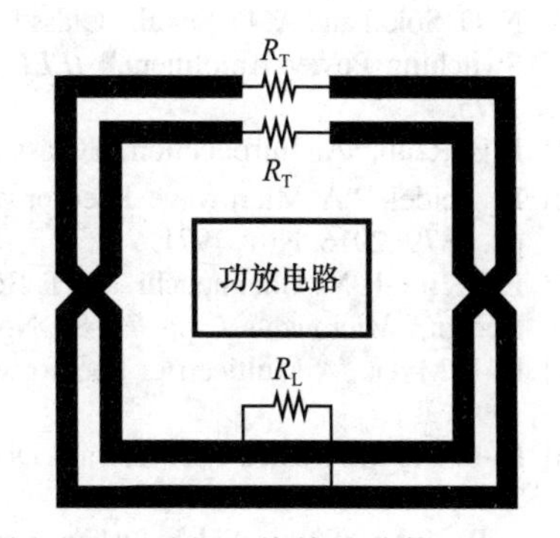

图 12.87　异相系统输出端使用的片上威尔金森合成器

图 12.85 中的异相功率放大器采用 0.18μm 技术设计，内置厚氧化物晶体管，可承受 3.5V 的峰值漏极电压。整个电路能产生 18.5dBm 的输出，效率高达 47%，同时还能放大 64-QAM OFDM 信号。

习题

12.1　根据式(12.16)的推导，证明电源功率的另外 50%是被晶体管本身耗散的。

12.2　画出图 12.16 中从 V_{DD} 流出的电流与时间的关系曲线。这个电路是否提供了差分工作方式的优势？例如，与 V_{DD} 串联的键合线电感是否关键？

12.3　证明图 12.17 中 V_{DD} 与地之间的电压摆幅分别等于 V_P/π 和 $V_P(\pi-1)/\pi$。其中 V_P 表示每个节点的峰值电压(提示：V_X 和 V_Y 的平均值必须等于 V_{DD})。

12.4　根据例 12.11，当 α 从 0 变化到 $\pi/2$ 时，推导出输出晶体管宽度的比例因子。

12.5　计算图 12.31a 中共源共栅功放的最大效率。假设 M_1 和 M_2 接近截止，但它们的漏极电流可近似为正弦波。

12.6　假设图 12.46 中的包络探测器具有三阶非线性，请证明系统的输出频谱在相邻信道中表现出增长。

12.7　重新推导方程(12.77)，假设相位信号出现 ΔT 的延迟失配。

12.8　如果图 12.49b 中晶体管 M 的平均电流为 I_0，平均漏源电压为 V_0，请确定该级的效率。忽略 M_1 的导通电阻。

12.9　如果 $\theta(t)=\arcsin[V_{env}(t)/V_1]t$，推导式(12.115)。

12.10　如果输入由理想电压源驱动，图 12.67a

中的多尔蒂功率放大器能否正常工作？请解释理由。

12.11 在图12.67a的多尔蒂功率放大器中，α的值等于0.5。假设$Z_0=R_L$，绘制$x=0$和$x=\lambda/4$时的波形。

参考文献

[1] S. Cripps, *RF Power Amplifiers for Wireless Communications,* Norwood, MA: Artech House, 1999.

[2] A. Grebebbikov, *RF and Microwave Power Amplifier Design,* Boston: McGraw-Hill, 2005.

[3] A. Johnson, "Physical Limitations on Frequency and Power Parameters of Transistors," *RCA Review,* vol. 26, pp. 163–177, 1965.

[4] A. A. Saleh, "Frequency-Independent and Frequency-Dependent Nonlinear Models of TWT Amplifiers," *IEEE Tran. Comm.,* vol. COM-29, pp. 1715–1720, Nov. 1981.

[5] C. Rapp, "Effects of HPA-Nonlinearity on a 4-DPSK/OFDM-Signal for a Digital Sound Broadband System," *Rec. Conf. ECSC*, pp. 179–184, Oct. 1991.

[6] J. C. Pedro and S. A. Maas, "A Comparative Overview of Microwave and Wireless Power-Amplifier Behavioral Modeling Approaches," *IEEE Tran. MTT,* vol. 53, pp. 1150–1163, April 2005.

[7] H. L. Kraus, C. W. Bostian, and F. H. Raab, *Solid State Radio Engineering,* New York: Wiley, 1980.

[8] S. C. Cripps, "High-Efficiency Power Amplifier Design," presented in Short Course: RF ICs for Wireless Communication, Portland, June 1996.

[9] J. Staudinger, "Multiharmonic Load Termination Effects on GaAs MESFET Power Amplifiers," *Microwave J.* pp. 60–77, April 1996.

[10] N. O. Sokal and A. D. Sokal, "Class E - A New Class of High-Efficiency Tuned Single-Ended Switching Power Amplifiers," *IEEE J. of Solid-State Circuits,* vol. 10, pp. 168–176, June 1975.

[11] F. H. Raab, "An Introduction to Class F Power Amplifiers," *RF Design*, pp. 79–84, May 1996.

[12] H. Seidel, "A Microwave Feedforward Experiment," *Bell System Technical J.*, vol. 50, pp. 2879–2916, Nov. 1971.

[13] E. E. Eid, F. M. Ghannouchi, and F. Beauregard, "Optimal Feedforward Linearization System Design," *Microwave J.*, pp. 78–86, Nov. 1995.

[14] D. P. Myer, "A Multicarrier Feedforward Amplifier Design," *Microwave J.*, pp. 78–88, Oct. 1994.

[15] R. E. Myer, "Nested Feedforward Distortion Reduction System," US Patent 6127889, Oct., 2000.

[16] L. R. Kahn, "Single-Sideband Transmission by Envelope Elimination and Restoration," *Proc. IRE*, vol. 40, pp. 803–806, July 1952.

[17] W. B. Sander, S. V. Schell, and B. L. Sander, " Polar Modulator for Multi-Mode Cell Phones," *Proc. CICC*, pp. 439–445, Sept. 2003.

[18] M. R. Elliott et al., "A polar modulator transmitter for GSM/EDGE," *IEEE J. of Solid-State Circuits,* vol. 39, pp. 2190–2199, Dec. 2004.

[19] T. Sowlati et al., "Quad-band GSM/GPRS/EDGE Polar Loop Transmitter," *IEEE J. of Solid-State Circuits,* vol. 39, pp. 2179–2189, Dec. 2004.

[20] H. Chireix, "High-Power Outphasing Modulation," *Proc. IRE,* pp. 1370–1392, Nov. 1935.

[21] D. C. Cox, "Linear Amplification with Nonlinear Components," *IEEE Tran. Comm.*, vol. 22, pp. 1942–1945, Dec. 1974.

[22] D. C. Cox and R. P. Leek, "Component Signal Separation and Recombination for Linear Amplification with Nonlinear Components," *IEEE Tran. Comm.*, vol. 23, pp. 1281–1287, Nov. 1975.

[23] F. J. Casadevall, "The LINC Transmitter," *RF Design*, pp. 41–48, Feb. 1990.

[24] S. Moloudi et al., "An Outphasing Power Amplifier for a Software-Defined Radio Transmitter," *ISSCC Dig. Tech. Papers,* pp. 568–569, Feb. 2008.

[25] W. H. Doherty, "A New High Efficiency Power Amplifier for Modulated Waves," *Proc. IRE,* vol. 24, pp. 1163–1182, Sept. 1936.

[26] C. Yoo and Q. Huang, "A Common-Gate Switched, 0.9 W Class-E Power Amplifier with 41% PAE in 0.25-μm CMOS," *VLSI Circuits Symp. Dig. Tech. Papers,* pp. 56–57, June 2000.

[27] T. Sowlati and D. Leenaerts, "2.4 GHz 0.18-μm CMOS Self-Biased Cascode Power Amplifier with 23-dBm Output Power," *IEEE J. of Solid-State Circuits,* vol. 38, pp. 1318–1324, Aug. 2003.
[28] Y. Ding and R. Harjani, "A CMOS High-Efficiency +22-dBm Linear Power Amplifier," *Proc. CICC*, pp. 557–560, Sept. 2004.
[29] K. Tsai and P. R. Gray, "A 1.9-GHz 1-W CMOS Class E Power Amplifier for Wireless Communications," *IEEE J. Solid-State Circuits,* vol. 34, pp. 962–970, 1999.
[30] I. Aoki et al., "Fully-Integrated CMOS Power Amplifier Design Using the Distributed Active Transformer Architecture," *IEEE J. Solid-State Circuits,* vol. 37, pp. 371–383, March 2002.
[31] G. Liu et al., "Fully Integrated CMOS Power Amplifier with Efficiency Enhancement at Power Back-Off," *IEEE J. Solid-State Circuits,* vol. 43, pp. 600–610, March 2008.
[32] A. Afsahi and L. E. Larson, "An Integrated 33.5 dBm Linear 2.4 GHz Power Amplifier in 65 nm CMOS for WLAN Applications," *Proc. CICC*, pp. 611–614, Sept. 2010.
[33] D. K. Su and W. J. McFarland, "An IC for Linearizing RF Power Amplifiers Using Envelope Elimination and Restoration," *IEEE J. Solid-State Circuits,* vol. 33, pp. 2252–2259, Dec. 1998.
[34] A. Pham and C. G. Sodini, "A 5.8-GHz 47% Efficiency Linear Outphase Power Amplifier with Fully Integrated Power Combiner," *IEEE RFIC Symp. Dig. Tech. Papers,* pp. 160–163, June 2006.
[35] A. Pham, *Outphasing Power Amplifiers in OFDM Systems,* PhD Dissertation, MIT, Cambridge, MA, 2005.

第 13 章 | Chapter 13 |

收发机设计实例

在前面的章节中，我们研究了射频电路结构和电路设计规则。现在，准备着手设计一个完整的接收机电路系统。本章采用 65nm CMOS 工艺，设计一款符合 IEEE 802.11a/g 协议的双频带接收机。首先，将标准协议规范转换为对应的电路设计参数，随后，确定电路结构和工作频率，以满足 2.4GHz 和 5GHz 带宽的需要。本章内容如下：

系统级规格定义

- RX NF、IP_3、AGC 和 I/Q 不匹配
- 发射机输出功率和 P_{1dB}
- 合成相位噪声和杂散
- 频率规划

发射机设计

- 功率放大器
- 上变频器

接收机设计

- 宽带 LNA
- 有源混频器
- AGC

频率合成器设计

- VCO
- 分频器
- 电荷泵

如果没有特别声明，本章所讲的电路设计对晶体管沟道长度一般取为 60nm。开始设计之前，建议读者复习第 3 章中关于 11a/g 协议规范的知识。

13.1 系统级规范

在推导收发机规范时，我们必须牢记两点。①由于每个非理想特性都会在一定程度上降低性能，因此为每个非理想特性分配预算时必须为其他非理想特性留出足够的余量。例如，如果选择的 *RX* 噪声系数正好能满足灵敏度要求，那么 I/Q 失配可能会进一步降低 BER。因此，总体性能最终需要用所有的非理想性能来评估。②发射机和接收机都会损坏信号，因此在设计时必须留有足够的余量来弥补对方的缺陷。

13.1.1 接收机

在设计接收机时，我们必须确定所需的噪声系数、线性度和自动增益控制(AGC)范围。此外，我们还必须确定下变频信号可容忍的最大 I 和 Q 失配。

噪声系数　如第 3 章所述，11a/g 规定的数据包错误率为 10%。这意味着误码率为 10^{-5}，而这又要求 64QAM 调制的信噪比为 18.3dB[1]。由于 TX 基带脉冲整形将信道带宽降至 16.6MHz，因此我们回到

$$\text{灵敏度} = -174\text{dBm/Hz} + \text{NF} + 10\lg\text{BW} + \text{SNR} \tag{13.1}$$

因此得到

$$\text{NF} = 18.4\text{dB} \tag{13.2}$$

灵敏度为－65dBm(52Mbit/s)。实际上，数字基带处理器的信号检测存在非理想性，

会产生几个分贝的“损耗”。此外，前端天线开关的损耗约为 1dB。因此，为了提供具有竞争力的产品，制造商通常将 RX 噪声系数设定为 10dB 左右。由于 11a/g 灵敏度的选择要求不同数据率的 NF 值大致相同，因此最高灵敏度(−82dBm)也必须满足 10dB 的 NF 值。

非线性　对于 RX 非线性，我们从 1dB 压缩点开始分析。根据第 3 章的计算，对于 52 个子信道，峰均比达到 9dB㊀，要求 P_{1dB} 至少为−21dBm，以便处理−30dBm 的最大输入电平。考虑到基带脉冲整形造成的包络变化为 2dB，我们为接收机选择了−19dBm 的 P_{1dB}。该值对应的 IIP_3 约为−9dBm。不过，P_{1dB} 也可能取决于相邻信道的规范。

让我们来看看第 3 章所述的邻近和交替信道电平。当灵敏度为−82dBm 时，这些电平分别高出 16dB 和 32dB，它们的互调对期望信道的破坏可以忽略不计。我们分别用 $A_0\cos\omega_0 t$、$A_1\cos\omega_1 t$ 和 $A_2\cos\omega_2 t$ 表示期望信道、相邻信道和备用信道。对于 $y(t)=\alpha_1 x(t)+\alpha_2 x^2(t)+\alpha_3 x^3(t)$ 形式的三阶非线性，期望输出由 $\alpha_1 A_0\cos\omega_0 t$ 给出，在 ω_0 处的 IM_3 分量由 $3\alpha_3 A_1^2 A_2/4$ 给出(见图 13.1)。使用这种灵敏度的调制方案(BPSK)需要 4～5dB 的信噪比。因此，我们选择 IM_3 损坏约为−15dB，以考虑其他非理想情况：

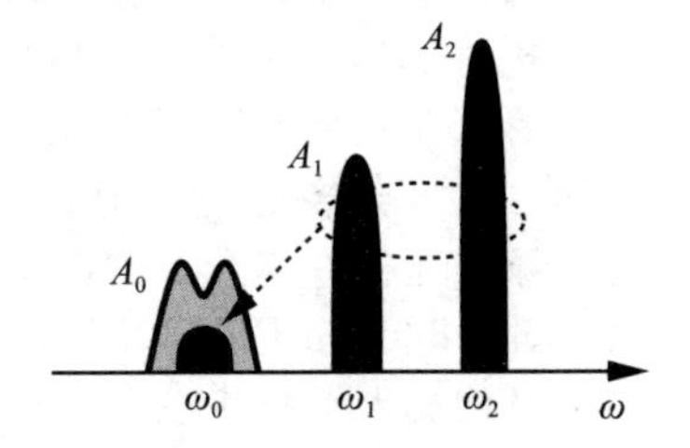

图 13.1　两种电平互调的结果

$$20\lg\left|\frac{3\alpha_3 A_1^2 A_2}{4\alpha_1 A_0}\right|=-15\text{dB} \tag{13.3}$$

此时，我们可以将 A_j 计算为电压量，将它们的值代入上式，并确定 $IIP_3=\sqrt{|4\alpha_1|/|3\alpha_3|}$。或者，我们可以保留对数值，并非常小心地进行计算：

$$20\lg\left|\frac{3\alpha_3}{4\alpha_1}\right|=-15\text{dB}-40\lg A_1-20\lg A_2+20\lg A_0 \tag{13.4}$$

尽管右侧的后三项是电压量，但我们还是用它们各自的功率水平(单位为 dBm)来表示㊁：$20\lg A_1=-63\text{dBm}$，$20\lg A_2=-47\text{dBm}$，$20\lg A_0=-79\text{dBm}$。由此可见

$$20\lg\left|\frac{3\alpha_3}{4\alpha_1}\right|=+79\text{dBm} \tag{13.5}$$

也就是说，

$$IIP_3|_{dBm}=20\lg\sqrt{\left|\frac{4\alpha_1}{3\alpha_3}\right|} \tag{13.6}$$

$$=-39.5\text{dBm} \tag{13.7}$$

在习题 13.1 中，我们对 54Mbit/s 的数据速率和−65dBm 的灵敏度重复了这一计算，得到了大致相同的 IIP_3。因此，在 11a/g 中，由相邻信道规范决定的 IIP_3 值相对宽松。当然，基带滤波器仍必须充分衰减相邻和交替信道。

必须认识到与上述两个 IP_3 值相关的不同设计要求。如果能避免期望信号的压缩，就能满足与 1dB 压缩点相对应的 IP_3(有时称为“信道内” IP_3)。这可以通过降低高输入电平的接收机增益来实现。当期望信号仅比参考灵敏度高 3dB 时，必须满足由相邻信道规格引起的 IP_3(有时称为“信道外” IP_3)。在这种情况下，不能通过降低 RX 增益来提高线性度，因为灵敏度会降低。

现在，我们将注意力转向接收机的 IP_2。在这种情况下，我们关注的是偶数阶非线性对干扰器包络的解调。由于 64QAM OFDM 干扰信号的峰均比约为 9dB，因此幅度调制相对较“深”，这种影响可能会显得特别严重。不过，如文献[2]所述，所需的 IIP_2 约为 0dBm，在典型设计中很容易获得。

AGC 范围　如果接收信号电平变化很大，接收机必须自动控制增益。为了确定接收

㊀ 如 13.3 节所述，这个 9dB 的“回退”是相当保守的，为 TX 非线性留下几分贝的裕度。

㊁ 回顾第 3 章，在此测试中，所需的输入比基准灵敏度高 3dB。

机的增益范围，我们既要考虑第3章中描述的与11a/g速率有关的灵敏度，又要考虑压缩规范。输入电平可能从−82dBm(6Mbit/s)到−65dBm(54Mbit/s)不等，在每种情况下，信号都会被放大以达到基带ADC满刻度，例如$1V_{PP}$(相当于50Ω系统中的14dBm)[㊀]。因此，RX增益必须变化，以适应随温度变化的灵敏度。难点在于实现这一增益范围的同时，还要保持约10dB的噪声系数(即使在最低增益下，也要达到54Mbit/s)和约−40dBm的(信道外)IIP_3(即使在最高增益下，也要达到6Mbit/s)。

例13.1 确定11a/g接收机的AGC范围，以适应与速率相关的灵敏度。

解： 乍一看，输入信号电平为−82～−65dBm，需要86～69dB的增益才能在ADC输入端达到$1V_{PP}$。然而，64QAM OFDM信号的峰均比约为9dB；此外，为满足发送掩码而进行的基带脉冲整形也会产生1～2dB的额外包络变化。因此，−65dBm的平均输入电平实际上偶尔会接近−65dBm+11dB=−54dBm的峰值。ADC最好能在不削波的情况下对这一峰值进行数字化。也就是说，对于−65dBm的64QAM输入，RX增益必须在58dB左右。−82dBm PSK OFDM信号的情况大致相同，需要约71dB的增益。尽管如此，我们仍假设最大增益应在84dB左右。◀

接收机的增益范围也取决于最大允许的预期输入电平(−30dBm)。如上例所述，基带ADC最好能够避免削波。因此，在这种情况下，BPSK信号的RX增益约为32dB(将电平从−30dBm+2dB提高到+4dBm)，64QAM输入信号的RX增益约为23dB(将电平从−30dBm+11dB提高到+4dBm)。换句话说，RX增益必须①从84dB变化到58dB，NF不下降，IIP_3为−42dBm(例13.1)；②从58dB变化到23dB，NF最多每dB上升1dB，P_{1dB}至少每dB上升1dB[㊁]。

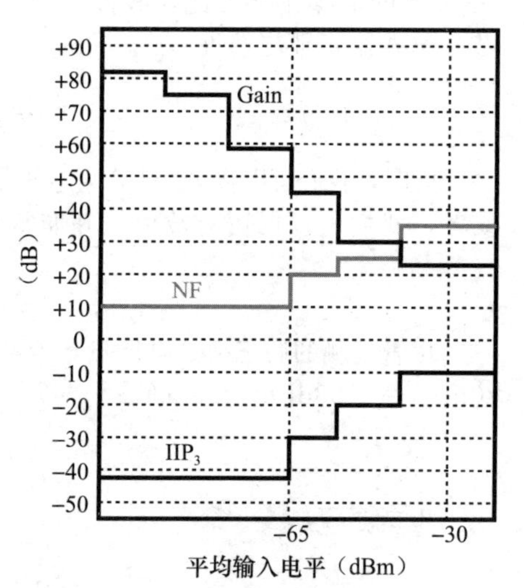

图13.2 所需的RX增益切换以及NF和IIP_3变化

图13.2从增益、NF和IIP_3随输入信号电平变化的角度勾画了所需的RX特性。这里选择的实际级数取决于RX构建模块的设计，可能需要比图13.2所示的级数更大。

例13.2 上例中增益的选择保证了信号电平在64QAM和BPSK调制时都能达到ADC满刻度。这有必要吗？

解： 不，没有必要。ADC的分辨率是根据64QAM调制所需的SNR(以及13.2.3节中研究的其他一些因素)来选择的。例如，10位ADC的信噪比约为62dB，但BPSK信号可以承受更低的信噪比，因此无须达到ADC满刻度。换句话说，如果将BPSK输入放大60dB，而不是84dB，那么它的数字化分辨率为6位，因此采样信噪比(≈38dB)(见图13.3)。换句话说，上述AGC计算是相当保守的。

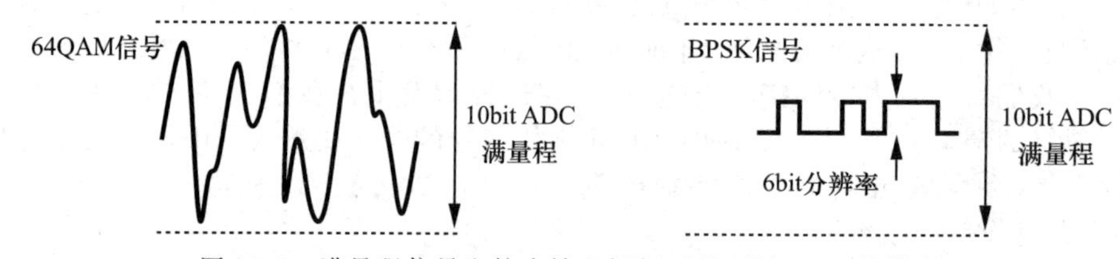

图13.3 满量程信号和较小输入摆幅下的可用ADC分辨率 ◀

㊀ $1V_{PP}$差分摆幅转换为0.25V的峰值单端摆幅，这对于1.2V电源而言是一个合理的值。

㊁ 也就是说，增益每降低1dB，NF的上升幅度不得超过1dB。

I/Q 失配　I/Q 失配研究的步骤如下：①为了确定可容忍的失配，我们必须在系统模拟中将 64QAM OFDM 信号应用于直接转换接收机，并测量误码率或 EVM。针对不同的振幅和相位失配组合重复进行此类仿真，从而得出可接受的性能包络线。②利用电路仿真和随机器件失配数据，我们必须计算正交 LO 路径和下变频混频器中的预期 I/Q 失配。③根据前两个步骤的结果，我们必须决定“原始”匹配是否充分，还是需要校准。对于 11a/g，第一步表明需要 0.2dB 的振幅失配和 1.5°的相位失配[3]。遗憾的是，如果不进行校准，很难达到如此严格的匹配要求。

例 13.3　一个假想的镜像抑制接收机表现出上述 I/Q 失配值。确定镜像抑制比。

解： 增益失配，$2(A_1-A_2)/(A_1+A_2)\approx(A_1-A_2)/A_1=\Delta A/A$，是计算出 10 的 (0.2dB/20) 次方，再从结果中减去 1 而得到的。因此

$$\mathrm{IRR}=\frac{4}{(\Delta A/A)^2+\theta^2} \tag{13.8}$$

$$=35\mathrm{dB} \tag{13.9}$$

◀

从报告的 IRR 值来看，上述例子表明，这种匹配水平无须校准即可实现。然而，在实际应用中，很难在整个 11a 波段内保持如此严格的匹配并获得高产率。因此，大多数 11a/g 接收机都采用 I/Q 校准。

13.1.2　发射机

发射机链的线性度必须足以将 64QAM OFDM 信号以可接受的失真传送到天线。为了量化可容忍的非线性度，必须假设一个发射机或接收机模型，并用这样的信号进行仿真。然后用误码率或误差矢量大小来表示输出的质量。例如，文献[5]采用了 Rapp(静态)模型[4]：

$$g(V_{\mathrm{in}})=\frac{\alpha V_{\mathrm{in}}}{\left[1+\left(\frac{V_{\mathrm{in}}}{V_0}\right)^{2m}\right]^{\frac{1}{2m}}} \tag{13.10}$$

式中，α 表示 $V_{\mathrm{in}}=0$ 附近的小信号增益，V_0 和 m 是拟合参数。对于典型的 CMOS 功率放大器，$m\approx2$[5]。具有这种非线性的 64QAM OFDM 信号会产生图 13.4 所示的回退函数的 EVM，它是 $P_{1\mathrm{dB}}$ 回退的函数。据观察，要满足 11a/g 规范要求，必须要有约 8dB 的回退，这在文献[3]中也有提及。因此，输出功率为 40mW(=+16dBm)时，发射机输出 $P_{1\mathrm{dB}}$ 必须超过约+24dBm ㊀。

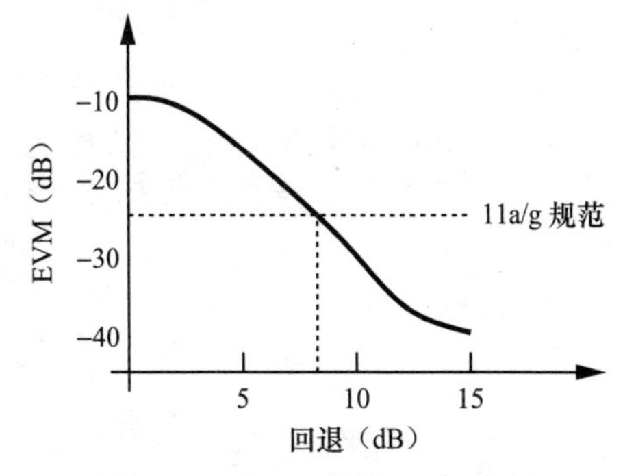

图 13.4　回退函数的 EVM 特性

如第 4 章所述，有两条 TX 设计原则有助于实现高线性度：①将大部分增益分配给最后一级功率放大器，以尽量减少前几级的输出摆幅；②尽量减少 TX 链中的级数。

例 13.4　11a/g 发射机采用增益为 15dB 的两级功率放大器。正交上变频器能否直接驱动该功率放大器?

解： 上变频器的输出 $P_{1\mathrm{dB}}$ 必须超过+24dBm−15dB=19dBm=1.78V_{PP}。一般混频器的输出很难达到如此高的 $P_{1\mathrm{dB}}$。因此，更实用的方法是尝试提高功率放大器的增益，或在上变频器和功率放大器之间插入另一个增益级。◀

从基带到天线的发射机链增益多少取决于设计细节。例如，0.2V_{PP} 的基带摆幅需要 20 的增益才能达到 4V_{PP} 的输出摆幅(=+16dBm)㊁。如第 4 章所述，最好采用相对较大

㊀ 文献[1]中的仿真表明 $P_{1\mathrm{dB}}$ 为 20.5dBm。这种差异可能源于不同的 PA 模型。

㊁ 在同时输入 I 和 Q 的情况下，输出电压摆幅要高出$\sqrt{2}$倍。

的基带摆幅，以尽量减少直流失调的影响，从而减少载波馈通，但混频器的非线性限制了这一选择。目前，我们假设I和Q通路的基带摆幅各为0.2V_{PP}。

发射机所需的I/Q不平衡与13.1.1节中的接收机类似(0.2dB和1.5°)，因此也需要在发射路径中进行校准。载波馈通是直接变频发射机中另一个误差源。对于11a/g系统，可通过基带偏移消除实现约−40dBc的馈通[5]。

13.1.3 频率合成器

对于本章研究的双频收发机，合成器必须覆盖2.4GHz和5GHz频段，信道间隔为20MHz。此外，合成器必须达到可接受的相位噪声和杂散水平。我们将频段覆盖问题推迟到13.1.4节，在此重点讨论后两个问题。

接收模式中的相位噪声会产生互易混频，并严重干扰信号星座。前者的影响必须在相邻信道存在的情况下进行量化。下面的示例说明了这一过程。

例13.5 确定11a接收机所需的合成器相位噪声，使互易混频可以忽略不计。

解： 我们考虑的是高灵敏度情况，所需输入为−82dBm+3dB，相邻和备用信道的灵敏度分别为+16dB和+32dB。图13.5显示了相应的频谱，但为简化分析，将相邻信道模拟为窄带阻塞。与LO混合后，基带中出现了三个分量，相邻信道的相位噪声干扰了所需的信号。由于合成器环路带宽可能远小于20MHz，我们可以用$S_\phi(f)=\alpha/f^2$来近似相位噪声裙带㊀。我们的目标是确定α的值。

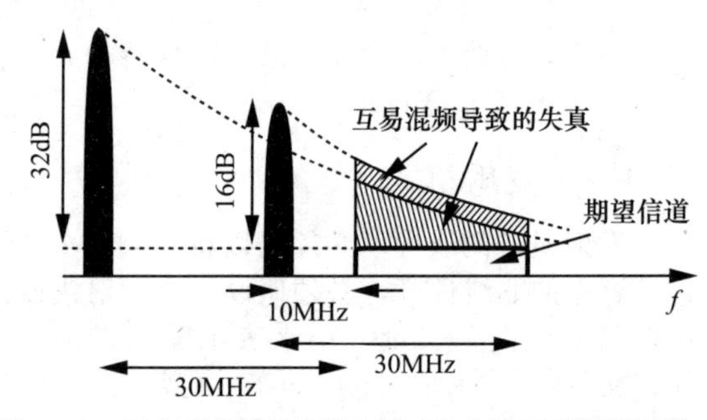

图13.5 两个不相等阻塞器与噪声LO的互易混频频谱

如果阻断器的功率是期望信号功率P_{sig}的a倍，将频率偏移f_1和f_2之间的相位噪声功率P_{PN}归一化为P_{sig}，其值为

$$\frac{P_{PN}}{P_{sig}}=a\int_{f_1}^{f_2}\frac{\alpha}{f^2}df \tag{13.11}$$

$$=a\alpha\left(\frac{1}{f_1}-\frac{1}{f_2}\right) \tag{13.12}$$

在图13.5中，总噪声信噪比等于

$$\frac{P_{PN,tot}}{P_{sig}}=a_1\alpha\left(\frac{1}{f_1}-\frac{1}{f_2}\right)+a_2\alpha\left(\frac{1}{f_3}-\frac{1}{f_4}\right) \tag{13.13}$$

式中，$a_1=39.8(=16\text{dB})$，$f_1=10\text{MHz}$，$f_2=30\text{MHz}$，$a_1=1585(=32\text{dB})$，$f_3=30\text{MHz}$，$f_4=50\text{MHz}$。请注意，在这种情况下，第二项远大于第一项。

我们希望确保互易混频对信号的破坏可以忽略不计；例如，我们的目标是$P_{PN,tot}/P_{sig}=-20\text{dB}$。由此可得$\alpha=420$，因此

$$S_n(f)=\frac{420}{f^2} \tag{13.14}$$

例如，$S_n(f)$在1MHz偏移时等于−94dBc/Hz，在20MHz偏移时等于−120dBc/Hz。◀

在没有互易混频的情况下，合成器的相位噪声仍然会严重干扰信号星座。要使这种影响在11a/g中可以忽略不计，总的综合相位噪声必须保持小于1°[3]。为了计算综合相位噪声P_ϕ，我们将合成器输出频谱近似为图13.6所示：从f_c到合成器环路带宽边沿($f_c\pm f_1$)为平台，在($f_c\pm f_1$)之后为下降曲线，即$\alpha/(f-f_c)^2$。

㊀ 在本章中，我们用α/f^2(假设中心频率为零)或$\alpha/(f-f_c)^2$(假设中心频率为f_c)来表示相位噪声分布。

在 $f=f_c\pm f_1$ 时，$\alpha/(f-f_c)^2$ 的值为 S_0，我们有 $\alpha=S_0 f_1^2$ 以及

$$P_\phi=2\int_{f_c}^{\infty}S_n(f)\mathrm{d}f \tag{13.15}$$

$$=2S_0 f_1+2\int_{f_c+f_1}^{\infty}\frac{f_1^2 S_0}{(f-f_c)^2}\mathrm{d}f \tag{13.16}$$

$$=2S_0 f_1+2S_0 f_1 \tag{13.17}$$

$$=4S_0 f_1 \tag{13.18}$$

假设合成器环路带宽 f_1 约为信道间距的十分之一。若 $\sqrt{P_\phi}$ 小于 $1°=0.0175\text{rad}$，则 $S_0=3.83\times10^{-11}\text{rad}^2/\text{Hz}=-104\text{dBc/Hz}$。也就是说，在 2MHz 偏移时，自激振荡 VCO 的相位噪声必须小于 −104dBc/Hz，这一要求比上例中 1MHz 偏移时的相位噪声要求更为严格。实际相位噪声必须低 3dB，以适应发射机 VCO 的损坏。因此，我们将牢记在 1MHz 偏移时，自激振荡相位噪声的目标值为 −104+6−3=−101dBc/Hz。

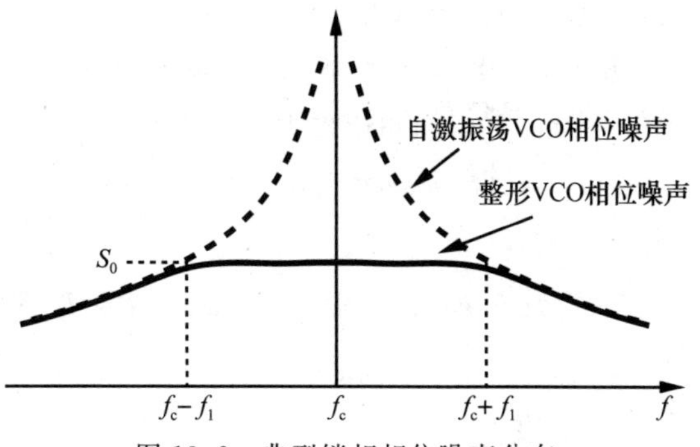

图 13.6 典型锁相相位噪声分布

例 13.6 一位学生在推导出式(13.18)之后，认为如果降低合成器环路带宽，就可以容忍更大的自激振荡相位噪声 S_0。请解释这一论点的缺陷。

解：考虑两种情况，VCO 相位噪声曲线分别为 α_1/f^2 和 α_2/f^2（见图 13.7）。假设环路带宽从 f_1 减小到 $f_1/2$，S_0 变为 $2S_0$，以保持 P_ϕ 不变。在前一种情况下，

$$S_n(f_1)=\frac{\alpha_1}{f_1^2}=S_0 \tag{13.19}$$

因此 $\alpha_1=f_1^2 S_0$。在后一种情况下，

$$S_n\left(\frac{f_1}{2}\right)=\frac{\alpha_2}{(0.5f_1)^2}=2S_0 \tag{13.20}$$

因此 $\alpha_2=0.5f_1^2 S_0$。由此可见，在后一种情况下，偏移量为 f_1 时的自激振荡相位噪声要求较低，从而增加了 VCO 设计的难度。

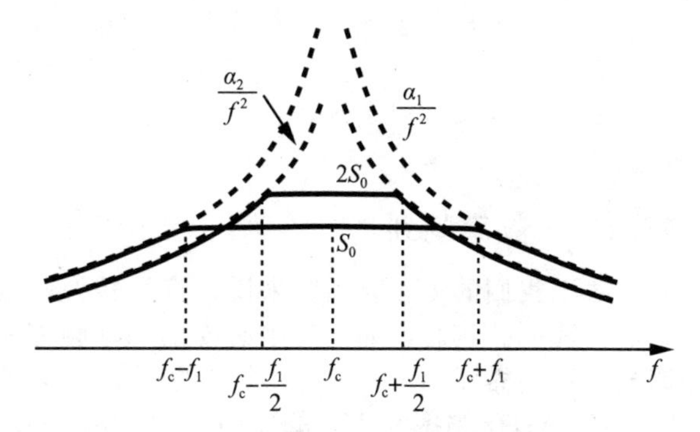

图 13.7 减小 PLL 带宽对相位噪声的影响

◀

此外，还必须考虑合成器输出的杂散。对于 −82dBm+3dB=−79dBm 的输入电平，相邻和交替信道中间的杂散下变频阻塞分别高出 16dB 和 32dB。因此，20MHz 和 40MHz 偏移处的杂散电平必须分别低于大约 −36dBc 和 −52dBc，这样每个杂散电平就会产生 −20dB 的损耗。这些规范相对宽松。

杂散也会影响传输信号。为了估算可容忍的杂散电平，我们可以参考上文提到的 1°相位误差（随机相位噪声），对（FM）杂散的影响提出同样的要求。尽管后者不是随机的，但我们期望它们对 EVM 的影响与相位噪声类似。为此，在两种情况下表示发射机的输出，对于相位噪声 $\phi_n(t)$，

$$x_{\mathrm{TX1}}(t)=a(t)\cos[\omega_c t+\theta(t)+\phi_n(t)] \tag{13.21}$$

并且只有一个小的 FM 杂散：

$$x_{TX2}(t)=a(t)\cos\left[\omega_c t+\theta(t)+K_{VCO}\frac{a_m}{\omega_m}\cos\omega_m t\right] \tag{13.22}$$

要使总方均根相位偏差小于 1°=0.0175rad，我们需要

$$\frac{K_{VCO}a_m}{\sqrt{2}\omega_m}=0.0175 \tag{13.23}$$

$x_{TX2}(t)$中的相对边带电平等于 $K_{VCO}a_m/(2\omega_m)=0.0124=-38\text{dBc}$。

例 13.7 正交上变频器设计用于产生 $a(t)\cos[\omega_c t+\theta(t)]$，由一个具有 FM 杂散的 LO 驱动。请确定输出频谱。

解： 用 $\cos[\omega_c t+(K_{VCO}a_m/\omega_m)\cos\omega_m t]$ 和 $\sin[\omega_c t+(K_{VCO}a_m/\omega_m)\cos\omega_m t]$ 表示正交 LO 相位，我们将上变频器输出写为

$$x(t)=a(t)\cos\theta\cos\left(\omega_c t+K_{VCO}\frac{a_m}{\omega_m}\cos\omega_m t\right)-a(t)\sin\theta\sin\left(\omega_c t+K_{VCO}\frac{a_m}{\omega_m}\cos\omega_m t\right) \tag{13.24}$$

我们假设 $K_{VCO}a_m/\omega_m\ll 1$ rad，并展开下列项：

$$x(t)\approx a(t)\cos\theta\cos\omega_c t-a(t)\sin\theta\sin\omega_c t-K_{VCO}\frac{a_m}{\omega_m}\cos\omega_m t a(t)\cos\theta\sin\omega_c t$$

$$-K_{VCO}\frac{a_m}{\omega_m}\cos\omega_m t a(t)\sin\theta\cos\omega_c t \tag{13.25}$$

$$\approx a(t)\cos(\omega_c t+\theta)-K_{VCO}\frac{a_m}{\omega_m}\cos\omega_m t a(t)\sin(\omega_c t+\theta) \tag{13.26}$$

因此，输出包含理想分量和理想分量的正交分量，其中心频率分别为 $\omega_c-\omega_m$ 和 $\omega_c+\omega_m$(见图 13.8)。这里的关键在于，合成器的杂散在出现在发射机路径上时已经被调制。◀

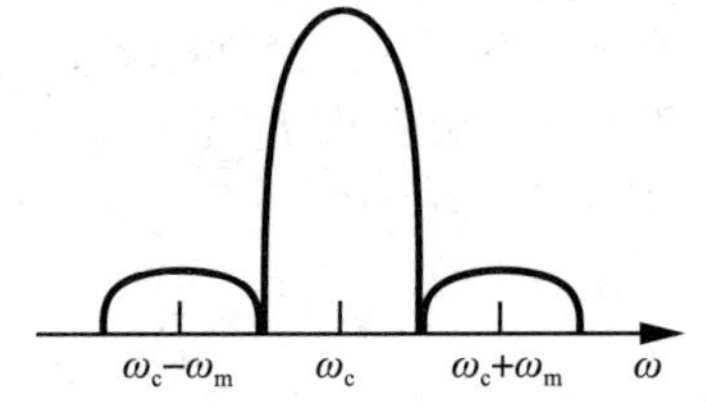

图 13.8 发射机中合成器杂散的调制

13.1.4 频率规划

对于我们的 11a/g 系统来说，直接转换收发机是一个自然的选择。然而，如何产生必要的 LO 频率和相位并不明显。我们希望在提供正交输出的同时，覆盖 11a 的约 5.1～5.9GHz 频率和 11g 的 2.400～2.480GHz 频率，并避免在发送模式下产生 LO 牵引。

让我们考虑几种不同的方法。

1) 两个独立的正交 VCO 用于两个波段，其输出被复用并应用于反馈分频器链(见图 13.9a)。在这种情况下，四个 VCO 电感会导致图 13.9b 所示的平面图，从而在 11a 和 11g 信号路径之间造成较大的间隔。如果这两条路径要共用高频电路(如低噪声放大器和混频器)，这个问题就变得至关重要。此外，11a VCO 必须提供约±15%的调谐范围。最后，LO 拉动问题也很严重。

2) 一个正交 VCO 可同时服务于两个频段(见图 13.9c)。在这里，平面图更加紧凑，但 VCO 必须从 4.8GHz 调谐到 5.9GHz，即大约±21%。11a 频段仍然存在 LO 拉动问题，如果 11g PA 输出的二次谐波耦合到 VCO，则 11g 频段的 LO 拉动问题就有些严重。因此，最好以全差分形式实现 11g PA[但不使用不对称的电感(见第 7 章)]。

3) 一个工作频率为 2×4.8GHz 至 2×5.9GHz 的差分 VCO(见图 13.9d)可以实现紧凑的平面布局，但需要：①±21%的调谐范围；②差分 11a 和 11g 功率放大器；③稳定工作频率高达 12GHz 的÷2 电路，最好不使用电感。65nm CMOS 技术中晶体管的原始速度允许这样的分频器设计。

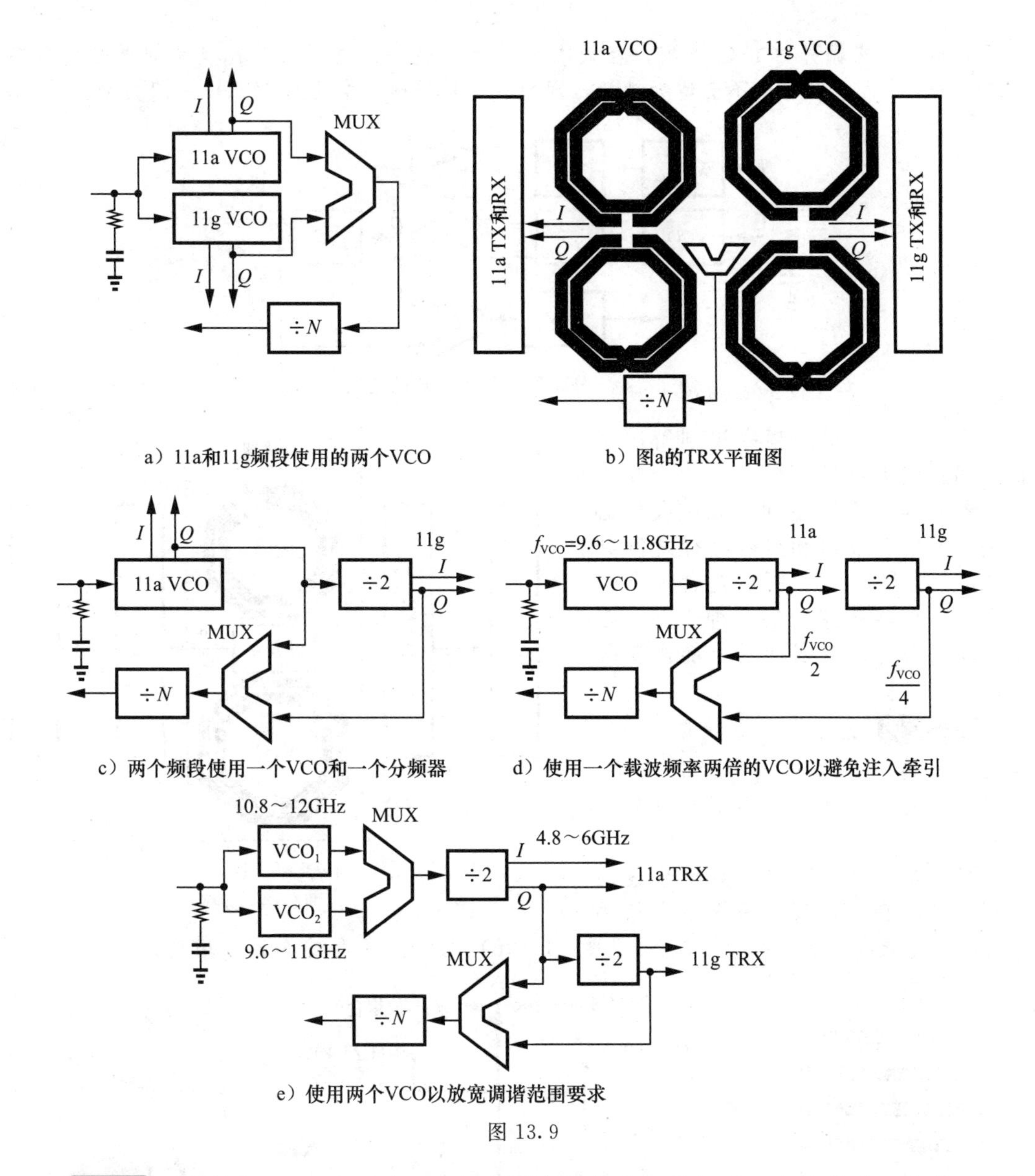

a）11a和11g频段使用的两个VCO

b）图a的TRX平面图

c）两个频段使用一个VCO和一个分频器

d）使用一个载波频率两倍的VCO以避免注入牵引

e）使用两个VCO以放宽调谐范围要求

图 13.9

例 13.8 解释图 13.9d 中两个÷2 电路的输出为什么要复用。也就是说，为什么我们不将 $f_{VCO}/4$ 的输出也应用到 11a 模式的÷N 级？

解：用 $f_{VCO}/4$ 驱动÷N 级的效果确实很理想，因为这样可以简化电路设计。然而，在整数 N 架构中，这一选择要求参考频率为 10MHz，而不是 11a 模式中的 20MHz（为什么？），从而导致环路带宽更小，对 VCO 相位噪声的抑制更弱。换句话说，如果 VCO 的相位噪声足够低，那么÷N 级在两种模式下都可以由 $f_{VCO}/4$ 驱动。 ◀

我们预计，图 13.9d 中的 VCO 需要相对较高的工作频率和较宽的调谐范围，这不可避免地会导致较高的相位噪声。因此，我们采用了两个 VCO，每个的调谐范围约为一半，但有一些重叠，以避免盲区（见图 13.9e）。可以使用更多的 VCO，使每个 VCO 的调谐范围更窄，但必要的额外电感会使布线复杂化。

例 13.9 图 13.9e 中跟随两个 VCO 的多路复用器必须消耗大功率或使用电感。是否可以用一个÷2 电路跟随每个 VCO，并在分频器的输出端进行多路复用？

解：如图 13.10 所示，这种方法确实更优越（如果÷2 电路不需要电感）。两个多路复用器确实会带来额外的 I/Q 失配，但校准可以消除这一误差以及其他模块的误差。需要注意的是，新的÷2电路不会增加功耗，因为在不需要时，它会与 VCO_2 一起关闭。

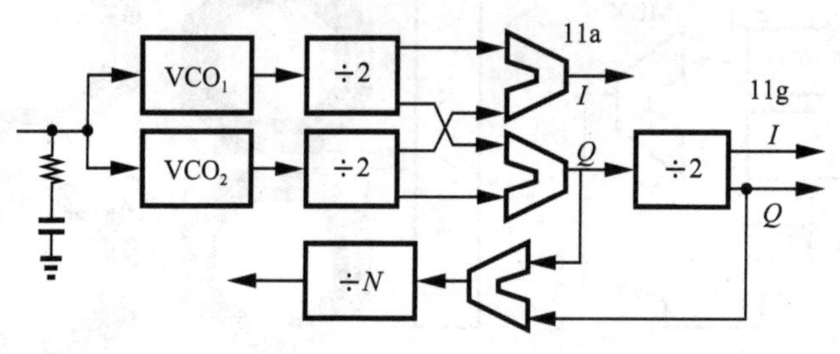

图 13.10　分频器后的复用器的使用　◀

图 13.9e 所示的频率规划解决了我们遇到的大部分问题，但两个功率放大器的实现方式不同。现在我们必须决定如何在发送和接收路径之间共享合成器。图 13.11 所示是合成器输出直接驱动两条路径的一种方案。在实际应用中，长导线前后可能需要缓冲器。

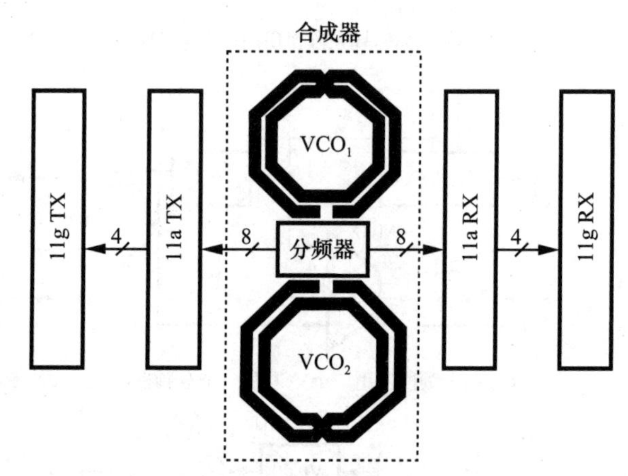

图 13.11　TRX 平面图，两个 VCO 以两倍载波频率运行

例 13.10　差分 I 和 Q 信号在长互连线路上传输时会出现确定性失配。请解释原因并设计一种抑制这种效应的方法。

解：请看图 13.12a。由于导线的有限电阻和耦合电容，每根导线都要承受其近邻导线上信号的加性部分(见图 13.12b)。因此，I 和 Q 偏离了理想方向。

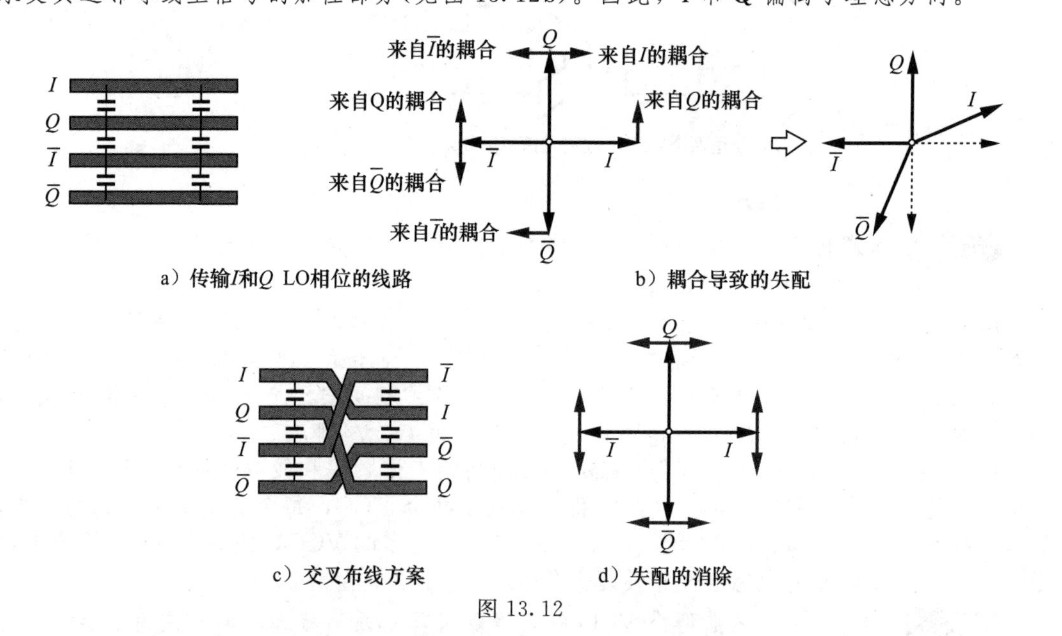

图 13.12

为了抑制这种效应，我们将导线重新排列，如图 13.12c 所示，端点间距减半，形成一组不同的耦合。图 13.12d 显示了导线之间的所有耦合，表明耦合完全消除。　◀

图 13.13 显示了最终完整的收发机结构。事实上 11a 和 11g 可以使用相同的接收路径。

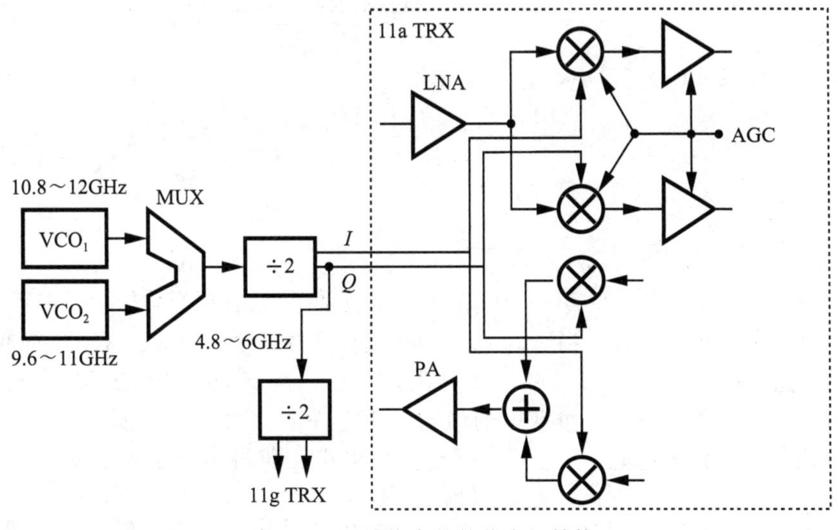

图 13.13 最终完整的收发机结构

13.2 接收机设计

802.11a/g 接收机链是根据各自的输入频率范围所需的噪声系数(NF)、线性度、增益和自动增益控制(AGC)而设计的。AGC 是通过沿链的离散增益控制而实现的，并受基带处理器提供的数字输入信号控制。

13.2.1 低噪声放大器设计

第 5 章所述的两个 5GHz 的设计实例是 11a 接收机的备选方案。但是对于两个频段而言，可以仅采用一个低噪声放大器(LNA)吗？答案显然是不能。下面让我们来探讨 LNA 的另一种拓扑结构。

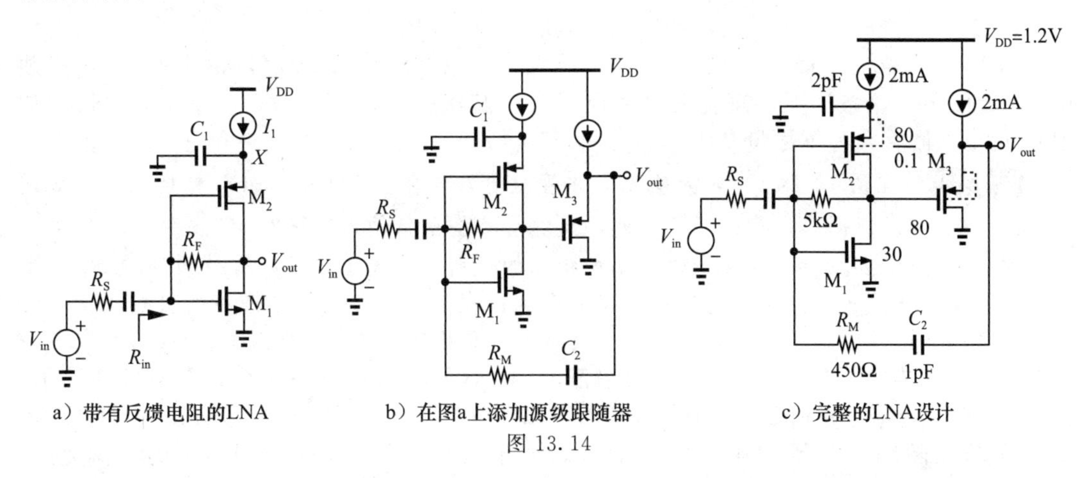

图 13.14

考虑图 13.14a 中所示的阻性反馈 LNA。在这里，M_2 同时充当负载和放大器件，这相比采用无源负载可实现更低的噪声系数。电流源 I_1 为 M_1 和 M_2 提供偏置，电容 C_1 使节点 X 交流接地。这个电路的工作频率范围约为 2.4GHz～6GHz。在习题 11.4 中，已经证明

$$\frac{V_{out}}{V_{in}}=-\frac{[1-(g_{m1}+g_{m2})R_F](r_{O1}\|r_{O2})}{R_F+R_S+[1+(g_{m1}+g_{m2})R_S](r_{O1}\|r_{O2})} \tag{13.27}$$

和

$$R_{in}=\frac{r_{O1}\|r_{O2}+R_F}{1+(g_{m1}+g_{m2})(r_{O1}\|r_{O2})} \tag{13.28}$$

令 $R_{in}=R_S$，并代入式(13.27)中，有：

$$\frac{V_{out}}{V_{in}}=-\frac{[1-(g_{m1}+g_{m2})R_F](r_{O1}\|r_{O2})}{2(R_F+r_{O1}\|r_{O2})} \tag{13.29}$$

假设 $(g_{m1}+g_{m2})(r_{O1}\|r_{O2})\gg 1$，首先，从式(13.28)可知：

$$R_{in}\approx\frac{1}{g_{m1}+g_{m2}}+\frac{R_F}{(g_{m1}+g_{m2})(r_{O1}\|r_{O2})} \tag{13.30}$$

如果 $R_{in}\approx 50\Omega$，可以推测，第一项应在 10～20Ω 的范围内(因为它影响噪声系数)，第二项在 30～40Ω 之间。也就是说，当 $(g_{m1}+g_{m2})(r_{O1}\|r_{O2})$ 大约等于 10 时，R_F 不能超过 300～400Ω 的范围。然后，从式(13.29)可以计算出，在 $(g_{m1}+g_{m2})\approx(20\Omega)^{-1}$、$(r_{O1}\|r_{O2})\approx 200\Omega$ ㊀、$R_F\approx 300\Omega$ 的条件下，可获得的增益为 $V_{out}/V_{in}=-2.8$。事实上，在 65nm 工艺下，最小沟道长度器件的 $(g_{m1}+g_{m2})(r_{O1}\|r_{O2})$ 会更小，获得的增益也会更小。因此，电路必须在输入匹配和增益之间做认真的权衡。

为了实现更高的增益，同时提供输入匹配，对电路进行了适当的修改，修改后的电路如图 13.14b 所示。在该电路中，R_F 很大，仅在 M_1 和 M_2 的栅极处建立适当的直流偏置并且允许实现更高的电压增益。另一方面，源级跟随器驱动一个适当的电阻 R_M 以达到输入匹配要求。对于一个大的 R_F，且 M_3 的体效应和沟长调制效应可以忽略，那么电路的输入阻抗由式(13.31)给出，其中分子为反馈电阻，分母的第二项为开环增益：

$$R_{in}\approx\frac{R_M+g_{m3}^{-1}}{1+(g_{m1}+g_{m2})(r_{O1}\|r_{O2})} \tag{13.31}$$

(请读者思考为什么 ${g_{m3}}^{-1}$ 包含在分子中?)相比于式(13.28)，该式分子中少了 $r_{O1}\|r_{O2}$ 项，但这个结果更有利，因为它允许采用更大的电阻 R_M。如果 $R_{in}=R_S$，而且 $R_M\gg {g_{m3}}^{-1}$，那么，其增益就简单地等于反相器电压增益的 1/2：

$$\frac{V_{out}}{V_{in}}=-\frac{1}{2}(g_{m1}+g_{m2})(r_{O1}\|r_{O2}) \tag{13.32}$$

比如，如果 $(g_{m1}+g_{m2})(r_{O1}\|r_{O2})=10$，那么增益为 14dB。

图 13.14c 给出了最终的 LNA 设计。首先，电源电压为 1.2V，$|V_{GS2}|+|V_{GS1}|$ 必须保持 1V 以下，该条件下，需要大尺寸晶体管。其次，为提高增益，将 M_2 的沟长增加到 0.1μm。最后，为了尽量减少 $|V_{GS2}|$ 和 $|V_{GS3}|$，将每个器件的 N 阱和它的源极相连。

例 13.11 在图 13.14c 中，大输入晶体管的输入电容 C_{in} 约为 200fF(包括米勒等效电容 $C_{GD1}+C_{GD2}$)。请问：在 6GHz 频率处，电容会不会降低输入匹配?

解： 由于 $(C_{in}\omega)^{-1}\approx 130\Omega$，和 50Ω 是相当的，所以希望 C_{in} 可以有效地影响 S_{11}。幸运的是，反相器输出节点处的电容产生了一个可以在高频下降低开环增益的极点，于是提高了闭环输入阻抗。这是第 5 章里面讲到的电抗抵消 LNA 的另一个例子。 ◀

图 13.15 描绘了在 2～6GHz 的频率范围内 LNA 的仿真特性曲线。在最坏情况下，$|S_{11}|$、NF、增益㊁分别等于−16.5dB，2.35dB 和 14.9dB。图 13.16 所示是在 6GHz 下 LNA 的增益随输入电压的函数关系曲线。由于负反馈的作用，该 LNA 的 P_{1dB} 约为 −14dBm㊂。

㊀ 由于 $g_m r_O\approx 10$ 且 $g_m\approx(40\Omega)^{-1}$，所以 $r_O\approx 400\Omega$。

㊁ 指 LNA 的输入节点到输出节点的电压增益。

㊂ 注意：交流和瞬态仿真产生了电压增益的轻微差异。

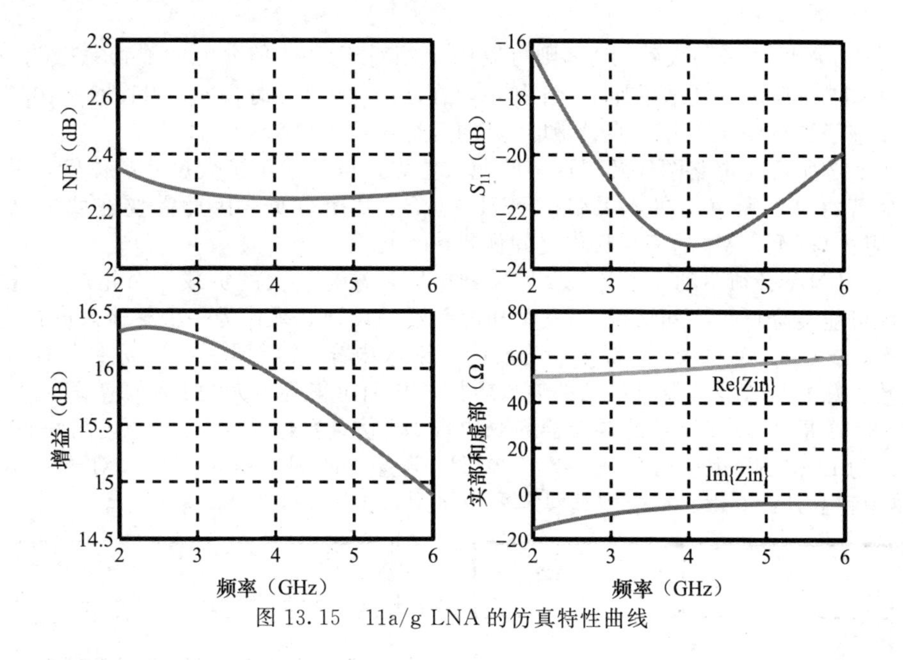

图 13.15 11a/g LNA 的仿真特性曲线

13.2.2 混频器设计

无源和有源混频器之间的选择取决于若干个因素，其中包括可用的 LO 摆幅，所需的线性度和输出闪烁噪声。收发机的设计有一定的灵活性，因为①65nm CMOS 技术可以在 6GHz 频率下提供轨到轨 LO 摆幅，允许使用无源混频器；②RX 的线性度相对宽松，允许有源混频器。尽管如此，65nm 器件的高闪烁噪声对有源结构而言仍是问题。

图 13.17 所示的是一个单平衡无源混频器后接一个简单基带放大器的结构。此处，为了减少放大器的闪烁噪声，采用了大尺寸 PMOS 器件。差分对的栅极偏置电压是由 V_b 决定，并且对地电压值为 0.2V，以保证 M_3、M_4 工作在饱和区。请注意，此链路的正交下变频结构需要两个这样的链路，因此总电源电流为 10mA。

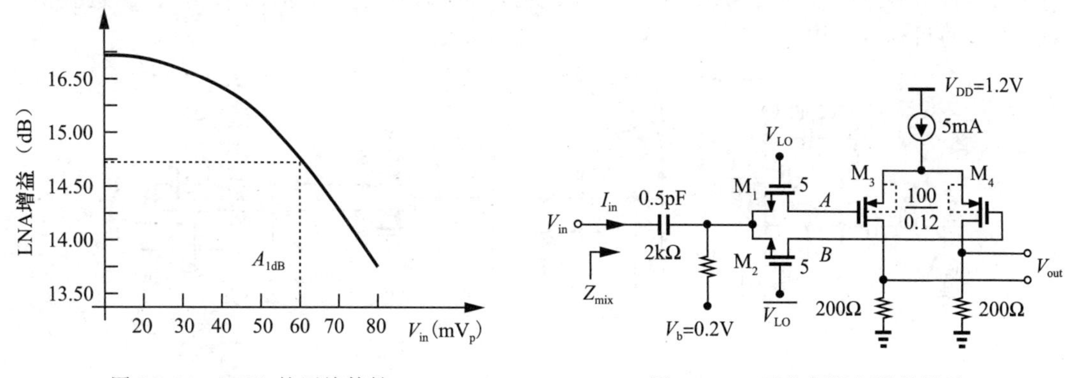

图 13.16 LNA 的压缩特性

图 13.17 下变频混频器的设计

利用第 6 章中为电压驱动抽样(非归零)混频器推导出来的方程，可以计算上述电路的特性。晶体管 M_3 和 M_4 为混频器提供了 $C_L \approx (2/3)WLC_{ox} \approx 130\text{fF}$ 的负载电容。A 和 B 之间的差分噪声由下式给出：

$$\overline{V_{n,AB}^2} = 2kT\left(3.9 \times R_{1,2} + \frac{1}{2C_L f_{LO}}\right) \tag{13.33}$$

式中，$R_{1,2}$ 表示 M_1 和 M_2 的导通电阻，大约为 100Ω，那么 $\overline{V_{n,AB}^2} \approx 8.54 \times 10^{-18} V^2$。假定

从 V_{in} 至 V_{AB} 的电压增益大致为1，则可以确定相对于50Ω信号源的噪声系数为 $\overline{V_{n,AB}^2}$ 除以50Ω电阻[⊖]噪声，并且结果加1。比如说，在 $f_{LO}=6GHz$ 时，NF=11.31=10.1dB。仿真结果验证了计算结果，并表明 A 和 B 点的闪烁噪声可以忽略不计。

图13.17所示的电路图涉及了许多问题。首先，虽然采用了大尺寸晶体管，差分对仍然产生显著的闪烁噪声，在100kHz下NF提高了几个分贝。因此需要在此链路提供给LNA的阻抗与 M_3、M_4 的闪烁噪声之间做折中考虑。

其次，LNA必须驱动4个开关及其采样电容，这是很大的负载。因此，LNA增益和输入匹配可能会降低。换句话说，LNA和混频器的设计必须作为一个整体来进行优化。

再次，式(13.33)中 $V_{n,AB}$ 与 f_{LO} 的反向关系意味着，混频器在11g频带下拥有更高的噪声系数。好处是，混频器有更高的输入阻抗，从而可得到更大的LNA增益。

图13.18是图11.4所示的混频器的双边带NF仿真特性曲线(信号源内阻为50Ω)。对于6GHz的LO，NF由基带放大器在100kHz偏置时的闪烁噪声支配。对于2.4GHz的LO，热噪底上升约3dB。整个仿真假定采用轨到轨正弦LO波形。

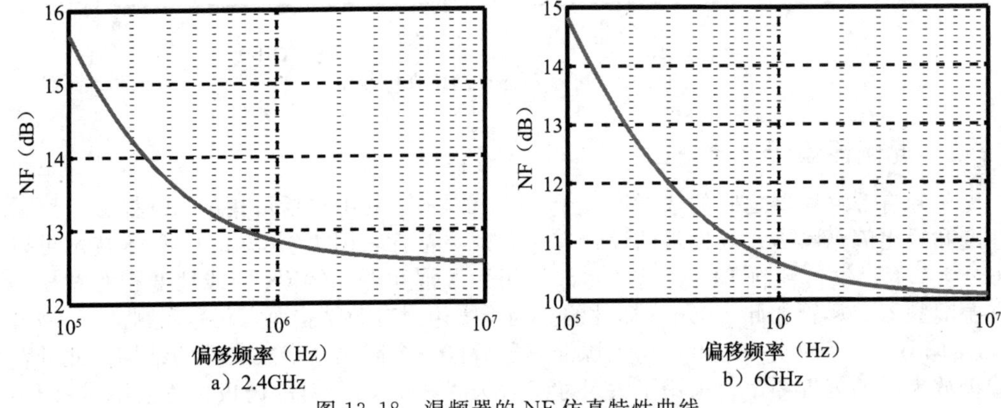

图13.18 混频器的NF仿真特性曲线

图13.19显示了接收机整体链路，图13.20为双边带NF的仿真结果。接收机的NF在6.1～7.5dB之间变化(2.4GHz下)，以及在4.5～7dB之间变化(6GHz下)。这些值都在10dB的目标值以内。

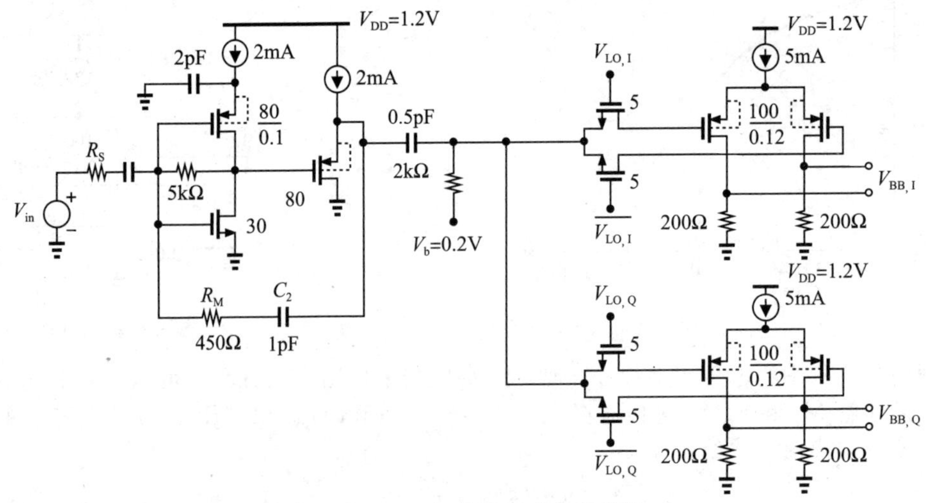

图13.19 11a/g接收机的整体设计

⊖ 假定混频器的输入阻抗比50Ω大许多。

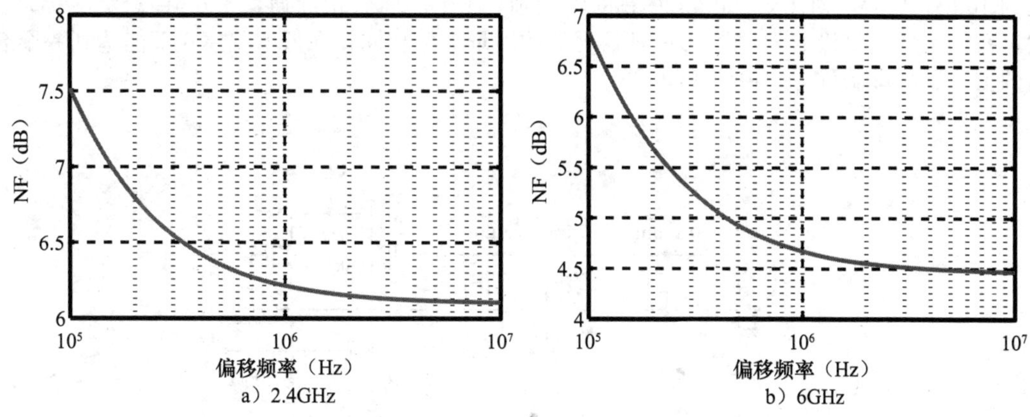

图 13.20　接收机 NF 仿真特性曲线

例 13.12 如果 NF 随频率变化，那么如何计算出接收机的灵敏度？

解： 一个简单的方法是将 NF 图转化成输出噪声频谱密度图，然后计算信道带宽(10MHz)内的总输出噪声功率。在这种方法中，图 13.20 所示的闪烁噪声对灵敏度只有轻微影响，因为它的大部分能量集中在 100kHz～1MHz 频段之间。

另外，在 OFDM 系统中，闪烁噪声对部分子信道的破坏程度远比对其他对子信道的破坏程度大。因此，对实际噪声频谱的系统仿真是必要的。◀

例 13.13 图 13.17 中的输入阻抗 Z_{mix} 可以改变反馈 LNA 的输入回波损耗，那么这一影响如何量化？

解： 图 13.15 中 LNA 的 S_{11} 是通过交流小信号仿真得到的。另一方面，无源混频器的输入阻抗必须在晶体管变换状态的情况下确定，即使用瞬态仿真得到。为了研究混频器在跳变时刻 LNA 的输入阻抗，可以运用图 13.17 中 I_{in} 的傅里叶变换和它的幅度、相位曲线。因为 V_{in} 的振幅和相位是已知的，所以特定频率下的输入阻抗就可以计算出来了。◀

13.2.3　AGC

为承受最大输入水平－30dBm，接收机的增益必须在 23～58dB 之间可编程控制。在前端设计中实现可变增益的主要挑战是如何避免可变的接收机输入阻抗。例如，在图 13.14c 中，若电阻 R_M 发生变化，那么 S_{11} 也随之发生变化。幸运的是，图 13.16 所示 LNA 的 1dB 压缩点在－30dBm 以上，从而允许 LNA 的增益在整个输入值范围内保持不变。

为了确定接收机链的增益在何处改变，首先绘制出整体接收机增益特性图，如图 13.21 所示，获得的输入 P_{1dB} 为－26dBm。由于受基带差分对控制，接收机的 P_{1dB} 比 LNA 的更低。由于接收机的平均输入值接近－30dBm，更因为 11a/g 信号的峰均值比例可以达到 9dB，因此希望降低混频器的增益。如图 13.22 所示，这可通过在混频器的差分输出端插入晶体管 M_{G1}～M_{G3} 实现。对于－50dBm 左右的输入值，M_{G1} 导通，增益降低约 5dB。对于－40dBm 的输入电平，M_{G1} 和 M_{G2} 都导通，增益降

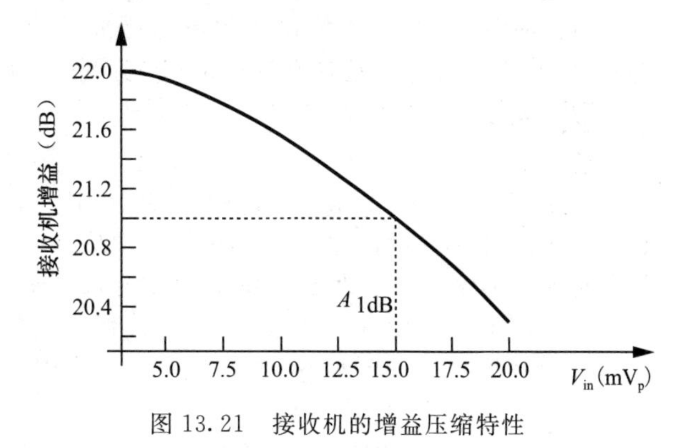

图 13.21　接收机的增益压缩特性

低约10dB。最后，对于−30dBm左右的输入值，3个晶体管均导通，增益降低约15dB。当然，我们希望接收机的P_{1dB}在每一种情况下的增量大致相同，在低增益模式下能达到一个合适的值。这种机制称为“粗调AGC”。

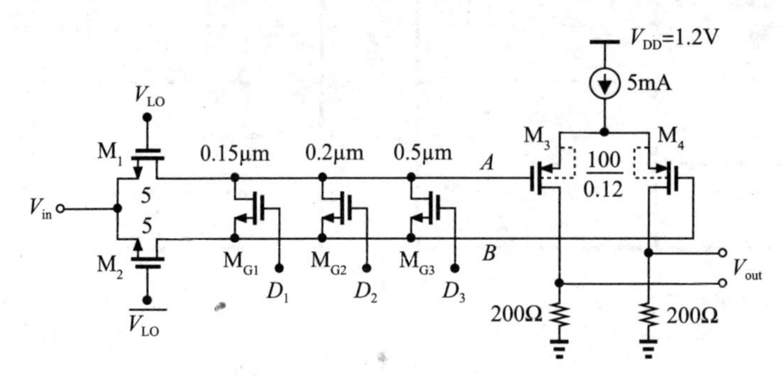

图13.22 在下变频混频器中嵌入粗调AGC

通过仿真得到：M_{G1}～M_{G3}的沟道宽度需要分别是0.15μm、0.2μm和0.5μm，对应的沟道长度均为L=60nm。图13.23描述的是接收机增益、P_{1dB}和NF在不同增益设置下的特性曲线。

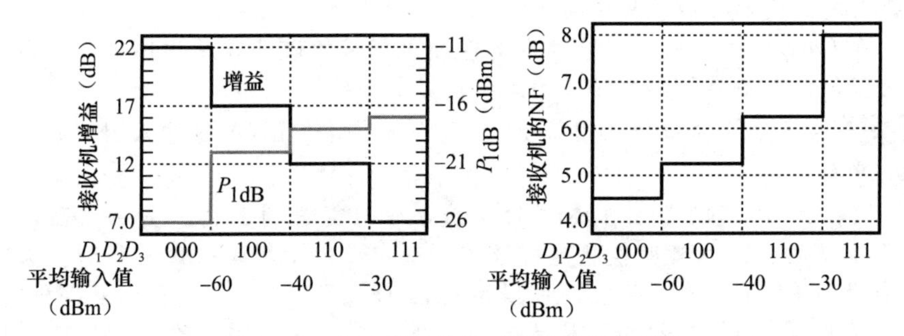

图13.23 接收机性能关于增益设置的函数

有两点需要特别强调。首先，由于尺寸小，M_{G1}～M_{G3}面临大的阈值变化。因此，建议增大各器件的沟道宽度和长度2～5倍，同时应保持期望的导通电阻值。其次，图13.23所示的特性曲线表明：即使增益进一步降低，接收机的P_{1dB}也很难超过−18dBm。这是因为，过了这一点，LNA和混频器(而不是基带放大器)的非线性占主导地位。

例13.14 在图13.22中，如何控制$D_1D_2D_3$？

解：$D_1D_2D_3$的数字控制信号通常由基带处理器产生。通过测量基带ADC输出的数字信号电平，由处理器来确定必要的衰减量。◀

射频前端提供的最大增益为22dB，因此接收机必须实现大约40dB的基带增益(“精调AGC”)。事实上，信道选择滤波和放大是分开的，从而放宽了对增益级线性度的要求[㊀]。

例13.15 精调AGC需要多大的增益步长？

解：对于精调增益步长与基带ADC的分辨率，需折中考虑。为理解这一点，考虑图13.24a所示的例子，输入电平每改变10dB，增益改变hdB。例如输入值从−39.9dBm变化至−30.1dBm时，增益保持不变，因此ADC的输入上升10dB。所以，ADC必须做相应处理：①输入电平约为−39.9dBm时，以适当的分辨率将信号数字化；②输入电平约为−30.1dBm时，容许所述信号不被削波。换句话说，当接收信号从−39.9dBm到−30.1dBm变化时，ADC必须提供额外的10dB动态范围以避免输入信号被削波。

㊀ 由于模块之间的交调，而不是期望信号的压缩，放松了线性度设计要求。

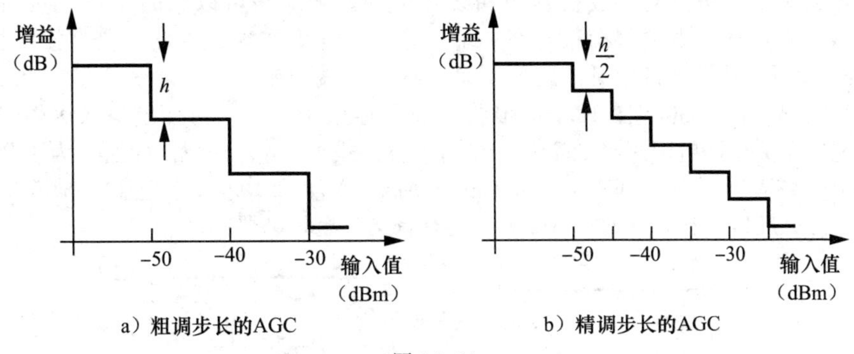

图 13.24

现在考虑图 13.24b 中的情形，输入值每发生 5dB 的变化，增益就随之发生变化。在这种情况下，ADC 只需提供额外的 5dB 分辨率(动态范围)。◀

为了减少 ADC 的负担，AGC 通常采用 1dB 或 2dB 的增益梯度。当然，在一个窄信道带宽系统中，例如 GSM，基带 ADC 在一个相对较低的速度下工作并且可以在宽动态范围下设计实现，从而放松了对 AGC 的指标要求。

另一个与 AGC 相关的问题是基带直流偏置随增益的变化而改变。改变 LNA 或者混频器的增益可能改变 LO 和接收机输入的耦合量，进而改变自混频结果，导致直流失调的变化。消除这种效应有两种办法：①对每次增益的设置执行失调消除，并在数字域内保存结果，于是当增益变化时偏置可以被正确校正；②增加 ADC 的动态范围以适应未校正的直流失调。

例 13.16 设计 AGC 时，寻求的是一个可编程的增益(从分贝上看是线性的)，即数字控制每增加一个 LSB，增益变化 hdB，其中 h 是常数。解释为什么?

解： 基带 ADC 和数字处理器用于测量信号幅度，并调整数字增益控制。考虑当增益调节作为输入电平的函数时的两种情况。第一种情况如图 13.25a 所示，输入振幅每次增加一个常量(5mV)，则增益就相应地减少一个常量(10)。在这种情况下，ADC 感知的电压摆幅(= 输入电平 × 接收机增益)并不是恒定的，随着输入电平从 $10\mathrm{mV_P}$ 变化到 $30\mathrm{mV_P}$，ADC 的动态范围需要翻倍。

第二个情况如图 13.25b 所示，当输入值按对数增长时，接收机增益也相应地按对数降低固定的值，从而保持 ADC 的输入摆幅恒定。在这里，接收机输入每上升 5dB，基带处理器使数字控制量改变 1LSB，同时降低增益 5dB。因此采用如图 13.23 所实现的对数线性增益控制机制(linear-in-dB gain control mechanism)是有必要的。◀

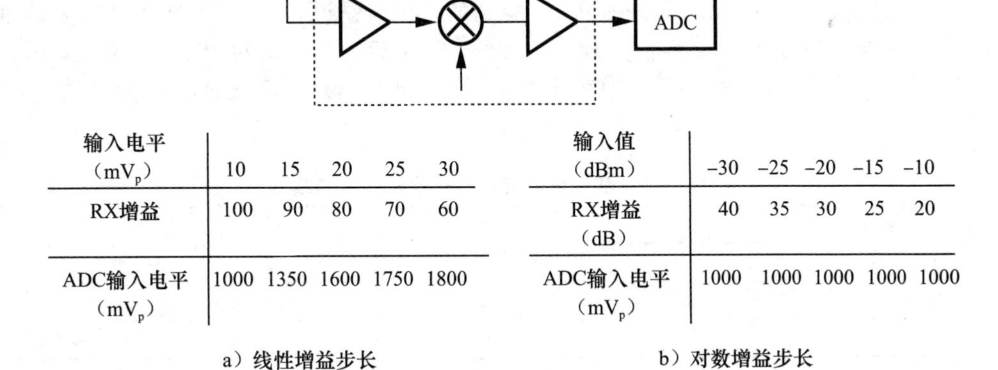

输入电平 ($\mathrm{mV_p}$)	10	15	20	25	30
RX增益	100	90	80	70	60
ADC输入电平 ($\mathrm{mV_p}$)	1000	1350	1600	1750	1800

a）线性增益步长

输入值 (dBm)	−30	−25	−20	−15	−10
RX增益 (dB)	40	35	30	25	20
ADC输入电平 ($\mathrm{mV_p}$)	1000	1000	1000	1000	1000

b）对数增益步长

图 13.25　AGC 随输入信号变化的函数

基带增益和滤波电路对接收机噪声和线性度的影响应该可以忽略不计。然而实际上，线性度、噪声和功率三者的权衡很难在一个合理的功耗下实现。因此，典型接收机的线性度(高增益模式下)是受基带限制的，而不是受射频前端限制的。

现在来实现精调 AGC。图 13.26a 描绘了一个适用于基带的可变增益放大器(VGA)[㊀]。此处，通过提高负反馈电阻来降低增益：在高增益模式下，M_{G1}～M_{Gn} 导通，为了降低增益，将 M_{G1} 断开；或者断开 M_{G1} 和 M_{G2}；或者断开 M_{G1}、M_{G2} 和 M_{G3} 等。注意，随着增益下降，该级电路变得更加线性化，这对 VGA 来说是有意义甚至是必要的。

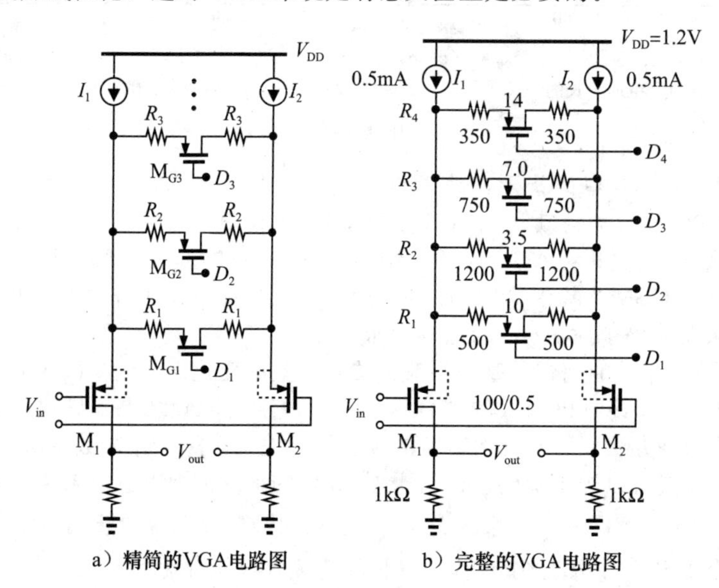

a）精简的VGA电路图　　b）完整的VGA电路图

图 13.26

注：图中未标出 MOS 管的 N 阱与 V_{DD} 相连。

在图 13.26a 所示的电路中，M_{G1}～M_{Gn} 的非线性可能表现为较大的输入摆幅。因此，这些晶体管必须足够宽，使得其导通电阻约为 $2R_j$ 的 1/10～1/5。每个 R_j 的选取都以提供对数线性增益特性为目的。

图 13.26b 为详细的设计结果。对于 M_1 和 M_2，采用长沟道器件，从而降低由电压影响输出电阻而引起的非线性(即降低由沟长调制效应引起的非线性)，并将它们的源极和 N 阱相连，对于 I_1 和 I_2，允许约 200mV 电压裕度，并且能减少噪声(见习题 13.8)。源极负反馈支路提供多个 2dB 的增益步长。

表 13.1 总结了带有 VGA 的接收机性能仿真结果。如图 11.9 所示的拓扑结构，开关是由一个"温度计码(thermometer code)"驱动的，也就是说，每次 $D_1D_2D_3D_4$ 多增加一个逻辑 1，产生 2dB 的增益。我们发现：①加入 VGA 后，接收机的 P_{1dB} 从－26dBm 下降到－31dBm；②在低增益模式下，噪声系数上升 0.2dB。VGA 的设计常常为了改善噪声系数而牺牲 P_{1dB}(提供最大增益 8dB)。

表 13.1　带有增益转换的接收机性能总结

$D_1D_2D_3D_4$(精调 AGC)	0000	0001	0011	0111
增益(dB)	30	28	26	24
P_{1dB}(dBm)	－31	－30	－29	－28
NF(dB)	4.5	4.5	4.6	4.7

㊀ 也称之为"可编程增益放大器(PGA)"。

例 13.17 某学生在寻求更高的 P_{1dB} 时注意到：$D_1D_2D_3D_4=0011$ 时，NF 损失可以忽略不计，他决定称这个设置为“高增益”模式。即，该学生忽略了较高的增益设置 0000 和 0001。请解释这样的设置存在的问题。

解： 在“高增益”模式下，VGA 提供的增益只有 4dB。因此，后一级电路的噪声(例如，基带滤波器)可能会变得非常显著。◀

13.3 发射机设计

发射机的设计始于功率放大器，并且依据信号路径从后向前设计其他模块。为了实现匹配网络，设计可同时工作在 11g 和 11a 带宽范围的 PA 显得十分困难。在这里，假设采用两个不同的 PA。

13.3.1 PA 设计

PA 必须传输 +16dBm(40mW)的功率，从而产生 +24dBm 的 P_{1dB} 输出，其在特征阻抗为 50Ω 的天线上的电压峰峰值摆幅分别是 4V 和 10V。假设一个 1∶2 的片外巴伦，并且设计一个可提供峰峰值摆幅为 2V 的差分 PA，所驱动的负载阻抗为 $50\Omega/2^2=12.5\Omega$ [㊀]。图 13.27 总结了我们的想法，并表明在 X(或 Y)处的峰值电压摆幅应当仅为 0.5V。

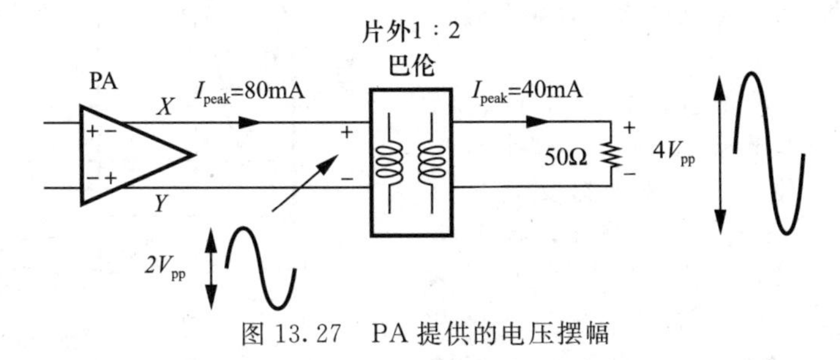

图 13.27　PA 提供的电压摆幅

例 13.18 在图 13.27 中，X(或 Y)节点处需要多大的 P_{1dB}？

解： 巴伦 V_{XY} 的 P_{1dB} 通过天线将 24dBm($10V_{pp}$)降至 $5V_{pp}$。因此，在 X 处的 P_{1dB} 应当是 $2.5V_{pp}$(相当于 +12dBm)。

有趣但比较麻烦的是，PA 的供电电压必须足够高，以支持 $2.5V_{pp}$ 的单端输出 P_{1dB}，尽管实际的摆幅很少能达到这个水平。◀

先研究如图 13.28a 所示的准差分共源共栅结构。根据第 12 章所述，V_b 的取值需折中考虑线性度和器件面临的压力。如果 V_b 太高，那么 X 和 Y 处的电压摆幅容易促使 M_3 和 M_4 进入线性区，导致 M_1 和 M_2 的漏极电压改变并且可能产生压缩。如果 V_b 太低，X 和 Y 处的电压摆幅变大，会使 M_3 和 M_4 漏源电压过大。

设计上述结构的另一个关键原则是，设计时必须先考虑输出压缩而不是输入压缩。为了理解这一点，假设对于一个给定的输入摆幅，在输出还没被压缩时，M_1 和 M_2 的 $I-V$ 特性就被压缩(回想一下，随着两者中任何一个晶体管的栅电压上升，其漏极电压下降，这可能使器件进入线性区，即使此时 M_3 和 M_4 是饱和的)，这就意味着可以降低电源电压而不必降低 P_{1dB}。也就是说，如果输入先压缩，那么设计的输出电压净空会有部分被浪费。

还有一个重要原则：上述结构的增益必须最大化。这是因为更高的增益意味着允许更低的输入摆幅(对于给定的输出 P_{1dB})，以保证电路不会先在输入端压缩。

我们知道在 X(或 Y)处看到的单端负载阻抗等于 $50\Omega/2^2/2=6.25\Omega$。因而，为获得适当的增益，电路必须使用宽晶体管和大的偏置电流来驱动负载。

㊀ 在此，忽略了巴伦损耗。实际上，应为巴伦损耗预留 0.5～1dB 的裕量。

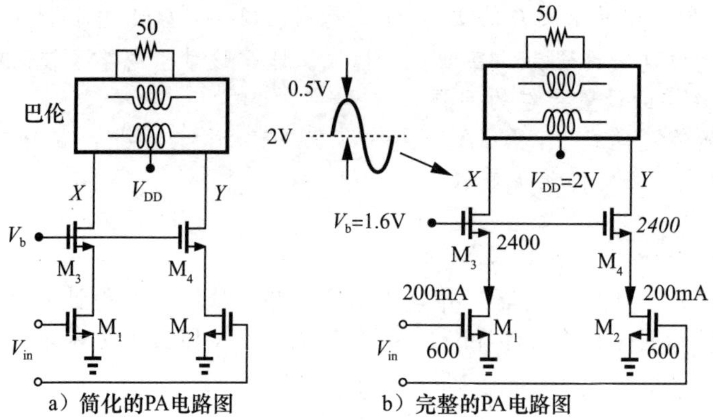

a）简化的PA电路图　　b）完整的PA电路图

图 13.28

例 13.19 探讨上述设计中让电压增益为 6dB 或 12dB 的可行性。

解：对于 6dB 的电压增益，随着电路到达 P_{1dB}，单端的输入峰峰值摆幅高达 2.5V/2=1.25V！这对于输入晶体管来说太大，将导致高度的非线性。

对于 12dB 的电压增益，在 P_{1dB} 附近必要的输入峰峰值摆幅等于 0.613V，这个结果更加合理。当然，输入晶体管此时必须提供 $g_m = 4/6.25\Omega = (1.56\Omega)^{-1}$ 的跨导，因而需要非常宽的晶体管以及大的偏置电流。◀

图 13.28b 给出了 12dB 增益[⊖]的最终设计。图 13.29 绘出了 PA 内部节点的电压波形，图 13.30 描述了压缩特性以及漏极效率(drain efficiency)与单端输入电平的函数关系。

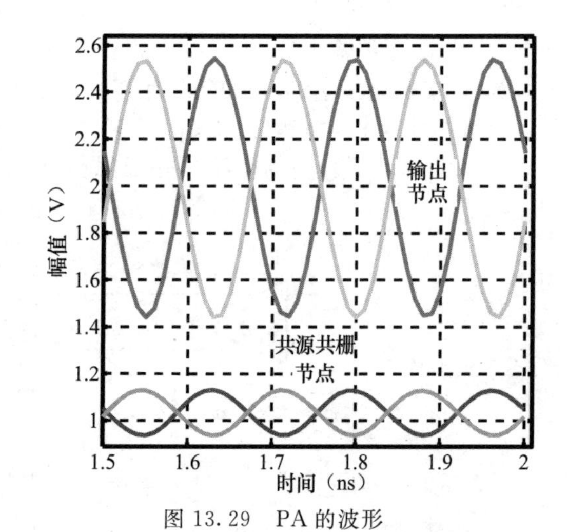

图 13.29 PA 的波形

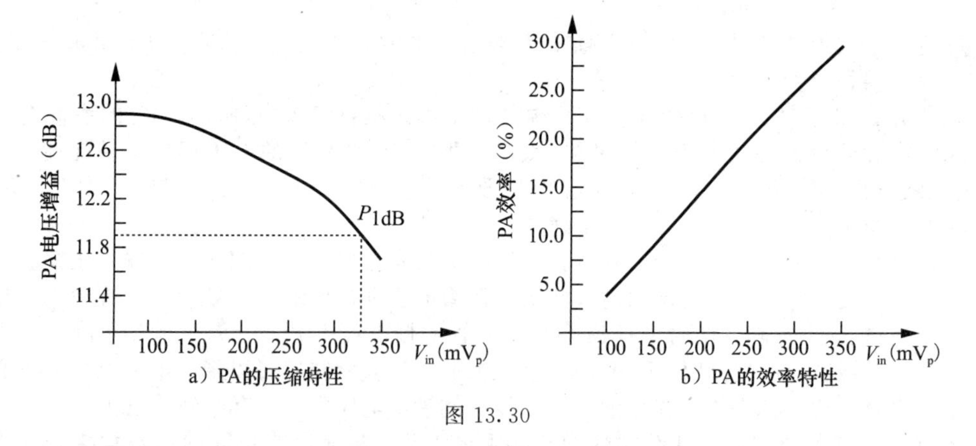

图 13.30

上述设计符合两个准则：①当 X(或 Y)处的电压摆幅达到 $2.5V_{pp}$ 时，增益最多下降 1dB；②对于 X(或 Y)处 $1V_{pp}$ 的平均输出摆幅，晶体管不会承受过大压力。共源共栅晶体管的宽度为 2400μm，降低了 M_1 和 M_2 的漏极电压摆幅。当输出达到 P_{1dB} 时，M_1(和

⊖ 注意，巴伦另外提供了 6dB 的电压增益。

M_2)栅极的输入峰峰值电压摆幅等于 0.68dB。

上述 PA 采用 2V 电压供电时，电流之和为 400mA，输出 P_{1dB} 的效率大约为 30%，在平均输出 40mW 时的效率为 5%。这是为 8dB 功率回退付出的代价。更加先进的优化设计能够获得更高的效率[7,8]。

1. 预驱动

现在把注意力转移到 PA 的预驱动级电路设计上。PA 的输入电容大约为 650fF，为了能在 6GHz 谐振，需要大约 1nH 的电感。该电感的 Q 值为 8，具有 300Ω 的等效并联电阻。因而预驱动必须具有至少 2.3mA 的偏置电流，以产生 0.68V 的峰峰值电压摆幅。然而，为了不降低发射机的线性度，预驱动的偏置电流必须高出很多。

图 13.31 给出了预驱动的结构以及与 PA 的接口电路。M_5 和 M_6 的宽度和偏置电流可根据高线性度和大约 7dB 的电压增益这两个需求来选择。考虑到预驱动的寄生效应，负载电感降低至 2×0.6nH。电阻 R_1 保持 0.5V 的压降，以将 M_1 和 M_2 偏置为额定电流。实际上，这个电阻可以使用一个跟随电路替代，这样可以更加精确地提供偏置电流。

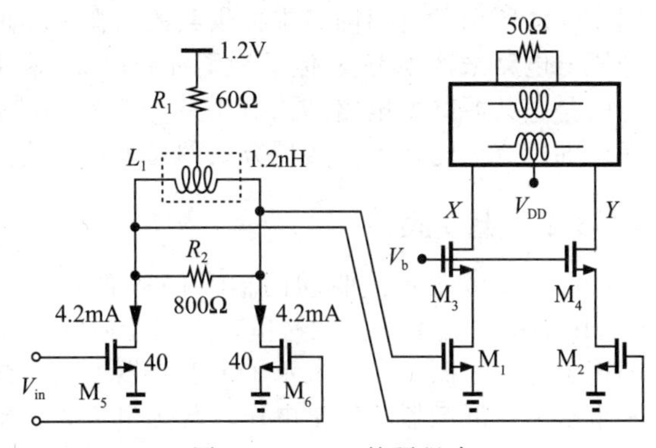

图 13.31　PA 的预驱动

电感的 Q 为 8 时，为了在 6GHz 时谐振，该预驱动在 5GHz 时增益较低。这里添加电阻 R_2 以增加带宽，但是同时必须添加小电容以降低谐振频率(见第 5 章)，也可以利用增大电感来将谐振频率降低至 5.5GHz。

例 13.20　某学生决定在 PA 和预驱动之间采用交流耦合，同时采用电流镜为输出晶体管提供偏置电流。解释一下此设计中存在的问题。

解： 图 13.32 给出了这样的设计。为了将信号的衰减减至最小，C_c 取值必须是 PA 输入电容的 5～10 倍，比如在 3～6pF 之间。同时伴有 5% 的对地寄生电容 C_P，这个电容器对预驱动就额外呈现出 150～300fF 的负载电容，这就需要一个更小的驱动电感。更重要的是，这两个耦合电容占据了较大的面积。◀

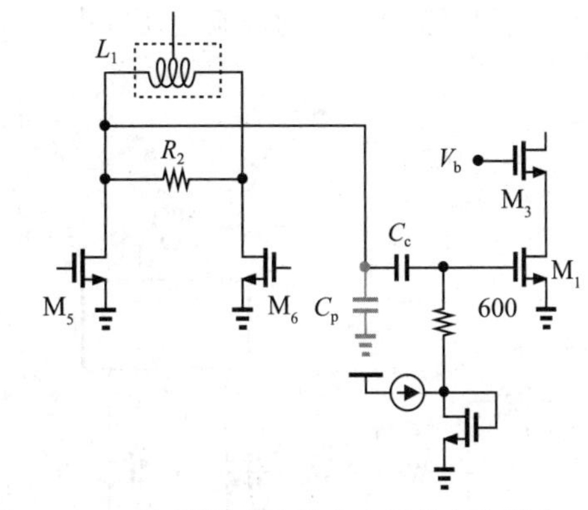

图 13.32　PA 预驱动和输出之间的电容耦合

2. 共模稳定性

准差分 PA 的共模增益比差模增益更高，可能的原因是共模不稳定。为了理解这一点，首先考虑图 13.33a 中的简单结构：一个准差分对驱动 50Ω 的负载。从差分信号的角度来看，电路大体上是稳定的，这在图 13.33b 所示的差分等效电路中可以明显地看出来，从每个晶体管看到的 25Ω 的电阻决定着负载的大小，这避免了栅极上出现负阻(见第 5 章)。

另一方面，对于共模信号，13.33a 所示的电路可等效为 13.33c 所示的电路。其中，50Ω 的电阻消失了，只剩下图示的电感负载的共源极电路，表现出负的输入阻抗。为了保证稳定性，必须使用正的共模电阻来驱动电路。

现在再次考虑图 13.31 所示的电路，对于共模信号，电阻 R_1 以串联形式出现在 M_1、M_2 的栅极，提高了稳定性。当然，共源共栅的输出级也能够帮助提高稳定性，并最小化

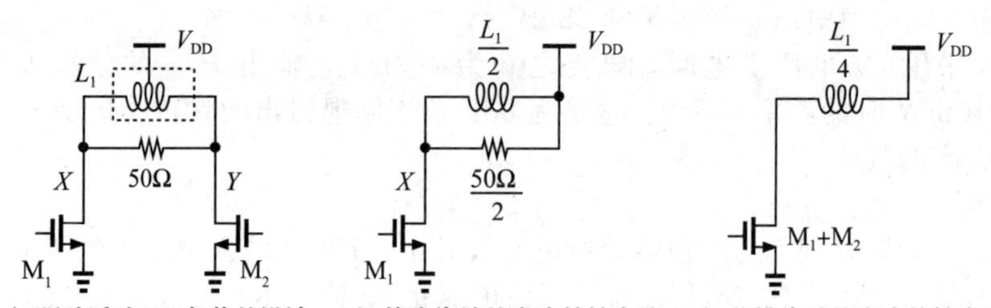

a）驱动浮动50Ω负载的设计　b）差分信号的半边等效电路　c）共模信号的半边等效电路

图 13.33

在 M_1 和 M_2 栅极看到的负阻(仅当 M_3、M_4 的栅极和一个低阻抗的电压源相连时才这样)。然而实际上，由于与 V_{DD} 或者地串联的寄生电感，使得该目标难以达到，所以通过如图 13.34 所示的有损网络来提供共源共栅电路的栅极偏置。在这里，通过一个简单的电阻分压器电路来产生 V_b，但是为了抑制由 L_B 和 L_G 导致的谐振，增加了 R_1 和 R_2。需要注意的是，共源共栅电路结构对于差分信号仍然是不变的，也就是说，节点 N 仍然表现出虚地的特点。这是差分实现方式的另外一个优点。

13.3.2 上变频器

在驱动 40μm 预驱动的输入晶体管时，上变频器必须将基带的 I 和 Q 信号转移到 6GHz 的中心频率上。在这里，采用无源混频器的拓扑结构，且假定 LO 可以提供轨到轨的输出摆幅。图 13.35 展示了上变频器的初步结构设计和对预驱动所做的必要修改。将每一个双平衡混频器的输出电压转化为电流，输出结果在 A 和 B 处相加。这种设计必须处理好两个问题。首先，由于 M_5～M_8 的栅极偏置电压大约为 0.6V，如果 LO 摆幅仅仅达到 1.2V，混频器晶体管的过驱动电压较小。因而必须在混频器和预驱动之间使用交流耦合。

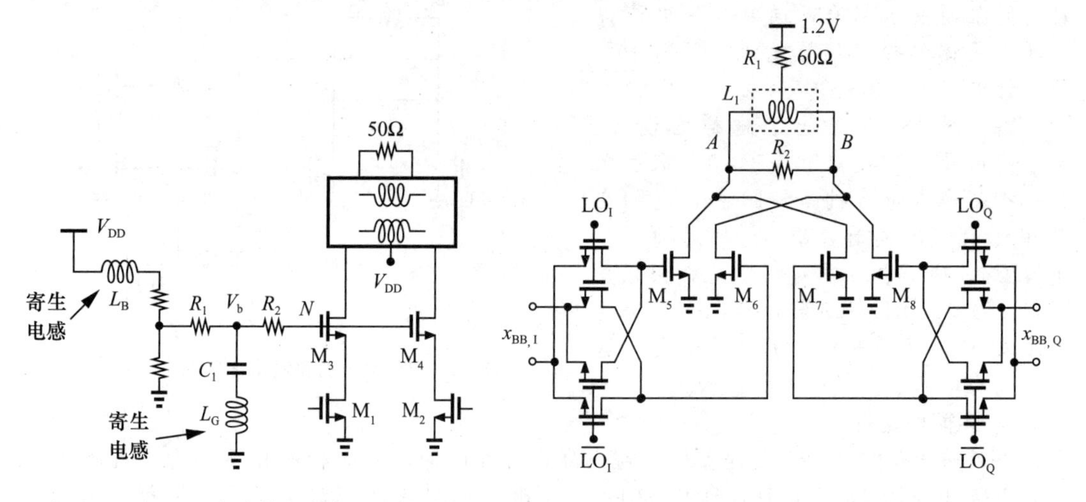

图 13.34　用于避免共模不稳定的有损网络　　图 13.35　使用无源混频器和 V/I 转换器的上变频器

其次，每一个无源混频器产生一个双边带的输出，使得实现满足发射机链路要求的输出 P_{1dB} 更加困难。为了理解这一点，考虑如图 13.36a 所示的概念图。用一个单基带的信号(而不是调制信号)测试发射机。因此 M_5 的栅电压在大摆幅下表现出拍频，这可能使 M_5 进入三极管区。需要注意的是，M_5 的漏极电压有一个恒定的包络，因为上变频的 I 和 Q 信号在 A 节点相加。此处的关键点是，如图 13.36b 所示，为了在 A 处产生给定的摆幅，M_5 栅极的拍频摆幅(beating swing)比包络摆幅要大，该包络摆幅仅用于测试预驱动和 PA。为了解决这个难题，我们希望在信号到达预驱动之前就将其相加。

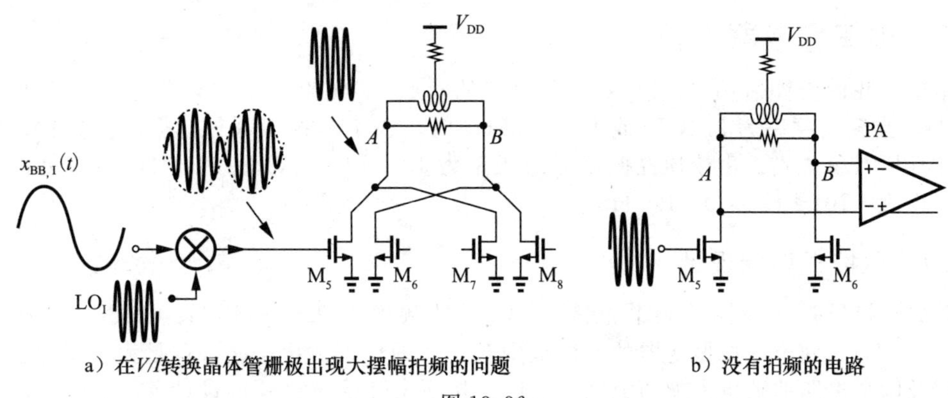

a）在V/I转换晶体管栅极出现大摆幅拍频的问题　　b）没有拍频的电路

图 13.36

图 13.37 给出了最终的发射机设计。此处，将混频器输出短接，以产生单边带信号，并避免上述的拍频现象。由于混频器开关的导通电阻是有限的，因此信号相加是有可能的。仿真结果表明，采用这种拓扑结构的上变频器的增益和线性度与简单的双平衡结构的上变频器的增益和线性度相似。混频器的基带直流输入大约为 0.3V。

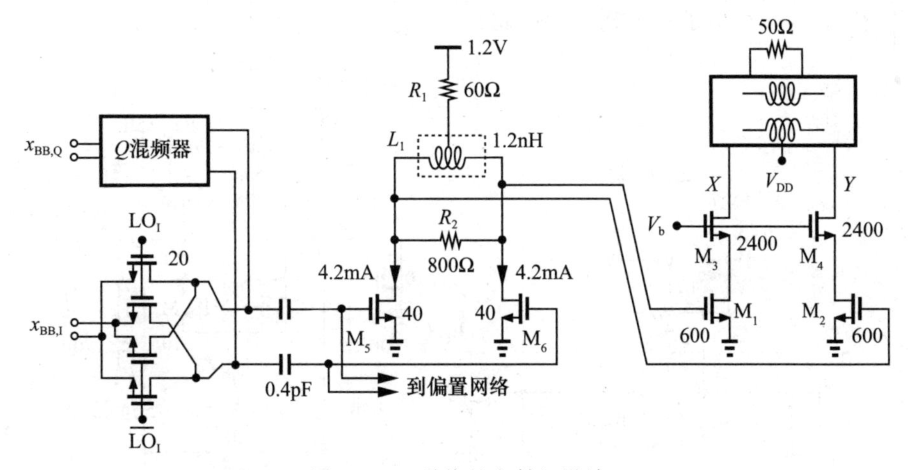

图 13.37　最终的发射机设计

为了确定发射机的输出 P_{1dB}，可以将整个发射机链路的变频增益与基带摆幅的函数关系绘制出来。变频增益的定义比较随意，即定义增益为传递到 50Ω 电阻负载的差分电压摆幅除以 $x_{BB,I}(t)$或者 $x_{BB,Q}(t)$的差分电压摆幅。

图 13.38 给出了发射机的总变频增益曲线。在 $V_{BB,pp}=890\text{mV}$ 时，发射机达到输出 P_{1dB}，此时输出功率为+24dBm；在 $V_{BB,pp}=350\text{mV}$ 时，平均输出功率达到+16dBm。此次仿真采用正弦轨到轨输出的 LO 波形。

大尺寸的混频器晶体管表现出 4～5mV 的阈值失配，这导致了部分载波产生馈通。为抑制这种效应，可以在混频器之前添加一些失调电压消除手段，通常是 I 和 Q 低通滤波器。

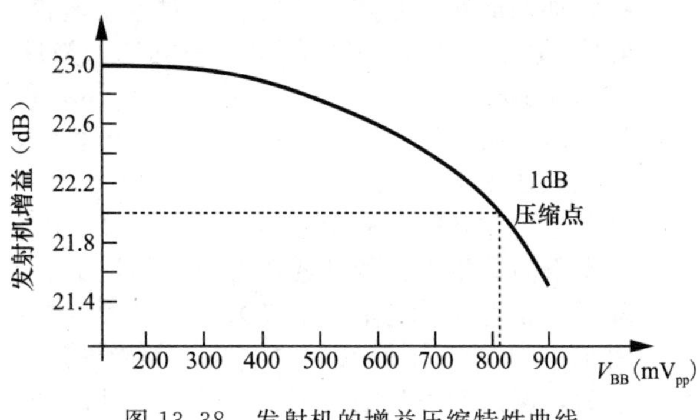

图 13.38　发射机的增益压缩特性曲线

13.4 频率合成器设计

本节，我们设计适用于11a和11g频带的整数 N 频率合成器，其中，参考频率为20MHz。当载波频率为2.4GH或者5～6GHz时，在1MHz偏移处，振荡器的相位噪声为－101dBc/Hz左右。由于压控振荡器的频率为10～12GHz，所以1MHz偏移处的最大相位噪声为－101＋6＝－95dBc/Hz[㊀]。

13.4.1 压控振荡器设计

首先选择压控振荡器的调谐范围。VCO_1 的频率为9.6～11GHz，VCO_2 的频率为10.8～12GHz。两个压控振荡器的调谐范围有200MHz的频率交叠，这是为了避免由模型误差以及两个电路的随机失配造成频率盲区。接下来开始 VCO_2 的设计。

假设单端负载电感为0.75nH(即，差分负载电感为1.5nH)，在10～12GHz的频带范围内，电感的品质因素 Q 为10。这个值产生的单端等效并联电阻为618Ω，为使输出端的峰峰值摆幅为 $(4/\pi)R_P I_{SS}=1.2V$，尾电流应设为1.5mA左右。为保证开关状态完全切换，选择交叉耦合的晶体管宽度为10μm。暂时假设负载器件的宽度为10μm并计入下一级分频器的输入电容。最后，在每边接足够大的恒定电容，来使得振荡器的频率为12GHz。图13.39a给出了一个初步的电路设计。

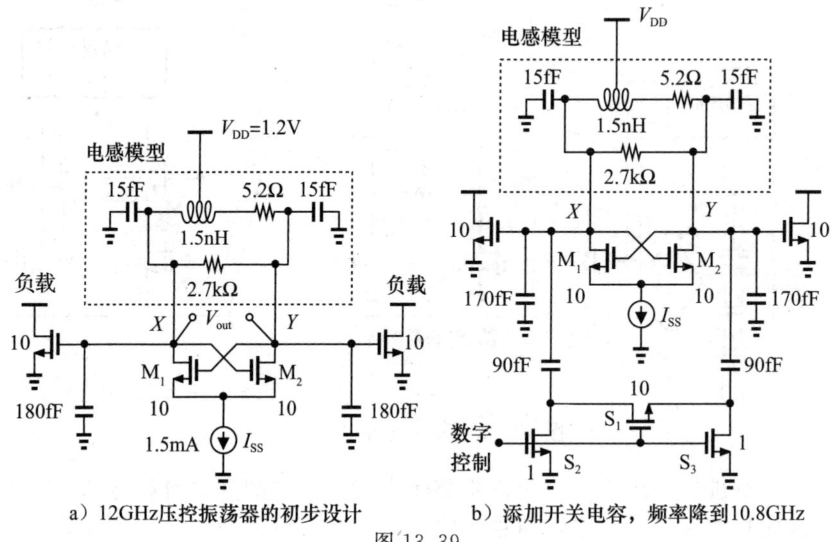

a）12GHz压控振荡器的初步设计　　b）添加开关电容，频率降到10.8GHz

图13.39

在添加调谐器件之前，我们希望对这个电路做一些简单的性能仿真。仿真结果显示，单端峰峰值摆幅为1.2V(见图13.40a)。1MHz偏移处的相位噪声约为－109dBc/Hz(见图13.40b)，远低于要求值。这个设计还有很大的优化空间。然而，漏极电压和尾电流源的电压表明，核心晶体管进入了深三极管区，使得相位噪声相对于尾电容很敏感。

现在，如图13.39b所示，在每边加上受开关控制的90fF电容，使调谐频率范围(非连续可调)从12GHz变为10.8GHz。与90fF电容串联的开关尺寸的选取应该折中考虑其关断状态下的寄生电容和导通状态下的沟道电阻。从仿真结果中可以看到，电压的摆幅显著下降了，尽管沟道电阻还不是太小。换而言之，开关越宽，摆幅越大。

图13.39b给出了修改后的电路。为确保这个电路的性能达标，再次进行了仿真。仿真结果为，调谐频率范围为12.4～10.8GHz，但是在低频时，单端摆幅降为0.8V。这是

㊀ 压控振荡器后面的分频器的相位噪声忽略不计。

因为即使开关电容 Q 值没有减小，但谐振器并联等效电阻 R_P 随着频率降低而迅速减小。为改善这个结果，我们把尾电流提高到 2mA。仿真结果显示，1MHz 偏移处的相位噪声在 10.8GHz 时为−111dBc/Hz，在 12.4GHz 时为−109dBc/Hz。S_1 称为“悬浮”开关。

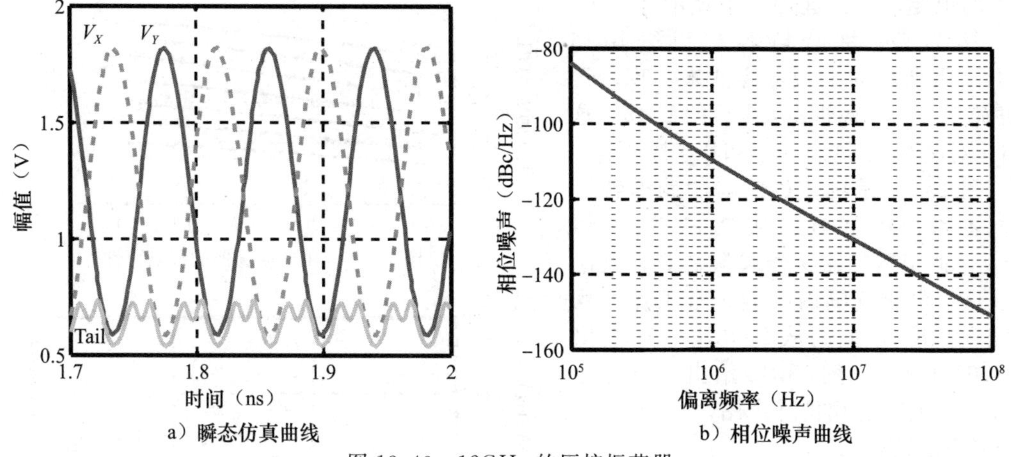

图 13.40　12GHz 的压控振荡器

接下来，给压控振荡器添加变容二极管，把开关电容分解为更小的单元，因此可得到存在重叠的离散间隔的连续调谐曲线。注意，这些电容单元不要求相等。实际上，在低频时，电容的变化对频率的影响很小(为什么?)，在低频端时可以把电容单元选取得大一些。设计到这一步，在选择变容二极管的尺寸、数量及单位电容的大小时，通常需要反复迭代计算和仿真。

通过迭代计算，设计了如图 13.41a 所示的电路，为简单起见，只画出半边电路。在这个电路里，由 6 个开关电容和 1 个 20μm ㊀的变容二极管提供必需的调谐范围。为降低频率，首先把 C_{u6} 接入，接着接入 $C_{u6}+C_{u5}$，等等。在这里声明两点：首先，和图 13.39b 一样依然有悬浮开关，只不过此处没画出来。理想情况下，开关的宽度随着 C_{uj} 缩放调整，但是在 65nm 的工艺中最小宽度为 0.18μm，而且通常作为接地开关。与 C_{u1} 和 C_{u2} 相连的悬浮开关的宽度为 2μm，与 C_{u3}～C_{u6} 相连的为 1.5μm。

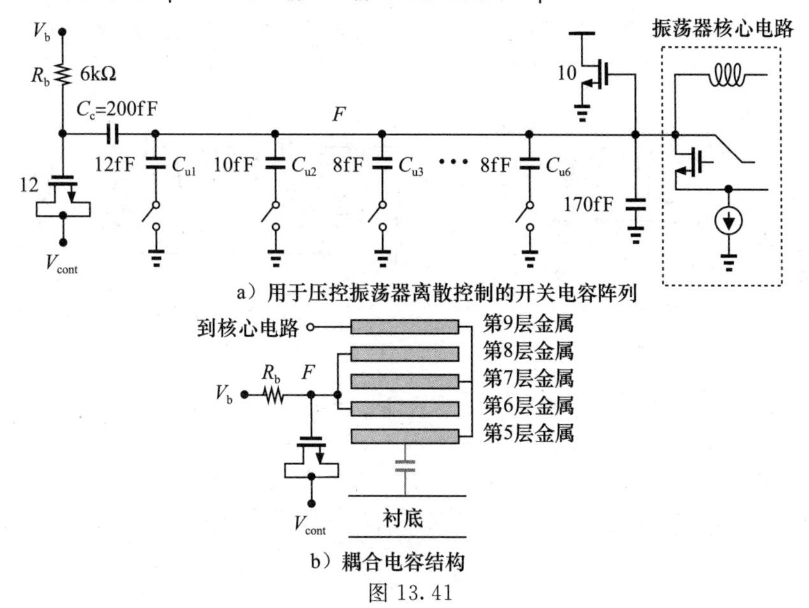

图 13.41

㊀ 原书中此处的 20μm 与电路图中的 12μm 并不相同，推测有一处为笔误。——译者注

其次，为得到较宽的连续调谐范围，变容二极管的栅极通过电容耦合到后面的振荡器核心电路，同时其栅极偏置电压 $V_b=0.6V$。第8章讨论了电容的底板寄生电容 C_c 可能会限制调谐范围。幸运的是，本节的设计里每端都有很大的恒定电容，这样一来就消除了 C_c 的寄生效应。耦合电容可以采用如图13.41b所示的平板电容器来实现。C_c 的值取为变容二极管最大电容的10倍，这样 C_c 对调谐范围的影响就可以忽略不计。

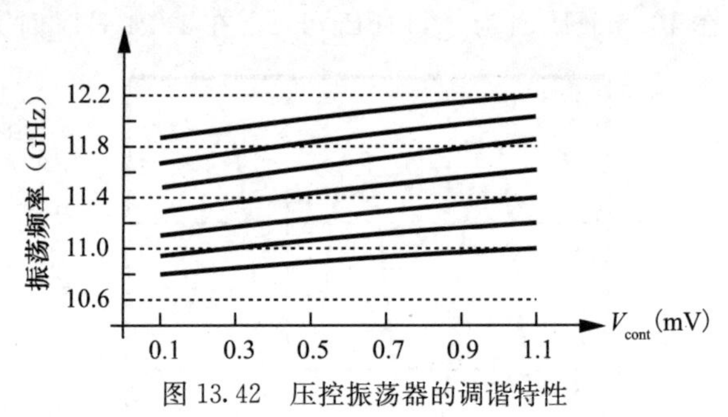

图 13.42 压控振荡器的调谐特性

图13.42是压控振荡器的调谐特性仿真曲线。控制电压从0.1V增加到1.1V，假定压控振荡器起振之前，电荷泵在这个电压范围内已能正常工作。我们发现，K_{VCO} 大约从200MHz/V变化到300MHz/V。图13.43给出了所有开关电容接入时的相位噪声图。

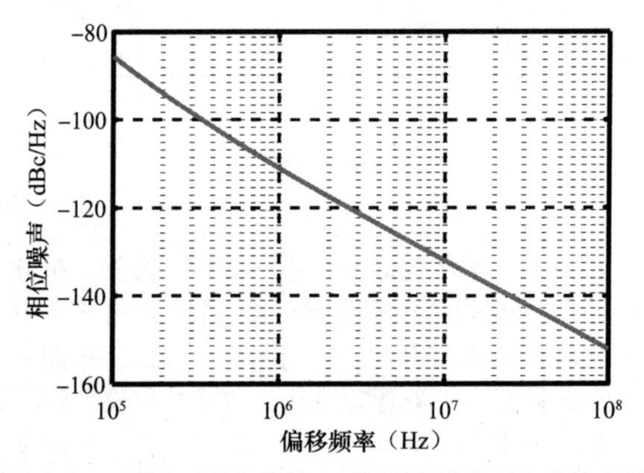

图 13.43 所有开关电容接入时压控振荡器的相位噪声图

例 13.21 某学生推断，由于图13.41a中电阻 R_b 的热噪声会调制变容二极管的电压，所以电阻 R_b 的阻值应最小化。这个推断正确吗？

解： 电阻 R_b 对压控振荡器有两个影响：它降低了谐振器的品质因数 Q，它的噪声调制了频率。我们需要量化这两种影响。

考虑如图13.44a所示的简化电路，其中，$L/2$、$R_P/2$、C_T 表示单端等效值(C_T 包括晶体管电容及开关电容)。由第2章可知，由于 C_c 和 C_{var} 的存在，R_b 的等效电阻为

$$R_{eq}\approx\left(1+\frac{C_{var}}{C_c}\right)^2 R_b \tag{13.34}$$

在该网络中假设此值大于3。由于 $C_c\approx10C_{var}$，所以 $R_{eq}\approx1.2R_b$。因此，为忽略 R_b 对 Q 的影响，R_b 的值应该为 $R_P/2$ 的10倍左右。

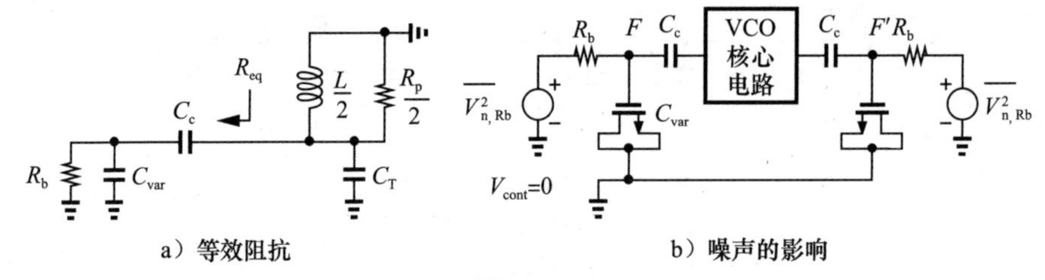

a）等效阻抗　　b）噪声的影响

图 13.44

但是在这里能使用很小的电阻 R_b 吗？当 R_b 很小时，上述等效电阻的表达式不再适用，因为 Q 与 C_c、C_{var} 和 R_b 有关，也会很小。当 R_b 趋近于0时，它对 Q 的影响消失了。然而，变容二极管现在短路，不能调频。因此，必须使用较大的 R_b。

下面来计算由 R_b 导致的相位噪声。控制电压对压控振荡器的输出相位噪声的影响可表示为

$$S_{\phi n}(f)=S_{cont}(f)\frac{K^2_{VCO}}{\omega^2} \tag{13.35}$$

其中，$S_{cont}(f)$ 表示 V_{cont} 中的噪声谱。对于偏移频率低于 $w_{-3dB}\approx1/(R_bC_c)$ 时，R_b 的噪声

直接调制到变容二极管上，这等效于与二极管串联，如图13.44b所示。为了求载波的相位噪声，考虑以下几点：①每个电阻噪声电压到输出端频率的增益为$K_{VCO}/2$(见习题13.9)；②由$2kTR_b$的两侧热噪声谱导致的零频附近的相位噪声谱为$S_{\phi n}=2kTR_b(K_{VCO}/2)^2/\omega^2$；③若射频输出形式为$A\cos(\omega_c t+\phi_n)$，则载波附近的相关相位噪声依然由$S_{\phi n}$给出；④考虑到有两个电阻$R_b$，计算其相位噪声功率时应翻倍。因此，总的输出相位噪声为

$$S_{\phi n}(f)=\frac{kTR_bK_{VCO}^2}{4\pi^2 f^2} \tag{13.36}$$

当$R_b=6\text{k}\Omega$，$K_{VCO}=2\pi(300\text{MHz/V})$，1MHz偏移时，$S_{\phi n}=-117\text{dBc/Hz}$，这个值远低于压控振荡器的实际相位噪声。为减小噪声，可以实现更精细的离散调谐，以便减小K_{VCO}。◀

压控振荡器设计的最后一步是，把理想的尾电流源换成电流镜。如图13.45a所示，电路采用沟道长度为0.12μm的器件，用来提高两个晶体管之间的匹配，以减小沟长调制效应的影响。选择合适的M_{SS}宽度，使它的过驱动电压很小，保证$V_{GS}\approx V_{DS}\approx 0.5\text{V}$。这种选择会使得$M_{SS}$的跨导和噪声电流比设计需求大，但眼下还是采用这样的选择。请注意，M_{REF}和I_{REF}应缩小1/2，因为M_{SS}的噪声可能占主导地位。

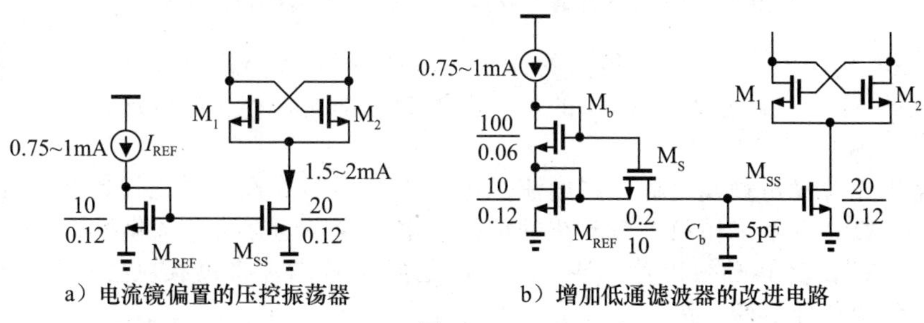

a）电流镜偏置的压控振荡器　　b）增加低通滤波器的改进电路

图13.45

电流镜会大幅提高压控振荡器的相位噪声。如图13.46所示，在1MHz偏移处，10.8GHz时的相位噪声由−111dBc/Hz变为−100dBc/Hz，12.4GHz时由−109dBc/Hz变为−98dBc/Hz。通过Cadence仿真可知，相位噪声的主要来源为M_{REF}、M_{SS}的热噪声和闪烁噪声。

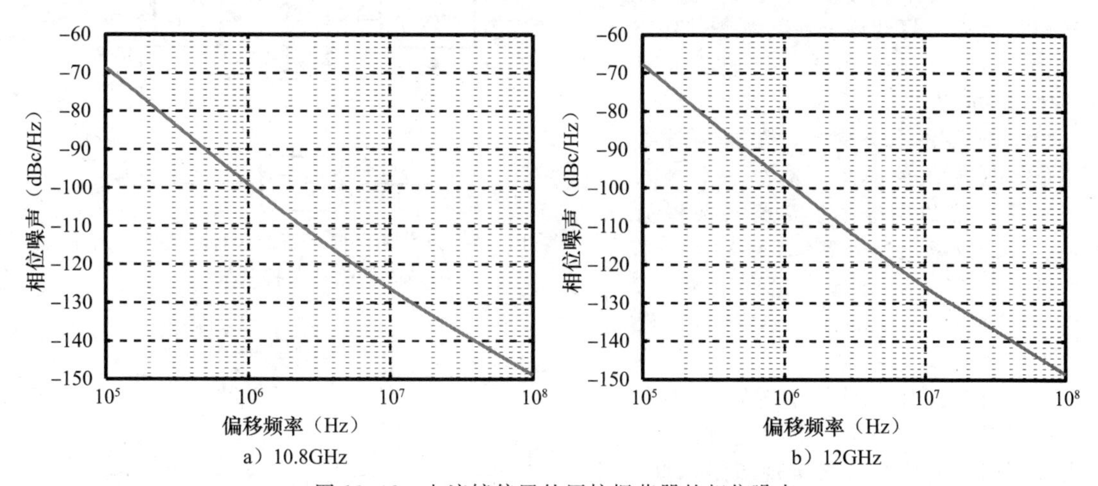

a）10.8GHz　　b）12GHz

图13.46　电流镜偏置的压控振荡器的相位噪声

对电路进行简单的改进，可抑制M_{REF}的噪声。如图13.45b所示，在两个晶体管之间接一个低通滤波器，可以抑制M_{REF}和I_{REF}的噪声。为使转折频率远低于1MHz，①M_S的过驱动电压由处于二极管连接状态的大尺寸晶体管M_b提供，通过调整M_b的尺寸减小过驱动电压；②M_S的宽度为0.2μm，长为10μm；③$C_b=5\text{pF}$。10.8GHz时，1MHz偏移

处的相位噪声为-104dBc/Hz；12.4GHz时，相应的相位噪声为-101dBc/Hz。图13.47是最终的相位噪声仿真波形(假设变容二极管的Q值很大)。

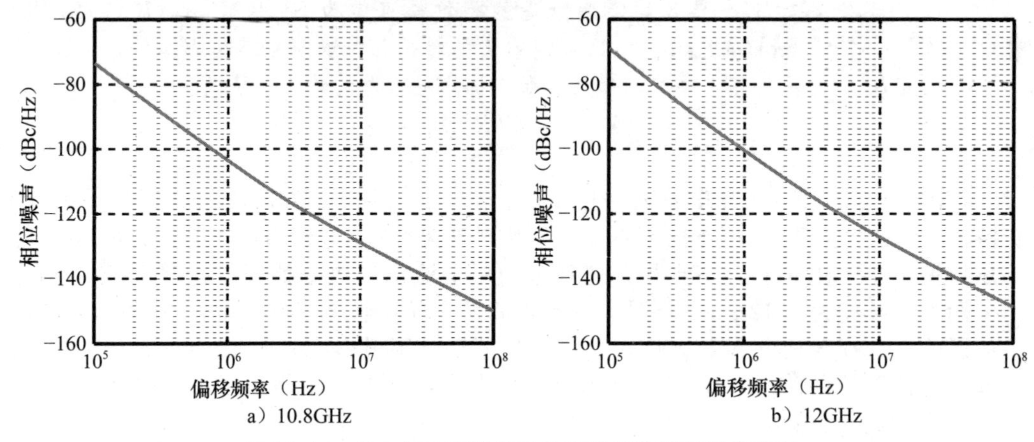

图13.47 插入低通滤波器后的压控振荡器的相位噪声

图13.45b中的电容C_b占了很大的面积，即使利用MOSFET来实现，面积也很大。可以选用长的M_S，以减小C_b。不幸的是，由于M_{SS}的栅极存在漏电流，M_S的漏-源压降将出现严重的问题。

由于超出相位噪声预期目标，尾电流晶体管M_{SS}对最终设计的压控振荡器的相位噪声的影响很大。鼓励读者采用第8章介绍的抑制尾电流噪声的方法来优化设计。

第二个压控振荡器必须覆盖9.6～11GHz的频率范围。将负载电感从1.5nH增大到1.8nH，其余的部分不变，快速完成第二个设计。

例13.22 在频率合成器环路中，如何选用压控振荡器以及需要接入多少电容？

解： 假定首先从VCO_2和接入谐振腔的所有电容开始分析。如图13.48所示，用一个简单的模拟比较器来检测控制电压V_{cont}。如果V_{cont}大于1.1V，则环路不会锁定，当前的设置不能达到要求的频率。减少一个接入电路环路中的电容，锁定状态又解除了。多次重复上述步骤(如果VCO_2中所有的电容均断开后环路仍没锁定，则继续对VCO_1采取上述过程)，直到$V_{cont} \leqslant 1.1$V电路锁定时。 ◀

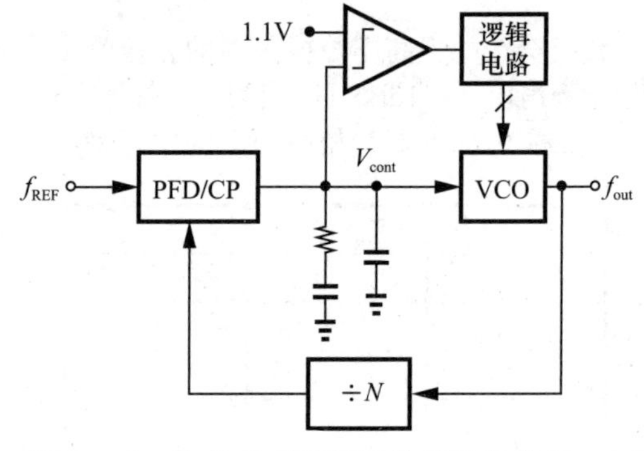

图13.48 为实现离散调谐的压控振荡器，在频率合成器中增加逻辑电路

对两个压控振荡器的输出需要进行多路选择。如果能提供轨到轨摆幅，可以用简单的反相器来实现多路选择。如图13.49所示，反相器的尺寸根据后续所需驱动的2分频电路的扇出数来确定。通过Select和$\overline{\text{Select}}$信号控制大尺寸晶体管，使一个反相器导通而另外一个截止。而且，反馈电阻保

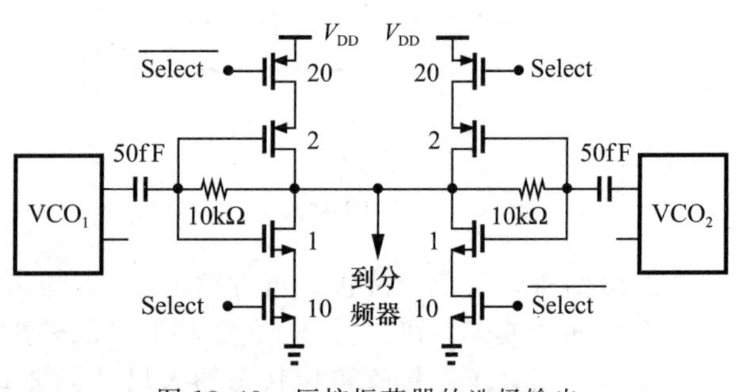

图13.49 压控振荡器的选择输出

证接入的反相器工作在高增益区。注意，VCO 输出端的共模电平为 V_{DD}，因此通过电容耦合到多路选择器(MUX)。

13.4.2　分频器设计

1. 2 分频电路

多路选择的压控振荡器的输出必须除以 2，以便产生正交输出。由于多路选择器的输出摆幅是轨到轨的，所以可寻求一种简单而有效的电路拓扑结构。第 9 章中所描述的 Chang-Park-Kim 分频器[9]很好地折中考虑了速度和功耗，是一个不错的选择，但这种拓扑结构不会产生正交(甚至差分)相位。

现考虑一个互补的，可以在轨到轨摆幅下工作的逻辑结构。图 13.50a 所示结构是一个符合上述要求的 D 锁存器。当 CK 为低时，M_5 关断而 PMOS 器件保持之前的逻辑状态；当 CK 变为高时，M_1 和 M_2 将输入逻辑电平“强加”给 $\overline{Q}$ 和 Q。

对上面电路优点做两点说明。首先，这种拓扑结构采用了动态逻辑；正如习题 11.7 所研究的，如果 CK 长时间为低电平，漏电流最终将破坏存储的状态。第二，锁存器基于“比例”逻辑，需要精确的尺寸设计。例如，如果 $\overline{Q}$ 为高电平且 CK 变为高电平，同时 $D=1$ 时，那么，如图 13.50b 所示，M_1 和 M_5 表现为串联，且必须“克服” M_3 的影响。换句话说，为了使 V_X 降低到略低于 $V_{DD}-|V_{THP}|$，以便 M_3 和 M_4 可以正常工作，$R_{on1}+R_{on5}$ 必须足够小。在典型的设计中，$W_5 \approx W_{1,2} \approx 2W_{3,4}$。基于速度上的要求，可能会采用更宽的 M_5。

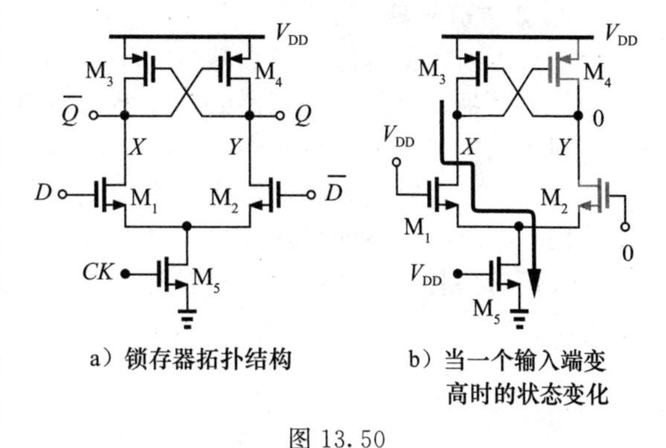

a）锁存器拓扑结构　　b）当一个输入端变高时的状态变化

图 13.50

例 13.23　试解释，为什么图 13.50a 所示的锁存器会产生一个低于地的低电平？

解：假设时钟已经变为高电平，且 X 和 Y 已经分别为高电平和低电平㊀，如图 13.51 所示。现在，时钟跳为低电平且通过 C_{GD5} 耦合至 P，从 M_1 抽取电流，导致 V_Y 下降㊁。如果 M_5 是一个宽器件，在初始时抽取一个大的电流，那么这个影响就更加显著。◀

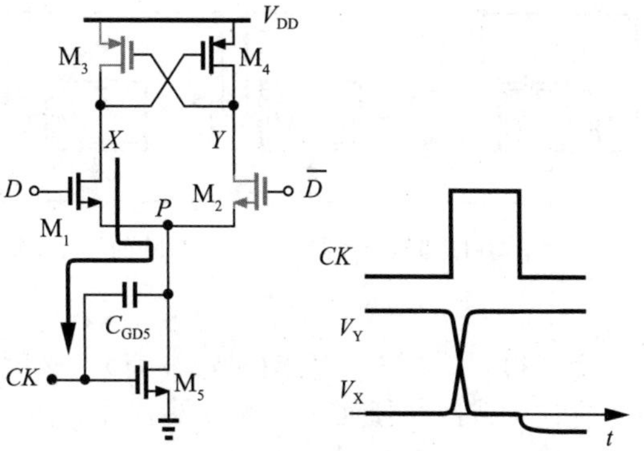

图 13.51　锁存器输出端显示低于地的波形

与其他锁存器一样，如果要驱动一个大的容性负载，上面的电路可能不会正常工作。出于这个原因，在 2 分频锁存器电路后，紧接一个反相器，如图 13.52 所示。器件宽度的选择应基于最坏的情形，即，名义上当分频器驱动发射机无源混频器的情形。反相器对锁存器呈现一个小的负载，但是它们必须驱动后级的大电容，因而产生一个缓慢变化的跳沿。

典型的分频器要求一个保守的设计，例如，在感兴趣的最大频率范围内分频器均能良好工作。这有两个原因：①版图布局的寄生效应往往会大大降低分频器的工作速度；②由于工艺和温度的变化，分频器必须处理来自压控振荡器的最大频率，以便确保 PLL 正常工作。

㊀　原书此处恰好写反。——译者注

㊁　原书此处误写为 V_X。——译者注

仿真表明上面的2分频电路以及4个反相器在13GHz时钟频率和1.2V供电下，总共抽取的平均电流为2.5mA。

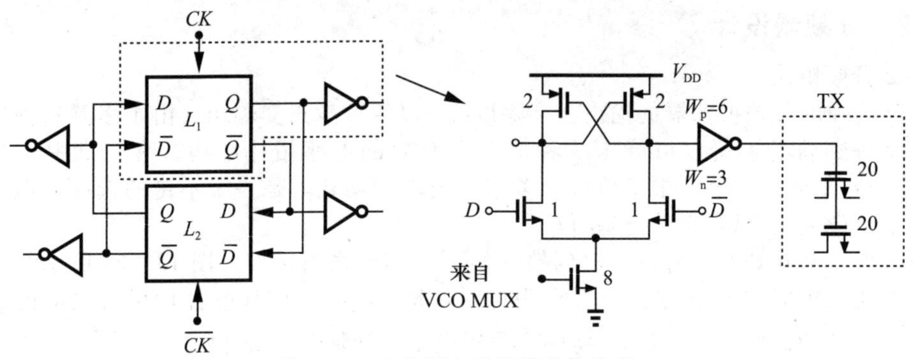

图13.52　2分频电路及其具体实现

2. 双模分频器

合成器所需的吞脉冲计数器(Pulse-swallow Counter)需要一个预分频器，它本身采用了双模分频器。这样的分频器必须能够在约为6.5GHz的频率下正常工作。

对于这个分频器，可从图13.53a所示的÷3电路开始，利用Chang-Park-Kim触发器来实现。由于这种触发器仅提供一个$\overline{Q}$输出，所以可将电路修改成如图13.53b所示，其中，FF_1之前接一个反相器。

我们希望将与门和第二个触发器合并，以提高速度。图13.53c描述了这个与门/触发器的结合。

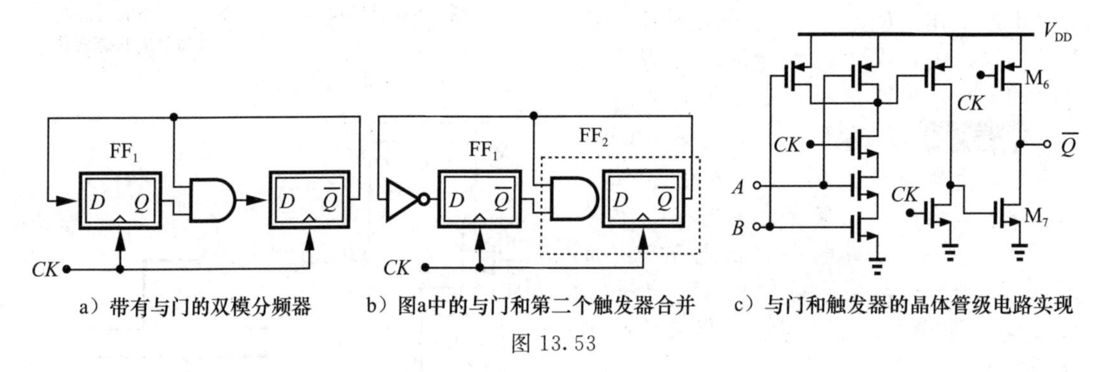

图13.53

为了得到÷3/÷4电路(见第9章)，必须增加一个或门到图13.53a中。其实，我们更愿意将这个或门与任何一个触发器合并。图13.54显示了÷3/÷4电路的整体设计。这个模控制或门嵌入在与门中。

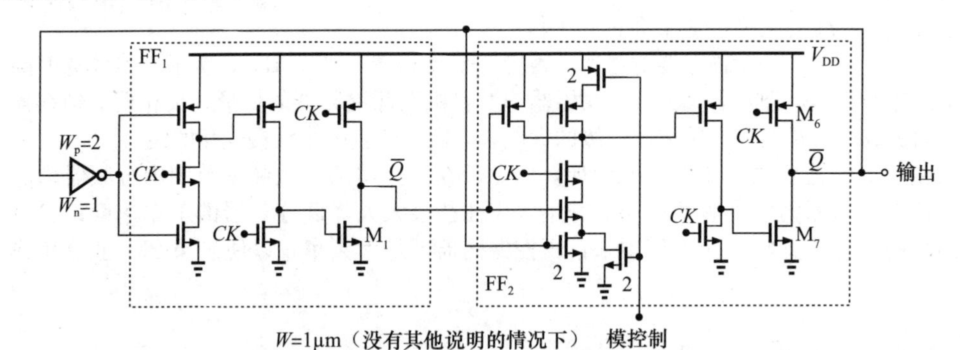

图13.54　双模预分频器的晶体管级电路

图 13.55 描绘的是在 6.5GHz 时钟频率时电路在 ÷4 和 ÷3 模式下的仿真输出波形。分频器在 1.2V 电压下抽取 0.5mA 电流。

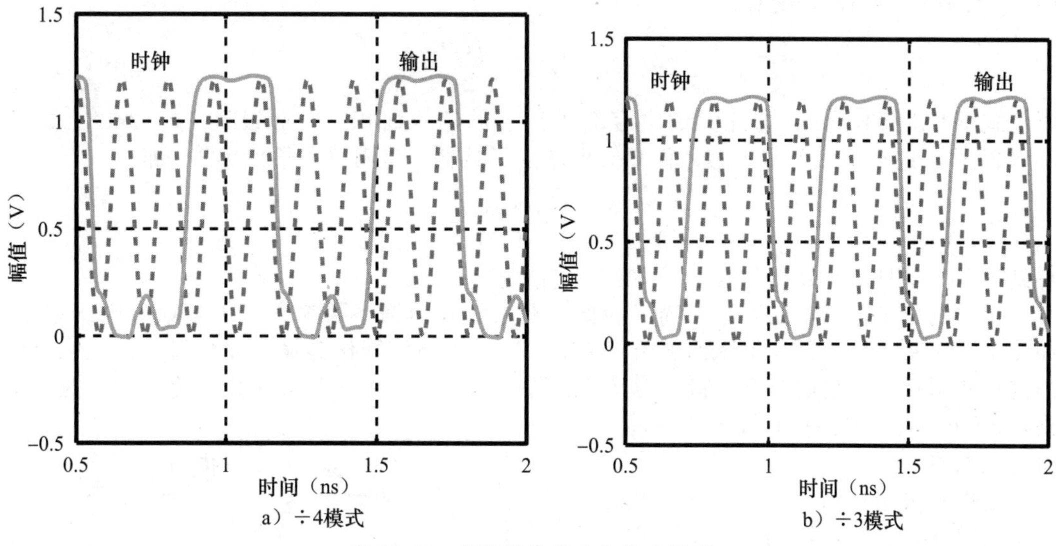

图 13.55　分频器的输入和输出波形

例 13.24 某学生注意到，在图 13.54 所示的电路中，时钟输入端表现出宽带为 6μm 的晶体管。然后该学生决定减半所有晶体管的宽度，从而使两个时钟输入电容和功率消耗减半。描述这种方法的利弊。

解： 这个“线性”缩放确实能改善性能。事实上，如果从主输出看到的负载也可以按比例缩放，那么最大工作速度也将保持不变(为什么?)。在本设计中，在 FF_2 最后一级中的 1μm 器件驱动反馈路径中的 $W=4\mu m$ 器件，并且可以驱动另一个 2～3μm 的负载。双重缩放将使所能容忍的负载约降低 1～1.5μm。◀

这个 ÷3/4 电路现在能够被包含到第 9 章所描述的预分频器中了。读者必须慎重选择异步 2 级分频器改变输出时的时钟边缘，以避免竞争冒险。

为了以步长 20MHz 覆盖 5180～5320MHz 的频率范围，吞脉冲计数器必须提供一个 $NP+S=259\sim266$ 的分频比。如果 S 从 9 变化到 16，那么 $NP=250=5^3\times2$，得到 $N=10$ 及 $P=25$，则要求预分频器设计为 ÷10/11 电路。或者取 $N=5$，$P=50$，设计一个 ÷5/6 的预分频器电路。

11a 的载波频率较高(即 5745～5805MHz)，处理起来比较麻烦，因为它们不是 20MHz 的整数倍数。因而一个整数 N 合成器必须可以在 5MHz 参考频率下工作，导致环路带宽降低到原来的 1/4。13.4.1 节中保守的压控振荡器设计仍然满足这个环路随意运行的相位噪声要求。吞脉冲计数器必须提供 $NP+S=1149\sim1161$ 的分频比。例如，可以选择 $S=9\sim21$，$N=10$、$P=114$，因此上面的预分频器在此处也适用。对于需要适应高频带，以及系统需要使用其他晶振频率的系统[⊖]，选用分数 N 分频器可能更好。这些设计作为练习留给读者。

13.4.3　环路设计

现在来设计 PFD/CP/LPF 级联电路并完成频率合成器环路设计。PFD 是很容易通过使用基于或非门的可复位锁存器结构(见第 9 章)来实现的。CP 和 LPF 的设计基于 K_{VCO}

⊖ 例如，专用于手机制造商或者基带处理器时钟等的晶体振荡器频率。

($\approx 2\pi$(200MHz/V))的最低值和分频比 M(=2×1161，参考时钟频率为5MHz)的最高值。

从环路带宽为500kHz、电荷泵电流为1mA开始设计。因此，$2.5\omega_n = 2\pi$(500kHz)，即 $\omega_n = 2\pi$(200KHz)，则有：

$$2\pi(200\text{kHz}) = \sqrt{\frac{I_p K_{VCO}}{2\pi C_1 M}} \tag{13.37}$$

由上式得 C_1=54.5pF，如此大的电容会占很大的芯片面积。转而设置 I_P=2mA，那么 C_1=27pF，这样虽然节省了芯片面积，但增加了功耗。将阻尼因子设为1，即

$$\zeta = \frac{R_1}{2}\sqrt{\frac{I_p K_{VCO} C_1}{2\pi M}} = 1 \tag{13.38}$$

得到 $R_1 = 29.3K\omega$。第二个电容 C_2 被设为5.4pF。

至于电荷泵，可选用第9章描述的栅控开关拓扑结构，因为它提供了最大电压裕量。如图13.56所示，该设计采用沟道长度为0.12μm的晶体管作为输出晶体管，以此来降低的沟长调制效应，它们的栅极接着宽沟道器件，以此实现快速开关转换。为了驱动这些电路，PFD之前必须接具有较大驱动能力的反相器。

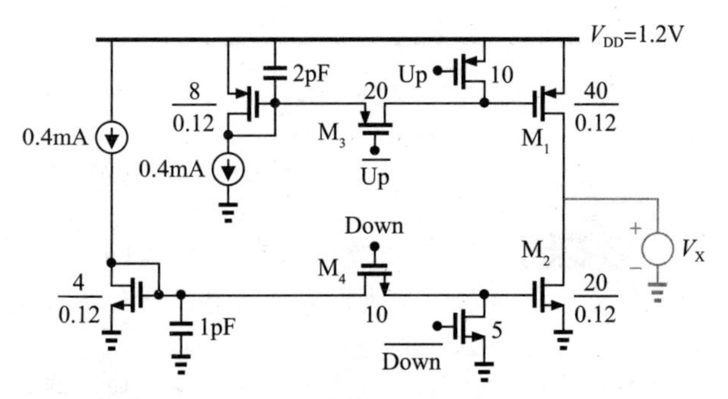

图13.56 电荷泵设计

栅控开关拓扑结构的工作速度仍然相当缓慢，主要是因为图13.56中 M_3 和 M_4 的过驱动电压过小。也就是说，如果上拉和下拉脉冲宽度较窄(目的是减少上拉和下拉电流之间失配的影响)，那么 M_1 和 M_2 的栅极电压无法达到它们的最终值，以至于输出电流小于设计值。

图13.57显示的是电荷泵的 I/V 仿真特性。如9章中所解释的，在仿真过程中，上拉和下拉的输入都生效，且输出节点和地之间接的电压源从 V_{min}(0.1V)变化到 V_{max}(1.1V)。流经该电压源的最大电流显示出上拉和下拉电流之间的确切失调和由此产生的纹波，理想情况下该电流等于零。在本设计中，最大的电流失调在 V_{out}=1.1V时产生，等于60μA，约占总电流的3%。如果这种不匹配造成了不可接受的大波动，可以采用第9章提到的CP技术予以改善。

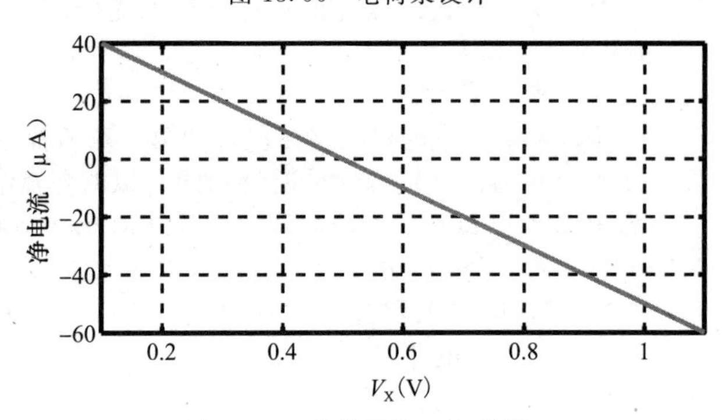

图13.57 电荷泵的 I/V 特性

环路仿真

综合器的仿真是一项比较有意思的挑战。输入频率为5MHz，环路大约需要20μs(即100个输入周期)来锁定。此外，对于输出频率12GHz，若瞬态仿真的时间步长约选为20ps，则大约需要一百万个时间步长。此外，即使没有图13.48所示的离散调谐逻辑电路，回路也包含数百个晶体管。因此每次仿真需要花费好几个小时！

通过“时间收缩”方法进行仿真[6]。也就是说，我们希望按照某个大的系数 $1/K$ 来缩短环路的锁定时间，例如，设此系数 K=100。为此，按照系数 K 提高 f_{REF} 并降低 C_1、C_2 和 M，具体如图13.58所示。当然，PFD和电荷泵必须在500MHz的参考频率下正确工作。请注意，时间收缩并不缩放 R_1、I_P 或 K_{VCO}，并按照系数 K 缩小环路的“时间常数”$(\zeta\omega_n)^{-1} = 4\pi M/(R_1 I_p K_{VCO})$，从而保持 ζ 不变。

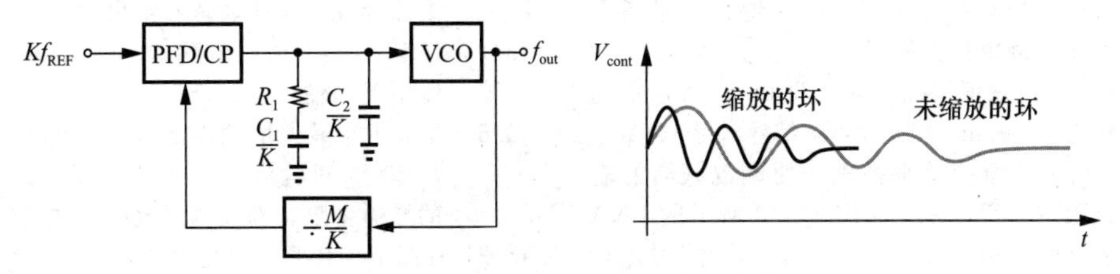

图 13.58 时间压缩仿真中的缩放环路参数

除了时间收缩，还可用行为级模型来描述压控振荡器，通常采用相同的 K_{VCO} 值和 f_{out}。因此 PFD、CP、环路滤波器(包括实际的器件)产生了现实存在的纹波。图 13.59a 显示了控制电压的建立特性仿真。如图 13.59b 所示，环路大约在 150ns 内锁定，产生峰峰值近 30mV 的波动。通过仿真发现，所选择的环路参数很容易达到环路锁定。该仿真大约用 40s 完成。

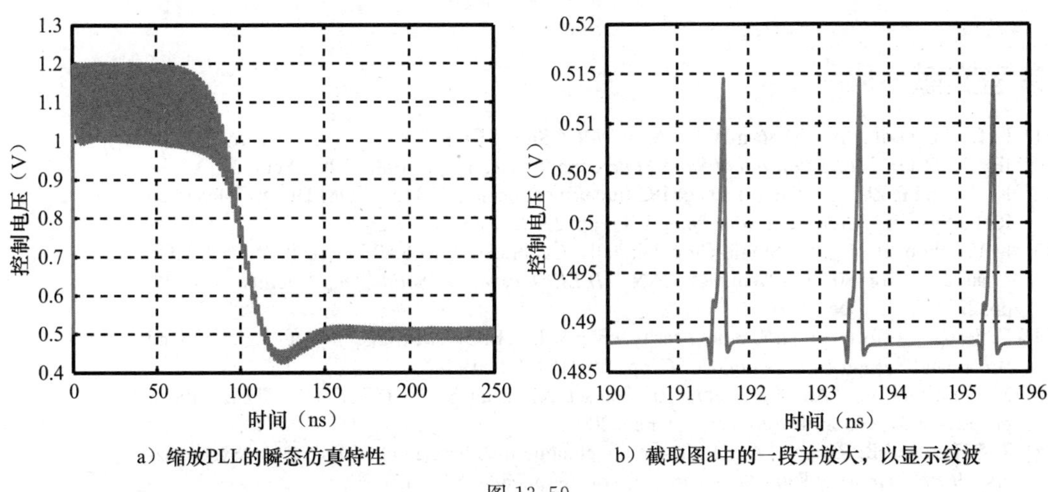

a）缩放PLL的瞬态仿真特性　　b）截取图a中的一段并放大，以显示纹波

图 13.59

例 13.25 随着时间压缩，控制电压的纹波如何缩放？

解： 因为 C_1 和 C_2 都是以系数 K 缩放的，而 PFD/CP 的设计没有变化，纹波幅值在时间压缩环内以系数 K 上升。 ◀

通过以上的仿真得到的纹波值需得到特别的注意。假设在未缩放的环路里面幅度下降到 1/100，因此必须确定边带中 ±5MHz 偏移处的幅值是否足够小。回顾第 9 章，纹波可以通过一系列的脉冲来进行近似。

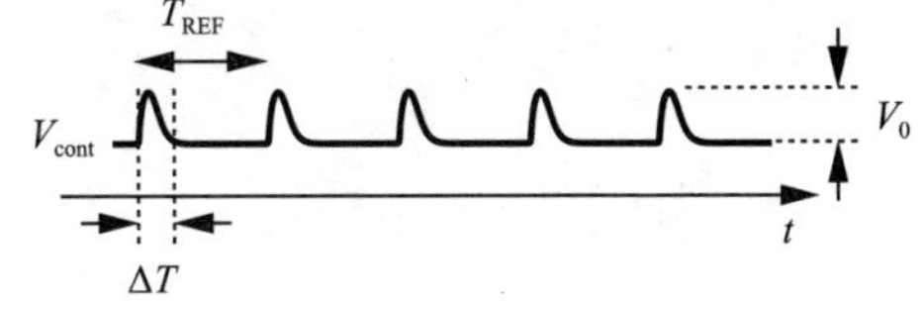

图 13.60 通过脉冲来近似的纹波

实际上，如果纹波下方的面积是已知的，例如图 13.60 中的 $V_0\Delta T$，那么边带的相对幅值大小等于 $V_0\Delta TK_{VCO}/(2\pi)$。在以上的仿真过程中，纹波下方的面积约等于 30mV×200ps×1/2。该值缩小为 1/100，然后乘以 $K_{VCO}/(2\pi)=200\text{MHz/V}$，在 12GHz 的压控振荡器输出端产生一个值为 $6\times10^{-4}=-64.4\text{dBc}$ 的相对边带幅度。因此，6GHz 的载波具有约 −70dBc 的边带，这是可接受的。

习题

13.1 重复式(13.7)的计算，确定数据速率为 54Mbit/s，灵敏度为 −65dBm 时，11a/g 接收机所需的 IIP_3。

13.2 假设例 13.5 中的干扰信号不是窄带信号近

似的。相互混合而产生的损耗是大于还是小于示例中计算的损耗?

13.3 对于低灵敏度情况,重复例13.5,即所需输入为−65dBm。假设噪声与信号比为−35dB。

13.4 利用第6章的单平衡电压驱动混频器的输入阻抗方程,估计从图13.19所示的LNA看到的负载阻抗。

13.5 两个相同功率水平的阻塞器位于一个11a接收机的相邻和候补相邻信道。如果接收机具有−100dBc/Hz的相位噪声,那允许信噪比为30dB的最高阻塞值是多少?忽视其他噪声源。

13.6 当只有一个位于相邻信道的阻塞时,重复上述计算,并比较这些结果。

13.7 假定$\lambda>0$,推导出图13.14a中LNA的电压增益和输入阻抗。

13.8 在最小和最大增益设定时,求图13.26b中I_1和I_2对输入的噪声贡献量。忽略开关的导通电阻、沟长调制效应和体效应。

13.9 在图13.44b所示的电路中,证明每个电阻的噪声电压到VCO输出频率的增益等于K_{VCO}。

13.10 考虑图13.50a中晶体管的漏电流,如果CK仍然一直是低电平,请证明这种状态将最终消失。假定每个输出节点有一个漏电流I_1和一个总电容C_1,估计这种状态消失所需的时间。

参考文献

[1] L. L. Kan et al., “A 1-V 86-mW-RX 53-mW-TX Single-Chip CMOS Transceiver for WLAN IEEE 802.11a,” *IEEE Journal of Solid-State Circuits,* vol. 42, pp. 1986–1998, Sept. 2007.

[2] K. Cai and P. Zhang, “The Effects of IP2 Impairment on an 802.11a OFDM Direct Conversion Radio System,” *Microwave Journal,* vol. 47, pp. 22–35, Feb. 2004.

[3] I. Vassiliou et al., “A Single-Chip Digitally Calibrated 5.15-5.825-GHz 0.18-?m CMOS Transceiver for 802.11a Wireless LAN,” *IEEE Journal of Solid-State Circuits,* vol. 38, pp. 2221–2231, Dec. 2003.

[4] C. Rapp, “Effects of HPA-Nonlinearity on a 4-DPSK/OFDM-Signal for a Digital Sound Broadband System,” *Rec. Conf. ECSC*, pp. 179–184, Oct. 1991.

[5] M. Simon et al., “An 802.11a/b/g RF Transceiver in an SoC,” *ISSCC Dig. Tech. Papers,* pp. 562–563, (also Slide Supplement), Feb. 2007.

[6] T.-C. Lee and B. Razavi, “A Stabilization Technique for Phase-Locked Frequency Synthesizers,” *IEEE Journal of Solid-State Circuits,* vol. 38, pp. 888–894, June 2003.

[7] A. Afsahi and L. E. Larson, “An Integrated 33.5 dBm Linear 2.4 GHz Power Amplifier in 65 nm CMOS for WLAN Applications,” *Proc. CICC*, pp. 611–614, Sept. 2010.

[8] A. Pham and C. G. Sodini, “A 5.8-GHz 47% Efficiency Linear Outphase Power Amplifier with Fully Integrated Power Combiner,” *IEEE RFIC Symp. Dig. Tech. Papers,* pp. 160–163, June 2006.

[9] B. Chang, J. Park, and W. Kim, “A 1.2-GHz CMOS Dual-Modulus Prescaler Using New Dynamic D-Type Flip-Flops,” *IEEE J. Solid-State Circuits,* vol. 31, pp. 749–754, May 1996.